Gérard Karsenty

Guide pratique des VRD
et des aménagements extérieurs

Des études à la réalisation des travaux

EYROLLES

ÉDITIONS EYROLLES
61, boulevard Saint-Germain
75240 Paris Cedex 05
www.editions-eyrolles.com

Chez le même éditeur (extrait du catalogue)

Généralités

Xavier Bezançon & Daniel Devillebichot, *Histoire de la construction*
- *de la Gaule romaine à la Révolution française*, 392 p. en couleurs, 2013
- *moderne et contemporaine en France*, 480 p. en couleurs, 2014

Jean-Paul Roy & Jean-Luc Blin-Lacroix, *Le dictionnaire professionnel du BTP*, 3ᵉ éd., 828 p., 2011

Collectif ConstruirAcier sous la direction de Jean-Pierre Muzeau, *Lexique de construction métallique et de résistance des matériaux*, 368 p., 2013

Formation initiale

Yves Widloecher & David Cusant, *Manuel d'analyse d'un dossier de bâtiment. Initiation, décodage, contexte, études de cas*, 228 p., 2013
- *Manuel de l'étude de prix, Entreprises du BTP. Contexte, cours, études de cas, exercices résolus*, 2ᵉ éd., 224 p., 2013

Jean-Pierre Gousset, *Le Métré. CAO & DAO avec Autocad. Étude de prix*, 2ᵉ éd., 312 p., 2011
- *Dessin technique et lecture de plan. Principes. Exercices*, 2ᵉ éd., 288 p., 2013
- *Plans topographiques, plans d'architecte, permis de construire et RT 2012. Détails de construction*, 280 p., 2014

Léonard Hamburger, *Maître d'œuvre bâtiment. Guide pratique, technique et juridique*, 2ᵉ éd., 400 p., 2013

Michel Brabant, Béatrice Patizel, Armelle Piègle & Hélène Müller, *Topographie opérationnelle. Mesures, calculs, dessins, implantations*, 396 p., 2011

Bâtiment

René Bayon, *VRD : voirie, réseaux divers, terrassements, espaces verts. Aide-mémoire du concepteur*, 528 p., 6ᵉ éd., 1990

Philippe Carillo, *Conception d'un projet routier. Guide technique*, 112 p., 2014

Daniel Faisantieu, *Prévention des désordres liés au sol dans la construction*, 172 p. en couleurs, 2013

Armando Lencastre, *Hydraulique générale*, 640 p., 1996

Serge Milles & Jean Lagofun, *Topographie et topométrie modernes*
1. *Techniques de mesure et de représentation*, 528 pages, 1999
2. *Calculs*, 344 p. (CD inclus), 1999

Droit

Patricia Grelier Wyckoff, *Pratique du droit de la construction. Marchés publics, marchés privés*, 7ᵉ éd., 576 p., 2015

... et des dizaines d'autres livres de BTP, de génie civil, de construction et d'architecture sur www.editions-eyrolles.com

Table des matières

Chapitre 8 •
Les espaces verts   517

Chapitre 9 • Les travaux   555

Avertissement

En dix ans, le monde évolue et les techniques de construction et d'aménagement extérieurs également. Toutefois, les fondamentaux demeurent et restent à la base de toute mission ou réalisation d'ouvrages de VRD et d'aménagements extérieurs.

Réalisé à un instant t, conformément aux réglementations et aux informations qui existaient à cet instant-là, cet ouvrage a toutefois été conçu pour durer, indépendamment des contingences. Il peut donc être adapté aux méthodes de travail actuelles en tenant compte de leur évolution comme de l'évolution de la réglementation et des normes. Les nouveaux produits, les nouveaux matériaux et les outils plus efficaces dont on dispose maintenant — tant au niveau des études qu'au niveau de la réalisation des travaux — apporteront eux aussi leur contribution.

L'informatique joue un rôle important, de même qu'Internet qui permet l'accès à l'information et accélère les communications. Encore convient-il de les utiliser à bon escient.

D'une manière générale, les évolutions portent principalement sur une meilleure protection de l'environnement et des ressources naturelles. Ce qui entraine une utilisation plus rationnelle de l'eau avec, éventuellement, le réemploi des eaux pluviales pour des usages secondaires ne nécessitant une eau potable. Mais elles portent également sur la sécurité des usagers, qu'ils soient piétons, cyclistes ou utilisateurs d'un véhicule motorisé. Sans oublier, évidemment, la protection des travailleurs. La législation et la réglementation ont été adaptées à cet effet.

Une aide efficace peut être apportée par différents organismes :
• legifrance.gouv.fr pour tout ce qui concerne l'aspect législatif et réglementaire ;
• le CSTB et l'Afnor pour tout ce qui est normatif ;
• Les chambres syndicales et professionnelles pour tout ce qui touche à leur technicité propre ;
• Kheox, base de données professionnelles mise au point par le CSTB et le Groupe Moniteur, pour toute information générale et technique.

Gérard Karsenty
Lyon, juillet 2015

Remerciements

Un livre, comme la majorité des œuvres, est un travail d'équipe. Certes, à l'origine se trouve l'auteur et les théories qu'il développe sur le thème abordé.

Dans le cas d'un ouvrage technique, afin d'approcher la réalité et de tenir compte des perspectives futures, il doit se mettre en rapport avec les acteurs des professions concernées : services techniques, architectes, ingénieurs, entrepreneurs et industriels.

Que chacun soit remercié pour la collaboration qu'il a bien voulu apporter. Je pense, en particulier à mes confrères de la chambre des ingénieurs-conseils de France (CICF), MM. Patrice Uguet entre autres, à François Ortis architecte DPLG, à Michèle Vergnaud bibliothécaire à l'École d'architecture de Lyon, et tant d'autres…

Mais qu'en serait-il du manuscrit sans l'intervention d'un éditeur, les Éditions Eyrolles, son équipe et son imprimeur. En effet, la mise en page d'un tel ouvrage est toujours délicate.

Je ne saurais oublier Suzanne qui m'apporte tout son appui pendant les phases de recherche et lors de rédaction.

L'ensemble des schémas a été mis au net sur DAO par une équipe d'étudiants de l'École d'architecture de Lyon, conduite par Jean-Pierre Bortoli.

Gérard Karsenty

CHAPITRE 1

LES ÉTUDES

Les travaux portant sur la voirie, les réseaux divers, l'aménagement des abords et des espaces verts, plus connus sous le sigle VRD entrent dans le domaine des ouvrages d'infrastructure par opposition aux ouvrages de bâtiment. Leur fonction est d'assurer la viabilité du ou des terrains sur lesquels doivent être édifiées des constructions, mais également d'améliorer leur environnement. Ils sont plus ou moins importants et sont en relation directe avec les paramètres suivants : l'implantation du secteur à aménager, sa localisation – zone urbaine, périurbaine ou rurale – la configuration du terrain – plat ou en relief – et le projet de construction – groupe d'immeubles, lotissement résidentiel ou industriel, centre commercial...

1. La définition des travaux

D'une manière générale, les travaux comprennent toutes les interventions depuis la mise en forme du terrain jusqu'à la desserte des bâtiments à la voirie publique et à leurs raccordements aux différents réseaux de distribution des fluides ou d'assainissement. L'objectif prioritaire porte sur la sécurité et l'hygiène des occupants : alimentation en eau et en électricité, évacuation des eaux usées. L'autre objectif a trait à leur confort et à la création d'un environnement agréable : alimentation en gaz, réseau d'éclairage extérieur, de télécommunication ou de chauffage collectif, espaces verts, espaces de jeux.

Entrent dans ce type de travaux les ouvrages suivants :

- les terrassements généraux et la création de plates-formes ;
- les voies de desserte et les aires de stationnement ;
- les trottoirs, les voies piétonnes et les allées diverses ;
- les réseaux d'assainissement collectant les différents effluents : eaux vannes, eaux usées, eaux industrielles, eaux pluviales, et leur raccordement au réseau public ou leur rejet dans le milieu naturel après traitement ;
- les réseaux d'alimentation en eau, électricité et gaz ;
- les réseaux de télécommunication, de télédistribution, de télévision avec antenne collective ;
- les installations d'éclairage extérieur ;
- les installations de distribution de chaleur à partir d'une chaufferie centralisée ;
- les ouvrages de maçonnerie tels que les murs de soutènement, les murets de séparation, les bâtiments techniques ou de sanitaires, les escaliers extérieurs et les rampes pour les piétons ;
- les clôtures et les portails ou portes d'accès ;
- la création des espaces verts, les plantations et l'aménagement d'aires de jeux ;
- le mobilier urbain et la signalétique.

Actuellement les dispositions sont prises afin de rendre invisible l'ensemble des réseaux. À cet effet, les réseaux aériens d'électricité, d'éclairage extérieur et de télécommunication sont couramment abandonnés au profit de réseaux enterrés. Il en résulte que leur réalisation demande un soin particulier pour que leur entretien soit réduit au strict minimum. Leur conception doit donc tenir compte de cette contrainte non négligeable dans la coordination des travaux.

La nature et l'importance des travaux de VRD varient selon la destination des constructions desservies, chaque aménagement ayant ses spécificités (photo 1.1).

Photo 1.1 • *Domaine d'entreprises.*

Les groupes d'habitations nécessitent des travaux de VRD dont l'importance est essentiellement fonction de leur implantation. Pratiquement négligeables en centre ville, ces ouvrages constituent un élément d'agrément en zone périurbaine, en particulier dans les groupes résidentiels où l'accent est mis sur les espaces verts. Dans ce cas, les bâtiments n'occupent qu'une faible partie du terrain, le reste recevant les voies de desserte, les zones de stationnement, les allées piétonnes, les aires de jeux et les plantations. Les réseaux sont implantés sous les voiries et sous les parties communes, plantées ou non.

Les lotissements de villas présentent des contraintes plus conséquentes. En effet, la part des travaux d'infrastructure est généralement plus importante que celle représentée par les constructions. Le linéaire des voies et des réseaux, voire des clôtures, est à prendre en compte. D'autre part, selon la nature du lotissement, il est parfois nécessaire de coordonner la réalisation des travaux de VRD avec ceux des bâtiments.

L'aménagement de zones tertiaires et des établissements scolaires apporte sensiblement les mêmes contraintes que les zones résidentielles. Toutefois, il convient de s'assurer que tous les bâtiments sont convenablement desservis par les véhicules de secours, la structure des chaussées étant calculée en conséquence.

La création de zones commerciales implantées en périphérie des centres urbains impose de prévoir des dessertes spécifiques et des aires de stationnement importantes. La voirie réservée aux approvisionnements doit être apte à supporter une circulation lourde. Il n'en est pas de même pour les zones de stationnement utilisées par des véhicules légers. Les réseaux des eaux usées sont déterminés en fonction de la nature des commerces, alors que la collecte des eaux pluviales doit tenir compte des grandes surfaces imperméabilisées, toiture et stationnement. Selon la localisation, les terrassements peuvent représenter une part importante des travaux.

Les zones industrielles et les lotissements industriels posent des problèmes particuliers en rapport avec le type d'industrie installé et son importance. Les voies de desserte sont calculées pour le transit des poids lourds. Les réseaux sont établis en tenant compte de l'évolution des installations, avec des réserves de puissance disponibles. Les effluents peuvent faire l'objet d'un traitement préalable avant d'être rejetés dans les collecteurs publics. Les clôtures doivent être efficaces afin de faciliter le gardiennage et d'éviter les intrusions par effractions.

Les terrains de camping, de caravanage, de sports et de golf forment une catégorie spécifique d'ouvrages compte tenu des surfaces aménagées. Ils génèrent des travaux importants de terrassement et de revêtement de surface. Les plantations jouent un rôle complémentaire dans l'agrément des espaces ainsi créés. Les réseaux sont déterminés en fonction des besoins en période de pleine occupation. Ils desservent les bâtiments construits afin de répondre aux conditions d'hygiène. Le rejet des eaux usées transite par une station d'épuration autonome lorsque ces terrains sont créés en dehors des agglomérations.

Les travaux principaux de VRD sont entrepris avant l'ouverture du chantier de bâtiment de manière à garantir la sécurité et l'hygiène pendant la durée de celui-ci. C'est ainsi que sont réalisées les voies d'accès avec un revêtement provisoire, l'évacuation des eaux usées et des eaux pluviales, les réseaux d'alimentation en eau et en électricité. Pour les lotissements, l'ensemble des fluides doit être amené en limite des parties privatives avant d'engager la construction des villas.

Ces travaux trouvent leur origine en limite du tènement concerné, sauf conventions particulières passées avec les administrations, les collectivités locales, les services concédés ou les sociétés de distribution. Ils s'arrêtent à l'aplomb des bâtiments, avant la pénétration dans ceux-ci et sont réalisés par des entreprises différentes, chacune ayant les qualifications requises. Toutefois, pour de petits projets, il est admis de regrouper plusieurs lots de travaux afin qu'ils soient exécutés par une seule entreprise.

2. La réglementation

Comme tout projet d'aménagement ou de construction, les ouvrages de VRD doivent respecter un certain nombre de dispositions définies par des lois, des décrets ou des arrêtés. Leur réalisation doit également se conformer à des règles constructives telles que les normes prises à l'échelon européen ou aux directives des fournisseurs. Cette réglementation est appelée à évoluer dans le temps afin de s'adapter aux nouvelles conditions de vie, la protection de l'environnement devenant une des priorités de l'humanité.

Les principaux textes traitent de la sécurité et de l'hygiène pour les ouvriers pendant les travaux ainsi que pour les utilisateurs pendant le chantier si celui-ci occasionne des gênes et après la mise en service des ouvrages. Sont abordés également les problèmes d'urbanisme et de construction, de santé, de responsabilité civile, etc.

Ces règles sont édictées sous forme de lois telles que la loi sur l'environnement, la loi sur l'eau, les lois sur la protection des paysages, la loi relative à la maîtrise d'ouvrage publique et à ses rapports avec la maîtrise d'œuvre privée. Les décrets et les arrêtés fixent leurs conditions d'application. Certaines de ces lois sont reprises au niveau de codes tels que le Code civil ; le Code de l'urbanisme ; le Code de la construction et de l'habitation ; le Code de l'environnement ; le Code de santé publique ; le Code

du travail ; le Code rural ; le Code de la voirie routière ; le Code des marchés publics ; etc. Ces textes sont complétés par des documents spécifiques : règlement sanitaire départemental, dispositions techniques applicables aux personnes à mobilité réduite, etc., ainsi que par un ensemble de normes européennes ou françaises et par des notes provenant des administrations, des services concédés ou des industriels.

Les travaux de VRD sont fréquemment à l'origine d'opérations d'urbanisme et d'aménagement, tels que les zones d'aménagement concerté (ZAC) et les lotissements, ou viennent en complément d'opérations de construction. Ils doivent être entrepris dans le respect du Code de l'environnement qui, dans ses principes généraux (art. L. 110- 1), précise que : *Les espaces, ressources et milieux naturels, les sites et paysages, la qualité de l'air, les espèces animales et végétales, la diversité et les équilibres biologiques auxquels ils participent font partie du patrimoine commun de la nation. Leur protection, leur mise en valeur, leur restauration, leur remise en état et leur gestion sont d'intérêt général et concourent à l'objectif de développement durable qui vise à satisfaire les besoins de développement et la santé des générations présentes sans compromettre la capacité des générations futures à répondre aux leurs.*

De ce fait, ils font l'objet de nombreuses démarches auprès de l'administration ou de l'autorité publique. Raisons pour lesquelles il est nécessaire d'apporter des précisions sur différentes procédures.

2.1. *Les plans locaux d'urbanisme*

Les plans locaux d'urbanisme (PLU) ont été instaurés dans le cadre de la **loi « Solidarité et renouvellement urbain »** (SRU) du 13 décembre 2000 afin de remplacer les **plans d'occupation des sols** (POS).

Comme ces derniers, ils ont pour objet de définir de façon précise le droit des sols applicable à chaque terrain. De plus, ils doivent exprimer **le projet d'aménagement et de développement durable** des communes. Mais, à leur différence, ils sont applicables à l'ensemble du territoire de la commune ou de plusieurs communes. Ils s'inscrivent dans la démarche engendrée par les **schémas de cohérence territoriale**.

À cet effet, ils fixent les règles générales et les servitudes d'utilisation des sols pouvant comporter l'interdiction de construire et délimitent les différentes zones : zones urbaines ou à urbaniser, zones naturelles agricoles ou forestières, découpage qui reprend sensiblement les grandes lignes du POS. Enfin, en fonction des conditions locales, ils définissent les règles d'implantation des constructions ainsi que les emplacements réservés aux voies, aux ouvrages publics, aux installations d'intérêt général et aux espaces verts (fig. 1.1).

Les plans locaux d'urbanisme sont élaborés sur l'initiative des maires, en association avec les préfets, après avoir consulté un certain

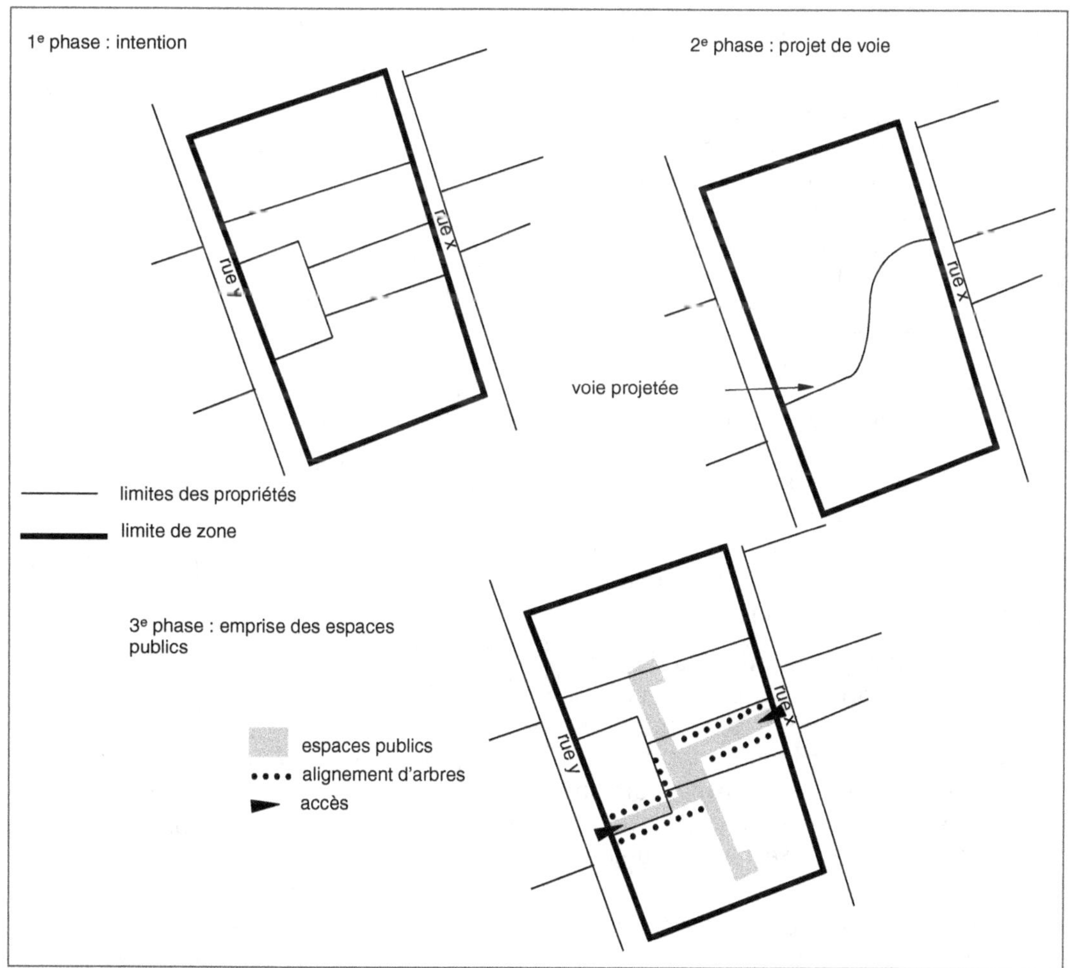

Fig. 1.1 • _Évolution d'un projet d'aménagement de zone._

nombre de personnalités compétentes (président du conseil régional, du conseil départemental, maire des communes voisines, etc.) et en concertation avec la population concernée. Ils sont soumis à enquête publique par le maire. Des dispositions transitoires sont prises afin d'organiser le passage des plans d'occupation des sols, lorsqu'ils existent, aux plans locaux d'urbanisme.

Préalablement, un diagnostic portant sur les prévisions économiques et démographiques est établi de manière à analyser les différents besoins en matière de développement économique, d'aménagement de l'espace, d'environnement, d'équilibre social de l'habitat, de transports, d'équipements et de services. Il permet de déterminer les orientations futures.

Les plans locaux d'urbanisme se présentent sous la forme d'un dossier comprenant les pièces suivantes : un rapport de présentation, le projet d'aménagement et de développement durable de la commune, les documents graphiques, les pièces annexes.

Le rapport de présentation expose le diagnostic établi au regard des prévisions économiques et démographiques. Il analyse l'état initial de l'environnement, explique et justifie les choix retenus pour établir le projet d'aménagement et la délimitation des différentes zones. Il évalue les incidences des orientations du plan sur l'environnement et précise les mesures prises dans le souci de sa préservation et de sa mise en valeur.

Le projet d'aménagement et de développement durable (PADD) définit les orientations d'urbanisme et d'aménagement retenues par la commune, notamment en vue de favoriser le renouvellement urbain et de préserver la qualité architecturale et l'environnement. Il est axé sur trois grands principes :

– l'équilibre entre le renouvellement urbain, le développement urbain maîtrisé, le développement de l'espace naturel, d'une part, et la préservation des espaces affectés aux activités agricoles et forestières ou la protection des espaces naturels et du paysage, d'autre part ;

– la diversité des fonctions urbaines et la mixité sociale de l'habitat urbain et de l'habitat rural ;

– l'utilisation économe et équilibrée des espaces naturels, urbains, périurbains, ruraux, la maîtrise des besoins de déplacement, la préservation de la qualité de l'air, de l'eau, du sol, des écosystèmes et des espaces naturels.

Dans ce cadre, il peut préciser les points suivants :

– les mesures de nature à préserver les centre-villes et les centres de quartier, à les développer ou à en créer de nouveaux ;

– les actions et les opérations relatives à la réhabilitation d'îlots, de quartiers ou de secteurs ;

– les caractéristiques des rues, des chemins piétonniers, des pistes cyclables, des espaces et des ouvrages publics à conserver, à modifier ou à créer ;

– les actions et les opérations d'aménagement en vue d'assurer la sauvegarde de la diversité commerciale des quartiers ;

– les conditions d'aménagement des entrées de ville ;

– les mesures à prendre afin d'assurer la préservation des paysages urbains ou ruraux.

Le règlement délimite les zones urbaines, les zones à urbaniser, les zones agricoles et les zones naturelles et forestières (tab. 1.1).

Les zones urbaines (zones U) correspondent aux secteurs déjà urbanisés et aux secteurs où les équipements publics existants ou en cours de réalisation ont une capacité suffisante pour desservir les constructions à implanter. Elles sont inchangées par rapport au POS et sont divisibles en sous-zones selon les directives de la collectivité locale, afin de

PLANS LOCAUX D'URBANISME		**PLAN D'OCCUPATION DES SOLS**	
Zones		**Zones**	
Zones urbaines	U	Zones urbaines	U
Sous-zones [1] :		Sous-zones [1] :	
– Centre de ville	U A	– Centre de ville	U A
– Habitat dense	U B	– Habitat dense	U B
– Habitat de densité moyenne	U C	– Habitat de densité moyenne	U C
– Habitat de faible densité [2]	U D	– Habitat de faible densité [2]	U D
– Quartiers résidentiels périurbains	U E	– Quartiers résidentiels périurbains	U E
– Zones d'activité industrielle	U I	– Zones d'activité industrielle	U I
– Zones d'activité touristique	U T	– Zones d'activité touristique	U T
– Zones d'activité tertiaire	U Y	– Zones d'activité tertiaire	U Y
Zones à urbaniser	A U	Zones d'urbanisation future	N A
– Immédiates	A Ua		
– Différées	A Ub		
		Zones laissées en l'état	N B
Zones agricoles	A	Zones ayant des richesses naturelles à protéger	N C
Zones naturelles et forestières	N		
		Zones présentant des risques ou des nuisances	N D

(1) : Sous-zones déterminées et dénommées à l'initiative de la collectivité locale.
(2) : Zones pavillonnaires.

Tab. 1.1 • *Zones délimitées par les PLU et les POS*

répondre à des spécificités ou à des activités particulières : zones UA (centre ville), UB (habitat dense), UC (habitat de densité moyenne), UD (habitat pavillonnaire), UE (quartier résidentiel), UI (activité industrielle), UT (activité touristique), UY (activité tertiaire), etc. Ce système peut être affiné en précisant, par exemple, la superficie nécessaire pour construire.

Exemple :

– UE1 : zone dans laquelle la surface minimale des terrains est de 900 m² ;
– UE2 : zone dans laquelle la surface minimale des terrains est de 1 500 m² ;
– UE3 : zone dans laquelle la surface minimale des terrains est de 2 000 m².

Les zones à urbaniser (zones AU) comportent les secteurs à caractère naturel de la commune destinés à être ouverts à l'urbanisation. Elles sont soumises aux mêmes règles que les anciennes zones NA du POS.

Lorsque les voies publiques et les réseaux d'eau, d'électricité et, le cas échéant, d'assainissement existant à la périphérie immédiate d'une zone AU ont une capacité suffisante pour desservir les constructions à implanter dans l'ensemble de cette zone (AUa), le PADD et le règlement en définissent les conditions d'aménagement et d'équipement. Les constructions y sont autorisées soit lors de la réalisation d'une opération d'aménagement d'ensemble, soit au fur et à mesure de la réalisation des équipements internes à la zone prévus par le projet d'aménagement et de développement durable et le règlement.

Lorsque ces éléments n'ont pas une capacité suffisante (zone AUb), son ouverture à l'urbanisation peut être différée et subordonnée à une modification ou à une révision du plan local d'urbanisme.

Les zones agricoles (zones A) sont les secteurs de la commune, équipés ou non, à protéger en raison du potentiel agronomique, biologique ou économique des terres agricoles. Seules sont autorisées les constructions et installations nécessaires aux services publics ou d'intérêt collectif et à l'exploitation agricole. Elles correspondent aux anciennes zones NC du POS.

Les zones naturelles et forestières (zones N) regroupent les secteurs de la commune, équipés ou non, à protéger en raison soit de la qualité des sites, des milieux naturels, des paysages et de leur intérêt, notamment du point de vue esthétique, historique ou écologique, soit de l'existence d'une exploitation forestière, soit encore de leur caractère d'espaces naturels.

Des constructions peuvent être autorisées dans des secteurs de taille et de capacité d'accueil limitées, à condition de ne pas porter atteinte à la préservation des sols agricoles et forestiers ou à la sauvegarde des sites, milieux naturels et paysages.

Les zones N regroupent des parties des zones NB et l'ensemble des zones ND du POS.

Le règlement peut comprendre également tout ou partie des dispositions suivantes (annexe 1) :
- les occupations et utilisations du sol interdites ;
- les occupations et utilisations du sol soumises à des conditions particulières ;
- les conditions de desserte des terrains par les voies publiques ou privées et d'accès aux voies ouvertes au public ;
- les conditions de desserte des terrains ;
- les conditions de desserte des terrains par les réseaux publics d'eau, d'électricité et d'assainissement, ainsi que, dans les zones relevant de l'assainissement non collectif, les conditions de réalisation d'un assainissement individuel ;
- la superficie minimale des terrains constructibles, lorsque cette règle est justifiée par des contraintes techniques relatives à la réalisation d'un dispositif d'assainissement non collectif ;
- l'implantation des constructions par rapport aux voies et emprises publiques ;
- l'implantation des constructions par rapport aux limites séparatives ;
- l'implantation des constructions les unes par rapport aux autres sur une même propriété ;
- l'emprise au sol des constructions ;
- la hauteur maximale des constructions ;
- l'aspect extérieur des constructions et l'aménagement de leurs abords ainsi que, éventuellement, les prescriptions de nature à assurer la protection des éléments de paysage, des quartiers, îlots, immeubles, espaces publics, monuments, sites et secteurs à protéger ;
- les obligations imposées aux constructeurs en matière de réalisation d'aires de stationnement ;
- les obligations imposées aux constructeurs en matière de réalisation d'espaces libres, d'aires de jeux et de loisirs, et de plantations ;
- le coefficient d'occupation des sols (COS) ;
- l'autorisation éventuelle de dépassement du coefficient d'occupation des sols.

Le coefficient d'occupation des sols (COS) qui détermine la densité de construction admise correspond au rapport exprimant le nombre de mètres carrés de plancher hors œuvre nette* (SHON) susceptible d'être construit par mètres carrés de sol.

Les documents graphiques font apparaître les périmètres des différentes zones, U, AU, A et N, ainsi que les secteurs protégés ou à protéger, les secteurs à risques (inondations, avalanches…) et autres (fig. 1.2).

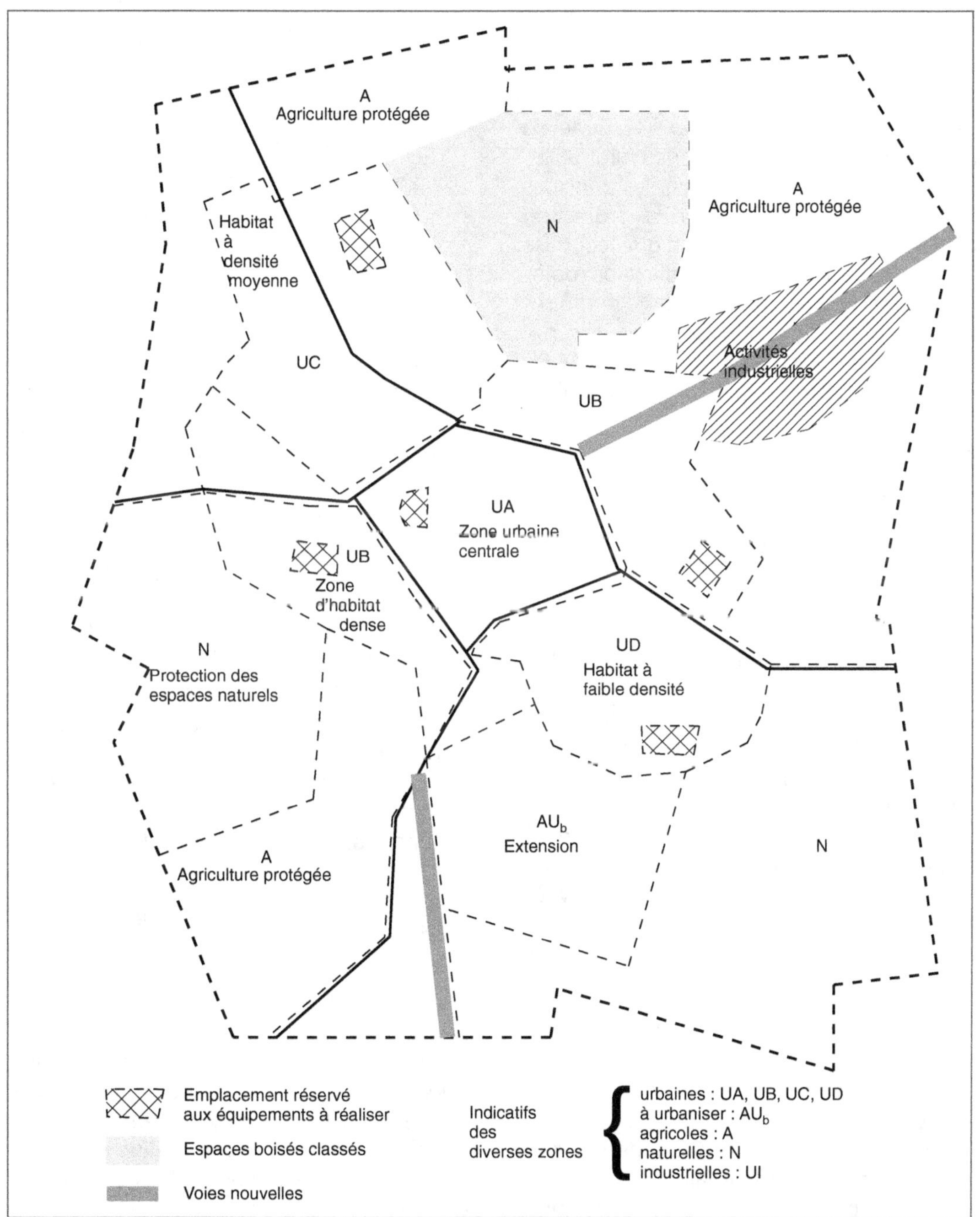

Fig. 1.2 • _Proposition simplifiée du PLU._

Les pièces annexes mentionnent tous les éléments complémentaires d'information : servitudes d'utilité publique, lotissements, schémas des réseaux et des voies de desserte, plan d'exposition au bruit des aérodromes…

Les lois sur la protection des paysages et leurs décrets d'application viennent renforcer les dispositions prises dans le Code de l'urbanisme et dans le Code rural. Elles déterminent les orientations et les principes fondamentaux pour assurer la protection des structures paysagères ainsi que leur mise en valeur. Leur champ d'application porte plus particulièrement sur les territoires remarquables par leur intérêt paysager, raison pour laquelle elles peuvent influencer les décisions prises lors de l'élaboration du PLU.

2.2. Les plans d'occupation des sols

Les plans d'occupation des sols (POS) ont fait place aux plans locaux d'urbanisme (PLU). Ils sont élaborés par les communes urbaines ou rurales en liaison avec les préfets ; leur objectif consiste à définir les règles d'urbanisme qu'elles souhaitent voir appliquer sur partie ou totalité de leur territoire. Ils doivent être compatibles avec les dispositions énoncées dans les **schémas directeurs** fixant les orientations fondamentales de l'aménagement des secteurs concernés en tenant compte de l'équilibre à préserver entre l'extension urbaine, l'exercice des activités agricoles ou des autres activités économiques et la préservation des sites et paysages naturels ou urbains.

Les POS se présentent sous la forme d'un dossier comprenant les pièces suivantes :

– un rapport de présentation analysant la situation existante et les perspectives d'évolution, en précisant la superficie des différentes zones (urbaines, naturelles, boisées, etc.) tout en respectant les préoccupations d'environnement ;

– un ou plusieurs documents graphiques ayant pour objet de délimiter le champ d'application territorial des diverses règles concernant l'occupation des sols, donc de définir les différentes zones (tab. 1.1) :

- **zone urbaine U**, déjà équipée, dans laquelle il est possible de construire et pouvant, comme dans le PLU. comporter des sous-zones UA, UB, UC, UD, UE, UG, UT, UY, etc. ;
- **zone naturelle N**, dont l'occupation principale est naturelle ou agricole, subdivisée en NB, NC et ND ;
- **zone NA,** classée à part en vertu de son caractère naturel et temporaire ; cette zone étant réservée pour une urbanisation future en fonction des équipements prévus ou à prévoir.

– un règlement, pièce fondamentale du POS, fixant les règles applicables aux terrains compris dans les diverses zones du territoire couvert par le plan et mentionnant les dispositions générales et les dispositions applicables aux différentes zones : la nature de l'occupation et de l'utilisation des sols, les conditions de l'occupation des sols, les possibilités maximales d'occupation des sols… ;

– des pièces annexes portant sur les avis et les observations émanant des services publics et des associations locales d'usagers agréées, ainsi que sur des points faisant l'objet de mentions particulières.

2.3. Les zones d'aménagement concerté

Les zones d'aménagement concerté (ZAC), selon l'article L. 311- 1 du Code de l'urbanisme, sont : *des zones à l'intérieur desquelles une collectivité publique ou un établissement public y ayant vocation, décide d'intervenir pour réaliser ou faire réaliser l'aménagement et l'équipement des terrains, notamment de ceux que cette collectivité ou cet établissement a acquis ou* _acquerra en vue de les céder ou de les concéder à des utilisateurs publics ou privés._ Ces zones sont toujours des opérations d'initiative publique (État, collectivités locales, établissement public d'aménagement, syndicat mixte, organisme public d'HLM, etc.). Elles ont pour objet l'aménagement et l'équipement de terrains bâtis ou non bâtis en vue soit de constructions à usage d'habitation, de commerce, d'industrie ou de service, soit d'installations et d'équipements publics ou privés, cela dans le respect des lois d'aménagement et d'urbanisme. En l'absence de POS, la ZAC doit faire l'objet d'un **plan d'aménagement de zone** (PAZ).

En général, les ZAC font l'objet de travaux d'infrastructure relativement importants. Leur réalisation conditionne la cession des terrains.

2.4. Les lotissements

Les lotissements, selon l'article R. 315- 1 du Code de l'urbanisme, correspondent à _toute division d'une propriété foncière qui a pour objet ou qui, sur une période de moins de dix ans, a eu pour effet de porter à plus de deux le nombre de terrains issus de ladite propriété, cela en vue de l'implantation de bâtiments._ Les acquéreurs deviennent propriétaires de chacun des lots qu'ils acquièrent et des constructions qui y sont édifiées. Toutefois, lorsque les lotissements sont réalisés par des organismes (société d'HLM, par exemple) en vue de louer les bâtiments, ceux-ci restent propriétaires de l'ensemble.

Les lotissements sont caractérisés par les critères suivants :

- la propriété d'origine doit être d'un seul tenant ;
- la division foncière est la caractéristique la plus constante des lotissements, l'autorisation de lotir devant être obtenue avant le partage en lots ;
- la division doit comprendre au moins trois lots (cinq lorsqu'il s'agit de partages successoraux) ;
- la division doit être effectuée dans une période maximale de dix ans ;
- l'objet final du lotissement est de construire des bâtiments.

Si, à l'origine, ces opérations étaient destinées à l'habitat (photo 1.2), il n'en est plus de même à ce jour, les constructions pouvant avoir toute autre affectation (lotissement industriel).

Photo 1.2 • _Lotissement d'habitation._

Les lotissements peuvent être réalisés tant par des particuliers ou des sociétés privées que par des organismes publics, collectivités locales, syndicats mixtes, etc.

La demande d'autorisation de lotir comprend les documents suivants :

- une note de présentation mettant en relief l'opportunité de l'opération, les mesures prises pour le respect de l'environnement (insertion dans le site, qualité architecturale, équipements, etc.) ;
- le plan de situation du terrain précisant sa localisation par rapport à l'agglomération et aux principaux équipements collectifs existants ;
- le plan de l'état actuel du terrain à lotir et de ses abords faisant apparaître les constructions et les plantations existantes

ainsi que les équipements collectifs qui desservent le terrain ;

– le plan de composition d'ensemble du projet permettant de visualiser la répartition entre les terrains à usage privatif et ceux réservés aux équipements collectifs ; en général, il correspond au plan de division parcellaire qui, lui, est devenu facultatif afin de ne pas gêner une adaptation de la répartition des lots pour une meilleure commercialisation (fig. 1.3).

Selon l'importance et la nature du lotissement, d'autres documents peuvent être exigés :

– **l'étude d'impact** est demandée lorsque l'opération est située en dehors d'un territoire doté d'un POS et que le projet de construction couvre une surface hors œuvre nette (SHON)* égale ou supérieure à 5 000 m^2 ; ces opérations font d'ailleurs l'objet d'une **enquête publique** diligentée par le préfet ;

– le programme et le plan des travaux d'équipements internes précisant les caractéristiques de la voirie et l'échéancier des travaux s'ils sont prévus en plusieurs tranches ;

– le projet de règlement lorsqu'il est envisagé d'apporter des modifications ou des compléments aux règles d'urbanisme en vigueur ;

– l'autorisation de défrichement et de coupes d'arbres lorsque le terrain est situé en zone boisée.

D'autres pièces sont facultatives, telles que le cahier des charges et le projet de statut d'association syndicale chargée de gérer et d'entretenir les équipements collectifs. Cette dernière na pas lieu d'être, dès lors que le lotissement est la propriété d'une seule et même personne, physique ou morale (société d'HLM par exemple).

L'autorisation de lotir porte sur l'ensemble du lotissement, les modalités de division des lots et sur la SHON maximale autorisée sur la totalité du tènement. Elle impose l'exécution de tous les travaux nécessaires à la viabilité et à l'équipement du terrain ; chaque lot devant être desservi par la voirie et raccordé aux différents réseaux afin de le rendre constructible.

Les équipements collectifs des lotissements portent, entre autres, sur la voirie et les aires de stationnement, l'évacuation des eaux pluviales et usées, l'alimentation en eau, électricité et gaz, le raccordement au réseau de télécommunication, l'éclairage extérieur, la création d'aires de jeux et d'espaces verts (leur superficie doit être supérieure à 10 % de la surface du terrain). L'importance de ces travaux dépend de la surface et du relief du terrain à aménager.

En fin d'exécution, un certificat d'achèvement est délivré. Il conditionne la mise en vente des lots. Toutefois, il est admis que les travaux de finition de voirie puissent être reportés après la construction des bâtiments, dans un délai défini à l'avance. Cette disposition permet de ne pas détériorer les revêtements de surface par les chantiers de villas ou autres bâtiments. En contrepartie, elle impose au lotisseur la production d'une caution financière pour garantir l'achèvement des travaux différés.

Les ouvrages d'infrastructure peuvent être transférés à la collectivité locale. À cet effet, une convention est passée, entre le lotisseur et la commune ou les gestionnaires des réseaux, dès l'origine du projet de lotissement. Toutefois, cette disposition n'est possible que si les travaux sont exécutés conformément à un cahier des charges défini en commun. La décision de transfert équivaut au classement des voies dans le domaine public.

Les lotissements communaux sont réalisés par des communes qui souhaitent pouvoir maîtriser leur développement. Ils ne peuvent être exécutés que sur le domaine privé de la commune, qu'il soit

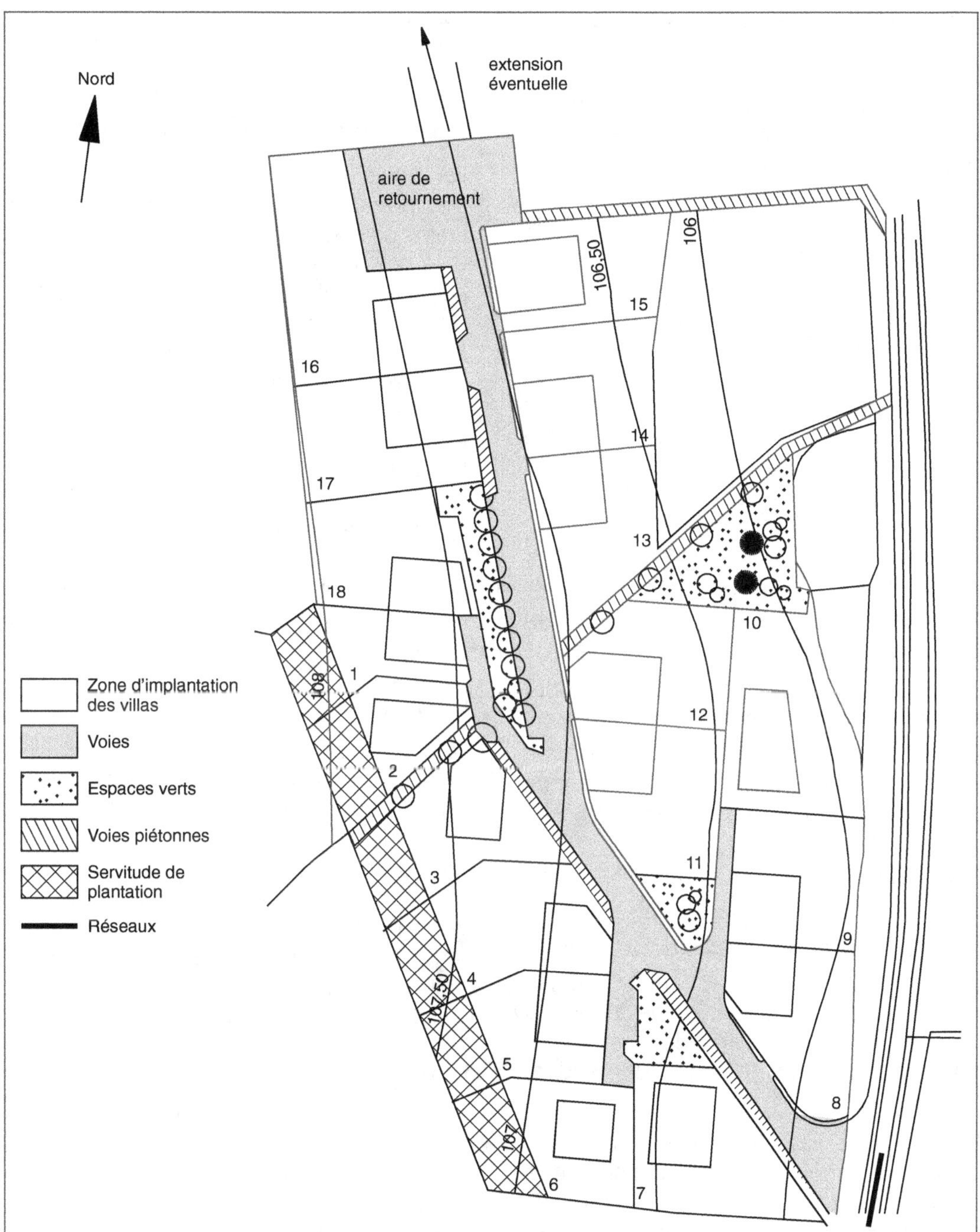

Fig. 1.3 • *Projet de lotissement de 18 lots – Extension possible.*

acquis par celle-ci par accord amiable, par préemption ou par expropriation. Généralement, l'opération est dirigée par un organisme aménageur habilité à cet effet avec lequel la commune passe une convention.

2.5. La copropriété horizontale

La copropriété horizontale, contrairement au lotissement, correspond à une division du sol en jouissance et non en propriété. Dans ce cas, le sol est indivis entre les titulaires des lots qui sont propriétaires uniquement des constructions édifiées sur le terrain et de l'entreprise au sol correspondante.

2.6. Le permis de démolir

Le permis de démolir est exigé pour entreprendre les travaux de démolition portant sur tout ou partie d'un bâtiment quelle qu'en soit sa destination d'origine. L'objectif de cette démarche est de restreindre les possibilités de démolition des immeubles et d'en assurer la protection lorsqu'ils représentent un intérêt historique au sens large du terme.

La demande est présentée sur un formulaire type accompagné des documents suivants :
- le plan de situation et le plan masse des constructions à démolir et à conserver ;
- les conditions d'utilisation et d'occupation du ou des bâtiments lors du dépôt de la demande et les dispositions prises afin de les libérer ;
- la surface de plancher hors œuvre nette ;
- les motifs de l'opération projetée.

Pendant toute la durée de l'instruction, l'avis de dépôt de la demande est affiché en mairie afin d'assurer la protection des tiers. Dès le permis accordé, un extrait doit être affiché sur le terrain, visible de l'extérieur, pendant la durée du chantier.

Dans certains cas (opération de curetage d'îlots), le permis de construire peut être subordonné à la démolition de bâtiments existants, les demandes pouvant être jumelées.

Lorsque les constructions menacent de tomber en ruines ou sont insalubres, c'est-à-dire qu'elles présentent un risque pour les occupants ou le voisinage, un arrêté est pris par l'autorité compétente dispensant de remplir cette formalité.

2.7. Le permis de construire

Le permis de construire est une procédure administrative qui autorise le pétitionnaire à édifier de nouvelles constructions, bâtiments ou autres, ou à modifier celles qui existent. Il permet de vérifier que les règles d'urbanisme, et plus particulièrement celles portant sur l'occupation des sols, sont respectées. Concernant les règles de construction, le demandeur doit s'engager à les respecter. En effet, leur vérification n'est plus effectuée lors de l'instruction, à l'exception des cas particuliers suivants : immeubles de grande hauteur (IGH), établissements recevant du public (ERP), installations classées. Le contrôle porte, entre autres, sur les règles de sécurité et les règles d'accessibilité pour les personnes handicapées. En aucun cas le permis de construire ne traite des obligations et des servitudes de droit privé.

La demande est déposée à la mairie du lieu où la construction est prévue. Elle comprend un formulaire type précisant l'identité du demandeur, l'identité du propriétaire du terrain si ce n'est pas le demandeur, la situation et la superficie du terrain, la nature des travaux envisagés, l'auteur du projet, ses caractéristiques (nature des travaux, destination de la construction, aspect extérieur, aires de stationnement prévues) et la densité de la construction. Les documents suivants sont à joindre à la demande :
- le plan de situation du terrain ;
- le plan masse des constructions projetées avec leurs dimensions et les indications sur les raccordements à la voirie et aux réseaux publics ;
- les plans de façades ;
- un volet paysager précisant, à l'aide de coupes, l'implantation de la construction par rapport au terrain naturel et son intégration dans l'environnement.

Selon la nature et la destination du projet, des pièces complémentaires peuvent être exigées.

Depuis la loi sur l'architecture du 3 janvier 1977, le permis de construire ne peut être instruit que si le pétitionnaire a fait appel à un architecte ou à un agréé en architecture. Toutefois, cette intervention n'est pas imposée dans les cas ci-après :

– la construction est de faible importance ;
– la construction ne porte pas sur un bâtiment ;
– les travaux portent sur l'aménagement et l'équipement des espaces intérieurs d'une construction existante, sans modification de la façade ni changement d'affectation.

Comme pour le permis de démolir, l'avis de dépôt de la demande est affiché en mairie pendant toute la durée de l'instruction afin d'assurer la protection des tiers. Dès le permis accordé, un extrait doit être affiché sur le terrain, visible de l'extérieur, pendant la durée du chantier.

Tous les ouvrages ne sont pas soumis à une demande de permis de construire. Selon leur nature, ils font l'objet d'une démarche simplifiée ou sont exclus de toute procédure.

La déclaration de travaux exemptés de permis de construire est une démarche simplifiée effectuée auprès de la mairie du lieu où se réalise l'ouvrage, préalablement à l'exécution des travaux. Elle est accompagnée des documents prouvant que l'ouvrage projeté respecte les principales règles d'urbanisme. Sont concernés par ce type de demande les constructions légères et mobiles et certains petits ouvrages d'infrastructure (murs de hauteur supérieure ou égale à 2 mètres ne constituant pas une clôture, mur de soutènement, etc.) ainsi que les ouvrages essentiels au bon fonctionnement des installations techniques des services publics (édicules nécessaires à la distribution, postes de coupure ou de détente gaz, postes de transformation électrique de surface inférieure à 20 mètres carrés et de hauteur inférieure à 3 mètres, stations de pompage de mêmes dimensions, poteaux ou pylônes de hauteur inférieure à 12 mètres, etc.).

Les clôtures répondent au droit à tout propriétaire de clore son bien, selon l'article 647 du Code civil, sous réserve de ne pas supprimer une servitude pouvant exister antérieurement. Par définition, les clôtures servent à enclore un tènement, et, le plus souvent, bâties au droit de la limite séparative de deux propriétés, elles permettent de les séparer, qu'elles soient privées ou que l'une d'elles appartienne au domaine public.

Les clôtures sont constituées par différents types d'ouvrages : murs ou murets, palissades, ouvrages à claire-voie en bois ou métalliques, grillages, haies vives, etc. Elles sont soumises à une déclaration préalable de travaux, sauf lorsqu'il s'agit de haies vives. Cette formalité est complétée, si nécessaire, par une demande **d'arrêté d'alignement**.

En effet, le Code de voirie routière stipule qu'aucune construction ne peut être élevée en bordure d'une voie publique sans être conforme à l'alignement.

L'alignement est déterminé par l'autorité administrative ; il correspond à la limite entre le domaine de la voirie publique et la propriété privée riveraine. Il est fixé soit par un **plan d'alignement** permettant de modifier la largeur des voies existantes, soit par un **alignement individuel** (fig. 1.4) informant le propriétaire riverain des limites précises de la voie au droit du tènement concerné. Il en résulte que toute construction, bâtiment ou clôture, ne peut être édifiée qu'au droit de cette limite, voire en retrait.

Dès qu'un ou plusieurs bâtiments sont projetés en bordure d'une voie, une demande

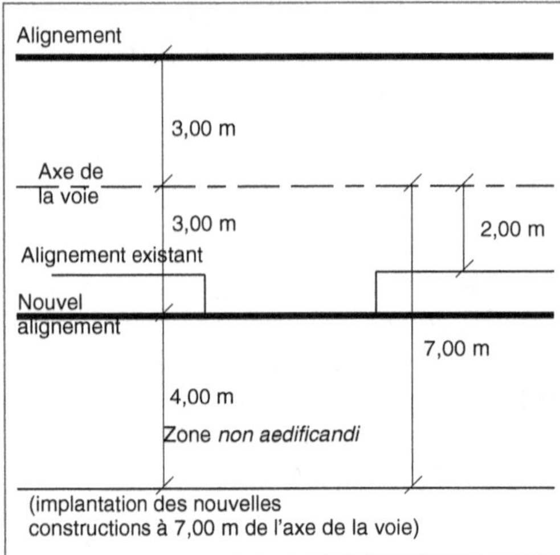

Fig. 1.4 • *Plan d'alignement.*

d'alignement individuel doit être déposée auprès de l'autorité compétente, en précisant la situation, la nature et l'objet des constructions envisagées. En aucun cas la délivrance de l'alignement individuel ne peut valoir permis de construire.

Parfois, en complément de l'alignement, peut être prévue une **zone *non ædificandi***. Celle-ci a pour objet de réserver une bande de terrain inconstructible soit pour autoriser un élargissement ultérieur des voies, soit pour éviter les nuisances (bruit le long des voies autoroutières), soit pour toute autre raison.

Enfin, quelques travaux ne nécessitent pas de dépôt de permis de construire. Ils sont répertoriés dans l'article R. 421-1 du Code de l'urbanisme. Concernant les VRD, c'est le cas des ouvrages de voirie, des canalisations souterraines, du mobilier urbain, des poteaux ou pylônes d'une hauteur inférieure ou égale à 12 mètres, des murs intérieurs d'une hauteur inférieure à 2 mètres et de tous les ouvrages dont la hauteur au-dessus du sol ne dépasse pas 1,50 mètre et de surface au sol inférieure à 2 mètres carrés.

2.8. Les établissements recevant du public

Les établissements recevant du public (ERP) selon l'article R. 123-2 du Code de la construction et de l'habitat sont constitués par *tous les bâtiments, locaux et enceintes dans lesquels des personnes sont admises, soit librement, soit moyennant une rétribution ou une participation quelconque ou dans lesquels sont tenues des réunions ouvertes à tout venant ou sur invitations, payantes ou non. Sont considérées comme faisant partie du public toutes personnes admises dans l'établissement à quel que titre que ce soit en plus du personnel.* Ces établissements sont classés selon deux critères :

– le type, déterminé en fonction de la nature de l'exploitation (salles polyvalentes, établissements sportifs, magasins, hôtels, restaurants, établissements d'enseignement, halls d'exposition, établissements hospitaliers, bâtiments administratifs, centres cultuels, etc.) ;

– la catégorie, au nombre de cinq, définie en fonction de l'effectif admis.

Les ERP, tout en répondant aux règles générales de construction, font l'objet de dispositions spécifiques afin d'assurer la sécurité contre les risques d'incendie et de panique. Leurs abords sont donc aménagés en conséquence, les rendant accessibles aisément par les véhicules de secours.

2.9. Les installations classées

Les installations classées concernent les installations présentant des risques majeurs pour la population ou pour l'environnement que ce soit au niveau de la santé, de la sécurité, de la pollution des eaux ou de la salubrité publique. Sont concernées toutes les activités exercées en poste fixe, à titre définitif ou à titre provisoire. Selon la nature et l'importance des risques encourus, elles font l'objet de l'une des deux démarches suivantes :

– une simple déclaration préalable lorsque les risques sont limités ; elle précise l'implantation des activités, la nature de l'exploitation, les constructions environnantes, l'évacuation des eaux résiduaires et des déchets et les dispositions prises en cas de sinistres ;

– une autorisation préalable lorsque les risques présentent de graves dangers pour l'environnement.

La demande d'autorisation comporte un certain nombre de pièces :

– le plan d'implantation des installations ;

– la nature et le volume des activités exercées ;

– le procédé de fabrication mis en œuvre.

Ces installations font l'objet d'une enquête publique, d'une étude d'impact et d'une étude de dangers.

Dans le cadre de la **directive Seveso***, l'administration peut exiger l'élaboration de plans de secours particuliers.

Comme pour les ERP, les abords sont aménagés afin de permettre une arrivée rapide des secours en cas de sinistre.

2.10. *Les terrains de caravanage et de camping permanents*

Les terrains de caravanage et de camping permanents font l'objet de démarches particulières. Tout d'abord, il convient de distinguer ces différentes activités.

L'article R. 443-2 du Code de l'urbanisme défini *comme caravane le véhicule ou l'élément de véhicule qui, équipé pour le séjour ou l'exercice d'une activité, conserve en permanence des moyens de mobilité lui permettant de se déplacer lui-même ou d'être déplacé par simple traction.* Il doit donc être muni en permanence de roues, d'un moyen de remorquage et des dispositifs réglemen-

taires de freinage et d'éclairage. En cela, il se distingue de la maison mobile qui ne conserve pas en permanence ce critère de mobilité et qui, étant posée sur des plots, doit faire l'objet d'un dépôt de permis de construire.

Le camping, quant à lui, est en général une activité de loisirs qui permet de vivre en plein air sous une tente, pendant certaines périodes de l'année.

L'ouverture de terrains destinés à la pratique du caravanage et du camping réclame le dépôt d'une demande d'autorisation auprès de la mairie du lieu. Le dossier joint à la demande comporte diverses pièces :

– une fiche de renseignements généraux ;

– le plan de situation du terrain afin de pouvoir le localiser ;

– le plan d'aménagement du terrain précisant le nombre d'emplacements et le nombre de personnes admises, la position des locaux collectifs et des installations communes, les plantations, une notice d'impact et le règlement interne.

Selon leur importance, certaines constructions « en dur » doivent faire l'objet d'une déclaration préalable ou d'une demande de permis de construire. Si le projet comporte plus de deux cents emplacements, une étude d'impact doit être lancée.

Dans les communes munies d'un plan de prévention des risques naturels prévisibles, l'autorité compétente fixe les prescriptions d'information, d'alerte et d'évacuation avant de délivrer toute autorisation.

L'aménagement de ces terrains exige des travaux de terrassement et d'infrastructure relativement importants afin de garantir les règles de salubrité et de sécurité publiques. Ils comportent l'aménagement des voiries, des emplacements, les raccordements aux réseaux d'eau et d'électricité, le traitement des eaux usées, la construction de clôtures et la création d'espaces verts (photo 1.3).

Photo 1.3 • *Travaux d'aménagement d'un terrain de camping.*

Des équipements plus légers peuvent être envisagés pour les terrains de caravanage et de camping saisonnier comprenant moins de cent vingt emplacements et dont l'occupation n'excède pas deux mois dans l'année.

Compte tenu de leur destination et de leur importance, ces travaux peuvent faire l'objet d'études ou d'analyses complémentaires.

2.11. L'étude d'impact

L'étude d'impact s'impose dès que les travaux et les projets d'aménagement, par leur importance et leur nature, peuvent porter atteinte au milieu naturel. Elle contribue à la conception du projet et ne constitue pas une justification *a posteriori*. Elle nécessite une autorisation ou une décision d'approbation. De ce fait, elle doit fournir toutes les informations concernant le projet et ses répercussions sur l'environnement. Son contenu est en relation directe avec l'importance des aménagements projetés et avec leurs incidences prévisibles sur l'environnement.

L'étude d'impact se compose de plusieurs parties portant sur les points suivants :
– l'analyse de l'état initial du site et de son environnement ;

– l'analyse précise des effets directs ou indirects, temporaires ou permanents, du projet sur l'environnement ;

– les raisons qui ont conduit au choix retenu ;

– les mesures envisagées pour supprimer, réduire ou compenser les conséquences dommageables pour l'environnement ;

– l'étude des effets du projet sur la sécurité et la santé.

Toute personne, physique ou morale peut prendre connaissance de l'étude d'impact.

Sont soumis à une étude d'impact les travaux dont le coût excède 1 829 388 euros (douze millions de francs) ou, indépendamment de leur coût, ceux qui portent sur :
– la construction d'ouvrages de surface hors œuvre nette supérieure à 5 000 m^2 ;

– la construction d'immeubles de grande hauteur (supérieure à 50 m) à usage d'habitation ou de bureau ;

– la construction de bâtiments à usage commercial de surface hors œuvre nette supérieure à 10 000 m^2 ;

– la création de zones d'aménagement concerté ;

– la création de lotissements permettant la construction de plus de 5 000 m^2 de surface hors œuvre nette ;

– la création de terrain de camping ou de caravanage de 200 emplacements ou plus ;

– le défrichement d'un seul tenant soumis à autorisation et portant sur une superficie d'au moins 25 hectares ;

– l'épuration des eaux des collectivités locales d'une population équivalente à 10 000 habitants ;

– la création de réservoirs de stockage d'eau, autres que ceux enterrés ou semi-enterrés.

Certains ouvrages, de moindre importance, sont soumis à une procédure simplifiée, l'établissement d'une **notice**

d'impact. C'est le cas, entre autres, des travaux suivants :
– la création de terrain de camping ou de caravanage de moins de 200 emplacements ;
– le défrichement d'un seul tenant soumis à autorisation et portant sur une superficie inférieure à 25 hectares ;
– l'épuration des eaux des collectivités locales d'une population inférieure à 10 000 habitants ;
– la correction des torrents, la lutte contre les avalanches, la fixation des dunes ou la défense contre l'incendie.

2.12. *L'enquête publique*

L'enquête publique doit précéder tous les travaux d'aménagement ou de construction réalisés par des personnes publiques ou privées, lorsque ceux-ci, en raison de leur nature, de leur consistance ou de leur importance, sont susceptibles d'affecter l'environnement. Cette procédure a pour objet d'informer le public et de recueillir ses appréciations, suggestions et contre-propositions afin de permettre à l'autorité compétente de disposer de tous les éléments nécessaires à son information. Elle intervient postérieurement à l'étude d'impact lorsque celle-ci est requise.

Le dossier soumis à l'enquête publique doit comprendre :
– une notice explicative indiquant : l'objet de l'enquête, les principales caractéristiques de l'opération soumise à enquête et lorsque l'étude d'impact n'est pas requise, les raisons – notamment du point de vue de l'environnement – qui ont conduit le maître de l'ouvrage à retenir le projet soumis à enquête ;
– l'étude d'impact ou la notice d'impact lorsque l'une ou l'autre est requise ;
– le plan de situation ;
– le plan général des travaux ;
– les caractéristiques principales des ouvrages les plus importants ;

– lorsque le maître de l'ouvrage est une personne publique, l'appréciation sommaire des dépenses, y compris le coût des acquisitions immobilières ;
– la mention des textes qui régissent l'enquête publique en cause, et l'indication de la façon dont cette enquête s'insère dans la procédure administrative relative à l'opération considérée.

Concernant les travaux d'infrastructure, seuls ceux portant sur des investissements conséquents sont soumis à cette procédure, de même que les lotissements permettant la construction de plus de 5 000 m^2 de surface hors œuvre nette et les terrains de camping et de caravanage créant plus de deux cents nouveaux emplacements.

L'enquête publique est réalisée par un commissaire-enquêteur désigné par le président du tribunal administratif du lieu où est prévu le projet. L'information du public doit être faite avec la plus grande attention. Un affichage visible de la voie publique est effectué sur le site.

2.13. *Les servitudes administratives ou servitudes d'utilité publique*

Ces servitudes grèvent les propriétés privées au profit de la collectivité. Elles peuvent résulter de dispositions prises dans le cadre des lois d'aménagement et d'urbanisme ou répondre à des prescriptions particulières. Elles peuvent affecter directement l'utilisation des terrains. C'est le cas des zones de protection des puits de pompage de l'eau potable, du passage de certains réseaux publics, etc. Ce type de servitudes est à distinguer des **servitudes de droit privé**, légales ou conventionnelles, qui imposent au propriétaire du fonds servant diverses contraintes au bénéfice du fonds dominant ou qui permet le désenclavement de certaines parcelles de terrain.

2.14. Les zones de protection du patrimoine architectural urbain

Ces zones de protection, ou ZPPAUP, sont créées autour des monuments historiques, des quartiers et des sites à protéger ou à mettre en valeur pour des motifs d'ordre historique, culturel ou esthétique. Les études sont diligentées sous la conduite des autorités compétentes, préfet du département ou maire de la commune concernée, après délibération du conseil municipal. Des règles sont édictées, applicables dans ces zones. Elles portent sur l'organisation de l'espace et l'occupation des sols, le gabarit des constructions, leur aspect et la mise en valeur de leur environnement (traitement des espaces publics, éclairage, plantations, etc.).

2.15. Les conditions rendant un terrain constructible

Ces conditions sont mentionnées dans le Code de l'urbanisme (art. R. 111-2 à art. R. 111-15). Elles portent, entre autres, sur la viabilisation du terrain (photo 1.4).

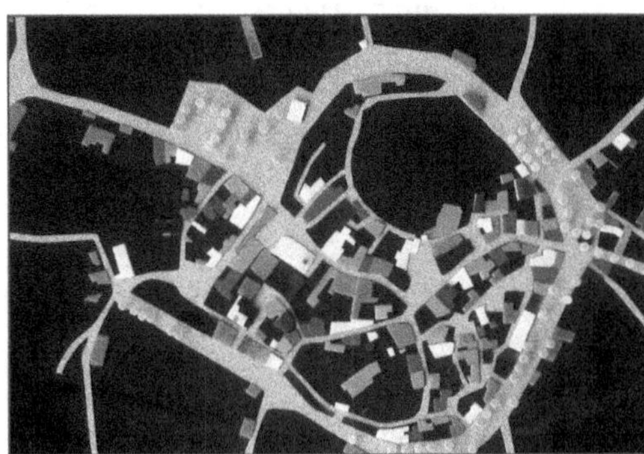

Photo 1.4 • *Maquette d'une zone à aménager.*

- La desserte doit être assurée par des voies publiques ou privées construites afin de répondre, en toute sécurité, à l'importance ou à la destination du bâtiment ou de l'ensemble de bâtiments envisagé. Si besoin est, elle doit posséder les caractéristiques pour permettre la circulation ou l'utilisation des engins de lutte contre l'incendie.

- Les aires de stationnement des véhicules doivent correspondre aux besoins de l'immeuble à construire et se trouver en dehors de l'emprise des voies publiques.

- L'alimentation en eau potable et l'assainissement de toute construction à usage d'habitation et de tout local pouvant servir de jour ou de nuit pour le travail, le repos ou l'agrément, ainsi que l'évacuation, l'épuration et le rejet des eaux résiduaires industrielles doivent être assurés dans les conditions conformes aux règlements en vigueur.

- Les lotissements et les ensembles d'habitation doivent être desservis par un réseau de distribution d'eau potable sous pression et par un réseau d'égouts évacuant directement, et sans aucune stagnation, les eaux usées de toute nature. Ces réseaux sont raccordés aux réseaux publics du quartier où sont construits les lotissements et les ensembles d'habitation.

- En l'absence de réseaux publics et sous réserve que l'hygiène générale et la protection sanitaire soient assurées, le réseau de distribution d'eau potable est alimenté par un seul point d'eau ou, en cas d'impossibilité, par le plus petit nombre possible de points d'eau. Le réseau d'égouts aboutit à un seul dispositif d'épuration et de rejet en milieu naturel ou, en cas d'impossibilité, au plus petit nombre possible de ces dispositifs. En outre, ces installations collectives sont établies de manière à pouvoir se raccorder ultérieurement aux réseaux publics prévus dans les projets d'alimentation en eau et d'assainissement.

- Des dérogations à l'obligation de réaliser des installations collectives de distribution d'eau potable peuvent être accordées, à titre exceptionnel, lorsque la grande superficie des parcelles ou la faible densité de construction ainsi que la facilité d'alimentation individuelle, font apparaître celle-ci comme nettement plus économique, mais à la condition que la potabilité de l'eau et sa protection contre tout risque de pollution puissent être considérées comme assurées.

- Des dérogations à l'obligation de réaliser des installations collectives peuvent être accordées pour l'assainissement pour les mêmes raisons, à condition que la nature géologique du sol et le régime hydraulique des eaux superficielles et souterraines autorisent un assainissement individuel ne présentant aucun inconvénient d'ordre hygiénique.

- Les eaux résiduaires industrielles et autres eaux usées de toute nature, à épurer, ne doivent pas être mélangées aux eaux pluviales et aux autres eaux résiduaires pouvant être rejetées en milieu naturel sans traitement. Cependant, ce mélange est autorisé si la dilution qui en résulte n'entraîne aucun risque de pollution.

- L'évacuation des eaux résiduaires industrielles dans le réseau public d'assainissement, si elle est autorisée, peut être subordonnée notamment à un prétraitement approprié.

L'autorisation d'un lotissement industriel ou la construction d'établissements industriels groupés peuvent être subordonnées à leur desserte par des canalisations d'égouts recueillant les eaux résiduaires industrielles, après qu'elles ont subi éventuellement un prétraitement approprié. Ces canalisations sont raccordées soit au réseau public d'assainissement, si ce mode d'évacuation peut être autorisé compte tenu notamment des prétraitements, soit à un dispositif commun d'épuration et de rejet en milieu naturel.

2.16. La salubrité des immeubles et des agglomérations

La salubrité fait l'objet de plusieurs articles dans le Code de la santé publique. Ils portent plus particulièrement sur les principes d'assainissement des immeubles.

- Le raccordement des immeubles aux égouts disposés pour recevoir les eaux usées domestiques et établis sous la voie publique à laquelle ces immeubles ont accès soit directement, soit par l'intermédiaire de voies privées ou de servitudes de passage, est obligatoire dans le délai de deux ans à compter de la mise en service de l'égout. Des prolongations de délais peuvent être éventuellement accordées sans excéder une durée de dix ans.

- Les immeubles non raccordés doivent être dotés d'un assainissement autonome dont les installations seront maintenues en bon état de fonctionnement. Cette obligation ne s'applique pas aux immeubles qui, en application de la réglementation, doivent être démolis ou cessent d'être utilisés.

- Pour les immeubles édifiés postérieurement à la mise en service de l'égout, la commune peut se charger, à la demande des propriétaires et à leurs frais, de l'exécution de la partie des branchements située sous la voie publique. Ces parties de branchements sont incorporées au réseau public, propriété de la commune qui en assure désormais l'entretien et en contrôle la conformité.

- Les ouvrages nécessaires pour amener les eaux usées à la partie publique du branchement sont à la charge exclusive des propriétaires. La commune contrôle la conformité des installations correspondantes.

- Dès l'établissement du branchement, les fosses et autres installations de même nature sont mises hors d'état de servir ou de créer des nuisances, par les soins et aux frais du ou des propriétaires. À défaut d'exécution, la commune peut, après mise en demeure, procéder d'office et aux frais des intéressés aux travaux indispensables.

- Tout déversement d'eaux usées, autres que domestiques, dans les égouts publics doit être préalablement autorisé par la collectivité à laquelle appartiennent les ouvrages qui seront empruntés par ces eaux usées. L'autorisation, suivant la nature du réseau à emprunter ou des traitements mis en œuvre, fixe les caractéristiques que doivent présenter ces eaux usées pour être reçues.

2.17. *Les intervenants*

Les intervenants sont appelés à assurer l'ensemble des missions depuis le lancement d'une opération d'aménagement jusqu'à sa réalisation et à la mise à disposition des usagers. Chacun a une fonction particulière à remplir et doit faire face à des responsabilités plus ou moins grandes (tab. 1.2).

Le maître de l'ouvrage est la personne physique ou morale pour laquelle l'ouvrage est construit. Responsable principal de l'opération, il remplit une fonction d'intérêt général. Il lui appartient, après s'être assuré de la faisabilité et de l'opportunité du projet, d'en définir le programme, d'en arrêter l'enveloppe financière prévisionnelle, d'en assurer le financement, de choisir le processus selon lequel l'ouvrage sera réalisé et de conclure – avec les maîtres d'œuvre et les entreprises qu'il choisit – les contrats ayant pour objet les études et l'exécution des travaux.

Dans le programme, le maître de l'ouvrage précise les principaux objectifs de l'opération et les besoins qu'elle doit satisfaire ainsi que les contraintes et les exigences de qualité sociale, urbanistique, architecturale, fonctionnelle, technique, économique, d'insertion dans le paysage et de protection dans l'environnement.

Pour remplir tout ou partie de ces missions, le maître de l'ouvrage peut s'entourer de compétences complémentaires :
- un **mandataire**, avec lequel il passe une convention, afin qu'il intervienne en son nom et pour son compte ;
- un **conducteur d'opération**, organisme indépendant qui l'assiste dans les missions à caractère administratif, technique et financier ;
- un **spécialiste** qui intervient dans le cadre d'une mission d'assistance à maîtrise d'ouvrage, afin de définir la programmation.

La maîtrise d'ouvrage publique est formalisée dans le Nouveau Code des marchés publics qui intègre les articles de la loi n° 85-704 du 12 juillet 1985 (loi MOP) relative à la maîtrise d'ouvrage. Elle regroupe l'État et ses établissements publics, les collectivités territoriales et leurs établissements publics, les organismes d'habitat social et certaines sociétés d'économie mixte.

La maîtrise d'ouvrage privée, plus libre, est régie par la norme NF P 03-001 *Marchés privés. Cahiers types. Cahiers des clauses administratives générales applicables aux travaux de bâtiment faisant l'objet de marchés privés,* sous réserve d'y faire référence.

Le maître d'œuvre est une personne physique ou morale, ou une équipe comprenant plusieurs personnes physiques ou morales. Il fournit des prestations intellectuelles portant sur la conception et la réalisation du projet sur la base du programme du maître de l'ouvrage. Pour sa compétence, le maître d'œuvre peut être chargé, par le maître d'ouvrage, de l'assister pour la consultation des entreprises et pour la conclusion des marchés avec les entrepreneurs, de diriger l'exécution des marchés de travaux et de le

PHASES	MISSION	INTERVENANTS
Études préalables	Analyse des besoins	Maîtrise d'ouvrage
	Programmation	Maîtrise d'ouvrage
	Étude de faisabilité	Ingénierie spécialisée
	Acquisition des terrains	Maîtrise d'ouvrage
Études préliminaires	Bornage des terrains	Géomètre
	Relevés topographiques	Géomètre
	Campagne de sondages	Géotechnicien
	Études préliminaires et estimation	Maîtrise d'œuvre
	Approbation	Maîtrise d'ouvrage
Avant-projet	Avant-projet	Maîtrise d'œuvre
	Contact administration et services divers	Maîtrise d'œuvre
	Estimation	Maîtrise d'œuvre
	Approbation	Maîtrise d'ouvrage
Projet	Mise au point du projet	Maîtrise d'œuvre
	Documents écrits et graphiques	Maîtrise d'œuvre
	Estimation	Maîtrise d'œuvre
Appel d'offres	Consultation des entreprises	Maîtrise d'ouvrage
	Devis quantitatifs et estimatifs	Maîtrise d'œuvre ou entreprises
	Choix des entreprises	Maîtrise d'ouvrage
	Adaptations éventuelles	Maîtrise d'œuvre et entreprises
Exécution	Déclaration d'ouverture du chantier	Entreprises
	Travaux	Entreprises
	Direction de l'exécution	Maîtrise d'œuvre
	Liaison avec les services	Maîtrise d'œuvre et entreprises
Réception	Réception des ouvrages	Maîtrise d'ouvrage
	Mise en service	Entreprises
	Dossier des ouvrages exécutés	Entreprises

Tab. 1.2 • _Déroulement d'une opération._

seconder lors de la réception de l'ouvrage et le règlement des comptes. Il peut se voir confier tout ou partie de la mission regroupant plusieurs phases.

En maîtrise d'ouvrage publique, le contenu de ces éléments de mission est parfaitement encadré par des textes réglementaires. En infrastructure, selon la nature des ouvrages et le contenu de la mission, cette dernière peut comprendre les éléments suivants ayant chacun un objet précis (annexe 2, tab. 1.3) :

– les études préliminaires (ETP) ;
– le diagnostic (DIAG), dans le cas d'ouvrages existants ;
– les études d'avant-projet (AVP) fondé sur la solution retenue et le programme défini lors des études préliminaires ;
– les études de projet (PRO) ayant pour base l'avant-projet approuvé par le maître de l'ouvrage ;
– les études d'exécution (EXE) afin de permettre la réalisation des ouvrages, éléments de mission qui peut être confiée

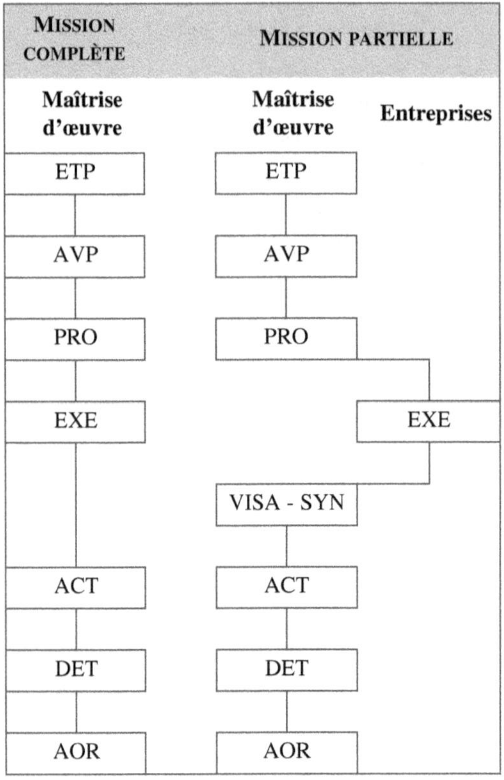

Tab. 1.3 • *Contenu des missions de maîtrise d'œuvre (travaux neufs).*

soit à la maîtrise d'œuvre, soit à l'entreprise ;

– l'assistance au maître de l'ouvrage pour la passation des marchés avec les entreprises (ACT) ;

– le visa et la synthèse (VISA + SYN) lorsque les études d'exécution sont confiées à l'entreprise ;

– la direction de l'exécution (DET) ;

– l'assistance au maître de l'ouvrage lors des opérations de réception des ouvrages et pendant la période de garantie de parfait achèvement (AOR) ;

– l'ordonnancement, le pilotage et la coordination des travaux (OPC).

Ce dernier élément de mission peut également être confié à une personne ou à un organisme indépendant de l'équipe de maîtrise d'œuvre.

D'autre part, des missions complémentaires peuvent être confiées au maître d'œuvre, telles que les études d'impact, la coordination avec les services publics, l'évaluation des coûts d'exploitation, etc.

Comme pour la maîtrise d'ouvrage, la **maîtrise d'œuvre est publique ou privée**. La première, constituée par des services de l'équipement, de l'agriculture, de la navigation, de collectivités territoriales ou par des sociétés d'économie mixte, se voit confier des missions par les maîtres d'ouvrage publics. La seconde peut passer des conventions avec la maîtrise d'ouvrage, qu'elle soit publique ou privée. Sont qualifiés pour remplir ce rôle : l'architecte inscrit au tableau de l'ordre des architectes, l'économiste, l'ingénieur-conseil ou le bureau d'études. Les deux derniers sont les plus aptes pour étudier les projets d'infrastructure. Dans le cadre d'opérations immobilières importantes, une bonne coordination entre l'architecte et le bureau d'études de VRD est indispensable.

Sur demande de l'intéressé, des organismes de qualification délivrent un document attestant qu'il possède l'aptitude à réaliser les prestations pour lesquelles il est qualifié. Concernant l'ingénierie, **l'Organisme professionnel de qualification de l'ingénierie** : infrastructure, bâtiment, industrie (**OPQIBI**) a la charge de délivrer ces qualifications dans les domaines de l'industrie, des infrastructures, du bâtiment, de l'énergie, de l'environnement, des loisirs, de la culture et du tourisme. Ils sont répartis en dix-neuf rubriques (annexe 3).

En complément, les ingénieurs indépendants et les bureaux d'études peuvent effectuer une autre démarche visant à obtenir une certification confirmant qu'ils maîtrisent les systèmes de management de la qualité conformément à la norme NF EN ISO 9001-2000. Celle-ci précise les exigences à remplir pour son obtention portant, entre autres, sur le management des ressources, sur la maîtrise des ressources, la réalisation du produit, la pérennité du système.

Lors d'une mise en concurrence publique, la qualification et la certification peuvent être sollicitées par le maître de l'ouvrage. Mais elles ne sont pas exigibles et viennent souvent en appui des références présentées.

Le contrôleur technique est une personne physique ou morale agréée par le ministère chargée de la construction. Selon l'article L. 111- 23 : _Il a pour mission de contribuer à la prévention des différents aléas techniques susceptibles d'être rencontrés dans la réalisation des ouvrages. Il intervient à la demande du maître de l'ouvrage et donne son avis à ce dernier sur les problèmes d'ordre technique. Cet avis porte notamment sur les problèmes concernant la solidité de l'ouvrage et la sécurité des personnes._

Son intervention est obligatoire pour certains ouvrages, de par leur importance ou par leur destination (murs de soutènement, réservoirs, station d'épuration, par exemple). En aucun cas le contrôleur technique ne peut exercer une mission de conception et d'exécution.

L'entreprise est l'entité, personne physique ou morale, chargée de la construction de l'ouvrage. Elle doit prendre toutes les dispositions pour réaliser les travaux conformément au cahier des charges, aux documents graphiques et aux pièces écrites. Elle doit également s'assurer que toutes les règles de sécurité sont appliquées pendant le chantier, conformément au Code du travail.

Lorsque plusieurs lots de travaux sont prévus, ceux-ci sont traités :

- **par des entreprises séparées**, chacune ayant les qualifications requises pour les travaux qu'elle réalise ;
- **par un groupement d'entreprises**, conjointes ou solidaires, représenté par un mandataire (souvent l'entreprise qui a le lot le plus important ou qui est présente sur le chantier pendant la durée de celui-ci) ;
- **par une entreprise générale** qui, titulaire du marché unique de travaux, a les qualifications requises ou peut éventuellement en sous-traiter une partie.

Il est admis que certaines parties des travaux soient sous-traités à d'autres entreprises, à condition que la sous-traitance soit transparente, prévue dès la remise des offres et acceptée par le maître d'ouvrage. Dans ce cas, il est nécessaire de préciser les travaux sous-traités, leur montant et l'entreprise chargée de les exécuter. La sous-traitance occulte est formellement interdite.

Les entreprises, sur leur demande, peuvent obtenir leur qualification pour les secteurs d'activité dans lesquels elles interviennent. Elle est délivrée par un organisme de droit privé, **Qualibat**, orienté plus particulièrement vers le bâtiment. Seules quelques rubriques portent sur les ouvrages d'infrastructure (annexe 4). D'autres organismes délivrent les qualifications dans des domaines plus ciblés : **Qualifelec** pour les entreprises d'électricité, **Qualipaysage** pour les paysagistes et les entreprises d'arrosage intégré.

Comme l'ingénierie, les entreprises peuvent effectuer une démarche visant à obtenir une certification attestant qu'elles maîtrisent les systèmes de management de la qualité, conformément à la norme NF EN ISO 9001– 2000.

Les autres intervenants potentiels sont le **coordinateur des travaux** et le **coordonnateur sécurité – prévention – santé (SPS)**. Le premier, personne physique ou morale, intervient dans l'ordonnancement, le pilotage et la coordination des travaux ; mission qui peut également être confiée au maître d'œuvre. Le second, personne physique ou morale, est désigné par le maître de l'ouvrage afin d'organiser la coordination en matière de sécurité et de santé des travailleurs, dès que l'ouvrage requiert la présence de plusieurs entreprises. Il intervient tant dans la phase de conception qu'au cours des travaux. En liaison avec le maître de l'ouvrage et le maître d'œuvre, il énonce les principes généraux de prévention à prendre afin d'assurer la protection des travailleurs et établit, en accord avec les entreprises, un plan général de coordination en termes de sécurité. Il évalue les risques et fait prendre les mesures appropriées pour la sécurité du chantier. Conformément à l'article R. 238- 19 du Code du travail, il tient un registre journal de la coordination, registre dans lequel sont consignés tous les comptes rendus des inspections, les observations et les notifications qui ont pu être faites en cours de chantier.

2.18. La passation des marchés

La passation des marchés entre le maître de l'ouvrage et le maître d'œuvre, d'une part, et entre le maître de l'ouvrage et l'entreprise, d'autre part, répond à des règles qui varient selon la qualité du maître de l'ouvrage et l'importance des travaux.

La maîtrise d'ouvrage publique doit respecter un formalisme énoncé dans le Code des marchés publics pour concrétiser l'intervention de la maîtrise d'œuvre et des entreprises.

Les marchés avec la maîtrise d'œuvre sont passés en appliquant une des procédures définies selon le montant des études et l'application de seuils établis par décret (tab. 1.4).

En deçà d'un seuil inférieur, le marché est traité sans formalités préalables.

Lorsque le montant estimé du marché est compris entre deux seuils inférieur et supérieur, le marché est passé selon une procédure négociée. La mise en compétition peut se limiter à l'examen des compétences, des références et des moyens des candidats. La personne responsable du marché, après l'avis d'un jury, dresse la liste des candidats admis à négocier, dont le nombre ne peut être inférieur à trois, sauf si le nombre de

1 – Marchés de maîtrise d'œuvre			
	Seuil inférieur	Seuil supérieur	
	Honoraires	Honoraires	Honoraires
État et Collectivités territoriales	Sans formalités préalables	Mise en concurrence simplifiée et négociations	Concours
2 – Marchés d'entreprises			
	Seuil inférieur	Seuil supérieur *	
	Montant des travaux	Montant des travaux	Montant des travaux
État	Sans formalités préalables	Mise en concurrence simplifiée et négociations	Appel d'offres
Collectivités territoriales	Sans formalités préalables	Mise en concurrence simplifiée et négociations	Appel d'offres

* Le seuil supérieur peut être différent pour l'état et les collectivités territoriales.

Tab. 1.4 • *Procédures de dévolution des marchés publics.*

candidats est insuffisant. Au terme des négociations, le marché est attribué par la personne responsable du marché ou, pour les collectivités territoriales, par l'assemblée délibérante.

Au-delà du seuil supérieur, la procédure du concours est obligatoire. Ce concours est restreint et se déroule en deux phases : la première pour sélectionner trois à cinq candidats appelés à concourir, la seconde pour évaluer les prestations fournies et arrêter le candidat retenu.

Les marchés de maîtrise d'œuvre relatifs à des ouvrages d'infrastructure peuvent être attribués sans avoir recours au concours, de même que les marchés portant sur l'extension d'ouvrages existants nécessitant une continuité technique ou paysagère.

Lorsque le montant du marché est supérieur au seuil inférieur cité précédemment, la procédure fait l'objet de publicité dans le _Bulletin officiel des annonces des marchés publics_ (BOAMP) et dans la presse spécialisée ou locale.

Le règlement de la consultation doit être remis à tous les candidats. Il précise le nom du maître de l'ouvrage, l'objet de l'appel d'offres, la procédure de passation, la date limite de remise de l'offre, sa présentation, le mode de jugement, la composition de la commission d'appel d'offres ou du jury, et les critères de choix.

Les conditions d'organisation de la mise en concurrence et de la composition des jurys sont précisées dans le Code des marchés et dans les décrets et les arrêtés correspondants.

Le marché est un contrat écrit qui comporte obligatoirement un acte d'engagement, les pièces administratives et les documents précisant la nature des études. L'acte d'engagement en constitue la pièce majeure. Il est signé par le candidat qui présente l'offre et

par la personne publique. Il indique les conditions de l'offre : prix, répartition entre cotraitants éventuels, délais, documents joints.

Les marchés avec les entreprises sont également passés de manière différente selon le montant des travaux. Ils font l'objet de tractations directes, d'appels d'offres ouverts ou restreints, en fonction de seuils fixés par décret (tab. 1.4) :

- En deçà d'un seuil inférieur, les marchés publics sont passés sans formalités préalables.

- Compris entre deux seuils inférieur et supérieur, différents pour l'état et pour les collectivités territoriales, les marchés peuvent être passés selon la procédure de mise en concurrence simplifiée. La personne publique choisit le titulaire du marché à la suite de négociations avec plusieurs candidats après publicité et mise en concurrence préalable.

- Au-delà du seuil supérieur, les marchés sont passés sur appel d'offres, procédure qui peut être également retenue lorsque ces seuils ne sont pas atteints.

L'appel d'offres permet à la personne publique de retenir, sans négociation, l'offre économiquement la plus avantageuse sur la base de critères objectifs portés à la connaissance des candidats.

L'appel d'offres ouvert admet tous les candidats qui se présentent à remettre une offre.

L'appel d'offres restreint opère une première sélection limitant le nombre de candidats admis à remettre une offre.

Lorsque l'appel d'offres est infructueux, la personne publique peut appliquer **la procédure négociée** qui lui permet de retenir le titulaire du marché après négociation avec le ou les candidats semblant les mieux placés.

Ces procédures font l'objet de publicité dans le *Bulletin officiel des annonces des marchés publics* ou, pour les montants supérieurs à un certain seuil, dans le *Journal officiel des communautés européennes*.

D'autres principes peuvent être retenus, tels que l'appel d'offres sur performances ou le marché conception-réalisation qui regroupe entreprises et maîtrise d'œuvre.

Lorsque l'ouvrage est décomposé en plusieurs lots de travaux et à condition de le préciser lors de l'appel d'offres, les candidats peuvent répondre en entreprises séparées, en groupements d'entreprises et en entreprises générales.

Quel que soit le mode de consultation, il est admis, dans la mesure du possible, de retenir l'offre la mieux-disante et non l'offre la moins-disante. Le coût des travaux n'est plus un critère prépondérant ; la compétence, les délais d'exécution et le suivi après chantier ayant également leur importance. Si une offre paraît anormalement basse, elle peut être rejetée lorsque les compléments d'information ne sont pas jugés satisfaisants.

Les marchés comportent obligatoirement un acte d'engagement signé par l'entrepreneur retenu et par la personne publique responsable du marché. Il en constitue la pièce principale et précise, entre autres, les points suivants :
- l'identification des parties contractantes ;
- la définition de l'objet du marché ;
- la référence au Code des marchés ;
- l'énumération des pièces du marché présentées dans un ordre de priorité ;
- le prix ;
- la durée d'exécution du marché ou les dates prévisionnelles de début et de fin d'intervention ;
- les conditions de réception et de livraison ;
- les conditions de règlement ;
- la date de notification du marché.

L'acte d'engagement est complété par des pièces contractuelles ou non.

Les documents contractuels sont les suivants, prévalant les uns sur les autres dans l'ordre où ils sont énumérés :
- l'acte d'engagement signé ;
- le cahier des clauses administratives générales (CCAG) complété ou modifié par le cahier des clauses administratives particulières (CCAP), dans lequel sont mentionnées, entre autres, les sujétions de la mission de coordination en matière de sécurité et de protection de la santé ;
- le cahier des clauses techniques générales (CCTG) complété ou modifié par le cahier des clauses techniques particulières (CCTP) ; le CCTG peut ne pas être joint aux pièces du marché ; le CCTG est établi par le maître de l'ouvrage ou fait référence aux fascicules mis au point sous l'égide du Ministère de l'équipement, des transports et du logement (annexe 5) ;
- les documents graphiques ;
- le calendrier général du chantier.

Les documents qui ne sont pas contractuels portent sur :
- la décomposition détaillée des prix du marché : les devis quantitatifs et estimatifs de l'entreprise, utile dans l'établissement des situations ou la décomposition en millièmes ;
- les documents graphiques de détails ;
- l'échéancier des paiements ;
- les pièces annexes, si nécessaire ;
- le calendrier prévisionnel des travaux.

La maîtrise d'ouvrage privée n'est pas assujettie aux mêmes contraintes que la maîtrise d'ouvrage publique. Le principe qui domine ce type de marchés est celui de la libre négociation. Les contrats, tant avec la maîtrise d'œuvre qu'avec les entreprises, peuvent être passés sans formalisme particulier. La seule règle est le respect du contrat signé. Encore faut-il qu'il soit bien libellé.

C'est pourquoi, il est recommandé de faire référence à la norme NF P 03-001 qui peut faire l'office de cahier des clauses administratives générales (CCAG). Mais ce n'est pas une obligation.

Par ailleurs, s'il le souhaite, le maître d'ouvrage privé peut suivre les mêmes procédures que le maître d'ouvrage public, en simplifiant le formalisme administratif.

Le marché de maîtrise d'œuvre est passé après négociations directes ou appel d'offres. Le maître de l'ouvrage a le choix entre plusieurs solutions :

– passer un marché avec un prestataire unique qui peut, éventuellement, confier certaines tâches à des sous-traitants après acceptation et agrément par le maître d'ouvrage ; la sous-traitance occulte étant formellement interdite ;

– passer plusieurs marchés distincts avec chacun des intervenants ;

– passer un marché avec un groupement ou une équipe de maîtrise d'œuvre.

Les marchés avec les entreprises suivent sensiblement les mêmes modalités, négociations ou consultations. Ils sont passés avec des entreprises séparées, avec un groupement d'entreprises ou avec une entreprise générale. Le marché est établi sur l'une des bases suivantes :

● **marché au métré**, le règlement étant effectué en appliquant des prix unitaires sur les quantités réellement exécutées ;

● **marché à prix global et forfaitaire**, dans lequel l'ouvrage ainsi que les prix sont parfaitement définis ; ils ne peuvent pas être remis en cause, sauf convention particulière portant sur certains travaux (terrassement, présence de rocher) ou sur des hausses de prix non prévisibles ;

● **marché sur dépenses contrôlées**, pour lequel l'entreprise est rémunérée sur la base des dépenses réelles et contrôlées.

Le marché est constitué de pièces qui ont valeur contractuelle et de pièces annexes. Il fixe également les délais d'exécution.

Les documents contractuels suivent sensiblement les mêmes règles que les marchés publics, sans en avoir tout le formalisme. La dénomination des pièces est différente. C'est ainsi que l'acte d'engagement devient la lettre d'engagement ou la soumission, alors que le CCAG est remplacé par la norme NF P 03- 001.

2.19. _L'assurance des ouvrages d'infrastructure_

L'assurance des ouvrages d'infrastructure est soumise à des règles particulières proches de celles appliquées dans les travaux de bâtiments énoncées dans la loi n° 78-12 du 4 janvier 1978 relative à la responsabilité et à l'assurance dans le domaine de la construction. Pour ce dernier, il en résulte que l'assurance de responsabilité est obligatoire, comme le précise l'article L. 241 du Code des assurances.

Toute personne physique ou morale, dont la responsabilité peut être engagée sur le fondement de la présomption établie par les articles 1792 et suivants du Code civil à propos de travaux de bâtiment, doit être couverte par une assurance.

À l'ouverture de tout chantier, elle doit être en mesure de justifier qu'elle a souscrit un contrat d'assurance la couvrant pour cette responsabilité.

Tout contrat d'assurance souscrit en vertu du présent article est, nonobstant toute stipulation contraire, réputé comporter une clause assurant le maintien de la garantie pour la durée de la responsabilité pesant sur la personne assujettie à l'obligation d'assurance…

Les articles 1792 et suivants du Code civil ont été mis en conformité avec la loi du

4 janvier 1978 et ses décrets d'application. Ils portent sur la garantie décennale et la garantie de parfait achèvement.

Art. 1792 - *Tout constructeur d'un ouvrage est responsable de plein droit, envers le maître ou l'acquéreur de l'ouvrage, des dommages, même résultant d'un vice du sol, qui compromettent la solidité de l'ouvrage ou qui, l'affectant dans l'un de ses éléments constitutifs ou l'un de ses éléments d'équipement, le rendent impropre à sa destination.*

Une telle responsabilité n'a point lieu si le constructeur prouve que les dommages proviennent d'une cause étrangère.

Art. 1792-1 - *Est réputé constructeur de l'ouvrage :*

1° Tout architecte, entrepreneur, technicien ou autre personne liée au maître de l'ouvrage par un contrat de louage d'ouvrage ;

2° Toute personne qui vend, après achèvement, un ouvrage qu'elle a construit ou fait construire ;

3° Toute personne qui, bien qu'agissant en qualité de mandataire du propriétaire de l'ouvrage, accomplit une mission assimilable à celle d'un locateur d'ouvrage.

Art. 1792-2 - *La présomption de responsabilité établie par l'article 1792 s'étend également aux dommages qui affectent la solidité des éléments d'équipement d'un bâtiment, mais seulement lorsque ceux-ci font indissociablement corps avec les ouvrages de viabilité, de fondation, d'ossature, de clos ou de couvert.*

Un élément d'équipement est considéré comme formant indissociablement corps avec l'un des ouvrages mentionnés à l'alinéa précédent lorsque sa dépose, son démontage ou son remplacement ne peut s'effectuer sans détérioration ou enlèvement de matière de cet ouvrage.

Art. 1792-3 - *Les autres éléments d'équipement du bâtiment font l'objet d'une garantie de bon fonctionnement d'une durée minimale de deux ans à compter de la réception de l'ouvrage.*

Concernant les travaux de voirie et de réseaux divers, en théorie, ils ne relèvent pas de l'obligation d'assurance, sauf lorsqu'ils assurent la desserte privative d'un bâtiment ou d'un ensemble de bâtiments (lotissements, groupes d'habitation, tertiaires, etc.). Toutefois, la jurisprudence semble vouloir étendre ces dispositions à tous les ouvrages d'infrastructure, à l'exception des revêtements superficiels de voirie routière et piétonne. Il en est de même des travaux qui ont recours aux techniques du bâtiment, des clôtures et de quelques installations sportives. De plus, certains maîtres de l'ouvrage, publics ou privés, imposent à la maîtrise d'œuvre, comme aux entreprises, de souscrire un contrat d'assurance de garantie décennale.

Enfin, différents ouvrages, de par leur importance ou par leur destination, peuvent être assujettis à un contrôle technique, comme défini précédemment.

L'assurance de dommages est une assurance obligatoire qui permet d'engager les travaux de remise en état à la suite d'un sinistre, sans avoir à en connaître le ou les responsables. *Toute personne physique ou morale qui, agissant en qualité de propriétaire de l'ouvrage, de vendeur ou de mandataire du propriétaire de l'ouvrage, fait réaliser des travaux de bâtiment, doit souscrire avant l'ouverture du chantier, pour son compte ou pour celui des propriétaires successifs, une assurance garantissant, en dehors de toute recherche des responsabilités, le paiement de la totalité des travaux de réparation des dommages de la nature de ceux dont sont responsables les constructeurs au sens de l'article 1792-1, les fabricants et importateurs ou le contrôleur* *technique sur le fondement de l'article 1792 du Code civil.*

L'assurance dommage-ouvrage ne prend effet qu'après l'expiration du délai de garantie de parfait achèvement, sauf en cas de défaillance de l'entreprise.

Ces obligations d'assurance ne s'appliquent pas à l'État lorsqu'il construit pour son compte.

3. Les études

Les études portent sur la mise au point de l'avant-projet, du projet et de l'ensemble des documents nécessaires à la consultation des entreprises et à la réalisation des ouvrages. Leur dimensionnement est déterminé en fonction des données recueillies en amont mais également des besoins des usagers qu'il convient de quantifier dans le présent et en tenant compte de l'évolution dans le futur. Les hypothèses de travail trouvent leurs sources dans les études préalables effectuées pour le maître de l'ouvrage, dans les divers plans et documents qui sont en sa possession ou dans les informations fournies par des interlocuteurs tels que les administrations, les services publics, les services techniques des collectivités territoriales, les services concédés…

3.1. Les hypothèses de travail

Les hypothèses de travail sont définies dans le programme du projet d'aménagement (fig. 1.5) selon trois critères qu'il convient d'aborder avant d'entreprendre quelle qu'étude que ce soit : les données de base, les besoins à satisfaire, les exigences à respecter.

3.1.1. Les données de base

Elles concernent le site sur lequel doivent être réalisés les ouvrages ainsi que leur envi-ronnement et comprennent les documents ou renseignements suivants :

- le plan de localisation et de situation du tènement ;
- le plan du tènement portant les limites du ou des terrains concernés, les servitudes à respecter, le relevé des existants (constructions, puits, etc.), des mitoyennetés, des voiries, des réseaux existants ainsi que leurs caractéristiques (aérien ou souterrain, tracé, diamètre, profondeur, matériaux des canalisations) et les possibilités de raccordement ;
- le plan topographique du terrain et du secteur avoisinant, avec l'indication des principales cotes de niveau à respecter. Ce plan comporte soit des courbes de niveau, soit des points de nivellement répartis selon un maillage plus ou moins serré en fonction du relief ;
- les études de reconnaissance des sols précisant sur des coupes la nature des différentes couches composant le sous-sol, leur profondeur, leur épaisseur, leur qualité, leur agressivité et leur résistance ainsi que la présence éventuelle d'eau, nappe ou courant souterrain, et l'évolution du niveau dans le temps ;
- les études climatiques fournies par la station de météorologie la plus proche du site et, en particulier, la pluviométrie, les courbes de température et les périodes de grands froids… ;
- les études hydrauliques, quelle que soit l'importance du cours d'eau qui se trouve à proximité, indiquant les périodes de crues, leur fréquence et leur amplitude, les zones inondables et les contraintes du bassin versant ; éventuellement, les travaux d'amélioration qui ont été entrepris.

3.1.2. Les besoins à satisfaire

Ils sont précisés dans le programme établi à l'origine du projet. Ce dernier doit donc être étudié de manière à apporter la meilleure réponse pour l'entière satisfac-

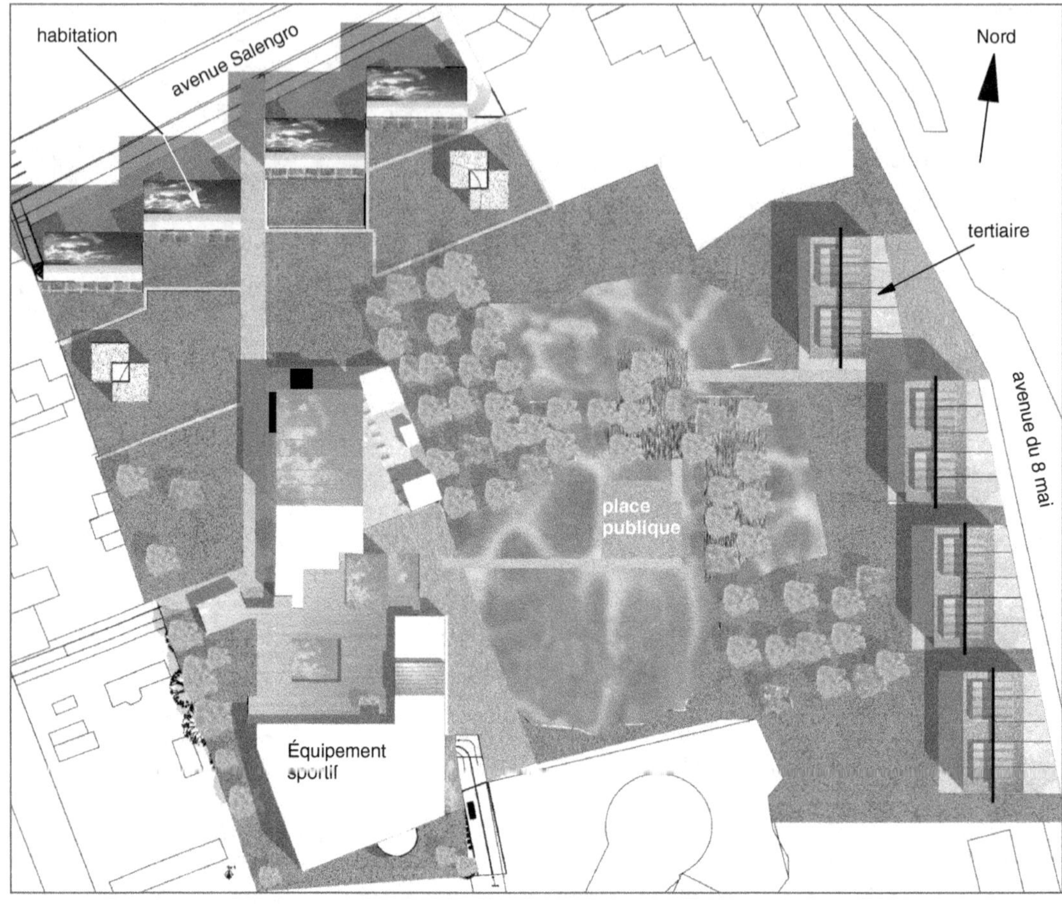

Fig. 1.5 • *Projet d'aménagement - esquisse de plan masse - (concepteurs : Bortoli, Drouart)*

tion des utilisateurs, tant du point de vue quantitatif que qualitatif. Les besoins sont liés à l'organisation générale de l'opération et à son insertion dans son environnement. Celles-ci se situent à plusieurs niveaux :

– les circulations, la voirie étant étudiée de manière à absorber les différents flux, piétonniers, cyclistes, voitures, et à privilégier certaines liaisons ;

– l'organisation des espaces en fonction de l'aménagement prévu ;

– les réseaux d'assainissement, en recherchant la solution la mieux adap-

tée au secteur concerné qu'elle soit de type séparatif, semi-séparatif ou unitaire ;

– les réseaux d'alimentation en eau, électricité et gaz en les dimensionnant compte tenu de l'évolution du mode de vie des utilisateurs, des transformations ultérieures et des extensions éventuelles ;

– les réseaux de télécommunication ;

– les autres réseaux éventuels ;

– la qualité de l'environnement et des aménagements paysagers.

3.1.3. Les exigences à respecter

Elles sont de deux ordres : les exigences réglementaires et les exigences du maître de l'ouvrage.

Les exigences réglementaires sont celles qui sont imposées à l'aménageur. Elles peuvent avoir trait à des dispositions d'urbanisme ou être d'ordre technique. Les premières portent sur des règles qui ont été énumérées précédemment : plan local d'urbanisme, zones d'aménagement concerté, périmètres classés, lotissements, servitudes d'utilité publique, accès des véhicules de secours, zones inondables, etc. Elles sont prioritaires, sauf à obtenir une dérogation sur la base d'un dossier convenablement étayé. Les secondes se résolvent au fur et à mesure de l'avancement des études.

Les exigences du maître de l'ouvrage sont consécutives à des décisions ou à des choix motivés en fonction de l'usage ou de la destination des ouvrages. Elles peuvent porter sur les points suivants :

- l'aménagement par la création de zones de stationnement, de cheminements piétonniers, d'espaces plantés, d'aires de jeux… ;
- la technique avec le choix des matériaux retenus permettant un entretien réduit ;
- la qualité avec le choix des revêtements superficiels, des plantations ;
- le déroulement du chantier en une ou plusieurs phases, en précisant les échéances de chacune d'elles et leur financement ;
- l'économie du projet regroupant le coût de l'opération (achat du terrain, coût des études et des travaux) et les coûts d'exploitation et de maintenance ;
- la maintenance et les conditions d'exploitation des ouvrages après leur mise en service.

3.2. Les démarches administratives

Les démarches administratives ont un double objectif.

- Vérifier la conformité du projet avec les réglementations en vigueur, s'assurer des possibilités de desserte de la zone aménagée par la voirie et les réseaux existants, définir les conditions de raccordement, techniques et financières.

- Se renseigner sur la présence de réseaux pouvant occasionner une gêne lors de la réalisation des ouvrages, conformément au décret n° 91-1147 du 14 octobre 1991, précisé dans le chapitre 9.

À cet effet, il convient de se mettre en rapport avec le service départemental de l'équipement, le service départemental de l'agriculture, les services techniques des collectivités territoriales, les services concédés pour l'alimentation en eau, en électricité, en gaz ou le raccordement au réseau téléphonique, les services de la sécurité incendie… À chacun d'eux est communiquée une demande de renseignements accompagnée d'un plan de situation et précisant la consistance du projet. Leur réponse indique les conditions dans lesquelles s'effectuent les raccordements à la voirie et aux différents réseaux ainsi que l'alignement à respecter en bordure de la voie publique.

3.3. Les études proprement dites

Les études proprement dites ont pour objet de progresser dans la mise au point du projet et de définir l'ensemble des ouvrages prévus. Elles se déroulent en deux ou trois phases successives selon le type de mission ; chacune devant recevoir l'approbation du maître de l'ouvrage avant que ne soit engagée la suivante.

Les études comprennent deux types de documents complémentaires : les **pièces écrites** et les **documents graphiques**. Ils viennent compléter les pièces administratives et le calendrier des travaux dans la composition du dossier.

L'avant-projet a pour objet de déterminer les principales caractéristiques des ouvrages ainsi que leur implantation sur les plans. L'établissement de plans de principe, portant sur la voirie et les réseaux, permet de vérifier que les solutions retenues sont compatibles avec les choix du maître de l'ouvrage et les réglementations en vigueur. Une première estimation du coût des travaux peut être effectuée.

Le projet précise la solution d'ensemble et vérifie la cohérence des dispositions retenues. Les calculs sont effectués afin de fixer les caractéristiques, les dimensionnements et l'implantation des ouvrages. Ils confirment les choix techniques :

- largeur et pente des voies et des trottoirs ;
- diamètre et pente des réseaux d'assainissement et niveau du fil d'eau ;
- diamètre des canalisations d'alimentation d'eau et de gaz, dimensionnement des câbles électriques, point de branchement, etc. ;
- caractéristiques des autres réseaux.

Le tracé des voiries et des réseaux est indiqué de manière définitive alors que la nature des matériaux est décidée. Les réseaux sont implantés de préférence sous la voirie en évitant, dans la mesure du possible, d'empiéter sur le domaine strictement privé. Ils sont définis en leurs extrémités par le raccordement au réseau public et par un point de livraison au nu extérieur des façades des bâtiments ou par le dernier point desservi. Leur positionnement est déterminé en respectant un écartement minimal entre eux.

Un découpage par lots de travaux est effectué et un cahier des clauses techniques particulières est établi pour chacun d'eux, autorisant une planification d'ensemble et une évaluation des coûts par phase.

Les études d'exécution permettent d'élaborer les schémas fonctionnels, les notes de calcul, les documents et les détails techniques ainsi que le calendrier prévisionnel des interventions. Chaque ouvrage est quantifié sur la base des spécifications techniques et des plans de détail afin que les entreprises puissent en évaluer le coût.

3.3.1. Les lots de travaux

Les lots de travaux sont déterminés en fonction de l'importance du projet d'aménagement et de la nature des ouvrages à réaliser. Chaque lot doit comprendre un ensemble d'éléments fonctionnels cohérents. Un découpage trop fin peut apporter des contraintes non négligeables dans l'exécution, la coordination des entreprises et entraîner un allongement préjudiciable des délais. Dans certains cas, il est préférable de procéder à un regroupement de plusieurs lots peu importants et d'accepter qu'une partie des travaux soit sous-traitée. Une décomposition en lots de travaux est proposée (tab. 1.5) ; elle n'est pas limitative et doit être adaptée selon les besoins.

3.3.2. Les pièces écrites

Les pièces écrites comportent deux séries de documents :

- les pièces administratives (CCAG, CCAP ou autres) fixant l'ensemble des dispositions administratives applicables au marché ;
- les pièces techniques.

Les pièces techniques portent sur les calculs de dimensionnement et de résistance mécanique des différents composants, la définition des matériaux retenus, de leurs caractéristiques techniques et des modes de

NUMÉRO	DÉNOMINATION DES LOTS
1	Démolition
2	Débroussaillage, abattage des arbres
3	Terrassement et fouilles
4	Réseaux d'assainissement
5	Voirie, trottoirs, voies piétonnes
6	Réseau d'alimentation en eau
7	Réseau d'alimentation électrique
8	Réseau d'alimentation en gaz
9	Réseau de télécommunication
10	Éclairage extérieur
11	Réseau de chauffage
12	Maçonnerie d'accompagnement
13	Plantations et espaces verts
14	Réseau d'arrosage
15	Mobilier urbain et jeux d'enfants
16	Signalétique

Nota : Cette liste n'est pas limitative.

Tab. 1.5 • _Décomposition en lots de travaux._

mise en œuvre. Elles comprennent deux documents complémentaires : le cahier des clauses techniques particulières (CCTP) ou devis descriptifs et le devis quantitatifs et estimatifs (DQE).

Le cahier des clauses techniques particulières fait un rappel des documents de référence (CCTG ou autres). Il précise les prescriptions communes à tous les lots et les interférences éventuelles dans l'organisation du chantier. Enfin, il décrit avec précision et sans ambiguïté la composition de tous les ouvrages prévus dans chacun des lots de travaux. C'est ainsi que sont communiquées les informations suivantes : la nature de l'ouvrage, sa localisation dans le projet, les matériaux qui le composent, leur provenance, les dosages éventuels, les dimensions (longueur, largeur, hauteur, épaisseur, diamètre, surface, contenance, masse, etc.), les conditions de mise en œuvre ou d'exécution (manuelle ou à l'aide d'engins mécaniques).

**Exemple :**

Article 3.6 – Canalisations
Travaux comprenant :
– fouilles en rigoles exécutées aux engins mécaniques ;
– blindage selon profondeur ;
– réglage des fonds manuellement ;
– fourniture et étendage d'un lit de pose par couche de sable de 10 cm d'épaisseur minimale ;
– fourniture et pose de tuyaux en chlorure de polyvinyle non plastifié, résistant à une température maximale de 60 °C pour l'évacuation des EU et EP compris toutes façons, coupes, montages des joints, collage avec une colle agréée, raccords sur les regards avec joints d'étanchéité ;
– remblai de la fouille après pose des canalisations, par une couche de sable d'enrobage (épaisseur minimale 10 cm au-dessus de la génératrice supérieure du tuyau) puis en gravier tout venant au droit des voies, compris compactage soigné.
Pour raccordement des sorties de bâtiment au réseau d'assainissement.
Travaux comptés au ml.
3.6.1 – Diamètre 150 mm EU
3.6.2 – Diamètre 200 mm EU
3.6.3 – Diamètre 200 mm EP
3.6.4 – Diamètre 250 mm EP
. . . .

Le devis quantitatifs et estimatifs précise, pour chacun des lots, les quantités à mettre en œuvre afin de réaliser les ouvrages, que ce soit à l'unité (nombre de regards), au mètre linéaire (bordures de trottoir, canalisations), au mètre carré (surface de revêtement) ou au mètre cube (remblai en grave). En principe, ce document n'est pas contractuel. Il permet d'effectuer un découpage des tâches en millièmes, de manière à assurer un meilleur suivi des travaux et d'établir les situations mensuelles. Le DQE est établi soit par la maîtrise d'œuvre, auquel cas il doit être vérifié par l'entreprise, soit par l'entreprise ; la maîtrise d'œuvre devant s'assurer de sa cohérence avec le contenu du projet.

Exemple :

Article 3.6 – Canalisations

Raccordement des sorties de bâtiment au réseau d'assainissement en tuyaux en chlorure de polyvinyle non plastifié.

Travaux comptés au ml.

3.6.1 – Diamètre 150 mm EU	ml	36,00
3.6.2 – Diamètre 200 mm EU	ml	24,00
3.6.3 – Diamètre 200 mm EP	ml	20,00
3.6.4 – Diamètre 250 mm EP	ml	40,00

....

Remarque : Certains maîtres de l'ouvrage admettent que ce deuxième document soit intégré au CCTP.

3.3.3. Les documents graphiques

Les documents graphiques comprennent tous les plans nécessaires à une bonne compréhension des aménagements prévus. Ils permettent de contrôler les quantifications prévues au DQE et de vérifier la bonne superposition des réseaux et des voiries. Leur nombre dépend de l'importance du projet. D'une manière générale, le dossier est constitué des documents suivants :

– le plan de situation et de localisation ;

– le plan masse ou le plan d'ensemble ;

– le plan établi par le géomètre mentionnant les limites de l'opération et l'état des lieux avant d'entreprendre les travaux ;

– le plan topographique de la zone concernée ;

– le plan des terrassements ;

– le plan des voiries et des chemins piétonniers indiquant, entre autres, les choix de revêtement ;

– le plan des réseaux d'assainissement ;

– le ou les plans des réseaux d'alimentation et de desserte pour les différents fluides : eau, électricité, gaz, éclairage extérieur, arrosage, lutte contre l'incendie, chauffage, téléphone, télévision collective, etc. ;

– le plan des aménagements extérieurs portant l'indication des zones plantées, le repérage des essences et l'implantation des aires de jeux ;

– le plan des clôtures ;

– les plans et coupes des éléments maçonnés (murs de soutènement, escaliers extérieurs) ;

– les coupes transversales et longitudinales des voies et des réseaux d'assainissement ;

– les plans et coupes des équipements spécifiques (station de pompage, station d'épuration) ;

– les plans de détails portant sur des points particuliers (croisement de réseaux, regards, candélabres, etc.).

Les plans des détails d'exécution ou les plans de chantier sont fournis par les entreprises avant tout commencement de travaux.

3.3.4. Le calendrier des travaux

Le calendrier des travaux est défini en fonction de la durée globale du chantier. Il indique les différentes phases et durées d'intervention pour chacun des lots en tenant compte de l'imbrication des ouvrages. Dans la mesure du possible, il intègre les périodes de congés annuels. Une des difficultés majeures consiste à éviter la réalisation de certains ouvrages en périodes d'intempéries : gel, pluie, vent. Éventuellement il peut mentionner le fractionnement des travaux en deux phases : la première avant la construction de bâtiments, la seconde correspondant aux finitions, après cette construction (tab. 1.6).

3.4. L'apport de l'informatique et d'Internet

Les possibilités offertes par l'informatique et Internet sont multiples et diverses. Un nombre de plus en plus important de logiciels et de progiciels est mis à disposition des intervenants à quel que niveau que ce soit du projet : analyse des besoins, définition du programme, traitement de texte, calculs et

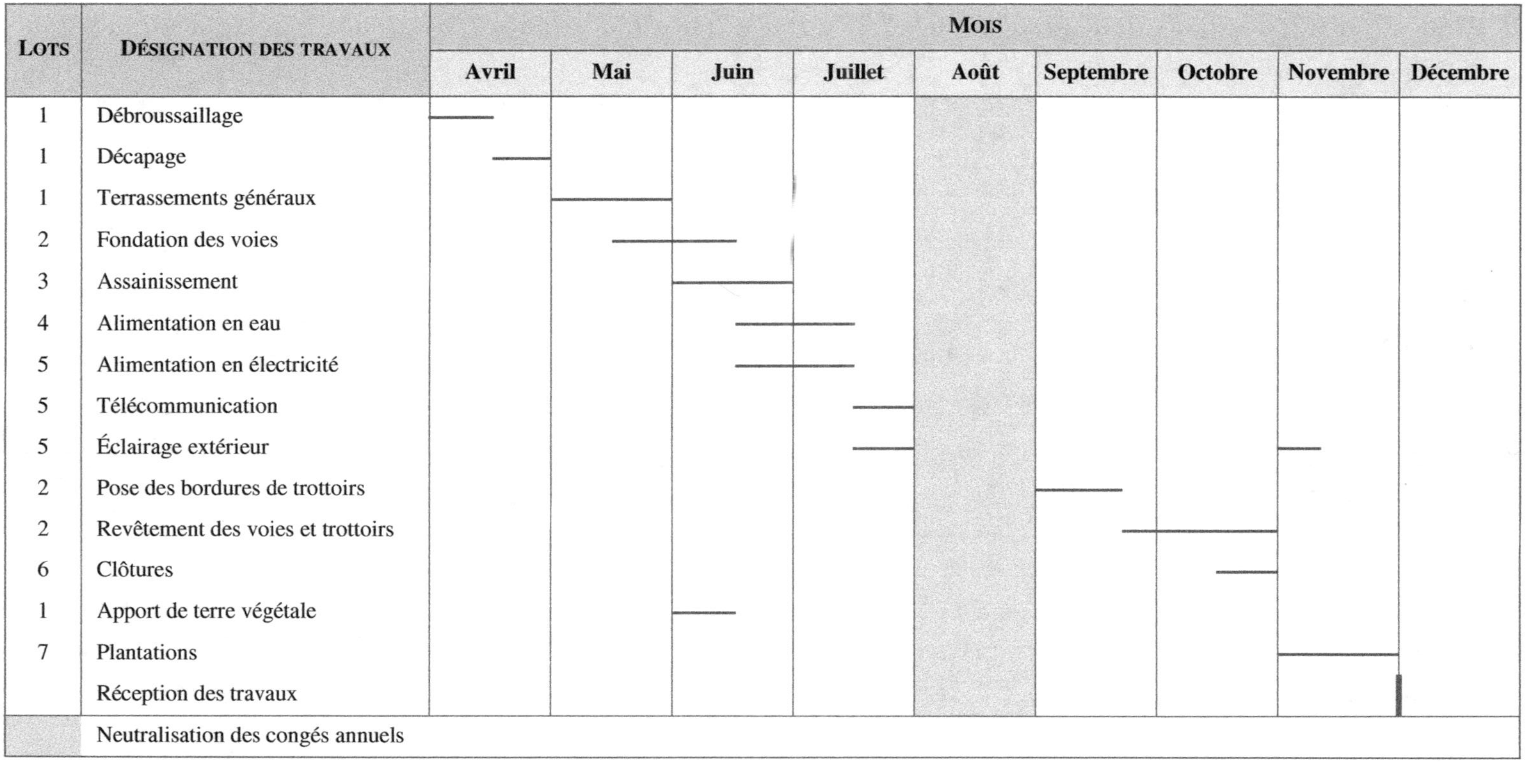

Lots	Désignation des travaux	Avril	Mai	Juin	Juillet	Août	Septembre	Octobre	Novembre	Décembre
1	Débroussaillage	▬								
1	Décapage	▬								
1	Terrassements généraux		▬							
2	Fondation des voies		▬	▬						
3	Assainissement			▬						
4	Alimentation en eau			▬	▬					
5	Alimentation en électricité			▬	▬					
5	Télécommunication				▬					
5	Éclairage extérieur				▬				▬	
2	Pose des bordures de trottoirs						▬			
2	Revêtement des voies et trottoirs							▬		
6	Clôtures							▬		
1	Apport de terre végétale			▬						
7	Plantations								▬	
	Réception des travaux									▮
	Neutralisation des congés annuels					(Août)				

Tab. 1.6 • *Calendrier prévisionnel des travaux.*

dimensionnements, analyse comparée des solutions proposées, établissement des documents graphiques, modélisation en trois dimensions, évolution du projet en fonction de nouvelles hypothèses, etc. Grâce à la numérisation il est possible de concentrer une grande quantité d'informations sur des supports miniaturisés.

Internet, de son côté, permet une diffusion rapide des documents ainsi qu'une discussion en temps réel. Internet permet également de recueillir des informations administratives ou techniques par une connexion sur les sites appropriés.

CHAPITRE 2

LES TRAVAUX PRÉPARATOIRES

Avant toute intervention sur le site pour la réalisation des voiries, des réseaux et des aménagements extérieurs, il est nécessaire de procéder à un certain nombre de travaux préparatoires. Ceux-ci ont pour objectif de livrer un terrain parfaitement délimité et entièrement libre de toute construction. Ils comprennent les interventions suivantes :
– le bornage et le relevé du terrain ;
– les travaux de démolition et de déconstruction ;
– le défrichage et l'abattage des arbres ;
– les études géotechniques ;
– l'implantation des ouvrages ;
– le repérage des ouvrages existant éventuellement à proximité des travaux à entreprendre.

1. Le bornage et le relevé du terrain

Le bornage et le relevé du terrain sont des interventions qui ont pour objectif de définir les contours et les caractéristiques essentielles du terrain sur lequel sont prévus les aménagements ou les constructions.

1.1. Le bornage du terrain

Le bornage du terrain est une opération préalable à toute autre intervention. Il est réalisé par un géomètre, à la demande du maître de l'ouvrage, de manière contradictoire, en présence des propriétaires riverains. Il a pour but de définir avec précision les limites du tènement où sont réalisés les aménagements et de les repérer sur place à l'aide de points particuliers tels que les angles (fig. 2.1) matérialisés par des bornes scellées dans le sol. Ce travail est basé, à l'origine, sur les plans cadastraux que possèdent les communes, complétés par les actes notariés de cession des terrains.

1.2. Le levé de plan

Le levé de plan consiste à reporter sur un plan, ou sur tout autre document, les différents accidents qui existent sur le terrain. Effectué par un géomètre, il correspond à une double opération : d'une part, un travail de planimétrie pour repérer tous les éléments, d'autre part, un travail d'altimétrie définissant le relief et les altitudes des points principaux. Il peut être complété par le repérage des réseaux existants aux abords du site.

Ce travail, nécessitant une grande précision, a pour base les deux principes fondamentaux suivants :

– procéder de l'ensemble vers le détail pour prévenir le cumul des erreurs ;

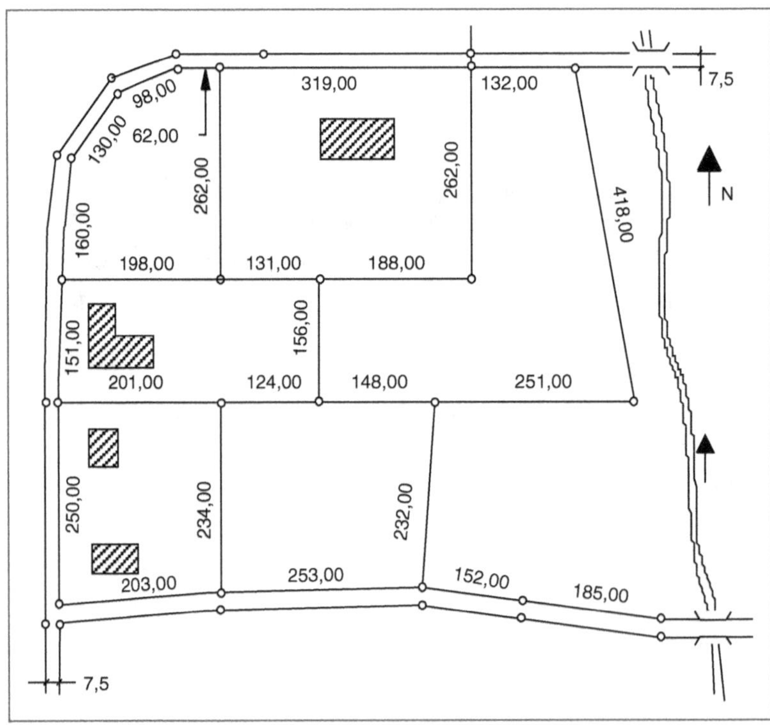

Fig. 2.1 • *Bornage du terrain.*

– contrôler fréquemment les opérations afin d'éviter les erreurs grossières d'observation, de calcul ou de dessin.

Dans un premier temps, les points principaux du terrain sont levés avec soin. Ces points et les droites qui les joignent forment le canevas de base qui peut être simple ou complexe (fig. 2.2). Dans ce dernier cas, il comprend plusieurs opérations de précision décroissante définissant les canevas de deuxième ou de troisième ordre qui serrent, d'aussi près que possible, les détails du terrain.

1.2.1. Le travail de planimétrie

Le travail de planimétrie a pour objet de dresser un état des lieux indiquant sur les plans tous les ouvrages existants, bâtiments, murs, puits, citernes, qui se trouvent sur le terrain ainsi que les points particuliers ou significatifs : arbres, ruisseaux, bornes, clôtures, portails, etc. dont il faudra tenir compte lors de l'élaboration du projet (fig. 2.3).

La position d'un point en plan (fig. 2.4) est définie soit par des **coordonnées rectangulaires** : abscisse X et ordonnée Y, la direction des ordonnées correspondant au nord du quadrillage, soit par des **coordonnées polaires** : un angle et une longueur. En un point donné, le **gisement** est l'angle compris entre l'axe des ordonnées et une droite tracée entre l'origine et ce point, mesuré dans le sens de rotation des aiguilles d'une montre.

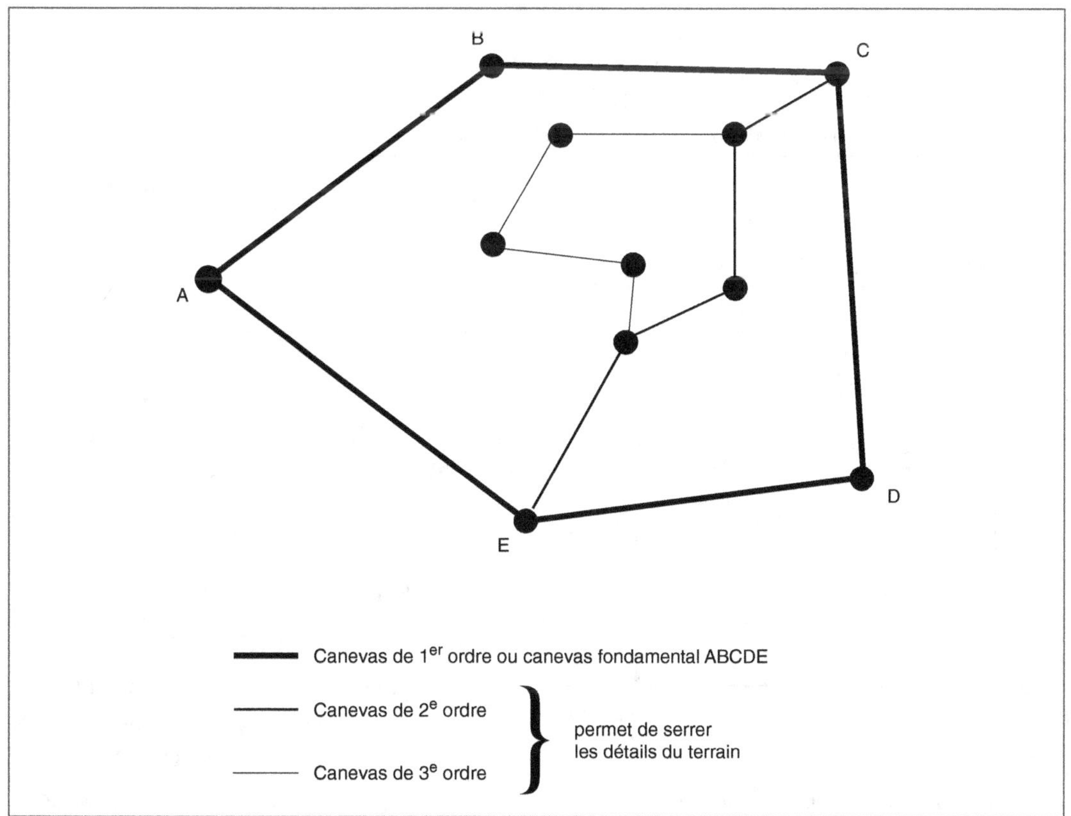

Fig. 2.2 • *Canevas.*

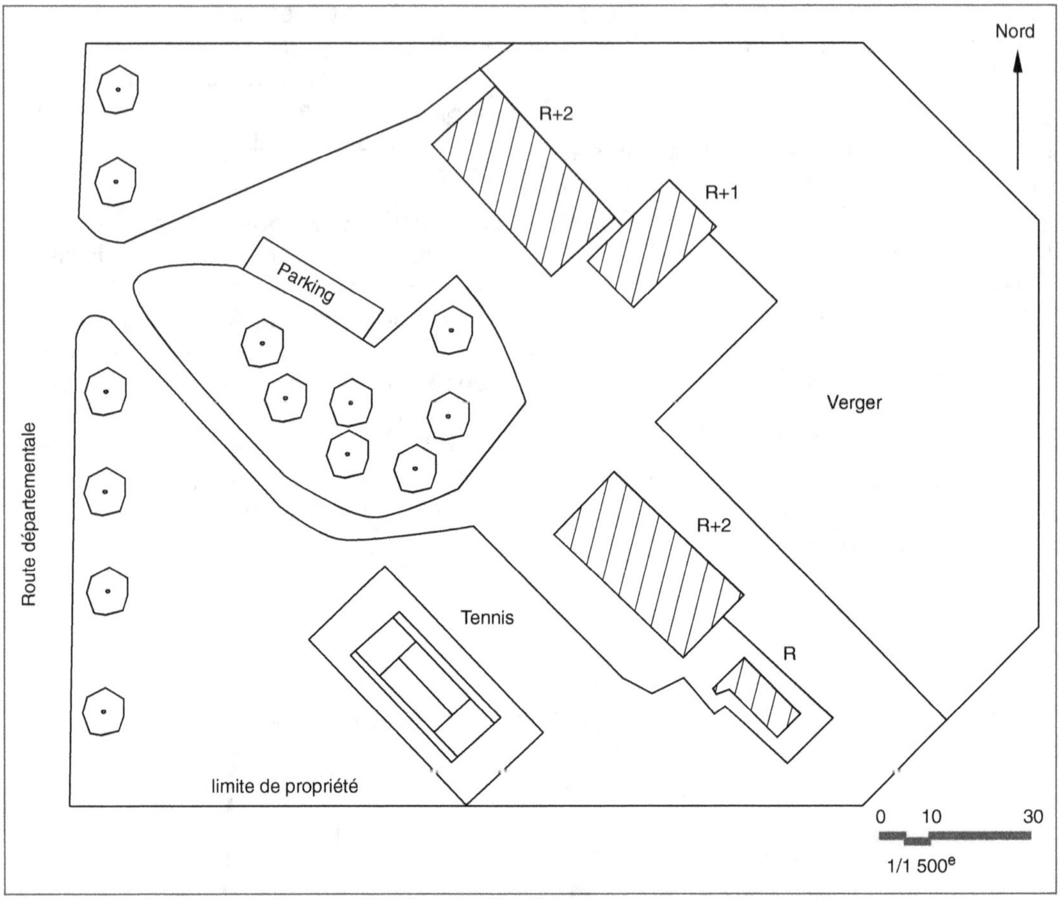

Fig. 2.3 • *État des lieux (non coté).*

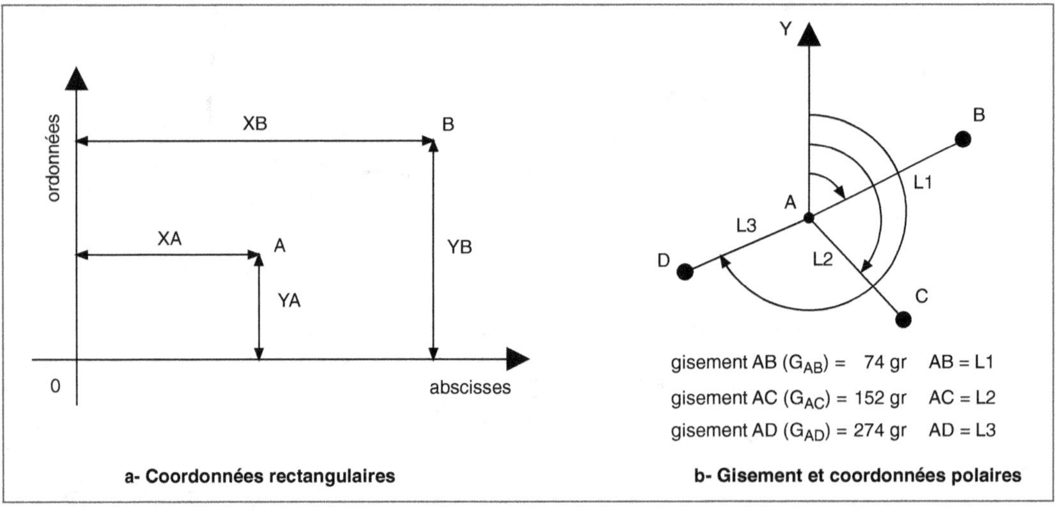

Fig. 2.4 • *Coordonnées d'un point.*

La position d'un point est déterminée selon trois modes opératoires, faisant tous trois appel à des notions de trigonométrie. En fin d'opération, les écarts éventuels sont répartis sur l'ensemble des mesures.

1.2.1.1. *Les mesures angulaires*

Les mesures angulaires déterminent la position d'un point par le seul calcul des angles. Deux méthodes sont basées sur ce principe : la triangulation ou l'intersection et le relèvement (fig. 2.5).

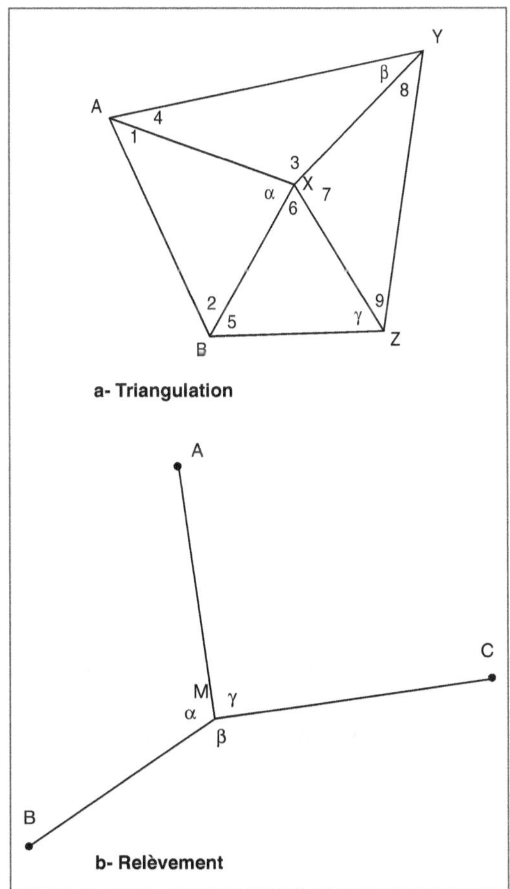

Fig. 2.5 • *Mesures angulaires.*

La triangulation ou l'intersection : partant d'une base connue AB, la position des points X, Y et Z est successivement définie par les angles XAB et XBA, puis YXA et YAX,

et enfin ZBX et ZXB. La vérification est obtenue en calculant le troisième angle de chaque triangle α, β, γ et le recoupement, par le calcul des angles formés par les droites ZX et ZY ou YX et YZ.

Le relèvement : trois points A, B et C étant définis, la position d'un point M est déterminée en plaçant l'appareil en station sur ce point et en mesurant successivement l'angle α formé par les droites MA et MB et l'angle β par les droites MB et MC.

La vérification est obtenue en contrôlant la valeur de l'angle γ formé par les droites MA et MC : $\alpha + \beta + \gamma = 400$ gr.

1.2.1.2. *Les mesures angulaires et linéaires*

Les mesures angulaires et linéaires sont utilisées dans deux méthodes de travail : le rayonnement et le cheminement (fig. 2.6).

Le rayonnement : deux points A et B étant connus, la position du point X est déterminée en plaçant l'appareil en A et en calculant l'angle α formé par les droites AX et AB et la longueur AX. La vérification s'effectue en stationnant en B et en contrôlant l'angle β formé par les droites BX et BA et la longueur BX. La même procédure est suivie pour calculer le point Y.

Le cheminement : partant d'un point connu sur une ligne polygonale, chaque point est défini, par progression depuis le point précédent, par le gisement et le segment de droite qui relie ces deux points. Plusieurs configurations sont possibles :

- **Le cheminement encadré** correspond à une succession de stations entre deux points de coordonnées connues : A et B, B et C, C et A.
- **Le cheminement en antenne** correspond à une succession de stations en partant d'un point de coordonnées connues : BX et CY.
- **Le cheminement fermé** lorsqu'il se referme sur lui-même : A B C A.

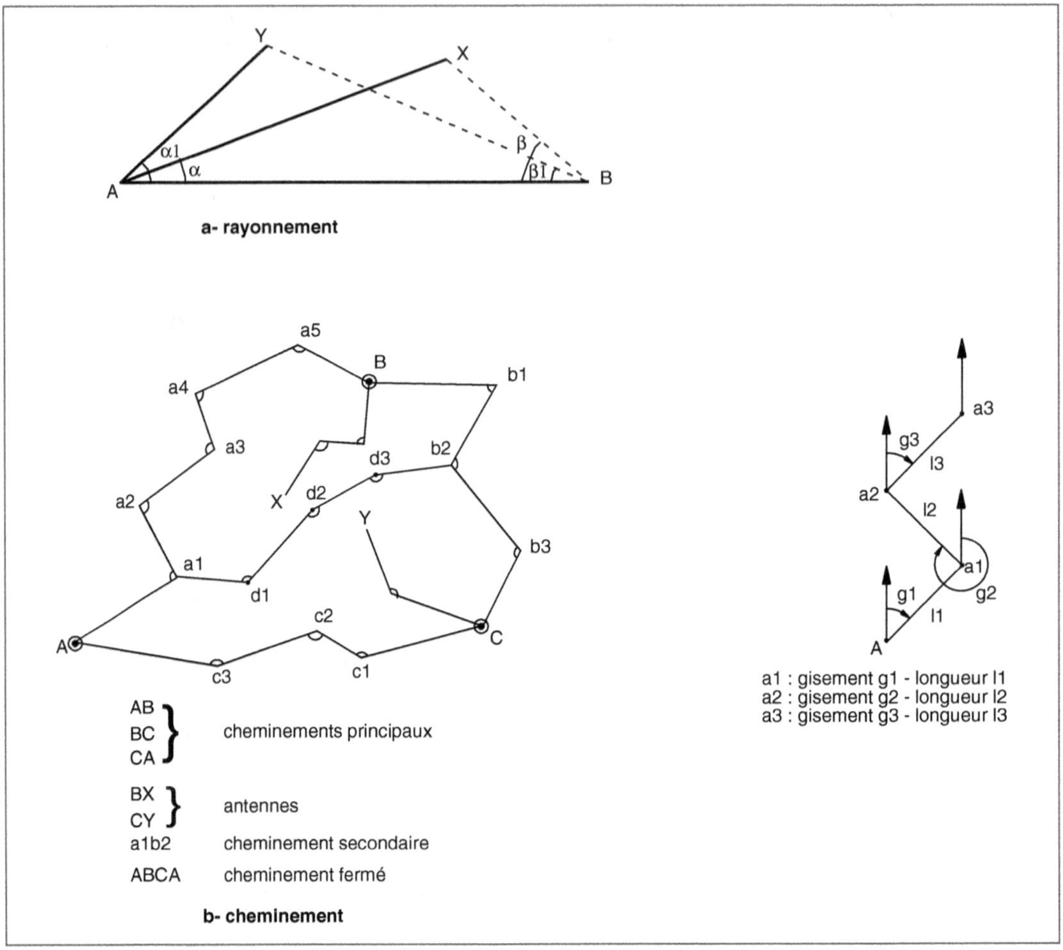

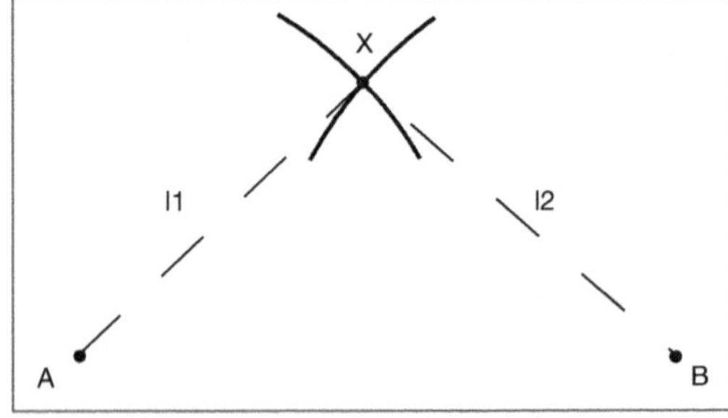

Fig. 2.6 • *Mesures angulaires et linéaires.*

La polygonation est constituée par l'ensemble des points. Deux points du canevas de base sont reliés entre eux par les cheminements principaux sur lesquels s'appuient les autres cheminements. Pour que le levé soit précis, il faut tenir compte des deux notions suivantes :

– Le cheminement doit être le plus direct possible entre deux points extrêmes A et B, B et C, C et A.

– Les cheminements doivent être homogènes, c'est-à-dire avoir un nombre limité de côtés (une dizaine environ) dont les longueurs sont d'un même ordre de grandeur.

1.2.1.3. Les mesures linéaires

Les mesures linéaires sont effectuées en partant de deux points connus A et B (fig. 2.7). La position d'un point X est déterminée en

Fig. 2.7 • *Mesure des longueurs.*

mesurant les longueurs AX = l_1 et BX = l_2 ; et ainsi de suite pour les points suivants.

1.2.2. Le levé altimétrique ou nivellement

Le levé altimétrique ou nivellement est une opération qui mesure la différence de hauteur entre deux ou plusieurs points afin de la reporter sur les documents. Il définit le relief d'un terrain en fixant l'altitude d'un certain nombre de points répartis aussi régulièrement que possible. Il donne également les cotes des points caractéristiques, en bordure de propriété, de part et d'autre de la ligne de mitoyenneté, en bordure des voies signalant la présence de talus ou non, ainsi que la présence de dénivelés plus ou moins importants.

Le nivellement est rattaché au système **IGN normal 1969.**

La différence de niveau entre deux points est déterminée selon deux méthodes : le nivellement direct et le nivellement indirect (fig. 2.8).

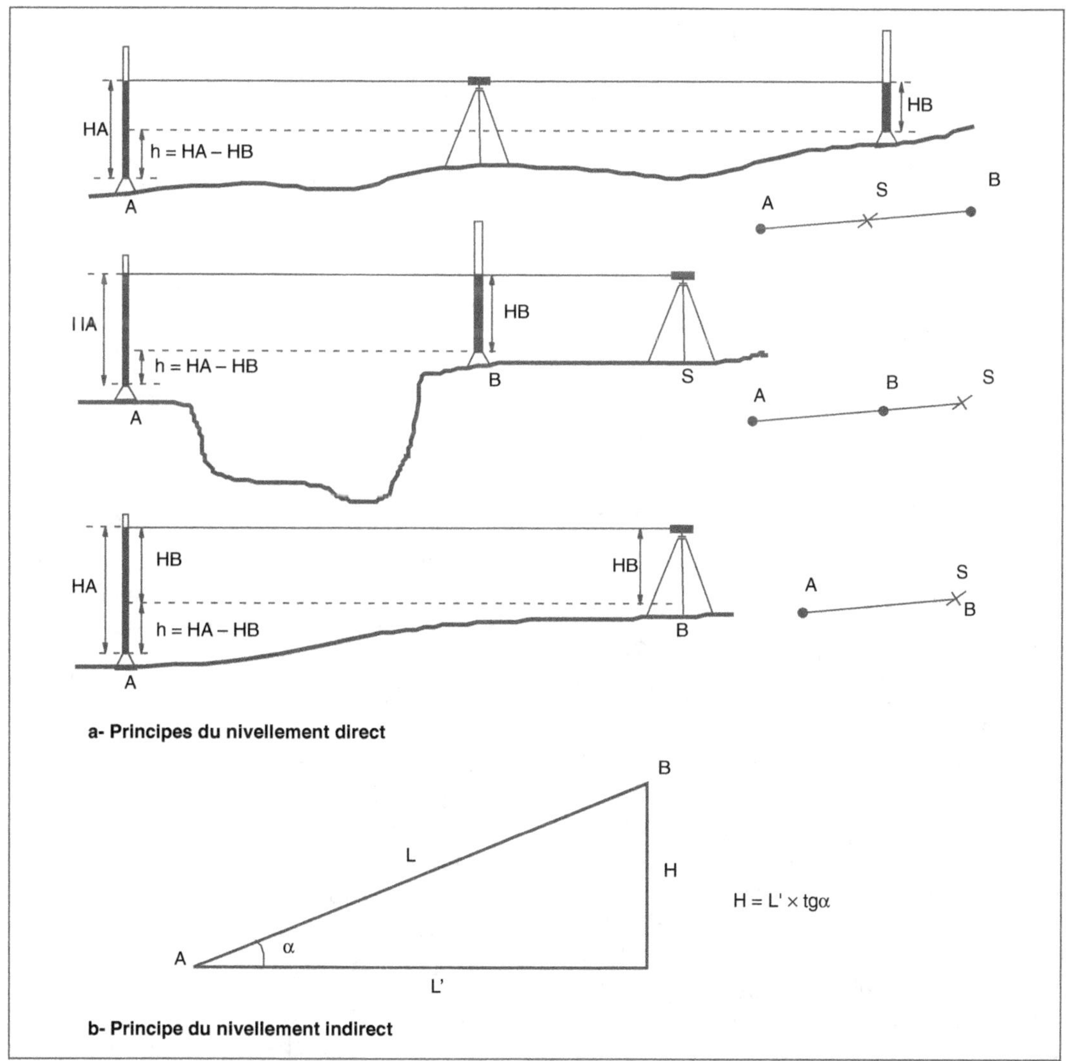

Fig. 2.8 • *Méthodes de nivellement.*

Le nivellement direct est effectué en plaçant l'appareil dans l'une des trois positions suivantes :

- L'appareil est placé en station S, à équidistance, entre les deux points concernés A et B ; une mesure H_A est faite par lecture sur une mire placée sur le point A, puis une mesure H_B, par lecture sur la mire placée sur B ; la différence de niveau entre les deux points est $\Delta h = H_A - H_B$; cette méthode est couramment utilisée pour effectuer des nivellements par cheminement.

- L'appareil est placé en station S en prolongement des deux points concernés A et B ; une mesure H_A est faite sur A et une mesure H_B, sur B ; la différence de niveau est $\Delta H = H_A - H_B$.

- L'appareil est placé en station S sur l'un des deux points concernés, A ou B ; en B par exemple, la mesure H_A est faite sur A ; la hauteur H_B de la ligne de visée en B étant connue, la différence de niveau est $\Delta H = H_A - H_B$.

Le nivellement indirect fait appel à des notions de trigonométrie. La mesure d'un angle vertical et d'une longueur permet de déterminer l'altitude d'un point par rapport à un autre. L'appareil étant en station sur le point A, l'altitude du point B est donnée par l'une des relations :

$$H = L \times \sin \alpha, \text{ ou par } H = L' \times \text{tg } \alpha.$$

Le nivellement est réalisé par l'emploi d'une des trois méthodes suivantes en fonction de la nature du travail à effectuer (fig. 2.9).

1.2.2.1. *Le nivellement par cheminement*

Le nivellement par cheminement est employé lorsque le terrain comporte des obstacles limitant la visée ou lorsque la distance de visée devient trop grande pour que la lecture conserve une précision suffisante. La distance de visée varie avec le type d'appareil utilisé.

L'opérateur part d'un point A connu. Par une succession de stations, il détermine, par des visées avant et arrière, les altitudes de points intermédiaires ou de points caractéristiques. Il procède ainsi jusqu'au dernier point E du cheminement dont les caractéristiques sont connues ou non. Le cheminement est dit fermé lorsqu'il revient sur le point d'origine A.

Le point avant d'une visée devient le point arrière de la visée suivante (tab. 2.1). L'altitude du point E par rapport au point A a pour valeur :

$$H = \Delta h_1 + \Delta h_2 + \Delta h_3 + \Delta h_4$$

formule dans laquelle Δh peut avoir une valeur positive ou négative.

1.2.2.2. *Le nivellement de profil*

Le nivellement de profil sert à établir des profils en long ou en travers dans l'étude des tracés de voirie. Il sert également pour le calcul des cubatures en terrassement.

Depuis une ou plusieurs stations, l'altitude de points particuliers ou de points positionnés à intervalles réguliers est calculée par référence à une cote de niveau origine.

1.2.2.3. *Le nivellement de surface*

Le nivellement de surface permet de relever le relief d'un terrain en déterminant l'altitude d'un certain nombre de points :

- des points particuliers qui seront repérés par coordonnées polaires ou rectangulaires ;

- des points situés à une même altitude, a, b, c, d, puis e, f, g, repérés par leurs coordonnées, définissant des courbes de niveau plus ou moins serrées selon le relief du terrain ;

- des points placés sur un quadrillage parfaitement défini.

La précision est d'autant plus grande que les points sont rapprochés les uns des autres ou que la maille du quadrillage est serrée.

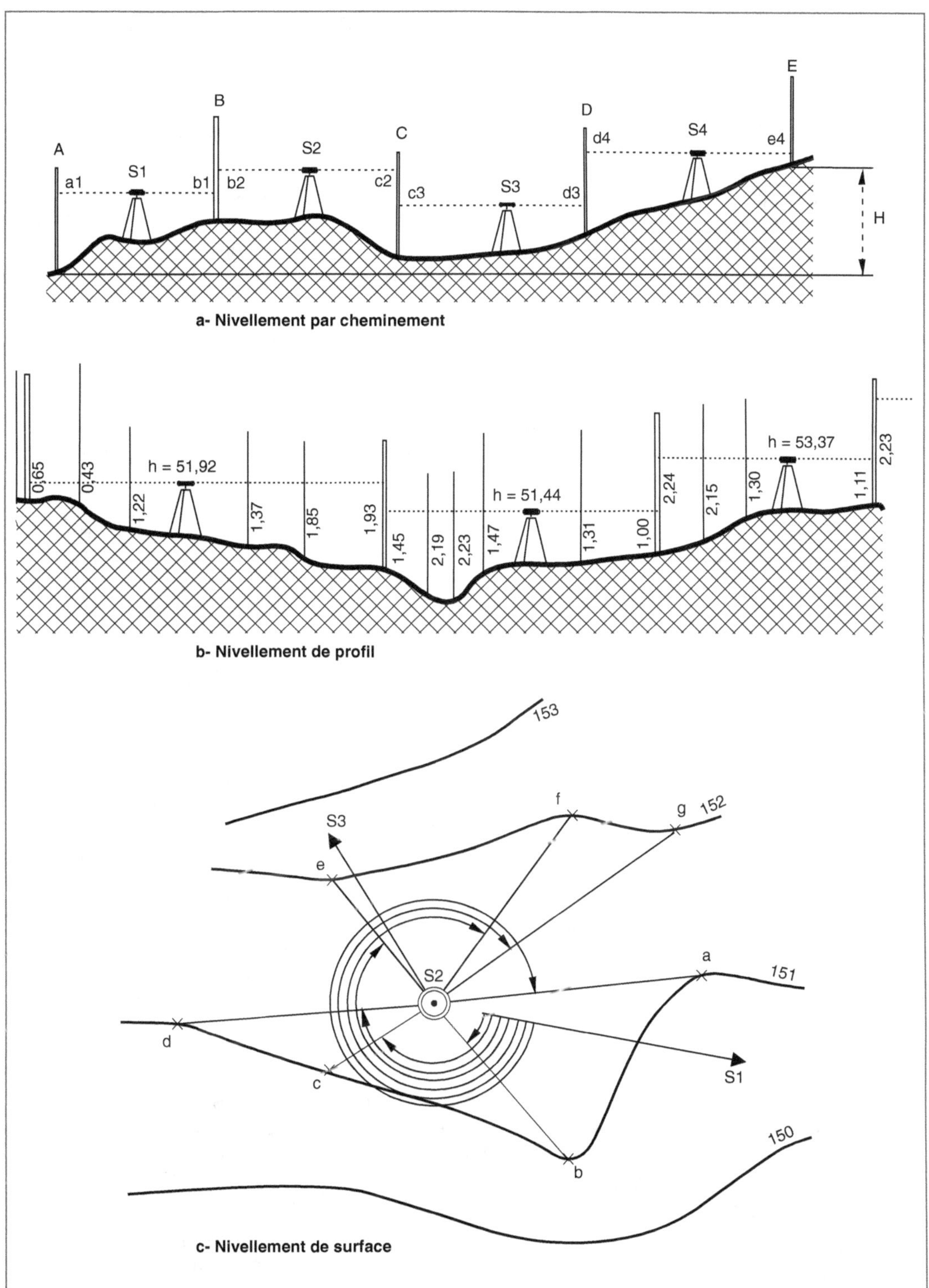

Fig. 2.9 • *Procédés de nivellement.*

STATION	VISÉE ARRIÈRE	VISÉE AVANT	ΔH
S_1	sur A = a_1	sur B = b_1	$\Delta h_1 = a_1 - b_1$
S_2	sur B = b_2	sur C = c_2	$\Delta h_2 = b_2 - c_2$
S_3	sur C = c_3	sur D = d_3	$\Delta h_3 = c_3 - d_3$
S_4	sur D = d_4	sur E = e_4	$\Delta h_4 = d_4 - e_4$
Résultat : H = $\Delta h_1 + \Delta h_2 + \Delta h_3 + \Delta h_4$			

Tab. 2.1 • *Nivellement par cheminement.*

Suivant la superficie à couvrir, l'appareil est placé en une ou plusieurs stations. Dans ce dernier cas, les stations sont rattachées les unes aux autres en coordonnées et en altitude.

1.3. Le repérage des réseaux existants

Le repérage des réseaux existants, qu'ils soient souterrains ou aériens, permet trois approches différentes :

– étudier, en liaison avec les services concernés, les principes de raccordement du tènement aux différents réseaux ;

– vérifier qu'ils ont les capacités suffisantes pour le desservir et qu'ils sont à une profondeur adéquate ;

– contrôler qu'ils n'occasionnent aucune gêne : une ligne à moyenne tension traversant le terrain, dont il faut envisager le détournement, par exemple (fig. 2.10).

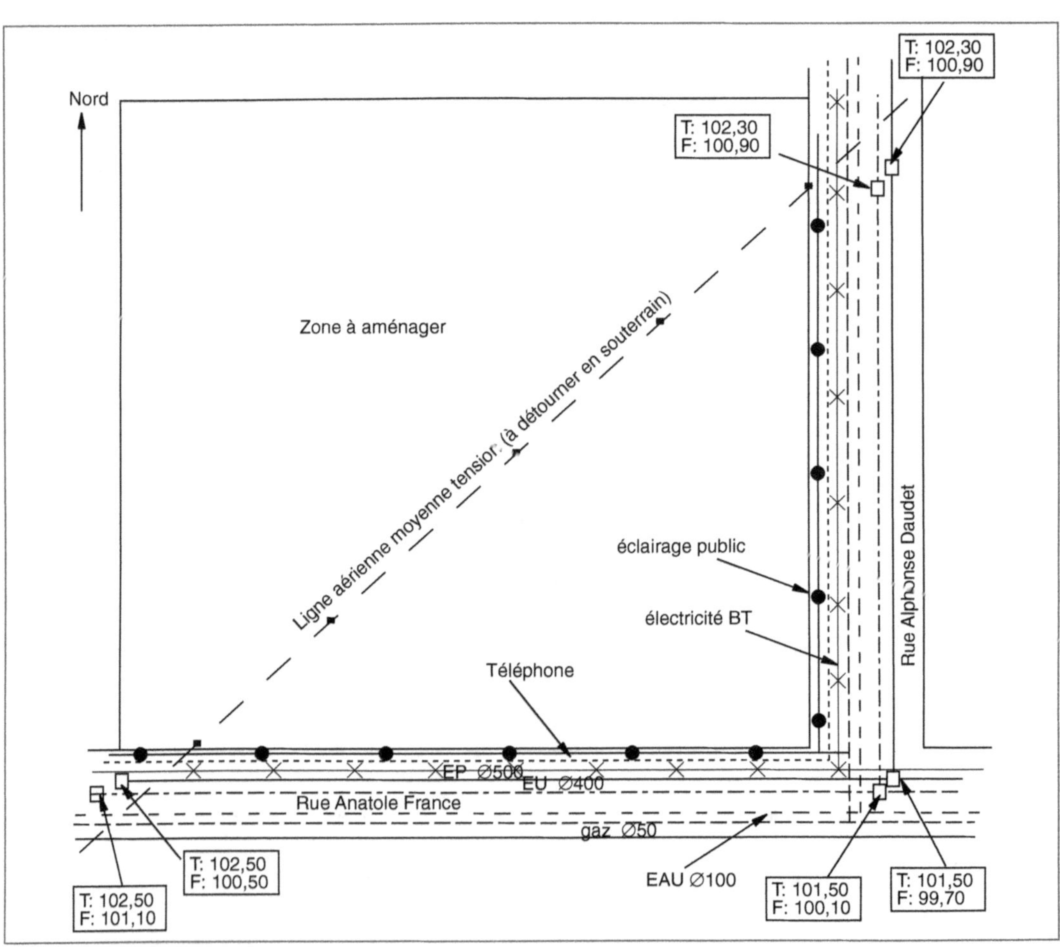

Fig. 2.10 • *Repérage des réseaux existants.*

1.4. Les instruments de mesure

Pour effectuer ces interventions, le géomètre dispose d'une gamme d'instruments de mesure, allant du plus simple au plus complexe, et de précision plus ou moins grande. Ils servent à mesurer les angles ou les alignements, les longueurs ou les distances, les niveaux ou les dénivellations.

1.4.1. La mesure des angles

Elle s'opère dans le plan horizontal ou dans le plan vertical. Dans le premier cas, elle détermine une direction ou un point par rapport à une direction connue ; dans le second cas, elle définit l'altitude d'un point.

L'équerre optique à miroirs ou à prismes, d'un maniement simple mais d'une précision toute relative, est conçue pour le tracé d'angle droit sur le terrain (fig. 2.11). Alignant deux jalons dans une direction donnée, la direction perpendiculaire en un point P est obtenue lorsque l'image du jalon C se superpose aux jalons A et B.

Le théodolite, par la lecture du cercle horizontal (azimut*) et du cercle vertical (zénith*) à l'aide d'un micromètre optique mesure les angles horizontaux et verticaux avec une précision au milligrade près (fig. 2.12). Il est composé des éléments suivants :
- une partie inférieure fixe avec embase, équipée de vis calantes, d'un cercle horizontal et d'un niveau à bulle sphérique ;
- une partie supérieure mobile, alidade, pivotant autour d'un axe vertical (axe de rotation). Elle supporte un ensemble formé d'un cercle vertical et d'une lunette de visée (axe de visée) qui pivote autour d'un axe horizontal (axe de basculement).

Ainsi, la lunette est orientable dans toutes les directions de l'espace. Les dispositifs de lecture du cercle horizontal et du cercle vertical sont fixés à l'alidade. L'appareil est centré au-dessus du point de stationnement à

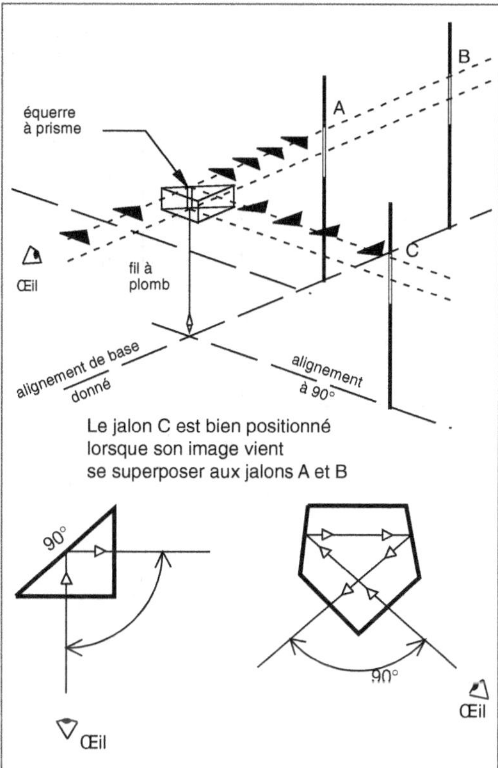

Fig. 2.11 • _Principe de l'équerre optique._

l'aide d'un fil à plomb ou d'un système optique. Les appareils récents mémorisent les paramètres de correction correspondant aux différentes erreurs de collimation*, de verticalité et d'inclinaison de l'axe de basculement. Ils peuvent être également équipés d'un logiciel intégré et motorisés.

Le théodolite électronique, équipé d'une visée laser afin de se positionner sur le point de stationnement, donne une très grande précision dans ses lectures, celles-ci étant effectuées sur un écran à cristaux liquides (photo 2.1).

Le tachéomètre est un appareil proche du théodolite. Son viseur, équipé d'un réticule portant plusieurs traits droits ou courbes, permet la lecture des mesures de longueur.

Le tachéomètre électronique permet la mesure des distances par un système

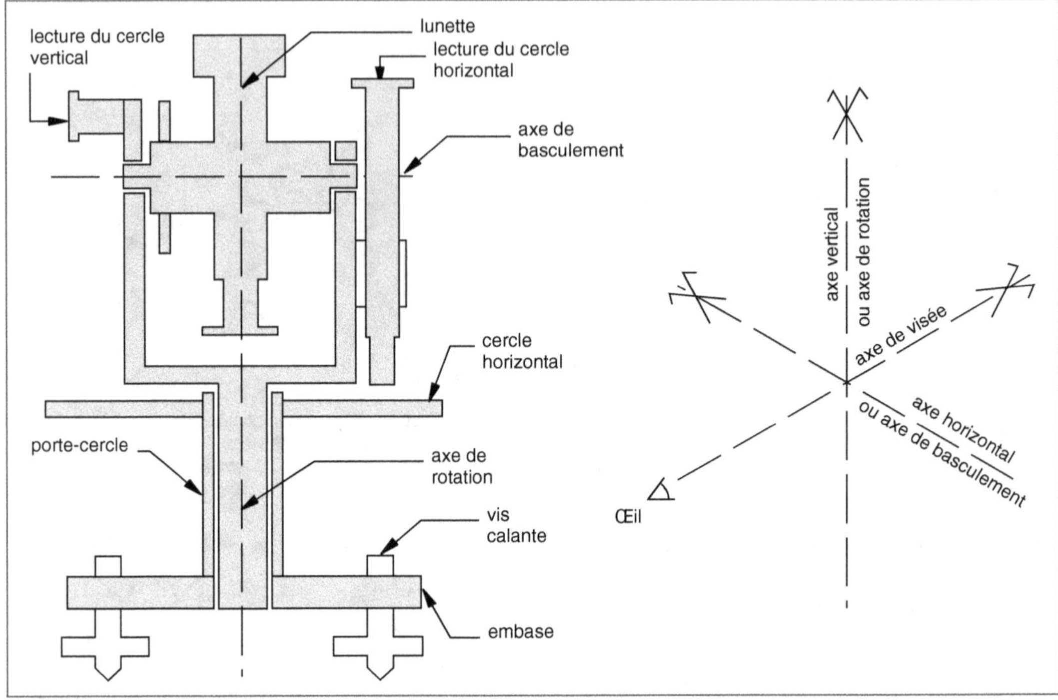

Fig. 2.12 • *Principe du théodolite.*

électro-optique affichant le résultat soit sur un écran à cristaux liquides, soit directement sur un canevas électronique grâce à un logiciel adapté. Ce type d'appareil dispose d'une mémoire interne d'une capacité de plusieurs dizaines de milliers de points d'enregistrement de données.

1.4.2. La mesure des longueurs

La mesure des longueurs permet de déterminer la distance entre des points dans une direction connue. Elle s'effectue soit de manière directe, soit par lecture optique.

Les mesures directes sont effectuées sur des rubans qui ont remplacé la chaîne d'arpenteur. Ils sont en acier protégé par une gaine en nylon-polyamide ou en PVC armé de fibres de verre. D'une longueur de 10 m, 20 m, 30 m ou 50 m, ils sont sur étrier ou en boîtier fermé. Suivant le modèle, la précision peut être de plus ou moins 1 mm pour un double décamètre à l'état neuf.

Les mesures optiques sont basées sur la lecture d'un angle ou du temps de retour d'un rayon. Elles font intervenir des appareils perfectionnés, donc plus précis.

Les mesures parallactiques* font intervenir la mesure des angles. Désirant mesurer la distance SM, une mire stadia horizontale en métal invar* est positionnée sur le point M, perpendiculairement à la direction SM (fig. 2.13). Cette mire est munie de deux

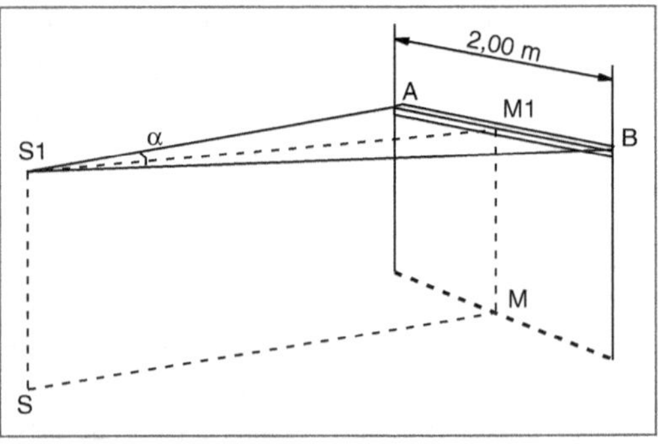

Fig. 2.13 • *Mesure d'une longueur par lecture sur mire stadia.*

voyants A et B symétriques par rapport à son centre M1, distants l'un de l'autre de 2 m.

La mesure de l'angle α, formé par les droites S_1A et S_1B, à l'aide d'un théodolite placé en station sur le point S, permet de calculer la distance $SM = S_1M_1 = cotg\ (\alpha/2)$.

Les mesures stadimétriques* sont effectuées à l'aide d'un tachéomètre. Pour mesurer la distance SM, l'appareil est placé en station sur le point S. Sa lunette est équipée d'un réticule portant deux traits symétriques par rapport au trait niveleur. Suivant le principe de Reichenbach (fig. 2.14), sur une mire positionnée au point M, les deux traits horizontaux découpent une portion de mire L qui, pour une visée horizontale, permet de calculer la distance :

$$D = SM = L/2 \times cotg\ (\alpha/2).$$

L'intervalle I entre les deux traits du réticule est tel que $1/2 \times cotg\ (\alpha/2) = 100$. Il en résulte que :

$$SM = 100 \times L.$$

Pour que cette mesure soit acceptable, il faut que la visée soit sensiblement horizontale. Dès que la ligne de visée est inclinée, il convient de tenir compte d'une correction par multiplication des traits stadimétriques ou par utilisation de traits courbes. Le **tachéomètre autoréducteur** assure cette correction.

Les mesures électroniques des longueurs sont faites à l'aide d'instruments de mesure électronique des longueurs (IMEL), qui sont basés sur l'émission, la réflexion et la réception d'une onde porteuse (rayon infrarouge ou rayon laser). L'émetteur et le récepteur sont constitués d'un seul et même appareil, le réflecteur comprenant un ou plusieurs prismes. L'affichage de la mesure est direct. La distance entre l'appareil en station et la mire optique est donnée par la relation :

$$D = 1/2 \times vitesse \times temps\ de\ parcours$$

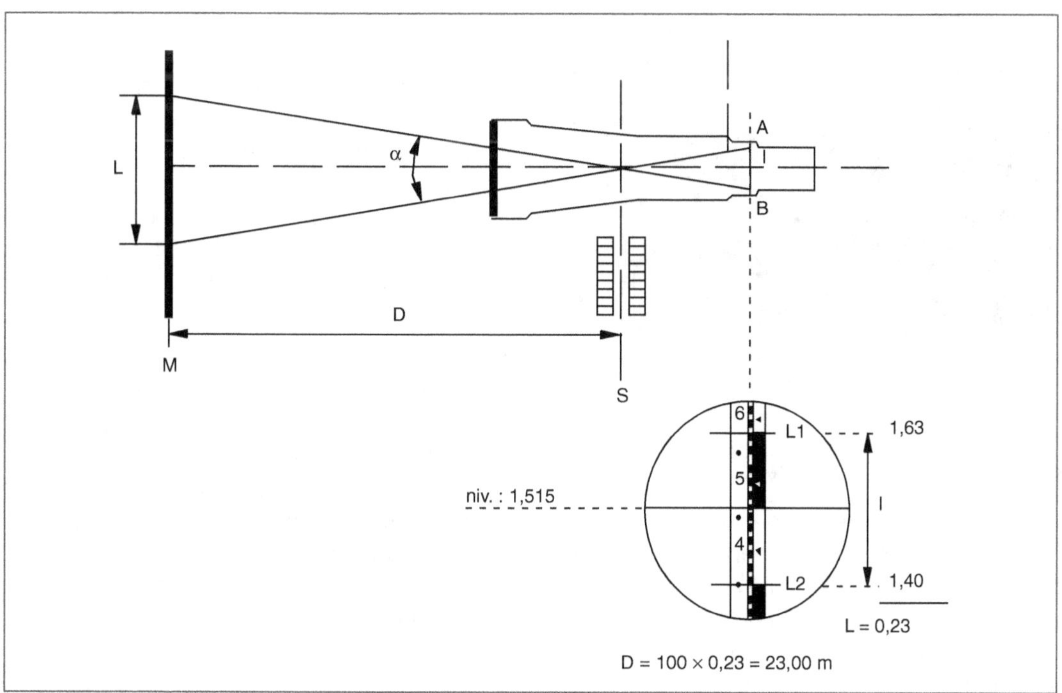

Fig. 2.14 • _Principe de Reichenbach._

Ces appareils, distancemètres, sont utilisés en complément des théodolites électroniques (photo 2.1). Une telle station peut être complétée par un calculateur, un micro-ordinateur et une table traçante. Ils sont très performants et peuvent mesurer des distances atteignant plusieurs kilomètres avec une précision de quelques millimètres.

Photo 2.1 • *Théodolite électronique Wild T1010 équipé d'un distancemètre Wild 1010.*

1.4.3. La mesure des niveaux

La mesure des niveaux permet de relever l'altitude de points par rapport à des repères connus. Elle s'effectue en utilisant des appareils simples sur de très courtes distances, mais dès que le relief est important, elle a recours à des appareils perfectionnés à lecture optique horizontale ou verticale.

Le niveau à lunette est d'un emploi courant sur les chantiers, Il est constitué par une lunette à fort grossissement fixé sur une embase à trois vis calantes (fig. 2.15). L'horizontalité de la visée est contrôlée soit par le bon réglage d'une nivelle solidaire de la lunette, soit de façon automatique par un système compensateur à prismes et miroirs. La précision des mesures dépend du grossissement de la lunette. Elle est de l'ordre de 2 à 3 mm sur 1 000 m (photo 2.2).

Le niveau peut recevoir des équipements complémentaires :

– un cercle horizontal pour la lecture d'angles horizontaux (azimut) ;

– un réticule portant deux traits symétriques par rapport au trait niveleur, sur la lunette, afin de lire les distances.

Le niveau automatique dispose d'un système de réglage rapide qui autorise un calage automatique de la ligne de visée.

Le niveau numérique, grâce à la lecture électronique sur une mire à codes-barres en invar, affiche directement les valeurs numériques de hauteur et de distance avec une précision de l'ordre de 1 mm sur 1 000 m (photo 2.3). L'avantage de ce principe est d'éviter toute erreur de lecture ou de transcription. Raccordé à un calculateur et à un micro-ordinateur, il fournit toutes les mesures altimétriques et offre la possibilité de les transcrire sur des documents informatisés. Ce type d'appareil est utilisé sur des terrains peu accidentés.

Le niveau à rayon laser (*Light Amplification by Stimulated of Radiation*) est un appareil dont le rayon est obtenu à l'aide d'une diode électronique ou à infrarouge. Dans le premier cas, le rayon est visible ; il permet de repérer les niveaux sur les ouvrages ou sur les mires conçues à cet effet ; la lecture s'effectuant directement. Dans le second cas, le rayon est invisible, l'appareil est associé à un récepteur ; de plus grande portée, il est couramment utilisé en travaux publics.

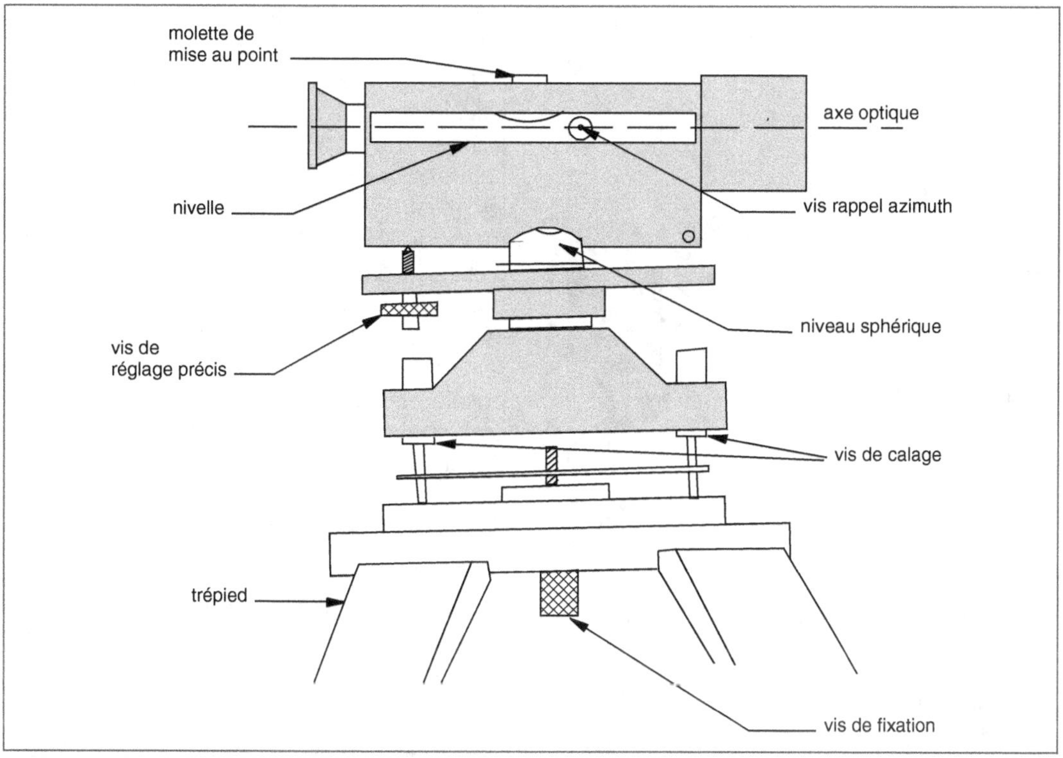

Fig. 2.15 • *Niveau à lunette.*

Photo 2.2 • *Niveau automatique de précision Wild NA 2 avec micromètre.*

Photo 2.3 • *Niveau numérique à mesures automatiques de l'altitude et de la distance horizontale Wild NA 2001.*

Le niveau est soit à rayon fixe soit à rayon tournant orientable qui peut générer un plan horizontal de référence, un plan incliné ou vertical (fig. 2.16, photo 2.4). Sa précision est de plus ou moins 3 à 4 mm à une distance de l'ordre de 200 m. Un compensateur à pendule permet d'assurer le calage à l'horizontal.

Photo 2.4 • *Niveau à rayon laser (source : document Spectra-Physica).*

Fonctionnant avec des piles, ce type d'appareil est aisément utilisable sur les chantiers de construction et de génie civil pour définir ou contrôler les niveaux.

Le laser d'alignement est un appareil qui émet un rayon visible. De forme cylindrique et calé sur la génératrice inférieure d'un tuyau, il permet la mise en place des canalisations en réglant le fil d'eau avec une très grande précision (fig. 2.16).

Le théodolite, comme le tachéomètre, est utilisé dès que le terrain présente un relief important. Cet appareil est décrit plus haut.

1.4.4. Le *Global Positioning System*

Le Global Positioning System, mis au point aux États-Unis, est un système de positionnement qui permet de se repérer par rapport à un réseau de satellites. De type mono-fréquence ou bifréquence et d'un coût relativement élevé, il est complété par un calculateur et un micro-ordinateur. Stationné en un point, les coordonnées x, y et l'altitude z sont déterminées en effectuant les mesures selon plusieurs méthodes. La méthode différentielle, bien que plus complexe, offre une excellente précision selon la durée des observations (de l'ordre de 10^{-6} à 10^{-7}). Pour pouvoir l'appliquer, il est nécessaire de disposer de deux récepteurs GPS positionnés de manière à capter les signaux émis par les mêmes satellites du réseau, quatre au minimum (fig. 2.17, photo 2.5). Un levé complet de terrain peut être ainsi réalisé de manière rapide et précise, même en terrain accidenté.

Un système similaire étudié par les Européens, le Projet Galileo, devrait être opérationnel dans quelques années.

Photo 2.5 • *Station GPS Ashtech.*

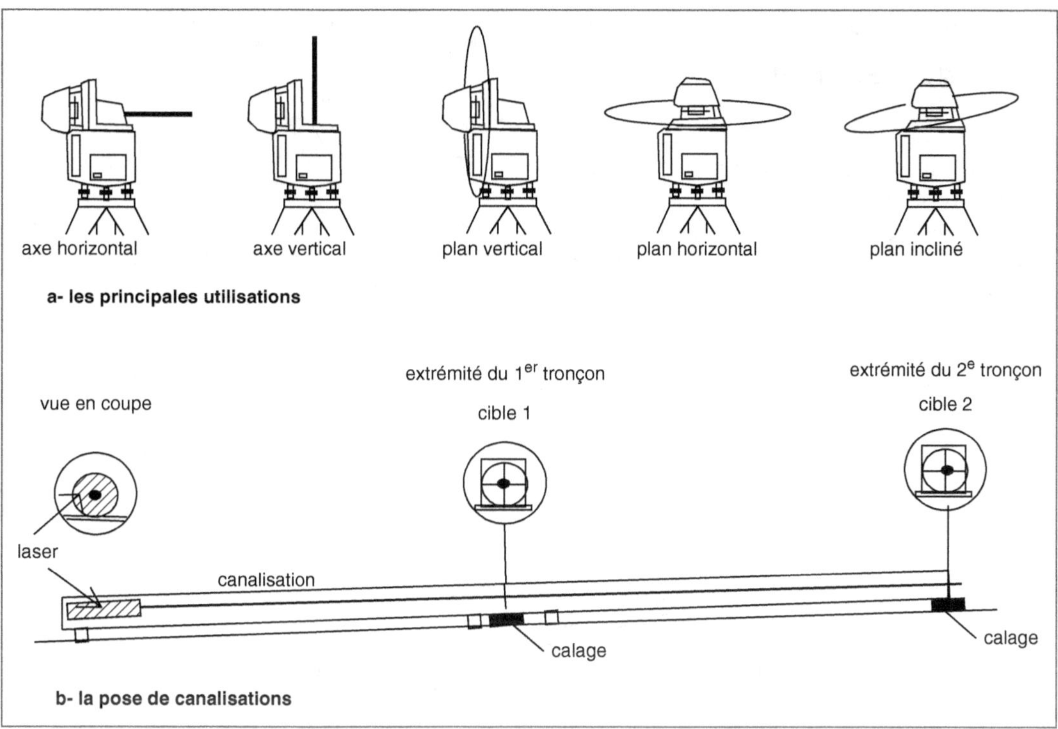

Fig. 2.16 • *Utilisations du rayon laser.*

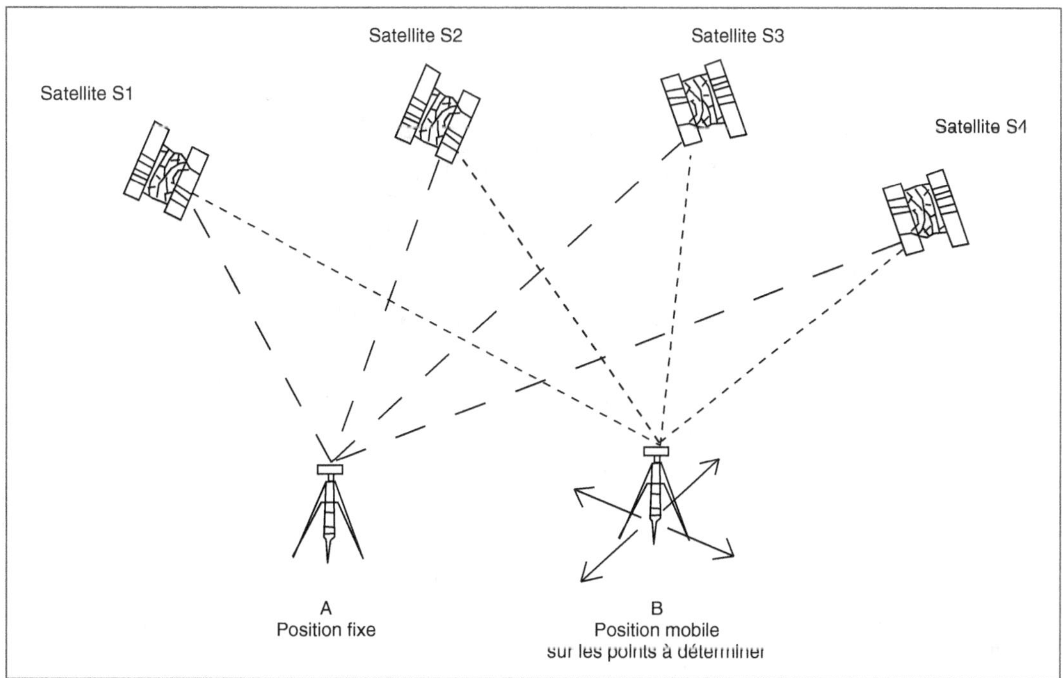

Fig. 2.17 • *Principe de fonctionnement d'un satellite GPS.*

2. Les travaux de démolition et de déconstruction

Les travaux de démolition et de déconstruction portent soit sur l'ensemble des bâtiments situés sur un tènement, soit sur une partie de ceux-ci. Dans ce cas, une reconversion des bâtiments conservés est étudiée de manière à s'intégrer dans le plan d'ensemble du secteur aménagé (figures 2.18a et 2.18b).

Ces travaux peuvent être incorporés dans l'ensemble des infrastructures. Lorsqu'ils sont importants, ils font l'objet d'un marché traité indépendamment. Cette solution présente l'avantage de mettre à la disposition de l'aménageur des terrains libres de toutes constructions.

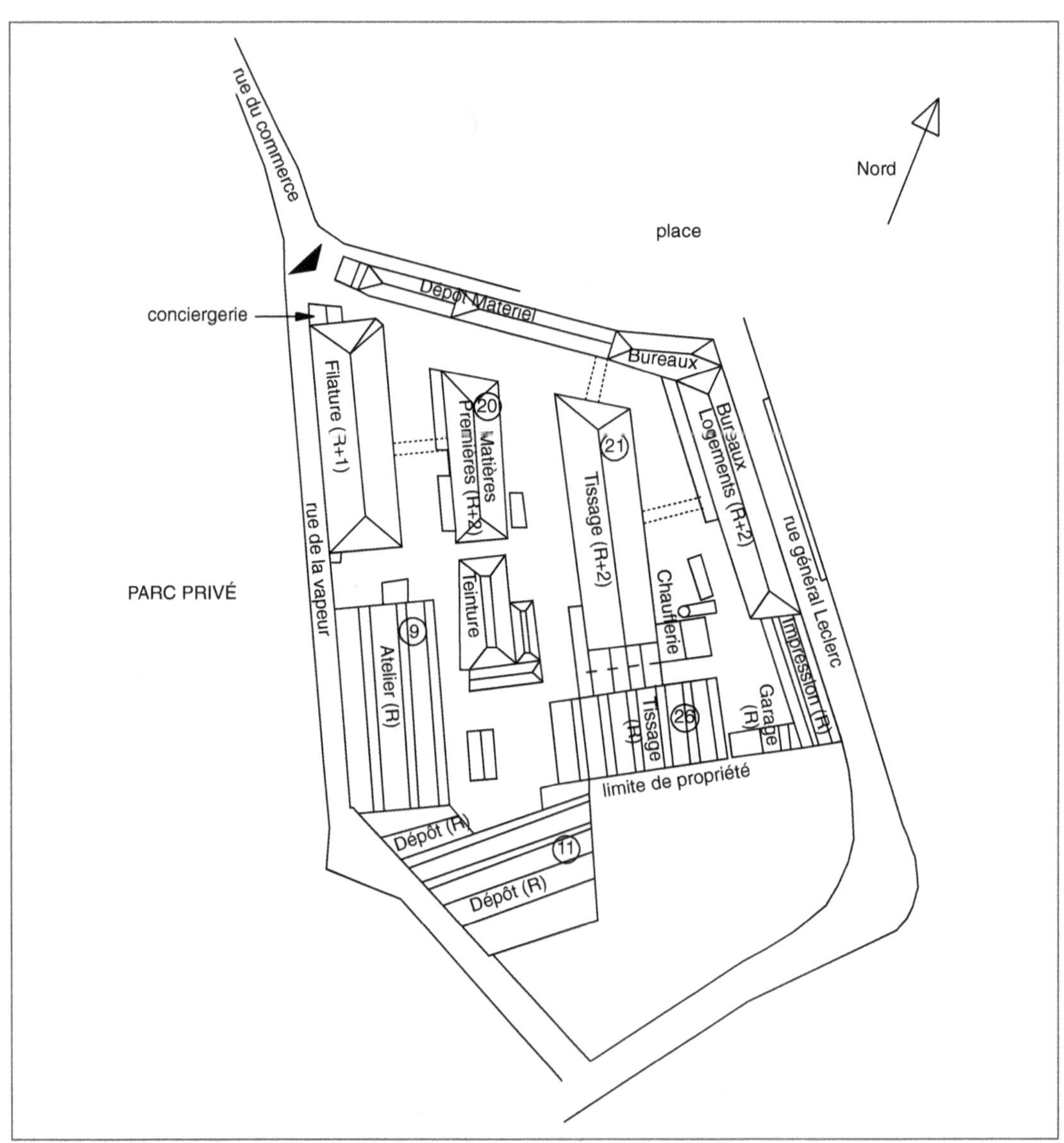

Fig. 2.18a • *État existant - Bâtiments conservés n° 9, 11, 20, 21, 26.*

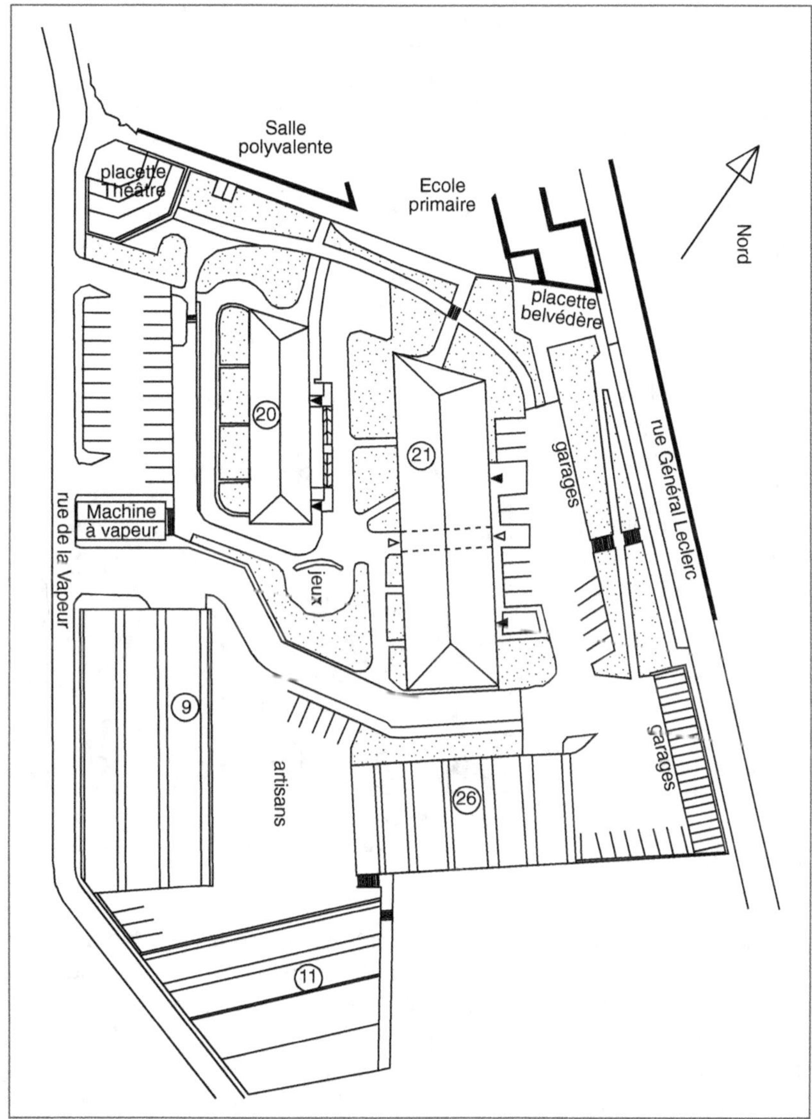

Fig. 2.18b • *Projet :*
Logements : bâtiments 20
et 21.
Locaux d'artisans : bâtiments
9, 11 et 26.

Préalablement à l'intervention de l'entreprise, il est souhaitable de faire procéder à un relevé de l'existant afin de connaître aussi parfaitement que possible la nature du bâti et l'imbrication des structures. De plus, un constat contradictoire, illustré de photographies, doit être dressé par une personne agrémentée portant sur toutes les constructions avoisinantes, quelle qu'en soit l'importance : bâtiments d'habitation, bâtiments industriels, hangars, murs de clôture, etc.

Cette précaution permet d'éviter tout litige ou tout recours ultérieur de la part des propriétaires riverains.

Lorsque les constructions sont raccordées à des réseaux publics, le maître de l'ouvrage doit se mettre en rapport avec les services concernés afin de clore tous les contrats pouvant encore exister. Le bureau d'études se fait confirmer que toutes les alimentations sont coupées et les dispositifs de comptage déposés. De son côté, l'entreprise prend contact avec les services concédés suivants :

– eau, gaz, chauffage urbain pour constater que les branchements ne sont plus sous pression ;

– électricité, télécommunications pour vérifier que le raccordement n'est plus sous tension ;

– assainissement afin de faire obturer le branchement.

Lorsque les bâtiments sont en bordure de voirie, il est nécessaire de faire procéder à la dépose des éléments fixés sur les façades : potences d'éclairage public, câbles d'éclairage public, câbles électriques ou de lignes téléphoniques. Les services concernés doivent être contactés afin d'effectuer cette intervention.

Ces démarches sont complétées par une demande d'arrêté de travaux déposée auprès de l'autorité compétente avant toute ouverture de chantier. Cette demande précise, entre autres, l'objet et la description des travaux, leur localisation exacte, leur durée prévisionnelle et les contraintes éventuelles.

Une description, aussi précise que possible, des ouvrages à démolir est communiquée aux entreprises consultées. Elle fournit les indications suivantes : dimensions des constructions ; nombre de niveaux ; présence ou non de sous-sol ; de cuves enterrées ; ancienne utilisation ; nature des murs porteurs, des planchers, de la toiture ; qualité des matériaux ; présence ou non de matières polluantes ou polluées, d'amiante, etc. Elle est accompagnée de documents graphiques : plan de situation, plan d'ensemble, plan des ouvrages à démolir, etc. et d'un jeu de photographies.

Compte tenu de l'orientation prise pour assurer la récupération des déchets, la démolition évolue vers une **opération de déconstruction** au cours de laquelle tous

les éléments intérieurs sont récupérés et stockés dans des bennes en pied du ou des bâtiments (photo 2.6). C'est ainsi que peuvent être entreposés séparément les portes et les menuiseries en bois, les pièces métalliques, les plastiques et les déchets irrécupérables, avant que ne soit commencée la démolition proprement dite. Des dispositions doivent être prises afin d'assurer le recyclage des matériaux récupérables et leur réemploi (tri des ferrailles, concassage des bétons, etc.) ainsi que la traçabilité des déchets jusqu'aux décharges appropriées.

Photo 2.6 • *Opération de déconstruction – Tri des déblais dans des bennes différenciées.*

Avant de commencer les travaux de démolition, le responsable de l'entreprise doit se rendre compte par lui-même de l'état des ouvrages à démolir et de leur stabilité afin de prévoir la mise en place éventuelle d'étaiement et de prendre toutes les mesures de sécurité.

Les travaux de démolition sont exécutés selon différentes techniques déterminées en fonction de la complexité de la construction, de sa situation, isolée ou en centre ville, dans un îlot d'immeubles, de la nature des matériaux employés et de la technicité de l'entreprise. Dans la mesure du possible, il est recommandé d'inclure la démolition des planchers sur sous-sols ainsi que leurs parois et de faire procéder au remblaiement de la cavité avec du gravier tout venant.

2.1. Le travail manuel

Au pic, à la pioche et au marteau-piqueur, le travail manuel est réservé à quelques cas particuliers :

- ouvrages peu importants ;
- bâtiments situés en cœur d'îlots, dans des opérations de curetage ;
- démolition effectuée par petites parties, à proximité des bâtiments mitoyens afin de les désolidariser pour ne pas les mettre en périls au cours des travaux.

Lorsque la résistance des parois et des planchers le permet, il est possible d'utiliser des mini-engins mécaniques munis d'un équipement approprié (perforateur, brise-béton, grappin, broyeur, disqueuse, etc.).

Cette méthode doit suivre des règles de sécurité très strictes : lutte contre le bruit et la poussière, mise en place d'un plancher de travail dès que la hauteur est supérieure à 6 m, éviter que les ouvriers travaillent à des niveaux différents.

2.2. La démolition par sape

La démolition par sape est exécutée au moyen d'un engin mû mécaniquement (boule en fonte suspendue à la flèche d'une pelle hydraulique). Méthode devenue marginale, elle est pratiquement interdite en centre urbain. Elle peut encore être utilisée pour la démolition de bâtiments de hauteur moyenne, de quatre à six étages, totalement isolés. Rapide, ce procédé présente trois inconvénients majeurs :

- la dangerosité, la chute des matériaux n'étant pas maîtrisée et pouvant présenter des risques non négligeables pour le personnel du chantier ;
- le mélange des différents matériaux utilisés dans la construction : béton, pierre ou pisé des murs ; bois ou métal des planchers ; briques et plâtre des cloisons, etc. Il en résulte un travail long et fasti-

dieux dans la reprise des déblais, avec un tri *a posteriori*, toujours délicat à réaliser ;

- la quantité importante de poussière produite en cours de démolition impose un arrosage constant du chantier.

2.3. La démolition à l'aide d'engins mécaniques

Les engins mécaniques sont d'un emploi courant dans les travaux de démolition, et plus particulièrement les pelles hydrauliques. Ces engins, très robustes, peuvent intervenir dans de nombreux cas de figure, soit en fonction de leur puissance, soit en fonction de l'équipement qui est adapté au travail à effectuer : appareillage court travaillant en rétro pour les démolitions de faible hauteur ou pour les travaux d'achèvement et de déblaiement ; appareillage long pour des démolitions de bâtiments de 30 m à 35 m de hauteur.

Les pans de mur ou les autres composants de faible hauteur (de l'ordre de 3 m) sont démolis soit par poussée, soit par traction à l'aide de câbles métalliques (fig. 2.19). Préalablement, il convient de vérifier que la zone dans laquelle les éléments viennent s'écrouler est parfaitement délimitée et isolée de toute circulation d'ouvriers. Avant de procéder à l'abattage des murs, ceux-ci sont débarrassés de toutes les pièces de bois et les pièces métalliques qui prennent appui. De plus, il est nécessaire de vérifier que l'équilibre des parties restantes n'est pas compromis.

Pour les démolitions de bâtiments plus importants, un grand nombre d'outils est disponible, interchangeable rapidement :

- les pinces de démolition et de tri assurent le démantèlement intérieur et extérieur de l'ouvrage et la récupération des différents matériaux, béton, bois ou acier ;
- les cisailles multiusages sont utilisées dans la démolition primaire, alors que les

Fig. 2.19 • *Démolition par tirage avec un engin mécanique.*

cisailles à ferrailles peuvent découper la plupart des aciers de construction, armatures, profilés ou autres ;

– les pinces à béton permettent de broyer ces matériaux et d'assurer la démolition de structures (photo 2.7) ;

– les marteaux piqueurs et les brises béton démantèlent les éléments en béton armé : murs abattus, planchers, escaliers, rampes et fondations ;

– les godets et les grappins sont employés pour l'évacuation des déblais.

En site urbain, le recours aux engins mécaniques ne peut avoir lieu qu'après s'être assuré que les structures de la construction à démolir n'ont plus aucune liaison avec les immeubles mitoyens. Lors de l'exécution des travaux un périmètre de sécurité est établi, plus ou moins vaste selon la hauteur atteinte.

D'autres engins (tractopelles, chargeurs) servent également au chargement des déblais sur les camions afin de les évacuer vers les décharges.

Photo 2.7 • *Démolition à l'aide de pinces à découper le béton.*

2.4. La démolition par les explosifs

L'emploi des explosifs est exclusivement réservé aux entreprises qualifiées. Cette méthode impose une analyse minutieuse du bâti et une étude précise du positionnement des charges. Le travail préparatoire est relativement long. De plus, un périmètre de sécurité, plus ou moins large, doit être mis en place avant la mise à feu. Toutefois, la démolition à l'aide d'explosifs est très compétitive pour des bâtiments de grande hauteur comportant plus de douze niveaux ou pour des constructions importantes. Elle présente l'inconvénient de produire une grande quantité de poussières pendant un délai assez court. Deux procédés peuvent être employés.

Le semi-foudroyage. Le bâtiment s'écroule latéralement, dans une direction prédéterminée, nécessitant un espace suffisant pour recevoir les déblais.

Le foudroyage intégral. Le bâtiment s'effondre sur lui-même, comme un château de cartes, sans empiéter sur le voisinage.

La technique du foudroyage comporte quatre phases principales (fig. 2.20a, fig. 2.20b et fig. 2.20c).

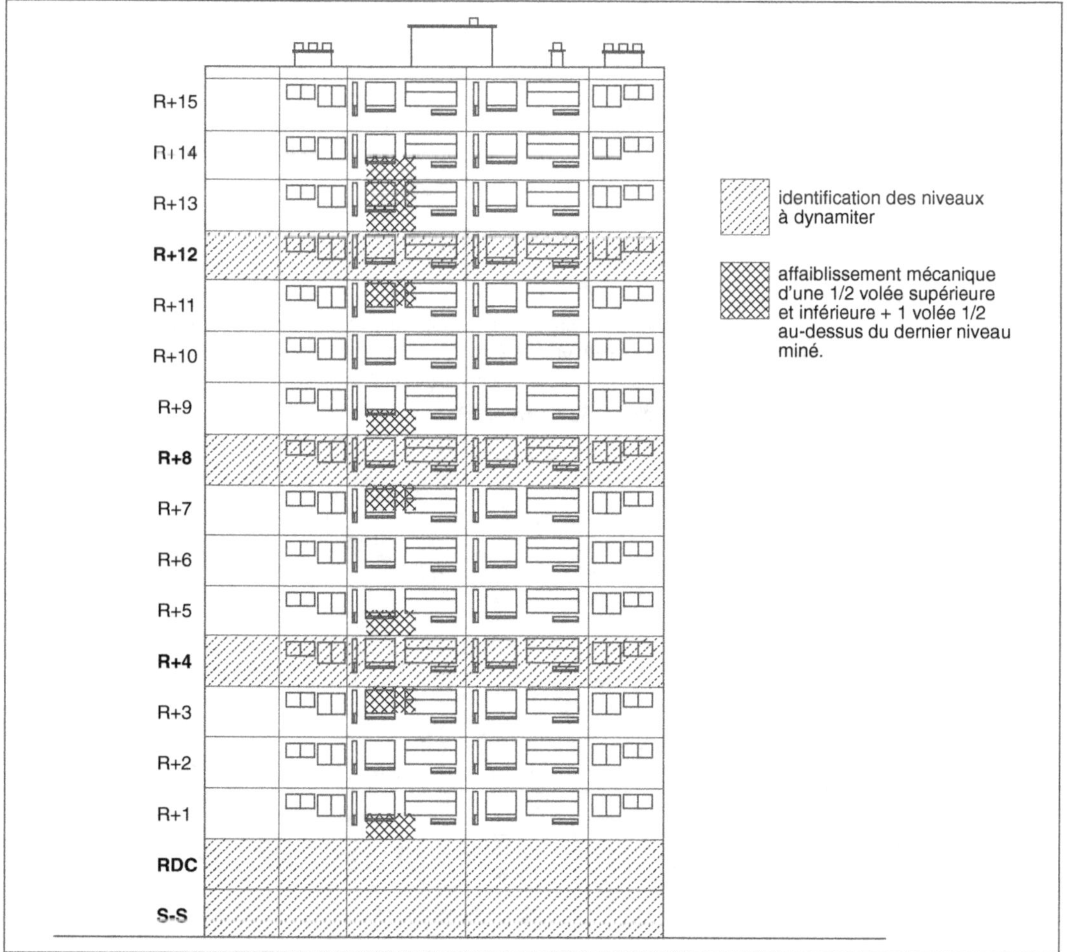

Fig. 2.20a • *Démolition à l'aide d'explosif - (source : CEBTP Démolition).*

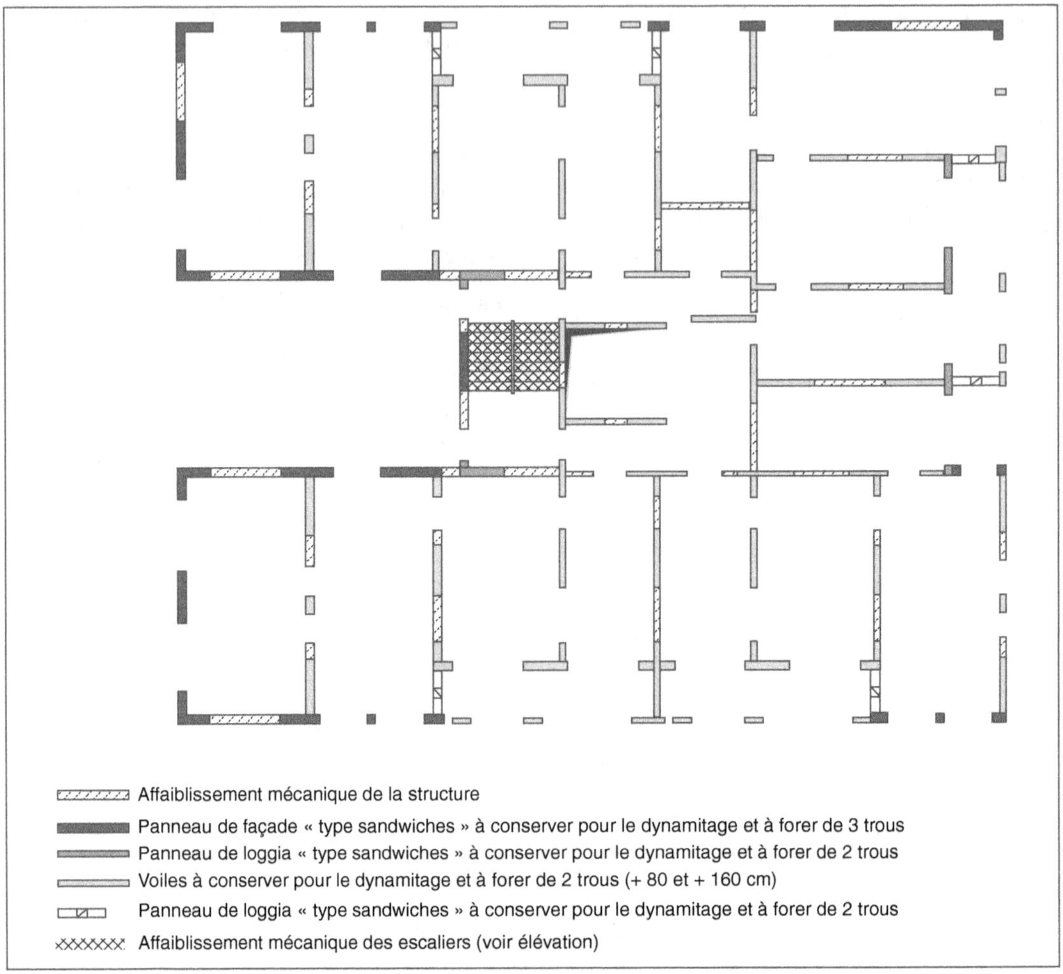

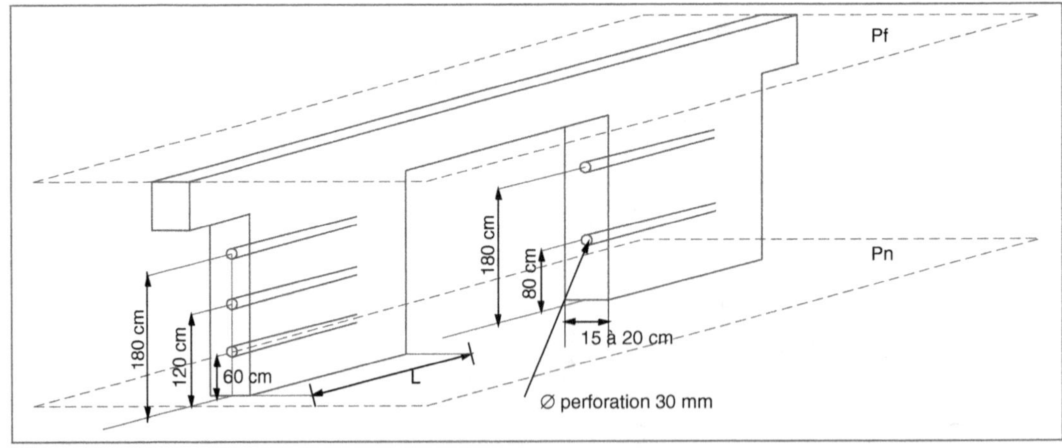

Fig. 2.20b • *Démolition à l'aide d'explosif - (source : CEBTP Démolition).*

Fig. 2.20c • *Démolition à l'aide d'explosif - (source : CEBTP Démolition).*

- La première phase porte sur la dépose des éléments intérieurs non structurants afin d'alléger la structure porteuse. Celle-ci, comme les contreventements, est conservée pour ne pas déstabiliser l'ouvrage. Pendant toute la durée des travaux, il doit s'autoporter et pouvoir résister aux vents les plus violents.

- La deuxième phase consiste à placer les explosifs. À cet effet, les murs sont perforés dans leur axe longitudinal, l'orifice ayant une trentaine de millimètres de diamètre, pour des murs de 15 à 20 cm d'épaisseur. Les perforations à réaliser dans les murs plus minces sont plus délicates. En général, les charges sont mises en place dans les deux niveaux inférieurs puis, selon la hauteur et la disposition de l'ouvrage, dans un étage sur deux ou trois.

- La troisième phase est la mise à feu effectuée à l'aide de détonateurs électriques. Un léger décalage dans le départ des charges est obtenu par l'emploi de poudre retardatrice (photo 2.8). Ce système doit évoluer vers l'emploi de détonateurs électroniques qui permettront une meilleure maîtrise de la mise à feu des différentes charges.

- La quatrième et dernière phase porte sur l'achèvement de la destruction et sur l'évacuation des déblais à l'aide d'engins mécaniques.

Photo 2.8 • *Démolition d'immeubles par foudroyage.*

La durée de chaque phase est plus ou moins longue en fonction de la typologie de la construction. Généralement, elles peuvent être estimées aux valeurs suivantes :
– déconstruction : 2 à 3 mois ;
– mise en place des charges : 1 à 3 semaines ;
– mise à feu et destruction : 3 à 5 secondes ;
– achèvement de la démolition et enlèvement des déblais : 2 à 3 mois.

2.5. La démolition d'ouvrages spécifiques

La démolition d'ouvrages spécifiques fait appel soit à des techniques traditionnelles, en les adaptant à ce type de construction, soit à l'emploi des charges explosives judicieusement disposées. L'intérêt de cette seconde méthode est de mieux maîtriser les différents paramètres. Entrent dans cette catégorie d'ouvrages les cheminées d'usine de grande hauteur, les mâts, les pylônes ainsi que les châteaux d'eau.

2.6. Les interventions spéciales

Ce type d'interventions porte sur des travaux ponctuels qui sont inclus dans les travaux de démolition ou exécutés dès l'achèvement de ceux-ci. Ces interventions sont de deux ordres.

- Les opérations de désamiantage, rigoureusement réglementées, ont pour objet d'éliminer tous les ouvrages comportant de l'amiante ; elles font l'objet d'une déclaration auprès des services compétents et sont exécutées par des équipes spécialisées. Leur stockage doit être séparé des autres éléments de déconstruction.

- La dépollution des sols peut être exigée après la démolition de certains sites industriels, avant d'entreprendre des travaux d'aménagement.

3. Le débroussaillage, le défrichage et l'abattage des arbres

Alors que le débroussaillage et le défrichage peuvent être confiés à des entreprises de terrassement disposant d'un équipement apte à effectuer ces travaux, l'abattage des arbres de haute tige doit être exécuté par une entreprise spécialisée.

3.1. Le débroussaillage et le défrichage

Ces deux opérations, souvent complémentaires, consistent à éliminer tous les végétaux de petite taille, arbustes, taillis qui se trouvent sur le terrain.

● La première nécessite l'emploi d'engins spécialisés, débroussailleuses, girobroyeurs qui déchiquettent les végétaux à quelques centimètres au-dessus du sol. Puis les déchets sont évacués ou rassemblés dans une zone éloignée de toute habitation afin d'être brûlés.

● La seconde peut être effectuée à l'aide d'engins mécaniques courants, pelles hydrauliques ou, plus souvent, bouteurs ou chargeurs. Ils décapent la couche superficielle de terre végétale sur une faible profondeur et la retroussent sur le terrain où s'effectue un tri sommaire pour éliminer les végétaux et leurs racines superficielles qui sont évacués vers la décharge publique.

Le défrichage peut également être effectué par l'emploi de produits chimiques appropriés. Cette technique doit être mise en œuvre par une entreprise spécialisée. Elle impose un certain nombre d'exigences préalables :

– des conditions météorologiques favorables et l'absence de vent afin de ne pas polluer les terrains avoisinants ;

– une végétation en phase active ;
– un délai d'action relativement long.

3.2. L'abattage des arbres

Selon l'importance des arbres, leur essence et leur localisation, cette intervention peut nécessiter un accord préalable des autorités compétentes. Dans ce cas, un relevé précis est effectué, sur lequel sont indiqués tous les arbres à abattre, ainsi que les mesures prises pour leur remplacement. Ce travail est exécuté par des entreprises spécialisées selon différentes méthodes ; étant relativement dangereux, il demande un minimum de précautions pour éviter tout accident, en particulier pour les arbres présentant une défectuosité : arbres creux, arbres penchés, etc.

Lorsque l'espace autour de l'arbre est suffisant, l'abattage s'effectue à l'aide d'un engin mécanique arrachant la souche dans une même opération. Un détourage* de celle-ci peut être nécessaire pour éviter la rupture des racines principales dans le sol.

Si cet espace est restreint, une première opération consiste à supprimer l'ensemble des branches de manière à dégager le tronc. Celui-ci est ensuite abattu à l'aide de tronçonneuses, dans une direction prédéterminée.

En site urbain, après avoir supprimé les branches et compte tenu de l'encombrement existant, l'arbre est débité sur pied. Les petites branches sont déchiquetées sur place grâce à des broyeurs, alors que les branches maîtresses et les troncs sont découpés puis évacués.

L'essouchage est une opération indispensable après l'abattage des arbres. Généralement elle s'effectue à l'aide d'une pelle hydraulique soit lors de l'abattage lui-même, soit dans une seconde phase, après avoir détouré la souche. Une autre méthode consiste à éliminer la souche à l'aide de produits chimiques appropriés, en veillant toutefois à ne pas contaminer les végétations voisines.

Les arbres conservés sur le terrain sont protégés pendant la durée du chantier. Cette protection est assurée soit par une barrière en châtaignier de 2 m de hauteur placée à 1 m de l'arbre, soit par des lisses en planches fixées sur des piquets fichés dans le sol.

4. La reconnaissance des sols

Les objectifs de la campagne de reconnaissance des sols sont multiples, selon qu'elle est effectuée au stade des préétudes ou au cours de l'avancement du projet. Pour éviter tout aléas, il est recommandé d'effectuer cette campagne le plus en amont possible des études.

Au stade des préétudes, la campagne de reconnaissance des sols est lancée pour répondre aux trois points suivants :

- rechercher des terrains adaptés à l'implantation d'ouvrages importants, d'infrastructures routières ou ferrées, dans une région déterminée ;

- ébaucher un schéma directeur ou un plan masse sur un tènement donné, en tenant compte des aléas des sols ; le plan masse d'une opération peut être modifié pour optimiser l'adaptation des constructions aux caractéristiques mécaniques du sol sans nuire aux impératifs urbanistiques ;

- construire un ouvrage sur un terrain et permettre d'établir un dossier de faisabilité, le plus proche de la réalité, y compris pour les fondations.

Selon l'avancement des études, l'objet de la campagne de reconnaissance des sols est différent. Permettant d'affiner les études, elle est alors caractérisée par :

- le maillage des points de sondage, d'autant plus serré que l'analyse doit être précise ou que le sol est hétérogène ;

- la qualité des renseignements : enquêtes, essais in situ ou essais en laboratoires ;
- la précision demandée, plus grande en phase d'exécution.

4.1. Les différents types d'investigation

Certains lieux-dits ont une appellation significative à laquelle il faut être attentif, par exemple La Palud (anciens marais), Argentières (anciennes mines), Le Plan, etc.

Tout d'abord, il faut procéder à une enquête de voisinage pour avoir connaissance des difficultés éventuelles qu'auraient pu rencontrer d'autres aménageurs.

Ensuite, l'étude de la carte géologique de la zone concernée, même sans grande précision, apporte des informations qui fournissent une première indication sur la nature des sols.

Enfin, une campagne de reconnaissance des sols est confiée à un géotechnicien. Selon son étendue et son importance, elle livre les renseignements utiles pour définir les aménagements réalisables, le type de fondations à retenir et le niveau du sol d'assise.

Les essais géotechniques à effectuer sont déterminés selon deux critères :

- la nature du projet : voiries, fondations, murs de soutènement, au niveau de la portance, de la stabilité et des tassements admissibles ;

- la nature des sols : argiles molles ou dures, marnes, sables et graviers, terrains rocheux.

Ils révèlent les différentes couches du terrain, leur épaisseur, leur pendage, leurs caractéristiques physiques et mécaniques, ainsi que la présence éventuelle d'eau. Ils peuvent influencer l'adaptation au site (stabilité de talus, choix techniques, etc.) et les conditions d'exécution des travaux (stabilité provisoire). Ils font appel à différentes techniques, reconnaissances et essais *in situ* et essais en laboratoire.

4.1.1. Les reconnaissances in situ

Elles sont effectuées à l'aide de forages de grandes dimensions ou de petites sections. Lors de l'exécution de ce type de reconnaissance, sont relevés :

– les niveaux des différentes couches rencontrées ;

– leur épaisseur ;

– la profondeur atteinte par le sondage ;

– le niveau des arrivées d'eau éventuelles.

Ces renseignements sont reportés sur une coupe mentionnant le niveau du terrain naturel rattaché au système IGN normal de 1969 (fig. 2.21).

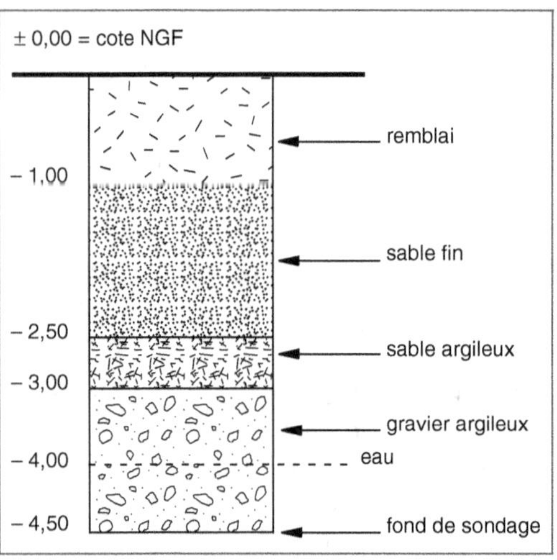

Fig. 2.21 • *Coupe de terrain d'après un sondage en puits.*

Les forages en puits ou en tranchée sont réalisés à l'aide d'engins courants de terrassement :

– pelle hydraulique pour des profondeurs inférieures à 6,00 m ;

– benne preneuse pour l'exécution de puits tubulaires, tubés, de diamètre de 0,50 à 1,20 m, sur des profondeurs plus importantes. La traversée des couches rocheuses est effectuée par la chute d'un **trépan**

(photo 2.9), engin lourd et contondant qui fractionne la roche ; les éléments désagrégés sont remontés en surface à l'aide de la benne preneuse.

Photo 2.9 • *Trépan et benne preneuse.*

Leur avantage est de permettre l'observation directe des couches traversées et de procéder à des prélèvements d'échantillons du terrain en place (photo 2.10).

Photo 2.10 • *Caisse d'échantillons de terrain.*

Ces sondages sont implantés en dehors de l'emprise supposée des ouvrages. Ils doivent être protégés contre les risques de chutes et remblayés après examen.

Les sondages de reconnaissance, d'un diamètre de 100 à 200 mm, peuvent atteindre de grandes profondeurs. Comme les précédents, ils permettent d'effectuer des prélèvements d'échantillons dans les terrains traversés. Différentes techniques de pénétration sont utilisées selon la nature du sol :

– par tarière dans les sols meubles, remontant à la surface des échantillons de terrain remanié ;

– par rotation, le forage étant obtenu par pénétration d'un tube creux équipé à sa base d'une trousse coupante ou d'une couronne abrasive (photo 2.11) ;

Photo 2.12 • *Tricone (source : document Fondasol).*

Photo 2.13 • *Échantillons de sol par carottage.*

Photo 2.11 • *Sondage de reconnaissance par forage.*

– par rotation dans les roches dures à l'aide d'un **tricône**, outil comportant trois molettes dentées (photo 2.12).

Des échantillons de terrain (photo 2.13) peuvent être prélevés par adaptation au dispositif de forage d'un **carottier**, tube cylindrique équipé à sa base d'une couronne tranchante (fig. 2.22).

Les forages peuvent être équipés d'un tube piézométrique*, dispositif permettant de mesurer le niveau d'eau en un point situé dans une zone aquifère et d'en suivre l'évolution dans le temps. Lorsque les parois du forage ne sont pas stabilisées, l'équilibre est créé artificiellement par un tubage provisoire ou par l'emploi d'une boue de forage,

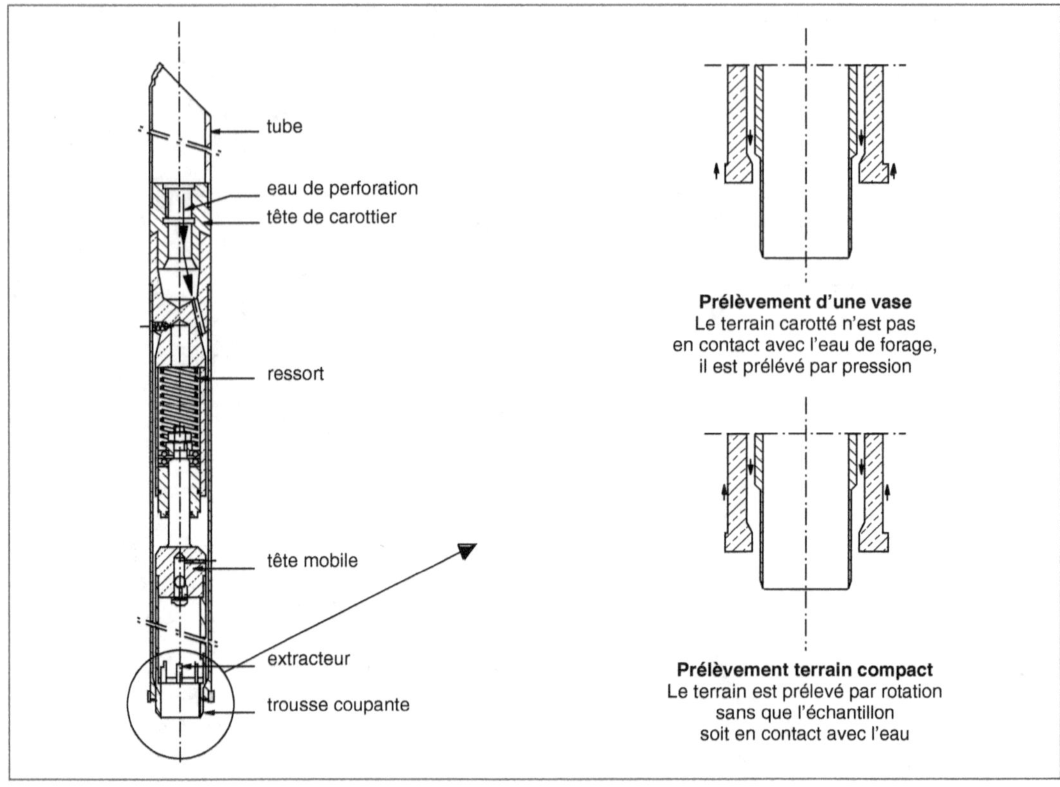

Fig. 2.22 • *Carottier Mazier (source : document Solétanche)*

mélange **thixotropique*** de type bentonite. Dans ce dernier cas, les prélèvements par carottage sont plus délicats à effectuer.

4.1.2. Les essais in situ

Ils nécessitent un matériel approprié, de mise en œuvre parfois complexe. Les renseignements fournis, selon le procédé utilisé, sont à analyser avec précaution.

4.1.2.1. *L'essai de charge à la table*

L'essai de charge à la table (fig. 2.23) est utilisé pour étudier le poinçonnement des couches superficielles du terrain. Il ne renseigne aucunement sur les couches sous-jacentes. Il consiste à placer des charges sur un plateau afin de mesurer et d'enregistrer les déformations du sol d'assise sur lequel prend appui ce dispositif. La surface de transfert des charges sur le terrain est une plaque carrée ou circulaire de section déterminée.

4.1.2.2. *Les essais par pénétromètres*

Ces essais, effectués à l'aide d'appareils comportant une tige métallique terminée par un cône, sont d'un usage fréquent. La tige peut coulisser ou non dans un tube métallique creux pour éviter les frottements latéraux. Cet équipement est complété par un dispositif mesurant séparément l'effort exercé sur la pointe conique fixée à l'extrémité d'un train de tiges et le frottement latéral exercé sur le fût.

Les trous des pénétromètres peuvent être équipés d'un tube piézométrique.

Il existe plusieurs types d'appareils qui sont différenciés par le mode de pénétration de la pointe, leur puissance et leur poids.

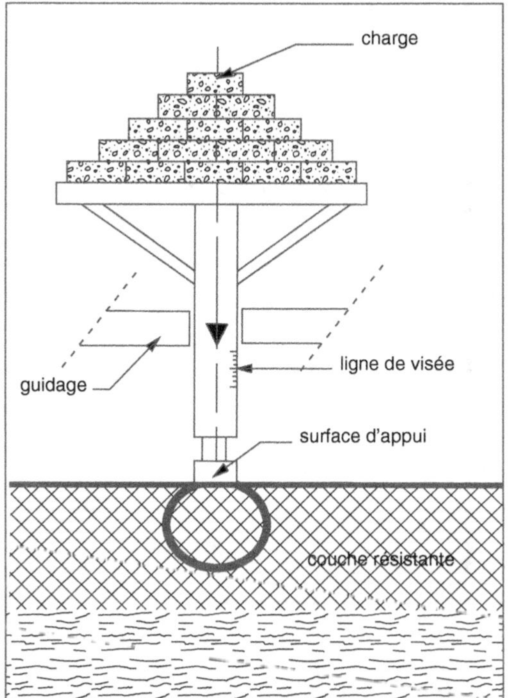

Fig. 2.23 • *Essai à la table.*

Le pénétromètre statique utilise l'action continue d'un vérin à crémaillère ou hydraulique pour faire pénétrer la pointe dans le terrain (fig. 2.24). Les mesures sont effectuées tous les 25 cm ou à chaque variation appréciable de résistance, au cours du fonçage et de l'arrachage. L'essai se poursuit jusqu'à une profondeur déterminée à l'avance ou jusqu'au refus*.

Les appareils sont de type léger (poussée de 2,5 t), très maniables ou de type lourd (poussée de 10 t) et équipés de tiges de 35 à 110 mm. Cependant, leur utilisation est limitée dès que la pointe rencontre un bloc rocheux.

Les résultats sont reportés sur un diagramme indiquant, en ordonnées, les profondeurs en mètres et en abscisses, la résistance à la pénétration R_p en MPa ou en daN/cm^2. D'autres indications portant sur le frottement peuvent être fournies. Parfaitement maîtrisés, ces renseignements permettent de définir les couches de terrain rencontrées.

Le pénétromètre dynamique fait pénétrer la pointe grâce à la chute d'un mouton de 63,5 kg, d'une hauteur constante de 75 cm. Cette technique permet de traverser toutes les couches de terrain sauf les roches massives. Ces appareils sont classés en deux catégories (fig. 2.25).

- **Le pénétromètre dynamique A** (DPA), équipé d'une pointe de 62 mm de diamètre, utilise un tubage extérieur ou une boue de forage à base de bentonite pour éliminer le frottement latéral sur le train de tiges ; cet appareil sert de référence internationale.

- **Le pénétromètre dynamique B** (DPB), équipé d'une pointe de 51 mm de diamètre, n'utilise ni tubage extérieur ni boue de forage ; le frottement latéral le long du train de tiges peut être calculé en mesurant la valeur du couple nécessaire à sa rotation.

Les résultats sont reportés sur un diagramme indiquant, en ordonnées, les profondeurs en mètres et en abscisses, à l'échelle logarithmique, la résistance à la pénétration R_d en MPa ou en daN/cm^2, correspondant au nombre de coups nécessaires pour un enfoncement de la pointe de 10 cm, 20 cm ou 30 cm.

Comme avec le pénétromètre statique, d'autres renseignements peuvent être recueillis afin de définir les couches de terrain traversées. Le diagramme doit préciser le type d'appareil utilisé et les modalités d'exécution.

Le pénétromètre stato-dynamique combine les deux actions précédemment énoncées (fig. 2.26). L'enfoncement de la pointe est obtenu sous l'action d'un vérin. Dès qu'il y a blocage, la mise en route du système dynamique par la chute d'un mouton assure la traversée des couches dures. L'appareil est équipé de dynamomètres afin de calculer, selon les résultats, la résistance à la pointe en système statique puis en système dynamique ainsi que le frottement latéral.

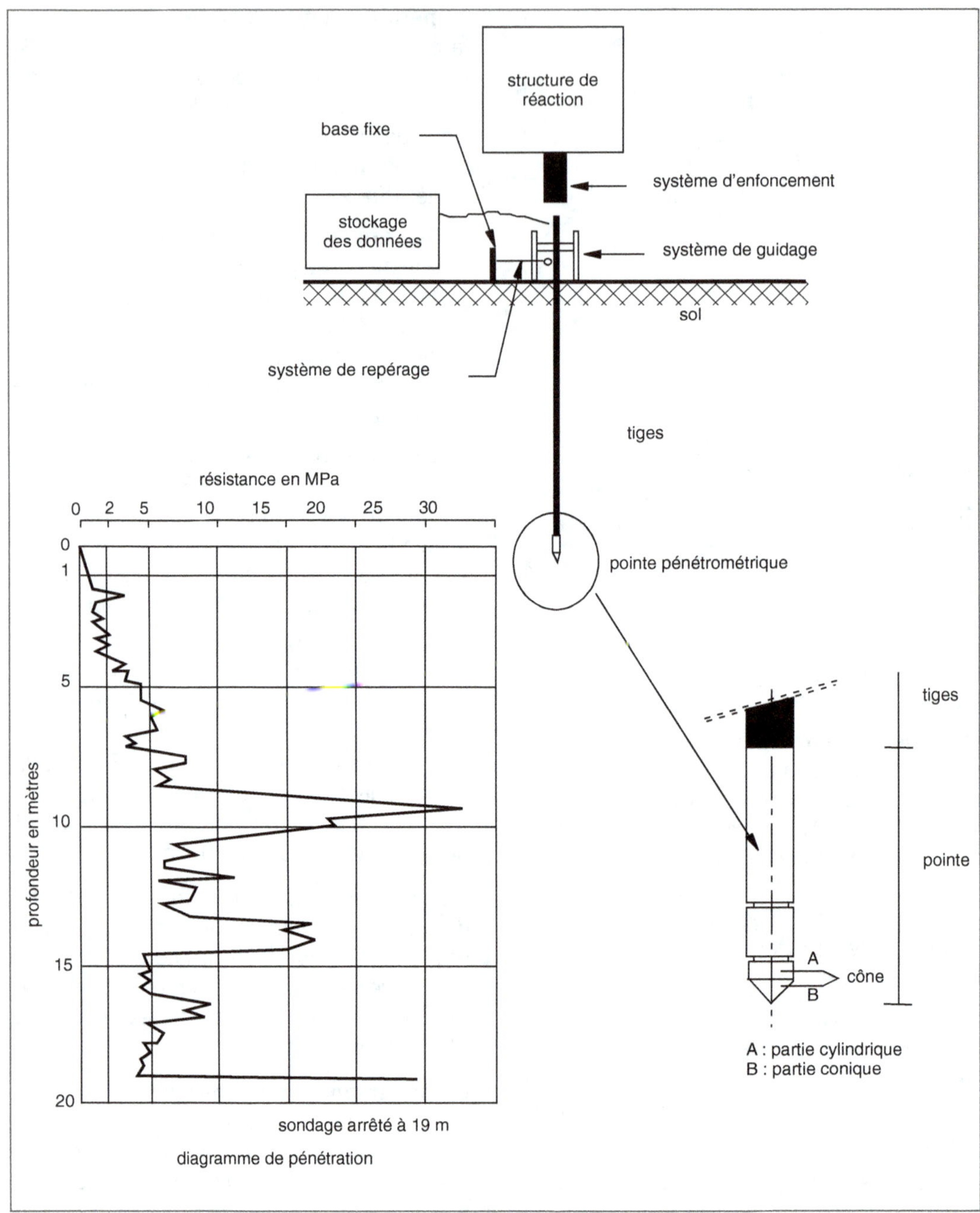

Fig. 2.24 • *Pénétromètre statique.*

Montés sur camion tout-terrain, les équipements lourds traversent toutes les couches de terrain, à l'exception des roches compactes et massives (photos 2.14 et 2.15).

Le diagramme de pénétration permet de définir les caractéristiques et les contraintes admissibles des sols.

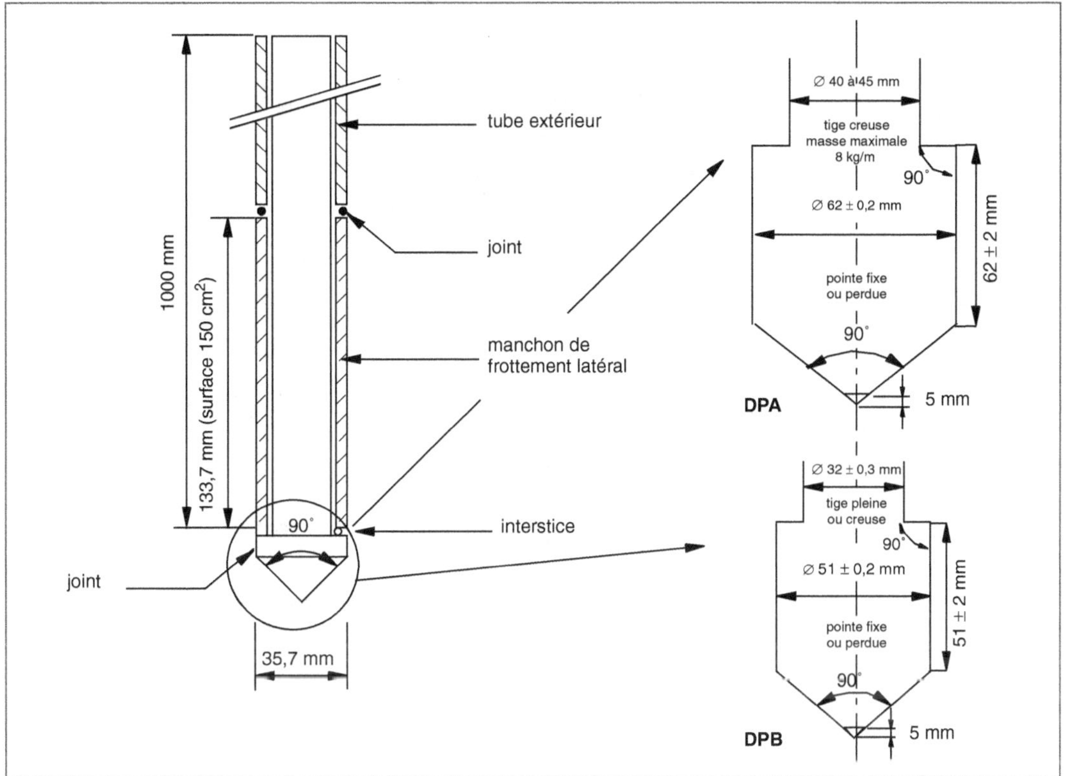

Fig. 2.25 • _Pénétromètre dynamique._

D'autres essais peuvent être effectués.

- **L'essai au scissomètre** _(vane test)_ mesure la résistance au cisaillement (daN/cm²) et la cohésion dans les terrains cohérents de faible consistance comme les argiles molles.

- **L'essai pressiométrique**, employé dans tous les types de terrain, sauf rocheux, il mesure la déformation latérale de la paroi d'un forage ; les résultats permettent d'étudier la réaction du terrain sur une paroi soumise à un effort horizontal (mur de soutènement, blindage). Ils doivent être interprétés avec une grande prudence, compte tenu que la sonde agit sur une paroi remaniée lors de l'exécution du forage.

- **L'essai au phicomètre** mesure la cohésion c et l'angle de frottement interne d'un terrain dans un forage d'un diamètre de l'ordre de 65 mm, sans avoir recours aux essais de laboratoire.

Les essais hydrauliques portent sur l'étude de l'hydrologie souterraine. Ils consistent, entre autres, en :

- **essai de pompage,** pour définir les caractéristiques hydrauliques d'un sol : coefficient de perméabilité de la couche testée, rayon d'action d'un pompage, etc. ;

- **essai d'eau Lugeon**, afin d'apprécier les possibilités de circulation d'eau et le degré de fissuration des sols rocheux ;

- **essai Lefranc,** dont le but est d'évaluer la perméabilité locale des sols fins ou grenus.

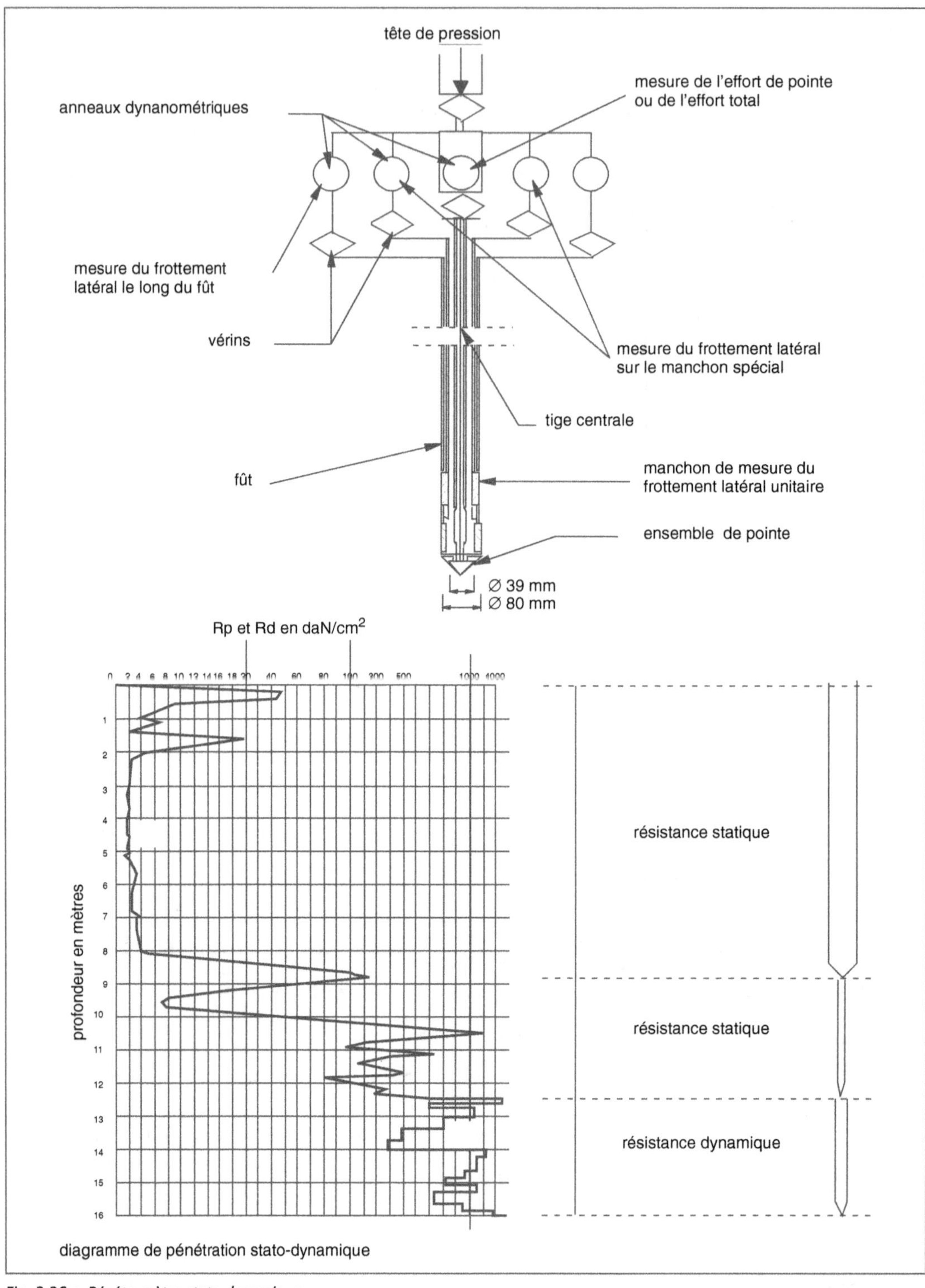

Fig. 2.26 • *Pénétromètre stato-dynamique.*

Photo 2.14 • *Superpénétromètre stato-dynamique Andina de type lourd monté sur camion.*

Photo 2.15 • *Superpénétromètre stato-dynamique Andina de type lourd – Équipement à pénétration statique : tête de sonde et cadran de lecture de la résistance à la pointe et de la résistance au frottement latéral.*

4.1.3. Les analyses en laboratoire

Les analyses en laboratoire ont pour objet de déterminer les caractéristiques géotechniques des couches rencontrées. Elles sont effectuées sur les échantillons prélevés dans le sol en place à l'aide de carottiers ; le délai entre le prélèvement et les essais doit être le plus court possible. Ces échantillons de terrain, si possible non remanié, sont repérés avec le numéro du sondage correspondant, le niveau de prélèvement, sa partie supérieure et sa partie inférieure. Toutes les précautions sont prises pendant le transport pour éviter les pertes de fines et conserver l'humidité naturelle. Les essais ont pour objectif d'identifier les sols. Ainsi, sur un échantillon donné, ils permettent de déterminer :

– sa masse volumique ;
– sa teneur en eau ;
– sa granulométrie ;
  sa gélivité ou son gonflement ;
– sa composition chimique ;
– son angle de frottement interne ;
– sa cohésion ;
– les limites de plasticité des argiles.

L'essai Proctor détermine la teneur en eau optimale (TEO) pour obtenir un meilleur compactage du terrain. La teneur en eau optimale pour une densité sèche maximale correspond à l'Optimum Proctor.

Cet essai, très courant lors de l'exécution de travaux routiers, s'effectue selon deux méthodes différenciées par l'énergie de compactage appliqué à l'éprouvette : l'essai Proctor normal et l'essai Proctor modifié. Les résultats reportés sur un graphique ayant pour abscisses la teneur en eau et pour ordonnées la densité sèche donnent une courbe, **la courbe Proctor,** dont le sommet correspond à la valeur maximale de la masse de matériau sec pour une valeur donnée de la teneur en eau (fig. 2.27).

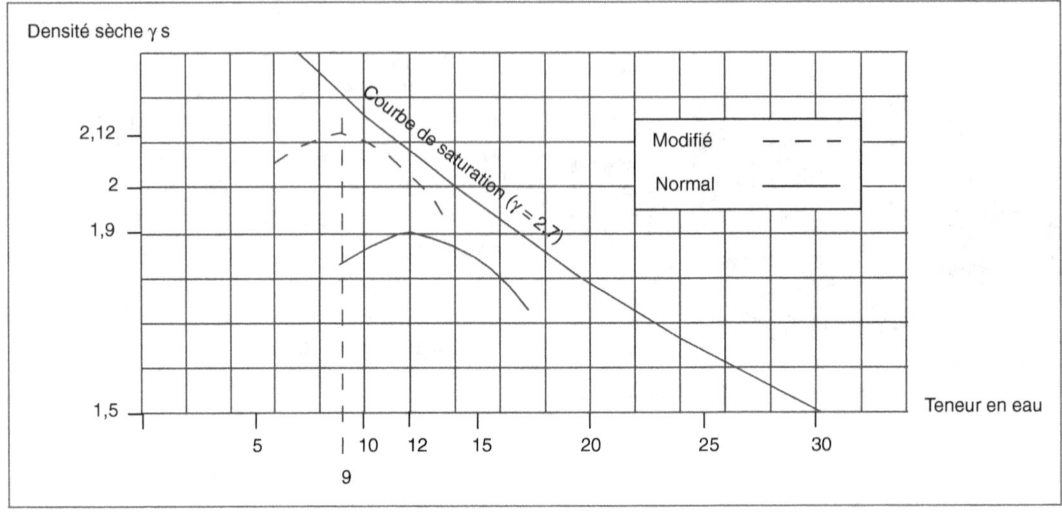

Fig. 2.27 • *Essais Proctor.*

L'essai CBR (*Californian Bearing Ratio*) détermine la portance d'un échantillon de sol par rapport à un matériau de référence.

L'essai au perméamètre mesure la perméabilité d'un échantillon de terrain et définit le coefficient de perméabilité exprimé en mètre par seconde. Pour un sable propre, le coefficient de perméabilité peut varier de 10^{-3} à 10^{-5} m.s^{-1}, en fonction de la grosseur des grains et de la charge d'eau. Un sol est pratiquement imperméable dès qu'une valeur proche de 10^{-11} m.s^{-1} est atteinte.

Lorsque le niveau d'eau varie rapidement dans un sol perméable, le risque d'entraînement des fines apparaît, modifiant sa texture et ses caractéristiques mécaniques et géotechniques. Dans les sables saturés, l'eau en mouvement exerce sur chaque grain une force d'écoulement occasionnant le phénomène de boulance*, donnant l'impression que le sable se liquéfie. La contrainte entre les grains est nulle et le sol perd toute résistance au cisaillement.

L'essai de cisaillement détermine les caractéristiques géotechniques fondamentales que sont la cohésion c et l'angle de frottement interne φ.

L'essai à l'œdomètre ou **essai de compressibilité** définit deux caractéristiques fondamentales d'un sol : la pression de consolidation naturelle correspondant à la charge sous laquelle le terrain en place se trouve en équilibre et les tassements que le terrain peut subir sous les charges apportées par un ouvrage.

Les essais aux réactifs chimiques ont pour objet de contrôler la fraction argileuse ou la teneur en carbonate, en matières organiques ainsi que la réaction de l'échantillon de sol à certains produits.

4.2. La constitution des sols

La constitution des sols est caractérisée par la proportion entre les grains solides plus ou moins gros, les matières organiques ou les minéraux et les vides entre les grains, remplis d'air ou d'eau (fig. 2.28). Connaissant le volume total V_t, le volume des grains solides V_g, le volume des vides V_v, le volume d'eau V_e, la masse totale M_t, la masse des grains solides M_g et la masse d'eau M_e, selon la répartition grains/vides, plusieurs caractéristiques peuvent être définies.

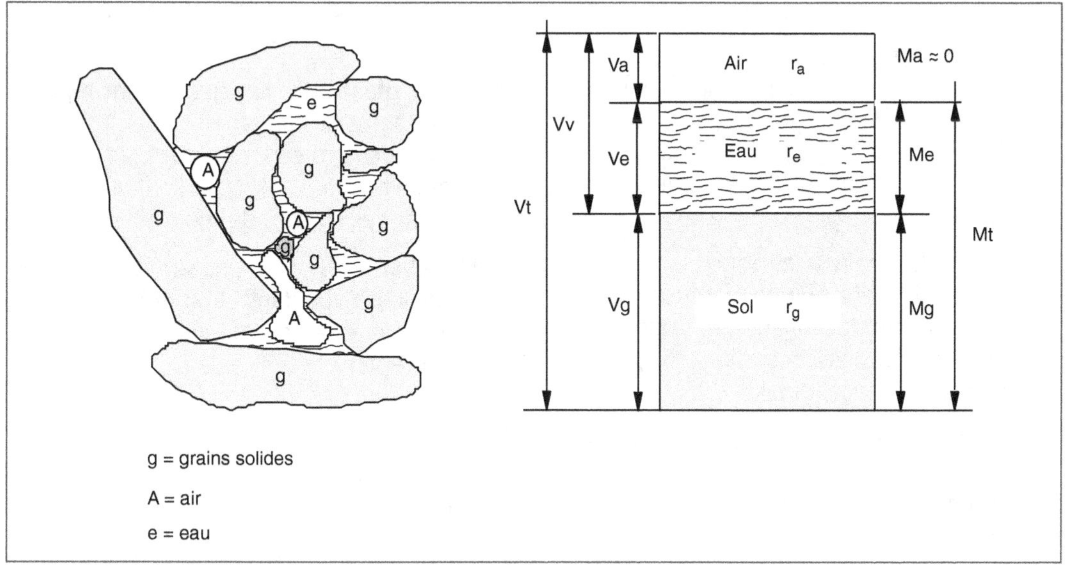

Fig. 2.28 • *Constitution d'un sol – Répartition des volumes et des masses.*

- **L'indice des vides** $V = V_v/V_g$;

Exemple :

pour les sables : $0,4 < V < 1,0$;
pour les argiles : $0,3 < V < 1,5$.

- **La porosité** $p = V_v/V_t$;

p exprimée en pourcentage ($0 < p < 100$ %).

- **Le degré de saturation** $S_s = V_e/V_v$;

S_s est exprimé en pourcentage :
$0 < S_s < 100$ % ;

$S_s = 0$ pour un sol absolument sec (anhydre) ;

$S_s = 100$ % pour un sol saturé.

- **La teneur en eau** $T_e = M_e/M_g$;

T_e est exprimée en pourcentage :

T_e est voisine de 0 pour les sols secs ;

T_e peut atteindre 400 à 500 % pour des sols en milieu aqueux.

- **La masse volumique totale** $\rho - M_t/V_t$ $= (M_g + M_e)/ V_t$; M_a correspondant à la masse de l'air est pratiquement nulle ;

ρ exprimé en kg/m^3, avec en général :
$1\,000 < \rho < 2\,400$.

- **La masse volumique des grains solides** $\rho_g = M_g /V_g$;

ρ_g exprimée en kg/m^3, en général :
$2\,500 < \rho_g < 2\,800$.

- **La masse volumique de l'eau** $\rho_e = M_e /V_e = 1\,000$ kg/m^3.

4.2.1. La description physique

La description physique indique l'aspect visuel de l'échantillon, sa couleur et sa consistance.

Exemple :

– une argile grise légèrement humide ;
– un sable de teinte ocre.

4.2.2. Les composants granulaires

Les composants granulaires, par la grosseur des grains et leur répartition, définissent la texture des sols : sols à grains grossiers (graviers et sables) ou sols à texture fine (limons ou silts et argiles) constitués de grains invisibles à l'œil nu.

La grosseur des grains, de forme arrondie ou angulaire, selon leur origine, varie dans une gamme très étendue allant des matériaux grossiers ou blocs rocheux aux matériaux ultrafins, argiles et colloïdes.

La répartition des grains est définie par l'analyse granulométrique de l'échantillon. Elle est obtenue par tamisage pour les grains de diamètre apparent supérieur à 0,08 mm et par essai de sédimentation pour les grains de diamètre apparent inférieur à 0,08 mm (fig. 2.29). Il en résulte une courbe de granulométrie établie sur la base de la classification précédente (fig. 2.30).

4.2.3. Les limites d'Atterberg

Les limites d'Atterberg différencient trois états de consistance des argiles en fonction de la teneur pondérale en eau, par rapport au poids de matériau sec (fig. 2.31).

- **L'état liquide.** Les grains sont indépendants les uns des autres.

- **L'état plastique.** Les grains sont rapprochés les uns des autres et ont en commun leur couche d'eau adsorbée ; au repos comme en mouvement, ils sont reliés entre eux par des chaînes de molécules d'eau.

- **L'état solide.** Les grains sont encore plus rapprochés que dans l'état précédent ; les frottements internes deviennent très importants.

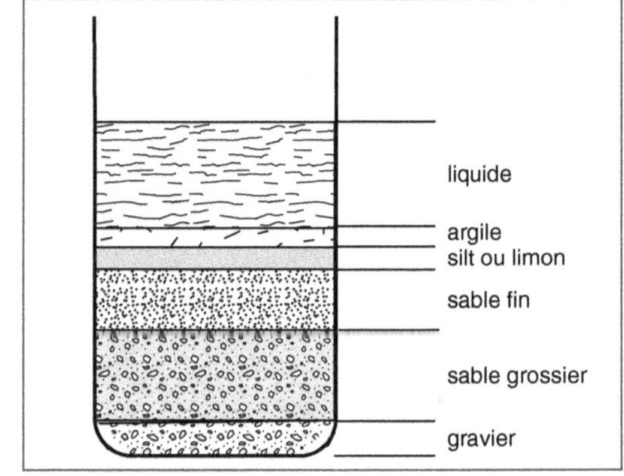

Fig. 2.29 • *Sédimentation globale.*

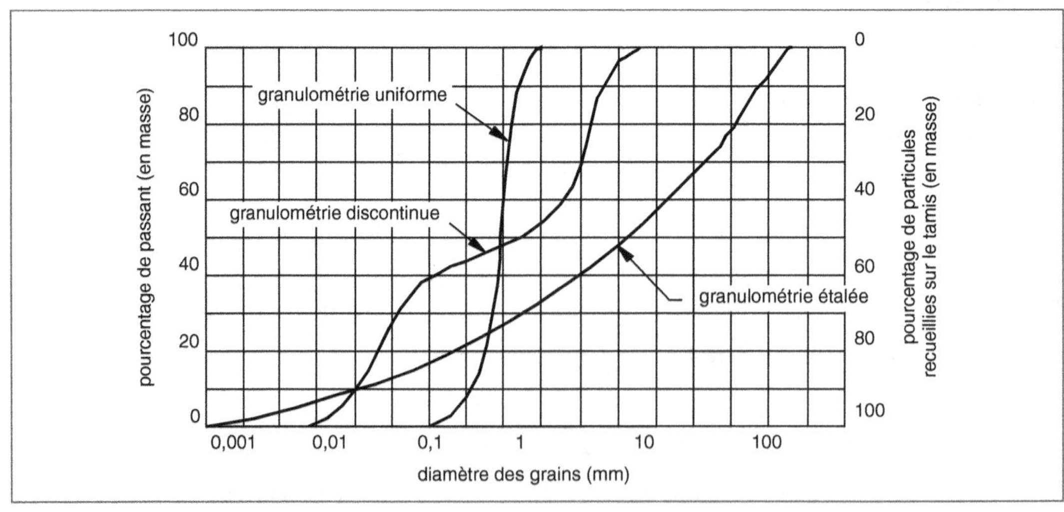

Fig. 2.30 • *Courbes granulométriques cumulatives.*

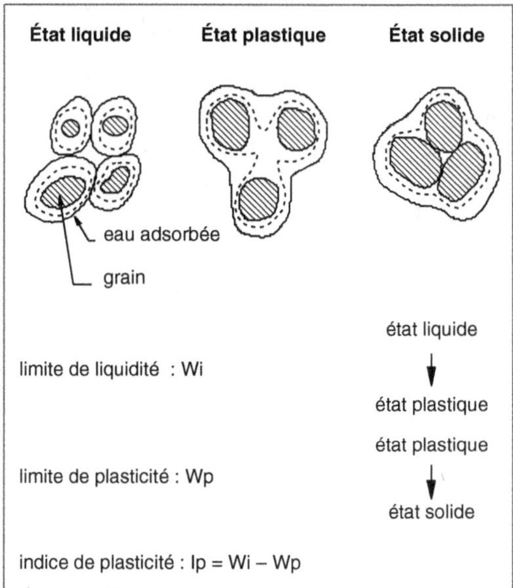

Fig. 2.31 • _Limites d'Atterberg._

Casagrande a mis au point des essais normalisés qui définissent :

- **la limite de liquidité W_L**, teneur en eau d'un sol au point de transition entre les états liquide et plastique ;

- **la limite de plasticité W_P**, teneur en eau d'un sol au point de transition entre les états plastique et solide ;

- **l'indice de plasticité I_P**, différence entre les limites de liquidité et de plasticité : $I_P = W_L - W_P$; cet indice, nombre sans dimension, définit l'étendue du domaine plastique ;

- **l'indice de consistance I_C est donné par la relation :**

$$I_C = (W_L - W)/I_P$$

où W est la teneur en eau du sol dans son état naturel ; il indique les différents états d'un sol.

L'eau a une grande influence sur les sols à grains fins puisqu'elle joue sur leur plasticité et leur cohésion. Une seconde conséquence non négligeable de la présence d'eau dans les sols plus ou moins argileux est de les rendre sensibles au gel. Les lentilles d'eau emprisonnées dans le terrain se transforment en glace sous l'action du froid, occasionnant un gonflement et un soulèvement des sols. Cela conduit à rechercher une assise de fondation à une profondeur suffisante pour être hors gel. Les graviers et les sables, quant à eux, ne sont pratiquement pas sensibles au gel.

4.2.4. La classification et la dénomination des sols

La classification et la dénomination des sols tiennent compte des différents critères déterminés lors des sondages et des essais.

La granularité est le critère le plus couramment utilisé pour la dénomination des sols. Elle correspond à la répartition granulométrique des composants. Les limites des dimensions des grains déterminant les fractions granulaires sont fixées selon une échelle conventionnelle indiquée dans la norme NF P 94-011 – _Sols : reconnaissance et essais, description, identification, dénomination, terminologie et éléments de classification_ – (tab. 2.2).

Les autres paramètres qui interviennent sont la teneur en carbonate pour les matériaux marneux et crayeux, la teneur en matière organique, la fraction argileuse, l'indice de plasticité I_p (tab. 2.3), la consistance (tab. 2.4), la densité, la compacité, la résistance mécanique, la teneur d'eau du sol prise dans son environnement. Cette dernière a son importance dans la constitution de la couche de forme ou dans la réalisation de remblais.

Plusieurs classifications sont utilisées, selon la nature des ouvrages et l'usage qui en sera fait.

La classification établie par les Ponts et Chaussées et celle de la _United Soil Classification System_ (USCS) aux États-Unis différencient les terres grenues (graviers et sables) comportant plus de 50 % d'éléments ayant un diamètre supérieur à 2 mm des terres

	Nom		Dimension des grains (mm)
Sol à matrice fine	Argile		d < 0,002
	Limon	fin	0,002 < d < 0,006
		moyen	0,006 < d < 0,02
		grossier	0,02 < d < 0,06
Sol à matrice grossière	Sable	fin	0,06 < d < 0,2
		moyen	0,2 < d < 0,6
		grossier	0,6 < d < 2
	Grave	fin	2 < d < 6
		moyen	6 < d < 20
		grossier	20 < d < 60
Autres sols	Cailloux		60 < d < 200
	Blocs		200 < d

Tab. 2.2 • *Dénomination des sols selon la grosseur des grains.*

Indice de plasticité I_p en %	Qualité du sol
$I_p \leq 12$	Non plastique
$12 < I_p \leq 25$	Peu plastique
$25 < I_p \leq 40$	Plastique
$40 < I_p$	Très plastique

Tab. 2.3 • *Qualité d'un sol en fonction de l'indice de plasticité.*

Indice de consistance I_c	Consistance du sol
$I_c < 0$	Liquide
$0 < I_c < 0,25$	Très molle
$0,25 < I_c < 0,50$	Molle
$0,50 < I_c < 0,75$	Ferme
$0,75 < I_c < 1$	Très ferme
$1 < I_c$	Dure

Tab. 2.4 • *Qualificatif du sol selon l'indice de consistance.*

fines (argile et limon) dont plus de 50 % des éléments ont un diamètre inférieur à 2 mm (tab. 2.5).

En l'absence d'essais en laboratoire, dans une première approche, il est possible d'établir une classification provisoire qui distingue les sols meubles et les sols rocheux, ceux-ci correspondant à la roche en place.

Les sols meubles sont regroupés en quatre classes principales, en fonction de la dimension des grains : les graviers, les sables, les limons ou les silts et les argiles, en précisant la couleur, si possible (tab. 2.6).

La dénomination prend en compte chacune des classes, suivant sa représentativité dans l'échantillon, faisant apparaître la fraction principale et les fractions secondaires (tab. 2.7).

Exemple :

Gravier argileux jaune avec présence de cailloux ou de blocs rocheux.
Argile sableuse gris bleu.

La présence de matières organiques (MO), même en faible quantité, doit être signalée. Leur teneur pondérale est déterminée par une méthode chimique, conformément à la norme NF P 94- 055 - *Détermination de la teneur pondérale en matières organiques d'un sol.* Elle est exprimée en pourcentage et correspond au rapport de la masse de matières organiques contenues dans un échantillon de sol à la masse des particules

CLASSIFICATION GÉOTECHNIQUE SIMPLIFIÉE				SYMBOLES	DÉSIGNATION
Terres grenues Plus de 50 % des éléments ont un diamètre > 2 mm	Terres graveleuses Plus de 50 % des éléments > 0,08 mm ont un diamètre > 2 mm	Sans fines	Tous les diamètres de grains sont représentés. aucun ne prédomine	Gb	Grave propre bien graduée
			Une dimension de grains ou une fraction de grains prédomine	Gm	Grave propre mal graduée
		Avec fines	Les éléments fins n'ont pas de cohésion	GL	Grave limoneuse
			Les éléments fins sont cohérents	GA	Grave argileuse
	Terres sableuses Plus de 50 % des éléments > 0,08 mm ont un diamètre < 2 mm	Sans fines	Tous les diamètres de grains sont représentés ; aucun ne prédomine	Sb	Sable propre bien gradué
			Une dimension de grains ou une fraction de grains prédomine	Sm	Sable propre mal gradué
		Avec fines	Les éléments fins n'ont pas dc cohésion	SL	Sable limoneux
			Les éléments fins sont cohérents	SA	Sable argileux
Terres fines Argile et limon Plus 50 % des éléments ont un diamètre < 2 mm	Terres argileuses et limoneuses Limite de liquidité Li < 50 %			Ap	Argiles peu plastiques
			Non organique	Lp	Limons peu plastiques
			Matières organiques	Op	Limons et argiles organiques peu plastiques
	Terres argileuses et limoneuses Limite de liquidité Li > 50 %			At	Argiles très plastiques
			Non organique	Lt	Limons très plastiques
			Matières organiques	Ot	Limons et argiles organiques très plastiques
Les matières organiques prédominent. Reconnaissable à l'odeur, la couleur sombre, la texture fibreuse, la faible densité humide				T	Tourbes Terres organiques

Tab. 2.5 • *Classification des sols d'après les Ponts et Chaussées et USCS.*

solides. Les sols à forte composante organique et argileuse, tels que la terre végétale, la tourbe ou la vase, sont impropres pour servir d'assise à des fondations. La présence de remblai doit également être mentionnée.

	TYPES DE SOL	GRAVIERS	SABLES	SILTS – LIMONS	ARGILES
PROPRIÉTÉS					
GROSSEUR DES GRAINS		Gros grains visibles à l'œil nu	Grains visibles à l'œil nu	Grains fins invisibles à l'œil nu	Grains fins invisibles à l'œil nu
CARACTÉRISTIQUES		Pulvérulents Non plastiques Granulaires	Pulvérulents Non plastiques Granulaires	Pulvérulents Non plastiques Granulaires	Cohérents Plastiques
EFFETS DE L'EAU SUR LE COMPORTEMENT DU SOL		Sans importance notoire (sauf pour grains lâches, saturés)	Sans importance notoire (sauf pour grains lâches, saturés)	Importants	Très importants
GÉLIVITÉ		Sans effet	Sans effet	Sols gélifs à très gélifs	Sols gélifs à très gélifs

Tab. 2.6 • *Caractéristiques des sols meubles.*

DÉNOMINATION	FRACTION DOMINANTE	FRACTION SECONDAIRE	FRACTION TERTIAIRE
Gravier	Gravier	–	–
Gravier sableux	Gravier	Sable	–
Gravier limoneux	Gravier	Limon	–
Gravier argileux	Gravier	Argile	–
Gravier sableux et argileux	Gravier	Sable	Argile
Sable	Sable	–	–
Sable graveleux	Sable	Gravier	–
Sable limoneux	Sable	Limon	–
Sable argileux	Sable	Argile	–
Sable graveleux et argileux	Sable	Gravier	Argile
Limon	Limon	–	–
Limon graveleux	Limon	Gravier	–
Limon sableux	Limon	Sable	–
Limon argileux	Limon	Argile	–
Limon sableux et argileux	Limon	Sable	Argile
Argile	Argile	–	–
Argile graveleuse	Argile	Gravier	–
Argile sableuse	Argile	Sable	–
Argile limoneuse	Argile	Limon	–

Tab. 2.7 • *Dénomination des sols meubles.*

Les sols rocheux. Les renseignements indiquent le degré de dureté de la roche, son homogénéité, sa porosité. Ils précisent si elle est stratifiée, fracturée, fissurée ou altérée.

D'autres classifications sont mentionnées dans les chapitres suivants, afin de répondre à la nature des travaux à réaliser.

5. L'implantation des ouvrages

L'implantation des ouvrages, à l'inverse du levé de plan, consiste à reporter sur le terrain des indications provenant de documents graphiques. Réalisée par un géomètre, elle a pour objectif de délimiter des parcelles dans le cas d'un lotissement (fig. 2.32) ou de définir un ouvrage, une voie, un tracé de canalisations. Les axes principaux ainsi que les points donnant les principales caractéristiques dimensionnelles des ouvrages (longueur, largeur, altitude) sont implantés par rapport à plusieurs points fixes, limites de propriété, alignement ou autres. Afin de permettre l'exécution des travaux, la matérialisation des points doit être effectuée de manière pérenne. C'est pourquoi, ils sont reportés à une certaine distance des limites extérieures des ouvrages à entreprendre :

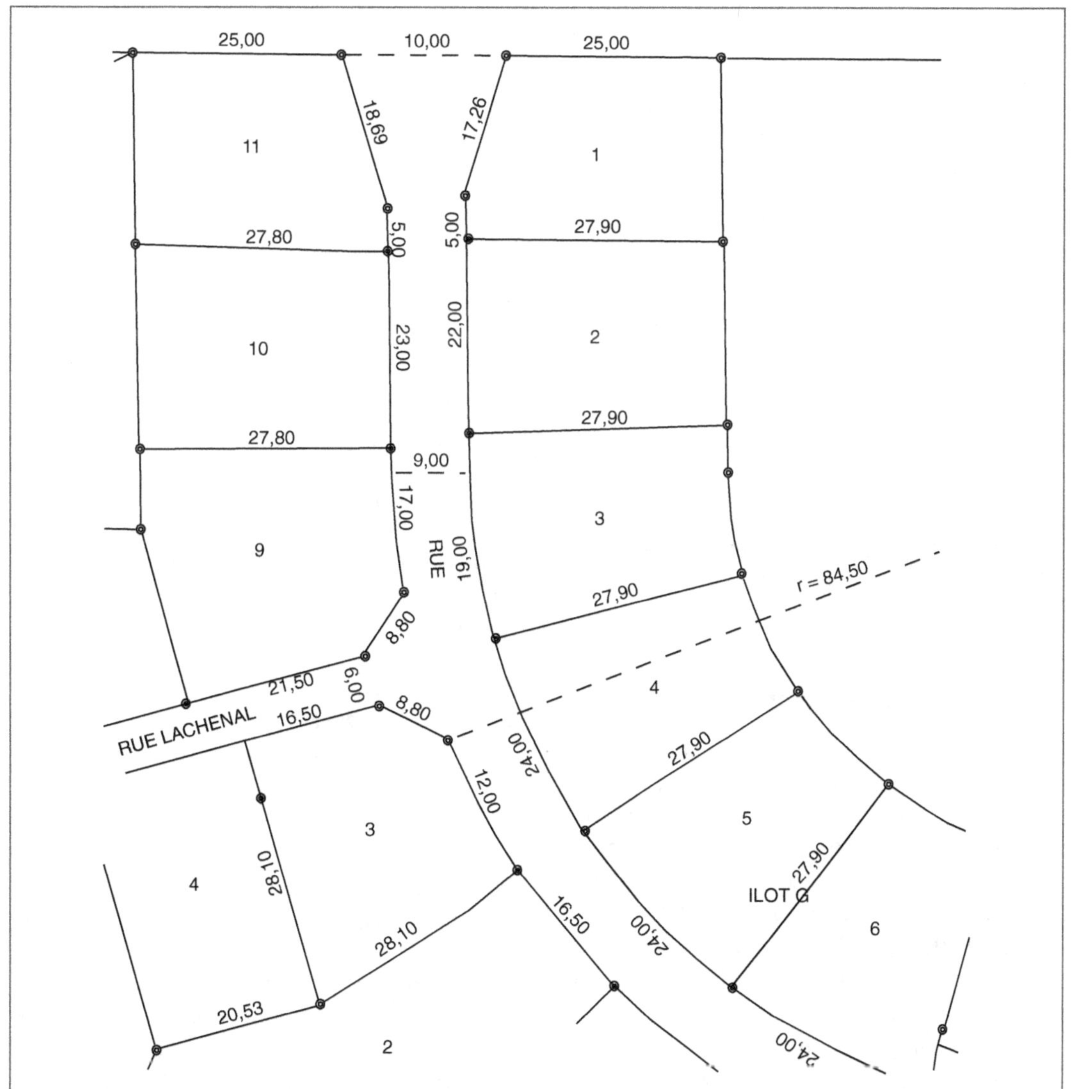

Fig. 2.32 • *Extrait d'un plan de piquetage d'un lotissement (source : Cabinet BEAUR).*

terrassement, voirie, maçonnerie. Cette distance est déterminée selon le type d'intervention : décapage de terre végétale à faible profondeur, terrassement en pleine masse ou en tranchée, surlargeur de travail pour la maçonnerie enterrée (fig. 2.33).

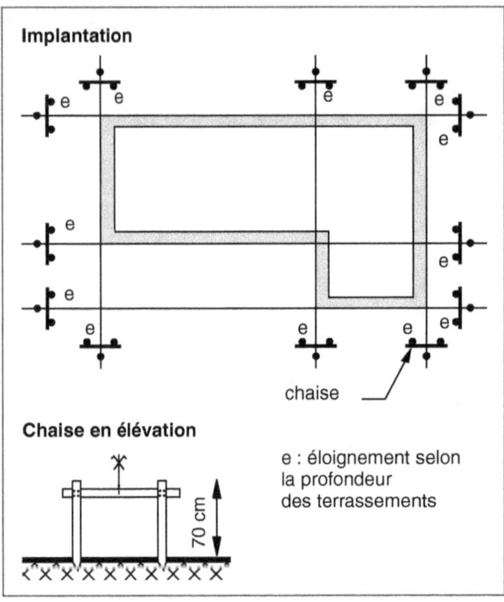

Fig. 2.33 • *Implantation d'un terrassement en pleine masse.*

L'implantation d'un ouvrage est réalisée avec des méthodes analogues à celles étudiées pour le levé de plan (fig. 2.34).

5.1. L'implantation par alignement

L'implantation par alignement permet, en connaissant deux points, de définir une droite et de la matérialiser à l'aide de points intermédiaires ou de points situés au-delà des repères connus. Cette opération est réalisée par l'un des procédés suivants :

– une méthode optique relativement peu précise par le déplacement de jalons et en les visant à l'œil nu ;

– une méthode optique utilisant un appareil de visée assurant le positionnement des jalons avec une plus grande précision ;

– l'emploi d'un appareil à rayon laser visible qui présente l'avantage de définir l'alignement désiré de manière quasi parfaite.

Lors de l'emploi de jalons, il faut s'assurer de leur verticalité. D'autre part, des difficultés peuvent apparaître en terrain accidenté ; le franchissement ou le contournement des obstacles impose la pose de jalons intermédiaires.

5.2. L'implantation par triangulation

L'implantation par triangulation est utilisée pour des chantiers importants, cette méthode a été décrite au paragraphe 1.2.1.1, page 43.

5.3. L'implantation par coordonnées polaires

L'implantation par coordonnées polaires est semblable au procédé par rayonnement décrit au paragraphe 1.2.1.2, page 43. Complexe à mettre en œuvre, elle est peu employée avec les appareils classiques, mais couramment avec les appareils modernes qui mesurent directement les angles et les longueurs.

5.4. L'implantation par coordonnées rectangulaires

L'implantation par coordonnées rectangulaires est utilisée sur des chantiers courants. Un point origine O est défini sur une ligne de référence connue. Chaque point particulier de l'ouvrage – les angles – par exemple, est caractérisé par ses coordonnées (abscisse x et ordonnée y) : l'angle X, par x_1 et y_1 ; l'angle Y, par x_2 et y_2 ; et ainsi de suite pour les angles Z et V.

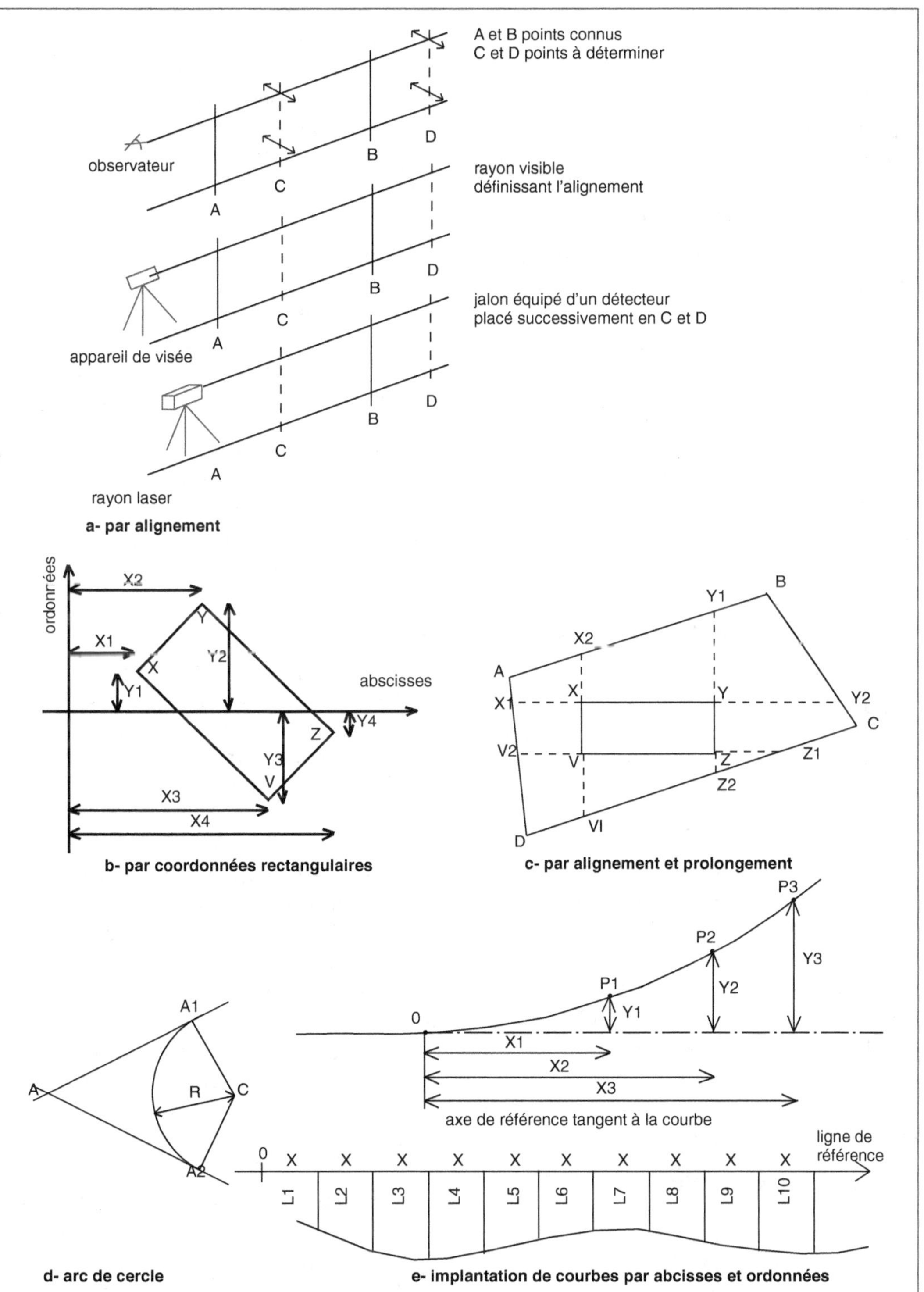

Fig. 2.34 • *Méthodes d'implantation.*

5.5. L'implantation par alignement et prolongement

L'implantation par alignement et prolongement fait intervenir un canevas connu, A B C D, sur lequel sont déterminés les points d'intersection des prolongements des façades de l'ouvrage avec les côtés du canevas.

Par mesure des longueurs, ces points sont reportés sur le terrain. Puis, la construction est implantée par alignement.

La mesure des longueurs AX_1, AX_2, BY_1, BY_2, CZ_1, CZ_2, DV_1, DV_2, permet de définir les points X_1, X_2, Y_1, Y_2, Z_1, Z_2, V_1, V_2 sur les côtés du canevas ou du terrain. L'intersection des droites X_2V_1 et X_1Y_2 donne le point X ; l'intersection des droites Y_1Z_2 et X_1Y_2, le point Y, et ainsi de suite pour les autres points.

5.6. L'implantation d'une courbe

L'implantation d'une courbe requiert de connaître les caractéristiques principales de la courbe ainsi qu'un minimum de points particuliers à implanter sur le terrain. Lorsqu'il s'agit d'un arc de cercle, il n'y a pas de difficultés particulières si le centre, le rayon et les points de raccordement avec des lignes droites ou d'autres éléments courbes sont connus. Pour les courbes irrégulières, des points équidistants sont calculés et définis en coordonnées x et y soit par rapport à un axe de référence, soit par rapport à une tangente. La précision est d'autant plus grande que ces points sont rapprochés.

6. Le repérage des ouvrages existants

Le repérage des ouvrages existants est une opération indispensable dès que certains travaux sont exécutés à proximité d'ouvrages de transport ou de distribution des fluides, qu'ils soient aériens ou souterrains. Le problème se pose lors de la réalisation d'aménagement en bordure de voirie importante ou de l'exécution des raccordements de groupes de bâtiments sur les canalisations en place ; plus rarement lors des aménagements en zone rurale.

Les dispositions à prendre sont précisées dans le décret 91-1147 du 14 octobre 1991 qui indique les ouvrages concernés, en particulier : les réseaux d'assainissement, les ouvrages de prélèvement d'eau destinée à la consommation humaine, les canalisations de distribution d'eau en pression ou à écoulement libre, les lignes aériennes ou souterraines de distribution d'électricité, la distribution du gaz, les ouvrages de télécommunication et les réseaux câblés, les réseaux de distribution d'eau glacée, d'eau chaude, d'eau surchauffée et de vapeur d'eau.

Les démarches à effectuer sont les suivantes (tab. 2.8) :

- Le maître d'ouvrage ou le maître d'œuvre dépose une demande auprès de la mairie du lieu où s'effectuent les travaux afin de connaître les ouvrages situés à proximité immédiate ainsi que l'adresse des exploitants.

- Préalablement à l'exécution des travaux, l'entreprise envoie une **déclaration d'intention de commencement de travaux** (DICT), sur un formulaire adéquate, à chaque exploitant d'ouvrage concerné par les travaux.

- L'exploitant répond à l'entreprise et arrête avec elle les mesures conservatoires à prendre, de manière provisoire ou définitive.

6.1. Les réseaux enterrés

Les travaux concernés par les réseaux souterrains sont les suivants :

- l'exécution de terrassement pour plans d'eau, voies, parcs de stationnement, terrains de sport, etc. ;

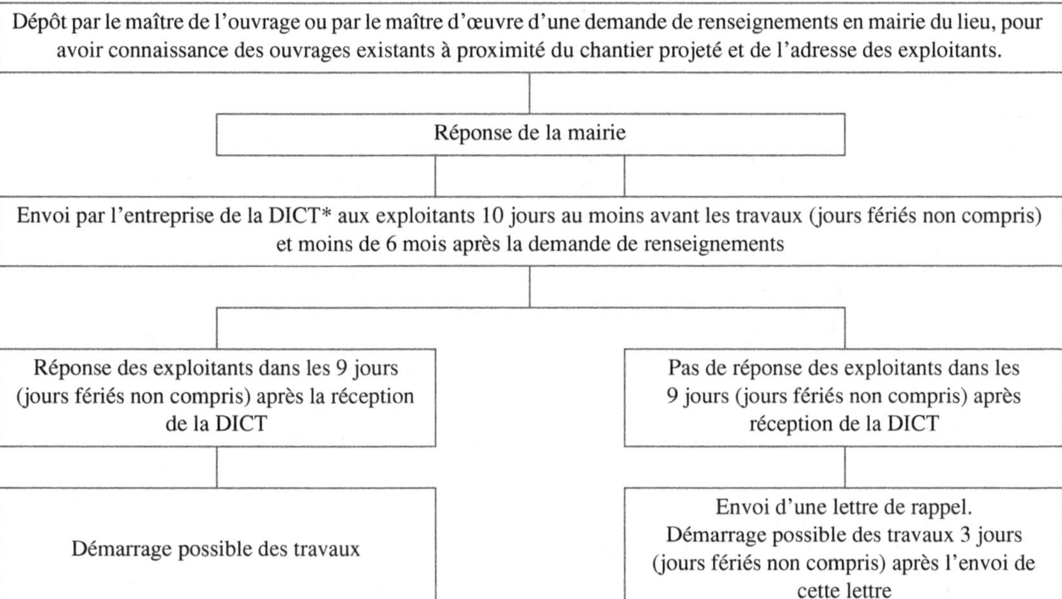

Tab. 2.8 • *Démarches relatives à l'exécution de travaux à proximité d'ouvrages existants.*

OUVRAGES EXISTANTS	DISTANCES MINIMALES
I – Ouvrages souterrains	
Prélèvement d'eau pour la consommation humaine	Périmètre de sécurité : 50 m
Distribution d'eau pour la consommation humaine	Ouvrage sous pression : d > 5 m Ouvrage à écoulement libre : d > 10 m Emploi d'explosifs : d > 40 m Consolidation des sols : d > 50 m
Distribution d'eau chaude, surchauffée, vapeur d'eau	d > 2 m, augmentée de 1 m par m de profondeur Emploi d'explosifs : d > 40 m Consolidation des sols : d > 50 m
Ouvrages de télécommunications	d > 2 m
Ouvrages de transport d'électricité	d > 1,50 m
Ouvrages de distribution de gaz	d > 2 m, augmentée de 1 m par m de profondeur Emploi d'explosifs : d > 40 m Consolidation des sols : d > 50 m
II – Ouvrages aériens	
Ouvrages de télécommunications	d > 3 m
Ouvrages de transport d'électricité	d > 3 m, pour les lignes dont la tension < 50 kv d > 5 m, pour les lignes dont la tension > 50 kv
d : distance en dessous de laquelle les travaux ne peuvent être exécutés.	

Tab. 2.9 • *Distances de sécurité entre ouvrages existants et travaux à réaliser*

– l'enfoncement par battage ou tout autre procédé mécanique de pieux, palplanches, matériel de forage ;

– la circulation d'engins de chantier pesant plus de 7 tonnes en charge ;

– l'essouchage ainsi que la plantation d'arbres ;

– les travaux de démolition.

La distance qui détermine la nécessité ou non d'une telle démarche est variable selon l'ouvrage enterré (tab. 2.9). Dès lors qu'il y a emploi d'explosifs, cette distance est portée à 40 mètres. En complément de ces informations, il est possible de connaître la position exacte des ouvrages existants en creusant, avec précaution, une tranchée à l'aide d'une pelle hydraulique, perpendiculairement aux réseaux et en veillant à ne pas les détériorer. Le parcours des canalisations et l'emplacement des installations doivent être balisés de façon visible à l'aide de jalons, de banderoles, de fanions ou de tout autre dispositif équivalent (fig. 2.35).

6.2. Les réseaux aériens

Les travaux concernés par les réseaux aériens portent sur l'abattage et l'élagage des arbres, la réalisation de murs, de clôtures et l'emploi d'engins dont la flèche peut atteindre une certaine hauteur. Une distance de sécurité doit être respectée, définie selon la nature de l'installation (tab. 2.9, fig. 2.36). Des gabarits peuvent être mis en place afin d'assurer la circulation des engins de chantier à proximité des lignes électriques aériennes.

Dans tous les cas, ces travaux ne peuvent être entrepris qu'après la communication des indications fournies par les exploitants concernés et la mise en œuvre des mesures définies en commun.

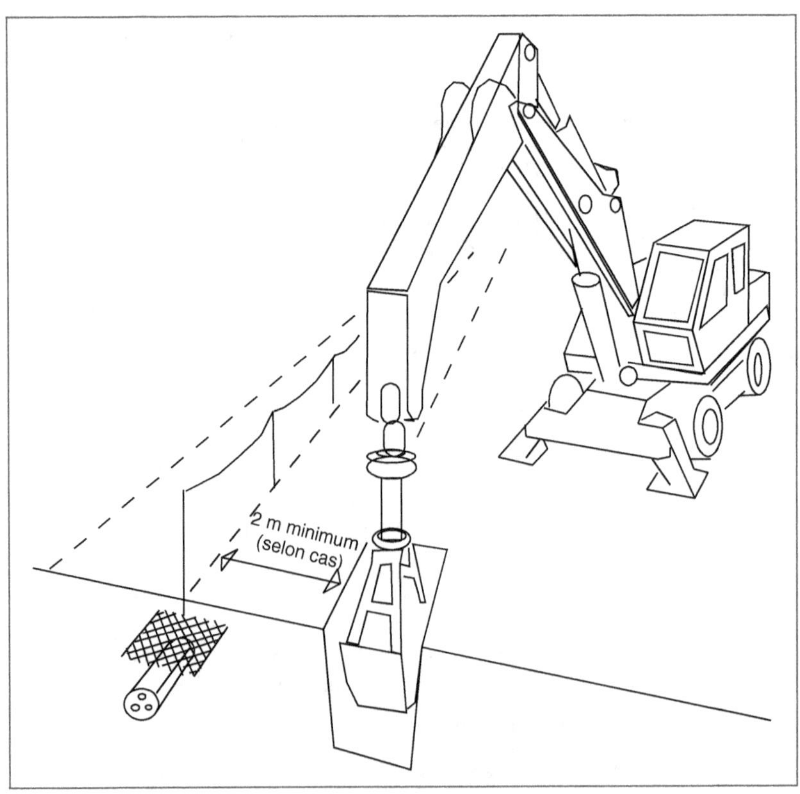

Fig. 2.35 • *Balisage d'un réseau enterré.*

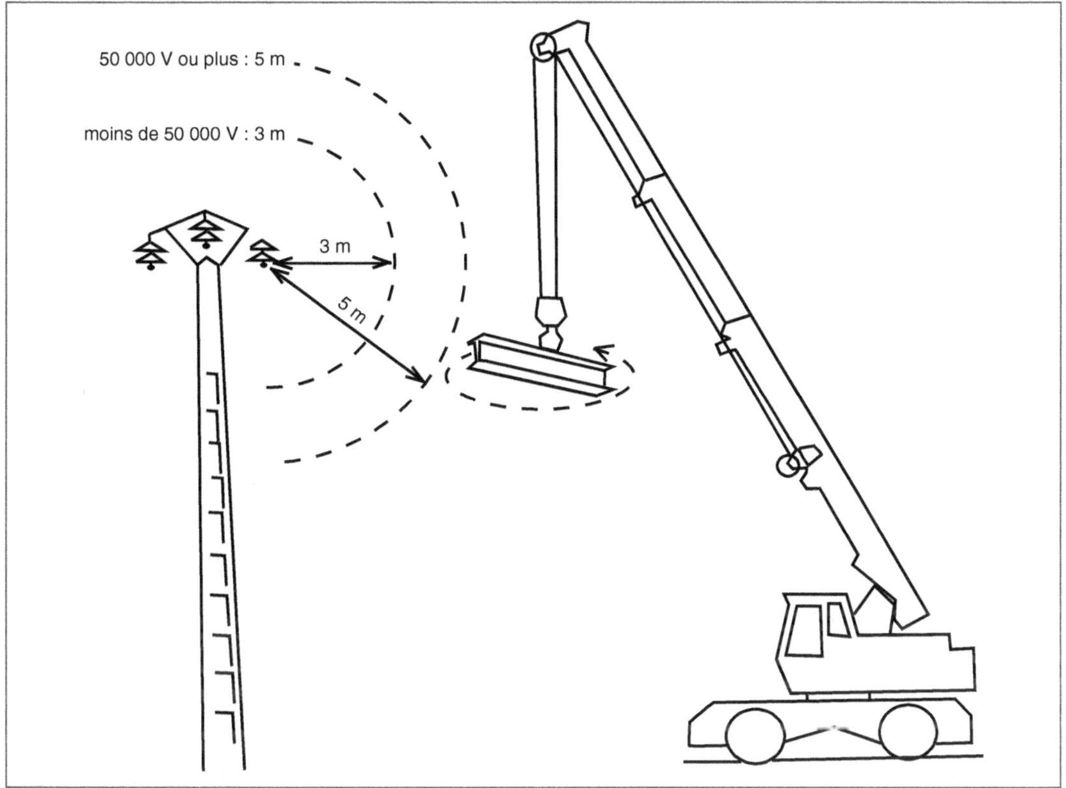

Fig. 2.36 • *Travaux en présence d'un réseau électrique aérien.*

CHAPITRE 3

LES TRAVAUX DE TERRASSEMENT

Quel que soit le type d'ouvrage à réaliser, les travaux de terrassement sont programmés afin de modeler le terrain en vue de son aménagement futur. Pour cela, il faut retrousser la terre végétale avant de le niveler, le décaisser ou effectuer un apport de terre complémentaire. Ces travaux sont exécutés avec des engins mécaniques adaptés à ces différentes tâches.

1. La définition

Les travaux de terrassement ont pour objet la création des plates-formes sur lesquelles sont édifiées les constructions et les voiries, la préparation des excavations de grandes dimensions nécessaires pour les niveaux en sous-sol des bâtiments ainsi que les tranchées dans lesquelles sont posées les diverses canalisations. En général, ils entraînent une modification du relief du terrain, soit en abaissant son niveau par l'enlèvement de terre ou terrassement en déblai, soit en rehaussant son niveau par un apport de terre ou terrassement en remblai (fig. 3.1). Conventionnellement, sur les plans, les déblais sont repérés en couleur jaune et les remblais en couleur rouge.

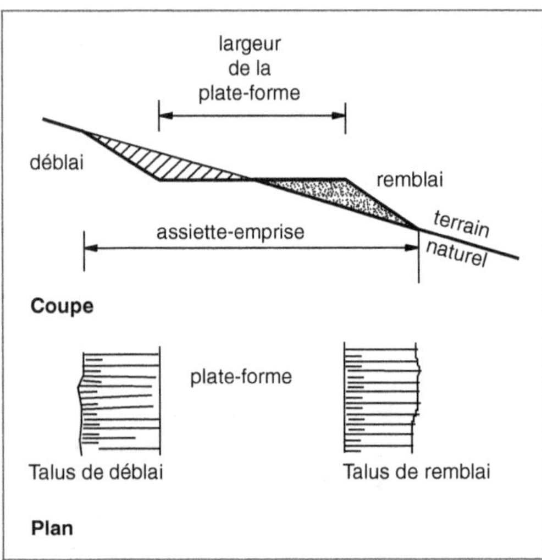

Fig. 3.1 • *Terrassement en déblai et en remblai.*

1.1. Les mouvements de terre

Les mouvements de terre correspondent, à des terrassements exécutés sur de grandes superficies, qu'ils soient en déblai ou en remblai. Ils sont effectués en terrain découvert pour la création de routes, de pistes d'aérodrome ou de grandes surfaces aménagées. Lorsque la qualité des sols s'y prête, la constitution des plates-formes s'effectue en tenant compte de la compensation des déblais et des remblais. Ces travaux sont optimisés lorsqu'ils sont réalisés sans évacuation de terre excédentaire ni apport de terrain complémentaire.

1.2. Le décapage d'un terrain

Le décapage d'un terrain est un terrassement de faible épaisseur (de 0,20 à 0,40 m), comparativement à la surface considérée. Fréquemment, il correspond à l'enlèvement de la couche de terre végétale au droit de l'emprise des bâtiments et des voiries, pour les raisons suivantes :

– éliminer toutes les traces de végétaux et de déchets organiques avant la construction des ouvrages ;

– éviter que la couche de terre végétale ne constitue un plan de cisaillement, en particulier sur les terrains en pente (couche de glissement) ;

– récupérer la terre végétale afin de la stocker pour son réemploi lors de la création des espaces plantés.

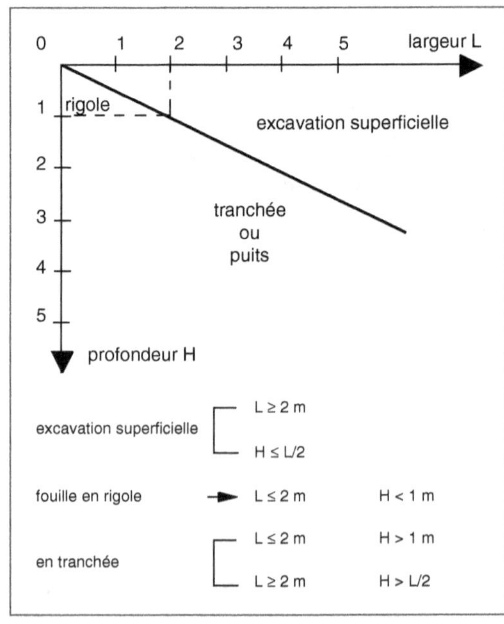

Fig. 3.2 • *Types des fouilles selon les dimensions.*

1.3. Les fouilles

Les fouilles correspondent à des travaux de terrassement, de profondeur plus ou moins grande (fig. 3.2). Elles sont réalisées au droit des ouvrages et peuvent avoir plusieurs configurations (fig. 3.3).

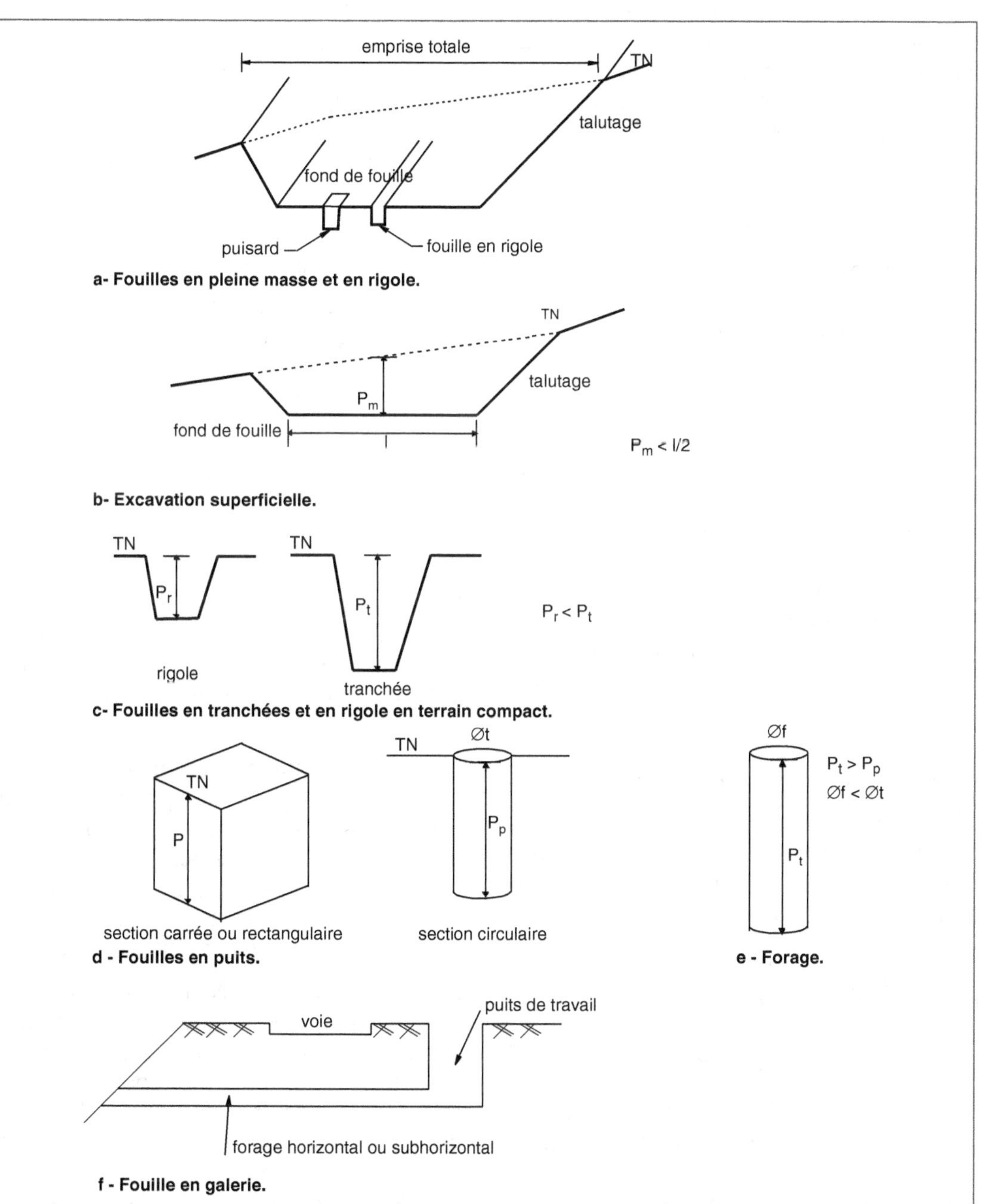

Fig. 3.3 • _Différents types de fouilles._

1.3.1. Les fouilles en pleine masse

Elles sont exécutées sur la totalité de l'emprise des ouvrages afin d'en atteindre le niveau le plus bas. Dans le cas d'un immeuble comprenant plusieurs niveaux de sous-sol, la fouille en pleine masse est descendue jusqu'au niveau de la sous-face du dallage du dernier niveau de sous-sol. En fond de fouille, un ou plusieurs puisards de récupération des eaux de pluie peuvent être prévus.

1.3.2. Les fouilles ou excavations superficielles

Elles sont une variante des fouilles précédentes dont la profondeur n'excède pas la moitié de la largeur de l'ouvrage.

1.3.3. Les fouilles en rigole

Les fouilles en rigole sont des terrassements linéaires droits ou courbes dont la largeur est généralement comprise entre 0,40 et 2,00 m pour une profondeur n'excédant pas 1,00 m. Elles reçoivent, entre autres, les fondations superficielles des murs ou les canalisations à faible profondeur (réseau d'éclairage public ou de télécommunication).

1.3.4. Les fouilles en tranchée

Elles ont une plus grande profondeur que les fouilles en rigole et ont une fonction similaire (fondation de murs, canalisation d'assainissement ou d'alimentation en eau). Leur largeur dépend généralement des conditions de travail : sécurité des ouvriers, nature du terrain, blindage.

1.3.5. Les fouilles en puits

Les fouilles en puits ont des dimensions telles que leur section (de l'ordre de 1 à 4 m^2) est faible par rapport à la profondeur qui peut atteindre 10 m ou plus. Leur emploi est réservé aux fondations ponctuelles des bâti-ments ainsi qu'au captage des eaux ou au rejet d'eaux non polluées en milieu naturel.

1.3.6. Les forages

Ce sont des fouilles cylindriques de faible diamètre (0,10 à 0,50 m) par rapport à la profondeur qui peut atteindre plusieurs dizaines de mètres. Elles sont utilisées pour les fondations ponctuelles des bâtiments (fondations par pieux ou micropieux) ou pour le pompage des eaux alimentant les réseaux de distribution.

1.3.7. Les fouilles en galerie

Les fouilles en galerie sont exécutées sous terre. De grandes sections, elles nécessitent la pose d'étaiement et de blindage, parallèlement à l'avancement des travaux. Lorsqu'elles sont de faibles dimensions et selon la nature du sol, elles sont réalisées à l'aide d'un engin de forage équipé d'une tarière, d'un trépan ou d'une trousse coupante. La mise en place du matériel s'effectue depuis une cheminée d'accès créée à l'une des extrémités (fig. 3.4). D'un coût relativement élevé, elles permettent le passage de canalisations sous des voiries existantes sans avoir à interrompre la circulation.

Un procédé relativement simple et peu onéreux est l'emploi d'un furet pneumatique ou hydraulique pour effectuer un forage de 30 à 50 mm de diamètre, dans un terrain cohérent afin de passer, entre autres, une canalisation de branchement d'eau de petit diamètre sous une voie routière (photo 3.1).

Chaque type de travaux de terrassement est exécuté avec des moyens mécaniques appropriés, éventuellement complétés par des interventions manuelles pour des terrassements en petite partie ou pour des curages en fond de fouille. L'emprise doit tenir compte des surlargeurs imposées par les talus selon la nature du terrain et par les rampes d'accès éventuelles.

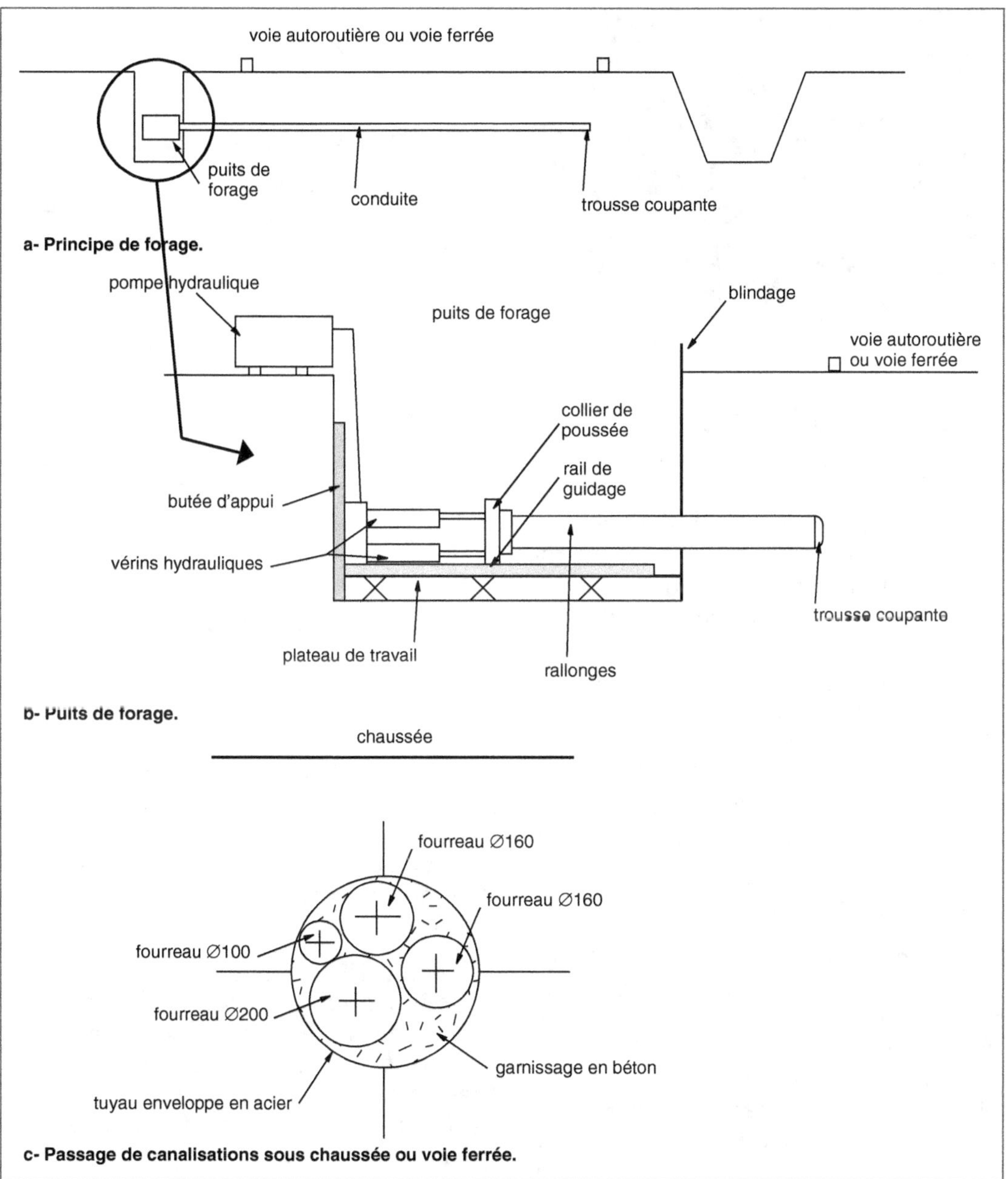

Fig. 3.4 • _Fouilles en galerie par forage horizontal._

Photo 3.1 • *Forage par furet pneumatique – diamètre 50 mm.*

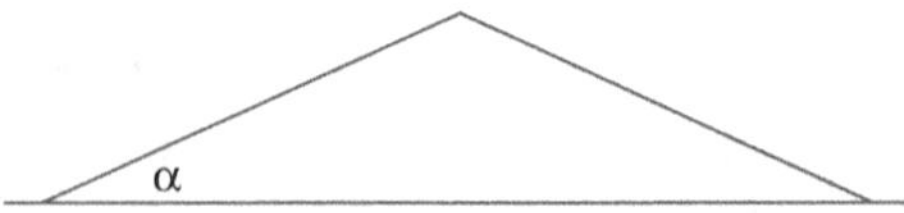

NATURE DES SOLS	α
Terre végétale compacte	40 à 50°
Argile sèche	30 à 50°
Argile humide	0 à 20°
Marne sèche	30 à 45°
Sable fin sec	10 à 20°
Sable fin humide	15 à 25°
Gravier humide	30 à 40°
Cailloux	40 à 50°
Roches diverses	50 à 90°

Tab. 3.1 • *Valeur de l'angle de talus naturel α.*

2. La classification des sols

Les sols rencontrés lors des travaux de terrassement sont très variés. Il convient de pouvoir définir leurs qualités dès la phase d'études. À cet effet, une campagne de sondages est lancée, telle que décrite dans le chapitre 2, paragraphe 4, page 65. Elle permet de connaître rapidement les caractéristiques des différentes couches de terrain ainsi que leur épaisseur et leur pendage :

– l'angle de frottement interne φ ;

– la consistance et la cohésion ;

– le taux de foisonnement ;

– la présence d'eau éventuelle.

Cette dernière a une influence non négligeable sur l'angle de frottement interne ainsi que sur la consistance et la cohésion du terrain. Toutefois, en l'absence d'études de sol, il est possible de connaître la qualité de celui-ci grâce à deux caractéristiques : son aspect visuel et l'angle de talus naturel α, aisément mesurable. Sa valeur est inférieure à celle de l'angle de frottement interne et il n'en a pas la fiabilité (tab. 3.1).

Plusieurs classifications des sols ont été établies. Les deux plus couramment employées font appel, d'une part, à la nature du matériau, à la grosseur des grains et à différentes qualités des sols et, d'autre part, à la difficulté rencontrée lors de l'exécution des travaux.

2.1. La classification selon la nature du matériau

Cette classification prend en compte un certain nombre de paramètres : la granularité, l'indice de plasticité I_p, l'équivalent de sable ES, le comportement mécanique, la teneur en eau de l'environnement, etc. Elle a fait l'objet d'une analyse dans le chapitre 2, lors des études géotechniques (paragraphe 4.2, page 74).

La norme NF P 11-300 – *Classification des matériaux utilisables dans la construction des remblais et des couches de forme d'infrastructures routières* – qui reprend la recommandation pour les travaux routiers (RTR), présente une classification des sols qui définit six classes s'échelonnant de A (sols fins) à E (roches évolutives) et F (matériaux putrescibles, combustibles, solubles ou polluants), en tenant compte de la grosseur des grains (tab. 3.2). Elle porte plus particulièrement sur les terres utilisées pour constituer des remblais et tient compte de la teneur en eau du sol prise dans son environnement, notion qui a son importance dans la tenue des terres.

Les différents états considérés sont les suivants :

- **très humide** (th) : degré d'humidité très élevé, ne permettant pas la réutilisation du sol dans des conditions techniques normales ;
- **humide** (h) : sol utilisable à condition de respecter des dispositions particulières (aération, traitement) ;
- **moyen** (m) : correspond à la condition optimale pour une bonne mise en œuvre ;
- **sec** (s) : état d'humidité faible autorisant une mise en œuvre assortie de dispositions complémentaires (arrosage, surcompactage) ;
- **très sec** (ts) : état d'humidité insuffisant pour permettre un réemploi des sols dans des conditions techniques normales.

Les sols appartenant à une même classe ont un comportement comparable en fonction des variations de la teneur en eau.

Tous les sols des classes A, B et C, même non plastiques, sont sensibles à l'eau, ce qui peut occasionner une modification de leur comportement lors de l'exécution des terrassements ou de la réalisation de plates-formes de voirie.

- La différence entre les classes A et B porte sur le pourcentage des fines ; il en résulte une sensibilité à l'eau dans un délai plus ou moins long et un comportement mécanique différent (frottement, cohésion).

- La différence entre les classes B et C concerne les gros éléments présents dans les sols de la classe C, sous la forme de cailloux ou de blocs. Ceux-ci entraînent l'impossibilité d'utiliser certains engins et une difficulté dans le réglage des plates-formes et dans le creusement des puits ou des tranchées.

- Les sols de la classe D présentent une sensibilité à l'eau négligeable. La qualité des ouvrages ne souffre pas de la variation des conditions météorologiques.

- La classe E regroupe des matériaux qui évoluent pendant les travaux, ou après ceux-ci, vers un sol sensible à l'eau ou vers une structure distincte pouvant entraîner des tassements.

Pour être utilisables, les matériaux de la classe F doivent répondre aux critères applicables aux classes A, B, C ou E.

CLASSE	DÉNOMINATION	CRITÈRES CARACTÉRISTIQUES	TYPES DE SOL
A	Sols fins	Dimensions des plus gros éléments < 50 mm Tamisats à 80 µm > 35 %	Silts, Limons, Argiles
B	Sols sableux ou graveleux avec fines	Dimensions des plus gros éléments < 50 mm 5 % < Tamisats à 80 µm < 35 %	Sables, Graves Argiles
C	Sols comportant des fines et des gros éléments	Dimensions des plus gros éléments > 50 mm Tamisats à 80 µm > 5 %	Argiles à silex, Alluvions grossières
D	Sols et roches insensibles à l'eau	Tamisats à 80 µm < 5 %	Sables et graves propres, Matériaux rocheux sains
E	Roches évolutives	Fragilité et altérabilité définies par des essais dépendant de la nature des matériaux	Craies, Schistes
F	Matériaux putrescibles, combustibles, solubles ou polluants	Critères caractéristiques dépendant de la nature des matériaux	Tourbes, Schistes houillers, Résidus industriels

Tab. 3.2 • *Classification des sols selon la recommandation pour les terrassements routiers (RTR).*

2.2. La classification selon les difficultés d'exécution

Une autre méthode consiste à classer les terrains selon les difficultés d'exécution. Ils sont répertoriés dans les classes suivantes (tab. 3.3) :
– terrain ordinaire ;
– terrain argileux ou caillouteux non compact ;
– terrain compact ;
– roche attaquable au pic ;
– roche dure pouvant se déliter ;
– roche très dure.

Ce classement, qui se recoupe avec le précédent, présente l'avantage de pouvoir déterminer le matériel à utiliser lors de l'exécution des travaux.

QUALITÉS DES TERRAINS	NATURE DES TERRAINS	ENGINS DE TERRASSEMENT
Terrain ordinaire	Terres végétales, Sables alluvionnaires, Remblais récents	Tout engin de terrassement
Terrain argileux ou caillouteux non compact	Sols argileux et caillouteux, Tufs, Marnes fragmentées, Sables agglomérés par des liants argileux	Tout engin de terrassement
Terrain compact	Argiles compactes, Sables limoneux et argileux, Sables fortement agglomérés	Engin de terrassement mécanique
Roche attaquable au pic	Grès désagrégé, Calcaire tendre, Craie	Engin de terrassement mécanique
Roche dure se délitant	Calcaires grossiers, Schistes, Grès, Gypses	Marteau-piqueur, Ripper
Roche très dure	Calcaires durs, Granites, Roches volcaniques	Utilisation de l'explosif

Tab. 3.3 • *Classification des terrains selon la norme NF P 11-201.*

3. Le calcul des cubatures

Les cubatures de déblai et de remblai se calculent différemment selon le type de terrassement à réaliser. Il est relativement simple lorsqu'il s'agit d'exécuter des travaux de décapage ou des tranchées. Il devient plus complexe pour les fouilles en pleine masse ou pour la réalisation de voies.

Préalablement au calcul, il est nécessaire de posséder les documents suivants :

– les plans de nivellement ;
– les plans et des coupes des ouvrages ;
– les profils en long et en travers des voies ;
– les documents indiquant les différents niveaux de terrassement ainsi que les surlargeurs éventuelles à prévoir.

La connaissance de la nature géologique des sols permet de définir l'emprise des talus ; leur pente étant en relation directe avec la cohésion du terrain. Le talus, en déblai

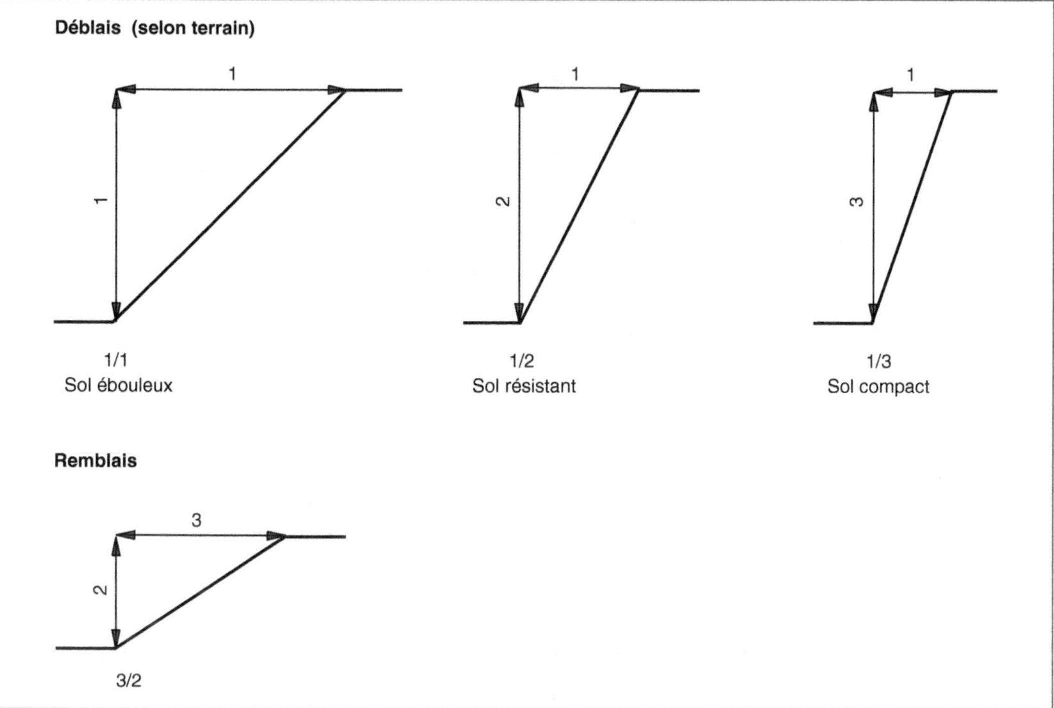

Fig. 3.5 • *Caractéristiques des talutages.*

comme en remblai, est défini par le rapport de sa largeur sur sa hauteur (fig. 3.5).

La cubature d'un décapage est obtenue en multipliant la surface concernée par la profondeur moyenne (fig. 3.6) :

$$C\ (m^3) = S\ (m^2) \times p_m\ (m)$$

Dans le cas de variation de profondeur non négligeable, il convient de diviser la surface totale en surfaces élémentaires affectées chacune d'une profondeur moyenne afin d'en calculer la cubature, puis d'effectuer la somme de celles-ci :

$$C\ (m^3) = \Sigma\ (C_1 + C_2 + C_3 + \dots + C_n).$$

La cubature de travaux en tranchée est calculée en tenant compte des talus. La section de la tranchée ayant la forme d'un trapèze, sa surface est affectée à la longueur correspondante (fig. 3.7) :

$$C\ (m^3) = S\ (m^2) \times L\ (m).$$

Lorsque le terrain est en pente, il est admis de prendre une profondeur moyenne pour déterminer la section.

En cas de tranchée d'une profondeur supérieure à 1,30 m et de largeur inférieure aux deux tiers de la profondeur, il faut tenir compte de la surlargeur nécessaire au blindage.

Dans le cas de travaux importants, le calcul des cubatures s'effectue en constituant des prismes élémentaires sur lesquels la formule dite des trois niveaux est appliquée (fig. 3.8) :

$$V\ (m^3) = (H/6) \times (S + S_1 + 4\ S_2)\ ;$$

dans laquelle S et S_1 sont les surfaces des deux bases, c'est-à-dire des profils extrêmes, S_2 est la surface intermédiaire, à égale distance des deux bases, et H la hauteur du prisme ; V est exprimé en mètres cubes, S en mètres carrés et H en mètres.

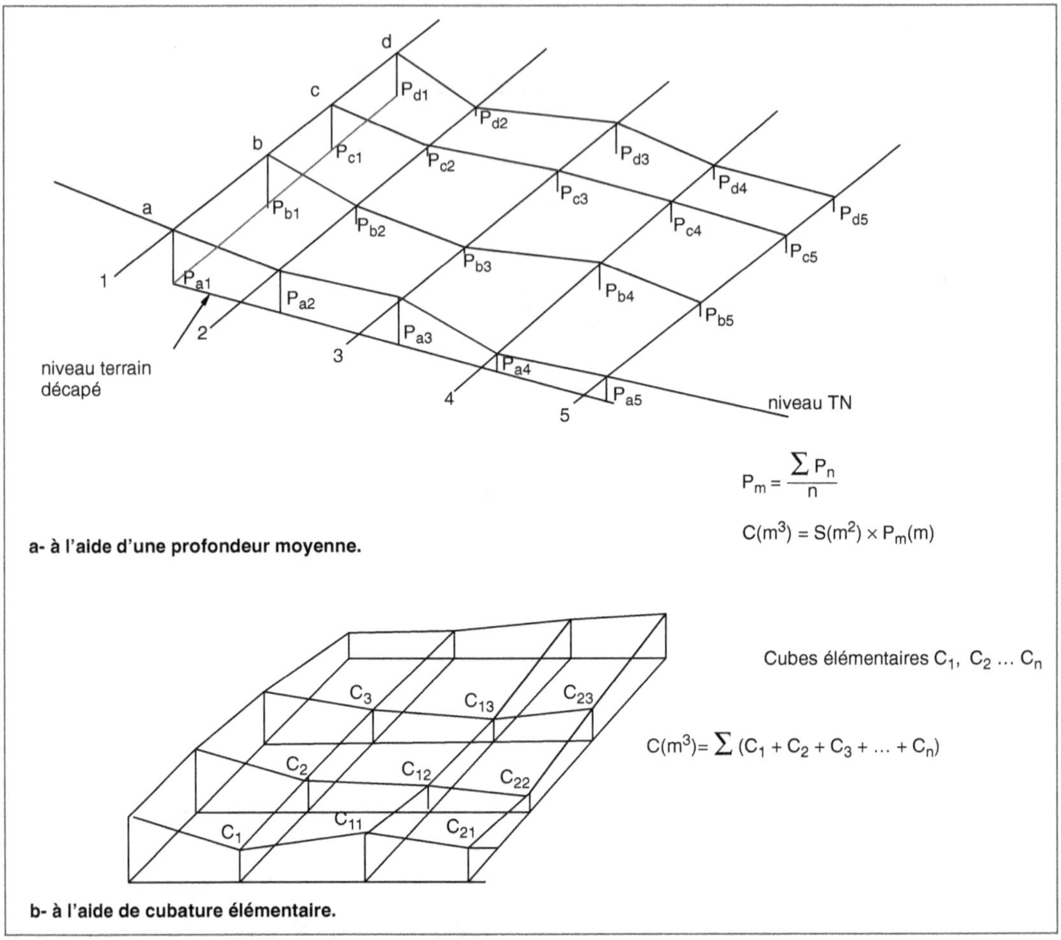

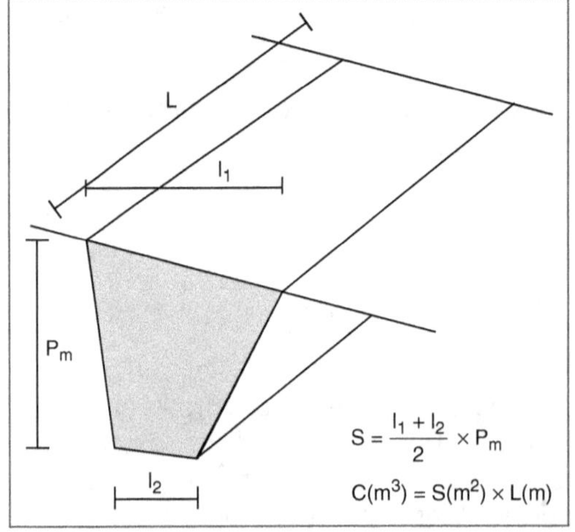

a- à l'aide d'une profondeur moyenne.

b- à l'aide de cubature élémentaire.

Fig. 3.6 • *Calcul de la cubature d'un décapage.*

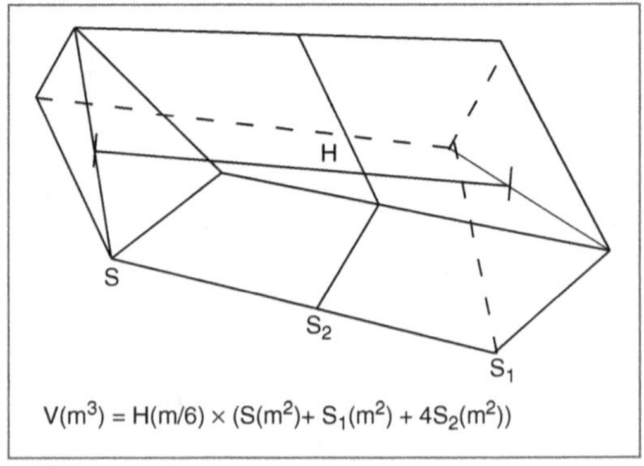

Fig. 3.8 • *Calcul des cubatures formule de trois niveaux.*

Fig. 3.7 • *Cubature d'une tranchée.*

En prenant comme hypothèse :

$$S_2 = (S + S_1)/2$$

la formule se simplifie et devient :

$$V\ (m^3) = (H/2) \times (S + S1).$$

Exemples

Premier cas - Calcul de cubature d'un terrassement en pleine masse (fig. 3.9).

La topographie du terrain étant connue grâce à un relevé maillé, l'emprise totale des travaux de terrassement correspond à la surface de la plate-forme et aux talutages nécessaires afin d'assurer le maintien des terres.

Pour effectuer les calculs, il faut déterminer un certain nombre de profils en travers équidistants ou correspondant à des points particuliers : changement de pente du terrain naturel, base du talutage, etc. Pour chacun de

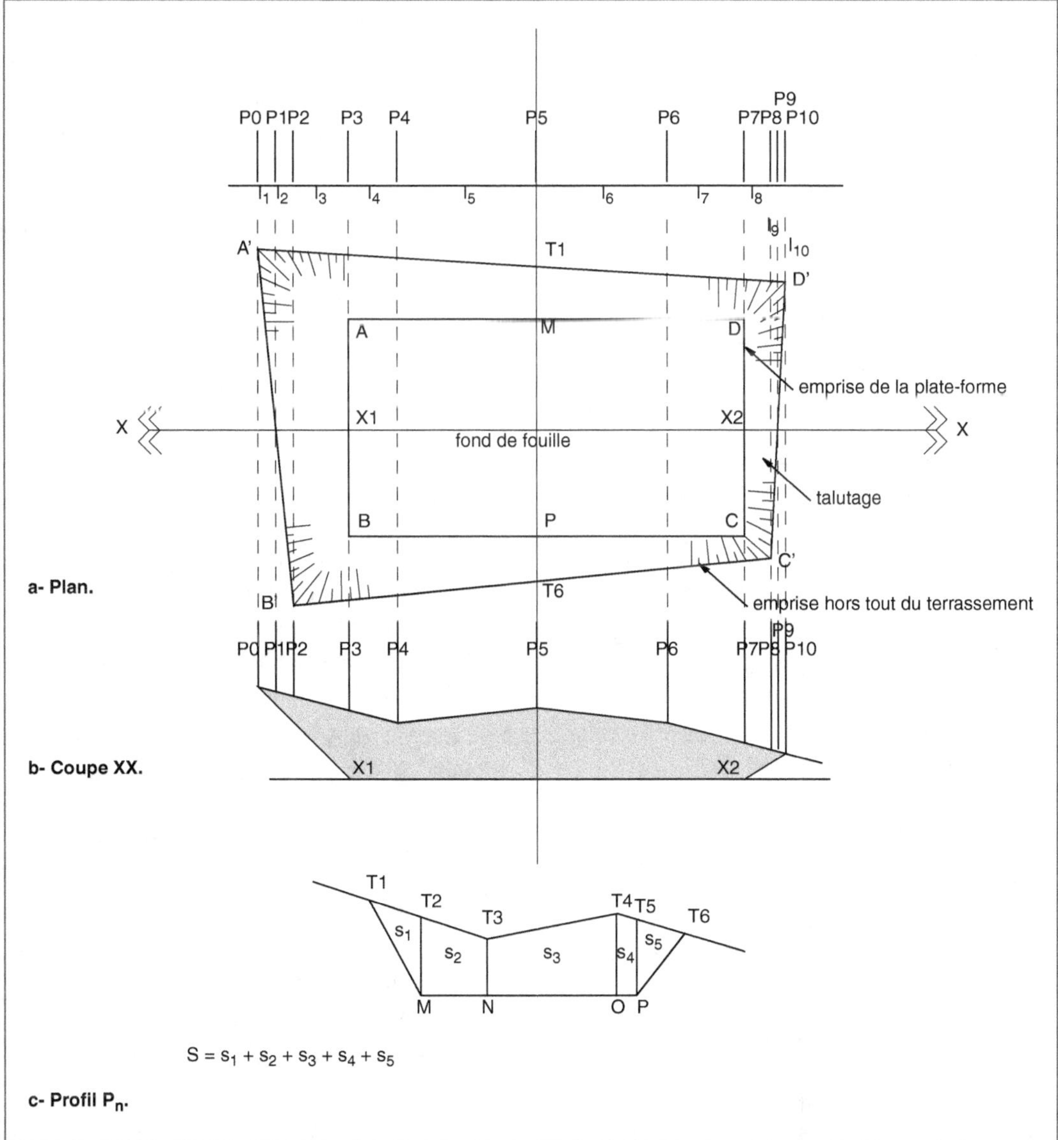

Fig. 3.9 • *Cubature d'un terrassement en pleine masse.*

ces profils, la surface est obtenue par l'addition de surfaces élémentaires.

Surface du profil P_n : $S_n = s_1 + s_2 + s_3 + s_4 + s_5$, formule dans laquelle :

s_1 = surface du triangle T_1T_2M ;

s_2 = surface du trapèze T_2T_3NM ;

s_3 = surface du trapèze T_3T_4ON ;

s_4 = surface du trapèze T_4T_5PO ;

s_5 = surface du triangle T_5T_6P.

En appliquant la formule simplifiée des trois niveaux où H correspond à la distance l séparant deux profils voisins, la cubature a pour valeur :

$V = (l_1/2) \times (S_0 + S_1) + (l_2/2) \times (S_1 + S_2) + (l_3/2) \times (S_2 + S_3) + (l_4/2) \times (S_3 + S_4)$ + etc.,

c'est-à-dire :

$V = S_1 \times (l_1 + l_2)/2 + S_2 \times (l_2 + l_3)/2 + S_3 \times (l_3 + l_4)/2 + S_4 \times (l_4 + l_5)/2$ + etc.

Second cas - Calcul de cubature pour la réalisation d'une voie (fig. 3.10).

En général, ces travaux comprennent des terrassements en déblai et en remblai. Il convient donc d'en tenir compte dans les calculs.

Selon la topographie du terrain et le profil en long de la voie, plusieurs profils en travers sont déterminés de manière à évaluer les cubes des déblais et des remblais avec un maximum de précision.

Pour chaque profil en travers P_n, la surface est obtenue par l'addition des surfaces élémentaires de triangles et de trapèzes. Puis elle est appliquée sur la moitié de la distance séparant le profil P_n des profils amont P_{n-1} et aval P_{n+1}.

Entre les profils P_0 et P_1, le cube V_1 a pour valeur $S(P_0) \times l_1/2 + S(P_1) \times l_1/2$;

entre les profils P_1 et P_2, le cube V_2 a pour valeur $S(P_1) \times l_2/2 + S(P_2) \times l_2/2$;

et ainsi de suite, en veillant à différencier les déblais des remblais.

Les volumes calculés sont les suivants :

– déblai : $S(P_0) \times l_1/2 + S(P_1) \times (l_1 + l_2)/2 + S(P_2) \times (l_2 + l_3)/2$;

– remblai : $S(P_2) \times (l_2 + l_3)/2 + S(P_3) \times (l_3 + l_4)/2 + S(P_4) \times (l_4 + l_5)/2 + S(P_5) \times l_5/2$.

Des logiciels performants effectuent tous ces calculs avec une grande précision ; encore faut-il que les données fournies soient exac-

tes. Les cubatures de déblais et de remblais, lors de la création d'une route, peuvent être évaluées selon deux méthodes, d'autant plus précises que les profils sont rapprochés (fig. 3.11) :

– sur la base de profils en travers établis à des intervalles réguliers et aux points singuliers ;

– sur la base des profils en long établis dans l'axe et en bordure de la chaussée, formule qui semble plus rigoureuse.

Lors de l'étude des mouvements de terre, les cubatures obtenues par le calcul sont affectées d'un **coefficient de foisonnement** évalué en fonction de la qualité du terrain. Ce coefficient est soit provisoire, en cours de travaux, pour le transport des terres, soit définitif, pour les remblais, après un compactage soigné (tab. 3.4).

4. L'exécution des fouilles

Avant toute intervention, il est nécessaire de procéder au piquetage de la zone concernée par les travaux, surface à terrasser ou axe de la voie ou des tranchées. L'emprise du terrassement doit tenir compte des talutages et des surlargeurs de travail en fond de fouille et au niveau du terrain naturel, à condition de pouvoir disposer d'une surface libre suffisante.

La manière selon laquelle sont exécutés les travaux diffère en fonction de plusieurs paramètres :

– la nature de la fouille : en pleine masse, en rigole, en tranchée ou pour la création d'une voie ;

– la nature du sol et sa cohésion : argileux, graveleux, rocheux ;

– les moyens mis en œuvre ;

– la présence éventuelle d'eau ou de nappe phréatique.

Les parois des fouilles, qu'elles soient en excavation ou en butte, sont aménagées de

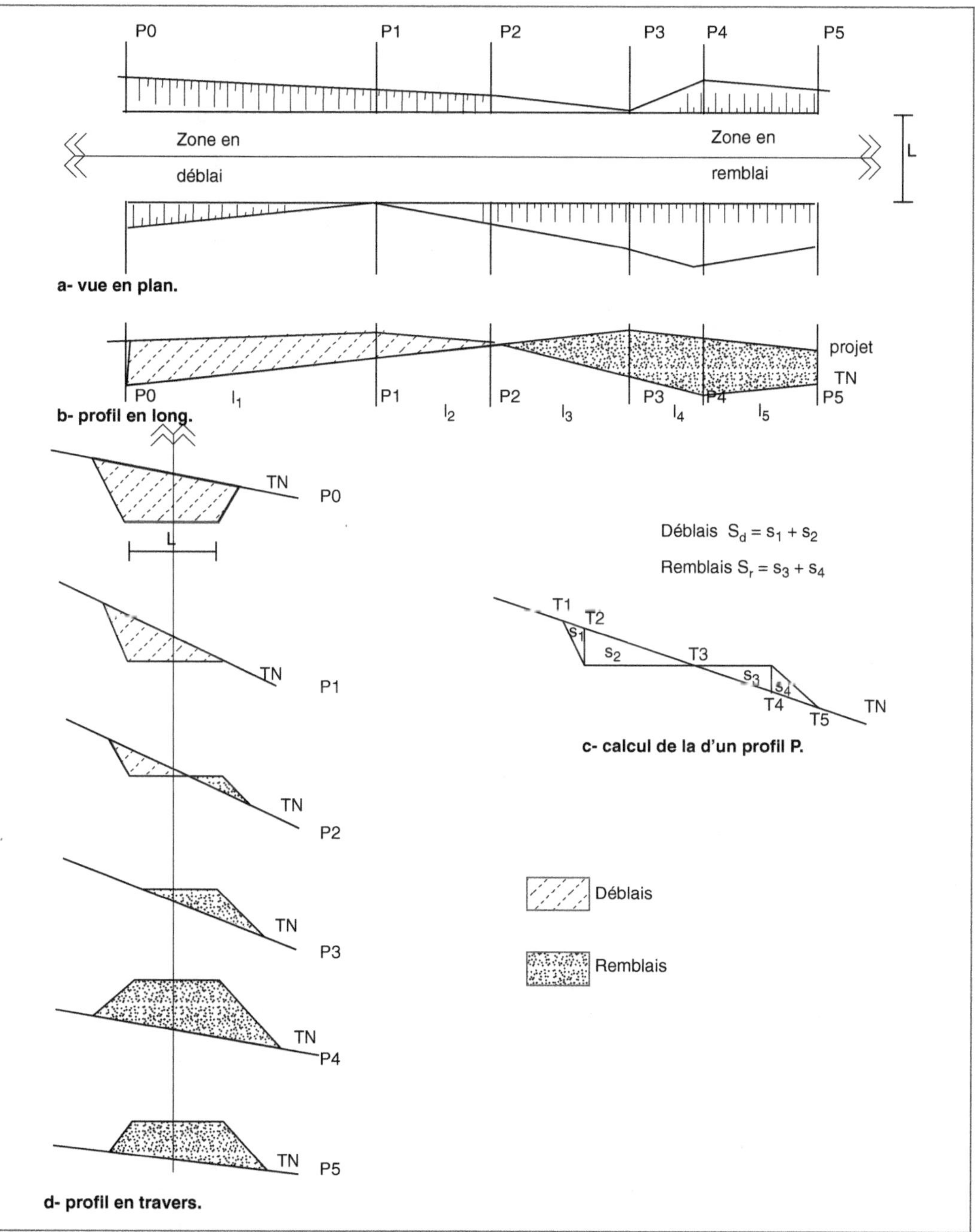

Fig. 3.10 • _Cubature d'un terrassement pour une voie._

façon à éviter tout risque d'éboulement ou de glissement intempestif. Plusieurs techniques peuvent être mises en œuvre, certaines étant plus ou moins fiables en fonction de la durée du chantier :

– le blindage et l'étaiement ;

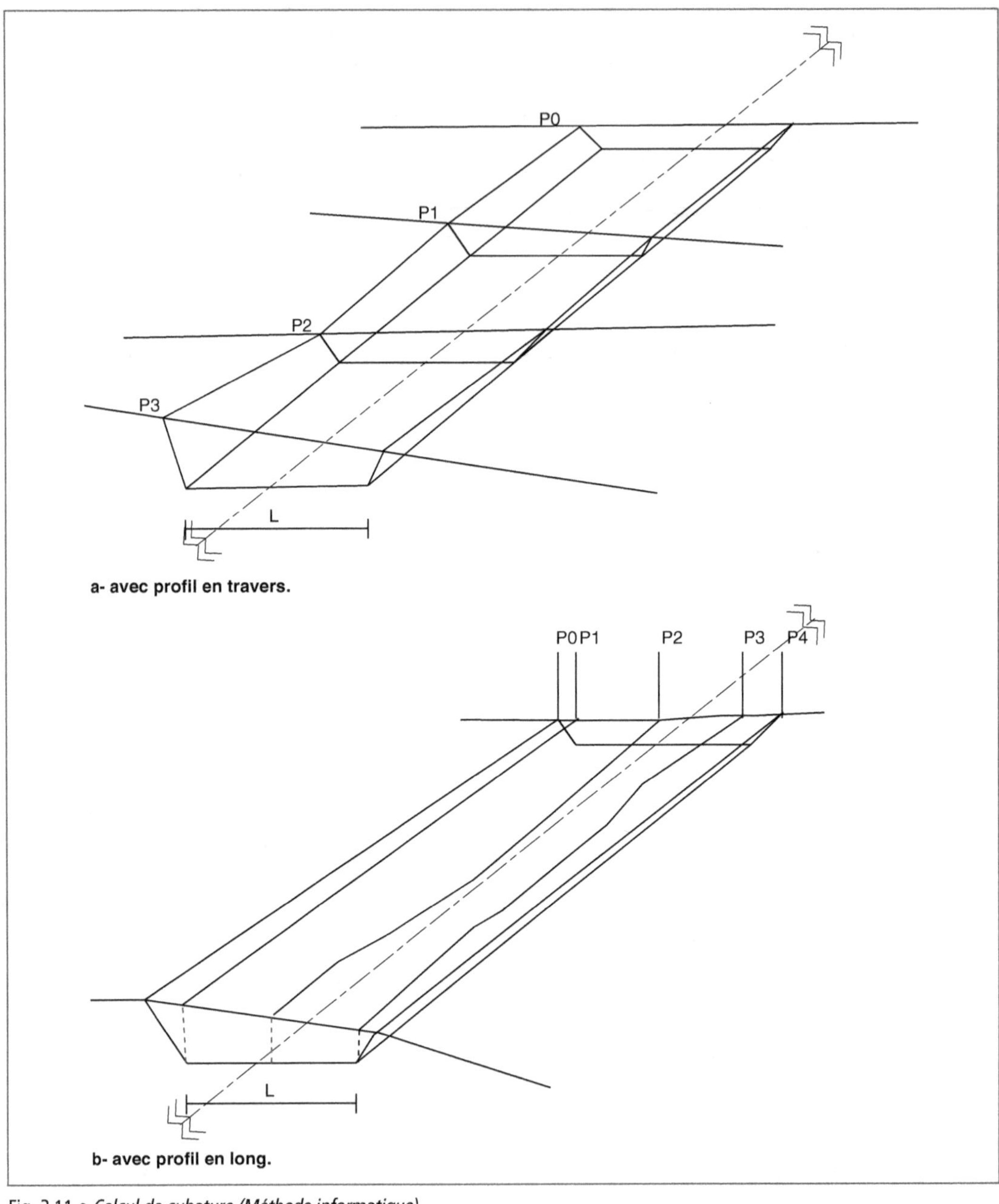

Fig. 3.11 • *Calcul de cubature (Méthode informatique).*

– la protection des talus à l'aide d'un film en matière plastique ;
– la projection d'une laitance à base de liant hydraulique en surface du talutage ;
– le drainage des eaux d'infiltration.

De plus, des dispositions sont prises afin d'éviter le ruissellement des eaux de pluies dans l'emprise du terrassement. À cet effet, des cunettes sont réalisées en tête et en pied des talus (fig. 3.12) pour collecter les eaux et

NATURE DES SOLS	**MASSE VOLUMIQUE**	**COEFFICIENT DE FOISONNEMENT**	
		PROVISOIRE	**PERMANENT**
	kg/m^3	**%**	**%**
Terre végétale compacte	1 700	1,20	1,05
Argile sèche	1 600	1,50	1,15
Argile humide	1 200 à 1 800	1,25	1,08
Marne sèche	1 500	1,50	1,08
Sable fin sec	1 400	1,10	1,03
Sable fin humide	1 600	1,20	1,04
Gravier humide	2 000	1,25	1,04
Cailloux	1 600	1,50	1,15
Roches diverses	2 000 à 2 500	1,50	1,15

Tab. 3.4 • *Coefficient de foisonnement.*

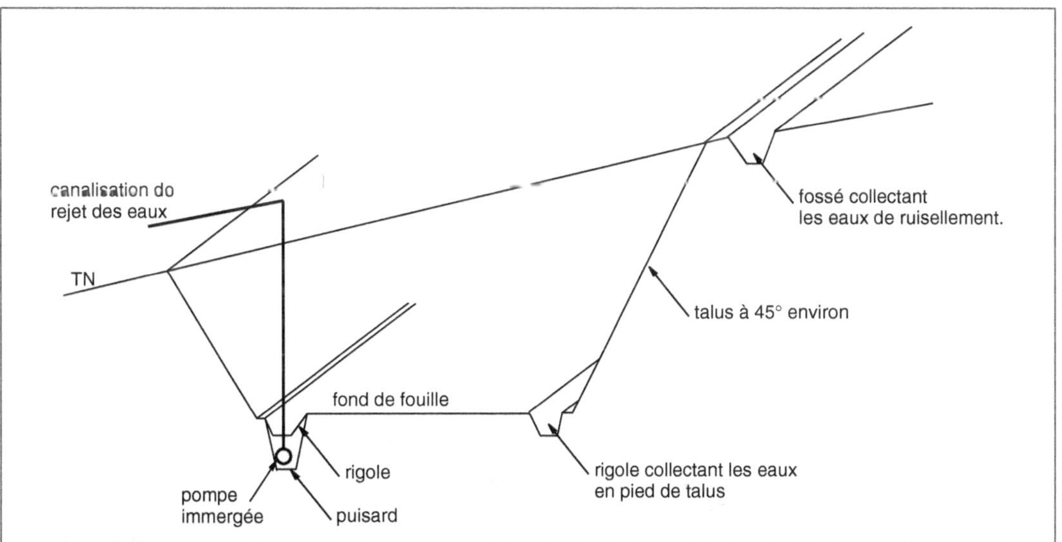

Fig. 3.12 • *Collecte des eaux de ruissellement.*

les rejeter, soit dans le milieu naturel, soit vers un puisard muni d'une pompe de relevage. Il en est de même des résurgences ou des sources apparaissant dans les zones terrassées.

Les arrivées d'eau dans les sables fins ou dans certaines argiles modifient leur tenue occasionnant un phénomène de boulance* ou de fluage mettant en péril les couches supérieures.

4.1. Les terrassements en terrain inondable

Lorsque les terrassements sont effectués en terrain inondable ou dans une nappe phréatique, des moyens particuliers sont mis en œuvre. Plusieurs techniques peuvent être retenues. L'une des plus courantes consiste à rabattre la nappe en installant une ou plusieurs pompes immergées dans des puits tubés dont le diamètre varie de 0,20 m à 1,00 m ou plus. Les puits de pompage sont judicieusement répartis à l'extérieur ou à l'intérieur de l'emprise des travaux, leur espacement étant de quelques mètres jusqu'à 50 m. L'implantation, la section et la profondeur sont déterminées de manière à ne pas modifier la consistance des sols sous les fondations des ouvrages voisins (fig. 3.13, photo 3.2). La vitesse d'écoulement doit être suffisamment faible afin d'éviter l'entraînement des particules fines. Les eaux sont col-

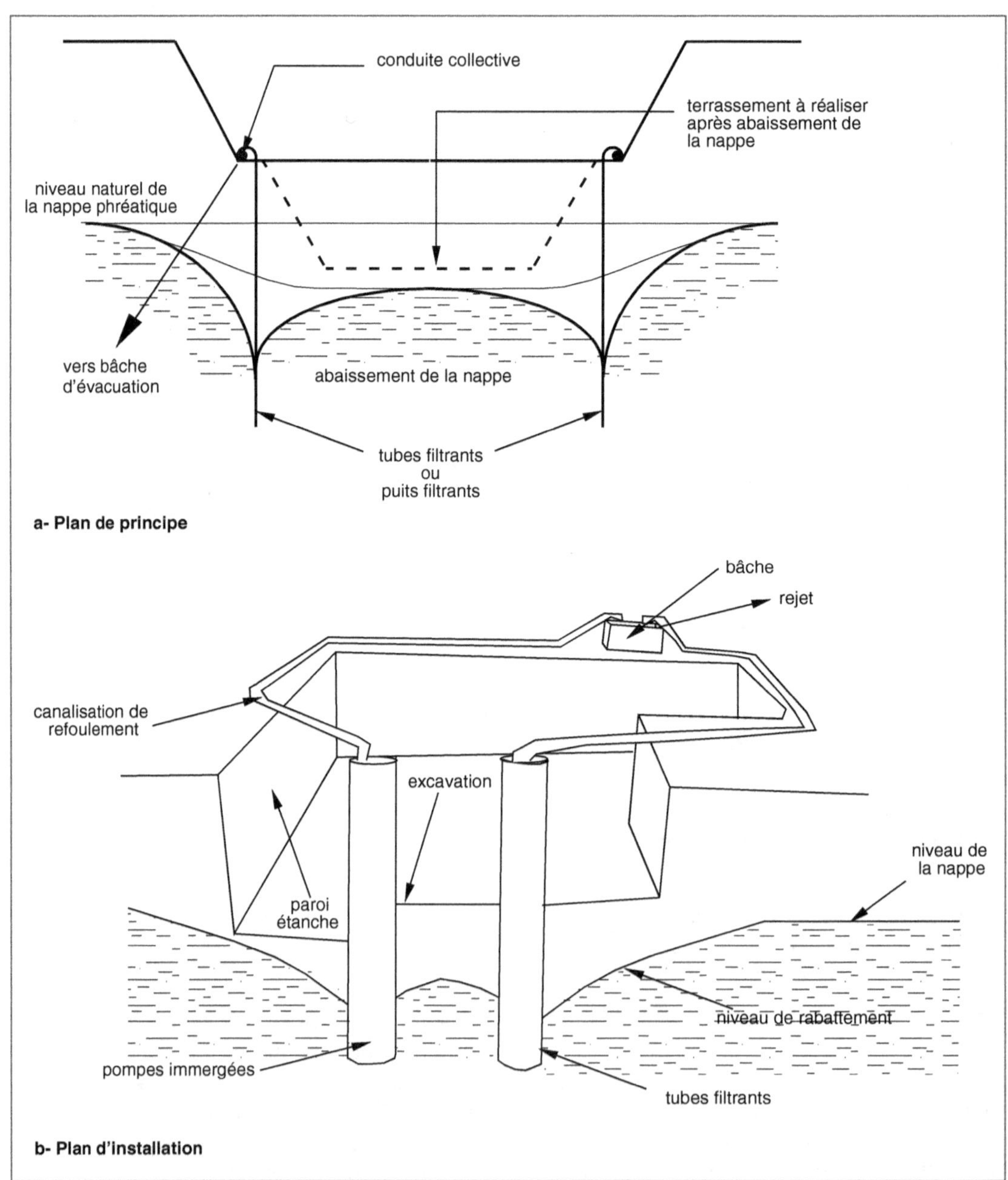

Fig. 3.13 • *Rabattement de la nappe par pompage.*

Photo 3.2 • *Puits de pompage pour rabattre la nappe phréatique.*

lectées dans une bâche* de décantation avant d'être rejetées à l'égout ou éloignées de la zone des travaux.

D'autres solutions, plus onéreuses, peuvent être envisagées, parmi lesquelles :

– la réalisation d'une enceinte étanche, à l'aide d'une paroi moulée, préfabriquée ou coulée in situ, ou d'un rideau de palplanches, descendu jusqu'à une couche imperméable de manière à éviter les risques de remontées d'eau (fig. 3.14) ;

– la congélation des couches saturées d'eau par la circulation d'une saumure* à une température de – 25 à – 30 °C dans des tuyaux enfoncés dans le terrain ; technique délicate à utiliser à proximité immédiate d'ouvrages existants.

4.2. Le blindage des fouilles

Le blindage et l'étaiement des fouilles sont obligatoires dès que l'excavation atteint une certaine profondeur par rapport à sa largeur, afin que le talutage n'occupe pas une emprise importante et que la sécurité des ouvriers soit garantie (fig. 3.15). Ils sont déterminés en fonction de la nature du terrain, de sa cohésion et de la variation de son état physique sous l'action des intempéries ou de venues d'eau occasionnelles, ainsi que du pendage des couches. Ils sont calculés de

manière à reprendre la poussée des terres et les surcharges éventuelles en tête, occasionnées par le stockage de matériaux ou le passage d'engins. La mise en place des blindages impose une surlargeur pour permettre une intervention normale en fond de fouille (coffrage de mur, pose de canalisations, etc.).

Différentes techniques sont utilisées en fonction du type de terrassement à exécuter, de la profondeur des fouilles ou de la technicité de l'entreprise. Les plus usuelles sont les suivantes (fig. 3.16 et tab. 3.5) :

- le platelage jointif ou non jointif maintenu en place par des raidisseurs et des étais bloqués en pied par des butons qui prennent appui sur la plate-forme inférieure dans le cas de fouille en pleine masse ;

- le tubage par des viroles en acier ou en béton armé pour les fouilles en puits ;

- la paroi moulée préfabriquée ou coulée en place maintenue à l'aide de tirants (photo 3.3) ;

- la paroi berlinoise réalisée à l'aide de pieux en béton ou de profilés métalliques foncés dans le terrain, avec un remplissage par des panneaux préfabriqués en béton (photo 3.4) ou des madriers (photo 3.5). L'ensemble étant maintenu à l'aide de tirants ;

- le rideau de palplanches métalliques constitué de profilés fichés ou ancrés dans le terrain et tenus en tête par deux profilés horizontaux. Les éléments sont mis en place par vibrofonçage avec un marteau trépideur ou, mieux, par fonçage à l'aide d'une presse hydraulique supprimant toute vibration parasite ;

- la paroi clouée comprenant une armature en treillis soudé fixée sur le terrain par le clouage de barres d'acier de 4,00 à 6,00 m régulièrement réparties selon la hauteur du talus ; une couche de béton

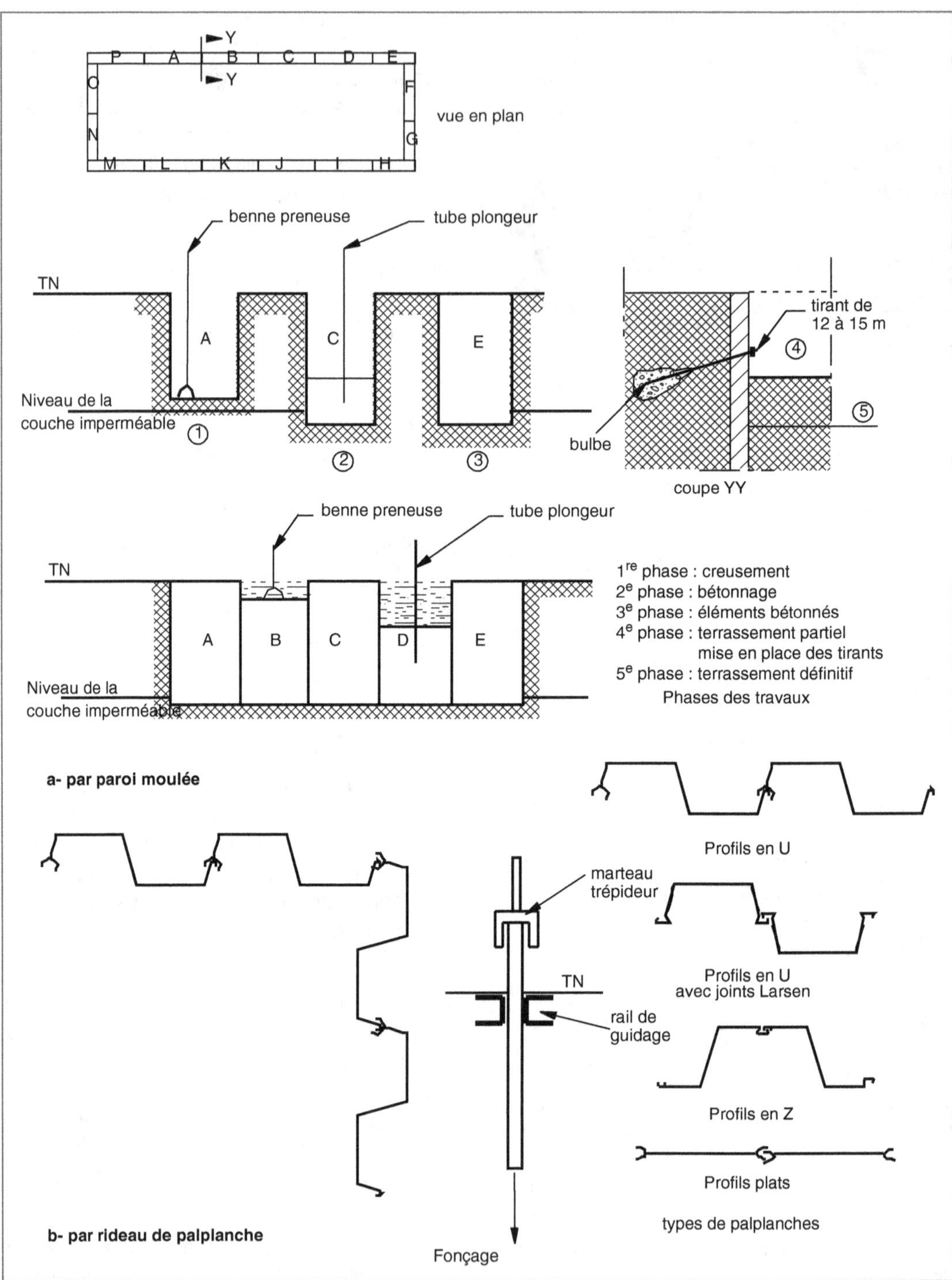

Fig. 3.14 • *Enceinte étanche.*

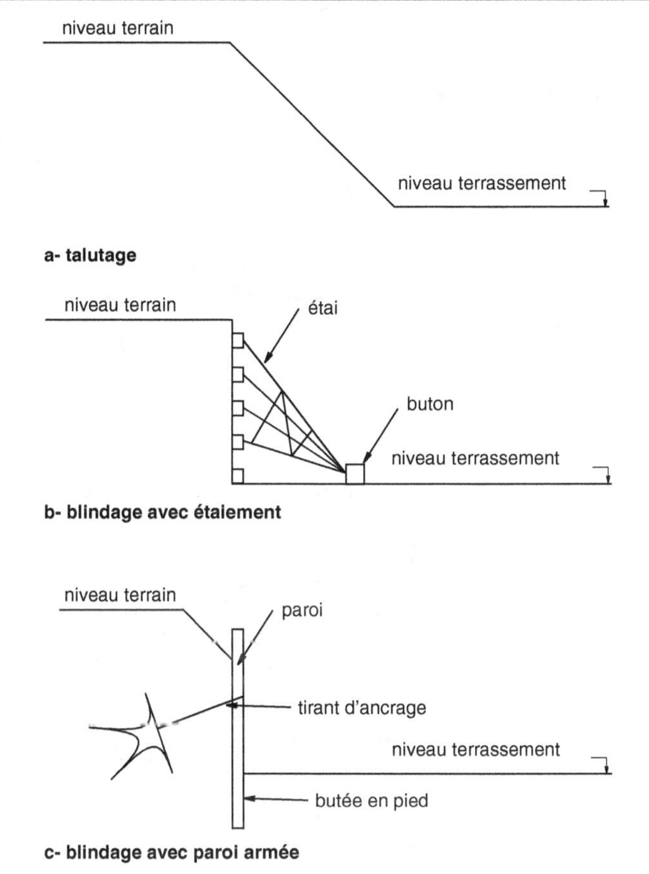

Fig. 3.15 • *Emprise des fouilles et blindage.*

est projetée sur le treillis de manière à en assurer la protection et le maintien des terres (photo 3.6).

Les étais qui reprennent les efforts doivent prendre appui sur des surfaces planes par l'intermédiaire de plaques de répartition ancrées dans les panneaux de blindage. Ils sont bloqués en pied par un buton, de manière à éviter tout risque de glissement.

L'exécution de travaux dans l'embarras des étais est toujours délicate. Elle impose une intervention manuelle importante et entraîne des surcoûts substantiels. Le blindage et l'étaiement sont retirés au fur et à mesure des opérations de remblaiement ou de montage des murs, lorsque la résistance mécanique de ceux-ci est jugée suffisante.

4.3. Les fouilles en puits

Les fouilles en puits, de plus ou moins grande profondeur, ou traversant des terrains de nature différente doivent recevoir un blindage. Celui-ci est réalisé à l'aide d'un plate-lage étayé ou, lorsque sa section est circulaire, à l'aide de cerces métalliques ou en béton armé, foncées au fur et à mesure de l'avancement. La détermination des dimensions de travail doit tenir compte de l'encombrement des étais qui peut être important. Lorsqu'un ouvrier doit descendre au fond du puits, la dimension minimale entre les faces intérieures opposées du blindage ne peut être inférieure à 1,20 m (fig. 3.17). De plus, il est nécessaire de prévoir un éclairage et un système de ventilation.

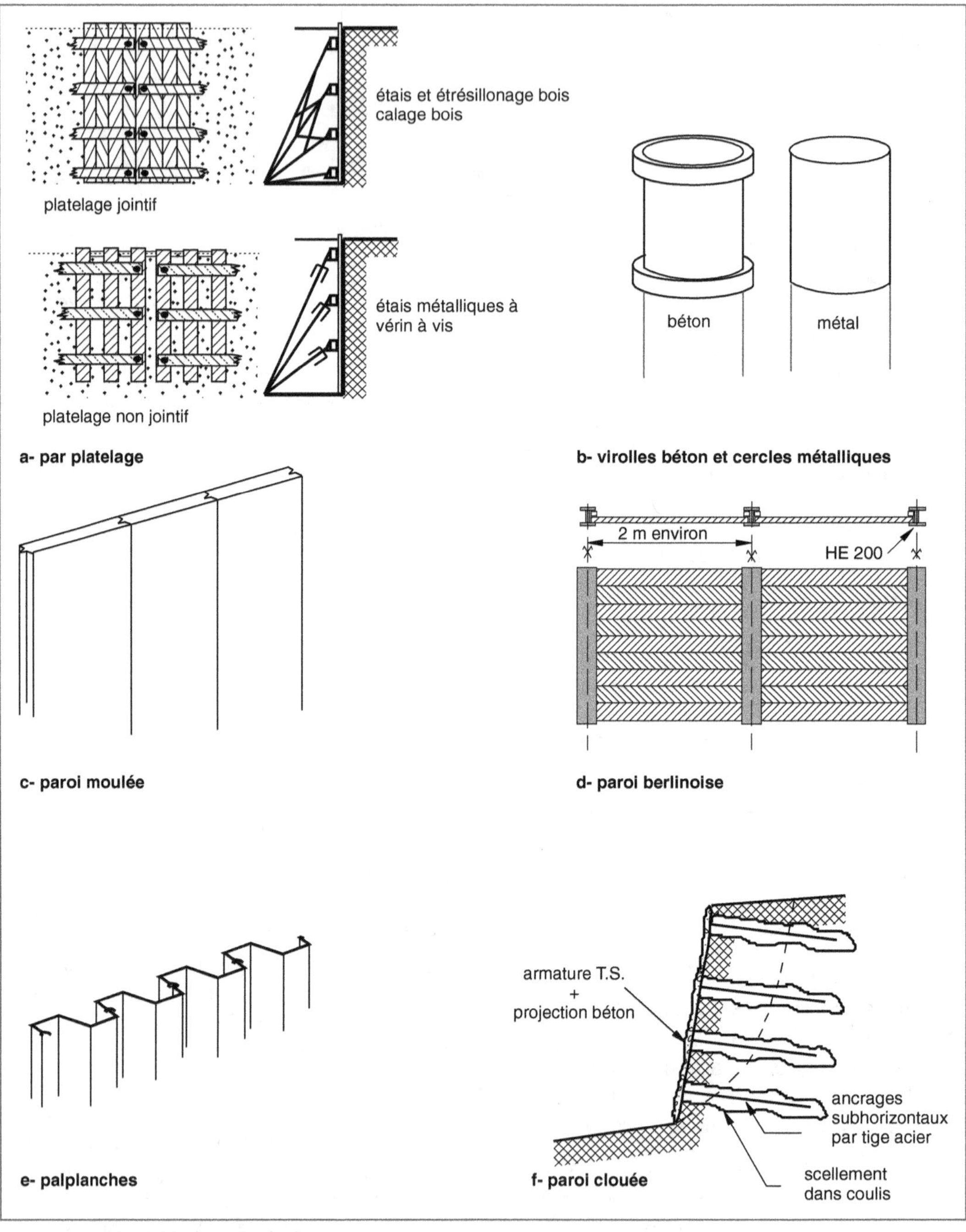

Fig. 3.16 • *Modes de blindages des fouilles.*

Type de blindage	Emploi	Présence d'eau	Observations
Platelage butonné	Pleine masse, Fouille en tranchée, Fouille en puits, solution provisoire	Hors nappe	Gêne dans les travaux de terrassement
Tubage	Fouille en puits, solution provisoire	Présence de nappe admise	D'emploi aisé avec des cerces métalliques ou en béton armé
Parois moulées	Pleine masse, solution définitive	Présence de nappe admise	Emploi en site urbain, s'intègre à la structure du bâtiment, installation de chantier lourde et relativement coûteuse
Parois berlinoises	Pleine masse, solution provisoire ou définitive	Hors nappe terrain drainable	Emploi en site urbain, coffrage de la paroi extérieure peu coûteux
Rideaux de palplanches	Pleine masse, fouille en tranchée, solution provisoire ou définitive	Présence de nappe admise	Nuisance pour les riverains, récupération aléatoire
Parois clouées	Pleine masse, solution provisoire	Hors nappe	Talutage éventuel, peu coûteux

Tab. 3.5 • _Blindage des fouilles – Tableau récapitulatif._

Photo 3.3 • _Paroi moulée._

Photo 3.4 • _Paroi berlinoise avec remplissage par panneaux en béton armé._

Photo 3.5 • _Paroi berlinoise avec remplissage par madriers._

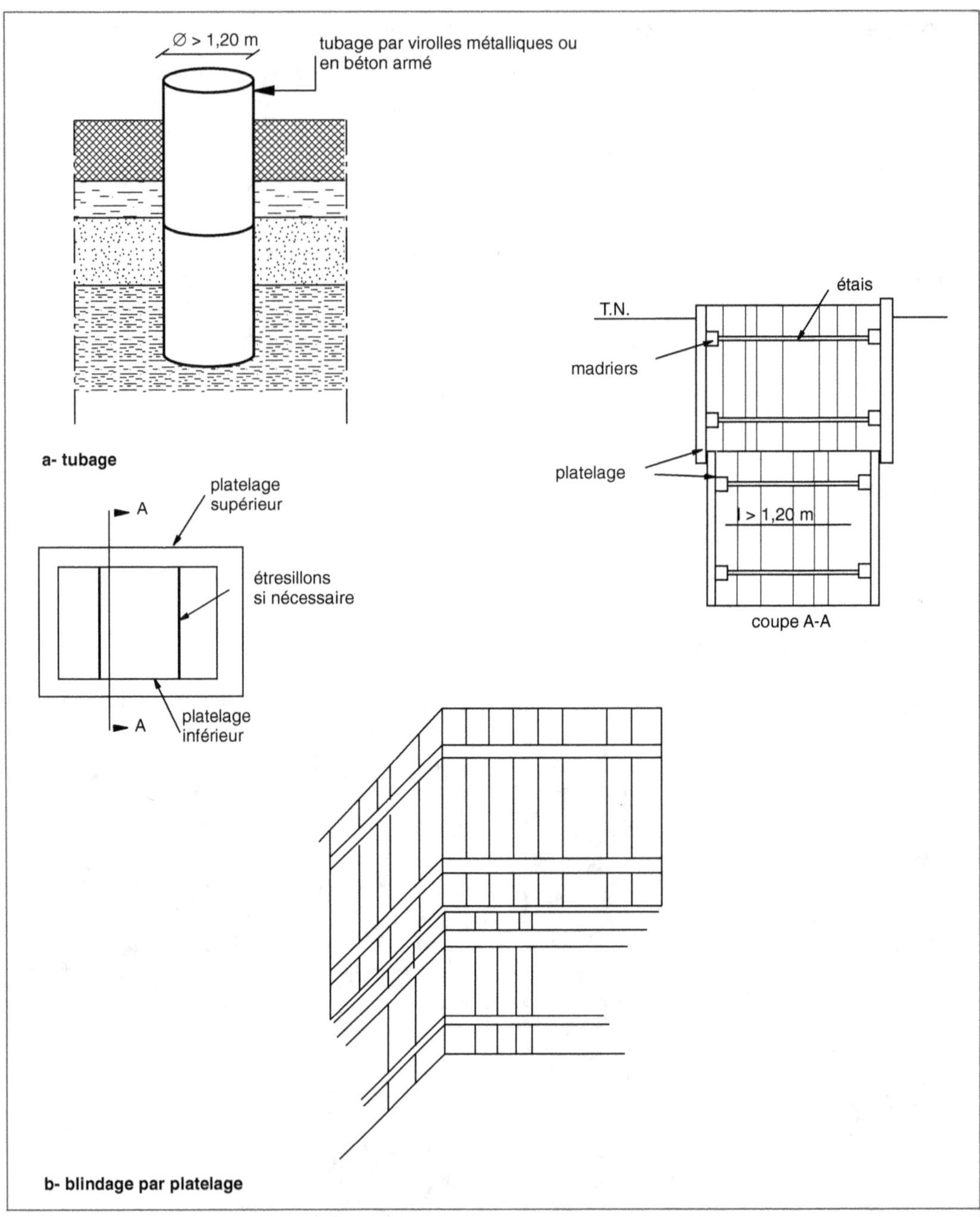

Fig. 3.17 • *Fouille en puits.*

Photo 3.6 • *Paroi clouée – Mise en place des barres d'ancrage.*

4.4. Les terrassements en limite de propriété

En limite de propriété, le terrassement impose de prendre des précautions afin de ne pas causer de dommages aux ouvrages voisins. Préalablement à toute intervention, il est recommandé de faire établir un constat contradictoire par une personne agréée. Lorsque le talutage ne peut pas être effectué, le procédé retenu doit être adapté à la nature des travaux, à la profondeur à atteindre et à la présence éventuelle d'eau (fig. 3.18). Plusieurs cas de figure sont envisageables.

- En bordure de voirie, les solutions les plus courantes sont la paroi moulée et la paroi berlinoise qui assurent la tenue des terres ou la reprise des surcharges. Elles permettent d'effectuer des terrassements de plusieurs mètres de profondeur. Le rideau de palplanches est fréquemment utilisé en travaux publics.

- Au voisinage d'un bâtiment, il peut être nécessaire de procéder à son étaiement (photo 3.7) et de réaliser des travaux de reprise en sous-œuvre par petite partie avant toute autre intervention (photo 3.8).

- Lorsque la profondeur à atteindre est peu importante, une banquette et un talutage suffisent à garantir le maintien de l'ouvrage. L'extraction des déblais s'effectue ensuite en plusieurs phases afin de

permettre une construction par petits éléments juxtaposés ou non.

- Pour des excavations relativement profondes, la solution consiste à réaliser une paroi continue comme dans le cas précédent.

La paroi moulée présente le double avantage d'être également efficace en présence de venues d'eau importantes ou d'une nappe phréatique, et de servir de fondation pour une construction future.

La paroi berlinoise est moins onéreuse et ne forme pas barrage en cas de circulation d'eaux souterraines ; elle entraîne un retrait des fondations correspondant à son épaisseur.

4.5. Les terrassements dans le rocher

Les terrassements dans le rocher sont toujours des opérations délicates qui entraînent un surcoût des travaux. Toutefois, il convient de distinguer trois grandes catégories de roches, comme indiqué au paragraphe 2.2, page 96 :

- les roches moyennement dures (certains calcaires, les grès altérés) ;
- les roches délitables (les schistes) ;
- les roches compactes et dures (certains calcaires, les roches volcaniques, les granites).

Alors que les roches moyennement dures et les roches délitables sont attaquables avec des engins de chantiers ou au marteau-piqueur, les roches compactes et dures nécessitent l'emploi d'explosif.

Au niveau de la sécurité, l'emploi des explosifs est abordé sous les deux aspects suivants :

- la sécurité publique portant sur les conditions de détention et d'utilisation ainsi que sur la protection contre le vol ;

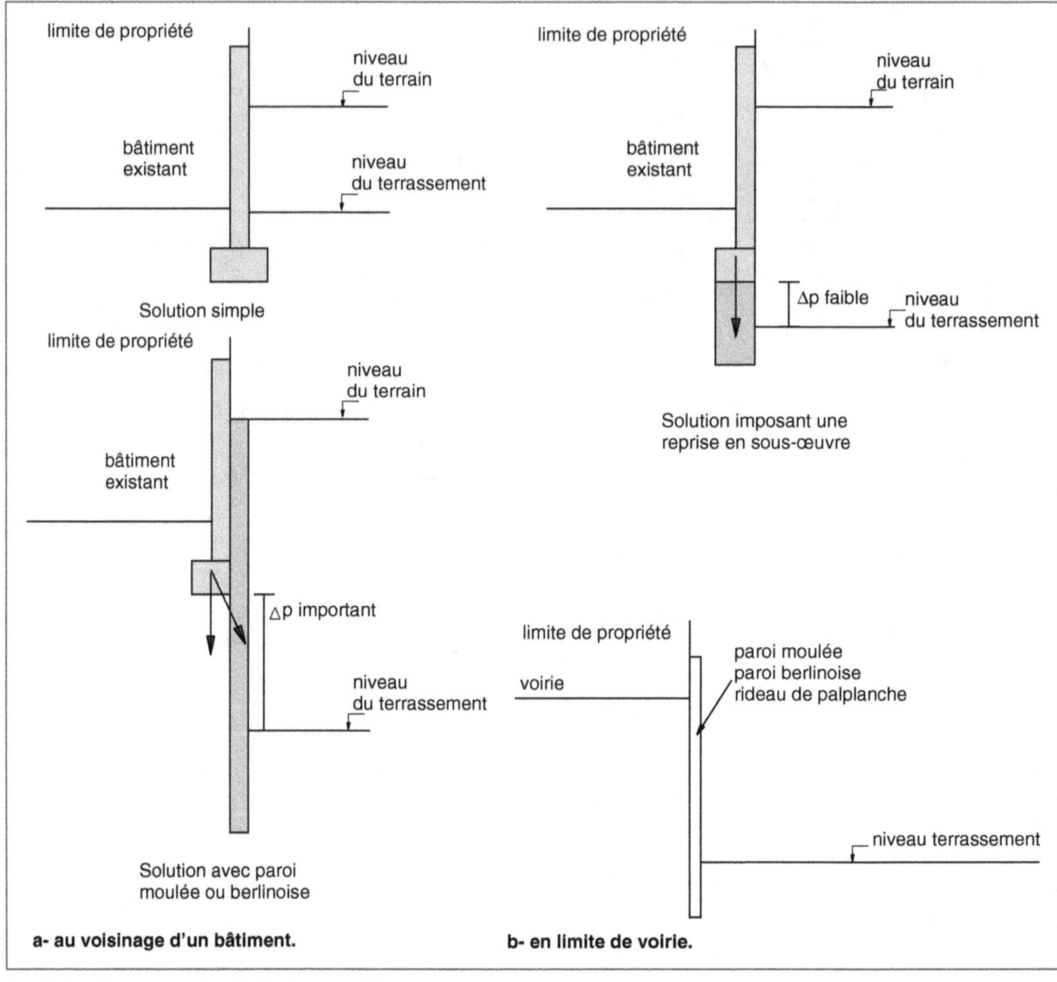

Fig. 3.18 • *Terrassement en limite de propriété.*

– la sécurité individuelle des personnes qui manipulent les explosifs ou qui travaillent à proximité, afin d'éviter des accidents toujours graves.

C'est la raison pour laquelle il convient de prendre des précautions particulières et de respecter une réglementation portant, entre autres, sur les points suivants :

– le choix d'une entreprise spécialisée et qualifiée, seule habilitée à intervenir pour de tels travaux ;

– le stockage et le transport des explosifs.

Réduire les nuisances éventuelles impose de connaître la nature de la roche, déterminée à l'aide de sondages et de carottages préalables, et l'environnement de la zone concernée par les travaux.

Les explosifs couramment utilisés se présentent en cartouches ou en vrac. Ils sont caractérisés par plusieurs paramètres : masse volumique, vitesse de détonation, énergie libérée, résistance à l'eau, et sont regroupés en six familles (tab. 3.6) :

– les dynamites sous forme plastique, en gomme ou pulvérulentes, à base de nitro-

Photo 3.7 • *Étayage d'un immeuble existant.*

Photo 3.8 • *Reprise en sous-œuvre.*

d'huiles minérales ; la présence de poudre d'aluminium les rend plus énergétiques ;
– les nitrates-fiouls alourdis enrobés dans une matrice qui améliore les performances et la résistance à l'eau ;
– les bouillies et les gels à base de nitrate et d'un agent gélifiant ;
– les émulsions, à base de nitrates minéraux.

Les explosifs sont placés en fond de trous de forage qui reçoit également le mécanisme d'amorçage. Un dispositif d'obturation (bourrage) accroît le confinement, c'est-à-dire l'efficacité, et limite les projections de matériaux. L'implantation (x et y) et l'altitude (z) de chaque forage doivent être rigoureusement respectées de même que la verticalité ou l'inclinaison. Les perforations, dont le diamètre varie de 51 à 152 mm, sont réalisées en ligne ou suivant une maille carrée ou

glycéroglycol (NGL), offrant une bonne résistance au gel ; pratiquement, l'explosif le plus utilisé ;
– les explosifs nitratés à base de nitrate d'ammonium et de trinitrotoluène ;
– les nitrates-fiouls ordinaires ou à l'aluminium, mélange de nitrate d'ammonium,

NATURE	PRÉSENTATION	MASSE VOLUMIQUE	RÉSISTANCE À L'EAU
Dynamites	cartouche	1,45	excellente
Explosif nitraté	cartouche	1,10 à 1,15	moyenne
Nitrates-fioules	vrac	0,75 à 0,85	nulle
Nitrates-fioules aluminium	vrac	0,85	nulle
Nitrates-fioules lourds	vrac	1,10 à 1,30	bonne
Bouillies nitratées	vrac	1,20	bonne
Gels nitratés	cartouche	1,15 à 1,30	bonne
Émulsions nitratées	vrac	1,20	excellente

Tab. 3.6 • *Les différentes formes d'explosifs.*

113

en diagonale (fig. 3.19), à l'aide d'un engin de perforation. Celui-ci est de type léger pour les perforations de petit diamètre à faible profondeur, ou de type lourd pour l'exécution de trous de gros diamètre ou à de grande profondeur. Le résultat doit être tel que la fragmentation de la roche permet la reprise directement par un engin de chargement pour une évacuation rapide.

Avant toute utilisation d'explosifs, un plan de tir précise l'ensemble des dispositions prises :
- diamètres et profondeurs des trous ;
- type de maille retenue ;
- nature de l'explosif et répartition par trou ;
- procédé d'amorçage, par détonateur électrique, cordon détonant ou autres ;
- séquence d'amorçage.

Après l'exécution du tir et avant d'engager d'autres travaux, il est impératif de vérifier que toutes les charges ont explosé.

Le prédécoupage est une intervention nécessaire lorsqu'il faut réaliser une paroi plus ou moins verticale, aussi parfaite que possible, ou lorsqu'il faut limiter la propagation de l'onde de choc, en site urbain par exemple. Il consiste à forer une série de trous, parallèles et dans un même plan, à des intervalles rapprochés (l'écartement est de l'ordre de dix fois le diamètre du trou) (photo 3.9). Les trous sont chargés avec un explosif très brisant, la mise à feu étant simultanée. Il en résulte une fissure qui relie tous les trous.

En cours de travaux, ainsi qu'après achèvement, les parois doivent être purgées de tous les blocs dont la solidité est douteuse. De même, les fonds doivent être dressés afin de ne présenter aucune saillie qui constituerait autant de points durs. Des surprofondeurs locales sont admises dans la limite des tolérances.

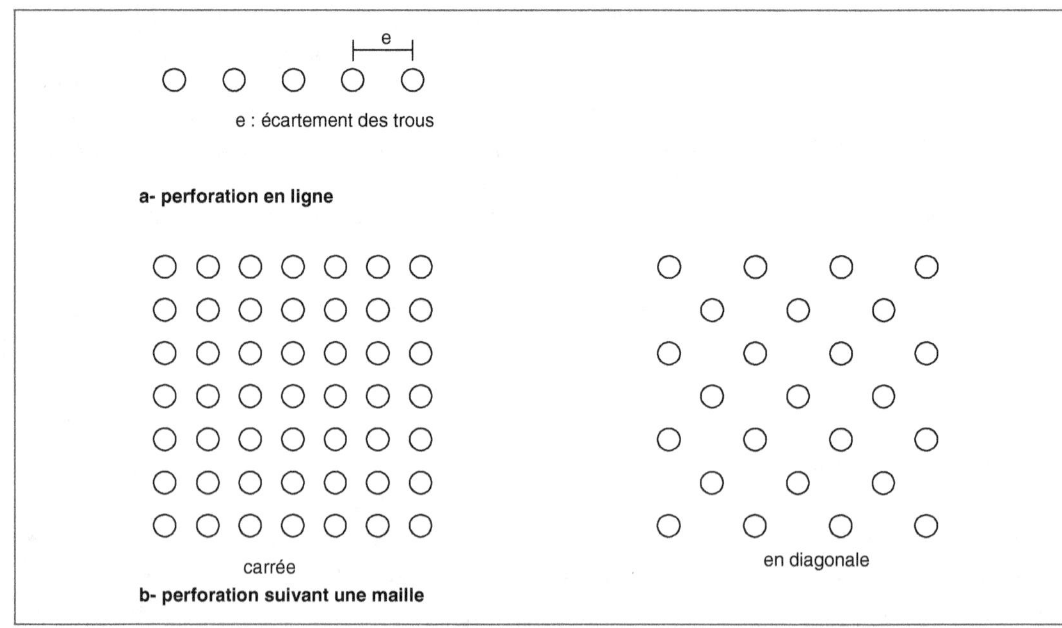

Fig. 3.19 • *Plan de perforation pour un terrassement à l'explosif dans la roche.*

Photo 3.9 • _Prédécoupage pour terrassement dans le rocher._

4.6. Les fouilles en tranchée pour canalisations

Les fouilles en tranchées ont un profil en long déterminé selon les canalisations qu'elles reçoivent avec, si nécessaire, une pente qui est prescrite dans le cahier des charges. Elles sont réalisées par tronçons dont la longueur est définie en accord avec les services concédés ou l'entreprise chargée de la pose ; les fonds étant parfaitement dressés. Exécutées à l'aide d'engins mécaniques, leur largeur est fixée en fonction de leur profondeur et du diamètre des canalisations. Les matériaux qui sont extraits et ne sont pas réutilisés doivent être évacués à l'avancement de la fouille.

Selon le décret 65-48 du 8 janvier 1965 modifié, les fouilles en tranchées d'une profondeur supérieure à 1,30 m et d'une largeur égale ou inférieure aux deux tiers de la profondeur doivent, lorsque leurs parois sont verticales ou quasi verticales, être blindées ou étayées (fig. 3.20, photo 3.10). Le blindage est réalisé à l'aide d'un platelage jointif ou non jointif, composé de planches maintenues par des madriers, de panneaux en contreplaqué ou de caissons métalliques monoblocs. Il est maintenu en place par des raidisseurs et des étais ou par des étrésillons à vérins qui prennent appui de paroi à paroi.

Cette disposition est prise avant toute intervention d'ouvriers en fond de fouille.

Elle doit en assurer l'entière sécurité (fig. 3.21). Sauf dispositions spéciales indiquées dans les chapitres traitant des différents réseaux, la largeur minimale (L) entre les parois blindées est déterminée en fonction du diamètre extérieur (D) des tuyaux qui sont posés :

- D ≤ 0,40 m : (L) ≥ D + 0,40 m ;
- 0,40 m < D ≤ 0,80 m : L ≥ D + 0,70 m ;
- 0,80 m < D ≤ 1,40 m : L ≥ D + 0,85 m ;
- 1,40 m < D : L ≥ D + 1,00 m.

Lorsque deux ou plusieurs canalisations sont parallèles, l'espace (e) séparant celles-ci est déterminé en fonction du diamètre extérieur (D) des tuyaux :

- e ≥ 0,35 m pour D ≤ 0,70 m ;
- e ≥ 0,50 m pour D > 0,70 m.

Le remblaiement ne peut s'effectuer qu'après essais des canalisations et accord du maître de l'ouvrage ou du maître d'œuvre. Il suit des règles précises selon le type de canalisation posée et la localisation : sous chaussée, trottoir ou espaces verts. Le remblai comporte plusieurs couches (fig. 3.22) :

- une couche d'enrobage assurant la protection et la stabilité de la canalisation, avec ou sans dispositif avertisseur ;
- une couche inférieure réalisée avec les matériaux extraits de la fouille, sous réserve qu'ils ne renferment ni matières organiques, ni tourbes ou argile ;
- une couche supérieure dont le rôle est de reprendre les surcharges éventuelles occasionnées par la structure de la chaussée.

Le dispositif avertisseur a pour rôle de prévenir et d'identifier la nature du réseau lors de l'exécution de fouilles ultérieures. De couleur normalisée (tab. 3.7), il est constitué par une bande ajourée ou, plus généralement, par un grillage en PVC, de largeur appropriée, déroulé au-dessus de la canalisation, à une hauteur de l'ordre de 20 cm. Le matériau retenu doit être stable au vieillissement,

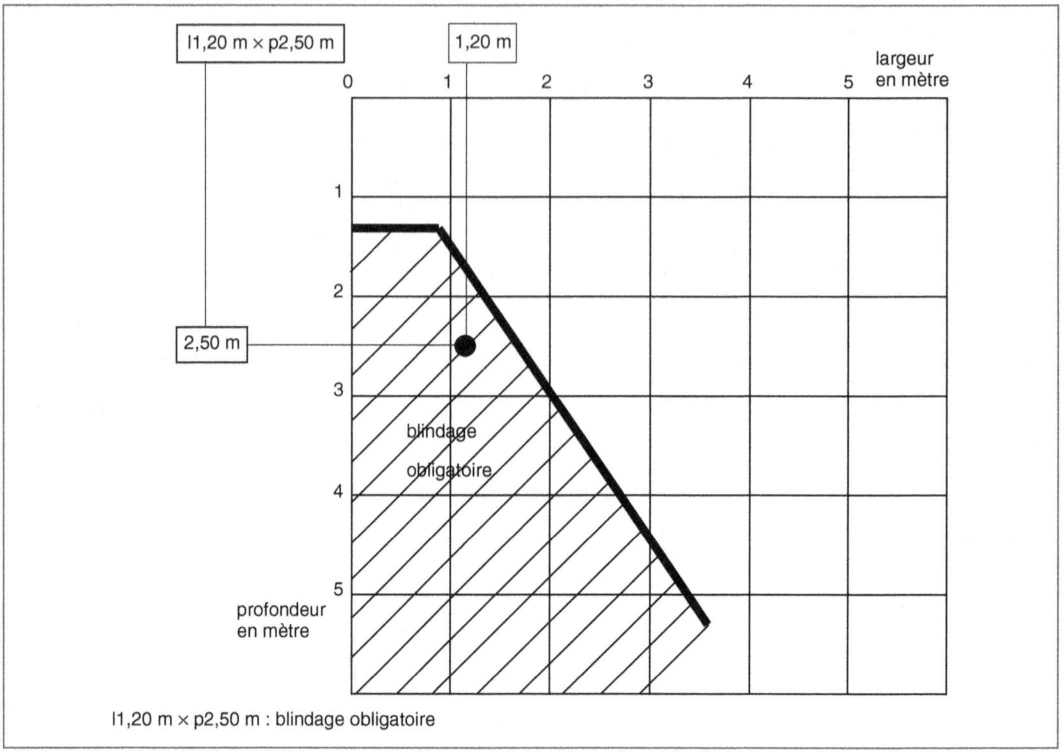

Fig. 3.20 • *Blindage des fouilles en tranchée (décret 65-48).*

insensible aux micro-organismes et avoir une résistance mécanique qui permette une mise en œuvre sans risque de rupture.

COULEUR	NATURE DU RÉSEAU
Bleu	Alimentation en eau
Rouge	Distribution d'électricité - Éclairage public
Jaune	Distribution de gaz
Vert	Télécommunication
Marron	Réseau d'eaux usées avec ou sans pression

Tab. 3.7 • *Couleur normalisée du grillage avertisseur placé au-dessus des réseaux (norme NF T 54-080).*

Photo 3.10 • *Éléments de blindage métallique pour travaux en tranchée.*

Lorsque la tranchée est réalisée sous des voies circulables, il est impératif d'éviter tous les matériaux gélifs ou susceptibles de provoquer ultérieurement des tassements irré-

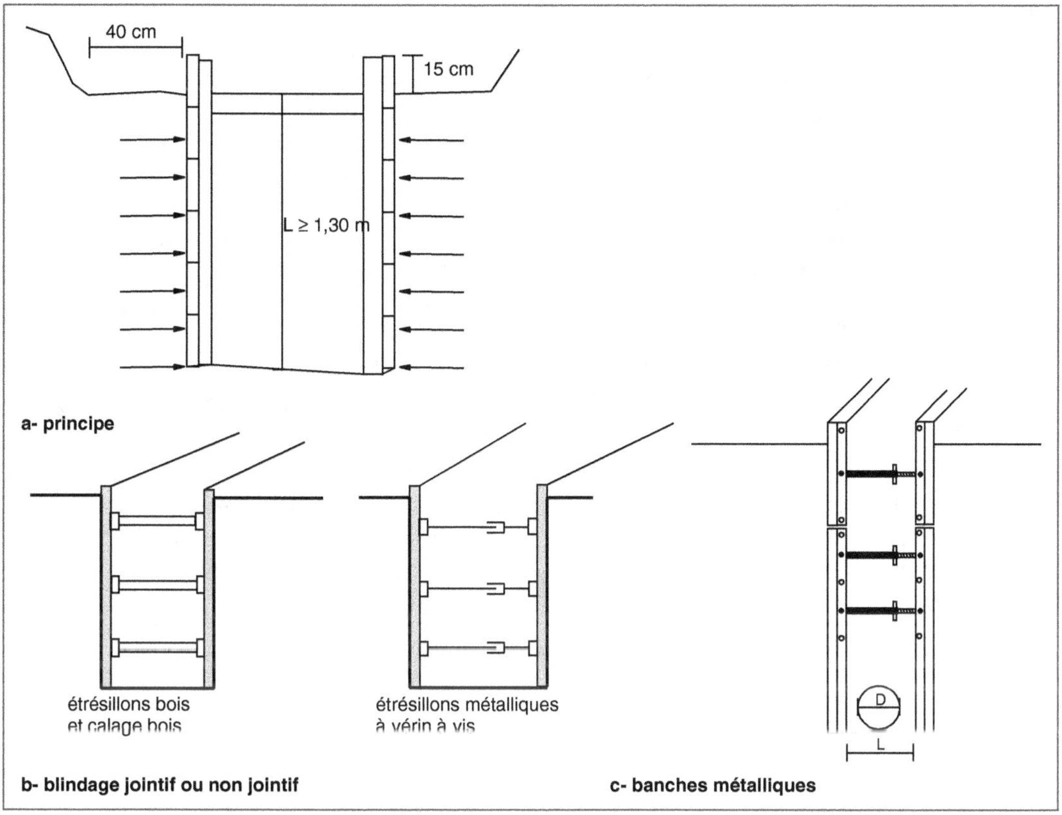

Fig. 3.21 • *Blindage des fouilles en tranchée (décret 65-48).*

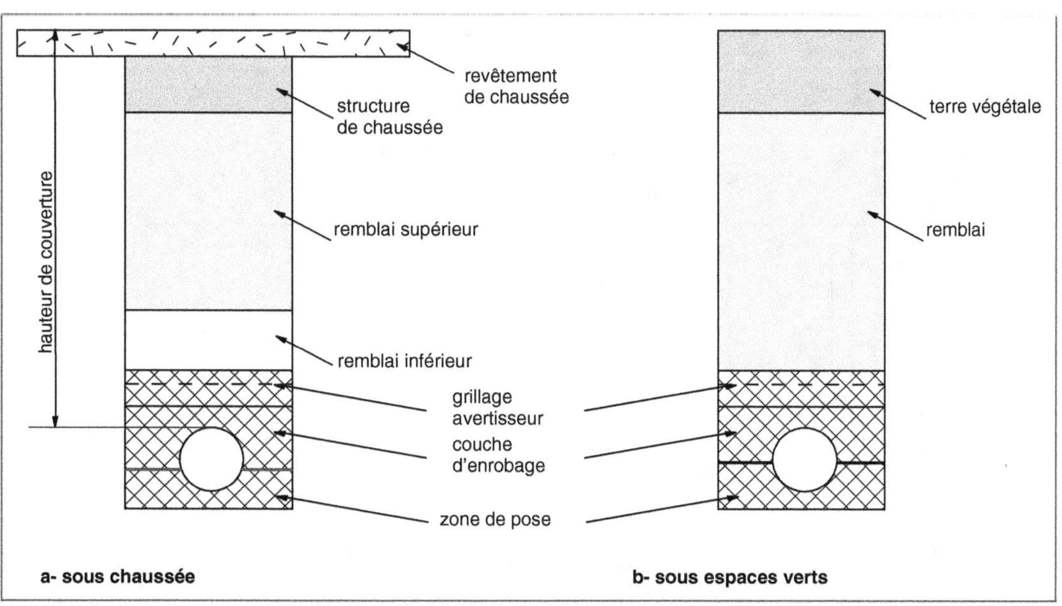

Fig. 3.22 • *Remblaiement d'une tranchée.*

guliers. Le remblaiement est réalisé avec une grave naturelle ou traitée, mise en œuvre par couches régulières convenablement compactées. Pour des tranchées étroites, où il est impossible de procéder à un compactage correct ou dans les zones exigeant une remise en circulation rapide, il est possible d'utiliser, en couche supérieure, un matériau autocompactant à base de grave-ciment.

Sous les espaces verts, le remblaiement est réalisé par le réemploi des matériaux extraits de la fouille, à l'exception des déchets ou des matières organiques.

Une tranchée creusée en bordure d'une construction existante impose des précautions particulières afin de ne pas entraîner sa ruine. La durée d'intervention est réduite au minimum. De plus, sa profondeur ne peut pas être supé-

rieure à celle des fondations (fig. 3.23). Dans le cas contraire, des dispositions sont prises, tel que l'éloignement de la tranchée.

5. L'exécution des remblais

Les remblais sont constitués par une ou plusieurs couches superposées de terrain rapporté sur un sol support, après avoir effectué des travaux préparatoires tels que le débroussaillage, l'essouchage des arbres, le décapage de la terre végétale, etc. Les travaux de remblaiement sont exécutés selon l'un des deux principes suivants :

- par le réemploi des terres provenant de fouilles voisines en déblais, solution économique puisqu'elle optimise les mouvements de terre ;

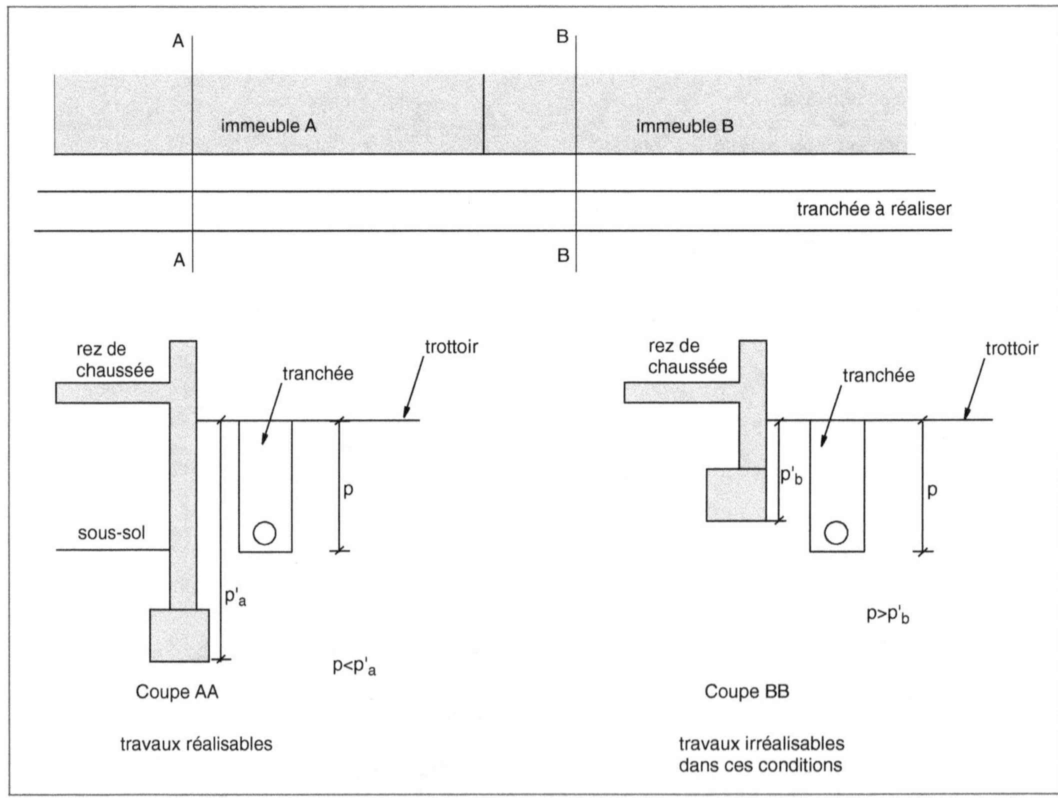

Fig. 3.23 • *Tranchée en bordure d'immeuble existant.*

- par l'apport de matériaux extérieurs au chantier lorsque les caractéristiques des terres d'origine ne conviennent pas. C'est le cas, entre autres, pour la constitution de la couche de forme d'une chaussée qui doit répondre à des caractéristiques précises (NF P 11- 300 déjà citée).

L'emploi de sols à forte teneur d'argile ou de déblais de carrière fait l'objet de spécifications particulières.

Les opérations de remblaiement s'effectuent en trois phases distinctes (fig. 3.24) :
- l'apport des terres constituant le remblai à l'aide d'une décapeuse, d'une chargeuse ou d'un engin de transport ;
- le régalage en couches d'épaisseur régulière de l'ordre de 0,40 à 0,50 m, à l'aide d'un bouteur ou d'une niveleuse ;
- le compactage avec un compacteur dont les caractéristiques sont adaptées au type de remblai (photo 3.11).

Cette dernière intervention a pour but d'améliorer la stabilité et la portance du sol, c'est-à-dire de réduire les risques de tassement. Elle est exécutée en cours de travaux et en phase finale. Son rôle est triple et influe directement sur les caractéristiques mécaniques :
- faire glisser les grains du squelette les uns sur les autres dans un meilleur agencement ;

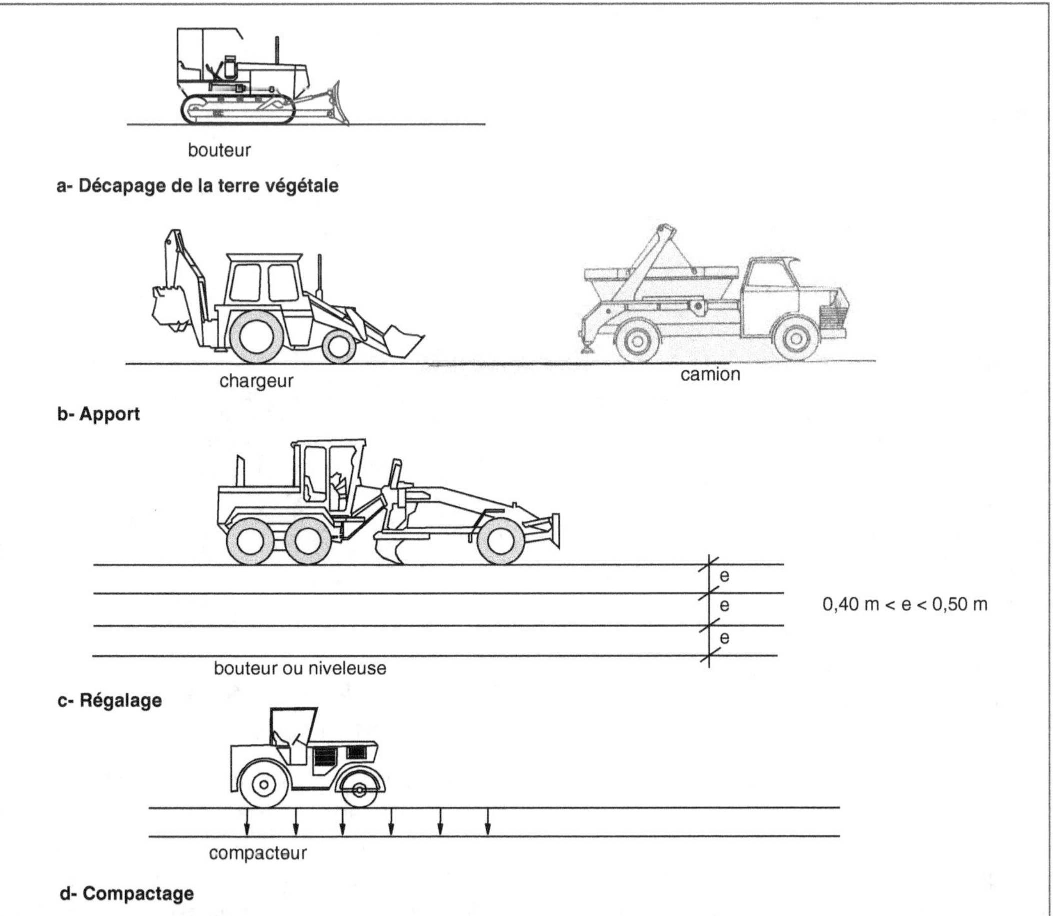

Fig. 3.24 • *Les opérations de remblaiement.*

Photo 3.11 • *Opération de remblaiement et de compactage de la plate-forme.*

– éliminer l'eau excédentaire ;

– comprimer l'air enfermé dans le sol.

Le phénomène de tassement est essentiellement variable et dépend de la nature de l'apport et de la hauteur h du remblai. Il est admis qu'il puisse atteindre les valeurs suivantes :

– h/12 pour des remblais argileux ;

– h/14 pour des remblais en terre ;

– h/23 pour des remblais sableux ;

– h/40 pour des remblais en caillasse, à condition que les vides interstitiels soient correctement comblés.

Généralement, les remblais de faible épaisseur, en terrain plat, offrent peu de difficulté dans leur exécution. Il n'en est pas de même lorsqu'ils atteignent une hauteur importante, de l'ordre de plusieurs mètres ou qu'ils sont effectués en terrain pentu. Dans ces derniers cas, des précautions sont prises en fonction des caractéristiques du sol support, de la circulation d'eau dans le sol et de l'emprise des talus.

5.1. Caractéristiques du sol support

La première précaution porte sur la connaissance des caractéristiques mécaniques et physiques du sol support et plus particulière-

ment de sa portance. Sur un sol compressible, des ruptures par poinçonnement, dues à la charge apportée, peuvent se produire, occasionnant des désordres (fig. 3.25). Les sondages permettent de reconnaître les couches sous-jacentes. Si celles-ci ne sont pas satisfaisantes, une amélioration est apportée par l'une des solutions suivantes :

– remplacer la couche supérieure défectueuse de faible épaisseur par un apport de meilleure qualité ;

– effectuer un compactage à l'aide d'un compacteur adapté à la qualité du sol ;

– incorporer un réseau de drainage afin d'assainir le terrain ;

– traiter les sols à la chaux et au ciment sur une profondeur de l'ordre d'une trentaine de centimètres ;

– renforcer les sols à l'aide d'inclusion d'éléments de renforcement ;

– alléger le remblai par l'incorporation de plaques de polystyrène extrudé insensible à l'eau et peu compressible ; technique qui demande une étude approfondie.

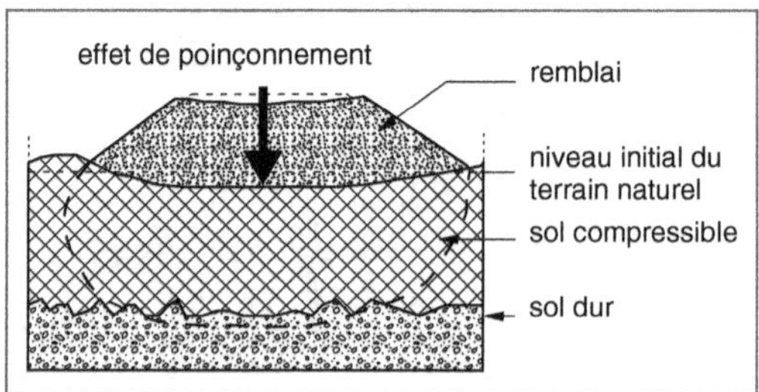

Fig. 3.25 • *Rupture par poinçonnement.*

5.2. Circulation d'eau dans le sol

La deuxième précaution porte sur la circulation d'eau dans le sol modifiant sa cohésion et pouvant occasionner des risques de glissement de terrain lorsque celui-ci est en pente. La présence d'eau est détectée lors de la campagne de sondages. Des dispositions adéquates sont prises afin d'éliminer l'eau excédentaire. Un réseau de drainage interne est mis en place pour récupérer les eaux d'infiltration et les rejeter dans un collecteur.

5.3. Emprise des talus

La troisième précaution porte sur l'importance de l'emprise des talus qui dépend de la hauteur des remblais. Compte tenu de l'espace disponible, il est fréquemment nécessaire de prévoir un ouvrage complémentaire venant soit habiller le talus plus pentu que la normale afin de le stabiliser, soit réduire sa hauteur par la réalisation d'un muret en pied de talus, soit maintenir les terres à l'aide d'un mur de soutènement ou d'un massif en terre armée (fig. 3.26).

Ces solutions seront étudiées au chapitre 7 Maçonnerie d'accompagnement, paragraphe 1.2, page 434. Lorsque le mur de soutènement est exécuté en béton coulé en place, sa résistance mécanique conditionne le début des travaux de remblaiement. D'autre part, en aucun cas, le mur de soutènement ne doit faire barrage à la circulation d'eau interne. Pour y remédier, diverses mesures sont prises, telles que :

– drainer de manière efficace les terrains en amont du mur de soutènement ;

– placer en partie inférieure du mur de soutènement un drain horizontal relié à un exutoire visitable ;

– créer des barbacanes dans la paroi afin d'évacuer les eaux retenues accidentellement sur la face intérieure du mur.

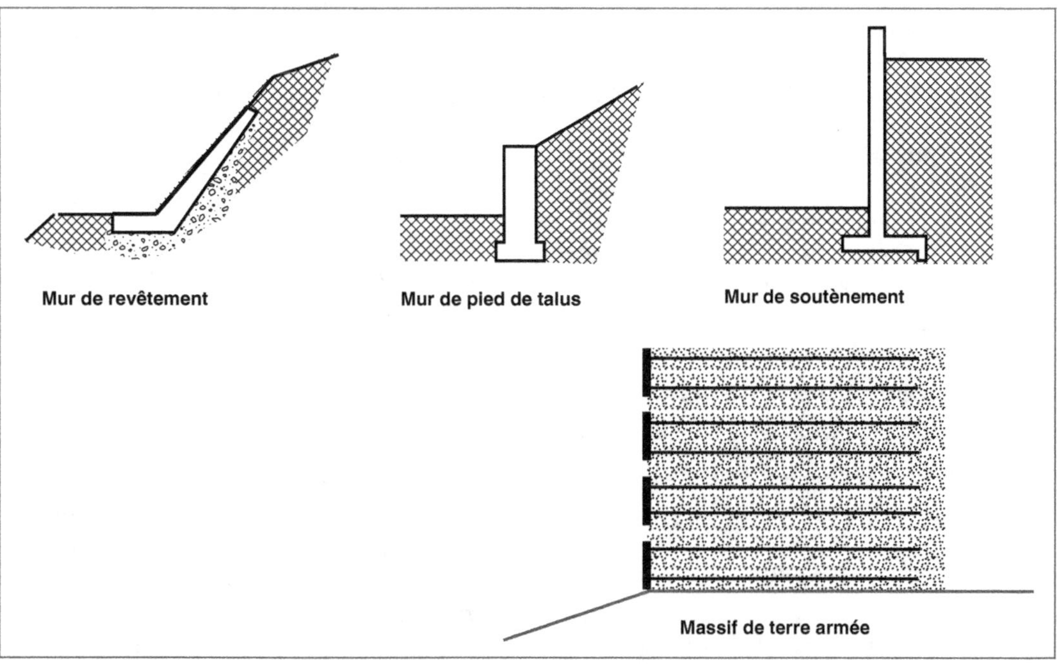

Fig. 3.26 • *Différents types d'arrêt de talus et de soutènement.*

6. Les engins de terrassement

Il existe une grande diversité d'engins de terrassement qui peuvent être polyvalents ou affectés à une tâche précise. Automoteurs ou tractables, ils sont montés sur roues et pneumatiques ou sur chenilles. À poste fixe ou mobile, certains peuvent remuer un cube de terre important alors que d'autres, de petites dimensions, interviennent sur des zones ponctuelles.

Ils reçoivent un équipement et des accessoires conçus en priorité pour les opérations qu'ils ont à exécuter, selon un cycle de travail qui leur est propre. Ils peuvent creuser, charger, transporter, épandre, niveler, compacter ou trancher, quelle que soit la nature du terrain : terreux, argileux, graveleux, rocheux ou de consistance équivalente.

C'est la raison pour laquelle l'analyse de la consistance des travaux est indispensable afin de retenir l'engin le plus apte à leur exécution.

Hormis les camions qui répondent à la réglementation routière, les engins sont amenés à pied d'œuvre à l'aide de remorques spéciales (photo 3.12). Il leur est interdit de circuler sur les routes, restriction qui s'applique en particulier aux engins sur chenilles et aux engins hors gabarit. Toutefois, il est admis que certains d'entre eux, de gabarit routier et montés sur pneumatiques, puissent effectuer des déplacements de courte distance sur route.

6.1. Les engins d'excavation

Les engins d'excavation permettent la réalisation des fouilles qu'elles soient en pleine masse, en tranchée ou en puits.

6.1.1. La pelle hydraulique

La pelle hydraulique est un engin automoteur, composé des éléments suivants (fig. 3.27, photo 3.13) :

Photo 3.12 • *Transport d'une pelle hydraulique à chenille sur remorque spéciale.*

- un châssis inférieur porteur monté sur roues ou sur chenilles ; dans le premier cas, il peut être équipé de patins stabilisateurs ;
- une couronne d'orientation ;
- une structure supérieure capable de pivoter à 360° autour d'un axe vertical, comprenant la cabine, le moteur et un contrepoids ;
- une flèche relevable prolongée par un bras recevant un équipement dont la fonction première est de creuser avec un godet, sans que la structure porteuse ne se déplace pendant le cycle de travail (photo 3.14). D'autres outils sont adaptables, tels que godet de curage des fossés, pinces preneuses, brise-roches, grappin etc.

Son cycle de travail est le suivant : creusement, soulèvement, rotation et déchargement sur place ou dans un engin de transport. Selon l'équipement qu'elle reçoit, la pelle hydraulique peut travailler de différentes manières (fig. 3.28).

- L'équipement rétro (flèche, bras et godet) taille en direction de la pelle. L'engin est sur la plate-forme supérieure, position la plus courante pour l'exécution d'excavation et de tranchées. Il peut terrasser en dessous du **plan de référence au sol** (PRS) (photo 3.15).

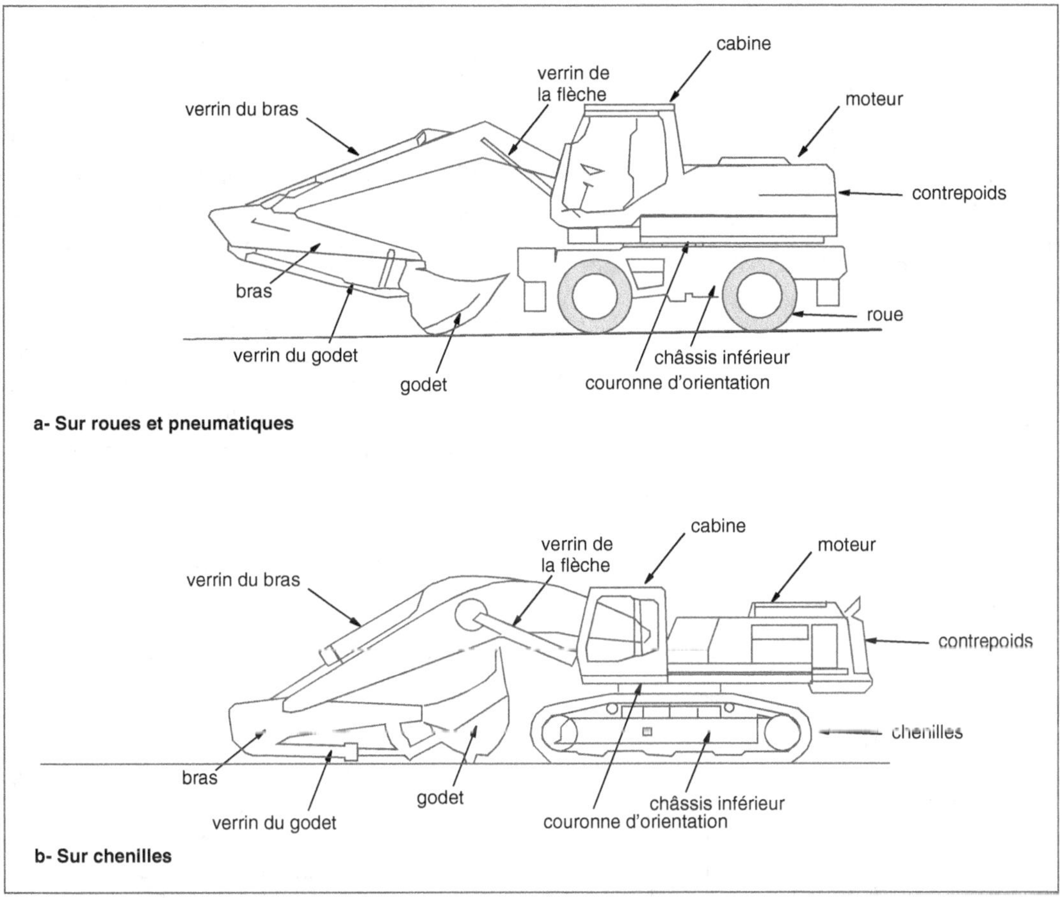

cabine
verrin de la flèche
verrin du bras
moteur
contrepoids
bras
roue
verrin du godet
châssis inférieur
couronne d'orientation
godet

a- Sur roues et pneumatiques

cabine
verrin de la flèche
verrin du bras
moteur
contrepoids
bras
chenilles
verrin du godet
godet
châssis inférieur
couronne d'orientation

b- Sur chenilles

Fig. 3.27 • *Pelle hydraulique (en position repos).*

Photo 3.13 • *Pelle hydraulique sur pneumatiques.*

Photo 3.14 • *Pelle hydraulique – Vérins actionnant les différentes parties de la flèche.*

● L'équipement en butte (flèche, bras et godet) tranche en direction opposée de la pelle, en général, vers le haut. L'engin se trouvant sur la plate-forme inférieure, il terrasse au-dessus du terrain, dans des sols relativement tendres, sables, graviers, roches altérées.

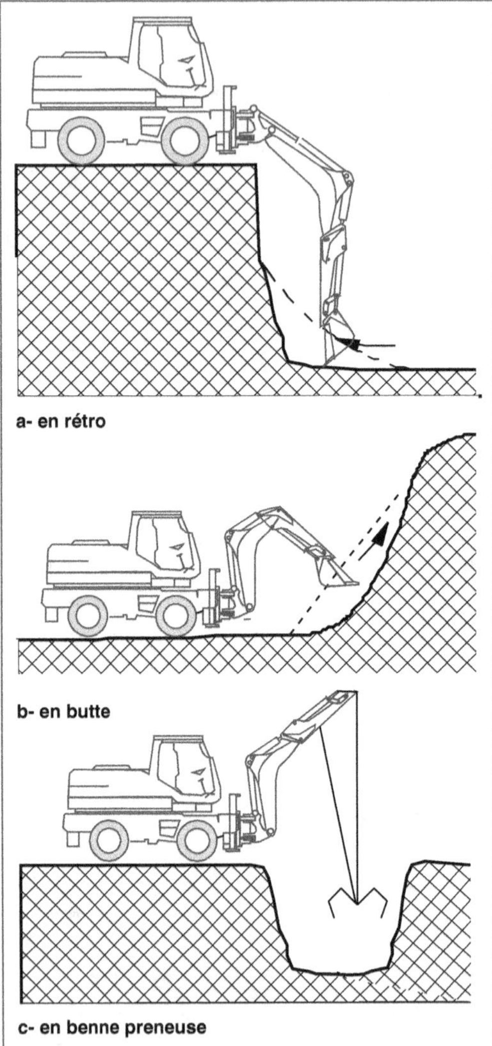

a- en rétro

b- en butte

c- en benne preneuse

Fig. 3.28 • *Travail d'une pelle mécanique.*

Photo 3.15 • *Pelle hydraulique en position de terrassement en rétro.*

- L'équipement en benne preneuse ou en pince (flèche, bras et pince) permet une excavation effectuée à la verticale de l'engin et un déchargement au-dessus ou au-dessous du plan de référence au sol (PRS). Il est utilisé pour l'exécution de fouilles en puits à des profondeurs plus ou moins grandes dans les terrains relativement tendres.

- L'équipement en dragline (flèche, câbles et godet) est employé pour les gros travaux de terrassement dans des terrains immergés. Le travail s'effectue par raclage du terrain au moyen d'un godet tiré par un câble.

Certains engins disposent d'une flèche télescopique qui peut se déployer et se replier suivant son axe. Cet appareillage permet un creusement plus ou moins éloigné dans la direction de l'engin, que ce soit au-dessus ou au-dessous du niveau du PRS.

Un grand éventail de modèles est disponible en fonction des dimensions, de la puissance, de la longueur de la flèche et des outils que l'engin peut recevoir (tab. 3.8). La pelle hydraulique est caractérisée par sa puissance, le volume du godet, la profondeur maximale d'excavation, la profondeur maximale à la verticale, ou celle qui correspond à un passage sur une longueur de 2,50 m (fig. 3.29). Le choix s'effectue donc selon ces critères. Montée sur roues, la pelle peut effectuer des déplacements de faibles distances sur route, en respectant la réglementation routière ; la flèche et le bras étant repliés.

6.1.2. La chargeuse-pelleteuse

Fréquemment appelée **tractopelle**, c'est un engin automoteur monté sur roues ou sur chenilles. Elle comporte un double équipement lui permettant de combiner deux fonctions (fig. 3.30, photo 3.16). À l'avant, elle est équipée d'un godet relevable comme une chargeuse, et à l'arrière, d'une pelle, montée en rétro, pour exécuter des excava-

PELLES HYDRAULIQUES SUR CHENILLES							
Marque	Type	L [1]	l [2]	H [3]	Pelle		
					Capacité du godet		Profondeur de fouille [4]
					minimale	maximale	
		m	m	m	l	l	m
Case Poclain	588	7,50	2,57	2,94	195	765	5,65
	988	9,10	2,75	3,05	430	1 100	6,65
	1 288	10,00	3,50	3,00	460	1 650	7,40
Caterpillar	307	6,32	2,28	2,26	190	350	4,64
	322	10,00	3,19	3,13	630	1 500	5,89
	330	11,11	3,19	3,57	–	2 100	8,88
Fiat-Hitachi	EX 60	6,12	2,30	2,57	130	350	4,64
	EX 215	9,37	2,80	2,92	520	1 310	7,16
	EX 355	10,98	3,00	3,67	720	1 800	8,16

CHARGEUSES-PELLETEUSES									
Marque	Type	L [1]	l [2]	H [3]	Chargeur		Pelle		
					Capacité du godet	Charge transportée	Capacité du godet	Rotation	Profondeur de fouille
		m	m	m	l	kg	l	°	m
Case	580	5,58	2,36	3,42	1 000	3 760	180	180	5,44
Caterpillar	428	5,70	2,40	3,57	1 030	–	200	180	4,00
Fiat-Hitachi	FT 100	5,72	2,43	3,81	880	3 300	238	180	6,11
J.C.B.	3CX	6,13	2,24	3,58	1 000	3 565	300	180	4,77

(1) : L = Longueur hors tout.
(2) : l = Largeur hors tout.
(3) : H = Hauteur hors tout avec cabine.
(4) : Profondeur de fouille = profondeur maximale de travail.

Tab. 3.8 • _Caractéristiques d'engins de terrassement – Pelles hydrauliques et chargeuses-pelleteuses._

tions. Les caractéristiques varient d'un modèle à l'autre (tab. 3.8). Elle est fréquemment employée pour la réalisation de tranchées.

Lorsque l'engin est utilisé côté pelle, il est immobile et maintenu à l'aide de stabilisateurs latéraux. Il travaille au-dessous du niveau du sol selon un cycle semblable à celui de la pelle hydraulique. Sa rotation est de l'ordre de 180°.

Lorsque l'engin est utilisé côté chargeuse, le godet se charge par un mouvement vers l'avant. Le cycle de travail comporte les phases suivantes : alimentation, soulèvement, transport, déchargement des matériaux.

6.1.3. La trancheuse

La trancheuse est un engin automoteur sur roues ou sur chenilles, muni d'un équipement relevable monté à l'avant ou à l'arrière, dont la fonction est de creuser une tranchée en continu à l'avancement. L'équipement est constitué de l'un des éléments suivants :

– une chaîne munie d'outils (dents, ergots, godets) pour creuser dans les terrains ayant une bonne cohésion ;

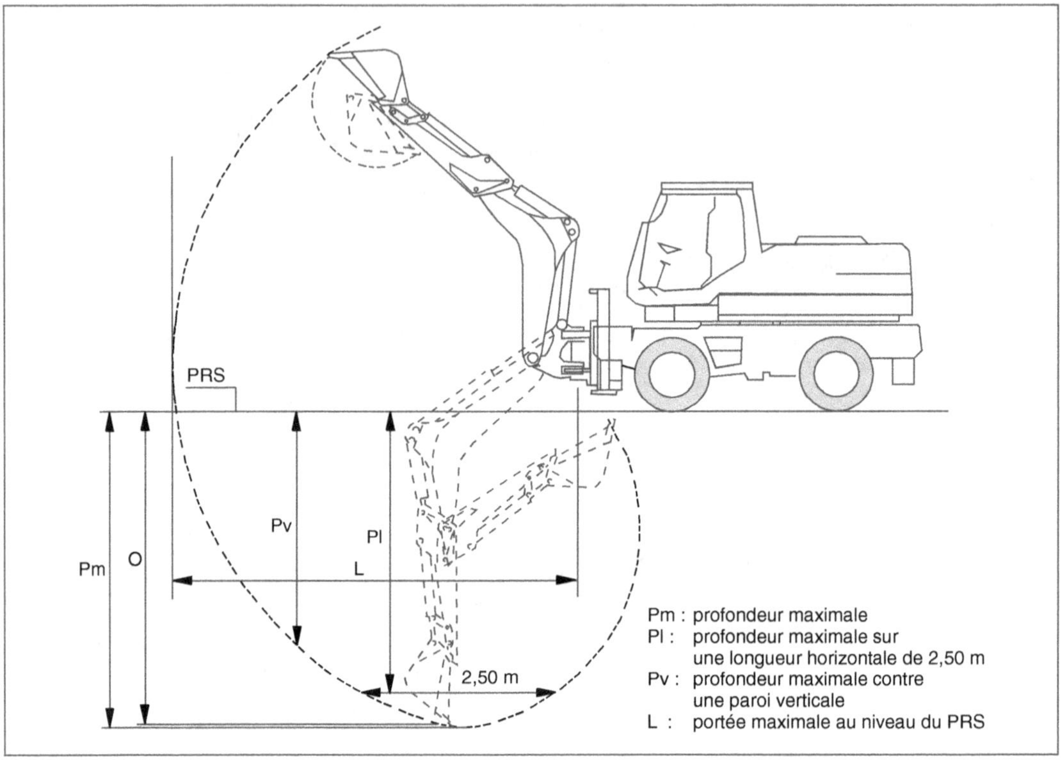

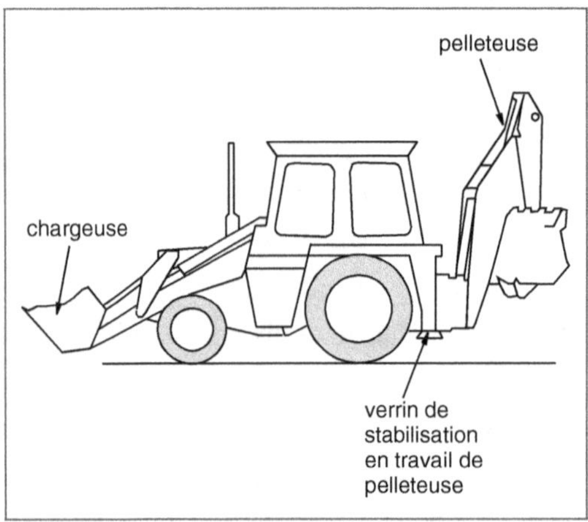

Fig. 3.29 • *Profondeur de travail d'une pelle hydraulique.*

Fig. 3.30 • *Chargeuse-pelleteuse.*

Photo 3.16 • *Chargeuse-pelleteuse ou tractopelle.*

– un disque tranchant pour découper les roches, les surfaces dures, les revêtements routiers ;

– une lame de bêche.

Le rejet des terres s'effectue latéralement, soit directement sur le côté de la tranchée soit à l'aide d'une goulotte adaptée sur l'appareil.

Utilisée pour creuser des tranchées de faible largeur et peu profonde, son cycle de travail comprend le creusement et l'évacuation des terres sur le côté. La commande est de type porté, l'opérateur étant sur l'engin, ou de type manuel, l'opérateur se déplaçant à côté de lui.

La trancheuse peut recevoir un équipement complémentaire, une pelleteuse ou une lame à l'avant lui permettant d'effectuer le remblaiement de la tranchée.

6.2. Les engins de nivellement

Lors des travaux de terrassement, pour créer des plates-formes ou des voiries, il est indispensable de décaper et de procéder au nivellement du fond de forme avant l'apport de remblais éventuels. Plusieurs engins peuvent effectuer ce travail.

6.2.1. Le tracteur à lame ou bouteur (bulldozer)

C'est un engin automoteur monté sur roues ou sur chenilles. À l'avant, il dispose d'une lame d'acier fixée perpendiculairement au sens de la marche ou orientable. Cette lame est droite ou légèrement incurvée, ce qui améliore son rendement. Sa fonction est d'assurer les travaux de défrichage, de décapage, de terrassement sur de faibles épaisseurs, de mise en tas, ainsi que de régalage et de nivellement des remblais, en poussant les terres ou les différents matériaux par un mouvement de l'engin vers l'avant (fig. 3.31 et photo 3.17).

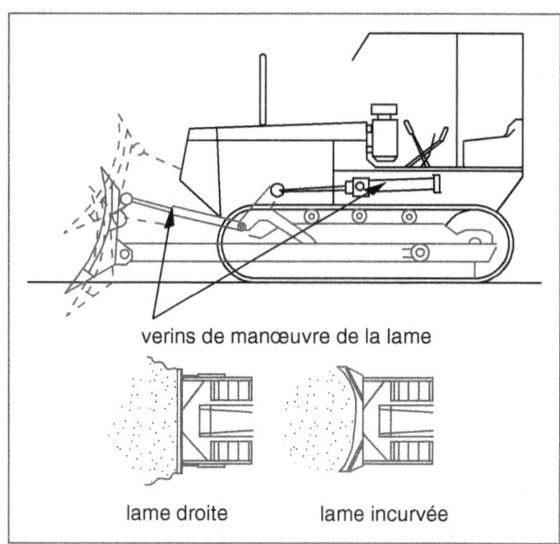

Fig. 3.31 • *Bouteur sur chenille.*

Les principales caractéristiques de la lame portent (fig. 3.32) :

- sur sa largeur et sa hauteur ;
- la hauteur de levage par rapport au PRS ;
- l'angle d'attaque par rapport à la verticale ;
- la profondeur de coupe ;
- la hauteur d'inclinaison ;
- l'angle de biais maximal et la largeur de travail correspondent à la position de la lame en angle maximal.

L'inclinaison et l'angle d'attaque de la lame sont commandés par un système hydraulique (photo 3.18).

Photo 3.17 • *Tracteur à lame ou bouteur* (bulldozer).

Photo 3.18 • *Tracteur à lame ou bouteur – Vérins actionnant sur la lame.*

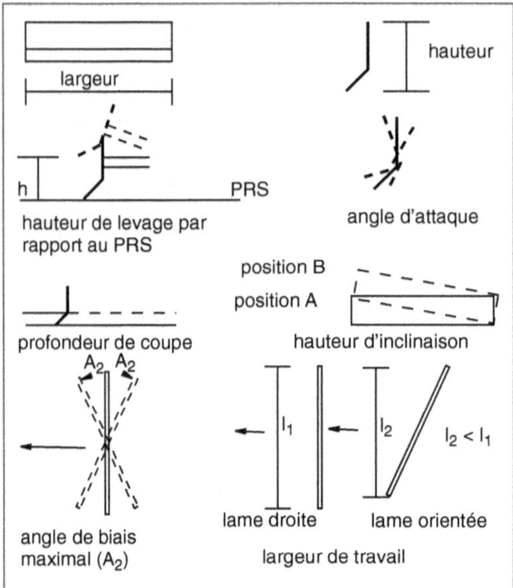

Fig. 3.32 • *Caractéristiques de la lame d'un bouteur.*

Équipé d'une lame dont l'angle d'orientation est de grande amplitude par rapport à l'axe de marche (angledozer), le bouteur est plus particulièrement adapté aux déplacements latéraux des terres, tel que le réglage en haut et en pied des talus (fig. 3.33).

Le cycle de travail regroupe une série de marches en avant et en arrière afin de rassembler les matériaux et les apporter aux endroits déterminés.

Ces engins peuvent recevoir divers équipements à l'arrière tels que treuils, barres d'attelage orientables ou défonceuses (*rippers*) qui servent à désagréger les terrains durs et compacts, ainsi que les roches altérées (photo 3.19). Les défonceuses sont constituées d'une ou plusieurs dents montées sur un cadre articulé selon l'une des dispositions suivantes :

– de type radial, l'angle d'attaque de la pointe de la dent varie suivant le changement de profondeur du creusement ;

– de type parallélogramme, l'angle d'attaque de la pointe de la dent est constant, sans tenir compte des variations de profondeur ;

– de type variable, l'angle de creusement de la pointe de la dent au sol est variable, il peut être modifié par le conducteur ;

– de type à percussion, l'engin exerce une force complémentaire par l'action de chocs, grâce à un système hydraulique de battage.

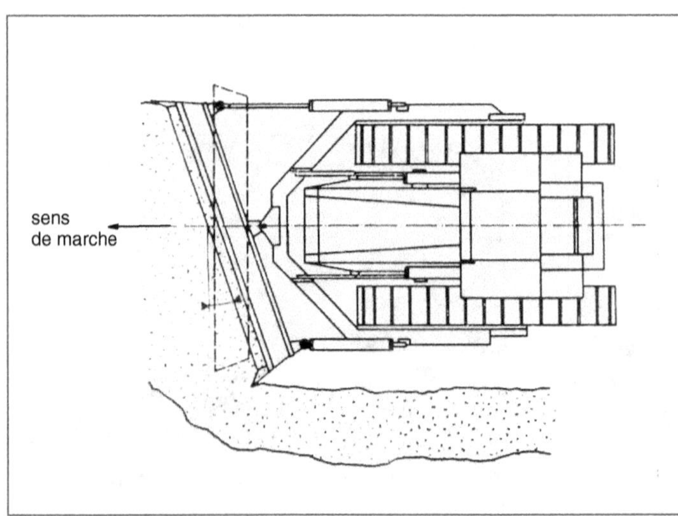

Fig. 3.33 • *Travail d'un bouteur à lame orientable en fonction du sens de marche.*

Photo 3.19 • _Défonceuse équipant un tracteur à lame._

6.2.2. La _décapeuse (scraper)_

La décapeuse est un engin tracté ou automoteur monté sur roues, à deux ou trois essieux, dont le châssis est rigide ou articulé. Elle est constituée d'une benne ouverte surbaissée, située entre les essieux avant et arrière, équipée d'une porte inférieure à bord tranchant. En une seule phase, elle arase le sol meuble par raclage, transporte les terres sur une distance de l'ordre de 400 à 500 m, puis les décharge et les répand sur la zone de dépôt (fig. 3.34 et photo 3.20). La profondeur de coupe est assez faible. Le chargement et le déchargement s'effectuent par le mouvement de l'engin vers l'avant. Il peut être complété par un mécanisme élévateur fixé sur le corps de la benne.

Son cycle de travail est le suivant : arasement, chargement, transport, déchargement et épandage des matériaux.

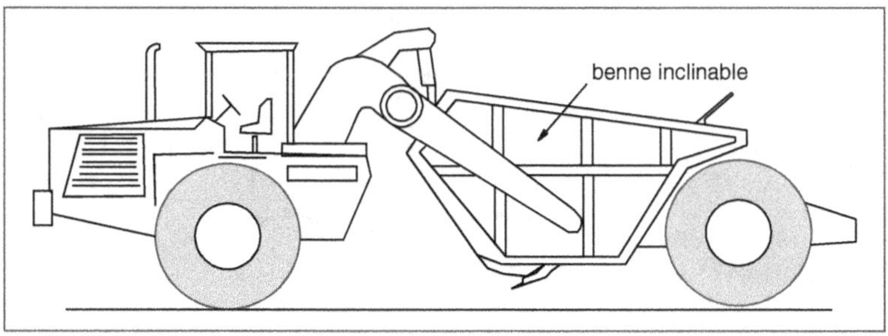

Fig. 3.34 • _Décapeuse automotrice._

Photo 3.20 • _Décapeuse (scraper)._

6.2.3. La _niveleuse (grader)_

La niveleuse est un engin automoteur sur roues, à châssis rigide ou articulé, qui dispose d'une lame d'acier de profil incurvé placée entre les essieux avant et arrière. Cette lame est orientable par rapport au sens de la marche ; son inclinaison étant variable. Utilisée pour excaver sur de faibles épaisseurs, elle arase, déplace et répand ou nivelle les terres afin de profiler la surface (fig. 3.35 et photo 3.21).

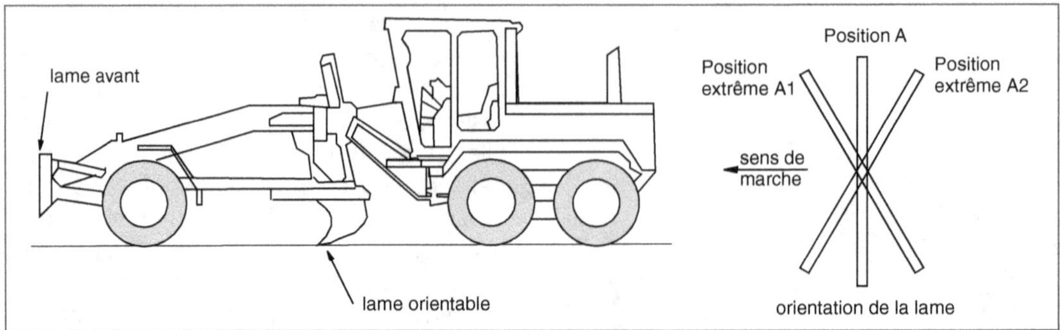

Fig. 3.35 • *Niveleuse automotrice équipée d'une lame avant.*

Photo 3.21 • *Niveleuse – lame orientable.*

Son cycle de travail comprend les phases suivantes : mise en position, abaissement de la lame, nivellement, régalage des terres puis relèvement de la lame.

Elle peut également être équipée des pièces suivantes :

- une lame incurvée à l'avant située devant les roues afin de racler et pousser les matériaux vers l'avant ;
- un scarificateur monté à l'avant ou à l'arrière, possédant des dents qui pénètrent à de faibles profondeurs dans certains sols afin de les ameublir ;
- une défonceuse, montée à l'arrière, formée d'un cadre équipé de dents pour défoncer le terrain.

6.3. Les engins de chargement

L'opération de chargement s'effectue soit directement lors de l'exécution des fouilles,

soit par reprise de terres stockées sur le terrain, selon l'importance des travaux et l'organisation du chantier.

6.3.1. La pelle hydraulique ou la chargeuse-pelleteuse

Elle effectue en une même phase l'opération de creusement et de chargement dans les camions. Pour ne pas ralentir le travail de la pelle, il convient de disposer d'un nombre suffisant de véhicules, chargés au fur et à mesure de l'avancement.

6.3.2. La chargeuse

La chargeuse est un engin automoteur sur roues ou sur chenilles équipé à l'avant d'un godet relevable et basculable sous l'action de vérins hydrauliques (fig. 3.36). La capacité courante s'échelonne de 0,750 à 3 m^3 (tab. 3.9).

Travaillant en fond de fouille ou en pied de talus, son cycle de travail comprend les phases suivantes : remplissage du godet, levage, transport sur de courtes distances et déchargement des matériaux dans des engins de transport ou sur des aires de stockage. Elle est fréquemment utilisée pour la reprise des terres et le chargement des camions (fig. 3.37 et photo 3.22).

La chargeuse peut recevoir des équipements complémentaires :

- une pelle rétro montée à l'arrière pour excaver en dessous du PRS ;

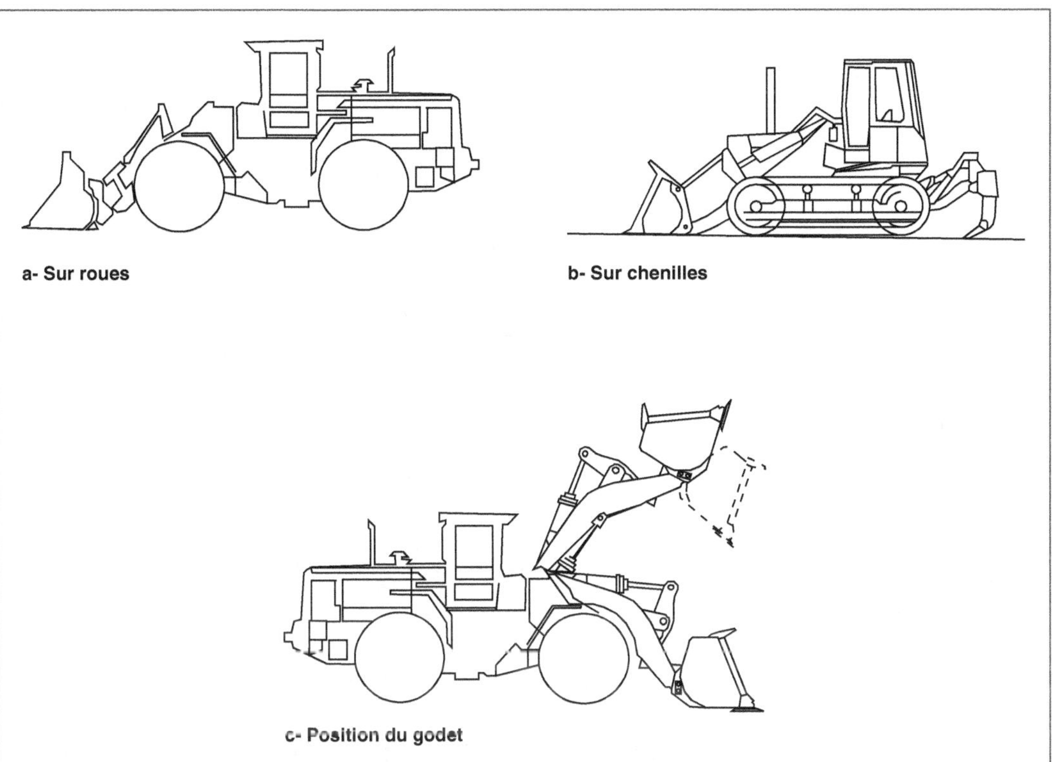

Fig. 3.36 • _Chargeuse._

CHARGEUSES SUR PNEUMATIQUES							
Marque	**Type**	**L** [1]	**l** [2]	**H** [3]	**Chargeur**		
					Capacité	Largeur	**h** [4]
		m	m	m	l	m	m
Case	621	7,00	2,41	3,25	1 900	2,50	2,69
	821	7,80	2,69	3,33	3 000	2,40	2,75
Caterpillar	914	6,36	2,25	3,10	1 300	2,42	2,67
	962	8,35	2,75	3,37	3 300	2,99	2,92
Fiat-Hitachi	W 80	5,45	2,00	2,75	1 100	2,10	2,66
	W 170	7,72	2,49	3,30	2 700	2,75	2,70
J.C.B.	407	4,96	1,69	2,59	700	1,75	2,47
	426	6,54	2,40	3,15	2 000	2,50	2,63

(1) : L = Longueur hors tout.

(2) : l = Largeur hors tout.

(3) : H = Hauteur hors tout avec cabine.

(4) : h = Hauteur de déverse maximale, le godet basculant à 45° pour un vidage complet.

Tab. 3.9 • _Caractéristiques d'engins de terrassement – Chargeuses sur pneumatiques._

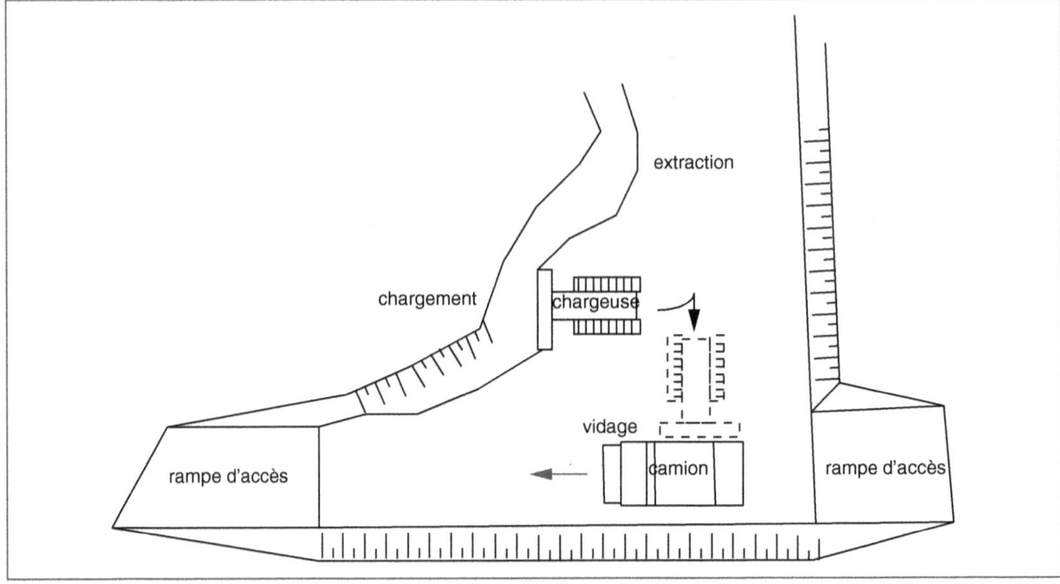

Fig. 3.37 • *Travail d'une chargeuse.*

Photo 3.22 • *Chargeuse sur chenille.*

– un scarificateur, monté à l'arrière, afin d'ameublir le sol.

6.4. Les engins de transport

Les engins de transport regroupent deux grandes catégories de matériels :
– les camions qui respectent la réglementation routière et peuvent se déplacer sur les routes ;
– les tombereaux utilisés uniquement dans l'enceinte du chantier.

Le choix s'effectue en fonction de plusieurs paramètres :
– l'importance des mouvements de terre ;
– la localisation des travaux, en centre ville ou sur des chantiers importants de terrassement ;
– la possibilité de rotation des engins ;
– la distance à parcourir entre les points de chargement et de mise en dépôt.

6.4.1. Le camion ou la semi-remorque à benne

Selon la contenance de la semi-remorque (de 10 à 30 m^3) elle permet le transport sur des moyennes ou des grandes distances. Le vidage s'effectue par l'action d'un vérin qui fait basculer la benne latéralement ou vers l'arrière. La gamme des camions est très importante et s'adapte à tous les besoins des chantiers.

6.4.2. Le camion multibenne

Le camion multibenne offre l'avantage de laisser à demeure une benne, et de venir la reprendre une fois remplie. Il trouve son utilité lorsque la cubature est peu importante ou l'engin de creusement est à faible débit.

Le cycle de travail est le suivant : mise à disposition d'une benne vide, remplissage, apport d'une nouvelle benne vide et reprise de celle pleine, transport et vidage au point de dépôt (fig. 3.38).

6.4.3. Le tombereau

Le tombereau est un engin automoteur à roues possédant une benne ouverte qui transporte, déverse et répand sommairement les matériaux.

Son cycle de travail comprend le chargement assuré par des moyens extérieurs au tombereau, le transport et le déchargement.

Il existe différents types de tombereaux, caractérisés par les paramètres suivants :
- la morphologie : châssis rigide ou articulé (fig. 3.39, photo 3.23) ;
- le système de direction selon qu'il s'agit d'un châssis fixe ou d'un châssis articulé ;

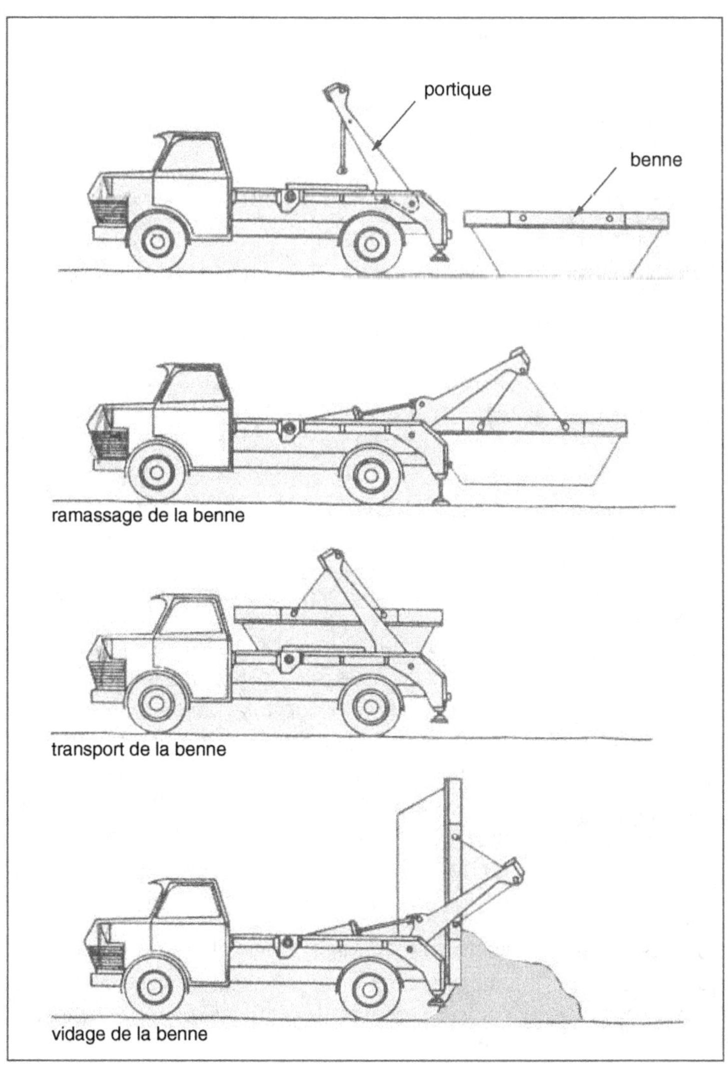

Fig. 3.38 • *Camion multibenne.*

Fig. 3.39 • *Tombereau automoteur à déchargement par l'arrière.*

Photo 3.23 • *Tombereau articulé.*

ce qui a une influence non négligeable sur le rayon de braquage et le rayon de dégagement hors tout ;

– le nombre d'essieux : deux, trois essieux ou plus ;

– le système de transmission comportant soit des roues motrices arrières, soit toutes les roues motrices, soit une transmission sur l'essieu central ;

– le mode de déchargement : soit par l'arrière dans une direction parallèle à l'axe longitudinal de l'engin, soit latéralement dans une direction perpendiculaire à l'axe de marche, soit enfin par le fond lors du déplacement de l'engin.

– Dans les deux premiers cas, le soulèvement de la benne et l'ouverture des portes sont assurés hydrauliquement. Le déchargement par l'arrière peut exiger une hauteur libre importante.

La capacité du tombereau est adaptée à sa morphologie. De l'ordre de 15 à 30 m^3, voire beaucoup plus, elle est calculée selon l'une des deux hypothèses suivantes (fig. 3.40) :

– le volume ras ne dépasse pas le bord de la benne ;

– le volume dépasse, et les matériaux forment un dôme stabilisé au-dessus des rives de la benne.

6.4.4. Le motobasculeur

Le motobasculeur est un tombereau à châssis rigide ou articulé, de petites dimensions ; le conducteur étant assis sur l'engin (fig. 3.41). Le vidage de la benne s'effectue par basculement vers l'avant ou latéralement.

6.5. Les engins de compactage

Les compacteurs sont des engins automoteurs tractés ou portés destinés au compactage des matériaux, de manière à en augmenter la densité. Le compactage s'opère par une action de roulage complétée, éventuellement, par un dispositif de mise en vibration. Il agit sur des matériaux divers comme la roche broyée, le gravier, le terrain plus ou moins argileux, le béton bitumineux.

Ils forment une gamme très diversifiée de matériels et sont classés en huit groupes selon la norme NF P 98-736 – *Matériel de construction et d'entretien des routes –*

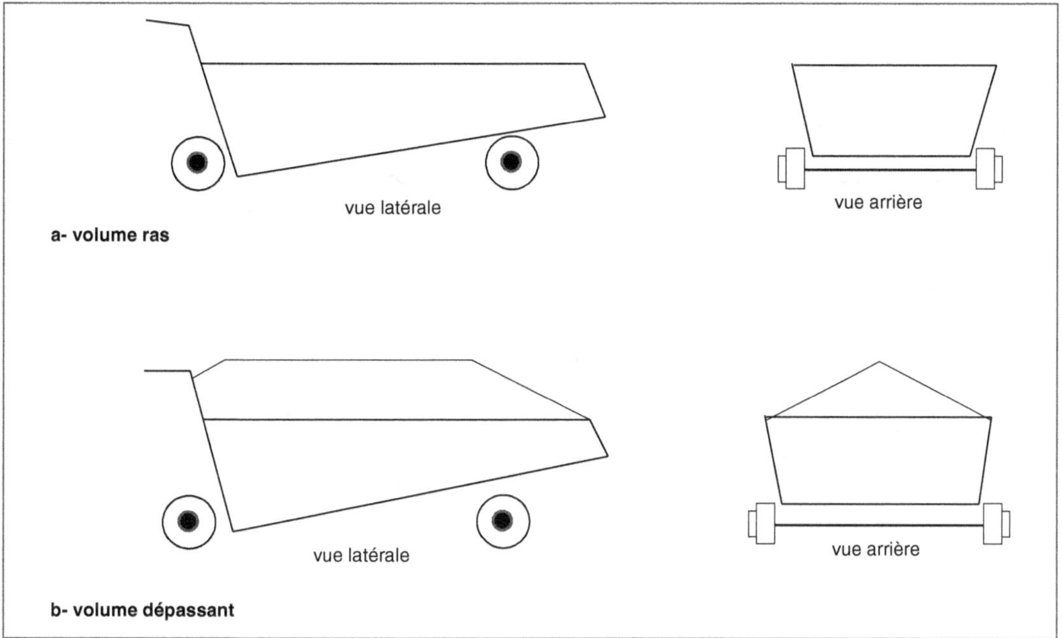

Fig. 3.40 • *Capacité d'un tombereau.*

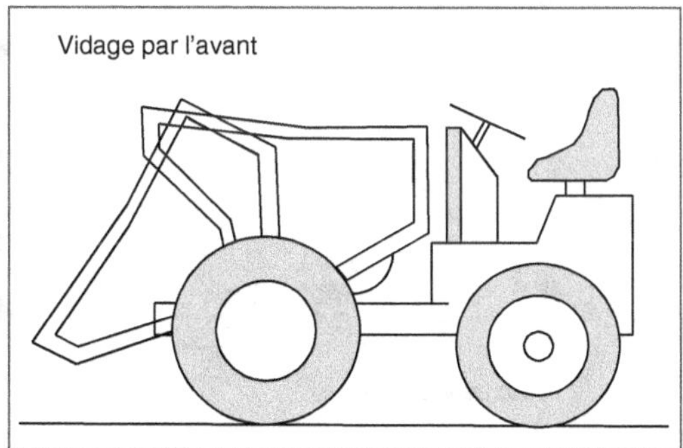

Fig. 3.41 • *Motobasculeur.*

Compacteurs – Classification (fig. 3.42, photo 3.24) :

- groupe 1 : les compacteurs statiques, monocylindres ou bicylindres à bandage lisse ou non lisse (à pieds) ;
- groupe 2 : les compacteurs à pneumatiques lisses à deux essieux ;
- groupe 3 : les compacteurs à un ou deux cylindres vibrants à bandage lisse, dont la longueur de la génératrice (L) est supérieure à 1,30 m ;
- groupe 4 : les compacteurs mixtes, à un cylindre vibrant à bandage lisse et à un train de pneumatiques à trois roues (ou plus) de largeur comparable à celle du cylindre ;
- groupe 5 : les compacteurs à un ou deux cylindres vibrants à bandage non lisse (compacteurs vibrants à pieds), dont la longueur de la génératrice (L) est supérieure à 1,30 m ;
- groupe 6 : les compacteurs à un ou deux cylindres vibrants à bandage lisse ou non lisse, dont la longueur de la génératrice (L) est inférieure à 1,30 m ; les monocylindres et les tandems à un ou à deux cylindres vibrants entrent dans ce groupe ;
- groupe 7 : les pilonneuses à percussion ou à vibration, selon que la longueur de la course de la semelle est inférieure ou supérieure à 10 cm et la fréquence supérieure ou inférieure à 10 Hz ;
- groupe 8 : les plaques vibrantes à simple ou à double sens de marche.

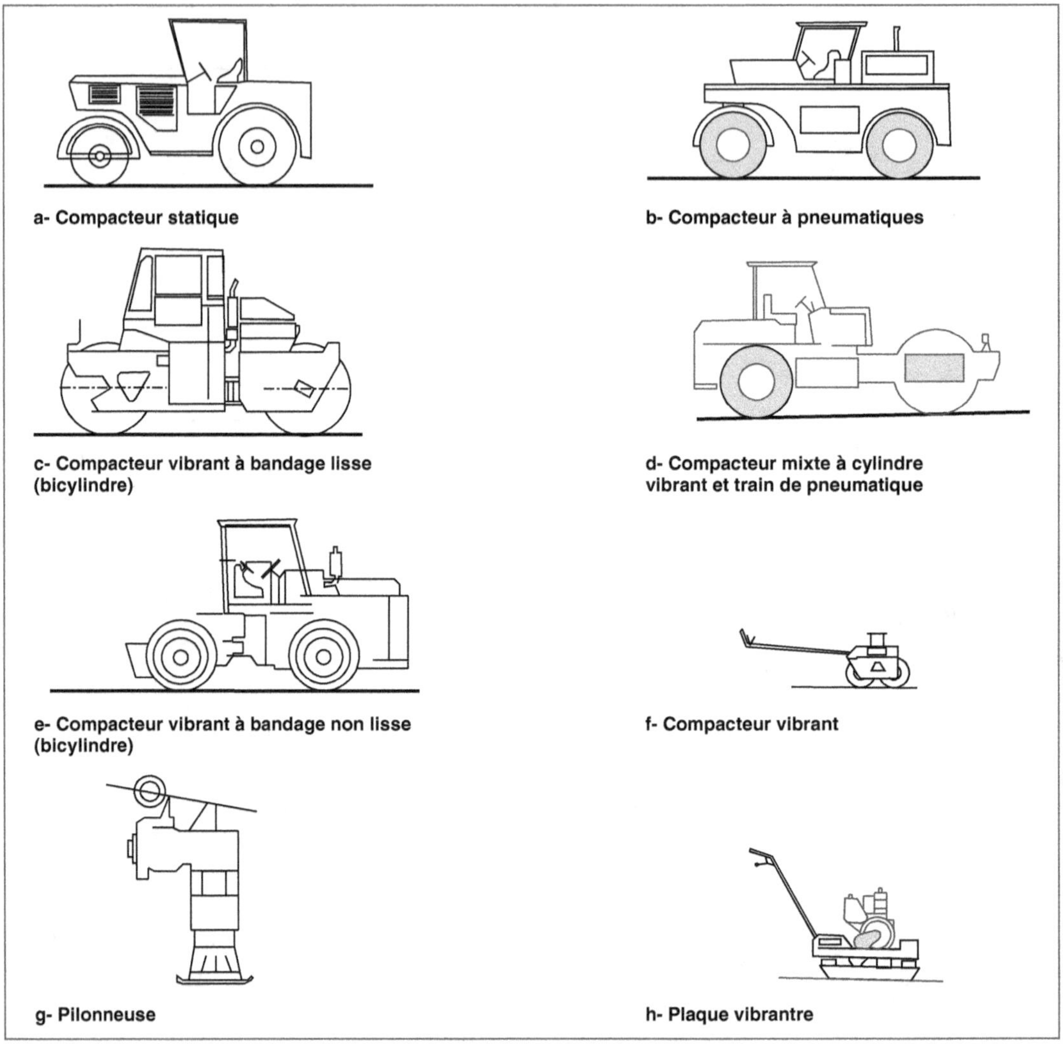

a- Compacteur statique

b- Compacteur à pneumatiques

**c- Compacteur vibrant à bandage lisse
(bicylindre)**

**d- Compacteur mixte à cylindre
vibrant et train de pneumatique**

**e- Compacteur vibrant à bandage non lisse
(bicylindre)**

f- Compacteur vibrant

g- Pilonneuse

h- Plaque vibrante

Fig. 3.42 • *Classification des compacteurs.*

Photo 3.24 • *Compacteur à pneumatiques lisses tractant un compacteur monocylindre vibrant.*

Photo 3.25 • *Compacteur monocylindre vibrant à bandage lisse, à châssis rigide.*

Les compacteurs à cylindre (statique ou vibrant) sont de type monocylindre (photo 3.25), bicylindre (tandem) ou tricycle à châssis rigide ou articulé (fig. 3.43).

En fonction de leur puissance et de leur masse, le mode de propulsion peut être automoteur, tracté, porté ou manuel. Selon le modèle, le changement de direction s'effectue différemment :

– par l'articulation du châssis ;

– par le pivotement des roues ou du cylindre ;

– par la variation de la vitesse des roues ;

– au moyen d'une combinaison excentrique ;

– par le guidage manuel.

Ce dernier est réservé aux compacteurs de petites dimensions, monocylindre ou tandem ainsi qu'aux pilonneuses et aux plaques vibrantes, c'est-à-dire aux engins utilisés sur de petites surfaces ou pour le remblaiement des tranchées.

D'autres indications ont également leur importance, telles que :

– la masse opérationnelle ou la masse vibrante exprimée en kg ;

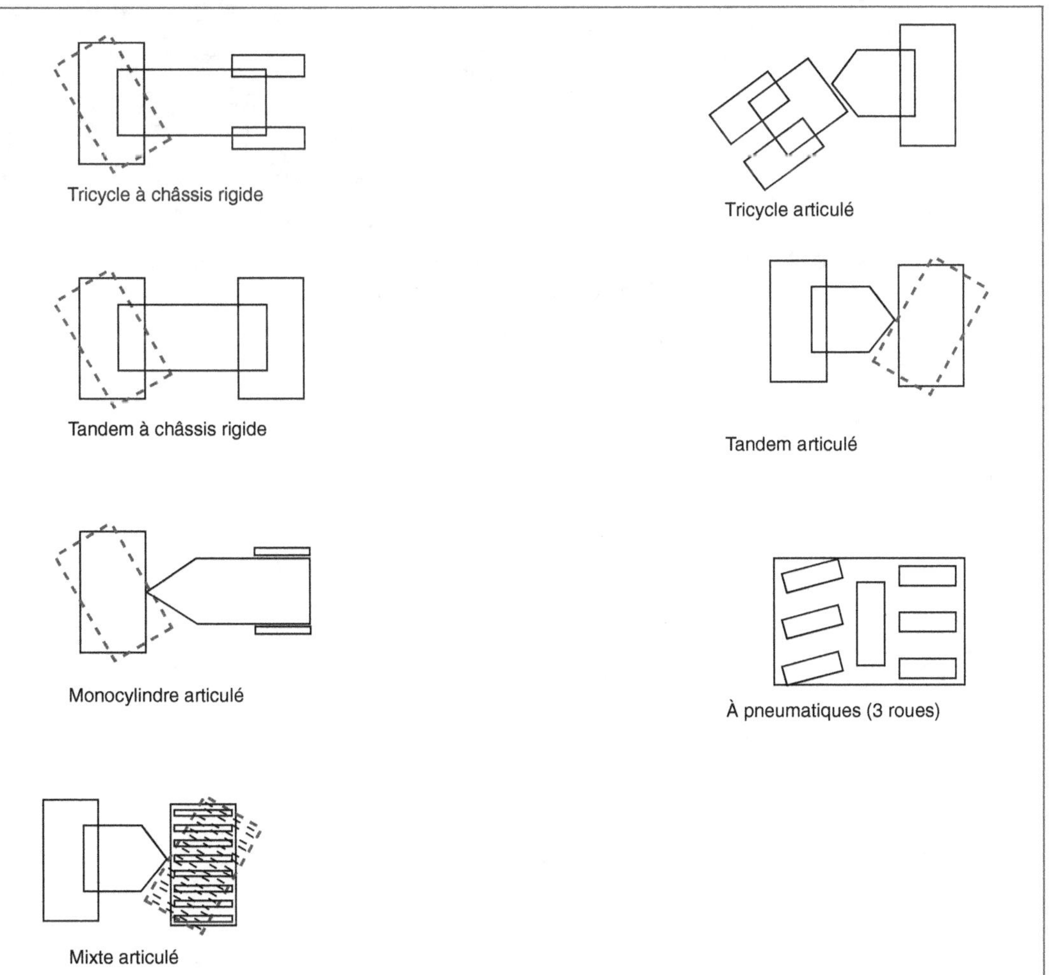

Fig. 3.43 • _Types de compacteurs à cylindre et pneumatiques._

- la masse linéique sur la génératrice en kg/cm ou la charge par roue en kN ;
- la pression au sol ;
- la largeur et le diamètre des cylindres ou de l'essieu et des roues.

Pour le compactage courant, les engins les plus efficaces sont les compacteurs bicylindres vibrants à bandage lisse, dont l'action se manifeste sur une profondeur de l'ordre de 0,40 m à 0,60 m selon la masse de l'engin. Les compacteurs à pneumatiques conviennent pour tous les remblais ainsi que les compacteurs mixtes qui combinent l'action des pneumatiques et du cylindre vibrant. En revanche, les engins, vibrants ou non, à bandage non lisse (rouleau à pieds de mouton) sont surtout réservés au compactage des terrains plus ou moins argileux et humides.

6.6. Les mini-engins

Les mini-engins sont des appareils de dimensions réduites, réservés aux interventions localisées sur des espaces inaccessibles aux engins courants : rue étroite, passage couvert, sous-sol, etc. Sont utilisés, entre autres, des minipelles, des minitractopelles, des minichargeuses (photo 3.26) ou des minibouteurs, montés sur chenilles ou sur pneus. La minichargeuse a une masse en fonctionnement inférieure à 4 500 kg. Conçue pour opérer dans des espaces exigus, elle est caractérisée par une grande maniabilité. Il en est de même pour les minipelles (tab. 3.10).

Photo 3.26 • *Minichargeuse Caterpillar – hauteur 1,80 m.*

MINICHARGEUSES SUR PNEUMATIQUES						
Marque	Type	L [1]	l [2]	H [3]	Chargeur	
					Capacité du godet	Largeur du godet
		m	m	m	l	m
Bobcat	453	2,46	0,90	1,81	160	0,91
	753	3,10	1,37	1,93	280	1,40
Case	1 825	2,77	1,00	1,83	180	1,12
	1 840	3,18	1,37	1,98	330	1,60

MINIPELLES HYDRAULIQUES								
Marque	Type	L [1]	l [2]	H [3]	Pelle			
					Capacité du godet		Largeur du godet	Profondeur de fouille [4]
					minimale	maximale		
		m	m	m	l	l	m	m
PEL-JOB	Sirius	3,41	0,98	2,11	14	53	0,40	2,00
	EB 200	3,78	1,20	2,27	28	77	0,50	2,60
Yanmar	B 15	3,68	1,00	2,26	–	–	0,30	2,10
Caterpillar	301,5	3,69	0,98	2,19	18	56	–	2,13
	302,5	4,52	1,45	2,30	–	–	–	1,70
Hitachi	FH 15-2	3,63	1,00	2,28	24	52	0,47	2,37
	FH 30-2	4,68	1,52	2,44	46	110	0,56	3,18

(1) : Longueur hors tout.

(2) : Largeur hors tout.

(3) : Hauteur hors tout avec cabine.

(4) : Profondeur de fouille = profondeur maximale de travail.

Tab. 3.10 • _Caractéristiques de mini-engins de terrassement._

CHAPITRE 4

LES TRAVAUX DE VOIRIE

La voirie a pour objectif la desserte de zones urbaines, rurales, industrielles ou commerciales. Elle doit être étudiée de manière à remplir pleinement ce rôle. Le tracé, les caractéristiques dimensionnelles et la qualité de ses constituants sont déterminés en conséquence, tout en garantissant la sécurité à tous les utilisateurs.

La voirie participe également à l'aménagement des ensembles urbanisés ; elle contribue à améliorer l'aspect du paysage, qu'il soit urbain ou rural.

1. La définition des travaux de voirie

Les travaux de voirie portent sur l'ensemble des ouvrages réservés à la circulation de tous les véhicules (voitures, poids lourds, transports en commun), des deux roues et des piétons, ainsi que sur les aires de stationnement. La voirie peut être soumise à deux statuts distincts :

- la voirie publique est constituée des voies réalisées et entretenues par l'État ou les collectivités locales ;
- la voirie privée comprend les voies réalisées et entretenues par des organismes privés ou des particuliers.

Sous réserve de répondre aux caractéristiques de la voirie publique, et dans certaines conditions, une voie réalisée sur le domaine privé peut être prise en charge et entretenue par les collectivités locales. Cela implique que les réseaux situés sous son emprise soient exécutés conformément aux cahiers des charges de l'administration et en liaison avec les services techniques locaux et les services concédés.

2. Le classement des voies

Les voies sont classées selon trois critères : le trafic qu'elles reçoivent, l'étendue des zones desservies et la typologie.

2.1. Le trafic

Le trafic a une influence directe sur le dimensionnement de la chaussée et de sa fondation. Il est caractérisé par sa nature et son importance. Par convention, il est admis que le trafic moyen journalier annuel (MJA) est déterminé par l'équivalence à un nombre de poids lourds. Administrativement, les poids lourds sont définis de la manière suivante.

- En France, sont considérés comme poids lourds tous les véhicules dont le poids total autorisé en charge (PTAC) est supérieur à 35 kN.

- Dans la Communauté européenne, les poids lourds correspondent à tous les véhicules de charge utile (CU) supérieure à 50 kN.

En retenant comme critère les poids lourds de charge utile supérieure à 50 kN, le trafic est regroupé en sept classes qui s'échelonnent de T0 à T6 (tab. 4.1). Certaines d'entre elles sont divisées en deux sous-classes. À chaque extrémité du classement, existe une classification hors classe correspondant, d'une part, aux voies qui n'admettent aucune circulation (pistes cyclables, voies piétonnes, terrasses, etc.) et, d'autre part, aux aires recevant des véhicules spécifiques (couloir d'autobus, voies de sécurité incendie, etc.).

Connaissant le nombre total de véhicules admis quelle que soit leur nature, un coefficient de conversion K permet de déterminer la classe de trafic correspondante (tab. 4.2).

Cette étude porte plus particulièrement sur les voies qui reçoivent moins de cent cinquante poids lourds par jour, c'est-à-dire au plus de classe T3$^+$.

Fréquemment, les voies à trafic faible ou moyen sont de type mixte, sur lesquelles se côtoient tous les usagers : véhicules, cyclistes et piétons. Les véhicules qui peuvent emprunter la voirie sont les suivants :

- les poids lourds ;
- les autobus ;
- les voitures légères ;
- les engins de secours ;
- les motos.

Dans les lotissements et les groupes d'habitation, les poids lourds n'utilisent qu'occasionnellement la voirie intérieure (camions de livraison ou de déménage-

CLASSE DE TRAFIC	NOMBRE DE POIDS LOURDS [1]	NOMBRE TOTAL DE VÉHICULES LÉGERS [2]	EXEMPLES
Hors classe	0	0	Zones piétonnes et voies cyclables sans possibilité de circulation ou de stationnement de véhicules
T6⁻	0 à 5	0 à 100	Voies desservant de petits lotissements de villas, antennes Voiries urbaines réservées aux piétons
T6⁺	5 à 10	100 à 200	Voies desservant des lotissements, des zones tertiaires Voiries urbaines réservées aux piétons avec accès de véhicules
T5	10 à 25	200 à 500	Voies desservant des lotissements importants, des zones tertiaires Voiries urbaines réservées aux piétons avec accès de véhicules
T4	25 à 50	500 à 750	Voies desservant des lotissements industriels, voiries urbaines
T3⁻	50 à 100	750 à 1 000	Voiries urbaines ou routes
T3⁺	100 à 150	1 000 à 1 500	Voiries urbaines ou routes
T2	150 à 300	1 500 à 3 000	Voiries principales, routes
T1	300 à 750	3 000 à 7 500	Routes principales et autoroutes
T0	750 à 2 000	7 500 à 20 000	Routes principales et autoroutes
Hors classe			Sols industriels, couloirs réservés aux autobus

(1) : Nombre de poids lourds de charge utile supérieure à 50 kN, par jour et par sens.

(2) : Nombre total de véhicules légers par jour.

Tab. 4.1 • _Les différentes classes et sous-classes de trafic._

NATURE DU TRAFIC MJA [1]	NOMBRE TOTAL	COEFFICIENT K
Essieux supérieurs à 90 kN	–	1
Poids lourds de charge utile supérieure à 50 kN	–	1
Poids lourds de charge totale autorisée supérieure à 35 kN	–	0,80
Véhicules légers	1 000 < n 500 < n < 1 000 n < 500	0,10 0,07 0,05

(1) : MJA est le trafic moyen journalier annuel dans chaque sens de circulation.

Tab. 4.2 • _Coefficient de correction K selon la nature du trafic._

ment). Des voies spécifiques, destinées à une catégorie d'utilisateurs, peuvent également être réalisées : pistes cyclables, chemins piétonniers, voies réservées aux engins de secours.

2.2. L'étendue et la nature de la zone desservie

La voirie est plus ou moins importante selon les espaces qu'elle dessert. Il en résulte une hiérarchisation des voies qui sont dimensionnées en conséquence.

Les voies de communication relient plusieurs zones entre elles. Leur dimensionnement est en relation directe avec l'importance du trafic induit.

Les voies intérieures sont empruntées par les véhicules dans l'emprise d'un secteur parfaitement délimité, qu'il soit réservé à l'habitation, au commerce ou à l'industrie. En principe, elles donnent accès à tous les tènements qui les bordent. Leurs caractéristiques varient selon la nature de la circulation qui doit les emprunter :

– véhicules légers dans un groupe d'habitation ;

– véhicules lourds dans une zone industrielle.

L'aménagement est complété par la réalisation de placettes et de parcs de stationnement. Certaines voies peuvent inclure une ou deux bandes de stationnement pour les voitures.

Exemple :

Dans une zone à aménager, la hiérarchisation des voies peut être définie comme suit (fig. 4.1) :
– les voies d'accès qui sont raccordées sur la voirie extérieure et permettent de pénétrer dans le secteur concerné ;
– les voies principales qui assurent la circulation à l'intérieur de la zone ;
– les voies secondaires qui desservent les différents quartiers ;
– les voies ou antennes de desserte, selon qu'elles forment une boucle ou sont en impasse, permettant d'accéder aux différents lots ; le trafic automobile y est faible et à vitesse réduite ;
– les aires de stationnement ;
– les aires de retournement positionnées en extrémité des voies en impasse (fig. 4.2) ;
– les placettes (fig. 4.3) ;
– les voies engins, qui sont réservées aux interventions de première urgence (véhicules

des pompiers). Elles doivent être dégagées en permanence ;
– les voies et les chemins piétonniers ;
– les pistes cyclables ;
– les voies mixtes qui sont empruntées indifféremment par l'une ou l'autre des catégories d'usagers.

2.3. *La typologie*

La typologie des voies tient compte essentiellement de leurs caractéristiques géométriques : configuration, largeur des chaussées, terre-plein central, présence de trottoirs, de bandes de stationnement, etc. (fig. 4.4).

Les voies peuvent entrer dans l'une des catégories suivantes :
– à chaussées indépendantes séparées par un terre-plein central ; chaque chaussée est réservée à un sens de circulation, avec ou sans trottoir de part et d'autre et stationnement central ou latéral ;
– à double chaussée, chacune étant réservée à un sens de circulation, avec ou sans trottoir de part et d'autre et stationnement latéral ;
– à chaussée à double sens, avec ou sans trottoir de part et d'autre et stationnement central ou latéral ;
– à chaussée à sens unique, avec ou sans trottoir de part et d'autre et stationnement latéral ;
– à chaussée étroite, avec ou sans trottoir et stationnement latéral.

Alors que les premières configurations sont réservées aux voies de pénétration ou de liaison, les dernières sont destinées plus particulièrement aux voies de desserte et aux antennes.

La largeur de l'emprise est plus ou moins grande selon le type de voirie. Si les voies larges ne posent aucune difficulté sur un terrain relativement plat, il n'en est pas de même en terrain accidenté où les voies plus étroites

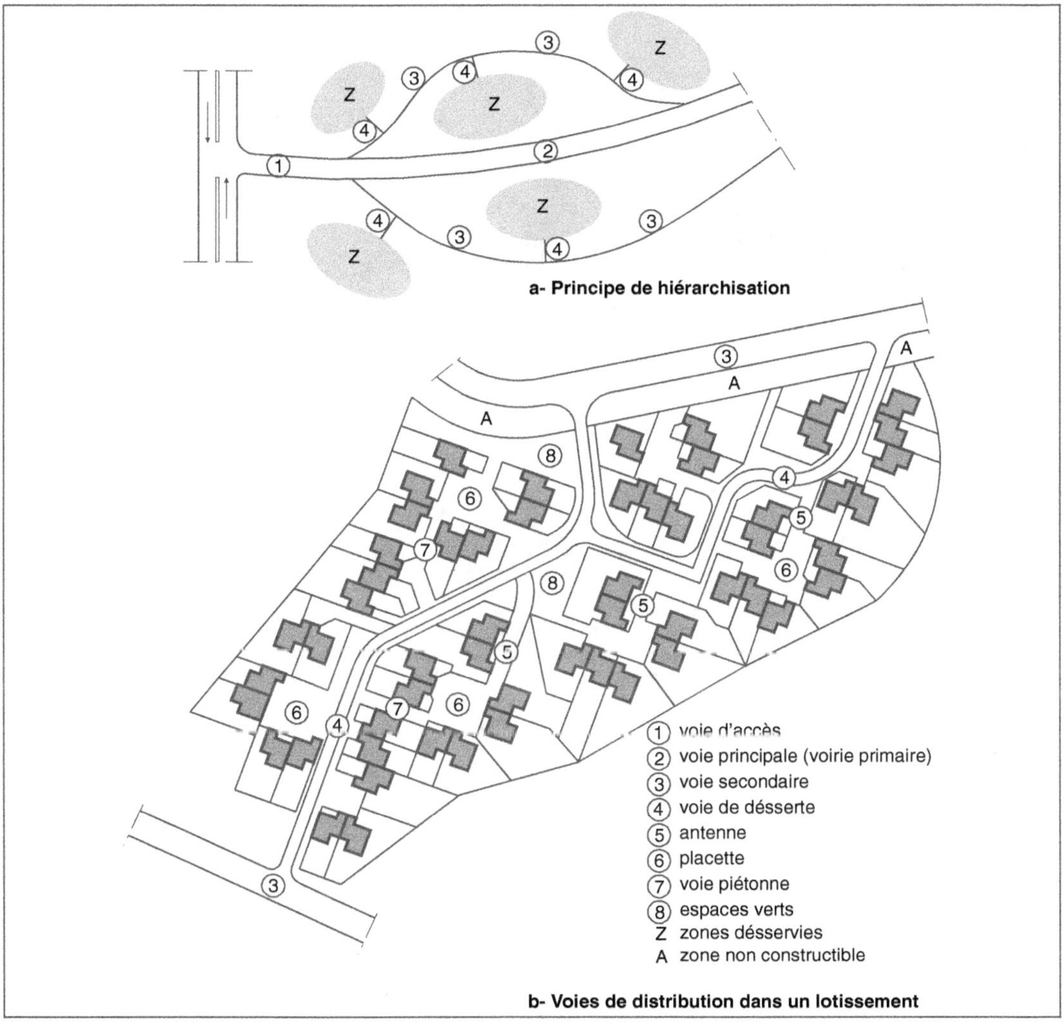

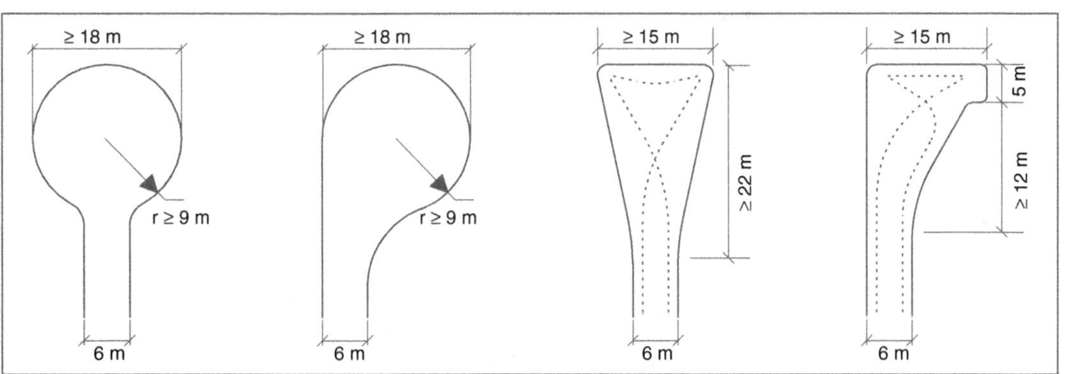

Fig. 4.1 • *Hiérarchisation des voies.*

Fig. 4.2 • *Aires de retournement.*

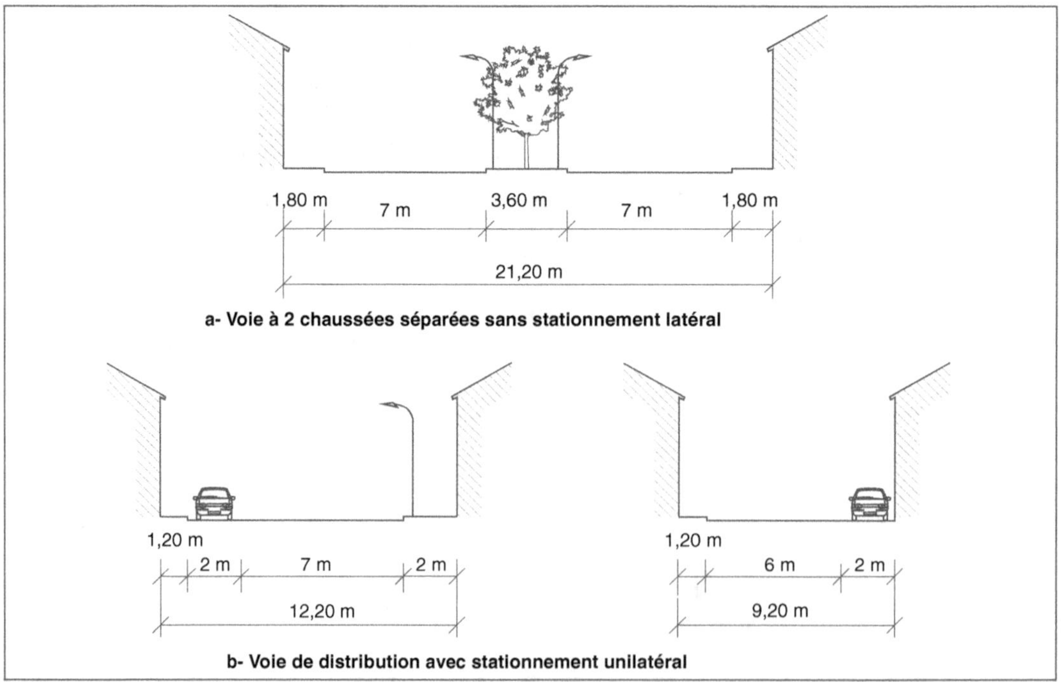

Fig. 4.3 • *Placette.*

Fig. 4.4 • *Typologie de voie.*

s'adaptent mieux. En effet, dans ce type de terrain, dès que l'emprise présente une certaine largeur, il est nécessaire de prévoir des mouvements de terre importants, complétés par la construction de murs de soutènement.

Lorsque la voie comprend deux chaussées indépendantes séparées par un terre-plein central, il est possible de les implanter à des niveaux différents, disposition qui réduit le cube de terrassement (fig. 4.5).

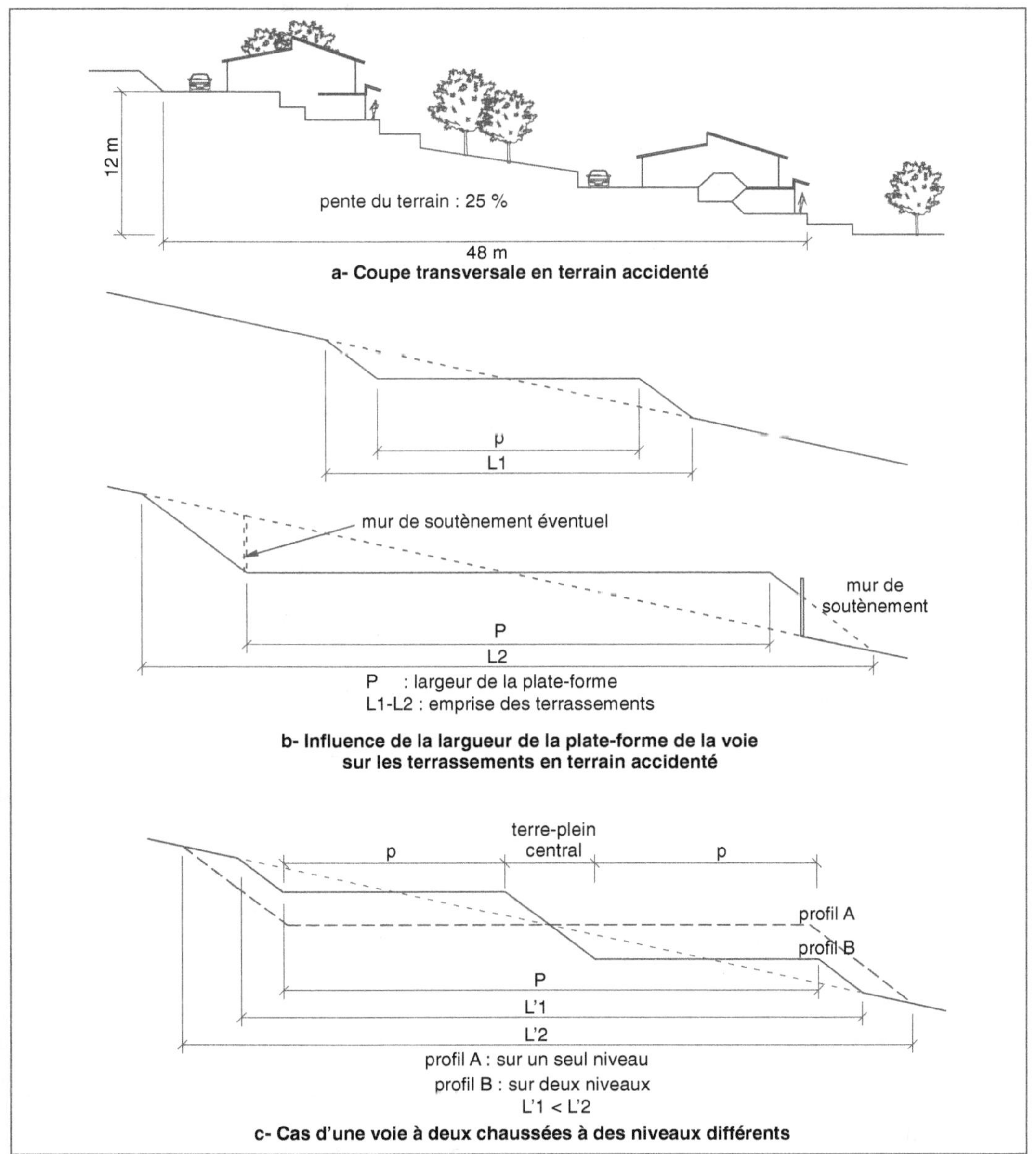

Fig. 4.5 • *Voie de desserte en terrain accidenté.*

3. Les caractéristiques de la voirie

La voirie participe à l'aménagement et à l'aspect du paysage urbain ou rural. Droite ou en courbe, elle est dessinée en fonction de la disposition des lots et des bâtiments auxquels elle donne accès, qu'ils soient en bordure de la voie ou en retrait (fig. 4.6). Afin d'éviter la monotonie et de créer des îlots de verdure, diverses dispositions peuvent être prises en bordure de la voie, telles que :

- alterner les parties construites et les vides ;
- créer des élargissements ou des rétrécissements ;
- adapter la voirie à sa localisation (lotissement de villas, lotissement industriel, zone résidentielle) ;
- créer des perspectives diversifiées.

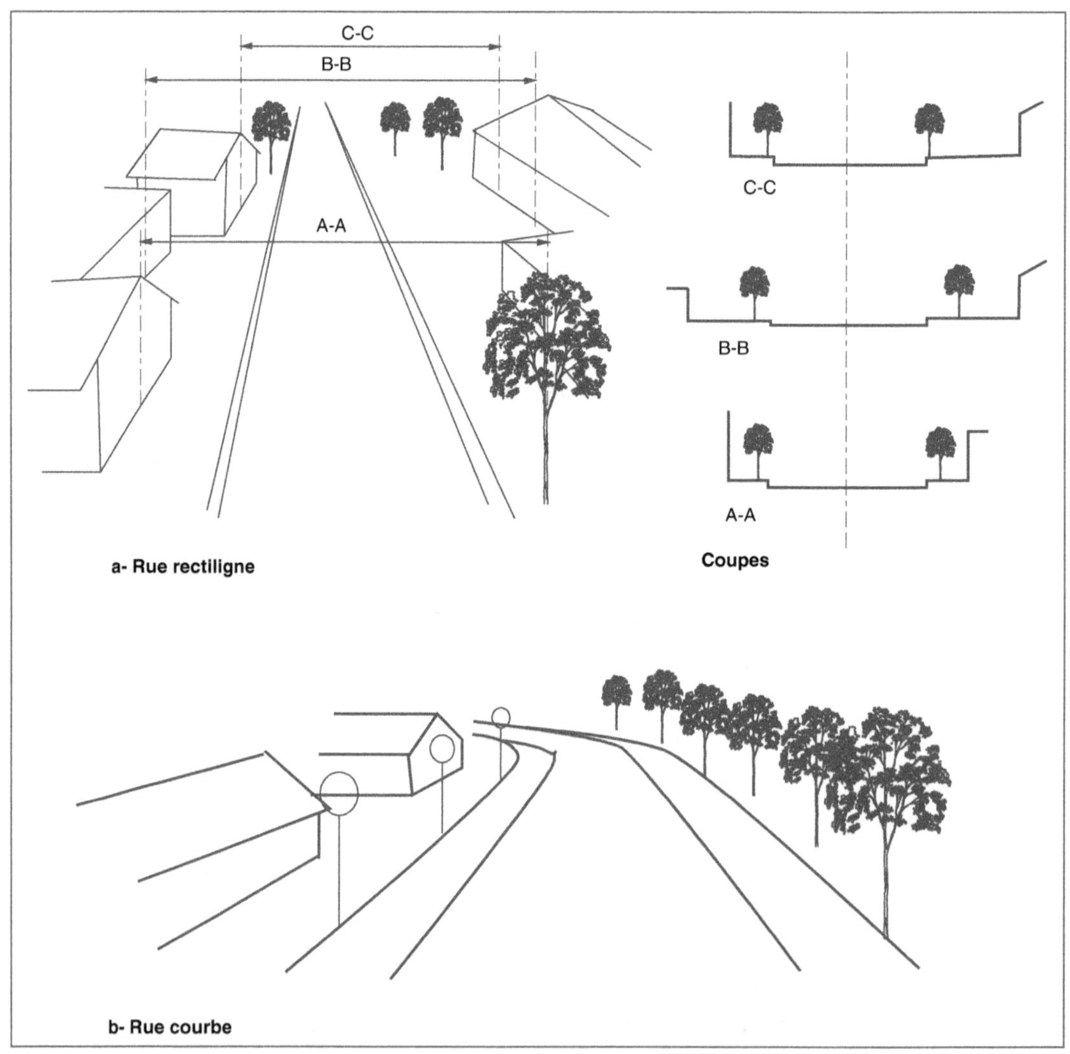

Fig. 4.6 • *Influence de la voirie sur la perception de l'aménagement.*

Faisant partie intégrante du cadre de vie et de l'environnement, les rues sont calmes et tranquilles dans un lotissement d'habitation. Sans trop de sinuosités dans un lotissement industriel, elles sont larges afin de faciliter les manœuvres des poids lourds. De plus, afin de préserver l'espace privatif (habitations ou parcelles) de l'espace public (la rue), il est fréquemment admis de les dissocier par un moyen approprié (clôtures, haies vives, etc.) (fig. 4.7 et photo 4.1).

Une étude spécifique permet de définir le type et le flot de circulation que supporte la

Photo 4.1 • *Voie d'accès à un groupe d'habitation.*

voirie projetée dans la zone desservie. Selon les cas, le trafic est composé :
– essentiellement de véhicules légers ;
– essentiellement de poids lourds ;
– de véhicules de secours incendie ;
– d'une circulation mixte composée de voitures légères, de deux roues et de piétons ;
– essentiellement de deux roues ou de piétons.

Les caractéristiques techniques des voies sont précisées en fonction du résultat de l'étude et de la localisation : le tracé, la largeur, la présence ou non de trottoirs, la présence ou non de stationnement le long de la chaussée, le profil en long en indiquant les pentes et les points de récupération des eaux de ruissellement, le profil en travers avec l'indication des pentes transversales, les caractéristiques mécaniques de la chaussée et sa composition ainsi que les qualités de la fondation et du revêtement.

4. Le tracé des voies

Le tracé en plan des voies est retenu de manière à concilier plusieurs impératifs :
– s'insérer dans le contexte général, dans le site, et s'adapter le mieux possible au relief du terrain naturel, afin d'éviter des mouvements de terre importants ;

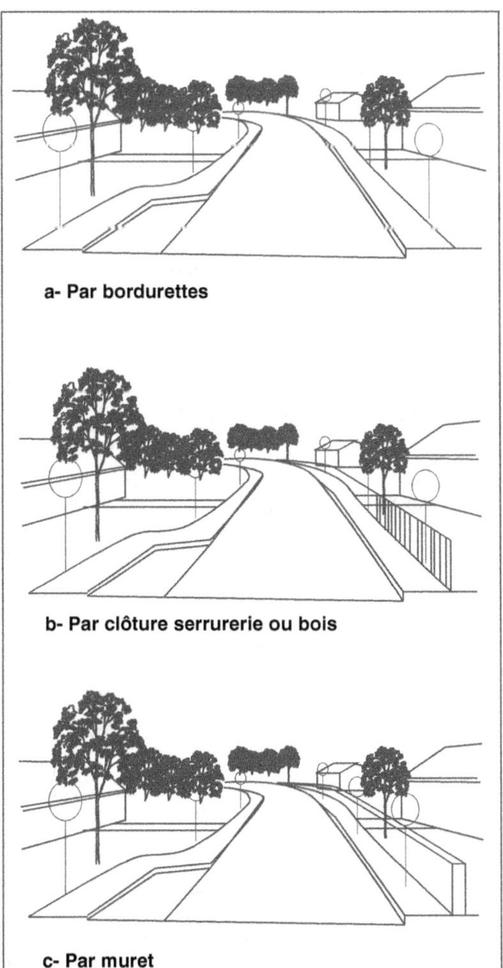

a- Par bordurettes

b- Par clôture serrurerie ou bois

c- Par muret

Fig. 4.7 • *Séparation espace public espace privé.*

- s'insérer dans le tissu urbain lorsqu'il existe ;
- s'adapter au plan de masse ;
- assurer une fluidité des différents flux sur les voies de distribution ;
- éviter la monotonie des voies de desserte, réduire la vitesse des véhicules et améliorer la sécurité des usagers en créant des chicanes ou des courbes (fig. 4.8) ; en particulier lorsqu'elles ont des fonctions multiples (circulation automobile, cycliste et piétonnière) ;
- adapter les rayons des courbes aux véhicules empruntant les voies : poids lourds, autobus, voitures légères, même en cas de circulation occasionnelle. Lorsque le rayon de courbure est faible, de l'ordre de 10 à 15 m, il peut être nécessaire de prévoir une surlargeur (fig. 4.9) ;
- créer des voies ou des allées piétonnes pour réduire les distances entre les habitations et les centres d'intérêt : commerces, groupes scolaires ou autres ;
- aménager des places de stationnement en bordure des voies ou sur des aires spécifiques, séparées des circulations par des espaces plantés, la disposition adoptée pouvant être en long, en talon ou en épi ;
- permettre à tous les usagers l'accessibilité normale des voies, en particulier aux handicapés moteurs et éviter la prolifération des poteaux ou du mobilier urbain occasionnant une gêne pour les utilisateurs.

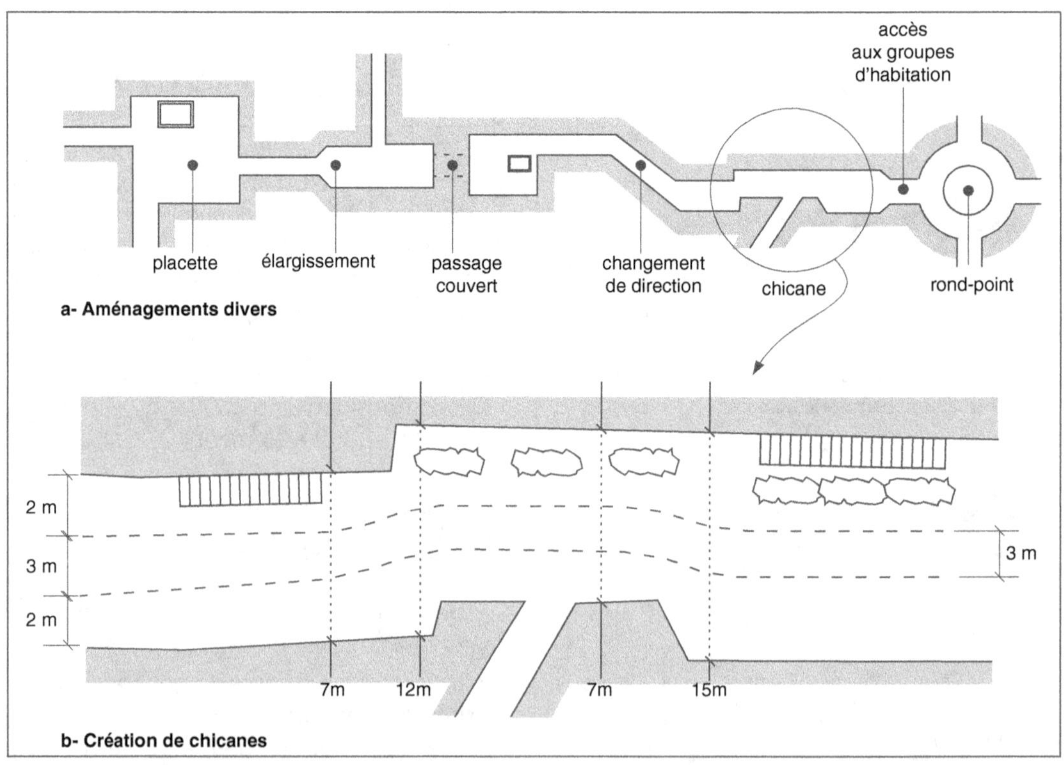

Fig. 4.8 • *Voie intérieure.*

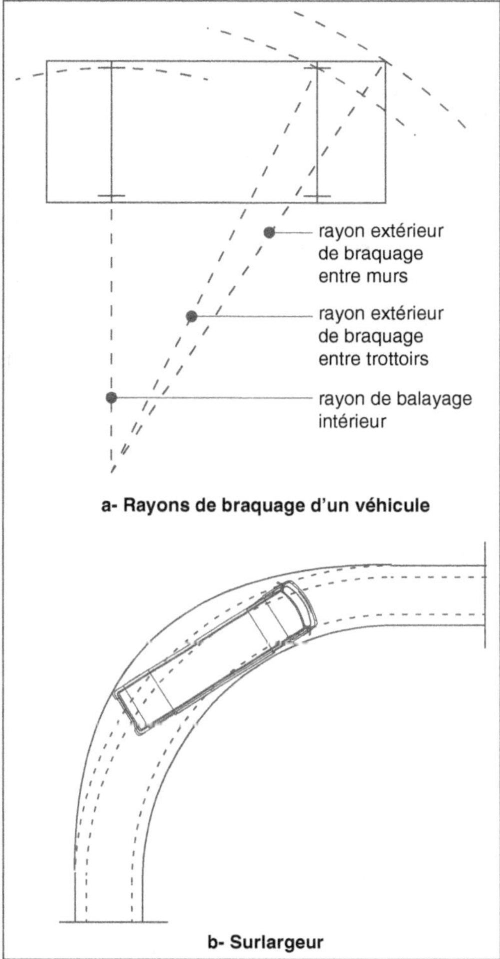

Fig. 4.9 • *Surlargeur dans les courbes.*

En conséquence, l'étude du tracé des voies prend en compte un certain nombre de paramètres qui portent sur :

– la géométrie du tènement ;

– la topographie du terrain ;

– la nature du sol déterminée par les études géotechniques et les aptitudes de portance qui en découlent ;

– le trafic qu'elles doivent recevoir ;

– le secteur et les différents points desservis : lotissement d'habitation, groupe d'immeubles d'habitation, zone d'activité tertiaire, zone commerciale, lotissement industriel, etc. ;

– la sécurité des utilisateurs en dégageant une bonne visibilité, en signalant le passage et la circulation des piétons ou en séparant la circulation des différents usagers par la création d'aménagements paysagers en bordure des voies ;

– le raccordement avec la voirie existante en tenant compte des possibilités de manœuvre des véhicules et du passage des autres utilisateurs.

Ce raccordement s'effectue à l'aide d'un carrefour conçu de manière à ce que les voies puissent se couper perpendiculairement ou avec un angle proche de 90° (fig. 4.10).

Cette disposition présente l'avantage de répondre aux objectifs suivants :

– assurer une bonne visibilité au droit du carrefour ;

– réduire la longueur traversée par les piétons en leur aménageant des passages réservés balisés ;

– simplifier la manœuvre des véhicules, toujours délicate dans le cas d'un angle aigu.

Cependant, il faut noter que dans les terrains à forte déclivité, le raccordement biais est plus aisé à réaliser et nécessite moins de terrassement (fig. 4.11, photo 4.2).

Les passages pour piétons sont au niveau des chaussées ou légèrement surélevés afin de réduire la vitesse des véhicules et d'améliorer la sécurité des usagers (fig. 4.12). Leur largeur doit permettre la circulation simultanée en double sens des usagers (piétons, poussettes d'enfant, fauteuils roulants des handicapés…) et être compatible avec les flux.

Lorsque le trafic est important et comprend des poids lourds, le raccordement des voies à l'aide d'un carrefour giratoire, de diamètre approprié, améliore la fluidité de la circula-

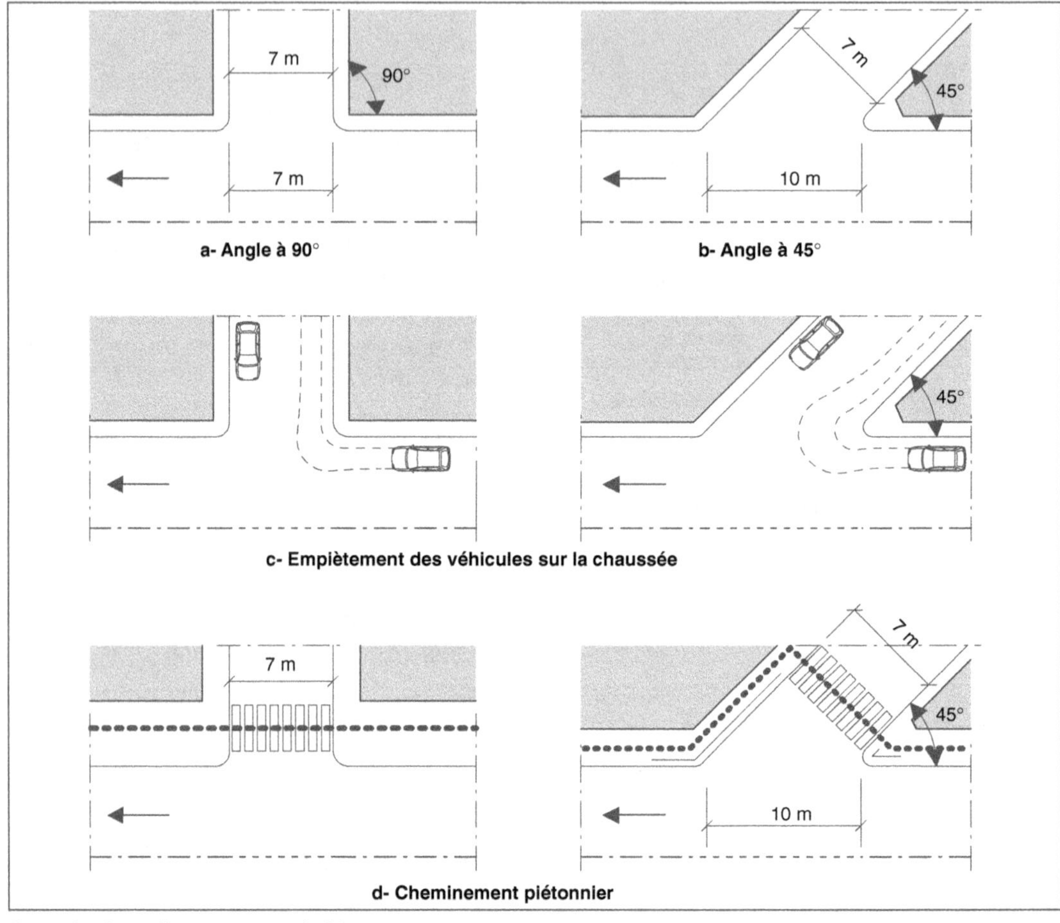

Fig. 4.10 • *Raccordement sur une voie éxistante.*

tion. Toutefois, cette disposition nécessite un espace disponible suffisant (fig. 4.13).

Les carrefours sont signalés à l'aide de panneaux et d'un marquage approprié : bandes au sol, balises de priorité ou panneaux stop, feux de signalisation tricolores ou clignotants.

L'accès à un groupe d'habitation ou à un lotissement peut être indiqué par un traitement particulier : rétrécissement de chaussée, revêtement de nature différente, seuil légèrement surélevé, éléments bâtis ne compromettant pas la visibilité.

À l'intérieur de chaque zone, les voies empruntées par des véhicules de ramassage d'ordures ménagères ont des caractéristiques minimales réglementées :

– la largeur d'une voie, en sens unique et sans stationnement, est égale à 3,50 m ;

– le rayon de courbure est supérieur à 10,50 m ;

– la pente est inférieure à 12 % dans les zones de circulation et à 10 % dans les zones de stationnement ;

– la structure de la chaussée doit résister à une force portante de 130 kN par essieu ;

– des aires de retournement sont aménagées en extrémité des voies en impasses de manière à effectuer une manœuvre

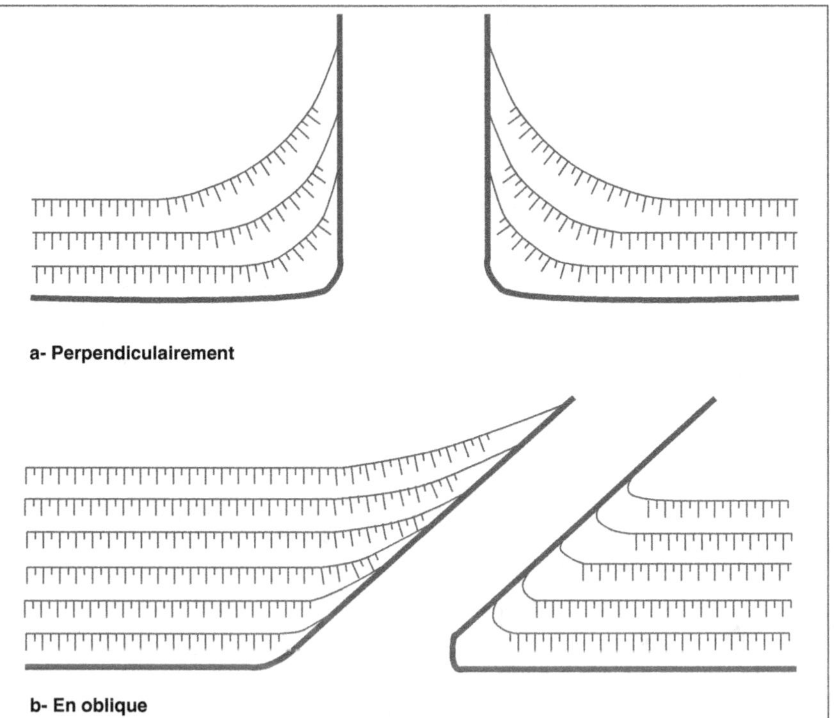

Fig. 4.11 • *Raccordement d'une voie dans un terrain en pente.*

Photo 4.2 • *Raccordement sur une voie existante.*

avec une seule marche arrière de longueur inférieure à 15 m (fig. 4.14).

Toutefois, afin d'éviter ces mesures contraignantes et pour simplifier le ramassage, dans de nombreux lotissements (habitation ou tertiaire) les ordures sont regroupées dans des containers dissimulés par des édicules situés en des points facilement accessibles (fig. 4.15).

5. Les profils des voies

Les profils constituent l'une des caractéristiques essentielles des voies. Il convient de distinguer le profil en long, défini sur toute la longueur de la voie et le profil en travers précisant la largeur de la voie et de son emprise sur le terrain.

Selon le type de voie, les profils en long et en travers ont des géométries distinctes qui prennent en compte le dimensionnement, les pentes, les raccords entre les sections de pentes différentes.

5.1. Le profil en long

Le profil en long correspond à la coupe longitudinale de la voie suivant son axe. Il indique les altitudes du terrain naturel et de la voie projetée, les pentes, les distances et les points particuliers (fig. 4.16).

153

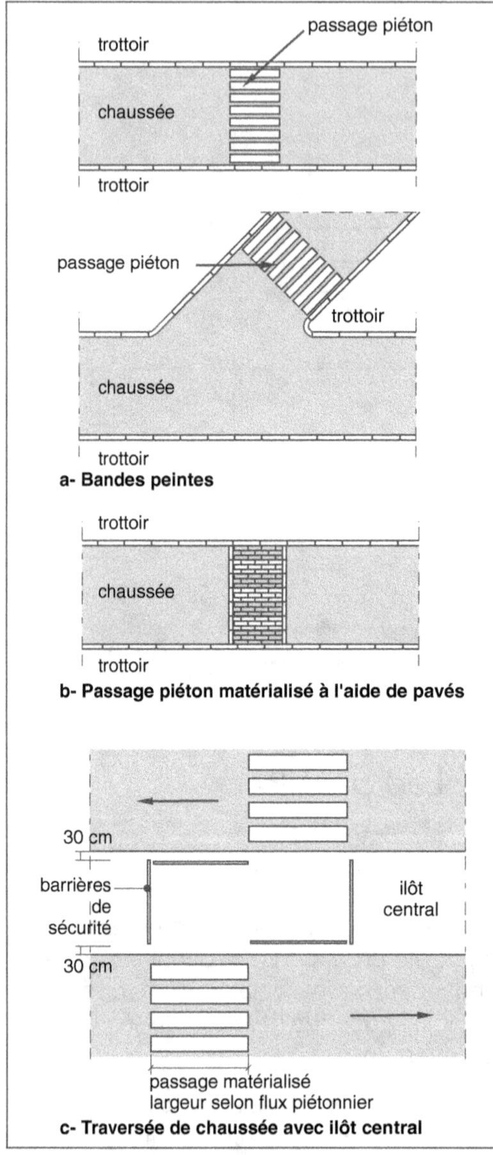

Fig. 4.12 • *Passage matérialisé pour piétons.*

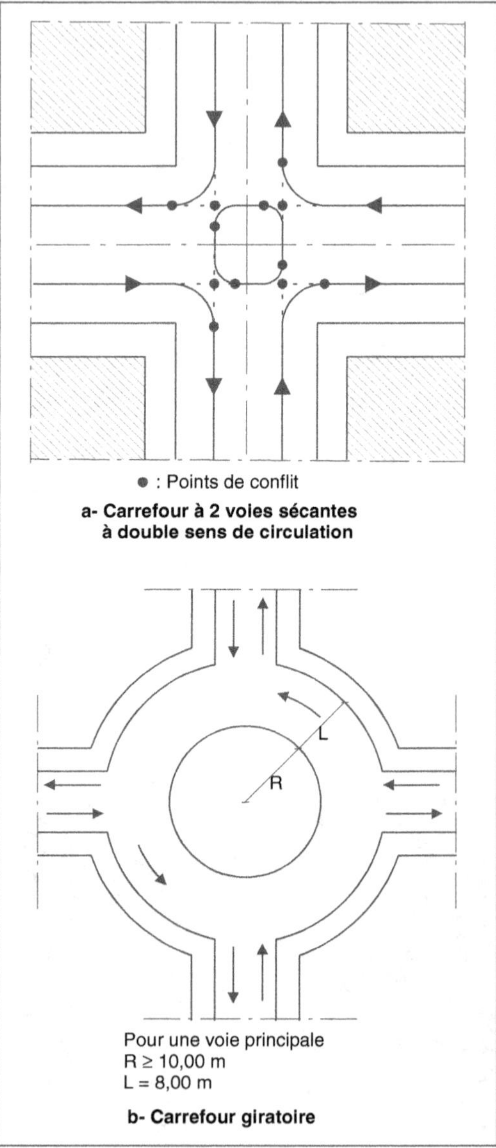

Fig. 4.13 • *Carrefours.*

Pour assurer un bon écoulement des eaux de ruissellement, le profil en long doit avoir une pente minimale de l'ordre de 0,5 % selon la nature du revêtement. La pente maximale ne devant pas dépasser de 12 à 15 %. En point bas comme en point haut, le raccordement s'effectue à l'aide d'une courbe dont le rayon est déterminé en fonction de la nature et de l'importance de la voie.

Exemple :

– voie de trafic moyen : rayon de courbure en point bas de l'ordre de 700 m et en point haut de l'ordre de 500 m ;

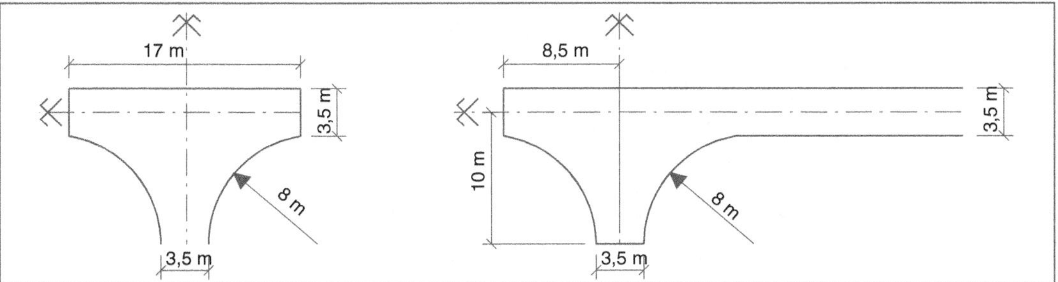

Fig. 4.14 • *Aire de manœuvre pour les véhicules de ramassage des ordures.*

– voie de faible trafic : rayon de courbure en point bas de l'ordre de 100 m et en point haut de l'ordre de 50 m.

Des études sont conduites pour retenir un profil en long se rapprochant le plus possible du terrain naturel en vue d'éviter des mouvements de terre trop conséquents ainsi que des talus ou des murs de soutènement onéreux.

5.2. Le profil en travers

Le profil en travers correspond à la coupe transversale de la voie. Il permet de définir les données suivantes (fig. 4.17, photo 4.3) :

– l'emprise correspondant à la partie de terrain affectée à la voie et à ses dépendances ;

– l'assiette ou largeur de terrain réellement occupée par la plate-forme et les talutages dus aux terrassements en déblai ou en remblai ;

– la plate-forme, la largeur qui englobe la chaussée, les trottoirs et les accotements.

Il précise également la composition de la voie : une ou plusieurs chaussées, séparées ou non par un terre-plein, un trottoir de part et d'autre ou d'un seul côté, la présence éventuelle d'une bande de stationnement (fig. 4.18).

Exemple :

– **Une voie de distribution**, à double sens de circulation, a une largeur de 6,00 à 7,00 m, avec trottoir de part et d'autre d'une largeur de 1,00 à 2,00 m et une bande de stationnement.

– **Une voie de desserte** a une largeur de l'ordre de 4,50 à 5,00 m, en tenant compte d'une possibilité de stationnement en long, avec ou sans trottoir.

La chaussée a une pente transversale ou dévers de 2 à 3 %. Cette valeur peut être corrigée, en plus ou en moins, pour une meilleure adaptation au terrain naturel et selon la qualité du revêtement superficiel. En principe, les voies étroites, de largeur inférieure à 5,00 m, ont une pente unique (fig. 4.19). Lorsque la largeur est supérieure à 5,00 m (chaussées courantes), une pente double est recommandée, selon l'un des cas de figure suivants :

– avec un caniveau central ou légèrement excentré, pour les voies à faible trafic (photo 4.4) ;

– avec un caniveau, de part et d'autre, en pied d'une bordure de trottoir, pour les chaussées plus larges (photo 4.5).

6. Les contraintes des chaussées

Les chaussées sont soumises à différentes contraintes qui entraînent une dégradation plus ou moins rapide. Afin d'apporter une réponse adéquate, elles sont constituées par

155

Fig. 4.15 • *Circuit de ramassage des ordures.*

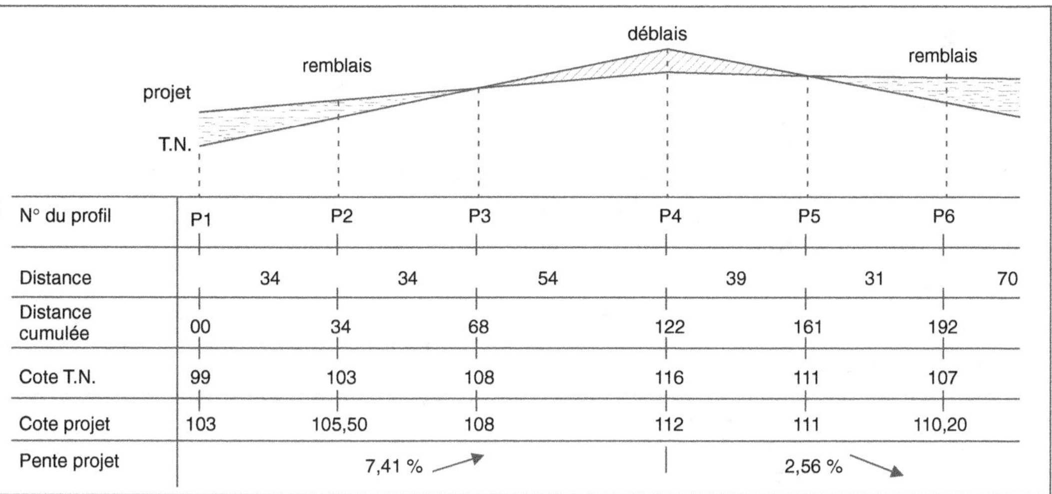

Fig. 4.16 • *Profil en long.*

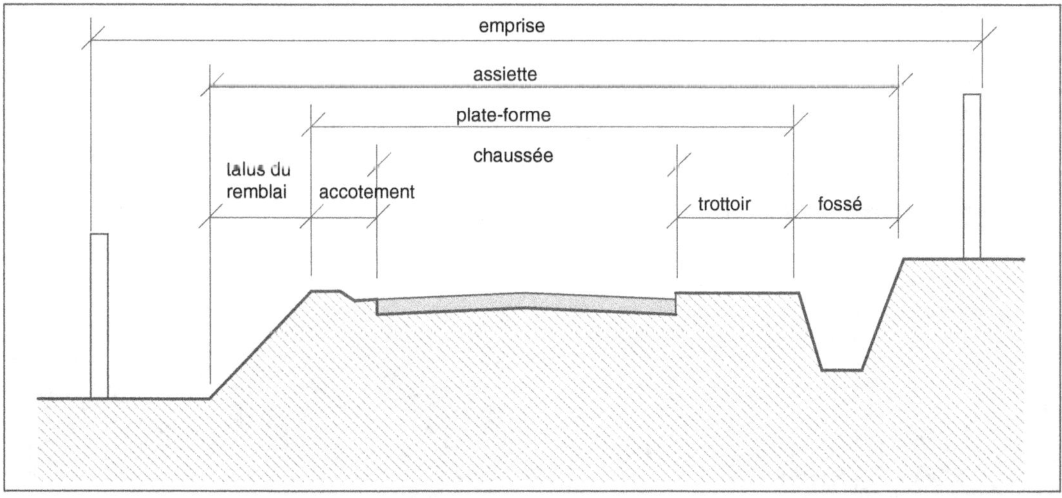

Fig. 4.17 • *Profil en travers type d'une route.*

plusieurs couches de matériaux qui reportent les efforts sur le sol sous-jacent.

Les contraintes sont de deux ordres : mécaniques, par l'action répétée d'une charge roulante, un essieu de véhicule léger ou de poids lourds ; physiques, par l'action alternée des intempéries et du rayonnement solaire.

Dans les conditions normales de circulation, la partie de surface des chaussées en contact avec la roue est soumise à trois séries de sollicitations (fig. 4.20) :

– un effort normal vertical correspondant à la charge ;

– un effort tangentiel correspondant à un effet de glissement dans le sens de la marche, dans le cas de freinage par exemple ;

– un effort transversal dû à un effet de vent latéral ou de charge excentrée, entre autres.

157

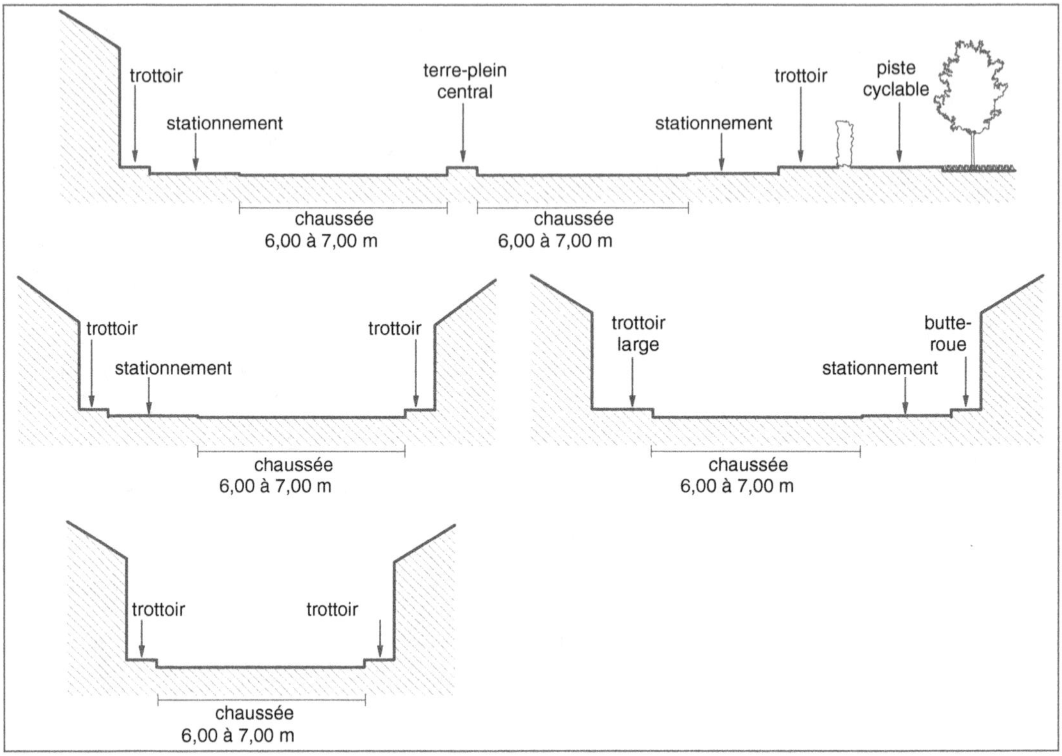

Fig. 4.18 • *Profil en travers – Composition d'une voie.*

Photo 4.3 • *Profils de chaussée.*

Photo 4.4 • *Voie de desserte avec caniveau excentré.*

Sous cette action répétée, quatre types de dommages risquent d'apparaître, correspondant chacun à des actions différentes :

– l'usure superficielle de la couche de roulement due aux efforts tangentiels ;

– la formation d'ornières occasionnées par le fluage des différentes couches sous l'action des efforts verticaux et tangentiels (fig. 4.21) ;

– la fatigue des couches provoquée par leur flexion sous l'effet des charges ;

Photo 4.5 • *Voie de desserte avec caniveau latéral.*

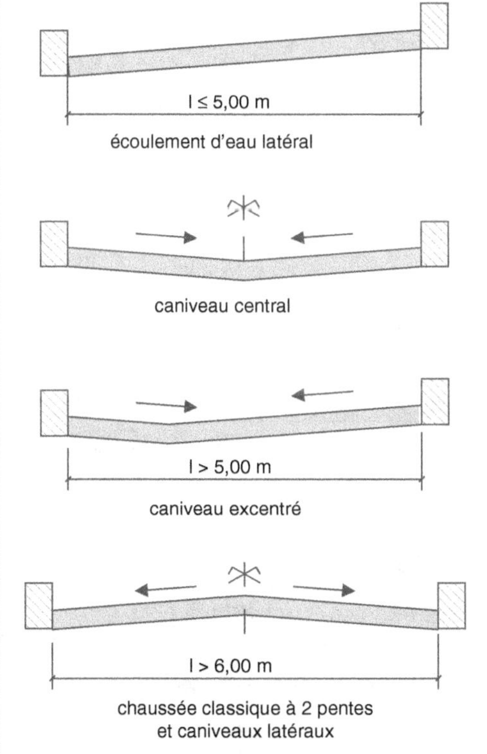

Fig. 4.19 • *Profil en travers – Principe d'écoulement des eaux de ruissellement.*

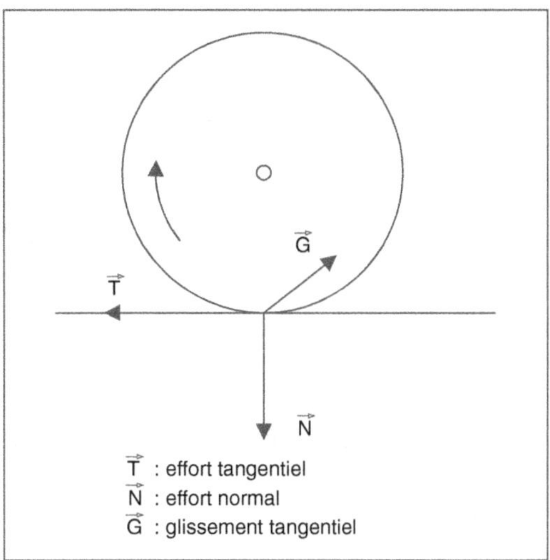

Fig. 4.20 • *Efforts transmis par une roue sur la chaussée.*

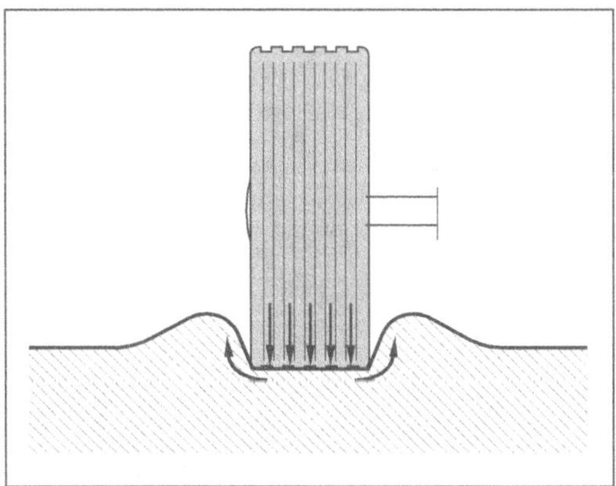

Fig. 4.21 • *Formation d'une ornière sous l'effet d'une charge.*

– l'accumulation des déformations permanentes au niveau du sol support.

Les caractéristiques des matériaux des diverses couches doivent pouvoir répondre à chacune de ces actions. Plus particulièrement lorsque la chaussée est destinée à supporter un trafic de poids lourds, dont l'effet se fait ressentir jusque dans les couches profondes (fig. 4.22).

Ces dégradations sont aggravées par l'action des intempéries (pluie, neige ou gel), contre lesquelles il convient de se prémunir, en évitant, si possible, que l'eau pénètre et s'accumule dans le corps de la chaussée. Les effets du gel et du dégel sur celle-ci dépendent de la sensibilité au gel des matériaux qui constituent les couches. Ceux-ci sont répartis en trois classes :

– les matériaux non gélifs, SGn ;

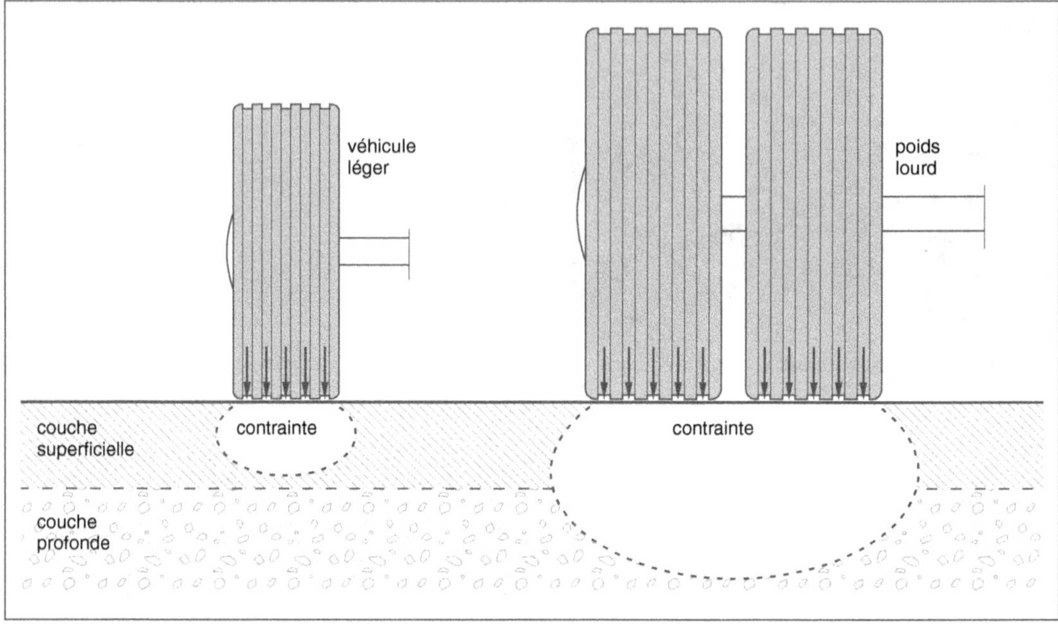

Fig. 4.22 • *Bulbes de contraintes exercées par des charges roulantes différentes.*

– les matériaux peu gélifs, SGp ;

– les matériaux très gélifs, SGt.

En supposant que le sol support soit peu gélif ou très gélif, il est indispensable que les couches supérieures soient constituées de matériaux non gélifs et d'épaisseur suffisante afin d'apporter la protection nécessaire pour éviter toute détérioration (fig. 4.23).

Une autre solution, très onéreuse, consiste à incorporer des câbles électriques chauffants dans les couches de surface, le chauffage antigel étant mis en route automatiquement dès qu'une température minimale est atteinte. Ce procédé est employé sur certaines routes de montagnes ou sur des points particulièrement exposés au gel (pont par exemple). Si aucune précaution n'est prise, des barrières de dégel sont mises en place par les services concernés. Elles interdisent la circulation des véhicules de charge supérieure à une limite prédéfinie.

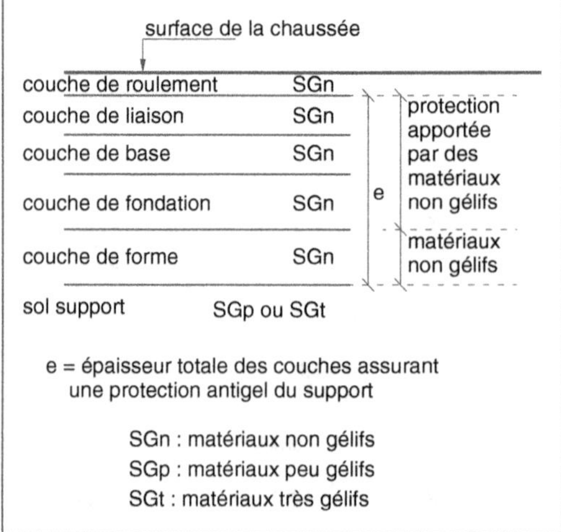

Fig. 4.23 • *Influence des effets du gel sur la chaussée.*

Pour faire face à ces contraintes, les chaussées sont constituées selon l'un des trois principes suivants : les chaussées souples, rigides ou semi-rigides (fig. 4.24).

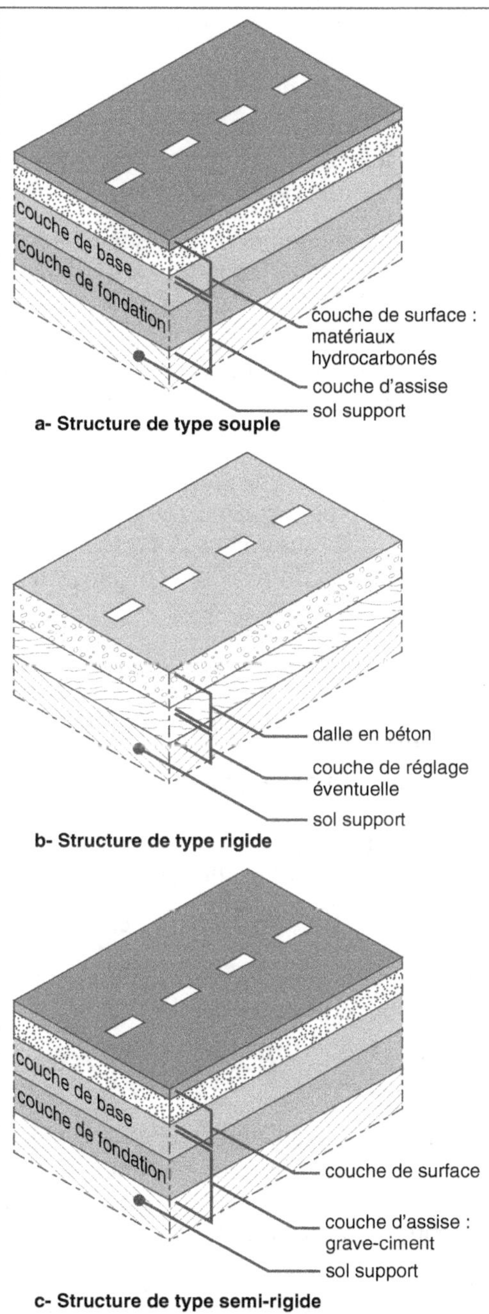

Fig. 4.24 • *Principe de structure d'une chaussée.*

6.1. Les chaussées souples

Les chaussées souples admettent de légères déformations sous l'action des charges avant de reprendre leur aspect initial. Elles comportent des matériaux traités avec des liants hydrocarbonés. L'épaisseur des différentes couches assure une bonne répartition des efforts au niveau du sol support à condition de ne pas dépasser les contraintes admissibles.

6.2. Les chaussées rigides

Les chaussées rigides sont réalisées avec des matériaux à base de granulats et de ciment. Elles présentent une grande rigidité, ce qui permet d'intéresser une plus grande surface de chaussée sous l'action des charges, et de réduire les sollicitations au niveau du sol support. Leur épaisseur est donc moins importante que celle des chaussées souples.

6.3. Les chaussées semi-rigides

Les chaussées semi-rigides ont une composition mixte. Les couches d'assise sont réalisées avec des matériaux à base de liants hydrauliques, alors que les couches de surface sont traitées aux liants hydrocarbonés.

6.4. La portance du sol support

La portance du sol support est la propriété qui définit la capacité à supporter les charges qui lui sont appliquées et, par conséquent, de servir de plate-forme pour les chaussées. Le sol support doit répondre à plusieurs critères :

- offrir une assise convenable pour la réalisation de la chaussée ;
- permettre le compactage des couches qui la constituent ;
- participer au fonctionnement mécanique de la chaussée par l'action de l'interface

qui assure le transfert des charges au sol sous-jacent ;

- être peu sensible aux intempéries afin de ne pas subir de détériorations en cours de la phase des travaux, en particulier entre la réalisation des terrassements et l'exécution du corps la chaussée ;
- être insensible aux actions de gel et de dégel.

Si cette dernière condition n'est pas remplie, il convient de prévoir une épaisseur de protection suffisante pour en éviter les effets.

La portance du sol dépend de sa nature et du pourcentage d'eau qui est renfermée. Les sols naturels présentent un large éventail alliant finesse de la granulométrie et plasticité (argiles, limons, sables, graviers, cailloux mélangés dans des proportions diverses).

Elle est déterminée par un certain nombre d'essais. En laboratoire, les plus courants sont l'essai Proctor* normal ou modifié afin de définir la compacité optimale d'un matériau et l'essai CBR* déterminant la résistance au poinçonnement par comparaison avec un matériau type. *In situ*, l'essai à la plaque est aisé à pratiquer.

Cette analyse peut être complétée, de manière empirique, à l'aide d'un examen visuel sous l'action d'un engin équipé d'un essieu de 130 kN. Le résultat permet de classifier le sol dans l'une des classes indiquées dans le tableau 4.3.

Les sols reconnus inaptes à supporter toute charge sont traités afin d'améliorer leur portance. Plusieurs procédés sont utilisés à cet effet qui, tous, ont pour objectif de modifier les caractéristiques mécaniques (tab. 4.4). Les plus employés procèdent de la manière suivante :

- en augmentant la densité par compactage ;
- en décapant les terres sur une épaisseur de l'ordre de 30 à 40 cm et en les remplaçant par un matériau d'apport, grave naturelle ou traitée ;
- en incorporant des éléments drainant ;
- en effectuant un traitement au ciment ou à la chaux des sols en place sur une épaisseur de l'ordre de 25 à 35 cm.

Cette dernière opération nécessite une scarification du sol, l'épandage du ciment (dosage : 4 à 8 % du poids de sol sec) ou de la chaux (dosage : 3 à 5 % du poids de sol sec), le malaxage du mélange suivi d'un compactage. D'autres méthodes font appel à des inclusions ou à des éléments de renforcement.

Dans le cadre de l'étude d'une chaussée, la portance du sol support joue un rôle déterminant dans sa composition, conjointement à la classe de trafic (tab. 4.5).

7. La composition des chaussées

La composition et le dimensionnement de la chaussée, c'est-à-dire son épaisseur, sont déterminés en fonction des paramètres suivants :

- la qualité du terrain en place formant la plate-forme et sa portance ;
- le trafic supporté par la chaussée ;
- la résistance au gel.

La chaussée est constituée par la superposition de plusieurs couches résultant de travaux en déblai ou en remblai et transmettant les charges au sol support .

Afin de ne subir aucune déformation, ce dernier ne doit pas être soumis à des contraintes supérieures à celles déterminées par les essais. De plus, il ne doit pas présenter de points durs ou de zones de faible résistance. Si de telles zones existaient, elles seraient purgées et remplacées par un matériau (grave naturelle, grave ciment ou autres)

PORTANCE	TYPES DE SOLS	EXAMEN VISUEL DU SOL (ESSIEU DE 130 kN)		INDICE PORTANT CBR	MODULE DE DÉFORMATION À LA PLAQUE EV_2 (MPa)
P_0	Argiles fines saturées, sols tourbeux, faible densité sèche, sols contenant des matières organiques, etc.	Circulation impossible, sol inapte, très déformable		$CBR \leq 3$	$EV_2 \leq 15$
P_1	Limons plastiques, argileux et argilo-pastiques, alluvions grossières très sensibles à l'eau	Ornières derrière l'essieu de 130 kN déformables		$3 < CBR \leq 6$	$15 < EV_2 \leq 20$
P_2 ou PF_1	Sables alluvionnaires argileux ou fins limoneux, graves argileuses ou limoneuses, sols marneux contenant moins de 35 % de fines	Pas d'ornières derrière l'essieu de 130 kN	Sol déformable	$6 < CBR \leq 10$	$20 < EV_2 \leq 50$
P_3 ou PF_2	Sables alluvionnaires propres avec fines < 5 %, graves argileuses ou limoneuses avec fines < 12 %	Pas d'ornières derrière l'essieu de 130 kN	Sol peu déformable	$10 < CBR \leq 20$	$50 < EV_2 \leq 120$
P_4 ou PF_3	Matériaux insensibles à l'eau, sables et graves propres, matériaux rocheux sains, etc.	Pas d'ornières derrière l'essieu de 130 kN	Sol très peu déformable	$20 < CBR \leq 50$	$120 < EV_2 \leq 200$
P_5 ou PF_4	Graves propres et compactées, matériaux rocheux sains, etc.	Pas d'ornières derrière l'essieu de 130 kN	Sol non déformable	$50 < CBR$	$200 < EV_2$

Tab. 4.3 • _Classification des sols selon leur portance._

convenablement compacté. Les différentes couches mises en œuvre successivement sont les suivantes (fig. 4.25) :
– une couche anticontaminant éventuelle ;
– une couche de forme ;
– une sous-couche éventuelle ;
– une couche de fondation ;
– une couche de base ;
– une couche de liaison ;
– une couche de finition ou de roulement.

Les couches de fondation et de base constituent l'assise de la chaussée, c'est-à-dire sa structure ; les couches de liaison et de roulement forment les couches de surface.

En présence de terrain argileux, lorsqu'il existe un risque de rétention d'eau sur le sol

AMÉLIORATION DES SOLS EN PLACE		
Sans inclusion	**Avec inclusion**	
	Sans éléments de renforcement	**Avec éléments de renforcement**
Compactage dynamique	Granulats	Injection avec armatures
Consolidation sans drain	Consolidation avec drain	Clous
Consolidation avec surcharge	Consolidation avec surcharge	Micro-pieu
Vibro-flottation	Liants hydrauliques	Pieux
Congélation	Produits chimiques	
AMÉLIORATION DES SOLS RAPPORTÉS		
Sans inclusion	**Avec inclusion**	
	Sans éléments de renforcement	**Avec éléments de renforcement**
Compactage statique	Nappe drainante	Nappe géotextile
Compactage dynamique	Liants hydrauliques	Micro grille
		Armatures métalliques
		Sous-produits d'industrie

Tab. 4.4 • *Principes d'amélioration des sols.*

PORTANCE DU SOL	ÉPAISSEUR DU REVÊTEMENT (cm) CLASSE DE TRAFIC		
	t_6	t_5	t_4
p_0	15 [1]	18 [1]	20 [1]
p_1	15 [1]	18 [1]	20 [1]
p_2	15	18	20
p_3	13	16	18
p_4	11	14	16

(1) : Revêtement réalisé sur une couche de matériaux traités au ciment :

– d'une épaisseur minimale de 35 cm pour un sol de portance P_0 ;

– d'une épaisseur minimale de 20 cm pour un sol de portance P_1.

NB L'épaisseur de revêtement indiquée correspond à une durée de vie de la chaussée de l'ordre de 20 ans.

Tab. 4.5 • *Influence de la portance du sol et de l'importance du trafic sur l'épaisseur du revêtement d'une chaussée en béton.*

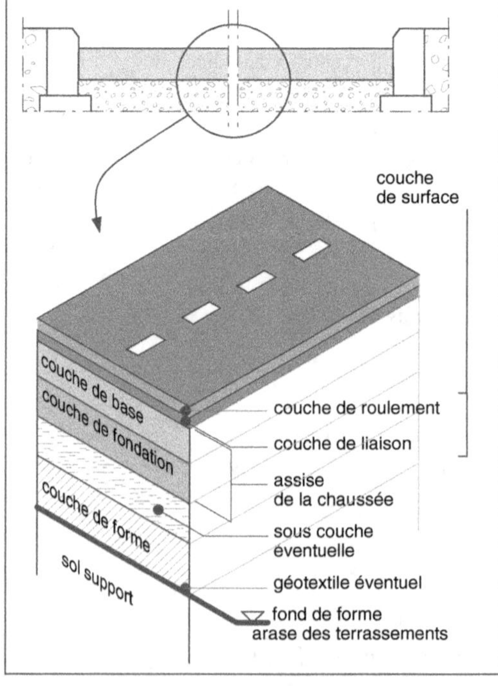

Fig. 4.25 • *Principe de structure d'une chaussée.*

d'assise, préalablement à ces travaux, il peut être nécessaire de réaliser un réseau de drainage complété par la pose d'une couche anticontaminante (fig. 4.26).

Les drains sont placés en épi ; ils récupèrent les eaux d'infiltration et les rejettent soit dans un collecteur sous chaussée, soit dans des canalisations ou dans des fossés latéraux. Le rôle du drainage est double : améliorer la tenue des sols et leur éviter les effets du gel.

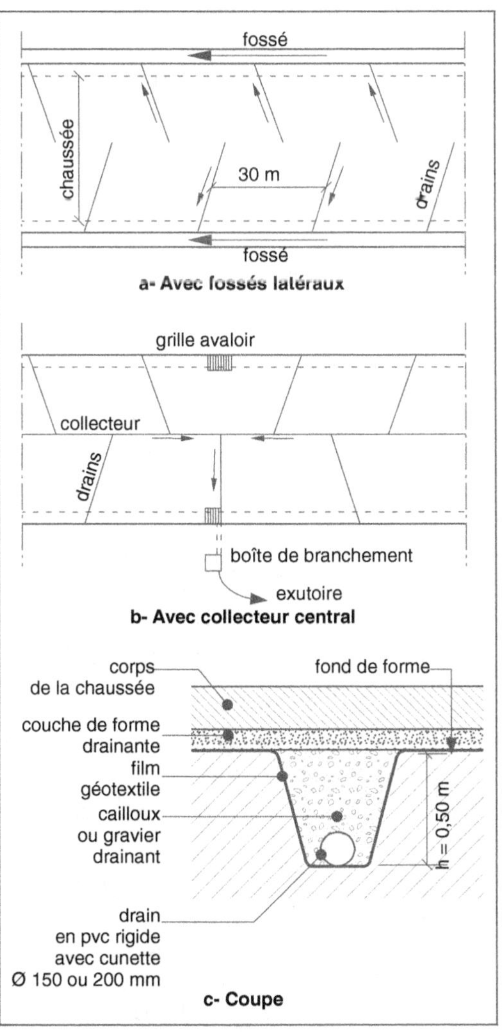

Fig. 4.26 • *Principe de drainage en épi.*

7.1. La couche anticontaminante

La couche anticontaminante est constituée d'un géotextile non tissé ou, plus rarement, d'une couche de sable de 5 cm d'épaisseur. En présence de terrains de mauvaise qualité ou de terrains argileux, elle évite la pollution de la chaussée par des remontées de terre, sous l'action combinée des charges roulantes et des intempéries (photo 4.6).

Photo 4.6 • *Mise en place de géotextile sur fond de forme compacté.*

7.2. La couche de forme

La couche de forme constitue un élément de transition mis en œuvre à partir de l'arase du terrassement, en fonction des caractéristiques du sol, remblai ou terrain en place. Elle assure une certaine homogénéisation afin de mieux répartir les charges sur le terrain support. Elle est réalisée à l'aide de matériaux prélevés sur place, ou de grave naturelle ou traitée.

7.3. La sous-couche

La sous-couche est éventuellement rapportée sur la couche de forme lorsque le sol support est de faible résistance. Elle est constituée par un apport de matériaux traités ou non.

7.4.   La couche de fondation

La couche de fondation est l'élément de la structure de la chaussée placé au contact de la plate-forme ou de la couche de forme. Son rôle est de résister aux efforts verticaux transmis par la couche de base, et d'assurer un bon report des charges sur les couches inférieures afin que les pressions qui en résultent au niveau du support restent dans des limites admissibles. Selon la nature du trafic, elle est constituée de grave naturelle ou traitée. Son épaisseur peut varier de 20 à 60 cm en fonction de la qualité du sol d'assise, du type de trafic et des risques de gel.

7.5.   La couche de base

La couche de base est l'élément de structure soumis directement aux efforts provenant des couches de surface. Elle permet également le réglage des pentes de la chaussée. Selon la nature du trafic, elle se compose de grave naturelle ou traitée, ou de matériaux concassés (photo 4.7).

Photo 4.7 • *Mise en place de la couche de base en matériaux concassés.*

7.6.   La couche de liaison

La couche de liaison correspond à la partie inférieure des éléments de surface. Couche intermédiaire anti-orniérage, elle doit avoir une bonne planimétrie et posséder des caractéristiques mécaniques et géométriques voisines de la couche de roulement. Elle est réalisée avec des bétons bitumineux ou en béton de gravillons. Dans ce dernier cas, elle fait partie intégrante du revêtement superficiel.

7.7.   La couche de roulement

La couche de roulement correspond au revêtement superficiel de la chaussée. Elle doit présenter les caractéristiques requises pour répondre aux contraintes dues à la circulation des véhicules : freinages et arrêts brusques, démarrages, virages serrés et manœuvres diverses. Elle possède également de bonnes qualités de surface : être parfaitement unie, offrir une adhérence satisfaisante, ne pas constituer une source de nuisances sonores.

Le matériau retenu répond à cinq critères d'importance différente ; certains étant contradictoires entre-eux. Ils dépendent de la localisation de la voie et de la nature du trafic et portent sur :

– les caractéristiques superficielles : planimétrie (écoulement des eaux de ruissellement), rugosité (qualité d'adhérence), acoustique (absence de bruits de roulement), étanchéité ;

– la durabilité : résistance au trafic (résistance à l'usure et à l'abrasion), aptitude aux réparations, facilité d'entretien ;

– la facilité de mise en œuvre ;

– l'esthétique : couleur, forme, aspect ;

– l'aspect économique.

Plusieurs matériaux peuvent être retenus. Le choix est effectué en fonction du type de voie et de trafic, un ou plusieurs des critères ci-dessus étant privilégiés.

Ces matériaux sont soit naturels (pavés ou dalles en pierre), soit à base de matériaux agglomérés à l'aide de liants hydrocarbonés (enrobés ou enduits superficiels, asphalte) ou de liants hydrauliques (béton coulé ou pavés en béton).

La constitution de la chaussée peut être simplifiée et ne pas comprendre la totalité des couches énoncées précédemment. C'est le cas lorsque le support est de bonne qualité, que le trafic est faible ou que les matériaux utilisés sont à base de liants hydrauliques (la couche de roulement est confondue avec la partie supérieure de la couche de base).

Afin d'éviter toute déformation anormale de la chaussée, les voies ou les aires recevant une circulation lourde font l'objet d'un traitement particulier, tant pour la fondation que pour le revêtement superficiel.

8. L'exécution des travaux

Dans la mesure du possible, ces travaux sont effectués dans des périodes en dehors des intempéries, surtout lorsqu'ils sont exécutés sur des sols argileux. De plus, il convient de vérifier que tous les réseaux et les branchements passant sous la voirie ont été posés et que les tranchées ont été remblayées convenablement avant d'entreprendre les couches de surface.

Après les terrassements, un profilage du fond de forme, suivi d'un compactage, est réalisé. Puis, selon la composition de la chaussée, chaque couche est appliquée successivement, en contrôlant leur bonne altimétrie et la qualité des matériaux employés. Parallèlement, les caniveaux et les bordures de trottoir sont coulés ou mis en place alors que des dispositions sont prises pour évacuer les eaux de pluie ou de ruissellement à l'aide de caniveaux et de grilles.

Dans les groupes d'habitation ou les lotissements, lorsque les chaussées sont exécutées avant les constructions et assurent la desserte du chantier, il est recommandé de ne pas appliquer la couche de finition. Celle-ci est mise en place en fin des travaux de construction des bâtiments après avoir purgé les zones dégradées et reprofilé la voie. Cette

manière de procéder entraîne un léger surcoût mais évite bien des désagréments.

Avant l'application de la couche de roulement, tous les ouvrages situés sous la chaussée sont mis à niveau : bouches et regards des canalisations, grilles d'évacuation des eaux de ruissellement, etc. (fig. 4.27).

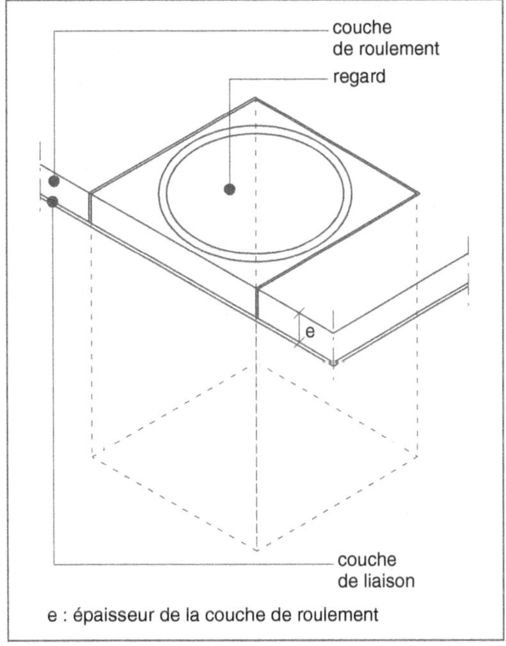

Fig. 4.27 • *Mise à niveau des ouvrages annexes (regard de visite).*

8.1. Les chaussées en produits bitumineux

Ces chaussées demandent un soin particulier dans l'exécution des couches supérieures. L'épandage des matériaux enrobés se fait à l'aide d'un finisseur alimenté directement par les camions équipés de bâches afin d'éviter un refroidissement rapide des matériaux (photo 4.8). Un compactage permet d'obtenir les performances souhaitées tout en conservant les caractéristiques superficielles du produit, compatibles avec les conditions de sécurité et de confort.

167

Photo 4.8 • *Mise en œuvre de la couche de roulement en béton bitumineux.*

Préalablement à leur mise en place, le support est balayé puis reçoit une couche d'accrochage à base de bitume. La qualité du travail nécessite un état de surface du support satisfaisant et des conditions météorologiques acceptables, garantie d'une bonne exécution et d'une bonne stabilité dans le temps. Sur de petites surfaces, la mise en œuvre peut être manuelle.

Les enduits superficiels sont répandus en une ou deux couches de gravillons concassés, agglomérées à la sous-couche par imprégnation ou pénétration de liants hydrocarbonés, suivi d'un compactage.

8.2. Les chaussées en béton de ciment

Elles sont réalisées selon quatre procédés adaptés à la classe de trafic et à la superficie à traiter (fig. 4.28) :

– les dalles courtes non armées non goujonnées (BC) ;
– les dalles courtes non armées goujonnées (BCg) ;
– les dalles de béton liaisonnées (BCl) ;
– le béton armé continu (BAC).

Fréquemment la couche de base et la couche de roulement forment une seule et même couche relativement épaisse. Le support de celle-ci doit assurer le drainage de

l'eau interstitielle, sans libérer les fines. Avant le coulage, il doit être parfaitement réglé, nivelé, propre et suffisamment humidifié pour ne pas absorber l'eau du béton. Si nécessaire, une couche anticontaminante peut être interposée.

Les techniques de mise en œuvre sont adaptées au type de chaussée à réaliser. Le coffrage des rives est positionné de manière à servir de repère pour l'épaisseur du bétonnage. Afin de limiter les contraintes en rive des dalles, une surlargeur est prévue (fig. 4.29). Elle varie de 0,25 m pour les chaussées à faible trafic (classe inférieure ou égale à T3) à 0,75 m pour les chaussées à fort trafic (supérieur ou égal à T1).

Pour de faibles superficies, le coffrage peut être provisoire, exécuté à l'aide de madriers, ou définitif formé d'une bordure, d'une rangée de dalles ou de pavés. Pour les grands chantiers, le matériel utilisé (vibro-finisseur, coffrage glissant) permet l'exécution de l'ensemble des opérations : coffrage, mise en place du béton, vibration et lissage.

Les équipements sont groupés en trois grandes familles.

8.2.1. Le type A

Il comprend un ensemble de coffrage et un dispositif de vibration de surface prenant appui sur les coffrages. La vibration du béton n'est efficace que sur une quinzaine de centimètres.

8.2.2. Le type B

Il comporte un ensemble de coffrage, une batterie d'aiguilles vibrantes et un moule qui s'appuie sur les coffrages. La vibration s'effectue en profondeur.

8.2.3. Le type C

Ce type correspond à l'appareil à coffrage glissant qui se compose des coffrages, d'un dispositif de répartition latérale du béton et

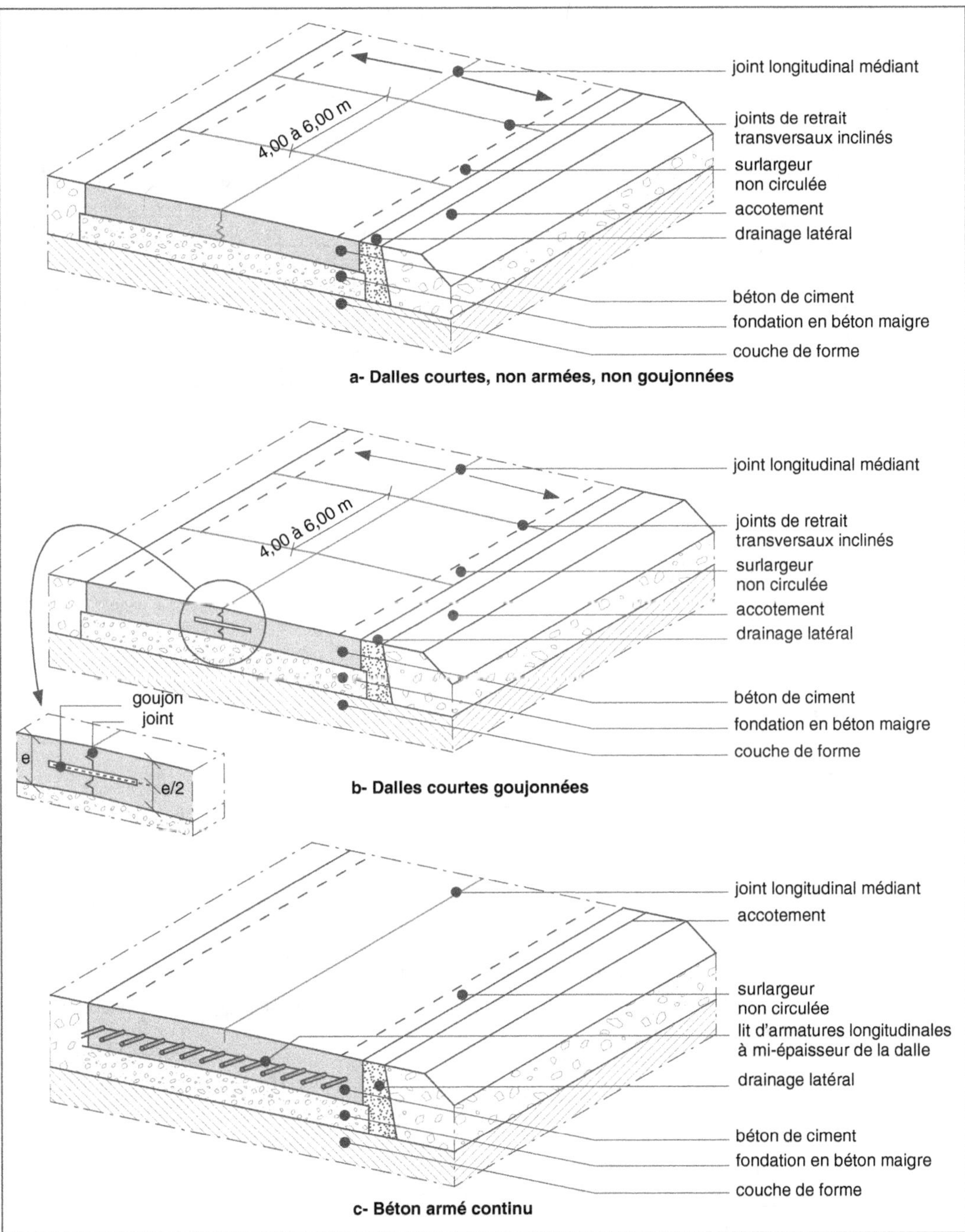

Fig. 4.28 • *Chaussée en béton de ciment.*

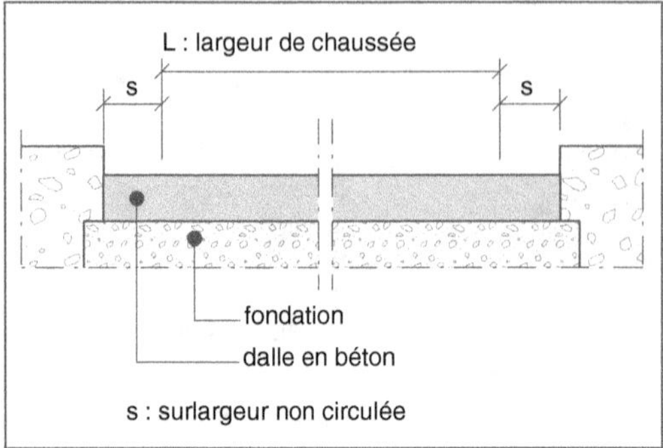

Fig. 4.29 • *Surlargeur des dalles en béton de ciment.*

d'une batterie d'aiguilles vibrantes. Les éléments coffrants sont mis en place en prenant pour référence soit la couche sur laquelle roule la machine, soit les ouvrages latéraux, soit une ou deux lignes de guidage.

Lorsque la chaussée est réalisée en béton non armé, quel que soit le procédé retenu, il est nécessaire de prévoir des joints longitudinaux et transversaux ayant pour rôle de localiser les fissurations (fig. 4.30). Ces joints sont positionnés de manière régulière suivant un calepinage* afin d'éviter tout point faible, en particulier dans le cas d'intersec-

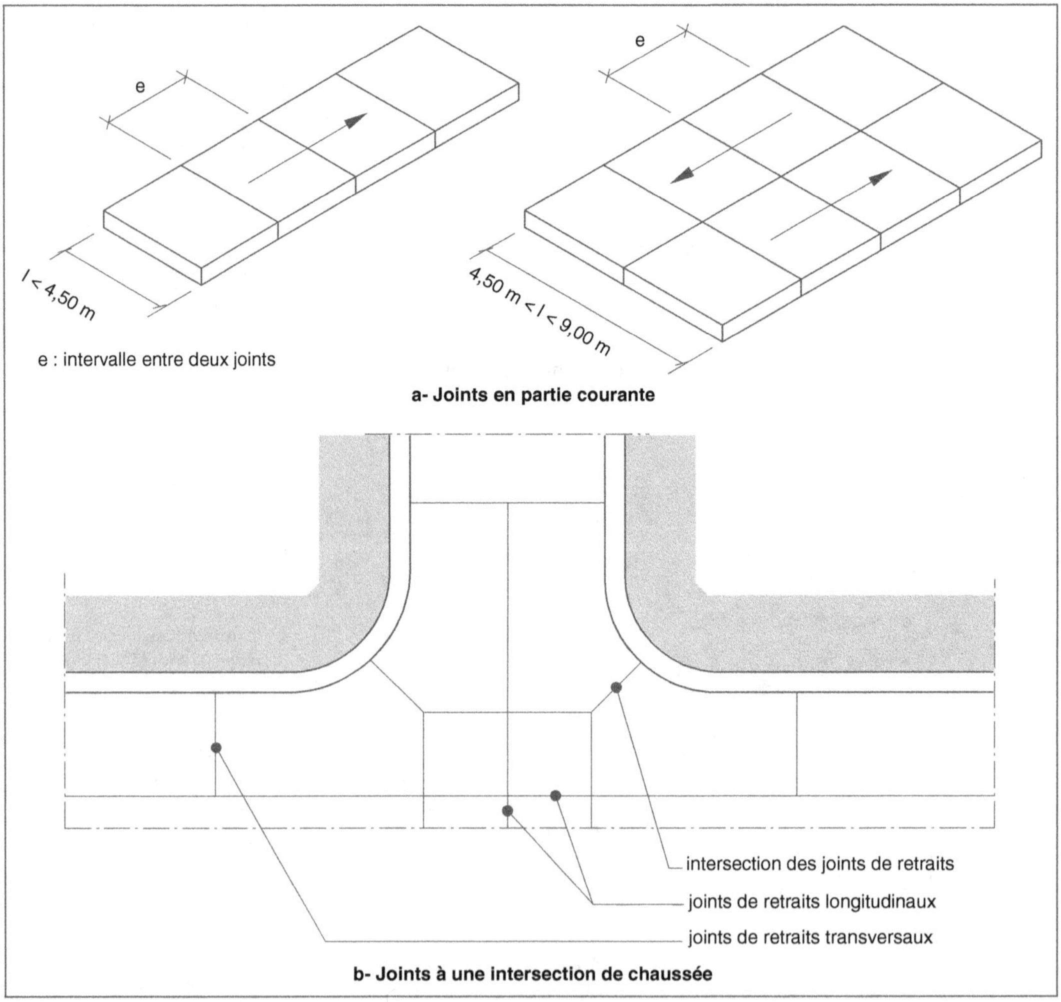

Fig. 4.30 • *Calepinage des joints de retraits d'une chaussée en dalles de béton non armé.*

tion de deux voies (angle rentrant, drainage, différence d'épaisseur) ou d'un raccord avec une chaussée en matériaux enrobés. Ils sont convenablement garnis avec un produit souple et étanche pour éviter tout risque d'infiltration dans le corps de la chaussée. Pour les chaussées de faible largeur (inférieure à 4,50 m), le béton est coulé en une seule passe, sans joint longitudinal.

8.3. Les chaussées en pavés

Les chaussées en pavés imposent l'étude d'un calepinage avant tout début d'intervention. La pose s'effectue à joints droits ou croisés, perpendiculairement ou en diagonale par rapport à l'axe de la voie, en arc de cercle, etc. (fig. 4.31, photos 4.9).

Les pavés sont placés sur un lit de pose constitué par une couche de sable, de sable stabilisé (dosage de 100 à 150 kg de ciment par m^3 de sable sec) ou de mortier maigre malaxé mécaniquement (dosage de l'ordre de 250 kg de ciment par m^3 de sable sec). Ces deux derniers supports sont obligatoirement retenus dans la construction de chaussée en pente. L'épaisseur du lit de pose, de l'ordre de 3 à 4 cm (tab. 4.6), selon le matériau constituant les pavés, doit être constante afin d'éviter tout risque de tassement ou de point dur (fig. 4.32). Il est nivelé à la règle et exécuté à l'avancement.

Les joints entre les pavés sont remplis en sable, en sable stabilisé ou en coulis de ciment avant le compactage qui assure une bonne stabilisation du matériau. La pose à joints vifs est également admise. Selon le mode de pose, des joints de dilatation sont ménagés à intervalle régulier.

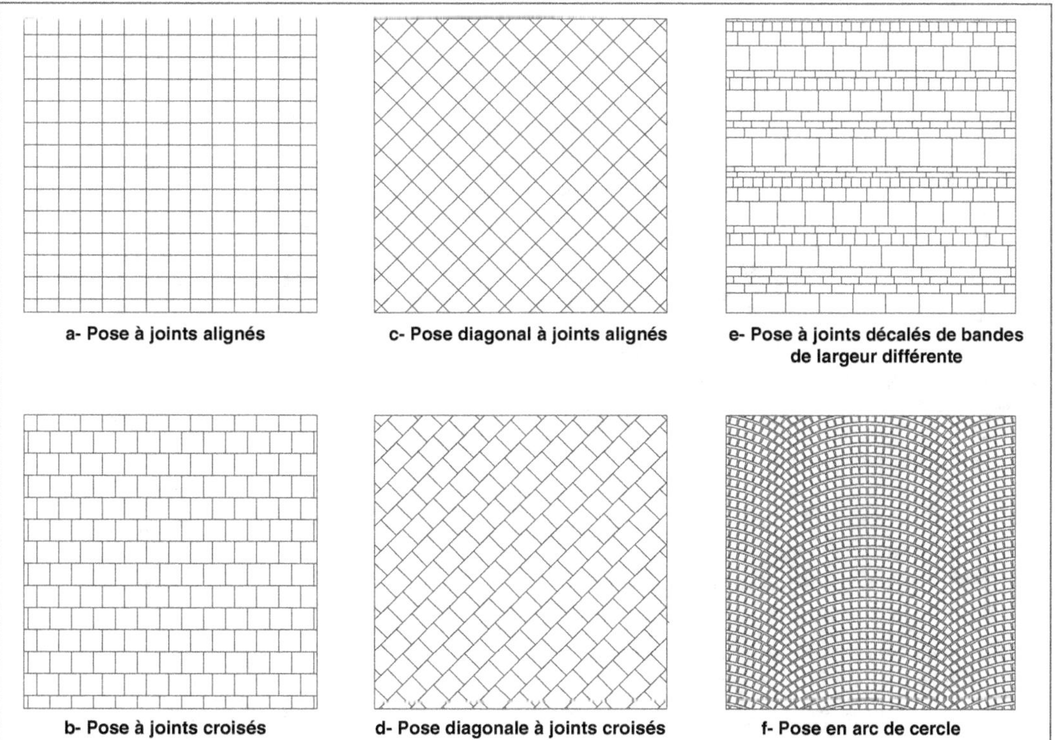

Fig. 4.31 • *Chaussée en pavés – Calepinage.*

Photo 4.9a • *Pose au cordeau à joints croisés de pavés de granite.*

Photo 4.9b • *Pavage concentrique.*

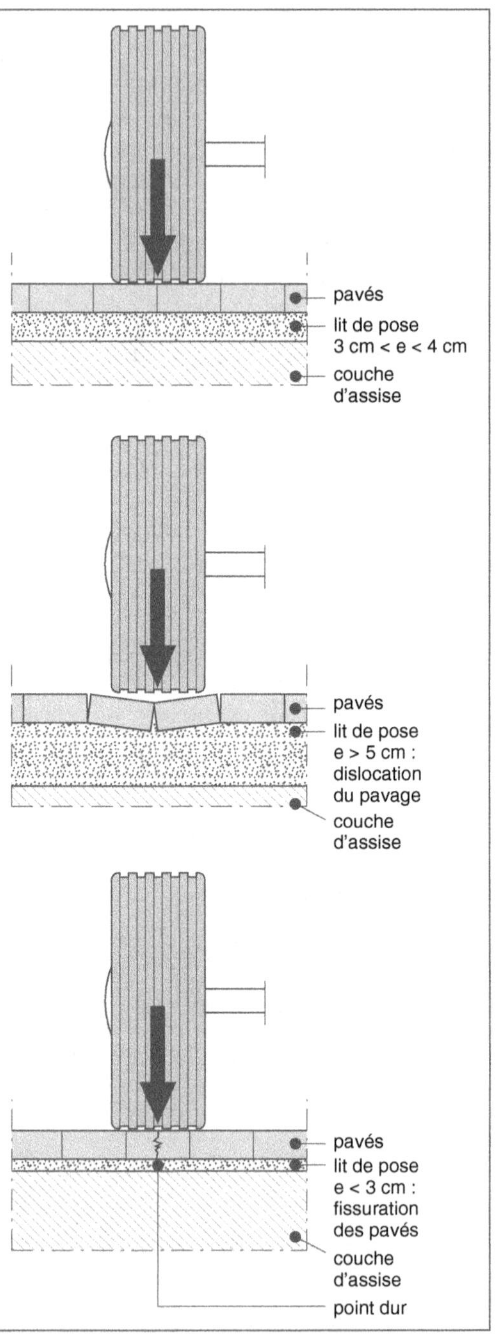

Fig. 4.32 • *Chaussée en pavés – lit de pose.*

La mise en œuvre sur les couches inférieures s'effectue de la manière suivante (fig. 4.33) :

– pour les chaussées légères et les trottoirs, directement sur le terrain convenablement compacté, avec interposition d'une couche de réglage en grave-ciment de 8 à 10 cm d'épaisseur ;

– pour les chaussées dites souples, sur les couches d'assise en grave naturelle ou en grave bitume ;

NATURE DU MATÉRIAU	NATURE DU LIT DE POSE	ÉPAISSEUR (cm)
Pavés en béton	Sable Sable stabilisé Mortier maigre	3
Dalles en béton	Sable Mortier maigre	3 4
Pavés et dalles en basatine	Sable Sable stabilisé	3 à 4
Pavés en pierre naturelle – épaisseur ≤ 8 cm – épaisseur > 8 cm	Sable Sable Mortier maigre [1]	4 5 4

(1) : Matériau admis uniquement pour des surfaces inférieures à 60 m^2.

Tab. 4.6 • *Voirie en pavés ou en dalles – Épaisseur du lit de pose.*

– pour les chaussées dites rigides, sur les couches d'assise en grave ciment ou en béton dosé à 250 kg/m^3.

Ces couches ont une épaisseur compatible avec l'intensité, la qualité du trafic (poids lourd, trafic normal ou important, voies piétonnes…) et la portance du sol support.

La réalisation des rives fait l'objet d'un soin particulier. En effet, le choix du système adopté pour le blocage latéral des pavés est en relation étroite avec la reprise des efforts horizontaux prévisibles. Souvent, ce blocage est réalisé à l'aide d'éléments préfabriqués en béton posés sur une fondation en béton de classe B16 (résistance à la compression à 28 jours égale ou supérieure à 16 MPa). Ces composants sont des bordures de trottoir, des caniveaux ou des bandes structurantes (fig. 4.34). Ils peuvent être également coulés *in situ*.

Un mixage du choix entre les différents matériaux de pavage agrémente l'aspect général de la voirie et matérialise des zones

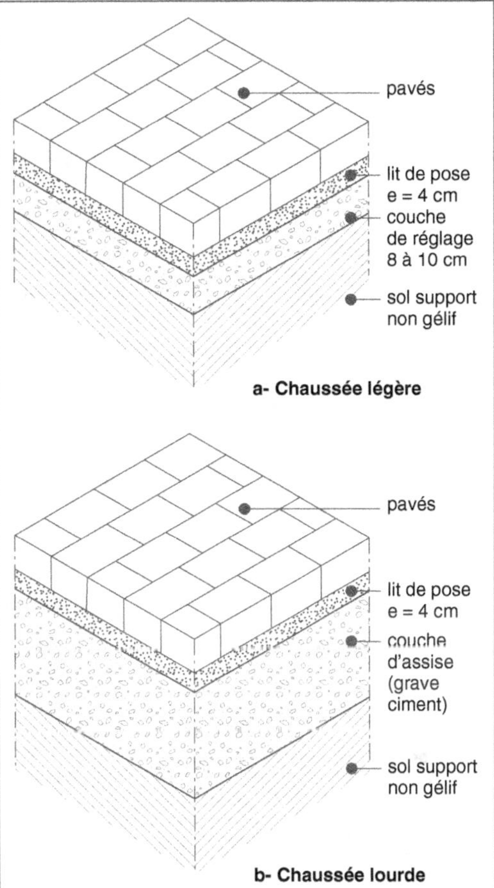

Fig. 4.33 • *Composition d'une chaussée en pavés (sur sol porteur).*

spécifiques : aire de stationnement, passage piétons, etc. (photo 4.10).

9. Les aires de stationnement

Les aires de stationnement constituent un complément indispensable de la voirie et des bâtiments, qu'elles soient destinées à l'habitation, au tertiaire, aux activités industrielles ou commerciales (photo 4.11). Le nombre de places est précisé dans les documents d'urbanisme.

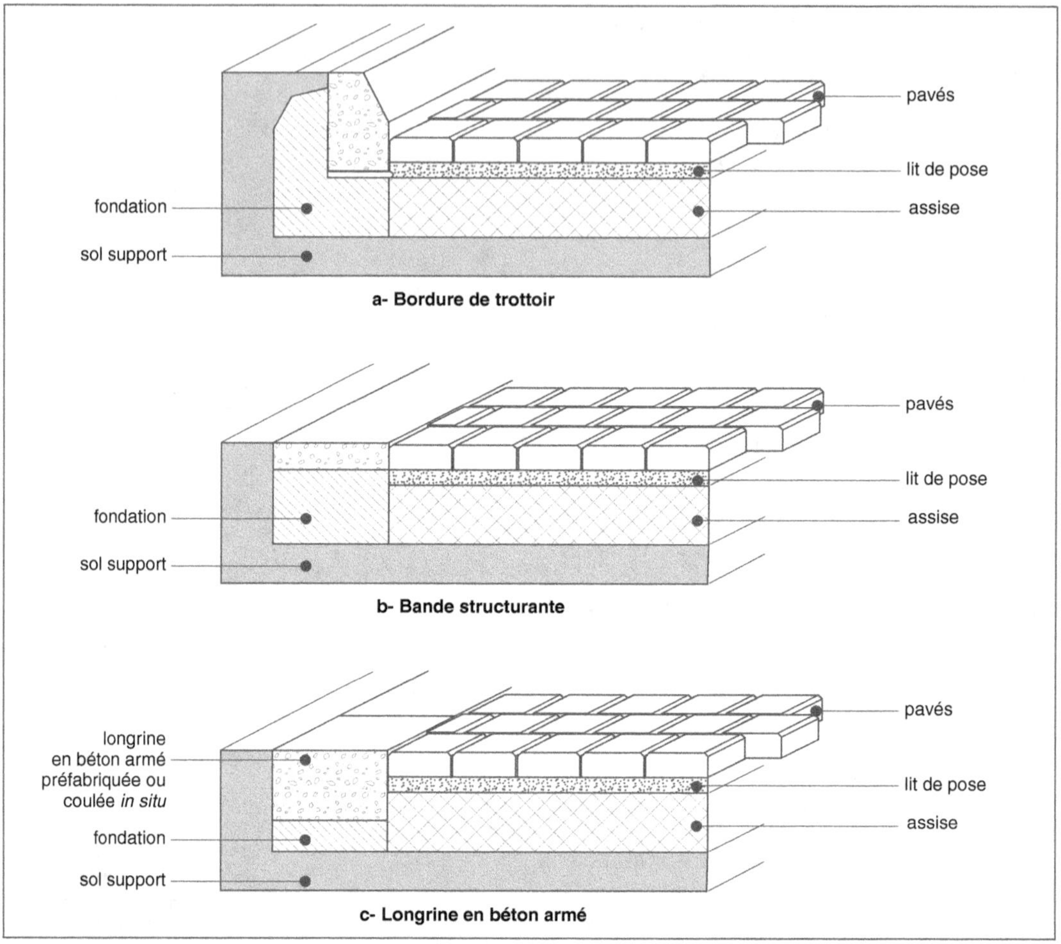

Fig. 4.34 • *Blocage des rives d'une chaussée en pavés.*

Photo 4.10 • *Combinaison de revêtements de chaussée : enrobés et pavés en béton.*

Photo 4.11 • *Aire de stationnement.*

Plusieurs dispositions peuvent être retenues pour le stationnement des véhicules légers, étant entendu que les autres véhicules (poids lourds, cars) s'arrêtent sur des aires aménagées spécialement à cet effet.

Le principe le plus courant consiste à prévoir une bande de stationnement en long d'un côté ou des deux côtés de la voirie ou, plus rarement, en partie centrale (fig. 4.35). Cette bande peut faire partie intégrante de la chaussée et être signalée par une peinture au sol ou être différenciée de la voie par une bordure basse ou par un revêtement superficiel différent, un pavage par exemple.

Les dimensions des places sont fixées en fonction du gabarit des véhicules (tab. 4.7), du mode de stationnement et de la largeur de la voie de desserte. Elles doivent permettre d'effectuer des manœuvres aisées en toute sécurité. Lorsqu'il est longitudinal, parallèle à la voie de circulation, les places ont une longueur de 5 à 5,50 m et une largeur de 2 à 2,20 m ; la chaussée ayant une largeur minimale de 3,50 m.

Dans les lotissements ou dans certains petits groupes d'habitation les véhicules sont regroupés sur des espaces comprenant quelques places de stationnement en talon. Cette disposition dégage totalement la voirie et assure une plus grande sécurité (fig. 4.36).

Dans les groupes d'habitation importants, les zones commerciales ou industrielles, des emplacements sont réservés au stationnement des voitures. Ils peuvent couvrir des surfaces importantes (fig. 4.37). Les places sont généralement disposées de part et d'autre d'une voie de desserte, parallèlement, perpendiculairement (en talon) ou en épis (à 45 ou à 60 °), afin d'occuper un minimum d'emprise au sol. Les pentes du revêtement superficiel sont définies de manière à recueillir les eaux de pluie et de ruissellement dans un réseau de canalisations dimensionnées en fonction des quantités importantes d'eau à évacuer. Afin de former un espace paysager, des écrans de verdure peuvent séparer ces aires des circulations principales, tandis que la plantation d'arbres judicieusement disposés crée des zones d'ombre.

Le stationnement des poids lourds et des cars fait l'objet d'études spécifiques tant pour le dimensionnement des places que pour la composition des chaussées.

Sur la base d'une longueur utile de 5 m, il existe une corrélation étroite entre la largeur des places, leur disposition et la largeur de la voie (fig. 4.38).

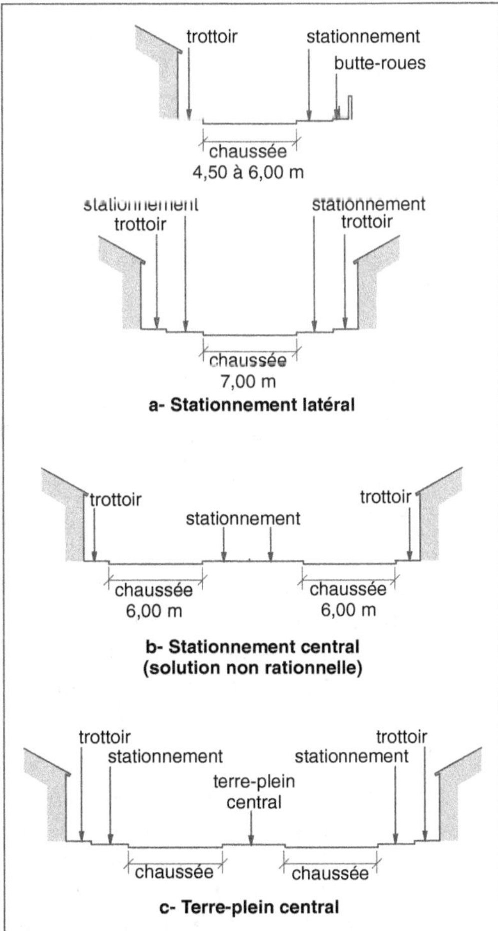

Fig. 4.35 • *Principes de stationnement en long.*

Véhicule	Longueur	Largeur [(1)]	Hauteur	Rayons de braquage	
				entre trottoirs	entre murs
	(m)	(m)	(m)	(m)	(m)
Smart	2,500	1,515	1,549	4,350	–
Twingo	3,433	1,630	1,423	4,825	5,000
C3	3,850	1,667	1,519	5,050	
Berlingo	4,108	1,719	1,802	5,535	5,775
Xsara	4,188	1,705	1,405	5,350	–
Picasso	4,276	1,751	1,637	5,725	–
Espace	4,517	1,810	1,690	5,300	5,800
C5	4,618	1,770	1,476	5,900	
Combi Club 27 C	4,655	1,998	2,130	5,500	–
Safrane	4,768	1,816	1,435	5,400	5,700
Audi A8	5,034	1,973	1,436	6,150	–
Master	5,640 à 5,721	2,000 à 2,266	2,430 à 2,690	7,175	7,565

(1) : Largeur hors encombrement des rétroviseurs

Tab. 4.7 • *Caractéristiques de quelques véhicules.*

Exemples de dimensions minimales :

Stationnement en talon (perpendiculaire) :
– une voie de 4,30 m de large dessert des places de largeur ≥ 2,40 m ;
– une voie de 4,80 m de large dessert des places de largeur ≥ 2,30 m ;
– une voie de 5,30 m de large dessert des places de largeur ≥ 2,20 m.

Stationnement en épis suivant un angle de 60° :
– une voie de 3,80 m de large dessert des places de largeur ≥ 2,40 m ;
– une voie de 4,15 m de large dessert des places de largeur ≥ 2,30 m ;
– une voie de 4,50 m de large dessert des places de largeur ≥ 2,20 m.

Stationnement en épis suivant un angle de 45° :
– une voie de 2,80 m de large dessert des places de largeur ≥ 2,40 m ;
– une voie de 3,00 m de large dessert des places de largeur ≥ 2,30 m ;

– une voie de 3,20 m de large dessert des places de largeur ≥ 2,20 m.

La réglementation impose de prévoir des emplacements spécifiques réservés aux handicapés moteurs. Une surlargeur de 0,80 m permet l'utilisation d'un fauteuil roulant (fig. 4.39). Ils sont repérés par une signalétique au sol ou sur un panneau.

Le revêtement superficiel des aires de stationnement est souvent le même que celui des voies d'accès. Les places sont délimitées soit par l'utilisation de bandes de matériaux différents (pavés en pierre ou en béton), soit à l'aide de bandes peintes, moins onéreuses mais moins fiables.

Une autre solution consiste à réaliser les aires de stationnement à l'aide de dalles alvéolées en béton, en polyéthylène haute densité ou en PVC. Les vides sont remplis de terre végétale de manière à former une pelouse (fig. 4.40 et photo 4.12).

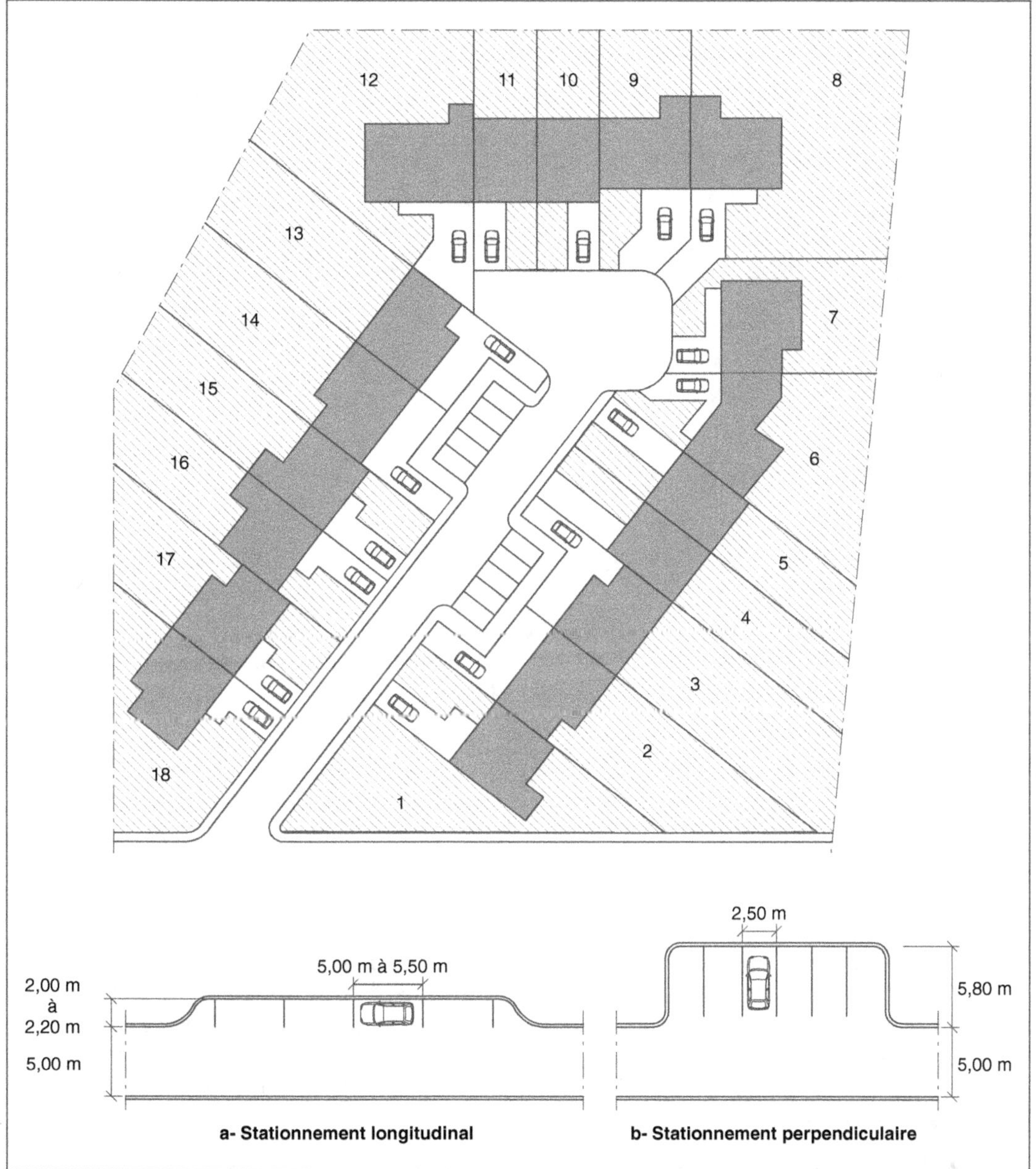

Fig. 4.36 • *Aire de stationnement dans un lotissement.*

En béton, posés sur une fondation adéquate, les éléments peuvent supporter la circulation et le stationnement de véhicules lourds. En résine synthétique, les éléments, d'une hauteur de 5 cm, sont disposés sur un lit de pose en sable de 3 à 4 cm étendu sur une couche de fondation de 20 à 30 cm en grave. L'intérêt de ce système est d'augmenter la surface engazonnée produisant un triple effet :

– agrémenter les abords des immeubles ;
– réduire le ruissellement ;

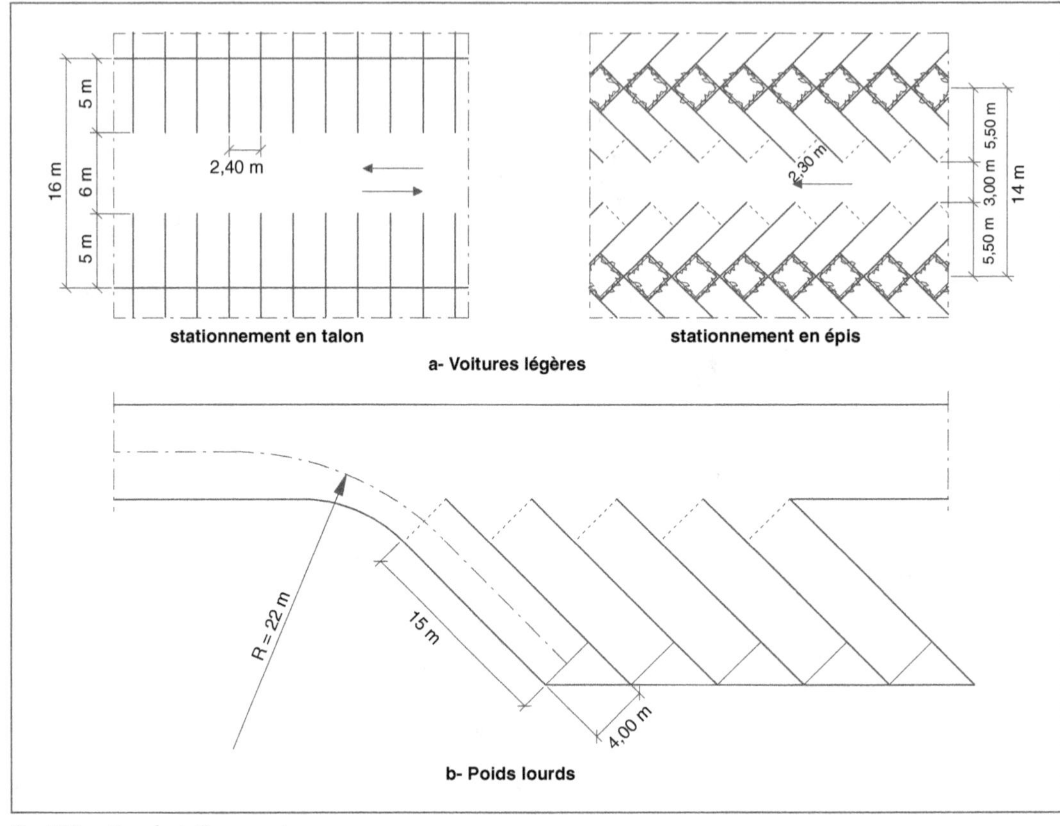

Fig. 4.37 • *Aires de stationnement.*

– améliorer l'infiltration des eaux de pluie avec, comme résultante directe, la diminution de la section des collecteurs.

10. Les trottoirs et les voies piétonnes

Dans la voirie, les trottoirs et les voies piétonnes jouent un rôle précis puisque ce sont eux qui canalisent la circulation des piétons afin de la rendre indépendante du trafic et du stationnement des véhicules. Alors que les trottoirs viennent en complément des chaussées et permettent de sécuriser les piétons, les voies piétonnes correspondent à des éléments de voirie strictement réservée à l'usage des personnes. Toutefois, certains véhicules peuvent y être admis à titre exceptionnel (camions de livraison ou de déménagement, véhicules de secours).

10.1. Les trottoirs

Les trottoirs sont réalisés selon des dispositions adaptées aux caractéristiques de la voirie, à la localisation et à l'importance du flux piétonnier (fig. 4.41).

Normalement, une voirie comporte une chaussée d'une largeur correspondant au trafic qu'elle supporte et deux trottoirs

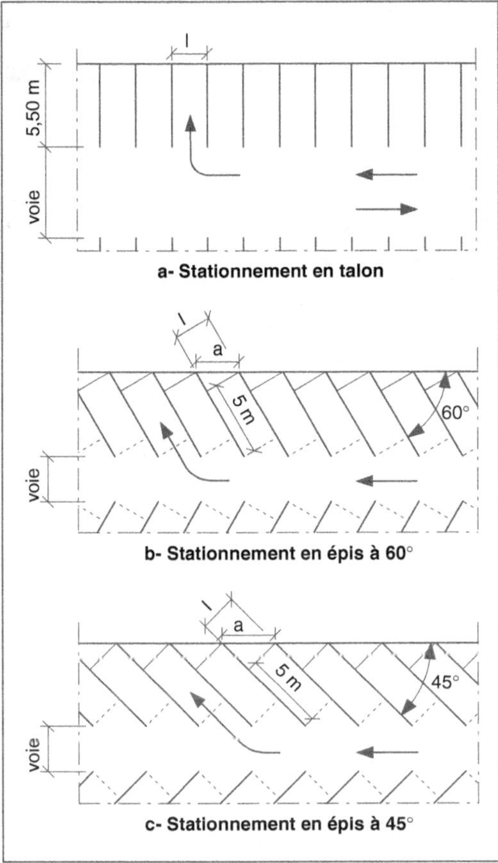

Fig. 4.38 • *Corrélation entre la disposition du stationnement et le dimensionnement.*

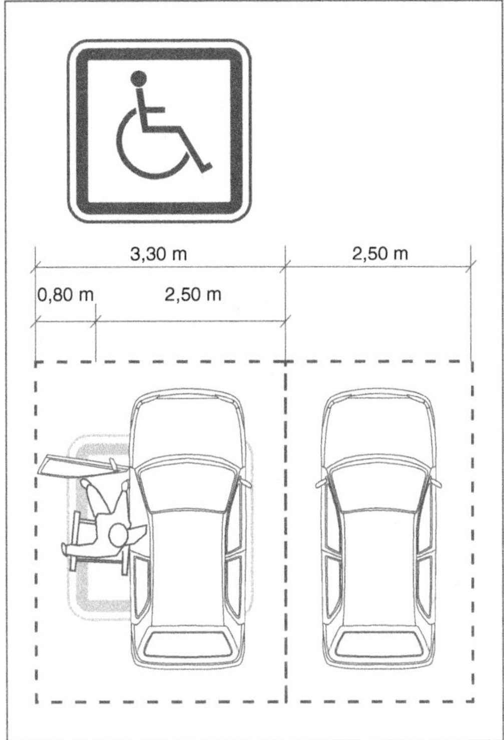

Fig. 4.39 • *Place reservée aux handicapés moteurs.*

d'une largeur minimale utile de 1 m. Toutefois, dans les groupes d'habitation, l'un des trottoirs peut avoir une largeur de l'ordre de 1,50 à 2,00 m alors que l'autre est constitué par un simple butte-roues (photo 4.13).

Sur les voies importantes, un espace planté séparant les trottoirs de la circulation des véhicules assure une plus grande sécurité pour les utilisateurs. Une piste cyclable peut être aménagée, à condition qu'elle soit distincte de la partie réservée aux piétons. La séparation est matérialisée par un obstacle physique tel qu'une haie ou une bordure (fig. 4.42).

Pour les voies ou les antennes des lotissements d'habitation, supportant un faible trafic, les trottoirs peuvent être supprimés. Une bande matérialisée par un revêtement de sol différent (béton coulé en place ou pavage) distingue la partie empruntée par les piétons de celle réservée aux véhicules.

La largeur des trottoirs est déterminée en fonction du flux piétonnier. Elle varie de 0,80 à 2,00 m ou 3,00 m selon la zone desservie par la voirie ou les activités qu'abrite la rue (tab. 4.8). Toutefois, elle doit tenir compte des éléments qui sont implantés sur le trottoir et en réduisent d'autant la largeur disponible (poteaux de signalétique ou autres, bornes d'incendie, candélabres, mobilier urbain, plantations éventuelles). C'est pourquoi, il convient de retenir la lar-

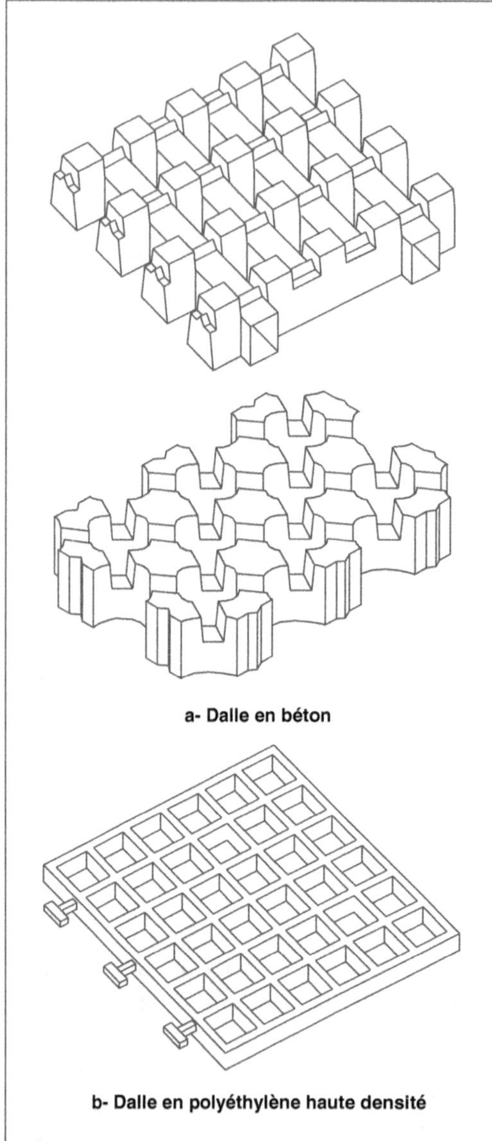

a- Dalle en béton

b- Dalle en polyéthylène haute densité

Fig. 4.40 • *Dalles pour aire de stationnement.*

Photo 4.12 • *Zone de stationnement – Revêtement en alvéoles creuses en PVC.*

tons ne s'engagent directement sur la chaussée.

La pente transversale des trottoirs est de l'ordre de 1 à 3 % afin de diriger les eaux de ruissellement vers le caniveau, en limite de chaussée. Elles sont collectées dans des grilles ou des avaloirs.

10.2. Les voies piétonnes

Les voies piétonnes sont des éléments de voirie réservés aux piétons, séparés en permanence ou temporairement de la circulation routière. Elles sont créées dans les secteurs résidentiels ou urbanisés à forte implantation commerciale. Les allées piétonnes permettent également de relier de manière directe des secteurs résidentiels avec des pôles d'activités différentes : centre ville, administratif, commercial, scolaire. Leur largeur est déterminée en tenant compte d'un croisement aisé des flux piétonniers. Elle est de l'ordre de 2,00 à 2,50 m pour tenir compte de l'implantation de panneaux de signalétique, de mobiliers urbains et de plantations. Elle est portée à 3,50 ou 4,00 m si la circulation de véhicules est admise à titre exceptionnel.

Lorsque des passages couverts sont prévus, la hauteur libre est au moins de 2,50 m ; toutefois, cette hauteur peut être

geur utile, à condition que tous les obstacles potentiels soient bien positionnés (fig. 4.43).

Afin d'assurer la sécurité au droit de certaines activités (écoles, commerces, etc.), une surlargeur peut être réalisée (fig. 4.44). Si besoin est, des barrières viennent compléter cet aménagement afin d'éviter que les pié-

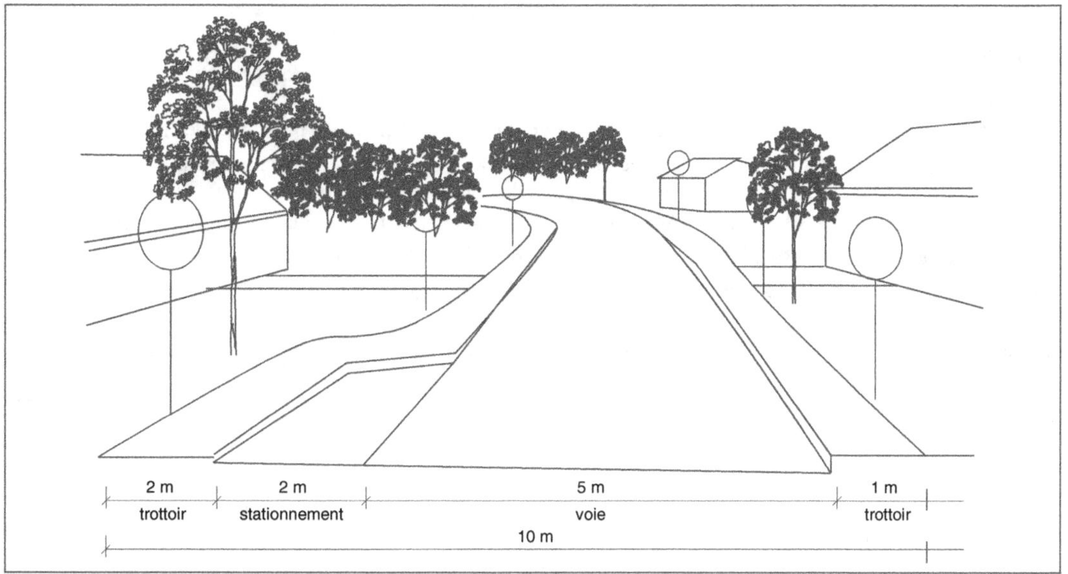

Fig. 4.41 • *Configuration de trottoir dans un groupe d'habitation.*

Photo 4.13 • *Voie de desserte avec trottoir latéral et butte-roues.*

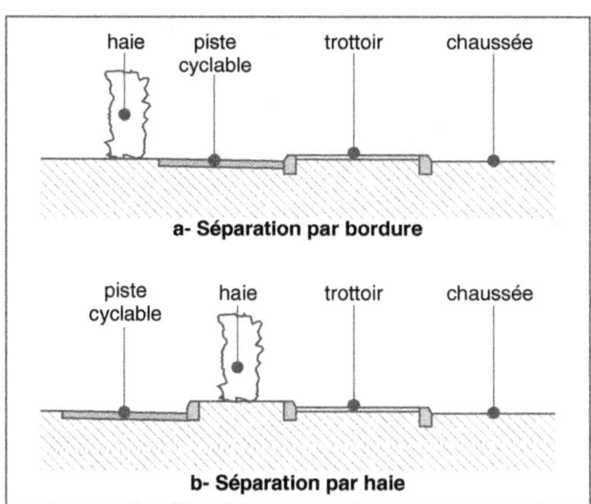

Fig. 4.42 • *Séparation entre trottoir et piste cyclable.*

réduite à 2,35 m sur un cheminement dont la longueur n'excède pas 2,00 m (fig. 4 45)

L'écoulement des eaux de ruissellement est obtenu grâce à une pente longitudinale et transversale, la collecte s'effectuant dans des grilles positionnées en point bas (fig. 4.46).

10.3. *La constitution des trottoirs et des voies piétonnes*

Comme pour les chaussées, les trottoirs et les voies piétonnes comprennent plusieurs couches, afin de reporter les charges sur le sol d'assise. Elles sont de moindre importance compte tenu du fait que, sauf cas exceptionnels, ils n'ont pas à supporter, même provisoirement, la circulation ou le stationnement de véhicules lourds ou légers. Ils ne sont pas conçus et réalisés à cet effet. Si tel n'est pas le cas, au droit des entrées charretières par exemple, des dispositions techniques particulières sont prises. Les couches d'assise sont renforcées à l'aide de

NATURE DU TROTTOIR	LARGEUR LIBRE (m)	UTILISATION COURANTE
Butte-roues	< 0,50	Circulation interdite aux piétons
Trottoir étroit	< 0,80	Ne permet qu'un flux de circulation sans possibilité de croisement
	0,80 à 1,00	Un seul flux de circulation sans possibilité de croisement. L'utilisation de landaus est possible, sans doublement ni croisement
Trottoir normal	1,30 à 1,50	Admet deux flux de circulation. Deux landaus se croisent difficilement
Zone résidentielle	1,80 à 2,50	Admet deux flux de circulation sans restriction
Zone commerciale	3,00 ou plus	Admet deux flux de circulation. Possibilité de placer des étals de vente de marchandises
Surlargeur	3,00 à 3,50	Au droit de la sortie des élèves des groupes scolaires, des galeries marchandes…

Tab. 4.8 • *Dimensions des trottoirs*

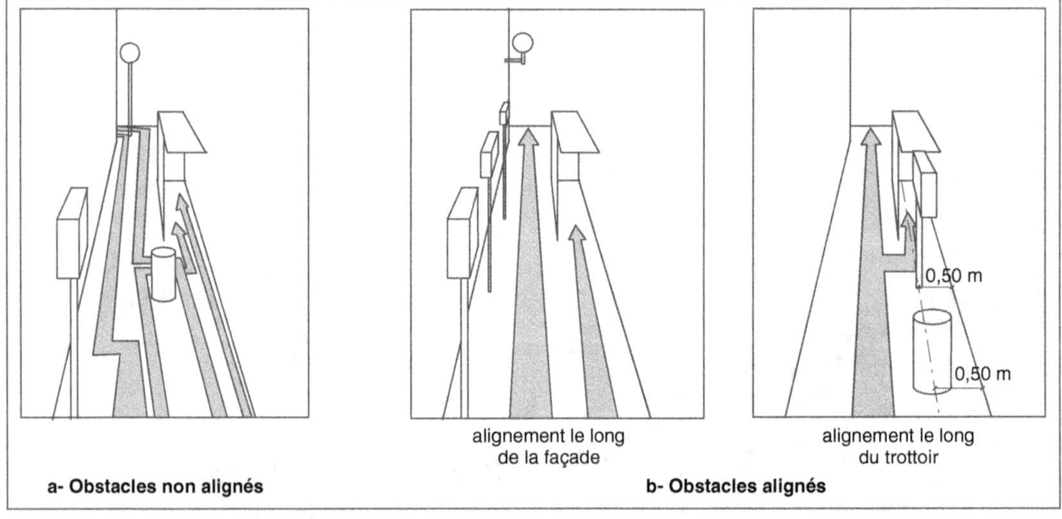

Fig. 4.43 • *Obstacles potentiels sur un trottoir.*

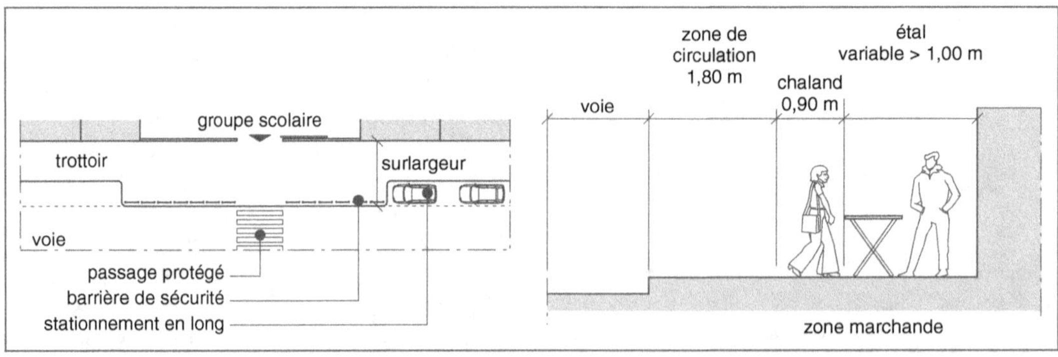

Fig. 4.44 • *Surlargeur des trottoirs.*

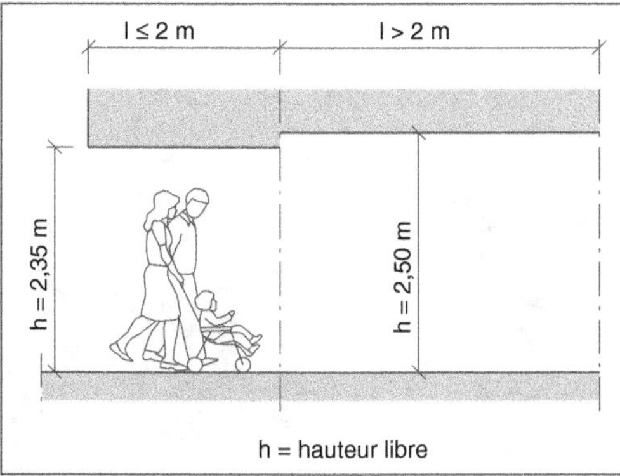

Fig. 4.45 • *Passage piéton couvert.*

grave ciment ou d'une dalle en béton coulée *in situ* lorsque des véhicules lourds empruntent ces passages.

Les différentes couches sont les suivantes (fig. 4.47) :

– une fondation en grave naturelle ou traitée de 15 à 30 cm d'épaisseur, suivant la qualité du sol support ;

– une couche de réglage en matériaux concassés de 5 à 10 cm d'épaisseur ;

– une couche de revêtement superficiel.

Ces deux dernières couches peuvent être confondues en une seule.

Les matériaux retenus comme revêtement sont choisis pour leurs caractéristiques mécaniques et esthétiques, une bonne intégration dans l'environnement étant recherchée. La combinaison de plusieurs produits peut être envisagée, car elle offre une meilleure lisibilité. Les différentes solutions sont les suivantes :

● **les produits dits noirs** tels que l'enrobé à chaud ou à froid, noir ou teinté, l'asphalte, l'enduit superficiel ;

● **les produits dits blancs**, à base de béton, comme le dallage de béton coulé *in situ*, traité ou non en surface (photo 4.14) ;

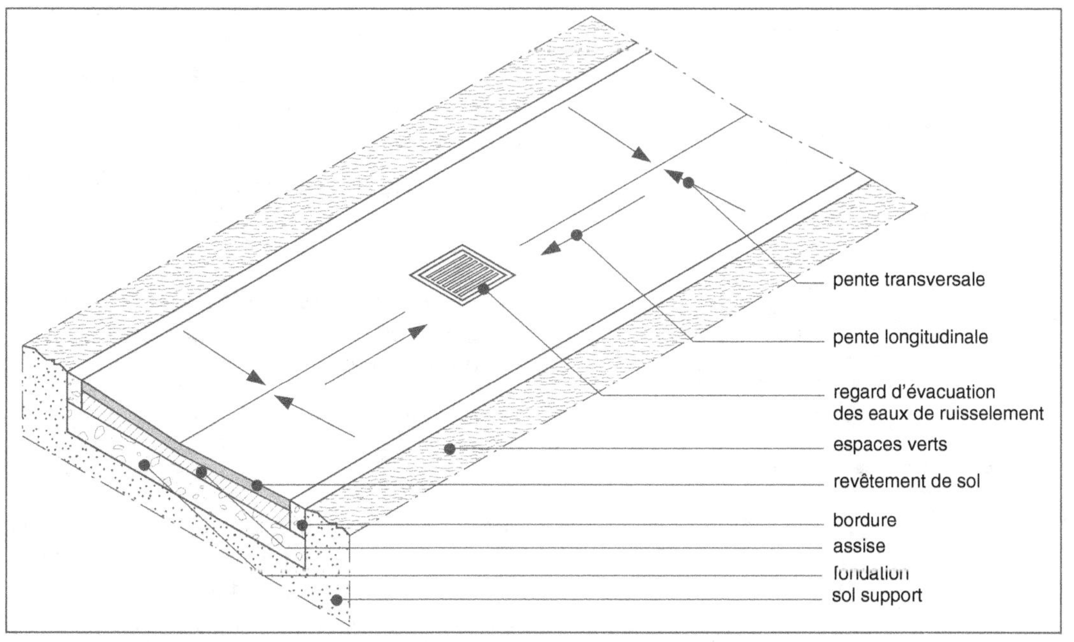

Fig. 4.46 • *Allée piétonne.*

183

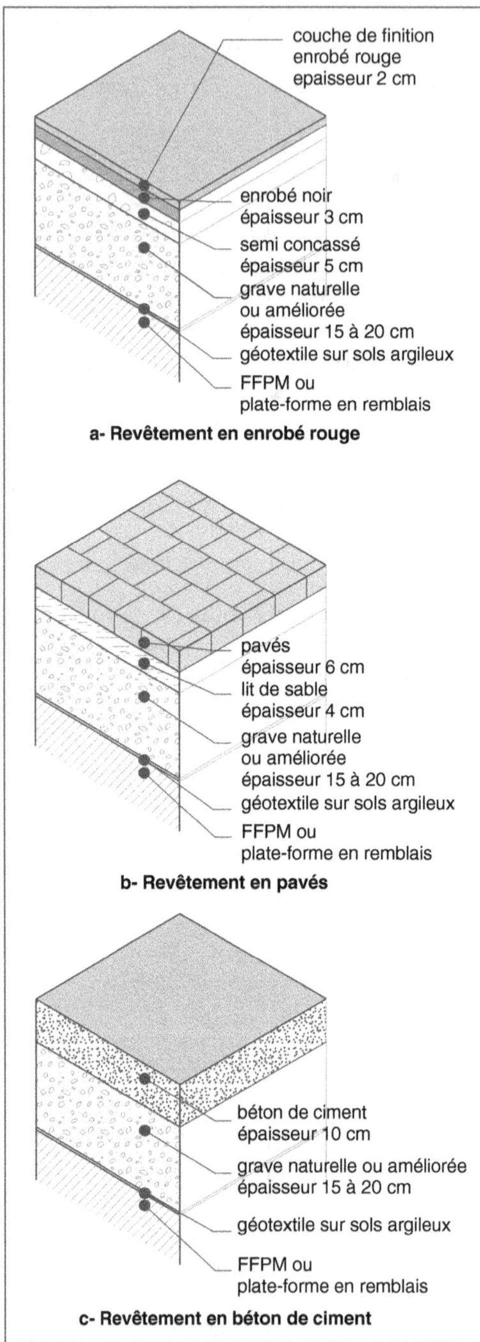

Fig. 4.47 • *Constitution de trottoirs sur sols non porteurs.*

Photo 4.14 • *Allée piétonne en béton traité.*

- **les pavages en béton** sur un lit de pose en sable et une couche de réglage, selon un calepinage étudié à l'avance ; les pavés sont de type classique, carré ou rectangulaire, ou de type autobloquant ;

- **les terres cuites et les grès non gélifs** utilisés dans les voies exclusivement piétonnes ;

- **les pierres naturelles** sous forme de pavés ou de dalles, en granit, porphyre, basalte ou grès ;

- **les sols stabilisés**, mélange argilo-sableux compacté avec une couche de finition en sable concassé ou en gorre*.

Cette dernière solution est économique mais fragile ; elle nécessite un entretien permanent. Ce choix est à éviter sur des voies en pente par suite des risques d'érosion dus aux eaux de ruissellement.

Les travaux ne sont entrepris qu'après le passage des réseaux enterrés, le positionnement et la mise à niveau des regards afin d'obtenir un bon raccordement du revêtement.

10.4. Les bordures de trottoir

La séparation entre la chaussée réservée à la circulation des véhicules et le trottoir utilisé par les piétons est assurée par une bordure. Celle-ci, en pierre dure (granit, porphyre) ou en béton préfabriqué est posée sur une fondation de béton. Par rapport au fil d'eau du caniveau, la dénivellation est de l'ordre de 12 à 15 cm. Elle est ramenée à 5 cm afin de former un bateau au droit des entrées charretières. Elle est réduite à 2 cm pour permettre le passage des personnes à mobilité réduite se déplaçant avec un fauteuil roulant (fig. 4.48).

Les bordures sont mises de niveau et alignées à l'aide d'appareils de visée. Elles sont posées sur une fondation en béton de classe B16 dont les dimensions sont telles qu'elle dépasse d'au moins 10 cm de part et d'autre de la bordure. Elle constitue un épaulement continu de manière à caler la bordure afin d'éviter tout déplacement sous l'action des véhicules (fig. 4.49 et photo 4.15).

10.5. Insertion des personnes handicapées

L'insertion des personnes handicapées répond à une réglementation spécifique (décret 99-756 et arrêté du 31 août 1999 modifié et complété). Elle tient compte de l'importance de la localité où sont effectués les aménagements (moins de 5 000 habi-

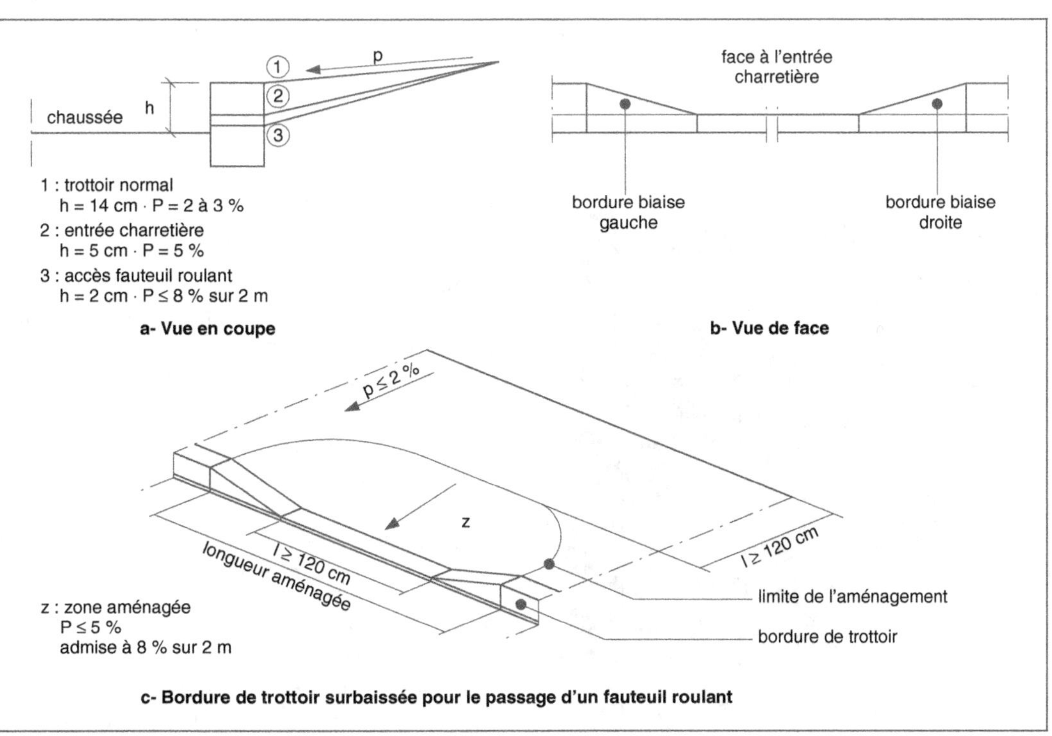

Fig. 4.48 • _Abaissement de trottoir._

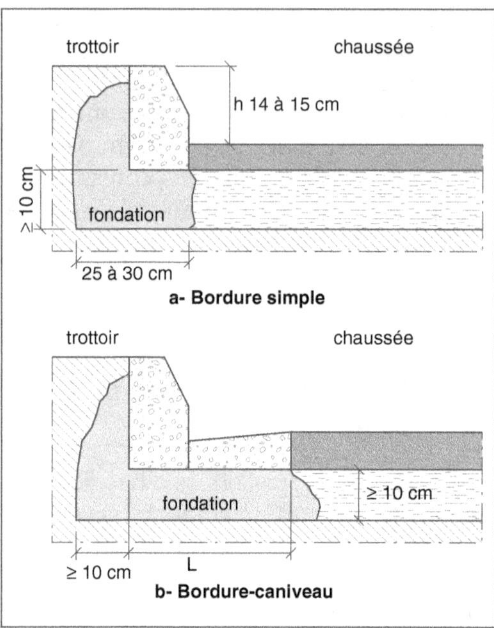

Fig. 4.49 • *Pose de bordures de trottoir.*

Photo 4.15 • *Pose de bordures de trottoir.*

tants, plus de 5 000 habitants ou plus de 10 000 habitants).

Les personnes handicapées présentent des handicaps différents. Il convient donc d'effectuer une distinction entre les utilisateurs de fauteuil roulant (UFR), les personnes à mobilité réduite (PMR) et les personnes malvoyantes ou aveugles. Les dispositions prises pour rendre accessibles les trottoirs, les zones piétonnes ou les traversées de chaussées doivent être adaptées au type de handicap. Les principales sont décrites ci-après (fig. 4.50).

- La largeur minimale par sens de circulation est de 1,40 m, hors obstacle éventuel. Une largeur de 1,80 m permet le croisement sans difficulté.

- Sur les cheminements de largeur réduite (1,40 m), des aires sont prévues au droit des changements de direction ainsi que pour les manœuvres ou les croisements. La largeur est portée à 1,80 m sur une longueur de 3,00 m qui se répartit ainsi : une zone d'attente de 1,40 m et une zone de manœuvre de 1,60 m. L'espacement entre deux aires est inférieure à 100 m.

- La déclivité transversale, ou dévers, ne doit pas excéder 2 %.

- Seuls sont admis les ressauts qui forment une différence ponctuelle de niveaux inférieure à 2 cm. Les changements de niveaux dont la hauteur est comprise entre 2 et 15 cm font l'objet d'aménagement d'un bateau d'une largeur minimale de 1,20 m. Les ruptures de niveaux de hauteur supérieure à 15 cm nécessitent la création de rampes ou la mise en place d'équipement mécanique.

- Lorsque la zone aménagée présente un certain relief, les rampes ont une déclivité axiale maximale de 4 % sur des tronçons de 20 m séparés par des paliers horizontaux d'au moins 1,40 m de largeur. Cette

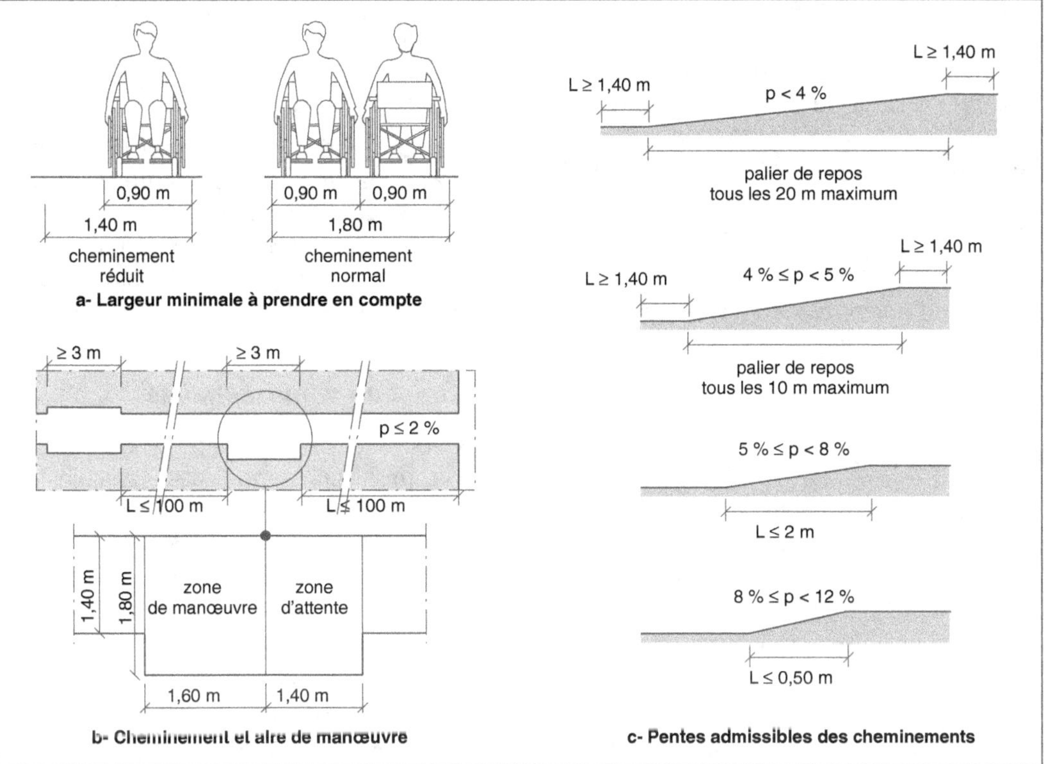

Fig. 4.50 • _Aménagements pour personnes handicapées._

pente peut être portée à 5 % sur une longueur de 10 m seulement.

- Exceptionnellement, en présence de certaines impossibilités, une pente du cheminement supérieure à 5 % est admise, sans toutefois dépasser 12 %. Ces cas correspondent à des zones avec un relief accidenté ou à des sites déjà construits. Afin d'en faciliter l'utilisation, une main courante doit être placée à une hauteur de 0,90 m au moins sur l'un des côtés.

- Le revêtement de sol doit être non meuble, non glissant à l'état sec ou mouillé et sans obstacle aux roues des fauteuils. C'est pourquoi, il convient d'employer des revêtements de sol uniformes et stabilisés, ne présentant pas de déformation au roulage du fauteuil.

- Les grilles, les tampons et les regards ne doivent pas constituer d'obstacles au sol, ni en creux, ni en bosse. Les trous et les fentes des grilles ont un diamètre ou une largeur n'excédant pas 2 cm.

- En bordure des trottoirs, une bande podotactile de revêtement perceptible par les personnes non voyantes est prévue au droit du bateau correspondant au passage protégé.

11. Les voies réservées aux engins de secours

Ces voies ont pour objectif de permettre l'intervention des secours à proximité immédiate des bâtiments afin d'atteindre tous les locaux, soit directement, soit par un parcours sûr (balcons, terrasses). Elles peuvent être implantées parallèlement ou perpendiculairement à la façade, ces dispositions étant adaptées à la destination des bâtiments (habitation ou établissement recevant du public), à la famille des immeubles à secourir et à la hauteur des échelles disponibles dans le centre de secours.

Les voies réservées aux engins de secours se subdivisent en deux sections : les voies-engins et les voies-échelles.

11.1. *Les voies-engins*

Les voies-engins sont réservées à l'accès. Selon la réglementation concernant les bâtiments d'habitation, elles ont les caractéristiques suivantes (fig. 4.51) :

– bande de roulement minimale de 3,00 m ;

– rayon intérieur minimum de courbure (R) égal à 11,00 m ; une surlargeur S = 15/R est prévue lorsque le rayon intérieur (R) est inférieur à 50,00 m ;

– hauteur libre des porches supérieure ou égale à 3,50 m, autorisant le passage des engins d'une hauteur de 3,30 m, majorée d'une marge de sécurité de 0,20 m ;

– pente maximale de 15 % ;

– structure de la chaussée calculée afin de résister à une force portante de 130 kN en charge, répartie de la manière suivante : 90 kN sur l'essieu arrière et 40 kN sur l'essieu avant, ceux-ci étant espacés de 4,50 m.

11.2. *Les voies-échelles*

Les voies-échelles permettent la circulation et la mise en station des véhicules des sapeur-pompiers munis d'échelles. Les caractéristiques précédentes sont modifiées et complétées comme suit (fig. 4.52) :

– dans les secteurs d'utilisation, la largeur libre est portée à 4,00 m sur une longueur minimale de 10,00 m ;

– la pente maximale admise est de 10 % ;

– la structure de la chaussée doit avoir une résistance au poinçonnement supérieure à 100 kN sur une surface de 20 cm de diamètre.

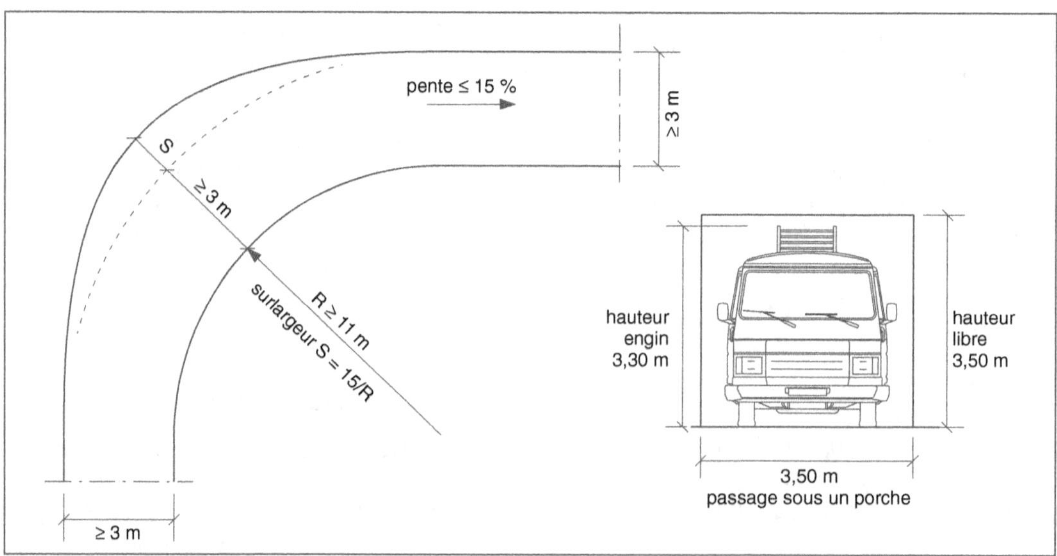

Fig. 4.51 • *Voies-engins.*

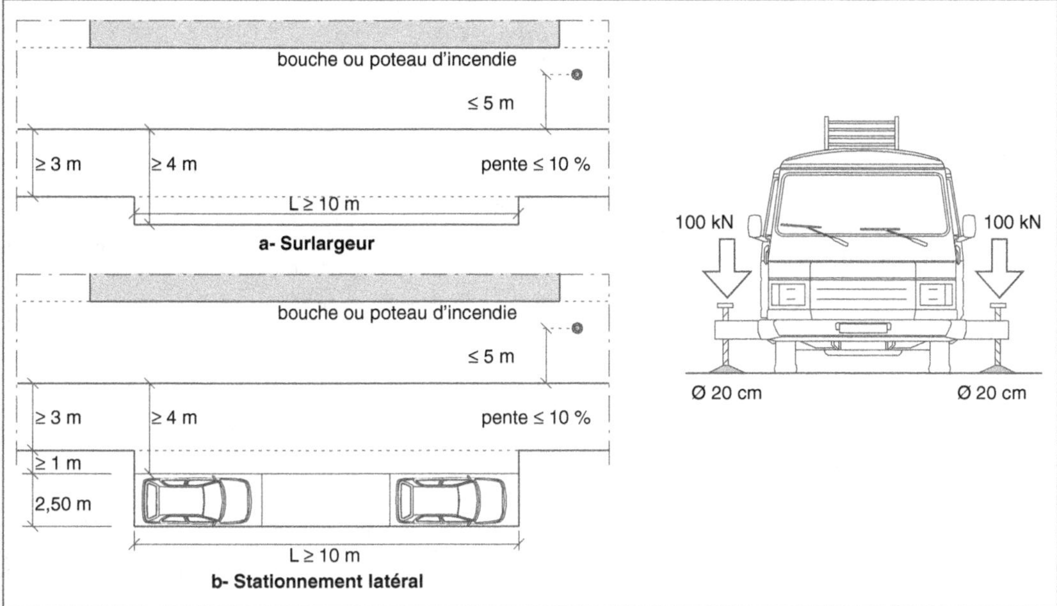

Fig. 4.52 • *Voies-échelles.*

Les voies-échelles peuvent être parallèles ou perpendiculaires à la façade accessible (fig. 4.53).

Lorsqu'elles sont parallèles, le bord le plus proche est à moins de 8,00 m et à plus de 1,00 m de la projection horizontale de la partie la plus saillante du bâtiment desservi par des échelles de 30,00 m. La distance maximale est ramenée à 6,00 m pour l'emploi d'échelles de 24,00 m et à 3,00 m pour des échelles de 18,00 m.

Lorsqu'elles sont perpendiculaires, leur extrémité est à moins de 1,00 m de la façade et leur longueur doit être supérieure ou égale à 10,00 m.

Selon la famille dans laquelle est classé l'immeuble d'habitation (fig. 4.54, tab. 4.9), d'autres dispositions peuvent être préconisées par les Services de sécurité incendie ; elles portent sur la conception des ouvrages.

Concernant les établissements recevant du public (ERP), les caractéristiques essentielles sont les mêmes que pour l'habitation, étant entendu que toutes les dispositions prises doivent obtenir l'accord des Services de sécurité incendie.

Ce type de voie, répondant aux conditions normales de circulation, est constitué suivant les techniques courantes : matériaux enrobés, béton ou pavés. L'emploi de dalles béton-gazon posées sur une fondation adéquate permet l'intégration de ces voies dans les espaces verts (photo 4.16).

12. Les matériaux

Un grand nombre de matériaux peut être utilisé dans la composition des chaussées. Ils sont d'origine naturelle ou obtenus par mélange avec des liants hydrocarbonés ou hydrauliques, éventuellement complétés avec des résines synthétiques. Le liant a pour rôle d'améliorer la cohésion entre les différents éléments. Le choix des matériaux est effectué de manière à réaliser une voirie qui réponde aux qualités requises (trafic et caractéristiques physiques et mécaniques) et

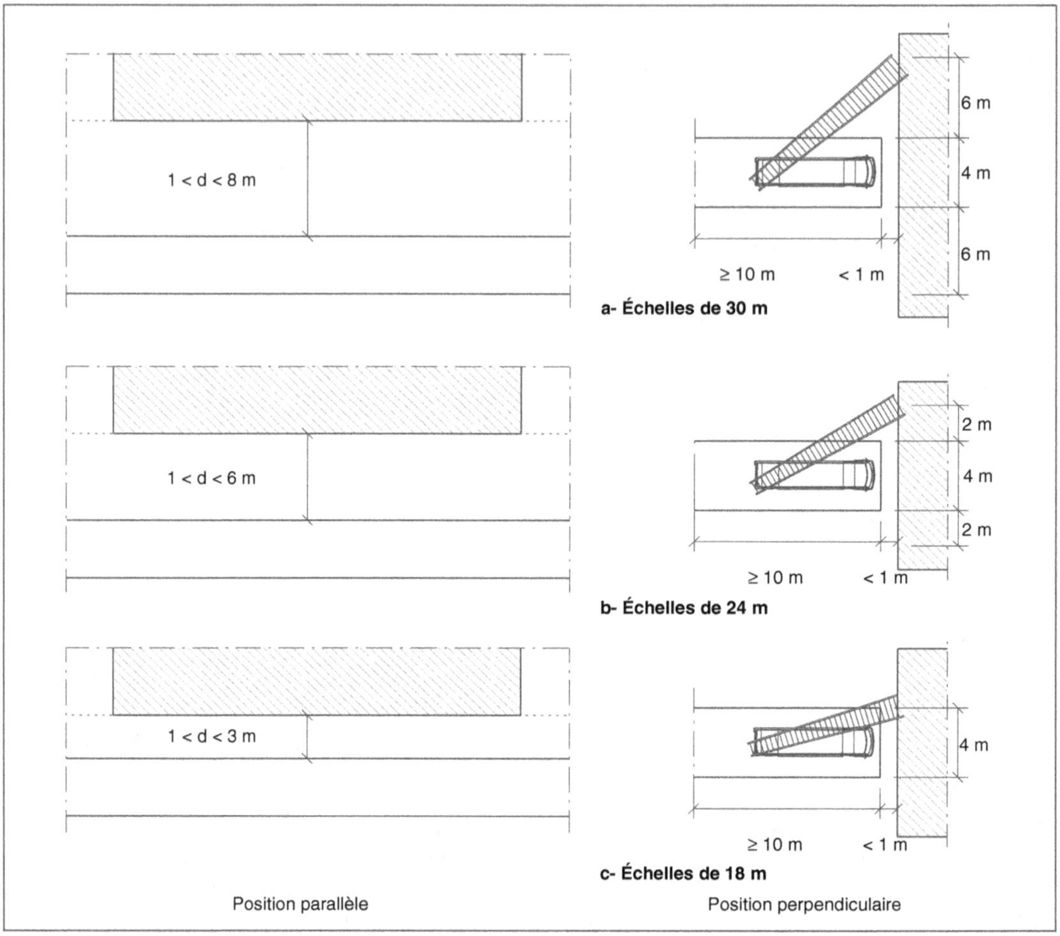

Fig. 4.53 • *Voies-échelles.*

Photo 4.16 • *Voie réservée aux engins de secours – Revêtement en dalles béton-gazon.*

selon la couche dans laquelle ils sont incorporés.

C'est ainsi qu'il convient de distinguer les graves, les produits hydrocarbonés, les bétons, les produits dérivés du béton et les matériaux naturels.

12.1. Les graves

Les graves sont des matériaux utilisés pour constituer les couches inférieures des chaussées : couches de forme et couche

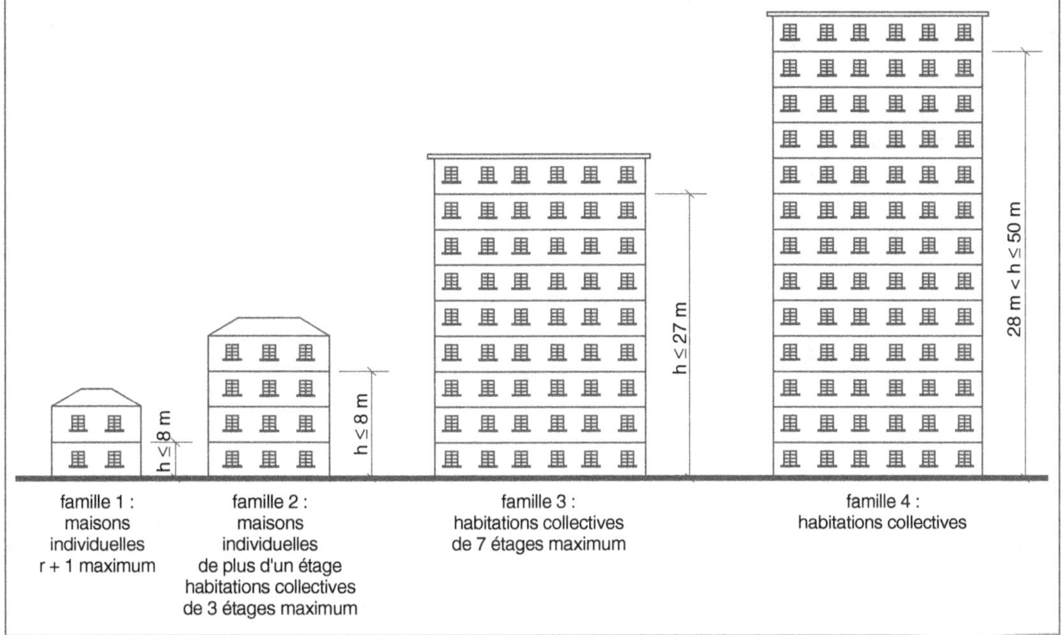

Fig. 4.54 • *Classement des bâtiments d'habitation.*

d'assise (fondation et base). En fonction du classement du trafic que supporte la voirie et de la qualité du support, les graves mises en œuvre sont soit naturelles, provenant d'une extraction en rivière ou en carrière, soit traitées par malaxage avec un liant approprié afin d'en améliorer les caractéristiques mécaniques.

12.1.1. Les graves naturelles

Les graves naturelles (GN) sont constituées par un mélange de sable, de graviers et de cailloux. Elles sont caractérisées par plusieurs paramètres :
- la courbe granulométrique qui fait apparaître, entre autres, la teneur en fines, dont l'influence sur la cohésion n'est pas négligeable ;
- la dimension D des plus gros éléments définissant les conditions d'utilisation : (D < 20 cm à 31,5 cm pour la couche de fondation et D < 14 cm à 20 cm pour la couche de base) ;
- la propreté ;

- la dureté des éléments ;
- la forme et l'angularité des granulats, les graves roulées étant réservées aux chaussées à faible trafic.

La mise en œuvre est simple et ne nécessite qu'un épandage suivi d'un bon compactage.

Les graves améliorées (GA) sont des graves dans lesquelles la courbe granulométrique est définie et recomposée avec un dosage précis des différents composants (fines, sables, graviers et cailloux) afin de répondre au mieux à son utilisation.

Les graves recomposées humidifiées (GRH) sont des graves qui comprennent un pourcentage de fines plus important. Elles nécessitent une plus grande quantité d'eau pour obtenir un meilleur compactage.

12.1.2. Les graves traitées

Les graves traitées comportent toute une gamme de produits qui répondent pratique-

FAMILLE	TYPE DE BÂTIMENT	NOMBRE D'ÉTAGES (SUR REZ-DE-CHAUSSÉE)	HAUTEUR DU PLANCHER BAS DU PLUS HAUT NIVEAU (PAR RAPPORT AU SOL) [1]	ÉCHELLE NORMALISÉE UTILISABLE
1re	Habitations individuelles [2] isolées ou jumelées	Un étage au plus	≤ 8 m	À coulisses de 8,20 m
	Habitations individuelles [2] groupées en bande	–		
2e	Habitations individuelles [2] isolées ou jumelées	Plus d'un étage	≤ 8 m	À coulisses de 8,20 m
	Habitations individuelles [2] groupées en bande	Plus d'un étage [3]	≤ 8 m	À coulisses de 8,20 m
	Habitations collectives	Trois étages au plus	≤ 8 m [4]	À coulisses de 8,20 m ou 18 m
3e	Habitations collectives	Sept étages au plus	≤ 27 m	30 m
4e	Habitations collectives	Plus de sept étages	28 m < H < 50 m	Escaliers protégés [5]

(1) : Le sol est accessible aux engins de secours.

(2) : Les habitations individuelles ne comportent pas de logements superposés.

(3) : Un étage seulement lorsque les structures de chaque habitation ne sont pas indépendantes des structures de l'habitation contiguë.

(4) : Si le plancher bas du plus haut niveau se trouve à plus de 8 m, l'escalier est cloisonné et sert de moyen d'évacuation.

(5) : L'accès des escaliers se situe à moins de 50 m de la voie accessible aux engins de secours.

Tab. 4.9 • Classement des immeubles d'habitation en famille, selon les critères de sécurité incendie (source : arrêté du 31 janvier 1986 modifié).

ment à toutes les conditions d'utilisation. Elles correspondent au mélange d'une grave naturelle et d'un liant hydrocarboné, hydraulique ou autres qui améliore la cohésion et les caractéristiques mécaniques du matériau. Le dosage en liant est faible, de l'ordre de 3 à 5 %.

Alors que les graves traitées aux liants hydrocarbonés ne peuvent servir de couche de base que pour des couches supérieures réalisées en produits noirs (bitume ou autres), les graves traitées aux liants hydrauliques peuvent recevoir indifféremment des couches supérieures en produits noirs ou en produits blancs (béton).

La grave bitume est un mélange, effectué à chaud en centrale, de granulats et de liant à base de bitume dont le dosage varie entre 3,5 et 4,5 %. Selon l'épaisseur de la couche (de 8 à 15 cm), la grave a une granulométrie 0/14 ou 0/20. Elle présente l'intérêt de constituer une couche de base permettant la circulation pendant le chantier et offre une bonne imperméabilisation évitant les infiltrations au niveau de l'assise de la chaussée. Son inconvénient réside dans la nécessité de disposer d'un matériel lourd pour son exécution et son compactage.

La grave ciment est un mélange, fabriqué en centrale, de granulats, de ciment (ciment Portland composé CEM II ou ciment de haut-fourneau CEM III), d'eau et éventuellement d'un retardateur. Le dosage est de l'ordre de 3,5 à 4 % par tonne de matériaux secs. Elle est utilisée comme couche d'assise pouvant recevoir des revêtements hydrocarbonés ou comme couche de fondation supportant une chaussée en béton. Le matériau est mis en œuvre en une couche convenablement nivelée puis compactée. Le retardateur a pour objectif d'allonger le temps de prise sur des chantiers de grande superficie.

Les autres graves traitées sont des mélanges dans lesquels sont incorporés en centrale des matériaux tels que la pouzzolane, scorie d'origine volcanique, (grave pouzzolane – chaux), le laitier, résidu provenant des hauts-fourneaux, (grave laitier), les cendres volantes, produit pulvérulent résultant de la combustion de charbon pulvérisé, (grave cendres volantes – chaux), etc. Le dosage est de l'ordre de 3 à 4 %, et leur mise en œuvre est semblable à celle de la grave ciment.

12.2. Les matériaux hydrocarbonés

Les matériaux hydrocarbonés forment la famille la plus importante des produits employés pour constituer le corps et la couche de roulement des chaussées. Leur composition comprend en général les éléments suivants :

- un squelette minéral, mélange de granulats de granularité déterminée en fonction de la qualité du produit fini et de l'épaisseur de la couche à exécuter : gravillons, sables, fines, fillers ;
- un liant hydrocarboné assurant la cohésion à l'intérieur du produit ; ce liant peut être du bitume pur, du bitume spécial ou modifié, du goudron, de l'asphalte ; le choix est effectué en fonction de la qualité du produit et de son mode de mise en œuvre ; le dosage du liant est compris entre 5 et 7 %.
- des adjuvants dont le rôle est d'améliorer les caractéristiques mécaniques et physiques du produit fini ;
- des dopes, additifs tensioactifs*, qui permettent une meilleure adhérence du liant

sur les granulats, c'est-à-dire une plus grande fiabilité du produit fini.

Les produits noirs (par opposition aux produits blancs, le béton) utilisés en couche de roulement sont d'un gris plus ou moins sombre. Ils sont teintés en rouge ou en brun-rouge par incorporation d'oxydes métalliques, moyennant un surcoût. Ils peuvent avoir une autre couleur (vert, jaune…) par l'emploi de liants synthétiques clairs ou pigmentés relativement onéreux.

Selon la nature des composants et leur mode de fabrication, les matériaux hydrocarbonés entrent dans l'une des catégories suivantes :
- les enrobés à chaud ;
- les bétons bitumineux à froid ;
- les asphaltes coulés ;
- les enduits superficiels d'usure.

12.2.1. Les enrobés à chaud

Les enrobés à chaud sont des bétons bitumineux fabriqués à chaud dans une centrale d'enrobage. Ce sont des matériaux denses dont le pourcentage des vides est de l'ordre de 5 à 12 %. Leur composition varie selon l'utilisation : en couche de roulement ou en couche de liaison. Leur excellente résistance mécanique permet de les utiliser en revêtement des chaussées recevant une circulation lourde. Ils regroupent plusieurs produits, certains étant couramment utilisés, d'autres, plus performants qui ont un emploi plus spécifique (tab. 4.10).

Les bétons bitumineux semi-grenus (BBSG) sont utilisés en couche de roulement ou en couche de liaison. La granulométrie est de 0/10 ou de 0/14, selon l'utilisation et l'épaisseur de la couche, comprise entre 5 et 9 cm. Avant la mise en œuvre des BBSG, une couche d'accrochage est appliquée de manière continue et uniforme à l'aide d'un engin mécanique de répandage afin d'assurer une meilleure liaison entre les différentes couches.

MATÉRIAUX	**GRANULARITÉ**	**ÉPAISSEUR**	
	(mm)	**MOYENNE D'UTILISATION (cm)**	**MINIMALE EN TOUT POINT (cm)**
PRODUITS COURANTS			
Bétons bitumineux semi-grenus (BBSG)			
BBSG 0/10	0/10	5 à 7	4
BBSG 0/14	0/14	6 à 9	5
Bétons bitumineux à module élevé (BBME)			
BBME 0/10	0/10	5 à 7	4
BBME 0/14	0/14	6 à 9	5
Bétons bitumineux minces (BBM)			
BBM A, B ou C 0/10	0/10	3 à 4	2,5
BBM A ou B 0/14	0/14	3,5 à 5	3
PRODUITS À UTILISATION SPÉCIFIQUE			
Bétons bitumineux très minces (BBTM)			
BBTM 0/6	0/6,3	2 à 2,5	1,5
BBTM 0/10	0/10	2 à 2,5	1,5
BBTM 0/14	0/14	2 à 2,5	1,5
Bétons bitumineux cloutés (BBC)			
BBC 0/6	0/6,3	3	2
BBC 0/10	0/10	6	4
Bétons bitumineux drainants (BBDr)			
BBDr 0/6	0/6,3	3 à 4	2
BBDr 0/10	0/10	4 à 5	3
Enrobés à module élevé (EME)			
EME 0/10	0/10	6 à 8	5
EME 0/14	0/14	7 à 13	6
EME 0/20	0/20	9 à 15	8

Tab. 4.10 • *Épaisseurs d'utilisation des bétons bitumineux.*

Les bétons bitumineux à module élevé (BBME) sont des bétons bitumineux dont le module de rigidité est supérieur à celui des bétons bitumineux semi-grenus. Ils sont répartis en deux classes, selon la granulométrie :

– BBME 0/10 : granularité 0/10 mm ;

– BBME 0/14 : granularité 0/14 mm.

Utilisés en couche de roulement ou de liaison, l'épaisseur est de 5 à 7 cm selon la classe. En couche de fondation ou de base, elle est comprise entre 7 et 15 cm

Les bétons bitumineux minces (BBM) trouvent leur emploi en couche de roulement ou en couche de liaison d'une épaisseur comprise entre 3 et 5 cm. La granulométrie est de 0/10 ou de 0/14, continue ou discontinue selon le type de produits.

Les bétons bitumineux très minces (BBTM) sont réservés à la couche de roulement. D'une épaisseur moyenne de l'ordre de 20 à 25 mm, l'épaisseur minimale en tout point ne doit pas être inférieure à 15 mm. La granulométrie peut être continue ou discontinue les granularités retenues étant 0/6,3, 0/10 et 0/14. Ils sont appliqués sur un support dont la planimétrie est parfaite, avec interposition d'une couche d'accrochage.

Les bétons bitumineux cloutés (BBC) sont des enrobés hydrocarbonés avec incorporation de gravillons (les clous) préenrobés à chaud avec un liant hydrocarboné. Les clous sont incorporés au cours de la mise en œuvre, immédiatement après le passage du finisseur et avant le compactage.

Selon la granulométrie, ils sont répartis en deux classes :

– BBC 0/6 : granularité 0/6,3 mm ;
– BBC 0/10 : granularité 0/10 mm.

L'épaisseur de la couche est comprise entre 3 et 6 cm, en fonction de la classe et de l'utilisation. Ils sont réservés aux voies devant subir un trafic lourd et important.

Les bétons bitumineux drainant (BBDr), à l'inverse des produits précédents, sont des enrobés hydrocarbonés caractérisés par une proportion élevée de vides communicants qui permettent la circulation interne des eaux pluviales. Il en résulte une grande perméabilité et une efficacité contre les projections d'eau et les bruits de roulement. C'est pourquoi ils sont préconisés en couche de surface sur des voies à fort trafic où ils assurent une bonne pénétration de l'eau dans le corps du revêtement. Ils sont obligatoirement répandus sur une couche d'accrochage qui a également une fonction d'étanchéité en rejetant les eaux en dehors de l'emprise de la chaussée. Du fait de leur structure, ils sont déconseillés dans les régions à hiver rigoureux.

Ils sont répartis en deux classes, selon la granulométrie :

– BBDr 0/6 : granularité 0/6,3 mm ;
– BBDr 0/10 : granularité 0/10 mm.

Selon la classe et l'utilisation, l'épaisseur de la couche est comprise entre 3 et 5 cm.

Les enrobés à module élevé (EME) sont des produits enrobés à chaud en centrale, dont la rigidité est supérieure à celle des graves bitumes. Ils servent à réaliser des couches d'assise, de fondation ou de base, avec des épaisseurs moindres pour de meilleurs résultats. Ils sont répartis en trois classes :

– EME 0/10 : granularité 0/10 ;
– EME 0/14 : granularité 0/14 ;
– EME 0/20 : granularité 0/20.

Selon la classe retenue, l'épaisseur de la couche en enrobés à module élevé est comprise entre 6 et 15 cm, en fonction du trafic et de la portance du sol.

12.2.2. Les bétons bitumineux à froid

Les bétons bitumeux à froid (BBF) sont des matériaux denses composés avec des granulats 0/10 ou 0/14 et un liant hydrocarboné, émulsion de bitume pur ou de bitume modifié. Ils sont malaxés à froid dans une centrale d'enrobage. Utilisés en couche de roulement, ils ont une épaisseur de l'ordre de 5 à 8 cm, pour des chaussées supportant un trafic faible ou moyen. Ne pouvant pas être stockés, ils doivent être répandus et compactés dans les vingt-quatre heures, directement sur la couche de liaison, sans couche d'accrochage.

Ils forment également une excellente sous-couche destinée à recevoir un enrobé à chaud.

Sur de grandes superficies, l'emploi d'un matériel lourd et encombrant est nécessaire. À l'inverse, ils sont généralement utilisés pour de petites surfaces inaccessibles ou pour des travaux d'entretien et de réfection qui demandent une mise en œuvre manuelle.

12.2.3. Les asphaltes coulés

Les asphaltes coulés sont obtenus par malaxage à chaud d'un mastic (liant bitumineux et poudre d'asphalte), d'un squelette minéral (sables et gravillons), de fillers* et d'adjuvants éventuels. Leur rôle est d'améliorer ou de modifier les caractéristiques des produits (tab. 4.11). Les asphaltes, très compacts, sont appliqués par coulage à chaud. Le malaxage s'effectue soit en installation mobile sur le chantier, soit en usine. Dans ce dernier cas, l'asphalte est transporté dans des camions malaxeurs chauffés, puis étendu par des moyens appropriés, manuels ou mécaniques. Exigeant une main-d'œuvre qualifiée, leur principal avantage réside dans le fait qu'ils ne nécessitent aucun compactage.

Selon la granularité des composants, ils entrent dans l'une des trois classes suivantes :

– AT : asphalte coulé pour trottoir (0/4 ou 0/6) ;

– AC_1 : asphalte coulé pour chaussée courante (0/6 ou 0/10) ;

– AC_2 : asphalte coulé pour chaussée lourde (0/10 ou 0/14).

Ils peuvent comprendre d'autres composants tels des gravillons enrobés (cloutage) ou des gravillons légers améliorant la rugosité de surface.

NATURE	EFFETS
Polymères	Effet gélifiant [1]
Fibres synthétiques	Meilleure liaison dans la masse
Soufre	Fluidifiant à basse température
Pigments	Coloration dans la masse

(1) : Utile pour la mise en œuvre d'asphalte coulé en pente.

Tab. 4.11 • *Nature et rôle des adjuvants dans la fabrication de l'asphalte.*

La mise en œuvre exige un support sec, ne présentant pas de déformations permanentes supérieures ou égales à 5 mm en surface et des conditions météorologiques favorables. L'épaisseur de la couche d'asphalte est de l'ordre de 15 à 40 mm, selon la classe et la granularité (tab. 4.12, photo 4.17).

CLASSES	GRANULOMÉTRIE	ÉPAISSEUR MINIMALE	UTILISATION
	(mm)	(mm)	
AT 0/4	0 à 4	15 à 20	Trottoir
AT 0/6	0 à 6	20 à 25	
AC_1 0/6	0 à 6	20 à 25	Chaussée courante
AC_1 0/10	0 à 10	25 à 35	
AC_2 0/10	0 à 10	25 à 35	Chaussée lourde
AC_2 0/14	0 à 14	35 à 40	

Tab. 4.12 • *Classes d'asphalte et leur utilisation.*

Photo 4.17 • *Mise en œuvre d'un revêtement en asphalte.*

Les asphaltes coulés, qu'ils soient noirs ou colorés, sont employés fréquemment comme revêtement des trottoirs et des zones où le compactage est impossible (terrasses formant parking), pour lesquelles ils présentent également l'avantage d'être étanche.

12.2.4. Les enduits superficiels d'usure

Les enduits superficiels d'usure (ESU) sont, parmi les matériaux hydrocarbonés, ceux dont la technique est la moins sophistiquée, c'est-à-dire la moins onéreuse pour la constitution des revêtements des chaussées. Relativement fragiles, ils concernent essentiellement des voies à faible circulation et nécessitent un entretien fréquent. Ils sont exécutés *in situ* par la mise en œuvre successive d'une ou de plusieurs couches de liant et d'une ou de plusieurs couches de granulats. La cohésion des composants est obtenue par un compactage soigné à l'aide d'un compacteur statique à bandage lisse.

Après avoir répandu et compacté la couche de granulats, un balayage est effectué afin d'éliminer les gravillons excédentaires et non fixés qui seraient arrachés lors de la mise en circulation. Le choix des granulats permet de jouer sur l'aspect visuel et, éventuellement, de créer des bandes de roulement de teintes différentes.

Les enduits superficiels d'usure sont caractérisés par les deux paramètres suivants :

– la structure, déterminée en fonction d'une part du nombre et de l'arrangement des couches de liant et de granulats, d'autre part de leurs classes granulaires (en général : 2/4, 4/6,3, 6,3/10, 10/14) ;

– la nature et le dosage des différents constituants.

La combinaison des couches de liant et de granulats permet de classer les enduits superficiels d'usure de la manière suivante (fig. 4.55).

- **L'enduit monocouche à simple gravillonnage**, dont la structure est consti-

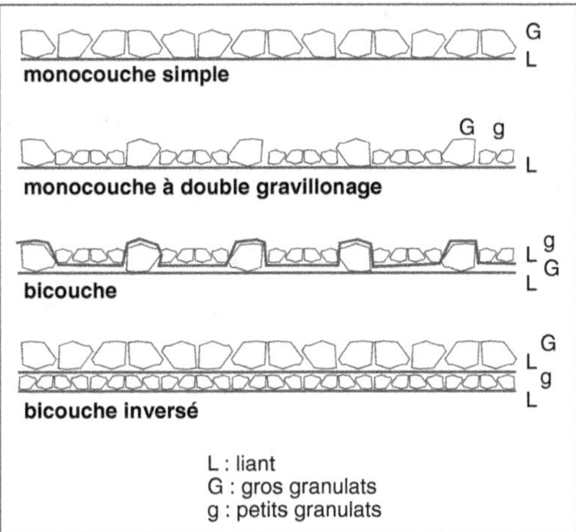

Fig. 4.55 • *Différents enduits superficiels.*

tuée successivement d'une couche de liant et d'un gravillonnage de matériaux concassés.

- **L'enduit monocouche à double gravillonnage**, qui comporte une couche de liant et deux couches de granulats, la seconde étant de classe granulaire inférieure à celle de la première.

- **L'enduit bicouche**, qui est constitué successivement d'une couche de liant, d'une couche de granulats, d'une seconde couche de liant, suivie d'une seconde couche de granulats de classe inférieure.

- **L'enduit bicouche inversé**, pour lequel, la seconde couche de granulats est de classe de granularité supérieure à la première.

L'enduit monocouche est surtout réservé aux travaux d'entretien ou au revêtement des allées piétonnes. L'enduit bicouche est parfois retenu pour des voiries secondaires à faible circulation.

12.2.5. Les conditions d'utilisation

Les conditions d'utilisation des produits hydrocarbonés sont récapitulées dans le tableau 4.13.

12.3. Le béton routier

Le béton routier est un matériau fabriqué dans une centrale où sont malaxés plusieurs constituants compatibles entre eux : des gravillons, du sable, un liant, de l'eau, un entraîneur d'air, des adjuvants et des ajouts éventuels (fibres, colorants). L'ensemble a l'aspect d'une masse plastique qui épouse toutes les formes voulues et qui durcit sous l'action de la prise du liant pour se transformer en élément monolithique. La qualité des composants, leur dosage et la présence ou non d'adjuvants permettent de fabriquer une grande variété de bétons adaptés aux ouvrages auxquels ils sont destinés.

Grâce à ses caractéristiques mécaniques le béton trouve son utilisation dans la constitution des chaussées, soit par une mise en œuvre directe sur le chantier, soit par l'emploi de composants manufacturés (pavés, dalles).

12.3.1. Le béton coulé en place

Le béton coulé en place est d'un usage courant tant pour la réalisation de voies secondaires que pour des voies routières importantes. Seules sa composition et sa mise en œuvre changent. Il est fabriqué en centrale et transporté à l'aide de bétonnières portées, le temps de parcours ne devant pas excéder 90 minutes pour une température ambiante inférieure à 20 °C.

Les chaussées sont de type rigide, reportant les contraintes sur le sol support sans exiger une grande épaisseur. Elles sont construites selon quatre grands principes. Le choix de l'un d'eux s'effectue en fonction de la classe de trafic, du type de chaussée et de la technicité de l'entreprise (tab. 4.14).

- **Les chaussées en dalles de béton** sont recoupées par des joints de retrait transversaux et longitudinaux.

- **Les chaussées en dalles de béton goujonnées**, à la différence des précédentes, comportent des goujons en acier insérés au niveau des joints transversaux. D'une longueur de 50 cm, leur rôle est d'assurer le transfert des efforts tranchants au droit des joints. Ils sont positionnés parallèlement à l'axe de la chaussée, sensiblement à mi-épaisseur des dalles.

- **Les chaussées en dalles de béton liaisonnées** comprennent, en plus, des aciers de liaison placés perpendiculairement aux joints longitudinaux, formant une couture entre les éléments.

- **Le béton armé continu (BAC)** est une technique différente, basée sur l'emploi du béton armé.

Dans les trois premiers cas, les dalles ne sont pas armées. Lorsqu'elles le sont, le pourcentage d'acier est faible, les armatures étant situées à mi-épaisseur. **Les dalles minces** correspondent à la couche de roulement, coulée sur une couche de base ou de fondation. Courtes, leur longueur n'excède pas 7,50 m. **Les dalles californiennes** sont des dalles minces et courtes sans aucun dispositif de transfert de charge au droit des joints. **Les dalles épaisses** assurent la double fonction de la couche de base et de roulement. Elles peuvent être coulées directement sur la fondation.

L'épaisseur du béton est en relation étroite avec la classe de trafic et la portance du sol support.

Pour des voies à faible trafic, de classe T6 à T3 $^+$, et une portance au moins égale à p_2, l'épaisseur optimale de béton est comprise entre 15 cm et 22 cm.

Pour des voies à trafic plus important, de classe T1 à T3, l'épaisseur de la dalle est comprise entre 20 et 28 cm. Dans certains cas, lorsque la couche de roulement et la couche de fondation sont confondues en une seule couche, son épaisseur est de l'ordre de 30 à 40 cm.

NATURE	APPELLATION COURANTE	RÉGLEMENTATION	UTILISATIONS					
			Couches de roulement	Épaisseur (cm)	Couches de liaison	Épaisseur (cm)	Couches d'assise [1]	Épaisseur (cm)
Bétons bitumineux								
• semi-grenus	BBSG	NF P 98-130	O	5 à 9	O	5 à 9	N	–
• à module élevé	BBME	NF P 98-141	O	5 à 7	O	5 à 7	O	7 à 15
• minces	BBM	NF P 98-132	O	3 à 5	O	3 à 5	N	–
• très minces	BBTM	NF P 98-137	O	1,5 à 2,5	N	–	N	–
• cloutés	BBC	NF P 98-133	O	3 à 6	N	–	N	–
• drainants	BBDr	NF P 98-134	O	3 à 5	N	–	N	–
• enrobés à module élevé	EME	NF P 98-140	N	–	N	–	O	6 à 15
• à froid	BBF	NF P 98-139	O	5 à 8	O [2]	5 à 8	N	–
Asphaltes coulés	AT	NF P 98-145	O [3]	1,5 à 2,5	N	–	N	–
Asphaltes sablés	AC	NF P 98-145	O	2,0 à 4,0	N	–	N	–
Graves-bitume	GB	NF P 98-138	N	–	N	–	O	8 à 15

(1) : En couche de fondation ou de base.

(2) : Excellente sous couche pour enrobés à chaud.

(3) : Couche de revêtement des trottoirs.

O : Oui.

N : Non.

Tab. 4.13 • *Les produits hydrocarbonés et leurs emplois.*

CLASSE DE TRAFIC	TYPE DE CHAUSSÉE					
	A	B	C	D	E	F
T6	–	–	–	O	–	O
T5	O	–	O	–	–	O
T4	O	–	O	–	–	O
T3	O	O	O	–	–	O
T2	O	O	–	–	O	–
T1	–	O	–	–	O	–
T0	–	–	–	–	O	–

A : dalles courtes non goujonnées sur fondation.

B : dalles courtes goujonnées sur fondation.

C : dalles épaisses sans fondation.

D : dalles minces.

E : béton armé continu.

F : béton de sable.

Tab. 4.14 • *Choix du type de chaussée en béton de ciment selon la classe de trafic.*

Quel que soit le mode d'exécution, des joints doivent être prévus dans la couche de béton afin de localiser les fissurations de retrait. Ces joints constituent autant de points faibles qui demandent un traitement approprié.

Les joints de retrait transversaux sont réalisés à des intervalles réguliers, plus ou moins rapprochés en fonction de l'épaisseur des dalles (tab. 4.15). Perpendiculaires à l'axe de la voie pour les chaussées à faible trafic, ils sont inclinés à 15 ° pour les voies supportant un trafic élevé (T2) (fig. 4.56). En cas de défaut du support et de l'étanchéité du joint, une cavité se forme sous les bords de la dalle aval entraînant une modification des conditions d'appui, un décalage des rives et la cassure des chants. Ce phénomène est connu sous le nom de pompage (fig. 4.57).

Les joints de construction correspondent à des joints longitudinaux, souvent situés entre deux bandes adjacentes de béton d'âges différents.

Les joints d'arrêt sont des joints qui sont réservés en fin de période de bétonnage, soit en fin de journée, soit en cours de jour-née pour tenir compte d'un temps d'attente trop long, mettant en cause la continuité de la couche répandue.

Les joints de dilatation sont destinés à absorber les mouvements longitudinaux du béton sous l'action des variations de température dues aux conditions météorologiques. Ils sont implantés de manière à éviter le transfert des efforts sur des ouvrages particuliers : regards, avaloirs, chaussée existante, etc. (fig. 4.58).

Les joints sont garnis avec des produits spéciaux, préformés ou coulés à chaud ou à froid sur un fond de joint (fig. 4.59). Les matériaux retenus doivent avoir les qualités suivantes :

– être imperméables ;

– être souples et avoir une élasticité suffisante pour assurer l'étanchéité malgré les variations dimensionnelles de l'écart entre les lèvres du joint ;

– présenter une bonne adhérence aux lèvres ;

– présenter une bonne résistance à la fatigue due aux efforts de traction et de cisaillement ;

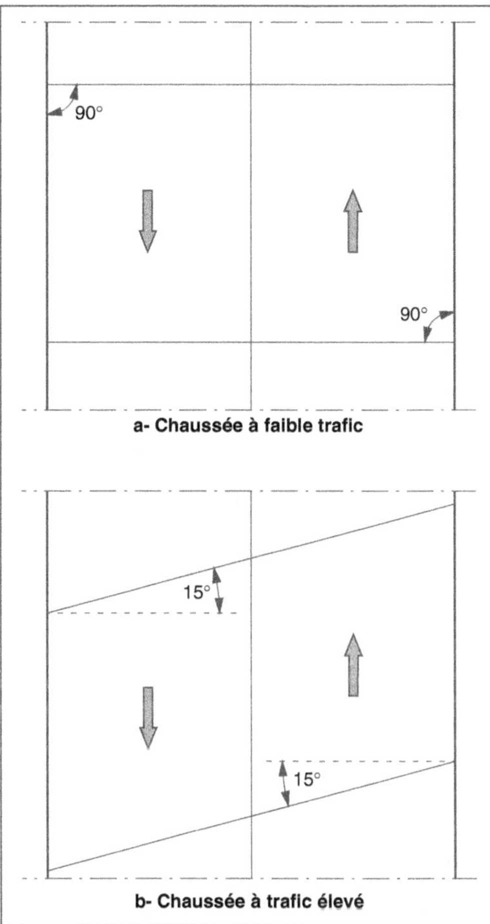

Fig. 4.56 • *Disposition des joints de retrait pour les chaussées de béton de ciment.*

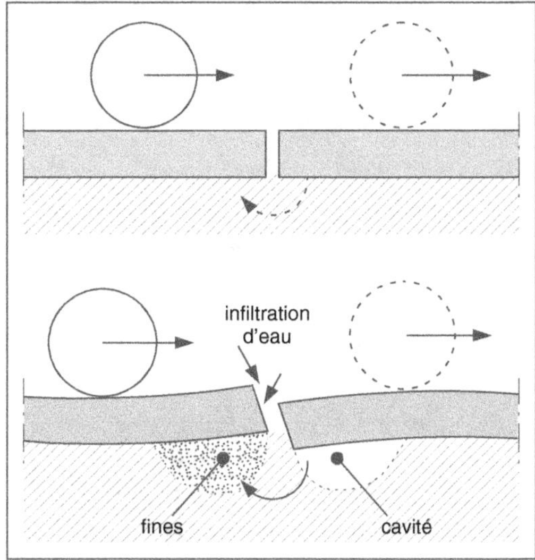

Fig. 4.57 • *Phénomène de pompage au droit du joint entre dalles de béton de ciment.*

ÉPAISSEUR DE LA DALLE	ESPACEMENT DES JOINTS
(cm)	(m)
12	3,00
13	3,25
14	3,50
15	3,75
16	4,00
17	4,25
18	4,50
19	4,75
20	5,00

Tab. 4.15 • *Espacement des joints de retrait en fonction de l'épaisseur de la dalle de béton de ciment.*

– être stables au vieillissement ;

– être insensibles aux agents chimiques.

Le béton armé continu (BAC) comporte, à mi-épaisseur de la dalle, une nappe continue d'armatures longitudinales dont le rôle consiste à répartir la fissuration transversale de retrait. En complément, des aciers de liaison peuvent être placés au droit des joints longitudinaux. D'une épaisseur variant de 16 à 22 cm, le béton armé continu est coulé sur une fondation en béton maigre épaisse d'une vingtaine de centimètres. Ces chaus-

sées sont destinées aux voies à grande circulation. Elles ne disposent pas de joints transversaux. Seuls sont prévus des joints d'arrêt de bétonnage et des joints de dilatation au droit de points singuliers.

12.3.1.1. La formulation du béton

La formulation du béton prend en compte les dosages en liant et en eau, la courbe gra-

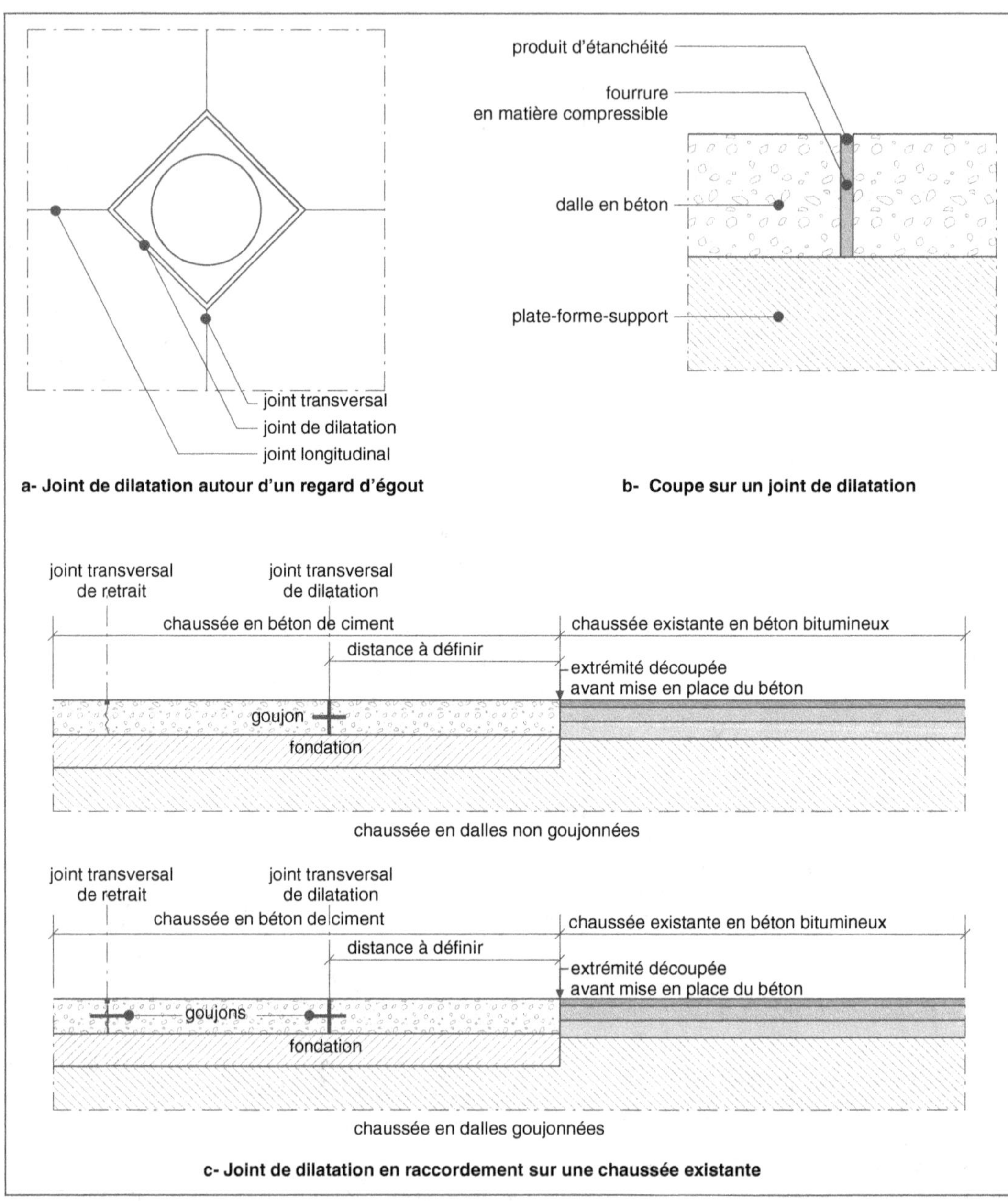

Fig. 4.58 • *Joints de dilatation.*

nulométrique des granulats et l'incorporation d'adjuvants ou d'ajouts. Elle est définie pour obtenir un béton de qualité adaptée à l'utilisation qui en est faite, dans un environnement déterminé.

Le choix des granulats tient compte des paramètres suivants : la fonction remplie par l'ouvrage, l'intensité du trafic, le type de chaussée, l'épaisseur de la dalle, le mode d'exécution des travaux, l'aspect et le mode de traitement de surface.

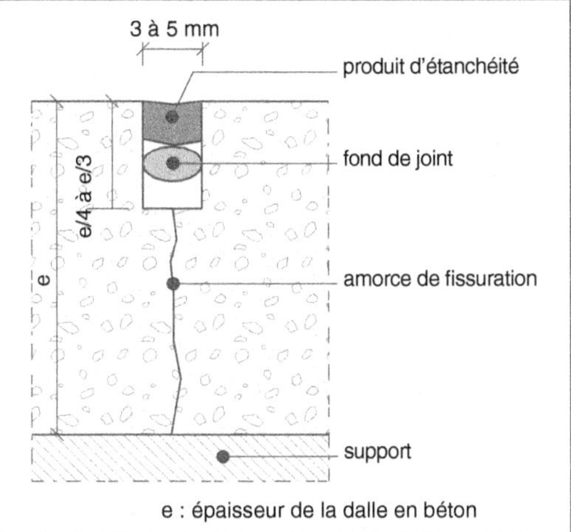

Fig. 4.59 • *Garnissage du joint de retrait.*

Le degré de finesse du béton est déterminé par la dimension maximale D des granulats. C'est ainsi que :

- un béton très fin correspond à D inférieur ou égal à 8 mm ;
- un béton fin, à D compris entre 10 et 16 mm ;
- un béton moyen, à D compris entre 20 et 25 mm.

Les ciments utilisés couramment sont les suivants : ciment Portland CEM I, ciment Portland composé CEM II, ciment de haut-fourneau CEM III. Ce dernier donne un béton plus clair mais a un temps de prise plus long et présente des risques de fissuration due à une dessiccation trop rapide. Les classes de ciment retenues sont les suivantes :

- 32,5 ou 42,5 dans la plupart des cas ;
- 32,5 R ou 42,5 R lorsque la mise en circulation est rapide ;
- 52,5 ou 52,5 R pour les voies à fort trafic.

Le dosage en liant dépend, entre autres de la taille des granulats et de l'importance du trafic sur la chaussée, c'est-à-dire des contraintes occasionnées. En général, il est compris entre 300 et 350 kg/m³. Il est plus élevé si le diamètre maximal des granulats diminue.

Le dosage en eau est tel que le rapport pondéral de l'eau sur le ciment (E/C) ne dépasse pas une valeur comprise entre 0,45 et 0,50. L'utilisation d'un adjuvant entraîneur d'air est obligatoire.

Selon la formule retenue, il en résulte une grande diversité de béton.

- **Le béton dense** comporte une proportion de constituants solides afin d'obtenir une compacité maximale du béton mis en place. Il est couramment employé dans la construction des chaussées.

- **Le béton maigre** est un béton dense dans lequel le dosage en liant est compris entre 100 et 200 kg/m³. Il trouve son emploi dans les zones ne subissant que de faibles contraintes.

- **Le béton drainant**, à l'inverse, grâce à sa granulométrie discontinue, comprend un pourcentage de vides communicants dans le béton mis en place (porosité ouverte) supérieur à 10 %. **Le béton poreux** a un pourcentage de vides compris entre 15 et 30 %. Ces bétons permettent le drainage et l'évacuation des eaux de surface. Ils améliorent les conditions d'adhérence et réduisent le bruit de roulement. Leur emploi impose la mise en place d'un réseau de drainage efficace afin de ne pas détériorer la sous-couche.

- **Le béton de roulement** est le béton destiné à former la couche de roulement. Compte tenu des contraintes d'usure, il répond à une classe de résistance supérieure.

- **Le béton de sable** est un béton fin qui se différencie du béton normal par un fort dosage en sable et l'absence, ou le faible dosage, en gravillons (le rapport pondéral gravillons/sable est inférieur à 0,7). Il se différencie du mortier par le dosage en liant qui est plus fort pour le second.

Le béton de sable peut remplacer le béton courant moyennant quelques précautions de mise en œuvre.

- **Le béton de fibres** comporte l'incorporation de fibres métalliques ou de propylène qui améliorent les caractéristiques mécaniques : résistance au cisaillement, à la fatigue ou aux chocs.

- **Le béton fluide** est un béton dans lequel est incorporé un fluidifiant afin de faciliter sa mise en œuvre. Celle-ci s'effectue sans pervibration.

12.3.1.2. *Les caractéristiques du béton routier*

Les caractéristiques du béton routier sont telles qu'il peut répondre à diverses exigences : la résistance mécanique, la maniabilité et la durabilité.

La résistance mécanique est mesurée à 28 jours soit par l'essai à la compression, soit par l'essai de fendage. Six classes de résistance sont ainsi définies (fig. 4.60, tab. 4.16).

La consistance a une influence non négligeable sur la mise en œuvre du béton et sur le matériel employé. Elle est mesurée au cône d'Abrams (fig. 4.60, tab. 4.17) ou au maniabilimètre LCL.

- De consistance ferme, coulé en une ou deux couches selon l'épaisseur à obtenir, le béton peut être serré à l'aide d'un compacteur vibrant.

- De consistance ferme ou normale, il est pervibré à l'aide d'une aiguille ou d'une règle vibrante.

- Comportant un super plastifiant, il est suffisamment fluide pour épouser, de lui-même, toutes les formes sans vibration ; cette dernière solution n'est retenue que pour de petites superficies.

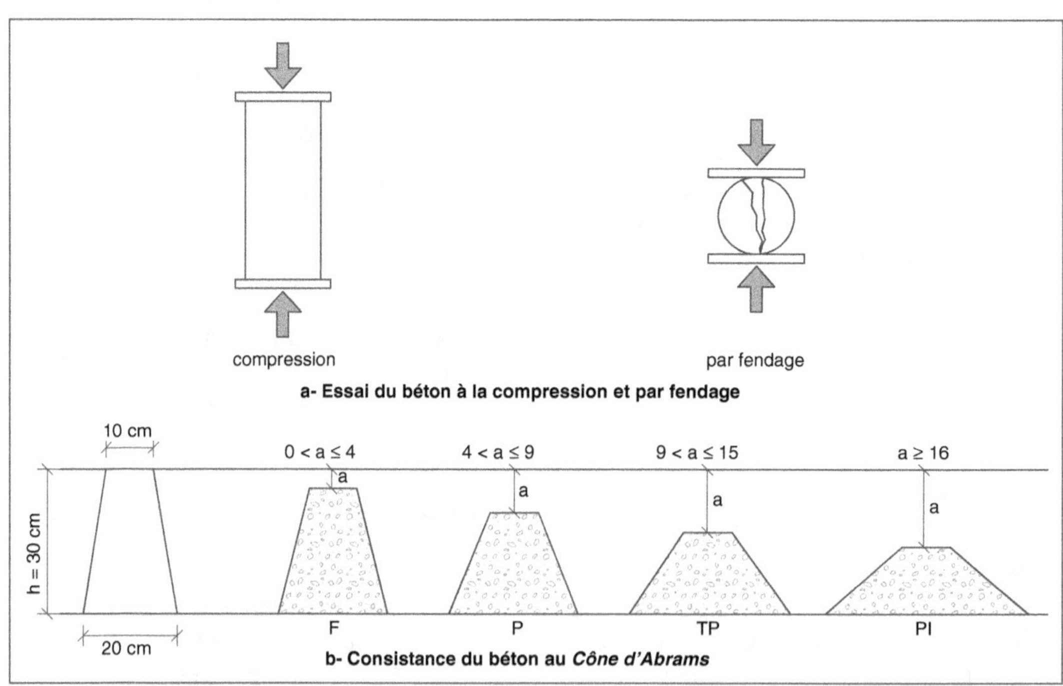

Fig. 4.60 • *Caractéristiques du béton.*

CLASSE DE RÉSISTANCE	RÉSISTANCES CARACTÉRISTIQUES À 28 JOURS (MPa)		UTILISATIONS
(NF P 98-170)	Compression (NF P 18-406)	Fendage (NF P 18-408)	
1	15	1,3	Couche de fondation
2	20	1,7	
3	25	2,0	Couche de roulement
4	–	2,4	
5	–	2,7	
6 [(1)]	–	3,3	

(1) : La classe 6 correspond à un béton destiné aux couches de roulement aéroportuaires.

Tab. 4.16 • _Classification et caractéristiques mécaniques des bétons routiers._

CLASSE DE CONSISTANCE	AFFAISSEMENT DU CÔNE	DÉSIGNATION SIMPLIFIÉE	MOYEN DE MISE EN PLACE	OBSERVATIONS
Béton ferme	de 0 à 4 cm	F	Machine à coffrage glissant Pervibration puissante	Adapté pour les voiries circulées
Béton plastique	de 5 à 9 cm	P	Pervibration moyenne Vibration superficielle	Adapté pour les voiries circulées
Béton très plastique	de 10 à 15 cm	TP	Tiré à la règle	Adapté pour les aménagements sans contraintes
Béton fluide	> 16 cm	Fl	Déconseillé pour les bétons désactivés	

Tab. 4.17 • _Consistance du béton._

La résistance aux gels et aux fondants est rattachée à la teneur en air occlus. La mesure s'effectue sur le béton frais à l'aide de l'aéromètre à béton. La teneur en air occlus doit être comprise entre 3 et 6 %, résultat obtenu par un bon malaxage des composants.

Les conditions météorologiques ont une influence non négligeable sur les caractéristiques du béton. Des dispositions particulières sont prises lorsque le chantier est exposé à la pluie, aux effets du vent, de la chaleur ou du gel (tab. 4.18).

Selon la qualité des granulats et du liant, la teinte du béton tire vers le gris clair, donnant une bonne réflexion de la lumière, c'est-à-dire une meilleure visibilité. Afin d'assurer la régularité de la teinte, le ciment doit provenir d'une seule usine. Un béton plus clair est obtenu par l'emploi d'un ciment blanc, plus onéreux que le ciment courant. Les bétons de teintes différentes sont fabriqués en incorporant des colorants lors du malaxage. Cela implique un dosage rigoureusement contrôlé, sans que le résultat soit toujours satisfaisant.

12.3.1.3. Les aciers

Les aciers utilisés sont déterminés selon leur emploi.

Les goujons des joints transversaux sont en acier de nuance supérieure ou égale à FE E 240, d'un diamètre compris entre 20 et 45 mm, pour une longueur de l'ordre de 50 cm ; ils sont lisses, rectilignes et enduits d'un produit bitumineux ou plastique afin que l'élément glisse librement dans son logement.

HYGROMÉTRIE	TEMPÉRATURES AMBIANTES			
	5 à 20 °C	**20 à 25 °C**	**25 à 30 °C**	**> 30 °C**
60 % à 100 %	Conditions normales de bétonnage			Cure renforcée
50 % à 60 %	Conditions normales de bétonnage	Cure renforcée	Cure renforcée et arrosage maintenu de la plate-forme	Bétonnage à partir de 12 heures
40 % à 50 %	Cure renforcée		Bétonnage à partir de 12 heures	Cure renforcée et arrosage maintenu de la plate-forme
< 40 %	Arrosage maintenu de la plate-forme		Cure renforcée et arrosage maintenu de la plate-forme	Pas de bétonnage sans dispositions spéciales

Tab. 4.18 • *Mise en œuvre du béton - Influence des conditions météorologiques.*

Les fers de liaison des joints longitudinaux sont en acier haute adhérence de nuance Fe E 400, d'un diamètre compris entre 10 et 14 mm.

Les armatures du béton armé continu sont soit en acier haute adhérence de section circulaire, de nuance Fe E 500, le diamètre étant compris entre 14 et 20 mm, soit en plats crantés de nuance Fe E 800 de dimensions 40 mm × 2,5 mm et 50 mm × 2,5 mm.

12.3.1.4. Le traitement de surface du béton

Le traitement de surface du béton est effectué afin de donner à la couche superficielle, ou couche d'usure, une certaine rugosité et des qualités antidérapantes. En effet, après le coulage et sous l'action de la vibration, la laitance remonte en surface présentant un aspect uni, plus ou moins lisse. Elle peut être enlevée en passant une toile de jute humidifiée, mettant en relief les granulats. La texture apparente offre alors une micro rugosité de type papier de verre. Toutefois, cette technique n'améliore pas le drainage des eaux de ruissellement.

D'autres procédés, plus efficaces, sont mis en œuvre soit manuellement sur de petites superficies, soit mécaniquement sur des aires plus importantes. En général, ils sont accompagnés d'une cure évitant la dessiccation de surface.

Les divers traitements de surface du béton tiennent compte des paramètres suivants, parfois, contradictoires :

– la localisation du site et la nature de la voirie ;

– l'importance du trafic prévu ;

– l'aspect esthétique ;

– le bruit de roulement et les nuisances sonores qui en résultent tant sur l'environnement que dans l'habitacle du véhicule ;

– les projections d'eau en période de pluie ;

– les effets négatifs d'une rugosité excessive qui offre une résistance à l'avancement du véhicule, avec, en corollaire, une consommation excessive de carburant et une usure prématurée des pneumatiques ;

– les risques d'érosion rapide consécutifs à l'importance du trafic.

Le brossage ou **le balayage** est exécuté manuellement sur de petites superficies, alors que le béton est encore frais. Une macro texture constituée par de fins canaux est créée en surface du béton, de préférence dans le sens transversal, de manière à obtenir un meilleur écoulement des eaux de ruissellement (photo 4.18 et fig. 4.61).

Photo 4.18 • _Accès au garage en béton balayé._

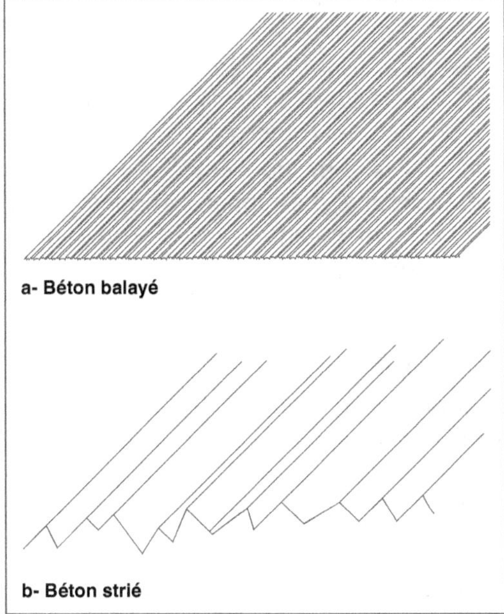

a- Béton balayé

b- Béton strié

Fig. 4.61 • _Traitement de surface._

Le striage et le **rainurage** sont des techniques qui permettent la création d'une macro texture plus grossière que la précédente. Ils sont exécutés soit manuellement à l'aide d'un râteau, soit mécaniquement avec un engin pourvu de dents en acier ou en matière plastique. Les canaux, créés dans le sens transversal, ont une profondeur de l'ordre de 5 mm pour un écartement de 15 à 30 cm, assurant un meilleur drainage des eaux de surface (fig. 4.61).

Le bouchardage consiste à attaquer la surface du béton durci à l'aide d'un marteau muni de dents, **la boucharde**. Ce travail peut être exécuté manuellement ou avec un appareil pneumatique portant les bouchardes. La couche de laitance est éliminée et les granulats de surface sont mis en valeur, donnant un aspect proche de la pierre naturelle.

La désactivation a pour but d'éliminer la couche superficielle de mortier et de mettre à nu les granulats afin d'améliorer les conditions d'adhérence ainsi que l'aspect fini du produit (photo 4.19). Après la mise en œuvre du béton, un retardateur de prise (désactivant) est pulvérisé en surface. Il s'oppose au durcissement de la couche superficielle pendant une durée déterminée en fonction de la qualité du béton et des conditions atmosphériques. Pendant cette période, le mortier de surface est éliminé par un moyen approprié (lavage au jet d'eau) afin de mettre à nu la partie supérieure des gravillons.

D'autres procédés de traitement de surface sont également utilisés, tels que **le béton imprimé** ou **le cloutage**.

12.3.1.5. La cure du béton

La cure du béton a pour rôle d'éviter la dessiccation rapide en surface sous l'action d'agents atmosphériques (soleil, vent, variation de l'hygrométrie, etc.). Après le coulage du béton, la cure doit être effectuée à

Photo 4.19 • *Cheminement en béton désactivé.*

un instant précis qui dépend du mode de traitement de surface retenu (tab. 4.19). Elle s'opère soit en arrosant le béton régulièrement, soit en le protégeant avec un film en polyane, soit en pulvérisant un produit de cure de couleur blanche, pour en contrôler la bonne répartition. Sous l'action du produit, se forme à la surface une couche imperméable qui évite toute évaporation excessive et assure un durcissement du béton dans de bonnes conditions.

12.3.2. Les pavés et les dalles en béton

Les pavés et les dalles en béton sont des produits industriels fabriqués à partir d'un mélange de granulats courants, de ciment, d'eau, d'adjuvants. Moulés et vibrés, ils sont constitués en béton de pleine masse dont la face visible peut soit être lisse, soit subir un traitement de surface (**pavés structurés**), soit recevoir un béton de parement.

Les principaux traitements de surface donnent les aspects suivants :
– **le béton lavé**, dans lequel le dégagement des granulats résulte de l'action d'un jet d'eau sur la surface du béton fraîchement coulé ;
– **le béton bouchardé ou piqueté**, obtenu par l'attaque de la surface de béton à l'état durci à l'aide d'une boucharde ou d'un système équivalent ;
– **le béton sablé**, pour lequel les granulats apparents sont le résultat de l'attaque de la surface, à l'état durci, par un jet de sable ;
– **le béton grenaillé**, la face vue du béton durci étant attaquée par un jet de grenaille.

Leur fabrication est particulièrement soignée afin qu'ils puissent bien s'intégrer dans leur environnement. De couleur grise ou teintés dans la masse à l'aide d'oxydes métalliques, ils offrent ainsi une grande diversité d'aspect.

Selon les normes, les pavés se différencient des dalles par le rapport entre la surface vue et l'épaisseur. Les normes françaises donnent les définitions suivantes :
– les pavés sont des éléments dont le rapport de la surface vue exprimée en cm^2 à l'épaisseur en cm est inférieur à 100 ;
– les dalles correspondent aux autres cas pour lesquels ce rapport est supérieur à 100, étant entendu que la plus grande dimension est inférieure à 80 cm.

TECHNIQUE DE TRAITEMENT	PRINCIPE DE CURE
Brossage	Cure immédiatement après le traitement
Striage	Cure immédiatement après le traitement
Bouchardage	Cure avant le traitement
Désactivation	Cure avant et après le traitement, sauf si le désactivant fait également office de produit de cure
Béton imprimé	Cure après le traitement
Cloutage	Cure immédiatement après le traitement

Tab. 4.19 • *Protection du béton après l'application d'un traitement de surface.*

Pour les normes européennes, qui doivent se substituer aux normes françaises, les définitions sont légèrement différentes :

– le produit est un pavé lorsque le rapport de la longueur à l'épaisseur est au plus égal à 4 ;

– le produit est une dalle dans les autres cas (rapport supérieur à 4), à condition que la plus grande dimension n'excède pas 1 m.

12.3.2.1. Les pavés

Les pavés sont fabriqués selon trois grandes séries (fig. 4.62) :

– les pavés classiques de forme polygonale (carrée, rectangulaire ou hexagonale), dont les dimensions varient de 10 cm × 10 cm à 20 cm × 20 cm (tab. 4.20) ;

– les pavés autobloquants à emboîtement de forme telle, qu'après la mise en place, il se crée une liaison horizontale dans une ou plusieurs directions entre les composants du pavage, réduisant l'effet des efforts qu'il subit ; les formes comportent des lignes brisées ou courbes garantissant l'imbrication des pavés (en H, en tulipe, au contour contrarié, etc.) (fig. 4.63, photo 4.20).

– les pavés autobloquants à emboîtement et épaulement, dont la forme permet une double liaison horizontale et verticale entre les éléments du pavage (fig. 4.64).

Utilisés en revêtement de voirie, les pavés doivent offrir une bonne résistance mécanique à la compression et aux chocs ainsi qu'un degré de dureté et une résistance au gel satisfaisants. Les caractéristiques mécaniques et physiques optimales sont notées dans le tableau 4.21.

Selon le type de pavés, l'épaisseur s'échelonne de 50 à 120 mm, le choix s'effectuant pour répondre à la classe de trafic de la voirie (tab. 4.22).

12.3.2.2. Les pavés de jardin en béton

Les pavés de jardin en béton sont des éléments dont l'épaisseur est inférieure à 60 mm. Leur

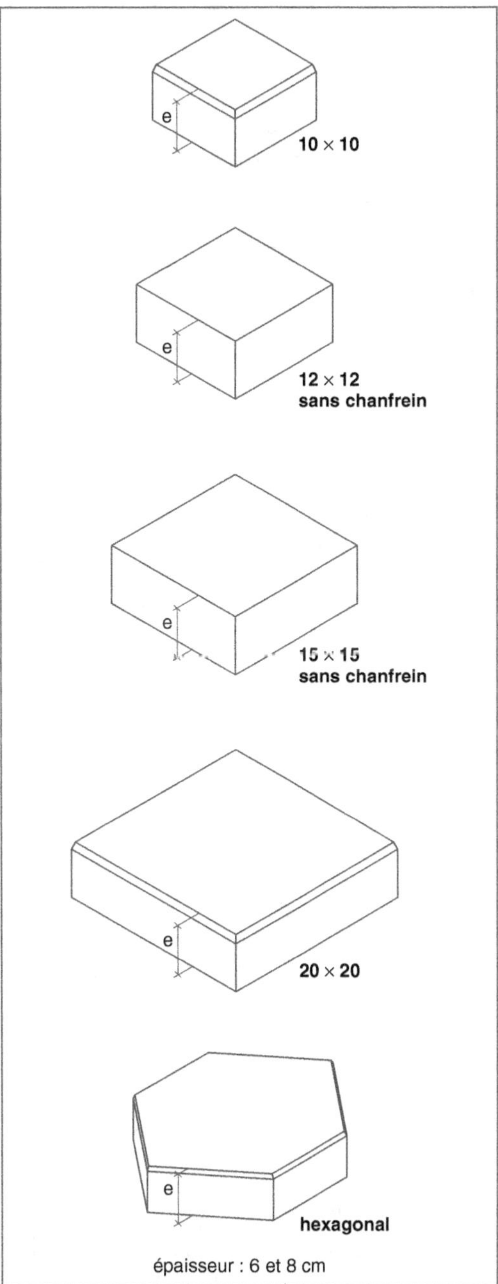

Fig. 4.62 • _Pavés classiques en béton._

utilisation est interdite si la circulation de véhicules est autorisée, même à titre exceptionnel. La gamme comprend des pavés classiques ou des pavés autobloquants à emboîtement.

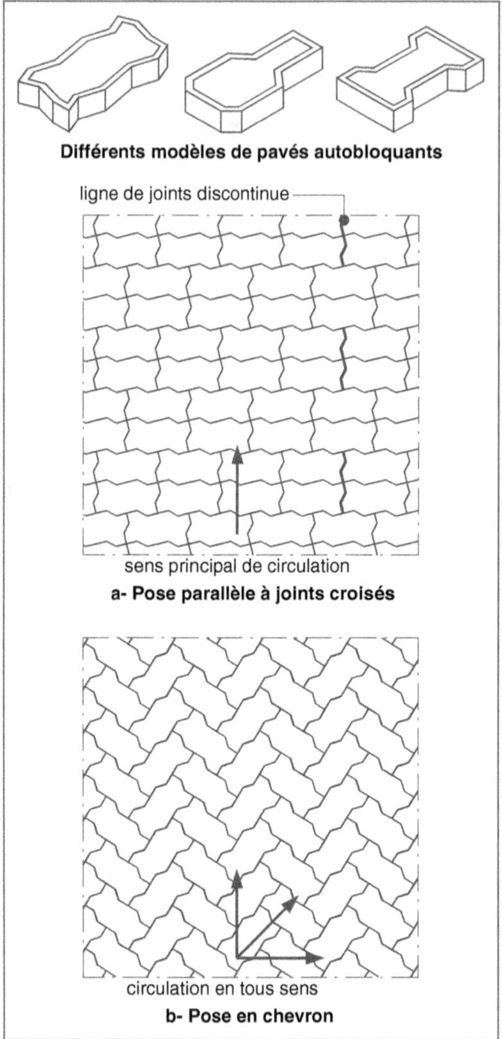

Fig. 4.63 • *Pavés autobloquants à emboîtement, en béton.*

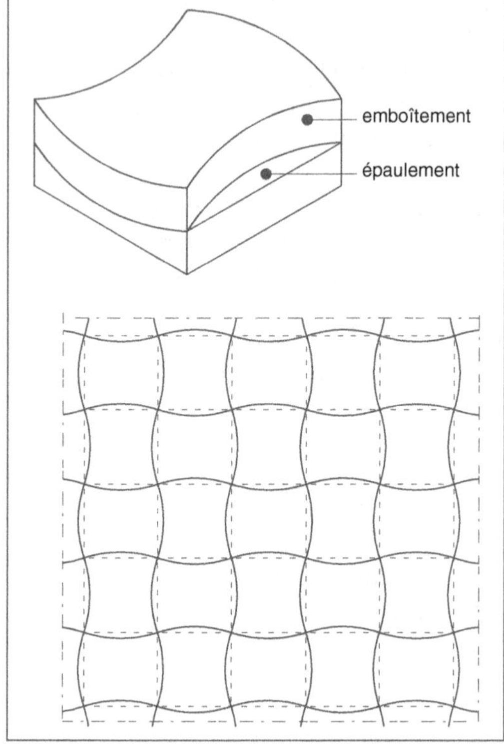

Fig. 4.64 • *Pavé autobloquant en béton à emboîtement et épaulement.*

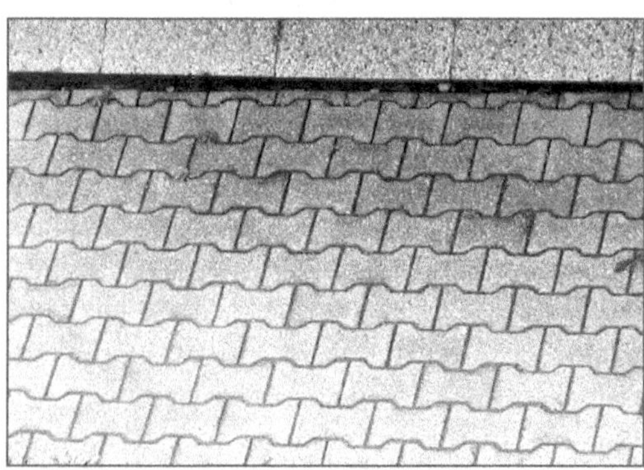

Photo 4.20 • *Pavés autobloquants en béton.*

12.3.2.3. Les dalles

Les dalles, à la différence des pavés, sont des produits plans de faible épaisseur par rapport à leur surface (fig. 4.65, p. 213). Elles sont donc davantage sollicitées en flexion. La résistance à la rupture par flexion permet de les classer en six catégories. Le choix de la classe de résistance des dalles s'effectue en tenant compte du trafic et du mode de pose, sur sable, sur sable stabilisé, sur mortier ou sur plots. Ce dernier procédé est retenu pour les aires protégées par une étanchéité (tab. 4.23 et 4.24). De plus les dalles doivent présenter une bonne résistance à l'abrasion, une perméabilité inférieure à 5,4 % et résister aux effets du gel.

SECTION CARRÉE	SECTION RECTANGULAIRE	ÉPAISSEUR	MASSE SURFACIQUE
(cm)	(cm)	(cm)	(kg/m^2)
18 × 18	–	5 [1]	109
12 × 12	9 × 18	6,3	138
15 × 15	12 × 18	6,3	138
18 × 18	–	6,3	138
10 × 10	7 × 21	8	180
12 × 12	-	8	180
15 × 15	-	8	180
20 × 20	-	8	180

(1) : Circulation de véhicules non autorisée.

Tab. 4.20 • _Gamme de pavés classiques en béton (source : document Sabla)._

CARACTÉRISTIQUES MÉCANIQUES	VALEURS
Résistance au fendage	> 4 Mpa
Résistance à la compression	> 50 N
Résistance à l'abrasion	< 25 mm

CARACTÉRISTIQUES PHYSIQUES	VALEURS
Perméabilité	< 5,4 %
Résistance au gel	Bonne à très bonne

Tab. 4.21 • _Caractéristiques mécaniques et physiques des pavés en béton._

ÉPAISSEUR (cm)	MASSE SURFACIQUE (kg/m^2)	TYPE DE POSE	CLASSE DE TRAFIC	DESTINATION DE LA CHAUSSÉE
5 [1]	109	–	Hors classe	Voies piétonnes et cyclistes
6	138	Joints alignés	T6	Voies piétonnes et cyclistes [2]
6	138	Joints croisés, chevrons	T5	Voies de lotissement
8	180	Joints croisés, chevrons	T4	Voies urbaines
10	223	Joints croisés, chevrons	T3	Voies urbaines lourdes
12 [3]	262	Chevrons ou équivalent	Hors classe	Couloir d'autobus

(1) : Pavés de jardin, aucune circulation de véhicules n'est admise.
(2) : Circulation de véhicules légers admise.
(3) : Pavés autobloquants uniquement.
NB. L'utilisation de pavés carrés ou rectangulaires impose la réalisation de butées efficaces en rive.

Tab. 4.22 • _Choix de l'épaisseur des pavés en béton selon la destination de la chaussée._

CLASSE DE RÉSISTANCE	D1	D2	D3R	D3	D4R	D4
CHARGE DE RUPTURE λ (daN)	470	700	1 140	1 680	1 980	2 870

Tab. 4.23 • _Classes de résistance des dalles en béton (DaN)._

Classe de résistance des dalles	Mode de pose	Classe de trafic	Destination de la chaussée
D1	Sur sable, sable stabilisé ou mortier	Hors classe	Piétons et cyclistes
		$T6^-$	Piétons, cyclistes et véhicules légers (charge par roue < 600 daN)
D2	Sur sable, sable stabilisé ou mortier	$T6^+$	Piétons, cyclistes et véhicules de livraison (charge par roue < 900 daN)
D3R	Sur sable ou sable stabilisé	$T6^+$	Circulation occasionnelle de véhicules [1] (charge par roue < 2 500 daN)
D3	Sur sable ou sable stabilisé	T5	Circulation normale de véhicules (charge par roue < 2 500 daN)
D4R	Sur sable ou sable stabilisé	$T6^+$	Circulation occasionnelle de véhicules [1] (charge par roue < 6 500 daN)
D4	Sur sable ou sable stabilisé	T4	Circulation normale de véhicules (charge par roue ≤ 6 500 daN)

(1) : À vitesse réduite.

Tab. 4.24 • *Choix de la classe de résistance des dalles en béton selon la destination de la chaussée.*

Moulées et vibrées ou pressées, les dalles comportent un béton de masse dont la face vue reçoit un traitement de surface ou un revêtement à l'aide d'un béton de parement. Lorsqu'elles sont destinées à des aires de jeux, les dalles sont habillées d'un revêtement souple.

De section carrée, les dimensions varient de 30 cm × 30 cm à 50 cm × 50 cm ; de section rectangulaire, le rapport entre la longueur et la largeur est de l'ordre de 2 ; l'épaisseur s'échelonne de 3 à 8 cm (tab. 4.25) selon l'utilisation.

12.3.3. Les éléments préfabriqués en béton

Les éléments préfabriqués en béton portent plus particulièrement sur une série de composants accessoires dans l'aménagement de la voirie (tab. 4.26, photo 4.21) : les bordures de trottoir, les buttes-roues, les îlots directionnels, les caniveaux…

Plusieurs formes de bordures droites ou courbes sont disponibles sur le marché :

– simples et ne formant que le ressaut séparant la chaussée du trottoir, elles sont de type T, A ou P selon la normalisation et servent d'arrêt au revêtement de la chaussée (fig. 4.66) ;

– avec un caniveau qui leur est adjoint, soit à la fabrication, soit à la pose, elles assurent un meilleur écoulement des eaux de ruissellement vers les avaloirs. Dans ce cas, le niveau supérieur du revêtement de la chaussée règne avec le nu supérieur de l'élément formant caniveau.

– au droit des entrées charretières, des bordures basses sont mises en place pour le passage des véhicules. Des bordures biaises sont placées de part et d'autre afin de rattraper la hauteur normale du trottoir (fig. 4.67).

– composées d'alvéoles en partie supérieure et protégées par des plaques en béton, les bordures techniques sont

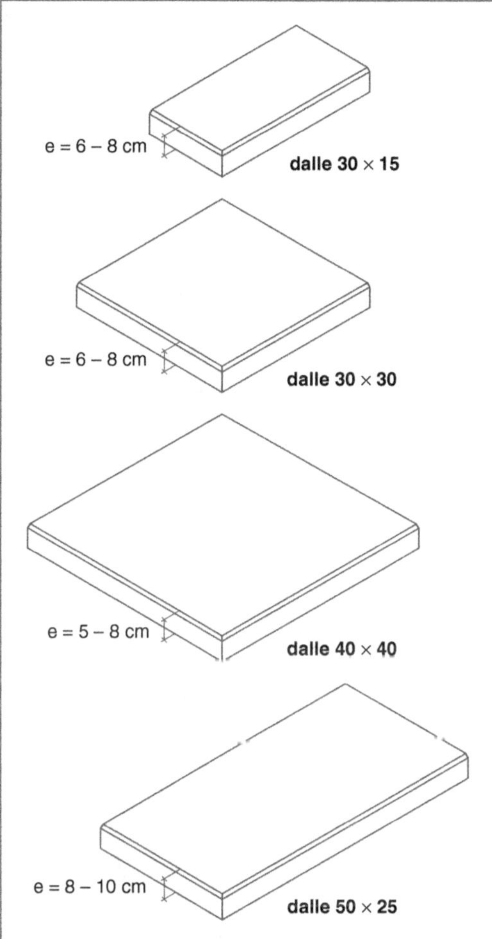

Fig. 4.65 • *Dalles béton.*

Section carrée (cm)	**Section rectan-gulaire (cm)**	**Épais-seur (cm)**	**Masse surfacique (kg/m^2)**
40 × 40	–	5	109
30 × 30	15 x 30	6,3	138
30 × 30	15 x 30	8	180
40 × 40	25 x 50	8	180
–	25 x 50	10	223

Tab. 4.25 • *Gamme de dalles en béton (source : document Sabla).*

Photo 4.21 • *Éléments pour bordure de trottoir et butte-roues.*

conçues de manière à recevoir certains réseaux, sans avoir à les enterrer, et à les rendre facilement accessibles (fig. 4.68). En principe, ce type de bordure ne supporte pas la circulation ou le stationnement de véhicules lourds.

Des éléments particuliers sont également utilisés, correspondant à des travaux précis. La normalisation en indique les principales dimensions. Sont rangées dans cette catégorie : les bordures hautes formant butte-roues, les bordures pour îlots directionnels et les caniveaux à une ou deux pentes (fig. 4.69).

12.3.4. Les produits en basaltine

Les produits en basaltine forment une famille particulière. Ils sont constitués de deux parties distinctes :

– le parement, obtenu avec un béton de granulats issus de roches dures (basalte, granit, porphyre, quartz, etc.) malaxé avec un ciment de classe CEM I 52,5 R et un super plastifiant ;

– le corps, constitué d'un béton composé de granulats obtenus par concassage du basalte, de ciment de classe CEM I 52,5 R et d'un super plastifiant.

Le basalte étant une roche volcanique particulièrement dure et compacte, le mélange confère au matériau d'excellentes caractéristiques physiques et mécaniques :

– masse spécifique : 2 470 kg/m^3 ;

213

TYPE	RECTANGLE CIRCONSCRIT (cm)	POIDS AU ml (kg/ml)
Bordures de trottoir type T		
T1	l 12 × h 20	53
T2	l 15 × h 25	83
T3	l 17 × h 28	104
T4	l 20 × h 30	137
Bordures d'accotement type A		
A1	l 20 × h 25	108
A2	l 15 × h 20	65
Bordurettes stade type P		
P1	l 8 × h 20	39
P2	l 6 × h 28	40
P3	l 6 × h 20	28
P4	l 6 × h 20	28
Bordures hautes formant butte-roues		
GSS2	l 38 × h 37	190
Îlots directionnels		
I1	l 25 × h 13	60
I2	l 25 × h 18	85
I3	l 30 × h 13	76
I4	l 30 × h 18	107
Caniveaux à simple pente		
CS1	l 20 × h 12	51
CS2	l 25 × h 13,5	78
CS3	l 25 × h 16,5	92
CS4	l 30 × h 19	127
Caniveaux à double pente		
CC1	l 40 × h 12	109
CC2	l 50 × h 14	147

Tab. 4.26 • *Éléments préfabriqués en béton.*

– résistance à la compression > 80 MPa à 28 jours ;

– résistance à la rupture par fendage > 5 MPa à 28 jours ;

– bonne résistance aux chocs et au poinçonnement ;

– bonne résistance à l'usure par abrasion : supérieure à la classe U2 pour les dalles ;

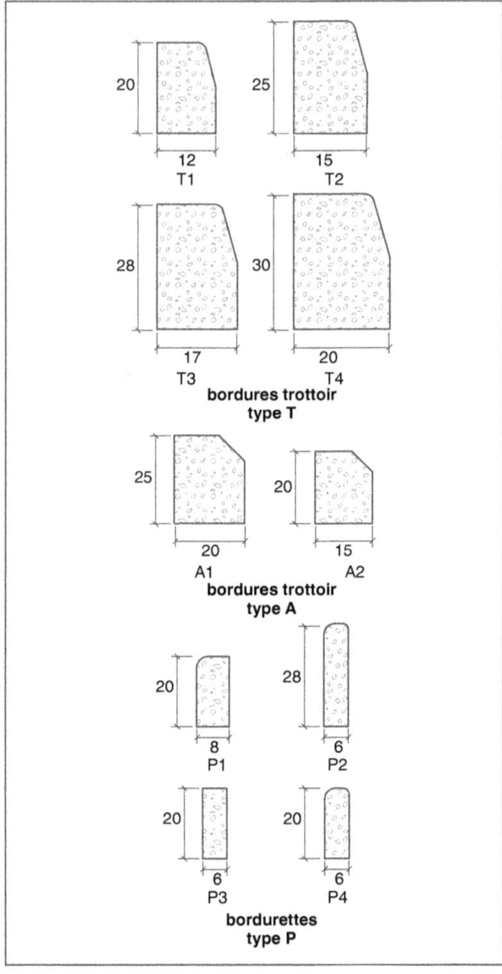

Fig. 4.66 • *Bordures préfabriquées en béton.*

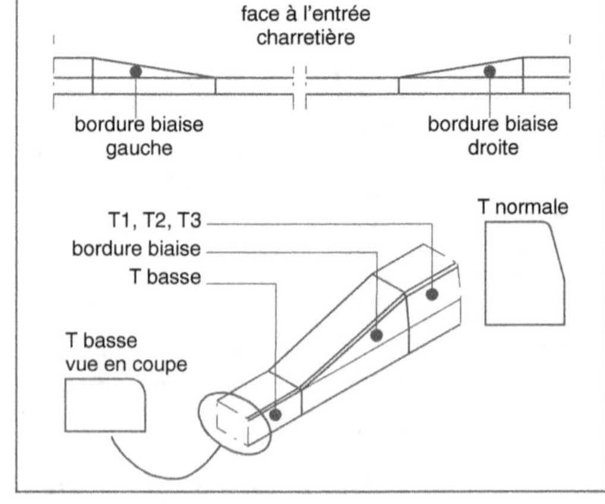

Fig. 4.67 • *Bordures pour entrée charretière.*

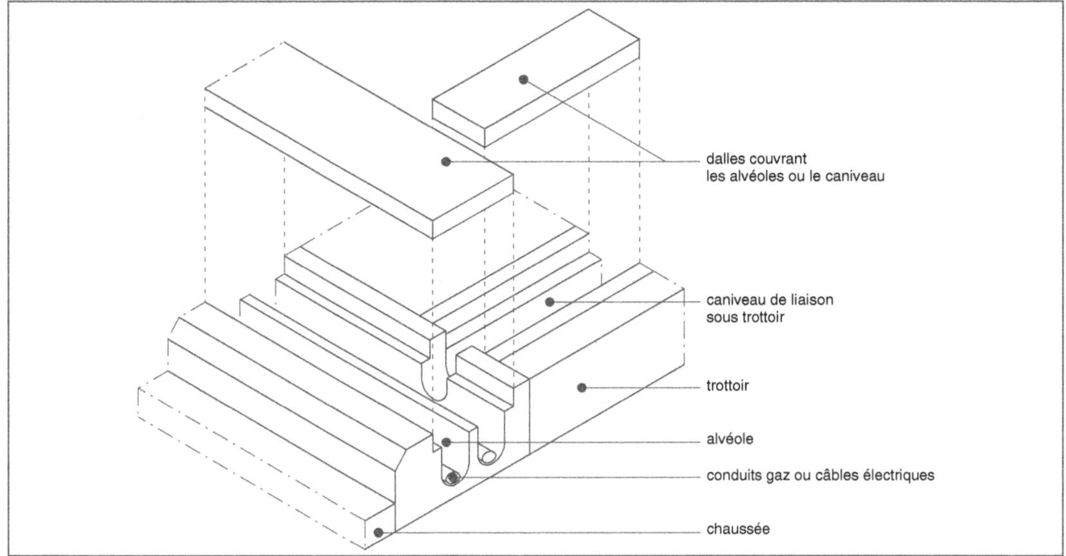

Fig. 4.68 • *Bordures techniques en béton.*

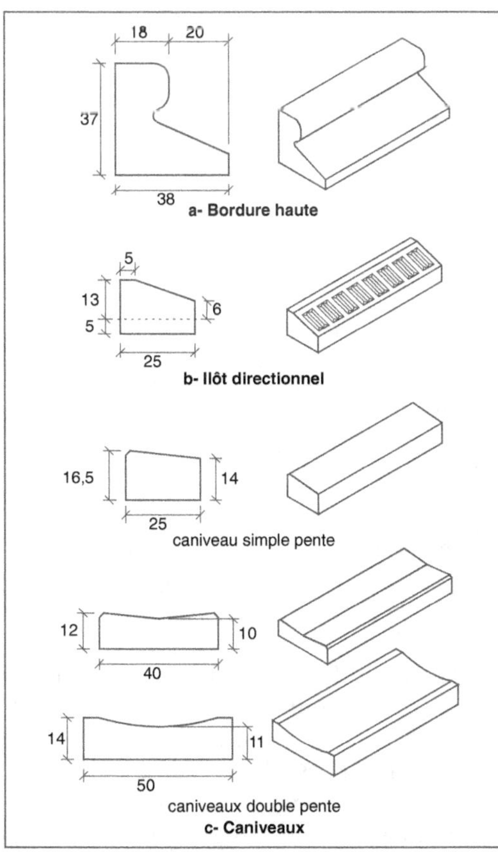

Fig. 4.69 • *Autres éléments préfabriqués en béton.*

stabilité dimensionnelle ;
– absorption d'eau < 5,4 % ;
– résistance renforcée au gel et aux sels de déverglassage ;
– antidérapante, même en présence d'eau.

L'aspect de surface est obtenu par des traitements comparables à ceux employés pour les bétons courants : bouchardage, grésage, grenaillage, désactivation, lavage, etc. Le parement peut être laissé brut ou teinté dans la masse à l'aide de colorants à base d'oxydes métalliques. Il en résulte tout un éventail de produits de qualités différentes.

La gamme comprend essentiellement, comme pour le béton manufacturé, des éléments utilisables en revêtement de chaussée et de voies piétonnes. Les plus courants sont les suivants (fig. 4.70, tab. 4.27) :
– les pavés de forme carrée, rectangulaire ou de type autobloquant d'une épaisseur de 6,3 et 8 cm (photo 4.22) ;
– les dalles de forme carrée ou rectangulaire d'une épaisseur de 6,3 et 8 cm ;
– les dalles minces carrées ou rectangulaires d'une épaisseur de 3 à 4 cm ;

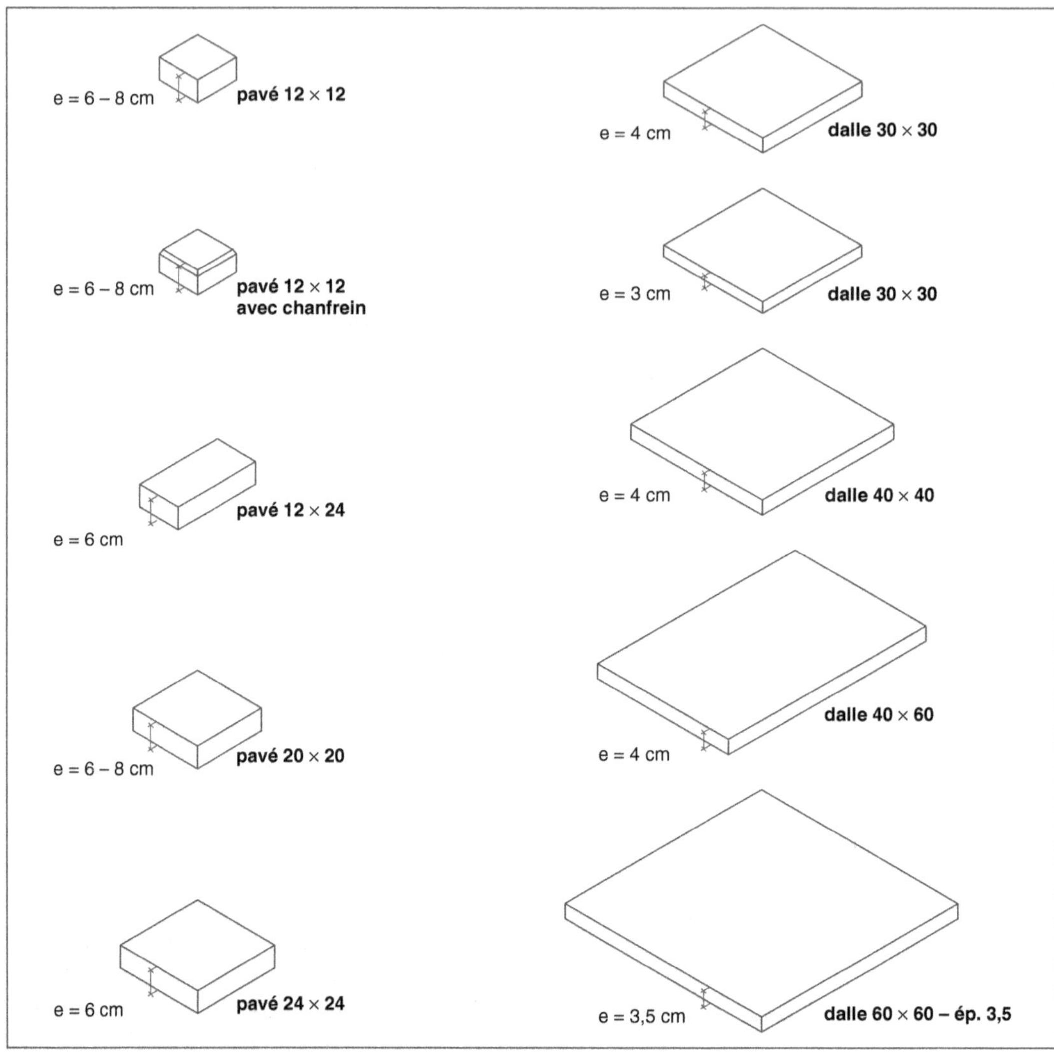

Fig. 4.70 • *Produits en basaltine – Pavés et dalles.*

– les bordures normalisées de type A ou T, les bordurettes P ou B et les bordures spéciales ;

– les caniveaux simples ou doubles normalisés.

12.3.5. L'entretien des revêtements en béton

C'est un des points importants qui doit être pris en compte lors de la réalisation de tels aménagements. En effet, il doit pouvoir s'effectuer sans être obligé de neutraliser totalement les espaces concernés.

La première solution consiste à se prémunir contre les salissures grâce à un traitement préventif à base de résines acryliques ou autres. Son rôle est de faciliter le nettoyage exécuté régulièrement. La protection doit être renouvelée tous les deux ou trois ans, sur une surface parfaitement propre.

PRODUITS	DIMENSIONS (cm)			CHANFREIN	UTILISATION
	LONGUEUR	LARGEUR	HAUTEUR		
Pavés	12	12	6,3	avec ou sans	Voies urbaines
	24	12	6,3	sans	
	20	20	6,3	sans	
	24	24	6,3	avec	
	12	12	8	sans	Tout type de voirie
	15	7,5	8	avec	
	15	15	8	avec	
	22,5	15	8	avec	
	25	15	8	avec	
	20	20	8	sans	
Dalles	30	30	6,3	sans	Voies urbaines
	50	50	6,3	avec ou sans	
	30	30	8	avec	Tout type de voirie
	40	40	8	avec ou sans	
	20	40	8	avec	
	50	50	8	avec	
Bande structurante	50	25	6,3	sans	Voies urbaines
Dalles minces	30	30	3	sans	Voies piétonnes et pistes cyclables
	60	60	3,5	sans	
	30	30	4	sans	
	40	40	4	sans	
	60	40	4	sans	

Tab. 4.27 • _Produits courants en basaltine._

ASPECT DE LA SURFACE	INTERVENTIONS PRÉVENTIVES		INTERVENTIONS CURATIVES		
	Salissures urbaines	Micro-organismes [1]	Accumulation de salissures urbaines	Taches [2]	Graffitis [3]
Béton poli	A-B-B'-C	B-B'-C-F	B'-C-G	A-B-B'-F	B-B'-F-G
Béton brut de démoulage	A-B-B'-C-E	B-B'-C-F	B'-C-D-D'	A-B-B'-F	B-B'-D-F
Béton bouchardé, sablé, grenaillé, désactivé	A-B-B'-C-E	B-B'-C-F	B'-C-D-D'-E	A-B-B'-F	B-B'-D-F
Béton lavé	A-B-B'-C-E	B-B'-C-F	B'-C-D-D'-E	A-B-B'-F	B-B'-D-F
Béton peint, vernis, traité antigraffiti	A-B-B'	B-B'-F	B'	A-B-B'	B-B'-F

Méthodes de nettoyage conseillées
A : Lavage à l'eau du réseau.
B : Lavage à l'eau sous pression.
B' : Lavage à l'eau sous pression plus tensioactifs.
C : Lavage à la vapeur.
D : Sablage humide.
D' : Sablage à sec.
E : Gommage à l'aide de microbilles de verre.
F : Nettoyage chimique adapté.
G : Meulage.

Observations
(1) : Par ordre d'apparition : algues, champignons, lichens, mousses.
(2) : Selon la nature de la tache, traiter avec un produit chimique adéquat.
(3) : Nécessite une intervention rapide.
Dans le cas de béton traité antigraffiti, suivre les préconisations du fabricant.

Tab. 4.28 • _Procédés de nettoyage des revêtements de voirie en béton._

Photo 4.22 • *Produits en basaltine.*

La seconde solution comprend des nettoyages effectués à intervalles réguliers afin d'éviter une accumulation de salissures. Cette intervention est accomplie soit par un balayage manuel ou mécanique, soit par une laveuse de sols munie de disques équipés de brosses, soit par un lavage à l'eau froide sous pression ou à l'eau chaude à haute pression (tab. 4.28). Dans la mesure du possible, il est souhaitable d'éviter l'emploi de solutions acides même diluées qui attaquent le béton. Si cette utilisation s'avère nécessaire, elle doit être ponctuelle et faire l'objet d'un rinçage abondant.

Certaines taches sont traitées à l'aide de produits appropriés, en prenant les précautions d'usage.

12.4. *Les matériaux naturels*

Les matériaux naturels se retrouvent à tous les stades de la constitution des voiries.

Les graves sont utilisées pour la constitution des couches de fondation et d'assise.

Les granulats, sables, gravillons, entrent dans la composition de nombreux produits tels que les enrobés ou les bétons. À la sortie de l'installation d'extraction ou de concassage, ils constituent la couche de réglage ou servent comme revêtement superficiel, bien que ce produit soit difficile à stabiliser.

Les pierres utilisées sont issues de roches dures et compactes présentant de bonnes caractéristiques physiques et mécaniques : faible porosité, insensibilité au gel, résistance au choc et à l'abrasivité et bonne dureté. Plus onéreuses que les produits en béton préfabriqués, les pierres sont utilisées sous la forme de pavés ou de dalles et comme bordures de trottoir dans des zones qui demandent une certaine recherche et un bon standing. En revêtement de sol pour les chaussées et les zones piétonnes, elles sont posées conformément à un calepinage établi à l'avance (photo 4.23). Toutefois, il faut préciser les deux points suivants :

– ce type de pavés est peu confortable pour les personnes handicapées moteur et constitue une source sonore de bruits de roulement ;

– le parement des dalles est traité de manière à bénéficier d'une surface suffisamment lisse afin de n'apporter aucune gêne à la marche et de permettre un nettoyage facile, sans que cette taille soit trop adoucie occasionnant un phénomène de glissance par temps de pluie.

Les principales roches sont le granite, le porphyre, le basalte, le grès, l'altaquartzite et certains calcaires.

Photo 4.23 • *Pavage en pierre naturelle.*

L'ASSAINISSEMENT

Un réseau d'assainissement a une triple fonction : la collecte de l'ensemble des eaux usées, d'origine domestique ou industrielle et des eaux météoriques, séparément ou mélangées ; leur transfert soit vers le milieu naturel si les eaux ne sont pas polluées, soit vers une station d'épuration, dans le cas inverse ; leur traitement pour que l'effluent soit compatible avec les exigences de la santé publique et du milieu récepteur. Le principe retenu pour le réseau d'assainissement a une influence non négligeable sur l'environnement.

1. La définition du réseau d'assainissement

Un réseau d'assainissement doit assurer le transfert de l'effluent dans les meilleures conditions jusqu'au point de traitement sans porter atteinte à la santé et à la sécurité des habitants. Atteindre cet objectif exige la maîtrise de plusieurs paramètres :

– évaluer la quantité d'eau à évacuer et à traiter afin de dimensionner les différents composants du réseau et de prévoir, si besoin est, un système de rétention à restitution différée ;

– évaluer le degré de pollution des eaux de ruissellement, des eaux domestiques ou industrielles, ces dernières pouvant nécessiter un traitement spécifique à la source ;

– connaître le fonctionnement des différents dispositifs de collecte et de traitement ;

– déterminer la qualité des rejets dans le milieu récepteur.

La structure du réseau d'assainissement est telle qu'elle peut recevoir les eaux pluviales, les eaux de ruissellement ainsi que les eaux polluées par l'activité humaine, quelle qu'elle soit. Afin de la définir, il est nécessaire de prendre en compte les différents éléments constitutifs.

- L'aire collectée comprend les parcelles, les îlots d'habitation, les secteurs d'activités tertiaires, commerciales ou industrielles, les rues, les parcs de stationnement qui génèrent des quantités d'eaux usées ou pluviales rejetées dans les différentes branches du réseau (fig. 5.1).

- Le bassin versant correspond aux secteurs géographiques à l'aval desquels aboutissent les effluents à épurer et à rejeter dans un seul et même exutoire (fig. 5.2).

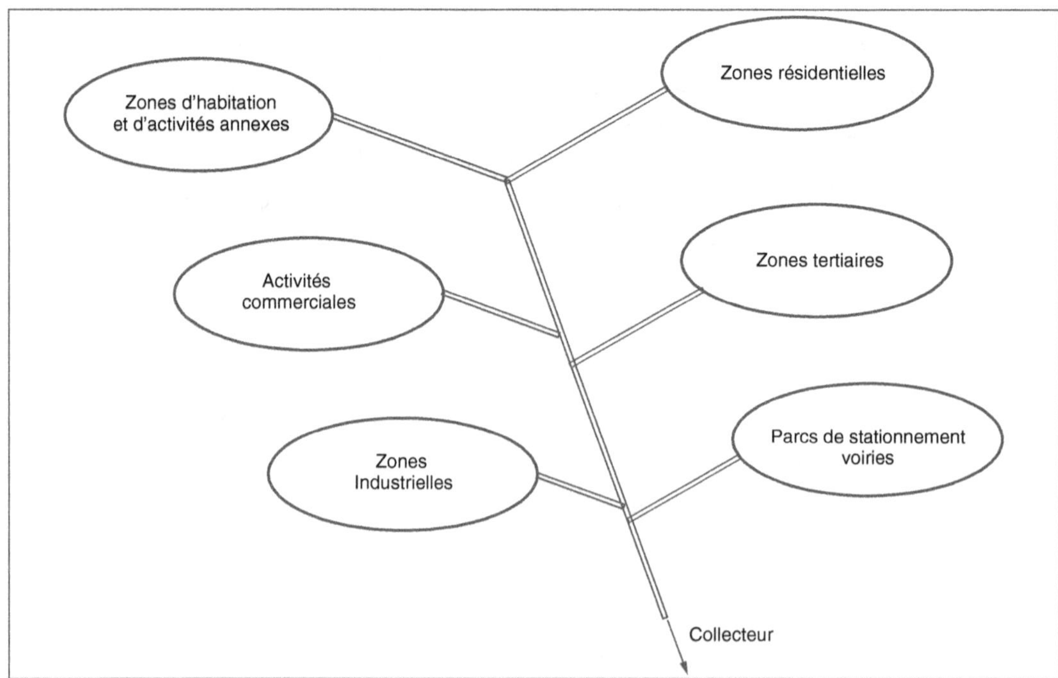

Fig. 5.1 • *Diverses aires raccordées sur un réseau d'assainissement.*

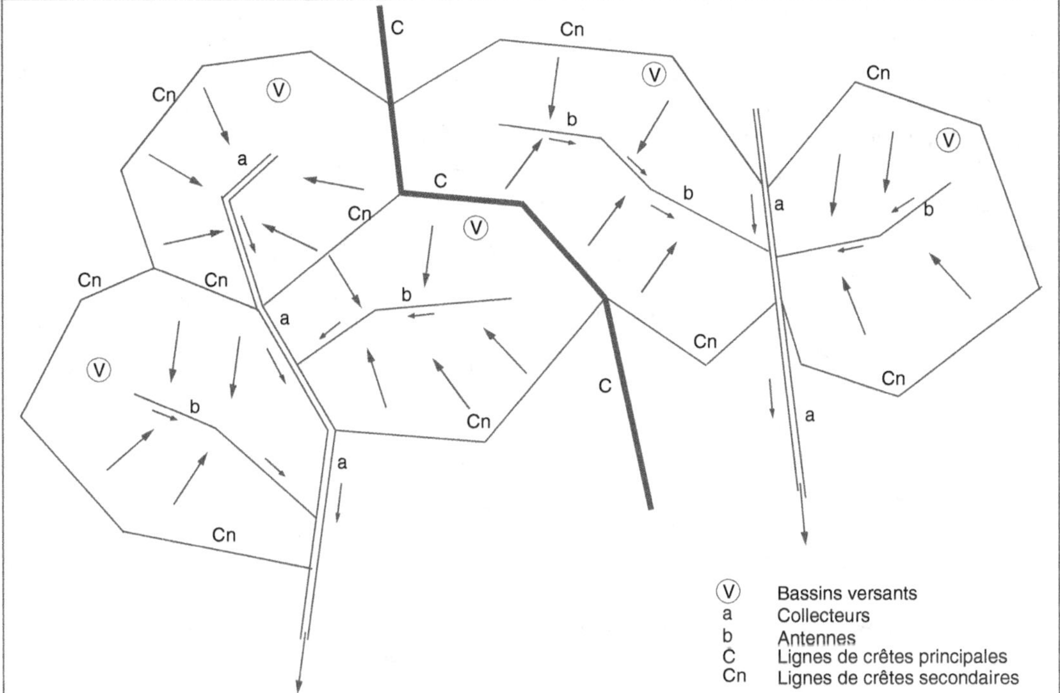

Fig. 5.2 • *Bassins versants.*

● Le réseau lui-même, le plus souvent de type ramifié, est constitué essentiellement de collecteurs gravitaires. Il peut comprendre également des canalisations sous pression ou sous vide, des émissaires à ciel ouvert, selon la topographie du terrain et la nature de l'effluent. Son rôle primordial est d'assurer la continuité de l'écoulement dans des conditions optimales.

● Les organes terminaux et d'accès en tête du réseau comprennent différents types d'ouvrages. Les regards de branchement forment l'interface entre la partie publique et la partie privée et assurent le raccordement des équipements sanitaires des bâtiments, publics ou privés. Les regards de pieds de chute constituent la liaison entre les canalisations verticales et horizontales. Les siphons de sol, les grilles, les caniveaux et les avaloirs récupèrent les eaux de pluie ou de ruissellement. Les regards de décantation des liquides légers ou les bacs à graisse forment une barrière pour arrêter ces rejets.

● Les ouvrages ponctuels regroupent les regards de visite, les chambres ou les dispositifs installés aux points névralgiques : changement de direction, rupture de pente, rétention de débit, déversoirs d'orage, station de pompage, etc.

2. Le principe des réseaux d'assainissement

Les réseaux d'assainissement sont, en général, de type gravitaire, l'effluent s'écoulant par gravité. Les conduites sont calculées pour fonctionner en écoulement libre, elles ne sont pas conçues pour être soumises à une circulation sous pression. Le tracé des réseaux est étudié de manière à permettre l'écoulement et le rejet de l'effluent le plus rapidement possible, sans occasionner de nuisances au voisinage (mauvaises odeurs, débordement, etc.). À cet effet, il tient compte de plusieurs paramètres :

- la localisation de la zone concernée, urbaine, périurbaine ou rurale ;
- la répartition et la destination des bâtiments à desservir ;
- l'implantation de la voirie ;
- la topographie du terrain afin de déterminer la pente des canalisations ;
- la cote du point de rejet dans le réseau public ou en milieu naturel ;
- l'extension éventuelle du réseau ;
- la protection du milieu ambiant, des zones de captage d'eau par exemple ;
- la présence ou non d'une nappe phréatique ;
- l'économie globale du projet (coût d'investissement et d'entretien) ;
- la coordination avec les autres réseaux existants ou projetés ;
- les conditions de réalisation, sous le domaine public ou sous les propriétés privées ;
- le positionnement des accès pour l'entretien ultérieur.

Servitude. « Le passage du réseau d'assainissement sous le domaine privé donne lieu à une convention correspondant aux servitudes occasionnées. Les articles L.152-1 et R.152-1 à R.152-15 du Code rural, fixe les modalités de procédure suivant lesquelles la collectivité ou son concessionnaire peuvent établir à demeure des canalisations souterraines dans les terrains non bâtis, à l'exception des cours et des jardins attenant aux habitations. Une convention type a été mise au point. Elle est passée entre le propriétaire et la collectivité et fixe les conditions de passage et les indemnités éventuelles. Un état des lieux est dressé préalablement à l'exécution des travaux afin d'éviter toutes contestations ultérieures. La largeur de la bande de terrain mise à disposition est fixée par le préfet et ne doit pas excéder 3,00 m, une

charge minimale de 0,60 m étant prévue entre la génératrice supérieure de la canalisation et le niveau du sol (fig. 5.3). Lors de l'exécution des travaux, cette largeur étant insuffisante, il est admis de la porter provisoirement à 12 m durant cette phase.

2.1. *Les principes de base*

Les réseaux sont étudiés selon trois grands principes de base, selon que les eaux usées et pluviales sont collectées de manière unitaire ou séparée (fig. 5.4).

2.1.1. *Le système unitaire*

Le système unitaire permet de recevoir l'ensemble des effluents – eaux usées (ménagères, industrielles) et eaux pluviales – dans un collecteur unique (fig. 5.5, p. 225). Le principe, relativement simple, consiste à prévoir une seule canalisation, calculée en conséquence. Chaque bâtiment est équipé d'un seul branchement. Il correspond à l'ancien « tout à l'égout » qui a été à l'origine de l'équipement sanitaire des villes, à une époque où la collecte des eaux pluviales était peu importante.

Ses points faibles portent sur :

- le surdimensionnement du réseau et de la station de traitement afin de tenir compte du cumul des débits des eaux usées et des eaux pluviales, ces dernières étant quantitativement plus importantes ;
- la nécessité d'incorporer des déversoirs d'orage afin de rejeter vers le milieu naturel les eaux excédentaires et d'écrêter les pointes exceptionnelles dues à des pluies anormalement abondantes ; leur rôle consiste à éviter tout refoulement dans le réseau ; bien que fortement dilué, l'effluent entraîne des matières organiques dans le milieu naturel.

2.1.2. *Le système séparatif*

Le système séparatif comprend deux réseaux distincts, affectés chacun à un effluent spécifique (fig. 5.6, photo 5.1).

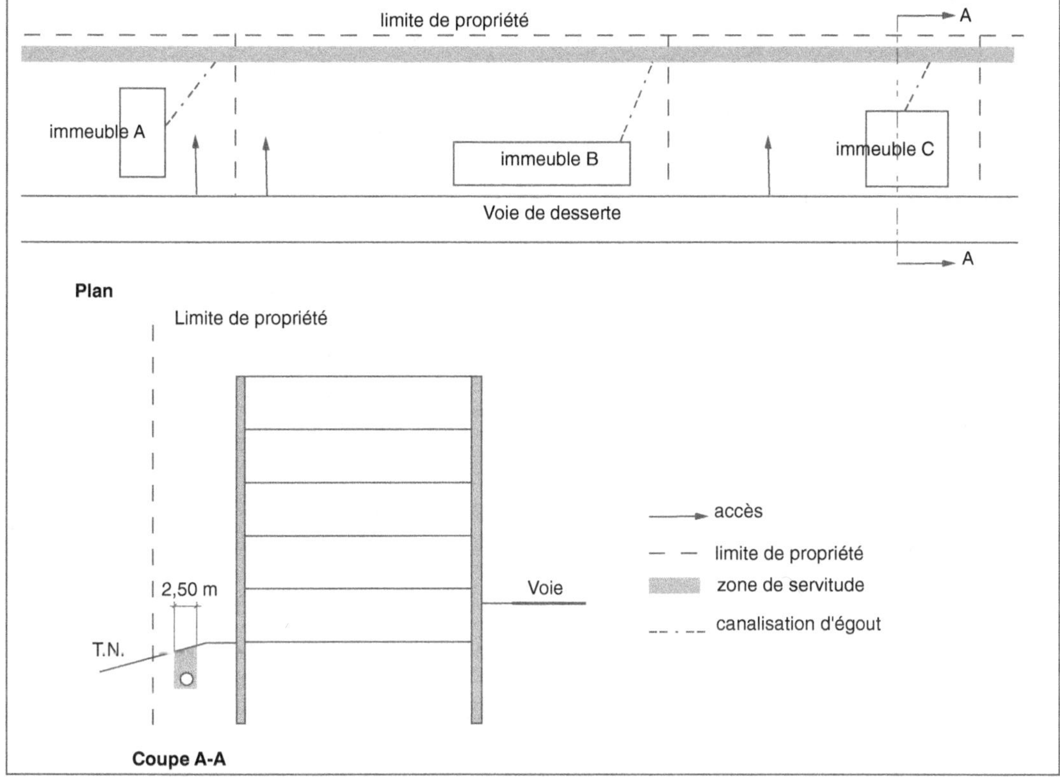

Fig. 5.3 • _Exemple de servitude occasionnée par un réseau d'assainissement._

Le collecteur réservé aux eaux pluviales rejettent celles-ci en milieu naturel soit directement, soit après avoir transité par un bac dessableur ou dans une unité de dépollution lorsque le ruissellement s'effectue dans des secteurs particulièrement pollués (zone industrielle, centre urbain). Des bacs de rétention sont placés en des points du réseau afin de limiter le débit dans les canalisations en cas de pluies importantes.

Le collecteur réservé aux eaux usées (ménagères et industrielles), de section moindre, est connecté sur une station d'épuration dont l'importance est inférieure à celle du système précédent et dont le fonctionnement est amélioré par l'apport d'un débit plus faible et plus régulier.

Les deux canalisations peuvent être parallèles, l'écoulement s'effectuant dans la même direction ou avec des pentes inversées, en fonction de la position de l'exutoire. Ce système impose deux regards de branchement par immeuble raccordé. Les avantages portent sur les points suivants :

- les canalisations ont des sections correspondant aux débits qu'elles sont amenées à recevoir, sans être surdimensionnées ;

- les équipements complémentaires tels que stations de relevage des eaux usées sont dimensionnés en conséquence ;

- les eaux pluviales peuvent être rejetées directement et gravitairement dans le milieu naturel, à la condition de ne pas être polluées ;

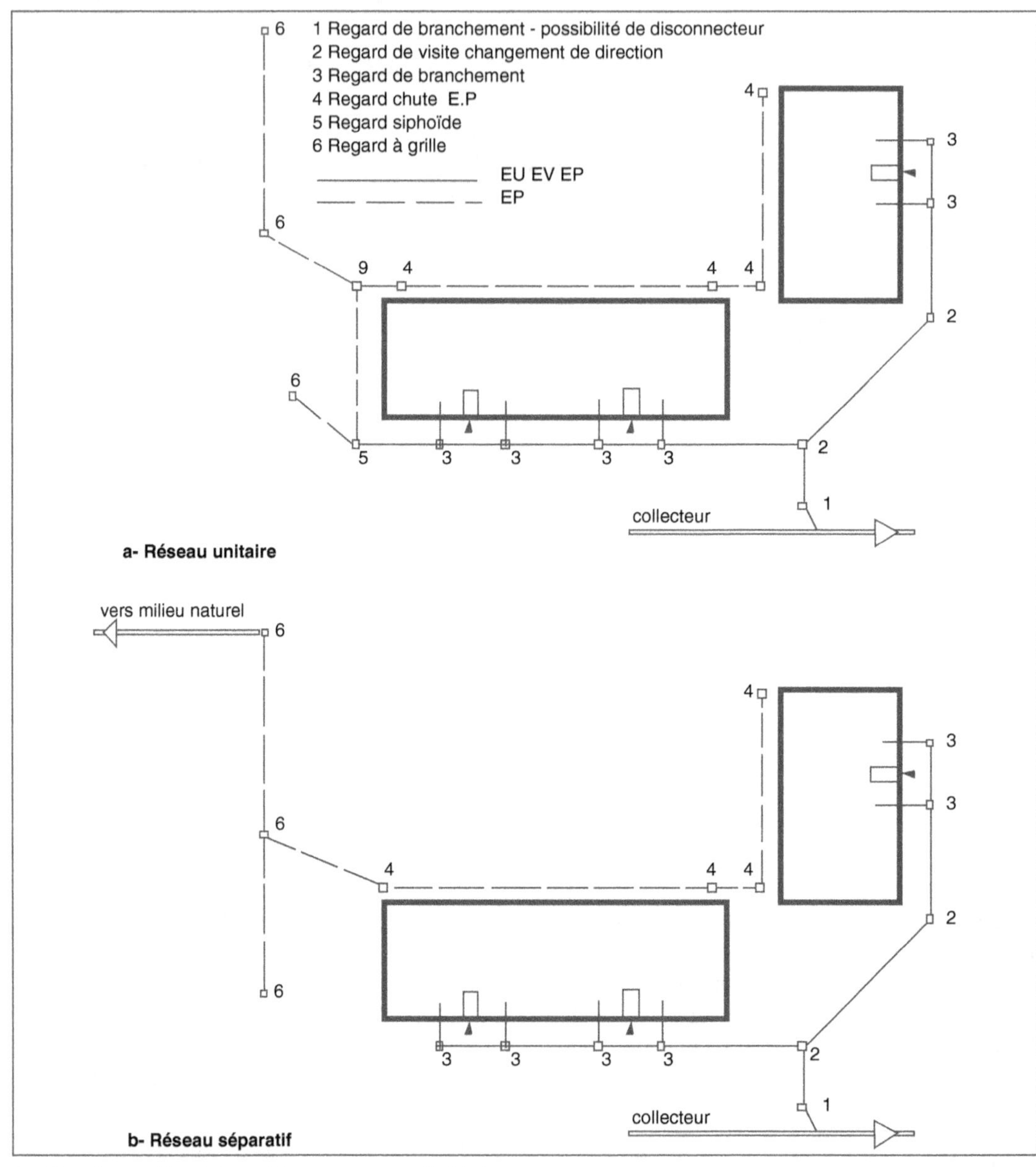

Fig. 5.4 • *Réseau d'assainissement pour un groupe d'habitations.*

— la station d'épuration est déterminée en fonction du débit des eaux usées, plus facilement quantifiable.

L'inconvénient majeur réside dans le fait qu'il comporte deux réseaux indépendants, ce qui peut entraîner un surcoût non négligeable.

Ce type de réseau, de plus en plus répandu, est particulièrement adapté aux zones résidentielles, de faible densité ou aux extensions de villes dont le réseau unitaire existant se trouve en limite de charge. Dans ce dernier cas, un système hybride se trouve mis en place, regroupant les deux principes : unitaire et séparatif, ce qui complique la gestion.

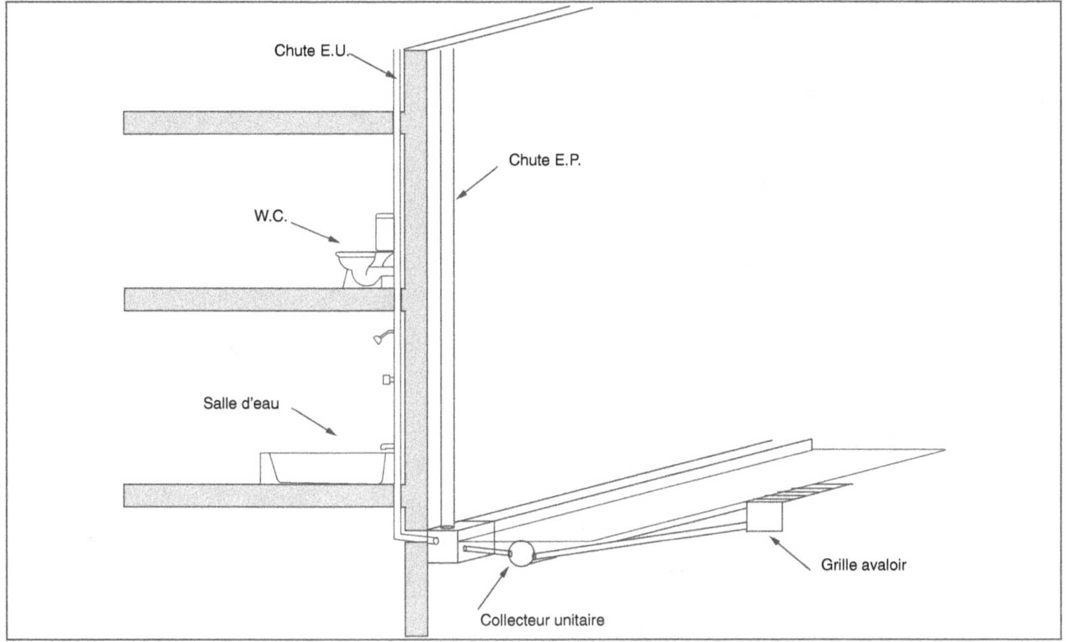

Fig. 5.5 • _Système unitaire (EP + EU)._

2.1.3. Le système pseudo-séparatif

Le système pseudo-séparatif combine les deux schémas précédents (fig. 5.7). La collecte d'une partie des eaux pluviales (eaux des toitures) s'effectue avec les eaux usées des immeubles. Seules les eaux de ruissellement de la voirie sont récupérées séparément. Ce système ne demande qu'un seul branchement par bâtiment et une station d'épuration d'importance moyenne. Il est aisé à réaliser lorsque les eaux pluviales et les eaux de ruissellement peuvent être rejetées rapidement dans le milieu naturel à l'aide de fossés et de caniveaux. Il est pratiqué, entre autres, dans les zones périurbaines. Son principal avantage consiste à l'autocurage des canalisations d'eaux usées en période de fortes pluies.

Dans le cadre de la loi de l'eau et de la politique d'économie de l'eau, une autre solution consiste à recueillir les eaux de toiture non polluées afin de les stocker dans un réservoir étanche d'une capacité appropriée.

Par pompage, elles servent alors à alimenter un réseau d'eau brute non potable pour l'arrosage des espaces verts, le lavage des voitures, des parties communes ou autres.

2.2. Les dispositions générales

Dans la mesure du possible, les réseaux sont adaptés à la topographie du terrain. Selon la configuration du bassin versant, différents schémas peuvent être adoptés, évitant d'atteindre des profondeurs excessives (fig. 5.8).

- Sur les terrains courants, le principe retenu est celui du réseau ramifié. Le collecteur général visitable reçoit les collecteurs secondaires sur lesquels sont raccordées les antennes.

- Sur les terrains quasiment horizontaux, les antennes sont raccordées sur des points centraux, eux-mêmes reliés par un collecteur général visitable.

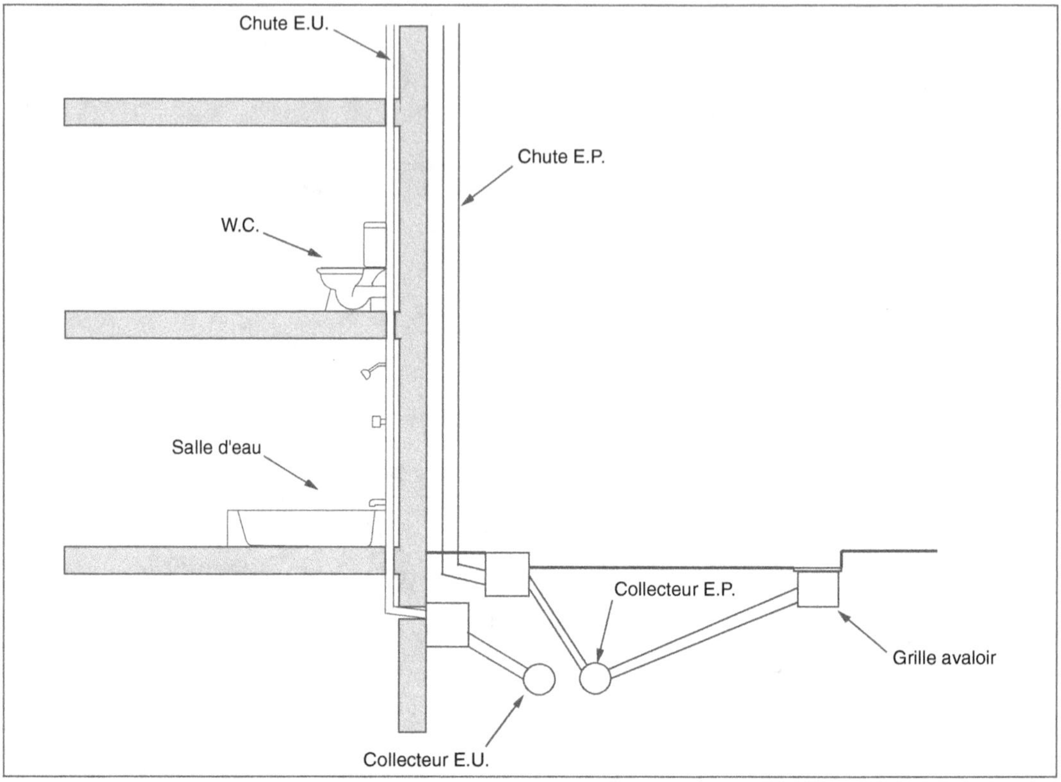

Fig. 5.6 • *Système séparatif.*

Photo 5.1 • *Assainissement de type séparatif – Canalisations en béton armé – EP DN 1 200 mm, EU DN 800 mm.*

- Sur les terrains à faible pente, les antennes sont reprises par des collecteurs secondaires qui rejoignent le collecteur général obliquement en aval.

- Sur les terrains accidentés, plusieurs canalisations secondaires collectent les antennes à des niveaux différents (zones étagées) avant d'être raccordées sur le collecteur général.

2.3. Les autres dispositions

Dans certains cas, en présence d'un relief tourmenté, d'une grande longueur du réseau ou d'une profondeur trop importante, d'autres dispositions peuvent être retenues : le réseau sous pression et le réseau sous vide. Ces réseaux exigent des conduites dont l'étanchéité est meilleure que celle du système gravitaire, permettant également de traverser plus aisément des zones sensibles à la pollution ou des nappes phréatiques.

Lorsque les constructions sont trop éloignées d'un réseau d'assainissement, elles

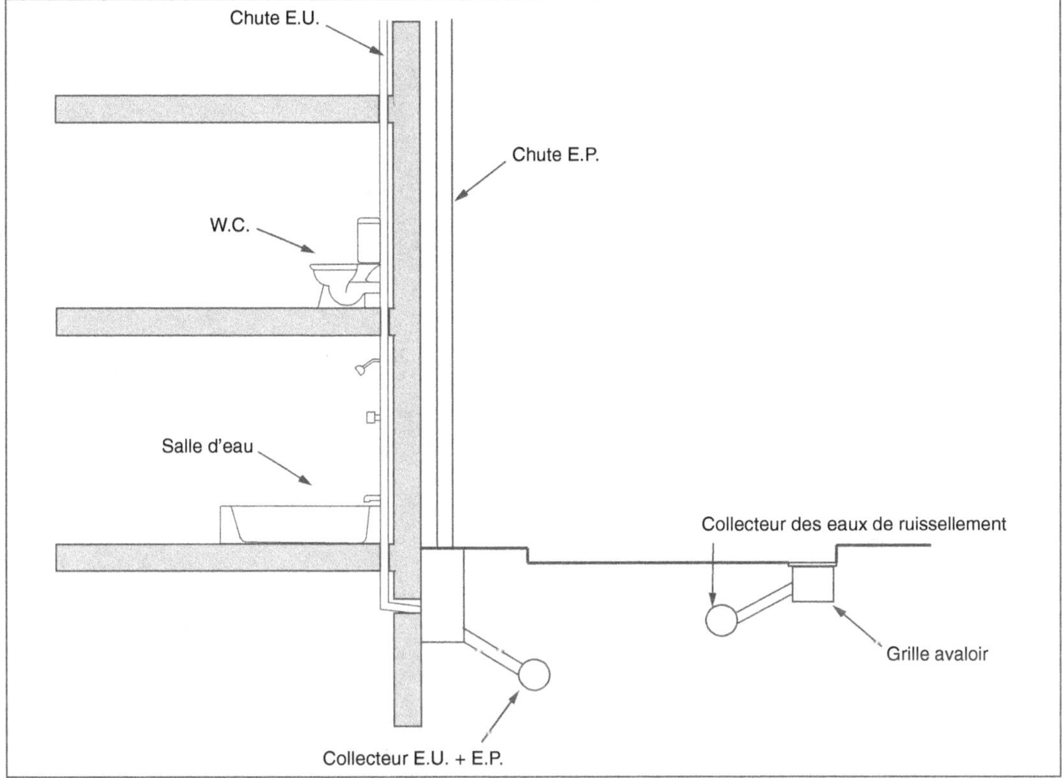

Fig. 5.7 • _Système pseudo-séparatif._

sont raccordées à un dispositif autonome de traitement des eaux usées. Ce principe fait l'objet du paragraphe 8.2, page 308.

2.3.1. Le réseau sous pression

Le réseau sous pression est destiné à évacuer les eaux usées domestiques pouvant provenir de bâtiments d'habitation ou à usage tertiaire, à l'exclusion des eaux pluviales. Il est composé d'une bâche réceptrice équipée d'une station de pompage générant une pression suffisante afin de transporter les eaux chargées dans une canalisation unique sous pression jusqu'à un point de rejet (fig. 5.9). Celui-ci, à une altitude plus élevée que le point d'origine, est constitué par un regard ou un collecteur gravitaire fonctionnant sous la pression atmosphérique.

Le réseau est constitué d'un regard équipé d'une grille retenant les gros éléments, d'un ensemble de pompes, de vannes d'isolement, d'un dispositif évitant les refoulements et d'un système d'alarme en cas de dysfonctionnement.

Le diamètre des canalisations est calculé pour obtenir une vitesse minimale d'écoulement de l'ordre de 0,7 à 1 m/s, correspondant à la vitesse d'autocurage. La capacité de la bâche doit être suffisante afin de pallier une défaillance momentanée de l'alimentation électrique des pompes.

2.3.2. Le réseau sous vide

Comme le précédent, il transporte les eaux usées domestiques à l'exclusion des eaux pluviales (fig. 5.10).

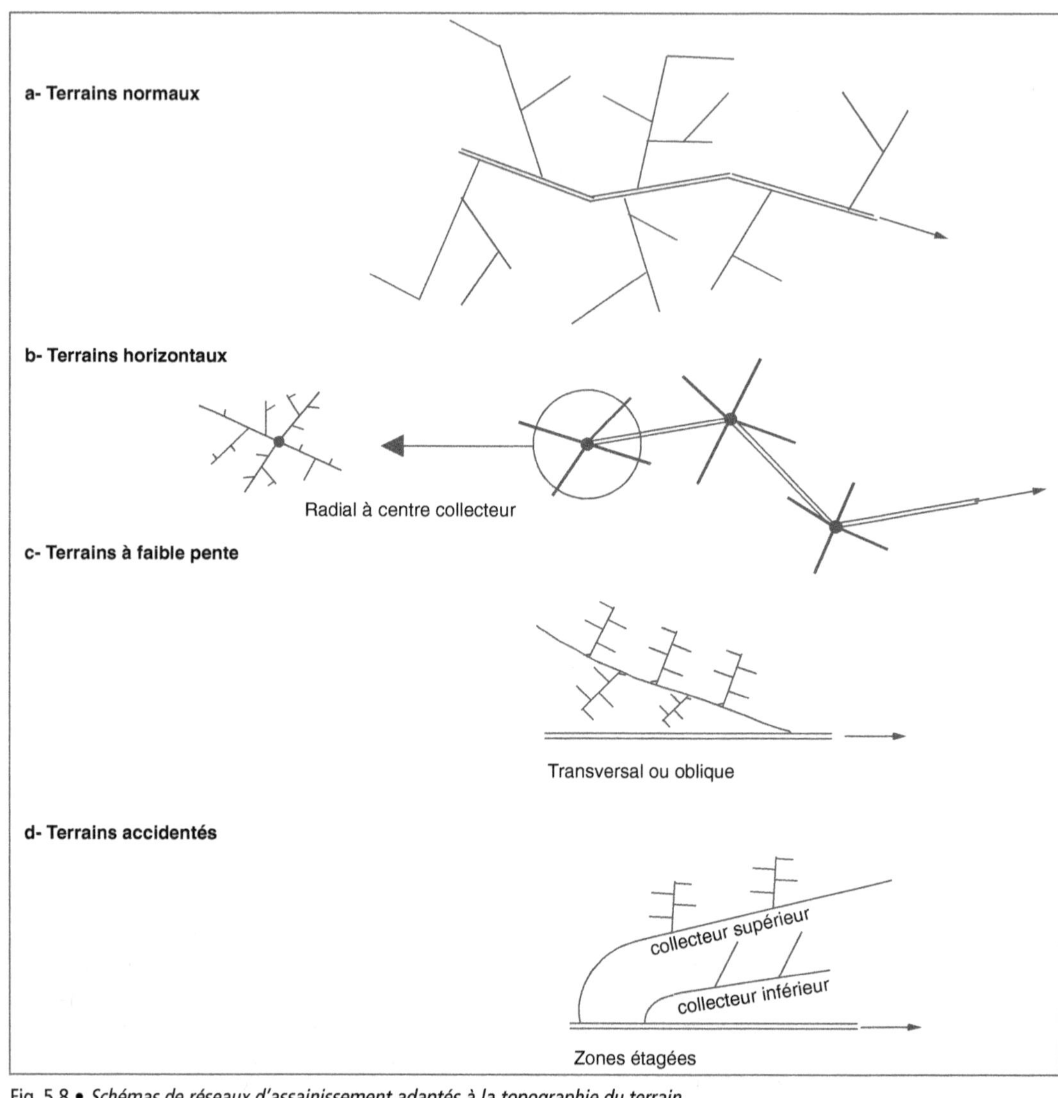

Fig. 5.8 • *Schémas de réseaux d'assainissement adaptés à la topographie du terrain.*

Il comprend les éléments suivants :

– une station de vide regroupant une cuve de stockage, maintenue sous vide ou non selon le mode d'éjection, un groupe de pompe à vide, un groupe de relevage éventuel et un dispositif de contrôle évitant un engorgement de l'installation (fig. 5.11) ;

– des regards de collecte équipés d'une vanne d'interface assurant le passage de l'effluent ;

– un réseau maintenu sous vide transportant l'effluent depuis le regard de collecte jusqu'à la cuve de stockage.

Le réseau fonctionne de la manière suivante, les eaux usées s'écoulent gravitairement jusqu'au regard de collecte. Lorsqu'un certain niveau est atteint, une vanne s'ouvre mettant en communication le regard et le réseau sous vide. La pression différentielle entre l'atmosphère et le collecteur entraîne les eaux usées

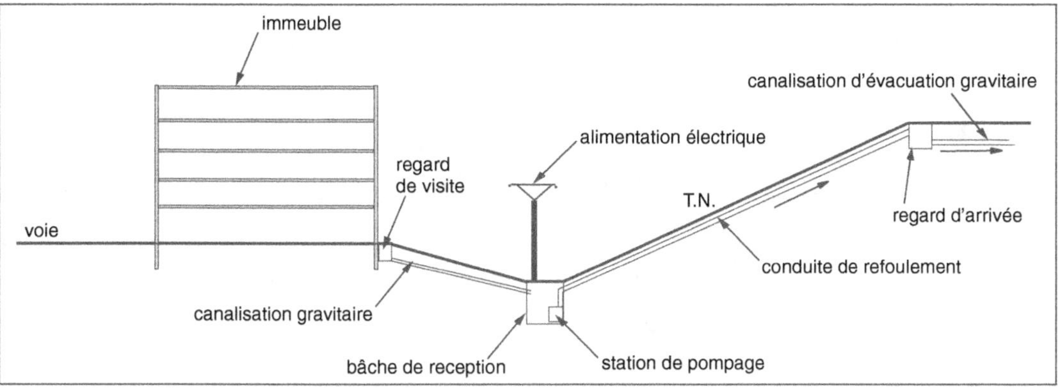

Fig. 5.9 • *Réseau d'assainissement sous pression.*

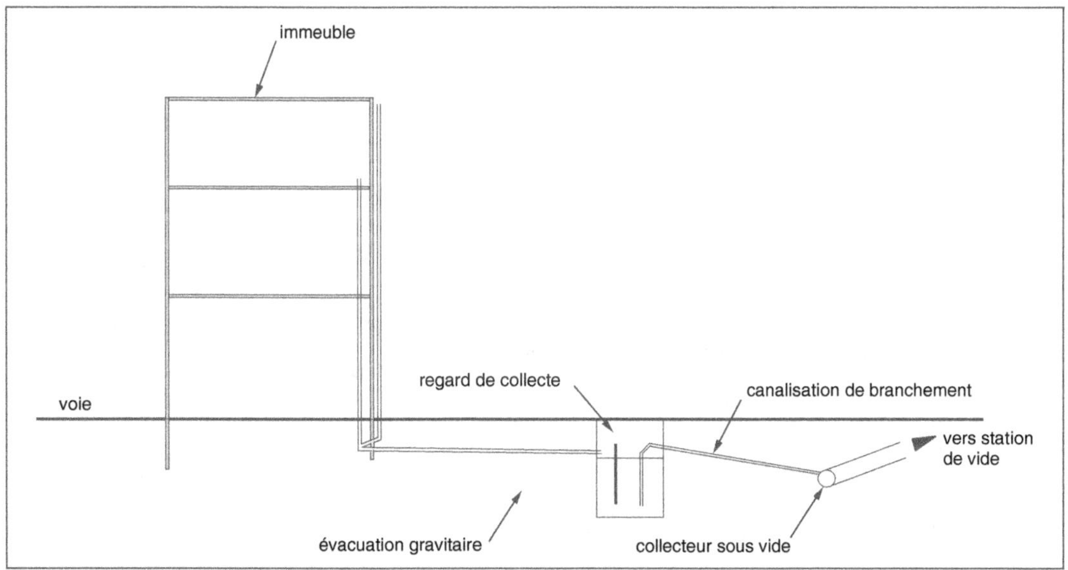

Fig. 5.10 • *Réseau d'assainissement sous vide.*

dans ce dernier. L'installation est complétée par des clapets antiretour et un système d'alarme en cas d'une défaillance quelconque.

La section des canalisations est calculée de manière à évacuer normalement les débits prescrits. Le profil des canalisations, qui peut être une succession de tronçons ascendants ou de tronçons descendants, doit permettre leur autocurage et éviter l'accumulation de particules solides, en particulier en point bas. La pente minimale admise pour le collecteur est de 0,2 %.

3. La quantité et la qualité des eaux à évacuer

Les quantités d'eau dépendent essentiellement du mode d'occupation des sols, de la densité et de la destination des bâtiments, des extensions éventuelles et de la qualité de l'environnement extérieur. Selon la nature du bassin versant, la quantité et la nature de l'effluent collecté sont différentes : centre urbain, zone pavillonnaire, zone rurale, lotissement industriel, centre commercial, etc.

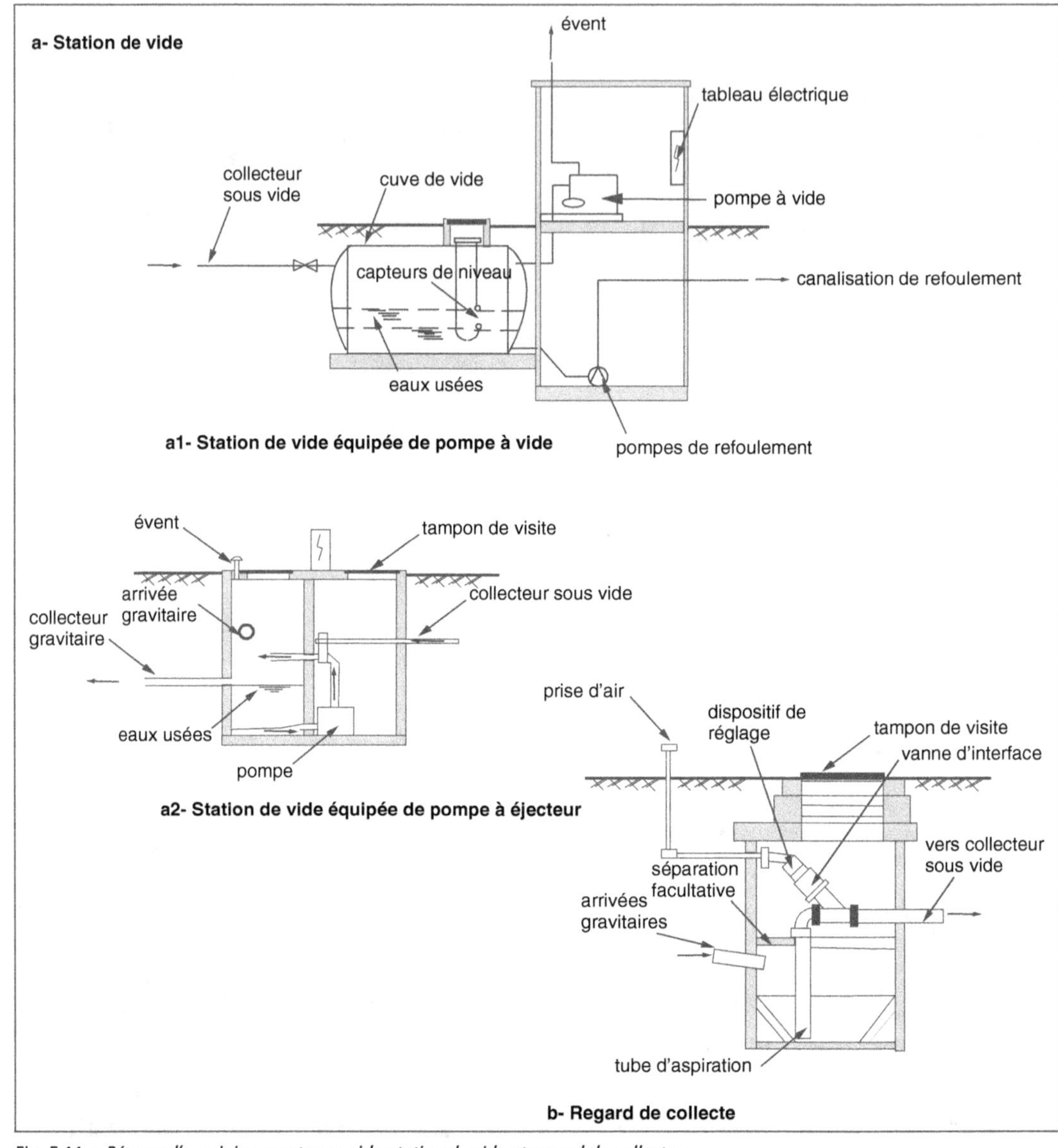

Fig. 5.11 • *Réseau d'assainissement sous vide-station de vide et regard de collecte.*

C'est la raison pour laquelle il convient de distinguer les eaux météoriques ou pluviales, les eaux de ruissellement (eaux de pluie, de lavage, etc.), les eaux usées domestiques, les eaux usées non domestiques et industrielles, les eaux parasites (tab. 5.1). Des études préalables basées sur des statistiques établies dans des conditions similaires permettent une première approche. Toutefois la quantification des eaux à évacuer est toujours délicate à établir, compte tenu d'une part du nombre de variables qui doivent être intégrées, d'autre part de l'aspect aléatoire et de l'évolution de certains phénomènes.

LES EAUX PLUVIALES	Eaux de toiture Eaux de ruissellement
LES EAUX DE RUISSELLEMENT	Eaux pluviales Eaux de lavage de voirie
LES EAUX USÉES DOMESTIQUES	Eaux de toilette Eaux ménagères Eaux vannes
LES EAUX USÉES NON DOMESTIQUES	Eaux d'installation de refroidissement Eaux industrielles Eaux polluées par les hydrocarbures Eaux rejetées par des établissements : • scolaires • hospitaliers • équipés de laboratoires
LES EAUX PARASITES	Eaux de trop-plein de réservoir Eaux de source Eaux de drainage Eaux des rejets clandestins

Tab. 5.1 • *Nature des différents effluents.*

3.1. Les eaux météoriques ou pluviales – Les eaux de ruissellement

3.1.1. Les eaux météoriques ou pluviales

La pluie est un phénomène essentiellement aléatoire et discontinu qui varie dans le temps et dans l'espace. Elle peut revêtir différents aspects selon la durée et l'intensité : l'averse, par exemple, est de courte durée et de forte intensité, celle-ci variant au cours du phénomène. La pluie est caractérisée par plusieurs paramètres :

– sa durée t ;

– la hauteur d'eau totale de la précipitation exprimée en mm ;

– l'intensité moyenne i_m sur la durée de la pluie, correspondant au rapport de la hauteur (h) sur la durée (t) mesurée en mm/min ou en mm/h ;

– l'intensité moyenne ou maximale pour un laps de temps donné ;

– la période de retour T, durée moyenne qui sépare deux événements d'une valeur supérieure ou égale pour un paramètre prédéterminé : pluie décennale, par exemple.

Lors d'une précipitation, l'eau suit différents circuits. Selon la topographie du terrain et la nature du sol, elle commence par s'infiltrer. Lorsque le sol est saturé, et en fonction de l'intensité de la pluie, l'eau ruisselle sur celui-ci jusque vers des points bas où elle s'accumule. Enfin, une dernière partie s'évapore sous l'action de la chaleur ou du vent et retourne à l'état gazeux (fig. 5.12).

3.1.2. Les eaux de ruissellement

Les eaux de ruissellement comprennent la partie des eaux pluviales qui s'écoulent sur le sol, à laquelle viennent s'ajouter, surtout en milieu urbain et périurbain, les eaux de lavage des voiries.

Le réseau d'assainissement doit permettre la collecte de l'ensemble de ces eaux aux

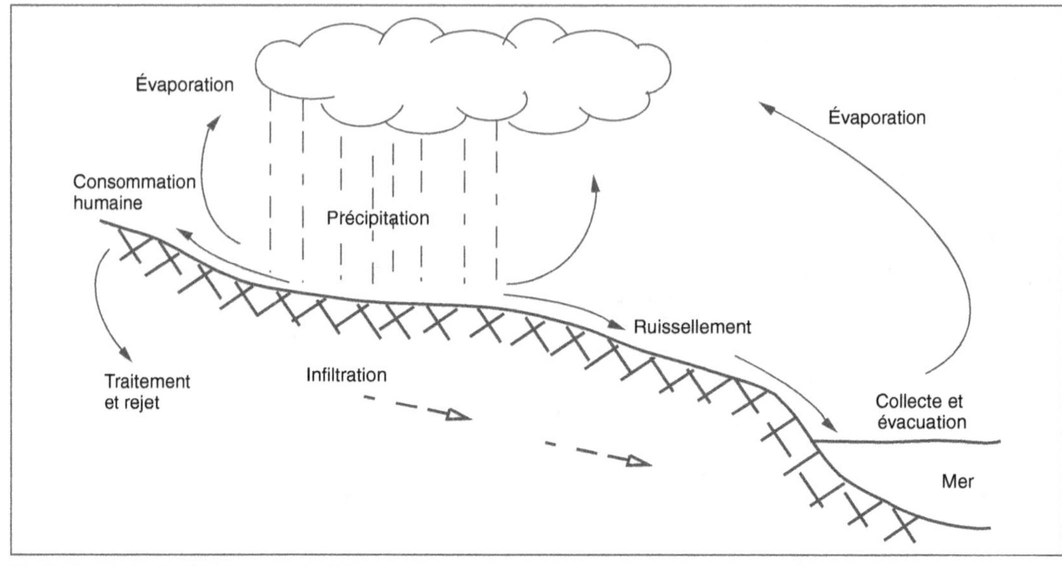

Fig. 5.12 • *Cycle simplifié des eaux de pluie.*

points bas ; il doit éviter qu'elles ne forment des zones stagnantes.

Longtemps, les eaux de pluies ont été considérées comme non polluées. Il n'en est plus de même aujourd'hui. En effet, lors d'une averse, la pollution intervient de deux manières au moins :
– les eaux se chargent de diverses matières dans l'atmosphère (cas des pluies acides) ;
– les eaux de ruissellement récupèrent toutes les particules des produits qui se trouvent sur les toitures et sur le sol.

Il en résulte un degré de pollution plus ou moins élevé en relation directe avec le degré de dilution. C'est la raison pour laquelle un traitement devient nécessaire avant tout rejet en milieu naturel. Il porte sur la récupération des matières solides au moyen de bacs de décantation, des hydrocarbures à l'aide de séparateurs ou de certains produits nocifs en zone agricole. Conformément à la loi sur l'eau de 1992, selon l'importance de la zone collectée, une déclaration ou une demande d'autorisation doit être déposée auprès des services compétents.

Exemple :

– un lotissement d'une superficie inférieure à 1 ha ne nécessite aucun dépôt de dossier ;
– un lotissement d'une superficie comprise entre 1 et 10 ha nécessite le dépôt d'une déclaration en mairie ;
– un lotissement d'une superficie supérieure à 10 ha nécessite le dépôt d'un dossier d'autorisation.

Les quantités d'eau à prendre en compte sont déterminées, selon diverses études, en fonction du terrain, de sa topographie, de la nature de la surface, du type et de la densité d'occupation du sol ainsi que des caractéristiques de pluviosité variables d'une région à l'autre.

L'intensité et la durée des pluies ne sont pas les mêmes en région parisienne, en Bretagne ou dans le Bassin méditerranéen. Raison pour laquelle, selon la circulaire interministérielle n° 77-284 du 27 juin 1977, la France est divisée en trois régions de pluviométrie homogène (fig. 5.13) :

– la région I correspond sensiblement à la moitié nord ;
– la région II correspond à la partie centrale et au sud-ouest ;
– la région III correspond à la Côte méditerranéenne, au Massif central, à la moyenne vallée du Rhône et aux Alpes du sud.

Deux paramètres sont déterminants dans le calcul du débit de pointe des eaux pluviales.

L'intensité du phénomène, qui n'est pas constante pendant toute sa durée ; faible en début, l'intensité s'accroît en cours d'averse, puis diminue vers la fin.

La durée du parcours, plus ou moins longue en fonction de la distance entre le point de chute et l'exutoire. L'eau s'écoule en suivant les lignes de plus grande pente ; le temps de concentration est défini par la somme de deux facteurs : le temps de parcours aval et le temps amont, soit :

$$t_c = t_{av} + t_{am}.$$

Ces deux paramètres peuvent être représentés par deux courbes dont la superposition permet de définir la période durant laquelle la quantité d'eau, à évacuer par l'exutoire, est maximale (fig. 5.14). Lorsque l'ouvrage de collecte se trouve à proximité immédiate du bassin versant ou **impluvium**, le terme t_{av} est égal à zéro. Dans ce cas, le temps de concentration correspond au temps de parcours de l'eau depuis le point le plus éloigné. Il varie selon la configuration de l'impluvium, de sa forme ramassée ou allongée.

La détermination des débits. Parmi les méthodes qui permettent la détermination des débits, deux sont plus particulièrement utilisées. Elles sont assez proches l'une de l'autre.

La méthode rationnelle dont la formule simplifiée comprend les termes suivants :

$$Q_p = C \times i \times A$$

dans laquelle :

– Q_p est le débit de pointe (m^3/h) ;
– C est un coefficient de ruissellement pondéré ($0 < C < 1$) ;
– i est l'intensité moyenne de la pluie (mm/h) dont la valeur dépend de la durée de l'averse et du temps de concentration ;
– A est l'aire d'apport (ha).

La méthode superficielle a été mise au point par Caquot sur les bases de la méthode rationnelle. Préconisée dans la circulaire interministérielle n° 77-284, elle est formulée de la manière suivante :

$$Q_p = K \times I^{\alpha} \times C^{\beta} \times A^{\gamma}$$

dans laquelle :

– Q_p est le débit de pointe (m^3/s) ;
– I est la pente moyenne du bassin versant sur le développement total du parcours de l'eau (mm/m) ;
– C est le coefficient de ruissellement ($0 < C < 1$) ;
– A est l'aire d'apport (ha) ;

K, α, β, γ sont des facteurs correctifs en fonction de différents paramètres : intensité et durée de la pluie, temps de concentration, etc.

Elle peut être affectée d'un coefficient _m_ prenant en compte la configuration du bassin et la longueur du plus long cheminement hydraulique.

Le coefficient de ruissellement pondéré C tient compte de plusieurs paramètres :

– l'urbanisation du site ;
– la topographie du terrain ;
– la perméabilité des sols ;
– la présence ou non de végétation ;
– la nature de la surface des sols (tab. 5.2).

Il a une influence directe sur le temps de concentration des eaux.

Sur la base d'études statistiques, pour les trois régions de pluviométrie homogène de France, des formules d'utilisation courante

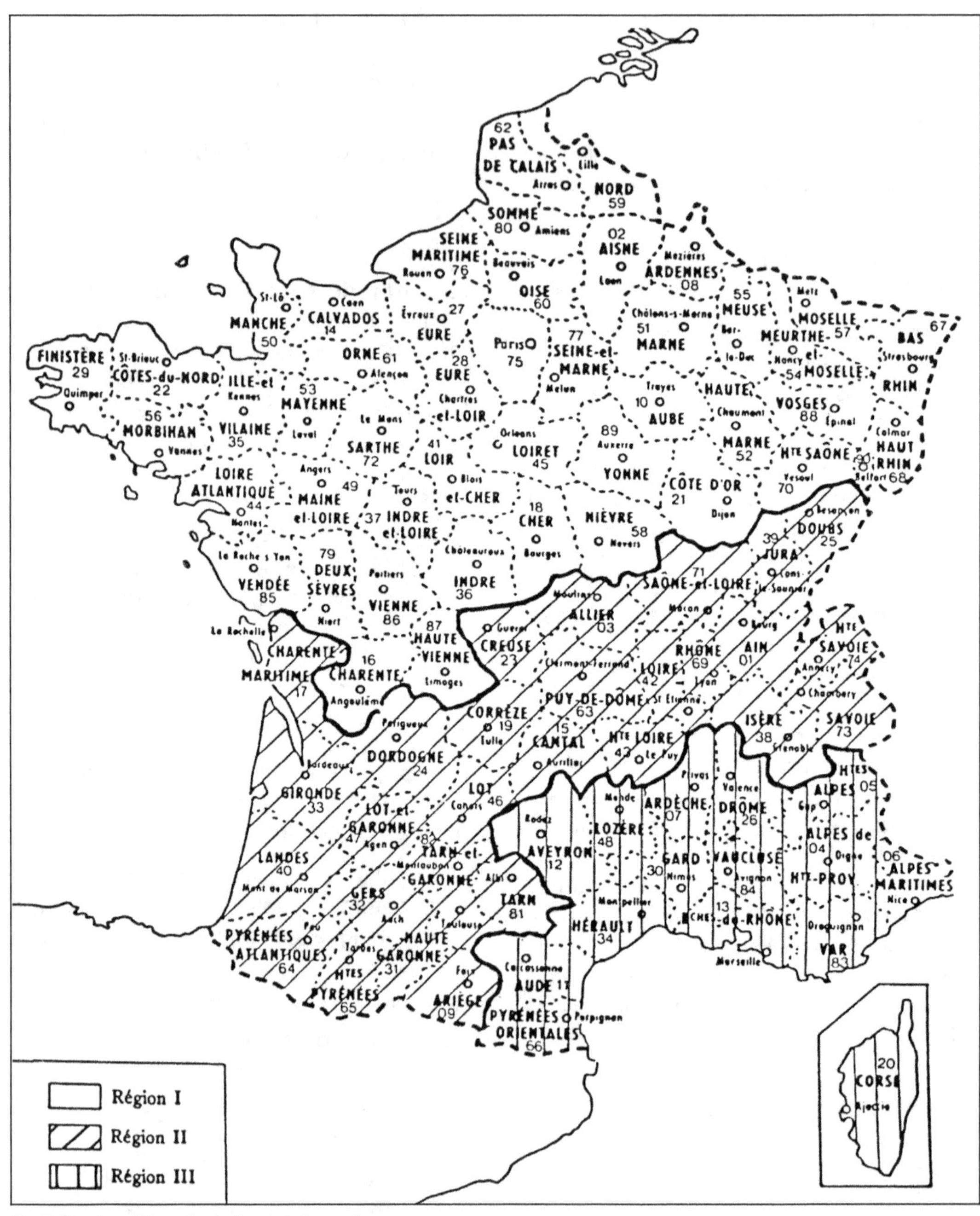

Fig. 5.13 • *Les régions de pluviométrie homogène.*

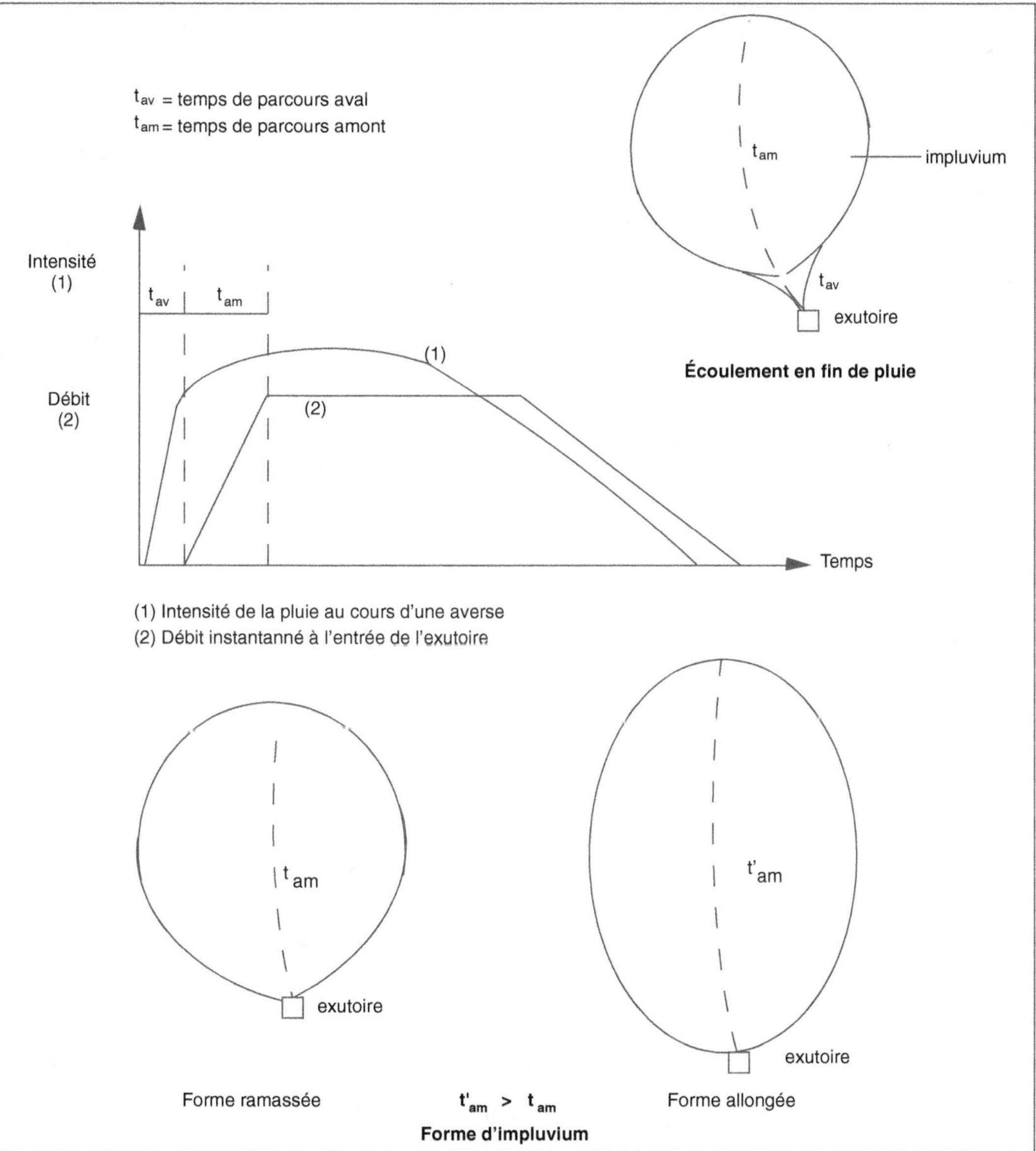

Fig. 5.14 • _Impluvium et temps de concentration._

ont été établies pour des périodes de retour de 1 an, 2 ans, 5 ans et 10 ans (tab. 5.3). Un correctif permet d'effectuer des calculs sur des périodes plus longues (20 ans, 50 ans ou 100 ans).

Toutefois, l'évolution du climat dans une région peut influencer l'intensité et la durée des averses. Il semble donc nécessaire d'anticiper l'évolution de ces phénomènes et de prendre des dispositions assurant, selon les besoins, l'écoulement ou la retenue des eaux afin d'éviter les risques d'inondation.

Des logiciels et des abaques* (fig. 5.15) permettent de déterminer directement les

Mode d'occupation des sols	C
Zones urbaines très denses (250 habitants à l'hectare)	0,80 à 0,90
Zones urbaines denses (150 habitants à l'hectare)	0,60 à 0,70
Zones urbaines moyennement denses (50 habitants à l'hectare)	0,40 à 0,50
Zones résidentielles (20 habitants à l'hectare)	0,20 à 0,30
Lotissements	0,30 à 0,40
Zones tertiaires (selon la surface végétalisée)	0,30 à 0,60
Zones commerciales	0,70 à 0,90
Zones industrielles	0,70 à 0,90
Squares – jardins publics	0,05 à 0,25
Terrains de sport	0,10 à 0,30
Zones agricoles	0,05 à 0,10
Zones boisées	0,05
Nature du revêtement de sol	
Surfaces totalement imperméabilisées	0,90
Pavages à large joint	0,60
Surfaces stabilisées (selon la pente)	0,40 à 0,70
Allées en gravier	0,20
Zones engazonnées sur sol imperméable (selon la pente)	0,15 à 0,35
Zones engazonnées sur sol perméable (selon la pente)	0,05 à 0,20
Type de toiture	
Toitures plates de faible superficie ($< 100\ \text{m}^2$)	1,00
Toitures plates de superficie moyenne ($< 10\ 000\ \text{m}^2$)	0,80 à 1,00
Toitures de grande superficie ($> 10\ 000\ \text{m}^2$)	0,50 à 0,80

Tab. 5.2 • *Valeur du coefficient de ruissellement pondéré C.*

Périodes de retour	Formules		
	Région I	Région II	Région III
1 an	$0,682\ I^{0,32}\ C^{1,23}\ A^{0,77}$	$0,780\ I^{0,31}\ C^{1,22}\ A^{0,77}$	$0,804\ I^{0,26}\ C^{1,18}\ A^{0,80}$
2 ans	$0,834\ I^{0,31}\ C^{1,22}\ A^{0,77}$	$1,087\ I^{0,31}\ C^{1,22}\ A^{0,77}$	$1,121\ I^{0,26}\ C^{1,18}\ A^{0,80}$
5 ans	$1,192\ I^{0,30}\ C^{1,21}\ A^{0,78}$	$1,290\ I^{0,28}\ C^{1,20}\ A^{0,79}$	$1,327\ I^{0,24}\ C^{1,17}\ A^{0,81}$
10 ans	$1,430\ I^{0,29}\ C^{1,20}\ A^{0,78}$	$1,601\ I^{0,27}\ C^{1,19}\ A^{0,80}$	$1,296\ I^{0,21}\ C^{1,14}\ A^{0,83}$

Tab. 5.3 • *Méthode superficielle – Formules applicables pour des périodes de retour de 1 à 10 ans.*

valeurs des débits Q_p et de procéder à des simulations.

La collecte des eaux de ruissellement sur les grandes superficies aménagées en aires de stationnement doit faire l'objet d'études spécifiques, la valeur du coefficient C étant de l'ordre 0,9.

Dans le cas de petites surfaces, il est possible de se référer à la norme P 40-202 (DTU 60.11) – *Règles de calcul des installa-*

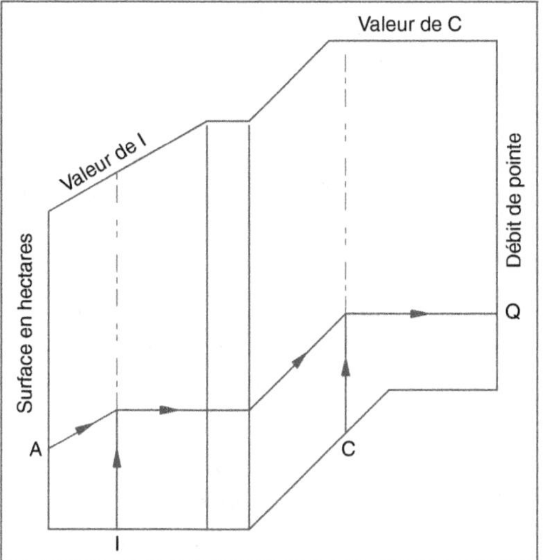

Fig. 5.15 • _Abaque pour l'application de la formule superficielle._

tions de plomberie sanitaire et des installations d'évacuation des eaux pluviales. Un calcul simplifié donne la quantité d'eau à évacuer selon la formule suivante :

$$Q_0 \; (l/s) = \Psi \times A \times I$$

dans laquelle :
- Ψ est un coefficient de collecte ;
- A est la surface concernée par la pluie, mesurée en projection horizontale, en hectares ;
- i est l'intensité de chute de la pluie en litre par seconde et par hectare ; sa valeur est de l'ordre de 300 à 500 litres par seconde et par hectare. Cela correspond à une averse d'une durée de 15 à 30 minutes à intensité constante.

La limitation des débits admis. Dès que le bassin versant atteint une certaine superficie, et pour ne pas surdimensionner les ouvrages collectant les eaux pluviales lors de fortes précipitations, il est nécessaire de limiter les débits à l'aide de dispositifs qui procèdent de la manière suivante :
- en déversant une partie des effluents directement en milieu naturel, selon la perméabilité des sols ;
- en retenant une certaine quantité d'eau dans des bassins pour n'admettre qu'un débit limité dans la canalisation ;
- en favorisant l'infiltration lorsque le terrain est suffisamment perméable.

La première solution est souvent retenue en réseau unitaire, à condition que le degré de dilution des éléments polluants soit satisfaisant. Elle est constituée par des déversoirs d'orage.

La deuxième est préconisée plus particulièrement pour les canalisations d'eaux pluviales en réseau séparatif. Des bacs tampons ou des bassins de rétention sont placés sur le réseau afin de stocker une certain quantité d'eau en relation étroite avec la surface desservie. L'étude est effectuée en prenant pour référence une période de 10, 20, 50 ou 100 ans.

La troisième solution a pour objectif de laisser pénétrer les eaux de pluie dans le sol dès leur réception ou en des points régulièrement répartis. Ce résultat est obtenu par : l'emploi de chaussées à structure réservoir, par la réduction des surfaces imperméabilisées (aires de stationnement engazonnées) ou par la mise en place de tranchées et de puits filtrants. Toutefois, ces dispositions sont sensibles au gel et exigent un entretien régulier correct afin de réduire les risques de colmatage.

3.2. Les eaux usées domestiques

Les eaux usées domestiques constituent un effluent pollué qui comprend les eaux ménagères (eaux de cuisine, de toilette, de lessive, etc.) et les eaux vannes provenant des WC. Elles renferment des matières minérales et des matières organiques qui se présentent sous deux formes :
- les matières en suspension (MES) qui peuvent être volatiles, décantables ou non

décantables ; elles constituent l'un des paramètres du degré de pollution ;

– les matières dissoutes.

Les eaux usées domestiques sont caractérisées par plusieurs paramètres :

● La demande biochimique en oxygène (DBO), quantité d'oxygène dépensée par les phénomènes d'oxydation chimique et de dégradation des matières organiques par voie aérobie ; par convention, la DBO s'exprime en milligramme d'oxygène consommé par litre d'effluent au bout de cinq jours (DBO_5).

● La demande chimique en oxygène (DCO), quantité d'oxygène nécessaire à la dégradation des matières organiques, exprimée en milligramme d'oxygène consommé par litre d'effluent ; elle représente la teneur totale de l'eau en matières organiques biodégradables ou non.

● Les matières oxydables (MO), déterminées par la moyenne pondérale de la DBO_5 et de la DCO mesurée après une décantation de deux heures :

$$MO = (DCO + 2 \times DBO_5)/3 \ ;$$

● Le carbone organique total (COT), mesuré par combustion des matières organiques.

● La teneur en azote organique et oxydé ; le premier est analysé selon la méthode dite de Kjedahl (azote total Kjedahl NTK) exprimé en milligramme d'azote consommé par litre ; le second peut être considéré comme marginal ;

● La présence de matières grasses.

● La présence de métaux.

● La présence de micro-organismes, bactéries, virus ou parasites.

Le rapport entre DCO et DBO_5 est de l'ordre de 2 à 2,7 ; le rapport entre le DBO_5 et le COT est de l'ordre de 1,7 à 1,9.

L'arrêté du 10 décembre 1991 fixe les valeurs unitaires de pollution correspondant au rejet journalier standard d'un habitant défini par la notion d'équivalent habitant* (éq.-hab.) (tab. 5.4).

La quantité d'eau à collecter varie selon l'urbanisation de la zone concernée et le nombre d'habitants qu'elle accueille. En principe, elle est en rapport étroit avec la consommation d'eau. En zone rurale, elle peut être évaluée sur la base d'une consommation journalière d'eau de l'ordre de 100 à 150 litres par habitant et par jour. En site urbain, pour tenir compte de consommations parallèles, elle est de l'ordre de 180 à 250 litres par habitant pour atteindre 300 ou 500 litres par habitant dans les grands centres urbains. Toutefois, les quantités d'eau à évacuer prennent en compte un certain pourcentage englobant l'eau consommée non rejetée à l'égout et les pertes sur le réseau d'alimentation. En général, ce pourcentage est estimé à 30 % de la consommation totale.

En un même lieu, cette consommation peut présenter des variations importantes d'une saison à l'autre, voire d'un jour à l'autre. C'est le cas des stations de sports d'hiver, des stations balnéaires ou de certaines activités

TENEUR PAR ÉQUIVALENT-HABITANT (éq.-hab.) (exprimée en gramme)					
MES	**DBO_5**	**DCO**	**MO**	**NTK**	**PHOSPHORE**
90	54 60 (1)	–	57	15	4

(1) : Valeur fixée par une directive de la CEE du 21 mai 1991

Tab. 5.4 • *Caractéristiques physico-chimiques des eaux usées domestiques.*

(complexes hôteliers, cités universitaires...) pour lesquelles il convient de retenir les pics de consommation dans le calcul du diamètre des canalisations et des périodes creuses pour déterminer la vitesse d'autocurage.

En outre, la consommation journalière n'est pas répartie de manière uniforme sur les vingt quatre heures. Il en est de même des rejets qui présentent des périodes de pointe et des périodes creuses (la nuit en particulier), exprimés en pourcentage du débit journalier moyen Q_j (fig. 5.16).

Le débit de pointe correspond au débit instantané retenu dans le calcul du diamètre des canalisations ; il est donné par la formule suivante :

$$Q_p = C_p \times Q_m$$

dans laquelle :

– Q_m est le débit moyen exprimé en litres par seconde ($Q_m = Q_j / 86\ 400$) ;
– C_p est un coefficient de pointe qui dépend de l'emplacement du collecteur, de sa section et de l'importance de la ville.

La circulaire interministérielle du 22 juin 1977 précise que le coefficient C_p est déterminé par la formule suivante :

$$C_p = a + (b / \sqrt{Q_m})$$

dans laquelle :

– *a* et *b* sont des paramètres déterminés en fonction de la valeur de Q_m.

En général, *a* est égal à 1,5 et *b* a une valeur qui est de l'ordre de 1 à 2,5. Il en résulte que le coefficient de pointe C_p est inversement proportionnel à la valeur de Q_m, c'est-à-dire à l'importance de la population de la zone concernée.

La norme française NF EN 752-4 (P 16-150-4) traitant de la conception hydraulique des réseaux d'évacuation et d'assainissement à l'extérieur des bâtiments indique dans son annexe B que la valeur du coefficient C_p est comprise entre 1,8 et 4.

En complément de cette étude, il convient également de définir le débit minimal admissible pour assurer l'autocurage.

Dans le cas de petits ensembles immobiliers et de groupes d'habitation pavillonnaires, il est possible de se référer au DTU 60.11, cité plus haut. Celui-ci indique le débit de base par appareil sanitaire (tab. 5.5) affecté d'un coefficient de simultanéité (y). Ce coefficient est adapté au nombre des appareils et à la

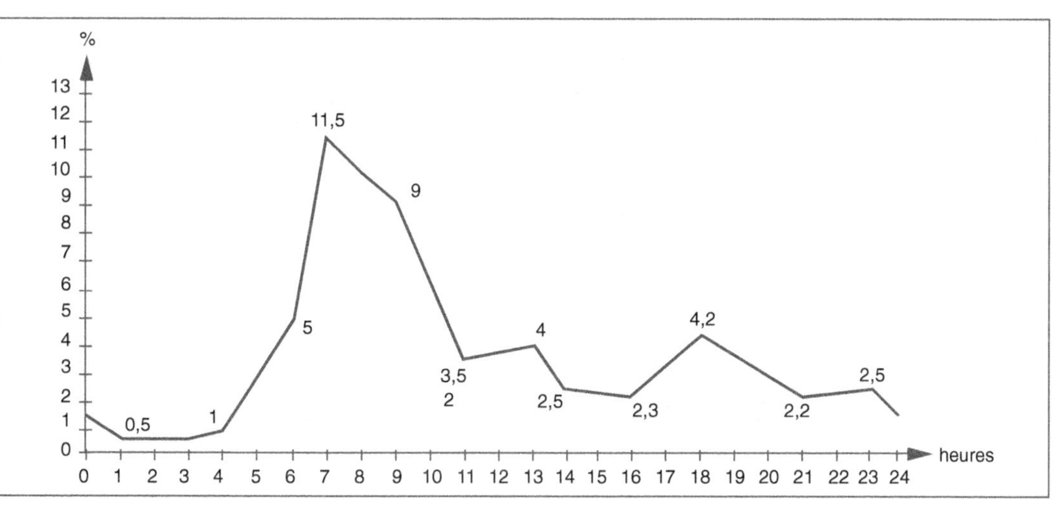

Fig. 5.16 • *Variations du débit dans une canalisation d'eaux usées sur la journée.*

destination des locaux. En habitation, il est donné par la formule :

$$y = 0,8/\sqrt{(x-1)}$$

correspondant à une courbe (fig. 5.17) avec :
- x, en abscisse, représentant le nombre d'appareils installés ;
- y, en ordonnée, correspondant au coefficient de simultanéité.

Dans le cas des hôtels, sauf études particulières, le coefficient est affecté d'un facteur correctif égal à 1,25.

Dans le cas de résidences collectives (internats, foyers, etc.) ou de certains bâtiments (locaux sanitaires de gymnases ou de stades), l'ensemble des lavabos et des douches peut fonctionner simultanément, sauf lorsqu'ils sont équipés de robinets à fermeture temporisée, auquel cas une étude particulière doit être effectuée.

3.3. Les eaux non domestiques et industrielles

La quantité et la qualité des eaux à recueillir dépendent essentiellement du type d'établissement et d'industrie ainsi que de l'importance du site. Lorsque ces renseignements sont connus, ils sont communiqués par le directeur du site ; ils tiennent compte des développements ultérieurs éventuels. Dans le cas de l'aménagement d'une zone sans indication précise, les hypothèses de calcul ont pour base soit les études statistiques effectuées sur des zones similaires, soit les valeurs moyennes de consommation d'eau constatées.

Le rejet des eaux non domestiques doit faire l'objet d'une déclaration et d'une autorisation de la collectivité locale. Le degré de nocivité, la température de l'effluent et le dégagement éventuel de gaz ne doivent ni présenter de danger pour le personnel d'entretien ni compromettre le bon fonctionnement du réseau d'assainissement. Une convention est passée afin de définir le débit maximal et la qualité optimale de l'effluent.

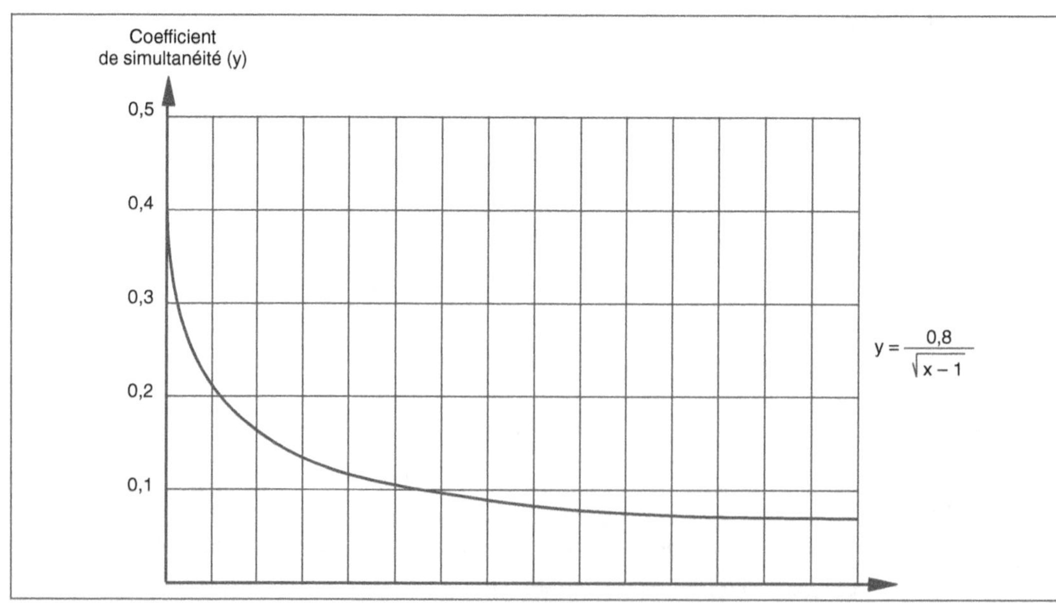

Fig. 5.17 • *Coefficient de simultanéité en fonction du nombre d'appareils installés.*

APPAREILS	DÉBIT DE BASE EN LITRES	
	PAR MINUTE	PAR SECONDE
Baignoire	72	1,20
Douche	30	0,50
Lavabo	45	0,75
Bidet	30	0,50
Lave-mains	30	0,50
Évier	45	0,75
Bac à laver	45	0,75
Urinoir	30	0,50
Urinoir à action siphonique	60	1,00
WC à chasse directe	90	1,50
WC à action siphonique	90	1,50
Machine à laver le linge [1]	40	0,65
Machine à laver la vaisselle [1]	25	0,40

(1) : À usage domestique.

Tab. 5.5 • _Débit de base des appareils sanitaires (source : DTU P 40-202)._

Certains établissements importants disposent de leur propre unité de traitement des effluents. Toutefois, d'une manière générale, plusieurs solutions peuvent être retenues (fig. 5.18).

- **Les eaux pluviales** sont soit rejetées avec les eaux usées, en cas de réseau unitaire, soit, de préférence, collectées séparément et envoyées dans un bassin de décantation ou de prétraitement lorsqu'elles sont faiblement polluées, avant leur rejet en milieu naturel.

- **Les eaux usées** provenant des installations sanitaires sont rassemblées dans un collecteur qui recueille ou non les eaux pluviales selon que le système est de type unitaire ou séparatif. Puis elles sont dirigées vers le réseau d'assainissement.

- **Les eaux industrielles** elles-mêmes, lorsqu'elles contiennent des substances nocives, doivent être traitées à la source avant leur rejet dans le réseau d'assainissement.

- **Les eaux de refroidissement** sont le plus souvent non polluées et leur débit peut être important. Elles sont généralement rejetées dans le milieu naturel soit directement, soit après avoir transité dans un échangeur afin de récupérer leurs calories ou dans un bassin de rétention qui régule leur débit.

Les eaux pluviales, les eaux de refroidissement et les eaux industrielles non polluées peuvent également être regroupées dans des bacs de rétention et recyclées dans le _process_ industriel grâce à un système de pompage.

Cette étude est conduite aussi bien pour un bâtiment industriel que pour plusieurs établissements situés au sein d'un lotissement ou d'une zone industrielle.

Pour certains sites (centre commercial, hôtelier ou hospitalier, industrie alimentaire…), les eaux rejetées ont des caractéristiques assez proches de celles des effluents domestiques, le degré de concentration pouvant être légèrement différent. Dans ces conditions, il n'existe aucune difficulté pour les admettre dans l'unité de traitement de la collectivité. À l'inverse, pour d'autres industries polluantes (abattoirs, laboratoires, industrie chimique, etc.), dont les eaux sont chargées de matières diverses ou de métaux lourds, le système d'assainissement est très contraignant.

3.4. Les eaux parasites

Les eaux parasites proviennent de trop-plein de réservoir, de captage de source, de réseaux de drainage, de nappe phréatique ou de procédé de refroidissement, domestique ou industriel, dont l'eau est pompée dans la nappe. En général, peu ou pas polluées, elles sont rejetées ou s'infiltrent dans les canalisations. Difficilement quantifiables, leur importance varie entre les périodes sèches et les périodes pluvieuses. Leur influence est non négligeable sur le dimensionnement des

241

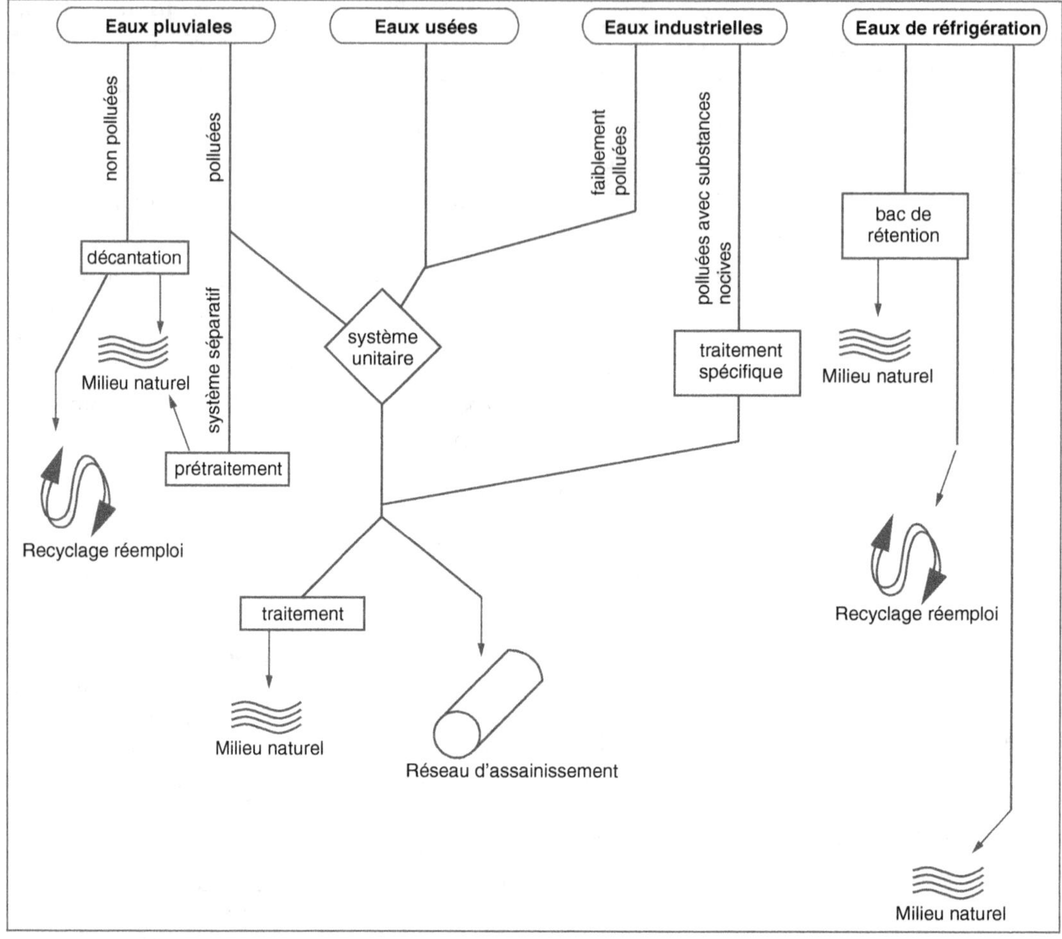

Fig. 5.18 • *Rejet des effluents en secteur industriel.*

canalisations lorsqu'elles sont rejetées dans un réseau unitaire ou dans un collecteur d'eaux usées en réseau séparatif ; leur effet est moindre en cas de rejet dans le collecteur d'eaux pluviales.

4. Le dimensionnement des canalisations

Après avoir défini le tracé du réseau d'assainissement et les cotes d'origine en amont et de rejet en aval, il convient de calculer la section et la pente des différents tronçons qui le composent. Celles-ci sont déterminées en fonction de plusieurs paramètres :

– la quantité d'effluent à évacuer ;

– la nature de l'effluent ;

– les caractéristiques du matériau constituant les tuyaux ;

– la longueur et les différents accidents du parcours (changements de direction, regards de branchements…).

Le réseau est constitué d'un certain nombre de rameaux, de longueur déterminée, se rejoignant en des nœuds N1 N2, N3, etc. (fig. 5.19). Le débit étant connu pour chacun d'eux, il est possible d'en déterminer la

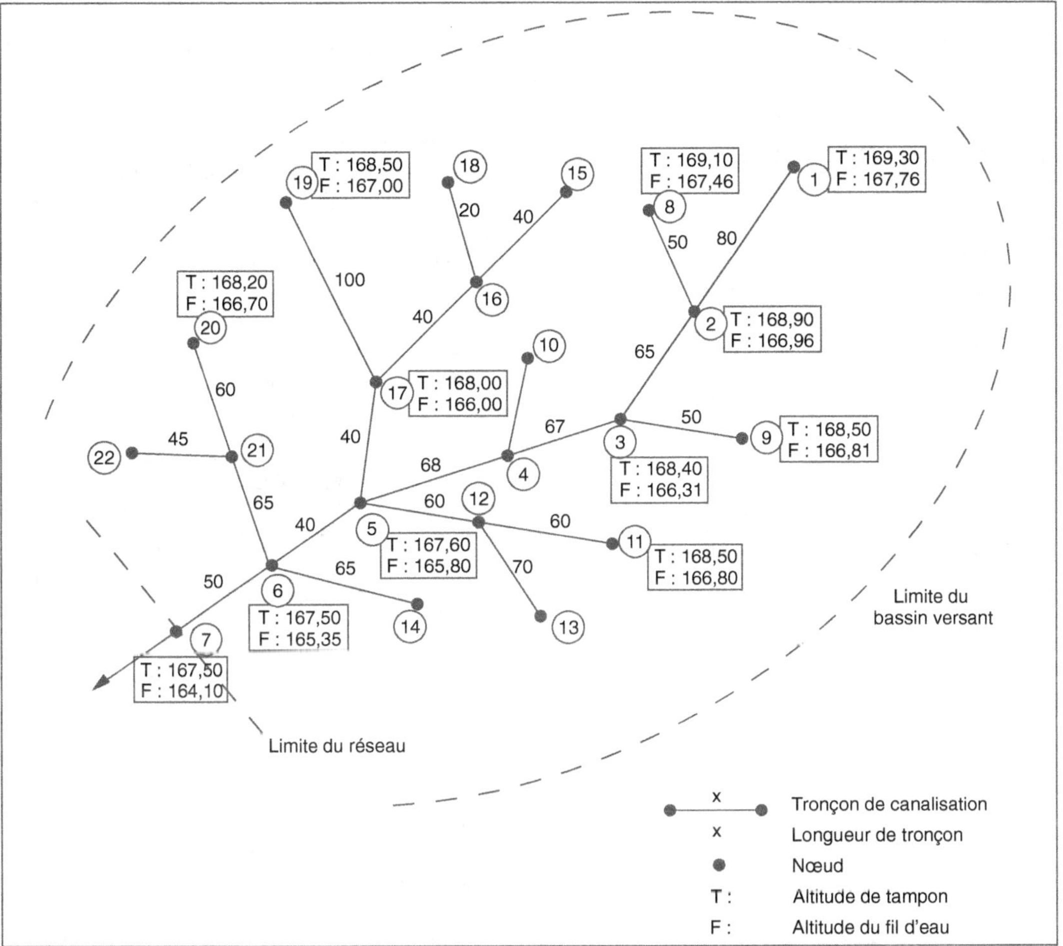

Fig. 5.19 • _Rameaux d'un réseau d'assainissement._

section et la pente, deux facteurs étroitement liés.

De type gravitaire, le calcul du réseau s'effectue selon le principe de l'écoulement libre.

Le débit est donné par la formule :

$$Q \ (m^3/s) = S \ (m^2) \times V \ (m/s)$$

dans laquelle :

– S est la section transversale de la canalisation occupée par l'effluent ;

– V est la vitesse de l'effluent, elle-même fonction de la pente et d'un coefficient d'écoulement.

Le débit varie en fonction des conditions de remplissage des tuyaux. Pour une canalisation de section circulaire, il est maximal pour une hauteur de remplissage égale aux $8/10^e$ du diamètre ou à section pleine.

Chézy, Bazin, Manning, Strickler et d'autres chercheurs ont établi des formules applicables aux différents cas de figure qui se présentent : réseau unitaire, eaux pluviales et eaux usées en réseau séparatif, matériau constitutif des tuyaux. Dans un réseau unitaire, la part des eaux pluviales étant prépondérante, il est admis de l'aborder de la

243

même manière que le réseau d'eaux pluviales en système séparatif.

Une des méthodes la plus couramment employée pour le calcul de la vitesse fait appel à la formule de Chézy :

$$V = C \times \sqrt{R \times I}$$

dans laquelle :

– R est le rayon hydraulique* en mètres ;

– I est la pente moyenne du tronçon de canalisation ;

– C est un coefficient déterminé par la formule de Bazin :

$$C = 87/[1 + (\gamma/R)],$$

dans laquelle γ est un coefficient d'écoulement dont la valeur dépend de la rugosité des parois et de l'effluent transporté (tab. 5.6).

En retenant pour valeur $\gamma = 0,46$ pour les eaux pluviales, la vitesse est donnée par la formule simplifiée $V = 60 \times R^{3/4} \times I^{1/2}$, applicable pour les réseaux d'eaux pluviales et les réseaux unitaires.

En retenant pour valeur $\gamma = 0,16$ pour les eaux usées, la vitesse est donnée par la formule simplifiée $V = 70 \times R^{2/3} \times I^{1/2}$, applicable aux réseaux d'eaux usées.

Lorsque les parois sont parfaitement lisses (cas des tuyaux en PVC), les joints correctement confectionnés et les conduites correctement entretenues, il est admis de majorer de 20 % les débits calculés à l'aide de ces formules.

Dans les cas simples, la formule de Manning-Strickler peut également être retenue :

$$V = k \times R^{2/3} \times I^{1/2}$$

dans laquelle k est un coefficient d'écoulement (tab. 5.6).

Des abaques (fig. 5.20 et 5.21) ou des logiciels permettent de déterminer le débit en fonction de la vitesse et la section des conduites pour chaque tronçon, afin que l'écoulement soit satisfaisant pour une pente donnée. La canalisation ne doit pas être mise en charge et la vitesse de l'effluent suffisante pour assurer l'autocurage des tuyaux. Dans une canalisation circulaire, elle est comprise entre 0,60 m/s et 4,00 m/s et varie selon le taux de remplissage (fig. 5.22).

La circulaire de 1977, citée précédemment, fixe à 0,20 m le diamètre minimal des collecteurs d'évacuation des eaux usées en réseau séparatif.

VALEUR DU COEFFICIENT γ DANS LA FORMULE DE BAZIN	
Nature des parois	**γ**
Très lisses (ciment, bois)	0,06
Unies (planches, briques, pierre de taille)	0,16
Unies en ciment (en service depuis 20 ans)	0,20
Béton sans enduit, maçonnerie de moellons	0,46
Canaux de nature mixte (terre très régulière, pierres)	0,85
Canaux en terre ordinaire	1,30
Canaux en terre de résistance exceptionnelle (galets, herbes)	1,75

VALEUR DU COEFFICIENT k DANS LA FORMULE DE MANNING-STRICKLER		
	k	
Nature des parois	**Bon état**	**Mauvais état**
Parfaitement lisses (ciment lissé)	100	77
Enduit ciment, bois non raboté, métal lisse	91	67
Béton	83	56
Maçonnerie correcte	77	59
Maçonnerie grossière	59	33
Métal non lisse, tôle ondulée	45	31
Terre unie	40	33
Terre irrégulière	29	22
Terre envahie de végétation	25	20

Tab. 5.6 • *Valeur des coefficients γ et k en écoulement libre.*

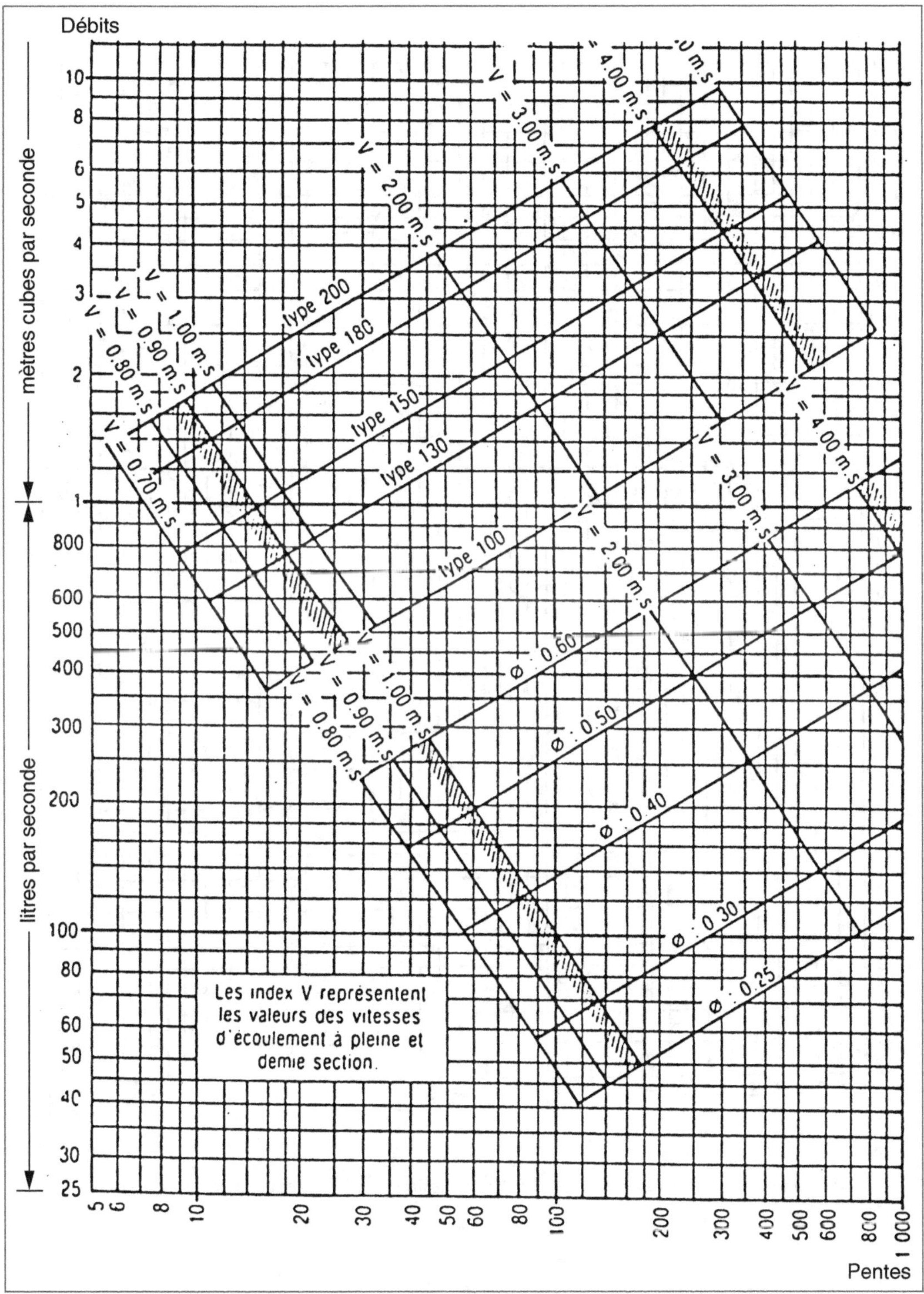

Fig. 5.20 • *Abaque pour l'application de la formule Q = 60 R$^{3/4}$I$^{1/2}$ S (eaux pluviales).*

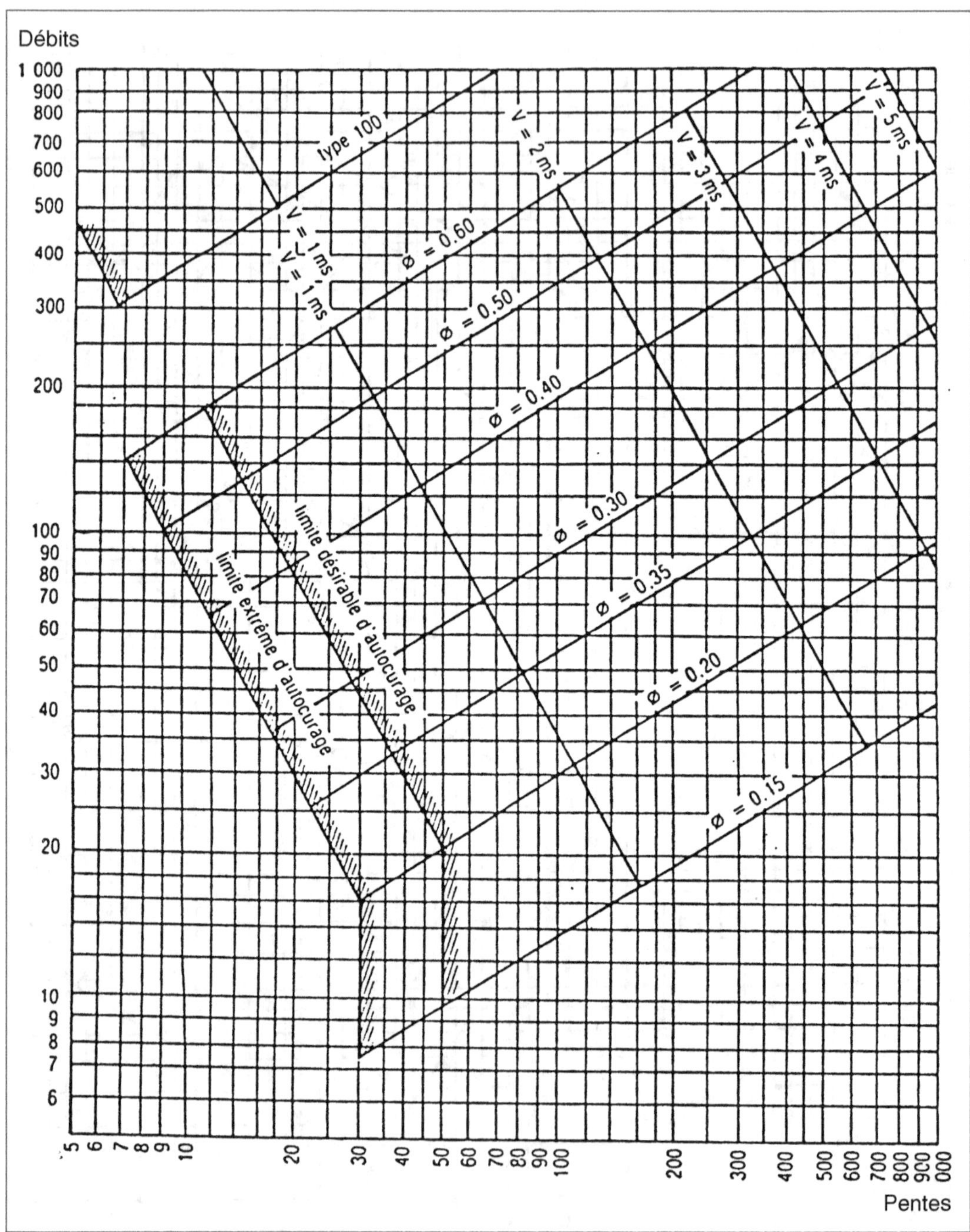

Fig. 5.21 • *Abaque pour l'application de la formule* $Q = 70\ R^{2/3} I^{1/2}\ S$ *(eaux usées). Pentes en dix millièmes. Débits en litres par seconde.*

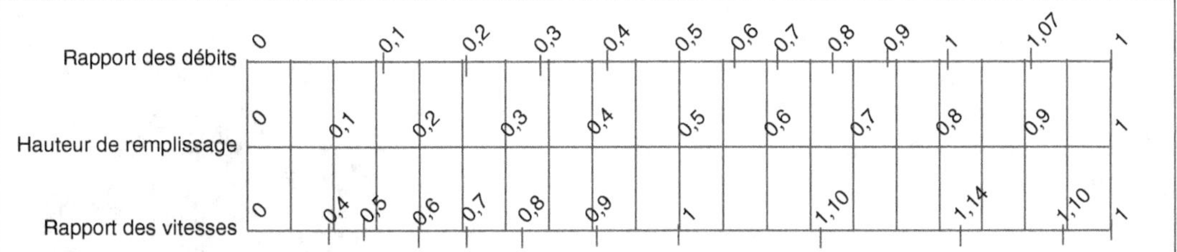

Fig. 5.22 • *Variations des débits et des vitesses en fonction du taux de remplissage des tuyaux circulaires.*

5. La composition des réseaux d'assainissement

Les réseaux d'assainissement collectent des eaux plus ou moins chargées et les véhiculent dans les meilleures conditions. La priorité est d'assurer le transfert des eaux polluées vers l'unité de traitement tout en garantissant la protection du milieu naturel.

À cet effet, l'écoulement doit s'effectuer le plus directement possible, sans rencontrer d'obstacles occasionnant des retenues, ni de points faibles constituant des sources de fuites dans le milieu ambiant ou d'infiltrations d'eaux parasites.

Ils comprennent des ouvrages dont les fonctions sont bien précises : les canalisations et les collecteurs, les regards visitables ou non visitables et les ouvrages annexes (fig. 5.23).

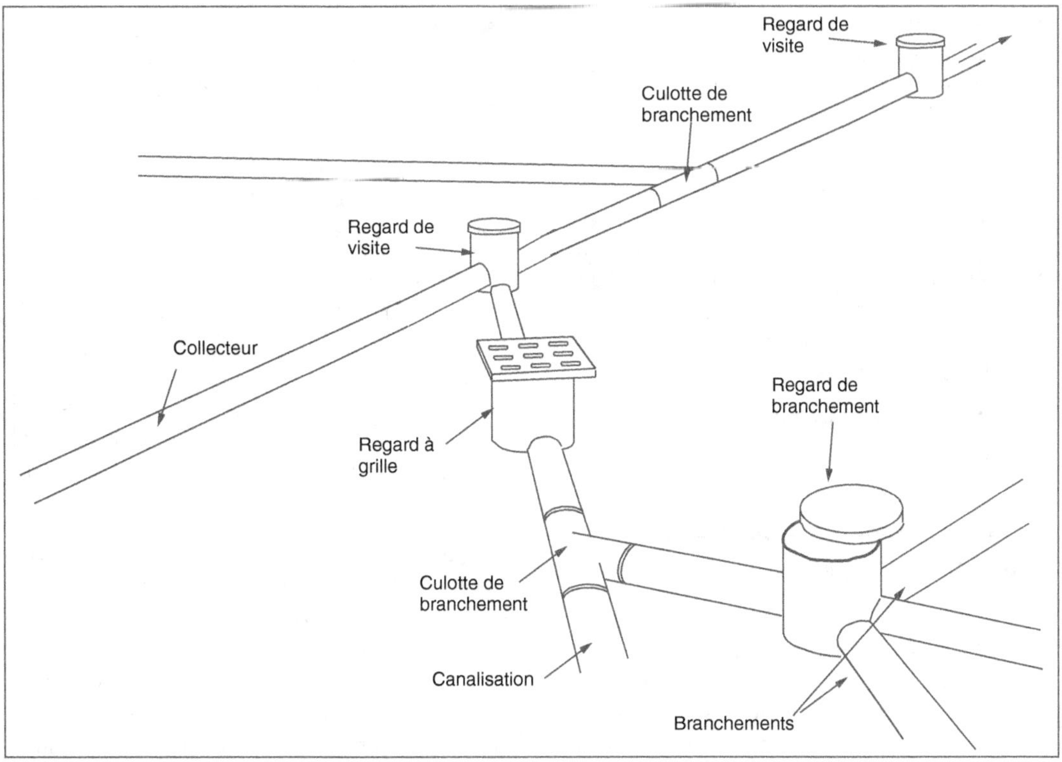

Fig. 5.23 • *Composants d'un réseau d'assainissement.*

Selon leur localisation, les réseaux d'assainissement relèvent du régime public lorsqu'ils sont sous le domaine public, ou du régime privé lorsqu'ils desservent des résidences ou ensembles particuliers (immeubles, résidences immobilières, lotissements, sites industriels).

5.1. Les collecteurs et les canalisations

Les collecteurs sont considérés comme des aqueducs à écoulement libre et à joints étanches. La mise en charge doit être exceptionnelle ; elle peut occasionner le débordement des regards ou des ouvrages annexes situés en point bas. Leurs dimensions vont en décroissant de l'aval vers l'amont. Un réseau d'assainissement comprend successivement les éléments suivants : les collecteurs principaux (photo 5.2), les collecteurs secondaires, les branchements.

Les collecteurs principaux sont constitués soit de tuyaux de section circulaire de diamètre supérieur à 800 mm, soit de tuyaux ovoïdes préfabriqués (photo 5.3) ou coulés sur place ; la hauteur allant de 1,00 à 2,65 m selon qu'ils sont visitables ou non, soit d'ouvrages visitables en béton coulé en place et comportant une cunette et une ou deux banquettes (fig. 5.24). Une correspondance entre les caractéristiques des tuyaux circulaires et les ovoïdes est indiquée dans les tableaux 5.7 et 5.8.

Les collecteurs secondaires sont généralement de forme cylindrique, de diamètre inférieur à 800 mm.

Les canalisations de branchement sont également cylindriques, leur diamètre étant supérieur à 150 mm.

Fréquemment situées sous la chaussée, les canalisations sont mises en place pour résister aux surcharges supportées par celles-ci. Les tuyaux qui les composent sont soumis à des essais de résistance à l'écrasement, à la

Photo 5.2 • *Collecteur principal comprenant une cunette et deux banquettes.*

Photo 5.3 • *Collecteur ovoïde préfabriqué en béton.*

flexion, à l'abrasion et à la corrosion. Ils subissent également des épreuves portant sur l'étanchéité et la porosité.

Ils sont réalisés avec les matériaux suivants : béton non armé comprimé ou centrifugé, béton armé centrifugé, grès, fonte, polychlorure de vinyle (PVC), polyester renforcé de fibres de verre (PRV). Chacun de ces matériaux a ses caractéristiques propres et répond à des normes de fabrication très précises et à des certifications.

Les égouts constitués par des éléments ovoïdes de hauteur supérieure à 1,60 m ou les canalisations de section circulaire de diamètre supérieur à 1 600 mm sont visitables. Lorsque le diamètre est compris entre 1 000 et 1 600 mm, elles sont considérées comme occasionnellement visitables.

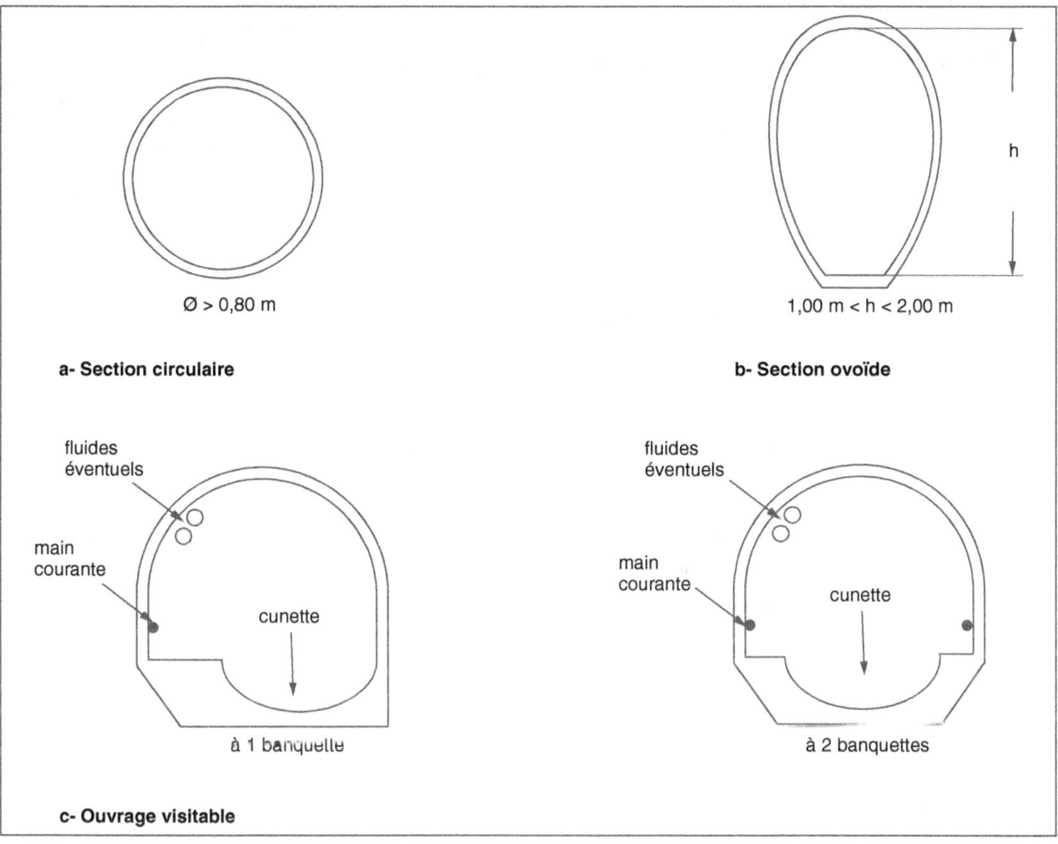

Fig. 5.24 • _Différents collecteurs._

Types	Dimensions			Périmètre (cm)	Section (m²)	Rayon hydraulique (m)	Circulaire correspondant Φ en mm
	Hauteur (cm)	Largeur (cm)	Base (cm)				
100 [1]	100	62,5	35	264	0,51	0,19	800
130 [1]	130	80	36,5	341	0,83	0,24	1 000
150 [2]	150	90	37,5	390	1,09	0,28	1 200
180 [3]	180	108	45	468	1,57	0,33	1 500
200 [3]	200	120,0	50	519	1,93	0,37	1 800

(1) : Exceptionnellement visitable.
(2) : Visitable occasionnellement.
(3) : Visitable.

Tab. 5.7 • _Caractéristiques des égouts ovoïdes préfabriqués (source : document Bonna Sabla)._

5.2. Les regards

Les regards ont des fonctions diverses selon leur position au sein du réseau d'assainissement. Placés en des points particuliers et selon leurs dimensions, ils permettent l'accès au réseau, son entretien, le raccordement des branchements sur le collecteur, la collecte des eaux, le contrôle du débit et de la

| **Types** (cm) | **Rayon hydraulique** (m) | **Section** (m²) | **Débit équivalent** | | **Ovoïde** |
| | | | **Circulaire** | | |
			Φ **exact (mm)**	Φ **normalisé (mm)**	
100×65 [1]	0,20	0,51	797	800	T 100
115×75 [1]	0,22	0,68	921	1 000	T 130
165×100 [2]	0,31	1,30	1 259	1 200	T 150
195×115 [3]	0,36	1,76	1 470	1 500	T 200
235×135 [3]	0,42	2,48	1 750	1 800	T 230
265×150 [3]	0,47	3,12	1 960	2 000	–

(1) : Exceptionnellement visitable.
(2) : Visitable occasionnellement.
(3) : Visitable.

Tab. 5.8 • *Caractéristiques des égouts préfabriqués Moduloval (source : document Bonna Sabla).*

nature de l'effluent. Ils se présentent sous différentes formes : simples, à écoulement direct, avec une réserve en fond assurant la décantation des matières minérales en suspension, siphoïdes afin d'éviter le passage de déchets et la remontée des odeurs, ou recevant un panier pour retenir les matières solides (fig. 5.25).

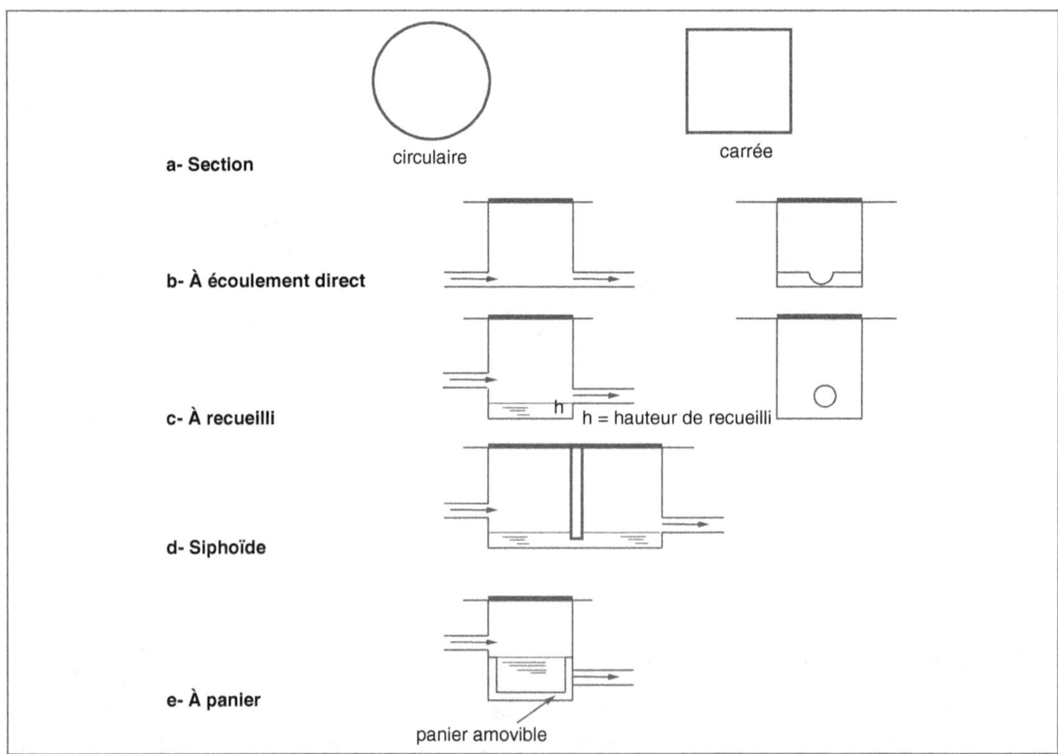

Fig. 5.25 • *Différents types de regard.*

Les regards sont réalisés soit en béton coulé sur place ou préfabriqué, soit en fonte, soit en matériau de synthèse (PVC, polyéthylène). Les parois doivent présenter une bonne étanchéité à l'eau, et leur épaisseur doit être apte à résister aux sollicitations mécaniques tant internes (mise en pression temporaire) qu'externes (remblai, charges de surface).

En béton préfabriqué, de section carrée ou circulaire, les regards comprennent les éléments suivants (fig. 5.26) :
- un fond composé d'un radier avec ou sans cunette ;
- un ou plusieurs éléments droits ;
- un dispositif d'obturation.

L'étanchéité est assurée par l'emboîtement des éléments, complété par une garniture souple en caoutchouc ou en matière plastique compatible avec l'utilisation qui en est faite, c'est-à-dire la nature de l'effluent.

Le dispositif d'obturation est formé d'un cadre recevant le tampon de fermeture en béton, en fonte ou en acier, ou une grille en fonte. Cet ensemble est classé soit en série lourde, soit en série légère suivant la situation du regard et la charge qui lui est appliquée : sous chaussée, sous trottoir ou sous espaces verts.

Réalisés en PVC ou en polyéthylène, les regards sont monoblocs et reçoivent un tampon en matériau de même nature. Ils sont situés dans des zones non circulables.

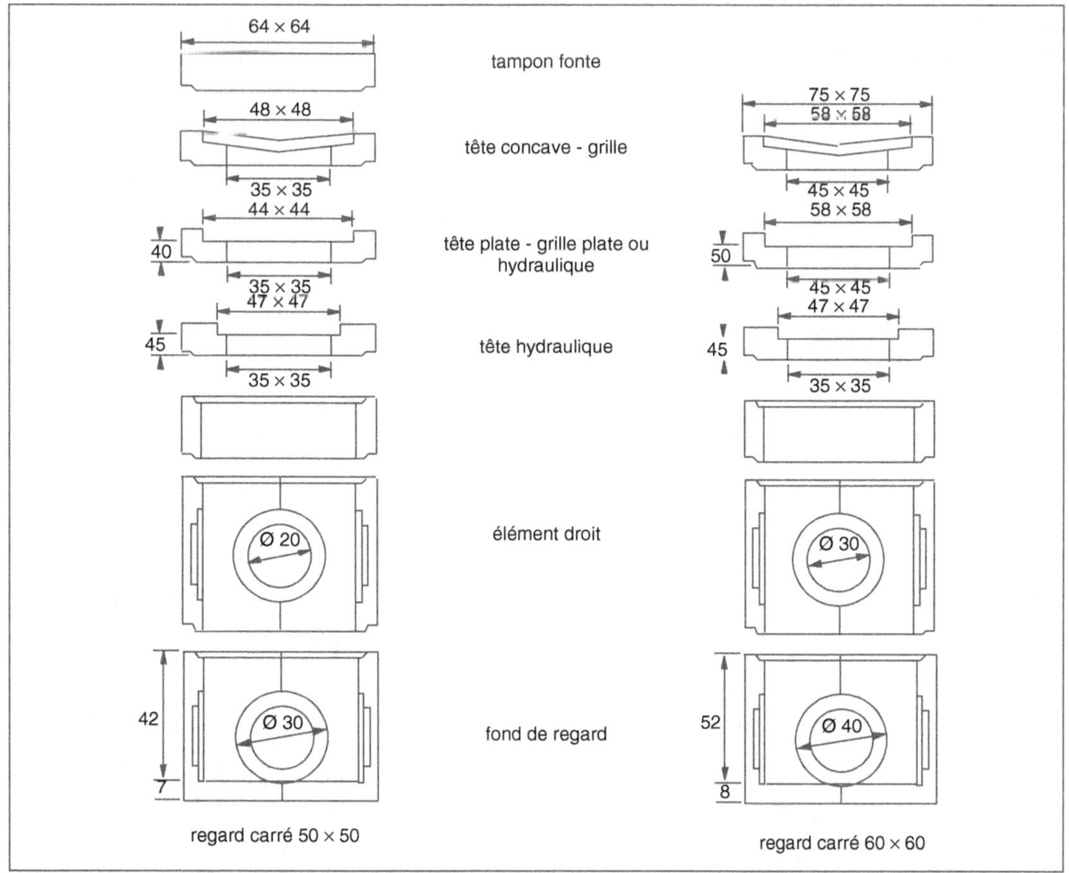

Fig. 5.26 • *Regard préfabriqué en béton (source : document Bonna Sabla).*

Les raccords entre la ou les canalisations et les parois du regard font l'objet d'un soin particulier. L'étanchéité du joint est assurée par une garniture en caoutchouc ou en élastomère parfaitement ajustée (fig. 5.27).

5.3. Les cheminées de visite

Les cheminées de visite sont des regards qui permettent l'accès au réseau d'assainissement pour en effectuer la vérification et le curage, que les collecteurs soient visitables ou non.

Dans le premier cas, elles sont implantées à des intervalles réguliers pour en faciliter l'entretien.

Dans le second cas, un accès est à prévoir en tête des collecteurs, à la jonction de deux ou plusieurs collecteurs, à chaque changement de direction ou de pente et à intervalle régulier, l'alignement étant rectiligne entre deux regards successifs. La distance entre deux regards de visite ne doit pas excéder 40 à 50 m pour les collecteurs non visitables et 100 m pour les autres. Les cheminées de visite peuvent également servir de regard de branchement.

De section carrée, elles ont les dimensions suivantes : 0,80 m × 0,80 m ou 1,00 m × 1,00 m ; de section circulaire, leur diamètre est de 0,80 m ou de 1,00 m.

Elles sont réalisées en béton coulé en place ou plus généralement préfabriqué ; elles peuvent également être de type monobloc en polyéthylène. En béton préfabriqué, les regards de visite comprennent les éléments suivants (fig. 5.28, photo 5.4) :

- un fond composé d'un radier avec une cunette ;
- une cheminée verticale composée de plusieurs éléments droits équipés d'échelons si la profondeur est supérieure à 1,50 m ;

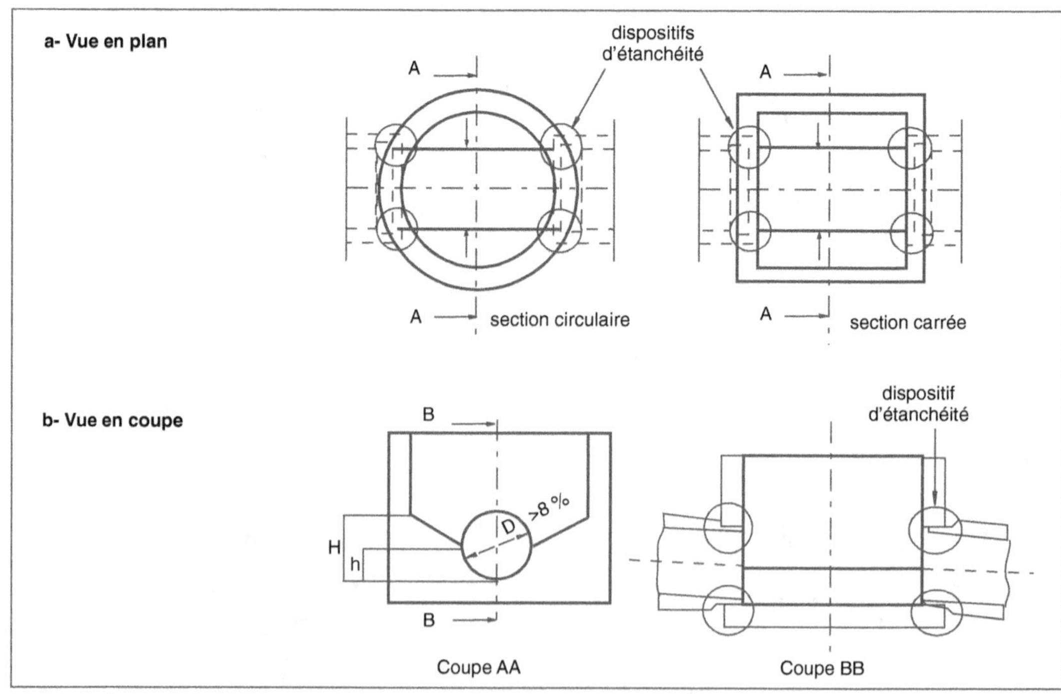

Fig. 5.27 • *Étanchéité au droit du raccord entre les parois du regard et la canalisation.*

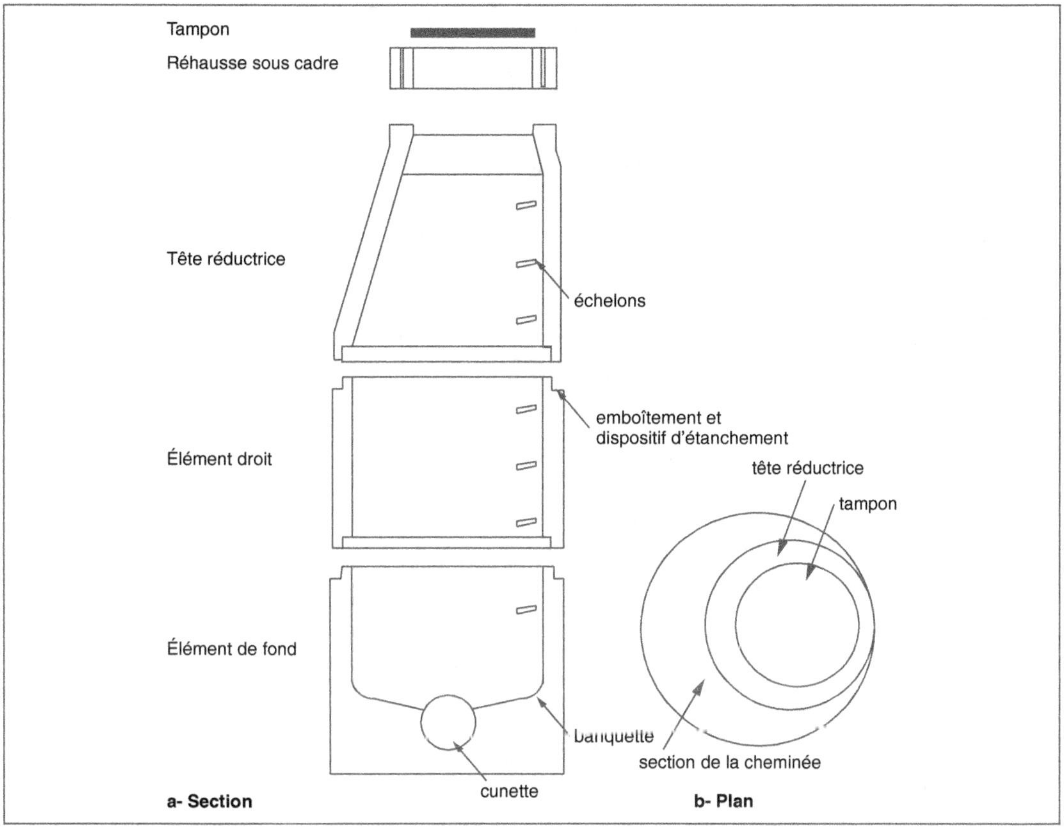

Fig. 5.28 • *Cheminées de visite.*

Photo 5.4 • *Composants en béton armé d'un réseau d'assainissement.*

– une tête réductrice permettant de réduire la section de la cheminée à celle du passage libre ;

– un élément supérieur qui supporte le cadre du tampon de fermeture.

L'étanchéité est assurée par l'emboîtement des éléments, complété à l'aide d'une garniture souple en caoutchouc ou en élastomère, compatible avec la nature de l'effluent.

Le dispositif de fermeture est composé d'un cadre de forme carrée ou circulaire et d'un tampon de couverture en béton, en fonte ou en acier. La dimension du passage libre est supérieure ou égale à 0,60 m de côté ou de diamètre (fig. 5.29, photo 5.5).

Cet ensemble est classé en série lourde ou en série légère selon la situation du regard et la charge qui lui est appliquée : sous chaussée, sous trottoir ou sous espaces verts. Pour cette raison, les tampons doivent entrer dans l'un des six groupes (fig. 5.30) correspondant chacun à l'une des classes suivantes

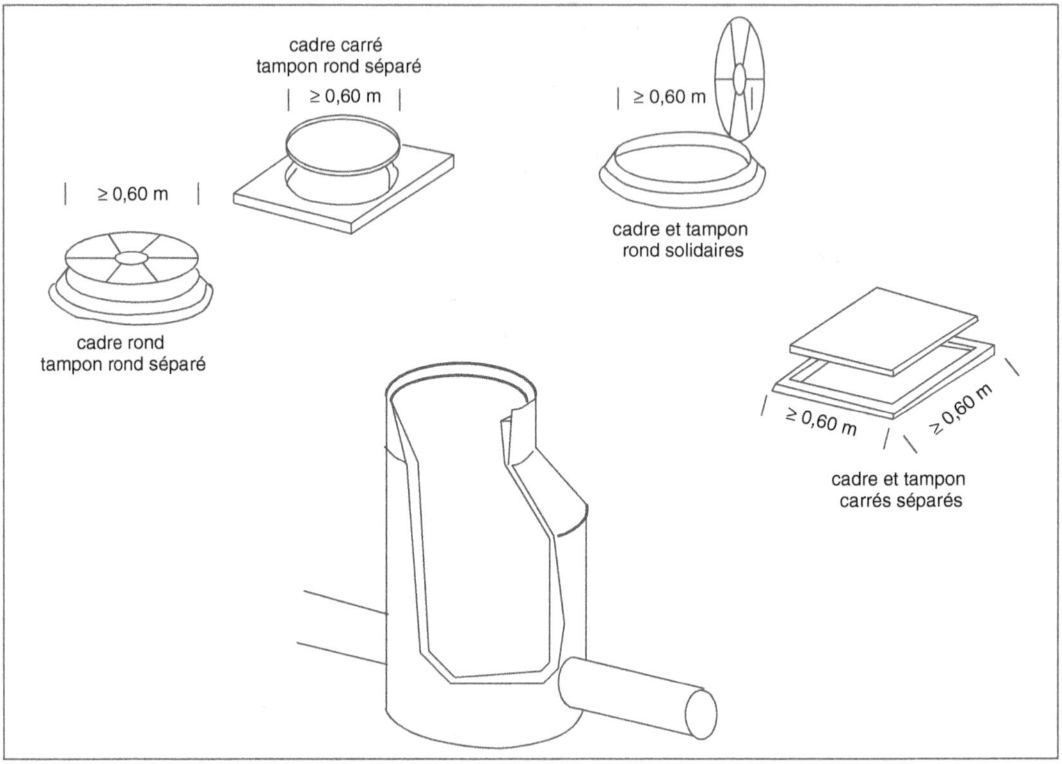

Fig. 5.29 • *Cheminées de visite : les différents modèles de tampon.*

Photo 5.5 • *Tête de regard d'assainissement – Réseaux EU et EP.*

inférieur à 1 000 mm. Il est décalé lorsque le diamètre est supérieur ou que les égouts sont de forme ovoïde, l'accès s'effectuant latéralement. Il en est de même si le collecteur est situé sous une voie à fort trafic (fig. 5.31).

Compte tenu des nouvelles possibilités d'investigation à l'aide de caméra téléguidée, il est possible de réduire le nombre de regards visitables et de les remplacer par des regards, de section plus faible, par lesquels est introduit le module de contrôle.

(tab. 5.9) : A 15 ; B 125 ; C 250 ; D 400 ; E 600 et F 900.

La position du regard de visite par rapport au collecteur dépend des dimensions et de la forme de ce dernier. Il est axé sur les canalisations de section circulaire de diamètre

5.4. Les branchements à l'égout

Chaque bâtiment et chaque ouvrage est raccordé au collecteur à l'aide d'un branchement, permettant le rejet des différents effluents à l'égout. Selon le type de réseau auquel les bâtiments doivent être raccordés,

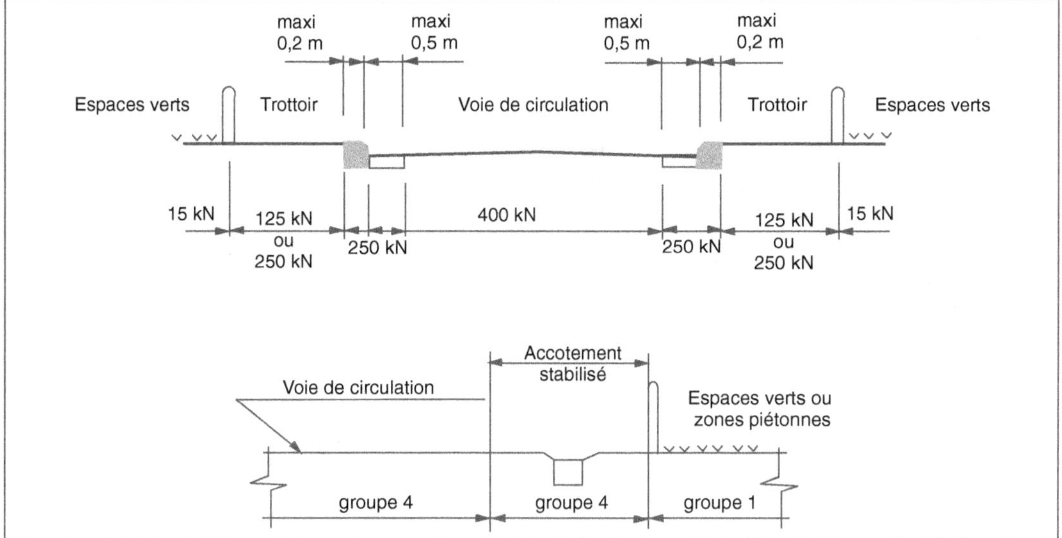

Fig. 5.30 • _Classes des tampons de regard en environnement routier._

GROUPE	CLASSE	CHARGE ADMISSIBLE [1]	ZONES D'UTILISATION
1	A 15	15 kN	Espaces verts, zones utilisées exclusivement par des piétons et des cyclistes
2	B 125	150 kN	Trottoirs, zones piétonnes, aires de stationnement de véhicules légers
3	C 250	250 kN	Zones des caniveaux des rues au long des trottoirs
4	D 400	400 kN	Voies de circulation des routes, accotements stabilisés, aires de stationnement
5	E 600	600 kN	Zones imposant des charges à l'essieu élevées (docks, chaussées pour avions)
6	F 900	900 kN	Zones imposant des charges à l'essieu très élevées (chaussées pour avions)

(1) : Correspond à la résistance minimale imposée aux essais de rupture.

Tab. 5.9 • _Classe des dispositifs de fermeture des regards (source : NF EN 124)._

les branchements sont simples (réseau unitaire) ou doubles (réseau séparatif). Ils doivent tenir compte de plusieurs paramètres :
– le débit et la qualité des eaux rejetées ;
– le type de collecteur et la profondeur à laquelle il se trouve ;
– le niveau de sortie du réseau privé ;
– la présence éventuelle de canalisations ou de câbles électriques ;
– la possibilité de desservir deux immeubles ou groupes d'immeubles voisins.

Les branchements sont constitués de trois éléments distincts : un regard de façade ; une canalisation de liaison ; un ouvrage de raccordement sur le collecteur (fig. 5.32).

5.4.1. Le regard de façade

Il se situe sous le domaine public, en limite de propriété. Sa profondeur correspond au minimum au fil d'eau de la canalisation d'arrivée. Recouvert par un tampon de visite, sa section doit être suffisante pour en assurer l'entretien et contrôler la nature du rejet. Sur demande de l'exploitant, il est soit à passage direct, soit équipé d'un siphon disconnecteur facilement visitable, dont le rôle est d'éviter le passage de corps étrangers vers l'égout. Il peut également être à double passage, eaux usées et eaux pluviales, évitant la juxtaposition de deux regards indépendants (fig. 5.33).

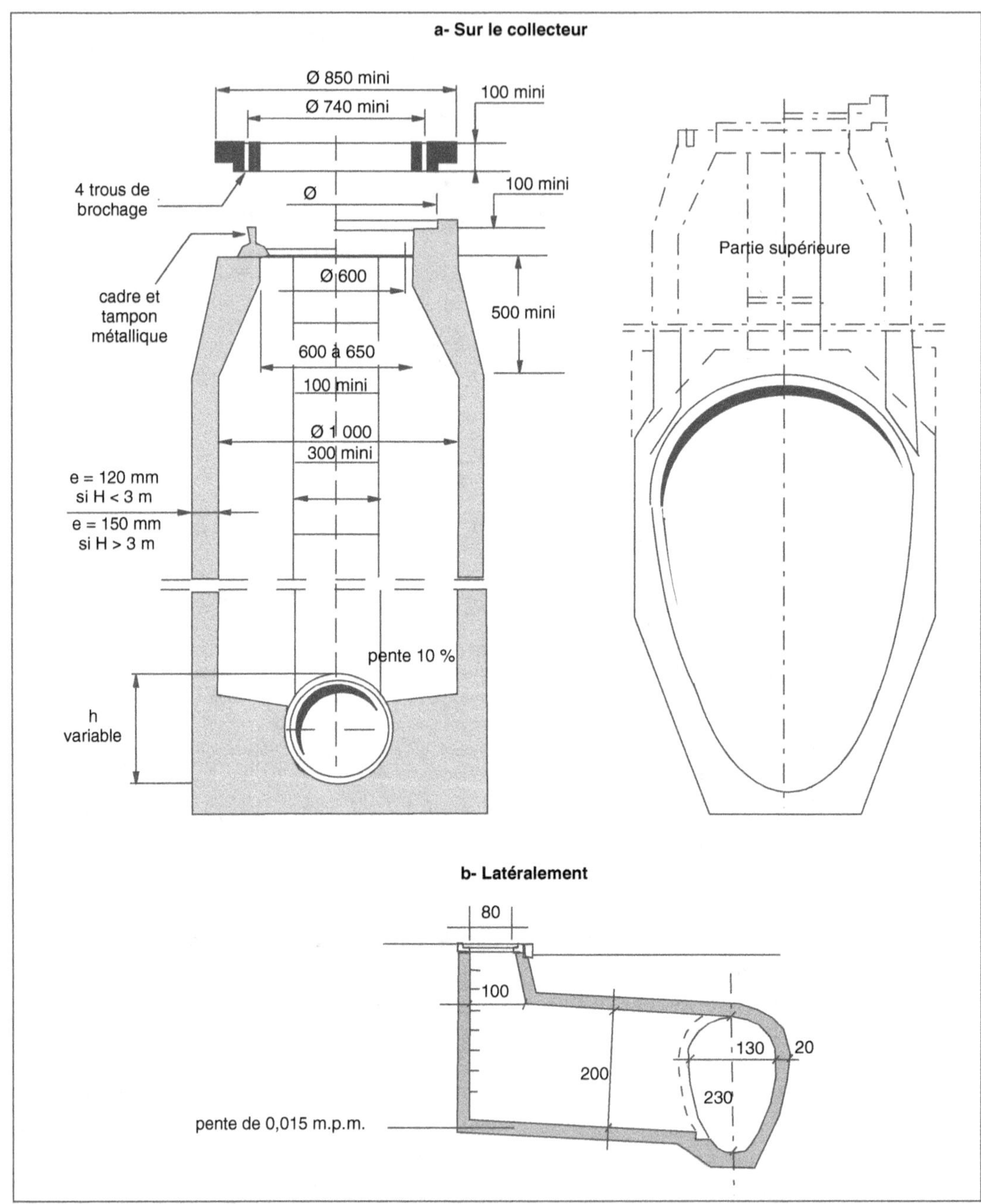

Fig. 5.31 • *Position de la cheminée de visite par rapport à l'égout.*

5.4.2. La canalisation de liaison

La canalisation de liaison a un diamètre calculé en fonction du débit de pointe à rejeter. Il n'est jamais inférieur à 150 mm pour les eaux usées en réseau séparatif et à 200 mm en réseau unitaire. Sa pente est de l'ordre de 3 % ; toutefois, elle peut être supérieure selon la profondeur du collecteur.

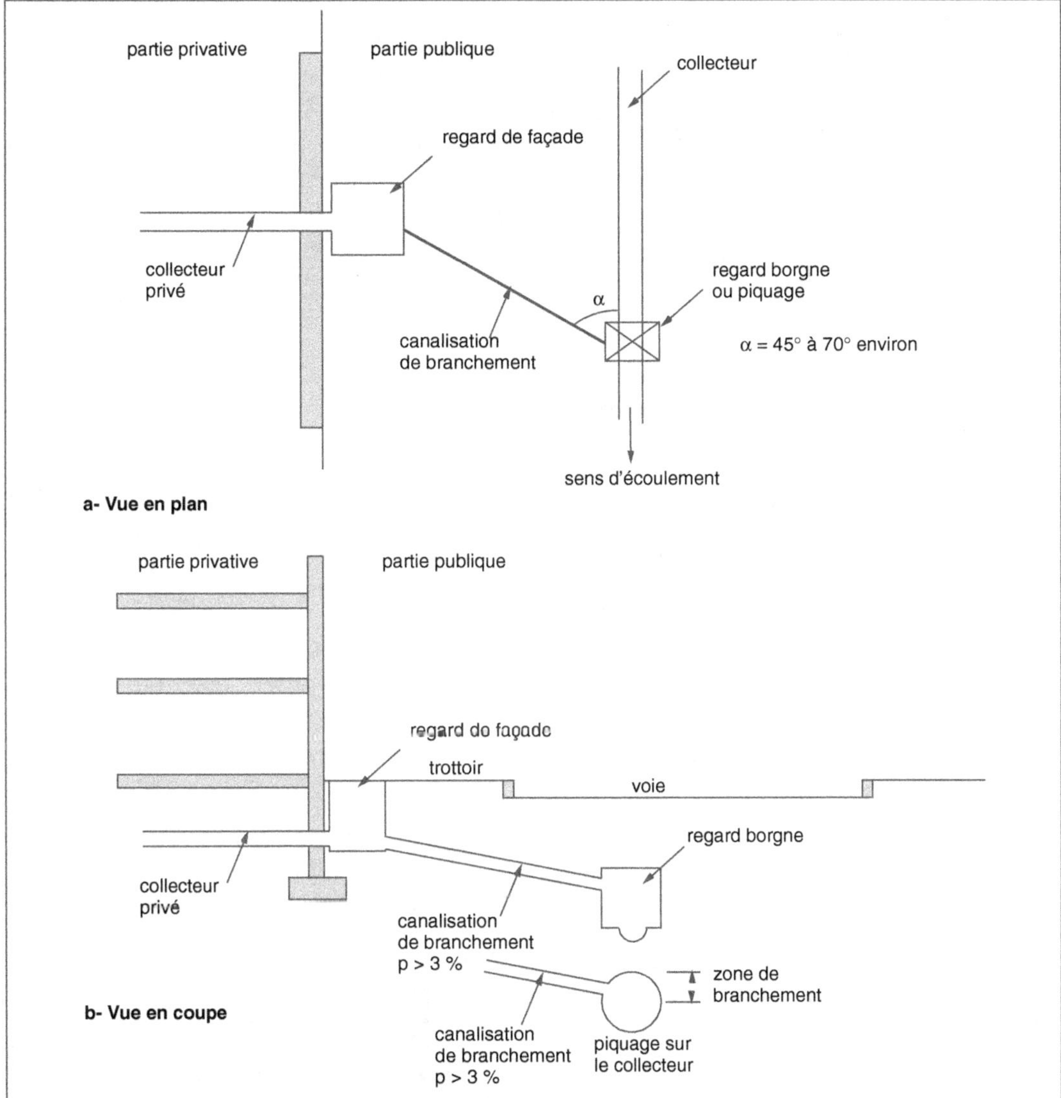

Fig. 5.32 • *Branchement à l'égout.*

5.4.3. L'ouvrage de raccordement sur le collecteur

L'ouvrage de raccordement sur le collecteur est réalisé en tenant compte du diamètre et de la nature du matériau du collecteur. Il est positionné dans la partie supérieure du collecteur, l'angle formé par le branchement et celui-ci est compris entre 45° et 70°, dans le sens de l'écoulement (fig. 5.34).

La jonction est matérialisée de la manière suivante :

– par une pièce spéciale (culotte) lorsque le collecteur est de faible diamètre (200 à 400 mm) ;

– par un piquage direct sur le collecteur à l'aide d'un manchon et d'un joint étanche ;

– par une boîte de branchement, visitable ou borgne, dont la cunette est en continuité

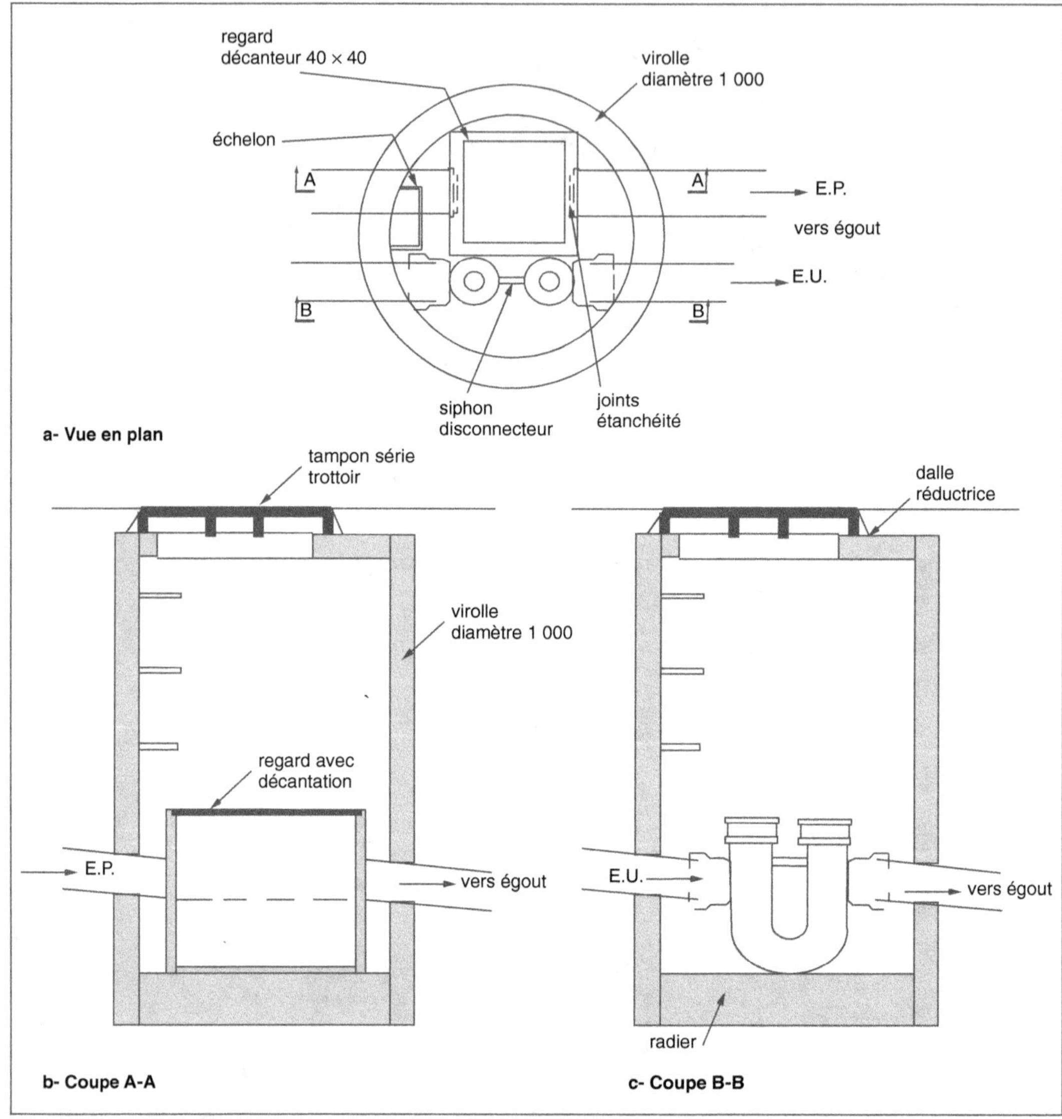

Fig. 5.33 • *Regard de façade mixte pour EP et EU.*

avec le collecteur. Dans ce dernier cas, le regard est généralement en béton préfabriqué. Sa forme et ses dimensions sont déterminées en fonction de sa profondeur et de la section du collecteur, c'est-à-dire :

- de section carrée : 300 mm × 300 mm ; 400 mm × 400 mm ou 600 mm × 600 mm ;

- de section circulaire : diamètre égal à 300 mm ; 400 mm ou 600 mm.

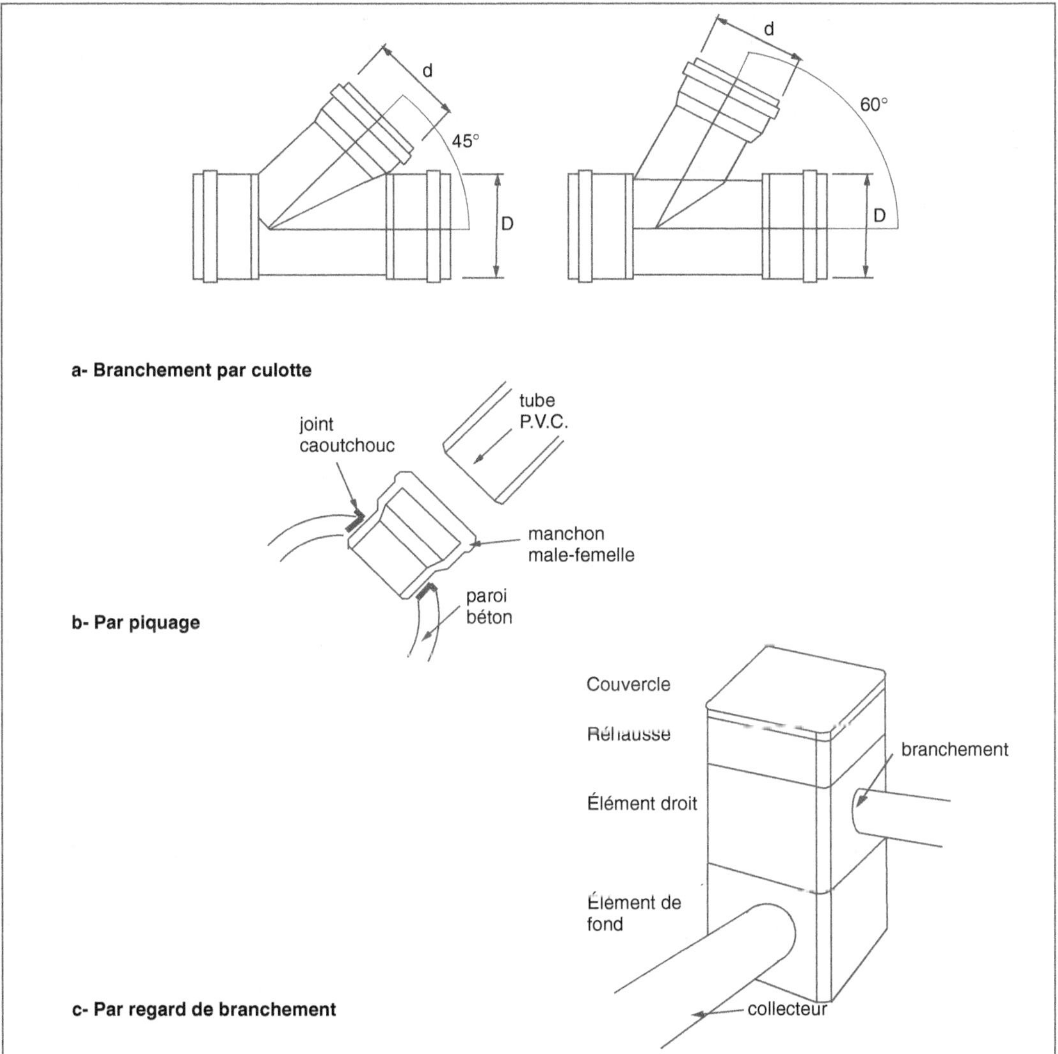

Fig. 5.34 • _Ouvrage de raccordement._

5.5. Les ouvrages de collecte des eaux pluviales et des eaux de ruissellement

Ces ouvrages de collecte sont destinés à recueillir ou à canaliser les eaux pluviales et les eaux de ruissellement ou de lavage des surfaces revêtues. Ils regroupent les regards en pied de chute ; les regards à grille ; les avaloirs ; les siphons de sol ; les caniveaux et les fossés.

5.5.1. Les regards en pied de chute

Les regards en pied de chute sont des ouvrages de petites dimensions (section carrée de 300 ou 400 mm de côté) qui permettent le raccordement d'une chute verticale sur une canalisation à faible pente. Ils sont réalisés en béton coulé en place, préfabriqués en béton ou monoblocs en résines synthétiques. Positionnés contre les parois des bâtiments, ils sont généralement posés sur un terrain remblayé. Il convient donc de s'assurer que celui-ci a été convenablement compacté pour éviter tout tassement qui entraînerait un désordre au niveau de la jonction entre la conduite et la paroi du regard. L'arrivée de la descente d'eau peut s'opérer sur le dessus en traversant le tampon de couverture ou latéralement sur l'un des côtés (fig. 5.35).

Les regards sont de quatre types :
- à passage direct, avec une cunette permettant un meilleur écoulement des eaux, sans turbulences ;
- avec une réserve en fond assurant la décantation des matières minérales ;
- avec un panier retenant les matières solides pouvant créer des perturbations dans le bon écoulement du fluide ;

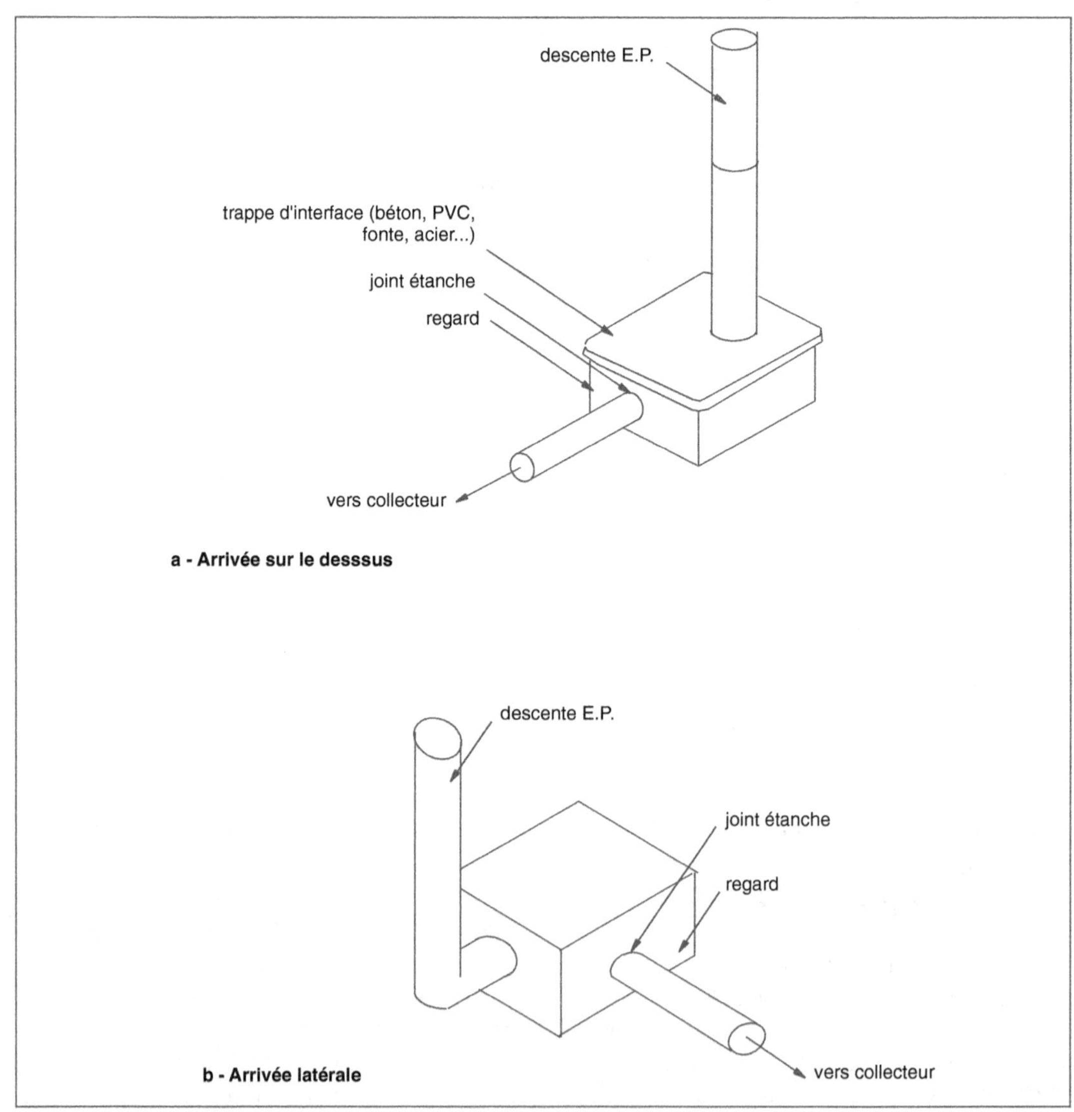

Fig. 5.35 • *Regard de pied de descente EP.*

– siphoïde afin d'éviter les remontées d'odeur.

Ce dernier principe est obtenu par la mise en place d'une séparation intérieure ou par l'emploi d'un coude plongeur, évitant toute communication directe entre l'atmosphère extérieure et le réseau d'assainissement (fig. 5.36). Il est utilisé en cas de raccord direct des eaux de pluies sur les réseaux unitaires ou pseudo-séparatifs.

Alors que le premier type ne demande que peu d'entretien, il n'en est pas de même des trois autres.

5.5.2. Les regards à grille

Les regards à grille sont des ouvrages ponctuels dont la couverture est constituée d'une grille permettant la collecte des eaux. Cette grille est en fonte, en acier ou en PVC, selon la zone dans laquelle elle se situe. Elle doit résister aux charges qu'elle supporte. Elle peut être plate ou à deux versants ; dans ce dernier cas elle vient en continuité du caniveau formé par les deux pentes de la chaussée (fig. 5.37, photo 5.6).

Les grilles de série légère sont destinées aux zones piétonnes alors que les grilles de série lourde sont réservées aux chaussées et aux aires de circulation importante. Les regards à grille sont placés en point bas des voies et recueillent les eaux de ruissellement dues à la pluie ou les eaux de lavage. La distance entre deux regards est de l'ordre de 35 à 50 m selon la largeur et la surface de l'aire desservie.

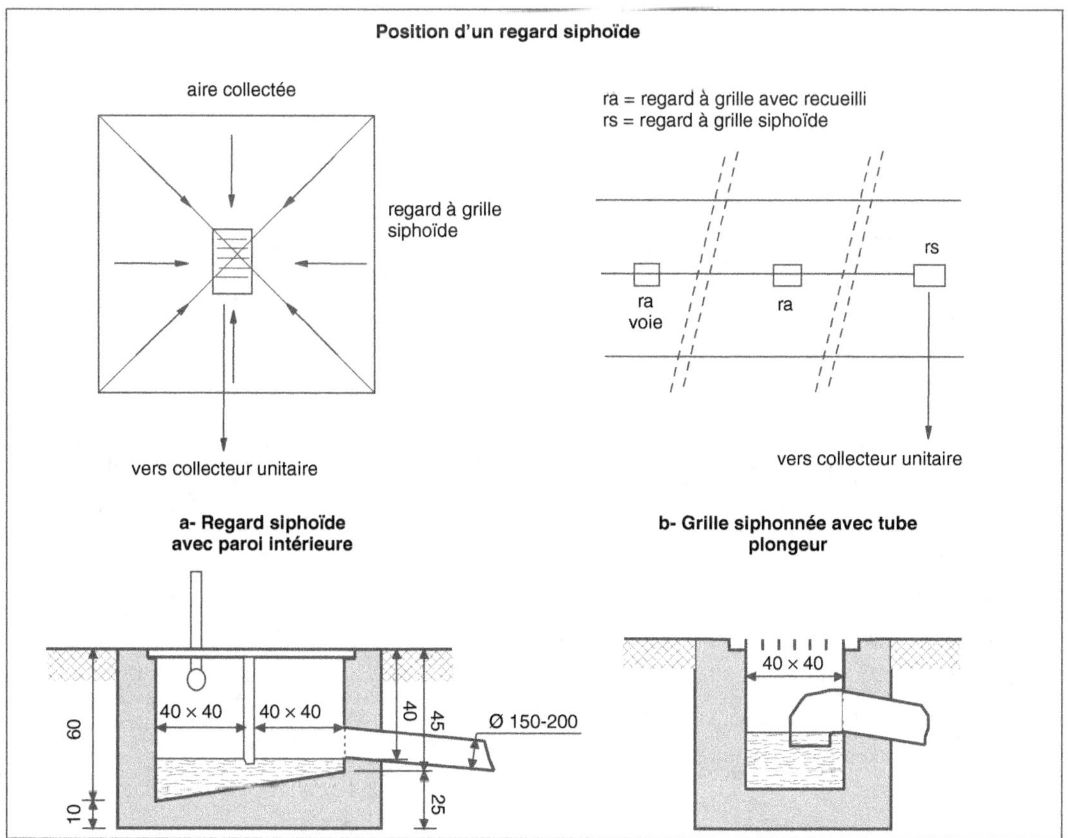

Fig. 5.36 • *Regard siphoïde.*

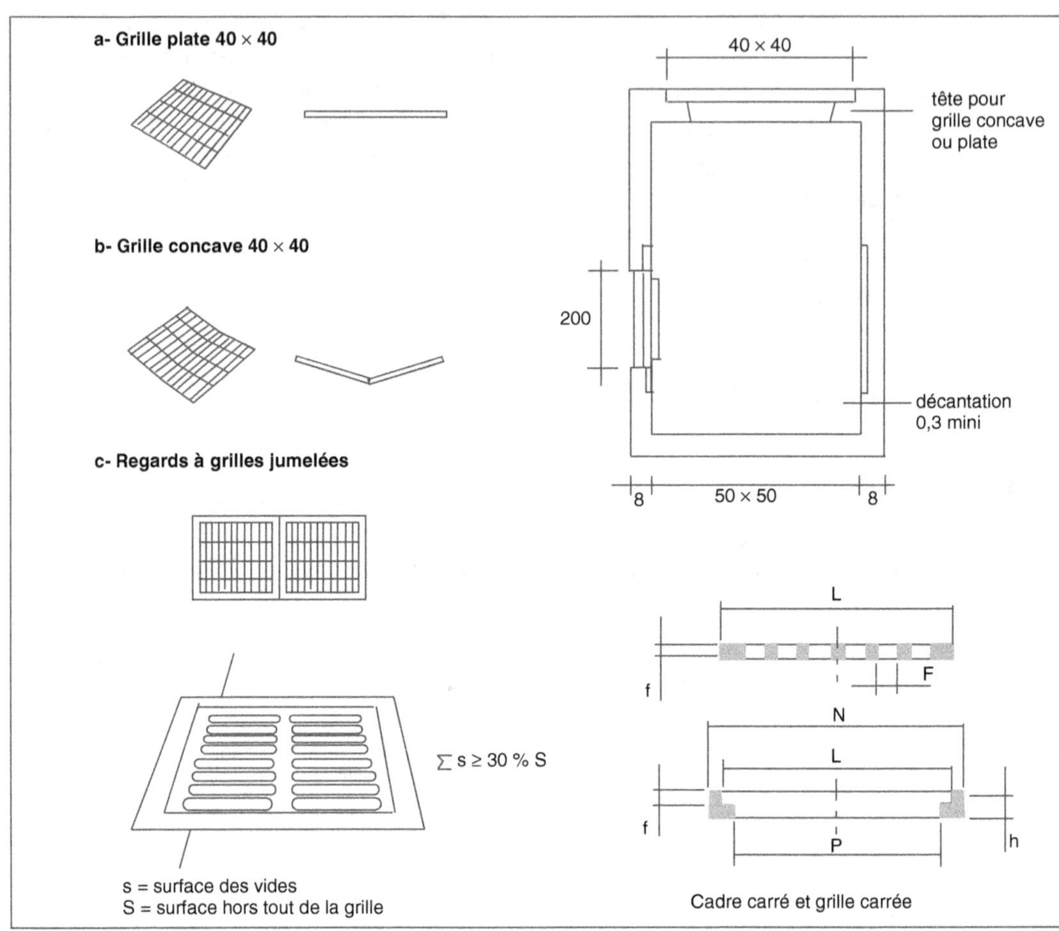

Fig. 5.37 • *Regard à grille avec recueilli.*

Section	250 × 250	300 × 300	400 × 400	500 × 500
Cote extérieure de la grille (L)	250	300	400	500
Cote extérieure du cadre (N)	270	320	420	520
Passage libre (P)	205	255	355	455
Largeur des fentes (F)	10 à 25	10 à 25	10 à 25	10 à 25
Surface minimale d'écoulement (S)	200	300	500	725

NB. Les dimensions sont données en mm. La surface est indiquée en cm^2.

Tab. 5.10 • *Dimensions des grilles.*

Photo 5.6 • *Grille pour regard d'eaux pluviales, série lourde.*

5.5.3. Les avaloirs ou bouches d'égout

Les avaloirs ou bouches d'égout sont des éléments placés le long des bordures de trottoir afin de recueillir les eaux de surface. Ils sont généralement en point bas de la voie. Toutefois, lorsque la chaussée a une forte pente longitudinale, les avaloirs sont disposés sur le fil d'eau avec un léger décrochement pour obtenir un meilleur captage des eaux d'écoulement.

Les avaloirs, de section rectangulaire ou carrée, sont constitués des éléments suivants (fig. 5.38) :

- un radier lisse qui présente une pente dirigée soit vers la canalisation d'évacuation, soit du côté opposé à celle-ci lorsqu'une décantation est prévue ;

- des parois verticales parfaitement lisses, avec des angles arrondis aux jonctions entre parois et entre parois et radier ; leur épaisseur est au minimum de 12 cm lorsqu'elles sont coulées en place ;

- un compartiment inférieur éventuel de dessablage ou de décantation muni ou non d'un panier amovible arrêtant les déchets ;

- un dispositif éventuel formant siphon complété d'un *by-pass* de ventilation ;

- un cadre supportant le dispositif de fermeture ;

- une bouche d'engouffrement pouvant être munie d'une grille arrêtant les déchets et les feuilles ; la partie supérieure de la bouche vient en continuité de la bordure de trottoir, et la partie inférieure en continuité du caniveau ou de la chaussée.

Alors que les avaloirs à passage direct ne nécessitent que peu d'entretien, les avaloirs avec une décantation, avec un panier ou de type siphoïde imposent un entretien constant afin d'éviter que l'accumulation de déchets ou de feuilles n'entrave le bon écoulement.

Le dispositif de fermeture sert également le moyen d'accès au regard. Il est de section

Lorsqu'ils sont positionnés dans une pente, et que la quantité d'eau à capter est importante, il est possible de jumeler deux regards afin d'obtenir une plus grande surface d'engouffrement.

La forme et la dimension des fentes peuvent influer sur la capacité d'écoulement. En particulier, la surface des vides doit être supérieure à 30 % de la surface libre de l'ouverture (tab. 5.10). La largeur des fentes est comprise entre 10 et 25 mm. Elle ne doit pas excéder 20 mm lorsque les grilles sont placées sur des passages empruntés par des personnes à mobilité réduite.

Comme les précédents, les regards à grille sont à passage direct, avec une décantation en fond, avec un panier ou siphoïde équipé d'un by-pass de ventilation.

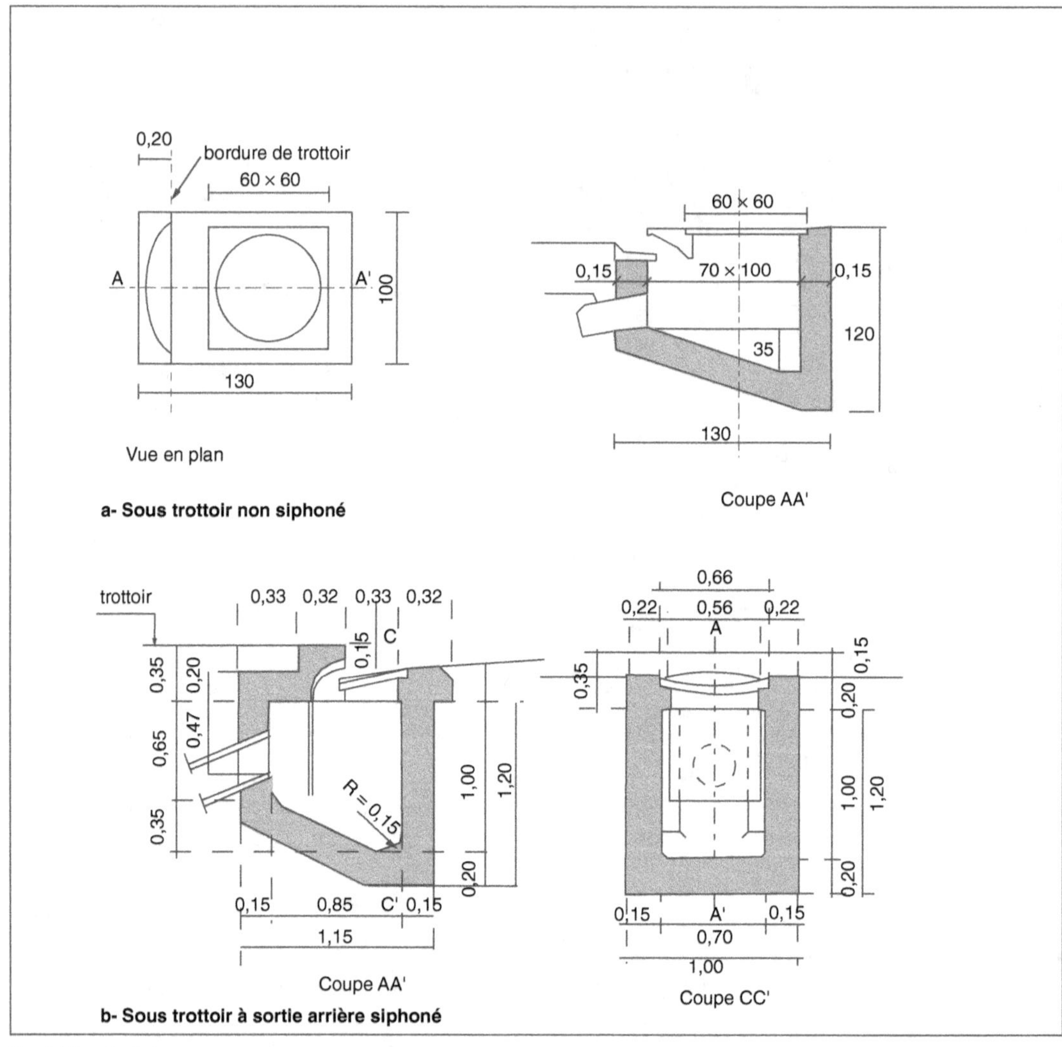

Fig. 5.38 • *Avaloirs.*

circulaire de diamètre égal à 600 mm ou de section carrée de 600 mm de côté. Le tampon peut être en béton ou en fonte de résistance adaptée à sa localisation. Il est placé, soit sous le trottoir si celui-ci est de largeur suffisante, soit sous la chaussée dans le cas inverse.

Dans la deuxième éventualité, la bouche d'engouffrement peut être complétée par une grille qui accroît le débit recueilli.

5.5.4. Les siphons de sol

Les siphons de sol sont des éléments qui collectent des eaux de ruissellement sur de petites surfaces dont les pentes ont été étudiées dans le but de rassembler les eaux vers les points bas (fig. 5.39). Ils se présentent sous deux formes.

- Le siphon de sol à cloche se compose d'un regard en béton sur lequel est fixé un

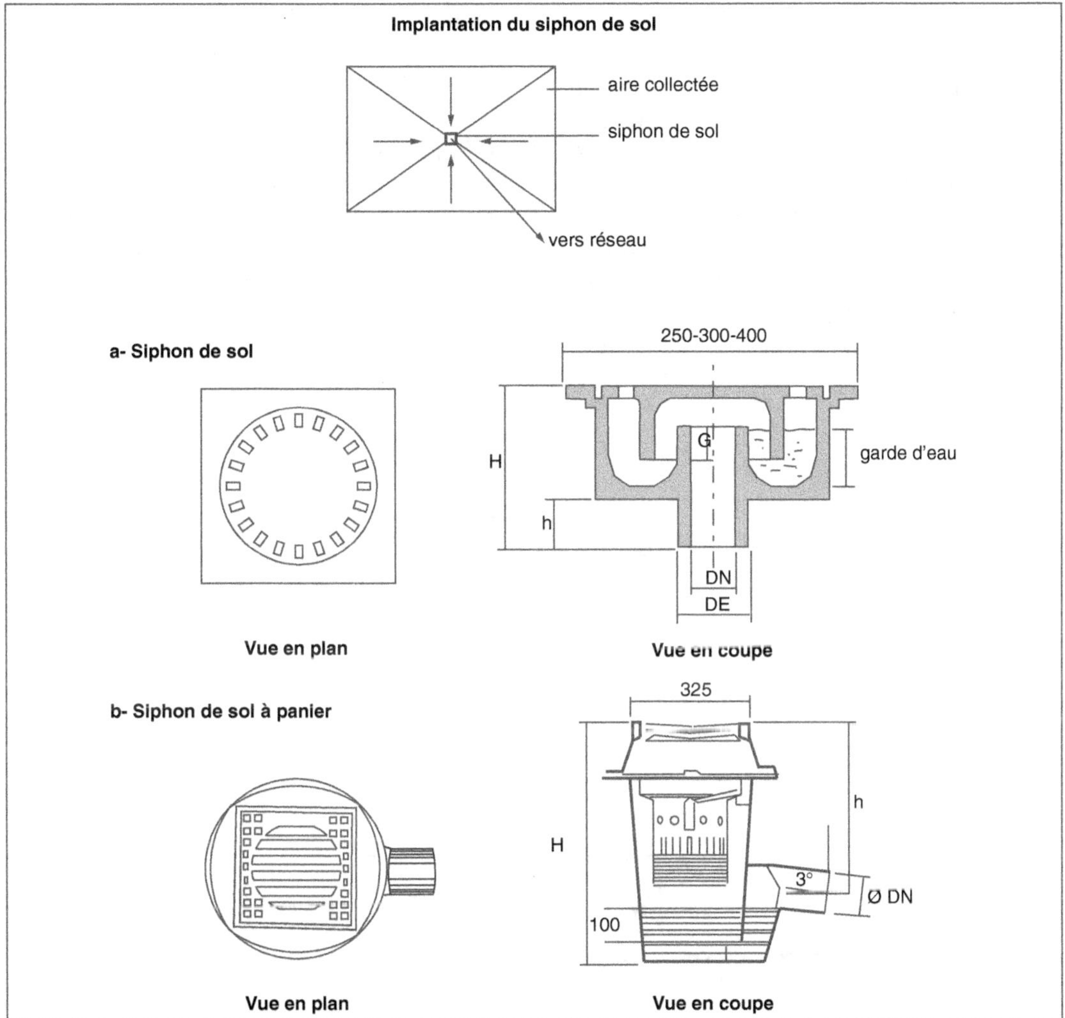

Fig. 5.39 • *Siphons de sol.*

cadre qui reçoit une grille à cloche en fonte. Son principe est d'assurer l'évacuation des eaux et d'éviter la remontée des odeurs. Les dimensions de la grille sont en relation directe avec le diamètre nominal de l'évacuation et le débit à évacuer.

- Le siphon de sol à panier comprend une grille, un panier amovible pour arrêter les déchets et une séparation évitant les remontées d'odeur.

Leur entretien doit être régulier afin qu'ils remplissent pleinement leur rôle.

5.5.5. Les caniveaux

Les caniveaux sont des ouvrages linéaires qui recueillent les eaux de ruissellement sur une certaine longueur, déterminée selon leur positionnement. Ils se présentent sous deux formes : les caniveaux ouverts et les caniveaux fermés.

5.5.5.1. *Les caniveaux ouverts*

Ce sont des ouvrages de voirie placés perpendiculairement à la pente transversale de la chaussée, soit dans l'axe, soit le long de la bordure de trottoir afin d'assurer l'écoulement des eaux jusqu'à une grille ou un avaloir situé en point bas. Le fil d'eau suit la pente de la voie (fig. 5.40). La distance entre les points bas est déterminée en fonction du type de caniveau, de la région (I, II ou III), de la surface collectée et des pentes. Ils sont réalisés en béton coulé en place ou constitués d'éléments préfabriqués et sont posés sur une fondation en béton maigre.

Préfabriqués, ils sont formés par l'assemblage d'éléments à simple dévers, d'une largeur de 20 à 40 cm lorsqu'ils sont contre une bordure de trottoir ou d'éléments à double dévers (photo 5.7), d'une largeur de 40 ou 50 cm, pour les caniveaux placés en milieu de voirie (fig. 5.41).

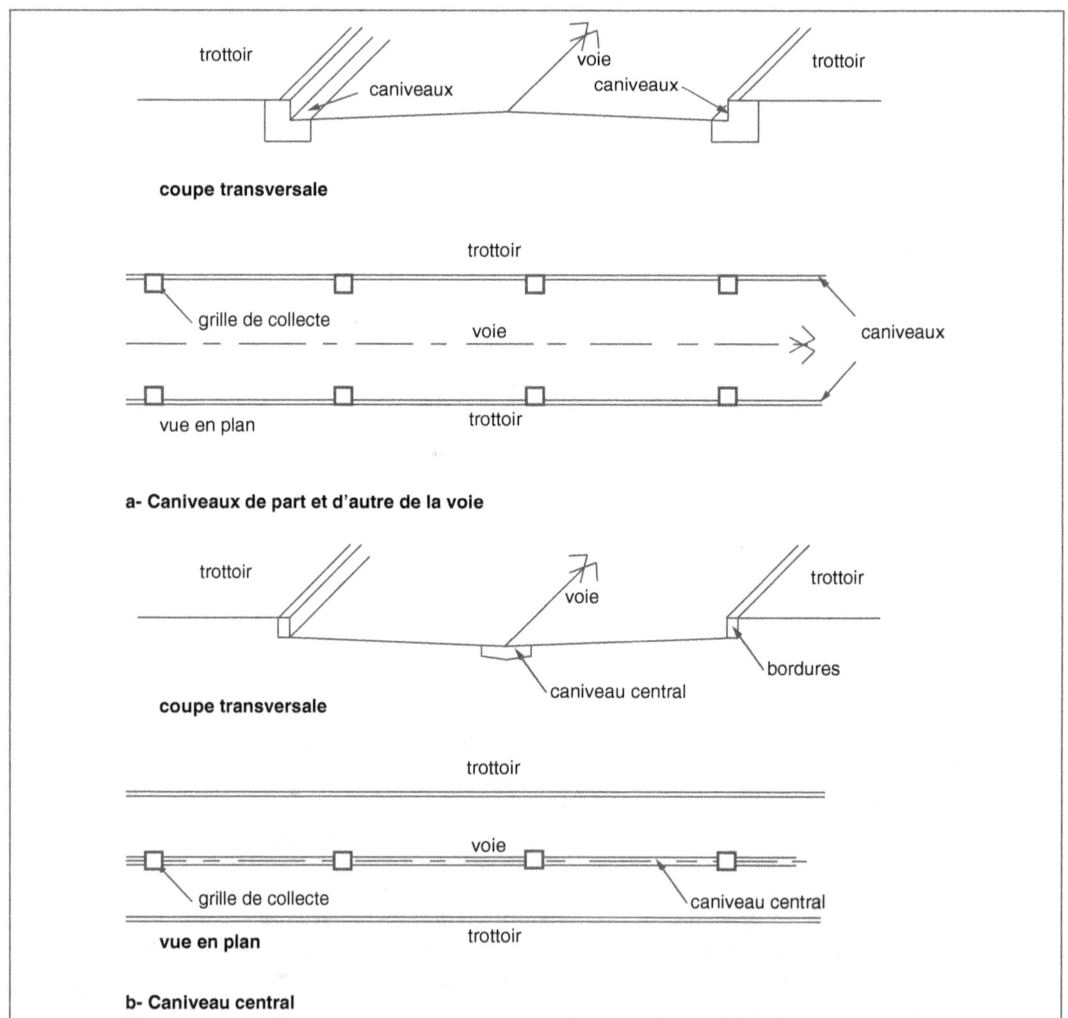

Fig. 5.40 • *Caniveaux ouverts.*

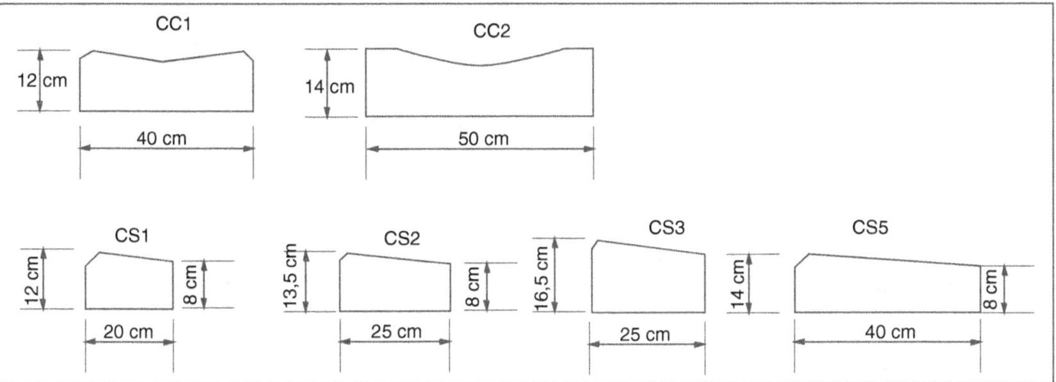

Fig. 5.41 • _Caniveaux préfabriqués._

Photo 5.7 • _Caniveau central ouvert à double pente._

Les caniveaux ouverts à fente présentent l'avantage d'une bonne intégration dans le traitement de surface. Les quantités d'eau collectées sont inférieures à celles reprises par les caniveaux à grilles. De plus leur entretien s'avère plus délicat (fig. 5.42).

Les caniveaux ouverts, de forme différente, peuvent également servir à canaliser l'eau de pluie sur les talus ou dans les fossés (fig. 5.43).

5.5.5.2. Les caniveaux fermés

Les caniveaux fermés sont généralement placés en point bas, perpendiculairement à la pente, afin de recueillir les eaux de ruissellement (fig. 5.44).

Ils sont constitués d'un corps en béton ou en PVC en forme de U et d'un système de couverture composé de grilles accolées ou d'un dispositif à fente longitudinale.

Les caniveaux sont posés sur une fondation en béton dont la capacité de portance est en relation étroite avec la localisation et le classement de la voie ; les parties latérales étant remblayées avec soin.

Les grilles d'entrée d'eau peuvent être en fonte, en acier traité ou en PVC. Ce dernier matériau est surtout utilisé lorsque le corps du caniveau est en même matière. Il est réservé aux zones à faible passage de véhicules légers alors que la fonte, suivant la classe de résistance, est employée dans pratiquement tous les cas de figure. La dimension des fentes doit être telle que la surface libre de passage soit en correspondance avec la quantité d'eau collectée. Toutefois, la largeur ne doit pas excéder

267

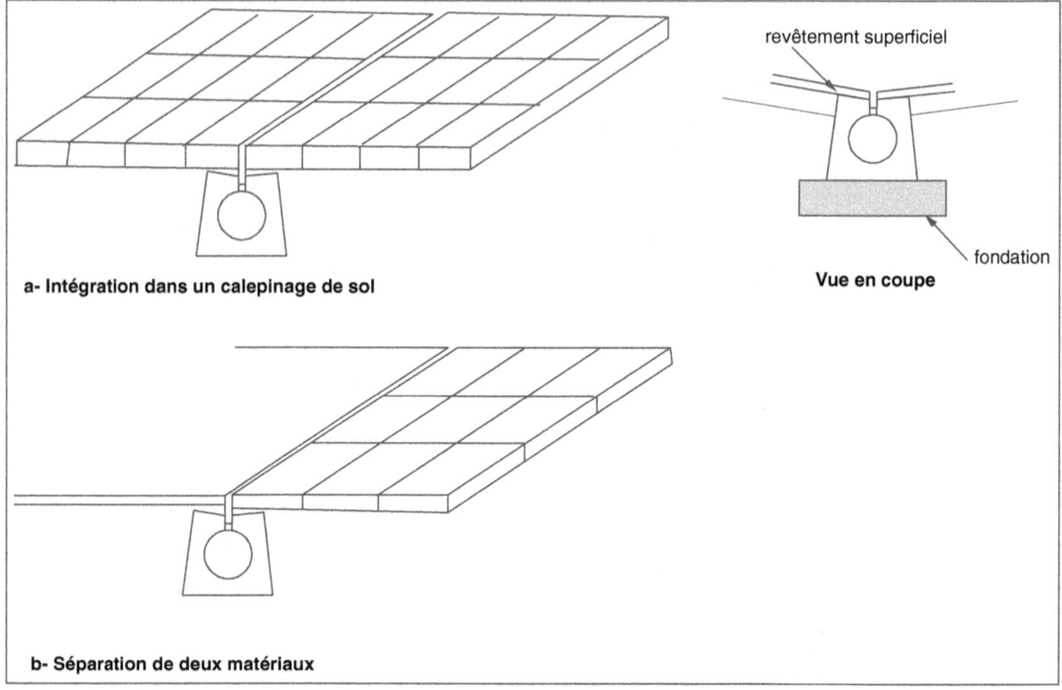

Fig. 5.42 • *Caniveaux ouverts à fente.*

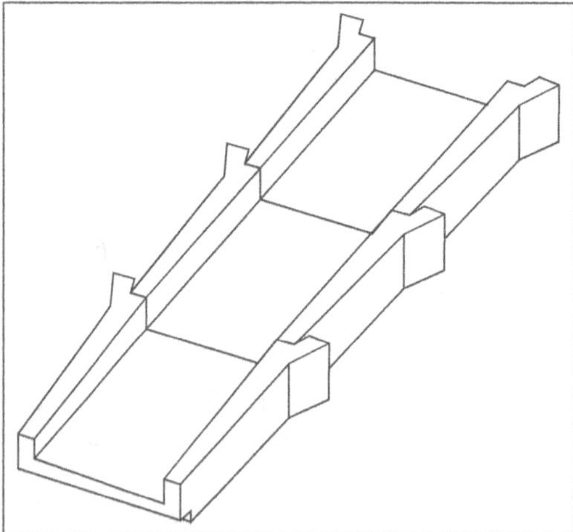

Fig. 5.43 • *Caniveau ouvert pour talus.*

20 mm lorsque ces grilles se trouvent sur des zones de passage de personnes handi-capées se déplaçant en fauteuil roulant. Il en est de même pour le dispositif à fente.

5.5.6. Les fossés

Ils constituent une solution alternative uti-lisée en zone périurbaine ou en zone rurale. Situés le long des voies, ils ont, comme les caniveaux, le double rôle de collecte et de transfert des eaux de ruissel-lement. De plus, selon la nature du sol, ils permettent soit de ralentir l'écoulement et de constituer un volume de stockage pro-visoire des eaux, soit d'assurer l'infiltration des eaux dans le terrain. L'inconvénient majeur réside dans leur entretien qui doit être régulier.

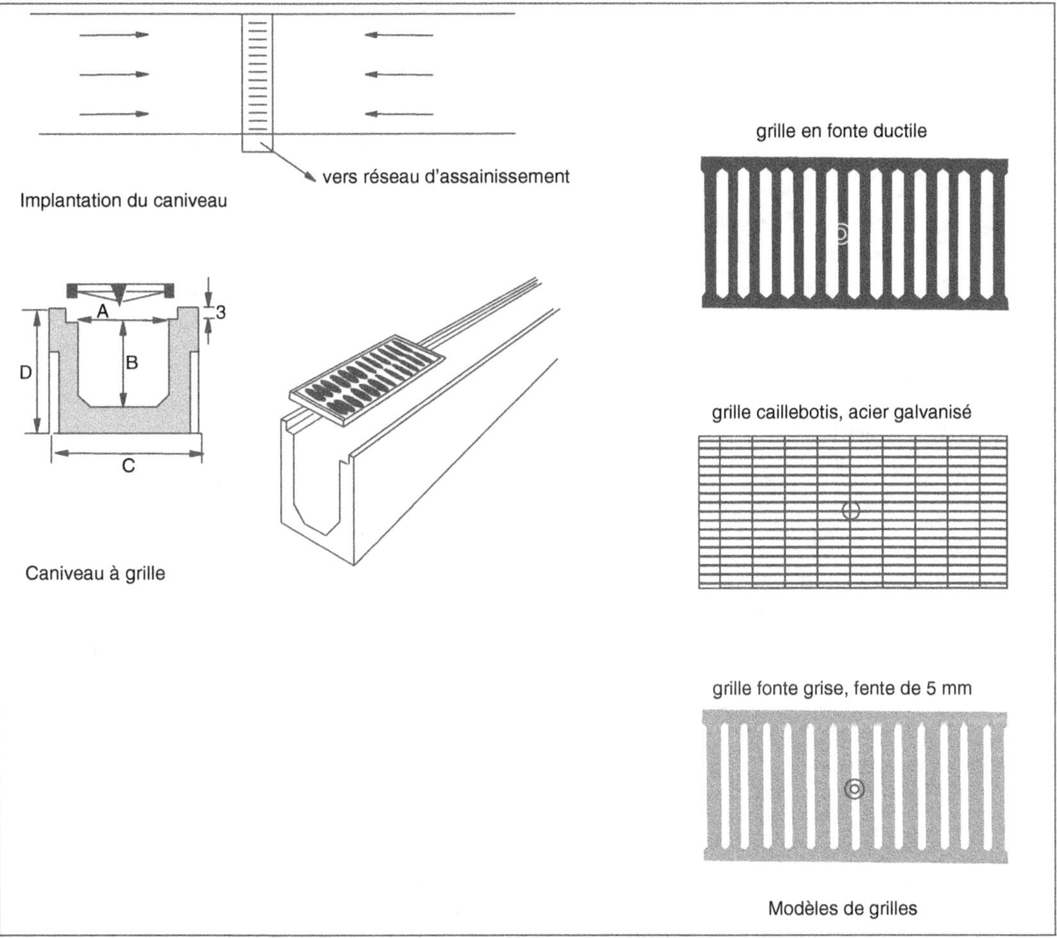

Fig. 5.44 • _Caniveaux fermés à grille._

5.6. _Les ouvrages annexes_

Les ouvrages annexes regroupent un certain nombre d'éléments qui, sans être systématiquement nécessaires à un réseau d'assainissement, en améliorerent le bon fonctionnement. Entrent dans cette catégorie les ouvrages suivants : les clapets antiretour, les siphons disconnecteurs, les ouvrages spécifiques (débourbeurs, bacs à graisse, séparateurs de liquides légers), les réservoirs de chasse, les stations de relevage, des bassins de dessablement, les déversoirs d'orage, les bassins de retenue d'eaux pluviales et les dispositifs de ventilation des égouts.

5.6.1. _Les clapets antiretour_

Les clapets antiretour sont placés en tête des branchements des bâtiments lorsque des refoulements peuvent se produire. En cas de mise en charge des canalisations, le flux d'eau est refoulé vers les branchements situés à un niveau inférieur à celui de la chaussée, villas en contrebas par exemple. Dans l'appareil, le clapet se soulève au cours de l'écoulement normal de l'effluent et se ferme dès que le collecteur se remplit (fig. 5.45). Il en résulte qu'aucune évacuation des eaux ne peut se produire. Il convient donc d'employer cet équipement, dans des conditions bien précises, sur la canalisation

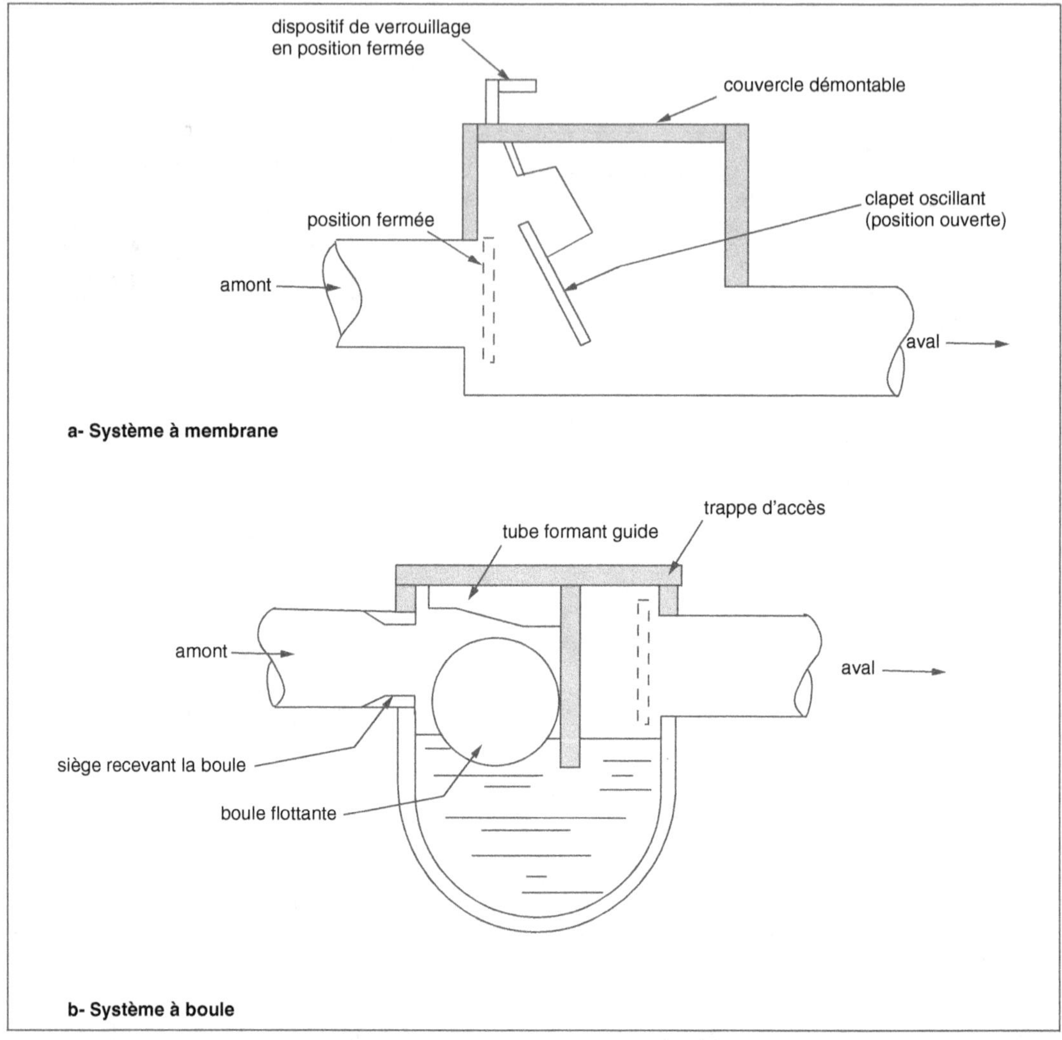

Fig. 5.45 • *Clapets antiretour.*

d'évacuation des eaux usées et en prévoyant un bac tampon d'une capacité suffisante. Les eaux pluviales sont rejetées directement dans le milieu naturel.

5.6.2. Les siphons disconnecteurs

Les siphons disconnecteurs sont mis en place afin d'empêcher le passage direct des effluents d'un bâtiment vers le collecteur. Ils sont imposés par certaines collectivités locales pour éviter que des déchets plus ou moins volumineux ne viennent obstruer l'égout public. Ils sont constitués par des pièces en fonte ou en PVC de diamètre approprié, de forme courbe afin d'améliorer l'écoulement (fig. 5.46). Raccordés d'une part sur la sortie de la canalisation privée et d'autre part sur le départ du branchement public, ils sont placés dans les regards en limite de propriété et doivent être aisément accessibles pour l'entretien. À cet effet, ils comportent un ou deux bouchons de visite.

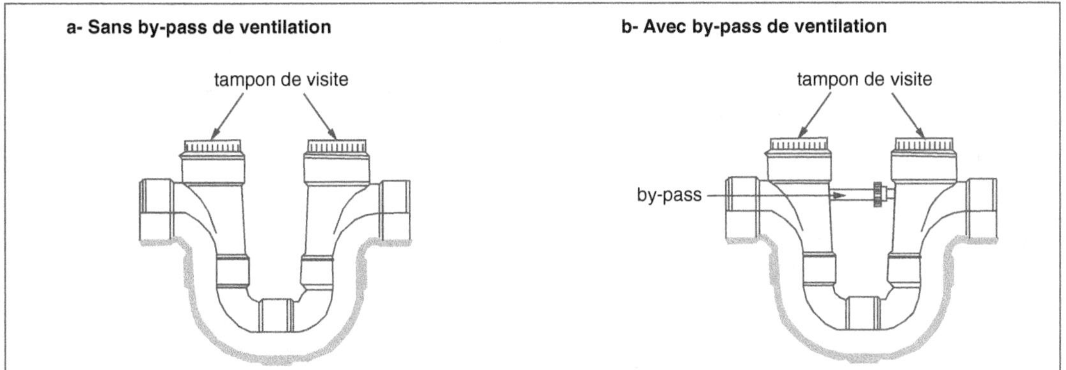

Fig. 5.46 • _Siphons disconnecteurs._

5.6.3. Les séparateurs

Les séparateurs sont des équipements placés en certains points des réseaux afin de retenir un composant spécifique de l'effluent. Il existe plusieurs types d'appareil selon le but recherché. Ils peuvent être équipés d'une sonde plongée dans la chambre de séparation déclenchant une alarme de détection dès que le niveau maximum est atteint. Ce dispositif optimise les interventions de maintenance.

5.6.3.1. _Les séparateurs de boue ou débourbeurs_

Les séparateurs de boue ou débourbeurs sont placés en amont d'appareils retenant certains composants de l'effluent. Ils ralentissent l'écoulement du fluide et provoquent la décantation des matières minérales en suspension. Ils se composent d'un regard en béton, en acier ou en résine synthétique, fermé par un tampon de dimensions suffisantes pour en assurer l'entretien (fig. 5.47). Ce regard dispose d'un volume de rétention qui arrête les boues, le niveau de sortie étant inférieur de 10 mm au niveau d'entrée. Leur capacité est en relation étroite avec celle de l'appareil situé en aval (tab. 5.11).

Certains débourbeurs sont équipés d'un panier retenant les déchets de plus grosses dimensions. Les débourbeurs peuvent être intégrés dans les séparateurs auxquels ils sont associés afin de constituer des appareils monoblocs.

5.6.3.2. _Les séparateurs de graisse_

Les séparateurs de graisse ont pour rôle de retenir les graisses animales et végétales contenues dans l'effluent rejeté par les cuisines collectives, les restaurants, les cantines, etc. Ces graisses se figent et adhèrent aux parois des canalisations ; elles retiennent les impuretés, entraînant progressivement une réduction de section. Pour éviter ce désordre, un bac à graisse est placé sur la sortie des eaux usées, avant le branchement à l'égout.

Cet équipement est réalisé en béton, en fonte, en acier ou en polyéthylène. Il est raccordé sur la canalisation à l'aide de joints parfaitement étanches.

Le bac à graisse fonctionne sur le principe de la différence de densités des composants de l'effluent. Toutefois, une bonne séparation des graisses n'est obtenue que si celui-ci séjourne dans le séparateur pendant un certain temps. Il comporte trois compartiments, de contenance inégale, séparés par deux cloisons immergées disposées à l'entrée et à la sortie, la partie centrale correspondant à la chambre de séparation (fig 5.48). L'orifice de sortie est à un niveau légèrement inférieur à celui de l'orifice d'entrée de manière à éviter des refoulements dans le

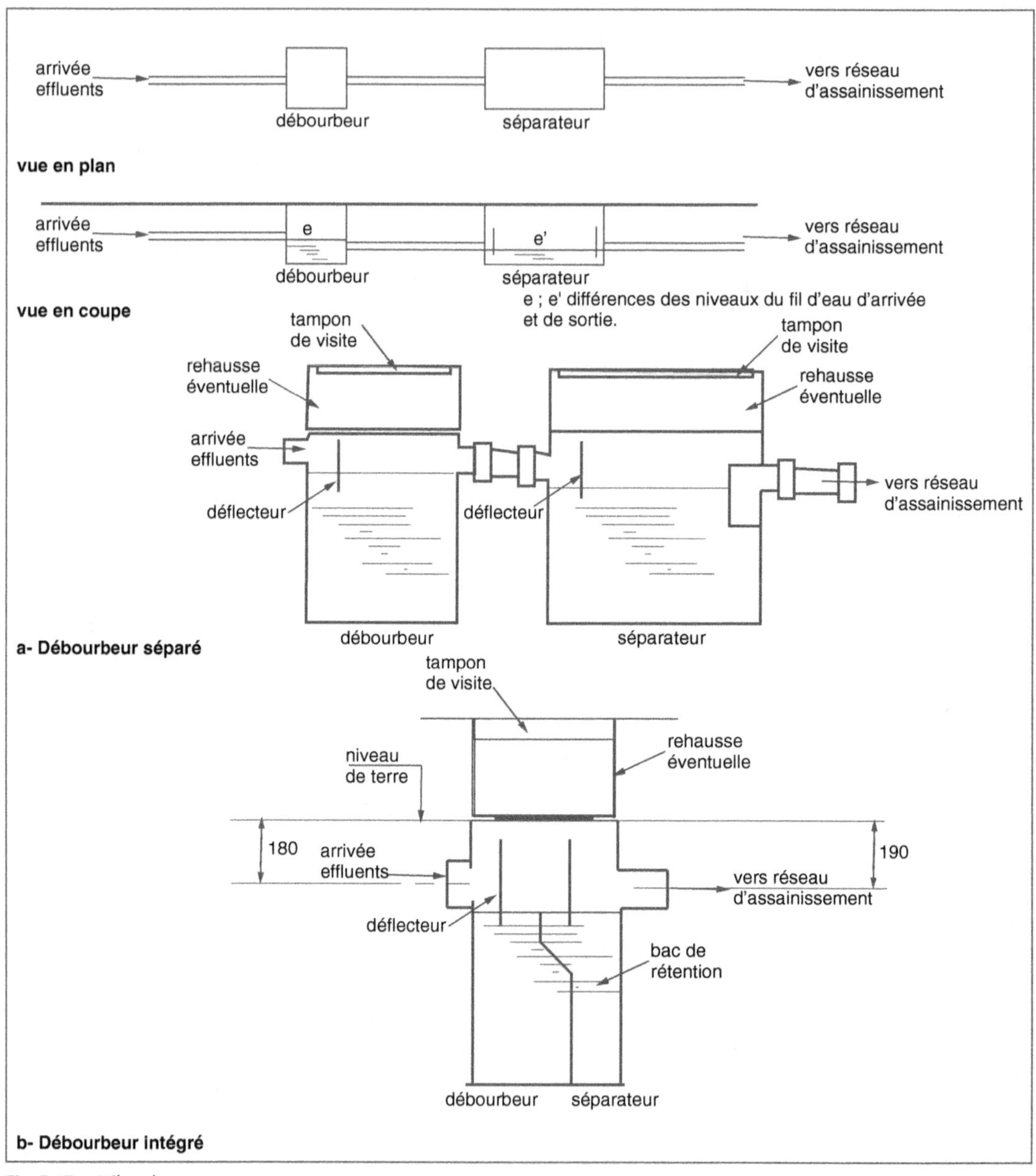

Fig. 5.47 • *Débourbeurs.*

réseau amont. Le déflecteur situé derrière l'entrée assure une bonne répartition du flux. Le fond est incliné dans le sens de l'écoulement. En partie supérieure, un tampon permet d'effectuer l'entretien.

Un dispositif antivide empêche le siphonnage par aspiration depuis l'égout, tandis que la paroi siphoïde placée vers la sortie empêche les remontées d'odeur. Une rehausse permet de rendre l'appareil hors gel. La capacité est déterminée en fonction des paramètres suivants :

– débit instantané de l'effluent ;
– densité et nature des graisses ;

Quantité de boue prévue	Exemples d'utilisation
Très élevée	Stations de lavage de poids lourds Stations de lavage d'engins de chantier Stations de lavage de machines agricoles
Élevée	Stations de lavage automatiques Stations de lavage des châssis
Moyenne	Stations de lavage manuel Usines Ateliers mécaniques Voirie
Faible	Effluent contenant un faible volume de boue Toutes zones de collecte d'eau pluviale à l'exclusion des voiries et des zones de stockage d'hydrocarbure Aires couvertes de distribution de carburant Parking

Tab. 5.11 • _Quantité de boue prévue pour un débourbeur associé à un séparateur d'hydrocarbure._

– quantité des graisses à retenir ;

– température des graisses, généralement inférieure à 30 °C ;

– présence éventuelle de détergents.

Des abaques et des logiciels calculent la capacité de rétention à prévoir. Dans une première approche, elle est indiquée en fonction du débit du séparateur (tab. 5.12). Elle correspond à un entretien périodique sur la base de deux à trois semaines au maximum. Compte tenu des odeurs dégagées et des nuisances lors de la vidange, il est préférable de placer le séparateur à une bonne distance des passages et des ouvertures des bâtiments.

En cas de besoin, il est possible d'installer deux séparateurs en parallèle distribués par un même débourbeur (fig. 5.49).

5.6.3.3. _Les séparateurs de fécule_

Les séparateurs de fécule sont destinés à retenir les matières contenues dans les eaux résiduaires des éplucheuses et, plus particulièrement, les fécules de pomme de terre et leur mousse. Ils peuvent être indépendants ou jumelés avec les séparateurs à graisse. Ce type d'appareil est utilisé à la sortie de conserveries, cuisines centralisées ou toute installation traitant une grande quantité de pommes de terre.

5.6.3.4. _Les séparateurs de liquides légers_

Les séparateurs de liquides légers sont des appareils semblables aux séparateurs de graisse et fonctionnent sur le même principe. Les liquides sont dits légers lorsque leur densité est inférieure ou égale à 0,95. Ils sont insolubles et insaponifiés* comme les hydrocarbures, le gazole, le fioul domestique, les huiles d'origine minérale, à l'exclusion des huiles et des graisses à usage alimentaire. Ils sont réalisés avec les mêmes matériaux et sont définis en deux classes de performances selon la teneur résiduelle maximale autorisée de liquide léger :

– classe I : teneur résiduelle ≤ 5 mg/l ;

– classe II : teneur résiduelle ≤ 100 mg/l.

À fond plat ou légèrement incliné dans le sens de l'écoulement, ces appareils comprennent trois compartiments, la partie centrale de plus grand volume, correspondant à la chambre de récupération des liquides légers (fig. 5.50). Une ventilation permanente s'effectue soit par le réseau amont, soit par des orifices spécifiques.

La taille nominale de l'appareil (TN) correspond sensiblement à la valeur numérique du débit maximal admissible de l'effluent, exprimé en litres par seconde. Les canalisations de raccordement en amont et en aval sont d'un diamètre en rapport avec celle-ci (tab. 5.13), le raccord étant parfaitement

273

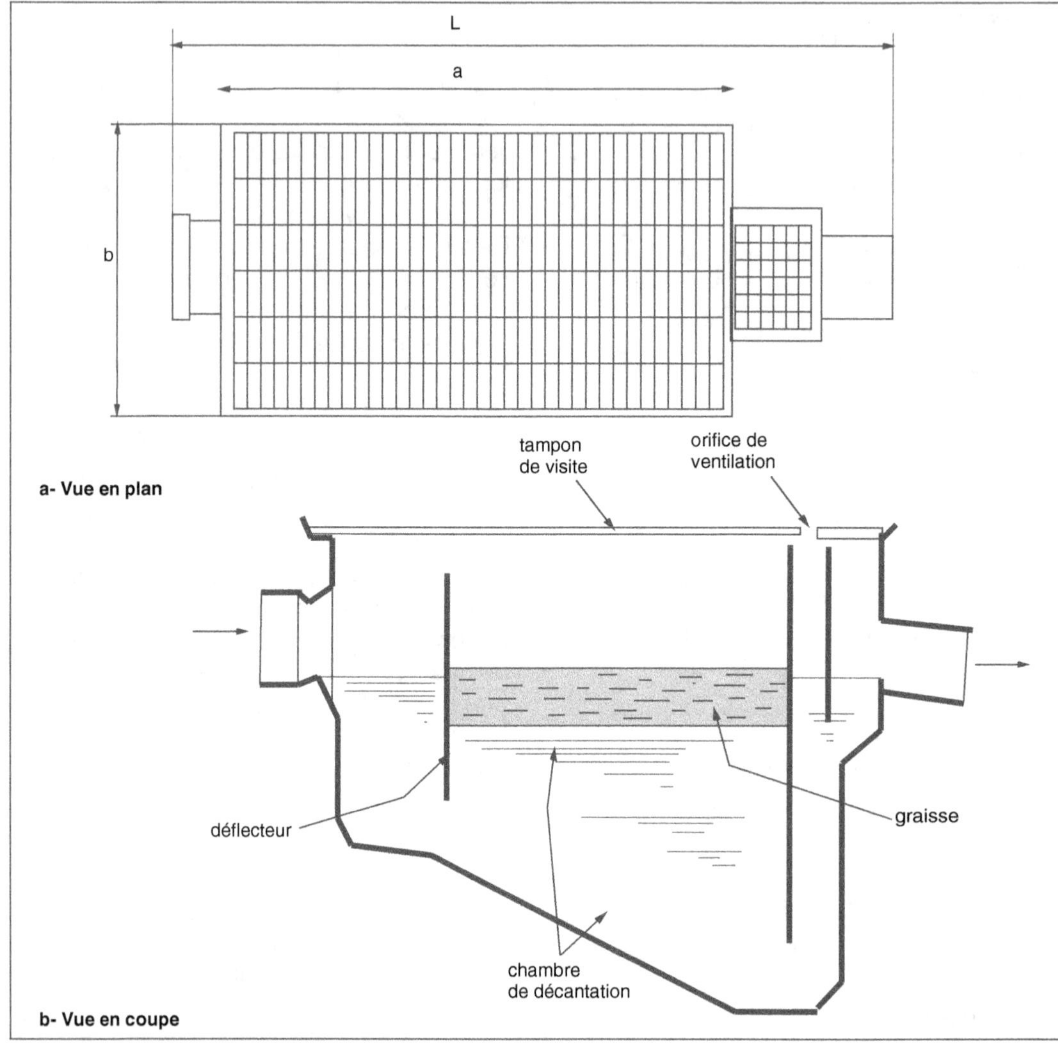

Fig. 5.48 • *Séparateurs à graisse en fonte.*

étanche. Le choix de la taille est déterminé en fonction des paramètres suivants :

– surface à collecter ;
– débit instantané de l'effluent ;
– densité et nature du liquide léger ;
– temps de séjour dans la chambre ;
– teneur résiduelle admise ;
– mode de traitement.

En effet, ce dernier peut être instantané, différé ou partiel selon la zone desservie par l'appareil (tab. 5.14). Avec le traitement instantané, la totalité de l'effluent collecté traverse le séparateur. Le traitement différé permet de stocker l'effluent dans un bac tampon équipé d'un régulateur de débit et d'alimenter le séparateur en débit pratiquement constant. Le traitement partiel tient compte du fait que lors d'une pluie, seules les eaux recueillies durant les premières minutes sont polluées. C'est donc cette part qui doit être traitée ; le reste de l'effluent

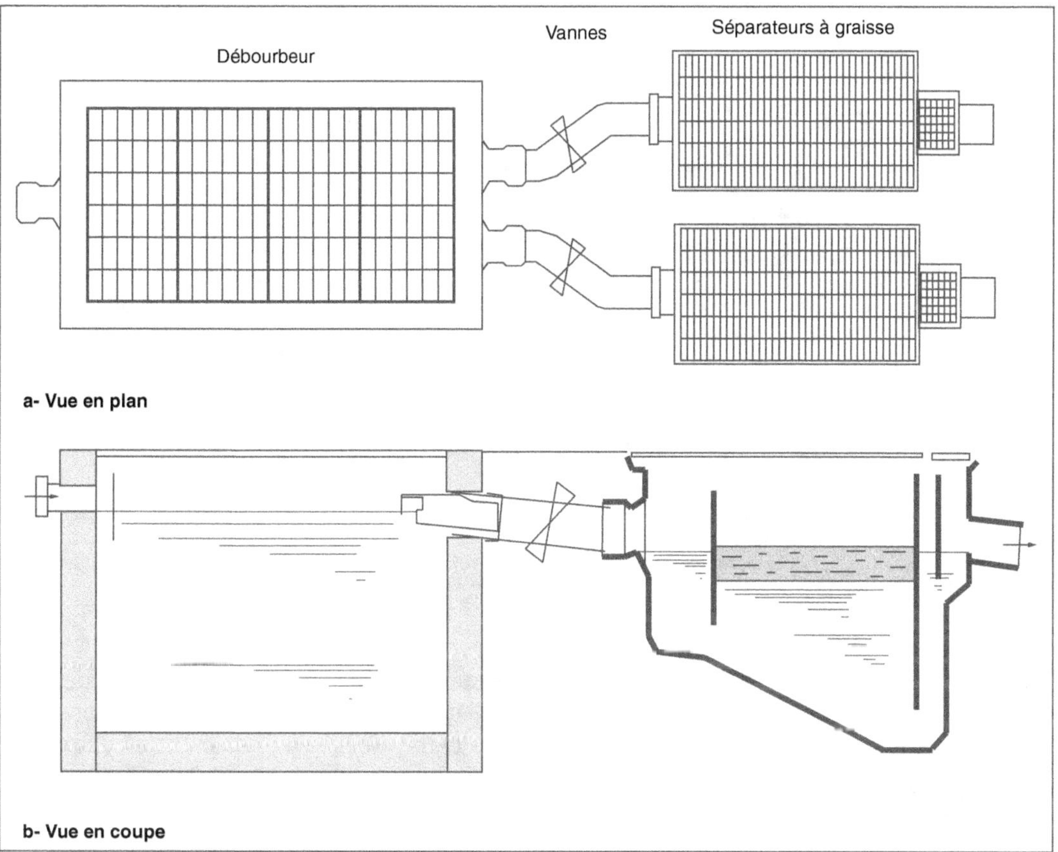

Fig. 5.49 • *Séparateurs à graisse jumelés en parallèle.*

Débit du séparateur (l/s)	Capacité de rétention (l)
0,5	20
1,0	40
2,0	80
3,0	120
4,0	160
6,0	240
7,0	280
9,0	360

Tab. 5.12 • *Capacité de rétention des séparateurs de graisse en fonte ou en acier (source : norme Din 4 040).*

peut être dirigé vers un déversoir d'orage et rejeté dans le milieu naturel.

Cet appareil doit être aisément accessible pour en assurer un entretien régulier, soit environ une fois par mois. Un regard de contrôle placé en aval permet de s'assurer du bon fonctionnement du séparateur.

5.6.4. Les réservoirs de chasse

Les réservoirs de chasse sont des équipements placés en tête des réseaux d'eaux usées dont la pente est insuffisante pour assurer l'autocurage (pente inférieure à 0,3 % environ). Le volume de ces réservoirs est de 0,5 à 1 m^3, déversé automatiquement une à deux fois par jour. Ce dispositif n'a qu'une efficacité relative, et le diamètre

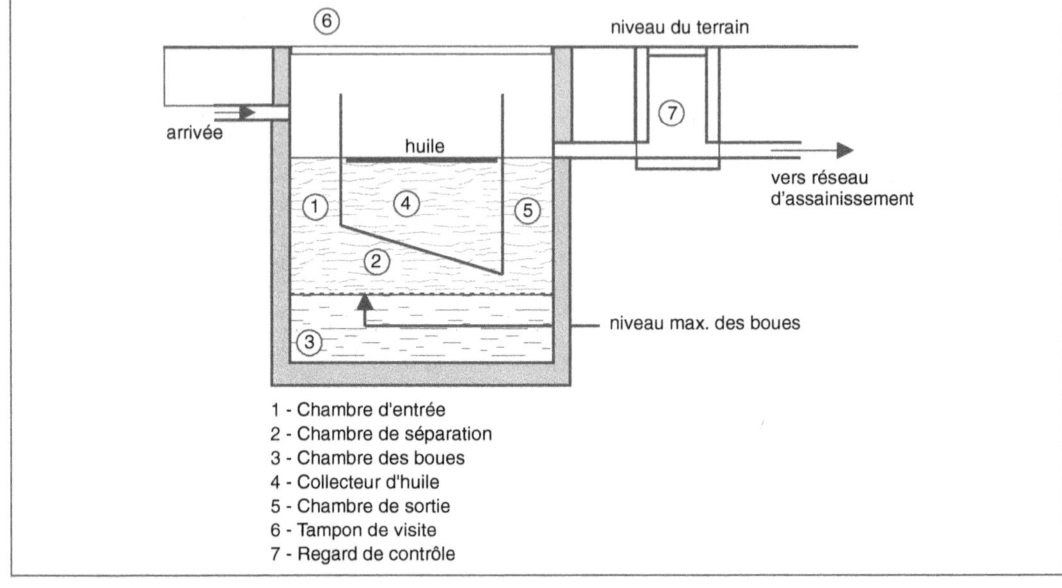

Fig. 5.50 • *Séparateur à liquides légers.*

Tailles nominales recommandées (tn)	Diamètres minimaux (mm)
TN 1,5 et TN 3	100
TN 6	125
TN 10	150
TN 15 et TN 20	200
TN 30	250
TN 40 à TN 100	300
Supérieure à TN 100	400

Tab. 5.13 • *Diamètres minimaux des entrées et sorties des séparateurs de liquides légers (source : NF P 16-441).*

de la canalisation en amont de laquelle il est situé ne doit pas excéder 300 à 400 mm pour obtenir l'effet de piston souhaité.

5.6.5. Les stations de relèvement

Les stations de relèvement sont installées dès que la pente est insuffisante pour atteindre l'unité de traitement. Il est alors nécessaire de procéder au relèvement de l'effluent de manière à retrouver un écoulement gra-vitaire. Afin de réduire l'importance des installations, ne transitent par les stations que les eaux usées, à l'exclusion des eaux pluviales.

Une station de relèvement comprend une fosse en béton ou en matériau de synthèse dans laquelle sont implantées une ou plusieurs pompes. En béton, elle peut être réalisée sur place ou montée en usine, puis enterrée à une profondeur suffisante permettant le raccordement de la canalisation amont.

Une, deux ou trois électro-pompes assurent le transfert dans la conduite de refoulement dont le diamètre est déterminé pour recevoir le débit maximal des pompes (fig. 5.51).

Le choix des pompes est essentiel. Il se porte, de préférence, sur des pompes de type immergé à turbulences pour liquides chargés, pratiquement imbouchables. Le fonctionnement est basé sur le principe du vortex* et l'effet de pompage est obtenu sans que le liquide ne traverse la turbine. Leur capacité est déterminée en fonction du débit d'arrivée, en tenant compte des variations journalières

ZONES D'UTILISATION	POSSIBILITÉS DE PRÉTRAITEMENT		
	INSTANTANÉ	DIFFÉRÉ	PARTIEL
Aires de stationnement	o	o	o
Parkings couverts	o	–	–
Stations services	o	o	–
Stations de lavage des véhicules	o	o	–
Zones d'activités industrielles	o	o	o
Quais de chargement	o	o	o
Échangeurs routiers et autoroutiers	o	o	–

Tab. 5.14 • _Prétraitement des hydrocarbures._

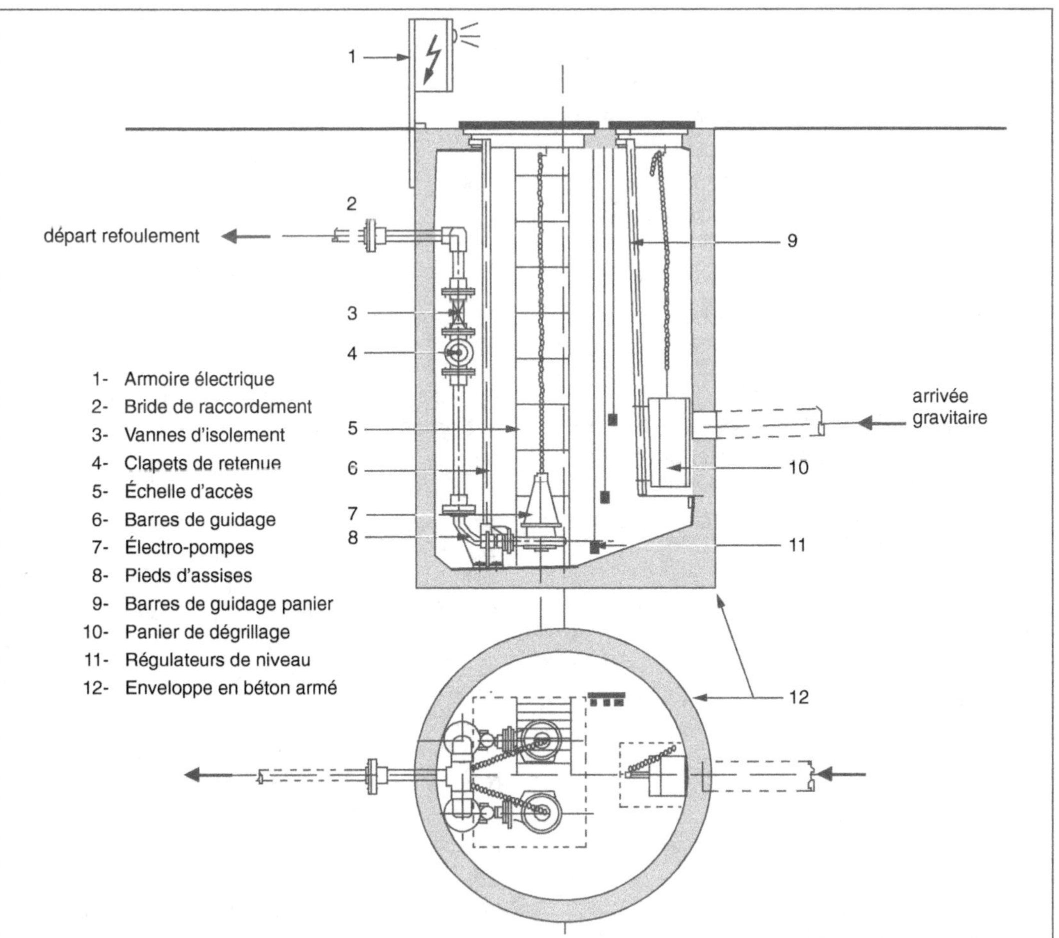

Fig. 5.51 • _Station de relèvement préfabriquée._

et saisonnières. Une bâche tampon est placée en amont de la station pour écrêter les débits excédentaires. Elle a également pour rôle de contenir l'effluent, en cas d'arrêt de la station de pompage. Ce bac est complété d'un trop-plein rejetant les eaux dans le milieu naturel. Un dégrillage arrête les déchets qui pourraient obstruer le canal des pompes et un bac de dessablage retient les matières minérales afin d'éviter l'effet d'abrasion.

L'installation est complétée par un tableau de commande électrique, une série de vannes d'isolement pour chacune des pompes, un clapet antiretour, un système de flotteurs déclenchant le démarrage et l'arrêt des pompes et un dispositif d'alarme signalant les anomalies (absence d'alimentation électrique, panne de pompe, surchauffe, niveau maximal de l'effluent, présence de gaz inflammable, etc.). Par mesure de sécurité et afin de faire face à la défaillance d'une des pompes, il est préférable d'en prévoir au moins deux, le débit de chacune correspondant aux deux tiers du débit maximal.

Certaines unités de traitement des eaux usées sont équipées d'un système de relevage des eaux chargées qui fonctionne sur le principe de la vis d'Archimède* (photo 5.8). Ce dispositif autorise le transfert d'un plus grand débit.

Pouvant avoir un impact sur l'environnement, en particulier par les odeurs qu'elles peuvent engendrer, ces installations demandent un entretien permanent. Une liaison en assure la télécommande et la télésurveillance depuis un poste de commande centralisé.

5.6.6. Les dessableurs

Ils ont pour rôle de retenir les sables et les matières minérales entraînés par l'effluent. Leur section est déterminée de manière que la vitesse de l'effluent qui le traverse soit de l'ordre de 0,30 m/s, sans descendre en dessous de 0,20 m/s afin d'éviter les dépôts de

matières organiques plus légères en suspension. Il existe plusieurs modèles de dessableurs :

- à couloirs rectilignes (fig. 5.52) ;
- circulaires à alimentation tangentielle ;
- rectangulaires à insufflation d'air.

Le sable est récupéré par raclage ou par pompage, puis évacué après avoir été lavé pour en extraire les matières organiques éventuellement présentes.

Les dessableurs sont positionnés soit en amont de tronçons à faible pente, soit, à l'inverse, en aval de parties en forte pente où se trouvent des zones à fortes turbulences.

5.6.7. Les déversoirs d'orage, les bassins de retenue d'eaux pluviales et les bassins d'orage

Les déversoirs d'orage, les bassins de retenue d'eaux pluviales et les bassins d'orage sont des ouvrages dont le rôle est d'écrêter les quantités excessives d'eau collectées lors d'orages importants, afin d'éviter un surdimensionnement des canalisations. Leur action est soit d'évacuer les eaux excédentaires par un exutoire les dirigeant dans le milieu naturel, soit de recueillir ces eaux dans un bassin de retenue afin d'en retarder leur rejet dans le collecteur.

5.6.7.1. Les déversoirs d'orage

Les déversoirs d'orage sont généralement placés sur les réseaux unitaires de manière à réguler le débit afin qu'il reste dans une fourchette admissible en fonction des sections du réseau situé en aval. En temps normal, le débit est dirigé vers l'unité de traitement. En cas de fortes pluies, cette unité ne pouvant pas absorber la totalité de l'effluent, une partie de celui-ci est dirigée vers le milieu naturel. Deux paramètres sont à prendre en compte dans le calcul des déversoirs d'orage : la fréquence du phénomène et le degré de dilution de l'effluent pour ne pas modifier l'équilibre du milieu récepteur.

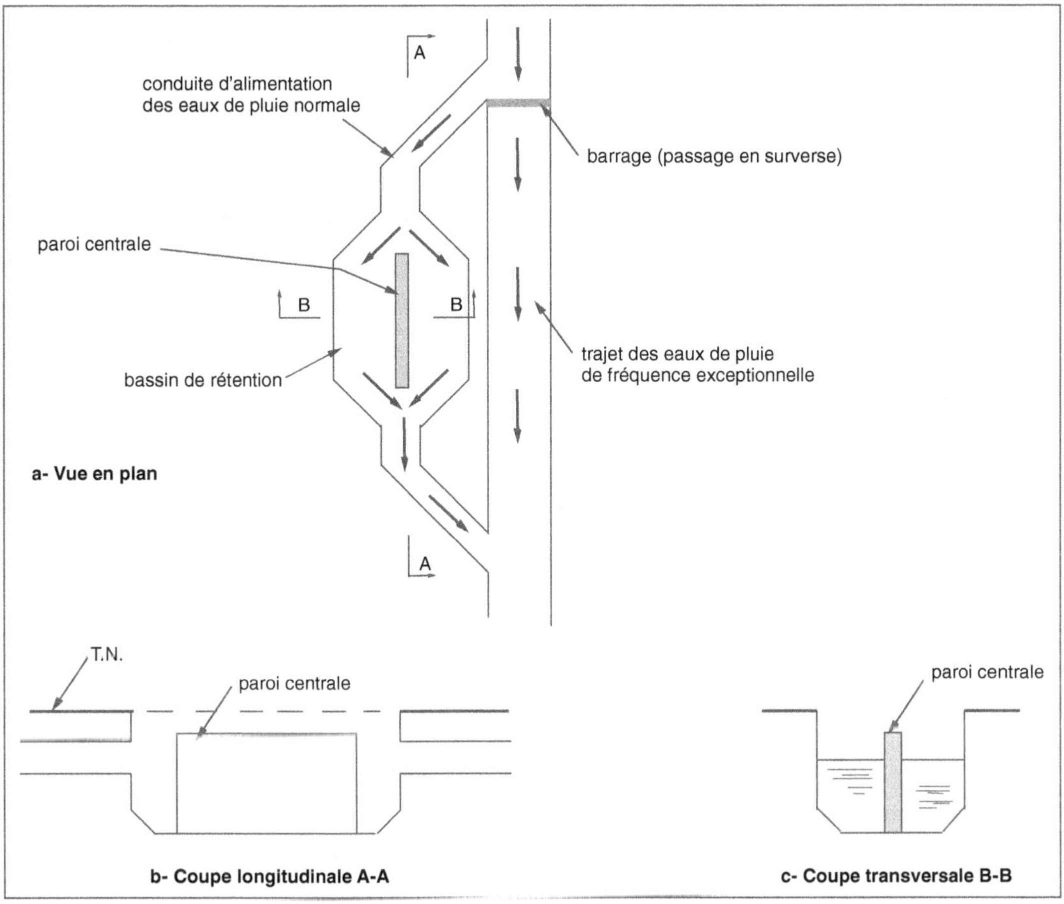

Fig. 5.52 • *Dessableurs – Schéma de principe des couloirs rectilignes.*

Photo 5.8 • *Vis d'archimède pour le relevage des eaux usées dans une station d'épuration.*

Les déversoirs d'orage sont équipés soit d'un seuil frontal ou latéral, soit d'un manchon ; le réglage des débits s'effectuant par un système de vannes (fig. 5.53).

5.6.7.2. Les bassins de retenue d'eaux pluviales

Les bassins de retenue d'eaux pluviales sont employés plus particulièrement sur les réseaux d'eaux pluviales en système séparatif. Comme les déversoirs d'orage, ils ont pour rôle de maîtriser le ruissellement pluvial, sans surcharger les canalisations. Leur action consiste à stocker les eaux excédentaires pendant un certain laps de temps. Le volume retenu correspond à la différence entre le

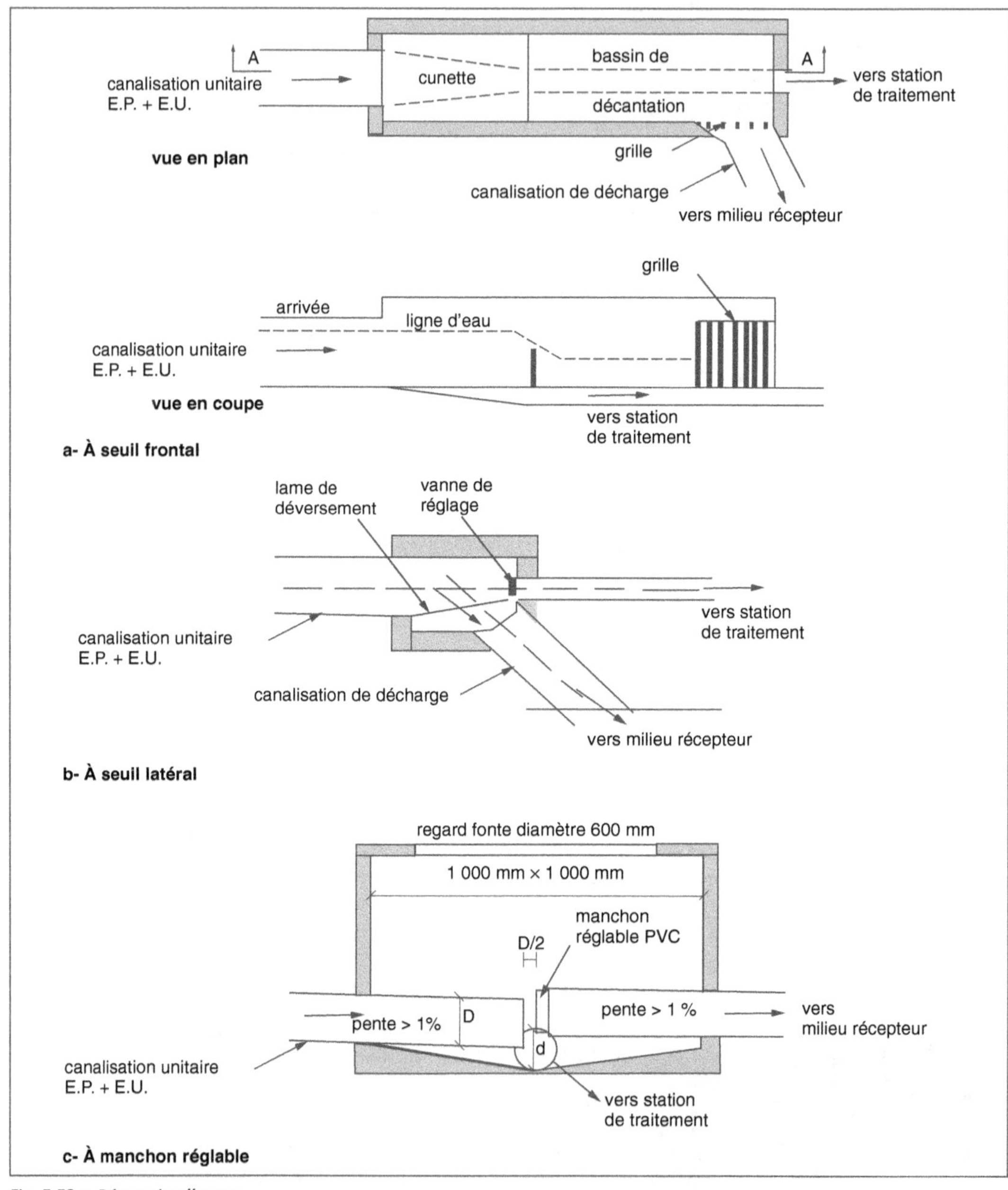

Fig. 5.53 • *Déversoirs d'orage.*

débit entrant et le débit de sortie, ce dernier étant égal à la somme des eaux infiltrées dans le terrain et du flux évacué (fig. 5.54).

Ils sont classés en trois grandes familles :
– les bassins constamment en eau ;
– les bassins secs qui se remplissent au moment du stockage et se vident simultanément par infiltration dans le sol, par évaporation et par une canalisation d'évacuation ;
– les bassins humides ne conservant qu'un faible volume d'eau permanent.

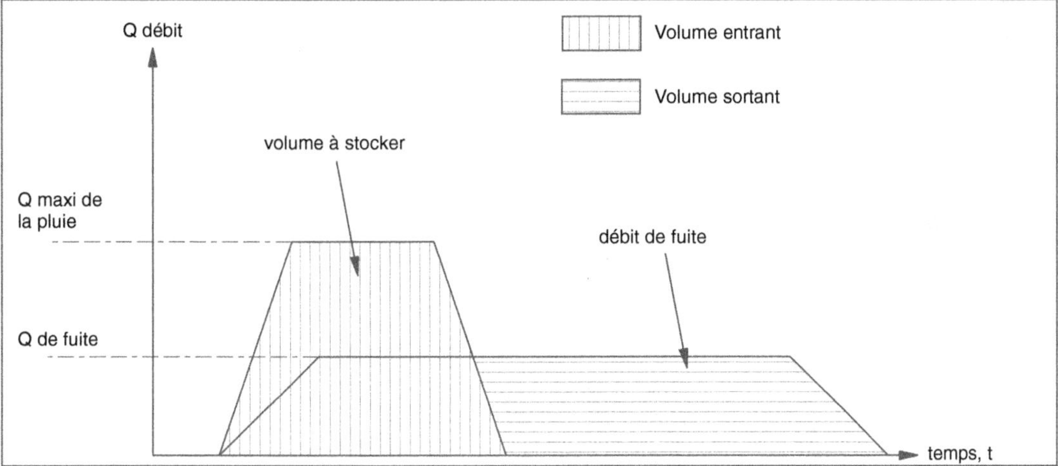

Fig. 5.54 • _Bassin de retenue – Détermination du débit à stocker._

Afin d'éviter tout risque d'accident, ils doivent être entourés d'une clôture qui en interdit l'accès. De plus, des dispositions sont prises pour éviter la prolifération de certaines plantes et le dégagement d'odeurs malodorantes. Pour cette raison, il est préférable de les positionner sur une canalisation de dérivation plutôt que de les laisser traverser par le collecteur d'eaux pluviales.

Un autre principe de stockage des eaux pluviales consiste à réaliser des voiries à revêtement poreux sur une fondation comprenant des matériaux à forte porosité, reliée à un système de drainage ou posée sur un sol perméable (fig. 5.55).

5.6.7.3. _Les bassins d'orage_

Les bassins d'orage jouent un rôle semblable aux ouvrages précédents. La différence essentielle porte sur le fait qu'ils sont traités avec une étanchéité en fond, de manière à éviter les risques de pollution du milieu par infiltration. Ils sont situés à proximité des zones où les eaux sont chargées en hydrocarbure (parcs de stationnement, voies autoroutières, etc.), celles-ci devant être traitées avant leur rejet dans le milieu naturel.

5.6.8. Les dispositifs de ventilation

Les dispositifs de ventilation mettent en communication le réseau d'assainissement et l'atmosphère extérieure. Ils doivent assurer une aération permanente des égouts. Leur rôle est particulièrement important sur les réseaux unitaires ou sur les réseaux d'eaux usées en système séparatif. Ils ont une triple fonction :
– éliminer les odeurs fétides ;
– éviter l'accumulation de gaz délétères ;
– garantir la sécurité du personnel d'entretien.

Cette aération est obtenue par toutes les ouvertures à l'air libre se situant au niveau de la chaussée (regards, grilles, avaloirs, à condition qu'ils ne soient pas siphonnés), ainsi que par les ventilations primaires de chute dans les bâtiments. Toutefois, il est recommandé de ne pas placer de tels dispositifs à proximité immédiate des locaux habités.

Certains siphons disconnecteurs (fig. 5.56) sont équipés d'un _by-pass_ assurant la circulation de l'air à la pression atmosphérique.

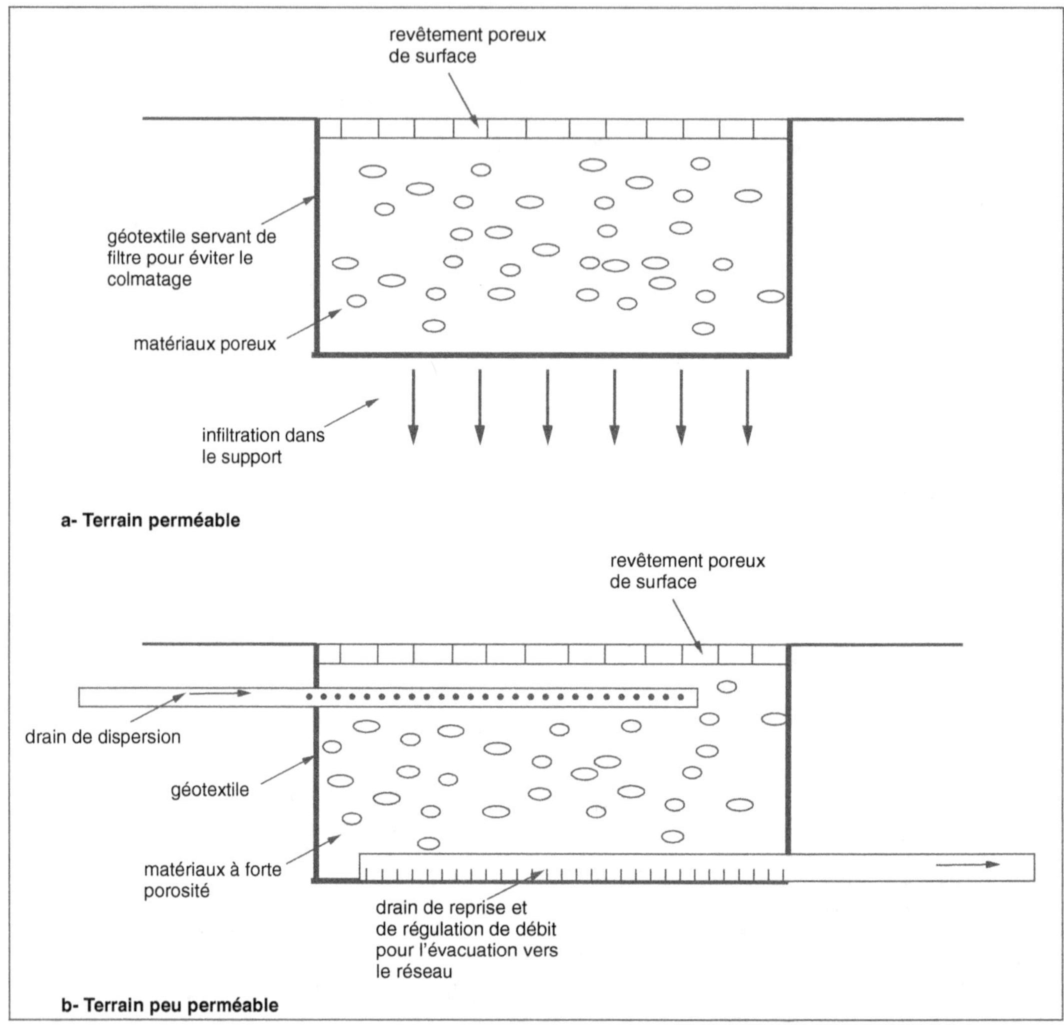

Fig. 5.55 • *Stockage drainant.*

6. La réalisation des travaux

La réalisation d'un réseau d'assainissement se décompose en plusieurs phases étroitement liées. La pose de canalisations qui transporte l'effluent vers le milieu naturel ou vers la station d'épuration en constitue la partie principale. Elle porte également sur la construction de différents regards et ouvrages complémentaires (fig. 5.56, photo 5.9).

Alors que le maître d'œuvre a la responsabilité des études et du projet, l'entrepreneur est responsable de l'exécution des travaux, de l'organisation du chantier et de la sécurité pendant toute la durée de celui-ci. Il doit, en particulier, contrôler l'implantation des autres réseaux (eau, électricité, gaz, téléphone, etc.) afin d'éviter qu'ils ne soient endommagés lors de l'exécution des fouilles.

En fin de travaux, un plan de recollement est établi, portant les renseignements suivants :

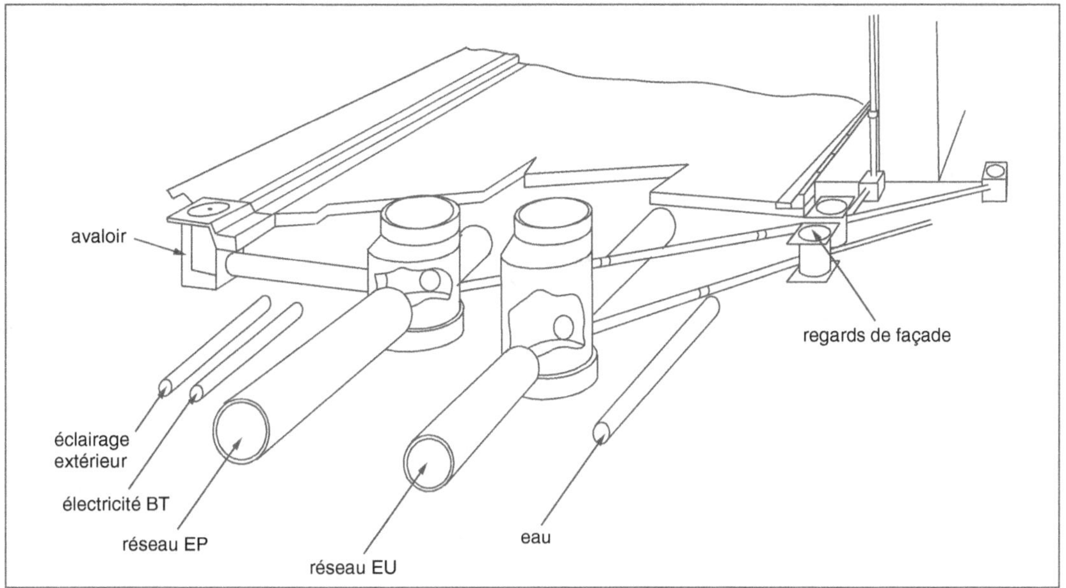

Fig. 5.56 • _Réalisation d'un réseau séparatif._

Photo 5.9 • _Réseau EP – Tuyaux en PVC DN 200 et regards préfabriqués en béton._

– le repérage exact du réseau par rapport à des points fixes ;

– l'indication des cotes du fil d'eau et du niveau du tampon des différents regards ;

– l'implantation des regards et des ouvrages particuliers ;

– tous les éléments nécessaires à la bonne compréhension des plans.

6.1. Les canalisations

Les canalisations sont constituées de tuyaux fabriqués en usine et livrés en palette sur le chantier. Selon la normalisation, ils sont classés dans deux catégories : les tuyaux rigides et les tuyaux semi-flexibles ; chacun ayant ses qualités propres. La classification est basée sur la rigidité diamétrale, c'est-à-dire le comportement structural de la section transversale sous l'action des charges extérieures. Lorsque les contraintes augmentent, le tuyau rigide ne se déforme pas ; il se rompt dès qu'une certaine limite est atteinte. Il n'en est pas de même avec un tuyau semi-flexible qui subit une flexion tant dans le sens transversal que dans le sens longitudinal (fig. 5.57).

Si cette déformation est peu importante, sans atteindre les états limites, elle est sans influence dans le sens transversal. Il n'en est pas de même dans le sens longitudinal. Des points bas peuvent être créés, occasionnant un ralentissement de l'écoulement du fluide,

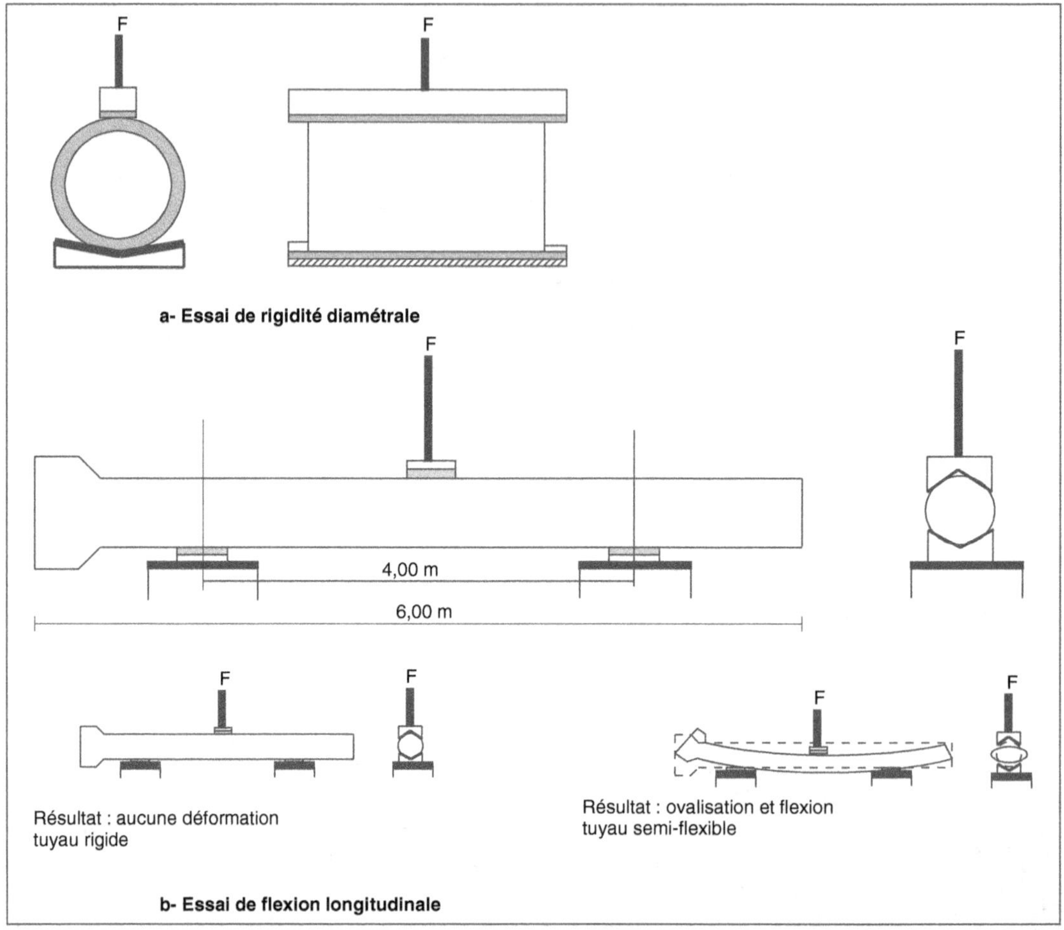

Fig. 5.57 • *Influence de l'action d'une charge sur la géométrie d'un tuyau.*

une retenue d'eau et un dépôt de matières solides. Deux paramètres sont à prendre en compte :

– la nature du matériau à partir duquel le tuyau est fabriqué : le béton et le grès sont considérés comme rigides, le PVC et le PRV sont semi-flexibles, alors que la fonte ductile* est classée semi-rigide ;

– la rigidité relative du tuyau et du sol environnant.

Le choix retenu a une influence non négligeable sur le mode de pose. C'est la raison pour laquelle, lors de la pose de tuyaux de type semi-flexible, il convient de considérer non plus la résistance du tuyau seul, mais la combinaison « tuyau – lit de pose – remblai latéral » qui permet de garantir une rigidité et une résistance satisfaisantes. Des calculs sont effectués de manière à vérifier que les canalisations résistent aux diverses contraintes qu'elles subissent tant pendant l'exécution des travaux qu'en cours de fonctionnement, ainsi qu'aux pressions hydrostatiques en cas de pose dans une nappe phréatique.

6.1.1. La pose en tranchée dans des conditions normales

Elle s'effectue sur un fond de fouille nivelé de manière régulière. La mise en œuvre doit respecter plusieurs règles.

Première règle. Assurer la sécurité des travailleurs appelés à travailler en fond de fouille. Des précautions doivent être prises pour qu'ils ne soient pas ensevelis sous des éboulements. Lorsque la profondeur de la tranchée est supérieure à 1,30 m, les parois sont maintenues par un blindage comme indiqué au chapitre 3, paragraphe 4.6, page 115.

La largeur minimale de celle-ci correspond à la plus grande des valeurs déterminées en fonction soit du diamètre de la canalisation, soit de la profondeur de travail, comme indiqué dans le tableau 5.15.

Lorsque deux canalisations sont posées dans une même tranchée (cas de réseaux séparatifs), un espace minimal (e) est respecté entre celles-ci. Il est de 0,35 m pour des tuyaux dont le diamètre nominal DN est inférieur à 700 mm et de 0,50 m lorsque DN est supérieur. Leur écartement doit être suffisant pour réaliser les cheminées de visite (fig. 5.58) et les deux collecteurs positionnés de manière à permettre le croisement des branchements. Le fil d'eau des canalisations peut être à des niveaux différents.

Deuxième règle. Effectuer la pose des tuyaux de l'aval vers l'amont, disposition qui

LARGEUR MINIMALE DE LA TRANCHÉE EN FONCTION DU DIAMÈTRE NOMINAL DN			
DN **(mm)**	**Largeur minimale de tranchée (OD + X)** [1] **(m)**		
	Tranchée blindée	**Tranchée non blindée**	
		$\beta > 60°$	$\beta \leq 60°$
DN $\leq$ 225	OD + 0,40	OD + 0,40	
225 < DN $\leq$ 350	OD + 0,50	OD + 0,50	OD + 0,40
350 < DN $\leq$ 700	OD + 0,70	OD + 0,70	OD + 0,40
700 < DN $\leq$ 1 200	OD + 0,85	OD + 0,85	OD + 0,40
1 200 < DN	OD + 1,00	OD + 1,00	OD + 0,40

(1) : Dans les valeurs OD + X, l'espace de travail minimal entre le tuyau et la paroi de la tranchée ou le blindage est égal à X/2 ;
OD est le diamètre extérieur exprimé en mètres ;
β est l'angle de la paroi de la tranchée non blindée mesuré par rapport à l'horizontale.

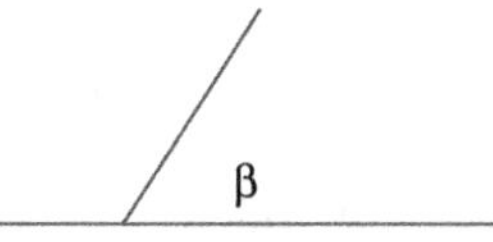

LARGEUR MINIMALE DE LA TRANCHÉE EN FONCTION DE SA PROFONDEUR	
Profondeur de la tranchée (P) **(m)**	**Largeur minimale de tranchée** **(m)**
P < 1,00	Pas de largeur prescrite
1,00 $\leq$ P $\leq$ 1,75	0,80
1,75 < P $\leq$ 4,00	0,90
4,00 < P	1,00

Tab. 5.15 • _Largeur minimale des tranchées._

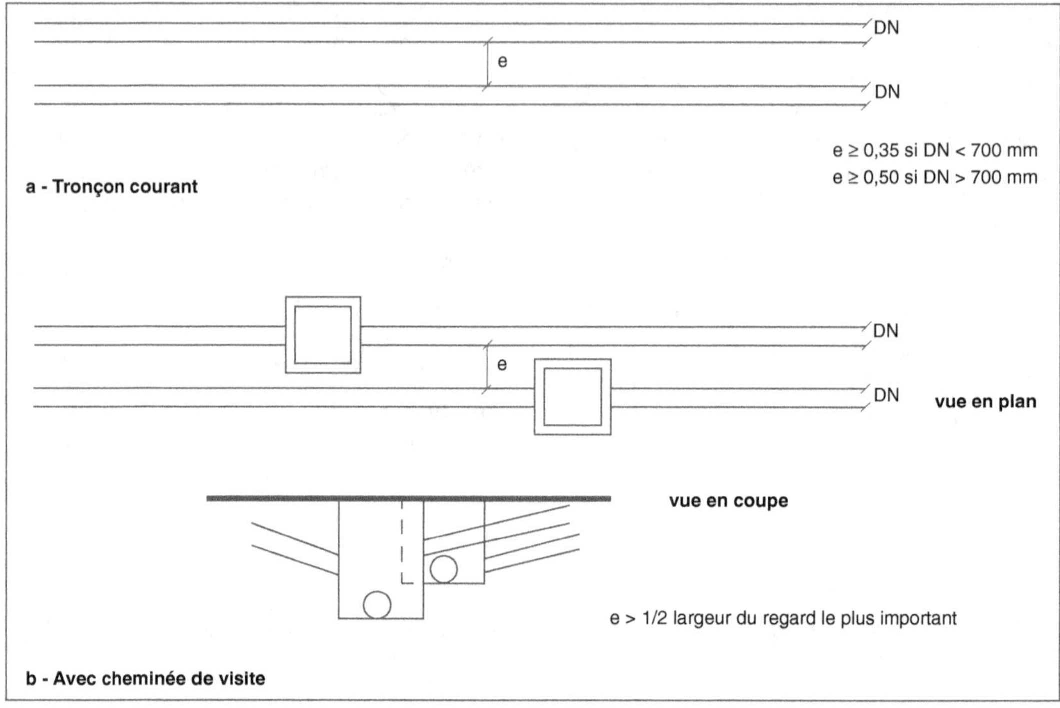

Fig. 5.58 • *Écartement entre 2 canalisations parallèles.*

permet de respecter la cote de rejet dans l'exutoire et d'assurer une mise en service des tronçons déjà en place. Les conduites sont alignées à l'aide d'un guidage au laser, afin de respecter la pente, surtout lorsqu'elle est très faible.

Troisième règle. Positionner des tuyaux en fond de tranchée dont la pente est sensiblement la même que celle de l'égout. Les fûts reposent sur un lit de pose et une assise. De part et d'autre, le remblai latéral comble l'espace compris entre la canalisation et les parois de la tranchée. Les tubes sont recouverts d'une première couche de remblai (remblai initial), puis du remblai proprement dit, sur lequel viennent les couches constitutives du sol de surface (voirie, espace vert ou autre) (fig. 5.59).

L'épaisseur de la couche d'assise est déterminée par les calculs de résistance mécanique.

Elle est constituée par un matériau de granularité appropriée (terrain en place, sable, gravier, tout venant, etc.).

D'une manière générale, le lit de pose forme l'appui de la génératrice inférieure sur la totalité de la longueur du fût. Il est adapté au matériau constituant le tuyau, à son diamètre, à la nature du terrain et aux indications fournies par le fabricant. Respectant ces conditions, le lit de pose est constitué par l'un des trois éléments suivants (fig. 5.60) :

– une couche de sable d'une épaisseur de 10 cm pour les sols courants et de 15 cm en présence de sol dur ou rocheux ;

– le fond de tranchée égalisé et mis en forme, dans lequel la base de la canalisation est encastrée, lorsque le sol d'assise est homogène, suffisamment meuble et à granularité fine ;

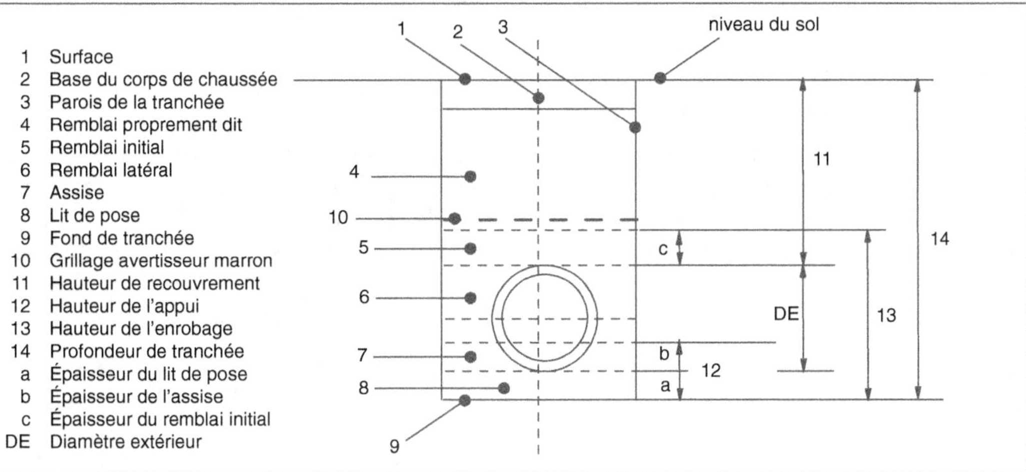

Fig. 5.59 • *Pose d'une canalisation en tranchée.*

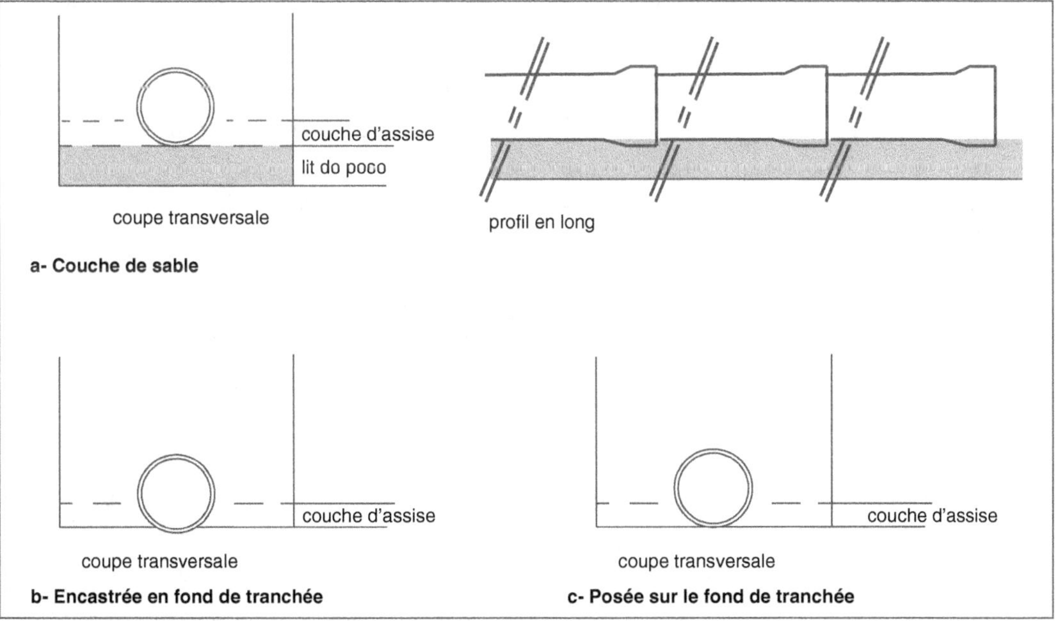

Fig. 5.60 • *Différents types d'appui de la canalisation en fond de tranchée.*

– le fond de tranchée égalisé et mis en forme, lorsque le terrain est homogène et à granularité fine.

Le remblai latéral participe au maintien de la canalisation et joue un rôle non négligeable dans l'emploi de tuyau semi-rigide. Il se compose du même matériau que l'assise et doit être convenablement compacté.

Le remblai initial est de même composition. Son épaisseur est de l'ordre de 15 cm au-dessus de la génératrice supérieure du fût. Le sol d'origine peut convenir si l'analyse qui en est

287

faite montre qu'il a les aptitudes correspondantes (possibilité de compactage, absence de gros éléments et de matériaux organiques, pourcentage d'argile compatible).

Le remblai proprement dit est constitué soit du réemploi du sol d'origine, soit de matériau d'apport, gravier tout venant ou autre. La première solution est retenue dans les mêmes conditions que pour le remblai initial ou lorsque l'égout est situé sous des espaces verts. La seconde solution est généralement imposée lorsque les canalisations sont implantées sous une voirie.

Afin de signaler le passage du réseau d'assainissement, un grillage de couleur marron est placé lors du remblaiement, à 15 cm environ au-dessus de la génératrice supérieure des tubes.

Quatrième règle. Exécuter les assemblages entre deux éléments successifs : point faible des réseaux d'assainissement. Ce joint doit être étanche et constituer une parfaite continuité du fil d'eau sans former de bourrelet ni de creux empêchant le bon écoulement de l'effluent. C'est la raison pour laquelle une attention particulière leur est apportée.

Lorsque les tuyaux sont à bouts unis, la liaison est réalisée à l'aide d'un manchon. Lorsqu'il est muni d'une emboîture, celle-ci est dirigée vers l'amont et reçoit le bout uni de l'élément suivant (fig. 5.61). L'emploi de garniture élastomère, qui tend à se généraliser, permet de garantir l'étanchéité ainsi qu'une certaine flexibilité de la liaison.

Cinquième règle. Prévoir des essais d'étanchéité et d'écoulement avant la mise en service du réseau d'assainissement. En fin de travaux, l'entreprise établit un plan de recollement de manière à repérer les différents composants par rapport à des points fixes immuables : limites de propriété, angles de bâtiments.

6.1.2. La pose en tranchée dans des conditions spéciales

La pose en tranchée dans des conditions spéciales correspond à des cas particuliers, comme la pose en terrain peu porteur, sur

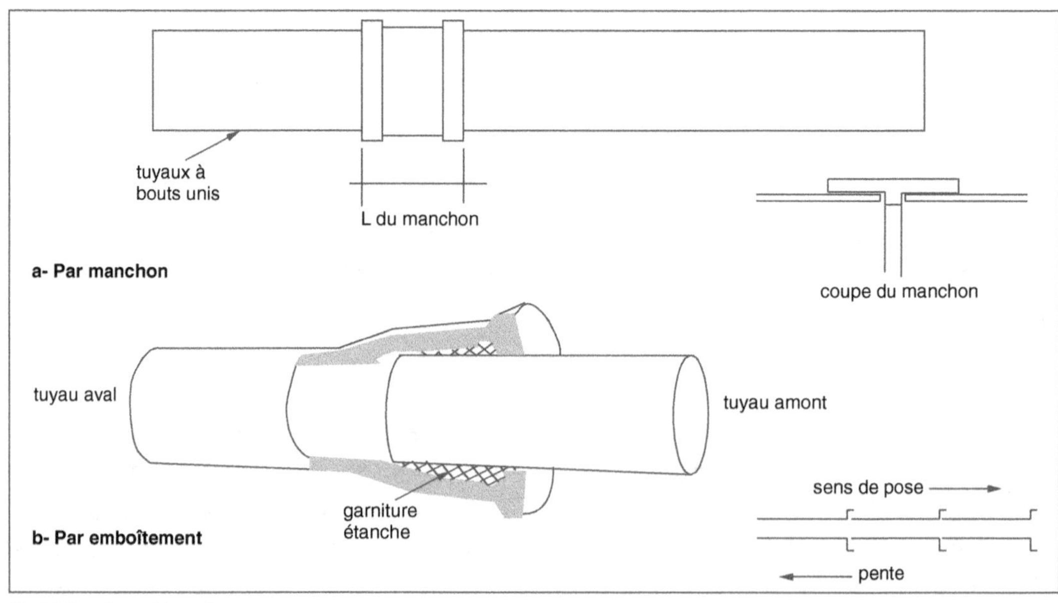

Fig. 5.61 • *Assemblage des tuyaux.*

remblai frais, le long d'un bâtiment, en présence d'eau ou dans une tranchée commune. Si la mise en œuvre l'impose, les matériaux granulaires (sable, tout venant ou autres) sont traités à l'aide de liants hydrauliques (béton maigre, béton armé ou non armé, béton léger) : hauteur de recouvrement insuffisante pour garantir la bonne résistance mécanique des tuyaux sous l'action des charges de surface (voirie, circulation de poids lourds, etc.), par exemple.

6.1.2.1. *La pose en terrain peu porteur*

La pose en terrain peu porteur (sol instable, sable boulant, tourbe...), indépendamment du blindage des parois de la tranchée, nécessite la substitution du sol en place par d'autres matériaux (sable, gravier, béton maigre) sur une épaisseur déterminée par les calculs de résistance mécanique avec l'interposition d'un géotextile (fig. 5.62).

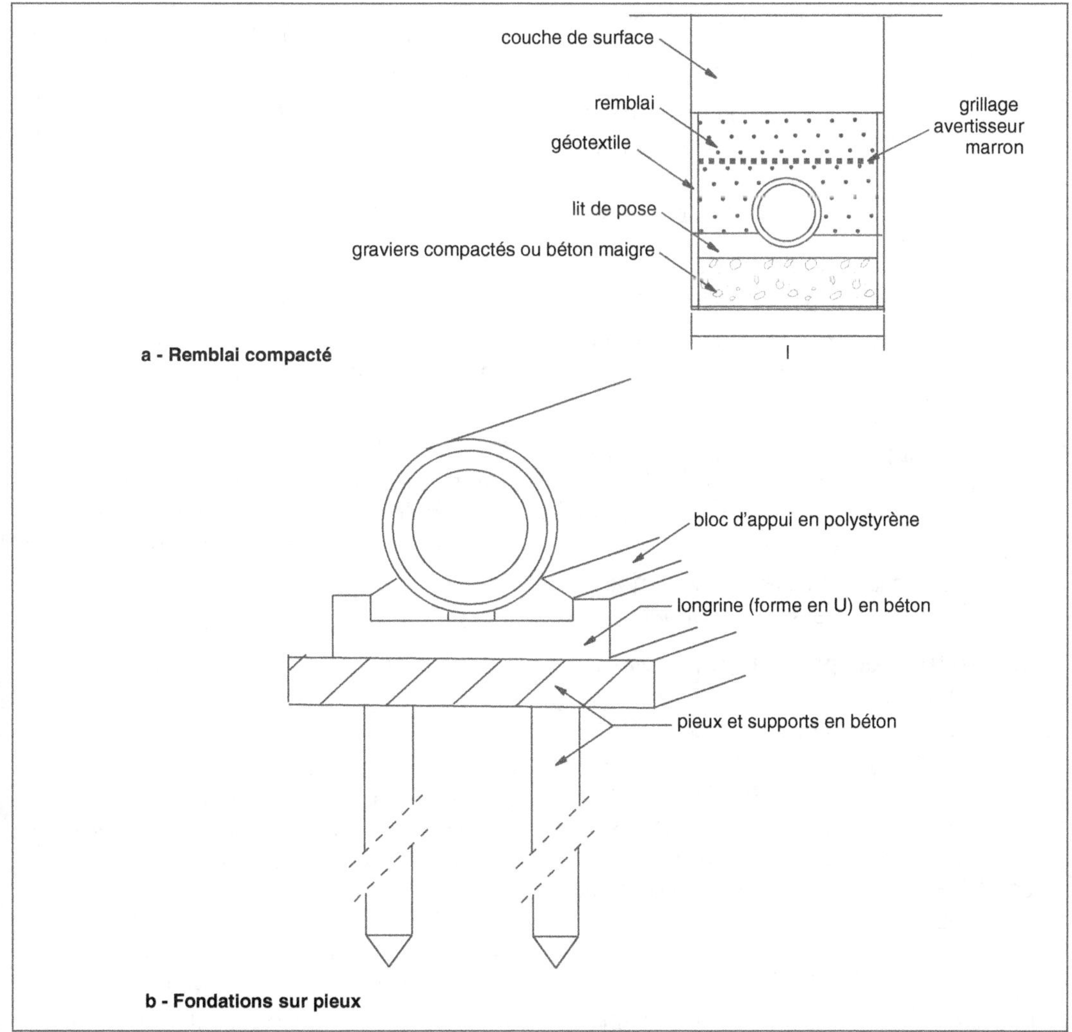

Fig. 5.62 • *Pose en terrain peu porteur.*

Cette couche peut être remplacée par des berceaux en béton armé sur lesquels la canalisation est posée. D'autres solutions plus onéreuses consistent à placer les tuyaux sur des longrines en béton armé prenant appui sur des fondations profondes (puits ou pieux) ancrées dans un sol suffisamment résistant. Il est également possible, si le sol s'y prête, de procéder à des injections dans le terrain afin de le stabiliser.

6.1.2.2. *La pose sur remblai frais*

La pose sur remblai frais est vivement déconseillée compte tenu des tassements qui occasionnent des désordres dans les joints, voire des ruptures de tuyaux. Il convient donc, au préalable, d'effectuer un compactage convenable ou, en cas d'impossibilité, de procéder comme précédemment. La liaison entre la canalisation posée sur remblai et celle posée sur un terrain normal est réalisée à l'aide d'un joint souple.

6.1.2.3. *La pose le long d'un bâtiment*

La pose le long d'un bâtiment correspond sensiblement au problème précédent. Deux cas peuvent se présenter (fig. 5.63).

1. **La construction ne possède pas de sous-sol**. Il suffit de remblayer la partie inférieure avec une grave ciment sur laquelle est posée la canalisation ; attention, celle-ci ne doit jamais se trouver à un niveau inférieur à celui de l'assise des fondations.

2. **La construction possède un sous-sol**. La présence d'un mur enterré permet le scellement de corbeaux qui servent de support aux tuyaux. Leur espacement est étudié de manière à garantir la résistance mécanique à la flexion et à la compression du fût ; si besoin est, les corbeaux sont remplacés par une dallette continue encastrée dans la paroi.

6.1.2.4. *La présence d'eau*

La présence d'eau nécessite, dans un premier temps, la recherche des causes, de manière à déterminer la meilleure solution pour l'éliminer. Plusieurs méthodes sont applicables selon l'importance des venues d'eau. Dans la majorité des cas, la plus simple consiste à procéder au blindage des parois et à pomper en fond de tranchée.

La pose des canalisations dans une nappe phréatique s'avère plus délicate à mettre en œuvre. Deux techniques peuvent être appliquées, toutes deux relativement onéreuses :

- le rabattement de nappe par une série de puits placés le long de la zone à assécher ;
- le battage d'un rideau de palplanches qui maintient les parois pendant les travaux de terrassement, puis l'injection d'un coulis de ciment en fond de tranchée pour obtenir une étanchéité relative (fig. 5.64).

Dès que le fond de fouille est à sec, il convient de le purger pour retrouver un sol support adéquate et, si besoin, d'effectuer un apport de matériau de granularité adaptée aux ouvrages. Le maintien des canalisations peut s'avérer nécessaire en présence de poussées hydrostatiques.

Après la réalisation des travaux, le blindage ou les palplanches sont retirés avec précaution sans déstabiliser les canalisations et le remblai.

6.1.2.5. *La pose avec une hauteur de couverture insuffisante*

La pose avec une hauteur de couverture insuffisante entraîne la mise en place de matériaux suffisamment stables pour éviter une dégradation de la conduite. En général, sa protection est obtenue par un enrobage en béton maigre (fig. 5.65).

6.1.2.6. *La pose en tranchée commune*

La pose en tranchée commune demande une parfaite coordination entre les divers intervenants. Cette disposition fera l'objet du paragraphe 2.1 du chapitre 9, page 560.

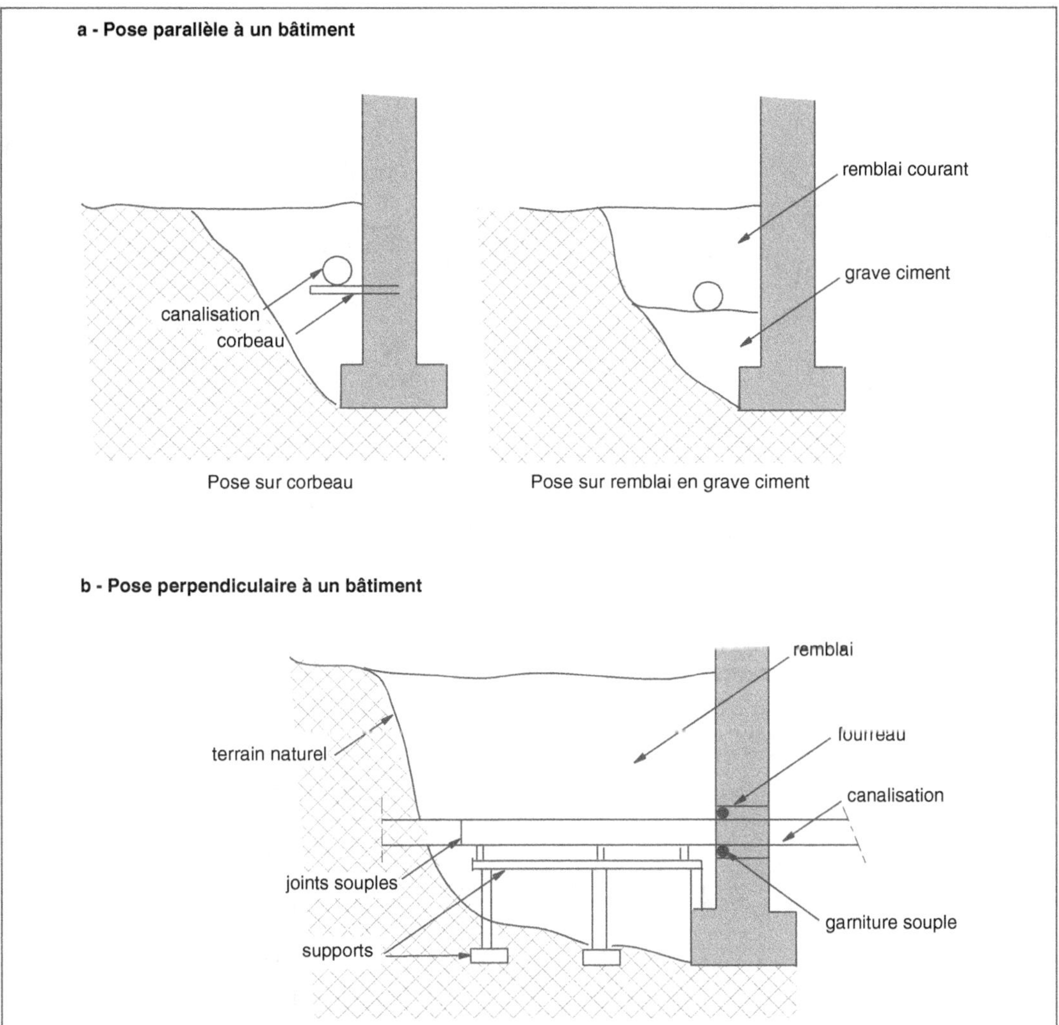

Fig. 5.63 • *Pose d'une canalisation dans le remblai à proximité d'une construction.*

6.2. Les regards

Les regards sont implantés conformément aux plans du projet Ils sont réalisés soit en béton coulé sur place, soit en béton préfabriqué, soit en résines de synthèse.

En béton coulé sur place, l'épaisseur minimale du radier est de 15 cm et celle des parois de 12 cm lorsque la profondeur est inférieure à 3,00 m et de 15 cm si elle est supérieure. Selon la position du regard et sa fonction, le fond peut être plat, incliné ou avoir une cunette de mêmes dimensions que la canalisation sur laquelle il est placé. Les enduits intérieurs doivent être parfaitement lisses et les angles arrondis « à la bouteille » (fig. 5.66).

En béton préfabriqué, les éléments sont mis en place successivement les uns sur les autres en calfeutrant soigneusement les joints de manière à les rendre étanches. L'élément de fond est posé sur une couche

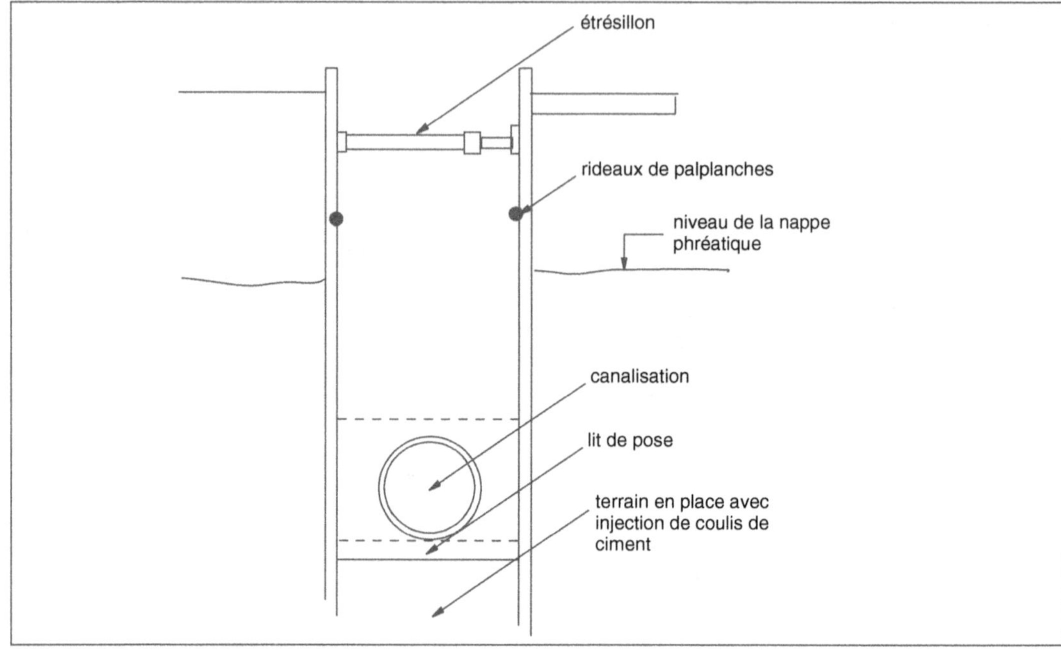

Fig. 5.64 • *Pose d'une canalisation en présence d'eau.*

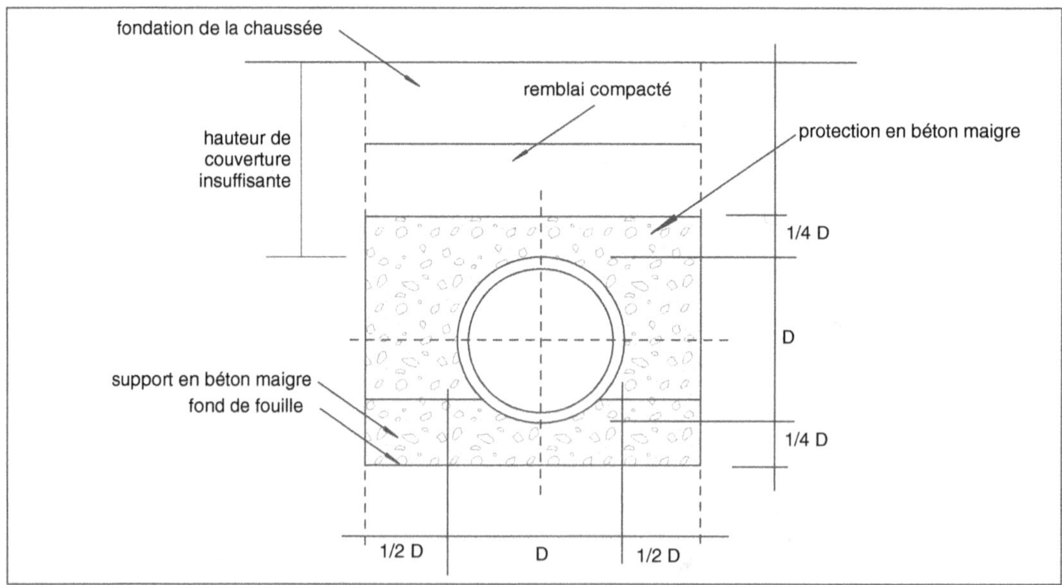

Fig. 5.65 • *Pose d'une canalisation avec couverture insuffisante.*

de sable après réglage du fond de fouille. Ce type de regard est d'un emploi courant et occasionne moins de contraintes que ceux coulés *in situ*.

En résines de synthèse (PVC ou polyéthylène), les regards sont monoblocs. La pose est effectuée sur un lit de sable conformément aux directives fournies par les fabricants.

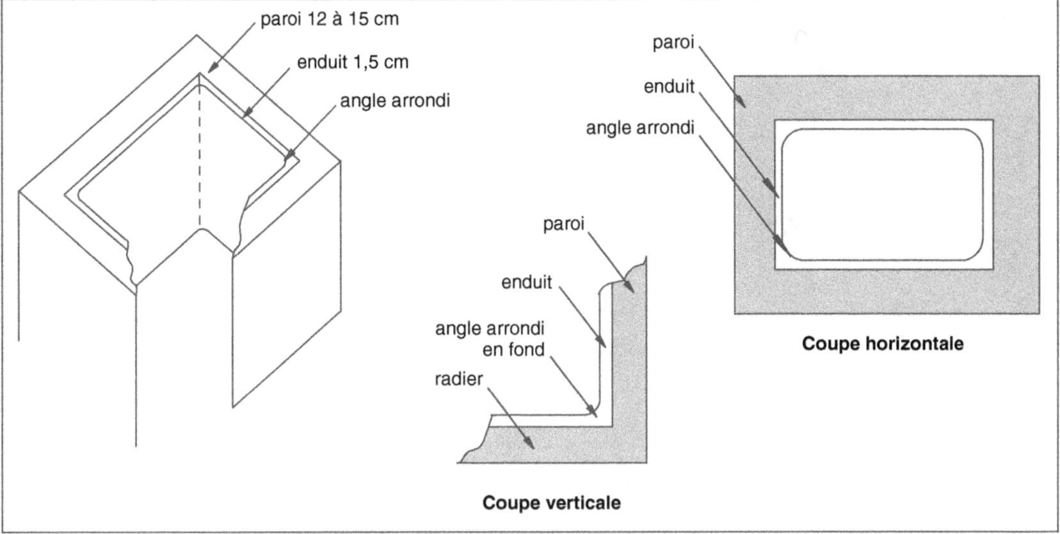

Fig. 5.66 • *Regard coulé en place.*

Les raccords entre les canalisations et les regards doivent être particulièrement soignés afin d'en garantir la parfaite étanchéité, sans aspérité ni flache. Les conditions d'écoulement du réseau en dépendent.

Dans les regards de branchement, le raccordement des diverses branches sur le collecteur est réalisé avec un angle qui favorise le sens de l'écoulement (fig. 5.67).

6.3. Les autres ouvrages

Les autres ouvrages sont exécutés conformément aux diverses normes et règles de construction, ainsi qu'aux directives des fabricants lorsque ce sont des composants industrialisés. Ils respectent les prescriptions du projet et sont implantés selon les indications portées dans celui-ci. En aucun cas ils ne doivent compromettre le bon fonctionnement du réseau.

6.4. Le contrôle après exécution

Après la réalisation d'un réseau, des essais d'écoulement et d'étanchéité sont effectués. Ils peuvent être complétés par un contrôle à l'aide d'une caméra téléguidée dans les canalisations non visitables d'un diamètre supérieur ou égal à 100 mm (fig. 5.68, photo 5.10).

7. Les matériaux

Le choix des matériaux s'effectue en fonction des caractéristiques principales de ceux-ci : résistance mécanique, résistance à l'abrasion et aux produits chimiques, étanchéité, masse au mètre linéaire, etc. Il tient compte également de plusieurs critères portant sur les conditions d'emploi, c'est-à-dire : la nature de l'effluent et son agressivité, la qualité des sols, la pérennité des ouvrages, la notion de coût, ainsi que la facilité de mise en œuvre. Dans cette dernière, intervient la masse au mètre linéaire (tab. 5.16), le mode de pose et de remblaiement.

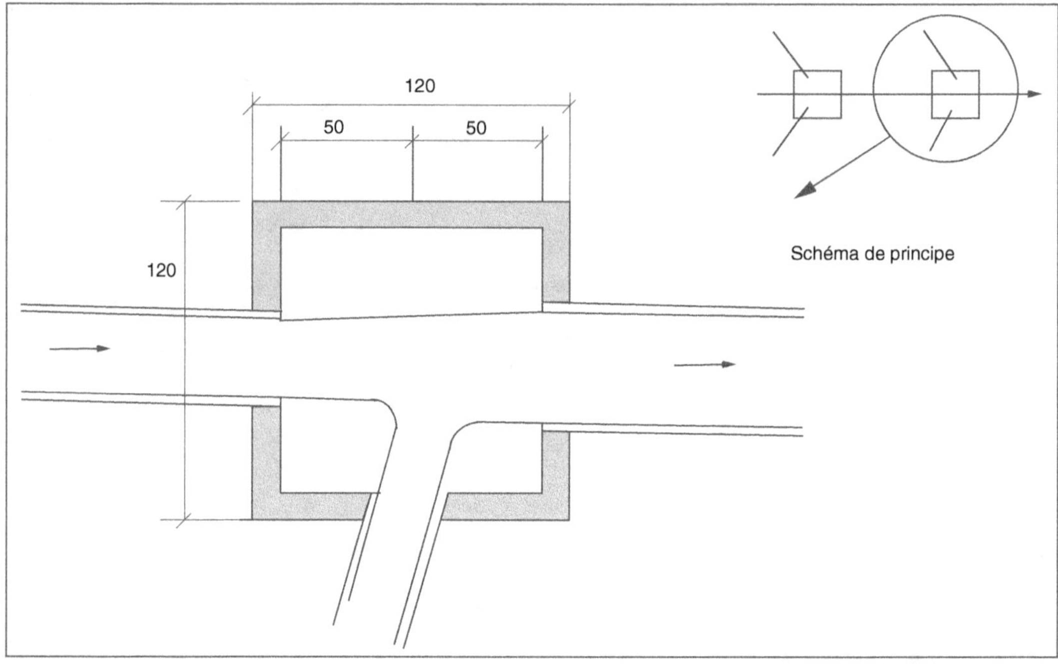

Fig. 5.67 • *Raccordement sur regard de branchement.*

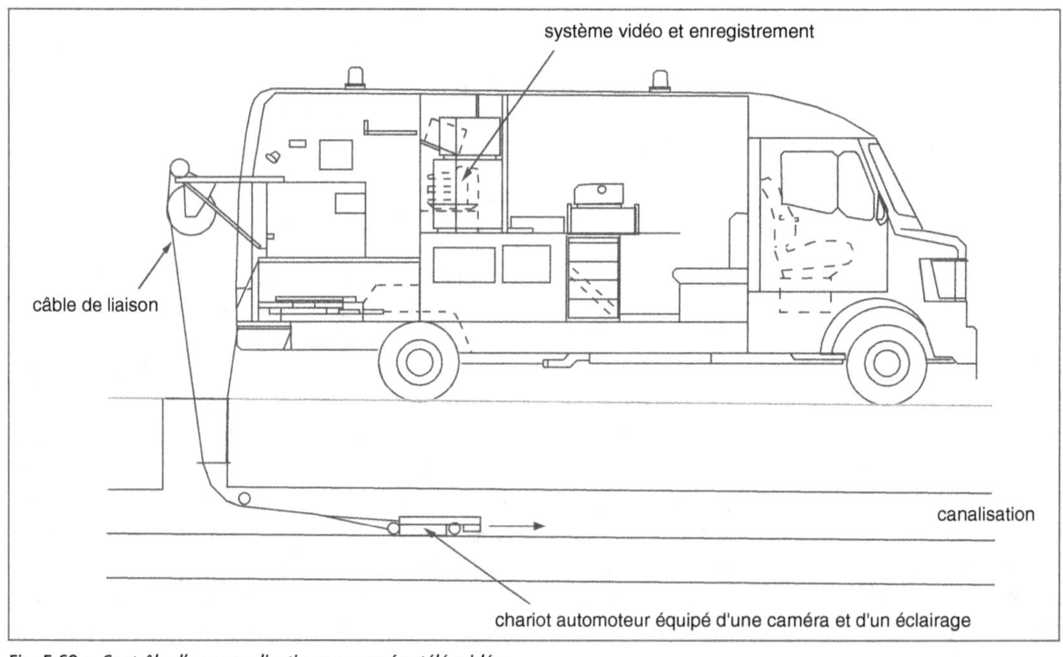

Fig. 5.68 • *Contrôle d'une canalisation par caméra téléguidée.*

DIAMÈTRE NOMINAL (en mm)	MASSE LINÉIQUE					
	BÉTON NON ARMÉ [1]	BÉTON ARMÉ [1]	FONTE DUCTILE [2]	GRÈS [3]	PVC [3]	PRV [3]
300 [4]	77 à 141	140 à 148	45 à 64	67 à 96	10 à 14	10 à 15
400	180 à 200	200 à 210	70 à 87	104 à 142	14 à 20	15 à 25
600 [5]	300 à 396	390 à 420	121 à 151	207	35 à 53	34 à 52
800	–	480 à 580	253	279	55 à 69	57 à 88

(1) : Selon le lieu de fabrication, l'épaisseur et la classe de résistance.

(2) : Selon le type et l'utilisation.

(3) : Selon l'épaisseur et la classe de résistance.

(4) : En PVC, le diamètre nominal extérieur est de 315 mm.

(5) : en PVC, le diamètre nominal extérieur est de 630 mm.

Tab. 5.16 • _Masse linéique des tuyaux selon le diamètre et le matériau._

Photo 5.10 • _Caméra pour effectuer le contrôle des canalisations non visitables (source : documentation Hytec)._

Les principaux matériaux employés sont les suivants : le béton, la fonte, le grès, le polychlorure de vinyle (PVC), le polyester renforcé par des fibres de verre (PRV), l'acier, le polyéthylène, le polypropylène et les élastomères.

Les raccords et les accessoires sont exécutés dans une matière compatible avec le matériau des canalisations. Les garnitures des joints sont à base d'élastomères ; leur profil est étudié de manière à s'opposer à la pénétration des racines.

Rigides ou semi-flexibles, les tuyaux employés sont soit de type homogène mono-couche (béton, fonte, grès, PVC), soit de type composite multicouche (PRV). Chacune des couches qui forme le corps du tuyau et les enveloppes interne et externe a un rôle spécifique à jouer dans la tenue du produit fini.

Ils peuvent avoir une emboîture pour assurer la liaison entre deux éléments successifs ou être à fût uni, la longueur utile correspondant à celle du fût (fig. 5.69). De plus, certains matériaux reçoivent des couches de protection intérieure ou extérieure afin d'améliorer leur résistance à la corrosion ou à l'abrasion (fonte, grès, etc.).

Afin de justifier la tenue mécanique des matériaux aux charges occasionnées par la hauteur du remblai, par les charges d'exploitation ou par les charges roulantes, les tuyaux sont soumis à des essais de résistance aux actions instantanées.

7.1. _Le béton_

Le béton est le matériau actuellement le plus utilisé en assainissement, tant pour les canalisations que pour les regards et les ouvrages annexes, préfabriqué en usine ou coulé sur place. La première solution offre deux avantages notables : une meilleure exécution et

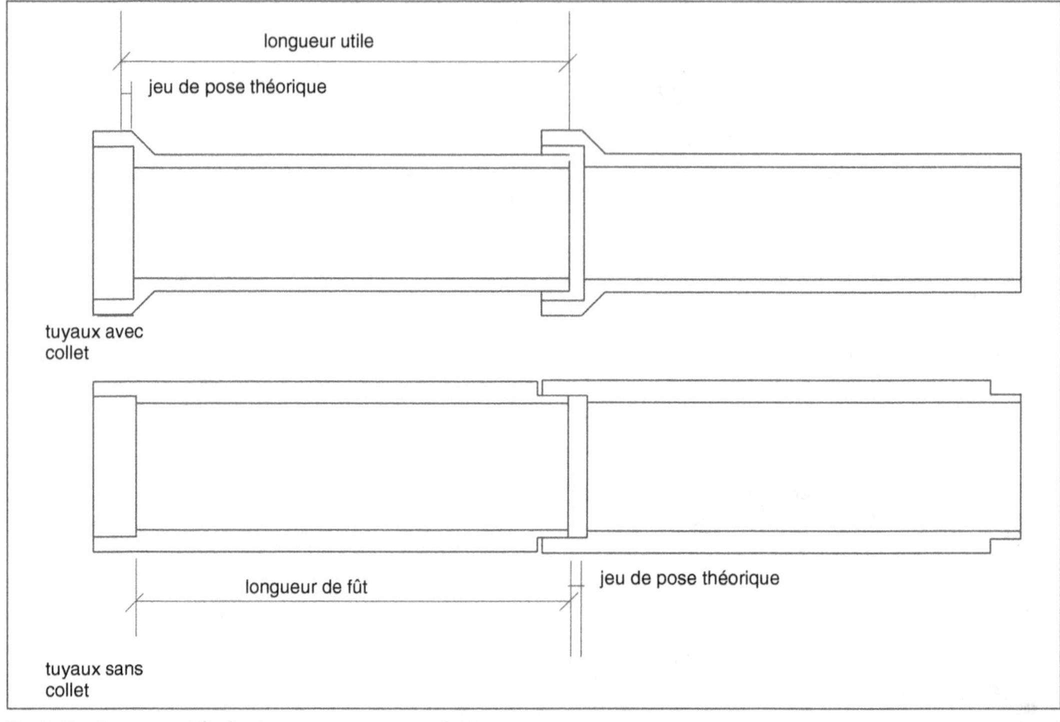

Fig. 5.69 • *Longueur utile des tuyaux avec ou sans emboîture.*

une plus grande rapidité, le temps de séchage et de durcissement n'étant pas à prendre en compte.

Le béton est un mélange de plusieurs matériaux : gravillons, sable, ciment, eau, adjuvants et ajouts éventuels, qui est malaxé dans une centrale. C'est de la composition et du contrôle rigoureux de ce mélange que dépend les qualités essentielles des tuyaux : résistance mécanique, étanchéité, tenue aux agents agressifs et durabilité. Il peut être utilisé pour la plupart des effluents : eaux pluviales, eaux domestiques et certaines eaux industrielles. En revanche, il ne convient pas pour véhiculer les rejets industriels particulièrement corrosif (pH < 6) ou dans certains sols agressifs.

Selon leur destination, les canalisations sont réalisées en béton non armé (ϕ de 150 à 600 mm), en béton armé à l'aide d'une cage d'armatures (ϕ de 300 à 2 800 mm) ou en béton armé avec une âme en tôle (ϕ de 400 à 2 400 mm), en utilisant l'une des deux techniques suivantes :

– par compression et vibration ;

– par centrifugation, procédé qui donne des produits de meilleure qualité.

Les tuyaux sont constitués soit d'un fût uni avec emboîtement à mi-épaisseur, soit d'un fût muni d'une emboîture à l'une des extrémités ; le diamètre nominal DN correspondant au diamètre intérieur du fût (fig. 5.70).

Dans le premier cas, l'assemblage s'effectue à mi-épaisseur avec un garnissage au mortier de ciment, méthode qui rend le joint rigide et ne peut pas garantir une étanchéité parfaite. Pour un meilleur résultat le mortier peut être remplacé par un manchon en élastomère plus onéreux.

Dans le second cas, l'emboîture, complétée par un joint en élastomère, assure une bonne liaison entre les deux éléments.

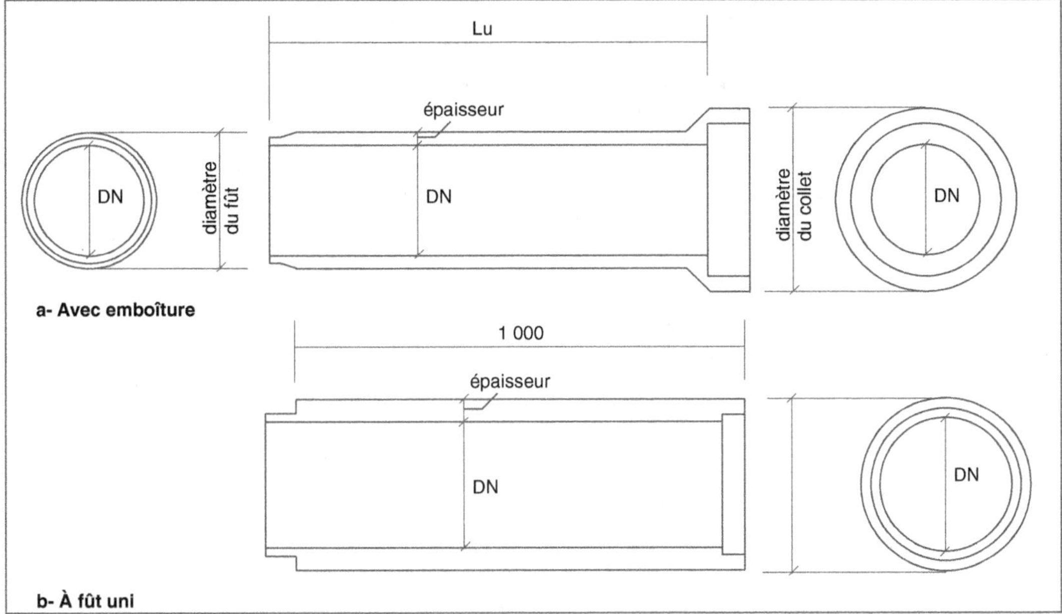

Fig. 5.70 • _Tuyaux en béton armé_

En fonction des charges qu'ils sont appelés à recevoir, hauteur de remblai et charges roulantes, les tuyaux entrent dans l'une des trois classes suivantes, leur épaisseur étant déterminée en conséquence :

– en béton armé : 60A, 90A et 135A ;
– en béton non armé : 60B, 90B et 135B.

Ce nombre correspond à la charge d'essai à la rupture, exprimée en kilo newtons par mètre linéaire (kN/ml) d'un tuyau de référence de 1 m de diamètre nominal.

La classe 135A est couramment utilisée pour la construction de réseau d'assainissement sous voirie.

Selon les besoins, des classes de résistance supérieure peuvent être fabriquées : 165A, 200A, 250A ou 300A.

La longueur utile varie de 1,00 à 3,00 m, selon les diamètres et les usines de fabrication, ce qui entraîne une multiplication des joints. Le béton présente un intérêt pour les diamètres supérieurs à 300 mm et pour les chantiers importants qui disposent d'engins de manutention, compte tenu des masses à manipuler (tab. 5.17). En général, la mise en œuvre peut s'effectuer directement dans le fond de fouille.

7.2. La fonte ductile

La fonte ductile est le résultat d'un ajout de magnésium et d'autres éléments à la fonte grise* en fusion afin de la rendre moins cassante et plus malléable. L'intérêt de ce matériau réside dans le fait qu'il allie la rigidité à une certaine élasticité. Cette dernière qualité lui permet d'absorber des mouvements de faible amplitude tout en offrant une bonne résistance mécanique et une bonne étanchéité. Les canalisations sont fabriquées par centrifugation alors que diverses pièces de raccordement le sont par moulage.

Les tuyaux sont constitués d'un fût muni d'une emboîture à l'une des extrémités afin d'assurer la liaison entre eux. Le diamètre nominal (DN) correspond au diamètre intérieur et s'échelonne de 100 à 2 000 mm. La longueur utile varie de 5,00 à 7,00 m selon

Tuyaux en béton armé		
Diamètre nominal [1] (DN en mm)	**Classes de résistance**	**Épaisseur [2] (e en mm)**
300	135 A	48 à 52
400	135 A	51 à 57
500	135 A	53 à 61
600	135 A	62 à 73
800	135 A	75 à 90
1 000	135 A	90 à 101
1 200	135 A	105 à 120
1 400	135 A	140
1 500	135 A	150
1 600	135 A	160
1 800	135 A	180
2 000	135 A	200

Tuyaux en béton non armé		
Diamètre nominal [1] (DN en mm)	**Classes de résistance**	**Épaisseur [2] (e en mm)**
150	60 B	27
200	60 B	28
250	60 B	30
300	60 B	30
300	90 B	42
300	135 B	50
400	60 B	36
400	90 B	54
500	90 B	61
600	90 B	73

(1) : Le diamètre nominal (DN) correspond au diamètre intérieur.

(2) : L'épaisseur peut varier de quelques millimètres selon les usines.

Tab. 5.17 • *Caractéristiques dimensionnelles des tuyaux en béton armé et non armé.*

le diamètre, ce qui permet de réduire le nombre de joints.

Certains industriels proposent des tuyaux à fût uni, la jonction étant assurée à l'aide d'un manchon en élastomère protégé par une bague en acier inoxydable.

Toutes les canalisations reçoivent un revêtement extérieur et intérieur en usine (tab. 5.18 et fig. 5.71).

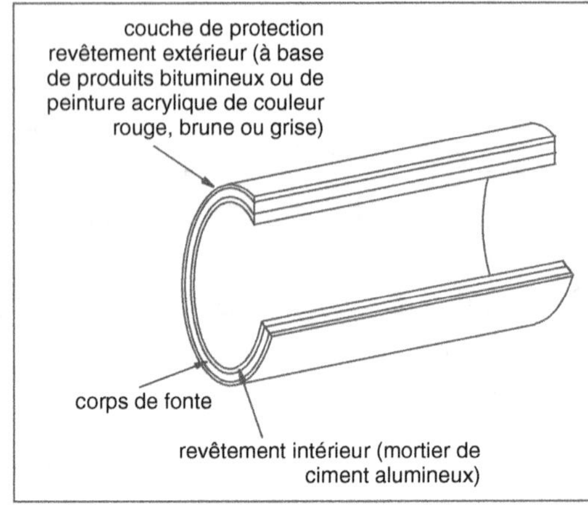

Fig. 5.71 • *Canalisation en fonte.*

7.2.1. Le revêtement extérieur

Le revêtement extérieur est constitué par une couche de zinc complétée par une couche de finition à base de résine époxy ou de produits bitumineux. Cette protection permet l'utilisation des canalisations dans la plupart des sols. En terrain acide, dont le pH est inférieur à 6, la protection doit être renforcée en augmentant l'épaisseur de la couche de zinc et en adaptant la couche de finition (polyuréthane). Dans l'éventualité de courants vagabonds* dus à la proximité de lignes électriques ou d'usine utilisant de grosses puissances électriques, une protection complémentaire est nécessaire afin d'éviter les risques de corrosion de type électrolytique. Elle est assurée soit par un habillage en bandes adhésives, soit par un habillage en polyéthylène, soit par tout autre produit suffisamment isolant.

Pour permettre l'identification et éviter toute confusion avec les canalisations d'alimentation en eau et en gaz, le revêtement extérieur doit être de couleur rouge, brune ou grise.

7.2.2. Le revêtement intérieur

Le revêtement intérieur est déterminé en fonction de la qualité de l'effluent transporté.

DIAMÈTRE NOMINAL [1] (DN en mm)	DIAMÈTRE EXTÉRIEUR (D_e en mm)	REVÊTEMENT EXTÉRIEUR [2]			
		ZINC + ÉPOXY	ZINC + ÉPOXY	POLYURÉTHANNE	ZINC + FINITION NOIRE
		REVÊTEMENT INTÉRIEUR [3]			
		CIMENT ALUMINEUX	POLYURÉTHANE	CIMENT ALUMINEUX	CIMENT ALUMINEUX
80	99,5	O	O	–	–
100	119,5	O	O	–	–
125	145,5	O	O	–	–
150	170	O	O	O	–
200	222	O	O	O	–
250	274	O	O	O	–
300	326	O	O	O	–
350	378	O	O	O	O
400	429	O	O	O	O
450	480	O	O	O	O
500	532	O	O	O	O
600	635	O	O	O	O
700	738	O	–	–	O
800	842	O	–	–	O
900	945	O	–	–	O
1 000	1 048	O	–	–	O
1 200	1 255	O	–	–	O
1 400	1 462	O	–	–	O
1 500	1 565	–	–	–	O
1 600	1 668	O	–	–	O
1 800	1 875	O	–	–	O
2 000	2 082	–	–	–	O

O : Les tuyaux sont disponibles dans ces dimensions.

(1) : Le diamètre nominal (DN) correspond au diamètre intérieur.

(2) : Le revêtement extérieur zinc + époxy rouge est adapté à la pose en terrain normal.
Le revêtement extérieur polyuréthanne est adapté à la pose en terrain acide.
Le revêtement extérieur zinc + finition noire est réservé aux eaux pluviales.

(3) : Le revêtement intérieur en ciment alumineux est adapté aux effluents normaux.
Le revêtement intérieur en polyuréthanne permet de véhiculer certaines eaux industrielles.

Tab. 5.18 • _Caractéristiques dimensionnelles des canalisations en fonte (source : documents PAM Saint-Gobain)._

En général, la paroi interne des tuyaux reçoit une couche de mortier de ciment alumineux appliquée par centrifugation. Ce produit est utilisé pour les effluents courants : eaux pluviales, eaux domestiques et certaines eaux industrielles dont le pH est compris entre 4 et 12. Pour les rejets industriels agressifs, les tuyaux reçoivent un revêtement intérieur plus résistant à base de résines époxy ou de polyuréthane permettant de véhiculer des eaux dont le pH est compris entre 1 et 13 ; la température maximale étant de l'ordre de 80 °C.

Les raccords et les divers accessoires (coudes, branchements, etc.) reçoivent les mêmes traitements de manière à être compatibles avec l'effluent transporté. Posés

299

dans les conditions normales d'utilisation, les éléments en fonte ductile conservent toutes leurs caractéristiques fonctionnelles pendant leur temps de service grâce à la constance des propriétés du matériau et à la stabilité de leur section.

7.3. Le grès

Le grès utilisé pour la confection des tuyaux est obtenu à partir d'argile additionnée de sable et de chamotte*. Le mélange est cuit et vitrifié dans la masse à une température de l'ordre de 1 200 °C. Les tubes sont fabriqués par extrusion, le séchage et la cuisson s'effectuant en continu dans un four rotatif horizontal ou vertical. Avant le passage dans les fours, un émaillage permet d'obtenir un vernis intérieur et extérieur lisse et inattaquable. Longtemps employé en assainissement, le grès a été quelque peu délaissé au bénéfice du béton et du PVC. Toutefois ses qualités font qu'avec les nouvelles productions, ce produit redevient compétitif. Il offre une bonne résistance mécanique à l'écrasement, à la flexion et à l'abrasion ainsi qu'une bonne étanchéité et une bonne stabilité à long terme. Sa résistance chimique est excellente, ce qui permet de l'utiliser pratiquement pour tous les types d'effluents, en particulier pour les eaux industrielles, et de le poser dans les terrains agressifs. Il résiste chimiquement à tous les pH, acide ou basique (pH 0 à pH 14), ainsi qu'aux hydrocarbures. Sa durée de vie est pratiquement illimitée, sous réserve que les canalisations soient posées correctement et que la qualité des garnitures des joints correspondent à la nature de l'effluent.

Selon les fabrications, les tuyaux sont constitués d'un fût muni d'une emboîture à une de ses extrémités ou d'un fût uni. Dans le premier cas, l'étanchéité du joint est assurée par une garniture en élastomère ; dans le second cas, la liaison est réalisée à l'aide d'un manchon. Le diamètre nominal DN correspond au diamètre intérieur du fût. Il s'échelonne de 100 à 1 200 mm et la longueur utile varie selon le diamètre de 1,00 à 3,00 m.

La norme NF P 16-321.1 (EN 295-1) – *Tuyaux et accessoires en grès et assemblages de tuyaux pour les réseaux de branchement et d'assainissement,* précise que les tuyaux sont classés en cinq catégories, en fonction de la résistance à l'écrasement : 95, 120, 160, 200 et 240 (tab. 5.19).

La résistance à l'écrasement (R_e) en kN/ml est déterminée par la formule suivante :

$$R_e = \text{Numéro de la classe} \times (DN/100).$$

Toute une gamme de pièces de raccordement et de coudes sont également fabriqués en grès rendant homogènes les réseaux d'assainissement.

7.4. Le polychlorure de vinyle

Le polychlorure de vinyle (PVC) fait partie de la famille des résines thermoplastiques* qui se développent dans tous les secteurs du bâtiments et des travaux publics. Parmi celles-ci, le polychlorure de vinyle non plastifié (PVC-U) est un produit obtenu par la polymérisation d'un monomère*, le chlorure de vinyle, et, grâce à l'ajout d'adjuvants et de charges, il offre des caractéristiques particulièrement intéressantes. C'est la raison pour laquelle il rentre dans la fabrication des éléments les plus divers où il concurrence le béton et la fonte : canalisations d'eaux pluviales et d'eaux usées, conduits de drainage, raccords, boîtes de branchement, regards, tampons et grilles, siphons…

Ses qualités portent sur sa résistance mécanique, sa résistance à l'abrasion, sa tenue aux agents agressifs, son étanchéité, sa légèreté, son insensibilité aux courants vagabonds. Les parois internes lisses des tubes font que le coefficient d'écoulement est particulièrement favorable. Il convient donc

DIAMÈTRE NOMINAL [1]	CLASSES						DIAMÈTRE EXTÉRIEUR
(DN en mm)	HORS CLASSE	95	120	160	200	240	(d_e en mm)
RÉSISTANCE À L'ÉCRASEMENT Re (kN/ml)							
100	34	–	–	–	–	–	131
125	34	–	–	–	–	–	159
150	34	–	–	–	–	–	186
200	–	–	–	32	–	–	242
200	–	–	–	–	–	48	255
250	–	–	–	40	–	–	302
250	–	–	–	–	–	60	315
300	–	–	–	48	–	–	357
300	–	–	–	–	–	72	375
400	–	–	–	64	–	–	480
400	–	–	–	–	80	–	487
500	–	–	60	–	–	–	587
500	–	–	–	80	–	–	609
600	–	57	–	–	–	–	691
600	–	–	–	96	–	–	729
700	–	–	84	–	–	–	–
800	–	–	96	–	–	–	–

(1) : Le diamètre nominal (DN) correspond au diamètre intérieur.

Tab. 5.19 • *Caractéristiques dimensionnelles des tuyaux en grès (source : documents Eurocéramic).*

pour véhiculer tous les types d'effluents, même industriels, quel que soit la nature du sol, à une température inférieure à 60 °C. Faisant partie des tuyaux semi-flexibles, il impose des conditions de mise en œuvre plus contraignante que les tuyaux rigides (pose sur lit de sable et remblaiement soigné des parties latérales et de la couche de couverture).

Les éléments fabriqués en PVC-U sont classés en deux grandes familles, selon la structure de leur paroi (fig. 5.72) :

– les produits à parois homogènes compactes comprenant essentiellement les coudes, les raccords et les pièces diverses ;

– les produits à parois structurées et à couches interne et externe compactes à surfaces lisses, de couleur gris/bleu, teintés dans la masse, obtenus par coextrusion.

Dans cette dernière catégorie, les couches externe et interne en PVC-U sont reliées entre elles soit par une couche intermédiaire à base de PVC expansé, soit par des nervures axiales en PVC formant des alvéoles. Il en résulte que les caractéristiques mécaniques sont améliorées, en particulier au niveau de la rigidité annulaire et de résistance à la flexion.

En général, les tuyaux à parois structurées sont constitués d'un fût muni d'une emboîture à l'une des extrémités. Leur longueur totale est de 3,00 ou de 6,00 m ; elle correspond à la longueur utile majorée de la longueur d'emboîture et d'un jeu de pose. L'assemblage est rendu étanche par un joint périphérique en élastomère. Les longueurs de 3,00 m permettent une meilleure mise en œuvre sur faible pente, les calages plus rapprochés évitant les risques de fléchissement. Le diamètre nominal (DN) correspond au diamètre extérieur (DE). Il s'échelonne de 110 à 1 000 mm, selon les fabrications.

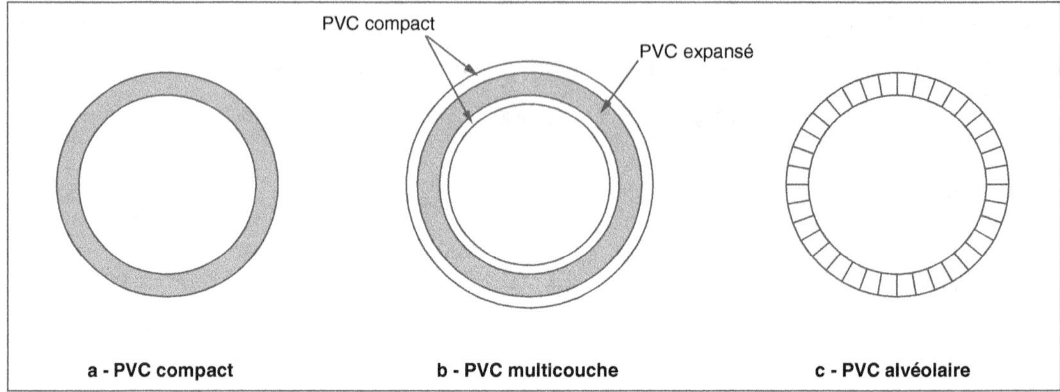

Fig. 5.72 • *Tuyaux en PVC.*

La norme XP P 16-362 – *Systèmes de canalisations en plastique pour l'assainissement sans pression. Tubes en polychlorure de vinyle non plastifié (PVC-U) à parois structurées et à couches interne et externe compactes à surfaces lisses* – définit deux classes de rigidité annulaire (CR) :

– CR 4 $\geq$ 4 kN/m^2 ;

– CR 8 $\geq$ 8 kN/m^2.

La hauteur de couverture et la présence de charges roulantes sont déterminées en fonction de la classe de résistance, en accord avec le fabricant.

Le diamètre intérieur moyen ne doit pas être inférieur aux valeurs indiquées dans le tableau 5.20.

Les canalisations en PVC ont tendance à se développer rapidement du fait d'une grande

DIAMÈTRE NOMINAL [1] DN en mm	DIAMÈTRE INTÉRIEUR MOYEN [2] d_{im} en mm		e_1 [3] (mm)
	CLASSE CR4	CLASSE CR8	
110	102	100	0,4
125	116	114	0,4
160	149	146	0,5
200	187	183	0,6
250	234	229	0,7
315	295	289	0,8
400	373	366	1,0
500	467	459	1,25
630	590	580	1,6
710	665	653	1,8
800	750	736	2,0
1 000	935	920	2,5

(1) : Le diamètre nominal (DN) correspond au diamètre extérieur.

(2) : Le diamètre intérieur moyen ne peut pas être inférieur aux valeurs indiquées.

(3) : e_1 = épaisseur de la couche interne.

Tab. 5.20 • *Caractéristiques dimensionnelles des tubes en PVC-U à parois structurées (source : norme XP P 16-362).*

facilité de mise en œuvre, dès lors que la couche de pose est parfaitement réglée. Tubes légers de grande longueur, ils ne nécessitent pas d'engin de levage (un tuyau de diamètre 250 de 6,00 m de long ne pèse que 42 kg). De plus, leur coefficient d'écoulement favorable autorise de faibles pentes.

7.5. Le polyester renforcé par des fibres de verre

Le polyester renforcé par des fibres de verre (PRV) fait partie de la famille des matériaux composites. Les composants des tuyaux sont des fibres de verre coupées ou en continu, incorporées dans une matrice de résine thermodurcissable. L'addition éventuelle d'additifs et de charges (sable de silice, argile, etc.) améliore certaines propriétés de la résine et, par voie de conséquence, des canalisations.

En général, les tubes sont composés de trois ensembles de couches concentriques et solidaires, conférant à l'ensemble leurs bonnes caractéristiques mécaniques (fig. 5.73).

- Les couches externes ont pour objectif d'assurer la protection contre les dégradations, l'abrasion, les chocs et les attaques par les UV en cas d'exposition au soleil.

- La couche structurelle apporte les capacités porteuses dans le sens diamétral et longitudinal.

- Les couches internes fournissent les caractéristiques hydrauliques et la résistance à l'abrasion due à l'écoulement du fluide.

Les couches internes et externes, contenant des renforts en fibres de verre, participent également à la résistance mécanique des tuyaux. Des couches intermédiaires peuvent assurer l'interface entre les lits principaux améliorant la cohésion.

Les différents produits (canalisations, coudes, raccords et pièces spéciales) sont fabriqués selon trois procédés :

- par enroulement filamentaire des fibres de verre en continu ou en discontinu : classe A ;

- par centrifugation : classe C ;

- par application manuelle sur une forme : classe X.

Ces tuyaux présentent des caractéristiques intéressantes qui portent sur :

- une bonne résistance chimique aux effluents industriels particulièrement agressifs et dans les terrains de toute nature (produits de classe C) ;

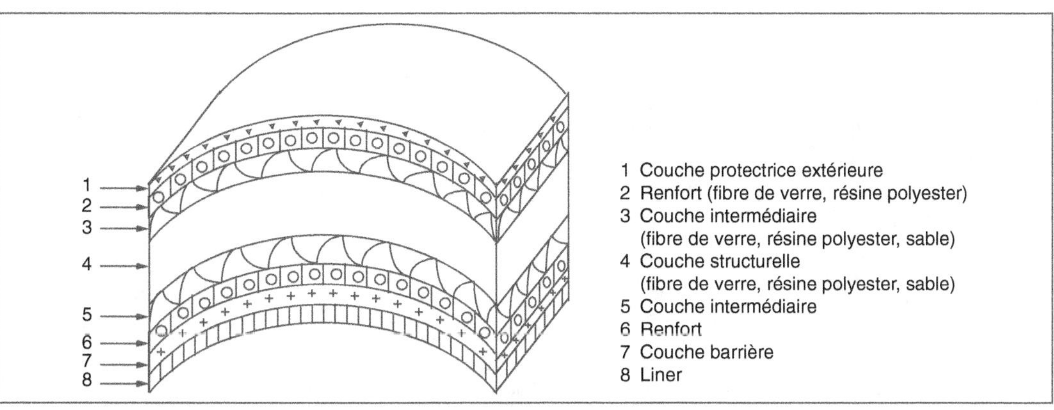

Fig. 5.73 • _Tuyau en PRV._

– un bon comportement à l'abrasion ;

– une bonne résistance aux chocs ;

– un coefficient hydraulique favorable ;

– une certaine légèreté facilitant la mise en œuvre, la masse métrique est légèrement supérieure à celle des tuyaux en PVC.

Selon l'épaisseur de la paroi, les tuyaux entrent dans l'une des cinq classes de rigidité nominale (SN) exprimée en N/m² : 630, 1 250, 2 500, 5 000, 10 000. Les canalisations dont la rigidité nominale est inférieure ou égale à 1 250 ne peuvent être posées directement dans le sol qu'après avoir été enrobées dans une gangue de béton. Elles sont réservées aux travaux de réhabilitation. Les tuyaux de classe SN 2 500 sont utilisés sous faible couverture et en présence de charges peu importantes. La classe SN 5 000 est employée en pose courante, à une profondeur n'excédant pas 3,00 m. Les tubes

de classe SN 10 000 sont capables de résister à des charges importantes ; ils peuvent être enterrés à des profondeurs supérieures à 4,00 m ou supporter des charges roulantes lourdes sous de faibles couvertures (photos 5.11a et 5.11b).

Les tuyaux ont une longueur de 6,00 m avec ou sans emboîture. Dans le premier cas, le raccord entre deux tubes est complété par une garniture étanche. Dans le second cas, les tubes sont placés bout à bout, la liaison étant obtenue à l'aide d'un manchon en résine synthétique. Le diamètre nominal correspond au diamètre intérieur. Il s'échelonne de 150 à 2 000 mm (tab. 5.21). Faisant partie des tuyaux semi-flexibles, ils exigent une pose sur un lit de sable et un remblaiement soigné des parties latérales et de la couche de couverture. L'inconvénient majeur réside dans le coût relativement élevé.

Diamètre nominal [1] (DN en mm)	Épaisseur moyenne (e en mm)		
	SN 2 500	SN 5 000	SN 10 000
150	–	–	4,0
200	5,1	5,1	5,7
250	5,2	5,5	6,8
300	5,4	6,5	7,8
350	6,1	7,4	8,9
400	6,9	8,2	9,9
450	7,4	8,6	10,8
500	8,1	9,8	11,9
600	9,2	11,2	13,6
700	10,5	12,8	15,7
800	11,2	13,8	17,1
900	12,5	15,4	19,1
1 000	13,8	17,0	21,1
1 200	16,3	19,9	24,8
1 400	18,8	23,1	28,8
1 600	21,2	26,3	32,8
1 800	23,3	29,0	36,3
2 000	25,8	32,2	40,3

(1) : Le diamètre nominal (DN) correspond au diamètre intérieur.

Tab. 5.21 • *Caractéristiques dimensionnelles des tubes en PRV (source : documents Hobas).*

Photo 5.11a • *Tuyaux en PRV Hobas, pour assainissement DN 700 et DN 1 500.*

Photo 5.11b • *Mise en œuvre sous chaussée de tuyaux en PRV, avec enrobage en béton DN 700 et DN 1 500.*

7.6. Le polyéthylène

Le polyéthylène entre dans la famille des résines thermoplastiques, lesquelles peuvent être travaillées sous l'action de la chaleur et se stabilisent et se solidifient en refroidissant. Il présente une grande résistance mécanique et une bonne fiabilité pour la rétention de tout type d'effluent. C'est la raison pour laquelle il est employé dans la fabrication de tuyaux et d'ouvrages annexes monoblocs, aisément mis en œuvre car d'une grande légèreté : fosses toutes eaux, bacs de décantation, séparateurs divers.

7.7. Les élastomères

Les élastomères sont des résines synthétiques qui, sous l'aspect mécanique, sont souples, déformables, résistantes et douées d'une grande souplesse. Proches du caoutchouc naturel, ils ont une grande capacité pour emmagasiner l'énergie provoquée par des chocs ou des vibrations. Sous l'action d'une contrainte externe, ils se déforment, puis reprennent leur forme initiale dès que cesse cette sollicitation. C'est la raison pour laquelle les élastomères servent à réaliser les joints entre les tuyaux ou entre ceux-ci et les regards. Font partie de cette famille le polyuréthane, le styrène-butadiène-styrène (SBS), l'éthylène-propylène-diène-monomère (EPDM), etc.

7.8. L'acier

L'acier est peu utilisé dans la fabrication des tuyaux d'assainissement. Parfois, il est retenu pour les canalisations de refoulement, compte tenu des facilités de soudure. Son inconvénient majeur porte sur les risques de corrosion tant intérieure selon la qualité de l'effluent, qu'extérieure dans certains terrains particulièrement agressifs ou en présence de courants vagabonds. Quelques ouvrages spécifiques sont fabriqués en acier revêtu de peinture à base de polyuréthane : débourbeurs, séparateurs à graisse ou à liquides légers, grilles pour regards d'eaux pluviales.

7.9. Le fibrociment

Le fibrociment est cité pour mémoire. Son utilisation est interdite depuis la parution du décret n° 96-1133 du 24 décembre 1996 modifiant le décret n° 88-466 du 28 avril 1988 relatif à l'emploi des produits contenant de l'amiante. Cependant, de nombreuses canalisations ont été posées au cours du XXe siècle. Toute intervention sur des tuyaux contenant des fibres d'amiante doit faire l'objet d'une déclaration auprès de l'inspection du travail ; les ouvriers étant tenus de prendre des précautions particulières.

8. Le traitement des effluents

Le traitement des eaux est indispensable avant tout rejet dans le milieu naturel. Il prend d'autant plus d'importance que les notions de pollution et d'environnement sont régulièrement prises en compte dans l'évolution de l'urbanisation et de l'aménagement. Pour une agglomération ou un ensemble de constructions reliées à un réseau d'assainissement, le traitement est de type collectif. Il est de type autonome lorsqu'une habitation ou un groupe de constructions ne peut pas être raccordée à ce réseau.

En général, le traitement comprend plusieurs phases, lesquelles peuvent être physique, chimique ou biologique.

8.1. Le traitement collectif

Le traitement collectif intervient dès qu'une agglomération plus ou moins importante ou qu'un syndicat intercommunal a l'obligation de collecter l'ensemble des effluents, que ce soit les eaux pluviales, les eaux usées domestiques ou celles résultant d'une activité industrielle. Il est abordé différemment selon le type de réseau d'assainissement, séparatif ou unitaire.

Dans le premier cas, les eaux pluviales sont rejetées directement dans le milieu naturel ou font l'objet d'un traitement simplifié. Les eaux usées sont traitées de la même manière que les effluents collectés dans un réseau unitaire. Seule l'importance de la station d'épuration change, la quantité d'eaux à épurer étant plus grande dans le second cas.

Étudié et réalisé par des spécialistes, le traitement collectif présente de multiples avantages et quelques inconvénients.

Parmi les avantages, il faut citer :
- la collecte et l'éloignement rapide et continu des effluents ;
- l'amélioration des conditions d'hygiène collectif et la diminution des risques sanitaires ;
- les possibilités d'adaptation du système de traitement des eaux aux technologies les plus avancées ;
- l'exploitation du réseau et de la station d'épuration par des techniciens compétents.

Parmi les inconvénients, il faut mentionner :
- les difficultés rencontrées dans les secteurs montagneux ou rigoureusement plats ;
- la nécessité d'un entretien constant des installations par un personnel qualifié ;
- la concentration des rejets après traitement vers un exutoire unique.

D'autre part, ce type d'installation est source de nuisances, odeurs et bruits, qu'il convient de maîtriser parfaitement. Des seuils olfactifs et sonores sont imposés et ne doivent pas être dépassés. Il en résulte un coût d'investissement et de maintenance non négligeable tant pour l'ensemble du réseau d'assainissement que pour l'unité de traitement.

L'importance de l'usine de traitement est déterminée par la quantité d'eau à traiter, en relation directe avec le nombre équivalent-habitant* (E-H) ou avec la superficie de l'impluvium. Un certain nombre de données doivent être connues, entre autres : le débit journalier moyen en m^3, le débit journalier de pointe par temps sec et par temps de pluie, le débit de pointe en m^3/h, le degré de concentration des éléments polluants (DBO$_5$, DCO, MES, azote, etc.). La capacité nominale de l'unité de traitement correspond aux débits de charge maximale de l'effluent à traiter afin de répondre aux qualités requises du rejet prévues dans le cahier des charges. Le coefficient de charge est le rapport de la charge reçue à la capacité nominale de l'unité. Celle-ci doit être calculée, non pas en fonction du présent, mais en tenant compte du développement du secteur concerné.

8.1.1. En réseau unitaire

En réseau unitaire, le traitement des effluents regroupe plusieurs phases (fig. 5.74).

Le prétraitement concerne l'élimination des déchets solides grossiers, des graviers, des sables ou des matières flottantes. Il est réalisé dans un dégrilleur, un dessableur et un séparateur de liquides légers.

Le traitement primaire est l'étape qui porte sur l'élimination des matières en suspension. Il est obtenu dans un décanteur primaire de type classique ou lamellaire, bassin

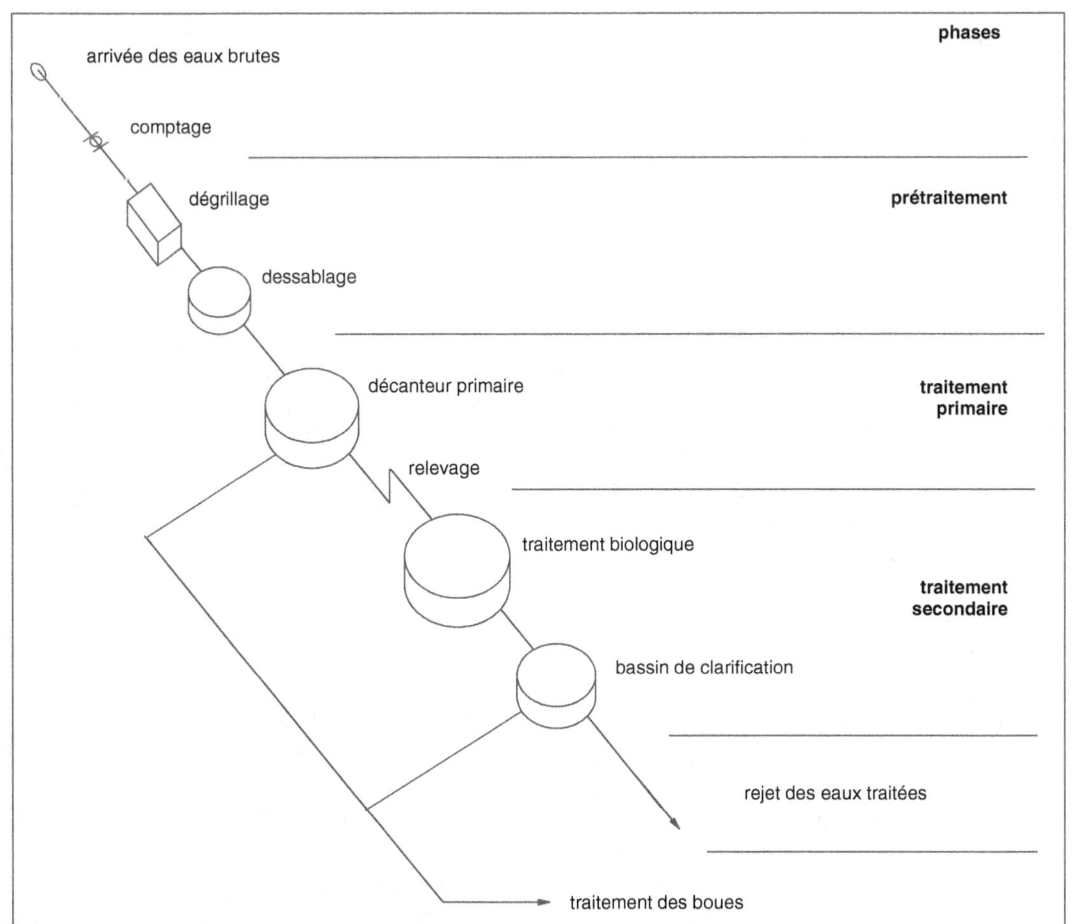

Fig. 5.74 • _Principe du traitement collectif._

dans lequel la majorité des matières est séparée des eaux usées sous l'influence de la gravité. D'autres procédés sont basés sur une action physico-chimique, la coagulation-flottation.

Le traitement secondaire assure la dégradation des constituants de l'effluent et l'élimination de la pollution carbonée par des processus biologiques naturels ou artificiels. Ils sont basés sur l'action de micro-organismes qui se nourrissent avec les matières organiques polluantes et se multiplient, en présence ou non d'oxygène (voie aérobie ou anaérobie). Les procédés les plus courants font intervenir les boues activées, les lits bactériens, le lagunage ou tout autre principe donnant des résultats équivalents.

Le traitement tertiaire est un procédé complémentaire qui assure une épuration plus poussée des diverses matières à éliminer : azote, phosphore, etc. Il peut être combiné avec le traitement secondaire.

Le traitement des boues a pour objectif de réduire la part de matières organiques, d'éliminer l'eau excédentaire et de les stabiliser. Il permet également de les valoriser.

Le rejet doit faire l'objet d'une autorisation délivrée par les autorités compétentes. Il s'effectue en un point précis du milieu récepteur. Des valeurs limites sont définies qui portent sur le débit, les caractéristiques physiques, biologiques et chimiques. Il fait l'objet d'un contrôle régulier.

8.1.2. En réseau séparatif

En réseau séparatif, la dépollution des eaux pluviales porte sur la retenue des matières en suspension et des hydrocarbures. Selon l'importance du flux, la filière est équipée de dégrilleurs, de débourbeurs et de séparateurs à liquides légers. Un déversoir d'orage ou tout autre dispositif de stockage temporaire permet, éventuellement, d'écrêter le débit à traiter.

8.2. Les installations d'assainissement non collectif

Lorsqu'il n'est pas possible de raccorder les constructions à un réseau d'assainissement collectif (habitat dispersé, relief tourmenté, ou autres difficultés), un système de collecte et de traitement autonome des effluents pollués est mis en place. L'arrêté du 6 mai 1996 en fixe les prescriptions techniques essentielles. Deux principes peuvent être retenus :

– le traitement individuel pour un seul bâtiment d'habitation, à condition qu'il s'effectue sur la parcelle même où se situe la construction ;

– le traitement de type collectif privé recevant l'effluent d'un groupe d'habitations, immeuble collectif ou lotissement, de type mini-station d'épuration.

Le choix de la filière dépend de différents paramètres qui portent sur :

– l'importance de la construction desservie : nombre de logements, nombre de pièces principales… ;

– les caractéristiques du site : surface disponible, sensibilité du milieu récepteur à la pollution, exutoire naturel existant, servitudes éventuelles… ;

– les caractéristiques du terrain : nature et perméabilité du sol, présence d'un substratum rocheux, présence d'une nappe phréatique, relief et pente du terrain…

8.2.1. La qualité et la quantité des effluents

La qualité et la quantité des eaux rejetées demandent une étude spécifique. Elles sont différenciées en :

– eaux pluviales, dirigées vers le milieu naturel ;

– eaux domestiques, regroupant les eaux vannes (wc) et les eaux ménagères (de cuisine ou de toilette).

En aucun cas les eaux pluviales ne peuvent être collectées avec les eaux domestiques.

La quantité d'eau à traiter est déterminée en appliquant les méthodes étudiées précédemment dans le paragraphe 3.2, p. 237.

8.2.2. Les installations autonomes individuelles

Les installations autonomes sont réalisées selon plusieurs filières déterminées en fonction de la surface du terrain, de la nature et de la perméabilité du sol. Elles comprennent généralement trois étapes : le prétraitement anaérobie* de l'effluent à la sortie du bâtiment, l'épuration aérobie* des effluents prétraités et l'évacuation des eaux épurées, les deux dernières pouvant être regroupées (fig. 5.75).

Ces installations font l'objet d'une réglementation très stricte qui se base sur le Code de la construction et de l'habitation, le Code de la santé publique, le Règlement départemental sanitaire et social, le Plan local d'urbanisme (PLU), etc. En principe, ce plan fixe la surface minimale des terrains aptes à recevoir ce type d'équipement. Dès qu'une telle installation est projetée, une demande est déposée en mairie, à laquelle est joint un dossier technique détaillé. L'attention est attirée sur le fait que ces installations doivent être situées à une distance minimale de 35 m entre le point le plus proche de la filière et un puits d'alimentation en eau potable. La distance à observer avec la limite de propriété est supérieure à 3 m.

8.2.2.1. *La première phase*

Elle est assurée par une fosse toutes eaux qui reçoit la totalité des eaux usées de l'habitation (eaux vannes et eaux ménagères). Elle assure les fonctions suivantes :

- la séparation des matières en suspension dans l'effluent par sédimentation et flottation ;
- la liquéfaction partielle des matières sous l'effet de la fermentation anaérobie ;

- l'écrêtement des débits et le ralentissement du flot évacué ;
- l'accumulation des boues déposées ou flottantes.

Cette dernière fonction nécessite un entretien périodique de la fosse septique.

Les dimensions de la fosse varient en fonction du nombre d'occupants et de la nature des eaux traitées : fosse toutes eaux ou fosse réservée aux eaux vannes ; la première solution étant préférable. Dans le cas d'une occupation permanente, la fosse toutes eaux doit avoir un volume minimal de 3 m^3 pour une habitation de 5 pièces principales, auquel il convient d'ajouter 1 m^3 par pièce principale supplémentaire (tab. 5.22). Toutefois, des capacités supérieures sont admises, de l'ordre de 1 m^3 par usager, donnant un volume de fosse supérieur.

Préfabriquée en béton (fig. 5.76) ou monobloc en polyéthylène ou en polyester renforcé de fibres de verre, la fosse toutes eaux est pourvue d'un ou de deux tampons de visite. L'entrée est équipée d'un diffuseur afin d'assurer une bonne répartition de l'effluent dans la fosse. Son niveau est supérieur de quelques centimètres (4 à 5 cm) à celui de la sortie de manière à éviter une mise en charge du réseau amont. Une ventilation efficace de la fosse assure l'évacuation des gaz générés par le traitement (fig. 5.77). La fosse est enterrée et posée sur un lit de sable d'une épaisseur supérieure à 10 cm, à proximité du bâtiment, de l'ordre de 4,00 à 5,00 m pour ne pas déchausser les fondations. La distance maximale n'excède pas 10 m. Si elle est supérieure, un bac à graisse est implanté à la sortie des canalisations d'eaux ménagères. Son volume minimal est de 200 l lorsqu'il reçoit les seules eaux de la cuisine et 500 l pour la totalité des eaux ménagères (cuisine et bains). L'inconvénient de cet équipement réside dans son entretien constant afin d'assurer son bon fonctionnement et d'éviter les odeurs.

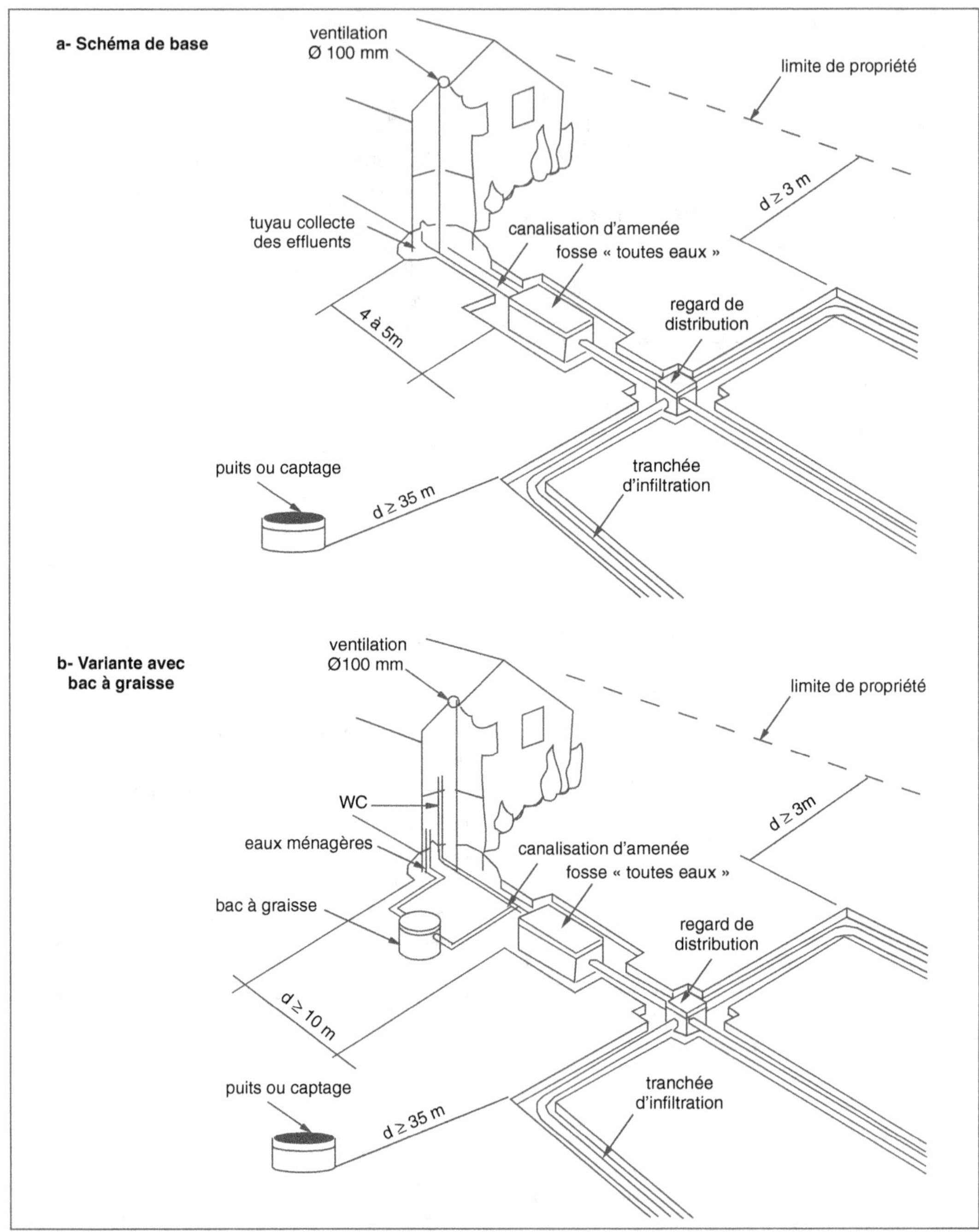

Fig. 5.75 • *Principe d'une installation autonome individuelle.*

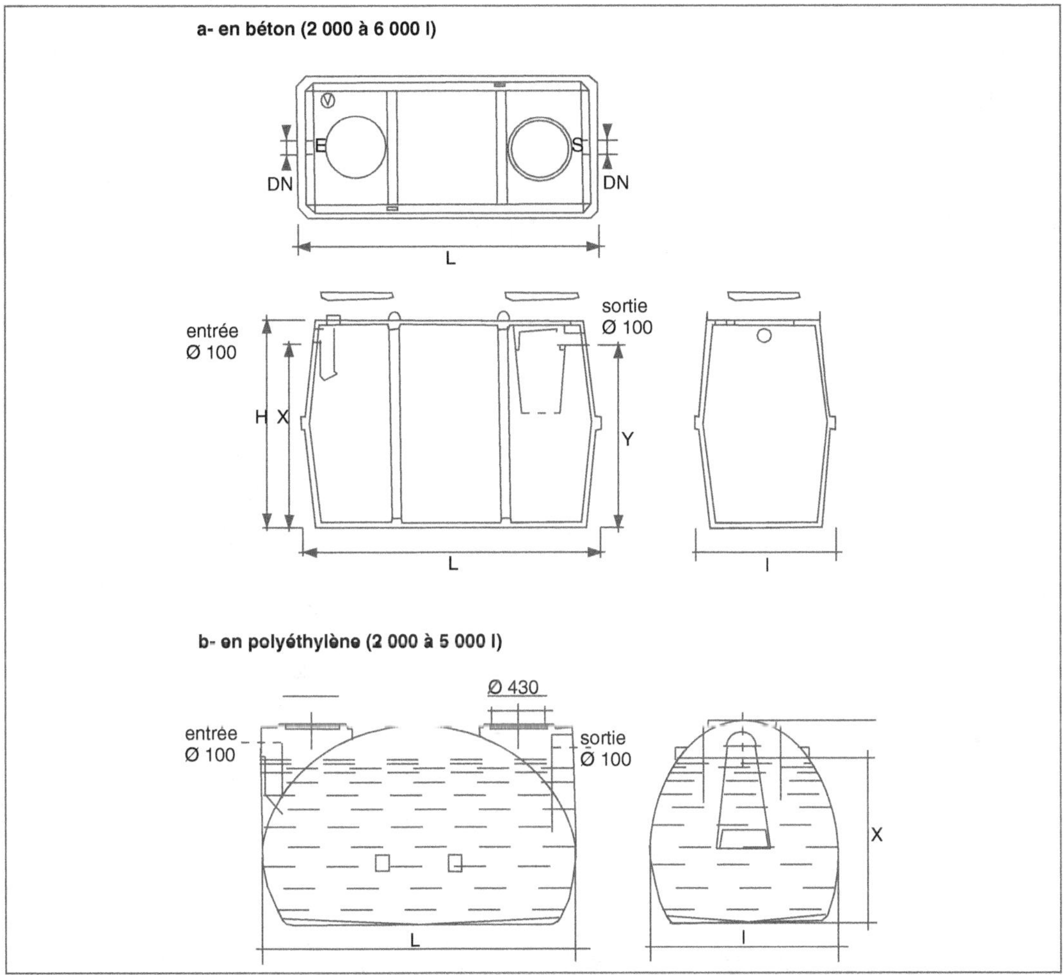

Fig. 5.76 • *Fosses toutes eaux.*

PIÈCES PRINCIPALES [1]	CHAMBRES	VOLUME MINIMAL (m³)
≤ 5	≤ 3	3
6	4	4
7	5	5

Pour les logements importants, le volume de la fosse est augmenté de 1 m³ par pièce supplémentaire.

(1) : Nombre de pièces principales = nombre de chambres + 2.

Tab. 5.22 • *Dimensionnement des fosses toutes eaux.*

Enfin, un préfiltre peut éventuellement complété cette première phase de prétraitement.

8.2.2.2. *Les deuxième et troisième phases*

Les deuxième et troisième phases portent sur le traitement et l'évacuation des effluents prétraités. Plusieurs filières peuvent être envisagées (fig. 5.78), le choix s'effectuant en fonction de la nature et de la perméabilité des sols. Une analyse préalable de ce dernier est nécessaire, complétée éventuellement par des tests de percolation.

311

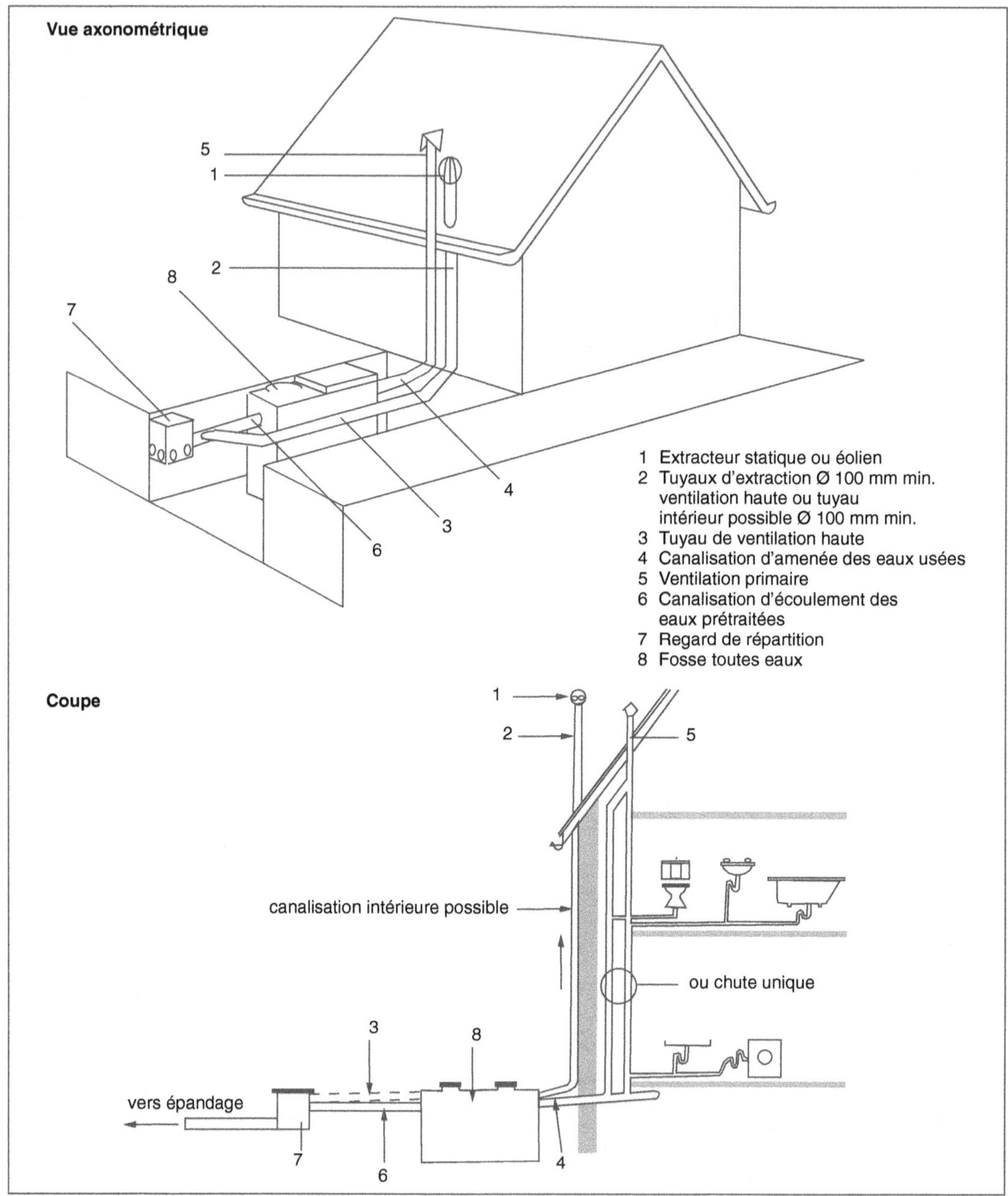

Fig. 5.77 • *Ventilation de la fosse toutes eaux.*

Les tranchées d'infiltration à faible profondeur constituent la filière préconisée. Le sol en place est utilisé comme filtre épurateur et comme système d'infiltration. Il n'est réalisable que si le sol n'est ni argileux, ni fissuré, ni d'une trop grande perméabilité. La longueur et le nombre de tranchées filtrantes sont déterminés en fonction du nombre de pièces principales et de la capacité d'infiltration des eaux par le sol (k), mesurée en

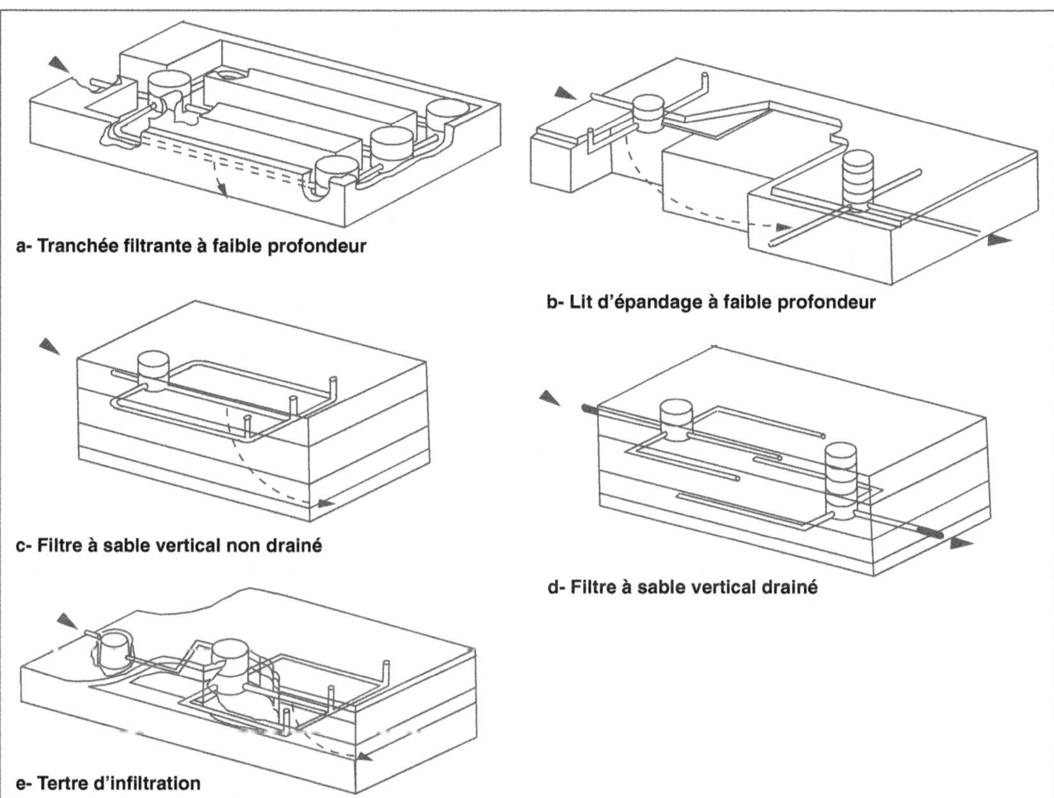

a- Tranchée filtrante à faible profondeur

b- Lit d'épandage à faible profondeur

c- Filtre à sable vertical non drainé

d- Filtre à sable vertical drainé

e- Tertre d'infiltration

Fig. 5.78 • _Différentes filières de traitement et d'évacuation de l'effluent._

mm/h (tab. 5.23). La longueur maximale d'une tranchée ne doit pas excéder 30 m (fig. 5.79).

En tête, un regard assure la répartition dans le réseau d'épandage placé à faible profondeur. Il est relié à la fosse par une canalisation étanche. Les tuyaux d'épandage, d'un diamètre de 100 mm, sont posés, orifices vers le bas, sur un lit de gravier de 0,30 m d'épaisseur, dans une tranchée de 0,60 à 0,80 m de profondeur et de 0,50 m de largeur. Leur entraxe est au minimum de 1,50 m. Un géotextile est interposé sous la couche de terre végétale. Un bouclage est effectué en extrémités des tranchées équipé de Té formant regard de contrôle.

Ce système est à proscrire dès que la pente du terrain dépasse 10 %. Pour des pentes comprises entre 5 et 10 %, des dispositions particulières sont prises afin d'obtenir le meilleur résultat possible : tranchées horizontales à des niveaux décalés, avec un espacement de 3,00 m (fig. 5.80).

Le lit d'épandage à faible profondeur est retenu lorsque le sol est à dominante sableuse, la tenue du terrain étant délicate lors de la réalisation des tranchées. Dans ce cas, elles sont remplacées par une fouille unique à fond horizontal de dimensions maximales : 30 m de long × 8 m de large, pour une profondeur de 0,60 à 0,80 m. La surface nécessaire pour un bâtiment de 5 pièces principales est au moins de 60 m^2, augmentée de 20 m^2 par pièce supplémentaire. Les tuyaux perforés sont espacés de 0,50 à 1,50 m (fig. 5.81).

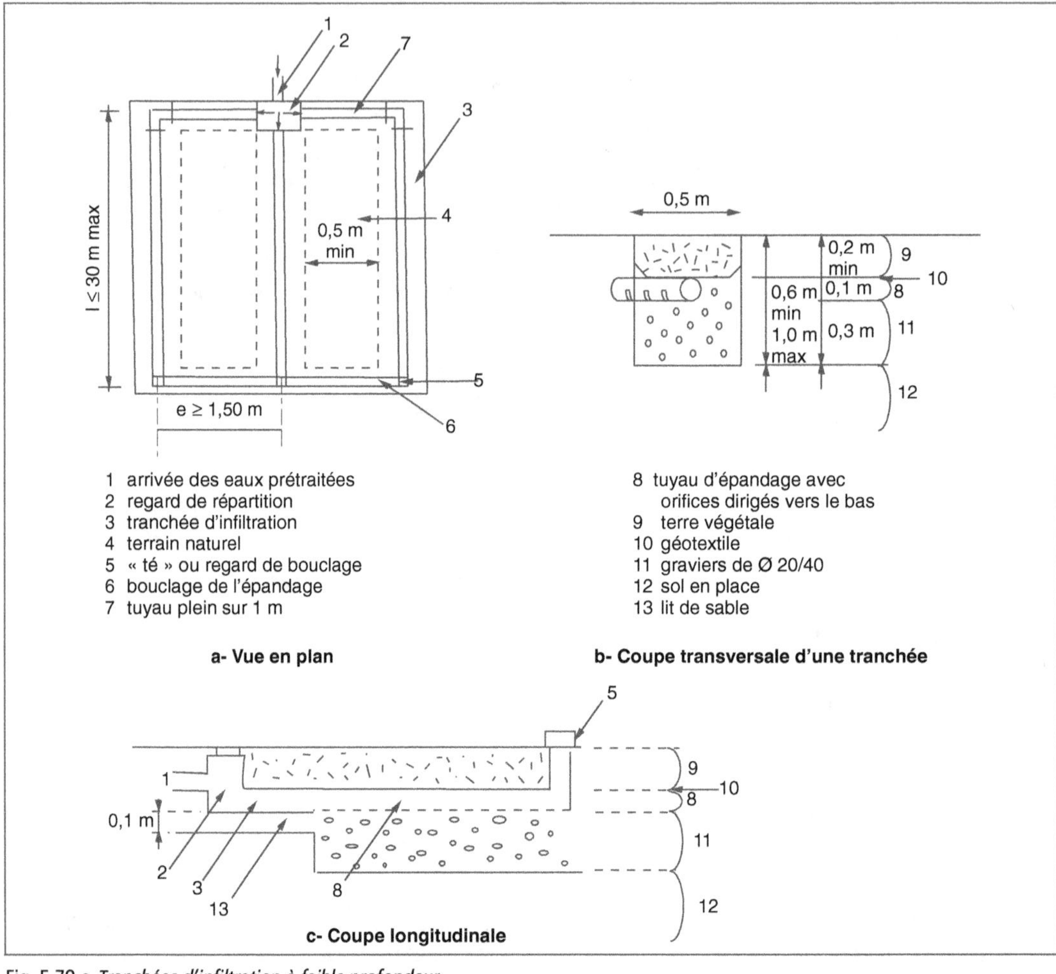

Fig. 5.79 • *Tranchées d'infiltration à faible profondeur.*

NATURE DU SOL	COEFFICIENT DE PERMÉABILITÉ K (mm/h)	LONGUEUR DE TRANCHÉES FILTRANTES [1] [2] (m)	LONGUEUR COMPLÉMENTAIRE [3] (m)
Sol à dominante argileuse	$k < 15$	— [4]	— [4]
Sol limoneux	$15 < k < 30$	60 à 90	20 à 30
Sol à dominante sableuse	$30 < k < 500$	$45 < 1$	$15 < 1$
Sol fissuré ou très perméable	$500 < k$	— [4]	— [4]

(1) : Longueur pour une habitation de 5 pièces principales.

(2) : La longueur maximale de chaque tranchée est de 30 m.

(3) : Longueur complémentaire par pièce principale au-delà de 5.

(4) : La nature du sol ne permet pas la réalisation de tranchées filtrantes.

Tab. 5.23 • *Longueur de tranchée filtrante en fonction de la nature du sol.*

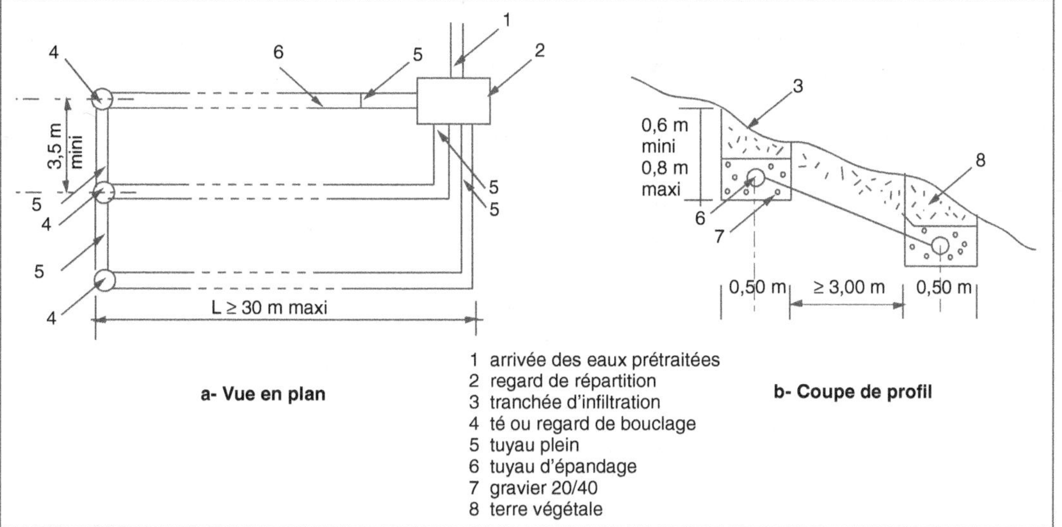

Fig. 5.80 • _Tranchées d'infiltration en terrain en pente._

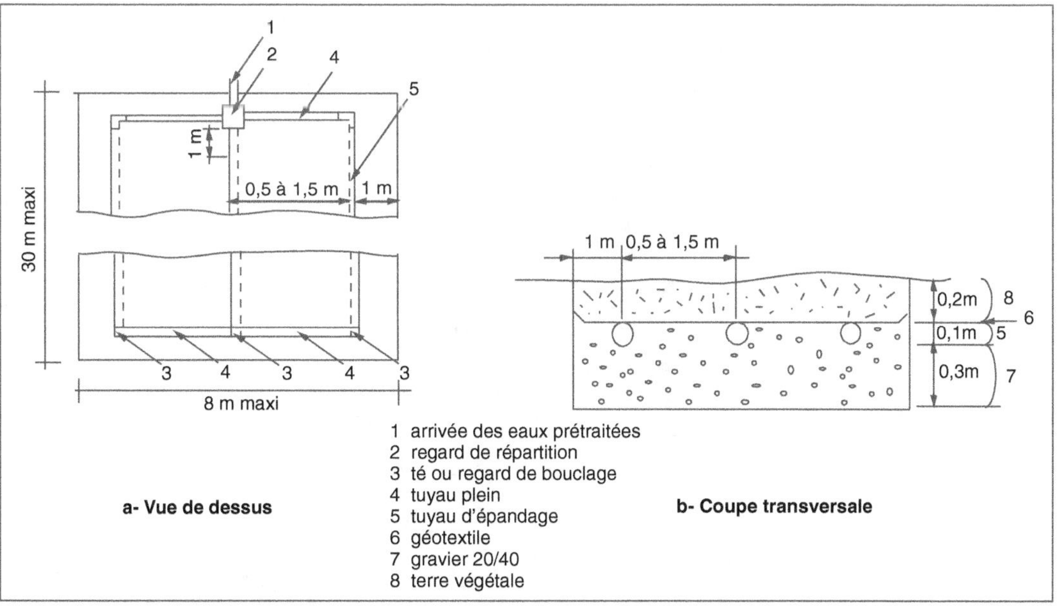

Fig. 5.81 • _Lit d'épandage à faible profondeur._

Le filtre à sable vertical peut être non drainé ou drainé selon la nature du terrain. Dans les deux cas, du sable lavé est substitué au sol naturel afin de constituer le système épurateur. Si le terrain est suffisamment perméable, il est utilisé comme moyen d'infiltration. Dans le cas contraire, ou en présence de milieu sensible (trop grande perméabilité, présence d'une nappe phréatique, etc.) un dispositif de drainage collecte l'effluent traité pour le rejeter en milieu naturel.

La surface minimale du filtre à sable vertical est de 25 m² pour une maison d'habitation de 5 pièces principales. Cette surface est augmentée de 5 m² par pièce supplémentaire. Sa largeur est de 5 m pour une longueur minimale de 5 m (fig. 5.82).

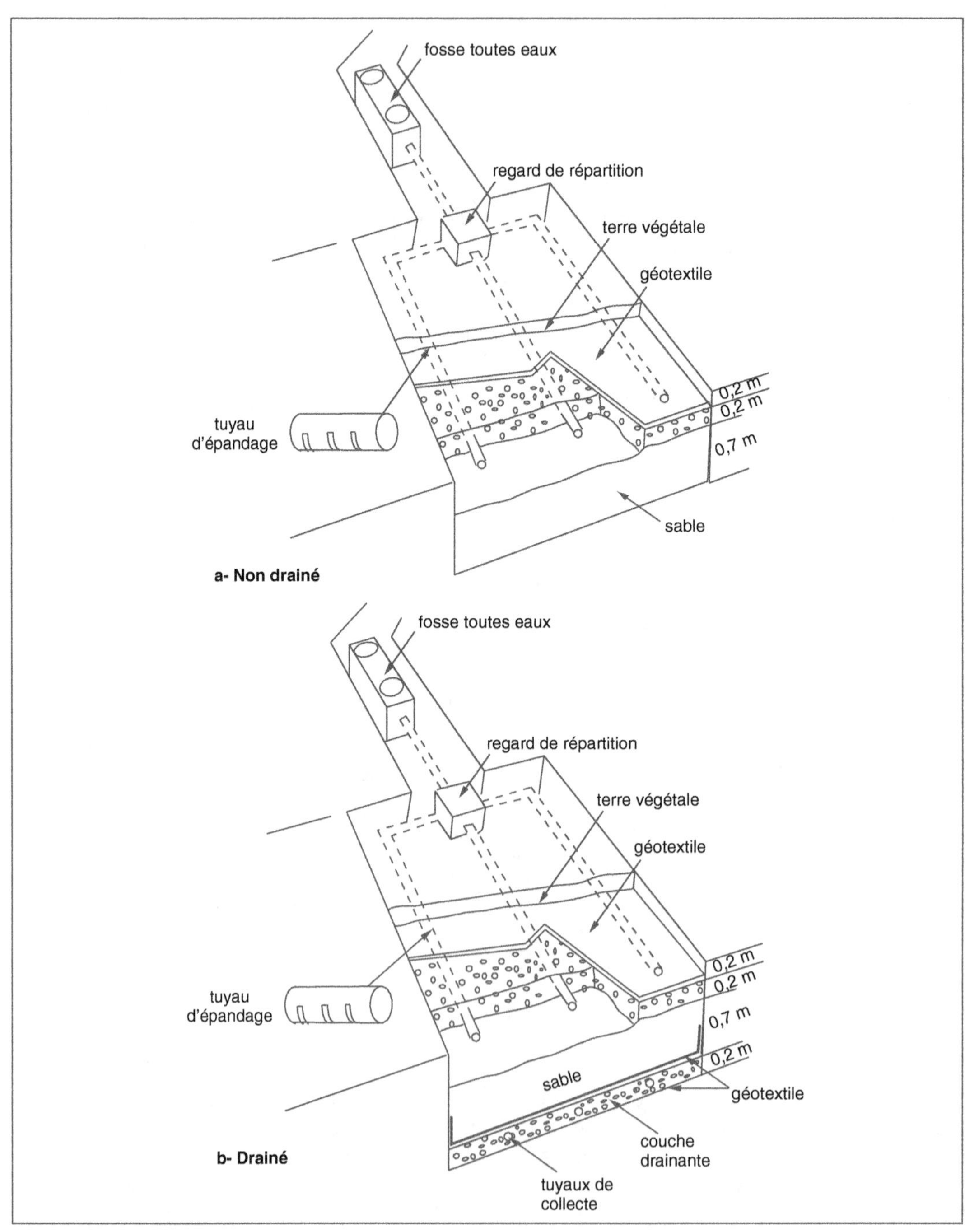

Fig. 5.82 • *Filtres à sable vertical.*

Le filtre à sable vertical non drainé a une profondeur totale de l'ordre de 1,10 à 1,60 m. Son fond est horizontal, le niveau étant à 0,90 m en dessous du fil d'eau du regard de répartition. Les tuyaux d'épandage sont posés, orifices vers le bas, sur une couche de graviers de 0,10 m d'épaisseur. Leur entraxe est de 1,00 m, et les tuyaux de rive sont placés à plus de 0,50 m des bords. Un bouclage est effectué en extrémité, avec des regards de visite au droit des jonctions. Ils sont recouverts d'une couche de terre végétale de 0,20 m d'épaisseur, après interposition d'un géotextile.

Le filtre à sable vertical drainé a une profondeur de l'ordre de 1,20 à 1,70 m, le fond étant 1,00 m en dessous du niveau du regard de répartition. En fond de fouille, une couche drainante est réalisée sur un géotextile. Elle est composée de trois canalisations de collecte, ou plus, l'intervalle étant comblé par une couche de graviers 0,10 m d'épais-

seur. Les tuyaux de rives sont posés à 1,50 m au moins des bords. Les eaux traitées sont envoyées dans un regard de collecte raccordé, par l'intermédiaire d'un clapet antiretour, au tuyau d'évacuation vers l'exutoire. Un autre géotextile sépare l'ensemble de filtration de la couche drainante. La partie supérieure est réalisée de la même manière que dans le cas précédent.

Le tertre d'infiltration est un dispositif proche du filtre à sable vertical non drainé (fig. 5.83). Il est implanté hors sol et nécessite souvent un relevage des effluents prétraités. Sa mise en œuvre est délicate et requiert une étude particulière.

Le puits d'infiltration est une solution utilisée dans des situations exceptionnelles. En aucun cas il ne peut être considéré comme un procédé de traitement, mais uniquement comme un rejet en milieu naturel. Il doit faire l'objet d'études de sol approfondies et nécessite une autorisation des services compétents.

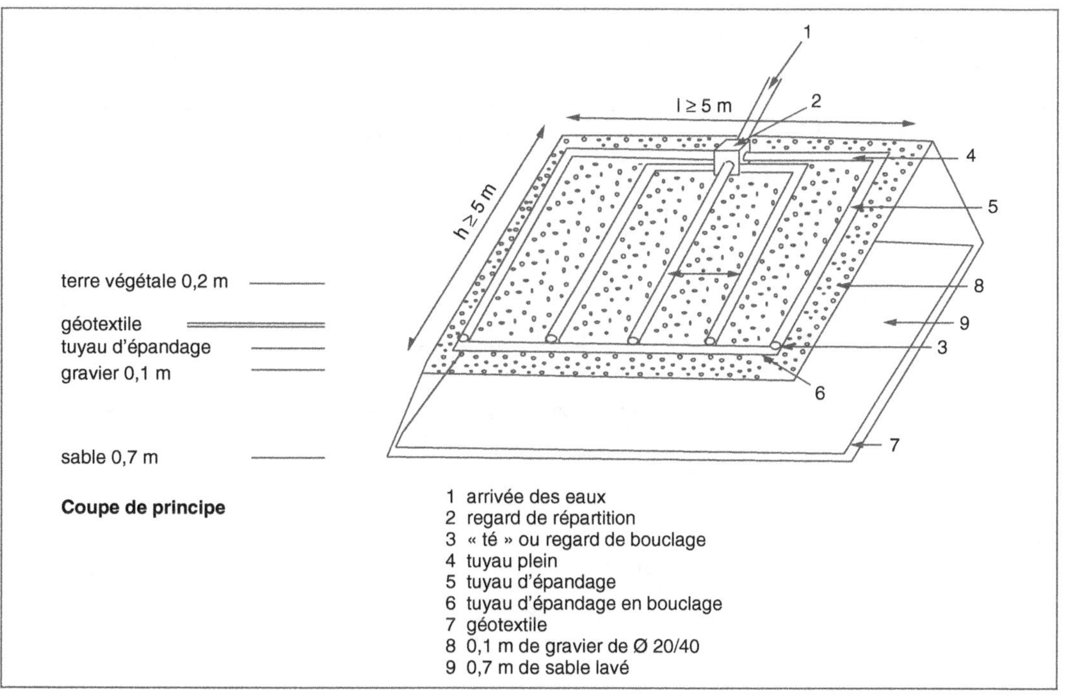

Fig. 5.83 • _Tertre d'infiltration._

8.2.3. Les autres filières

D'autres filières peuvent être retenues. Certaines sont plus élaborées et demandent l'intervention de spécialistes : ministation avec suroxygénation, filtre bactérien à dispositif aérobie, filtre biocompact, lagunage, etc. D'autres le sont moins : fosse d'accumulation exigeant une vidange périodique. De même, des systèmes employés pour des occupations temporaires existent (fosse chimique par exemple). Toutes doivent recevoir l'assentiment des Directions départementales de l'action sanitaire et sociale (DDASS).

8.2.3.1. Les ministations

Les ministations ont pour objet le raccordement de plusieurs petits bâtiments afin de ne pas multiplier les installations autonomes individuelles. Réalisées en béton préfabriqué, en polyéthylène ou en polyester armé, leur principe de fonctionnement est pratiquement le même que celui des stations de traitement collectif et les sujétions en sont assez proches : nécessité d'un branchement électrique, contrat d'entretien, etc. Mises au point par des bureaux d'études ou des entreprises spécialisées, elles sont constituées de deux bassins enterrés, solidaires ou indépendants (fig. 5.84) :

– le bassin d'aération, dans lequel des turbines immergées assurent un brassage continu des eaux et une suroxygénation de l'effluent ;

– le clarificateur qui permet une décantation de l'effluent prétraité, le floc* récupéré en fond de bassin étant recyclé au moyen d'une pompe.

Un entretien périodique est prévu de manière à évacuer les boues stockées en fond du clarificateur.

La capacité d'une ministation est en rapport direct avec le nombre de bâtiments raccordés et le type d'occupation (habitation, activités tertiaires ou autres). Elle est calculée sur la base d'un volume rejeté journalier de 150 l par habitant, affecté d'un coefficient correcteur déterminé selon le mode d'activité (tab. 5.24). Elle est construite de manière à assurer une qualité minimale du rejet à la sortie du dispositif d'épuration définie par les valeurs suivantes :

– matières en suspension (MES) < 30 mg par litre ;

– demande biochimique en oxygène sur 5 jours (DBO_5) < 40 mg par litre.

Après passage dans un regard de contrôle, les eaux sont rejetées en milieu naturel.

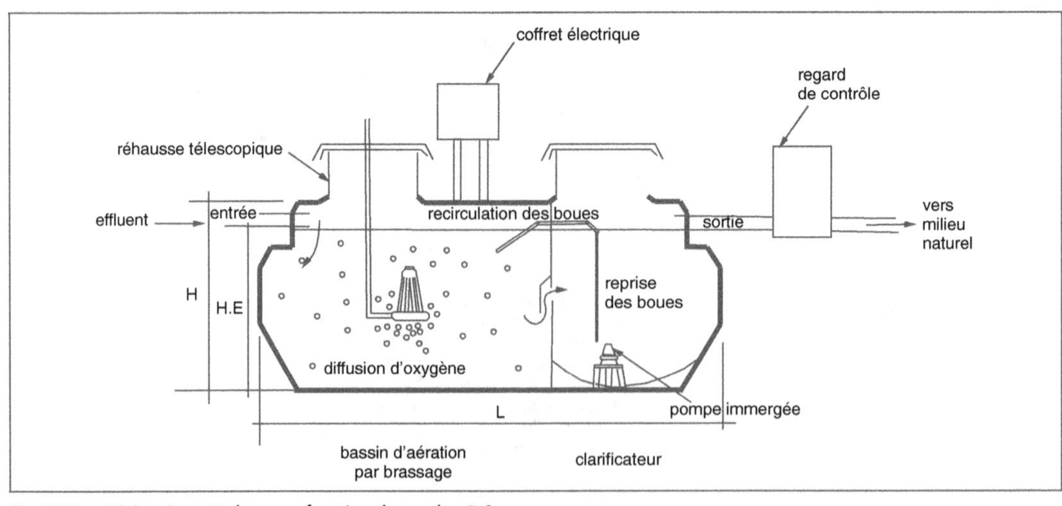

Fig. 5.84 • *Ministation – Volume en fonction du nombre E.Q.*

NATURE DES CONSTRUCTIONS (PAR UTILISATEUR)	COEFFICIENT CORRECTEUR	VOLUME JOURNALIER (LITRES PAR USAGER)
Habitations – usager permanent (base)	1	150
Maisons de repos	1	150
Bureaux – Bâtiments tertiaires	0,5	75
Bâtiments industriels	0,5	75
Bâtiments scolaires	0,5	75
Hôtel-restaurant (par chambre)	2	300
Hôtel sans restaurant (par chambre)	1	150
Salles polyvalentes	0,05	7,5
Terrain de camping (selon le nombre d'étoiles)	0,5 à 2	75 à 300

Tab. 5.24 • *Ministations – Volumes journaliers de rejet selon la nature des constructions.*

8.2.3.2. Le lagunage naturel

Le lagunage naturel est un procédé biologique naturel qui peut être employé lorsque la superficie du terrain est suffisante. Il consiste à faire transiter l'effluent prétraité dans une série de trois bassins étanches successifs dans lesquels les eaux séjournent un laps de temps suffisant pour que la flore bactérienne ait dégradé l'ensemble des matières organiques (fig. 5.85, photos 5.11).

De forme carrée ou rectangulaire, la taille des bassins de lagunage (photo 5.12) doit être suffisante pour assurer cette dégradation (de l'ordre de 5 à 10 m^2 par habitant), la profondeur étant comprise entre 0,80 et 1,20 m. Ils sont séparés par des digues convenablement dimensionnées afin d'assurer l'entretien permanent et le curage périodique des boues.

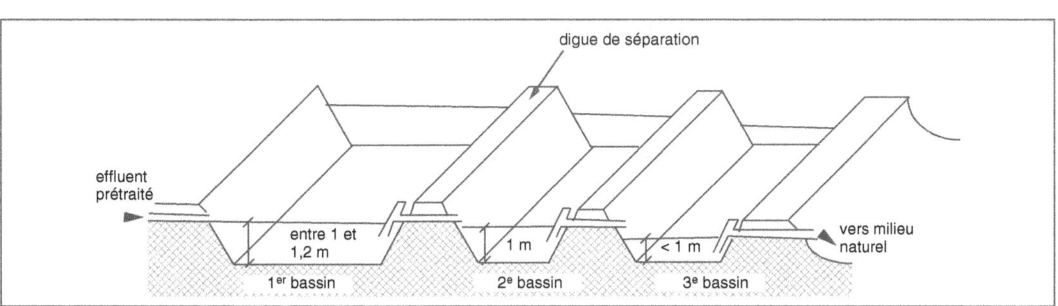

Fig. 5.85 • *Bassins de lagunage naturel.*

Photo 5.12 • *Bassins de lagunage.*

Avant toute installation, cette filière doit faire l'objet d'une demande auprès de la mairie de la localité et recevoir l'agrément de la Direction départementale de l'action sanitaire et sociale (DDASS).

CHAPITRE 6

LES RÉSEAUX DIVERS

Les réseaux divers forment un ensemble essentiel dans l'aménagement des espaces, qu'ils soient urbains ou ruraux et quel qu'en soit la destination.

La distribution de l'eau répond aux conditions minimales d'hygiène ou de sécurité dans le cadre de la lutte contre l'incendie. Électricité et gaz sont des énergies facilement transportables, la première étant indispensable pour l'éclairage alors que le second est d'une grande utilité pour le chauffage, sans parler de leur apport dans l'industrie. L'éclairage public apporte une grande sécurité dans les villes et améliore l'environnement nocturne par la mise en lumière des édifices publics. La circulation des informations nécessite des réseaux de télécommunication et de télédistribution parfaitement fiables. Enfin, le chauffage urbain apporte un confort aussi bien dans les logements que dans les bureaux, tout en préservant au mieux l'environnement.

1. L'alimentation en eau

L'eau est indispensable à la vie courante, aussi bien dans la vie domestique, que dans l'industrie et l'agriculture. Mais si la logique quantitative a marqué la première moitié du XXe siècle, avec l'arrivée de l'eau dans tous les logements et leurs équipements en locaux sanitaires, la fin de ce même siècle a vu l'émergence d'une logique qualitative avec la promulgation de la loi sur l'eau. Le XXIe siècle, quant à lui, s'oriente vers un requalification de l'utilisation de l'eau, dont les ressources sont loin d'être inépuisables.

C'est la raison pour laquelle la desserte en eau est fondamentale dans l'aménagement de zones nouvelles qu'elles soient urbaines, péri-urbaines ou rurales.

La distribution de l'eau relève de la compétence et de la responsabilité des collectivités locales (communes, groupements de communes, syndicats intercommunaux, etc.) (photo 6.1). Lorsqu'elles disposent des services compétents, ceux-ci se chargent eux-mêmes de sa distribution. Les collectivités peuvent également la confier à une régie ou la concéder à une société para-publique ou privée.

Distribuée sous pression dans des réseaux dimensionnés en fonction des besoins, ou obtenue par pompage dans la nappe phréa-

tique pour desservir un habitat isolé ou répondre aux exigences de l'agriculture, l'eau trouve son emploi dans un grand nombre de secteurs d'activités.

1.1. Les besoins en eau

L'objectif de l'adduction d'eau est de répondre aux besoins, pour les différents usages : domestique, tertiaire, industriel, arrosage des plantations, lavage et nettoyage des espaces publics, lutte contre l'incendie.

Ces besoins sont quantifiés afin de définir les caractéristiques du réseau de distribution dans la zone à aménager. Leur évaluation est relativement délicate puisqu'elle dépend de la destination des constructions (habitation, tertiaire, industrie), de la localisation (zone urbaine ou rurale), de l'étendue de la zone desservie, de l'importance des espaces collectifs et de l'éventualité d'une extension ultérieure.

La consommation moyenne des ménages est de l'ordre de 150 litres par jour et par habitant. Toutefois, elle peut varier dans une fourchette allant de 100 litres par jour à 300 litres par jour. Afin de tenir compte de l'utilisation publique et des fuites de réseau, cette quantité de base est doublée pour être portée à 300 litres par jour. En fait, elle peut varier entre 200 et 500 litres par jour, selon que le projet porte sur une commune rurale ou une grande ville.

D'autre part, deux facteurs viennent influencer la consommation moyenne :

– la période de l'année : la consommation mensuelle est affectée d'un coefficient correcteur égal à 0,5 en hiver et à 1,5 en été ;

– la période de la journée : le débit évolue dans la proportion de 1 à 7 entre les heures creuses et les heures pleines (fig. 6.1).

Le secteur industriel est un gros consommateur d'eau, en particulier les industries agroalimentaires, les industries du papier, les

Photo 6.1 • *Réservoir aérien de stockage d'eau en béton armé.*

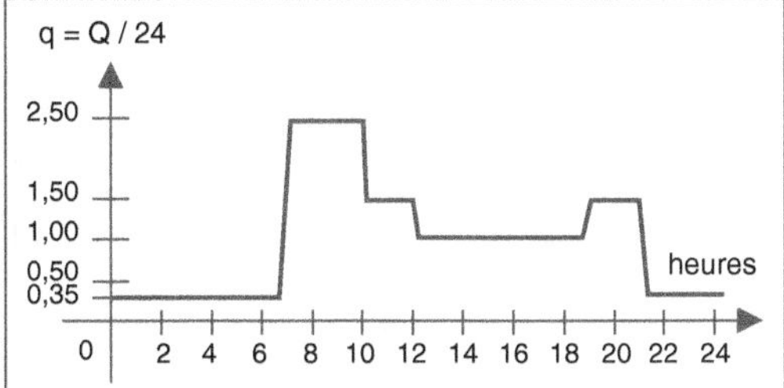

Fig. 6.1 • _Variations journalières du débit._

cimenteries, la métallurgie, etc. En accord avec les agences de bassin, une partie de l'eau consommée peut être puisée dans la nappe phréatique et utilisée en eau brute, non potable. Cette solution impose de prévoir deux réseaux distincts occasionnant des coûts d'investissement plus importants mais une économie appréciable en exploitation. Connaissant le type d'industrie, il est possible de déterminer les débits nécessaires. Cela devient plus délicat dans les projets d'aménagement de zones industrielles ou artisanales, pour lesquelles, ne connaissant pas les futurs acquéreurs, il est nécessaire d'anticiper sur le type d'installation.

L'agriculture, par le nombre de mètres carrés de surface cultivée consomme une grande quantité d'eau. Elle provient, en général, de puisage dans la nappe ou est apportée par des réseaux d'irrigation. Seuls les bâtiments d'exploitation sont raccordés au réseau public.

La défense contre l'incendie exige également une quantité importante d'eau. Elle fait l'objet du paragraphe 1.6. Lorsque le réseau assure les deux usages, domestique et lutte contre l'incendie, les besoins de cette dernière sont prépondérants pour le calcul des débits et le dimensionnement des tuyaux.

De nombreux logiciels calculent le débit instantané à fournir en litre/seconde, en fonction d'un certain nombre d'hypothèses. En partant de la consommation journalière par habitant C exprimée en litre/seconde et

connaissant le nombre d'habitants N, une formule couramment appliquée est la suivante :

$$Q = 4 \times C \times N \times 1/86\ 400$$

La détermination des réseaux peu importants (habitat individuel ou collectif résidentiel) fait référence à la norme NF P 40-202 (DTU 60.11) – _Règles de calcul des installations de plomberie._ Elle définit les débits de base des différents appareils sanitaires ainsi que les conditions d'application du coefficient de simultanéité $y = 0,8/\sqrt{(x-1)}$ (tab. 6.1, fig. 6.2). Ce coefficient est affecté d'un facteur correcteur égal à 1,25 pour les hôtels, les foyers et les internats dont les installations sont équipées de robinets à fermeture temporisée. Les autres résidences collectives font l'objet d'une étude spécifique.

1.2. _Les notions fondamentales_

Avant de préciser les caractéristiques techniques d'un réseau de distribution d'eau, il est nécessaire de rappeler quelques notions fondamentales.

1.2.1. _Le volume d'eau écoulé_

Le volume d'eau écoulé correspond au volume d'eau qui transite par un appareil, un compteur par exemple, sans tenir compte du temps de passage.

1.2.2. _Le débit_

Le débit (q) est le quotient du volume d'eau ayant traversé un appareil (compteur, robinet de puisage) par le temps de passage. Il s'exprime en l/s, l/h ou m³/h… Les caractéristiques des appareils sont définies en prenant en compte plusieurs valeurs de débit.

- **Le débit minimal** (q_{mini}) est la valeur du débit correspondant à la limite inférieure de l'étendue de la charge.

- **Le débit permanent** (q_p) est le débit auquel l'appareil doit fonctionner de

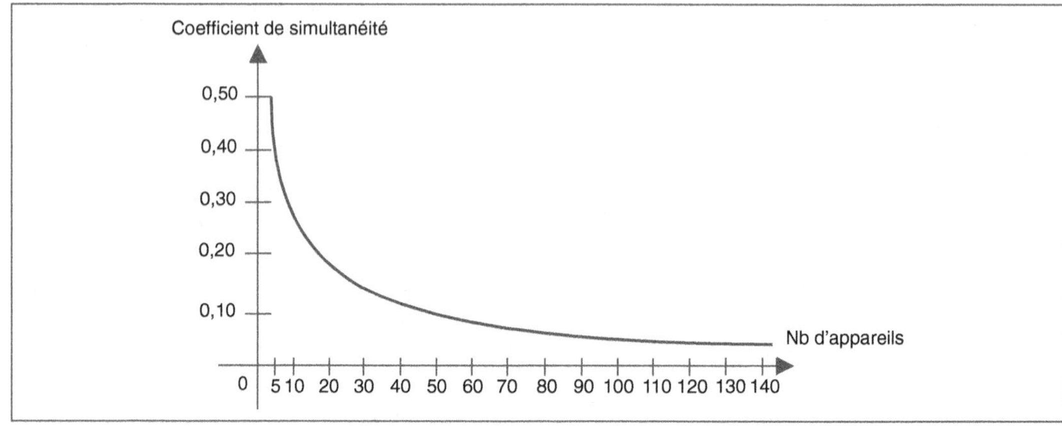

Fig. 6.2 • *Coefficient de simultanéité en fonction du nombre d'appareils installés.*

DÉSIGNATION DE L'APPAREIL	DÉBIT DE CALCUL	
	EAU FROIDE OU EAU MÉLANGÉE (l/s)	EAU CHAUDE (l/s)
Évier-timbre d'office	0,20	0,20
Lavabo	0,20	0,20
Lavabo collectif	0,05	0,05
Bidet	0,20	0,20
Baignoire	0,33	0,33
Douche	0,20	0,20
Poste d'eau robinet 1/2	0,33	–
Poste d'eau robinet 3/4	0,42	–
WC avec réservoir de chasse	0,12	–
WC avec robinet de chasse	1,50	–
Urinoir avec robinet individuel	0,15	–
Urinoir à action siphonique	0,50	–
Lave-mains	0,10	–
Bac à laver	0,33	–
Machine à laver le linge	0,20	–
Machine à laver la vaisselle	0,10	–

Tab. 6.1 • *Débits de base des appareils sanitaires (source : NF P 40-202).*

manière satisfaisante en utilisation normale.

- **Le débit de surcharge** (q_s) est le débit auquel l'appareil doit fonctionner de manière satisfaisante pendant une période très courte. En général, q_s et q_p sont liés par la relation $q_s = 2 \times q_p$.

- **Le débit de transition** (q_t) intervient pour déterminer la qualité des compteurs. Il correspond à la valeur du débit intermédiaire entre le débit de surcharge et le débit minimal. Il partage l'étendue de la mesure en deux zones : la zone supérieure et la zone inférieure, qui ont chacune une erreur maximale propre comprise dans les tolérances admises.

1.2.3. La pression de distribution

La pression de distribution correspond à la pression existant dans le réseau, de manière à satisfaire tous les besoins, dans les conditions optimales.

Les pertes de charge expriment une réduction de pression dans le réseau lorsque l'eau circule dans les canalisations. Elles sont soit linéaires, soit ponctuelles.

- Linéaires. Elles sont occasionnées par le frottement de l'eau sur les parois des tuyaux et sont en relation étroite avec le débit, la section et la vitesse. Ces trois notions sont liées entre elles par la formule :

    débit (q) = section (s) × vitesse (v).

Elles dépendent de la longueur des canalisations, de l'état de surface des parois, selon qu'il est plus ou moins rugueux et du type d'écoulement, laminaire ou turbulent.

● Ponctuelles. Elles sont dues aux différents accessoires situés sur le réseau : raccords, réductions, coudes, vannes, compteurs, etc.

Les diamètres des canalisations sont déterminés pour fournir le débit demandé avec des pertes de charge minimales et une vitesse de circulation convenable.

Plusieurs notions de pression interviennent dans les études d'un réseau de distribution d'eau.

La pression statique est la pression en un point donné à débit nul, c'est-à-dire, lorsqu'il n'y a pas de circulation d'eau. Elle correspond à la différence de niveau de l'origine du réseau de distribution (réservoir surélevé) et celui du lieu de la mesure (fig. 6.3).

La pression de service (Ps), pour la desserte d'un bâtiment, est déterminée chez l'usager le plus défavorisé, c'est-à-dire, celui qui dispose du point de puisage le plus élevé. Elle est égale à la différence entre la cote piézométrique* du réseau, au droit du branchement, et l'altitude du point desservi

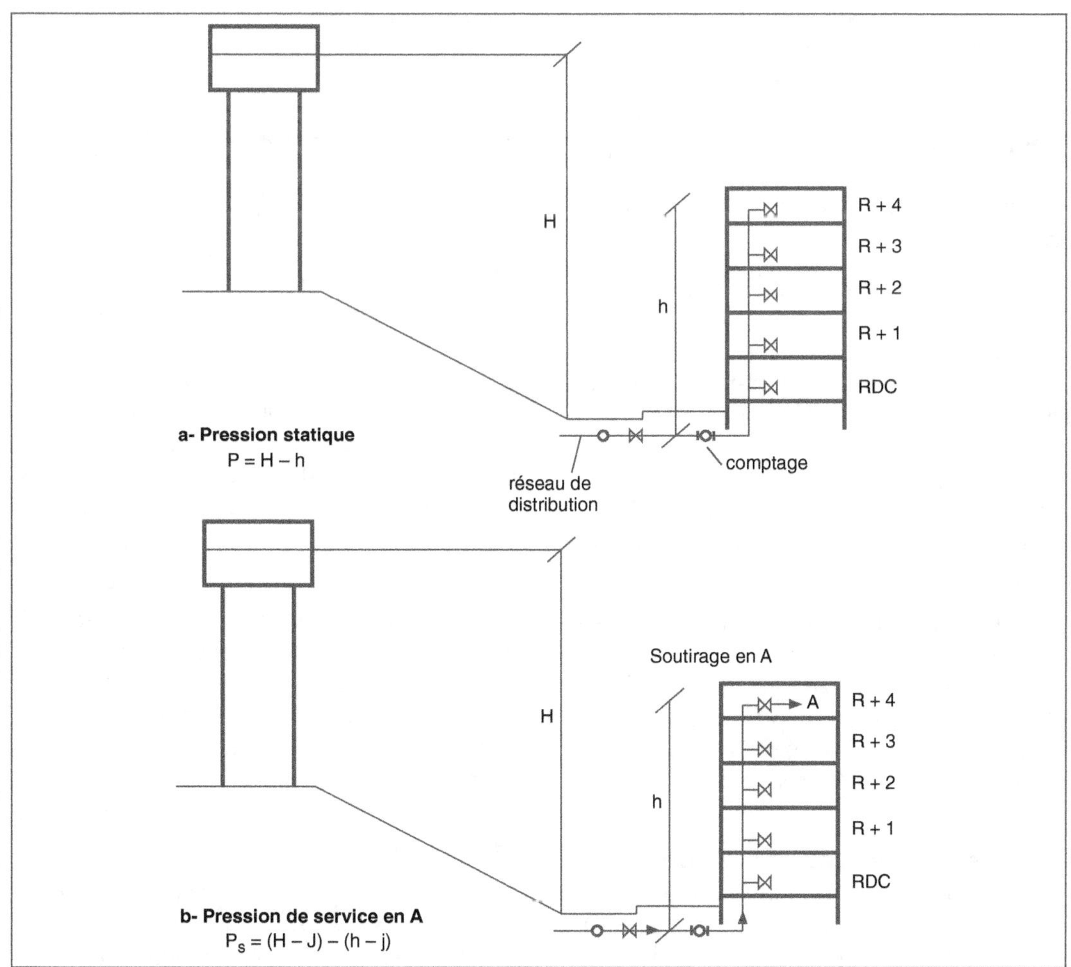

Fig. 6.3 • _Pression statique et pression de service._

en tenant compte des pertes de charge propre au raccordement (fig. 6.3). La pression de service (Ps) chez l'abonné A est donnée par la formule Ps = (H − J) − (h − j), dans laquelle H et h sont les cotes altimétriques, J les pertes de charge dans le réseau et j les pertes de charge depuis le branchement. Elle doit être supérieure ou égale à 0,1 MPa (1 bar) afin de permettre le fonctionnement des appareils (chauffe-eau instantané), sans excéder 0,3 MPa (3 bars) à 0,4 MPa (4 bars) pour éviter la dégradation de la robinetterie et des joints. Le concessionnaire doit communiquer la pression disponible au niveau du raccordement sur le réseau public ou en pied de l'immeuble. Lorsque celle-ci est insuffisante, il convient d'installer un **surpresseur**, appareil qui permet d'augmenter la pression d'utilisation. À l'inverse, si elle est trop importante, c'est un **réducteur de pression** qui est interposé. Ces équipements sont mis en place sur le réseau privé et sont complétés avec des manomètres de contrôle.

La pression maximale admissible (PMA) d'un composant est la pression maximale que ce composant peut supporter de façon permanente, à une température donnée. Elle tient compte des dimensions du composant, des caractéristiques des matériaux utilisés, de leur évolution éventuelle dans le temps. Toute mention de pression maximale admissible doit être accompagnée de la température correspondante.

La pression différentielle (PDF) correspond à la valeur algébrique de la différence entre la pression régnant à l'intérieure d'une enceinte (canalisation ou autres) et celle qui règne à l'extérieur. Elle peut être positive ou négative, selon que l'enceinte est remplie ou non.

La pression maximale de service d'une tuyauterie est la pression différentielle positive maximale susceptible d'être atteinte dans une installation dans les conditions de service pour lesquelles elle a été prévue. Elle

tient compte des incertitudes de détermination ; elle est au plus égale à la plus faible des pressions maximales admissibles des différents composants.

La pression nominale (PN) est la désignation numérique à base de nombre arrondi utilisé à des fins de référence.

Les composants d'un réseau sont fabriqués en tenant compte d'une **pression de calcul** (PC) et d'une **pression de rupture** (PER). Afin de vérifier qu'ils répondent aux caractéristiques techniques exigées, ils sont soumis à des essais effectués à une **pression d'essai hydraulique** (PEH) ou à une **pression d'essai d'étanchéité** (PEE), à des températures minimales et maximales parfaitement définies.

1.3.   *Le réseau de distribution*

Raccordé sur le réseau général, par l'intermédiaire d'une vanne (photo 6.2), le réseau de distribution se présente sous deux formes : maillé ou ramifié. D'un coût plus élevé, le premier offre une souplesse supérieure et une sécurité plus grande que le second (fig. 6.4). Il est imposé sur les réseaux importants ou pour la desserte de bâtiments présentant des risques d'incendie. Le second est mis en œuvre dans les petites opérations : groupes d'habitations, lotissements, etc.

Situé sous le domaine public, le réseau est réalisé sous le contrôle de la collectivité locale. Sous le domaine privé, selon les dispositions retenues, il peut être exécuté soit par la régie publique, soit par une entreprise spécialisée. Dans ce dernier cas, un compteur général marque la séparation des parties publiques et privées et la limite de responsabilité.

Le réseau de distribution est composé de canalisations, de raccords pour les branchements et de différents éléments tels que vannes d'arrêt, bouches à clé, bouches

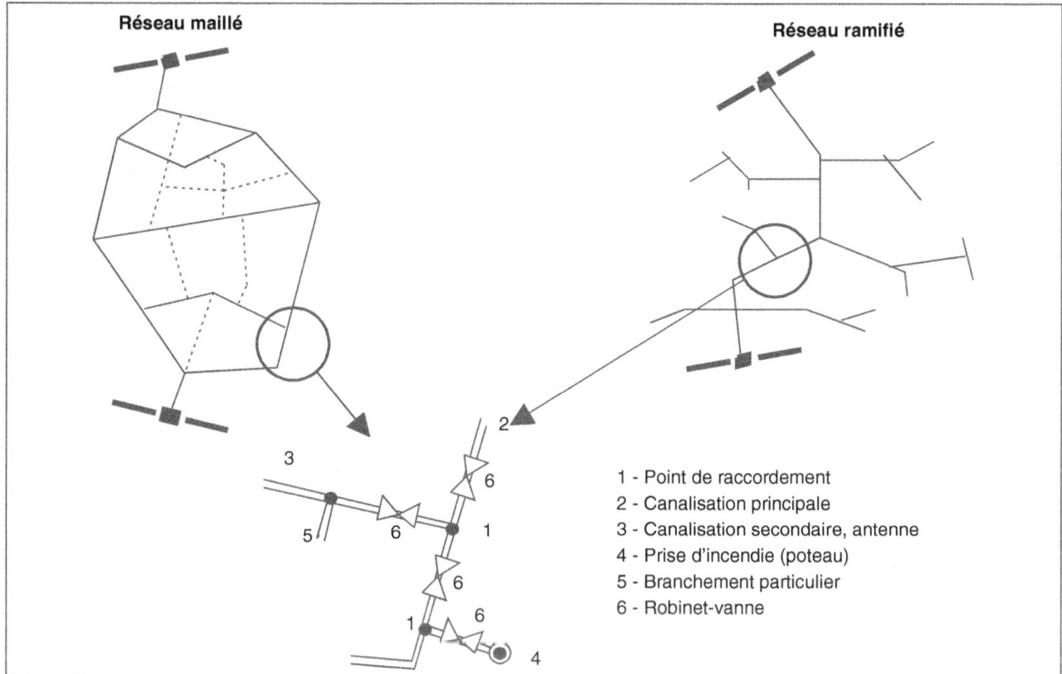

Fig. 6.4 • *Principes des réseaux.*

Photo 6.2 • *Raccordement d'un réseau secondaire sur un réseau principal ϕ 300 mm.*

d'arrosage ou de lavage, poteaux incendie, compteurs, disconnecteurs, etc. (fig. 6.5).

Tous les composants doivent être suffisamment résistants pour éviter toute détérioration due aux surpressions et aux coups de bélier occasionnés par les ouvertures ou les fermetures intempestives des vannes.

Le tracé est mis au point de manière à éviter le passage dans les parties privatives, la canalisation pouvant être implantée sous la chaussée ou sous les trottoirs. Dès qu'il est arrêté, tous les accessoires nécessaires à son bon fonctionnement sont positionnés : robinetterie, coudes, butées, etc. ainsi que les branchements.

1.3.1. Le dimensionnement des canalisations

Le dimensionnement des canalisations est déterminé en fonction du débit qu'elles doivent assurer et des pertes de charge qu'elles occasionnent. Plusieurs formules basées sur les lois d'écoulement des fluides ont été mises au point, en fonction des matériaux qui constituent les tuyaux. Elles sont reprises dans des abaques ou des logiciels. Connaissant le débit à assurer, il est possible de déterminer les pertes de charge linéaires en fonction du diamètre ou inversement. Lorsque la pression

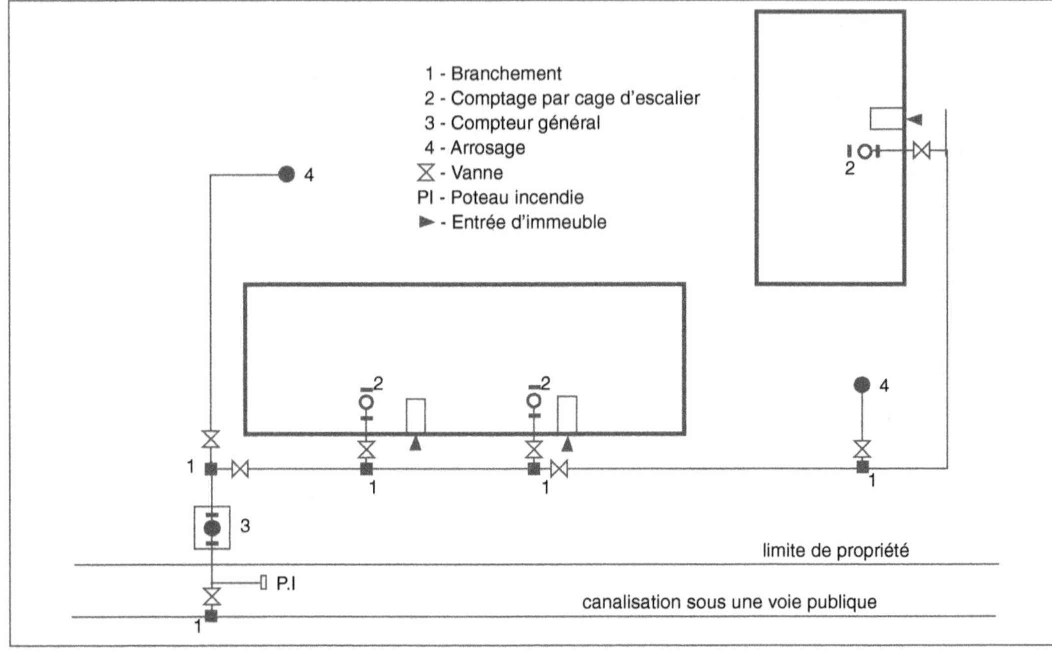

Fig. 6.5 • *Principes d'alimentation en eau d'un groupe d'habitation.*

initiale est faible, ou lorsque les distances sont grandes, il est préférable d'augmenter les diamètres afin de réduire les pertes de charge. À l'inverse, lorsque la pression initiale est forte, la solution consiste à diminuer la section des tuyaux. Pour éviter des dépôts sur la paroi interne ou des bruits importants (sifflements), la vitesse d'écoulement est comprise entre 0,50 et 2 m/s.

1.3.2. Le diamètre nominal

Le diamètre nominal (DN) correspond à une désignation alphanumérique qui permet de repérer les composants d'un réseau. Elle est utilisée à des fins de référence et comprend les deux lettres DN suivies par un nombre entier sans dimension. Celui-ci est en relation directe avec les diamètres réels intérieurs ou extérieurs des raccordements d'extrémités, exprimés en millimètres : DN/DI ou DN/DE.

Exemple :

Série de diamètres nominaux : DN 40, 50, 60, 65, 80, 100, 125 jusqu'à 4 000.

Tous les équipements de même diamètre nominal ont des dimensions de raccordement compatibles.

1.3.3. Les appareillages

Les appareillages regroupent un certain nombre d'équipements : robinetterie, clapet de non-retour, disconnecteur, antibélier, etc. Ils occasionnent tous des pertes de charge, parfois non négligeables, dont il faut tenir compte dans le calcul des réseaux.

1.3.3.1. La robinetterie

La robinetterie est un composant du réseau qui influe sur le débit de l'eau en ouvrant, en fermant ou en obturant partiellement son passage. Le raccordement sur la canalisation se fait par filetage pour les petits diamètres ou par des brides pour les diamètres importants. Les appareils de robinetterie sont classés en tenant compte :

– du sens de déplacement de l'obturateur et du sens d'écoulement au niveau des butées ;

– de la fonction qui leur est affectée.

La première classification distingue plusieurs appareils (fig. 6.6).

- **Les robinets vannes** sont des équipements dont l'obturateur se déplace linéairement perpendiculairement au sens de l'écoulement au niveau des portées d'étanchéité*. Leur inconvénient réside dans leur encombrement

- **Les robinets soupape** sont équipés d'un obturateur qui se déplace linéairement dans le sens de l'écoulement au niveau des portées d'étanchéité.

- **Les robinets tournants** disposent d'un obturateur qui se déplace par rotation autour d'un axe perpendiculaire au sens de l'écoulement. En position ouverte, l'obturateur se laisse traverser par le liquide.

- **Les robinets à papillon**, comme les précédents, ont un obturateur qui se déplace par rotation autour d'un axe perpendiculaire au sens de l'écoulement. En position ouverte, il est contourné par le fluide. Il existe deux modèles, selon la position de la vanne :

  - la vanne papillon à axe centré, dont l'étanchéité laisse à désirer en position de fermeture ;

  - la vanne papillon excentrée qui offre une bonne étanchéité.

- **Les robinets à membrane** sont des appareils dans lesquels le passage de l'eau est modifié par la déformation d'un composant flexible.

La seconde classification regroupe les appareils en quatre classes.

- **Les robinets de sectionnement** isolent une partie du réseau. Ils sont employés uniquement en position de fermeture et de pleine ouverture.

- **Les robinets de réglage** modifient le débit d'écoulement. Ils sont utilisés dans toutes les positions comprises entre la fermeture et la pleine ouverture.

- **Les robinets de régulation** sont actionnés par une énergie externe qui modifie le débit.

- **Les robinets à passage intégral** disposent d'un diamètre du siège* supérieur à 90 % du diamètre nominal interne de l'extrémité du corps.

Les robinets et les vannes se manœuvrent soit à l'aide d'un volant ou d'une clé à manche lorsqu'elles sont placées en élévation, soit avec un carré et une clé à béquille-rallonge lorsqu'elles sont enterrées. Les vannes de grande dimension nécessitant un effort important pour leur manœuvre sont motorisées.

1.3.3.2. *Les clapets de non-retour*

Les clapets de non-retour sont des appareils qui s'ouvrent automatiquement sous la pression d'un fluide, dans une direction donnée et se ferment automatiquement pour éviter le débit en sens inverse. Ils sont soit à levée verticale, de conception assez proche des robinets à soupape, soit à soupape axiale, soit à obturateur battant (fig. 6.7). Évitant les retours d'eau en cas de dépression dans les canalisations, ils sont interposés sur les réseaux d'eau brute ainsi que sur les réseaux de distribution d'eau potable lorsqu'il n'y a pas de risque de pollution mettant en danger la santé humaine.

1.3.3.3. *Les disconnecteurs*

Les disconnecteurs sont des dispositifs de protection contre la pollution des réseaux de distribution d'eau potable. Ils évitent les retours d'une eau ayant perdu ses qualités

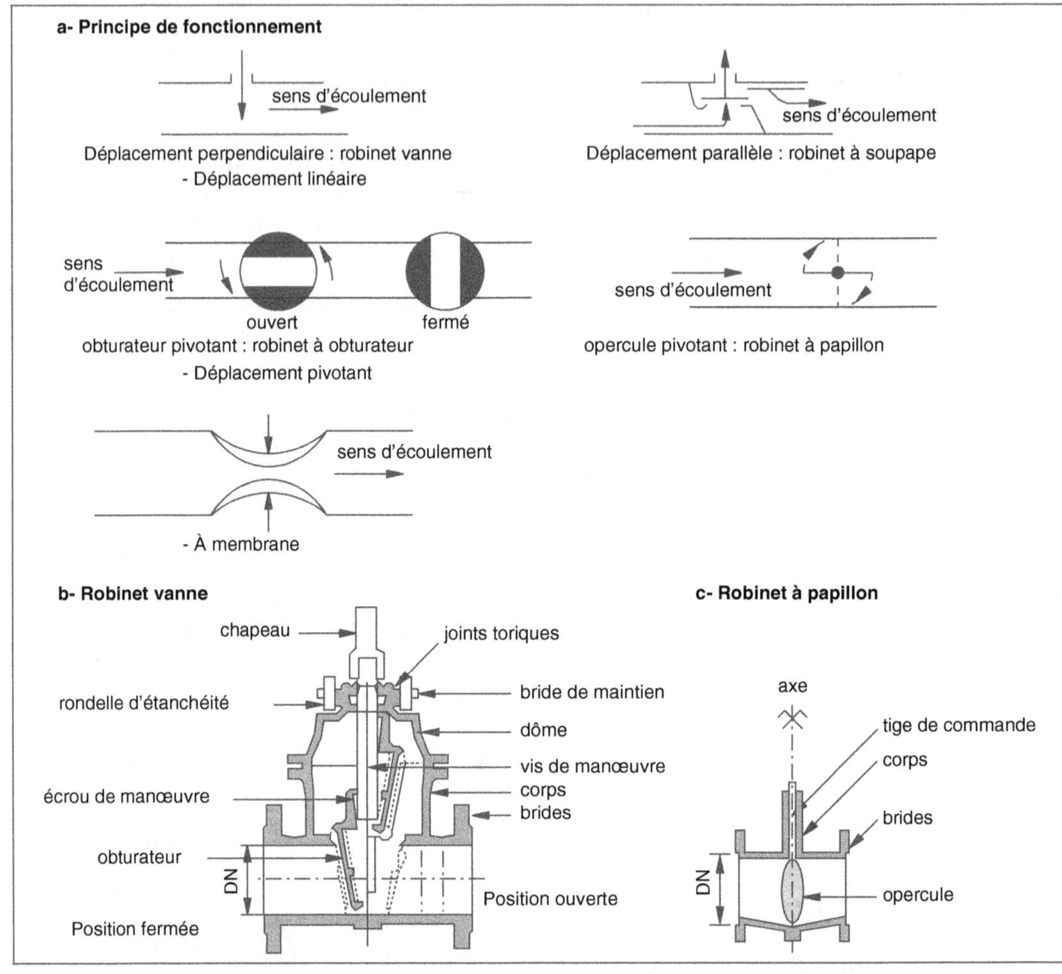

Fig. 6.6 • *Différents types de robinets.*

sanitaires et alimentaires dans le réseau lorsque la pression dans ce dernier est temporairement plus faible que dans le circuit éventuellement pollué. Les appareils courants fonctionnent à toutes les pressions comprises entre 0 MPa et 1 MPa et pour toutes les variations de celles-ci entre ces limites. Selon les modèles, la pression peut ou non être contrôlée.

Les disconnecteurs comportent trois zones (amont, intermédiaire et aval), la zone intermédiaire étant séparée des deux autres par deux clapets de non-retour (fig. 6.8). Un dispositif de décharge relié à la zone intermé-

diaire assure la rupture de charge en cas d'incident.

1.3.3.4. *Les appareils antibélier*

Les appareils antibélier sont constitués d'un mécanisme (membrane, ressort ou autres) qui amortit les changements brusques de pression dans les canalisations. Le **coup de bélier** est dû à une augmentation forte et brutale de la pression. Il trouve son origine dans l'interruption rapide de la circulation de l'eau, par suite de la fermeture d'une vanne dans un temps très bref. La vitesse de l'eau est stoppée, provoquant une onde de choc

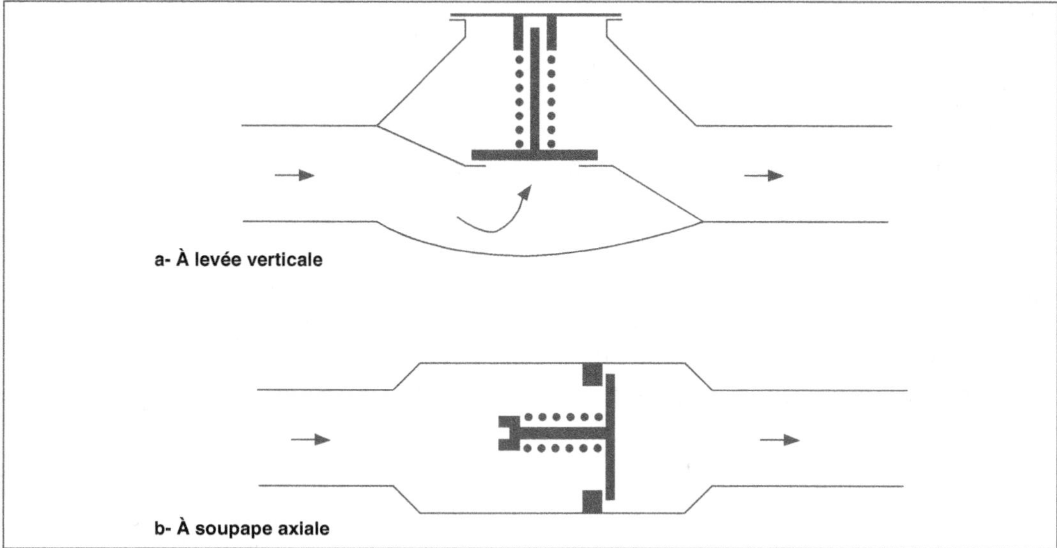

Fig. 6.7 • *Clapets de non-retour.*

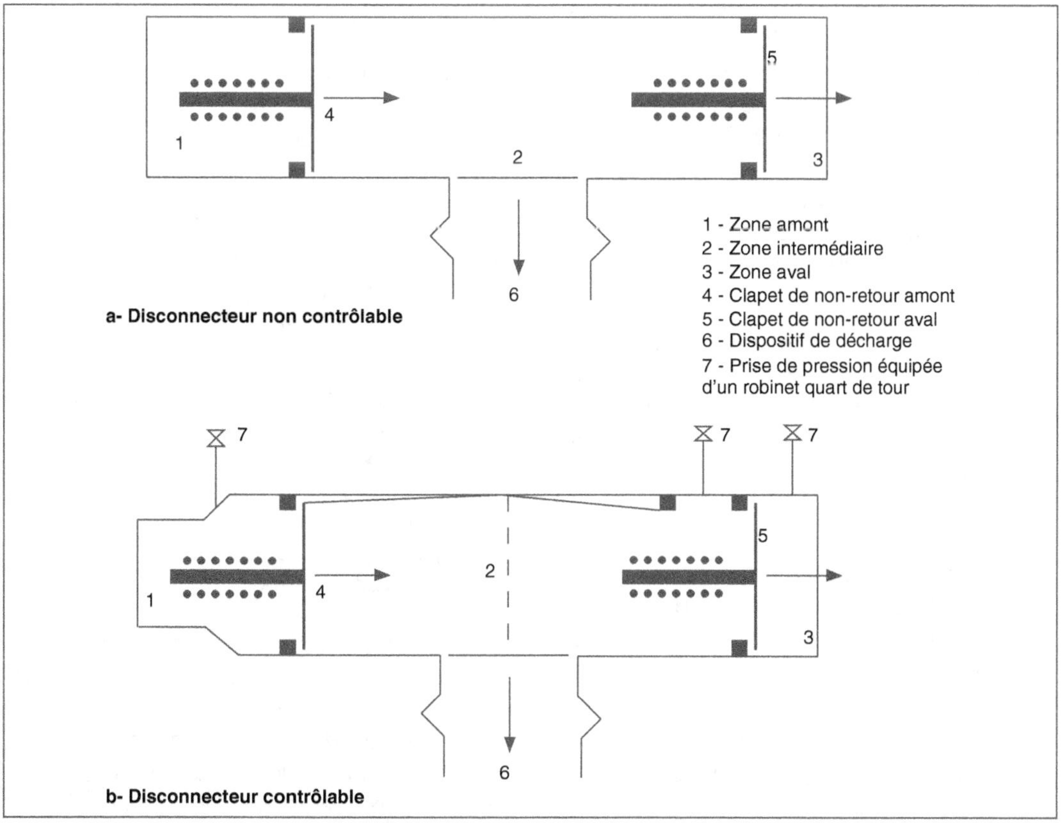

Fig. 6.8 • *Disconnecteurs : schéma de principe.*

qui se propage dans la tuyauterie. La pression atteint des valeurs nettement supérieures à celle pour laquelle ont été conçus les tuyaux et les appareils, occasionnant des désordres. Pour y remédier, les appareils antibélier sont placés, de préférence, à proximité de la source du phénomène.

1.3.3.5. *Les ventouses*

Elles ont pour rôle d'évacuer l'air emmagasiné dans les canalisations sur des réseaux de grande longueur. La création de poches d'air provoque une réduction de la section, entraînant des perturbations importantes dans l'écoulement de l'eau. Pour y remédier, à tous les points hauts, sont mises en place des ventouses à fonctionnement automatique.

1.3.4. **La *pose des canalisations***

La pose des canalisations s'effectue en fond de tranchée, à une profondeur hors gel, soit avec une charge minimale de 1,00 m au-dessus de la génératrice supérieure du tuyau. Le profil en long présente une faible pente de manière à créer des points bas pour les vidanges et des points hauts pour les purges d'air soit lors du remplissage des canalisations soit en cours de fonctionnement.

Le fond de fouille est parfaitement dressé et nivelé. Puis, les tuyaux sont posés en fonction de la qualité du terrain et des caractéristiques mécaniques des matériaux constitutifs des canalisations, selon l'une des méthodes suivantes (fig. 6.9) :

– en terrain rocheux, pour éliminer les points durs qui subsistent, une couche de sable de 10 à 15 cm est répandue en fond de fouille, quelle que soit la nature du matériau (béton armé, acier, fonte, PVC, polyéthylène) ;

– en terrain graveleux et argileux, les tuyaux en béton armé sont posés directement en fond de fouille ; pour les autres types de tuyaux l'interposition d'une couche de sable de 10 cm est souhaitable, voire imposée ;

– en terrain sableux, la couche de sable n'est pas indispensable, quelle que soit la nature du matériau ;

– en terrain de faible consistance, la canalisation repose sur une semelle en béton armé, avec interposition d'un lit de sable ;

– en terrain inondable, la pose s'effectue de préférence à l'abri d'un rabattement de la nappe phréatique ; des ancrages sur des massifs en béton peuvent être nécessaires pour éviter tout déplacement des tuyaux lors de l'évolution du niveau de la nappe.

– pour les traversées de voirie importante, les canalisations passent dans un fourreau posé préalablement ; solution qui présente le double avantage de ne pas interrompre la circulation pendant une trop longue durée et d'autoriser des interventions ultérieures.

Avant remblaiement, le réseau est soumis à des essais sous pression de manière à déceler la moindre fuite et y apporter remède.

Le remblaiement comprend la mise en place de couches successives :

– la première couche de remblai est en matériaux de granulométrie fine ;

– un dispositif avertisseur, grillage plastifié de couleur bleue, est positionné dans la tranchée à une distance de 0,20 m au-dessus des tuyaux. ;

– le complément du remblaiement est effectué à l'aide de grave sous les chaussées et les trottoirs ou avec la terre d'origine sous les accotements et les espaces verts.

La circulation de l'eau s'effectuant sous pression, des poussées s'exercent à chaque changement de direction. Pour résister à ces efforts, les coudes et certaines robinetteries sont bloqués à l'aide de butées, massifs en béton. Ceux-ci agissent soit par leur propre poids, soit par appui sur le terrain.

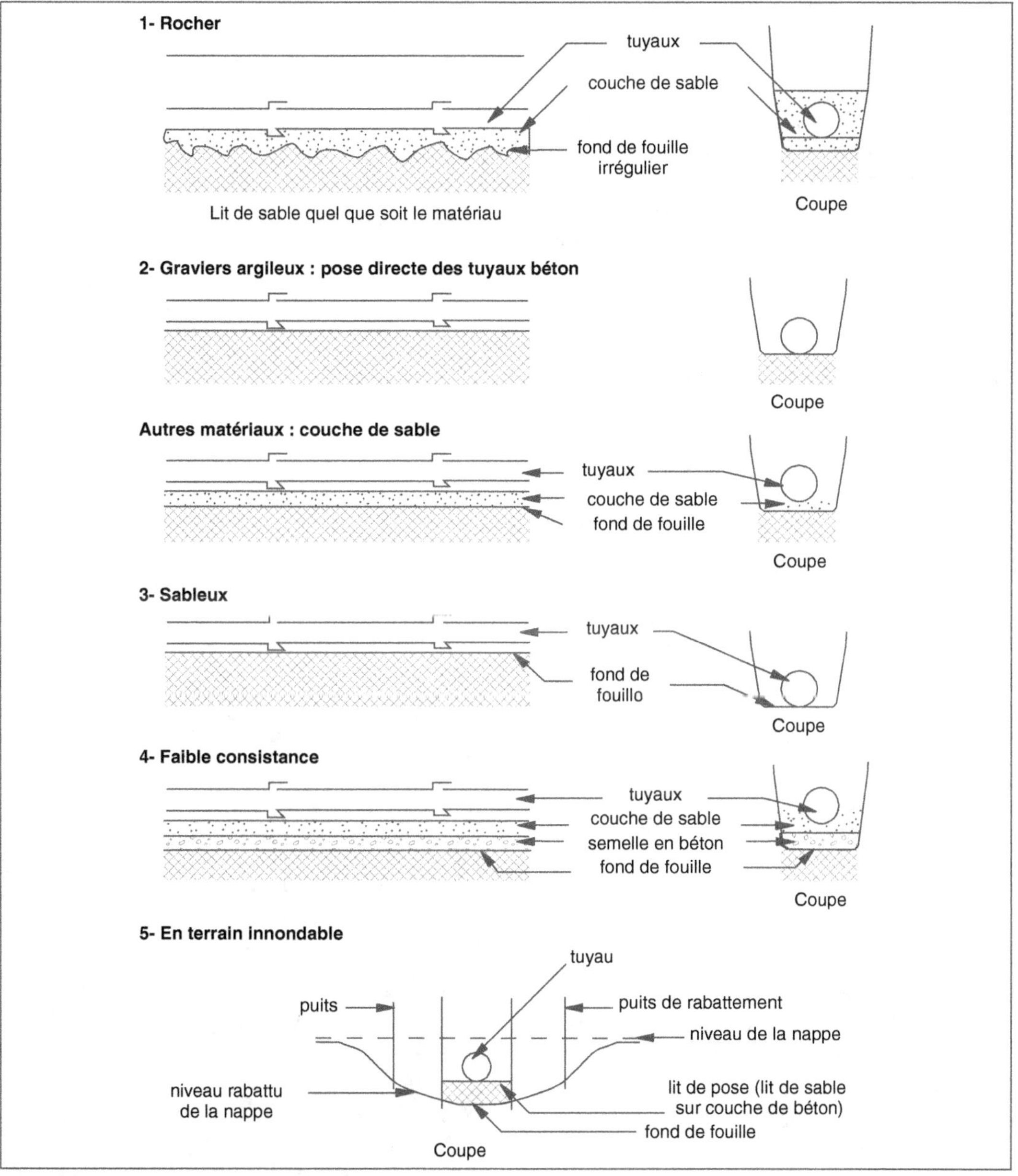

Fig. 6.9 • _Pose des tuyaux selon les matériaux et la qualité du terrain._

Afin d'éviter d'endommager les câbles ou canalisations voisines lors d'intervention des distances minimales doivent être respectées vis-à-vis des autres réseaux. Celles-ci seront précisées au paragraphe 9, page 427.

Il faut noter que la proximité de lignes électriques ou d'usines utilisant de grosses puissances électriques peut occasionner la circulation de **courants vagabonds*** dans le sol. Les canalisations métalliques enterrées doivent recevoir une protection cathodique évitant les risques de corrosion par phénomènes électrolytiques.

Concernant les canalisations d'eau potable, dès l'achèvement des travaux et avant la mise en service du réseau, des analyses sont effectuées afin de vérifier la conformité de la qualité de l'eau distribuée aux conditions réglementaires d'hygiène.

1.4. Les branchements particuliers

Les branchements particuliers sont constitués des canalisations et des ouvrages situés entre le réseau public et le point de livraison de l'eau à l'abonné, particulier, industriel ou autres. Ils sont toujours réalisés perpendiculairement à la canalisation principale, soit par un T laissé en attente, soit, pour les petits diamètres, par une prise en charge, collier fixé par serrage sur la canalisation en service (fig. 6.10, photo 6.3).

Les branchements comprennent les composants suivants :

– une prise d'eau sur la conduite du réseau public ;

– les tuyaux de diamètre approprié ;

– une vanne d'arrêt quart de tour commandée par une bouche à clé, située sous le domaine public afin d'isoler le branchement ;

– un dispositif d'arrêt placé immédiatement avant le compteur ;

– un dispositif de comptage placé soit dans un regard en limite de propriété, soit dans le bâtiment ; ce dispositif peut être équipé d'un système de téléreport ;

– un appareil de protection du réseau public contre les risques de retour d'eau du réseau privé, placé après le compteur.

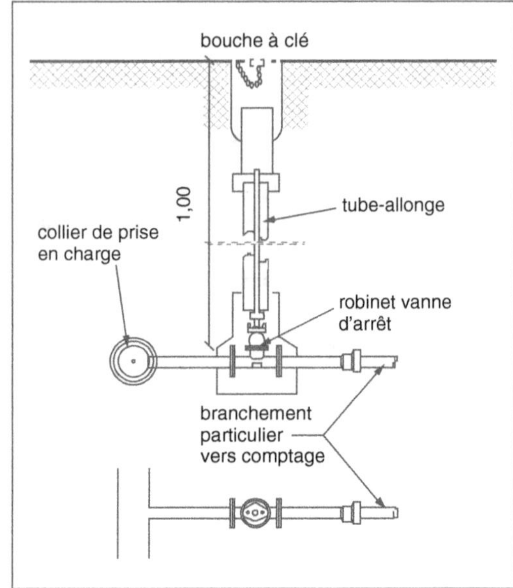

Fig. 6.10 • *Branchement particulier par prise en charge.*

Photo 6.3 • *Branchement d'eau par prise en charge.*

1.4.1. Le comptage

Le comptage a une position bien déterminée qui varie en fonction de l'implantation du bâtiment ou du groupe de bâtiments par rapport à la voirie (fig. 6.11) :

– l'immeuble est en bordure de l'espace public : le branchement pénètre en sous-sol et le compteur est placé dans les parties communes ;

– l'immeuble est en retrait de la voirie publique : le branchement pénètre dans l'espace privatif, et le compteur est placé dans un regard situé en limite de propriété ;

– plusieurs bâtiments forment un groupe d'habitation ou sont destinés à tout autre usage ; deux solutions peuvent être retenues :

• un compteur général est placé en limite de propriété, comme dans le cas précédent ; le réseau intérieur est réalisé pour le compte du maître de l'ouvrage jusqu'en pénétration dans les immeubles ; la partie intérieure jusqu'aux compteurs en décompte est exécutée par l'entreprise de plomberie du bâtiment ;

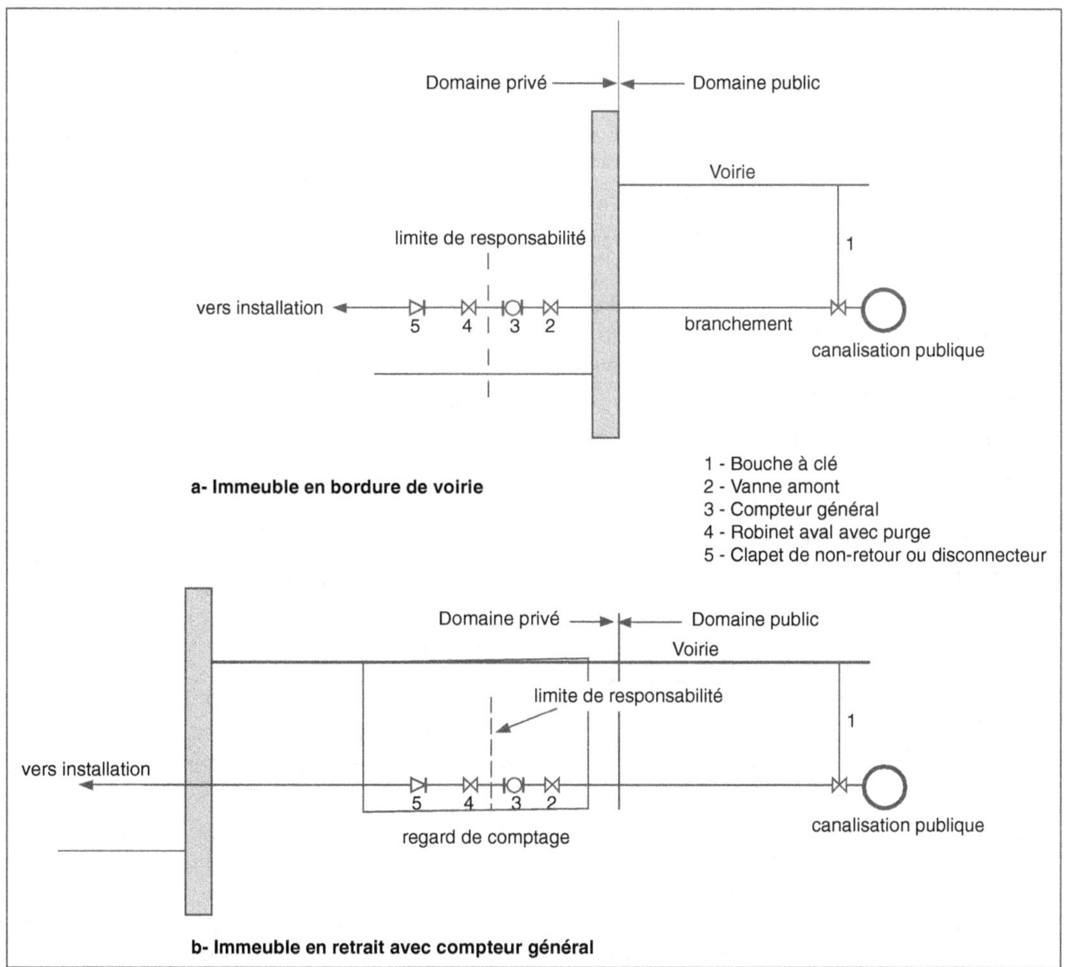

Fig. 6.11 • _Positions du compteur._

- le réseau intérieur est réalisé par le concessionnaire public : il dessert directement les compteurs divisionnaires placés dans des parties communes.

1.4.2. Le dispositif de comptage

Le dispositif de comptage comprend les éléments suivants (fig. 6.12) :

- en amont du compteur :
  - un robinet d'arrêt ou une vanne d'arrêt portant l'indication du sens de manœuvre ; pour les compteurs Woltmann ou les compteurs à jet unique, la vanne est à passage direct ;
  - un filtre éventuel ;
  - un stabilisateur d'écoulement constitué par une longueur droite de tuyau placée entre la vanne et le compteur ;
- le compteur ;
- en aval du compteur :
  - un dispositif de longueur variable permettant la pose et la dépose du compteur ;
  - un dispositif comportant un robinet de vidange pouvant servir au contrôle de la pression, à la stérilisation et au prélèvement d'échantillon d'eau ;
  - un clapet de non-retour ;
  - sur les installations importantes ($q_p > 2,5$ m^3/h) une vanne d'arrêt ayant le même sens de fermeture que la vanne amont.

Chaque compteur doit être facilement accessible tant pour la lecture que pour la mise en place, l'entretien et le remplacement. Des dispositions sont prises pour qu'il soit protégé contre les chocs, les vibrations et le gel.

1.4.3. Le regard de comptage

Le regard de comptage est situé dans les parties privées, en limite de propriété, dans un emplacement d'accès facile. Ses dimensions sont établies en accord avec le conces-

sionnaire, de manière à recevoir l'ensemble du dispositif de comptage décrit précédemment ; le calibre du compteur est adapté au débit à assurer (fig. 6.13).

Exemple :

– pour une villa, desservie par un compteur de 20 mm, les dimensions du regard sont de 0,80 m x 0,80 m ou de 1,00 m x 1,00 m ; ce type de regard est préfabriqué ;
– pour un petit groupe d'immeubles desservis par un compteur de 40 ou de 50 mm, les dimensions sont de 2,50 m x 1,20 m ;
– pour des compteurs plus importants, 80 ou 100 mm, les dimensions sont de l'ordre de 4,00 m x 1,20 m.

Le regard comporte quatre parois, sans radier, le fond étant traité en gravier. Préfabriqué, il est mis en place par le titulaire du présent lot. Coulé en béton ou bâti en maçonnerie de parpaings, il est à la charge de l'entreprise du lot de maçonnerie d'accompagnement ou du lot de gros-œuvre du bâtiment. Il est recouvert par un tampon métallique comportant un ou plusieurs éléments afin d'être aisément manœuvrable, avec interposition d'un matelas isolant protégeant le compteur des risques de gel.

1.4.4. Les compteurs d'eau

Les compteurs d'eau sont des appareils de mesure intégrateurs autonomes qui déterminent en continu le volume d'eau qui les traverse.

La désignation N des compteurs est une valeur numérique précédée de la lettre N, en corrélation avec les valeurs de dimension (tab. 6.2). Il existe une correspondance entre la désignation des compteurs et le débit permanent. La valeur numérique q_n de ce dernier doit être au moins égale à la désignation du compteur. La taille des compteurs est caractérisée soit par la dimension des embouts filetés pour les

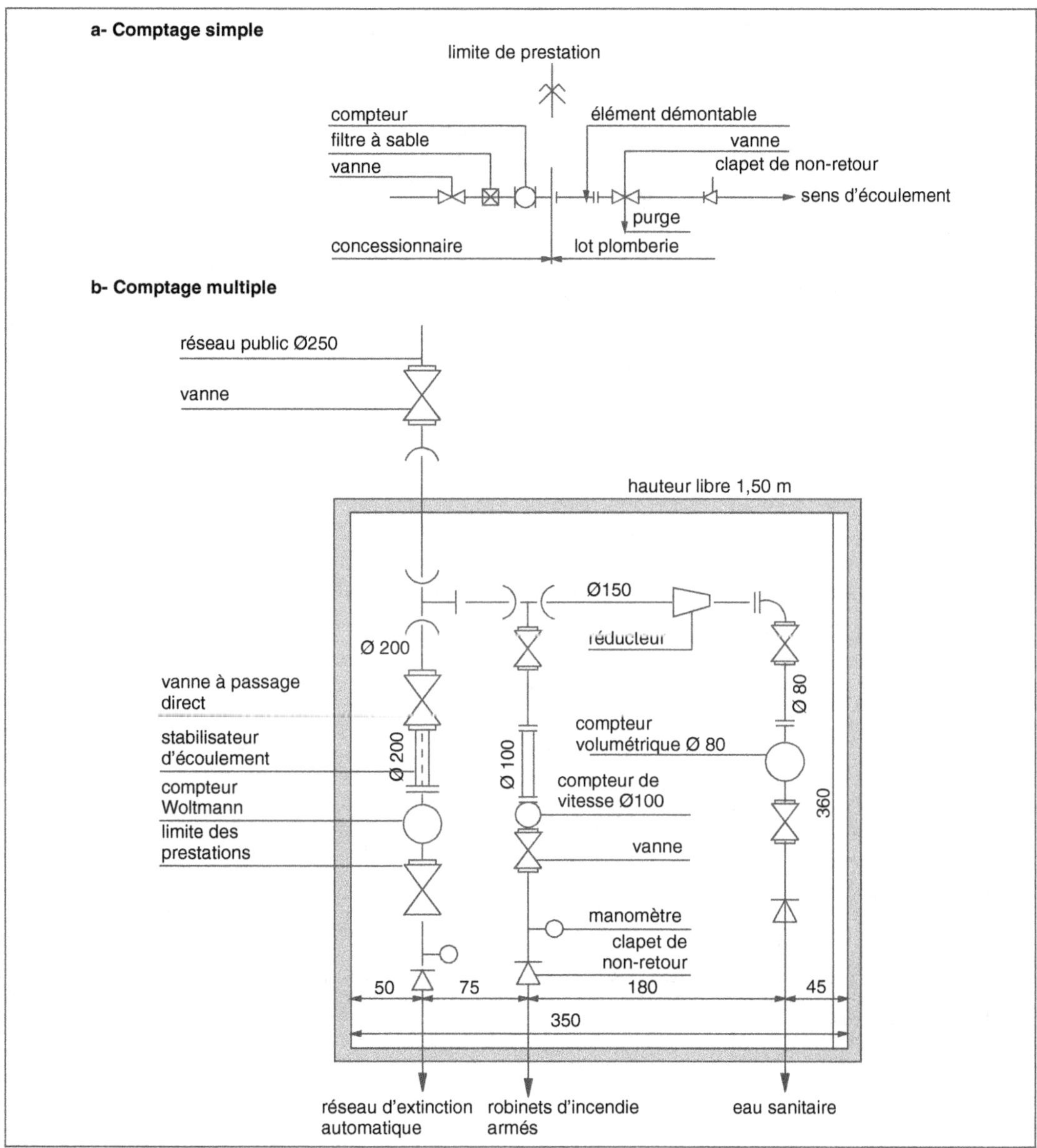

Fig. 6.12 • *Dispositifs de comptage.*

compteurs de petits débits soit par le diamètre nominal (DN) des brides de raccordement pour les compteurs de grandes dimensions. À chaque taille correspond un encombrement (fig. 6.14). Les cotes l_1, l_2, L_3, H_1 et H_2 définissent respectivement la longueur, la largeur et la hauteur d'un parallélépipède rectangle, volume enveloppe du compteur. La longueur L_1 a une valeur fixe à tolérance prescrite pour tous les compteurs d'un même calibre, les autres sont les dimensions maximales.

1.4.4.1. *La classification des compteurs*

La classification des compteurs s'effectue en fonction des débits ou des pertes de charge.

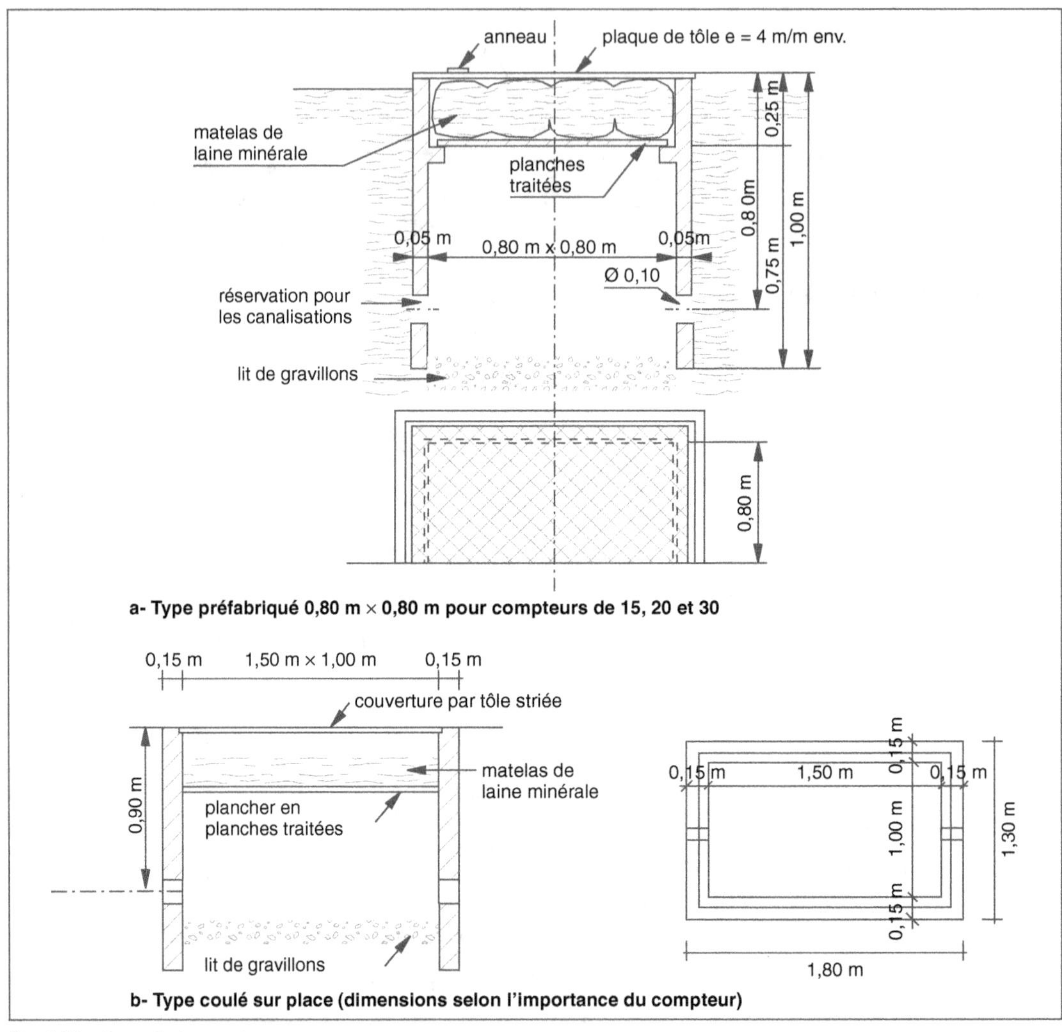

Fig. 6.13 • *Regards de comptage.*

Les débits permettent d'établir quatre classes métrologiques A, B, C, D définies en fonction de la précision du comptage. N étant inférieur ou supérieur à 15 (tab. 6.3), un canal de tolérances propre à chaque classe est déterminé, dans lequel doit se situer la courbe de réponse des compteurs sur l'étendue des débits délimités par le débit minimal et le débit de surcharge (fig. 6.15). Le débit de transition correspond au changement d'échelle de valeur de l'erreur et à l'inflexion de la courbe. C'est lors du débit de démarrage proche du débit minimum que les écarts sont les plus importants. Les indications du compteur ne doivent pas être entachées d'une erreur supérieure aux erreurs maximales tolérées. Les pertes de pression permettent de classer les compteurs en quatre groupes, selon qu'elles atteignent l'une des valeurs suivantes : 0,1 MPa, 0,06 MPa, 0,03 MPa, 0,01 Mpa, sur toute l'étendue de la mesure de la charge.

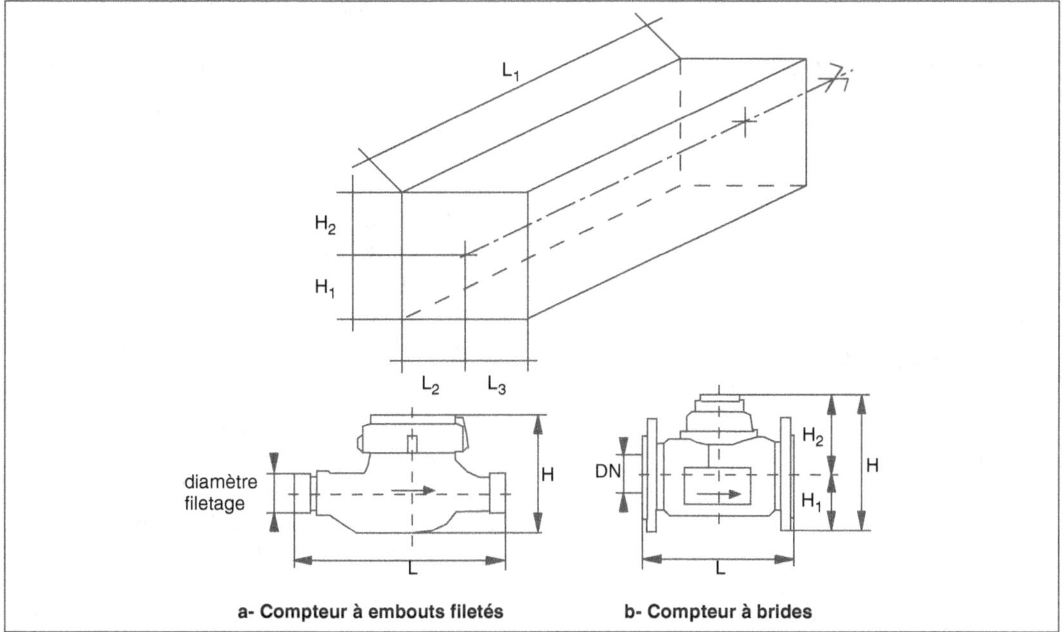

Fig. 6.14 • *Emcombrement du compteur.*

Le type, la classe métrologique et la taille du compteur sont déterminés en tenant compte des caractéristiques d'utilisation et des éléments propres au réseau :

– pression d'alimentation disponible ;

– caractère physico-chimique de l'eau ;

– perte de pression admissible au niveau du compteur ;

– débits attendus (q_{mini}, q_p, q_s) ;

– adéquation du type de compteur aux conditions d'installation.

1.4.4.2. Le fonctionnement des compteurs d'eau

Le fonctionnement des compteurs d'eau est basé sur l'un des deux principes suivants : les compteurs volumétriques et les compteurs de vitesse (fig. 6.16).

Les compteurs volumétriques sont constitués de chambres de volume connu et d'un mécanisme entraîné par l'écoulement de l'eau, grâce auquel ces chambres sont successivement remplies d'eau, puis vidées.

En comptant le nombre de ces volumes qui traversent les appareils, un totalisateur indique le volume d'eau écoulé. Ce type de compteur est sensible, donc utilisable pour comptabiliser des volumes sous de faibles débits.

Les compteurs de vitesse sont composés d'un organe mobile dont la vitesse dépend directement de la vitesse d'écoulement de l'eau. Le mouvement de l'organe mobile est transmis au totalisateur qui indique le volume d'eau écoulé. Ils sont moins sensibles que les compteurs volumétriques et, de ce fait, sont réservés au débit moyen ou important.

Les compteurs de vitesse comprennent plusieurs modèles, l'organe mobile étant une turbine ou une hélice soumise à un jet unique ou à plusieurs jets.

Les compteurs Woltmann comportent une hélice pivotant dans l'axe de l'écoulement de l'eau. Ils sont fiables pour les débits supérieurs à 15 m³/h.

COMPTEURS À EMBOUTS FILETÉS		
Valeur de N	**Filetage**	**Diamètre**
0,6	G 3/4	20×27
1	G 3/4	20×27
1,5	G 3/4	20×27
2,5	G 1	26×34
3,5	G 1 1/4	33×42
6	G 1 1/2	40×49
10	G 2	50×60
COMPTEURS À JET UNIQUE		
Valeur de N	**Diamètre nominal (DN)**	
15	50	
20	65	
30	80	
40	100	
COMPTEUR TYPE WOLTMANN		
Valeur de N	**Diamètre nominal (DN)**	
15	50	
20	65	
30	80	
40	100	
100	125	
150	150	
250	200	
………..	………..	
4 000	800	

Tab. 6.2 • *Désignation des compteurs.*

CLASSE	DÉBIT	VALEUR DE N	
		N < 15	**N > 15**
A	q_{min}	0,04 N	0,08 N
	q_t	0,10 N	0,30 N
B	q_{min}	0,02 N	0,03 N
	q_t	0,08 N	0,20 N
C	q_{min}	0,01 N	0,006 N
	q_t	0,015 N	0,015 N
D	q_{min}	0,075 N	–
	q_t	0,0115 N	–

q_{min} : Débit minimal.
q_t : Débit de transition.

Tab. 6.3 • *Classification des compteurs.*

La combinaison des deux procédés est réservée aux installations spéciales ou importantes. Elle présente l'avantage d'indiquer les volumes, quel que soit le débit (faible avec le compteur de volume et fort avec le compteur de vitesse).

Le dispositif de lecture doit fournir une indication visuelle facile à lire, sûre et sans ambiguïté du volume écoulé, en particulier lorsque le compteur est placé en fond d'un regard. Deux procédés sont utilisés (fig. 6.17).

Le type analogique, dans lequel le volume d'eau est indiqué par le mouvement d'une ou de plusieurs aiguilles se déplaçant sur des échelles ou des cadrans gradués. La valeur de chaque cadran est exprimée en mètres cubes, affectée d'un facteur multiplicateur, multiple ou sous-multiple : $\times 0,001$, $\times 0,01$, $\times 0,1$, $\times 1$, $\times 10$, $\times 100$ et $\times 1\ 000$.

Le type numérique, dans lequel le volume consommé est signalé par une rangée de chiffres apparaissant dans une ou plusieurs fenêtres ; l'avancement d'une unité de rang quelconque se produit lorsque le chiffre de rang immédiatement inférieur passe de 9 à 0.

En principe, les indications sont portées en noir pour la lecture des mètres cubes, et en rouge pour celle des sous-multiples.

Lorsque les compteurs sont à l'intérieur de parties privatives, ils peuvent être équipés d'un système de télé-report ou de lecture à distance afin de connaître la consommation sans avoir à pénétrer dans les locaux.

1.5. Les matériaux

Qu'il s'agisse de canalisations ou d'appareillages (vannes, opercules, compteurs…), les matériaux sont adaptés aux objectifs à atteindre : résistance mécanique, aux chocs, à l'écoulement de l'eau, à la corrosion, etc. Les principales caractéristiques sont men-

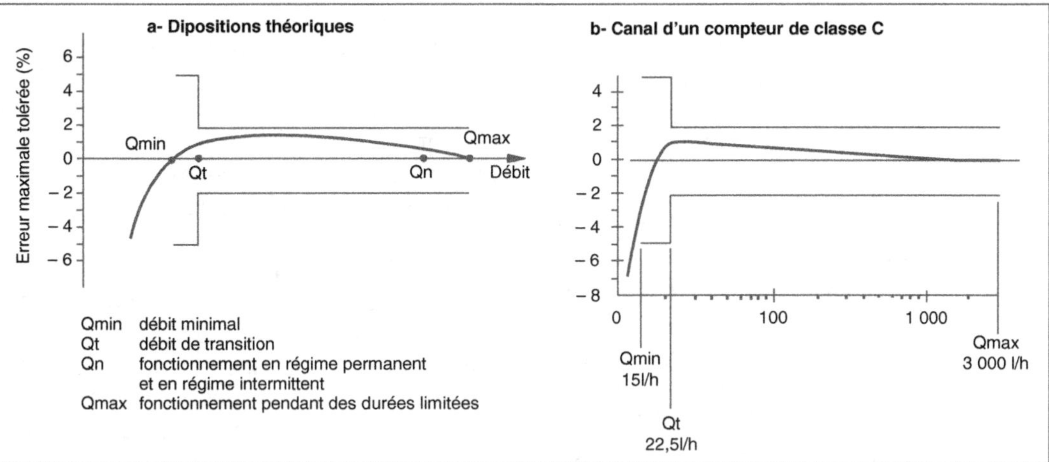

Qmin   débit minimal
Qt   débit de transition
Qn   fonctionnement en régime permanent
        et en régime intermittent
Qmax   fonctionnement pendant des durées limitées

Fig. 6.15 • *Canal de tolérance des compteurs.*

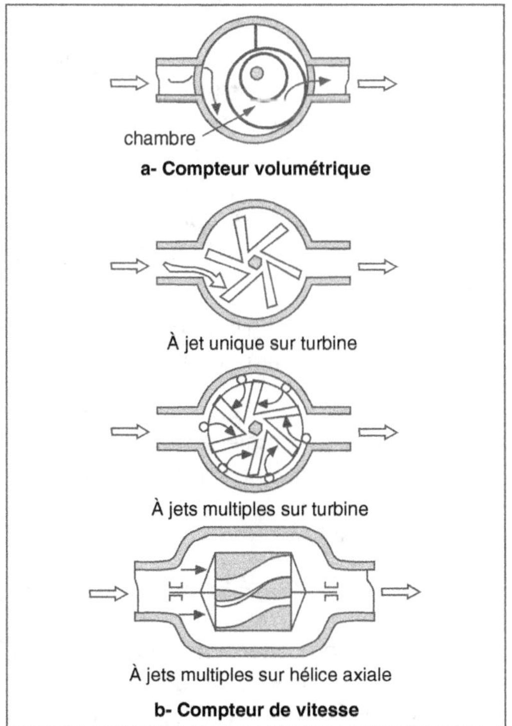

Fig. 6.16 • *Principe de fonctionnement des compteurs.*

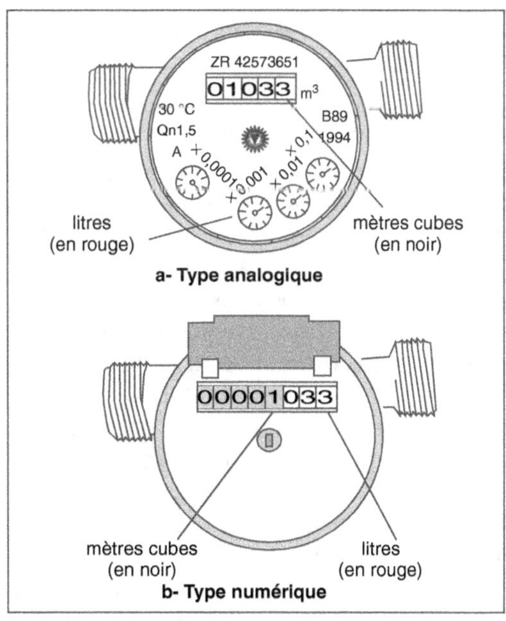

Fig. 6.17 • *Dispositifs de lecture des compteurs.*

tionnées au paragraphe 7 du chapitre 5, page 293. Les liaisons entre les divers équipements d'un réseau imposent de vérifier qu'il n'y a pas incompatibilité entre eux.

Concernant l'eau destinée à la consommation humaine, les matériaux entrant dans la constitution des canalisations, des raccords, des réservoirs et des accessoires doivent répondre à des spécifications particulières précisées dans l'arrêté du 29 mai 1997 modifié. En particulier, ne peuvent être utilisés au contact de l'eau que les matériaux suivants :

- les métaux, alliages et revêtements métalliques à base de cuivre, de fer, d'aluminium et de zinc ;
- les matériaux à base de liants hydrauliques, y compris ceux au sein desquels sont incorporés des constituants organiques, les émaux, les céramiques et le verre ;
- les matériaux organiques fabriqués à partir des constituants chimiques autorisés dans le cadre de la réglementation relative aux matériaux placés au contact des denrées alimentaires.

L'emploi de ces matériaux doit respecter les prescriptions développées dans les annexes de l'arrêté.

1.5.1. Les canalisations

Les canalisations sont fabriquées à l'aide des matériaux suivants : le béton armé, la fonte, l'acier galvanisé, le PVC, le polyéthylène. L'emploi de l'amiante-ciment est interdit, comme tous les produits contenant de l'amiante. Les pièces, telles que coudes, raccords, etc. sont généralement faites avec le même matériau ou une matière compatible. Les références prennent en compte le diamètre nominal (DN) et la pression nominale (P_n) exprimée en MPa ou bars. Le tableau 6.4 indique la masse linéique pour les différents matériaux en fonction du diamètre nominal. Les tubes et les raccords divers doivent respecter les normes correspondant à chacun des matériaux utilisés.

Le béton armé est relativement peu utilisé dans la distribution de l'eau sous pression, sauf pour les tuyaux avec âme en tôle réservés aux gros diamètres nominaux (fig. 6.18). Ils allient les qualités essentielles des deux matériaux : l'étanchéité et la résistance à la pression de l'acier, d'une part, et la résistance mécanique du béton, d'autre part.

Les points forts sont les suivants : la grande rigidité du produit, l'autoportance, la passivité, les faibles risques de corrosion, la longévité. La surface intérieure, riche en ciment et très lisse confère aux tuyaux un bon coefficient d'écoulement hydraulique qui ne s'altère pas dans le temps. Les diamètres s'échelonnent de DN 250 mm à DN 4 000 mm. L'assemblage entre deux éléments est réalisé soit à l'aide d'une garniture d'étanchéité en élastomère pour les joints souples, soit par soudage de l'âme en tôle pour les joints rigides. La fermeture est assurée dans les deux procédés par un garnissage au mortier.

La fonte est le matériau le plus utilisé pour la conception des réseaux de distribution d'eau. La fonte grise relativement cassante, employée précédemment, a été remplacée par la fonte ductile dont les propriétés sont améliorées au fil du temps. La norme NF EN 545 – *Tuyaux, raccords et accessoires en fonte ductile et leurs assemblages pour canalisations d'eau. Prescriptions et méthodes d'essai* – définit les différentes pressions admissibles.

- La pression de fonctionnement admissible (PFA) est la pression interne en régime permanent.

- La pression maximale admissible (PMA) est la pression interne supportable en service, y compris les coups de bélier : PMA = 1,2 × PFA ;

- La pression d'épreuve admissible (PEA) est la pression hydrostatique maximale à laquelle un composant, nouvellement mis en œuvre, est soumis pendant un laps de temps relativement court : en général PEA = PMA + 5 bars ; si PFA = 64 bars, PEA = 1,5 × PFA.

Les diamètres s'échelonnent de 60 à 1 800 mm selon le type de joints ; la gamme courante allant de 60 à 300 mm. La pression de fonctionnement admissible (PFA) couvre un éventail de 64 bars pour les petits

| DIAMÈTRE NOMINAL | MASSE LINÉIQUE EN kg | | | | | | | |
| | BÉTON | FONTE | ACIER | | PVC | | PE | |
DN en mm [1]			Mortier [2]	Époxy [2]	10 bars	16 bars	10 bars	16 bars
20	–	–	–	–	–	–	–	0,164
25	–	–	–	–	–	–	–	0,213
32	–	–	–	–	–	–	–	0,329
40	–	–	–	–	–	–	0,359	0,515
50	–	–	–	–	–	–	0,56	0,795
60	–	11,5	–	–	–	–	–	–
63	–	–	–	–	–	1,4	0,88	1,27
75	–	–	–	–	–	1,9	1,23	1,78
80	–	15	9	–	–	–	–	–
90	–	–	–	–	1,9	2,7	1,76	2,56
100	–	18,5	12	–	–	–	–	–
110	–	–	–	–	2,8	4	2,63	3,8
125	–	23	15	–	3,5	5,2	3,39	4,9
140	–	–	–	–	4	6	4,24	6,15
150	–	27,5	19	–	–	–	–	–
160	–	–	–	–	4,7	7	5,55	8
180	–	–	–	–	–	–	7,05	10,2
200	–	37	25	–	7,3	11	8,6	12,5
225	–	–	–	–	9,1	13,7	11	15,8
250	230	48	34	–	11,3	16,8	13,5	19,5
280	–	–	–	–	14	–	18,8	–
300	170	61	45	32	–	–	–	–
315	–	–	–	–	17,8	26,2	21,4	–
350	–	80,5	53	38	–	–	–	–
400	220	95,5	60	44	28,4	–	–	–
450	–	113	77	55	–	–	–	–
500	290	131	92	67	43,5	–	–	–
600	350	170	130	82	–	–	–	–
700	430	218	164	106	–	–	–	–
800	530	267	219	136	–	–	–	–
900	630	320	266	171	–	–	–	–
1 000	710	378	333	213	–	–	–	–
1 100	840	441	417	256	–	–	–	–
1 200	990	506	485	315	–	–	–	–
1 250	1 200	–	–	–	–	–	–	–
1 300	–	–	574	373	–	–	–	–
1 400	1 460	694	618	402	–	–	–	–
1 500	1 650	779	726	486	–	–	–	–
1 600	1 950	868	802	519	–	–	–	–
1 770	–	–	–	615	–	–	–	–
1 800	2 350	1 058,5	–	673	–	–	–	–
1 900	–	–	–	758	–	–	–	–
2 000	2 770	–	–	823	–	–	–	–
2 100	–	–	–	916	–	–	–	–
2 200	3 430	–	–	1 013	–	–	–	–
2 300	–	–	–	1 089	–	–	–	–
2 400	4 160	–	–	1 166	–	–	–	–
2 500	4 440	–	–	1 277	–	–	–	–
2 800	5 450	–	–	–	–	–	–	–
3 000	6 230	–	–	–	–	–	–	–
3 200	7 200	–	–	–	–	–	–	–
3 500	8 800	–	–	–	–	–	–	–
4 000	11 070	–	–	–	–	–	–	–

(1) : DN correspond soit au diamètre intérieur, soit au diamètre extérieur, selon la nature du matériau,
(2) : Revêtement intérieur,

Tab. 6.4 • _Masse linéique des tuyaux selon le matériau._

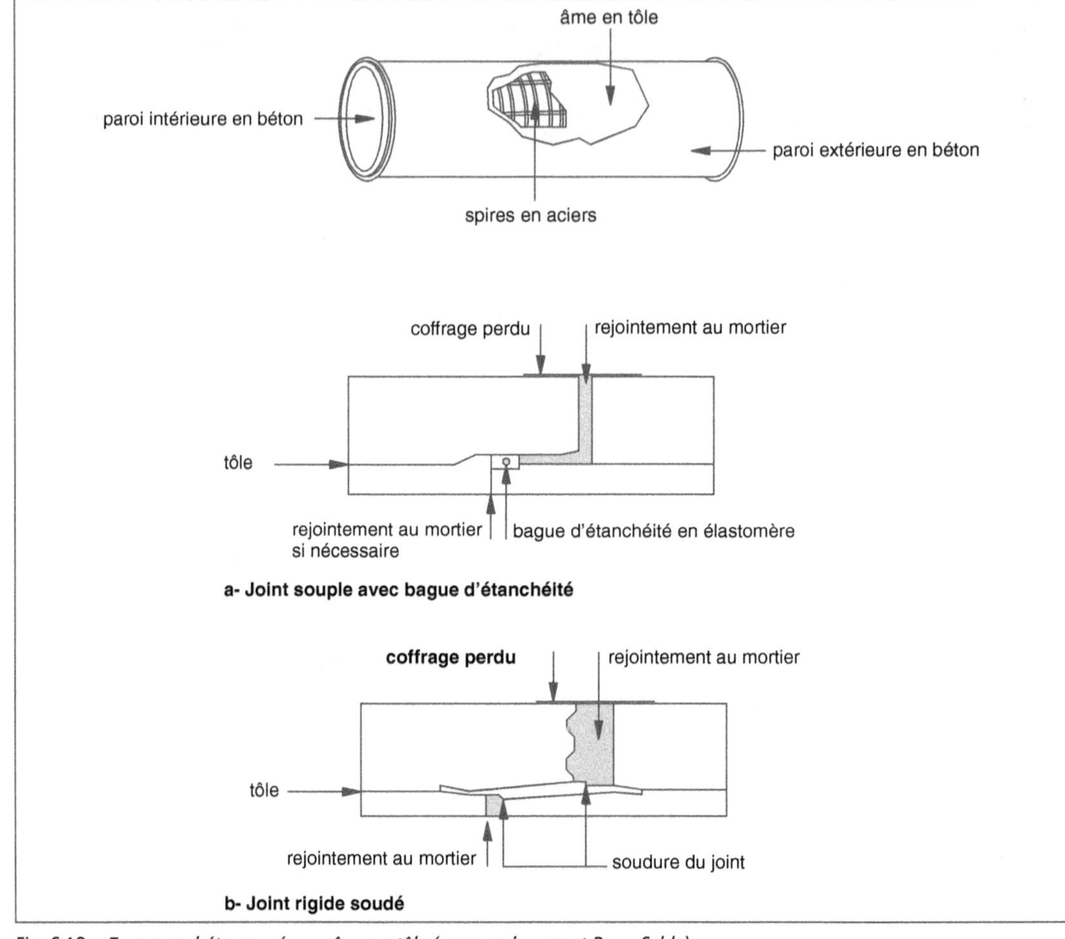

Fig. 6.18 • *Tuyaux en béton armé avec âme en tôle (source : document Bona-Sable).*

diamètres (60 mm) à 26 bars pour les gros diamètres (1 800 mm).

Les tuyaux reçoivent un revêtement intérieur et extérieur. Intérieurement, la protection est constituée d'un mortier de ciment appliqué par centrifugation. Ce procédé permet d'obtenir une couche d'épaisseur régulière et de surface lisse offrant un bon coefficient d'écoulement.

Extérieurement, les tuyaux en fonte sont protégés soit par une couche de zinc soit, pour certaines fabrications, par une couche d'un alliage à base de zinc et d'aluminium très performant. Cette protection est complétée par une couche de finition à base de résines époxy de couleur bleue (fig. 6.19) ou avec une peinture bitumineuse noire.

Les tuyaux sont constitués d'un fût muni d'une emboîture à l'une de ses extrémités afin d'assurer la liaison entre eux. Les joints peuvent être verrouillés ou non. L'intérêt du verrouillage est de former des canalisations continues autobutées. Ce principe évite les butées en béton difficilement réalisables sur des sols de faible cohésion.

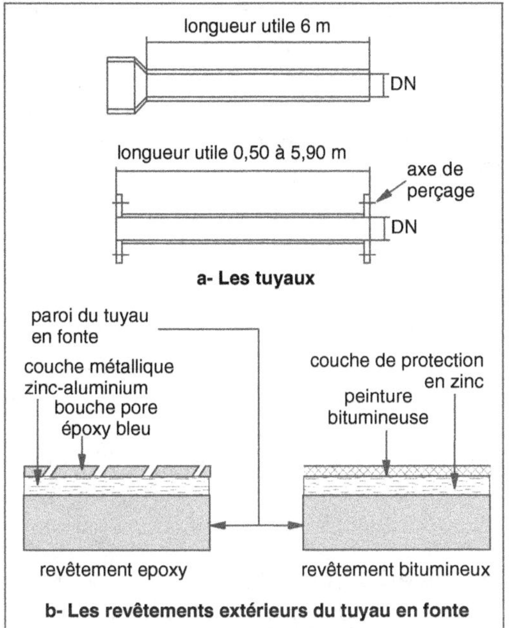

Fig. 6.19 • _Tuyaux en fonte et leurs revêtements extérieurs (source : documents Pont-à-Mousson)._

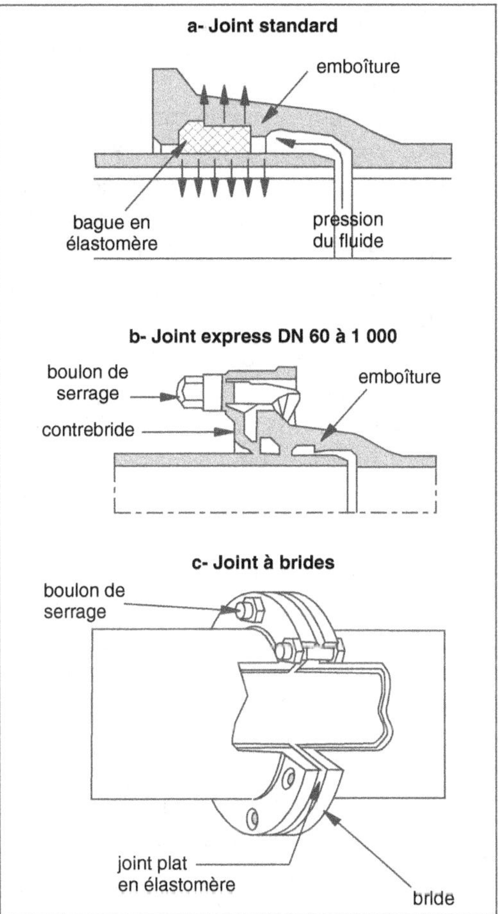

Fig. 6.20 • _Raccordement entre tuyaux fonte (source : documents Pont-à-Mousson)._

Plusieurs types de joints sont utilisés (fig. 6.20) :

- le joint standard est un joint automatique dans lequel, lors de l'assemblage, l'étanchéité est obtenue par la compression radiale d'un joint en élastomère ;

- le joint express est une liaison mécanique dans laquelle l'étanchéité est assurée par la compression axiale d'une bague en élastomère au moyen d'une contre-bride serrée par des boulons ;

- le joint à brides est utilisé pour les raccordements sur les équipements à brides, le serrage étant obtenu à l'aide de boulons et l'étanchéité par une rondelle de joint plate.

Généralement, ces joints admettent des déviations angulaires plus ou moins importantes. Ils présentent l'avantage de réaliser des courbes à grand rayon de courbure sans employer de coudes ou autres pièces spéciales. Ils permettent également d'absorber des déformations dues à des mouvements du terrain ou à des phénomènes de dilatation.

L'acier galvanisé est employé essentiellement pour la constitution de tuyaux posés en élévation. En pose enterrée, ce matériau nécessite une protection anticorrosion efficace, complétée par une protection cathodique. Ce matériau est connu pour ces qualités de résistance mécanique. La gamme des diamètres nominaux s'échelonne de DN 80 à DN 2 500, en longueur nominale de 12 m. La pression maximale admissible, telle que définie pour le matériau fonte, est supérieure à 25 bars, voire nettement plus pour les petits diamètres (73 bars pour DN 100).

Les tubes reçoivent une protection sur les deux faces qui leur confère une grande inertie chimique (fig. 6.21) :

– intérieurement, par un revêtement au mortier de ciment ou en résines époxy ;

– extérieurement, par un complexe tricouche composé de la manière suivante, après grenaillage de la surface :

- une première couche de résine époxydique ;
- une deuxième couche d'adhésif copolymère destinée à assurer une adhérence parfaite entre l'époxy et la couche finale ;
- une troisième couche de polyéthylène ou de polypropylène, appliquée par extrusion.

Deux principes sont retenus pour l'assemblage des tubes :

– pour les tubes à emboîtement, la soudure à clin, simple à réaliser sur le chantier, ne nécessite pas de reprise du revêtement intérieur ;

– pour les tubes à bouts lisses, le joint soudé bout à bout impose une reprise du revêtement intérieur à réaliser sur le chantier.

D'une manière générale, le premier procédé est préféré, compte tenu de la sécurité apportée dans son exécution.

Le polychlorure de vinyle (PVC) permet de fabriquer des tubes semi-rigides dont le diamètre nominal s'échelonne de DN 63 mm à DN 500 mm pour une pression normale de 10, 16 ou 25 bars. Les tubes sont disponibles avec une emboîture à l'une des extrémités et un bout lisse à l'autre. Selon le type d'emboîture, l'assemblage est obtenu à l'aide d'un joint d'étanchéité en élastomère ou par collage (fig. 6.22).

Le matériau résiste bien à la corrosion, présente une bonne inertie électrique, un bon coefficient d'écoulement hydraulique. Sa résistance mécanique, en pose enterrée est satisfaisante, sous réserve de prendre quelques précautions énoncées au paragraphe 7.4 du chapitre 5 (p. 300).

Le polyéthylène (PE) est utilisé pour les canalisations de distribution d'eau potable ou d'eau brute sous pression. Les résines destinées au réseau d'eau potable sont choisies afin de ne pas donner de goût à l'eau qui transite par le tube. Les tuyaux sont aisément repérables, de couleur noire avec des filets bleus. Ils sont définis par le diamètre extérieur nominal DN, l'épaisseur nominale, la pression normale Pn (6,3, 10, 12,5 et 16 bars). Selon la pression admise, la gamme des diamètres s'échelonne de DN 20 mm à DN 315 m. La livraison se fait en couronne, en barre de 6,00 à 12,00 m (photo 6.4), ou en touret.

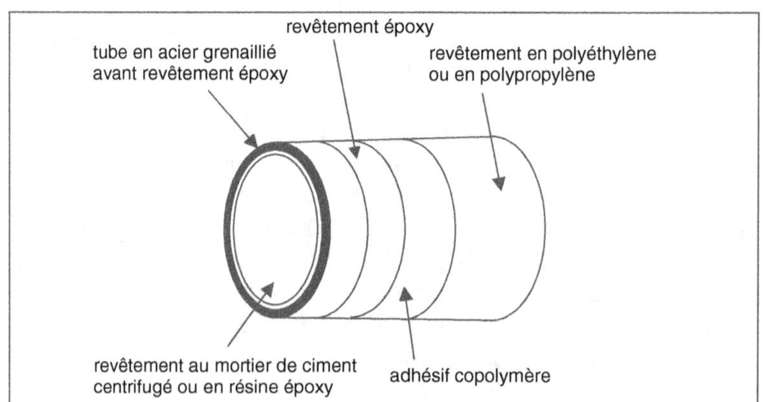

Fig. 6.21 • *Constitution des tuyaux en acier (source : document EUROPIPE).*

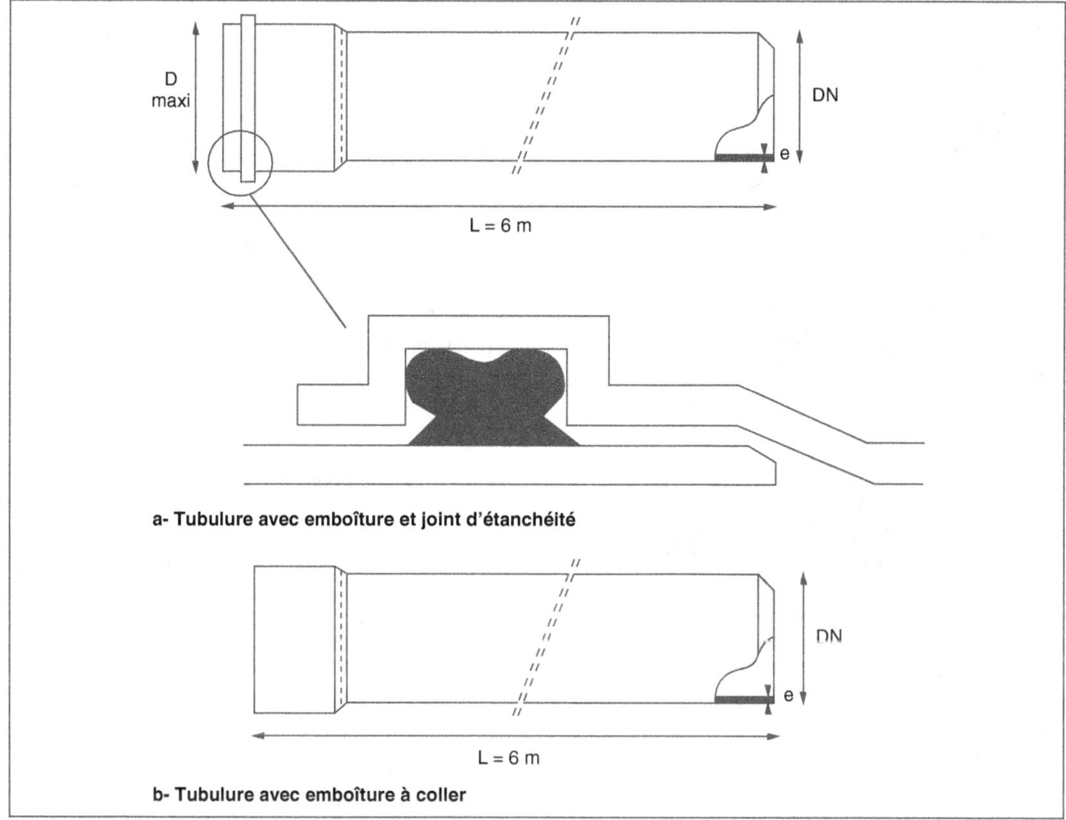

Fig. 6.22 • *Tubes en PVC (source : document Alphacan).*

Ce matériau présente de nombreux avantages :

– inertie chimique ;

– insensibilité à la corrosion ;

– bon coefficient d'écoulement hydraulique et faibles pertes de charge ;

– bonne résistance au gel ;

– légèreté ;

– pose rapide et aisée, sous réserve de prendre les précautions pour les tuyaux semiflexibles (lit de sable et calages latéraux).

De ce fait, les tubes en polyéthylène sont de plus en plus utilisés tant pour la constitution de réseaux que pour les branchements particuliers. Les assemblages sont réalisés par soudage ou mécaniquement à l'aide de raccords métalliques ou en polyéthylène.

Les matériaux composites sont peu utilisés pour l'alimentation en eau.

1.5.2. Les appareillages

Les appareillages sont essentiellement construits avec des matériaux offrant une bonne résistance à l'usure et au frottement. Les appareillages de gros diamètre ont un corps en fonte ; les autres sont en bronze, en laiton ou en résine synthétique.

1.6. Le service incendie

Le matériel de lutte contre l'incendie est soumis à une réglementation stricte ainsi qu'à des normes des séries NF S 61-xxx et S 62-xxx. L'objectif est d'optimiser la fiabilité des appareils de lutte contre l'incendie

Photo 6.4 • *Tuyau en polyéthylène.*

en toutes circonstances et pour une utilisation rapide par les services de secours. Le raccordement s'effectue sur un réseau d'eau sous pression, qu'il soit public ou privé.

La défense contre l'incendie peut être abordée de deux manières :
- depuis l'intérieur des bâtiments, à l'aide de dispositifs installés lors de leur construction adaptés à la conception et à l'utilisation qui en sera faite ;
- depuis l'extérieur, en se raccordant sur des poteaux ou sur des bouches judicieusement répartis.

Dès la mise au point d'un projet d'aménagement d'une zone ou de construction d'un bâtiment ou d'un groupe de bâtiments (habitation, scolaire, établissement recevant du public, industriel, etc.), le concepteur se met en rapport avec les services départe-

mentaux de l'incendie et de la sécurité (SDIS) afin de définir les moyens à mettre en œuvre dans le cadre de la lutte contre l'incendie et leurs implantations.

Concernant les bâtiments industriels, des dispositions complémentaires sont prises afin d'éviter le rejet d'eaux polluées dans l'environnement naturel. À cet effet, des bassins de rétention d'une capacité suffisante sont construits pour recueillir les eaux. Lorsqu'elles présentent un risque de pollution, elles subissent un traitement, puis sont rejetées dans le milieu naturel.

1.6.1. La défense contre l'incendie en intérieur

Trois dispositifs sont couramment admis, exécutés par les entreprises de plomberie ou par des entreprises spécialisées titulaires de marché dans le cadre du bâtiment :
- les colonnes sèches, alimentées directement par les fourgons pompes du SDIS ;
- les robinets d'incendie armés, toujours en charge, exigés dans les établissements recevant du public (ERP), les bâtiments industriels… ;
- les réseaux automatiques d'extinction, qui équipent certains bâtiments en totalité ou partiellement : centres commerciaux, salles de spectacles, bâtiments industriels, centres de stockage, parcs de stationnement enterrés…

Le réseau de distribution est calculé afin de répondre, dans un temps très bref, à cette demande exceptionnelle. Pour obtenir ces débits sous les pressions d'utilisation, une entente est indispensable entre l'installateur intérieur qui définit les débits nécessaires et l'opérateur extérieur qui détermine les sections des canalisations d'alimentation. Cela conduit généralement à prévoir une conduite d'un diamètre supérieur ou égal à 100 mm, avec un minimum de pertes de charge. Le raccordement est effectué sur un réseau de type maillé.

1.6.2. La défense contre l'incendie en extérieur

Le réseau alimente des bouches enterrées ou des poteaux incendie, de couleur rouge, aisément repérables. Ils sont disposés le long d'une voie carrossable et accessible aux engins des services de secours. L'espacement entre les poteaux varie de 200 m en milieu urbain à 400 m en zone rurale, leur rayon d'action étant de l'ordre de 200 à 300 m.

1.6.3. La conception de l'installation

Elle est définie en liaison avec les services départementaux de l'incendie et de la sécurité. Le **débit sur zone** est calculé en fonction des risques d'incendie dans le secteur concerné. Cette étude permet de déterminer le type, le nombre et l'emplacement des équipements à mettre en place. À cet effet, un guide pratique pour le dimensionnement des besoins en eau est mis au point. Il a pour objectif d'uniformiser les dispositions à prendre sur le plan national. Ont participé à son élaboration : le Centre national de prévention et de protection (CNPP), la Fédération française des sociétés d'assurances (FFSA) et l'Institut national des études et de la sécurité civile (INESC).

Les poteaux d'incendie sont implantés sur les trottoirs ou sur les voies piétonnes, sans constituer d'obstacles dangereux pour les usagers. Sur les trottoirs, ils sont situés à une distance comprise entre 1 et 5 m du bord de la chaussée accessible aux engins.

L'emplacement des poteaux et l'orientation des prises sont choisis pour que ces dernières soient du côté de la voie d'accès. Un volume de dégagement suffisant est respecté pour faciliter la mise en place et la manœuvre des tuyaux souples après leur raccordement.

Le réseau est dimensionné de manière à assurer un débit minimum mesuré sur une prise de 100 mm égal à 60 m³/h pour un poteau 1 × 100 et de 120 m³/h pour un poteau 2 × 100, sous une pression résiduelle mesurée à la sortie de l'appareil de 0,1 MPa (1 bar).

1.6.4. Les poteaux incendie

Les poteaux incendie sont normalisés et référencés selon leur diamètre nominal de raccordement au réseau : DN 65, DN 80, DN 100, DN 150. Ils sont réservés à l'usage exclusif des services de défense incendie (photo 6.5).

Photo 6.5 • _Poteau incendie 1 × φ100._

Exemples :

– Un poteau de 1 × 100 comprend une prise centrale φ100 et deux prises latérales symétriques φ65.
– Un poteau de 2 × 100 comprend deux prises latérales symétriques φ100 et une prise centrale φ65.

349

Chaque prise est équipée d'un bouchon étanche comportant un carré mâle de manœuvre.

Ils peuvent être ou non habillés d'un coffre en fonte ou en matériau composite, assurant leur protection contre les chocs. À ouverture rapide, il dégage totalement les orifices des prises (fig. 6.23).

Selon leur localisation, les poteaux incendie sont incongelables ou non en fonction des risques de gel des canalisations. Ils sont renversables ou non en fonction des risques dus aux chocs de véhicules.

1.6.5. Le branchement du poteau incendie

Le branchement du poteau incendie comprend les éléments suivants (fig. 6.24) :
– un dispositif de raccordement sur la conduite de distribution d'eau ;
– un robinet vanne d'arrêt équipé d'une bouche à clé accessible en permanence situé à une distance supérieure à 1 m de l'appareil, dans des zones définies (fig. 6.25) ; ce robinet doit rester en position ouverte ; il n'est utilisé que pour isoler le poteau en cas d'incident ;

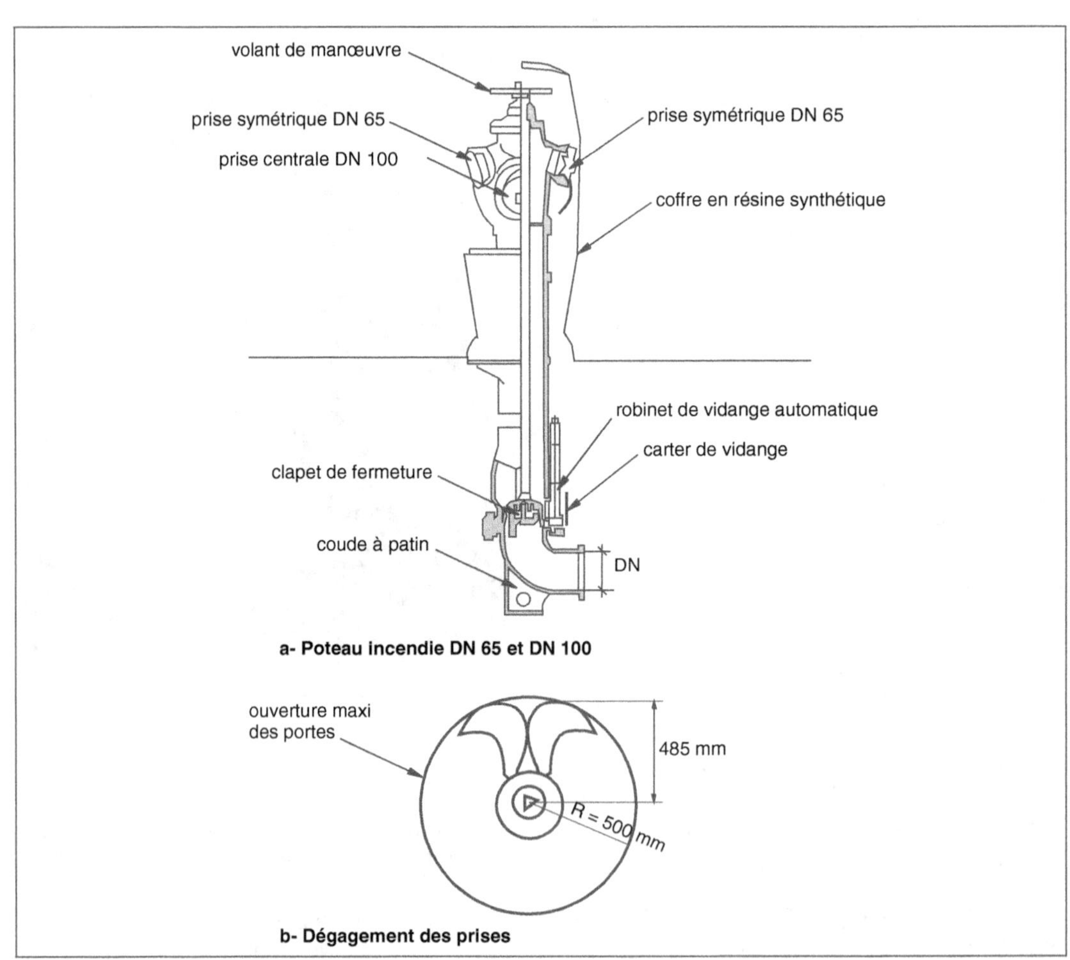

Fig. 6.23 • *Poteau incendie incongelable 1 × Ø100.*

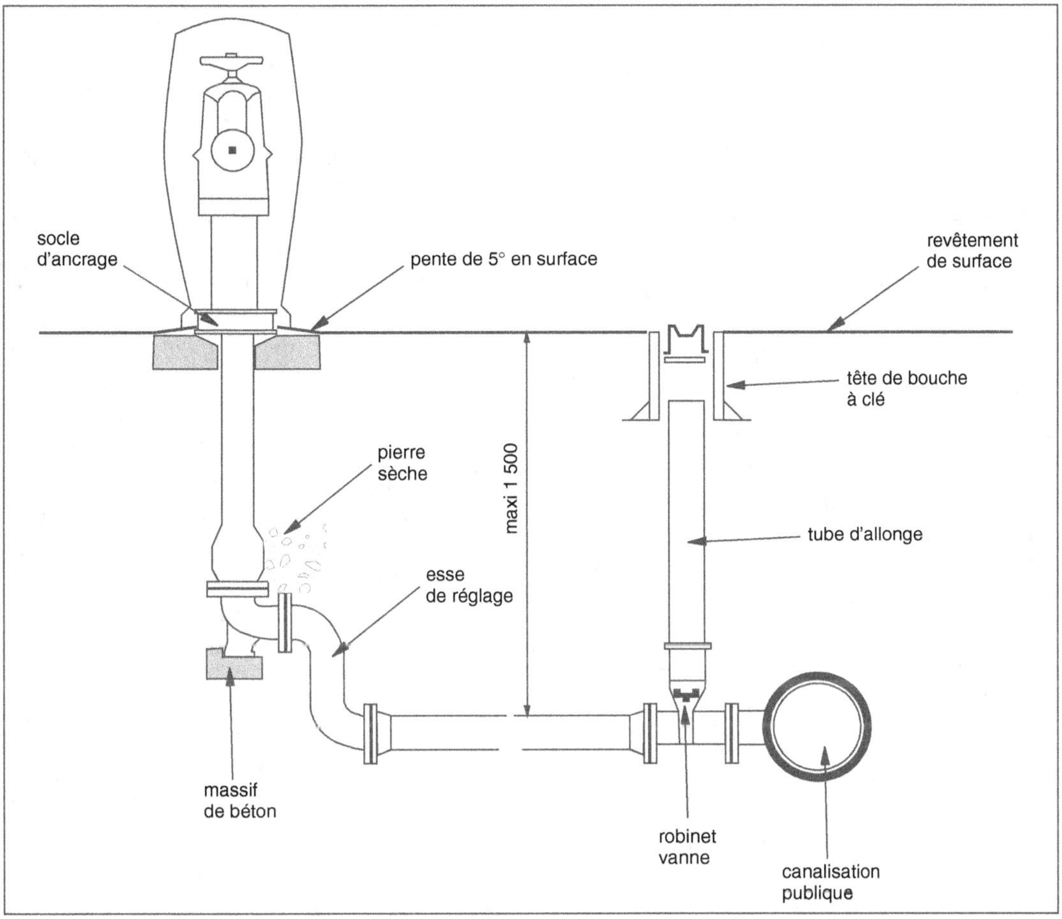

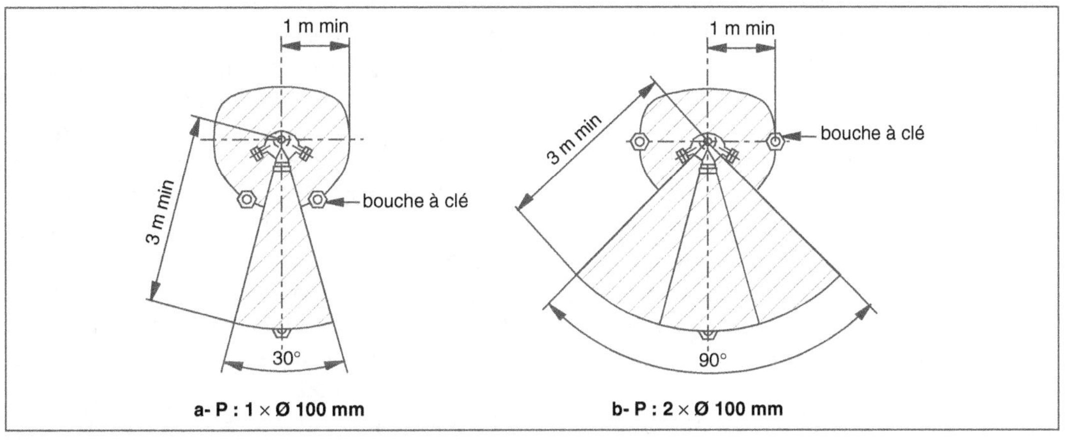

Fig. 6.24 • _Branchement du poteau incendie._

Fig. 6.25 • _Position de la bouche à clé._

– la canalisation de diamètre approprié ainsi que les coudes et les raccords nécessaires ; le diamètre est au moins égal au diamètre nominal du poteau ;

– le poteau ou la bouche d'incendie ;

– un disconnecteur assurant la protection du réseau contre les retours d'eau éventuels ;

– un dispositif de comptage de type Woltmann à faible perte de charge lorsque le poteau est installé dans le domaine privé.

Le branchement est aussi direct que possible afin de réduire les pertes de charge. Lorsqu'un dispositif de comptage est prévu, il est de type compteur de vitesse, avec une perte de charge minimale. Dans le cas d'un branchement unique destiné à l'alimentation des besoins domestiques, industriels et de lutte contre l'incendie, la mise en place d'un compteur combiné est admise.

Les conduites alimentant plusieurs poteaux sont dimensionnées de manière à assurer le débit nécessaire au nombre d'appareils susceptibles d'être utilisés simultanément pour la défense d'un même risque. Elles ne peuvent pas traverser de bâtiments ou de locaux jugés dangereux.

Le poteau est fixé sur un socle d'ancrage en béton ne permettant pas la rétention d'eau. Le coude inférieur est maintenu par une buttée en béton qui laisse libre l'orifice de vidange. Celle-ci, de préférence visitable, est soit automatique, soit semi-automatique, se fermant lors de la mise en service de l'appareil et s'ouvrant après chaque utilisation. La vidange peut se faire dans un lit de gravier parfaitement drainé ou dans un regard. Afin de se prémunir contre les risques de pollution du réseau de distribution d'eau potable, aucune communication directe ne peut se produire entre la vidange et le réseau d'assainissement ; d'autre part, le regard de vidange ne doit pas être mis en charge.

1.6.6. La réception de l'installation

Elle s'effectue dès l'achèvement des travaux en présence d'un représentant des services départementaux de l'incendie et de la sécurité, du maître de l'ouvrage, du maître d'œuvre, du concessionnaire du réseau et du responsable de l'entreprise. Elle a pour objet de vérifier que l'installation remplit bien les fonctions pour lesquelles elle a été prévue. Une attestation est alors délivrée par l'installateur dont un exemplaire est remis au représentant des services incendie. La réception est complétée par une visite de conformité au cours de laquelle sont vérifiés différents points de l'installation :

– la conformité de l'implantation des appareils avec la réglementation et les projets d'aménagement ;

– l'accessibilité des branchements et des organes de manœuvre des poteaux ;

– la manœuvre des vannes ;

– la mise en eau de l'installation et sa vidange ;

– l'étanchéité des appareils ;

– leur performance par une mesure du débit et de la pression statique du réseau.

Par la suite, des visites de contrôle sont effectuées régulièrement.

1.7. Les bouches de lavage

L'entretien des voiries, des aires de stationnement et des espaces piétonniers nécessite la pose de bouches de lavage. Situées au niveau du sol environnant, celles-ci sont constituées d'un coffre en fonte, muni d'un couvercle, dans lequel sont placés une tête équipée d'un demi-raccord symétrique normalisé, la conduite d'arrivée et le robinet de commande. Le tuyau de lavage et les engins d'entretien sont branchés à l'aide de raccords souples, sur ces bouches. De conception incongelable, l'alimentation est située à une profondeur de l'ordre de 1 m. La vidange de la partie supérieure s'effectue automatiquement dès que la bouche est fermée (fig. 6.26).

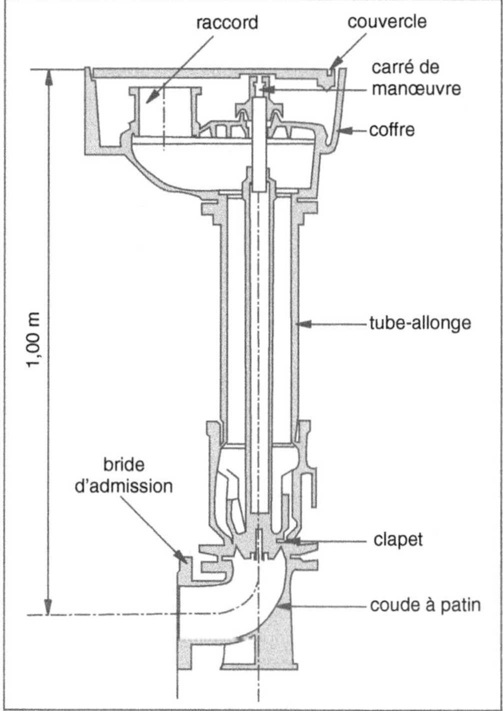

Fig. 6.26 • *Bouche de lavage.*

Alimentées par le réseau public d'eau potable, un disconnecteur évite les risques de pollution en cas de manque de pression. Éventuellement, le branchement peut comprendre un comptage.

Lorsque cela est possible, les bouches de lavage sont raccordées à un réseau d'eau brute, totalement indépendant de la distribution de l'eau potable. Il dessert également les bouches d'arrosage ainsi que les fontaines (fig. 6.27). Le coût d'investissement est plus élevé, mais l'économie à l'utilisation est appréciable, la quantité d'eau potable à traiter étant beaucoup moins importante.

1.8. Les réseaux d'arrosage

L'entretien des espaces verts nécessite la mise en place d'un dispositif permettant leur arrosage. Plusieurs solutions se présentent selon la nature des plantations et la surface à traiter.

Dans les ensembles immobiliers, des robinets de puisage sont placés en façade, sur lesquels sont raccordés des tuyaux souples, d'une longueur de l'ordre de 20 à 30 m. L'arrosage est soit manuel, soit à l'aide d'appareils fonctionnant sous la pression du réseau. Ces systèmes, d'un coût d'investissement faible, entraînent une consommation d'eau importante, non contrôlée. Ils sont réservés aux petites superficies.

1.8.1. Le réseau enterré

Le réseau enterré est mis en place afin d'alimenter, indépendamment des autres réseaux, plusieurs bouches d'arrosage de type incongelable ou non. Des asperseurs automatiques sont raccordés sur ces bouches. Fonctionnant sous une pression de 0,2 MPa (2 bars) à 0,3 MPa (3 bars), ils couvrent une surface plus ou moins grande. Le réseau comporte à son origine une vanne générale de commande, un compteur et un disconnecteur, lorsqu'il est raccordé sur une distribution d'eau potable.

1.8.2. L'arrosage automatique

L'arrosage automatique est constitué par un réseau enterré qui alimente des têtes d'arrosage placées au niveau du sol. Sous l'action de la pression de l'eau, le gicleur, fixe ou pivotant, se soulève et projette une pluie fine, parfaitement répartie, dans un rayon de 5 à 10 m. L'implantation des têtes est établie de manière que les jets se recouvrent et arrosent la totalité de la surface (fig. 6.28 et photo 6.6).

Selon les superficies à traiter, les gicleurs sont répartis de la manière suivante :

- en triangle ou en quinconce, privilégiant l'uniformité de la couverture ;

- en carré, lorsque les surfaces sont de forme géométrique ;

- en une ou deux lignes, lorsque les bandes sont plus ou moins étroites.

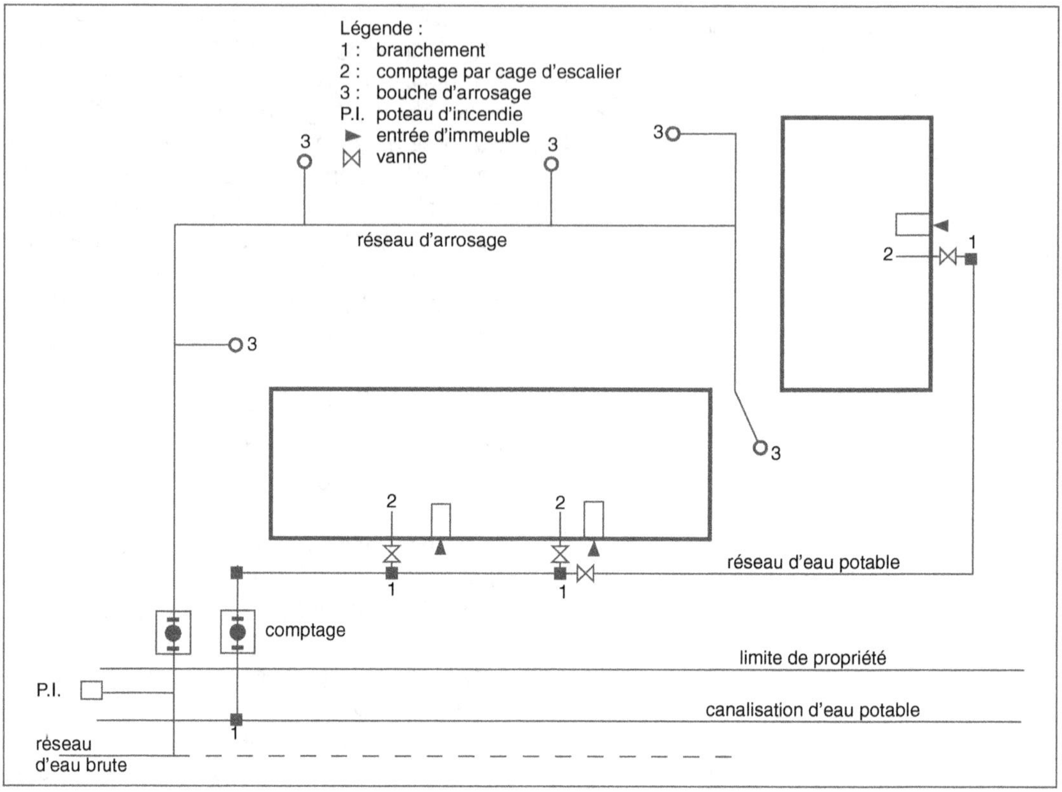

Fig. 6.27 • *Double réseau.*

Photo 6.6 • *Tête d'arrosage automatique.*

Bien que plus coûteux sur le plan de l'investissement, ce procédé utilise l'eau de manière rationnelle et occasionne une économie substantielle sur la consommation.

Les canalisations sont enterrées à une profondeur de 0,80 à 1 m pour être insensibles au gel et ne pas risquer une détérioration par les engins de culture. À son origine, le réseau comporte une vanne générale, un compteur et un disconnecteur, lorsqu'il est raccordé sur une distribution d'eau potable. Il est divisé en secteurs asservis à une électrovanne reliée à une horloge programmatrice (fig. 6.29).

Le calcul des débits tient compte de plusieurs paramètres : la qualité du terrain, la nature des plantations (gazon ou autres), le climat, la période de l'année, etc. Une quantité d'eau, de l'ordre de 20 à 30 litres par mètre carré et par semaine, convient pour un bon entretien du gazon.

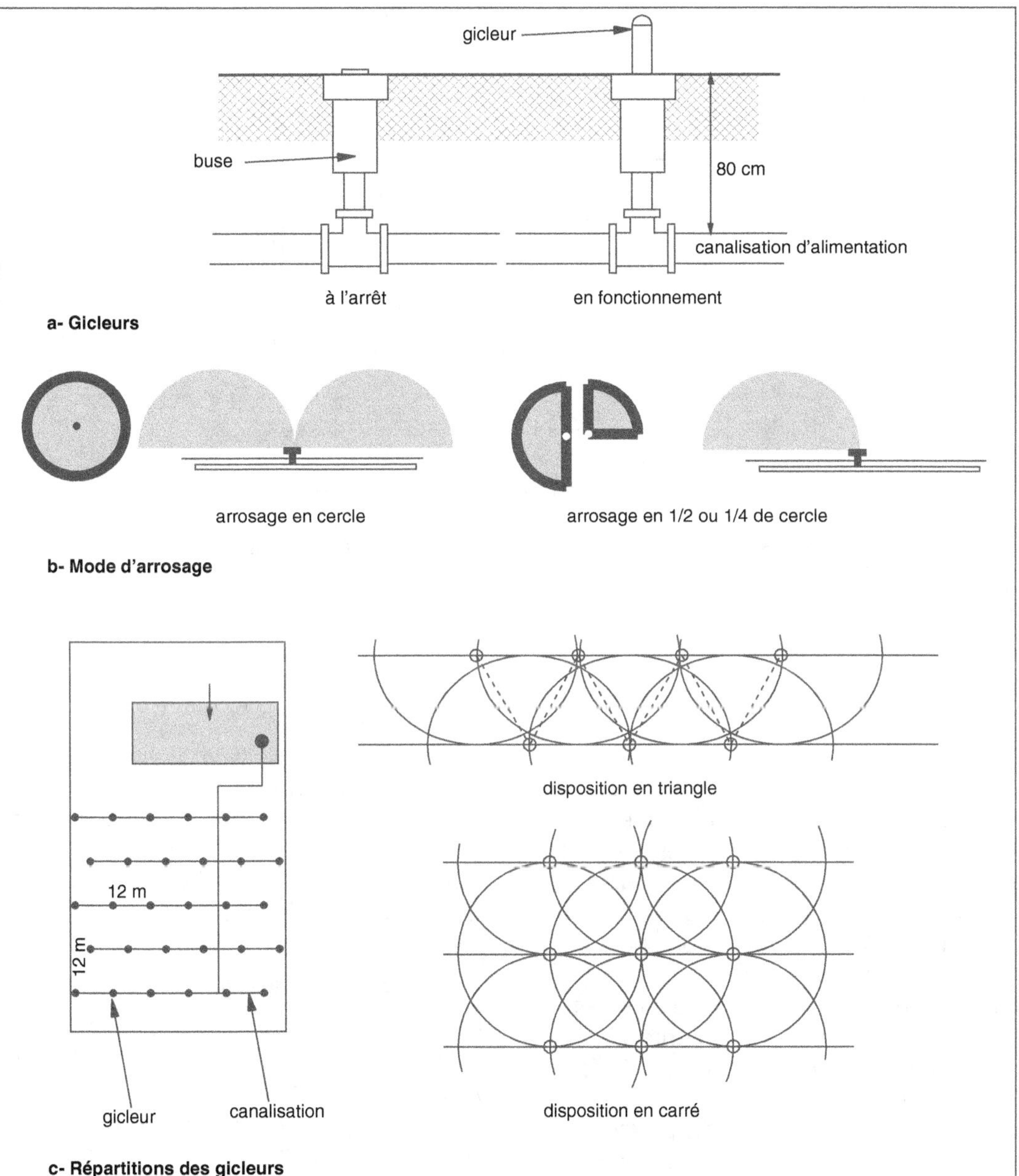

Fig. 6.28 • _Arrosage automatique._

1.9. L'alimentation individuelle

En zone rurale, lorsque l'habitat est dispersé, il n'est pas possible de prévoir une extension du réseau public, les coûts d'investissement seraient trop élevés. Dans ce cas, il faut envisager une alimentation individuelle grâce à un puits ou à un forage.

Préalablement, il convient de procéder à une recherche sur le terrain afin de localiser les nappes phréatiques ou les circulations

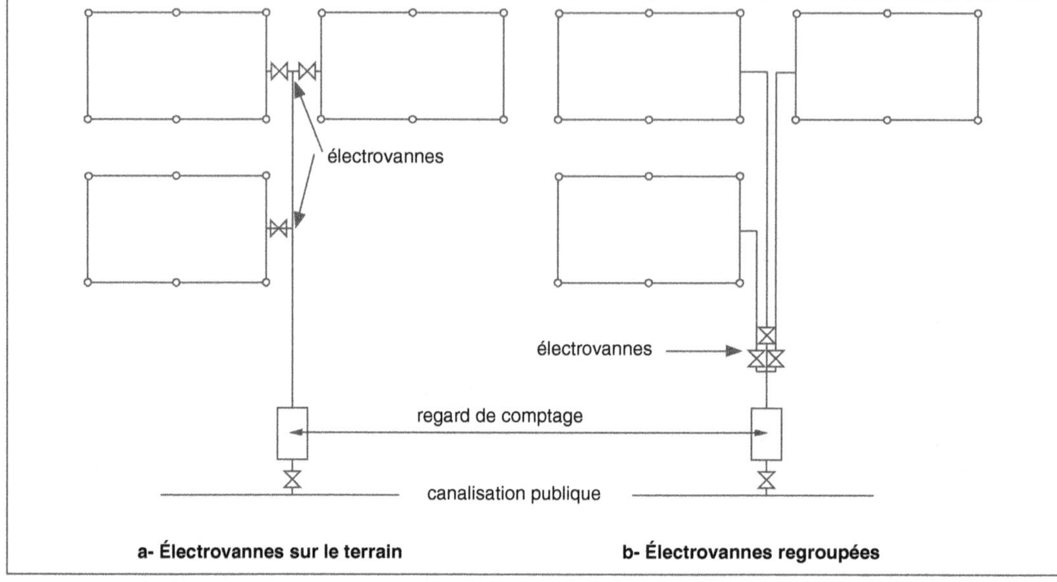

Fig. 6.29 • *Arrosage automatique par secteur.*

souterraines d'eau, et d'évaluer leur profondeur.

Lorsque la profondeur est de l'ordre de 10 mètres, un puits d'un diamètre de 1,00 m est creusé et des viroles en béton armé mises en place. Si la profondeur est supérieure, le choix du forage tubé d'un diamètre de 120 à 150 mm s'impose. Les forages peuvent atteindre de grande profondeur, de l'ordre de 100 m ou plus. Ils traversent des terrains de toute nature. Lorsque l'eau pompée est potable, toutes les dispositions sont prises afin d'éviter des risques de pollution. De plus, les points de puisage doivent être situés à une distance supérieure à 35 m de tout champ d'épandage d'eaux usées.

Le système d'alimentation comprend les éléments suivants : une pompe, les canalisations d'aspiration et de refoulement, un ballon tampon sous pression et les raccordements électriques (fig. 6.30). L'ensemble est calculé pour fournir le débit désiré, en général compris entre 1 000 et 15 000 l/h.

1.9.1. La pompe

La pompe est soit de type centrifuge, placée à proximité du ballon, soit de type immergé, en fond du puits ou du forage. Elle est protégée contre le manque d'eau par un dispositif à flotteur qui empêche son démarrage lorsque le niveau est insuffisant.

1.9.2. La canalisation

La canalisation, en acier galvanisé ou en polyéthylène, permet soit l'aspiration, auquel cas, l'extrémité plongeant dans le puits est terminée par une crépine, soit le refoulement équipé d'un clapet de non-retour.

1.9.3. Le ballon sous pression

Le ballon sous pression forme tampon et réserve d'eau, entre deux pressions extrêmes contrôlées à l'aide d'un manomètre : 0,15 MPa (1,5 bar) et 0,35 MPa (3,5 bars), par exemple. D'une capacité de 300 à 1 000 litres, il autorise le puisage d'une cer-

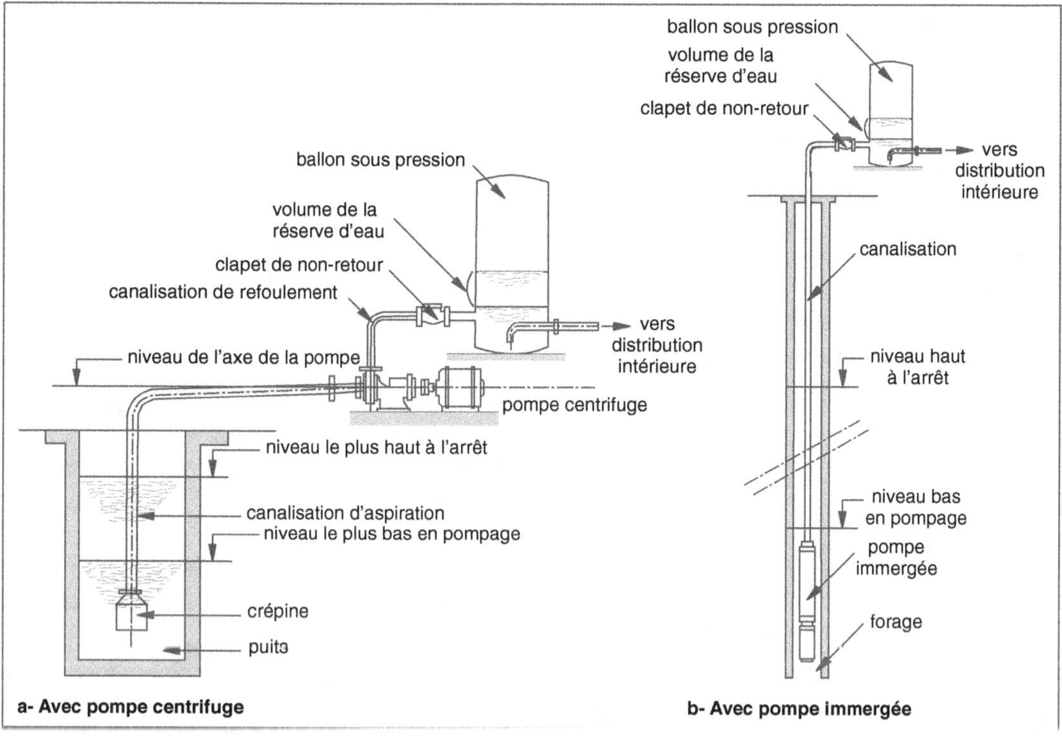

Fig. 6.30 • *Alimentation individuelle.*

taine quantité d'eau sans entraîner la mise en route systématique de la pompe. Dès que la pression atteint le minimum (0,15 MPa), la pompe s'enclenche. Elle s'arrête lorsque la pression dans le ballon est à son maximum (0,35 MPa).

1.9.4. L'équipement électrique

L'équipement électrique comprend le raccordement, un ensemble de déclencheur et de relais, la protection contre le manque d'eau, la mise à la terre et une protection contre la foudre.

En cas de desserte en eau potable, il est nécessaire de procéder à des prélèvements pour les analyser dans un laboratoire agréé. Par la suite, des analyses de contrôle sont effectuées régulièrement.

2. Le réseau de distribution électrique

Si en habitation et en tertiaire, l'électricité apparaît souvent comme un élément de confort complémentaire, dans le domaine industriel ou artisanal, elle peut être considérée comme une des énergies de base, destinées à des utilisations courantes ou particulières, présentant en outre l'avantage de s'adapter aisément à leur évolution.

La distribution d'électricité est assurée soit par les services d'Électricité de France (EDF), soit par des régies dépendant des villes dans lesquelles elles interviennent, soit par des opérateurs indépendants. L'étude des réseaux de distribution, qu'ils concernent la moyenne ou la basse tension, est donc effectuée en liaison étroite avec ces services. Elle est soumise à leur approbation comme le sera la réalisation des travaux ; la maintenance des réseaux étant de leur ressort.

Les installations électriques doivent faire l'objet d'une attention particulière compte tenu des risques encourus par le personnel d'entretien ou par les utilisateurs. Elles sont donc réalisées en conformité avec les normes en vigueur de la série NF C, en particulier les normes C 11-201 – *Réseaux publics de distribution électrique*, C 14-100 – *Installation de branchement à basse tension*, C 15-100 – *Installations électriques à basse tension*, et les règles UTE.

2.1.   *Les besoins en électricité*

Les besoins sont évalués en fonction de la destination des bâtiments desservis : habitation, tertiaire, commercial, industriel, etc. Il convient de tenir compte, dans l'étude, de l'évolution de la puissance demandée due soit à l'amélioration du confort et des conditions de vie, soit à l'extension des zones urbanisées.

2.1.1. En habitation

En habitation, les besoins sont calculés sur la base de l'utilisation de l'électricité en éclairage, en usage domestique et, éventuellement, au chauffage des locaux. Dans le cas d'immeubles collectifs, l'électricité assure le fonctionnement des services généraux (ascenseur, chaufferie collective, surpresseur, traitement d'air ou autres).

En usage domestique, les puissances souscrites varient de 3 kVA à 12 kVA en fonction du nombre de pièces du logement (tab. 6.5).

Elles permettent de déterminer la section des câbles des branchements individuels. Lorsqu'un ou plusieurs immeubles collectifs

sont raccordés, il est admis que l'ensemble de l'éclairage et des équipements ne fonctionne pas au même instant, raison pour laquelle la puissance totale est affectée d'un coefficient de pondération (tab. 6.6).

TYPES DE LOGEMENTS	PUISSANCE (KVA)
Local annexe non habitable	3
Logements de 1 à 3 pièces principales	6
Logements de 4 à 6 pièces principales	9
Logements de 7 pièces principales et plus	12

NB. Ne sont pas comptées comme pièces principales les cuisines, salles d'eau, WC, dégagements et rangements.

Tab. 6.5 • *Puissances minimales à prévoir pour les logements non équipés en chauffage électrique.*

NOMBRE D'UTILISATEURS DOMESTIQUES SITUÉS EN AVAL DE LA SECTION CONSIDÉRÉE	COEFFICIENT
2 à 4	1,00
5 à 9	0,75
10 à 14	0,56
15 à 19	0,48
20 à 24	0,43
25 à 29	0,40
30 à 34	0,38
35 à 39	0,37
40 à 49	0,36
50 et plus	0,34

Tab. 6.6 • *Coefficient de pondération (logements non équipés en chauffage électrique).*

Lorsque les appartements sont pourvus d'un chauffage électrique, la puissance souscrite dépend du type de chauffage adopté : chauffage de base plus appoint par convecteurs, chauffage par accumulateurs ou chauffage direct par convecteurs. La dernière solution occasionne la plus forte consommation.

Pour les appartements à chauffage électrique direct, la puissance souscrite s'échelonne entre 9 et 36 kVA, selon leur surface ou le nombre de pièces principales. Les câbles collectifs sont dimensionnés pour admettre une puissance égale à :

$$P(kVA) = 5\sqrt{N} + \Sigma\, P_i$$

formule dans laquelle : N est le nombre de logements alimentés ; P_i est la puissance installée en appareils de chauffage des locaux et de production d'eau chaude sanitaire, alimentés par les installations individuelles.

Pour les services généraux, la section des câbles est calculée pour répondre à une puissance égale au cumul de la puissance de ces équipements, en tenant compte éventuellement de l'intensité de démarrage des appareils.

2.1.2. Les bâtiments tertiaires, administratifs et scolaires

Pour ces bâtiments, le calcul des puissances est en général assez semblable à celui des immeubles d'habitation. Le coefficient de foisonnement est différent et tient compte du mode d'occupation. Toutefois, les équipements spéciaux font l'objet d'une étude particulière car ils peuvent être la source de perturbations sur l'installation électrique.

2.1.3. Les centres commerciaux

Pour les centres commerciaux, l'approche est différente, en particulier lorsque le découpage des lots et la destination des locaux ne sont pas parfaitement définis. Dans ce cas, la solution consiste à prévoir un poste de transformation intégré dans le bâtiment, duquel partira un nombre suffisant de câbles pour répondre aux diverses demandes d'abonnement.

2.1.4. Les zones industrielles

Les zones industrielles posent sensiblement les mêmes problèmes que les centres commerciaux, la différence résidant dans le fait que la puissance demandée est souvent supérieure. Lorsque les lots ne sont pas parfaitement définis, il convient alors de laisser un ou

plusieurs fourreaux en attente au droit des délimitations supposées (fig. 6.31). Les câbles peuvent partir d'un ou de plusieurs postes de transformation, en fonction de l'étendue de la zone et des industries pressenties.

En principe, le raccordement d'un bâtiment industriel se résout plus facilement dès lors que le type d'industrie est parfaitement défini et que son équipement est connu. La somme des puissances installées permet de calculer la section des câbles. Toutefois, il est bon de prévoir une surpuissance afin de tenir compte de l'évolution des techniques de fabrication et des extensions éventuelles.

2.2. Les caractéristiques du courant distribué

Les caractéristiques du courant distribué font référence à la tension nominale. En courant alternatif, les ouvrages relèvent de deux domaines de tension.

2.2.1. Le courant basse tension

Le courant basse tension (BT) a une valeur nominale qui excède 50 Volts et ne dépasse pas 1 000 Volts. La tension normalisée est de 240 V en courant monophasé – entre une phase et le neutre – et de 400 V en courant triphasé, entre les trois phases (fig. 6.32).

2.2.2. Le courant haute tension

Le courant haute tension A (HTA) a une valeur nominale supérieure à 1 000 Volts, sans dépasser la valeur de 50 kiloVolts. La tension couramment admise pour les ouvrages est 20 kV. Elle est souvent assimilée à la moyenne tension (MT).

Le courant haute tension B (HTB) a une valeur nominale supérieure à 50 kiloVolts.

Le courant à très haute tension (THT) atteint des valeurs nettement supérieures et ne concerne que les lignes de transport d'énergie sur de longues distances.

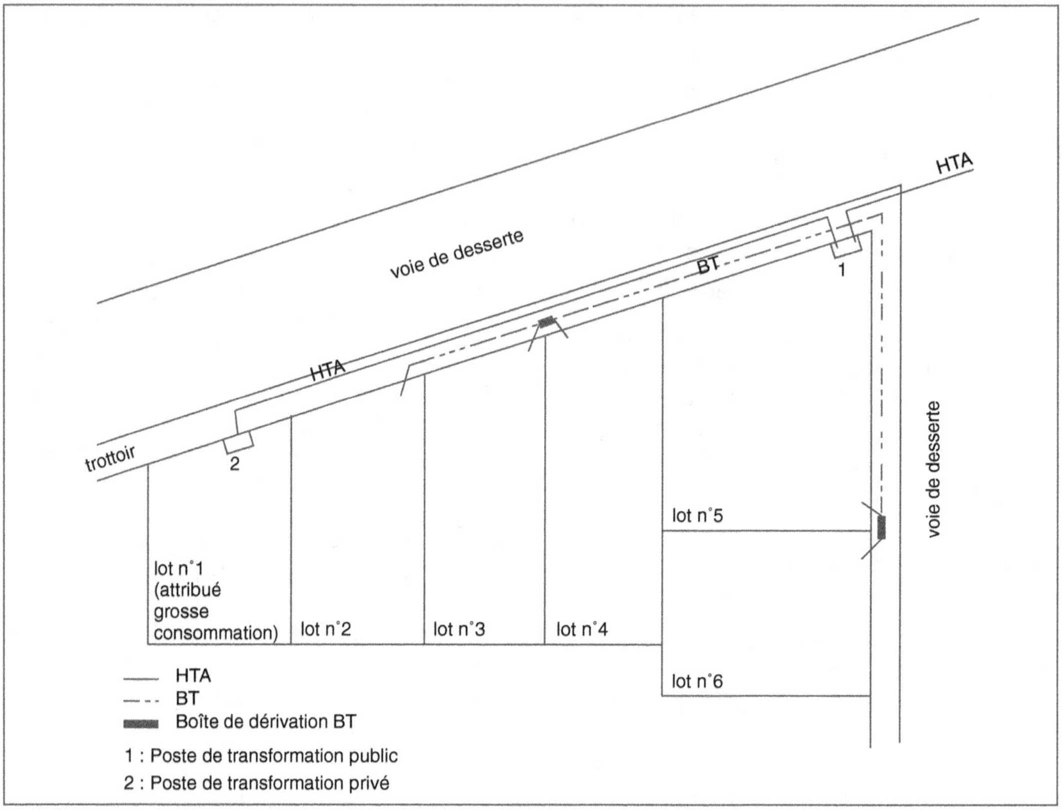

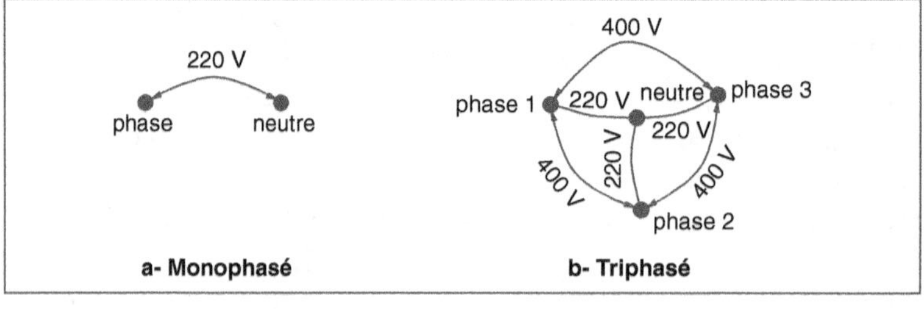

Fig. 6.31 • *Desserte en électricité d'une zone industrielle (projet).*

Fig. 6.32 • *Tension entre phases et neutre en courant monophasé ou triphasé.*

Cela conduit à retenir le principe de distribution suivant :

– les lignes HTA sont réservées :

* aux lignes principales desservant les agglomérations ;

* aux lignes secondaires pour les dérivations en zone rurale ;

* aux dessertes directes de poste de transformation afin de répondre à une demande importante de puissance émanant d'un groupe de bâtiments ou d'un client spécifique ;

– les lignes BT sont réservées :

* aux lignes desservant un quartier ou une zone résidentielle ;

* aux branchements des abonnés.

2.3. Les réseaux de distribution

Les réseaux de distribution sont réalisés à l'aide de câbles électriques regroupant un ou plusieurs conducteurs actifs*. Ils partent du point de raccordement sur le réseau général afin de desservir toutes les dérivations correspondant aux branchements individuels ou collectifs, chacune étant commandée par un dispositif de coupure (fig. 6.33). En fonction de la puissance demandée, la distribution est assurée soit :

– en HTA 20 kV jusqu'à un poste public ou privé, puis en basse tension (BT) 240 ou 400 V pour desservir les abonnés ;

– directement en basse tension.

Les réseaux de distribution sont réalisés selon quatre grands principes.

2.3.1. Les réseaux aériens

Les réseaux aériens sont constitués de lignes électriques placées en façade ou sur des poteaux. Ils sont de moins en moins utilisés en zone urbaine. Dans les agglomérations, la première solution est préférable car elle présente l'avantage d'intégrer le réseau dans le bâti existant.

En zone rurale, en habitat dispersé, lorsqu'il faut parcourir de grandes distances, les réseaux aériens sont souvent retenus à cause de leur faible coût d'investissement (fig. 6.34).

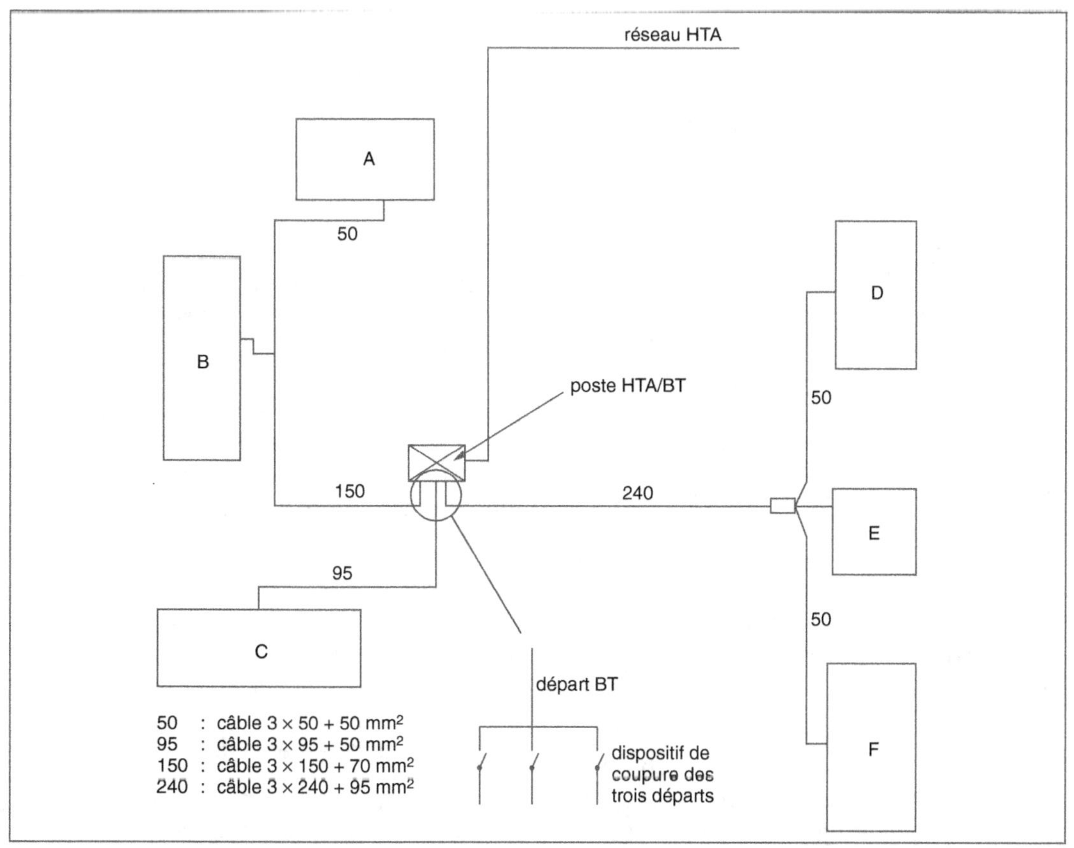

Fig. 6.33 • _Réseau de distribution d'électricité – Principe._

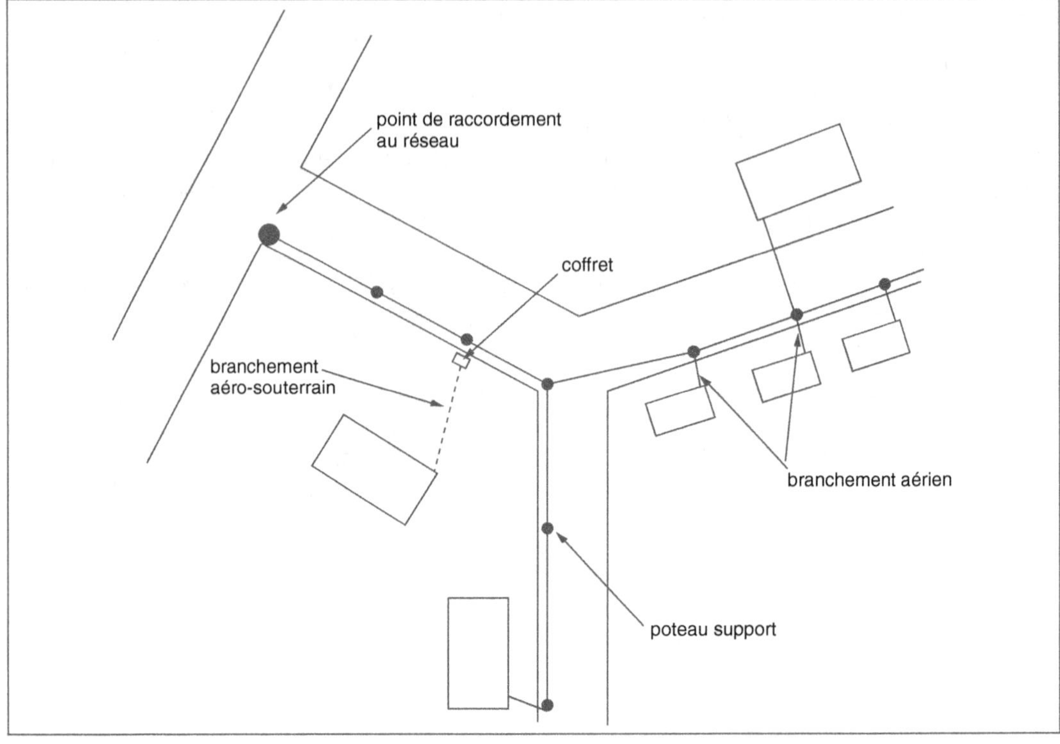

Fig. 6.34 • *Distribution par lignes aériennes – Principe.*

Ils sont composés de la manière suivante :

– des lignes électriques pour le transport de courant HTA ou BT ;

– des supports : poteaux en bois, en béton armé préfabriqué ou métalliques ; ces derniers sont obligatoirement raccordés à une prise de terre ;

– des organes de sécurité et de coupure.

Les lignes aériennes et leurs supports sont établis pour faire face à des conditions climatiques bien déterminées. Elles sont calculées pour résister aux surcharges de neige et des effets de gel ainsi qu'aux efforts dus au vent. Malgré cela, elles sont très sensibles aux événements exceptionnels (neige ou vent) et aux chutes d'arbres.

Les lignes électriques sont constituées par des câbles de type torsadé, à neutre porteur ou non. Le conducteur neutre doit être mis à la terre à l'origine des lignes ainsi qu'en un ou

plusieurs points dès qu'elles atteignent des longueurs de plusieurs centaines de mètres.

Les poteaux sont fixés dans un massif de fondation dont les dimensions sont calculées pour résister aux efforts de renversement, quelle que soit la nature du terrain. Sous l'action de leur propre poids, les câbles forment une courbe ayant l'allure d'une chaînette et occasionnant des efforts de traction en tête des supports. Situés dans un alignement droit ou légèrement courbe, les poteaux sont soumis à des charges sensiblement symétriques (fig. 6.35).

Il n'en est plus de même lorsqu'ils sont placés en extrémité de réseau ou en angle plus ou moins ouvert, auquel cas ils sont soumis à des efforts importants de traction.

Les supports sont repérés par une plaque et munis d'une protection anti-escalade portant la mention « Danger de mort ». Les

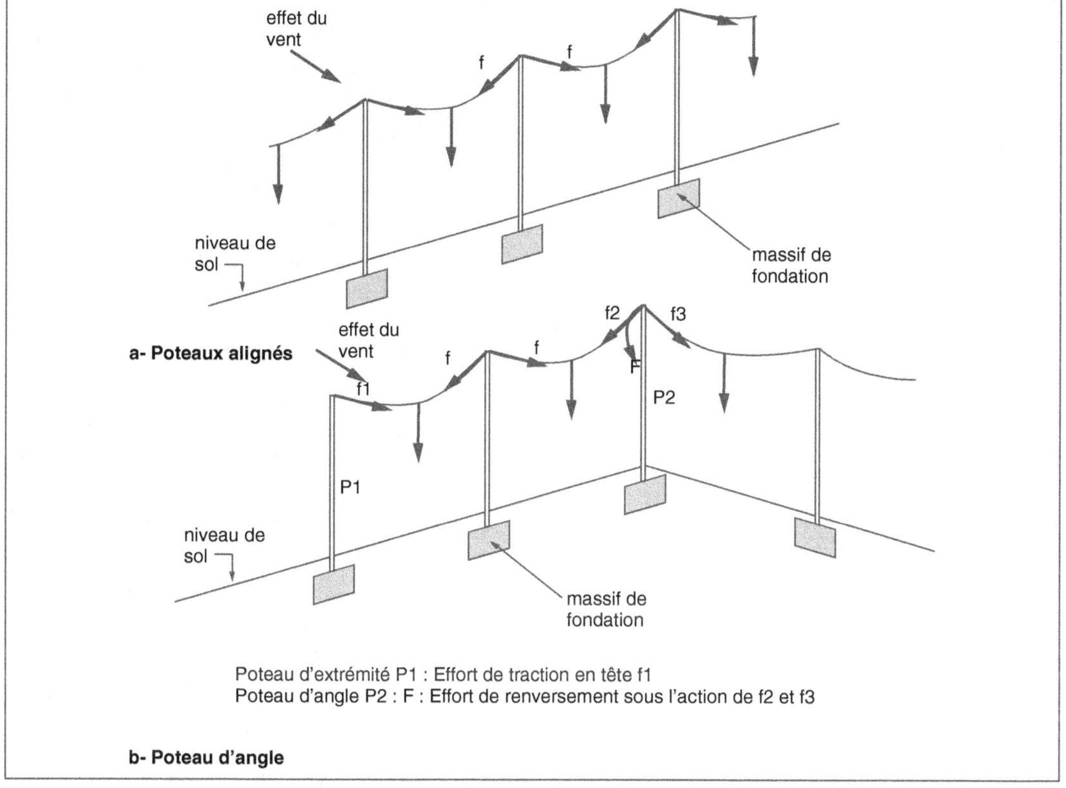

Fig. 6.35 • *Lignes de distribution électriques aériennes : efforts auxquels sont soumis les poteaux.*

lignes sont fixées à des ferrures protégées contre la corrosion, par des pièces d'ancrage munies d'isolateurs. La fixation peut être simple ou double (fig. 6.36).

L'espacement entre les supports est de l'ordre de 50 à 60 m. Leur hauteur au-dessus du sol est telle que les lignes sont hors de portée en partie courante (H ≥ 5 m) et dégagent un passage libre au droit des traversées des voies (H ≥ 6 m).

Afin d'éviter la multiplication des supports, il est admis que ceux-ci puissent recevoir des conducteurs de catégories différentes, lignes HTA, ligne BT ou éclairage public. Dans ce cas, les dispositions suivantes sont prises (fig. 6.37) :

– la ligne HTA est placée au-dessus de la ligne BT, l'espacement étant au moins de 1 m ;

– la ligne d'éclairage doit être placée en position inférieure.

Le voisinage avec les lignes de télécommunication n'est possible que sous certaines règles afin d'éviter les interférences éventuelles (photo 6.7).

2.3.2. Les réseaux posés dans des caniveaux techniques de surface

Les réseaux posés dans des caniveaux techniques de surface, placés sous trottoirs, sont admis pour les seuls câbles BT (fig. 6.38).

Ils sont utilisés principalement dans la desserte des lotissements d'habitation. La résistance mécanique des éléments composant les caniveaux doit être suffisante pour assurer une protection fiable des câbles. En

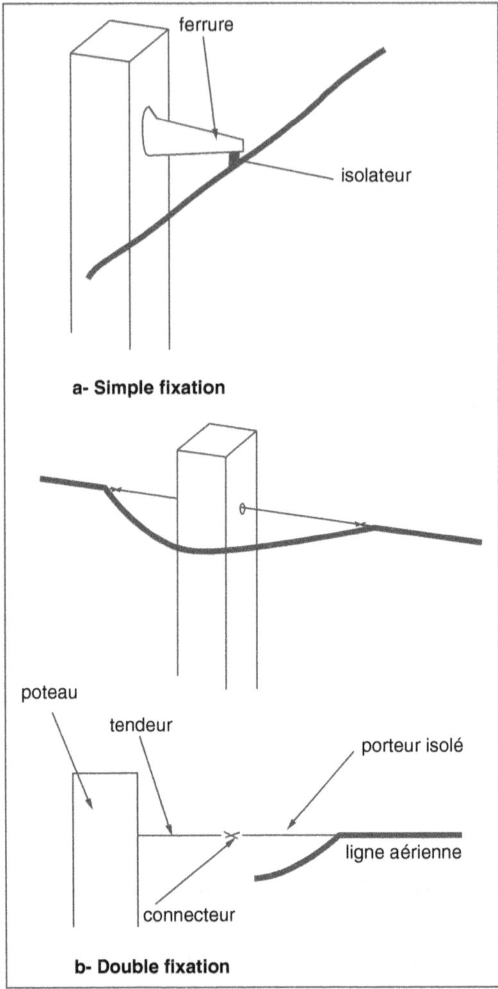

Fig. 6.36 • *Principe d'ancrage des lignes électriques aériennes sur les poteaux.*

aucun cas ils ne peuvent être soumis à la circulation de véhicules lourds.

2.3.3. Les réseaux passant dans des ouvrages

Les réseaux passant dans des ouvrages, tels que les galeries techniques, se rencontrent dans des centres importants ou des groupes de bâtiments formant un ensemble à vocation hospitalière, commerciale ou industrielle. Lorsque des canalisations de gaz empruntent ces mêmes galeries techniques,

une ventilation régulière et efficace de ces ouvrages doit être prévue. Les câbles électriques de tensions différentes sont placés sur des supports distincts et équipés d'un dispositif de repérage. De même, les câbles électriques et ceux de télécommunication sont posés sur des supports différents. Ils réservent une distance minimale de 0,40 m en cheminement parallèle et de 0,20 m en cas de croisement.

2.3.4. Les réseaux enterrés

Les réseaux enterrés, quoique d'un coût plus élevé, sont retenus dans les nouvelles zones aménagées. Les câbles électriques, selon leur qualité, sont soit enterrés en pleine terre, soit placés dans des fourreaux. Ceux-ci sont indispensables dans les traversées de chaussée. Les câbles doivent être protégés contre les avaries occasionnées par des tassements de terrain éventuels ou par le contact de corps durs, engin de terrassement par exemple. C'est pourquoi ils sont posés à une profondeur de 0,80 à 1 m sous trottoir et de 1 à 1,30 m sous chaussée, sur un lit de sable de 10 cm, en tranchée individuelle ou en tranchée commune (fig. 6.39).

Lorsque cette profondeur est réduite, le passage des câbles se fait sous fourreaux enrobés dans une couche de béton afin de reconstituer une protection mécanique suffisante pour résister aux chocs et aux efforts de compression dus aux charges de surface.

Le fond de fouille est dressé et nivelé. Lorsqu'il y a plusieurs câbles d'une même classe de tension, ils sont placés en nappe horizontale. L'espacement entre eux est alors de 0,20 m. Un dispositif avertisseur, grillage plastifié de couleur rouge, est positionné dans la tranchée à une distance de 0,20 m au-dessus d'eux. Lorsque des câbles appartenant à des classes de tension différentes sont superposés, le dispositif avertisseur est placé au-dessus de chacun des lits. La première couche de remblai est en matériaux de granulométrie fine ; le complément du remblaiement est en grave sous

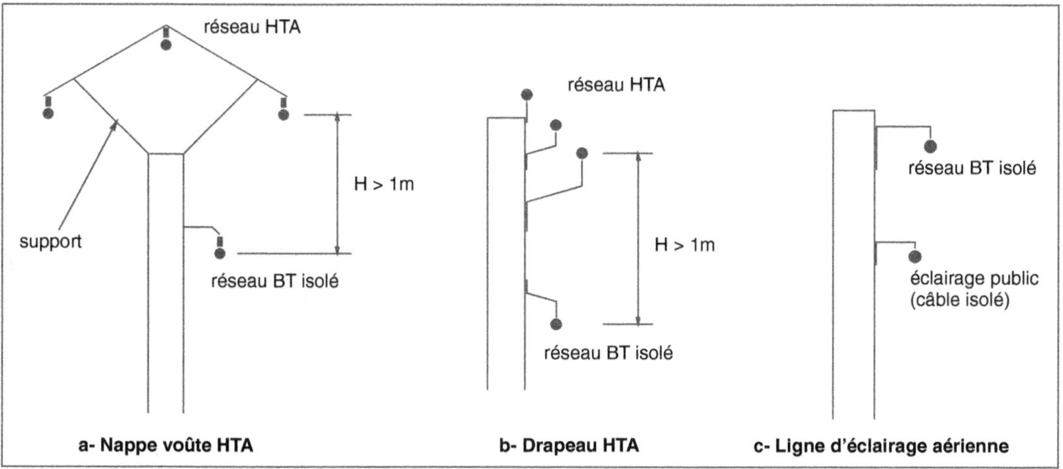

Fig. 6.37 • _Dispositions pour lignes aériennes de fonctions différentes._

Photo 6.7 • _Réseaux aériens de distribution électrique BT et de téléphone._

chaussée et trottoir ou avec la terre d'origine sous les accotements.

Dans les angles, les coudes doivent respecter un rayon de courbure, égal au moins à huit fois le diamètre du câble. Sur les longues distances, des chambres de tirage sont placées à intervalles réguliers de manière à faciliter la mise en œuvre.

Les fourreaux utilisés sont en polyéthylène, d'un diamètre au moins égal à une fois et demi à deux fois le diamètre des câbles. En réseau, le diamètre intérieur couramment admis est de 80 ou 100 mm. Il est de 40 ou 50 mm pour les branchements.

Afin d'éviter d'endommager les câbles ou canalisations voisines lors d'intervention, des distances minimales doivent être respectées vis-à-vis des autres réseaux. Celles-ci seront précisées dans le paragraphe 9 (p. 427).

Lorsqu'une liaison doit être assurée entre deux lignes, l'une aérienne et l'autre souterraine, le câble de liaison aérosouterraine est fixé le long du support de la ligne aérienne. Il est protégé contre les chocs mécaniques par la mise en place d'une goulotte métallique enterrée de 0,50 m dans le sol et dépassant de 2,00 m le niveau de celui-ci (fig. 6.40).

Ce cas se présente, entre autres, dans les branchements aérosouterrains traités au paragraphe 2.5.1, page 372.

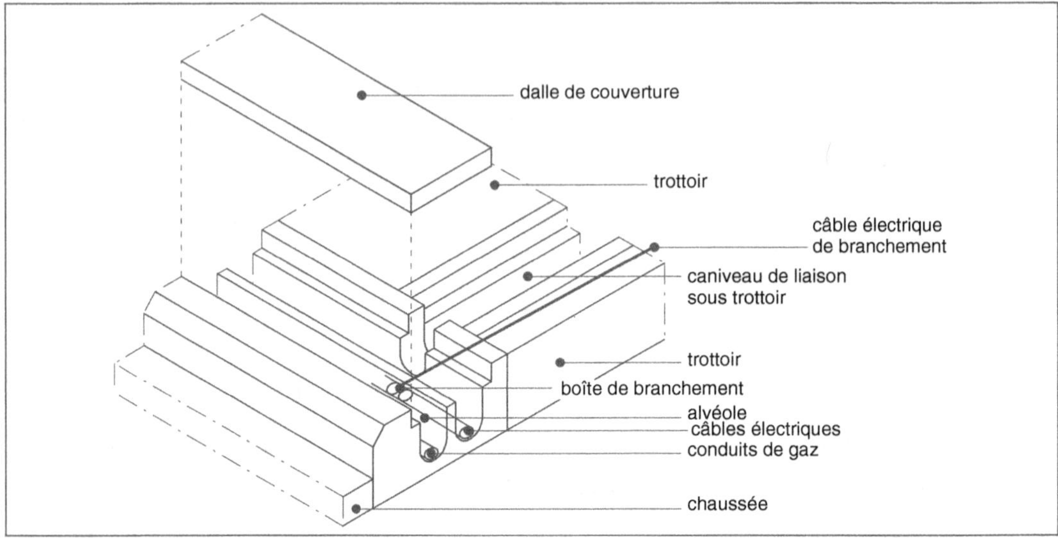

Fig. 6.38 • *Réseau électrique dans caniveau technique.*

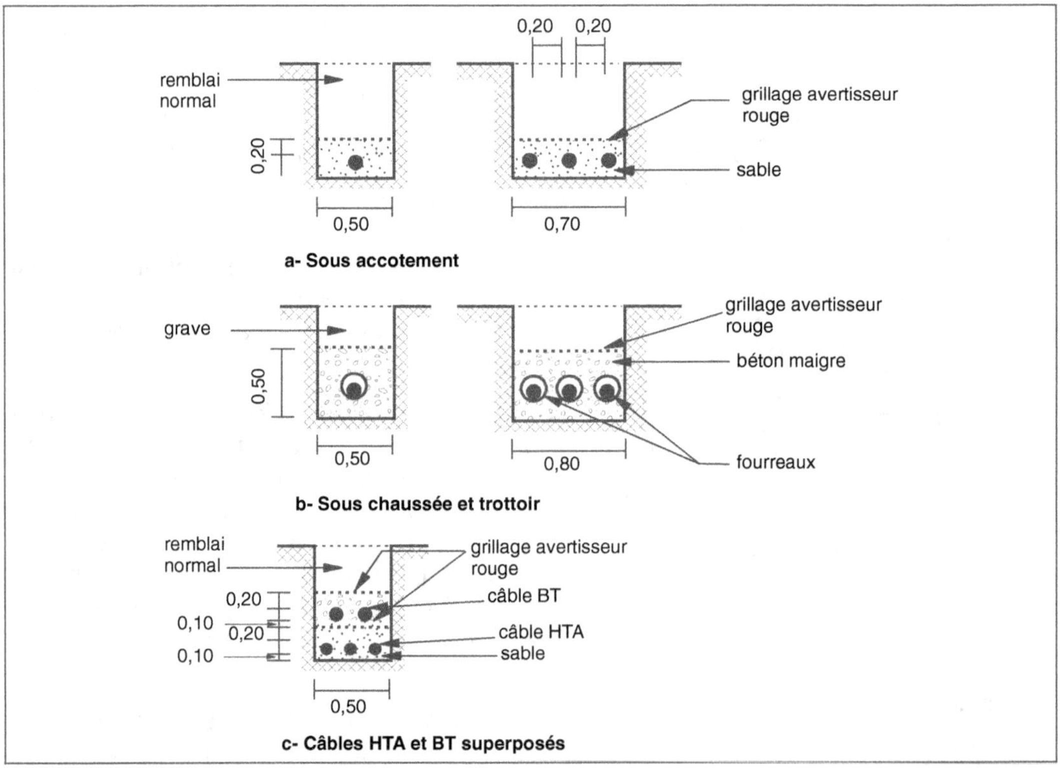

Fig. 6.39 • *Réseau électrique – Câbles enterrés.*

2.4. Les composants électriques des réseaux de distribution

Les composants électriques des réseaux de distribution comprennent les câbles, les boîtes de raccordement et les organes de coupure et de protection.

2.4.1. Les câbles électriques

Ils comportent un ou plusieurs conducteurs actifs composés d'une âme en cuivre ou en aluminium, entourée d'une enveloppe isolante en résine synthétique et d'une gaine de protection. Les deux métaux utilisés présentent chacun des avantages : le premier est plus performant alors que le second est moins onéreux. À intensité égale, les sections sont plus faibles en cuivre qu'en aluminium (tab. 6.7).

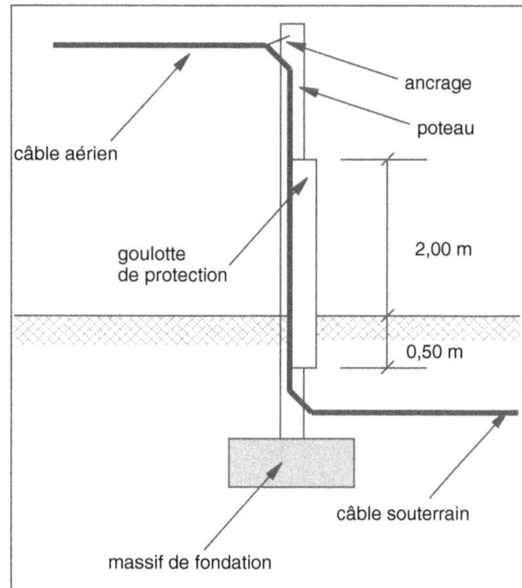

Fig. 6.40 • _Liaison aérienne et souterraine._

Exemple :

– 2 × 10 mm^2 en cuivre correspondent à 2 × 16 mm^2 en aluminium ;
– 2 × 16 mm^2 en cuivre correspondent à 2 × 25 mm^2 en aluminium ;
– 2 × 25 mm^2 en cuivre correspondent à 2 × 35 mm^2 en aluminium ;
– 4 × 25 mm^2 en cuivre correspondent à 4 × 35 mm^2 en aluminium.

Les câbles électriques répondent à des caractéristiques très précises conformément aux normes de la série NF C 32-xxx ou NF C 33-xxx : type de câble, section et nature des conducteurs, tension nominale, enveloppe isolante, gaine de protection. Ils

se divisent en deux grands groupes : les câbles torsadés et les câbles lisses (fig. 6.41, tab. 6.8).

2.4.1.1. Les câbles torsadés

Ils sont utilisés dans la construction de lignes aériennes dont la tension n'excède pas 1 kV. Les lignes de réseau sont à neutre porteur et peuvent inclure les conducteurs des lignes d'éclairage public ; les lignes de branchement peuvent comprendre les fils pilotes (tab. 6.9).

Ces câbles sont composés de la manière suivante, pour chaque torsade :
– une âme circulaire ;
– une isolation en polyéthylène réticulé.

SECTION DES CÂBLES (mm^2)	25	35	50	70	95	120	150	185	240
INTENSITÉ MAXIMALE (A)									
CÂBLES EN CUIVRE	101	124	151	192	232	269	310	352	415
CÂBLES EN ALUMINIUM	–	–	112	144	176	203	235	268	317

Tab. 6.7 • _Sections des câbles électriques en fonction de l'intensité maximale admise. Série U-1000 R2V (NF C 32-321)._

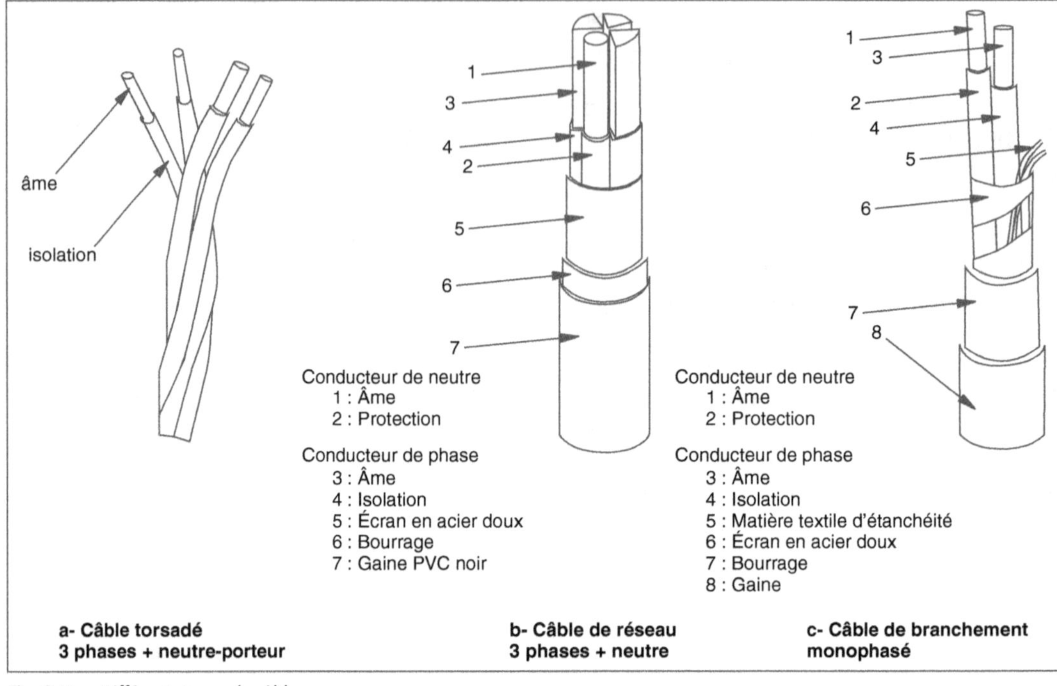

Fig. 6.41 • *Différents types de câbles.*

Par rapport aux réseaux à conducteurs nus, ils présentent une plus grande sécurité vis-à-vis du personnel et des tiers, une bonne résistance à la corrosion, une simplicité de mise en œuvre et une meilleure intégration sur les façades.

2.4.1.2. *Les câbles lisses*

Les câbles électriques lisses sont utilisés tant pour les lignes enterrées, sous fourreau ou non selon leur composition, que pour pose en aérien, dans des caniveaux ou en galerie technique. Les câbles de branchement peuvent inclure les lignes pilotes et les lignes de télé-report (tab. 6.10).

Les câbles respectant la norme NF C 33-210 peuvent être posés en pleine terre, sans fourreau. Leur composition est la suivante :

– une âme circulaire ou sectorale selon la section du conducteur ou du neutre ;

– une isolation en polyéthylène réticulé, noire ou de couleur normalisée ;

– un écran formé de deux rubans d'acier doux galvanisé ;

– un bourrage en PVC ;

– une gaine de protection en PVC noir.

L'âme du conducteur neutre est protégée par une gaine de plomb.

La section des conducteurs est calculée en fonction de quatre paramètres :

– le métal retenu, cuivre ou aluminium ;

– la puissance totale demandée, affectée éventuellement d'un coefficient de pondération dépendant du nombre d'usagers raccordés ;

– l'absence d'échauffement ;

– la chute de tension pour l'abonné le plus éloigné, qui doit rester dans les limites imposées.

CÂBLES	NORMES	RÉSEAUX - BRANCHEMENTS INDIVIDUELS	POSE
Conducteurs isolés en faisceau	NF C 33-209	Aériens sur poteaux Extérieurs le long d'une façade Extérieurs le long d'un support	A A [1] A [1]
Câbles H1-XDV-A	NF C 33-210	Extérieurs le long d'une façade Extérieurs le long d'un support Enterrés	A [2] A [2] A
Câbles U-1000 R2V	NF C 32-321	Extérieurs le long d'une façade Extérieurs le long d'un support Enterrés	A [1] A [1] A [3]
Câbles sans halogènes	NF C 32-323	Extérieurs le long d'une façade Extérieurs le long d'un support Enterrés	A [2] A [2] A [3]
Câbles U-1000 RVFV	NF C 32-322	Extérieurs le long d'une façade Extérieurs le long d'un support Enterrés	A [2] A [2] A
Câbles armés résistant au feu	NF C 32-310	Extérieurs le long d'une façade Extérieurs le long d'un support Enterrés	A [2] A [2] A
Câbles à isolant minéral XV	NF C 32-300	Extérieurs le long d'une façade Extérieurs le long d'un support Enterrés	A [2] A [2] A
Câbles U-1000 RGPFV	NF C 32-311	Extérieurs le long d'une façade Extérieurs le long d'un support Enterrés	A [2] A [2] A

A : Pose admise.

(1) : Lorsque la hauteur est inférieure ou égale à 2,00 m, une protection mécanique isolante de degré IK 10 est exigée.

(2) : Lorsque la hauteur est inférieure ou égale à 2,00 m, une protection mécanique de degré IK 10 est exigée.

(3) : La pose est effectuée dans un fourreau continu.

Tab. 6.8 • *Utilisation des câbles électriques en fonction du type de réseau*

SECTION (mm^2)	DIAMÈTRE GLOBAL (mm)	MASSE LINÉIQUE (kg/km)	INTENSITÉ [1] (A)
$3 \times 35 + 54,6$	29	622	138
$3 \times 50 + 54,6$	30,4	746	168
$3 \times 70 + 54,6$	34	954	213

(1) : Intensité en régime permanent.

Tab. 6.9 • *Câbles torsadés de réseau – Caractéristiques techniques.*

Pour des raisons de commodités de mise en œuvre, la section reste constante sur la longueur d'un même tronçon. Cette disposition permet également de faire face à des raccordements ultérieurs.

2.4.2. Les raccordements et les jonctions

Les raccordements et les jonctions, en réseau enterré BT, sont réalisés à l'aide de boîtes injectées ou coulées en matière synthétique, dans lesquelles est versée une résine isolante polymérisable à froid. Selon les modèles, ces éléments admettent le raccordement de câbles dont la section

369

Sections (mm²)	**Diamètre** [1] (mm)	**Masse linéique** (kg/km)	**Intensité** [2] (A)
Câbles de réseau BT			
$3 \times 50 + 1 \times 50$	25,5 à 33,5	1 670	160
$3 \times 95 + 1 \times 50$	30,0 à 38,6	1 845	234
$3 \times 150 + 1 \times 70$	36,5 à 48,5	2 570	300
$3 \times 240 + 1 \times 95$	45,5 à 58,7	3 900	388
Câbles de branchement monophasés ou triphasés			
$3 \times 16 + 1 \times 16$	18,0 à 24,3	745	87
$3 \times 25 + 1 \times 25$	21,5 à 29,0	835	111
$3 \times 35 + 1 \times 35$	23,3 à 30,0	985	134
$1 \times 35 + 1 \times 35$	20,0 à 27,0	880	160
$3 \times 50 + 1 \times 50$	25,5 à 33,5	1 530	160
$1 \times 50 + 1 \times 50$	23,0 à 32,0	1 105	190

(1) : Diamètre de la gaine.
(2) : Intensité en régime permanent.

Tab. 6.10 • *Câbles lisses enterrés – Caractéristiques techniques.*

maximale est de 240 mm² (3×240 mm² + 95 mm² par exemple).

2.4.3. Les organes de coupure ou de protection

Les organes de coupure ou de protection sont regroupés dans des coffrets ou des armoires extérieurs, accessibles en permanence. Les premiers sont des appareils de sectionnement permettant d'isoler un secteur déterminé. Les seconds sont constitués par des fusibles calibrés ou par des disjoncteurs de calibre approprié au degré de protection.

2.4.4. Cas de lotissement

Dans les lotissements, les raccordements s'effectuent dans des coffrets en polyester armé, sur des grilles qui offrent plusieurs possibilités (fig. 6.42, photo 6.8).

- La grille de coupure possède une arrivée et un départ de même section (240^2 par exemple). Elle permet une coupure en un point du réseau.

- La grille de fausse coupure possède également une arrivée et un départ de même section (150^2 par exemple). Elle permet la dérivation d'un câble de plus faible section (95^2 par exemple) et l'alimentation de trois coffrets en courant monophasé ou triphasé.

- La grille d'étoilement permet, à partir d'un câble d'arrivée de section donnée, le raccordement de trois coffrets en courant monophasé ou triphasé.

- La grille de branchement ou de repiquage permet le raccordement de deux coffrets en courant monophasé ou triphasé.

Le rôle des coffrets est d'assurer la protection contre les chocs électriques, contre la pénétration des poussières, des corps solides et de l'humidité et contre les chocs précisés en annexe 6. L'indice de protection est défini par le fabricant ; il est conforme aux indications portées dans cette annexe.

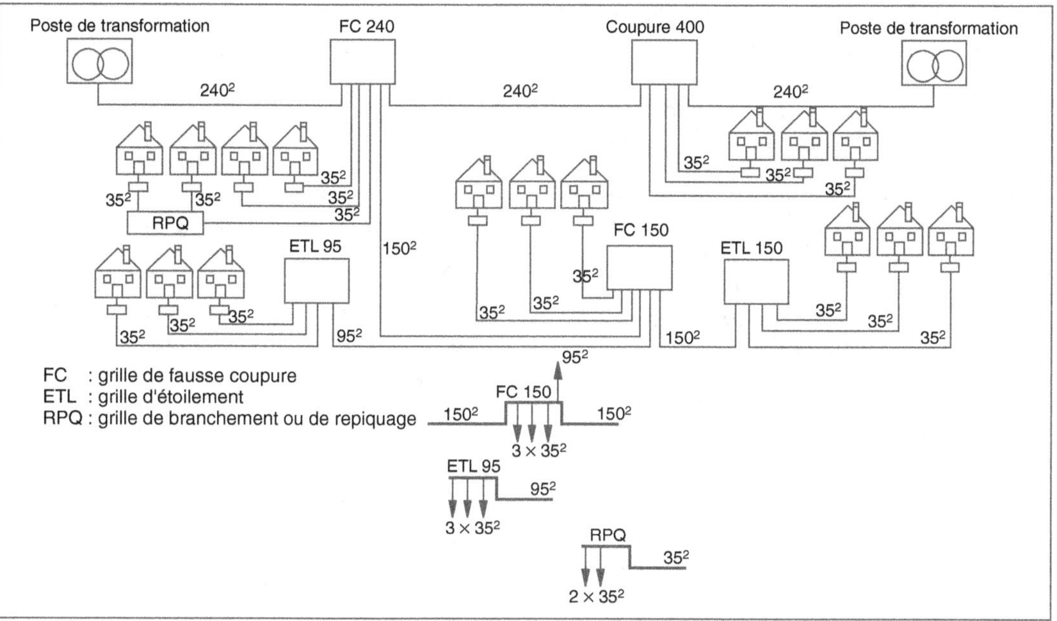

Fig. 6.42 • _Grilles de raccordement pour alimenter un groupe de pavillons en électricité (source : document MERCELEC)._

Photo 6.8 • _Coffret de raccordement électrique._

2.5. Les branchements particuliers

Les branchements particuliers forment les parties terminales du réseau de distribution publique. Ils amènent le courant électrique en limite ou à l'intérieur de la propriété desservie selon qu'il s'agisse de branchements individuels ou de branchements collectifs. À l'amont, ils sont limités par le dispositif de raccordement au réseau situé :

- dans le poste de transformation, pour desservir un immeuble ou un bâtiment industriel ;

- sur le câble de desserte, constitué par une boîte ou un coffret de dérivation alimentant l'usager.

Dans la seconde solution, le coffret comprend un dispositif de coupure et de protection.

À l'aval, les branchements sont limités par un ensemble composé d'un système de comptage et d'un appareil général de com-

371

mande et de protection (AGCP) (fig. 6.43). Le point de livraison forme l'interface entre la partie publique et la partie privée. Il marque la limite de responsabilité entre le concessionnaire et l'abonné.

Les branchements desservant des bâtiments ou des établissements faisant l'objet d'une réglementation spécifique sont réalisés, en tout ou partie, à l'aide de câbles qui présentent une bonne résistance au feu et qui ne propagent pas les flammes.

La section des câbles est calculée pour répondre à la puissance demandée, la chute de tension restant dans les limites admises (de 0,5 à 2 % selon les tronçons concernés).

2.5.1. Les branchements individuels

Les branchements individuels desservent un seul point de livraison et sont composés de la manière suivante :

- la liaison au réseau de distribution publique ;

- la dérivation individuelle ;

- le comptage, l'appareil général de commande et de protection (AGCP) et les appareils de contrôle éventuel ;

- le relais récepteur de télécommande éventuel (ou horloge), en cas de tarification multiple ;

- les circuits éventuels de télé-report.

Pour les villas ou les lotissements, les câbles se raccordent à un tableau placé dans un coffret, aisément accessible, en limite de propriété (fig. 6.44).

Le coffret est constitué d'une enveloppe isolante en polyester armé munie d'une porte, posée sur un support ou un socle (indices de protection : IP 43 et IK 10). Dans un souci d'esthétique, le coffret est intégré dans la façade lorsque celle-ci est en limite de voirie ou dans un muret technique comme indiqué au paragraphe 1.1 du chapitre 7, p. 434.

L'appareil général de commande et de protection est le plus souvent constitué par un disjoncteur différentiel calibré à 30 mA. Dans le cas contraire, des dispositions sont prises afin d'assurer la sécurité des utilisateurs. Le disjoncteur doit être accessible par l'abonné. Son emplacement est le suivant soit :

- dans un local privé de la maison, un interrupteur se trouvant sur le tableau de comptage.

- dans un coffret à proximité du poste de comptage, en limite de propriété, auquel cas un interrupteur général commande l'installation intérieure.

Dans le premier cas, le tronçon reliant le compteur au disjoncteur constitue un ouvrage du domaine public ; dans le second cas, il est du domaine privé.

Selon le type de réseau sur lequel il se raccorde le branchement est aérien, aérosouterrain ou souterrain (fig. 6.45).

Le branchement aérien est pratiquement abandonné en zone urbaine ; il est encore employé en secteur rural lorsque les lignes du réseau sont aériennes.

Le branchement aérosouterrain se rencontre surtout dans les zones rurales ou

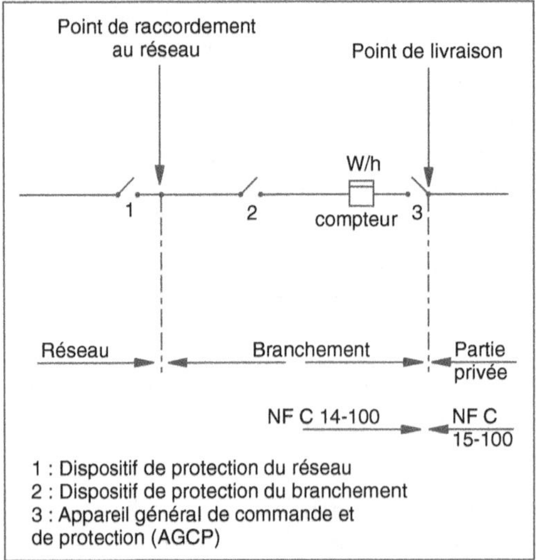

Fig. 6.43 • *Composition d'un branchement électrique.*

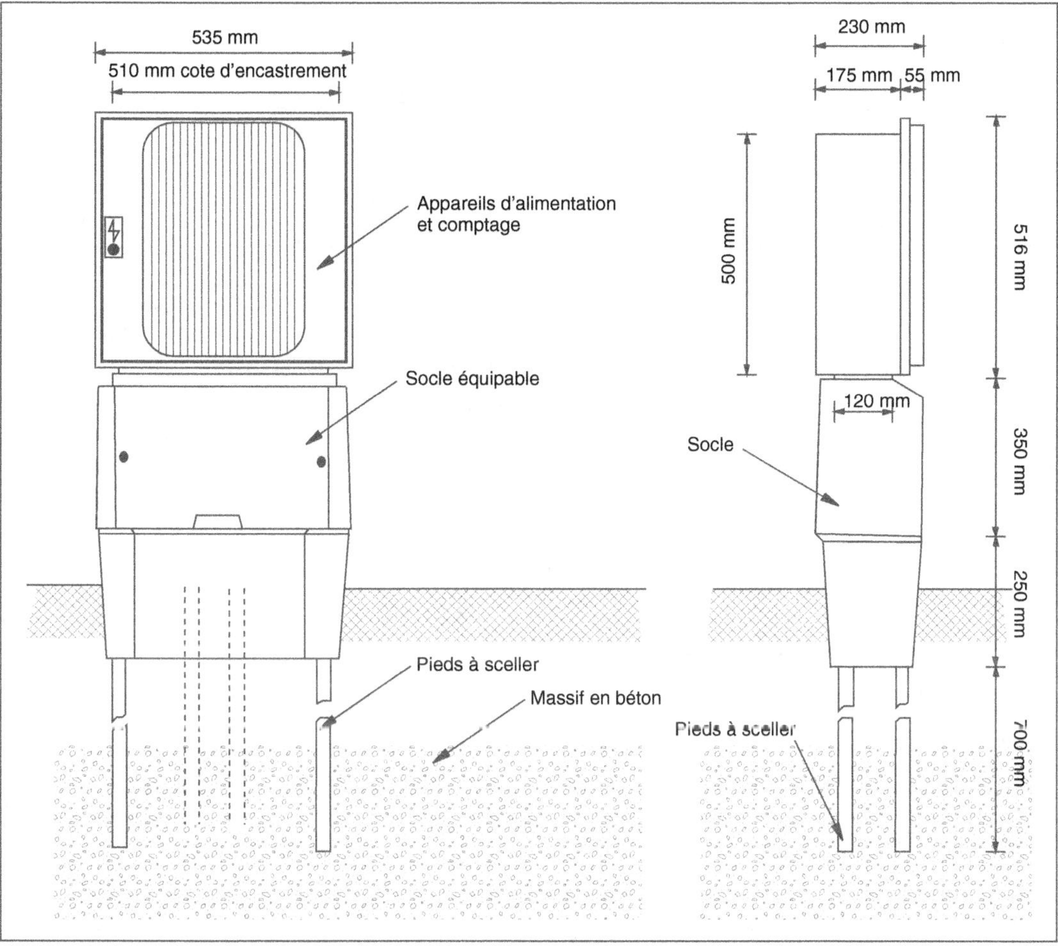

Fig. 6.44 • _Lotissement - Pose de coffrets électricité (sources : document MAEC-Cahors)._

dans les lotissements de villas, lorsque la desserte est faite en réseau aérien.

Le branchement souterrain est le plus courant, que ce soit pour desservir un pavillon, un lotissement de plusieurs villas ou un lotissement industriel.

Selon la puissance installée, le branchement en basse tension est monophasé en 240 V ou en triphasé 400 V. Dans ce cas, l'installation intérieure doit être parfaitement équilibrée entre les phases.

Lorsqu'ils répondent à une demande de puissance importante, les branchements individuels sont raccordés directement au poste de transformation à l'aide d'un câble particulier ou disposent de leur propre poste de transformation. Chaque section du branchement est rattachée à l'une des normes citées précédemment.

Le mode de tarification est adapté à la puissance souscrite.

● Dans le cas des utilisations courantes, le branchement est dit à puissance limitée (tarif bleu d'EDF), pour lequel la puissance appelée par l'utilisateur est limitée à la valeur souscrite auprès du service distributeur.

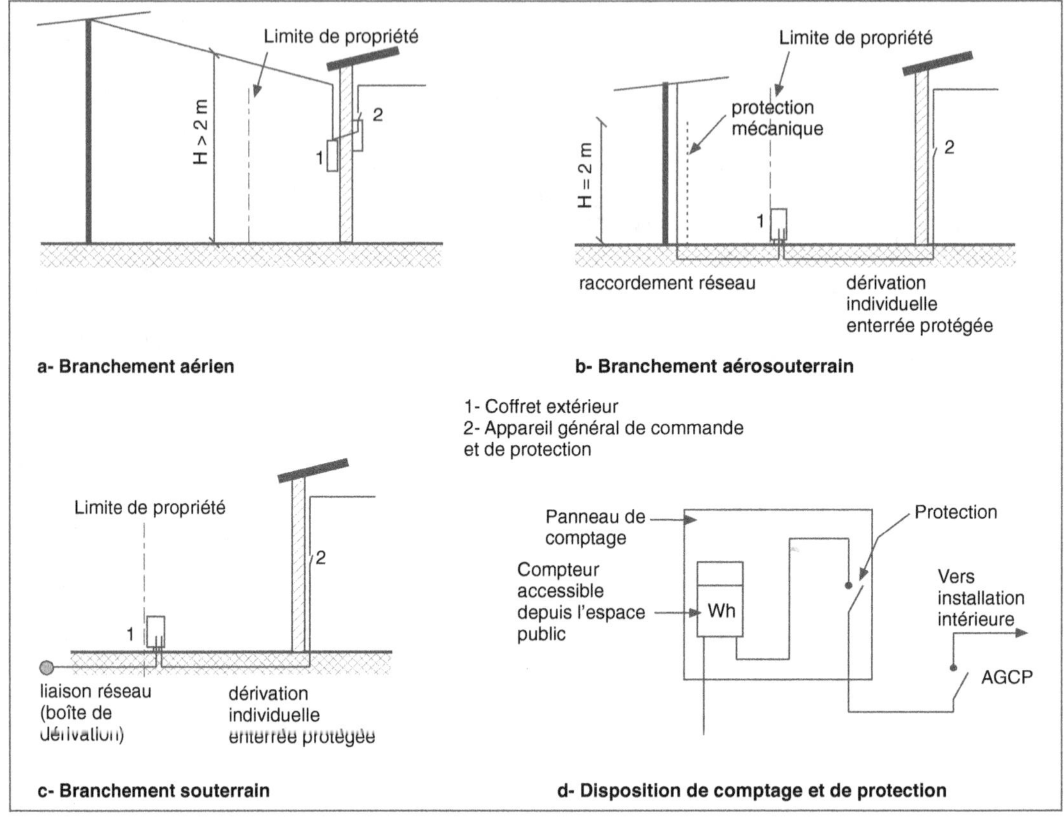

Fig. 6.45 • *Branchement individuel.*

- Pour des puissances plus importantes, le branchement est dit à puissance surveillée (tarif jaune d'EDF), pour lequel la puissance appelée au point de livraison est surveillée. Les dépassements éventuels de la puissance souscrite sont enregistrés par un appareil appartenant au service distributeur.

- Le branchement dit « borne-poste » (tarif vert d'EDF) est également un branchement à puissance surveillée.

2.5.2. Les branchements collectifs

Les branchements collectifs desservent plusieurs points de livraison. Ils comprennent les éléments suivants :

- les câbles assurant la liaison entre le point de raccordement et les coffrets de coupure placés en façade des bâtiments, facilement accessibles ; ces coffrets sont constitués d'une enveloppe isolante (indices de protection : IP 43 et IK 10) ;
- les organes de coupure et de protection ;
- les circuits éventuels de télé-report.

Les parties des branchements collectifs situés à l'intérieur des bâtiments (amorces colonnes et colonnes montantes des immeubles) sont traitées dans le cadre des travaux de bâtiments.

D'une manière générale, les branchements collectifs sont réalisés avec des câbles enterrés. Bien que sous domaine privé, ils doivent être accessibles en permanence aux équipes d'entretien afin de pouvoir intervenir rapidement en cas d'incident.

2.6. Les postes de transformation HTA/BT

Les postes de transformation HTA/BT sont des éléments indispensables dans la distribution du courant électrique. Implantés au centre de la zone à raccorder, ils sont accessibles en permanence depuis une voie de desserte et conçus de manière à s'intégrer dans l'environnement. Ils sont soit construits de manière traditionnelle dans le groupe d'habitation ou dans le lotissement, comme traité au chapitre 7 paragraphe 2.2 (p. 454), soit préfabriqués et mis en place sur une dalle béton (photo 6.9). Les postes de transformation peuvent également être situés à l'intérieur des bâtiments, dans un local technique prévu à cet effet. Il est alors impératif de veiller à leur parfaite isolation acoustique vis-à-vis des locaux voisins.

2.6.1. La sécurité des agents d'exploitation

La sécurité des agents d'exploitation dans les postes de transformation est prépondérante. Les équipements intérieurs sont disposés de manière à la garantir en permanence. Il arrive qu'un transformateur explose. Le personnel doit donc pouvoir s'échapper rapidement du local par ses propres moyens ou être secouru dans les plus brefs délais. C'est une des raisons pour lesquelles les postes de transformation en position enterrée sont déconseillés, indé-

Photo 6.9 • *Poste de transformation préfabriqué.*

pendamment des risques éventuels d'inondation.

En secteur rural, lorsque les réseaux de distribution sont aériens, les transformateurs HTA/BT sont placés sur des poteaux en béton (photo 6.10). L'organe de coupure est placé à une hauteur de 3,50 m, commandé par une poignée située à hauteur d'homme.

2.6.2. La puissance des transformateurs

La puissance des transformateurs courants placés au sol est : 100 kVA ; 160 kVA ; 250 kVA ; 400 kVa ; 630 kVA et 1 000 kVA.

Les postes d'une puissance inférieure à 250 kVA sont raccordés sur une antenne et peuvent être regroupés par grappes de sept unités au plus.

Les postes d'une puissance supérieure à 250 kVA sont raccordés au réseau HTA en coupure d'artère (fig. 6.46). Dans les zones urbaines, ils sont alimentés par une double

Photo 6.10 • *Transformateur aérien fixé sur poteau béton.*

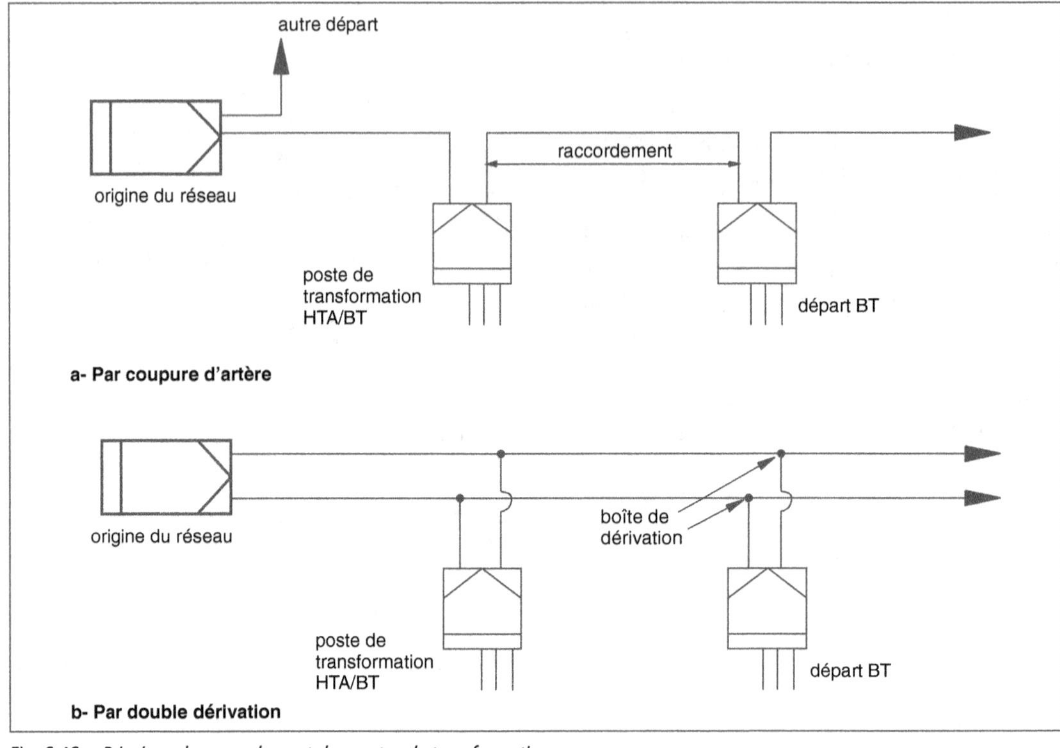

Fig. 6.46 • *Principes de raccordement des postes de transformation.*

dérivation, solution plus onéreuse mais plus sûre pour la desserte du secteur concerné.

Les postes de transformation préfabriqués peuvent répondre à des puissances maximales de 1 000 kVA. Très souvent, ils sont alimentés en coupure d'artère.

Les transformateurs aériens sont limités à trois puissances : 50, 100 et 160 kVA.

2.6.3. Les dimensions du poste de transformation

Les dimensions du poste de transformation sont déterminées en fonction du nombre de transformateurs installés, de leur puissance et du nombre de cellules prévues. Les postes HTA/BT regroupent les éléments suivants (fig. 6.47) :

– un tableau HTA agréé ;

– deux cellules d'arrivée équipées de leur dispositif de coupure ;

– une cellule complémentaire éventuelle en prévision d'une extension ;

– une cellule de protection ;

– une cellule de départ BT équipée de ses protections ;

– un transformateur.

La tension du circuit secondaire est de 410 V afin de garantir une tension de 230 V/400 V sur le réseau.

Dans le poste, le transformateur est implanté à une distance de 0,10 m des parois extérieures. Un dégagement libre minimal de 0,80 m est exigé de manière à pouvoir effectuer toutes les commandes dans des conditions normales, sans risques inutiles.

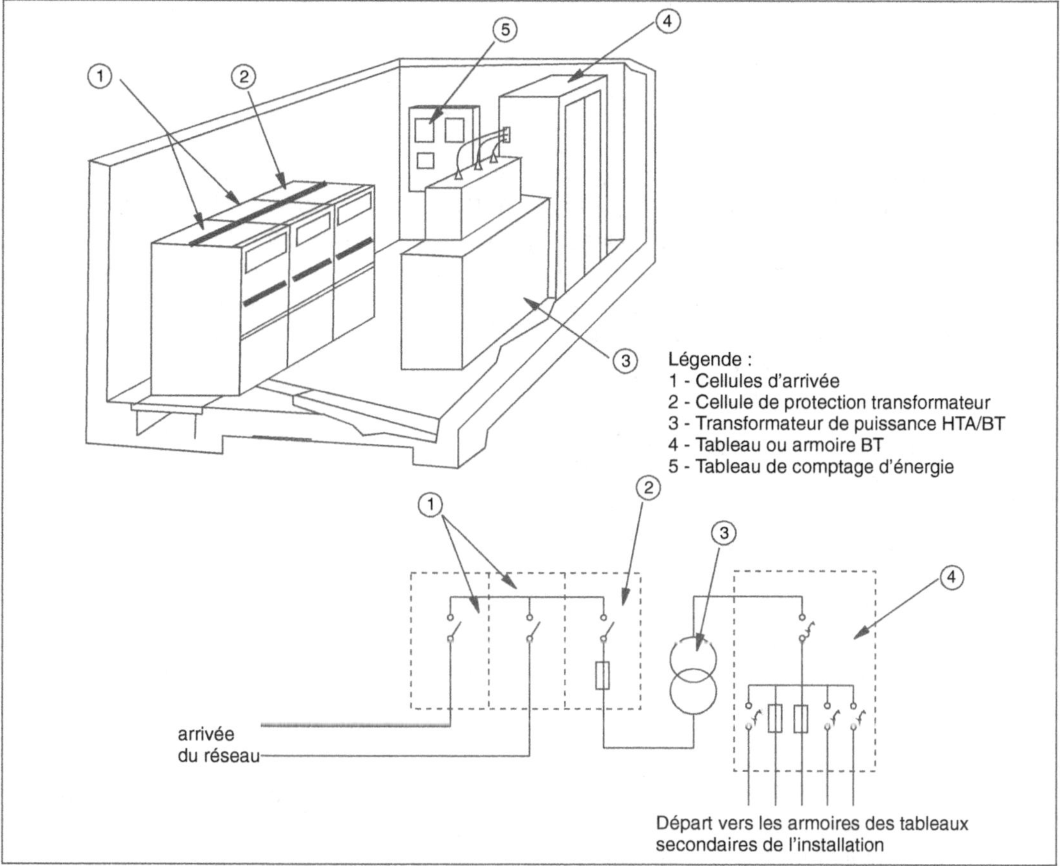

Fig. 6.47 • _Composition d'un poste de transformation._

Toutes les masses sont reliées entre elles et raccordées au circuit de terre. Il en est de même des armatures du radier. Le circuit de terre est un conducteur d'une section minimale de 25 mm², connecté à la prise de terre, câble nu de même section, positionné en fond de fouille avant coulage des fondations.

Le poste de transformation est également protégé contre les surtensions qui sont de deux catégories :

– celles qui proviennent des circuits électriques ;

– celles qui sont d'origine atmosphérique, telle que la foudre. À cet effet, un parafoudre assure une protection qui peut être qualifiée de convenable, sans être totalement efficace.

2.6.4. Le nombre de poste de transformation

Le nombre de poste de transformation à prévoir dans l'aménagement d'une nouvelle zone urbanisée peut être abordé sous deux approches différentes :

– prévoir un seul poste de transformation de forte puissance qui nécessite la pose de câbles de forte section ;

– installer plusieurs postes de transformation de plus faible puissance, judicieusement répartis dans la zone à équiper.

Cette seconde solution est généralement la mieux adaptée, la première posant des problèmes au niveau de l'équilibrage des différentes antennes de distribution.

3. Le réseau de distribution du gaz combustible

Le gaz est une des énergies les moins polluantes et les plus économiques lorsque le secteur aménagé est à proximité d'un réseau existant. Il répond à des besoins très diversifiés tant pour l'habitat que pour le tertiaire et l'industrie. L'alimentation en gaz combustible des bâtiments peut s'effectuer de différentes manières :

- par l'emploi de bouteilles d'hydrocarbures liquéfiés, propane ou butane, dispositif utilisé surtout pour les villas ;
- par un réseau de distribution raccordé sur un réseau public ou privé desservant un quartier ou une ville ;
- par un réseau de distribution privé raccordé sur une citerne d'hydrocarbures liquéfiés, enterrée ou en élévation.

Dans le premier cas, les bouteilles de butane et de propane de 13 kg peuvent être placées à l'intérieur du bâtiment, dans un local convenablement ventilé. Les bouteilles de propane de capacité supérieure à 13 kg sont obligatoirement entreposées à l'extérieur.

Dans les deux derniers cas, les règles sont sensiblement les mêmes tant au niveau de la conception du réseau que pour la réalisation et la réglementation de sécurité qui s'y rapporte. En effet, compte tenu de la dangerosité du produit, la réalisation d'un réseau de distribution de gaz est tenue de suivre des exigences très strictes (arrêté du 13 juillet 2000 modifié).

L'arrêté définit la consistance du réseau et les conditions d'intervention de l'organisme chargé de sa construction ou opérateur. Un réseau de distribution de gaz par canalisations est un système d'alimentation en gaz desservant un même espace géographique dépendant d'un même opé-rateur. Celui-ci doit structurer et aménager son réseau avec les équipements nécessaires pour garantir la sécurité des personnes et des biens, en assurant la continuité de la fourniture du gaz, tant lors de la construction que lors de l'exploitation du réseau. Il est responsable du choix du matériel et des matériaux ainsi que du dimensionnement des canalisations. Il peut faire appel à des bureaux d'études qualifiés et à des entreprises extérieures ayant une expérience suffisante en la matière. Ce travail doit être confié à un personnel dont les compétences sont adaptées à ce type d'intervention.

En fin de travaux, des essais sont effectués et un certificat de conformité est établi par l'autorité compétente.

3.1. Les besoins en gaz

Les besoins en gaz répondent à plusieurs usages :

- l'usage domestique : cuisson et fourniture d'eau chaude ;
- le chauffage des locaux ;
- la climatisation ;
- l'énergie de base dans le domaine industriel ou artisanal.

Ils doivent pouvoir être réajustés en fonction de l'évolution de la zone desservie et de son extension.

3.2. Les gaz distribués

Les gaz distribués sont de différentes natures et proviennent de plusieurs sources : gaz naturels ; gaz manufacturés ; hydrocarbures liquéfiés ou gaz de biomasse. Ils sont caractérisés par leur pouvoir calorifique supérieur* (PCS), leur pouvoir calorifique inférieur* (PCI), leur densité, selon qu'ils sont plus lourds ou plus légers que l'air (tab. 6.11).

COMBUSTIBLES GAZEUX	DENSITÉ	PCS kwh/m³	PCI kwh/m³
Gaz naturels			
• à haut pouvoir calorifique	0,55 à 0,69	11,5	10,5
• à bas pouvoir calorifique	0,55 à 0,69	10,3	9,3
Gaz manufacturés	0,45 à 0,55	5,5	4,9
Hydrocarbures liquéfiés	1,55 à 2		
• Butane commercial		13,7	12,66
• Propane commercial		13,8	12,78

PCS : pouvoir calorifique supérieur.
PCI : pouvoir calorifique inférieur.

Tab. 6.11 • _Caractéristiques des différents combustibles gazeux._

3.2.1. Les gaz naturels

Les gaz naturels sont d'origines diverses : Lacq, Mer du Nord, Algérie ou Russie. Ils comprennent un fort pourcentage de méthane (80 à 94 % de CH_4 selon leur origine) et sont plus légers que l'air. Ils sont classés selon la norme EN 437 – _Gaz d'essais - Pressions d'essais – Catégories d'appareils._

Les gaz naturels à haut pouvoir calorifique (groupe H) sont utilisés sous une pression normale de 0,002 MPa (20 mbar). Seuls les appareils portant la mention G20 ou G20/G25 peuvent être raccordés. C'est le type de gaz le plus répandu.

Les gaz naturels à bas pouvoir calorifique (groupe L) sont utilisés sous une pression normale de 0,0025 MPa (25 mbar). Seuls les appareils portant la mention G25 ou G20/G25 peuvent être raccordés. C'est un type de gaz qui dessert des secteurs très localisés.

3.2.2. Les gaz manufacturés

Les gaz manufacturés – anciennement appelés gaz de ville – sont produits localement mais ont tendance à être de moins en moins utilisés. Contenant un faible pourcentage de méthane, ils ont un pouvoir calorifique peu élevé. Ils sont également plus légers que l'air.

3.2.3. Les hydrocarbures liquéfiés

Les hydrocarbures liquéfiés sont des produits issus de la distillation du pétrole. Classés en deux catégories, ils ont un pouvoir calorifique élevé et sont plus lourds que l'air.

Le butane commercial (B) est composé essentiellement de butane (C_4H_{10}). Sa pression normale d'utilisation est de 0,0028 MPa (28 mbar), seuls les appareils portant la mention G30 peuvent être raccordés. Il est livré en bouteille de 13 kg.

Le propane commercial (P) est composé essentiellement de propane (C_3H_8). Sa pression normale d'utilisation est de 0,0037 Mpa (37 mbar), seuls les appareils portant la mention G31 peuvent être raccordés. Il est livré en bouteille de 13 kg, de 31 kg ou en vrac dans des citernes.

3.2.4. Le gaz de biomasse

Le gaz de biomasse*, composé essentiellement de méthane (CH_4) est obtenu par dégradation des déchets organiques en milieu clos. Il doit être convenablement épuré avant toute utilisation. Son emploi est surtout réservé en milieu agricole.

3.3. La pression de distribution

La pression de distribution est différente selon la nature du gaz et varie selon les points du réseau. Pour des commodités d'exploitation, le gaz naturel est distribué sous différentes pressions.

- **La basse pression**, inférieure ou égale à 0,005 MPa (0,05 bars), correspond à la pression d'utilisation au niveau des appareils. La pression couramment admise est de 0,0020 MPa à 0,0025 MPa (20 à 25 mbars).

- **La moyenne pression A** (mpA), comprise entre 0,005 MPa (0,05 bar) et 0,04 MPa (0,4 bar), est celle admise dans les branchements et les canalisations desservant les bâtiments.

- **La moyenne pression B** (mpB), comprise entre 0,04 MPa (0,4 bar) et 0,4 MPa (4 bars), permet d'utiliser des tuyauteries de section réduite dans la réalisation des réseaux.

Les pressions supérieures à 0,4 MPa (4 bars) sont réservées au transport à longue distance.

Plus la pression est élevée, plus la section des tuyaux est réduite ou, pour une même section, plus le débit est important. C'est la raison pour laquelle, la distribution de gaz à basse pression n'est pratiquement plus utilisée sur les réseaux, car elle nécessite des diamètres de tuyaux importants. La distribution à moyenne pression impose de placer des détendeurs à la pénétration des bâtiments ou avant comptage.

Les hydrocarbures liquéfiés livrés en citerne (propane) subissent une première détente pour réduire la pression à la sortie du stockage, puis une seconde détente au niveau du comptage afin d'obtenir la pression normale d'utilisation 0,0037 MPa (37 mbar).

3.4. Les réseaux

Les réseaux comportent les éléments suivants : les conduites de distribution raccordées sur un poste de fourniture en gaz (canalisation principale ou citerne) ; les branchements collectifs ou particuliers ; les postes de détente ; les organes de coupure et les dispositifs de comptage.

3.4.1. Les conduites de distribution

Elles constituent la partie essentielle du réseau puisqu'elles amènent le gaz aux différents points à desservir. Leur diamètre est calculé en fonction de la demande en gaz et de la pression de distribution, en tenant compte de l'évolution des besoins et de l'extension possible du réseau.

En usage domestique, le débit est calculé pour assurer la fourniture en gaz de la cuisine, de l'eau chaude sanitaire et du chauffage. La somme des besoins pour l'ensemble des logements desservis est affectée d'un coefficient de foisonnement qui dépend du nombre d'abonnés.

En chauffage des bâtiments, le débit doit correspondre à la totalité de la puissance installée en chaufferie d'un immeuble ou d'un groupe d'immeubles. Sur un ensemble important, un coefficient de foisonnement est admis.

En usage industriel, une étude plus fine, en liaison avec le responsable de l'unité de production, permet de définir les besoins nécessaires et le débit à assurer.

Selon le volume de gaz à fournir, celui-ci est livré en basse pression (faible débit) ou en moyenne pression ; un détendeur étant placé au niveau du point de livraison final, avant comptage.

Des abaques et des logiciels permettent de calculer le diamètre des tuyaux selon le matériau retenu et de définir les pertes de charge. Afin de réduire ces dernières, il est recommandé de retenir le tracé le plus court possible et d'éviter les accidents de parcours et les coudes inutiles. L'opérateur doit garantir une pression minimale au point d'utilisation, sans rupture d'approvisionnement et en respectant les règles de sécurité.

3.4.2. Les matériaux

Les matériaux retenus pour les canalisations sont l'acier, le polyéthylène et le cuivre. La fonte est pratiquement abandonnée depuis l'avènement du gaz naturel.

3.4.2.1. L'acier

L'acier est utilisé pour les canalisations principales, qu'elles soient enterrées ou en élévation. Les tubes reçoivent une protection interne à base de liants hydrocarbonés et sont soudés bout à bout. La pression admise ne peut être supérieure à 25 bars.

Lorsqu'ils sont enterrés, les tuyaux reçoivent une protection externe anticorrosion assurée par un revêtement en liants hydrocarbonés ou en polyéthylène. Cette protection doit être reprise de manière efficace au droit des soudures et des raccords, ainsi qu'en cours de chantier, en cas de détérioration. Les tubes en acier sont sensibles aux courants vagabonds et font, si nécessaire, l'objet d'une protection cathodique.

Lorsqu'ils sont en élévation, les tuyaux reçoivent une peinture de couleur normalisée jaune. Dans le cas de l'alimentation d'une chaufferie en terrasse, la conduite est posée en façade, à l'extérieur de l'immeuble.

3.4.2.2. Le polyéthylène

Le polyéthylène (PE) est utilisé pour les canalisations d'alimentation et de desserte. La gamme des diamètres s'échelonne de 20 à 400 mm : les branchements d'immeubles sont exécutés en diamètre 25 à 50 mm ; ceux des villas en diamètre 20 ou 25 mm. Ce matériau présente l'avantage d'être inerte chimiquement et d'être insensible à la corrosion. Les tuyaux, aisément repérables, de couleur noire avec trois bandes jaunes, sont livrés en barres ou en couronnes sur des tourets qui sont déroulés à l'avancement dans la tranchée (photo 6.11). La pression ne peut excéder 10 bars.

Photo 6.11 • _Touret de canalisation gaz en polyéthylène $\phi80$._

3.4.2.3. Le cuivre

Compte tenu de son coût, le cuivre n'est pratiquement pas utilisé en canalisations enterrées. La pression maximale admise est de 4 bars.

3.4.3. La pose des canalisations

La pose des canalisations s'effectue, principalement, dans une tranchée, sur un lit de sable de 10 cm d'épaisseur répandu après dressage du fond de fouille (fig. 6.48).

La profondeur est au minimum de 0,70 m par rapport au niveau du terrain, projet fini. La largeur de la tranchée est déterminée en fonction du diamètre des tuyaux et du mode de pose. Une surlargeur peut être nécessaire pour permettre une intervention manuelle (soudure bout à bout, mise en place de pièces de raccord, etc.). Le remblaiement s'effectue avec des matériaux de petite granulométrie

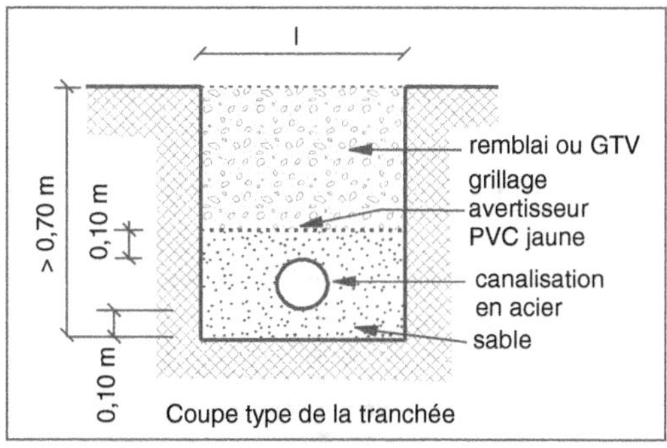

Fig. 6.48 • _Pose de canalisation de gaz en acier._

sur au moins 10 cm d'épaisseur au-dessus de la génératrice supérieure. Un grillage avertisseur de couleur jaune est placé sur cette première couche de remblai. Le remblai supérieur est obligatoirement en grave sous l'emprise des voiries et des trottoirs.

La pose peut également être effectuée dans des caniveaux sous trottoir ; solution qui offre moins de garantie au niveau sécuritaire.

Les raccords entre les tronçons constitués d'un même matériau ou de matériaux différents doivent s'effectuer selon les règles énoncées dans les normes, ou conformément aux directives des fabricants. L'emploi de raccords isolants peut être rendu nécessaire afin d'isoler électriquement deux tronçons de canalisation.

3.4.4. Les branchements particuliers

Les branchements particuliers sont raccordés sur la canalisation de desserte par un T ou, plus fréquemment, par un dispositif de prise en charge. Ils sont commandés par un dispositif de coupure, accessible en permanence. Ils comprennent : la canalisation de desserte ; une vanne d'arrêt ; un détendeur et un compteur. Ces trois derniers éléments sont placés dans un coffret ou une logette (fig. 6.49). Le compteur marque la limite des responsabilités du concessionnaire et de l'abonné.

Selon le bâtiment desservi et sa destination, il convient de considérer plusieurs cas de figures.

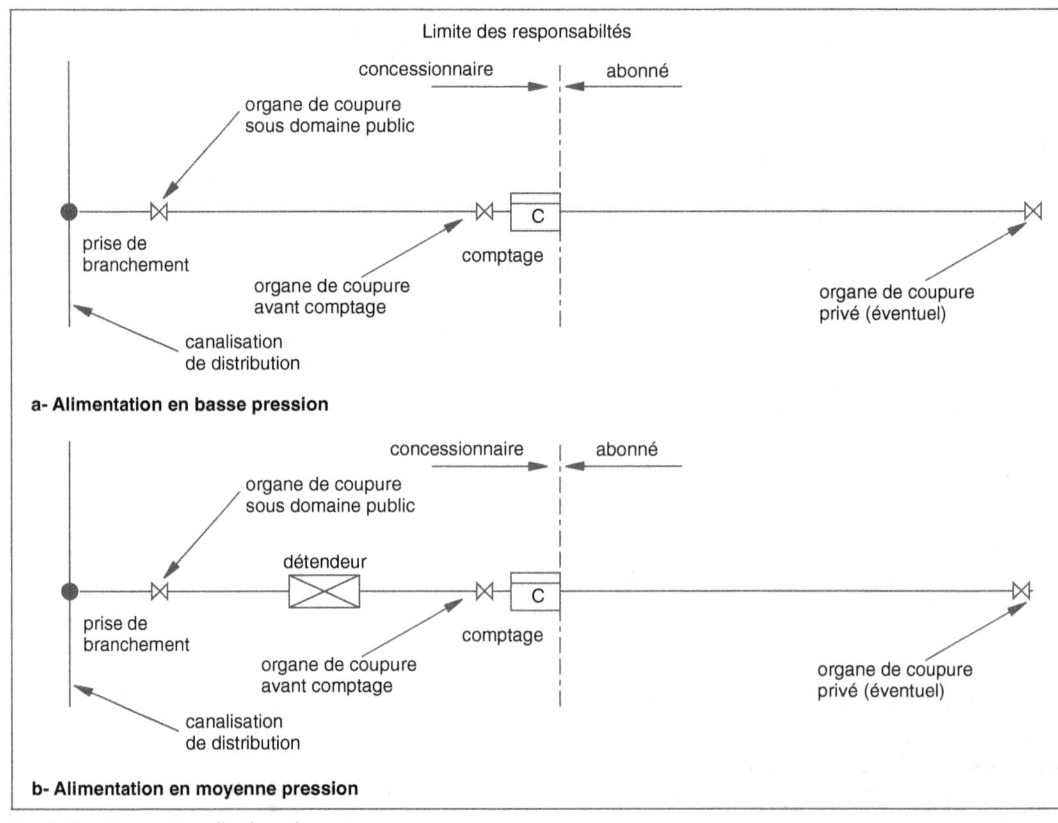

Fig. 6.49 • *Composition d'un branchement gaz.*

3.4.4.1. _Le branchement des villas_

Le branchement des villas, constitué des éléments décrits précédemment, est réalisé en polyéthylène et s'arrête au point de comptage (fig. 6.50).

3.4.4.2. _Le branchement des immeubles collectifs_

Le branchement des immeubles collectifs est constitué d'un tronçon de canalisation enterrée qui peut desservir un ou plusieurs bâtiments. Dans ce dernier cas, chaque tronçon est commandé par un organe de coupure générale avant le point de pénétration (fig. 6.51).

À l'intérieur des immeubles, la conduite de gaz, qu'elle soit horizontale ou verticale, doit se trouver dans des parties communes convenablement ventilées. Elle alimente une ou plusieurs colonnes montantes sur lesquelles sont raccordés les piquages des appartements. Chaque piquage comprend à son origine un robinet d'arrêt, un détendeur et un compteur.

3.4.4.3. _Le branchement des autres constructions_

Le branchement des autres constructions est étudié au cas par cas, en fonction de leur destination, des locaux desservis et de leur besoin. Le dimensionnement de chaque composant est fixé selon l'importance de la demande.

3.4.5. **Les postes de détente**

Les postes de détente sont des appareils peu encombrants dont le rôle est de détendre le gaz afin de l'amener à la pression

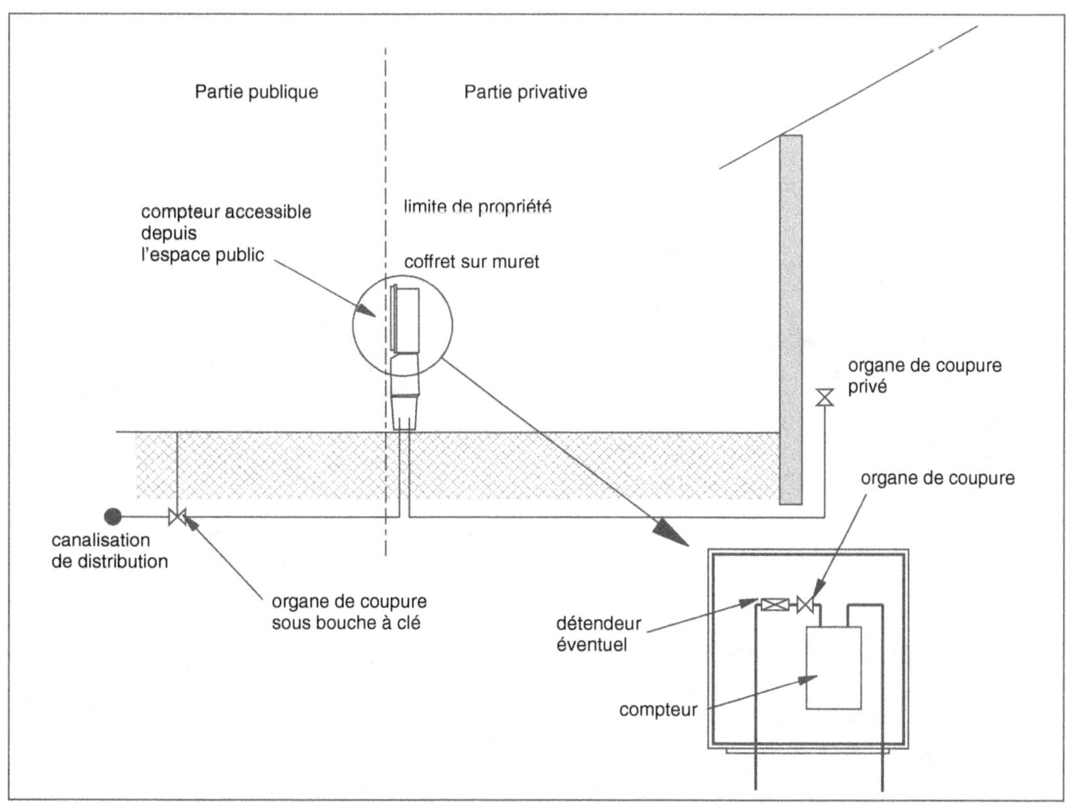

Fig. 6.50 • _Branchement gaz d'une villa._

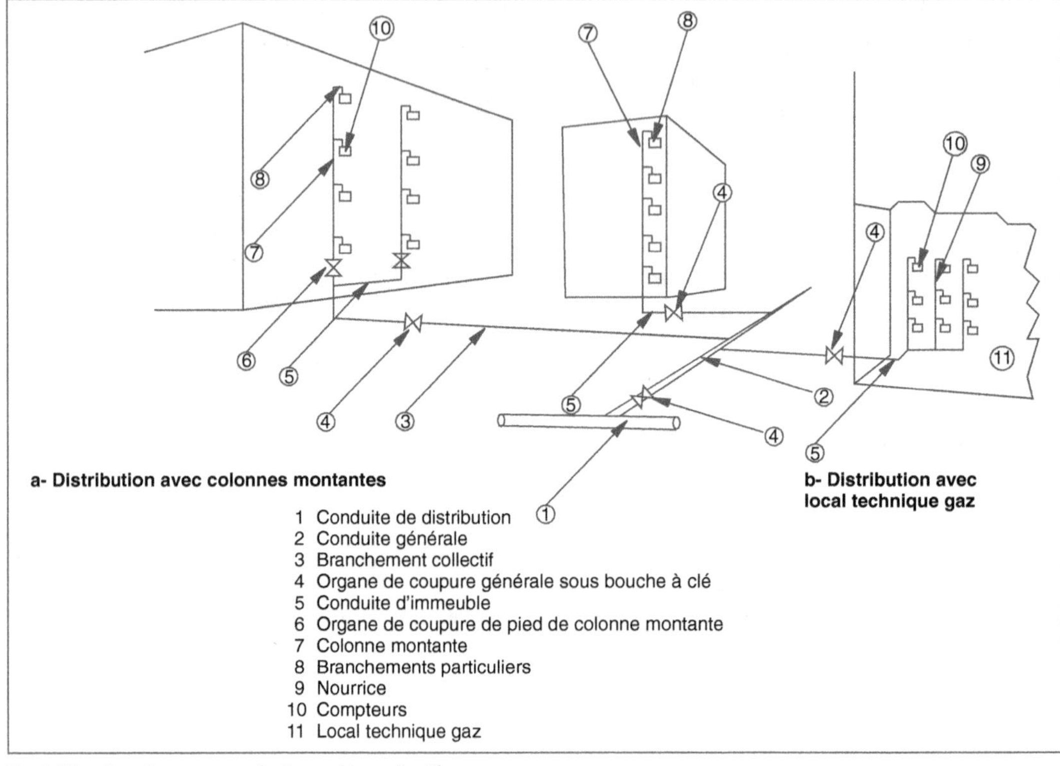

Fig. 6.51 • *Branchements gaz des immeubles collectifs.*

d'utilisation. Ils peuvent être placés dans un abri extérieur, armoire sur socle maçonné. Lorsque la pression du réseau est importante, une première détente peut être obtenue au niveau du piquage. La seconde détente est placée à proximité immédiate du poste de comptage.

En habitat individuel, le détendeur est installé dans le coffret en aval du robinet d'arrêt et en amont du compteur. Il est complété par un déclencheur de sécurité en cas de baisse anormale de la pression de distribution.

3.4.6. Les organes de coupure

Les organes de coupure sont adaptés au type de réseau. Ils doivent assurer une coupure quasi immédiate de la distribution du gaz en cas de fuite ou de désordre. Dès qu'ils sont activés, ils ne peuvent être remis en service que par une personne habilitée, après vérification que les robinets de tous les points desservis sont sur la position « arrêt ».

Plusieurs dispositifs peuvent être mis en place. Ils sont déterminés en fonction de la pression de distribution et du type de bâtiment raccordé : habitation, tertiaire, scolaire, établissement recevant du public, etc.

Ces organes sont parfaitement signalés et accessibles en permanence, qu'ils soient souterrains, commandés par une bouche à clé ou en élévation.

3.4.7. Les postes de comptage

Les postes de comptage sont placés en différentes positions selon les bâtiments desservis.

Pour les villas, ils sont placés dans un coffret type S 300 en polyester armé de fibres de verre (photo 6.12). Celui-ci est soit posé sur un socle en limite de propriété, soit, plus rarement, encastré dans la façade des pavillons. Cette deuxième solution est admise sous deux conditions : la façade est à proximité immédiate de la voie publique ; elle ne se trouve pas dans un espace clos et doit être accessible en permanence.

Pour les immeubles collectifs, ils sont soit placés dans une gaine technique verticale ventilée dans laquelle se trouve la colonne montante qui dessert les appartements, soit regroupés dans un local technique aéré en permanence.

Pour les autres types de bâtiments, ils sont positionnés dans des coffrets plus importants, accessibles en permanence.

Les postes de comptage comprennent un robinet d'arrêt, un détendeur et le compteur.

Le compteur est l'appareil qui mesure le volume de gaz consommé par l'abonné. Situé au point de livraison, il est l'interface entre l'opérateur et l'abonné. De ce fait il constitue la limite où s'opère le transfert de propriété et de responsabilité.

3.4.8. Les essais d'étanchéité

Les essais d'étanchéité doivent être effectués en cours de travaux, avant le remblaiement des tranchées ou la fermeture des caniveaux, ainsi qu'en fin de chantier, avant la mise en service du réseau et des branchements.

3.5. La distribution depuis une citerne centralisée

Ce type de distribution suit sensiblement les mêmes règles que la distribution sur réseau. Toutefois, l'installation d'une citerne doit respecter certaines dispositions rappelées dans la norme NF P 45-204 (DTU 61.1) – _Installations de gaz_. Elles portent, entre autres,

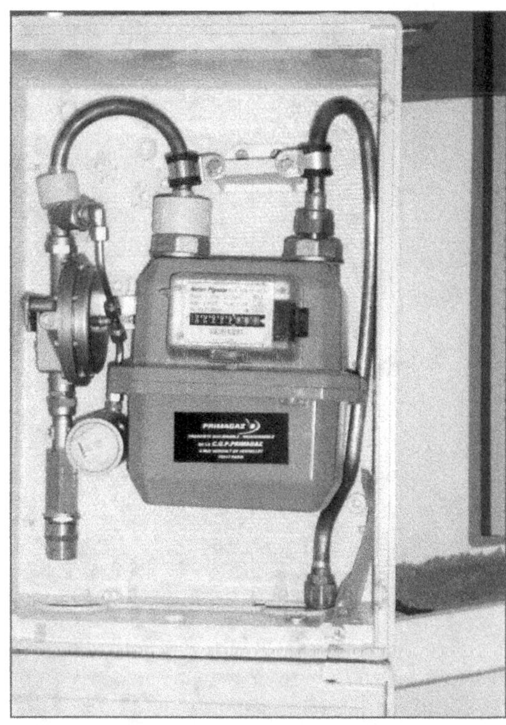

Photo 6.12 • _Poste de comptage gaz individuel._

sur la mise à la terre du réservoir et les distances minimales entre celui-ci et les ouvertures des bâtiments ou les propriétés voisines.

Le stockage peut être aérien ou enterré.

3.5.1. Le stockage aérien

Pour une contenance inférieure ou égale à 3 500 kg, la citerne est posée sur une dalle en béton armé, en prévoyant un dégagement de 0,60 m sur le pourtour (photo 6.13). La bouche d'emplissage et l'orifice de la soupape de sûreté doivent être situés à une distance supérieure à 3 m de toute ouverture (porte, fenêtre, soupirail) ou de toute limite de propriété en matériaux ajourés (grillage, clôture à claire-voie) (fig. 6.52). Ces distances sont ramenées à 1,50 m lorsqu'il y a interposition d'un mur plein construit à 0,60 m de la citerne.

Photo 6.13 • *Citerne de stockage aérien de gaz liquéfié.*

3.5.2. Le stockage enterré

Le stockage enterré est placé à l'extérieur de l'emprise des bâtiments et sa présence est signalée au niveau du sol. Aucune canalisation étrangère ne peut passer à moins d'un mètre. Les distances par rapport aux ouvertures et à la limite de propriété sont ramenées à 1,50 m. La cuve est protégée contre la corrosion et reçoit une protection anticathodique.

Pour les contenances supérieures, des dispositions complémentaires sont à mettre en place.

4. Le réseau de télécommunication

Malgré le développement de la téléphonie mobile, le raccordement au réseau général de la téléphonie fixe reste encore de règle, compte tenu des nombreux services rendus : téléphone, télécopie, télex, vidéoconférence, domotique, transpac, service minitel, internet, etc.

Bien que concurrencé par internet, le réseau téléphonique répond à des besoins, communications verbales, ventes par correspondance ou autres. Il est fiable et se développe régulièrement en faisant appel à l'électronique, à la numérisation et aux satellites.

Comme pour les autres services, l'évaluation des besoins est toujours délicate. Ils évoluent sans cesse, en fonction de la création et du développement des zones urbaines ou périurbaines, de leur mode d'occupation : habitation, tertiaire, commercial, industriel. Les opérateurs, France Télécom, entre autres, sont donc amenés à effectuer des projections dans l'avenir en tenant compte de certains paramètres. Comme toute prospective, cette projection doit être réajustée dans le temps.

4.1. La composition du réseau téléphonique

En accord avec l'opérateur, France Télécom ou autres sociétés, le réseau téléphonique comporte plusieurs composants : un répartiteur général, des lignes de transport, de distribution et de branchement, des points de distribution, des barrettes d'arrivée pour raccorder le ou les postes terminaux (fig. 6.53). Il est réalisé selon l'un des principes suivants.

● **Le réseau aérien**, pratiquement abandonné en zone urbaine, subsiste encore en zone rurale. Il est particulièrement sensible aux intempéries : vent, neige.

● **Le réseau en galerie technique** est relativement peu fréquent, sauf lorsqu'il s'agit de complexes commerciaux, hospitalier, industriel…

● **Le réseau posé dans une bordure-caniveau**, solution économique mais qui ren-

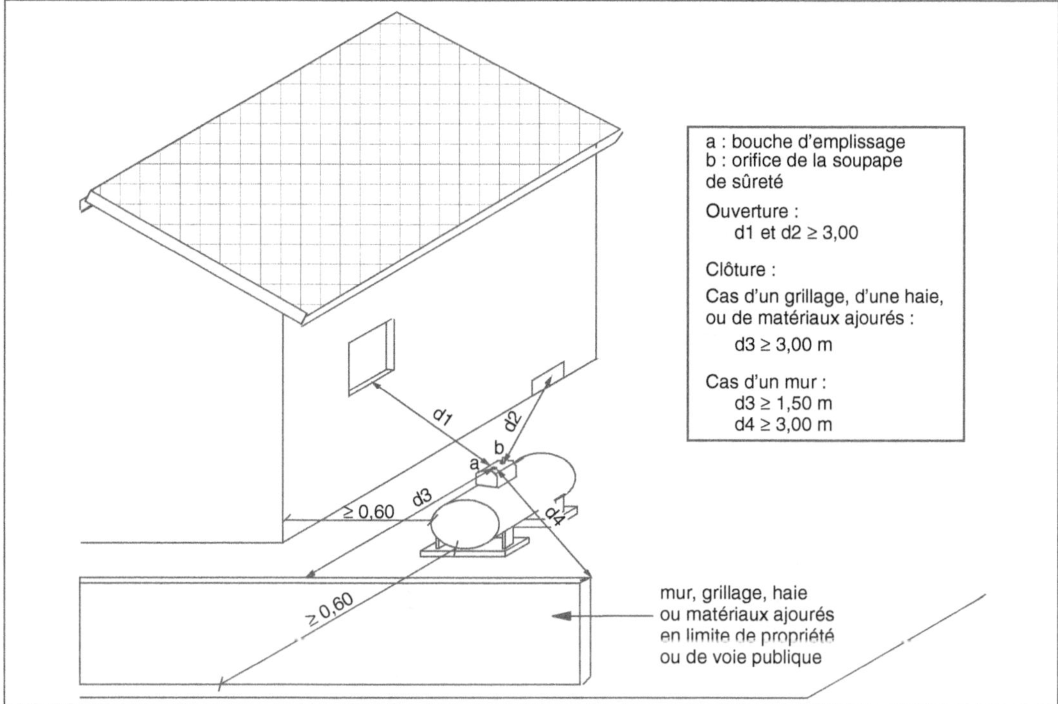

Fig. 6.52 • _Citerne de gaz liquéfié – Stockage aérien._

contre quelques difficultés. D'une part, en phase réalisation, lors de la coordination avec les autres réseaux et, d'autre part, en phase utilisation, les caniveaux ne résistent pas aux surcharges des poids lourds.

- **Le réseau enterré** est la technique la plus courante en site urbain ; les câbles passent dans des fourreaux aiguillés.

4.1.1. Le répartiteur général

Le répartiteur général distribue les lignes de transport.

4.1.2. Les sous-répartiteurs

Les sous-répartiteurs sont positionnés en des points stratégiques du réseau, sur le domaine public, de manière à être accessibles en permanence. Sorte d'armoire étanche posée sur un socle en béton, ils constituent l'interface entre les lignes de transport et les lignes de distribution.

4.1.3. Les chambres de tirage

Les chambres de tirage sont disposées à des distances régulières ou en des points particuliers du réseau (changement de direction) (photo 6.14). Implantées sous trottoir ou sous chaussée, leur résistance mécanique est calculée de manière à résister aux surcharges admises :

- « série L » sous trottoir et zone de stationnement de véhicules légers ;
- « série K » sous chaussée et zone de stationnement de véhicules lourds (fig. 6.54, tab. 6.12, photo 6.15).

Normalisées, leurs dimensions sont déterminées en fonction du nombre de lignes (tab. 6.13).

4.1.4. Les fourreaux

Les fourreaux sont des tubes en PVC rigides aiguillés gris. Leur nombre et leur diamètre sont adaptés au nombre de lignes qu'ils

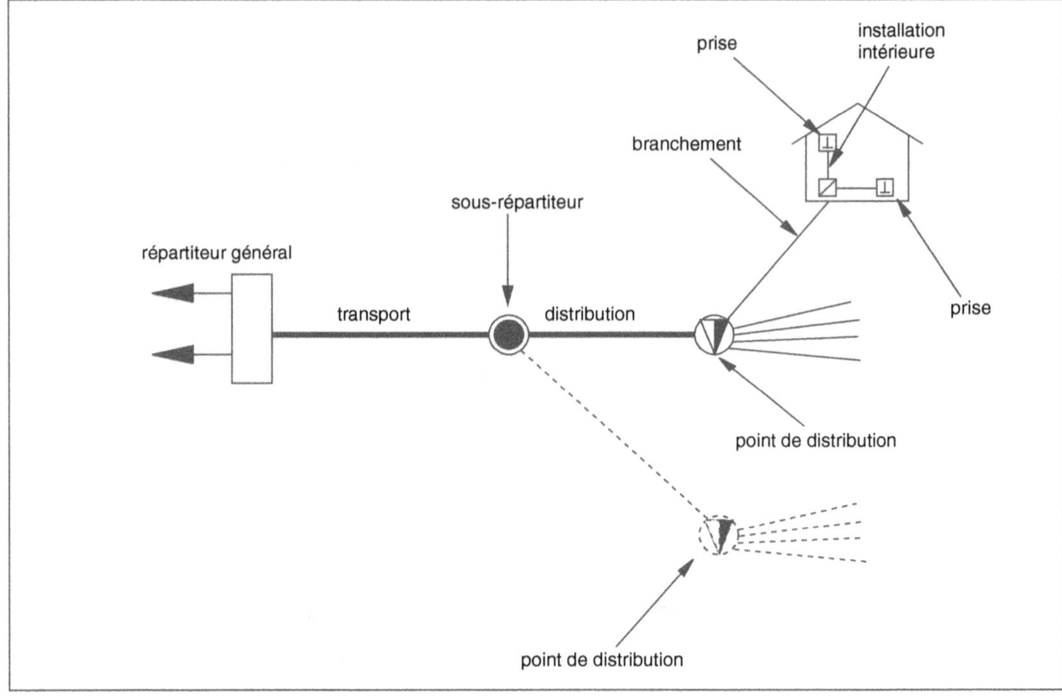

Fig. 6.53 • *Réseau local de télécommunications.*

doivent contenir, en prévoyant une réserve dans l'éventualité d'un développement du réseau ou d'une modification de la demande. Les dimensions couramment utilisées sont : diamètres 25/28 mm ; 42/45 mm ; 55/60 mm (photo 6.16).

Les tuyaux en ciment, d'une manutention moins aisée car plus lourds, peuvent être également employés.

Pour les branchements, le tube PVC est parfois remplacé par un fourreau en polyéthylène rouge.

4.1.5. Les lignes téléphoniques

Les lignes téléphoniques font appel à deux techniques : le métal conducteur avec les câbles multipaires* ou les câbles coaxiaux, et l'onde lumineuse avec les fibres optiques (fig. 6.55).

4.1.5.1. Les câbles multipaires

Les câbles multipaires sont formés de fils de cuivre isolés et torsadés, assemblés en paire ou en quarte. Ils présentent l'avantage d'un coût réduit et d'une manipulation aisée. C'est le procédé le plus courant en télécommunication.

4.1.5.2. Les câbles coaxiaux

Les câbles coaxiaux sont constitués par une âme en cuivre autour de laquelle se trouvent successivement un diélectrique*, une tresse métallique formant le conducteur extérieur ; le tout étant protégé par un gainage en plastique. Leur débit est supérieur à celui des câbles précédents.

4.1.5.3. Les fibres optiques

Les fibres optiques comportent une âme, fibre de verre de quelque dizaine de microns. Seule

Photo 6.14 • _Chambre de tirage pour lignes téléphoniques enterrées._

ou regroupée à plusieurs, elles reçoivent une protection diélectrique et une armure métallique. L'ensemble est enfermé avec un élément porteur dans une gaine en PVC ou en polyéthylène. Son intérêt réside dans son insensibilité aux champs parasites et dans son débit supérieur aux précédents systèmes. Toutefois, son coût élevé et sa technicité particulière font qu'elles sont réservées à des cas spécifiques.

La position des fibres optiques pour les longues distances est signalée à l'aide d'un repère situé au niveau du sol (photo 6.17).

4.1.6. Les points de distribution

Placés judicieusement afin de desservir les abonnés, ils sont constitués de la manière suivante :

– par des bornes en élévation construites en béton armé ou en polyester, à proximité immédiate d'une chambre et en limite de la voirie publique, cette solution est peu à peu abandonnée ;

– par une dérivation réalisée dans la chambre de tirage elle-même.

Dans une zone pavillonnaire, ces points desservent cinq ou six lots ; chacun étant raccordé à l'aide de deux fourreaux φ 42/45 mm ou 25/28 mm (fig. 6.56).

Dans un lotissement industriel, chaque lot est raccordé au réseau à l'aide d'un minimum de trois fourreaux φ 42/45 mm.

4.1.7. Les barrettes d'arrivée

Les barrettes d'arrivée sont les éléments sur lesquels se raccordent les utilisateurs.

Dans le cas de desserte importante, immeuble de bureaux ou hôtel par exemple, les lignes d'alimentation sont raccordées sur un autocommutateur privé ou sur un répartiteur assurant ou non la desserte directe des différents postes.

4.2. L'exécution des ouvrages

L'exécution des ouvrages porte sur la mise en place d'un réseau comprenant les câbles à tirer entre le point d'origine et les points à desservir ainsi que leurs raccordements. La limite des prestations est déterminée en fonction de la qualité de l'utilisateur.

● Dans le cas d'un pavillon individuel et des lotissements de villas, l'opérateur peut tirer les lignes téléphoniques jusqu'aux prises prévues dans les pièces, deux au maximum.

● Dans le cas d'un immeuble collectif, l'opérateur amène la ligne téléphonique jusqu'au répartiteur ; l'installation intérieure est traitée par une entreprise intervenant dans la construction du bâtiment.

● Dans le cas d'installations importantes, l'opérateur pose les lignes téléphoniques

389

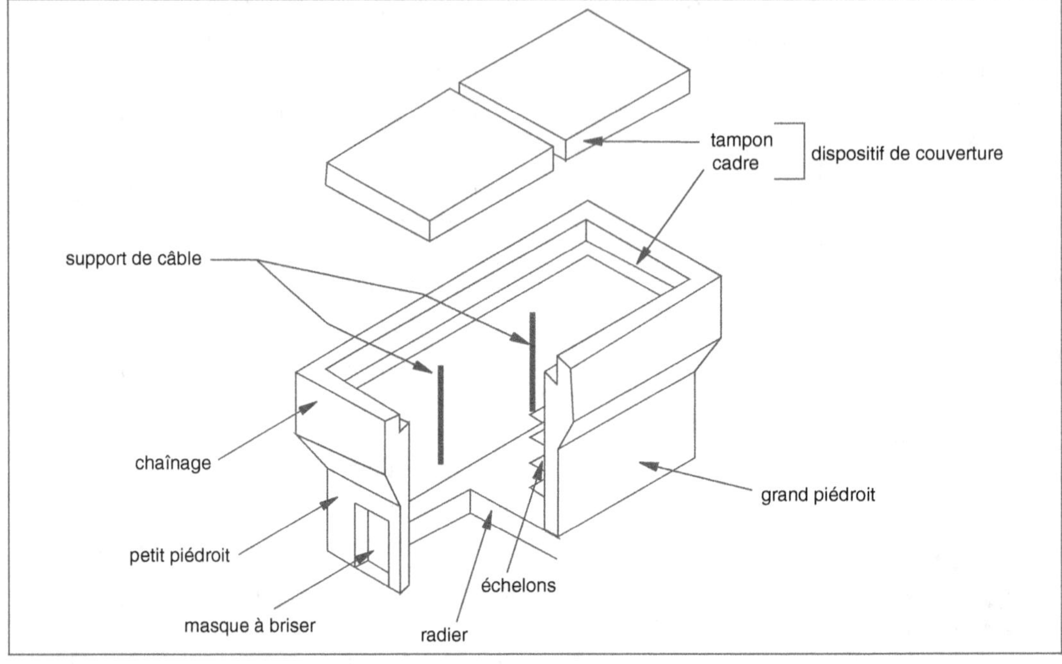

Fig. 6.54 • *Chambre de distribution de télécommunications préfabriquée.*

Classe	Type	Implantation
T	L0T - L1T - L2T - L3T - L4T - L5T - L6T	Sous trottoir et parking de véhicules légers
K	K1C - K2C - K3C	Sous chaussée et parking de véhicules lourds

NB. Les chambres L4T, L5T, L6T peuvent être adaptées en classe sous chaussée par adjonction d'un couronnement en béton armé muni d'un cadre pour tampon 400 kN.

Tab. 6.12 • *Classification des chambres de télécommunication.*

Photo 6.15 • *Tampon de couverture de chambre de tirage, classe K.*

Type	Largeur (cm)	Longueur (cm)	Profondeur (cm)
L0T	24	42	30
L1T	38	52	60
L2T	38	116	60
L3T	52	138	60
L4T	52	187	60
L5T	88	179	120
L6T	88	242	120
K1C	75	75	75
K2C	75	150	75
K3C	75	225	75

Tab. 6.13 • *Dimensions des chambres de télécommunication.*

Photo 6.16 • *Pose de fourreaux pour lignes téléphoniques.*

alimentant un autocommutateur ; l'installation intérieure étant du domaine du bâtiment.

Toutefois, ces travaux peuvent être effectués pour le compte de l'opérateur principal, et sous ses directives.

La réalisation d'un réseau souterrain nécessite la pose de fourreaux en fond de tranchée, sur un lit de sable de 5 à 10 cm d'épaisseur. La tranchée a une largeur de 0,30 m environ ; sa profondeur est telle que la génératrice supérieure ait une charge de l'ordre de 0,60 m sous trottoir et de 0,80 m sous chaussée.

Les fourreaux sont recouverts d'une couche de sable et de matériaux de petite granulométrie (fig. 6.57). Un grillage avertisseur de couleur verte est placé avant d'effectuer le complément de remblaiement. Lorsque la profondeur des fourreaux est insuffisante, ils sont enrobés dans un béton maigre. Ces cas se présentent en particulier au droit des remontées pour pénétrer dans les chambres (fig. 6.57). Les fourreaux relient les différents points du réseau sans aucune discontinuité ainsi que les chambres de tirage entre elles. Au point de livraison, soit ils sont arrêtés dans une chambre laissée en attente, type L0T ou L1T pour des lotissements de villas, soit ils pénètrent directement à l'intérieur des constructions jusqu'à l'emplacement de la réglette.

Des distances minimales sont à respecter avec les autres réseaux, qu'ils se croisent ou qu'ils soient parallèles pour éviter toutes interférences ou perturbations. Elles sont précisées dans le paragraphe 9, p. 427.

Les chambres de tirage constituent un élément contraignant des réseaux. Elles sont recouvertes d'un tampon dont les caractéristiques sont définies en fonction des surcharges admissibles, série lourde ou série légère comme précisé au paragraphe 5.3 du chapitre 5, p. 252.

Dès l'achèvement des travaux de génie civil (fourreaux et chambres de tirage), la pose des câbles est effectuée par l'opérateur ou par une entreprise spécialisée.

5. Le réseau centralisé de télévision

Le réseau centralisé de télévision est étudié en liaison avec les services de Télédistribution de France (TDF). Il a pour objectif d'éviter la multiplication d'antennes individuelles, tout en améliorant la qualité de la réception. L'étendue des travaux porte sur l'ensemble des ouvrages.

5.1. L'antenne communautaire

L'antenne communautaire – ou collective de réception – est placée à une hauteur suffisante, sur un bâtiment ou sur un mât, afin

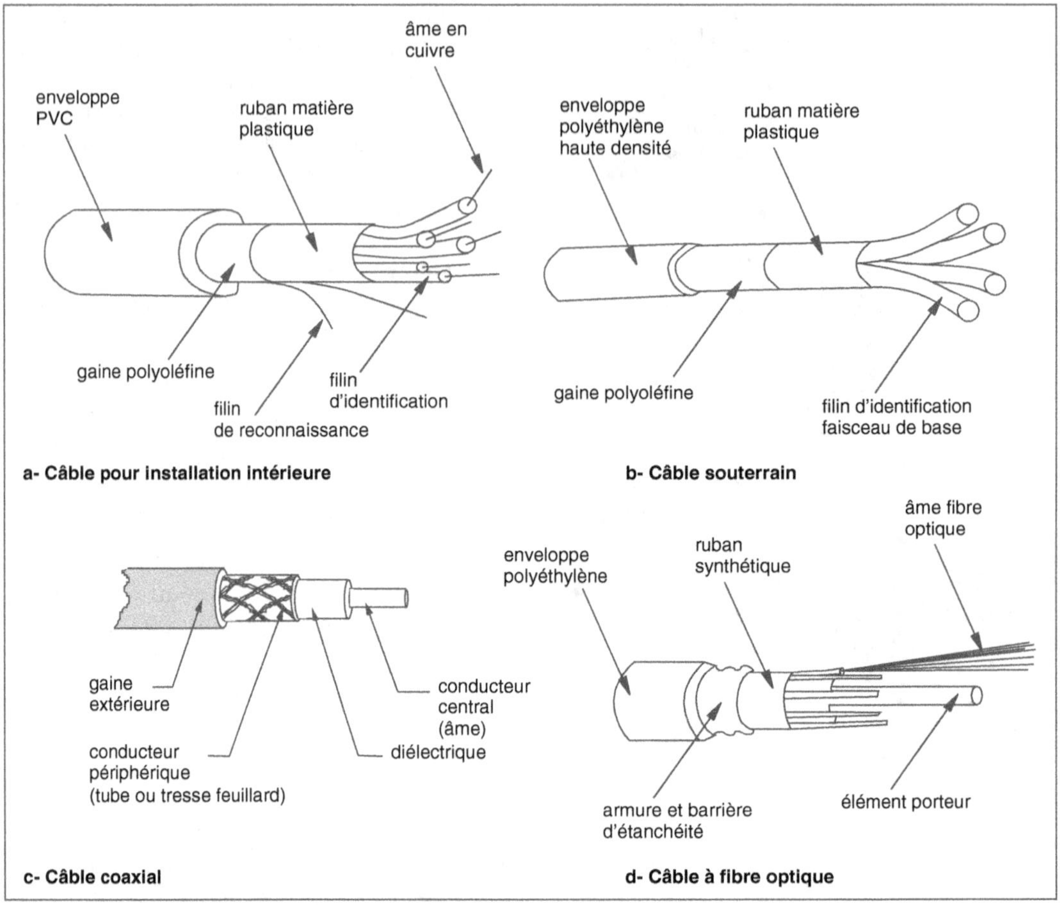

Fig. 6.55 • *Câbles pour lignes téléphoniques.*

Photo 6.17 • *Plaque de repérage de fibres optiques enterrées.*

nautaire intéresse un plus grand nombre d'habitations que l'antenne collective qui, elle, fournit les signaux de télévision à un groupe d'immeubles ou à un lotissement de villas.

L'installation de l'antenne sur un mât nécessite que celui-ci résiste aux efforts du vent. Il est conçu comme un pylône reposant sur un massif en béton et maintenu par un haubanage constitué de câbles en acier fixé au sol sur des plots d'ancrage (fig. 6.59).

de capter les ondes émises par un émetteur ou par un satellite (fig. 6.58, photo 6.18). La transmission ne doit pas être gênée par des obstacles importants. L'antenne commu-

5.2. La station de tête

La station de tête est l'interface entre l'antenne et le réseau de distribution. Abri-

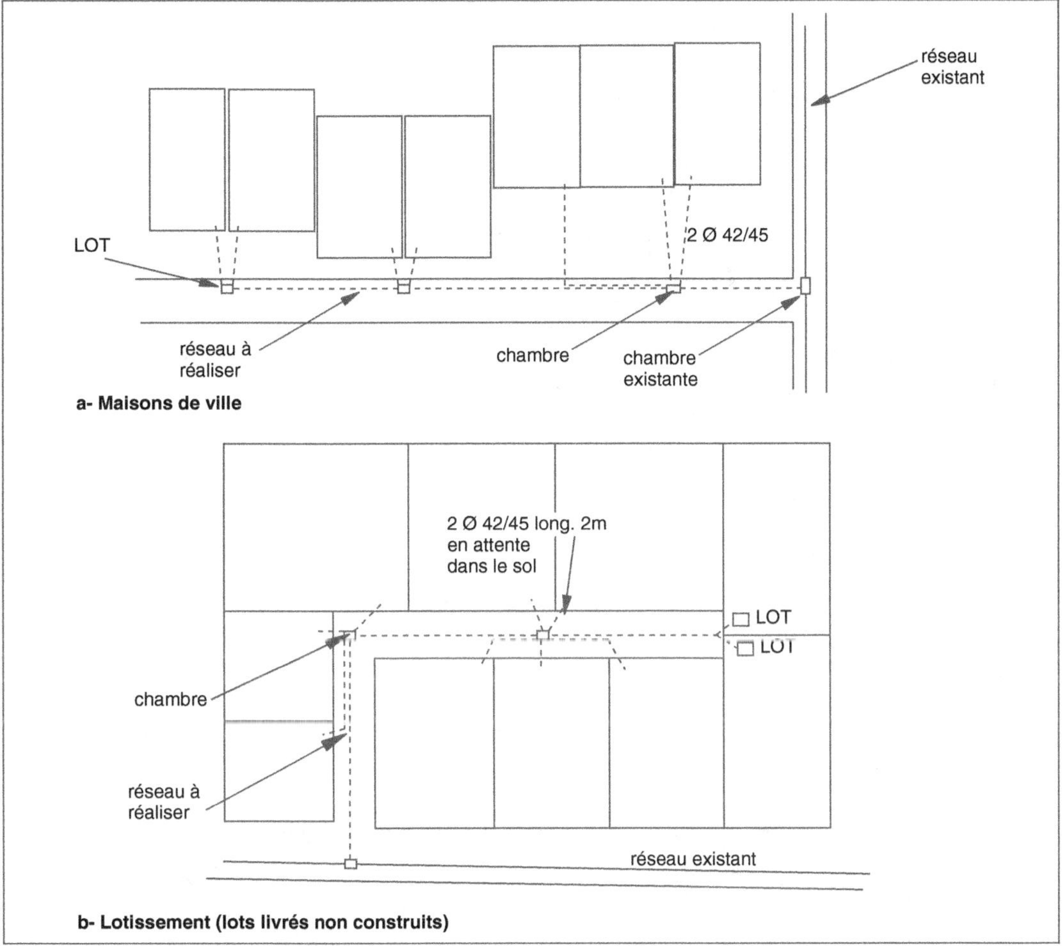

Fig. 6.56 • _Équipement téléphonique d'une zone pavillonnaire._

tée dans un petit bâtiment, elle comprend le matériel assurant la réception, le traitement et la diffusion des programmes. Pour son bon fonctionnement, elle doit être alimentée en courant électrique basse tension. Elle constitue l'origine du réseau câblé.

5.3. La ligne de transmission par câbles

La ligne de transmission par câbles comprend différents tronçons selon l'importance du réseau.

- **La ligne de transport** relie soit la tête du réseau à une station intermédiaire, soit deux stations intermédiaires.

- **La ligne de distribution** – ou ligne secondaire – relie les stations intermédiaires aux points de dérivation.

- **La ligne de raccordement –** ou ligne tertiaire – est celle sur laquelle sont connectés des dérivateurs d'abonné ou des sorties directes.

Ces lignes sont constituées par des câbles métalliques coaxiaux de préférence (fig. 6.55) ou par des fibres optiques.

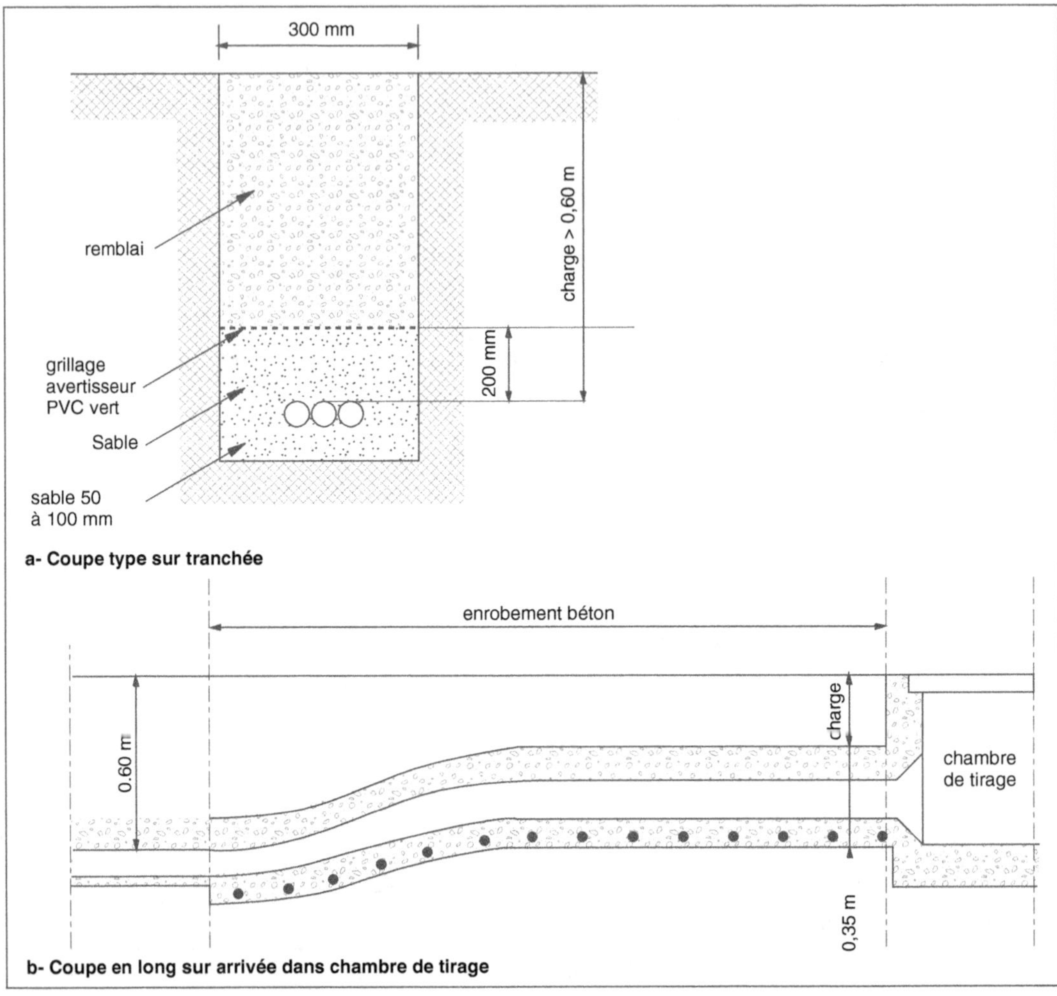

Fig. 6.57 • *Pose du fourreau de télécommunication.*

En général, les câbles sont posés dans un caniveau ou tirés dans des fourreaux placés en fond de tranchée dans des conditions analogues à celles du réseau téléphonique. Ils peuvent également être disposés dans la même tranchée que les fourreaux téléphoniques, la distance entre eux étant au minimum de 20 cm (fig. 6.60).

Divers composants assurent le bon transfert des signaux :

– l'amplificateur a pour rôle de compenser l'affaiblissement du signal ;

– le répartiteur est un dispositif qui partage l'énergie reçue en entrée sur plusieurs sorties, de manière égale ou inégale ;

– le dérivateur est un organe qui permet le branchement d'un usager sur la ligne de raccordement ;

– les dispositifs spécifiques assurent la sécurité de l'installation contre les surtensions, la protection contre la foudre ainsi que l'équipotentialité et la mise à la terre.

Le réseau de distribution par câbles est conçu, construit et installé de manière à ne

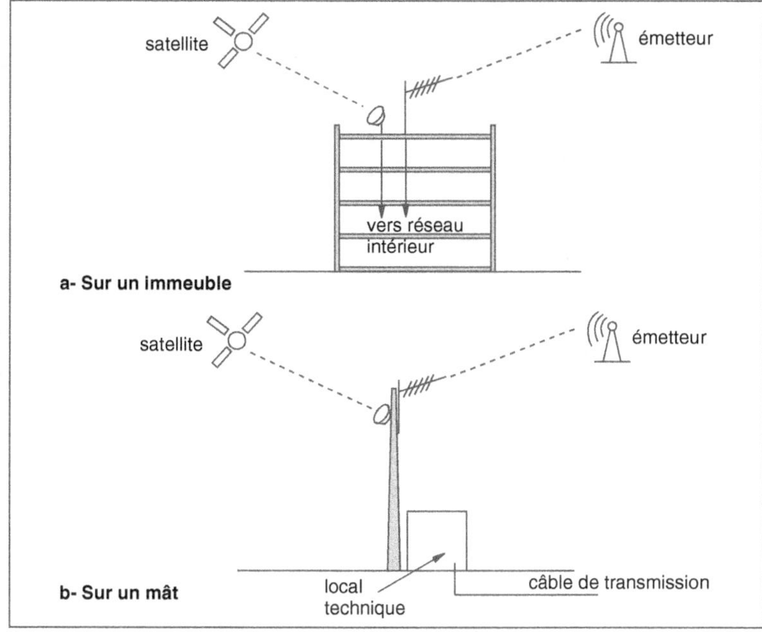

Fig. 6.58 • *Implantation d'une antenne de réception collective de télévision.*

Photo 6.18 • *Bâtiment technique et antenne collective de réseau centralisé de télévision.*

pas présenter de danger quelconque tant pour les usagers que pour le personnel d'entretien, qu'il soit en période de fonctionnement normal ou en défaut. La protection vise plus particulièrement les chocs électriques et les blessures physiques.

La mise en service ne peut être effectuée qu'après s'être assuré que l'antenne et le réseau reçoivent les signaux provenant des différents émetteurs dans de bonnes conditions.

6. L'éclairage urbain

L'éclairage urbain joue un rôle multiple dans les projets d'aménagement. Lorsqu'il représente une certaine ampleur, il est intégré dans un « plan lumière » conçu pour l'ensemble de la cité et prenant en compte toutes ses composantes : voiries, zones piétonnes, espaces publics, parcs de stationnement, zones résidentielles, bâtiments, espaces verts, etc.

La mise en relief des objets et des édifices étant modifiée et accentuée, l'éclairage artificiel donne une autre perception que celle obtenue en période diurne. Pour arriver à ce résultat, un spécialiste, l'éclairagiste, est chargé des études et du contrôle de la mise en œuvre. Il analyse les différents paramètres en leur donnant une priorité selon le degré d'importance qui leur est affecté :

– sécuriser les déplacements grâce à une bonne perception des obstacles par tous les usagers, qu'ils soient à pied ou motorisés ;

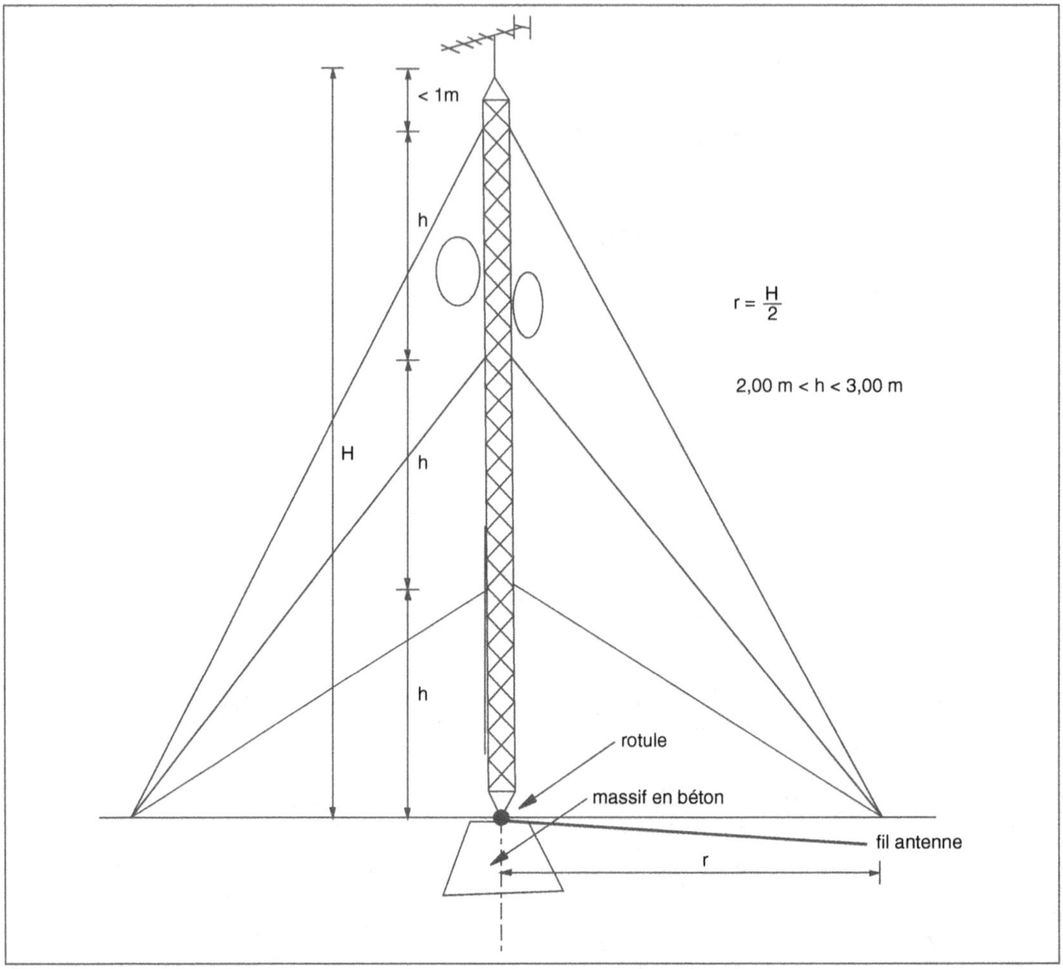

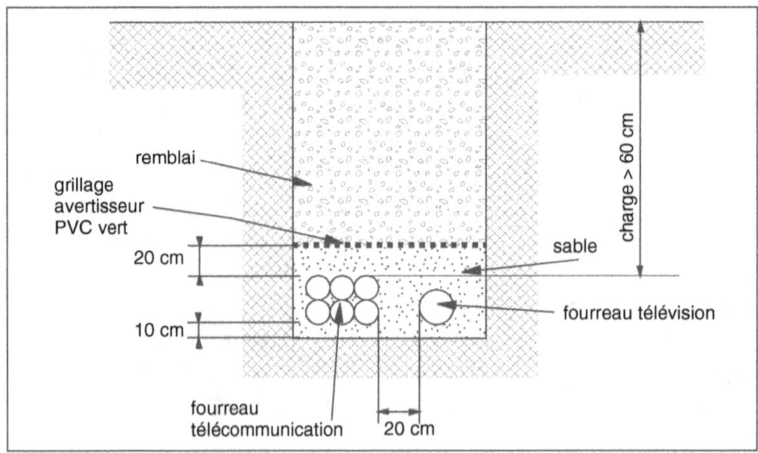

Fig. 6.59 • *Haubanage d'un mât isolé d'antenne collective.*

Fig. 6.60 • *Réseau centralisé de télévision – Pose des câbles.*

– assurer la sécurité des personnes et des biens par un éclairage d'ambiance satisfaisant ;

– repérer aisément les lieux et les points particuliers, carrefours, passages piétonniers, etc. ;

– permettre les activités nocturnes, sportives ou autres ;

– créer une ambiance agréable en harmonie avec les différents espaces ;

– valoriser les bâtiments et les façades ainsi que les espaces verts ;

– éviter les nuisances lumineuses telles que l'éblouissement et l'effet de zones obscures ;

– maîtriser l'intégration des installations, candélabres et luminaires, avec le mobilier urbain dans leur environnement de jour, sans occasionner de gêne majeure.

Enfin, il doit également tenir compte des notions de coût d'investissement et de maintenance des installations.

Les études d'éclairage doivent être adaptées aux espaces et aux édifices auxquels elles sont destinées. Le type d'équipement est déterminé en fonction de la nature du projet, l'objectif n'est pas d'offrir de la lumière uniquement dans un but sécuritaire mais de créer une ambiance nocturne agréable donnant une nouvelle vision des ouvrages et une autre approche des espaces.

6.1. Quelques notions de photométrie

Il est nécessaire de préciser quelques notions fondamentales de photométrie avant d'étudier un projet d'éclairage (fig. 6.61).

6.1.1. Le flux lumineux

Le flux lumineux (Φ) – exprimé en lumen (lm) – est la quantité de lumière émise en

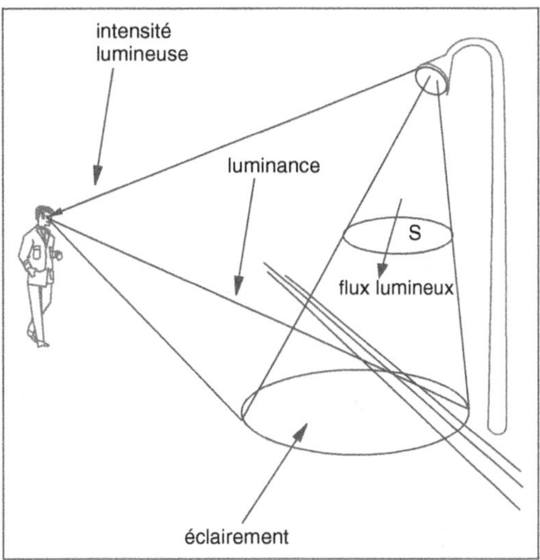

Fig. 6.61 • _Paramètres de photométrie._

une seconde par une source, au travers d'une surface donnée. Il est rare qu'une source émette un flux lumineux de manière uniforme dans toutes les directions.

6.1.2. Le rendement lumineux

Le rendement lumineux – ou efficacité lumineuse – représenté par le rapport du flux lumineux à la puissance consommée (lm/W), correspond à la performance lumineuse de la source en fonction de l'énergie consommée.

6.1.3. L'intensité lumineuse

L'intensité lumineuse (I) – exprimée en candela (cd) – est une grandeur qui caractérise l'importance de l'émission lumineuse dans une direction préalablement définie. Lorsqu'une source lumineuse émet un flux lumineux donné, plus l'angle d'émission est réduit, plus la lumière perçue est intense ; effet qui correspond à une plus grande concentration des rayons. Les fabricants communiquent les diagrammes sous forme polaire des intensités lumineuses des lampes utilisées (fig. 6.62).

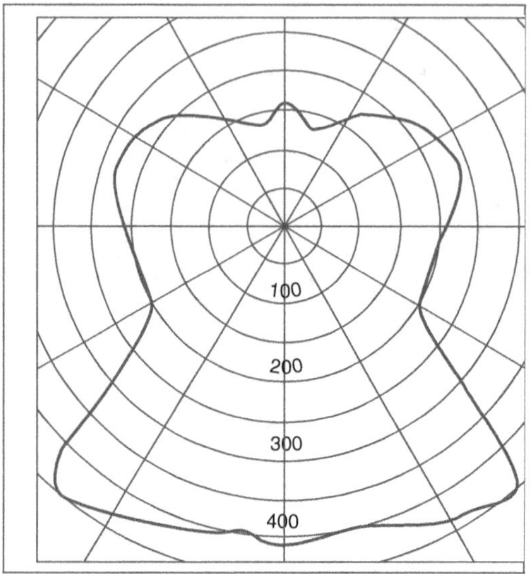

Fig. 6.62 • *Diagramme polaire d'intensité lumineuse.*

6.1.4. La luminance

La luminance (L) – exprimée en candela par mètre carré (cd/m^2) – est la grandeur physique qui caractérise la lumière reçue par un observateur regardant une surface éclairée se comportant comme une source secondaire.

La lumière reçue par une surface se décompose en trois parties (fig. 6.63) :

– la lumière réfléchie régulière ou diffuse ;

– la lumière transmise régulière ou diffuse ;

– la lumière absorbée.

Cette répartition dépend de la nature et de la couleur de la matière constituant cette surface.

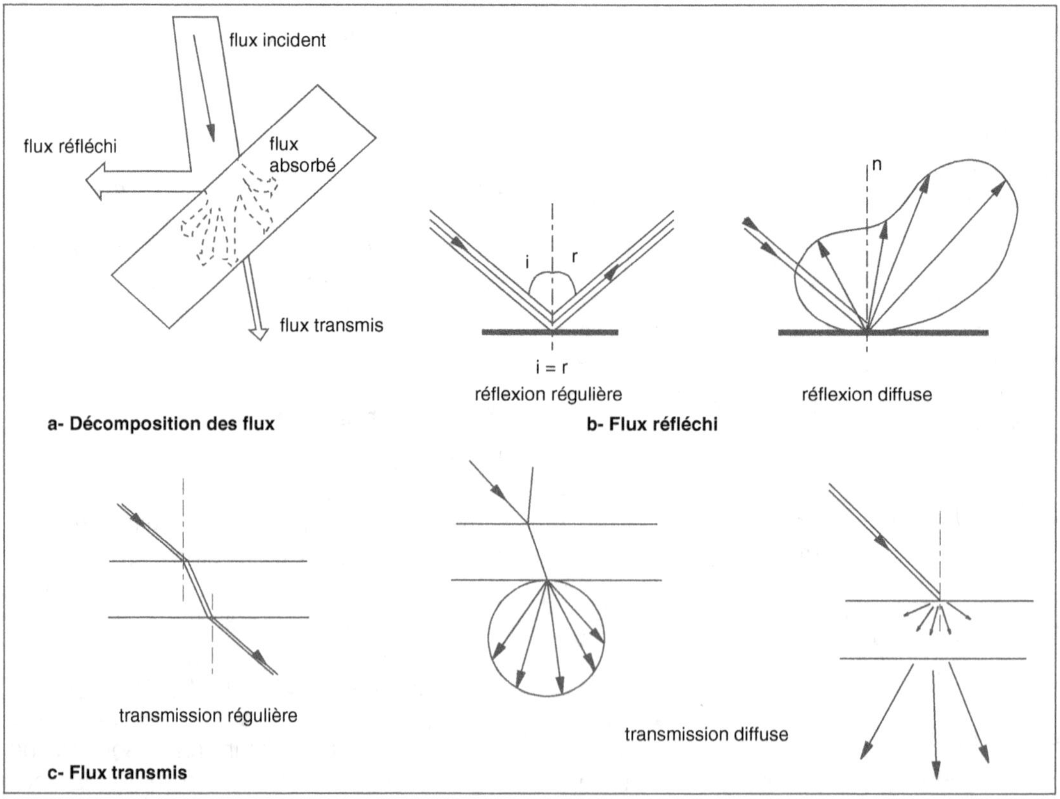

Fig. 6.63 • *Comportement des rayons lumineux sur une surface.*

Exemples : facteurs de réflexion de quelques surfaces colorées exprimés en pourcentage.

– noir : 5 à 10 % ;
– blanc : 65 à 80 % ;
– gris clair : 40 à 50 % ; gris foncé : 15 à 25 % ;
– vert clair : 35 à 55 % ; vert foncé : 10 à 30 % ;
– bleu clair : 30 à 50 % ; bleu foncé : 10 à 25 % ;
– rouge clair : 25 à 40 % ; rouge foncé : 10 à 25 % ;
– rose clair : 55 à 65 % ; rose : 45 à 55 %.

6.1.5. L'éclairement

L'éclairement (E) – exprimé en lux (1 lux = 1 lumen/m^2) – correspond à la quantité de lumière tombant sur une surface donnée. Le niveau d'éclairement d'une surface résulte de deux paramètres :

– l'éloignement de cette surface à la source lumineuse ;
– l'inclinaison des rayons lumineux provenant de la source.

L'éclairement d'une surface perpendiculaire aux rayons lumineux est proportionnel à l'intensité de la source et inversement proportionnel au carré de la distance les séparant (fig. 6.64).

Les valeurs de l'éclairement d'une surface donnée varient dans une grande fourchette ; l'éclairage diurne ayant des valeurs bien supérieures à celles de l'éclairage artificiel.

Exemples d'éclairement horizontal d'une surface dégagée :

– à midi, l'été, par ciel clair : 100 000 lux ;
– à midi, l'hiver, par ciel clair : 10 000 lux ;
– à midi, l'été, par ciel couvert : 2 000 lux à 5 000 lux ;
– de nuit, par beau clair de lune : 0,2 lux ;
– de nuit, sans lune : 0,000 3 lux ;
– voie urbaine : 20 lux à 50 lux.

6.1.6. Le confort visuel

Le confort visuel fait appel à plusieurs notions qui jouent, entre autres, sur les mécanismes de la vision.

- **Les contrastes** prennent naissance à la suite de la perception d'une différence de luminance ou de couleur sur deux ou plusieurs surfaces observées en un temps très court. Lorsqu'ils sont trop violents, ils entraînent une fatigue visuelle.

- **L'éblouissement** trouve son origine dans une répartition défavorable des luminances, dans un échelonnement entre des valeurs extrêmes très différentes ou dans

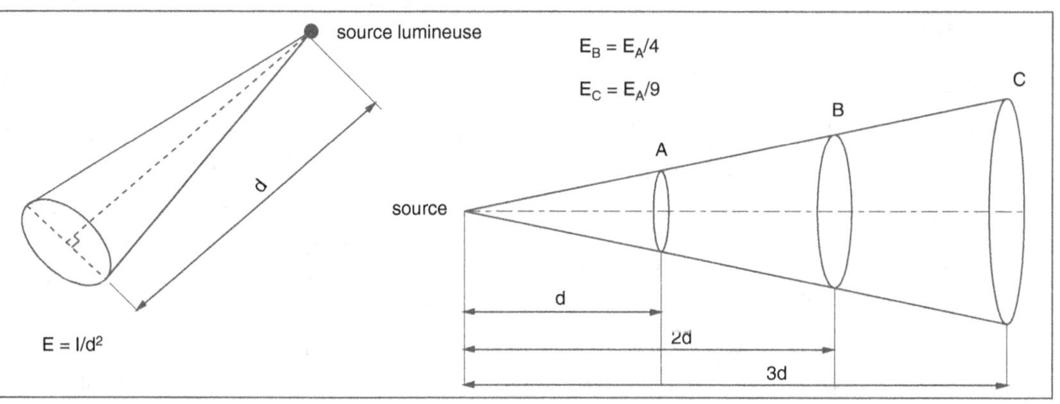

Fig. 6.64 • _Éclairement._

des contrastes excessifs. Il provoque des sensations d'inconfort et peut occasionner des troubles de la vision.

● **La température de couleur** (Tc) d'une source lumineuse – exprimée en Kelvin (K) – est la température à laquelle il faut porter un corps noir pour que son émission soit équivalente à celle de la source.

Exemple :

Une lampe fluorescente, qui émet une lumière blanche dont la couleur est sensiblement celle émise par le corps noir porté à 3 500 K, a une température de couleur de 3 500 K.

Les valeurs élevées, supérieures à 4 500 K, correspondent aux couleurs froides (bleutées) ; les valeurs comprises entre 3 500 K et 4 500 K aux couleurs intermédiaires, et les valeurs faibles inférieures à 3 500 K, aux couleurs chaudes (orangées). Par comparaison, la lumière solaire change en permanence, selon le lieu et l'heure de la journée.

Exemples :

– le soleil en hiver : 7 000 K à 10 000 K, blanc froid ;

– le soleil au zénith : 5 000 K à 6 000 K, blanc ;

– le soleil au lever ou au coucher : 2 000 K, jaune orangé ou rouge, couleur chaude.

● **Le rendu des couleurs** (IRC) correspond à l'effet chromatique des objets éclairés en comparaison avec un éclairage par une source de référence, en général le soleil pour lequel la valeur est de 100.

Exemples :

– les lampes à incandescence ou halogènes ont une qualité de rendu excellente, IRC de 95 à 99 ;

– les lampes à iodures métalliques ou fluorescentes ont une bonne qualité de rendu, IRC variant de 80 à 90 ;

– les lampes à vapeur de mercure ont une qualité de rendu moyen, IRC variant de 50 à 70 ;

– certaines lampes à vapeur de sodium ont un rendu des couleurs médiocre, IRC de l'ordre de 25.

6.2. La conception de l'installation d'éclairage urbain

Un grand nombre de logiciels apporte une aide précieuse dans la conception des installations d'éclairage. En fonction des hypothèses initiales, ils fournissent le niveau d'éclairement des différentes zones, le type de luminaires, leur nombre et leur disposition. Certains logiciels permettent également une simulation. Préalablement, il convient de définir plusieurs paramètres :

– le mode de fonctionnement permanent ou non ;

– la luminance moyenne et les niveaux d'éclairement en fonction des espaces à éclairer ;

– le mode de diffusion de la lumière, direct, indirect ou combiné, et selon quel angle ;

– la nature des espaces à éclairer et les points qui demandent une attention particulière (carrefours, passages destinés aux piétons, arrêts d'autocars, etc.) ;

– la hauteur de la source lumineuse, déterminée en fonction de la nature de l'espace à éclairer, de la puissance des lampes et de l'écartement des points lumineux ; elle tient compte également des éléments qui perturbent la diffusion de la lumière (arbres, bâtiments, etc.) ;

– l'espacement entre les foyers lumineux ;

– l'intégration de sources de couleurs différentes afin de valoriser des éléments spécifiques ;

– les exigences de sécurité à respecter ;

– les conditions de maintenance et l'économie globale, coûts d'installation et d'entretien, en intégrant la durée de vie des lampes.

Exemples :

– L'éclairage d'une cour de bâtiment industriel, dans laquelle manœuvrent des semi-remorques ou des engins, privilégie les conditions de sécurité. Il doit être uniforme, sans causer d'éblouissement.

– L'éclairage d'une façade met en valeur sa modénature ; les sources doivent être discrètes.

– Les teintes chaudes mettent en valeur des matériaux (briques, bois) alors que les teintes froides éclairent de préférence les végétaux.

6.2.1. L'éclairage des voies

L'éclairage des voies répond à un principe prioritaire : garantir la sécurité des usagers. Pour ce faire, les voies sont classées selon leur importance et la composition du trafic (tab. 6.14). En fonction de quoi, des niveaux à atteindre sont définis, qui prennent en compte les critères suivants :

– la luminance moyenne d'une voie routière, L_{moy} (cd/m^2) ;

– l'uniformité générale de luminance (U_o) ;

– l'uniformité longitudinale de luminance (U_L) ;

– l'indice d'éblouissement, source d'inconfort (G) ;

– l'éclairement horizontal moyen au niveau du sol, $E_{H\,moy}$ (lux) ;

– l'éclairement horizontal minimum/moyen au niveau du sol, $E_{H\,min/moy}$ (lux) ;

– l'éclairement semi-cylindrique minimum à une hauteur de 1,50 m, $E_{sc\,min}$ (lux) ;

– l'éclairement hémisphérique moyen au niveau du sol, $E_{hs\,moy}$ (lux) ;

– la valeur d'éblouissement pour les luminaires situés à moins de 7 m de hauteur, $LA^{0,25}$.

Selon la nature des voies, les valeurs à atteindre sont déterminées pour éviter une gêne aux riverains, garantir la sécurité des piétons

et apporter une atmosphère conviviale (tab. 6.15).

Les foyers lumineux peuvent être placés selon l'une des implantations suivantes (fig. 6.65) :

– unilatérale gauche ou droit pour les voies de faible largeur, sur des candélabres ancrés au sol ou sur des potences fixées en façade (fig. 6.66) ;

– bilatérale en vis-à-vis ou en quinconce, disposition habituellement adoptée pour les voies de largeur courante ;

– centrale sur caténaires, solution peu esthétique ;

– centrale sur candélabres placés sur un terre plein, solution retenue pour les voies à deux chaussées séparées.

Souvent, l'espacement entre les points lumineux est de l'ordre de cinq fois la hauteur de ceux-ci par rapport au niveau du sol, selon le niveau désiré d'éclairement.

Des points particuliers, tels que rétrécissements de chaussées, carrefours, îlots giratoires, passages piétons sont marqués par un éclairage spécifique, luminosité plus importante, couleur différente, ou autres (fig. 6.67).

6.2.2. L'éclairage des zones résidentielles et des zones piétonnes

L'éclairage des zones résidentielles et des zones piétonnes privilégie la tranquillité et une ambiance sécuritaire. Les voies intérieures sont éclairées de manière à permettre la cohabitation des véhicules avec les piétons et les enfants. À cet égard, sont mis en place des candélabres d'une hauteur de l'ordre de 3,50 m.

L'éclairage des trottoirs et des espaces piétonniers a pour rôle la perception des obstacles et l'identification des personnes à une dizaine de mètres. Il est plus ou moins important selon qu'il est situé dans un

COMPOSITION DU TRAFIC	IMPORTANCE ET VITESSES DES VÉHICULES	CARACTÉRISTIQUES DES VOIES	CLASSE	EXEMPLES	PRINCIPES D'ÉCLAIRAGE
Automobile seule	Circulation importante et rapide	Voies à chaussée séparée, sans croisement à niveau et à accès contrôlé	A	Autoroutes, routes express	Routier
		Autres voies réservées à la circulation automobile	B	Routes, voies de contournement, voies radiales	
	Circulation importante à vitesse moyenne 60 km/h < V < 90 km/h	Voies importantes réservées à la circulation automobile	C		
Tout véhicule et piéton	Tout véhicule à vitesse modérée V < 60 km/h	Voies urbaines à circulation automobile prépondérante et importante	C	Routes traversant des agglomérations	Juxtaposition des deux principes d'éclairage routier – urbain
	Circulation importante avec forte proportion de véhicules lents et de piétons	Voies urbaines à trafic mixte et à circulation automobile importante (> 300 véhicules/jour)	D	Avenues, boulevards, rues importantes	
	Vitesse et volume limités	Voies urbaines à trafic mixte et à circulation automobile faible (< 300 véhicules/jour)	E	Petites rues, ruelles, places	Urbain
	Vitesse et volume très limités	Voies de desserte locale	Non classées	Voies de lotissement, impasses, rues piétonnes	

Tab. 6.14 • *Classification des voies et principes d'éclairage.*

	L_{MOY}	U_O	U_L	G
Voies de liaison - Classe B ou C				
Abords clairs [1]	1 cd/m^2	0,4	0,5	4
Abords sombres [2]	0,5 cd/m^2	0,4	0,5	5
Voies urbaines - Classe D				
–	0,5 cd/m^2	0,4	0,5	4

L_{moy} : Luminance moyenne.
U_0 : Uniformité générale de luminance.
U_L : Uniformité longitudinale de luminance.
G : Indice d'éblouissement.
(1) : Abords clairs : site urbain ou bâti proche de la chaussée.
(2) : Abords sombres : site de rase campagne ou bâti dispersé.

Tab. 6.15 • *Éclairage des voies routières.*

centre urbain ou dans un parc (tab. 6.16). Il est obtenu à l'aide de candélabres de faible hauteur, de bornes ou de hublots fixés en façade des immeubles.

Les parcs de stationnement font l'objet d'un traitement particulier : projecteurs sur des mâts de grande hauteur, par exemple.

6.2.3. L'éclairage des terrains de sport

L'éclairage des terrains de sport exige une étude spécifique. Il est déterminé en fonction du sport pratiqué, des dimensions du terrain et de la nature du revêtement de sol. Le niveau d'éclairement est d'autant plus élevé que la surface du terrain est sombre. L'implantation des points lumineux est fixée afin d'assurer une bonne répartition du flux lumineux avec un facteur d'uniformité supérieur à 0,50 (fig. 6.68). Elle permet d'éviter l'éblouissement des joueurs et des spectateurs éventuels. Le niveau d'éclairement est mesuré en différents points du terrain.

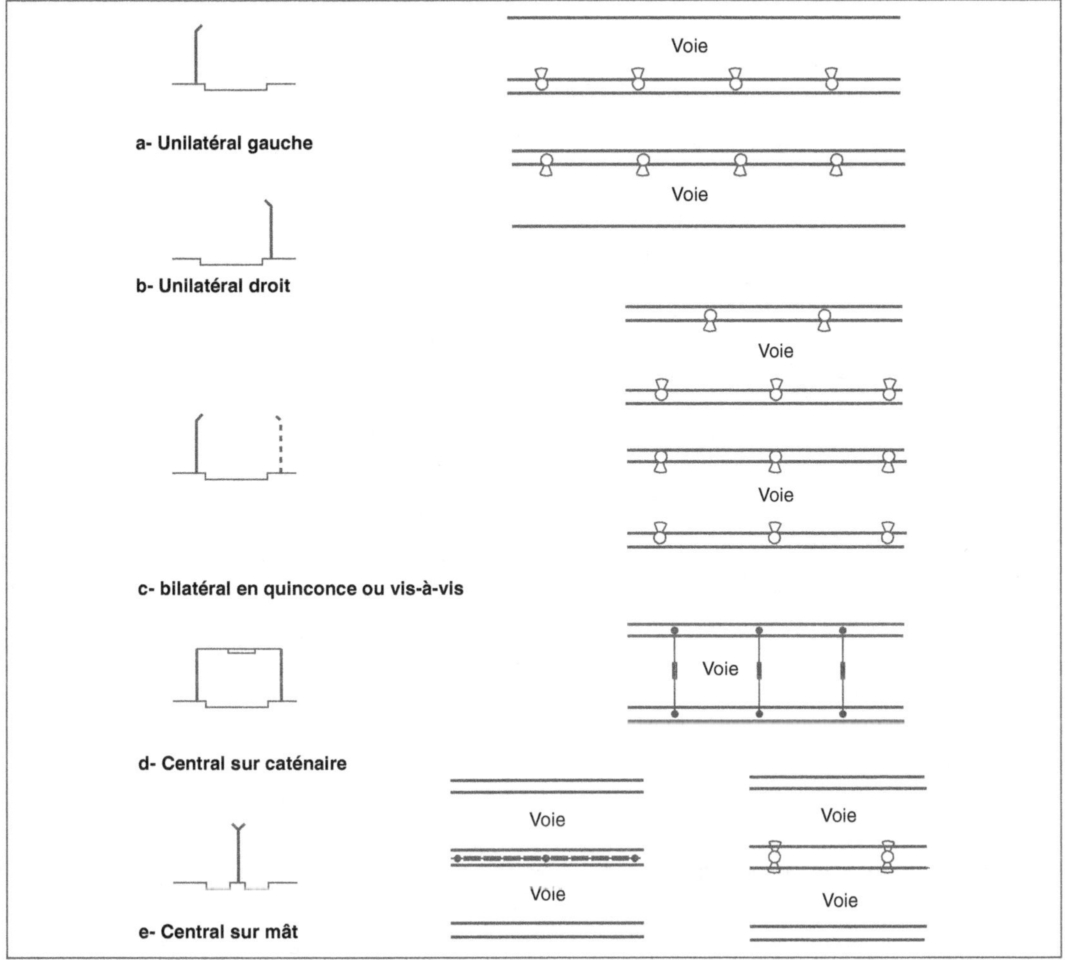

Fig. 6.65 • _Implantation des foyers lumineux sur une voie._

Exemples d'éclairement de terrains de sport :

– terrain de loisirs : de l'ordre de 75 lux ;
– terrain de tennis : de 300 à 600 lux (terrain de compétition) ;
– terrain d'entraînement de football : 150 à 200 lux ;
– terrain de football réservé aux compétitions régionales : 250 à 300 lux ;
– terrain de football réservé aux compétitions nationales 300 à 600 lux, voire plus ;

– terrain de rugby : même niveau d'éclairement que les terrains de football
La présence de la télévision impose un niveau d'éclairement de 1 200 lux avec un facteur d'uniformité supérieur à 0,50.

Des projecteurs placés en tête d'auvents recouvrant les tribunes ou sur des mâts donnent un éclairement satisfaisant, en particulier lorsque les spectateurs sont éloignés du terrain de jeux. Ils sont disposés de manière à ne pas les gêner.

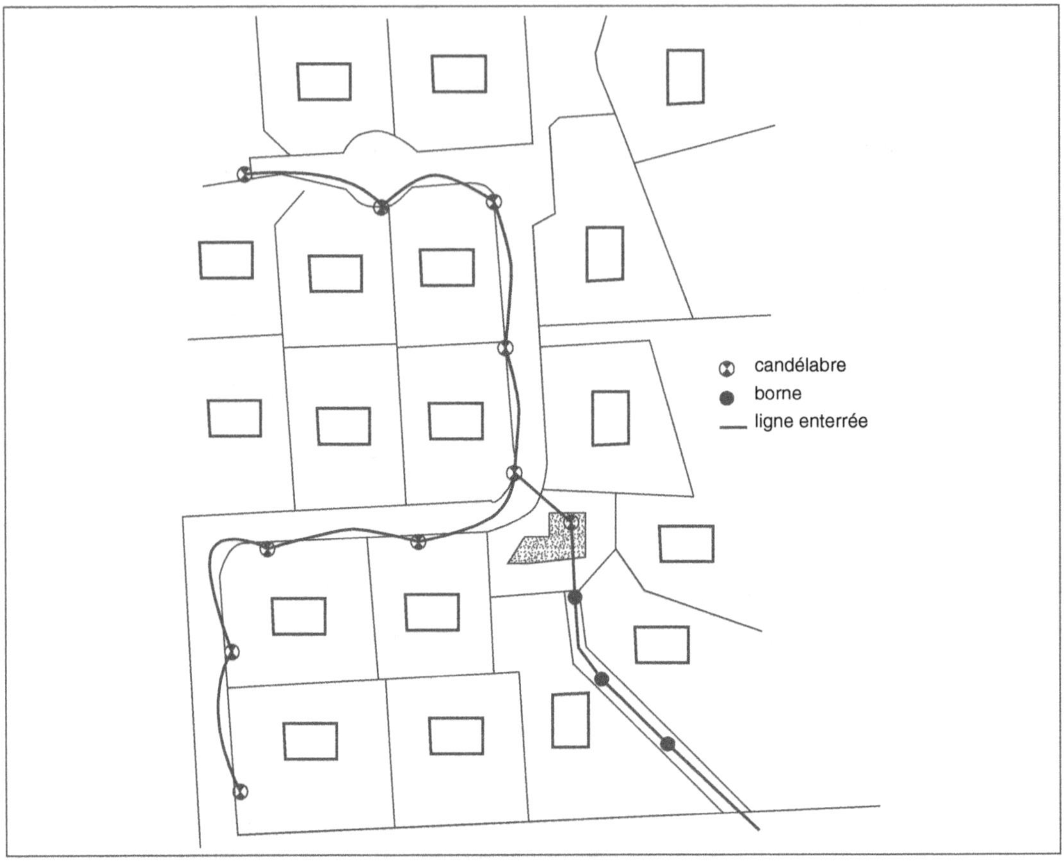

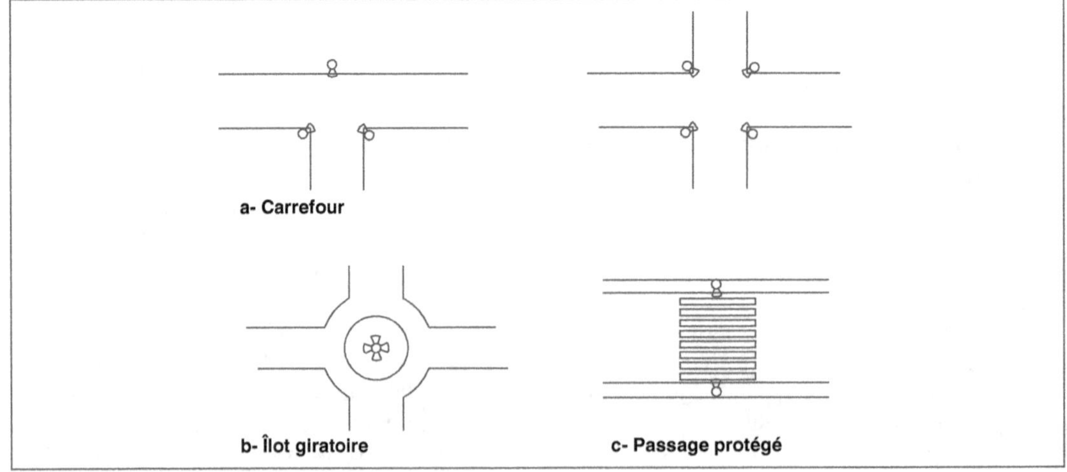

Fig. 6.66 • *Réseau d'éclairage d'un lotissement d'habitation.*

Fig. 6.67 • *Éclairage de points particuliers.*

	$E_{SC\ min}$ (lux)	$E_{h\ moy}$ (lux)	$LA^{0,25}$
Voies de desserte locale			
importante	3	5	3 000 à 4 000 [1]
moyenne	2	3	3 000 à 4 000 [1]
faible	1	2	3 000 à 4 000 [1]
Voies mixtes à prédominance piétons			
Chaussée	1	2	3 000 à 4 000 [1]
Trottoir	0,8	2	3 000 à 4 000 [1]
Zones piétonnes			
Centre urbain	10	7	–
Parcs	3	1,5	–

$E_{sc\ min}$: Éclairement semi-cylindrique minimum à h = 1,50 m.

$E_{h\ moy}$: Éclairement horizontal moyen au niveau du sol.

$LA^{0,25}$: Valeur de l'éblouissement pour les luminaires de H < 5,00 m.

(1) : 3 000 pour des hauteurs de moins de 4,50 m ; 4 000 pour des hauteurs comprises entre 4,50 m et 6,00 m.

Tab. 6.16 • _Valeurs d'éclairement des voies mixtes et des zones piétonnes._

6.3. Les appareils d'éclairage

Il existe une grande diversité d'appareils d'éclairage qui répondent aux nombreux cas de figure : éclairage des voies de circulation ; des aires de stationnement ; des allées piétonnes ; des stades ; des édifices ; etc. Chaque mode d'éclairage a un appareil adapté et réciproquement.

Les appareils se composent, principalement, des éléments suivants : une source lumineuse, un luminaire et un support.

6.3.1. La source lumineuse

La source lumineuse est constituée d'une lampe alimentée par le courant électrique. La gamme des lampes est vaste ; leurs caractéristiques portent sur les points suivants :

– la forme, sphérique, ovoïde ou tubulaire (fig. 6.69) ;
– la forme et le nombre de culots : un culot à vis, un culot à baïonnettes, un ou deux à broche ;

– la finition, claire, dépolie, satinée… avec simple ou double enveloppe, munie d'un réflecteur ou non ;
– la puissance nominale, exprimée en watt (W), qui s'échelonne de 50 à 2 000 W ;
– le flux lumineux exprimé en lumen (lm) ;
– l'efficacité lumineuse exprimée en lumen par watt (lm/W) ;
– la température de couleur exprimé en Kelvin (K) ;
– le rendu des couleurs correspondant à l'aspect chromatique des objets éclairés ;
– la position de fonctionnement précisée par le fabricant ;
– la durée de vie moyenne qui peut varier de 1 000 à 8 000 heures environ, voire beaucoup plus.

Les lampes contenant du mercure (lampes fluorescentes et lampes à vapeur de mercure), font l'objet de dispositions particulières. Elles sont collectées séparément et les déchets sont traités dans des unités d'élimination spécialisées. Des recherches sont en cours afin de ne plus utiliser les métaux jugés dangereux pour la santé.

La lumière est produite selon deux grands principes :
– la mise à une température d'incandescence d'un filament métallique dans une atmosphère gazeuse ;
– la décharge électrique dans un gaz.

Le flux lumineux a tendance à diminuer pendant la durée de vie de la lampe.

De nouvelles techniques apparaissent avec l'utilisation des diodes, des terminaux de fibres optiques et des sources laser (tab. 6.17 et 6.18).

Les lampes à incandescence transforment l'énergie électrique en énergie lumineuse avec un dégagement de chaleur, en portant un filament métallique à l'incandescence, dans une atmosphère gazeuse. Leur émission calorifique importante impose de les

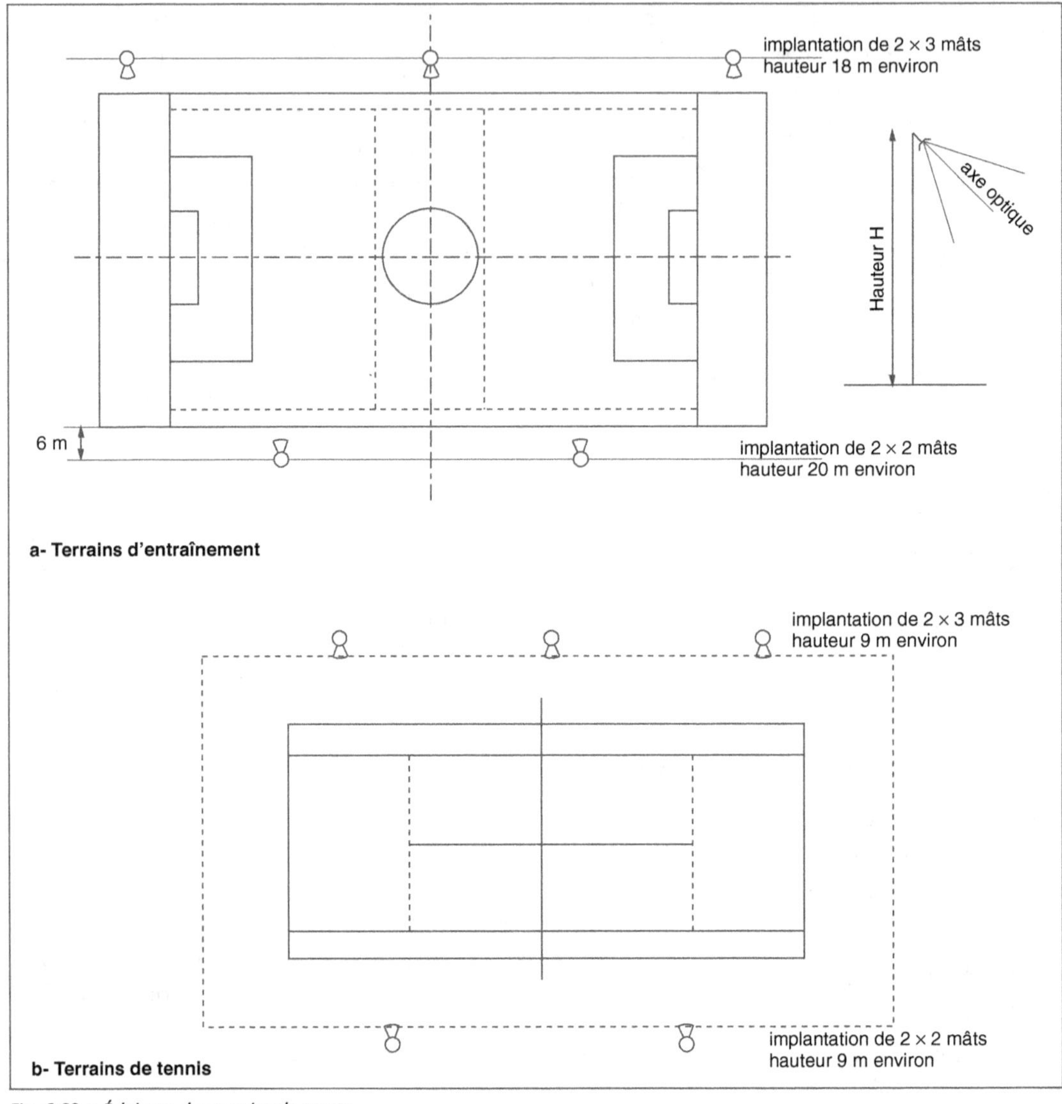

Fig. 6.68 • *Éclairage des terrains de sports.*

placer dans des vasques fermées suffisamment grandes ou convenablement ventilées. Elles regroupent les lampes classiques et lampes halogènes.

Les lampes à incandescence classiques sont peu utilisées en extérieur. Seuls quelques modèles à réflecteur incorporé sont montés sur un support étanche. Leurs puissances s'échelonnent de 40 à 150 W. Au-delà, elle ne présentent plus aucun intérêt, compte tenu des puissances consommées.

Les lampes halogènes fonctionnent sous basse tension (230 V) ou sous très basse tension (12 V). D'une puissance de 60 à 2 000 W, elles offrent les avantages suivants :

– une meilleure efficacité que les lampes classiques ;

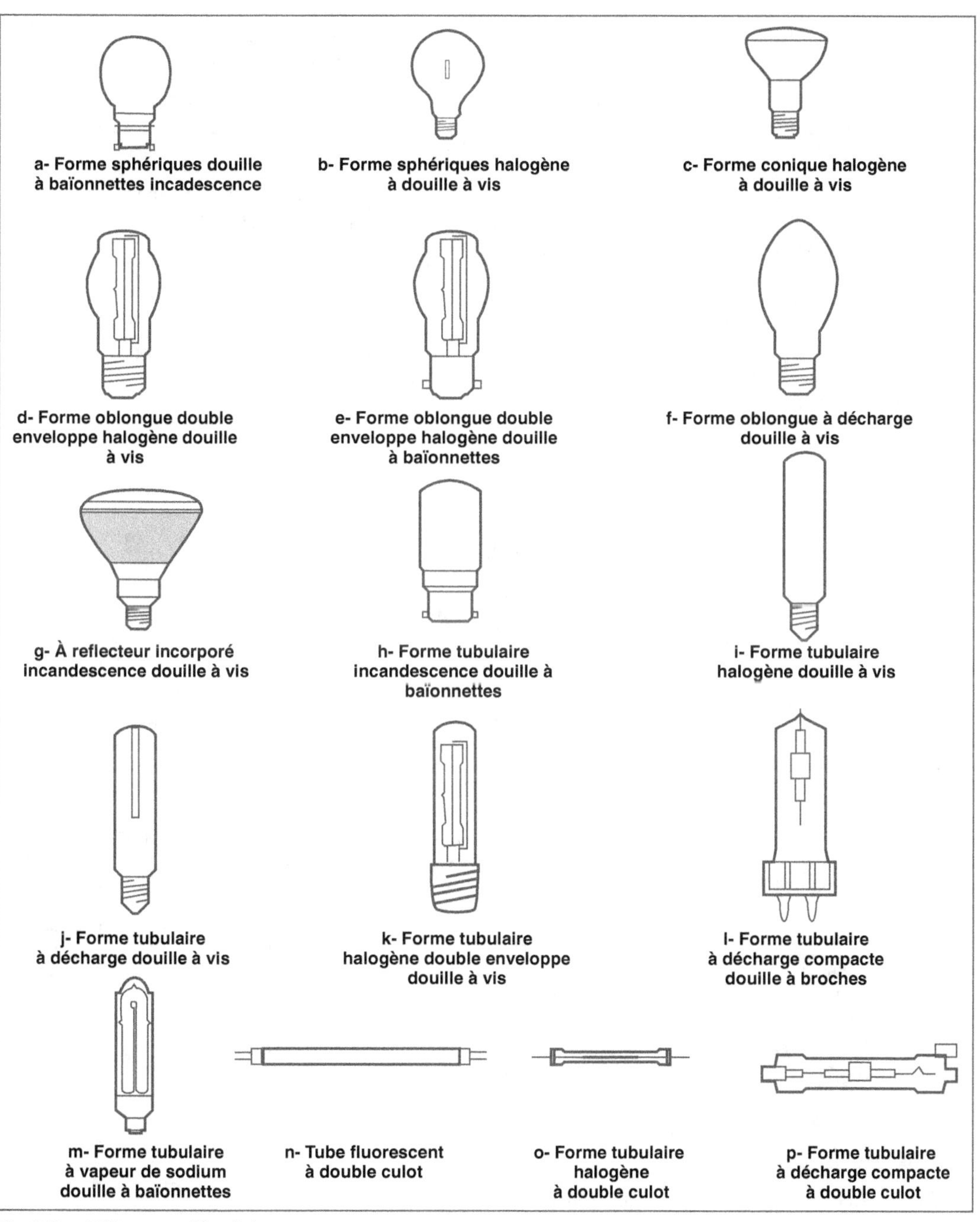

Fig. 6.69 • *Différents modèles de lampes.*

- une lumière de qualité quasi constante pendant toute la durée de vie de la lampe ;
- une lumière blanche avec un excellent rendu des couleurs (IRC proche de 100) ;
- une diminution des dimensions à puissance égale ;
- une durée de vie supérieure à celle des lampes classiques, de l'ordre de 6 000 heures.

	Lampes à incandescence	Lampes courantes Lampes à réflecteur
LAMPES À FILAMENT	Lampes halogènes	Lampes basse tension 230 V Lampes très basse tension 12 V
LAMPES À DÉCHARGE	Lampes à décharge basse pression	Lampes fluorescentes Lampes à vapeur de sodium Lampes à induction
	Lampes à décharge haute pression	Lampes à vapeur de sodium Lampes à vapeur de mercure Lampes à iodures métalliques
DIODES	–	Diodes luminescentes LED
RAYON LASER	–	Rayon laser

Tab. 6.17 • *Techniques des lampes et de l'éclairage.*

TYPE DE LAMPE	EFFICACITÉ LUMINEUSE (lm/W)	DURÉE DE VIE ÉCONOMIQUE (h)	TEMPÉRATURE DE COULEUR (k)	INDICE DE RENDU DE COULEUR (irc)	APPAREILLAGE AUXILIAIRE	MISE EN RÉGIME (min)	RALLUMAGE À CHAUD
INCANDESCENCE OU HALOGÈNES	19- 25	2 000 [1] 6 000 [1]	2 900-3 200	100	non	instantanée	oui
FLUORESCENTES	55-104	6 000-12 000	2 700-6 500	60-98	ballast, starter ballast électronique HF	quasi instantanée	oui
VAPEUR DE SODIUM BASSE PRESSION	98-203	8 000-14 000	1 800	non significatif	ballast électronique HF et amorceur	15	oui dispositif spécial
VAPEUR DE SODIUM HAUTE PRESSION	47-150	6 000-12 000	2 000-2 500	IRC amélioré 60-80	ballast électronique HF et amorceur	2 à 4	oui dispositif spécial
INDUCTION	65-70	60 000	2 700 - 3 000	80-85	ballast électronique HF	instantanée	oui
VAPEUR DE MERCURE À BALLON FLUORESCENT	32-60	8 000-12 000	3 900 - 4 300	IRC amélioré 47-60	ballast	3 à 5	non
IODURES MÉTALLIQUES À BRÛLEUR À QUARTZ	54-120	4 000-9 000	3 700 - 6 100	65-93	ballast + amorceur [2]	5 à 7	non [3]
IODURES MÉTALLIQUES À BRÛLEUR CÉRAMIQUE	86-95	4 000-9 000	3 000 - 4 200	83-93	ballast + amorceur [2]	2 à 4	non [3]

(1) : Sous tension assignée.
(2) : Ballast électromagnétique ou électronique, avec ou sans amorceur selon le type de lampe.
(3) : Sauf dispositif spécial.

Tab. 6.18 • *Caractéristiques des principales lampes.*

Plus particulièrement réservées en usage intérieur, certaines lampes halogènes à double enveloppe sont employées en éclairage extérieur dans des luminaires ou des systèmes fermés.

Les lampes à décharge, d'un emploi souple et performant, sont préconisées dans la plupart des aménagements extérieurs, à l'exception des tubes fluorescents. Cette famille comporte deux catégories de lampes selon qu'elles fonctionnent à basse ou à haute pression :

- à basse pression : les lampes fluorescentes tubulaires, les lampes à vapeur de sodium et les lampes à induction ;

- à haute pression : les lampes à vapeur de sodium, les lampes à vapeur de mercure, les lampes à iodures métalliques.

Les tubes fluorescents, de forme linéaire ou compacte, sont alimentés par un ballast électronique ou électromagnétique. Sensibles aux conditions climatiques, ils sont utilisés uniquement pour l'éclairage de zones protégées : passages souterrains, porches, etc. Leurs puissances s'échelonnent de 9 à 65 W.

Les lampes à vapeur de sodium font référence à deux principes : les lampes à basse pression et les lampes à haute pression.

- Les lampes à basse pression sont basées sur l'excitation de la vapeur de sodium en présence de néon qui favorise l'amorçage. Ce dernier est obtenu grâce à un ballast et à un amorceur. L'échauffement demande de 5 à 10 minutes selon la puissance. D'une bonne efficacité, elles réduisent considérablement les risques d'éblouissement et sont particulièrement adaptées aux régions à brouillards fréquents. La restitution des couleurs est médiocre. Leur durée de vie est de l'ordre de 8 000 à 14 000 heures ; leur puissance n'excède pas 150 W.

- Les lampes haute pression sont basées sur l'excitation d'un mélange de vapeur de sodium et de gaz de remplissage. Il en résulte une lumière à dominante jaune ayant un indice de rendu des couleurs médiocre (IRC = 25). D'une efficacité lumineuse performante, elles ont une durée de vie de l'ordre de 6 000 à 12 000 heures. L'éclairage produit une bonne luminosité, surtout par temps de brouillard, mais tend à gommer les détails. Utilisables à très basse température (– 30 °C), elles permettent une réduction non négligeable des coûts d'exploitation. Elles sont alimentées par un ballast et un amorceur. La montée en régime est de l'ordre de 5 minutes. La gamme de puissance est étendue : de 50 à 1 000 W.

Les lampes à induction sont comparables à des lampes fluorescentes, mais l'excitation du gaz est provoquée par un champ électrique créé par un courant à hautes fréquences. Elles ont un bon rendu des couleurs (IRC – 85), une bonne efficacité lumineuse et une durée de vie exceptionnelle, pouvant atteindre jusqu'à 60 000 heures. Leur puissance s'échelonne de 55 à 165 W.

Les lampes à vapeur de mercure donnent des lumières à dominante blanche, dont le rendu des couleurs est moyen (IRC = 50). Leur puissance s'échelonne de 50 à 1 000 W. Elles regroupent deux types de fabrication :

- les lampes à vapeur de mercure de moins en moins utilisées et remplacées par des lampes basées sur d'autres principes ; elles servent encore pour l'éclairage de voiries locales ;

- les lampes mixtes dans lesquelles la décharge est assurée par un filament de tungstène incandescent ; elles présentent le double avantage d'un allumage instantané et de se raccorder directement sur le réseau.

Les lampes à iodures métalliques sont équipées de tubes à décharge en quartz ou en céramique. Cette dernière technique apporte de meilleurs résultats : bonne stabilité de la teinte de lumière, température de couleur 3 000 K, bon rendu des couleurs (IRC = 80). Elles peuvent être utilisées à partir d'une température de – 20 °C. D'une puissance de 70 à 150 W, elles sont alimentées par un ballast et un amorceur. La montée en régime est de l'ordre de 2 minutes. Leur durée de vie est de 4 000 à 9 000 heures.

Les diodes électroluminescentes, LED *(Light Emitting Diodes)* sont des sources miniatures constituées par des éléments semi-conducteurs émettant un rayonnement lumineux avec une très faible puissance (80 à 120 mW). Leur durée de vie est très longue, environ 100 000 heures. Les diodes blanches donnent une lumière dont la température de couleur est de l'ordre de 4 000 K et un indice de rendu des couleurs moyen (IRC = 66).

Des modules de plusieurs diodes, équipant des projecteurs spéciaux étanches, sont incorporés dans le sol pour le balisage de zones piétonnes, de places ou de cheminements dans les parcs publics.

Elles peuvent également émettre un rayonnement lumineux de couleurs vives, bleu, jaune, verte ou bleue, assurant la mise en valeur des éléments de construction ou des végétaux.

Les sources laser sont plus particulièrement destinées aux éclairages dynamiques non permanents. Leur puissance est de l'ordre de plusieurs centaines de kilowatts.

6.3.2. Les luminaires

Les luminaires contiennent la source lumineuse et leur appareillage (ballast, amorceur, etc.). Ils sont conçus de manière à diffuser la lumière dans les meilleures conditions possibles et obtenir la qualité d'éclairement recherchée.

De formes les plus diverses (traditionnelles, de style, modernes ou dessinées par un desi-

gner), les luminaires sont constitués des composants suivants (fig. 6.70).

Le corps correspond à l'enveloppe extérieure qui assure la protection de la source lumineuse. Il est soit métallique, en aluminium ou en acier, soit en résine synthétique, résistant bien aux chocs, à la corrosion et aux conditions météorologiques.

La vasque est de forme bombée ou plate, généralement translucide, en verre trempé, en métacrylate ou en polycarbonate.

Le réflecteur est une lame d'aluminium dont le but est de diffuser la lumière dans une direction déterminée.

Le bloc optique constitue la source lumineuse. Il comprend la lampe et son appareillage (ballast, amorceur ou autres) ;

La grille de défilement n'est pas indispensable. Elle est mise en place lorsque le luminaire, en position normale, présente un risque d'éblouissement

Les caractéristiques des luminaires respectent plusieurs règles dont le but est d'assurer la sécurité des personnes, usagers ou personnels d'entretien : protection contre les chocs électriques, indice de protection, résistance mécanique, antivandalisme. Placés en

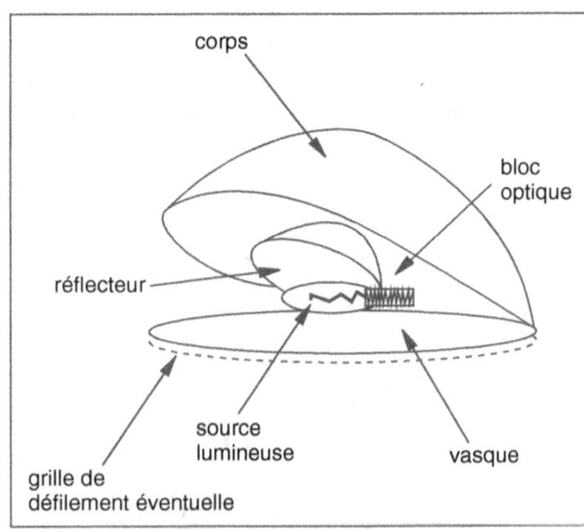

Fig. 6.70 • *Composants d'un luminaire.*

hauteur, ils doivent pouvoir résister aux efforts du vent.

La protection contre les chocs électriques, la protection contre la pénétration des poussières, des corps solides et de l'humidité et la protection contre les chocs sont codifiées. Ces indications sont portées dans l'annexe 6.

La forme et les dimensions des luminaires, indépendamment de considérations esthétiques, sont déterminées, pour contenir le système optique. Les caractéristiques photométriques sont précisées par les fabricants pour effectuer les études d'éclairagisme.

Selon leur aspect, les luminaires regroupent les lanternes, les boules, les hublots, les projecteurs, les systèmes à fibres optiques et les films optiques.

6.3.2.1. Les lanternes

Les lanternes constituent une gamme étendue du matériel utilisé pour de nombreux types d'éclairage. De formes diverses, sphérique, ovoïde, conique... au gré des designers et des fabricants, elles sont réalisées en métal, en verre ou en résines synthétiques. Opaques ou translucides, fermées ou non par une verrine en verre ou en méthacrylate, elles assurent un éclairage direct, indirect ou combiné. Leur forme influe sur leur mode d'accrochage (fig. 6.71) :

– seules, elles sont soit accrochées à l'aide d'une crosse en extrémité d'un mât droit ou courbé, soit placées en extrémité d'un candélabre, soit fixées en façade des bâtiments au moyen d'une console ;

– seules ou jumelées, elles sont fixées en extrémité d'une crosse venant s'accrocher en partie supérieure du support.

Les lanternes reçoivent les types de lampes adaptés à l'éclairage désiré. Leur indice de protection a pour valeur IP 43, IP 54, IP 65 ou IP 66, lorsqu'elles sont fermées et IP 23 lorsqu'elles sont ouvertes. En fonction de leurs formes et de la hauteur à laquelle se

situe la source lumineuse, elles trouvent leur utilisation dans les zones résidentielles, les voiries intérieures ou les voiries routières.

6.3.2.2. Les boules

Les boules comportent essentiellement un diffuseur clair ou translucide en polyéthylène, en méthacrylate ou en polycarbonate. Les deux derniers matériaux offrent une meilleure résistance aux chocs. De forme sphérique, cylindrique ou cubique, leurs diamètres varient de 300 à 500 mm (fig. 6.72).

Elles reçoivent, dans leur axe vertical ou horizontal, la source lumineuse fixée sur une embase en polyester armé de fibres de verre de couleur noire. Leur indice de protection a pour valeur IP 54. Elles sont placées en sommet de candélabre, sur des potences ou sur des bornes. Selon leur hauteur, elles éclairent des voies en zones résidentielles, pour signaler un carrefour ou pour jalonner un cheminement (photo 6.19).

6.3.2.3. Les hublots

Les hublots sont constitués d'un corps en fonte d'aluminium ou en polycarbonate, d'un réflecteur en aluminium et d'une verrine en verre ou en polycarbonate qui diffuse la lumière (fig. 6.73).

De forme ronde, carrée ou ovale, leurs dimensions varient entre 250 et 400 mm. Fixés verticalement sur une paroi ou horizontalement sous une dalle ou sous un auvent, ils sont équipés d'une lampe à incandescence d'une puissance maximale de 100 W ou, de préférence, d'une lampe fluorescente de 9 à 38 W. Les hublots de haute puissance peuvent recevoir une lampe à vapeur de mercure ou de sodium et diffusent un flux lumineux plus important. Étanches à l'eau, leur indice de protection est IP 54 ou IP 55 pour les hublots communs et IP 65 pour les hublots de haute puissance. Ils assurent l'éclairage de balisage ou de sécurité.

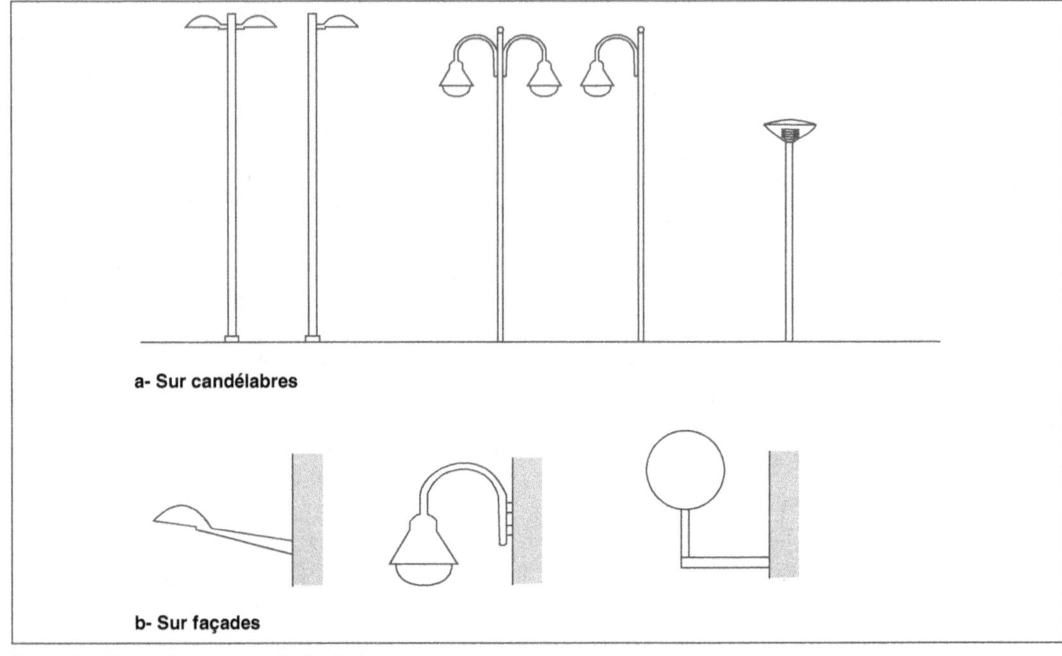

Fig. 6.71 • *Modes d'accrochage des luminaires.*

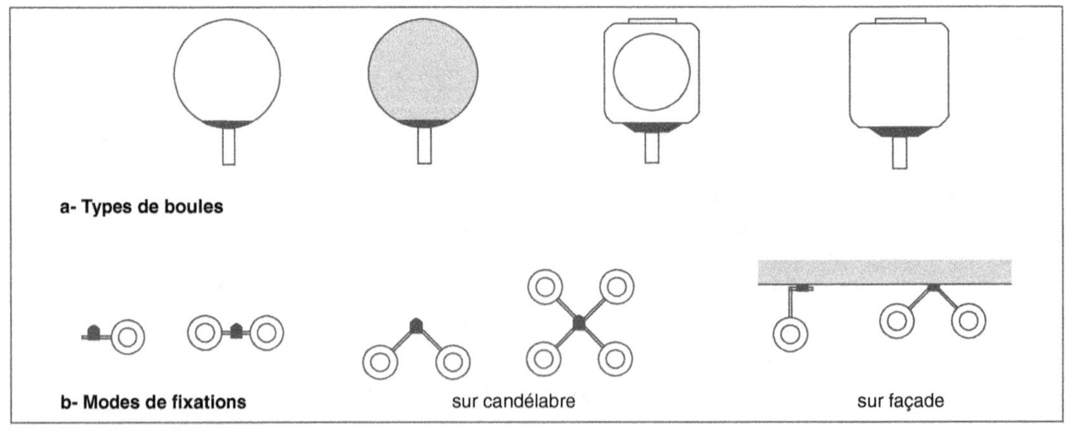

Fig. 6.72 • *Différents modèles de boule (source : documents Mazda).*

6.3.2.4. Les projecteurs

Les projecteurs diffusent une grande intensité lumineuse dans une direction donnée sur laquelle la lumière est concentrée grâce à un dispositif optique adéquate. Leur fonction est très diversifiée, compte tenu de l'éventail des produits (formes, dimensions, puissances admises) et de leurs équipements. Ils sont composés d'un corps, d'un réflecteur en aluminium, d'un verre trempé posé avec un joint de silicone et de l'appareillage nécessaire au fonctionnement de la lampe. Le corps est souvent en aluminium injecté ou en fonte d'aluminium de teinte sombre présentant

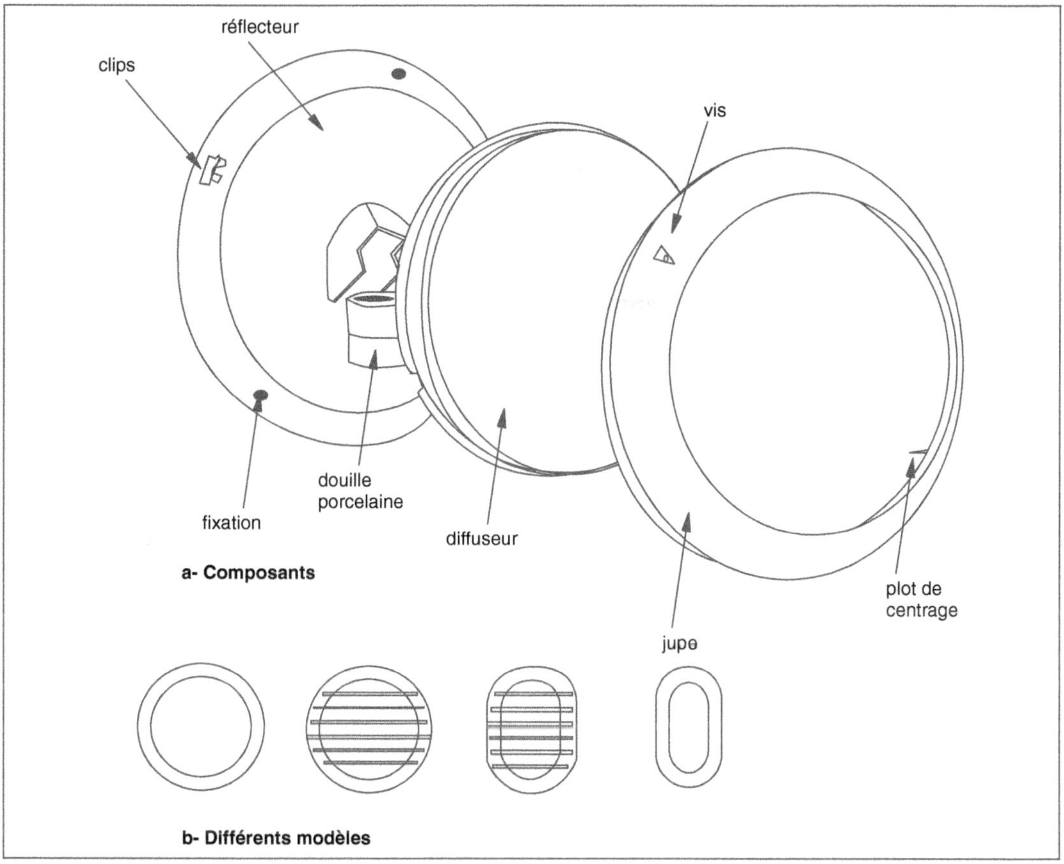

Fig. 6.73 • *Hublots.*

Photo 6.19 • *Éclairage de cheminement piétonnier à l'aide de boules sur des bornes.*

une bonne résistance à la corrosion (fig. 6.74). L'indice de protection varie entre IP 55 et IP 65 selon les modèles. Il est porté à IP 67 pour les appareils encastrés en sol.

Selon l'angle d'ouverture du faisceau lumineux, les projecteurs sont dits à éclairage intensif (angle inférieur à 10 °) ou extensif (angle supérieur à 40 °). Ils reçoivent des lampes à iodures métalliques, des lampes à vapeur de sodium haute pression ou des ballons fluorescents ; la puissance installée varie de 35 à 1 000 W. Leur implantation est adaptée à l'éclairage souhaité ainsi qu'à leur environnement (fig. 6.75).

Fixes et de faibles dimensions, ls peuvent être encastrés dans le sol pour marquer un

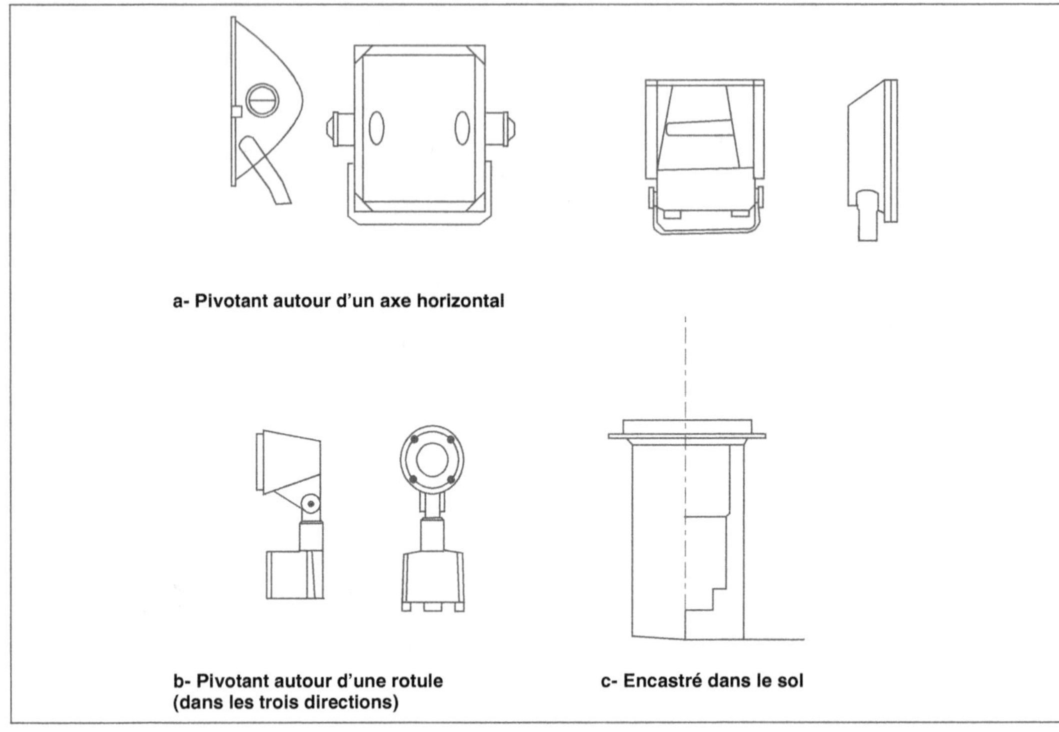

Fig. 6.74 • *Différents modèles de projecteurs.*

cheminement ou positionnés pour animer une façade ou mettre en valeur des plantations.

Fixes ou orientables, de grandes dimensions, ils sont placés à une hauteur suffisante pour éclairer les surfaces importantes sans éblouir. L'effet d'éblouissement peut également être réduit grâce à la pose d'une grille de défilement.

Placés en toiture d'immeubles, ils éclairent des aires de circulation et de stationnement dans des zones résidentielles (photo 6.20). Sur des mâts de grande hauteur et équipés de sources lumineuses puissantes, ils servent pour l'éclairage de carrefours importants ou de stades.

Conçus spécialement pour cet usage, les projecteurs peuvent être immergés dans des bassins.

6.3.2.5. *Le système à fibre optique*

Le système à fibre optique est un procédé qui s'adapte aisément au balisage des rues, à l'animation des façades, à la mise en lumière des fontaines et des jeux d'eau. Il comprend trois parties (fig. 6.76) :
– un générateur de lumière équipé de lampes halogènes ou à décharge ;
– des fibres optiques, placées dans des gaines protectrices, pour le transport de la lumière ;
– des terminaisons optiques équipant des bornes ou des diffuseurs encastrés dans le sol.

6.3.2.6. *Le film optique*

Le film optique assure le transport de la lumière dans un tube en résine synthétique, polycarbonate ou autres, protégé par une enveloppe métallique tubulaire dans laquelle sont percées des fenêtres.

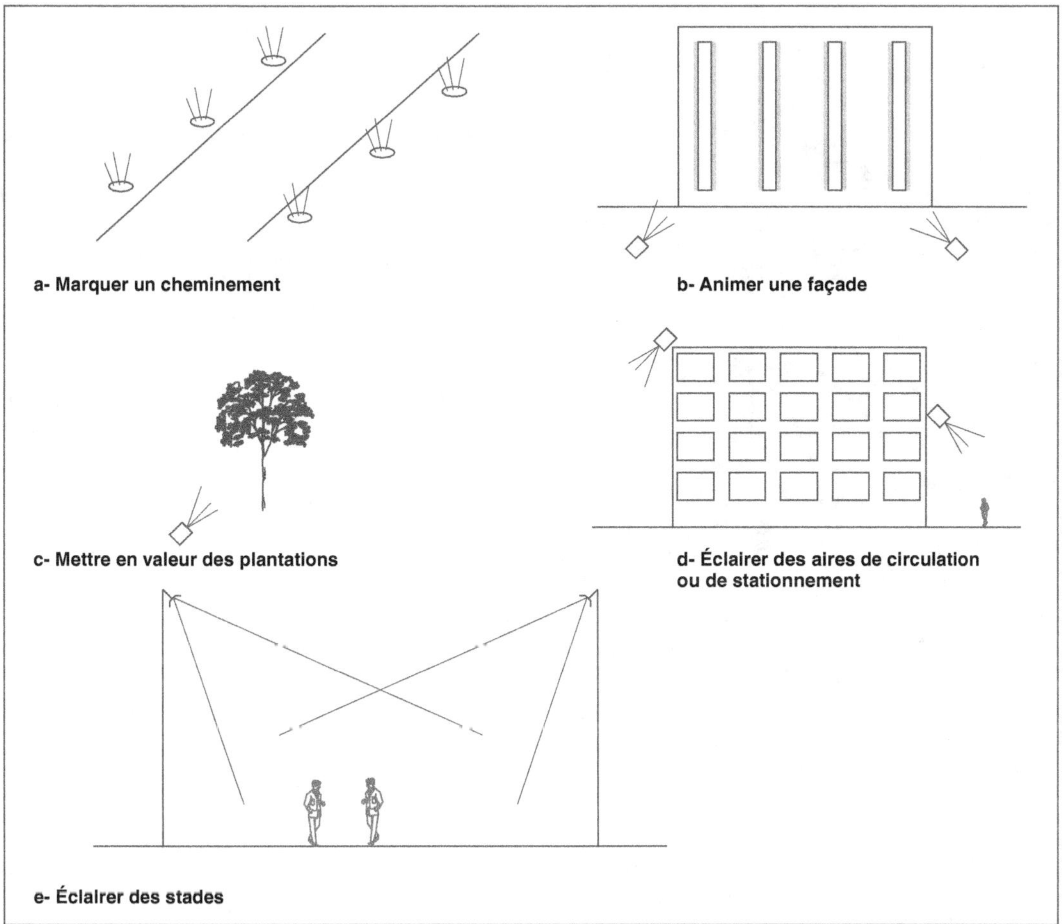

Fig. 6.75 • *Projecteurs – Exemples d'utilisation.*

6.3.3. Les supports

Les supports, comme les luminaires, ont des formes variées, traditionnelles, de style ou modernes, adaptées aux sites dans lesquels ils sont implantés, soit pour s'intégrer, soit pour en être un élément de décoration.

Plusieurs types de supports existent, lesquels se différencient par leur forme, leur hauteur, leur position : les mâts, les candélabres, les bornes et les potences (fig. 6.77). Le choix s'effectue en fonction des espaces à éclairer, du niveau d'éclairement souhaité, de l'écartement admissible, du mode de fixation.

6.3.3.1. Les mâts

Les mâts sont des supports verticaux de grande hauteur (8 à 15 m) utilisés pour l'éclairage de voies et d'espaces importants. Compte tenu des efforts qu'ils ont à supporter (surcharges et efforts au vent selon les normes en vigueur), ils sont en acier galvanisé, de section creuse polygonale ou circulaire. L'embase métallique est fixée au sol sur un massif de fondation

Photo 6.20 • *Éclairage par projecteur fixé sur les acrotères d'un immeuble.*

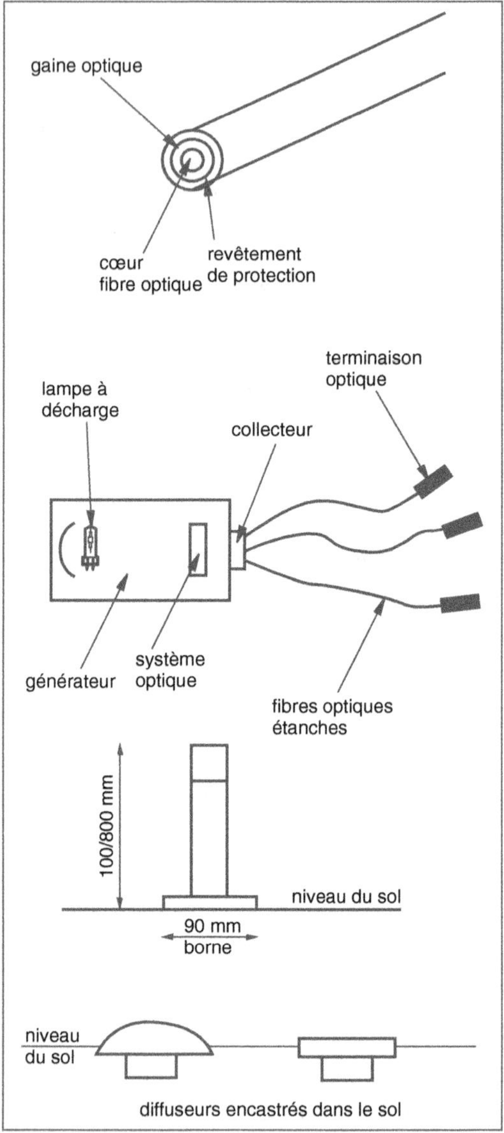

Fig. 6.76 • *Fibres optique.*

d'autant plus important que leur hauteur est grande. À leur base, une porte de visite permet d'accéder aux connexions électriques. En partie supérieure, ils reçoivent un des équipements suivants :

– une ou plusieurs crosses sur lesquelles sont fixés les luminaires, à une même hauteur ou à des hauteurs différentes ;

– une couronne sur laquelle sont accrochés les projecteurs.

Dans ce dernier cas, ils sont parfois équipés d'un dispositif de manœuvre amenant les projecteurs au niveau du sol afin de faciliter les opérations de maintenance.

6.3.3.2. Les candélabres

Les candélabres sont des supports verticaux ou obliques de hauteur moyenne, comprise entre 3 et 6 m. Ils assurent l'éclairage de voies urbaines, de zones résidentielles... Ils

peuvent être en métal (acier galvanisé, acier inoxydable ou aluminium), en résines synthétiques armées de fibre de verre, en bois traité ou, plus rarement, en béton armé industrialisé. Ce dernier matériau est encore utilisé en zone rurale, lorsque les lignes sont aériennes. Comme les mâts, ils sont fixés au sol sur un massif en béton et équipés de manière similaire. Certains sont munis d'un

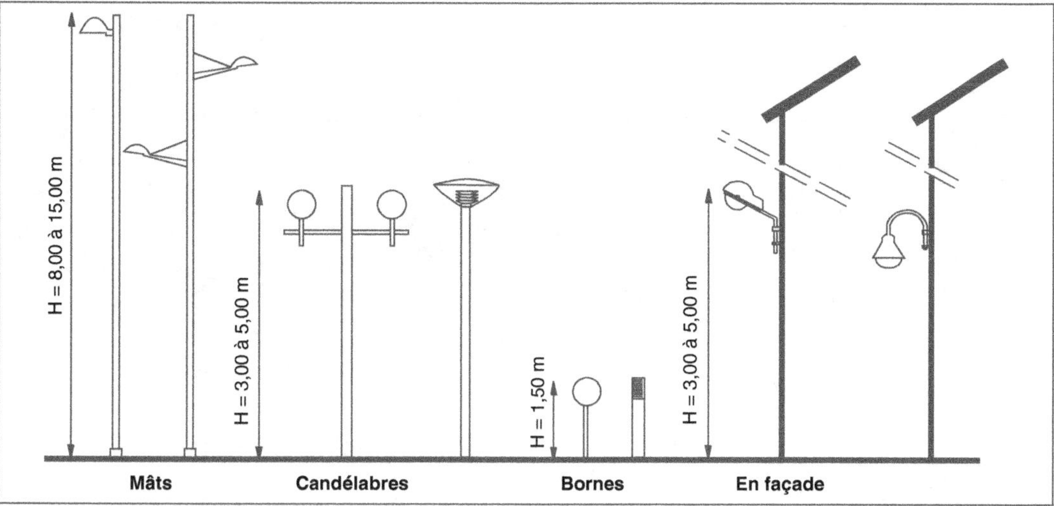

Fig. 6.77 • _Supports._

dispositif assurant à la fois un éclairage direct et indirect. Ils reçoivent :
– un luminaire directement en haut du fût ;
– un ou plusieurs luminaires accrochés à des crosses.

6.3.3.3. Les bornes

Les bornes sont des supports de faible hauteur, de 0,50 à 1,50 m. Elles sont implantées pour marquer un cheminement piétonnier ou éclairer des espaces verts. Métalliques ou en résines synthétiques, elles doivent être suffisamment résistantes aux chocs. Elles sont fixées au sol à l'aide d'un massif en béton. Le luminaire est placé dans la borne elle-même, sur la borne ou latéralement.

6.3.3.4. Les potences

Les potences sont généralement métalliques et munies de platine assurant leur ancrage sur les façades des bâtiments en bordure des voies. Leur intérêt réside dans l'absence de mât venant encombrer des trottoirs quelquefois étroits. Les luminaires, semblables à ceux qui équipent les candélabres, sont fixés sur la crosse ou suspendus. Un boîtier situé sous leur fixation permet d'effectuer et de contrôler la connexion électrique.

6.4. Les travaux d'éclairage urbain

Les travaux d'éclairage urbain portent sur la fourniture et la pose des éléments constitutifs du réseau : les appareils d'éclairage, les câbles électrique, la mise à la terre, la commande et les organes de sécurité. Au cours du chantier, toutes les dispositions sont prises afin d'assurer la sécurité des usagers et du personnel contre les risques électriques et accidentels.

6.4.1. La fixation des appareils d'éclairage

La fixation des appareils d'éclairage est effectuée par son ancrage au sol, sur une façade ou sous un auvent.

Les mâts, les candélabres et les bornes sont munis d'une platine afin de les fixer sur un massif de fondation en béton armé. Les dimensions sont calculées pour reprendre les contraintes dues aux charges et aux efforts du vent dans les conditions les plus défavorables (fig. 6.78).

La profondeur correspond, au minimum, à la cote hors gel. Les dimensions courantes

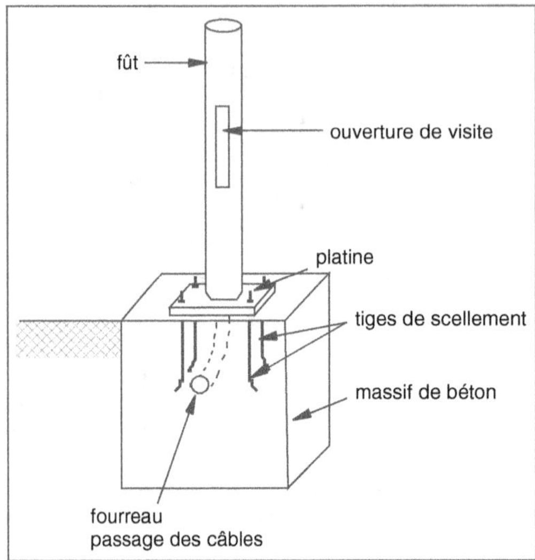

Fig. 6.78 • *Massif des supports.*

Photo 6.21 • *Fondation en béton pour candélabre.*

pour des mâts ou des candélabres de hauteur moyenne sont de 0,70 m × 0,70 m ou 0,80 m × 0,80 m pour une profondeur de l'ordre de 0,70 à 1,50 m. Deux fourreaux en polyéthylène sont mis en place avant le coulage du béton pour l'entrée et la sortie des câbles (photo 6.21).

Les hublots et les potences sont accrochés en façades à l'aide de scellements.

6.4.2. L'alimentation des appareils

Elle est réalisée avec des câbles électriques selon trois principes.

● **Le réseau aérien sur poteau**, pratiquement abandonné dans les nouvelles installations car inesthétique, est constitué de câbles reliant les candélabres entre eux.

● **Le réseau aérien en façade** comporte des câbles torsadés accrochés à l'aide de colliers ou de pinces d'ancrage sur les immeubles bordant la voirie. Il permet d'alimenter les appareils d'éclairage fixés sur les bâtiments.

● **Le réseau enterré**, sans entraîner un surcoût excessif, présente entre autres avantages : l'absence de fils apparents

dans le paysage urbain et une meilleure sécurité.

Les câbles sont posés soit en pleine terre dans une tranchée, soit dans un fourreau enterré, soit dans une bordure-caniveau. Ils sont placés fréquemment sous le trottoir ou l'accotement à une profondeur de 0,80 m environ (fig. 6.79).

Le fond de fouille étant parfaitement réglé, une couche de sable de 10 cm est étendue, sur laquelle sont posés les câbles directement ou dans un fourreau aiguillé. Ce dernier est indispensable pour les traversées sous chaussée. Ils sont recouverts d'une couche de sable et de matériaux de petite granulométrie. Un grillage avertisseur, de couleur rouge, est placé sur cette première couche de remblai. Le remblaiement est complété avec la terre d'origine lorsque les câbles passent sous des espaces verts ou en grave pour les passages sous voirie ou sous trottoir.

Le réseau est alimenté principalement en électricité basse tension, monophasé 230 V ou triphasé 230 V-400 V, la deuxième solution permettant de couvrir une zone plus étendue. Les installations importantes peuvent être alimentées sous haute tension HTA, selon l'un des deux procédés suivants :

– chaque lampadaire dispose de son propre transformateur ;

– un même transformateur dessert plusieurs lampadaires.

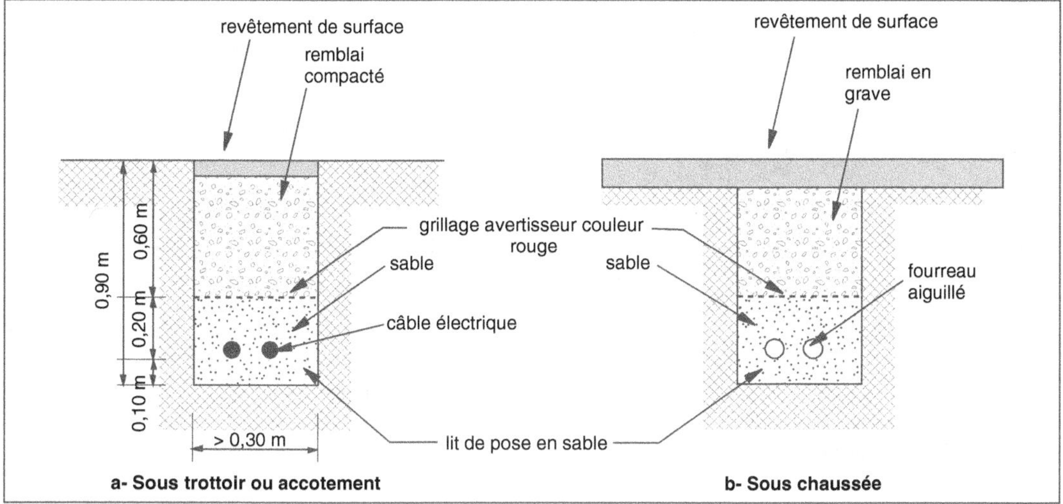

Fig. 6.79 • *Pose des câbles.*

Les câbles enterrés sont en cuivre de type U 1000 RVFV (câble armé) en pleine terre et U 1000 R2V (ou H 07 RNF en aluminium) sous fourreau ou en bordure-caniveau.

La section dépend du nombre d'appareils à desservir et de leur puissance. Elle est constante sur l'ensemble du réseau, en prévision des extensions ou des modifications ultérieures. La chute de tension entre l'origine de l'installation et le candélabre le plus éloigné doit rester inférieure à 3 % en basse tension, et à 5 % en HTA.

6.4.3. La mise à la terre

La mise à la terre des installations d'éclairage urbain est obligatoire. La prise de terre doit être efficace sans pouvoir propager les effets de la foudre sur le réseau. Tous les supports métalliques sont raccordés à la prise de terre selon l'un des principes suivants (fig. 6.80) :

– par une prise de terre individuelle, constituée par un piquet fiché dans le sol ;

– par un conducteur nu en cuivre d'une section minimale de 25 mm^2 servant également de prise de terre et de liaison équipotentielle, chaque appareil étant raccordé par une dérivation, sans couper le conducteur ;

– par une prise de terre commune.

Dans ce dernier cas, la liaison des supports entre eux ainsi qu'avec la prise de terre est obtenue avec un conducteur de protection isolé dans un gainage normalisé bicolore jaune et vert. Ce conducteur ne peut pas être interrompu.

Les masses des luminaires de classe I sont systématiquement reliées à la masse du support quand ce dernier est métallique.

Tous les éléments conducteurs, simultanément accessibles, sont reliés entre eux par une liaison équipotentielle, sauf lorsque le matériel installé est de classe II.

6.4.4. La commande et les organes de sécurité

La commande et les organes de sécurité comprennent l'appareil de coupure générale (ACG), le compteur, l'interrupteur après comptage, la commande de l'installation et les protections des différents circuits. Ils sont adaptés à l'installation d'éclairage extérieur

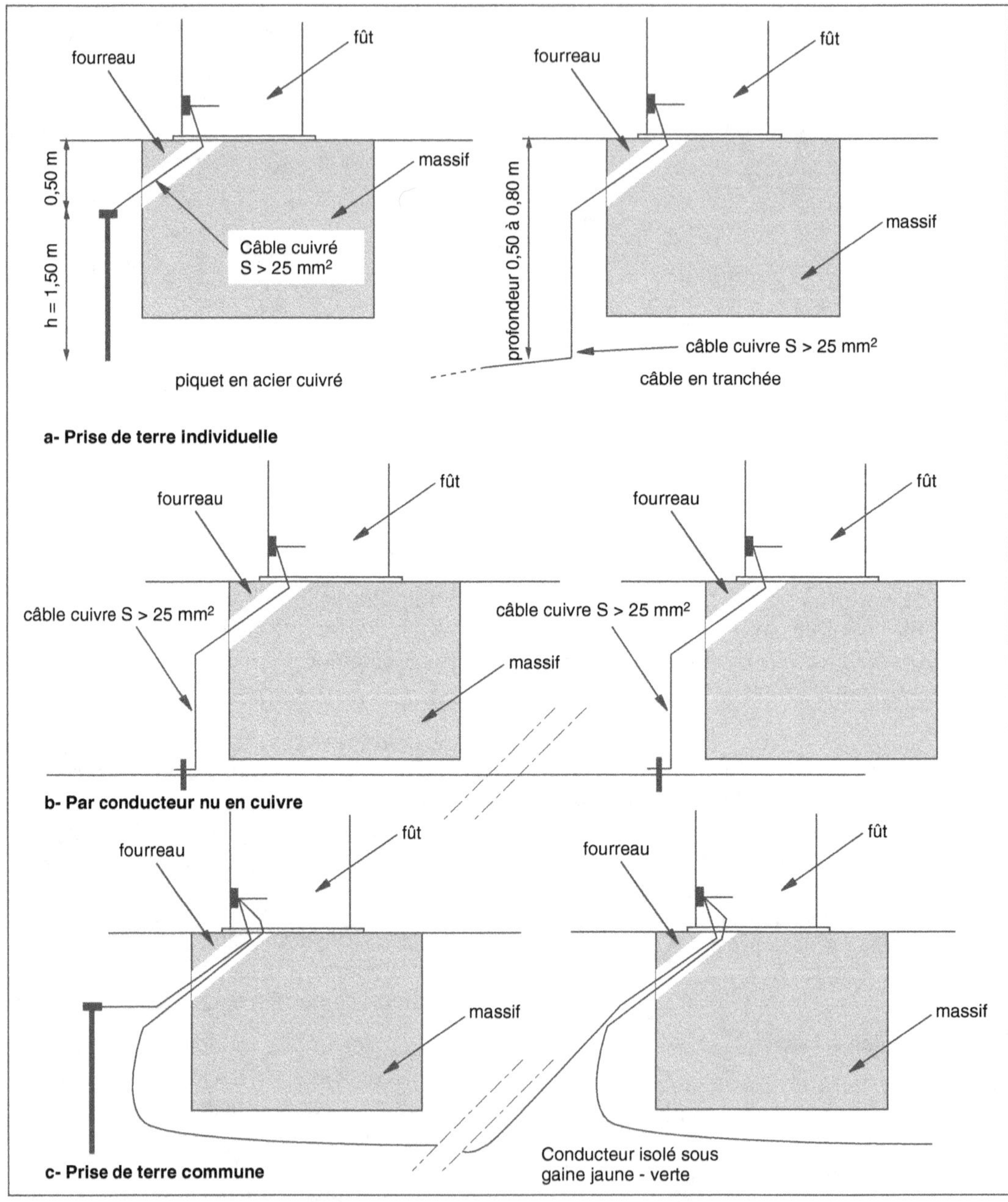

a- Prise de terre individuelle

b- Par conducteur nu en cuivre

c- Prise de terre commune

Fig. 6.80 • *Mise à la terre des supports métalliques.*

et tiennent compte du mode de fonctionnement, à savoir :

– celle dont le maintien en fonctionnement est nécessaire pour la sécurité des usagers ;

– celle dont le non-fonctionnement ne met pas en cause la sécurité des usagers.

Dans le premier cas, l'installation fonctionne en permanence (éclairage de passages enterrés ou de tunnels) ou en période nocturne (éclairage urbain). Dans le second cas, elle fonctionne pendant certaines périodes, à la demande des usagers, solution qui permet de réduire le coût d'exploitation (fig. 6.81).

L'origine du réseau d'éclairage se situe au coffret de comptage. Celui-ci est positionné à proximité immédiate de la dérivation ou du poste de transformateur.

Les organes de coupure comprennent une coupure générale et une protection par circuit. Ils sont regroupés dans un tableau placé soit dans le coffret de comptage, soit à côté. Ils assurent la sécurité de l'installation et provoquent la coupure automatique de l'alimentation électrique en cas d'incidents : contacts accidentels, surtensions, etc.

La commande de l'installation, anciennement manuelle, est entièrement automatisée. Deux méthodes, pouvant être jumelées, sont retenues :

– l'horloge astronomique qui détermine une ou deux périodes de fonctionnement dans la journée adaptées aux différentes époques de l'année ;

Exemple :

Hiver : le matin de 4 à 8 heures et le soir de 17 à 24 heures ;
Été : le matin de 4 à 6 heures et le soir de 20 à 24 heures.

– la cellule photoélectrique qui prend en compte l'intensité de l'éclairage naturel.

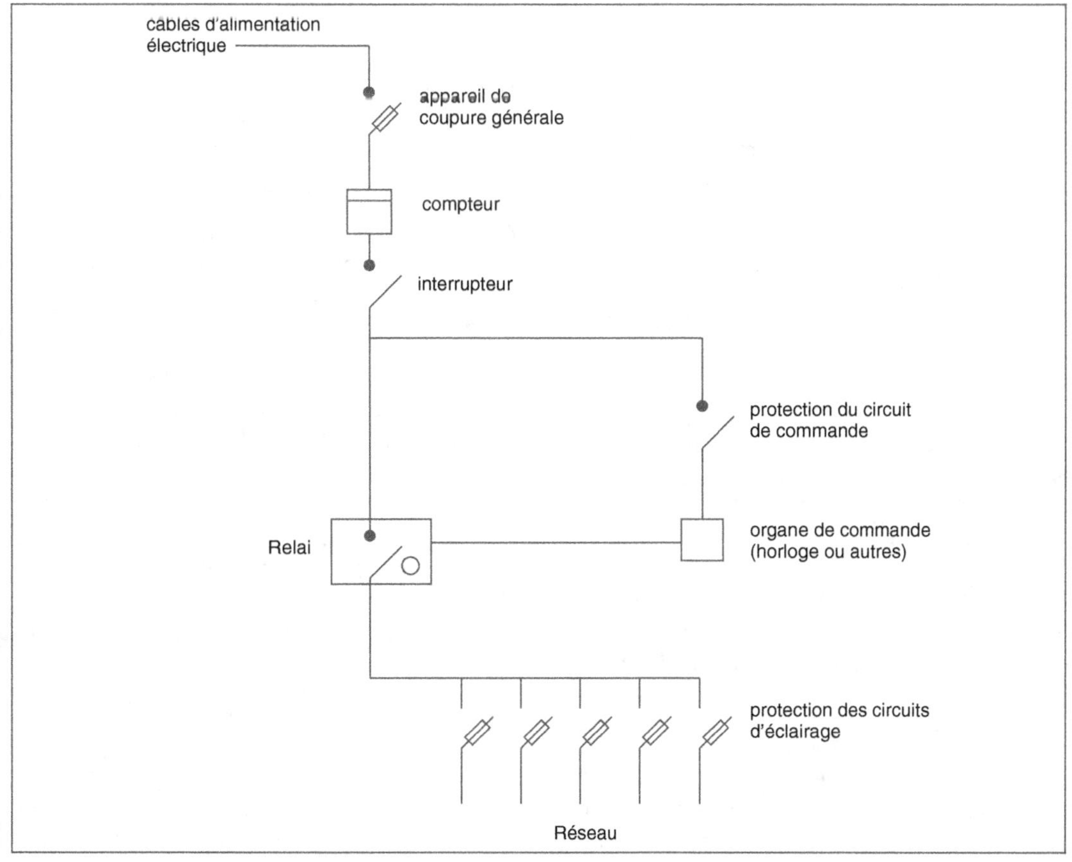

Fig. 6.81 • _Armoire de comptage et de commande._

421

6.5. Les vérifications avant la mise en service

Les vérifications avant la mise en service sont doubles.

Elles s'effectuent en examinant les différents composants et en vérifiant :
- leur conformité aux prescriptions du cahier des charges et aux prescriptions de sécurité ;
- leur installation dans les règles de l'art, ne présentant pas de dommages ou de défauts apparents qui pourraient remettre en cause la sécurité (raccordement à la terre mal exécuté, par exemple).

Elles se concrétisent par des mesures qui portent sur :
- la protection contre les contacts directs ou indirects ;
- la vérification de la section des conducteurs selon les courants admissibles. La chute de tension devant rester dans les limites définies précédemment ;
- la mesure de la résistance d'isolement qui doit être supérieure à 0,5 MΩ pour une tension d'essai de 500 V ;
- la vérification de résistance des prises de terre et du conducteur de protection lorsque ce dernier est imposé par la conception du réseau.

7. Le réseau de chauffage centralisé

Dans un groupe de bâtiments, le chauffage des locaux et la fourniture de l'eau chaude sanitaire sont assurés individuellement ou collectivement.

Dans le cas de chauffage collectif, plusieurs solutions sont possibles, en fonction de la disposition et de la destination des immeubles (habitation, tertiaire, scolaire, etc.), de leur éloignement et du nombre d'usagers.

- La chaufferie de chaque bâtiment fournit le fluide caloporteur.
- Une chaufferie unique judicieusement placée alimente directement en eau chaude à basse température (T < 110 °C) l'ensemble des locaux d'un petit groupe immobilier. Cette solution est peu performante du fait des déperditions sur les parcours extérieurs.
- Une chaufferie centralisée distribue un fluide caloporteur (eau chaude surchauffée sous pression ou vapeur d'eau) à des sous-stations placées dans chaque bâtiment ou desservant plusieurs constructions. Des échangeurs assurent la distribution d'eau chaude basse pression pour le chauffage et la production d'eau chaude sanitaire.

Dans cette dernière solution, le principe utilisant l'eau chaude sous pression (T > 110 °C) est plus fiable que celui basé sur la vapeur, pour lequel la mise en œuvre demeure délicate. En effet, le transport de la vapeur exige une pente des canalisations afin d'assurer l'écoulement des condensats.

Le chauffage urbain correspond à une extension du principe de la chaufferie centralisée, étendu à l'ensemble d'un quartier ou d'une ville.

Le réseau de chauffage centralisé est déterminé pour répondre aux besoins calculés en fonction du nombre d'abonnés potentiels et de la puissance demandée exprimée en kilowatt tant pour le chauffage que pour la production d'eau chaude sanitaire, en tenant compte d'extensions éventuelles. Il dessert des zones de constructions denses de manière à amortir au mieux les coûts d'investissement et de maintenance.

Toutefois, lorsqu'un réseau primaire se trouve à proximité immédiate, il est possible de prévoir le raccordement de groupes résidentiels ou de lotissements d'habitation ou industriels, sous réserve que le coût du kilowatt soit compétitif. D'autres paramètres,

qui ne sont pas chiffrables immédiatement, doivent également être pris en compte :
– la commodité d'utilisation pour l'usager ;
– la préservation de l'environnement en évitant la multiplication du nombre de foyers ;
– le traitement des fumées à la source entraînant l'élimination des poussières et limitant le rejet des composés carbonés, soufrés et azotés.

Ce type de réseau est exécuté en respectant plusieurs textes réglementaires, décrets, arrêtés et normes qui portent sur la production de chaleur et sur les différents fluides caloporteurs : vapeur sous pression, eau surchauffée, eau chaude. Les études sont effectuées par des ingénieurs spécialisés en thermique.

Le réseau de chauffage centralisé comprend les éléments suivants (fig. 6.82) : la chaufferie, les canalisations, les sous-stations, les organes de sécurité.

7.1. La chaufferie

La chaufferie est obligatoirement placée dans un bâtiment indépendant des autres constructions. L'énergie utilisée peut être le fioul, le gaz, les déchets de bois ou une combinaison de plusieurs d'entre elles ; les chaudières à charbon étant en voie de disparition. Quel que soit le type d'énergie, il est indispensable de prévoir soit un stockage (fioul, bois), soit une alimentation directe avec détendeurs et vannes de sécurité (gaz). Un raccordement électrique, des dispositifs de sécurité et d'alarme complètent l'installation.

7.2. Le réseau de canalisations

Le réseau de canalisations, ou réseau primaire, relie la chaufferie centrale aux différentes sous-stations. Il comporte la tuyauterie et un certain nombre d'organes de fonctionnement.

Son tracé doit être étudié avec soin, de manière à éviter les longueurs inutiles ainsi que les coudes et les points occasionnant des pertes de charge. Il doit être également adapté à la pente naturelle du terrain afin d'éviter de trop grande profondeur de fouille. Pour être constamment accessible, le cheminement se trouve dans l'emprise du

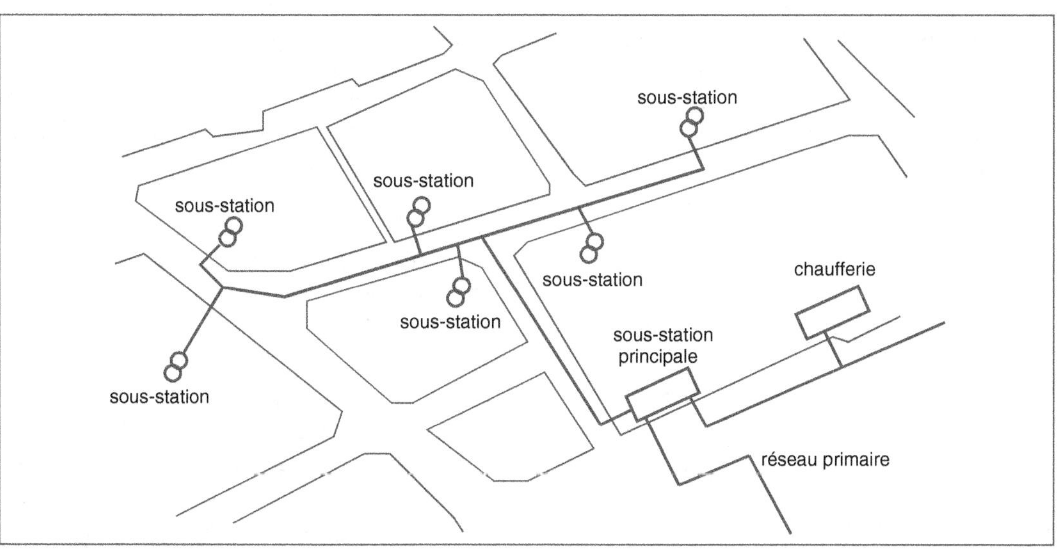

Fig. 6.82 • _Schéma de réseau de chauffage urbain._

domaine public : voies de desserte, trottoirs, espaces verts ou autres, en évitant les voies de grande circulation.

Le réseau est réalisé selon deux grands principes : les canalisations placées dans un caniveau et les canalisations pré-isolées posées directement dans une tranchée.

7.2.1. Les canalisations en caniveau

Les canalisations en caniveau sont en acier noir, d'un diamètre déterminé en fonction de la puissance cumulée de l'ensemble des sous-stations desservies et, éventuellement d'une possibilité d'extension du réseau. Elles sont revêtues sur toute leur périphérie d'une couche continue d'un produit anticorrosion, peinture ou enduit. L'isolation thermique est assurée par un calorifuge à base de coquilles de laine minérale ou de mousse de polyéthylène ou de polyuréthane. Elle est protégée extérieurement par une feuille bituminée ou un film plastique. L'isolation thermique et les soudures de raccord entre les tuyaux constituent les points faibles du réseau.

Lorsqu'elles véhiculent l'eau chaude sanitaire, ces canalisations sont souvent en acier galvanisé calorifugé.

Les caniveaux ont pour rôle de protéger les canalisations contre les chocs en cours de travaux, les tassements différentiels et la corrosion. En forme de U, ils sont réalisés en béton armé coulé en place (fig. 6.83, photo 6.22) ou préfabriqué.

Photo 6.22 • *Réseau de chauffage centralisé – Pose des canalisations dans un caniveau.*

Ils comprennent un radier et deux parois verticales d'une épaisseur de l'ordre de 10 cm ; l'ensemble étant recouvert par des dalles amovibles. Celles-ci sont posées sur un joint étanche de manière à éviter la pénétration d'eau. Une pente longitudinale et transversale recueille les eaux d'infiltration vers des orifices raccordés sur une canalisation assurant leur évacuation. Dans les zones humides, un drainage complémentaire peut être mis en place parallèlement au caniveau.

Les caniveaux doivent être calculés pour résister aux contraintes auxquelles ils sont soumis : surcharge de surface, nature du terrain, profondeur. Les dimensions intérieures sont telles que la mise en place des canalisations est aisée. Elles sont déterminées en fonction du diamètre des tuyaux. Le tracé

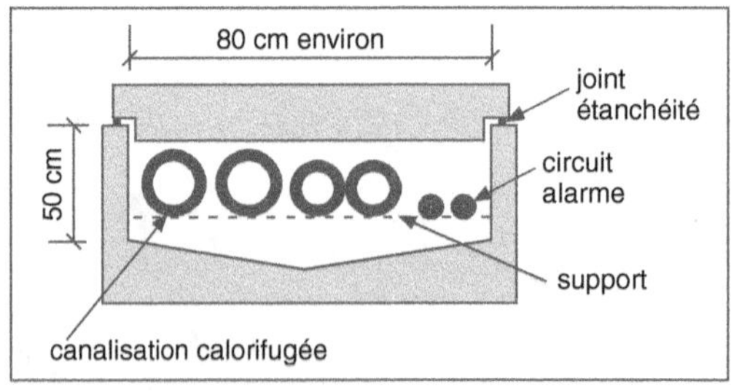

Fig. 6.83 • *Caniveau pour chauffage centralisé.*

tient compte des lyres de dilatation éventuelles.

Les caniveaux sont réservés exclusivement aux canalisations de chauffage ou d'eau chaude sanitaire, à l'exclusion de toute canalisation autre que les circuits d'alarme.

Les tuyaux sont placés sur des fers profilés transversaux, suffisamment écartés du radier.

La pénétration dans les bâtiments se fait à proximité immédiate des sous-stations. Un joint assurant l'étanchéité est exécuté entre les parois du caniveau et celles de la construction desservie.

7.2.2. Les canalisations pré-isolées

Les canalisations pré-isolées sont préparées en usine. Leur mode de pose, directement en fond de tranchée, évite la construction des caniveaux. Elles sont constituées par des tubes en acier noir recevant une couche anticorrosion et revêtues d'un isolant en mousse rigide de polyuréthane. L'ensemble est enserré dans une enveloppe formée par un tube en polyéthylène haute densité (fig. 6.84, photo 6.23). Un dispositif de détection et de localisation d'humidité peut être installé, garantissant la bonne tenue de l'isolant et évitant une corrosion prématurée des tubes. Les raccordements entre les différents tronçons font l'objet de soins particuliers, tant au niveau de la soudure qu'au niveau de la reconstitution de l'isolant. Des

pièces spéciales telles que coudes, piquages, dispositifs d'ancrage… sont également fabriquées.

Les tubes sont livrés sur le chantier et placés dans la tranchée, sur un lit de sable d'une épaisseur de 0,10 m (fig. 6.85).

Après mise en place d'une couche de protection de 0,10 m constituée de sable et d'un grillage avertisseur de couleur bleue, la tranchée est remblayée soit en gravier, sous-chaussée, soit en remblai courant sous les autres espaces. La hauteur minimale de protection au-dessus de la génératrice supérieure des tubes est de 0,70 m. Lorsque cette distance ne peut pas être respectée ou en cas de chaussée supportant une circulation lourde, une dalle en béton armé de 0,10 m assure une bonne répartition des charges.

La pénétration dans les bâtiments se fait à l'aide de traversées de mur afin d'obtenir à la fois une bonne étanchéité et une souplesse relative des canalisations par rapport à la paroi de la construction.

7.2.3. Les organes de fonctionnement

Les organes de fonctionnement comprennent essentiellement les éléments suivants :
- les vannes de coupure équipées ou non de robinets de purge, afin d'isoler les tronçons lorsqu'il y a des interventions ponctuelles à effectuer sur le réseau ;

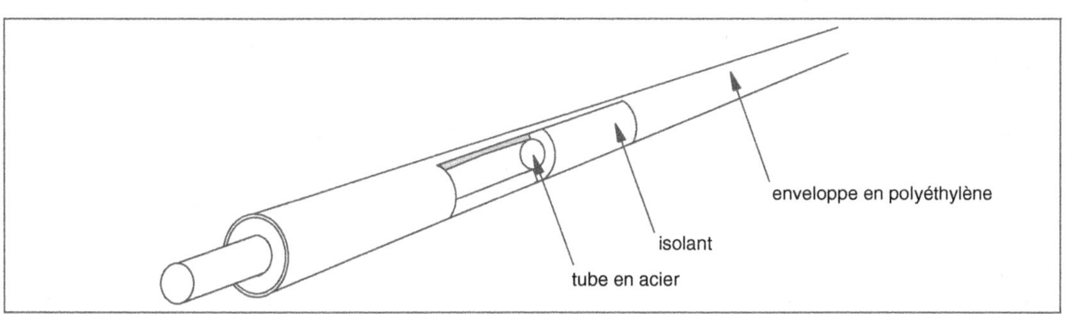

Fig. 6.84 • _Canalisation pré-isolée._

425

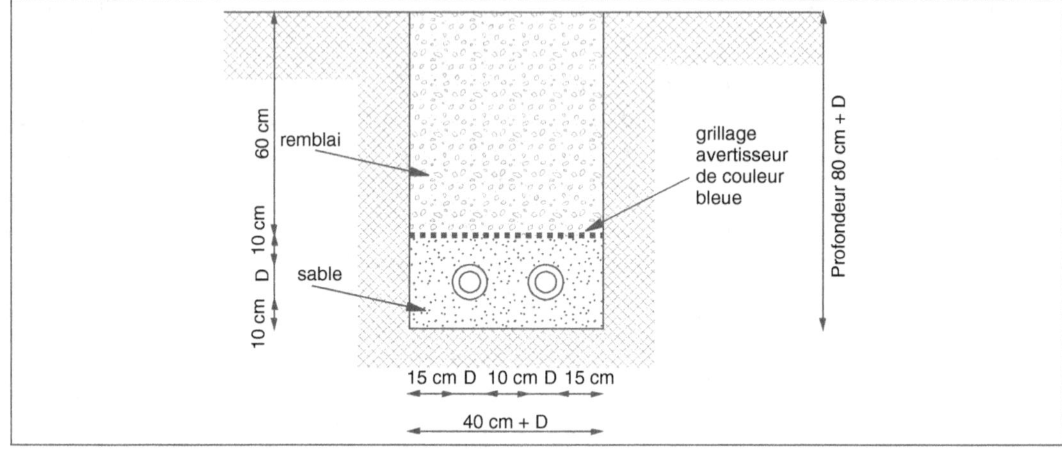

Fig. 6.85 • *Pose des tubes pré-isolés.*

Photo 6.23 • *Réseau de chauffage centralisé – Canalisations pré-isolées.*

le réseau primaire est attribué à un concessionnaire particulier, elles constituent également la limite des prestations entre ce dernier et l'abonné, organisme d'HLM, syndic de copropriété, industriel… Selon leur puissance calorifique, les sous-stations sont classées de la manière suivante :

– sous-stations de 1re classe dont la puissance est supérieure à 5 814 kW (5 000 000 kcal/h) ;

– sous-stations de 2e classe dont la puissance est supérieure à 69,8 kW (60 000 kcal/h) et inférieure ou égale 5 814 kW (5 000 000 kcal/h) ;

– sous-stations de 3e classe dont la puissance est inférieure ou égale à 69,8 kW (60 000 kcal/h).

Pour chacune d'entre elles, des dispositions spécifiques de sécurité sont appliquées. C'est ainsi que les sous-stations de première classe sont obligatoirement réalisées à l'extérieur de tout bâtiment pouvant abriter des habitants ou des utilisateurs. Les sous-stations de deuxième et troisième classes peuvent être installées à l'intérieur des immeubles, sous réserve que leur aménagement répondent aux prescriptions indiquées dans la norme NF P 20-301 (DTU 65.3) – *Travaux relatifs aux installations de sous-stations d'échange à eau chaude sous pression.*

– les lyres de dilatation et les points fixes pour compenser les effets de la dilatation thermique sur les canalisations ; les lyres peuvent être remplacées par des compensateurs ;

– les T de branchement ou les piquages pour le raccordement des sous-stations.

7.3. Les sous-stations

Les sous-stations forment l'interface entre le réseau de distribution primaire et le réseau secondaire desservant le bâtiment. Lorsque

Les sous-stations comportent, selon l'importance de l'installation, un ou plusieurs échangeurs pour le circuit de chauffage secondaire et un ou plusieurs échangeurs pour la distribution de l'eau chaude sanitaire. L'équipement est complété par un ou plusieurs ballons d'eau chaude sanitaire ; une série de vannes de coupure sur les différents circuits ; des soupapes de sécurité ; un système de régulation des températures équipés de thermomètres et de manomètres ; des robinets de purge d'air en point haut, et de purge en point bas ; une alimentation en eau froide équipée de comptage sur chacun des circuits secondaires ; une alimentation électrique raccordée sur un tableau général.

7.4. *Les organes de sécurité*

Les organes de sécurité comprennent tous les dispositifs d'isolement des sous-stations et des circuits, de régulation des températures et des pressions, de contrôle, d'alarme signalant l'apparition du moindre défaut et leur report sur un tableau centralisé situé dans un poste de surveillance.

Comme pour tous les autres réseaux, des essais d'étanchéité des canalisations sont effectués en cours de travaux. L'installation est entièrement vérifiée et des essais progressifs de chauffage sont opérés avant sa mise en route.

8. Les autres réseaux

Les autres réseaux sont cités pour mémoire. Parmi ceux-ci, il faut mentionner en particulier :

– la distribution centralisée de fioul depuis une citerne enterrée afin d'alimenter les chaudières individuelles d'un ensemble de villas. Cette disposition évite une multiplication de citernes dans chacun des lots. Un comptage est placé au point desservi par chaque piquage ;

– la distribution d'eau réfrigérée conçue comme le réseau de chauffage centralisé, etc.

9. La consistance des travaux

La consistance des travaux est spécifique à chacun des réseaux et porte sur la fourniture et la pose des éléments constitutifs de ceux-ci : canalisations ou câbles, appareillages divers, équipements de commande et organes de sécurité.

Chaque réseau concerne un ou plusieurs lots de travaux. La diversité des ouvrages nécessite souvent l'intervention de plusieurs entreprises :

– une première entreprise exécute les terrassements ;

– une deuxième effectue la pose du ou des réseaux concernés et des divers équipements nécessaires à son bon fonctionnement ;

– une troisième construit les ouvrages annexes de maçonnerie, massifs, socles, regards, etc. ;

– d'autres, encore, peuvent être retenues pour des ouvrages particuliers.

Plusieurs opérations sont communes à tous les réseaux.

● L'établissement d'un dossier de piquetage comprenant un plan de piquetage.

● Le plan parcellaire avec l'indication des limites précises des parcelles et leur numéro cadastral.

● Le repérage de la position du réseau par rapport à des points fixes immuables.

● La reconnaissance de la zone concernée par les travaux, des voies de desserte et du positionnement des réseaux existant éventuels, qu'ils soient aériens ou enterrés.

- La mise au point du dossier du réseau projeté comportant toutes les autorisations nécessaires, accompagné du plan d'ensemble, complété par les plans de détails : position des supports des réseaux aériens, des regards de visite, des chambres de tirage des réseaux enterrés, des dérivations, etc.

- L'accord des propriétaires des terrains pouvant être traversés soit par une canalisation enterrée, soit par une ligne aérienne en survol et l'établissement des conventions de servitude.

- La position par rapport aux arbres existants tant pour les réseaux souterrains afin de les éloigner des racines, que pour les réseaux aériens qui imposent éventuellement un élagage.

- La détermination des points à desservir.

- La bonne coordination avec les travaux de construction des bâtiments.

- La nature des autres réseaux prévus et leur positionnement.

Avant le début des travaux, il est nécessaire de définir avec exactitude la position des points desservis sur les bâtiments, interface entre les réseaux extérieurs et les réseaux intérieurs (photo 6.24). Pour les réseaux enterrés, les niveaux du projet et l'implantation des ouvrages doivent être parfaitement déterminés, repérés par rapport à des points fixes. Une attention particulière est portée sur la parfaite définition des niveaux définitifs des chaussées et des trottoirs ainsi que sur leurs compositions.

Au cours de l'exécution des travaux et avant la mise en service des réseaux, l'entreprise procède au contrôle de ses ouvrages en présence du maître d'ouvrage et du maître d'œuvre, si besoin, avec l'aide d'un bureau spécialisé.

Avant la mise en service, les vérifications sont à double action.

Photo 6.24 • *Coffrets de branchement gaz d'un groupe d'immeubles.*

- Elles sont effectuées en examinant les différents composants sous les aspects suivants :
  - leur conformité aux prescriptions du cahier des charges et aux prescriptions de sécurité ;
  - leur installation dans les règles de l'art ;
  - l'absence de dommages ou de défauts apparents qui pourraient remettre en cause la fiabilité et la sécurité du réseau.

- Elles sont concrétisées par différentes mesures selon la nature du réseau.

En fin de chantier, l'entreprise dresse un plan de recollement des réseaux enterrés, accompagnés de schémas de principe (fig. 6.86). Elle remet ces documents au maître d'œuvre afin qu'il les transmette au maître de l'ouvrage.

La coordination entre les réseaux est une opération complexe. Préalablement à toute exécution, les réseaux doivent être positionnés les uns par rapport aux autres, en tenant compte de leurs impératifs particuliers (photo 6.24) :

- l'encombrement ;
- les pentes ;
- les diamètres ;
- les regards de visite ou de tirage ;

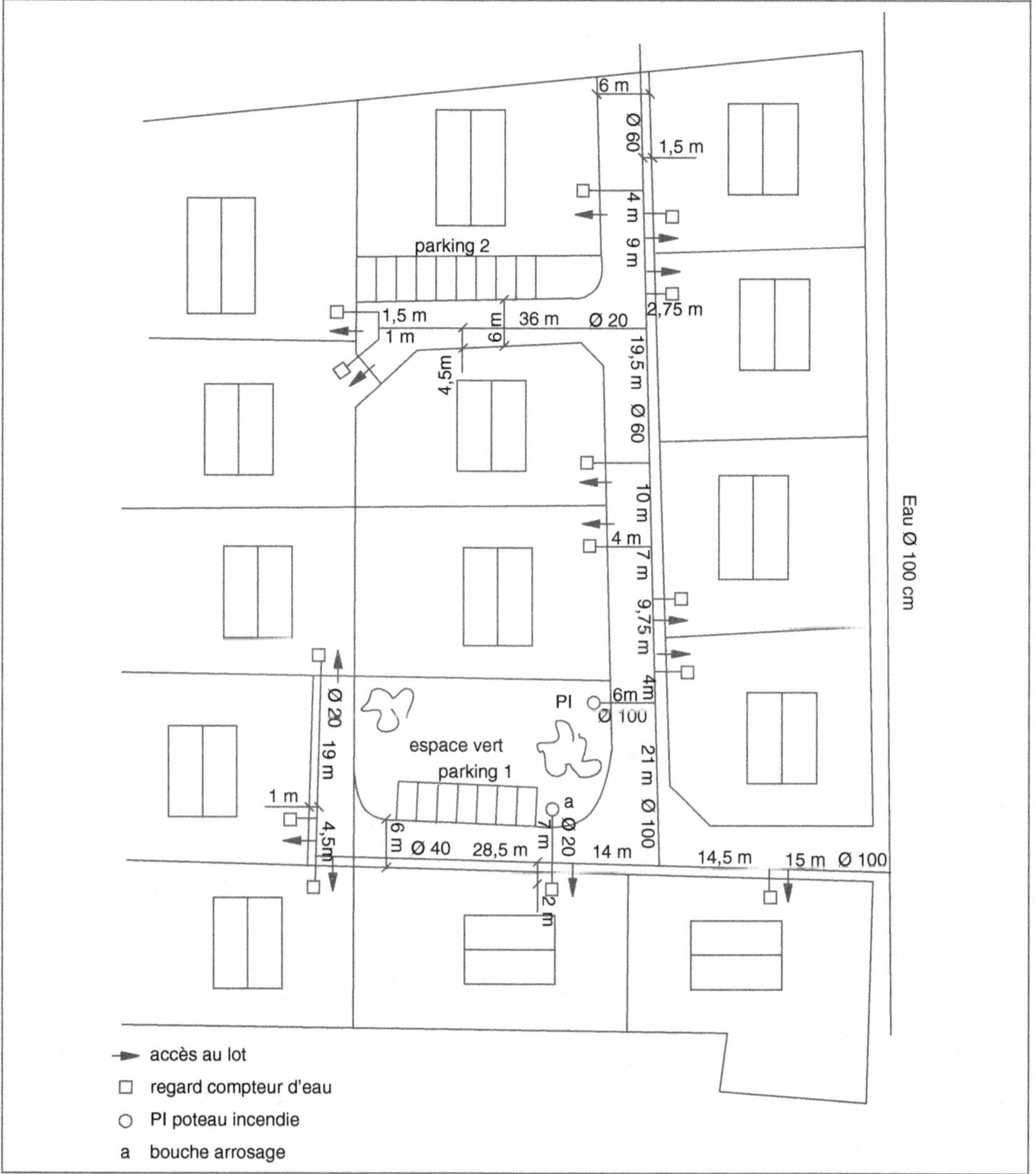

Fig. 6.86 • *Plan de recollement – Réseau d'alimentation en eau.*

- les possibilités de branchements et de croisements ;
- la situation sous chaussée, sous trottoir, sous espaces publics ou privés (tab. 6.19) ;
- les distances minimales à respecter entre certains fluides, sauf dispositions particulières (fig. 6.87).

Exemples :

– Les canalisations d'eau et de gaz doivent être écartées l'une de l'autre de 0,25 m minimum.

– La distance séparant les câbles électriques enterrés des autres canalisations, hors câbles de télécommunication, doit être de 0,20 m.

Réseaux	Chaussée	Trottoir	Espaces publics	Espaces privés
Assainissement	OOO	O	OOO	O
Eau	OOO	OOO	OOO	X
Électricité	O	OOO	OOO	O
Gaz	XXX	OOO	OOO	X
Télécommunication	X	OOO	OOO	O
Télédistribution	X	OOO	OOO	O
Télévision	X	OOO	OOO	O
Éclairage public	X	OOO	OOO	O
Chauffage urbain	OOO	O	OOO	X

Recommandé OOO
Possible O
À éviter X
Interdit XXX

NB. Le passage sous espaces privés crée des servitudes.

Tab. 6.19 • *Position des réseaux enterrés.*

Photo 6.25 • *Mise en œuvre de différents réseaux enterrés – Croisements.*

– La distance séparant les câbles électriques enterrés des câbles de télécommunication enterrés doit être de 0,50 m ; cette distance peu être ramenée à 0,20 m pour les câbles de télécommunication sous fourreau.

– Les réseaux de chauffage doivent être éloignés des autres canalisations d'une distance minimale de 0,25 m des canalisations de gaz à condition qu'elles soient protégées par une coquille isolante.

De plus, une attention particulière est attirée sur la réalisation des branchements et leurs imbrications. L'objectif de la coordination entre les intervenants est de déterminer le meilleur emplacement de chacun (fig. 6.88).

La mise en œuvre des réseaux et des branchements est traitée au paragraphe 2.1 du chapitre 9, page 560. Chaque solution ayant ses propres contraintes.

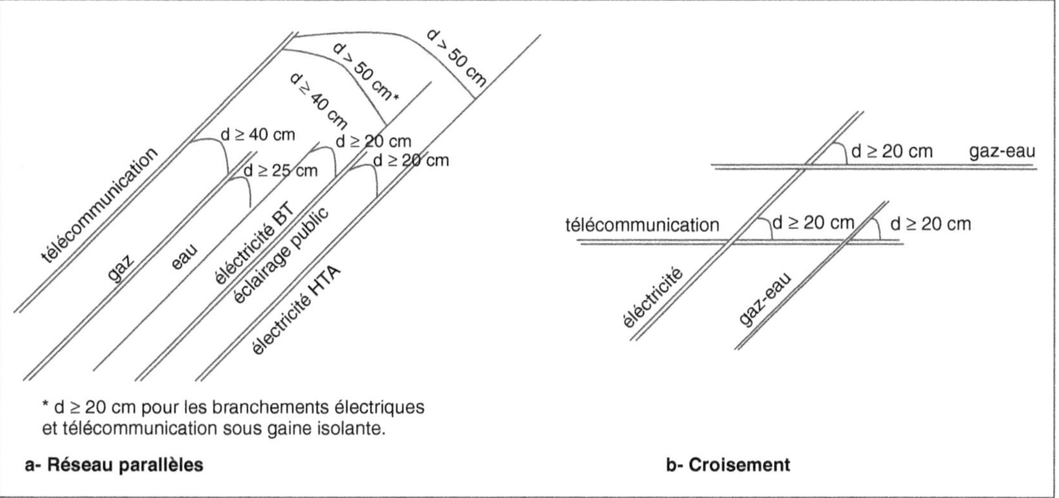

Fig. 6.87 • _Distances minimales à respecter entre les réseaux._

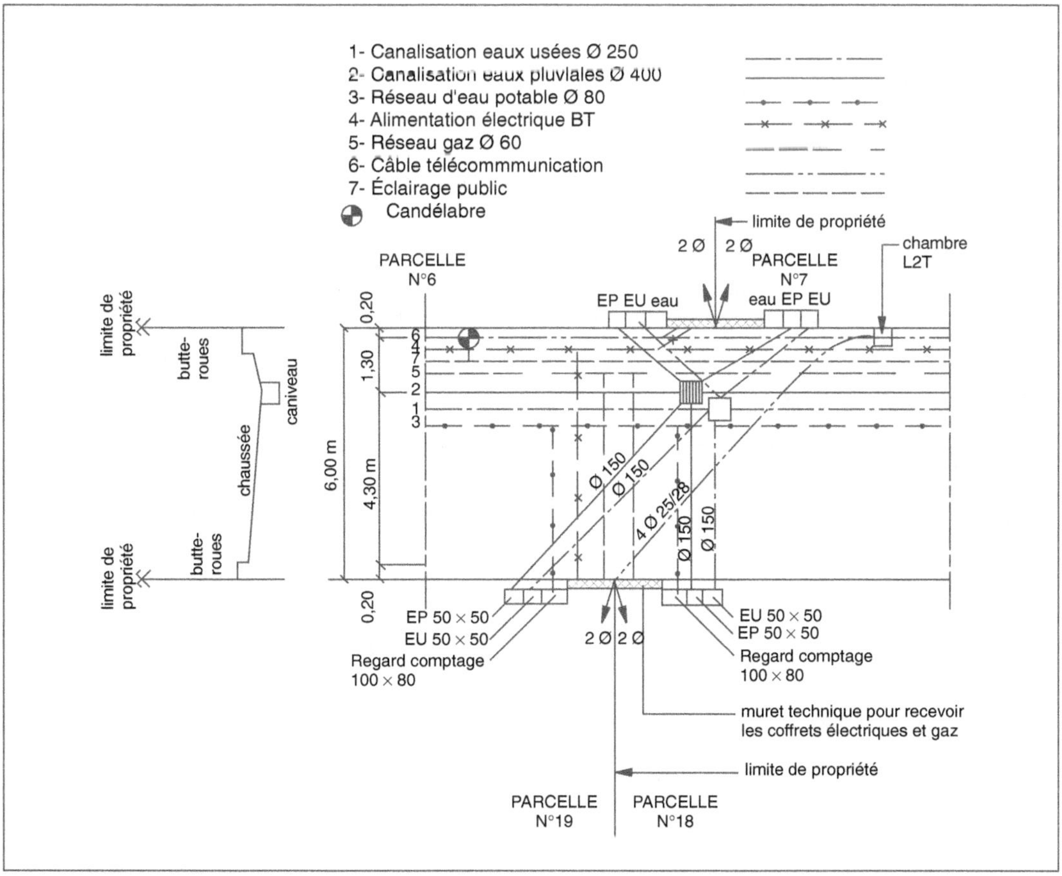

1- Canalisation eaux usées Ø 250
2- Canalisation eaux pluviales Ø 400
3- Réseau d'eau potable Ø 80
4- Alimentation électrique BT
5- Réseau gaz Ø 60
6- Câble télécommmunication
7- Éclairage public
● Candélabre

Fig. 6.88 • _Coordination entre les branchements des différents réseaux._

CHAPITRE **7**

LES OUVRAGES D'ACCOMPAGNEMENT

En complément des travaux de voirie, d'assainissement et d'amenée des fluides, les travaux d'infrastructures comprennent un certain nombre d'ouvrages d'accompagnement, intéressant divers corps d'état. Ils portent entre autres sur des travaux de maçonnerie ou de constructions diverses, la pose de clôtures, la réalisation d'escaliers, de rampes et de gradins, l'aménagement d'aires de jeux, la mise en place de mobiliers urbains et de jeux d'enfants ou la création de plans d'eau.

1. Les ouvrages de maçonnerie

Les ouvrages de maçonnerie regroupent aussi bien des travaux courants que des constructions en béton armé. Entrent dans cette catégorie des ouvrages tels que les murets, les murs de soutènement, les bâtiments techniques, les stations de traitement des eaux, les réservoirs, etc.

1.1. Les murs et les murets

Les murs et les murets répondent à plusieurs objectifs :

– assurer la séparation entre le domaine public et le domaine privé ou entre les parties privatives elles-mêmes ;

– assurer, dans un même lieu, la séparation entre des espaces d'affectation différente ;

– intervenir dans l'aménagement des espaces par un effet de composition de murs droits et de murs courbes ou par le jeu de plusieurs aspects de traitement de surface, en intégrant, éventuellement, des appareils d'éclairage ou d'autres éléments ;

– avoir un rôle technique par l'incorporation d'équipements spécifiques, à l'entrée de groupes d'habitation ou de villas.

Dans ce dernier cas, placés en limite de propriété ou au droit des entrées d'immeuble, ils permettent un regroupement des coffrets d'alimentation d'électricité, de gaz, des boîtes aux lettres, du conjoncteur PTT et du regard du compteur d'eau enterré à sa base.

Les murs et les murets sont réalisés différemment selon leur destination :

– en béton coulé en place ;

– construits par l'assemblage de petits éléments hourdés au mortier de ciment (fig. 7.1) : pierres, briques de parement ou parpaings enduits ;

– constitués d'éléments industrialisés de faible épaisseur posés entre des poteaux ;

– formés par l'assemblage de claustras en béton ou en terre cuite, solution assurant une protection partielle des vues directes avec une certaine recherche esthétique.

D'une hauteur de l'ordre de 0,60 à 2,00 m pour une largeur qui peut varier de 0,05 m lorsqu'ils sont en éléments industrialisés à 0,40 m selon leur composition, ils reposent sur une semelle de fondation en béton dont l'assise est à une profondeur hors gel.

Coulés sur place, des joints de rupture ou de dilatation sont prévus selon un calepinage dessiné lors des études ; l'écartement maximal étant de l'ordre d'une dizaine de mètres. Le chant supérieur est protégé par un chaperon en pierre, en béton ou par une couvertine au mortier de ciment, dont le débord est de 3 à 4 cm par rapport à l'aplomb du mur (fig. 7.1).

Lorsqu'ils ont une fonction technique, leur hauteur est d'environ 1,40 à 1,60 m, tandis que leur largeur doit permettre l'encastrement des équipements (fig. 7.2, photo 7.1).

Utilisés en tant que clôture, leur hauteur peut atteindre 2,00 m et plus. Offrant une prise au vent importante, leur stabilité au renversement doit être calculée, et des armatures sont prévues en conséquence.

1.2. Les murs de soutènement

Les murs de soutènement sont mis en œuvre dès que l'emprise du talus est importante au regard de l'espace disponible. Il est alors nécessaire de recourir à l'une des solutions suivantes (fig. 7.3) :

– un mur de revêtement du talus permettant d'en accentuer la pente ; constitué d'une dalle rampante en béton armé reprise par une semelle en pied, il peut recevoir un revêtement superficiel en pavage en béton ou en tout autre matériau ;

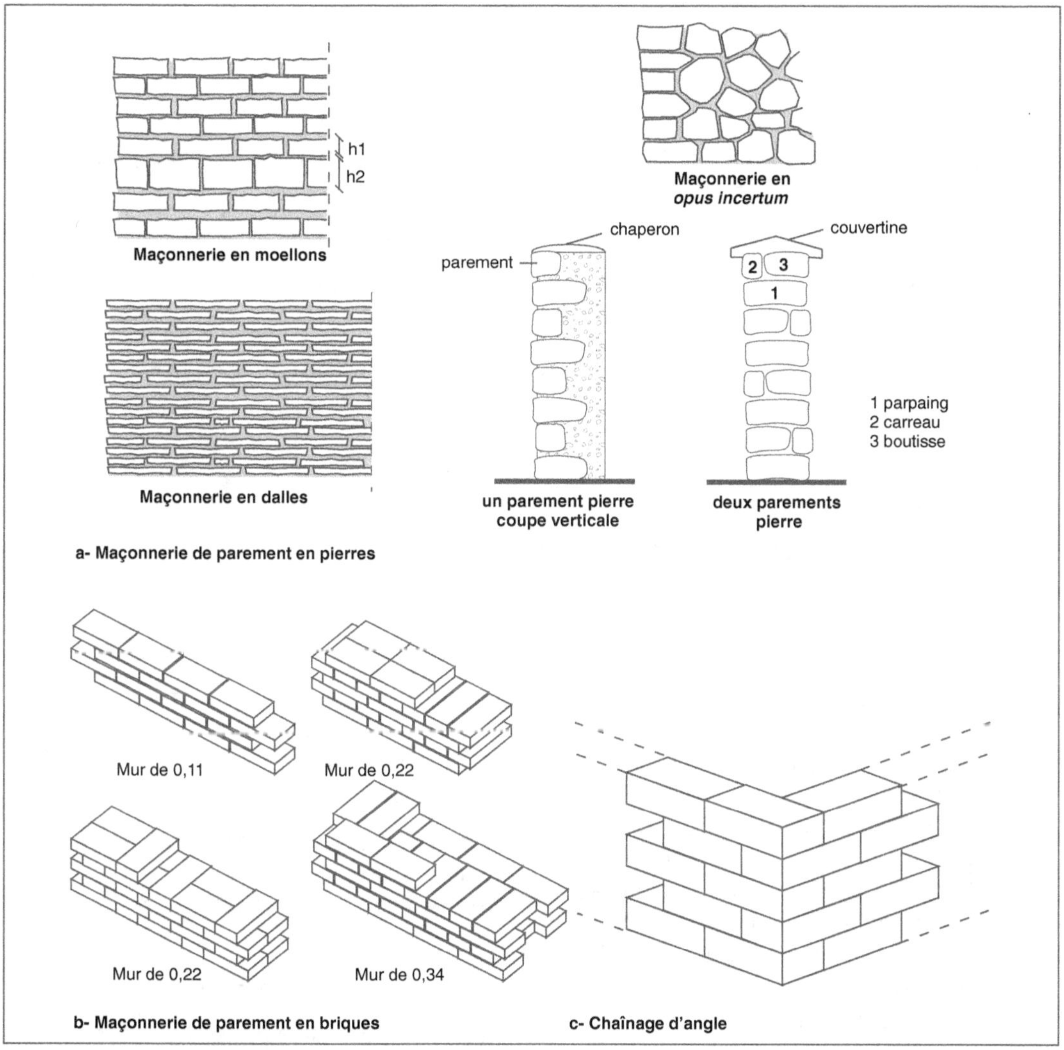

Fig. 7.1 • *Murs et murets en petits éléments.*

Photo 7.1 • *Muret technique en bordure de voie.*

– un mur en pied de talus, de faible hauteur, en béton coulé en place ou préfabriqué ; posé sur une fondation, son but est de réduire la hauteur du talus ;

– un mur de soutènement pouvant atteindre de grandes hauteurs (de l'ordre de 7 à 10 m) ; reprenant des efforts importants, il permet la suppression partielle ou totale du talus.

Plusieurs cas se présentent selon que le mur est bâti pour retenir des terres en bordure d'un

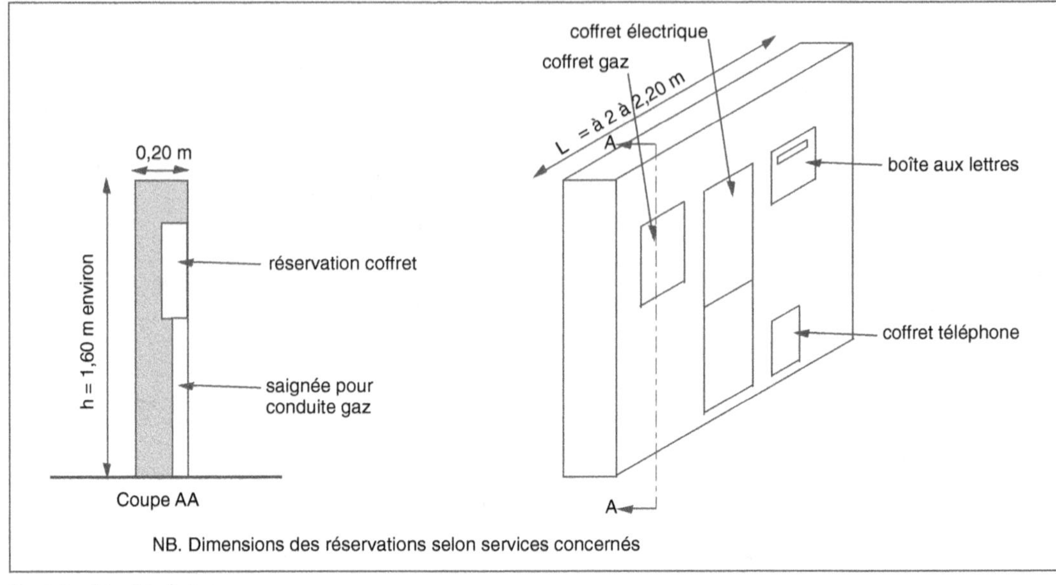

Fig. 7.2 • *Muret technique.*

aménagement ; qu'il doit supporter une plate-forme comportant une zone piétonne, une aire de stationnement une voie de circulation ; ou qu'un aménagement est prévu en amont et en aval (fig. 7.4). Il est étudié de manière à reprendre les surcharges prévues et prévisibles. Lorsque la partie supérieure du mur est accessible, il est surmonté d'un garde-corps répondant aux normes en vigueur (NF P 01-012 – *Dimensions des garde-corps*) et calculé pour résister aux chocs de véhicules.

Selon les principes de construction, les murs de soutènement sont classés en plusieurs catégories. Quel que soit le mode de réalisation, ils doivent répondre aux mêmes hypothèses de calcul. Le remblaiement suit des règles strictes afin de ne pas en compromettre les caractéristiques mécaniques. Il est complété par un drainage efficace du terrain situé en amont.

1.2.1. L'étude et la réalisation des murs de soutènement

L'étude et la réalisation des murs de soutènement, dont la hauteur peut atteindre plusieurs mètres, nécessitent une parfaite connaissance des caractéristiques des sols maintenus, déblais ou remblais, et de la couche d'assise des fondations.

La stabilité des murs de soutènement est assurée lorsque les résultantes des forces en présence sont concourantes et répondent à la relation :

$$T + P + S = 0,$$

dans laquelle T est la poussée des terres, P le poids du mur et S la réaction du sol d'assise.

La résultante doit se situer dans le tiers central de la fondation (fig. 7.5).

Sous l'action de la poussée des terres et de surcharges éventuelles, le mur de soutènement est soumis à des mouvements, combinés ou non : le tassement, le glissement horizontal et le déversement. Des dispositions adéquates sont prises pour y remédier (fig. 7.6).

Les murs de soutènement de grande longueur sont recoupés régulièrement par des joints de dilatation ou par des joints de

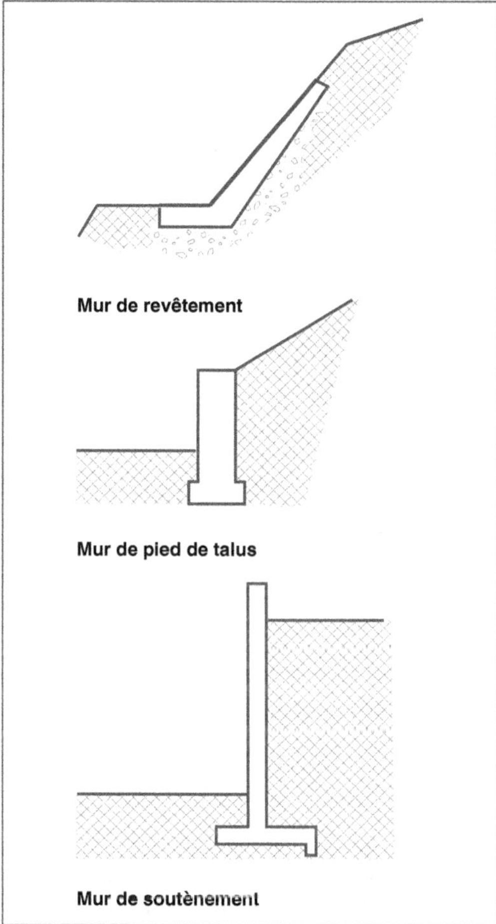

Fig. 7.3 • *Murs d'arrêt de talus.*

rupture, tous les 10 m environ, afin d'admettre de légers déplacements des éléments les uns par rapport aux autres. Cela, sans mettre en péril la stabilité de l'ensemble.

La présence d'eau, en amont du mur de soutènement, modifie de manière fondamentale les caractéristiques des sols et l'action des terres sur celui-ci. Une faible quantité d'eau produit des tensions capillaires et améliore l'attraction des grains, c'est-à-dire la tenue du terrain. À l'inverse, une quantité d'eau plus importante dégrade ces tensions capillaires, la cohésion C et l'angle de frottement interne φ. Il en résulte une aggravation de la poussée.

Il en est de même au niveau du sol d'assise, la dégradation de la cohésion C entraîne une réduction de la force portante, pouvant occasionner la mise en péril de la paroi.

Pour y remédier, il faut éviter que le mur de soutènement forme un barrage à la circulation des eaux, derrière lequel elles s'accumuleraient. Plusieurs dispositions sont prises, dont l'objectif est d'évacuer les eaux excédentaires (fig. 7.7) :

– le drainage efficace des terrains en amont du mur de soutènement, complété par la mise en place d'un géotextile avant le remblaiement ;

– la pose en partie inférieure du mur d'un drain horizontal relié à un exutoire visitable (photo 7.2) ;

– le percement de barbacanes, régulièrement réparties, dans la paroi, qui permettent l'écoulement vers l'extérieur des eaux retenues accidentellement en amont ;

le rejet de tout remblai de type argileux.

Une condition complémentaire consiste à vérifier que la couche d'assise du mur se trouve à une profondeur hors gel.

En zone sismique, il convient de s'assurer que les hypothèses de calcul sont adaptées aux différents risques. Un certain nombre de paramètres sont à vérifier :

– les talus et les versants, qu'ils soient naturels ou artificiels, restent stables sous l'action d'un mouvement sismique ;

– la portance du sol support n'est pas modifiée, consécutive à une action dite de liquéfaction* de celui-ci ;

– les conditions de stabilité d'ensemble, de glissement et de résistance du mur de soutènement ne sont pas remises en cause.

1.2.2. Les murs de soutènement

Les murs de soutènement réalisés *in situ* se présentent sous deux types principaux (fig. 7.8).

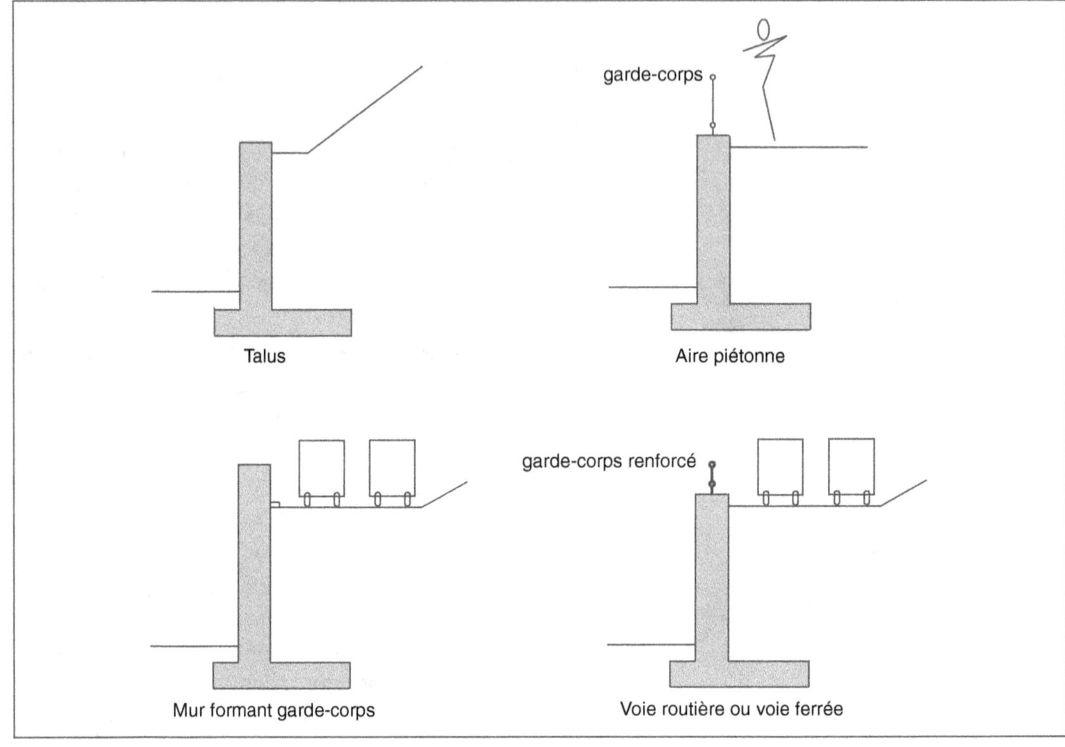

Fig. 7.4 • *Aménagement en amont d'un mur de soutènement.*

Le mur poids dans lequel le poids propre s'oppose à la poussée des terres. N'étant pas soumis à des contraintes importantes de traction, il est réalisé en béton ou en maçonnerie de pierre. Les parements extérieurs ou intérieurs peuvent présenter un léger fruit*. Sa masse étant importante, il ne peut pas être retenu sur des sols de faibles résistances mécaniques. Les contraintes transmises sur le terrain seraient supérieures aux contraintes maximales admises par celui-ci.

Le mur léger – ou **mur voile** – dont le profil est étudié pour offrir une résistance suffisante à la poussée des terres. Il se compose d'une semelle et d'un voile en béton armé complété éventuellement par un raidisseur en tête et des contreforts (fig. 7.9). Lorsque la semelle ne peut pas être réalisée, le voile est fiché dans le sol, avec un ancrage correspondant, sensiblement au

tiers de la hauteur totale. La partie vue est maintenue par une ou plusieurs lignes de tirants.

Quel que soit le mode de réalisation retenu, le remblaiement en amont du mur de soutènement ne peut être entrepris qu'après avoir contrôlé la bonne résistance mécanique de celui-ci.

1.2.3. Le mur-voile préfabriqué

Le mur-voile préfabriqué en béton armé a une forme soit en L, soit en T, selon la hauteur du soutènement.

Réalisé en forme de L, les hauteurs reprises varient de 0,50 à 2,50 m selon les modèles. En forme de T, elles varient de 1,00 à 3,00 m pour les types simples et de 3,25 à 6,00 m pour les types dont le voile est raidi par des contreforts (tab. 7.1).

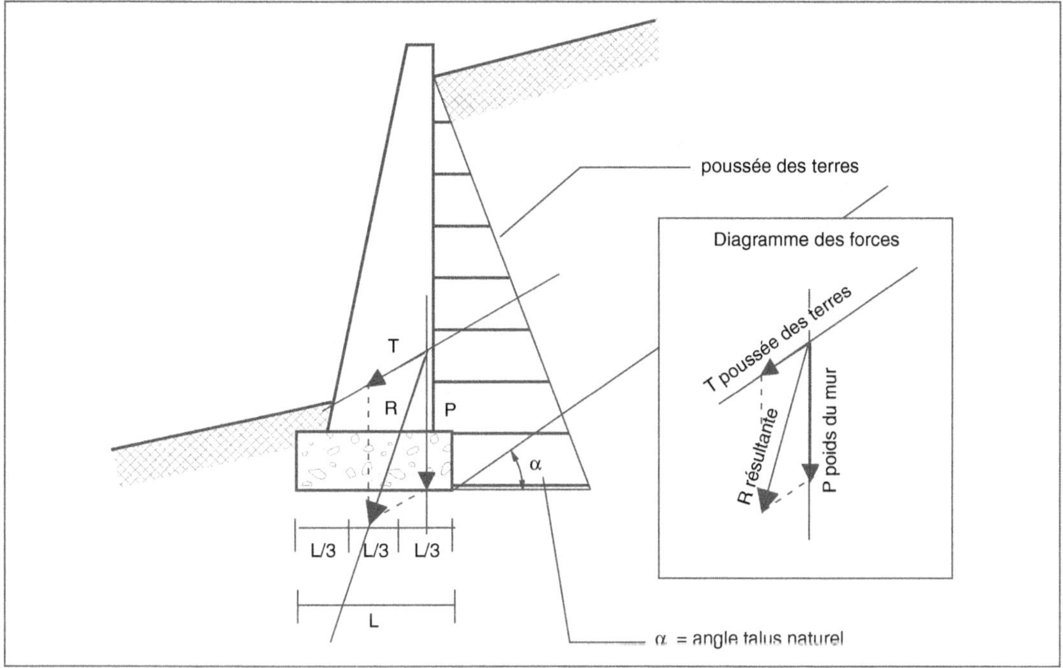

Fig. 7.5 • *Stabilité d'un mur poids.*

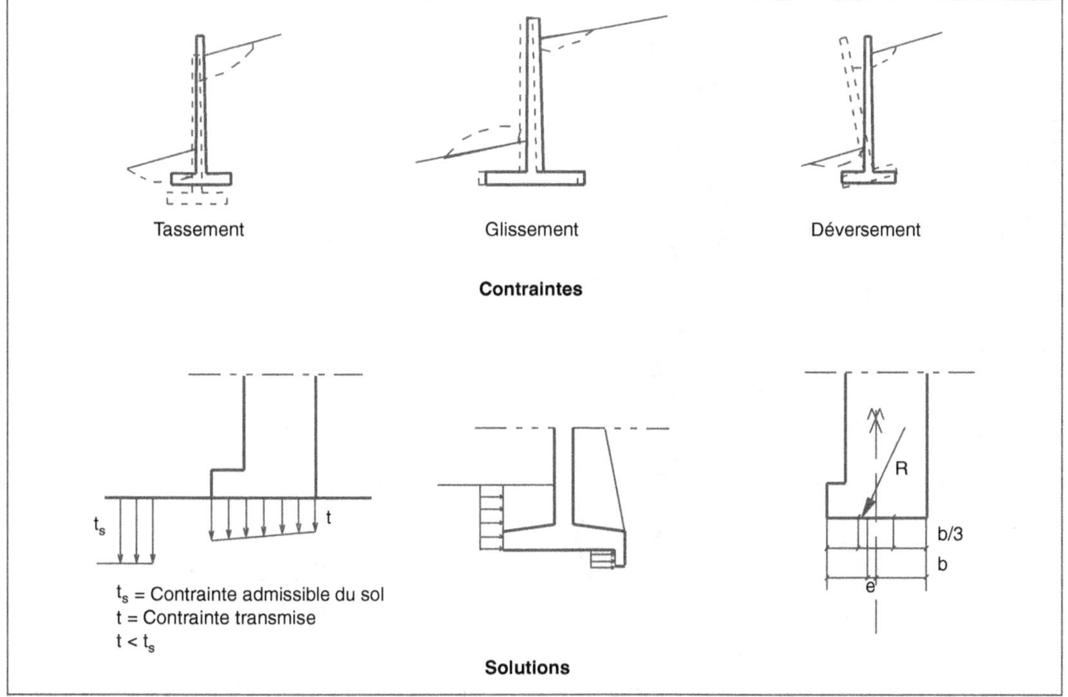

Fig. 7.6 • *Instabilité d'un mur de soutènement et solutions.*

439

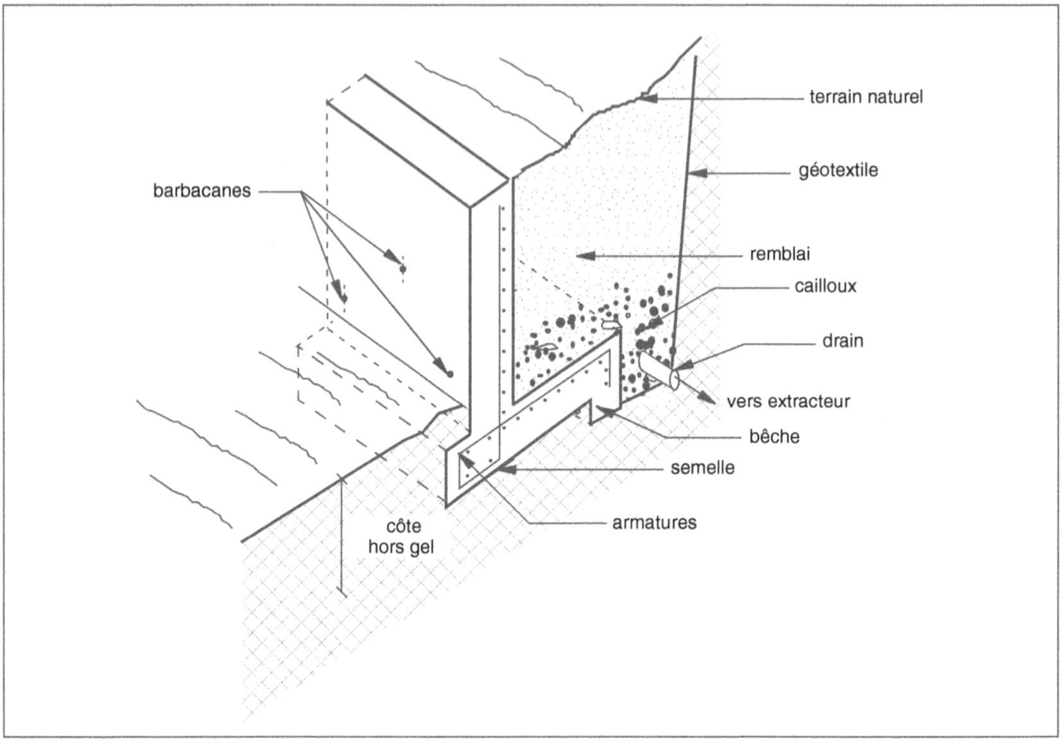

Fig. 7.7 • *Évacuation de l'eau recueillie en amont du mur.*

Photo 7.2 • *Drain en PVC, en amont au pied de la paroi d'un mur de soutènement.*

Chaque élément, d'une longueur de l'ordre de 2 à 2,50 m, est constitué d'une semelle dont les dimensions sont en rapport direct avec la hauteur du voile (fig. 7.10). L'épaisseur du voile est de 0,10 ou 0,15 m suivant les efforts à reprendre. Le parement visible subit un traitement de surface en usine.

Les éléments sont posés sur une fondation en béton assurant le transfert des efforts sur le sol d'assise. Après la mise en place d'un drainage efficace, le remblaiement s'effectue par couches successives convenablement compactées.

1.2.4. Le massif de soutènement en terre armée

Le massif de soutènement en terre armée est un procédé relativement récent (1960), mis au point et breveté par Henri Vidal. L'exécu-

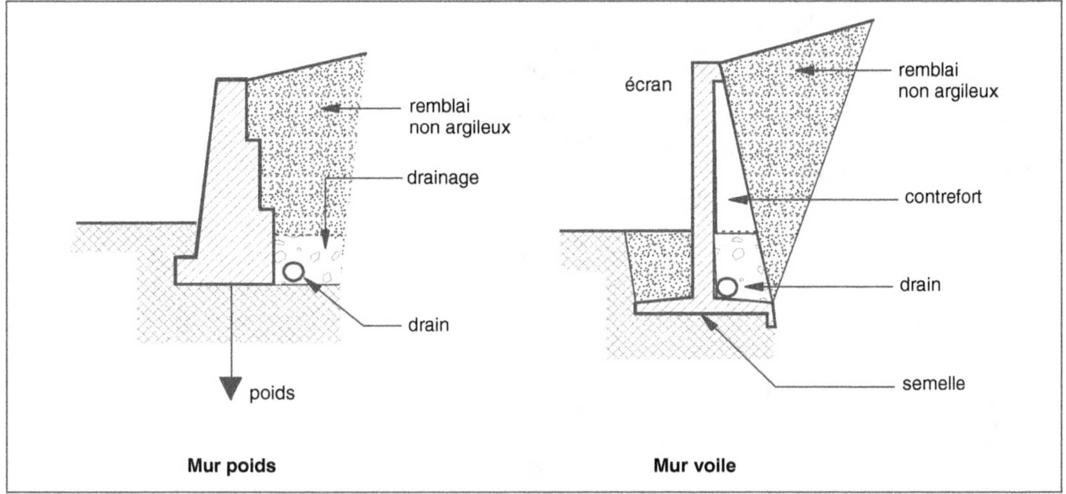

Fig. 7.8 • *Types de murs de soutènement.*

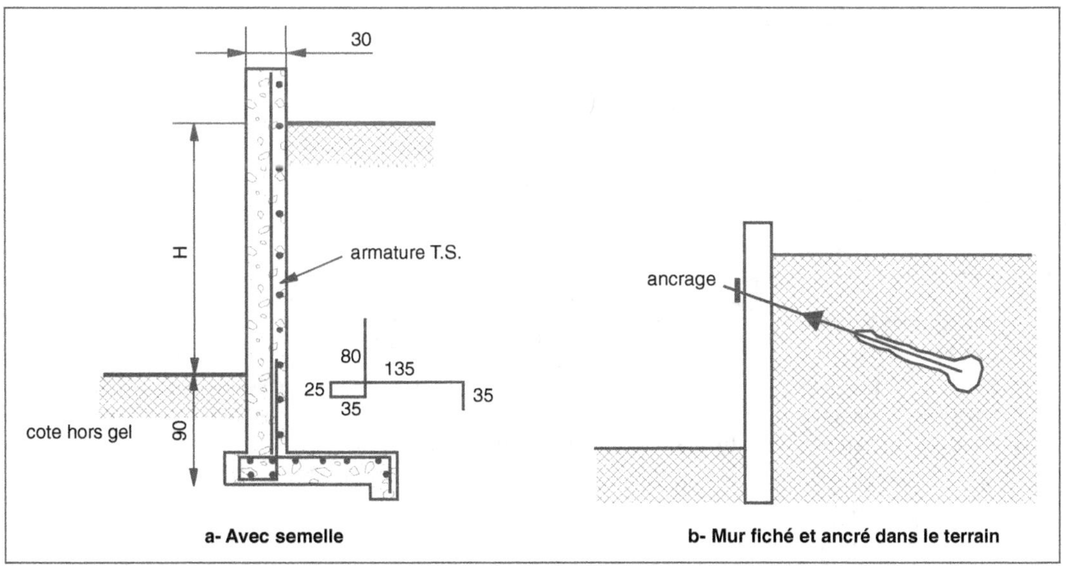

Fig. 7.9 • *Murs-voile.*

tion est relativement simple et comprend les phases suivantes (fig. 7.11) :

– la réalisation d'une assise horizontale parfaitement nivelée, en grave non gélive ;

– la pose de plaques verticales métalliques ou en béton préfabriqué, planes ou courbes, formant le parement (photo 7.3) ;

– la pose d'armatures métalliques, constituées de plats en acier galvanisé, solidaires des plaques de parement ;

– le remblaiement avec un matériau de type pulvérulent, gravier ou sable (grosseur des grains G < 0,25 m), par couches de 0,25 m environ, convenablement compactées.

441

MUR EN L			
MUR TYPE LL - LONGUEUR DE L'ÉLÉMENT 2,45 m			
Hauteur du voile (H en cm)	Largeur semelle (S en cm)	Épaisseur en tête (e en cm)	Poids de l'élément (kg)
50	50	9	614
75	50	9	726
100	78	9	1 027
125	78	9	1 159
150	78	9	1 286
MUR TYPE LS - LONGUEUR DE L'ÉLÉMENT 2,45 m			
Hauteur du voile (H en cm)	Largeur semelle (S en cm)	Épaisseur en tête (e en cm)	Poids de l'élément (kg)
100	90	8	955
125	90	8	1 072
150	90	8	1 185
175	120	8	1 770
200	120	8	1 890
225	150	8	2 480
250	150	8	2 520

MUR EN T						
MUR TYPE LT11 - LONGUEUR DE L'ÉLÉMENT 2,45 m						
Hauteur du voile (H en cm)	Largeur semelle (S en cm)	Largeur patin (p en cm)	Largeur talon (t en cm)	Épaisseur patin (e' en cm)	Épaisseur en tête (e en cm)	Poids de l'élément (kg)
120	103	20	83	14	11	1 430
150	123	20	103	14	11	1 860
175					11	2 180
200	145	42	103	18	11	2 340
225					11	3 680
250					11	3 840
275					11	4 000
300	195	65	130	19	11	4 160
400	240	81	159	19	11	6 300
500	290	99	191	25	11	9 690
600	340	116	224	28	11	12 320

Tab. 7.1 • *Murs-voile préfabriqués en L et en T (source : document Bonna Sabla).*

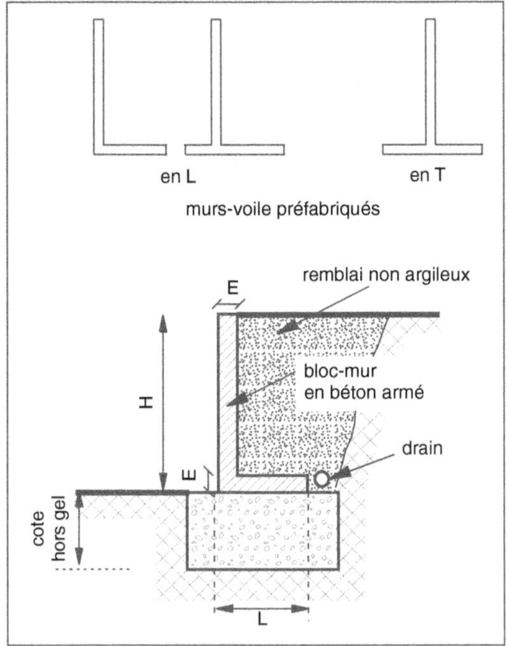

Fig. 7.10 • _Pose de murs préfabriqués._

Au fur et à mesure de sa construction, le massif de terre armée est autostable. Il permet la circulation des engins d'approvisionnement ou de chantier.

Le procédé ELIBA, breveté conjointement par la société Bonna-Sabla et par le Centre d'études techniques de l'équipement (CETE) de Lyon, est constitué par la juxtaposition et la superposition d'éléments indépendants autostables en béton armé. Chaque élément comprend un voile vertical d'une surface de 1 m^2 (L 1,22 m × h 0,80 m) muni d'un contrefort servant d'ancrage dans le remblai rapporté. La longueur est adaptée à la hauteur du remblai à mettre en place (fig. 7.12, tab. 7.2).

La mise en œuvre des éléments s'effectue sur une assise parfaitement horizontale et propre. Les éléments sont posés par rangée horizontale, avec un décalage latéral d'un demi-élément d'une rangée sur l'autre. Tous les efforts doivent être transmis par l'intermédiaire du remblai. Il convient donc de s'assurer qu'un espace, de l'ordre de deux

centimètres, est réservé horizontalement entre chaque voile et qu'ils ne prennent pas appui les uns sur les autres.

Photo 7.3 • _Plaques de parement d'un massif de soutènement en terre armée._

Un géotextile est disposé en face intérieure au droit des joints afin d'éviter toute fuite de fines. Le remblaiement et le compactage d'une rangée d'éléments s'effectuent en trois couches d'égale épaisseur. Les deux premières, entre les ancrages, sont compactées par pilonneuse ou dame vibrante ; la troisième peut être compactée à l'aide d'un rouleau vibrant, à condition que l'épaisseur de remblai sur l'ancrage soit supérieure à 20 cm. Un système de drainage constitué d'un géotextile et d'une couche drainante est mis en place au fur et à mesure du remblaiement. Les eaux sont récupérées dans un drain horizontal positionné à la base de l'ensemble et renvoyées vers un exutoire.

Ce concept permet de réaliser des parois à parement vertical ou avec un fruit, ainsi que des parois végétalisables droites ou courbes, la hauteur pouvant atteindre de 6 à 8 m. La face vue du voile reçoit un traitement donnant plusieurs aspects : gravillons lavés, béton sablé ou béton teinté.

Par rapport au mur de soutènement classique, mur poids ou voile, les massifs de terre armée et le procédé ELIBA présentent plusieurs avantages :

– une grande facilité de mise en œuvre ;

443

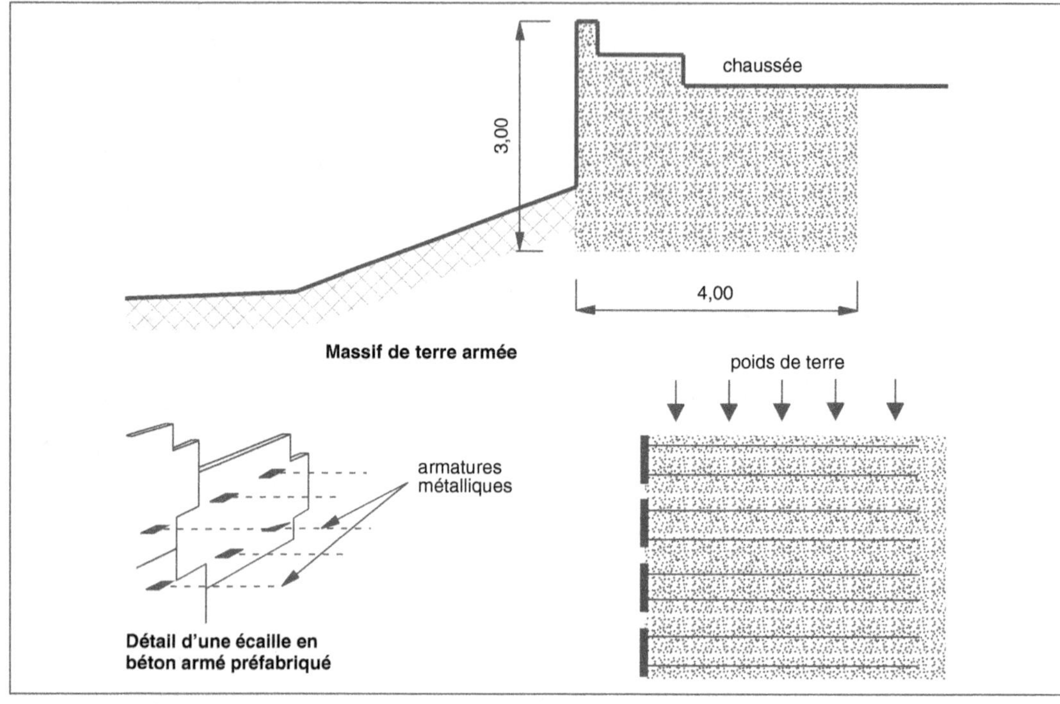

Fig. 7.11 • *Massif de terre armée.*

– une réalisation aisée de murs à parement droit ou courbe ;

– une grande souplesse du parement qui peut absorber de légers tassements différentiels ;

– une meilleure répartition des contraintes sur le sol de fondation ; ces procédés s'adaptent bien au sol de faible portance.

1.2.5. Le soutènement par gabions

Le soutènement par gabions est formé par l'assemblage de structures modulaires, en forme de parallélépipède rectangle, fabriquées en grillage métallique galvanisé résistant. Ces modules sont remplis à l'aide de pierres ou de galets, de granulométrie comprise entre 70 et 250 mm, selon la maille du grillage. Les matériaux sont issus de roches dures, insensibles à l'eau et non gélives. Les dimensions courantes sont les suivantes : 1 m × 1 m × 2 m à 4 m de longueur.

Les gabions forment un ouvrage de soutènement de type poids autodrainant pouvant admettre de légères déformations. Leur pérennité dépend de la qualité du treillis galvanisé et du soin apporté dans l'empierrement (fig. 7.13).

Le lit inférieur est posé sur un massif de fondation ou sur un remblai en grave tout venant compacté. Puis, les gabions sont empilés les uns sur les autres, le côté le plus long étant positionné parallèlement à la section du mur. Les parements de l'ouvrage peuvent être soit verticaux à l'extérieur avec des gradins intérieurs, soit, à l'inverse, verticaux à l'intérieur avec des gradins extérieurs, soit avec un léger fruit. La première solution est la plus souvent utilisée pour des raisons esthétiques, alors que la seconde apporte une meilleure réponse du point de vue statique. Ils permettent de former des parois de 5 à 6 m de hauteur. Un système de drainage peut être prévu sur la face intérieure avant

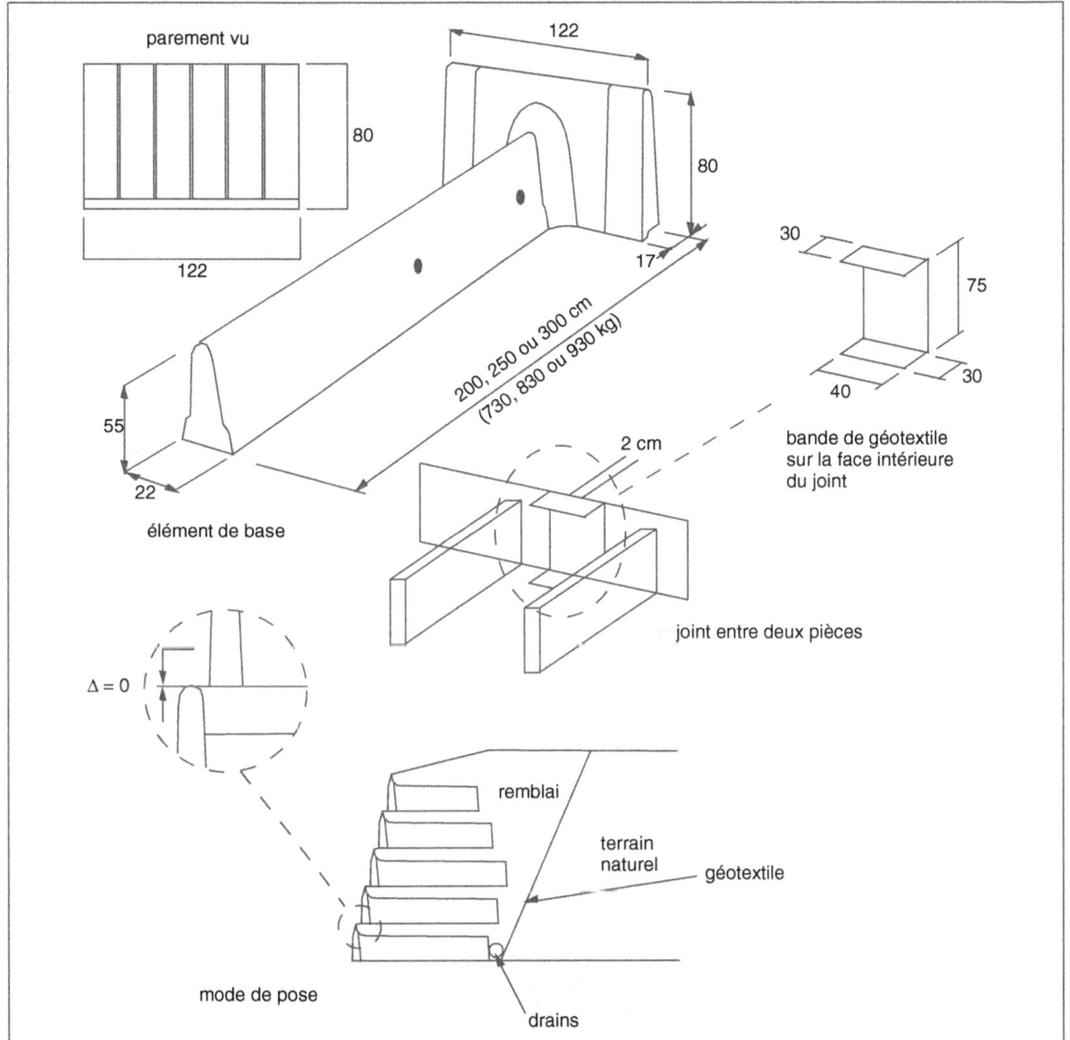

Fig. 7.12 • *Procédé Eliba (source : documents Bonna Sabla).*

Référence	Longueur d'ancrage (m)	Nombre au m² de parement (U)	Poids (kg)
EL200	2,00	1	727
EL250	2,50	1	830
EL300	3,00	1	933
EL300R	3,00	1	942

Tab. 7.2 • *Procédé Eliba (source : document Bonna Sabla).*

l'exécution du remblaiement. Facile à mettre en œuvre, ils sont fréquemment utilisés en pied de talus (photo 7.4).

1.2.6. Les murs de soutènement par blocs ou les murs paysagés

Les murs de soutènement par blocs ou les murs paysagés sont constitués par l'assemblage d'éléments préfabriqués en béton. Ces murs assurent une double fonction de

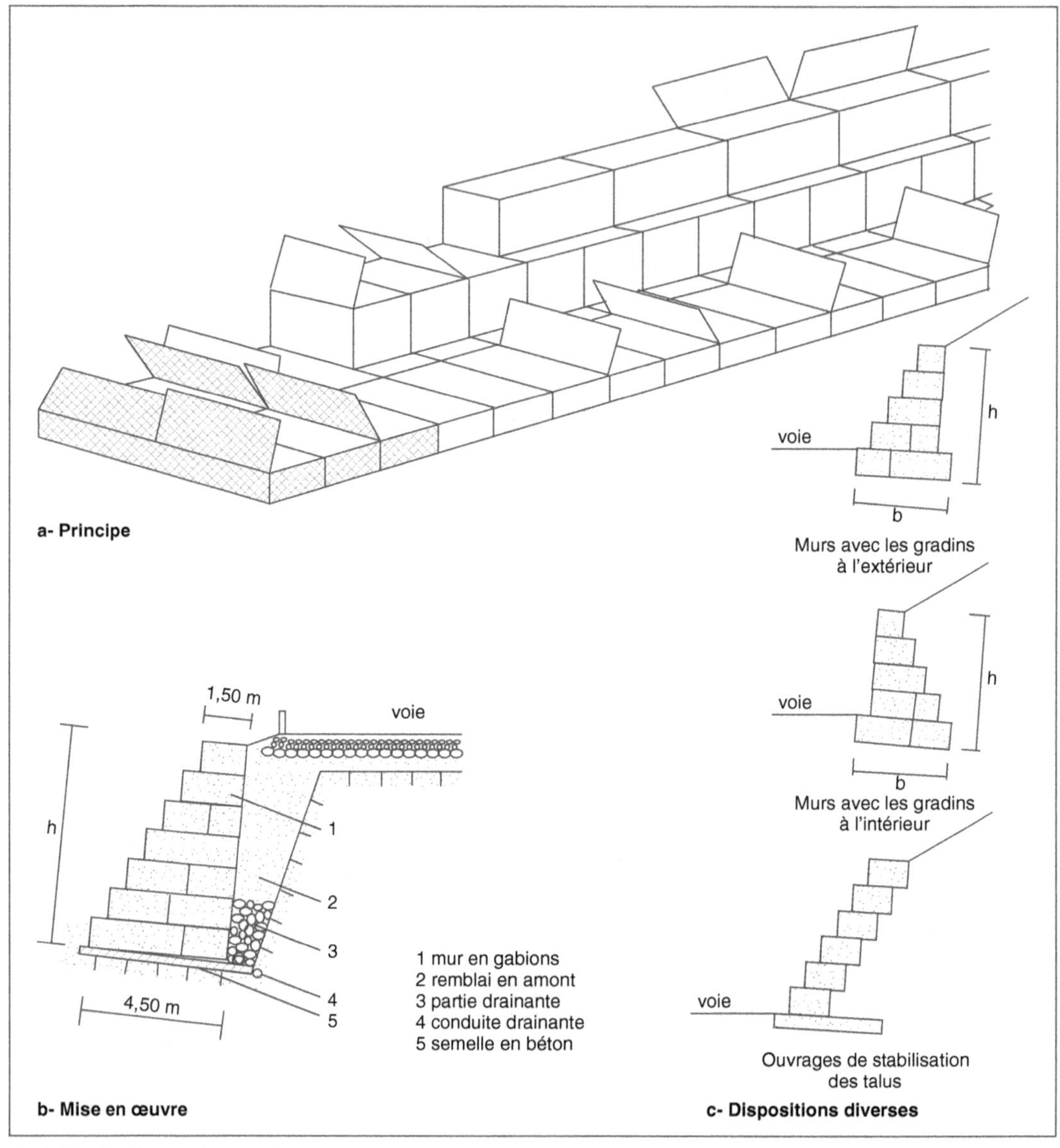

Fig. 7.13 • *Soutènement par gabions.*

soutènement et de parement décoratif ou végétalisable. Ils servent fréquemment aux aménagements paysagés.

Comme pour les murs de soutènement coulés en place, la fondation de ces murs doit être assise sur un sol de caractéristiques convenables, à une profondeur hors gel ; un drainage efficace étant assuré sur la face arrière.

Les hauteurs de soutènement admises peuvent atteindre 3 à 4 m, sous réserve de suivre les indications techniques du fabricant. Plusieurs modèles existent sur le marché.

Photo 7.4 • *Soutènement par gabions.*

1.2.6.1. *Les murs par blocs préfabriqués assemblés*

Les murs par blocs préfabriqués assemblés peuvent produire un léger fruit par rapport à la verticale, en fonction de la qualité du terrain retenu, du sol d'assise et de l'espace disponible. Les blocs présentent un tenon ou un talon assurant le blocage des éléments les uns sur les autres. Ils sont posés à joints décalés. Chaque rang se trouve en retrait par rapport au rang précédent ; le premier rang reposant sur une fondation.

Le bloc Fortin (fig. 7.14) est un bloc à une face vue à parement décoratif éclaté de couleur, disposant d'un tenon d'ancrage. Ses dimensions sont : h 13 cm × l 20 cm × L 28 cm pour un poids de 16 kg, ce qui représente 37 pièces au m^2 de parement. Il est empilable à sec et monté à joints décalés en pose verticale ou avec un fruit. Dans ces conditions, la hauteur atteinte peut être de l'ordre de 2,50 à 3 m.

1.2.6.2. *Les murs végétalisables par blocs préfabriqués*

Les murs végétalisables par blocs préfabriqués sont obtenus par l'assemblage d'éléments creux décalés les uns par rapport aux autres, permettant la mise en place de terre végétale et la plantation de végétaux.

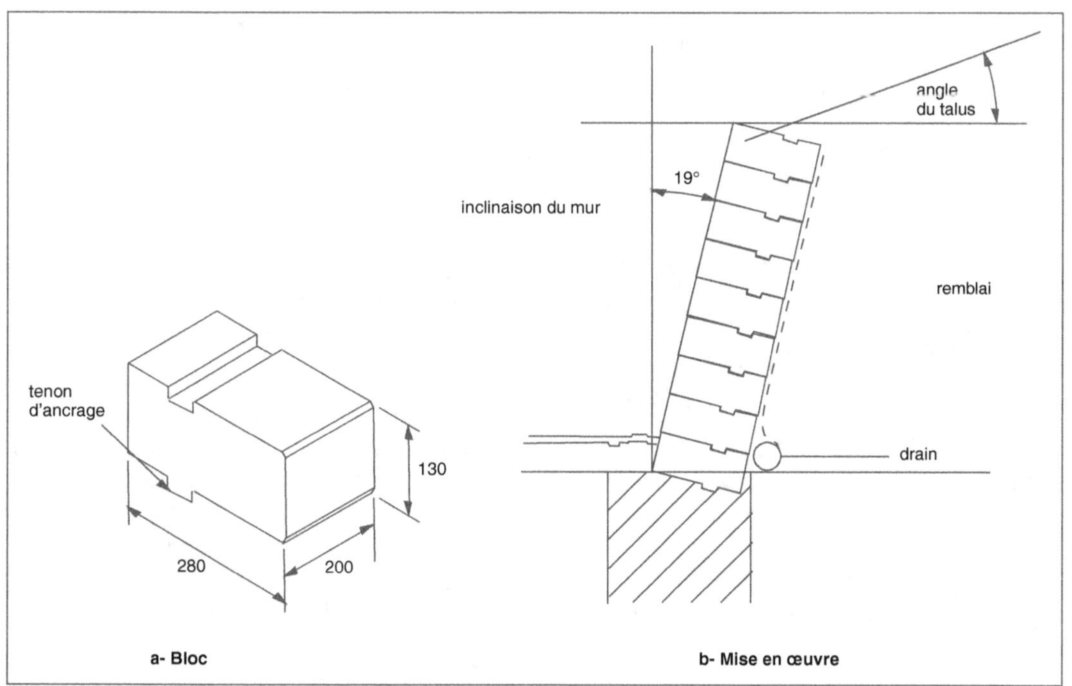

Fig. 7.14 • *Blocs Fortin.*

Les pierres Löffel (fig. 7.15) sont des pièces préfabriquées en béton ayant la forme d'auget, de dimensions 18,5 cm × 45 cm × 50 cm avec une face vue de 25 cm et un poids de 52 kg. La paroi de soutènement est constituée par la superposition de ces éléments placés en quinconce à raison de 8 à 9 éléments par mètre carré de mur rectiligne. Le premier rang est ancré dans le terrain en place sur une fondation adaptée au sol d'assise, puis chaque rang prend appui sur le rang inférieur (photo 7.5). Le remblaiement et l'apport de terre végétale s'effectuent au fur et à mesure du montage de la paroi, laquelle peut être droite ou présenter des courbes. La végétation viendra l'habiller ultérieurement.

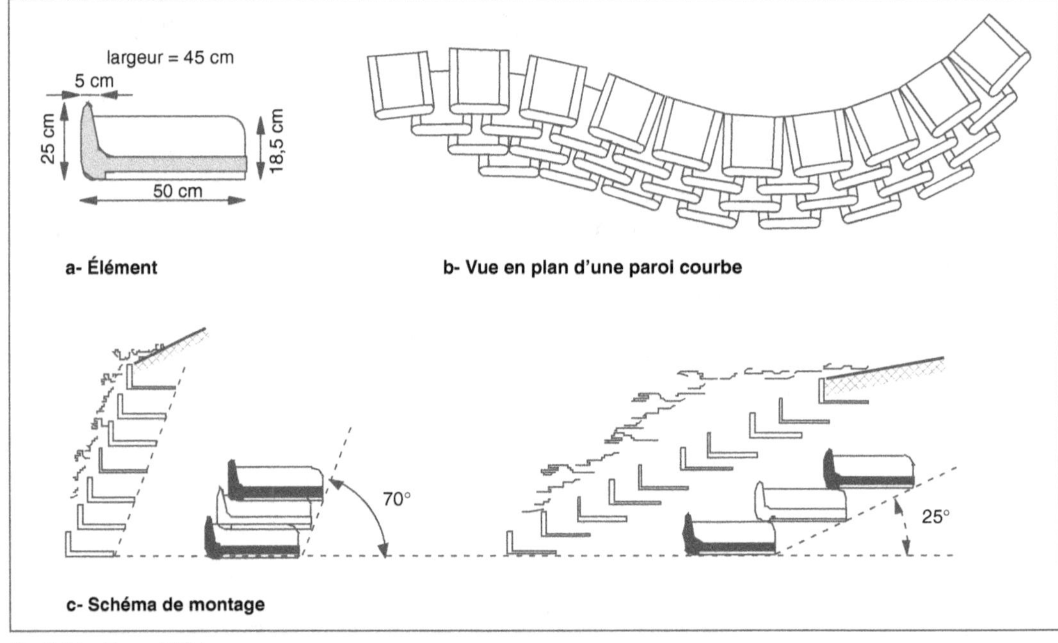

Fig. 7.15 • *Pierres Löffel.*

Photo 7.5 • *Mur végétalisable réalisé en pierres Löffel.*

Le fruit peut varier de 25 ° à 70 °, selon le positionnement des pierres Löffel les unes par rapport aux autres.

Le procédé Eliba junior est un concept proche du procédé Eliba étudié précédemment pour les soutènements de grande hauteur. Il est constitué par la mise en place d'éléments indépendants, en béton armé, comprenant un voile vertical plan ou courbe muni d'un ancrage d'une longueur de 1 m qui assure la stabilité de l'ensemble. Les dimensions du voile sont les suivantes : l 60 cm × h 40 cm, nécessitant quatre éléments par mètre carré de parement (fig. 7.16 et photo 7.6).

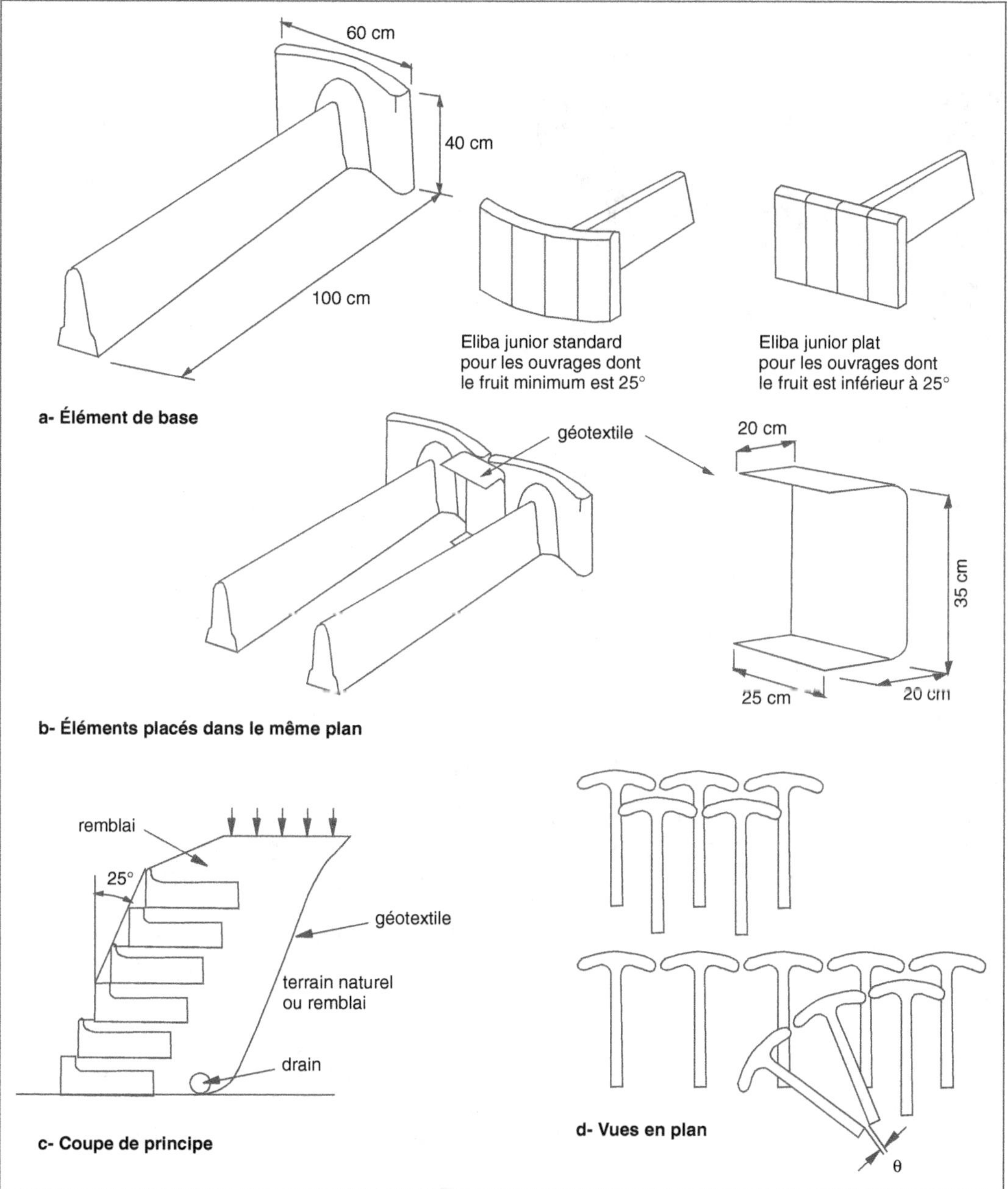

Fig. 7.16 • *Procédé Eliba Junior (source : documents Bonna Sabla).*

La rangée inférieure est posée sur une assise parfaitement horizontale et propre. Les rangées suivantes viennent avec un décalage d'un demi-élément et un fruit minimal de 25 ° par rapport à la verticale. Aucun contact ne doit exister entre les éléments eux-mêmes afin d'éviter toutes détériorations. Le transfert des efforts s'effectue par l'intermédiaire du remblai convenablement compacté. À cet effet, un jeu, de l'ordre de deux centimètres,

Photo 7.6 • *Massif réalisé à l'aide d'éléments Eliba junior.*

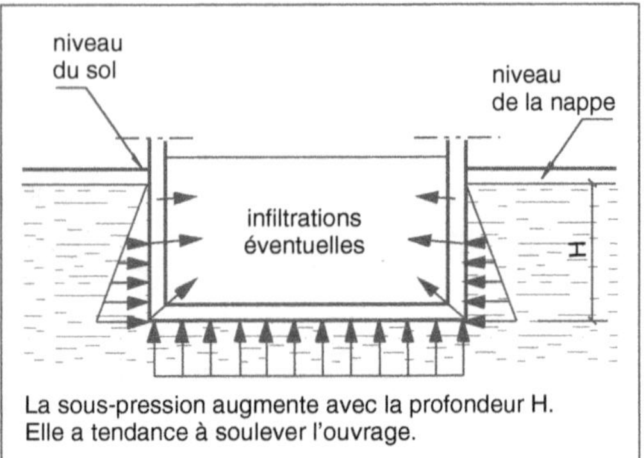

Fig. 7.17 • *Effet de sous-pression sur un bassin après la vidange.*

est réservé horizontalement entre les voiles. La face vue du voile peut recevoir un traitement donnant des aspects de béton teinté ou de béton sablé.

1.3. Les bassins et les réservoirs

Les bassins et les réservoirs forment une catégorie d'ouvrages principalement en béton armé coulé sur place. Leur destination est très diverse : bassin d'agrément de forme simple ou complexe ; bassin de natation ; réservoir d'eau destinée à la consommation. Ils demandent une étude spécifique afin de définir la résistance des structures et la nature des fondations, en fonction des cas de figure :

– réservoir enterré ou non ;

– capacité prévue ;

– répartition des charges ;

– nature du sol support, etc.

Une attention particulière doit être portée sur l'action d'éventuelles sous-pressions lorsque les bassins et les réservoirs sont vidangés (fig. 7.17).

Les travaux préparatoires portent sur le terrassement, la mise en place d'un réseau de drainage et le dressage du fond de forme parfaitement compacté. Les bassins sont constitués d'un radier sur lequel prennent appui les parois latérales, dont les arêtes supérieures sont protégées par une margelle

ou un enduit. En point bas, un puisard assure l'évacuation des eaux vers les canalisations de rejet ou de recyclage (fig. 7.18).

Le remblaiement périphérique est effectué dès que la résistance des parois est suffisante. Ces ouvrages reçoivent un revêtement d'étanchéité autoprotégé ou non, ou un habillage en carrelage. L'équipement est complété par un dispositif d'alimentation et d'évacuation d'eau ainsi que par un système de filtration.

Ces bassins sont également réalisés en résines synthétiques de type monobloc. Ils sont soit posés sur le terrain aménagé à cet effet, soit partiellement ou totalement enterrés. Dans ce dernier cas, le travail de remblaiement doit être effectué avec soin.

Peuvent également entrer dans cette catégorie les bassins de natation et les pataugeoires équipant des groupes d'habitation, des résidences hôtelières et des terrains de camping. Ces équipements exigent une surveillance et une maintenance particulières alors que des dispositifs de sécurité tels que les clôtures interdisent leur accès aux enfants non accompagnés.

Pour les piscines collectives de 240 m^2 et plus, la réglementation sanitaire, le décret n° 81-324 du 7 avril 1981 modifié et les arrêtés fixent les dispositions techniques qui

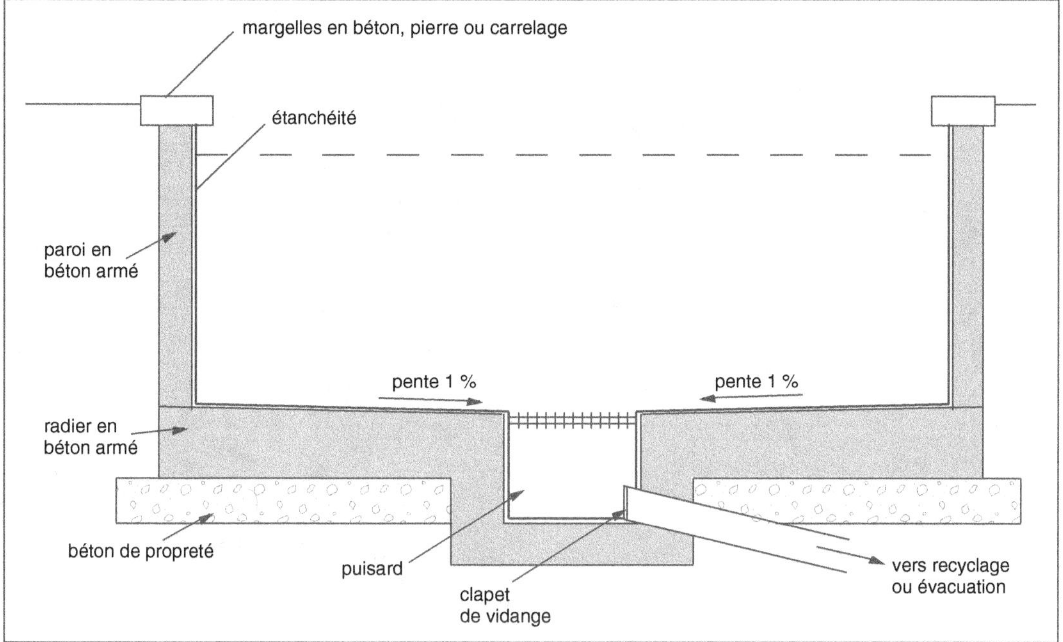

Fig. 7.18 • *Coupe transversale sur un bassin en béton armé.*

leur sont applicables. Ils imposent le débit d'eau filtrée et le taux de renouvellement de l'eau selon le type de bassin ainsi que les installations sanitaires à prévoir.

1.4. *Les stations de traitement des eaux*

Les stations de traitement des eaux sont composées de bâtiments techniques et de bassins dont le but est d'assurer l'épuration des eaux polluées. Elles sont plus ou moins importantes selon la quantité et la qualité des eaux à traiter. Ces ouvrages font l'objet d'études particulières effectuées par des cabinets d'ingénierie ou par des entreprises spécialisées.

2. Les bâtiments divers

Les bâtiments divers regroupent les bâtiments techniques, les kiosques et les abris ouverts ou non.

Selon le choix du maître de l'ouvrage ou du maître d'œuvre et en fonction de la technicité de l'entreprise, la structure verticale est constituée par un mur ou par une ossature de type poteaux - poutres prenant appui sur des fondations par semelles filantes, par plots ou par radier (fig. 7.19).

Les murs sont réalisés soit en béton coulé sur place, soit par l'assemblage d'éléments préfabriqués, soit en parpaings de béton ou en briques. L'ossature porteuse poteaux - poutres peut être en béton armé, en métal ou en bois. Ces deux derniers matériaux exigent un traitement, en fonction de leur exposition aux intempéries ou de leurs conditions d'emploi (abri ouvert, kiosque).

La toiture est constituée d'une charpente en éléments industrialisés ou, mieux, lorsqu'elle est apparente, d'une charpente traditionnelle relativement simple. Elle reçoit un matériau de couverture : tuiles de terre cuite ou en béton, ardoises ou plaques métalliques autoprotégées. L'ensemble doit être

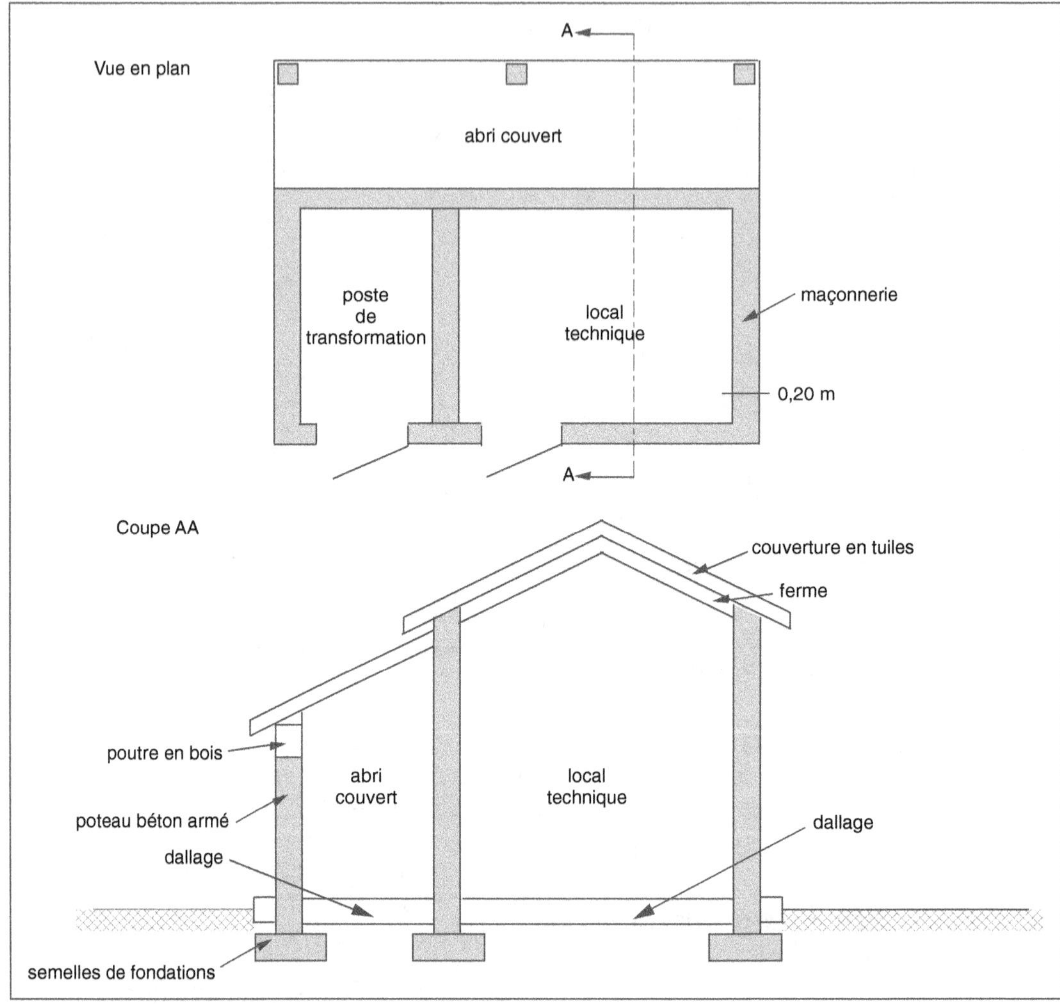

Fig. 7.19 • *Bâtiment technique.*

étudié en vue d'obtenir la meilleure intégration dans l'environnement.

Ces bâtiments sont ventilés soit grâce à des grilles de section adéquate et judicieusement disposées, soit par un espace réservé entre la partie haute des murs et la charpente, soit par un exutoire situé en faîtage. Selon leur destination, ils peuvent recevoir un éclairage électrique. Lorsqu'ils sont clos, une porte en métallerie prépeinte permet d'y accéder.

2.1. Les bâtiments de sanitaires

Les bâtiments réservés aux sanitaires sont de préférence réalisés en maçonnerie. La face intérieure des parois est revêtue d'un carrelage afin d'en faciliter l'entretien. Dans ce cas, il convient de prévoir : l'alimentation en eau et son comptage éventuel, l'évacuation des effluents et l'éclairage électrique. Ces locaux doivent être accessibles aux personnes à mobilité réduite.

Dans l'aménagement des terrains de camping, des blocs sanitaires regroupent les WC et les ensembles de sanitaires, hommes et femmes, avec lavabos et douches (fig. 7.20, photo 7.7). Celles-ci sont, en principe, équipées d'un système de production d'eau chaude fonctionnant à l'aide d'un monnayeur. Un local séparé, équipé d'une paillasse, permet la confection de repas légers.

L'importance des locaux et la quantité de blocs sanitaires sont déterminées en fonction du nombre d'emplacements prévus sur le terrain.

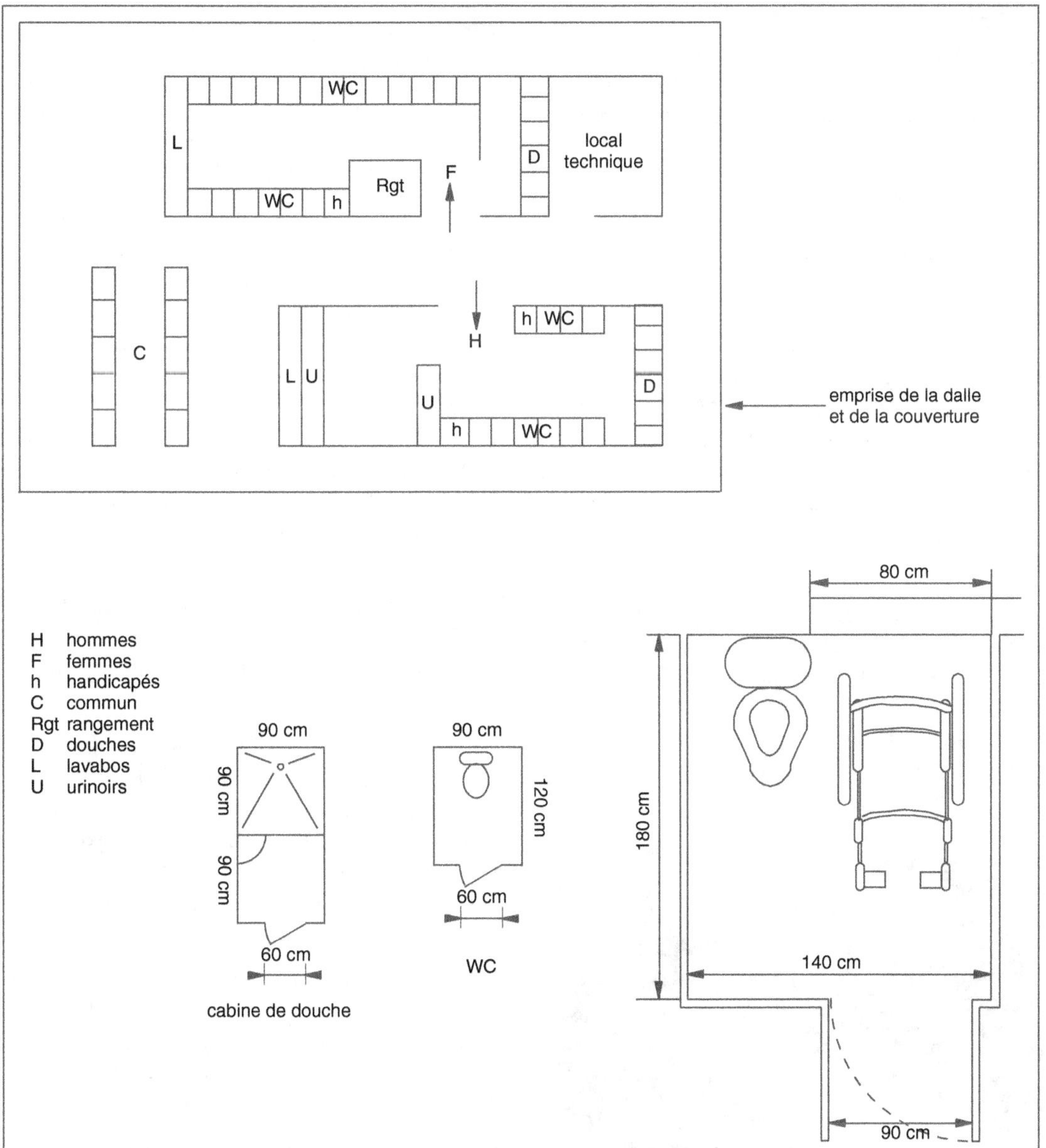

Fig. 7.20 • *Principe de bâtiment sanitaire.*

Photo 7.7 • *Bâtiment sanitaire dans un terrain de camping.*

2.2. *Les postes de transformation*

Les postes de transformation font partie intégrante des réseaux d'électricité. Conçus pour abriter un certain nombre d'équipements, leur construction suit des règles précises, normes ou autres, afin de garantir la sécurité des agents d'exploitation. Ils sont implantés en des lieux accessibles aisément en permanence, en évitant, si possible, les zones inondables.

L'architecture des postes maçonnés permet leur intégration dans l'environnement (photo 7.8). Suffisamment éloignés des immeubles d'habitation, ils n'occasionnent aucune nuisance acoustique aux habitants.

Photo 7.8 • *Poste de transformation construit en maçonnerie.*

Leurs dimensions intérieures sont définies en fonction de leur équipement et de la puissance du transformateur. Un couloir de manœuvre de 0,80 m est réservé au droit des tableaux haute tension HTA et basse tension BT.

La construction des postes comprend certains travaux faisant intervenir un ou plusieurs corps d'état (fig. 7.21).

Les fondations périphériques sont descendues à une profondeur hors gel.

La prise de terre des masses est constituée par un conducteur en cuivre de 25 mm^2 enterré en fond des fouilles.

Le radier en béton armé est coulé sur un sol stabilisé, le niveau fini étant situé à + 0,10 m au-dessus du terrain avoisinant. Une pente de l'ordre de 1 % est créée, dirigeant les eaux vers la porte d'accès. Il comporte éventuellement une fosse lorsque le poste est équipé d'un transformateur à refroidissement à huile. Des fourreaux sont réservés tant pour l'arrivée des câbles haute tension HTA que pour le départ des câbles basse tension. Les armatures du radier sont reliées au circuit de protection.

Les parois extérieures et intérieures ont une épaisseur minimale définie selon la nature du matériau utilisé (tab. 7.3). Elles peuvent être enduites sur les deux faces.

La couverture est assurée par une dalle en béton armé d'une épaisseur minimale de 8 cm. Une forme de pente est incorporée pour rejeter les eaux pluviales vers l'extérieur. Cette dalle reçoit un revêtement d'étanchéité ou est protégée par une toiture recouverte de tuiles ou de tout autre matériau.

L'accès est fermé par un bloc porte ouvrant sur l'extérieur et se rabattant totalement. D'un modèle agréé, il laisse un passage libre de 1 m minimum. Intérieurement, il est équipé d'une serrure antipanique.

La ventilation permanente est obtenue par des grilles, de section adéquate, placées en position haute et basse sur des parois oppo-

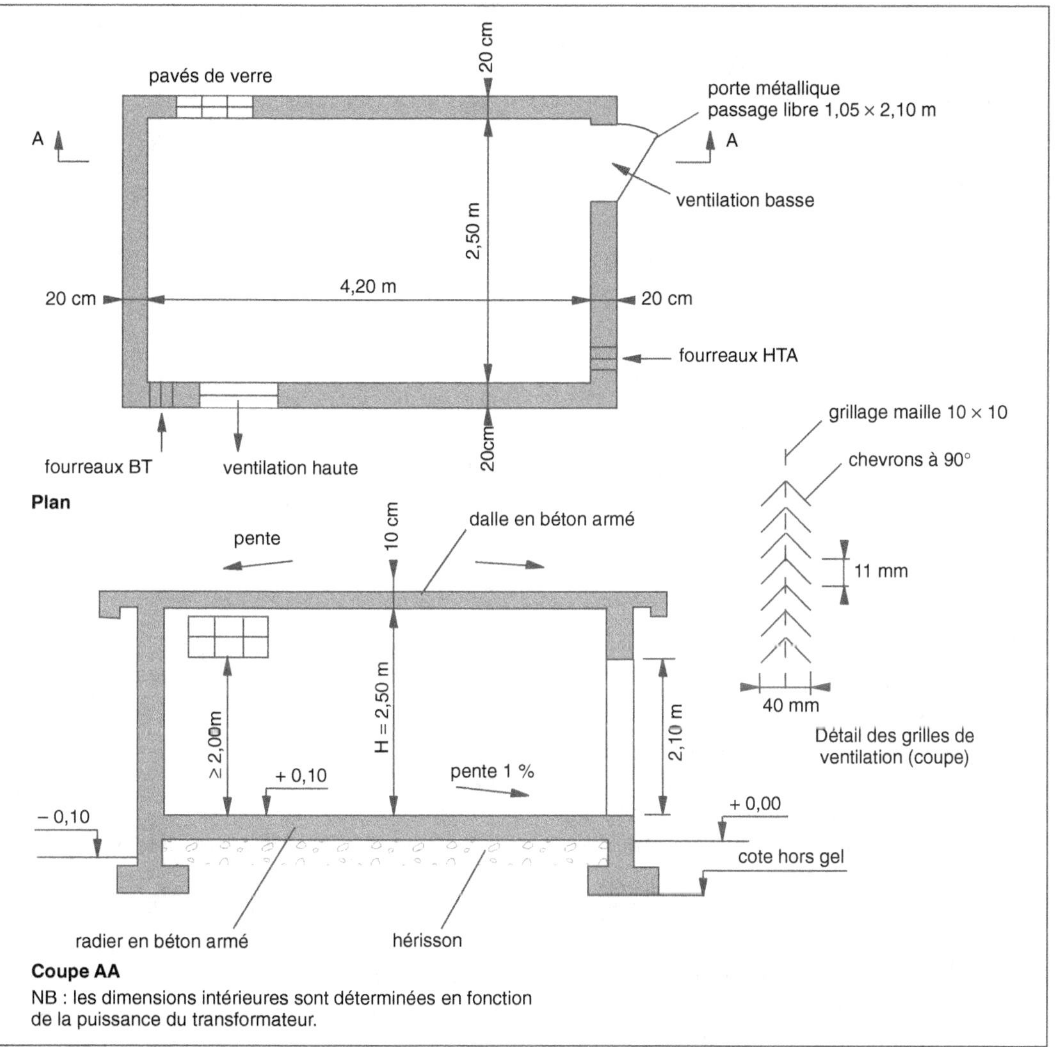

Fig. 7.21 • *Maçonnerie d'un poste de transformation.*

sées. Ces éléments sont équipés de persiennes et grillagés afin de s'opposer à toute introduction de corps étrangers.

L'éclairage naturel est assuré par la pose de deux ou trois rangées de pavés de verre. Un ou plusieurs tubes fluorescents et antidéflagrants, commandés par un interrupteur situé à proximité immédiate de la porte d'entrée, éclairent le local.

2.3. Les abris couverts

Les abris couverts forment une sorte de parapluie pour tout type d'activités. Ils sont réalisés avec une ossature en béton armé ou, de préférence, en bois traité qui reçoit une toiture composée d'une charpente en bois et d'une couverture dans un matériau s'intégrant dans l'environnement (fig. 7.22).

Nature des matériaux	Épaisseur des parois (m)
Parois extérieures [1]	
Moellons naturels	0,30
Briques pleines	0,22
Agglomérés pleins	0,20
Béton banché	0,20
Béton armé préfabriqué	0,07
Parois intérieures	
Briques pleines :	
• sans encadrement métallique	0,11
• avec encadrement métallique	0,05
Béton armé préfabriqué	0,05
Cloisons métalliques	0,02

(1) : Enduits non compris

Tab. 7.3 • *Poste de transformation – Épaisseur des parois.*

2.4. Les silos à ordures

Les silos à ordures sont des ouvrages, couverts ou non, qui permettent d'entreposer les containers à ordures en les cachant des vues directes. Les parois sont réalisées soit en maçonnerie, matériaux résistant aux chocs, soit, éventuellement, en bardage bois, matériaux plus fragile qui requiert un entretien constant. Ces parois sont posées sur un radier avec une forme de pente pour collecter les eaux de lavage dans une grille raccordée au réseau d'assainissement. Le problème majeur consiste à éviter les odeurs désagréables (fig. 7.23 et photo 7.9).

Photo 7.9 • *Abri pour conteneurs à ordures.*

2.5. Les règles de calcul

La structure et la toiture de ces ouvrages doivent être calculées pour résister aux efforts auxquels elles sont soumises, conformément aux règles de calcul et aux normes en vigueur :
– poids propre ;
– charges permanentes ;
– charges d'exploitation ;
– surcharges climatiques ;
– zones sismiques.

Lorsqu'ils sont totalement ouverts, il est nécessaire de prévoir un contreventement et un ancrage résistant aux effets de succion dus au vent. Ils peuvent être confiés à une seule entreprise qui sous-traite la couverture et les lots techniques ou à plusieurs entreprises spécialisées, chacune, pour un lot de travaux particuliers. Cette deuxième solution impose une bonne coordination entre les intervenants.

3. Les clôtures

Les clôtures sont réalisées afin de répondre à l'un des objectifs suivants :
– clore un terrain, qu'il soit bâti ou non ;
– séparer deux ou plusieurs espaces publics ou privés ;
– isoler une aire pour en interdire l'accès ;
– constituer un écran acoustique afin d'isoler un groupe de constructions d'une voie à grand trafic ; dans cette hypothèse, une étude spécifique est confiée à un cabinet d'acousticiens.

Tout propriétaire a le droit de clore sa propriété sous réserve des servitudes conventionnelles ou légales (Code civil – art. 647) (photo 7.10).

Administrativement, les clôtures font l'objet d'une déclaration préalable de travaux, sauf lorsqu'elles sont intégrées dans un projet immobilier ou qu'elles sont constituées de haies vives.

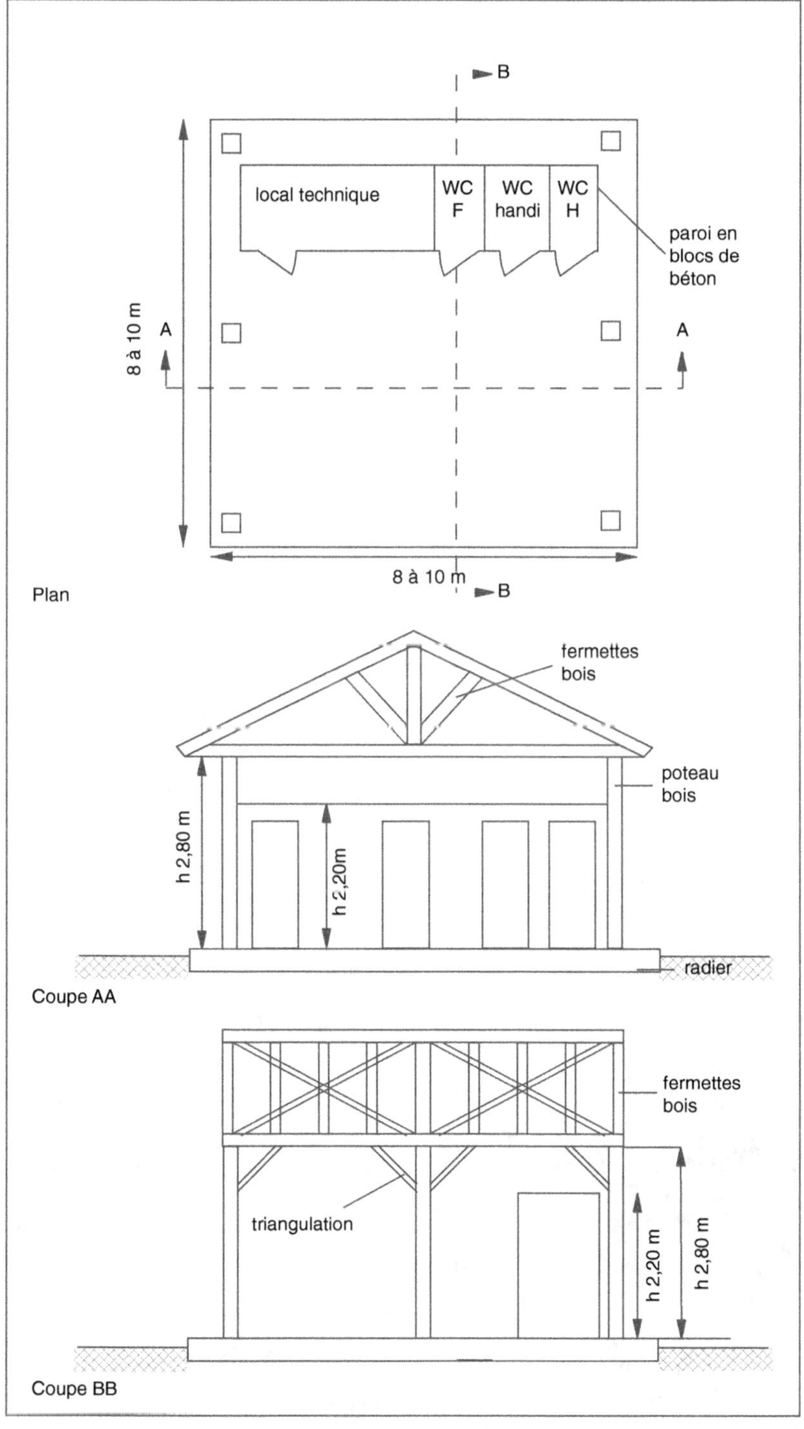

Fig. 7.22 • *Abri couvert.*

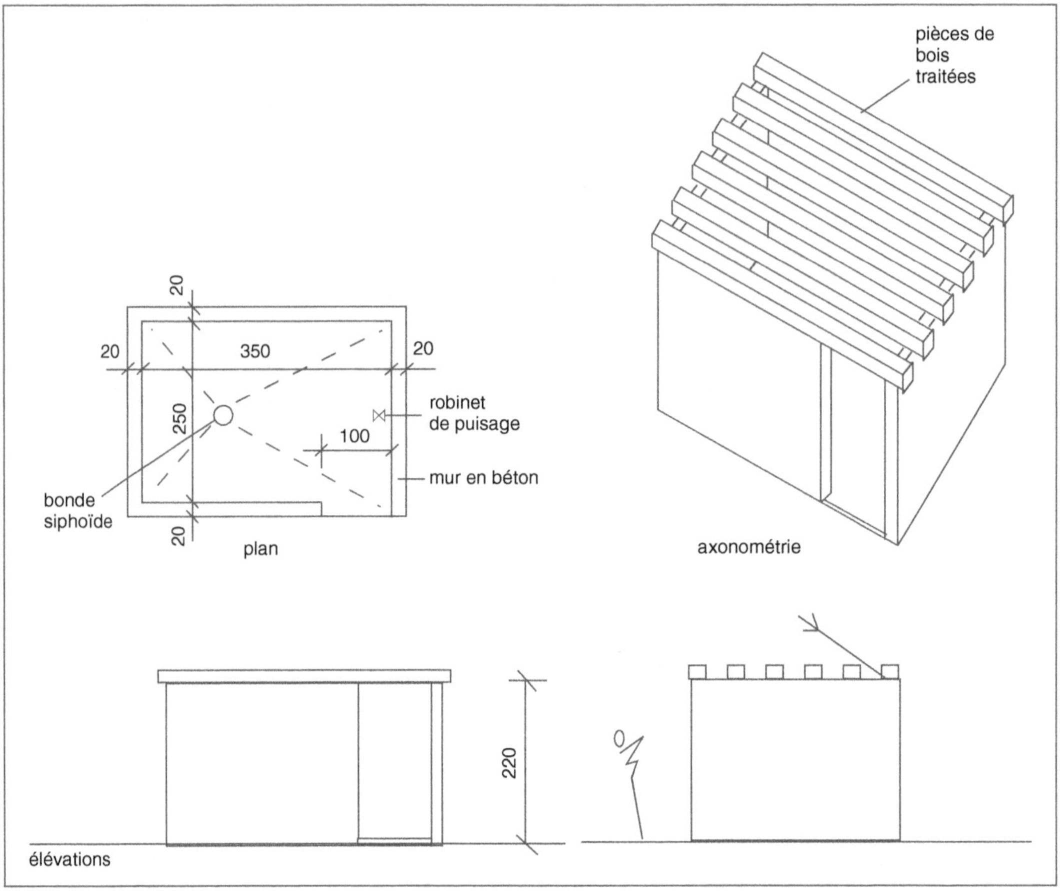

Fig. 7.23 • *Silo à ordures.*

Photo 7.10 • *Échantillonnage de clôture.*

Situées en bordure d'une voie, un arrêté d'alignement en précise l'implantation. En outre, elles doivent être conformes aux règlements locaux : plan d'urbanisme, arrêtés préfectoraux ou municipaux, servitudes de visibilité aux carrefours, aspect extérieur…

Lorsqu'elles sont bâties en limite de propriété, l'intervention d'un géomètre détermine leur position exacte, évitant ainsi toute contestation ultérieure. Encore faut-il préciser qui doit en assurer le coût et l'entretien.

Une clôture de séparation peut être déclarée mitoyenne ou non (fig. 7.24).

Mitoyenne, elle est bâtie de manière que son axe longitudinal soit implanté sur la limite de propriété. C'est le cas ordinairement retenu dans le domaine privé.

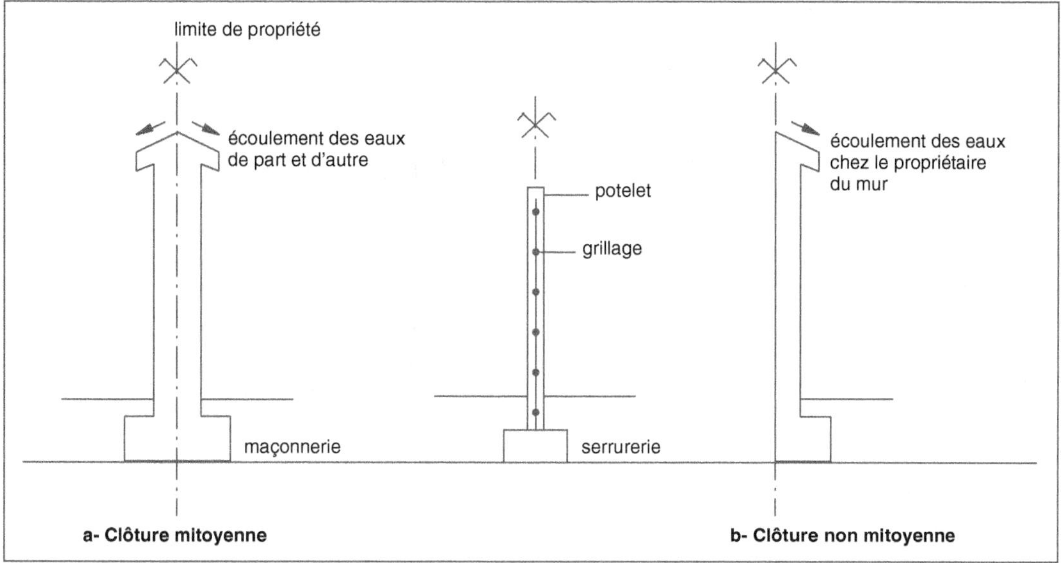

Fig. 7.24 • *Clôture de séparation.*

Non mitoyenne, elle est construite en totalité sur l'une des parcelles ; clôture en limite du domaine public, par exemple.

La forme et la (ou les) pente(s) du chaperon ou de la couvertine indiquent en principe si une clôture est mitoyenne ou quel en est le propriétaire (fig. 7.24).

Dans les groupes d'habitation, les lotissements, les zones tertiaires, artisanales ou industrielles, le type de clôture est défini dans le cahier des charges.

Du point de vue technique, les clôtures ne posent pas de problèmes majeurs sur les terrains à faible pente, lorsque la hauteur est inférieure à deux mètres. Elles doivent offrir toutes les garanties de stabilité et résister à des efforts mécaniques dus à des jeux d'enfants, à l'intrusion de personnes étrangères ou à des chocs de véhicule. Pour les hauteurs supérieures à 2 m, il est nécessaire de vérifier la stabilité et la résistance au vent. Selon le Code civil, la hauteur maximale des clôtures est de 3,20 m dans les villes de cinquante mille habitants et plus ; de 2,60 m dans les autres communes. Toutefois, elle dépasse rarement 2 à 2,20 m, sauf les clôtures de courts de tennis ou de certains terrains de sports et les clôtures défensives.

Sur les terrains pentus, selon le modèle de clôture, des redans sont prévus, plus ou moins régulièrement, afin d'assurer le rattrapage des niveaux (fig. 7.25).

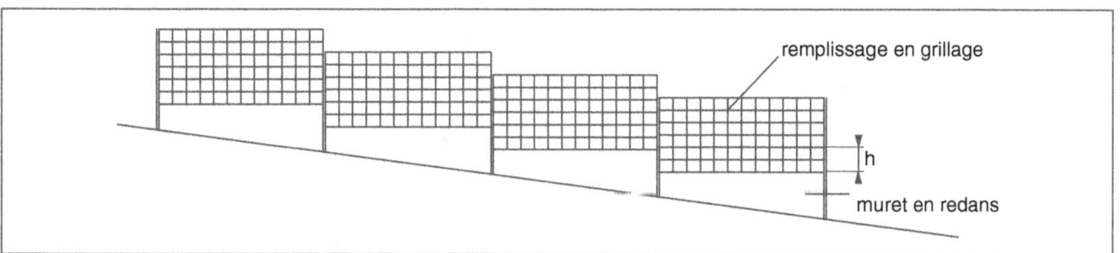

Fig. 7.25 • *Clôture en terrain pentu.*

Sauf lorsqu'elles sont végétalisées, les clôtures comprennent trois composants : la structure, la fondation et les éléments de remplissage (fig. 7.26).

La structure de la clôture correspond à la partie portante. Elle est composée soit d'un mur plein ou ajouré en béton ou en maçonnerie de petits éléments, soit de poteaux verticaux. Ceux-ci sont en béton armé, en métal, en bois ou en matière plastique. Leur section est calculée en fonction des contraintes auxquelles ils sont soumis. Dans les angles, les efforts latéraux sont repris par des jambes de force.

La fondation est constituée d'une semelle linéaire sous le mur ou de plots ponctuels dans lesquels sont scellés les poteaux. Elle doit être descendue à une profondeur suffisante afin d'éviter les effets du gel dans les terrains gélifs. Dans le cas de clôtures simples, les poteaux peuvent être fichés en terre sur une profondeur suffisante, égale sensiblement au tiers de sa hauteur, avec un minimum de 0,50 m.

Les éléments de remplissage sont fixés soit sur le mur lorsque sa hauteur est insuffisante, soit sur les poteaux. Ils peuvent être pleins ou ajourés, selon la nature, la fonction, l'emplacement, l'aspect esthétique de la clôture et son intégration dans l'environnement.

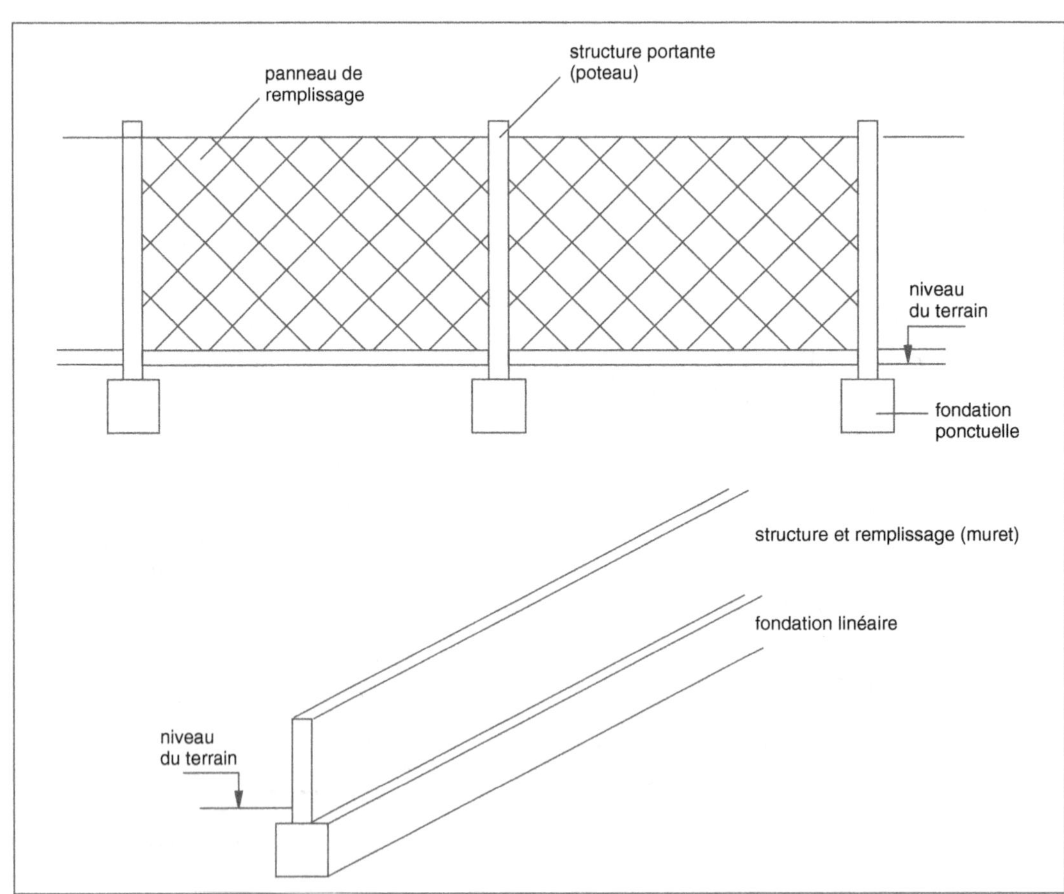

Fig. 7.26 • *Composants d'une clôture.*

Les clôtures sont formées de fils, de lisses, de grillages, de barreaux, de panneaux ou de murs (fig. 7.27, tab. 7.4). Selon leur composition, elles répondent à différents critères : la fonctionnalité, l'opacité, la complexité.

Les fils, les chaînes et les lisses sont des ouvrages simples et peu onéreux. De faible hauteur (0,50 à 1,20 m), ils ne s'opposent pas à l'intrusion par effraction et ne font pas obstacle à la vue. Leur résistance mécanique est négligeable (photo 7.11). Ils matériali-sent une séparation entre deux propriétés ou entre deux fonctions dans un même espace. En bordure de propriété, ils sont fréquemment doublés d'une haie vive.

Les grillages englobent trois types de produits : les grillages à mailles ; les grillages ondulés ; les treillis soudés. Comme les précédents, ils ne font pas obstacle aux vues. Les deux premiers offrent une résistance mécanique limitée. Les treillis, plus résistants et plus rigides, jouent un rôle de séparation

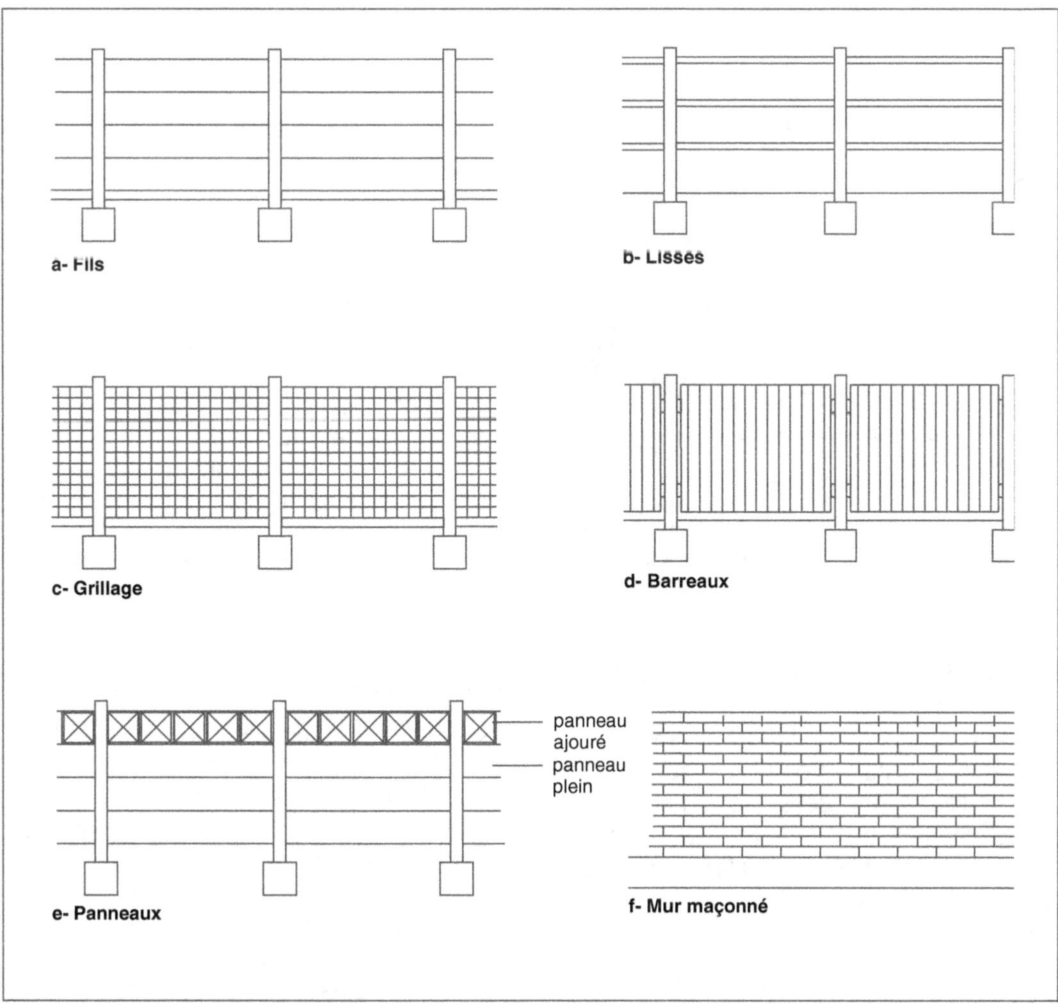

Fig. 7.27 • *Différents types de clôtures.*

Type de clôture	Matériaux						Fonctions			
	Maçon-nerie	Béton	Acier	Bois	Plas-tique	Végé-taux	Sépara-tion	Sécu-rité	Vue	Résis-tance
Fils	–	–	O	–	O	–	O	N	O	N
Lisses	–	O	O	O	O	–	O	N	O	X
Grillage simple	–	–	O	–	O	–	O	N	O	X
Grillage renforcé	–	–	O	–	–	–	O	O	O	O
Barreaux	–	O	O	O	O	–	O	O	O	O
Panneaux	O	O	O	O	O	–	O	O	X	X
Parois pleines	O	O	O	O	O	–	O	O	N	O
Haies	–	–	–	–	–	O	O	X	X	N

O : Dispositions possibles en matériaux et en fonctionnalités.

N : Dispositions impossibles en fonctionnalités.

X : Dispositions admissibles selon la qualité des matériaux.

Tab. 7.4 • *Clôtures – Matériaux et fonctionnalités.*

Photo 7.11 • *Clôture par lisses en bois dans un environnement de maisons à façade bois.*

efficace lorsque leur hauteur est supérieure à 2 m. Ces éléments peuvent être posés directement à quelques centimètres au-dessus du sol ou sur un mur de soubassement.

Les barrières ajourées constituent des séparations difficilement franchissables lorsque leur hauteur est suffisante (au minimum 2 m) et que les parties évidées sont de faible largeur. Elles sont posées directement sur le sol ou viennent sur un muret. Les barreaux étroits ne font pas obstacle à la vue, contrairement aux barreaux plus larges, même posés obliquement.

Les panneaux pleins forment des barrières opaques qui, en fonction de leur hauteur et de leurs caractéristiques mécaniques, jouent un rôle de clôtures défensives.

La nature des matériaux utilisés permet d'établir un classement des clôtures courantes.

3.1. Les clôtures en petits éléments maçonnés

Elles sont constituées de murs correspondant à la hauteur totale de la clôture ou de murets formant soubassement, sur lesquels sont scellés des potelets maintenant des fils, des lisses ou des panneaux afin d'atteindre la dimension désirée. Ils font l'objet du paragraphe 1.1., p. 434

3.2. Les clôtures en béton armé

Elles sont coulées en place ou constituées par l'assemblage de composants industrialisés. Les premières, utilisées pour des clôtures toute hauteur à parement plein, ont fait l'objet du paragraphe 1.1, p. 434. Les secondes, plus courantes, autorisent de multiples combinaisons. Elles comportent des poteaux entre lesquels sont fixés des panneaux pleins ou ajourés de hauteur totale, des plaques de soubassement ou des lisses (fig. 7.28). Ce

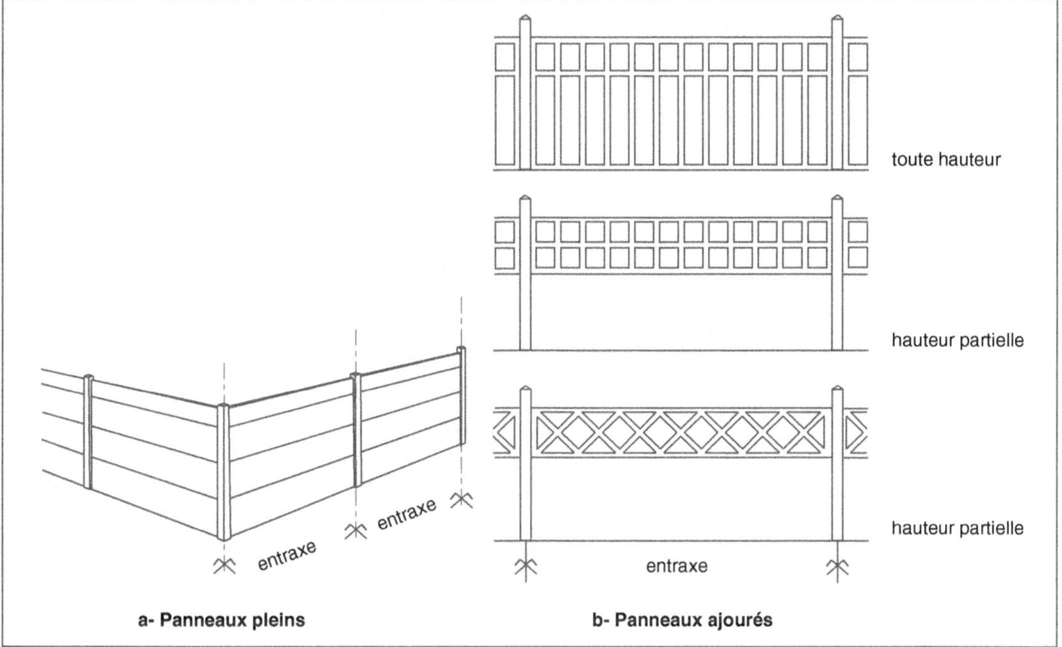

Fig. 7.28 • *Clôtures industrialisées en béton.*

type de clôture demande le plus grand soin, tant à la fabrication qu'à la pose. Compte tenu de leurs faibles épaisseurs ou de leurs faibles sections, les armatures sont position-nées avec la plus grande précision. L'enro-bage doit être suffisant pour que les éléments ne subissent pas de dégradations dues à des infiltrations d'eau, à des effets du gel ou de chocs.

3.2.1. Les poteaux

Les poteaux, dont la section varie de 8 cm × 8 cm à 14 cm × 14 cm selon la hauteur et le mode de remplissage, ont un espacement de l'ordre de 2 à 2,50 m. Ils sont soit scellés dans un massif de fondation dont les dimen-sions sont en corrélation étroite avec la com-position de la clôture, soit fichés dans le sol sur une longueur pouvant aller de 0,50 à 0,75 m.

Leur partie supérieure est formée par une pointe de diamant avec ou sans gorge, par une tête arrondie ou à deux pentes. Dans le

cas de clôture défensive elle est équipée de bavolets* (fig. 7.29). Selon le remplissage qu'ils reçoivent, les poteaux sont percés ou munis de cavaliers laissant passer des fils métalliques. Ils ont des encoches pour la mise en place des lisses, ou des feuillures dans lesquelles sont glissées les plaques plei-nes ou ajourées.

Les poteaux en béton armé servent égale-ment de support aux clôtures métalliques, fils tendus ou grillages. Il est alors nécessaire de prévoir des jambes de force à chaque angle ainsi que tous les 25 m environ (fig. 7.30).

3.2.2. Les lisses

Les lisses sont de section soit carrée, 8 cm × 8 cm, posées avec les faces inclinées à 45 °, soit demi-ronde, 8,5 cm × 10 cm. Elles sont scellées dans une réservation prévue à cet effet dans les poteaux. Ceux-ci, de section minimale de 12 cm × 12 cm, ont une hauteur qui dépend du nombre de

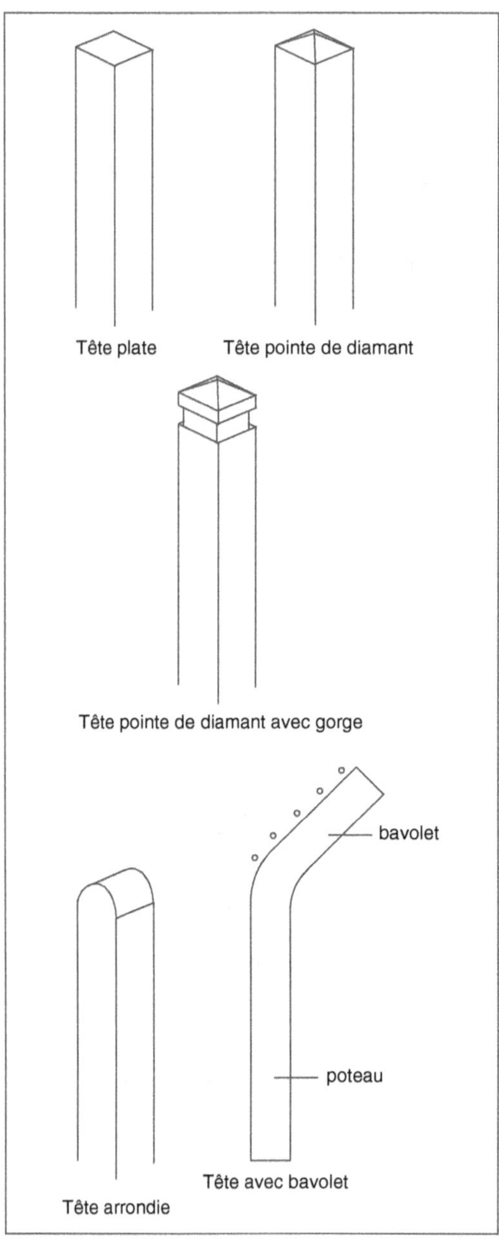

Fig. 7.29 • *Clôture industrialisée en béton – Poteaux.*

lisses qu'ils supportent (fig. 7.31 et tab. 7.5). Une variante peut être proposée en remplaçant les lisses en béton armé par des lisses en bois.

3.2.3. Les panneaux pleins

Les panneaux pleins sont constitués par la superposition de trois à cinq plaques et demie, pleines de 50 cm de hauteur, selon la hauteur désirée (tab. 7.6). Elles sont glissées dans les feuillures réservées à cet effet dans les poteaux. L'épaisseur des plaques est de 35 à 40 mm.

3.2.4. Les panneaux ajourés

Les panneaux ajourés viennent en remplacement des panneaux pleins, soit sur toute la hauteur permettant une transparence ; soit en formant une frise en partie supérieure de la clôture, en complément de plaques pleines (fig. 7.28). Comme les précédentes, elles sont fixées dans les feuillures des poteaux.

3.2.5. Les plaques de soubassement

Les plaques de soubassement sont souvent utilisées pour les clôtures mixtes. D'une hauteur de 0,50 à 1 m, elles sont surmontées par des rangées de fils métalliques ou par un grillage.

3.3. Les clôtures en métal

Elles forment une vaste famille, apte à répondre à tous les cas de figure et aux diverses fonctions qu'elles doivent remplir. La protection de l'acier contre la corrosion demeure une sujétion prépondérante. Elle est assurée par la galvanisation seule ou complétée par une ou plusieurs couches de peinture ou par plastification. Leur inconvénient majeur porte donc sur l'entretien.

D'autre part, leur fiabilité est toute relative car elle dépend de la résistance mécanique et de la composition : diamètre des fils, dimensions des mailles ou épaisseur des barreaux. Selon leur hauteur, ces clôtures sont posées à quelques centimètres au-dessus du sol ou sur un muret de soubassement (fig. 7.32). En fonction de leur constitution, elles se divisent en huit grandes catégories.

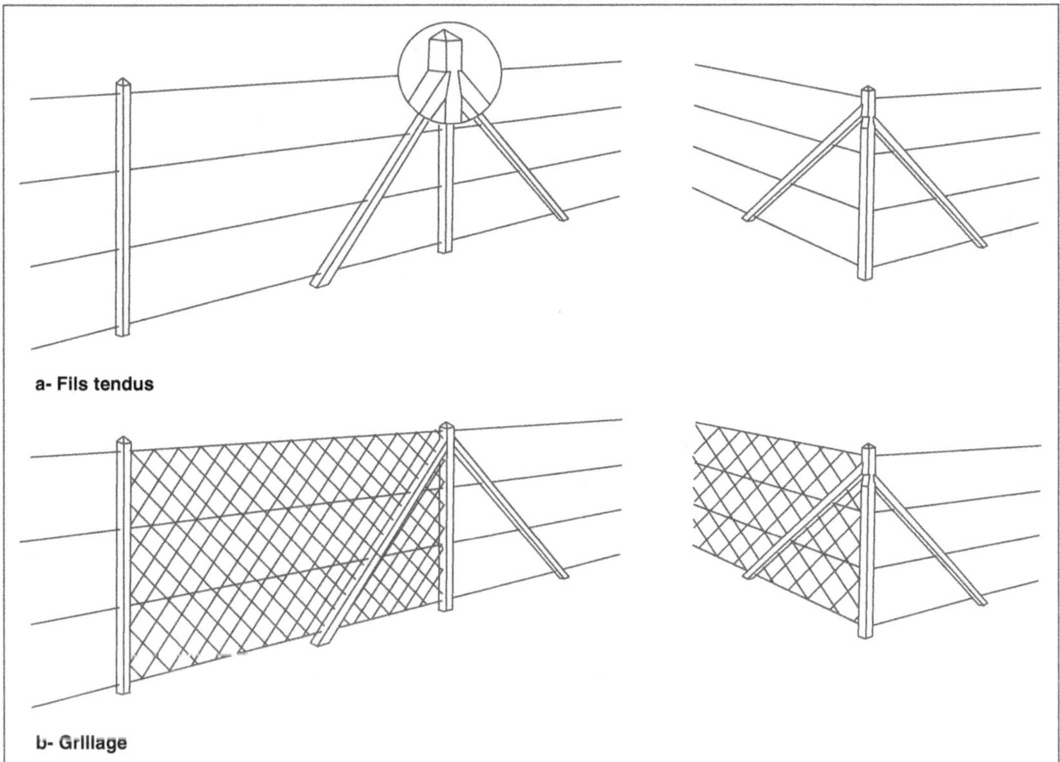

Fig. 7.30 • *Clôtures métalliques sur poteaux béton.*

3.3.1. Un ou plusieurs fils superposés

Un ou plusieurs fils superposés en acier gal-vanisé ou plastifié sont fixés sur des potelets métalliques, en bois ou en béton armé. Ceux-ci sont soit fichés dans le sol sur une profondeur minimale de 0,50 m, soit ancrés dans un massif de fondation. En acier, les piquets sont des profilés en « T » de 40 mm × 40 mm × 4 mm ou de 50 mm × 50 mm × 5 mm ou en « L » de mêmes dimensions. Le nombre de fils est déterminé par la hauteur de la clôture (0,50 à 1,20 m). Cette solution présente l'avantage d'être simple et peu coûteuse pour délimiter des espaces. Elle peut être complétée par la plantation d'une haie vive.

Lorsqu'ils jouent un rôle dissuasif, présence d'animaux, par exemple, les fils lisses sont remplacés par des ronces en acier galvanisé.

La matérialisation d'une séparation entre les parties publiques et les parties privatives est également marquée par une chaîne en acier galvanisé ou plastifié tendue entre des pote-lets. Sa hauteur n'excédant pas 0,50 m, elle est facilement franchissable et non dissua-sive.

3.3.2. Les grillages à mailles losangées

Les grillages à mailles losangées correspon-dent au croisement de brins en acier gal-vanisé ou plastifié. D'un usage courant et faciles à mettre en œuvre, ils permettent la réalisation de clôtures simples et de faible coût. De mailles 50 × 50 mm ou 60 × 60 mm, ces grillages sont utilisés pour des hauteurs allant de 1 à 2,50 m ; le diamètre du brin étant déterminé en conséquence. Les grillages sont fixés sur plusieurs rangs de

465

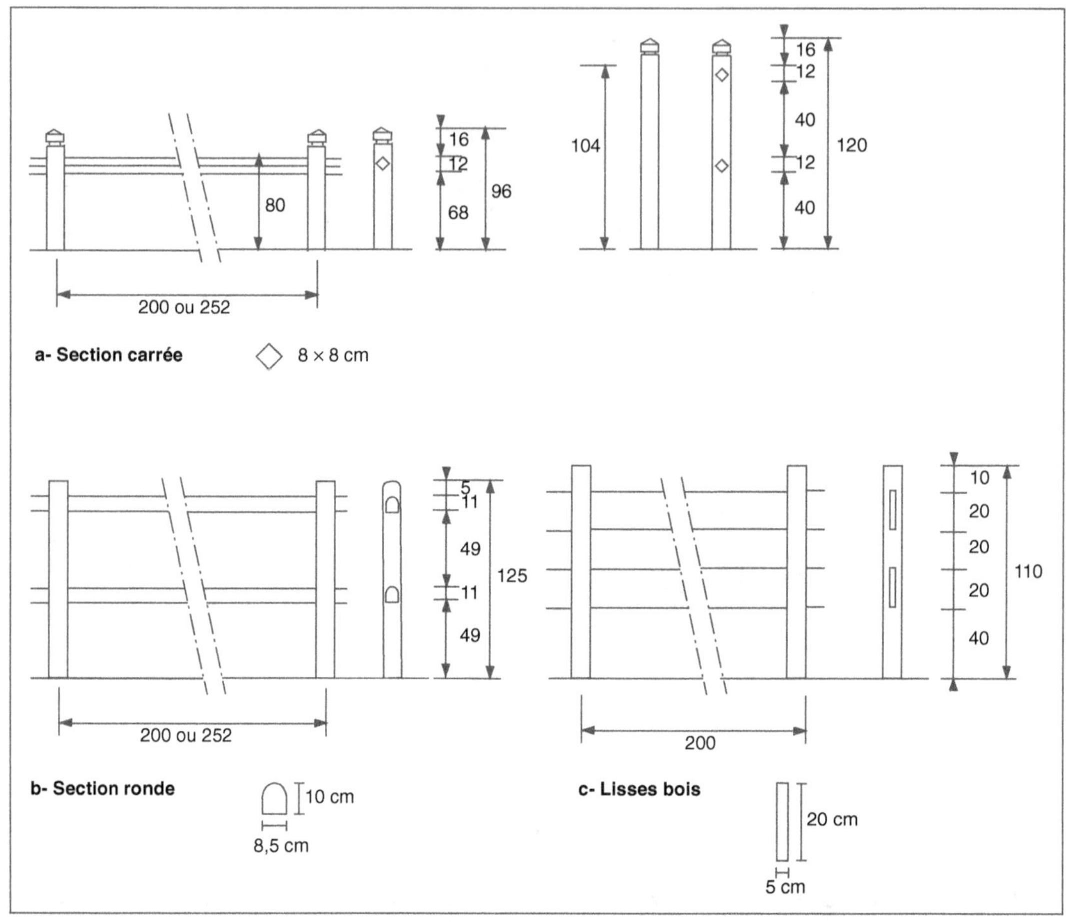

Fig. 7.31 • *Lisses.*

fils tendus entre des poteaux métalliques, en bois ou en béton armé, espacés de 2 à 2,50 m. À chaque extrémité et aux changements de direction, les poteaux sont munis de jambes de force reprenant les efforts de tension. En métal, deux formes de poteaux sont utilisées (fig. 7.33) :

– en L de 50 × 5 mm ou 6 mm d'épaisseur pour les poteaux de départ, les poteaux d'angle et tous les poteaux renforcés par une jambe de force ;

– en T de 50 × 50 × 5 mm ou 6 mm d'épaisseur pour tous les poteaux intermédiaires courants.

Dès que la hauteur dépasse 1,70 m, la partie supérieure du grillage est habituellement munie de picots défensifs de 25 à 30 mm. Une haie vive peut être plantée parallèlement à la clôture.

Un autre type de grillage à mailles hexagonales triple torsion est plus particulièrement réservé à la clôture d'enclos pour les espaces plantés ou pour les animaux domestiques. Les mailles sont constituées de fils en acier galvanisé ou plastifié, d'un diamètre de l'ordre du millimètre ; elles ont des dimensions qui varient de 20 à 50 mm.

NOMBRE DE LISSES	POTEAUX DE SECTION CARRÉE 12 × 12 HAUTEUR TOTALE (m)	
Clôtures à lisses de section carrée 8 x 8		
1 lisse	1,20 m	1,50 m
2 lisses	1,70 m	2,10 m
3 lisses	2,10 m	–
Entraxe des poteaux : 2,00 m ou 2,52 m		
Clôtures à lisses demi-rondes		
2 lisses	1,80 m	–
3 lisses	2,15 m	–
Entraxe des poteaux : 2,00 m ou 2,52 m		
Clôtures à lisses plates		
1 lisse	0,90 m	–
2 lisses	1,50 m	–
Entraxe des poteaux : 2,00 m.		

Tab. 7.5 • *Clôtures par lisses en béton (source : établissements Chapron-Leroy).*

NOMBRE DE PLAQUES	HAUTEUR DE LA CLÔTURE (m)	HAUTEUR DES POTEAUX (m)	ENTRAXE DES POTEAUX (m)
3	1,50	2,00 à 2,10	2,00
3 1/2	1,75	2,25 à 2,30	2,00
4	2,00	2,50 à 2,60	2,00
4 1/2	2,25	2,90	2,00
5	2,50	3,25	2,00
5 1/2	2,75	3,50	2,00

Tab. 7.6 • *Clôtures par plaques pleines en béton (source : établissements Chapron-Leroy).*

3.3.3. Les grillages souples à mailles losangées

Les grillages souples à mailles losangées de 50 à 60 mm sont formés par un tissage de fils ondulés rigides, garanti indémaillable, et qui leur assure une grande résistance. À ondulations simples ou multiples, ils permettent de réaliser des bordures décoratives afin

de clore des espaces plantés. En acier galvanisé ou plastifié de couleur verte ou blanche, la partie supérieure peut être droite, équipée de picots défensifs ou formée d'arceaux (bordure parisienne). Selon le diamètre du fil, la hauteur varie de 0,50 à 2,50 m. Comme les précédents, ces grillages sont fixés sur des poteaux métalliques en bois ou en béton espacés de 2 à 2,50 m. Ils peuvent également être posés sur un muret de soubassement. Plus résistants et plus esthétiques que les grillages à simple torsion, ils sont adaptés aux groupes d'habitation, aux groupes scolaires, à la protection des lieux publics…

3.3.4. Les grillages souples à mailles carrées ou rectangulaires

Les grillages souples à mailles carrées ou rectangulaires sont constitués par un réseau de fils d'acier horizontaux et verticaux soudés entre eux afin de donner une maille rectangulaire dont le petit côté est horizontal. Selon les dimensions de celle-ci et la forme des fils, plusieurs dessins de grillage sont possibles : mailles rectangulaires constantes de 50 à 60 mm × 100 à 120 mm ; mailles rectangulaires de largeur constante et de hauteur variable entre 50 et 130 mm ; fil vertical rectiligne et fil horizontal ondulé ; ligne supérieure droite ou formée d'arceaux. De hauteur comprise entre 0,40 et 1,20 m, ces grillages sont réservés pour des séparations basses, fermant des espaces plantés par exemple.

3.3.5. Les panneaux en treillis soudés prélaqués

Les panneaux en treillis soudés prélaqués à mailles rectangulaires sont obtenus par la soudure de fils horizontaux et verticaux en acier. Ils sont protégés par galvanisation et plastification. Les mailles sont placées verticalement ; leurs dimensions étant comprises entre 150 × 50 mm et 200 × l00 mm. En fonction de celles-ci et de la section des fils (ϕ 4,5 à 8 mm), ces panneaux offrent un

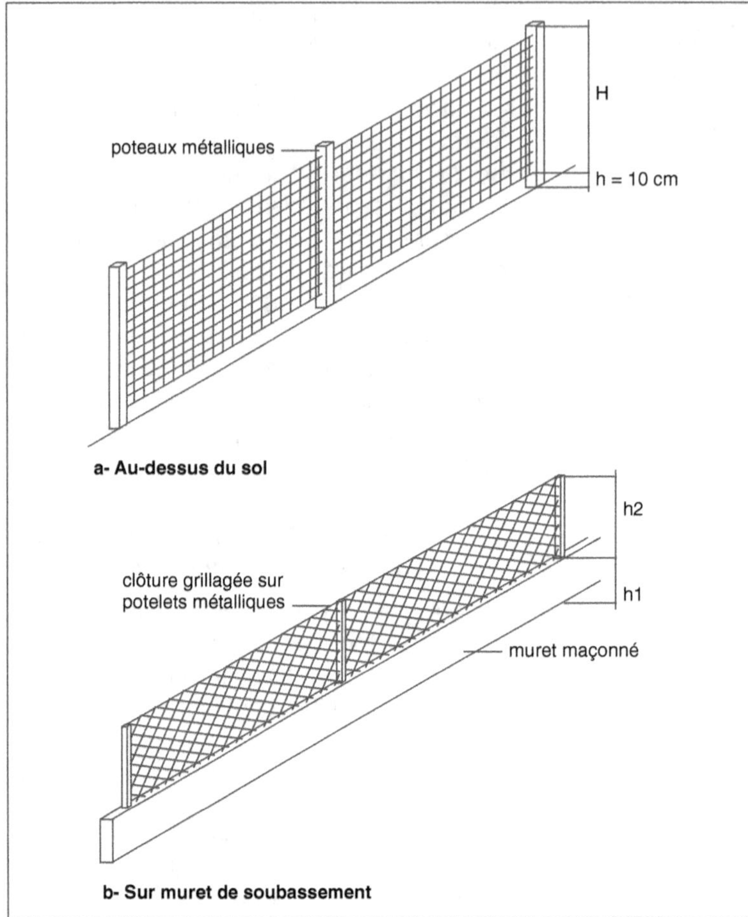

Fig. 7.32 • *Clôtures métalliques.*

grand éventail de clôtures. Une ou plusieurs nervures renforcent la rigidité (fig. 7.34). La hauteur varie de 0,50 à 2,50 m. La pose s'effectue sur des poteaux métalliques conçus spécifiquement de manière à maintenir solidement les éléments. Leur espacement est de l'ordre de 2 à 2,50 m. Ces panneaux sont placés directement au-dessus du sol ou sur un muret formant soubassement ; les poteaux étant fixés sur des platines scellées. Sur les terrains en pente, les redans sont obtenus par le décalage d'une demi-maille ou d'une maille.

Les panneaux présentent une grande régularité des mailles, un bon équerrage, une résistance mécanique élevée et une bonne protection Ils sont faciles à mettre en œuvre. D'un aspect agréable et ne limitant pas l'espace grâce à leur transparence, ces clôtures sont couramment utilisées en site urbain, pour les groupes scolaires, dans les zones industrielles ou artisanales…

Des bavolets placés en partie supérieure des poteaux constituent des clôtures défensives.

En clôture basse (hauteur comprise entre 0,80 et 1,20 m), comprenant une lisse supérieure, elle assure une excellente protection autour des bassins de natation.

3.3.6. Les clôtures en métallerie

Les clôtures en métallerie comportent deux séries de produits : les grilles à barreaudage et les barrières en ferronnerie (fig. 7.35).

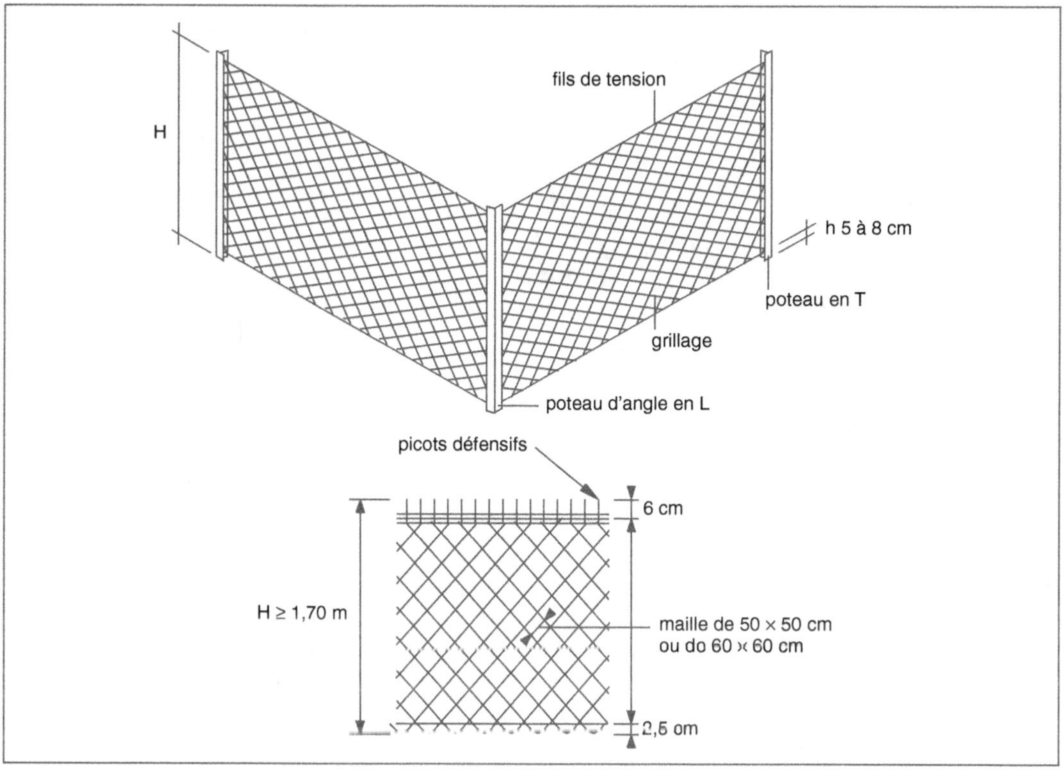

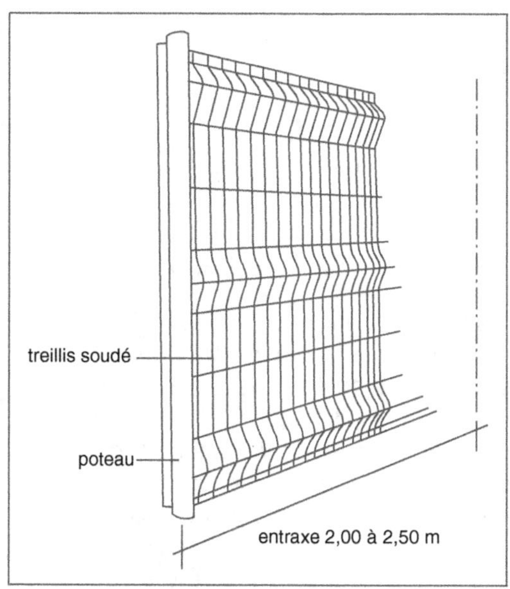

Fig. 7.33 • *Grillage à mailles losangées.*

Fig. 7.34 • *Clôture métallique en panneaux de treillis soudés.*

3.3.6.1. Les grilles à barreaudage

Les grilles à barreaudage sont constituées soit par une série continue de barreaux soudés sur une lisse haute et basse, soit par des cadres dans lesquels sont fixés des barreaux verticaux ou obliques. Ceux-ci ont une section carrée, rectangulaire ou ronde. Leur espacement est au maximum de 0,11 m afin d'éviter tout franchissement. La hauteur de la barrière varie de 0,50 à 2,50 m, voire plus (photo 7.12). Les grilles sont fixées directement au-dessus du sol ou sur un mur bahut à l'aide de poteaux métalliques. Tous les composants sont en acier traité par galvanisation et par peinture dont la teinte est à définir et, plus rarement, en acier inoxydable ou en aluminium. Elles peuvent être fabriquées industriellement ou à la demande, ce qui en augmente le prix.

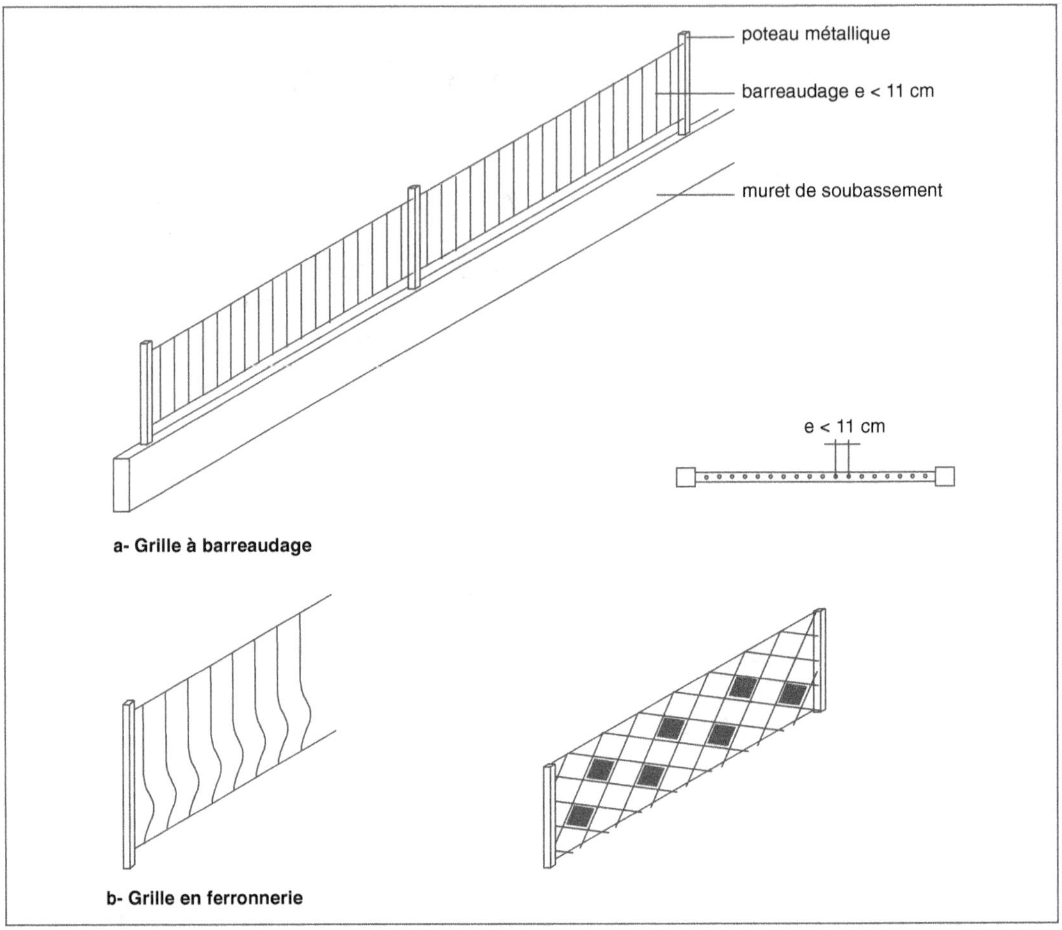

Fig. 7.35 • *Clôtures en métallerie.*

Photo 7.12 • *Clôture en serrurerie par grille à barreaudage.*

3.3.6.2. Les barrières en ferronnerie

Les barrières en ferronnerie sont façonnées sur commande. Comprenant principalement des parties ajourées, elles sont réalisées avec des barreaux droits, courbes ou torsadés ; des croisillons à 90° verticaux ou obliques ; des volutes en relief, etc. Leur composition est faite selon un dessin et un calepinage étudié par le concepteur. Réalisées sur de faibles longueurs, ces clôtures sont onéreuses.

3.3.7. Les panneaux en métal déployés

Les panneaux en métal déployés sont obtenus par laminage à froid ou à chaud de tôles d'acier ou d'aluminium, suivi d'un emboutissage, d'un façonnage et d'un traitement.

Il en résulte des panneaux en treillis plans ou courbes, d'une grande rigidité. Les dessins formés sont d'une grande diversité, donnant des effets décoratifs selon les matrices utilisées. Leur hauteur est de l'ordre de 0,80 m pour les panneaux mis en œuvre sur un muret. Ils atteignent 1,70 à 2 m lorsqu'ils sont posés directement sur le sol. Compte tenu du pourcentage de vides et du relief du dessin, ces clôtures offrent des possibilités de vue partielle et orientée.

3.3.8. Les panneaux nervurés et prélaqués

Les panneaux nervurés et prélaqués sont relativement peu courants comparativement aux parois en béton armé qui offrent une meilleure résistance mécanique au choc. Fixés sur des lisses hautes et basses, ils forment une paroi opaque qui peut être droite ou suivre des courbes.

3.4. Les clôtures en bois

Relativement peu utilisées en milieu urbain, elles sont réservées aux zones périurbaines, aux zones rurales ainsi qu'à l'aménagement des parcs, jardins et espaces verts.

Le bois est un matériau organique composé de fibres et de canaux dans lesquels circulent la sève et l'eau. Les essences les plus utilisées sont celles qui offrent la meilleure tenue à l'exposition à des conditions climatiques rigoureuses : les résineux (pins, épicéas, mélèzes…), les feuillus (châtaigniers, chênes…) ou les bois exotiques (red cedar, niangon, bankirai…).

Les principaux avantages de ce matériau portent sur les bonnes résistances mécaniques et la grande facilité avec laquelle il se travaille : sciage, assemblage par clouage, vissage, ou collage.

L'un de ses points faibles, et non des moindres, est d'être attaqué par l'humidité, les champignons et les insectes. Le bois nécessite donc un traitement fongicide et insecticide à cœur qui comporte les opérations suivantes :

- une imprégnation par injection sous pression à l'autoclave ;
- un séchage à l'étuve ;
- une sous-couche de protection ;
- une ou plusieurs couches de protection de surface et de finition à l'aide de lasures, de peintures ou de vernis ; ce dernier étant peu fiable dans le temps.

Des traitements modernes sont plus performants : le **bois rétifié** est un bois chauffé à de hautes températures qui modifient sa composition. Il en résulte de nouvelles propriétés qui le rendent pratiquement insensible à l'humidité et aux variations dimensionnelles. Une protection complémentaire contre le rayonnement ultraviolet évite qu'il ne prenne une teinte grise plus ou moins régulière.

D'autre part, toutes les pièces métalliques d'assemblage doivent être également traitées contre la corrosion.

Plusieurs types de clôtures sont construites en bois, ajourées ou pleines, dissuasives ou défensives (fig. 7.36). Elles peuvent être posées directement au-dessus du sol ou prendre appui sur un mur de soubassement. Un espace de quelques centimètres est réservé en partie basse pour éviter les remontées d'humidité.

Lorsque les clôtures sont fixées sur des poteaux en bois, ceux-ci sont mis en œuvre selon trois méthodes (fig. 7.37) :

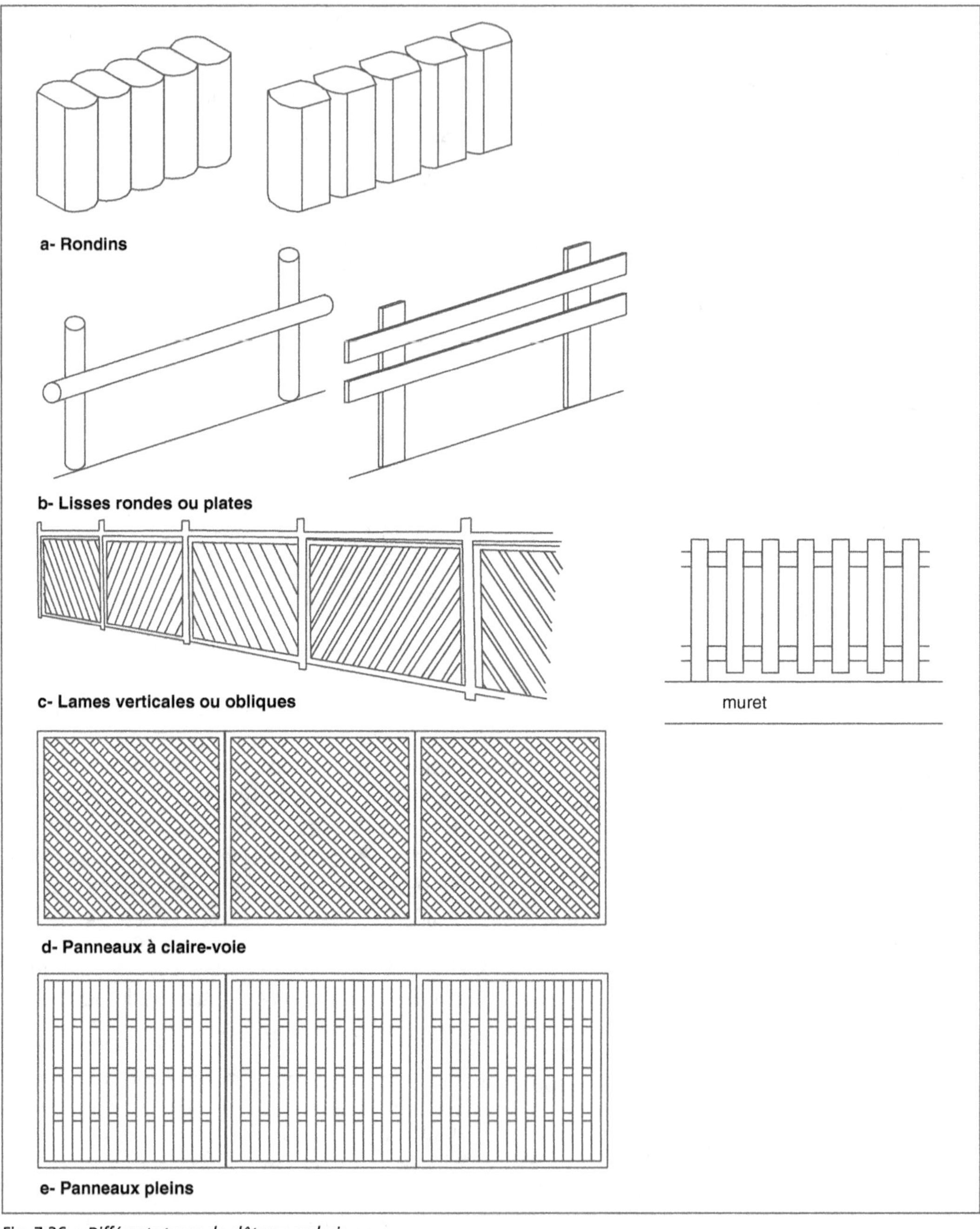

Fig. 7.36 • *Différents types de clôtures en bois.*

– fichés dans le sol sur une hauteur égale au tiers de sa longueur ;
– scellés dans un plot de fondation en béton, en évitant les risques de pénétration d'eau ;

– fixés dans un ancrage en acier galvanisé, lui-même scellé dans la fondation. Ce principe offre l'avantage d'éviter le contact du bois avec le terrain.

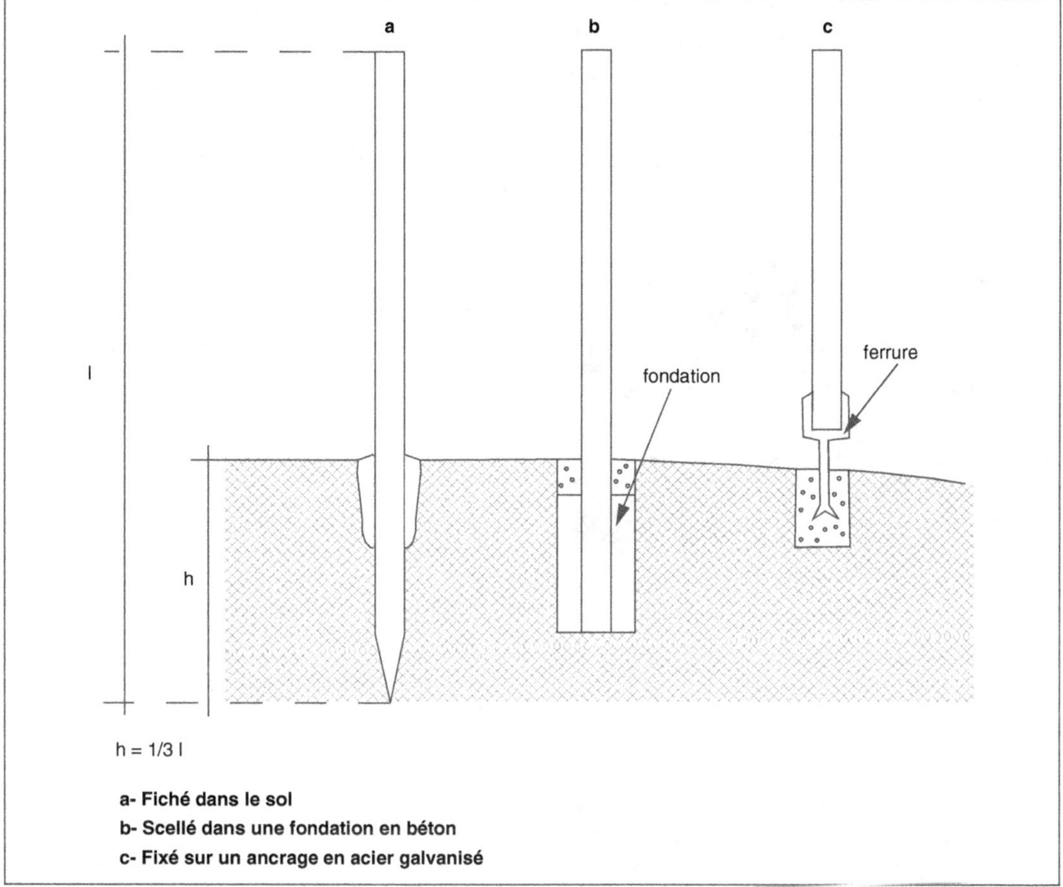

Fig. 7.37 • _Modes de pose des poteaux en bois._

3.4.1. Les rondins, placés côte à côte

Les rondins, placés côte à côte, constituent des bordures séparant divers espaces aménagés. Ils sont fichés directement dans un lit de graviers assurant un bon drainage du sol. La hauteur vue, représentant les deux tiers de la longueur, est de l'ordre de 0,40 à 0,50 m. La fixation sur une lisse assure une meilleure tenue de l'ensemble. Des demi-rondins ou des rondins avec méplats sont également utilisés.

3.4.2. Les lisses rondes ou demi-rondes

Les lisses rondes ou demi-rondes et les planches horizontales forment une barrière simple délimitant des espaces ou protégeant des plantations. Elles sont vissées ou clouées sur des poteaux en rondin entaillés. Sur un ou plusieurs rangs, et d'une hauteur de 0,50 à 1 m, elles n'interdisent pas le franchissement. Les planches irrégulières, plus ou moins dégrossies, donnent un aspect rustique.

3.4.3. Les lames verticales ou obliques

Les lames verticales ou obliques sont fixées sur une lisse haute et une lisse basse. De section rectangulaire à angles arrondis, elles ont une largeur de 100 à 140 mm pour une épaisseur de 20 à 30 mm. L'espace entre les lames est de l'ordre de 50 à 80 mm. La hauteur des barrières varie entre 0,80 et 1,20 m, fournissant une protection toute relative (photo 7.13). Celle-ci peut être améliorée en augmentant la hauteur pour atteindre 1,80 à 2 m, ce qui impose une section plus importante des lames fixées sur une ou plusieurs lisses intermédiaires.

Photo 7.13 • *Clôture en lames verticales jointives en bois.*

3.4.4. Les panneaux à claire-voie

Les panneaux à claire-voie sont formés de lames ou de lattes verticales, horizontales ou obliques de section adaptée à l'aspect recherché. Ces éléments sont pris dans un cadre fixé sur des poteaux de section 90 × 90 mm à 120 × 120 mm en fonction de la hauteur. La lisse supérieure, droite ou courbe, apporte une certaine recherche dans l'esthétique de l'ensemble. Ce principe permet de réaliser des clôtures droites ou en angle. Leur hauteur variant de 1 à 1,80 m assure une bonne protection tout en préservant une certaine transparence.

3.4.5. Les panneaux pleins

Les panneaux pleins sont constitués par un assemblage de lames jointives verticales, horizontales ou obliques, ou de lames venant en chevauchement, dans un cadre. La prise au vent n'est pas négligeable, ce qui nécessite une fixation soignée des panneaux sur les poteaux, ainsi qu'un bon scellement.

D'une hauteur de 1,80 m, ils offrent une bonne protection et une isolation aux vues.

Les lames horizontales pouvant être une cause de rétention d'eau au droit des joints et entraîner une dégradation du bois, il est préférable de retenir l'une des deux autres dispositions.

3.5. Les clôtures en matières plastiques

Les clôtures en matières plastiques sont réalisées essentiellement en polychlorure de vinyle (PVC), en polyuréthanne ou en polystyrène comprimé. Le premier des produits est le plus utilisé. Les profilés alvéolés et les accessoires sont fabriqués par des industriels. Puis, les profils sont coupés à la demande et assemblés par les entreprises qui assurent notamment la fourniture et la pose des clôtures (fig. 7.38). L'assemblage est soit collé à froid, soit soudé ; la rigidité étant assurée par une ossature en acier galvanisé.

Par leur forme, les clôtures en matières plastiques sont proches de celles réalisées en bois (lisses, lames, panneaux ajourés ou pleins). Plus légères, offrant une bonne résistance mécanique et pouvant être exposées aux conditions climatiques, elles ont tendance à le supplanter. Une précaution particulière doit être prise au droit des assemblages avec des pièces horizontales afin d'éviter la rétention entraînant la formation de mousse.

Souvent blanches, elles peuvent néanmoins être teintées dans la masse ou recevoir un film de couleur collé à chaud sur les profils. Malgré ces avantages, elles n'offrent pas la même qualité dans l'aspect environnemental.

3.6. Les clôtures végétales

Les clôtures végétales sont constituées par des haies vives ou des arbustes tressés

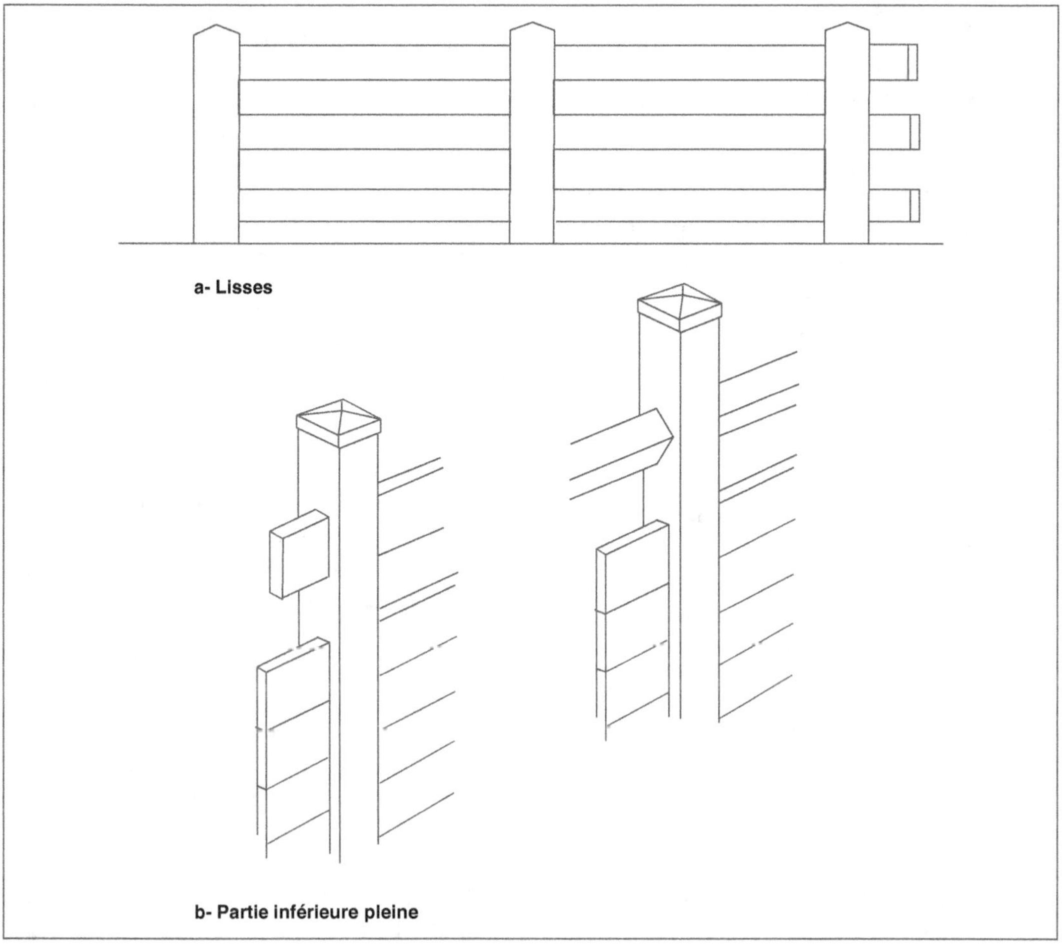

Fig. 7.38 • *Clôture en PVC.*

(photo 7.14). Les essences employées sont soit à feuillage persistant (ifs, thuyas, troènes, etc.) soit à feuillage caduque (charmilles, berberis, forsythias…). En séparation de deux propriétés, elles peuvent être plantées sur la mitoyenneté et sont alors entretenues par les deux riverains. Non mitoyennes, elles sont placées à plus de 0,50 m de la limite de propriété et leur hauteur ne doit pas excéder 2 m (art. 671 du Code civil). Elles font l'objet du paragraphe 3.3, chapitre 8, p. 540.

S'intégrant parfaitement dans l'environnement, ces clôtures complètent fréquemment une barrière simple : fils tendus ; lisses ; grillages…

Photo 7.14 • *Clôture végétale en saules tressés.*

3.7. Les clôtures défensives

Les clôtures défensives forment une catégorie de clôtures particulières. Sans évoquer les clôtures électrifiées, réservées à la protection de zones ultrasensibles et exigeant des précautions particulières, ces clôtures sont d'une grande résistance mécanique. Elles comportent, en partie supérieure des poteaux, des bavolets sur lesquels sont fixés plusieurs rangées de ronces en acier galvanisé, tendues ou déroulées.

3.8. Les clôtures provisoires

Comme leur nom l'indique, elles n'ont pas vocation à demeurer. Elles matérialisent ou clôturent une zone potentiellement dangereuse (chantier) ou protègent des ouvrages existants ou des plantations à conserver lors de la réalisation de travaux (fig. 7.39).

La simple délimitation s'effectue à l'aide de rubans ou de chaînettes en matière plastique bicolore, blanc et rouge, fixés sur des poteaux métalliques ou en bois.

La protection des ouvrages est assurée par des clôtures légères, le plus souvent en bois, facilement déroulables et repliables (échalas en châtaignier fixés sur des fils métalliques).

La clôture de chantier peut éventuellement préserver des vues sur les travaux. Les parties opaques sont réalisées avec des panneaux métalliques ou en bois fixés sur des madriers et des poteaux. Ce remplissage est remplacé par un treillis métallique soudé au droit des transparences.

3.9. Les barrières symboliques

Les barrières symboliques ont pour rôle d'interdire l'accès de certaines voies ou espaces aux véhicules (espaces verts ou voies piétonnes) de manière à préserver la tranquillité des utilisateurs. Permettant le passage uniquement des piétons, elles sont formées par des obstacles fixes : jardinières judicieusement disposées, bornes en béton, potelets métalliques ou en bois, blocs rocheux espacés plus ou moins régulièrement.

3.10. Les portillons et les portails

Les portillons et les portails sont des composants qui viennent en complément des clôtures afin d'accéder aux zones protégées. Ils sont conçus sur le principe de conserver une certaine cohérence d'aspect entre le mode de fermeture et le type de clôture, qu'il s'agisse d'une simple délimitation ou d'assurer la sécurité des ouvrages clos. Ils comprennent un ou plusieurs éléments à manœuvre manuelle ou automatisée.

3.10.1. Les portillons

Les portillons ont généralement un seul vantail pivotant et dégageant un passage libre de l'ordre de 1 à 1,20 m. En métal, en bois ou en matières plastiques, ils s'articulent sur des poteaux de même matière, en pierre ou en béton. Composés de lisses, de barreaux, de treillis ou de panneaux pleins, ils assurent une continuité d'aspect avec la clôture (fig. 7.40).

Lorsque l'espace protégé n'a pas à être clos en permanence, d'autres dispositions autorisent le passage des piétons, des voitures d'enfants ou des personnes à mobilité réduite, tout en interdisant l'accès aux véhicules motorisés. Métalliques ou en bois, ils sont constitués par des chicanes comprenant deux lisses fixées sur des potelets, la partie centrale pouvant être fixe ou mobile. Le passage libre est de l'ordre de 1 à 1,20 m.

3.10.2. Les portails

Ils sont réalisés avec les mêmes matériaux que les portillons. Les dessins sont multiples, mais ils rappellent assez souvent l'aspect de la clôture dans laquelle ils sont intégrés. Leur

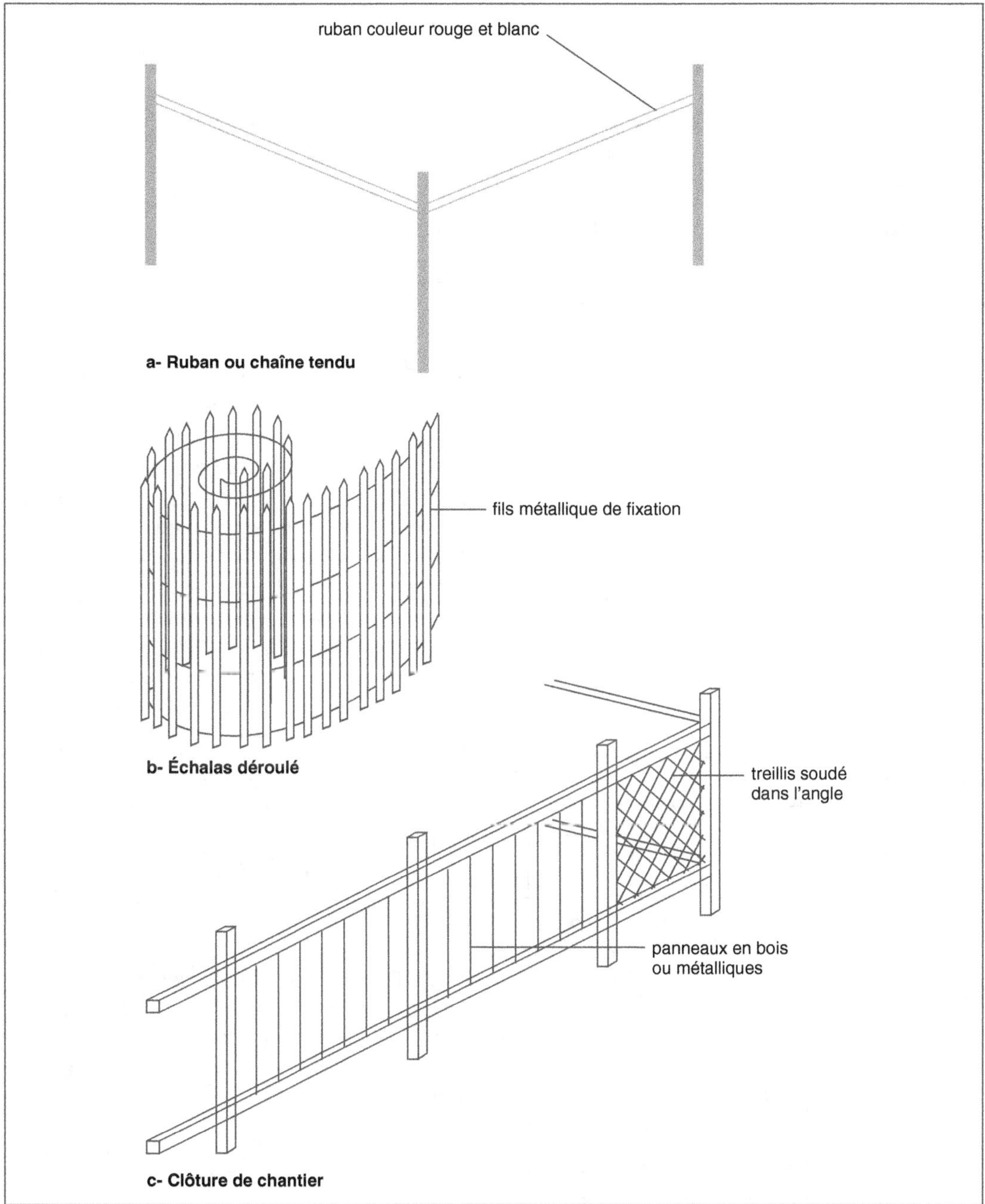

Fig. 7.39 • _Clôtures provisoires._

manœuvre s'effectue selon trois grands principes : pivotant, coulissant ou autoportant (fig. 7.41).

3.10.2.1. Les portails pivotants

Les portails pivotants à un ou deux vantaux dégagent un passage libre de 3 à 6 m.

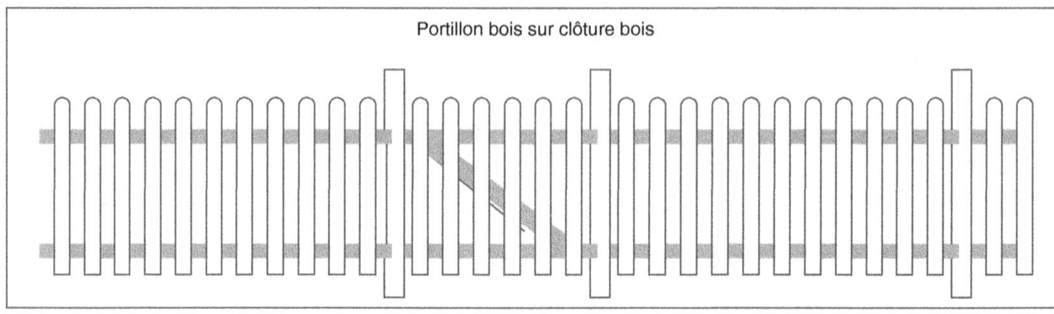

Fig. 7.40 • *Intégration d'un portillon dans la clôture.*

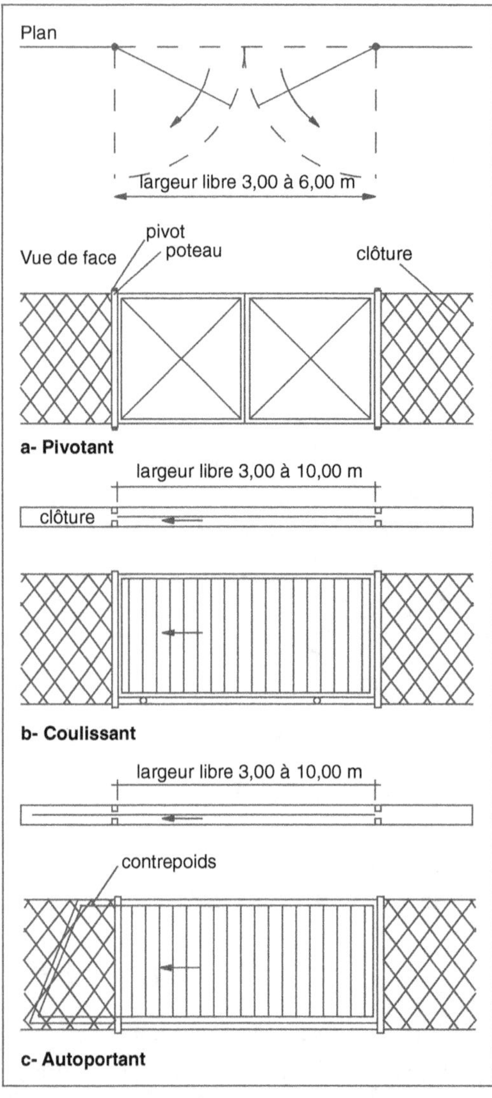

Fig. 7.41 • *Principes de fonctionnement des portails.*

En bois, ils sont constitués d'un cadre de section 100 × 40 mm équipé de pentures fixées dans les poteaux en bois ou en acier ou dans des piliers maçonnés. Le remplissage est formé de barreaux, de lisses, de panneaux ou d'un assemblage de tous ces éléments. La hauteur correspond à celle de la clôture et peut atteindre 2 m. Pour de petites dimensions, les vantaux sont parfois composés de lames verticales fixées sur des barres et des écharpes. Relativement lourds, ils sont difficilement manœuvrables.

En métal, le cadre est un tube creux de section carrée, rectangulaire ou circulaire de 40 à 50 mm, fixé sur les piliers par des pivots haut et bas. Le remplissage est constitué par des barreaux verticaux ou obliques, un treillis soudé, une tôle pleine ou des éléments en ferronnerie.

En PVC, composés de profilés assemblés, ils ont sensiblement la même forme que les portails en bois. Plus légers, ils présentent l'avantage de ne nécessiter que peu d'entretien.

Les portails sont équipés de tous les accessoires de quincaillerie nécessaires à leur bon fonctionnement : boîtier de serrure, canon européen, baïonnette, sabot d'arrêt central, arrêts latéraux.

3.10.2.2. Les portails coulissants

Les portails coulissants à refoulement latéral dégagent un passage libre de 3 à 10 m.

Constitués de deux parties, le passage libre peut atteindre une vingtaine de mètres. Métalliques, ils comprennent les éléments suivants (fig. 7.42, photo 7.15) :

– un cadre en tube creux de section adaptée à la largeur du passage ;

– un remplissage en barreaux, en treillis soudé ou en tôle pleine ;

– une poutre support reposant sur une ou plusieurs roues, équipée d'un système d'entraînement par crémaillère ;

– un rail de guidage fixé dans le sol ;

– des poteaux de guidage et de réception de section calculée en fonction des dimensions du portail ;

– un système de condamnation.

L'avantage de ce portail est d'être facile à manœuvrer mais la présence du rail en sol nécessite un aménagement parfaitement stable dans le temps, en particulier sous les charges roulantes des poids lourds.

3.10.2.3. *Les portails autoportants*

Les portails autoportants à refoulement latéral dégagent un passage libre de 4 à 10 m et se comportent comme une poutre mobile sur un appui. Leur intérêt est la suppression du rail en sol. La composition est la suivante (fig. 7.43) :

– un cadre en tube creux de section adaptée à la largeur du passage ;

– un remplissage en barreaux ;

– une poutre support équipée d'un ensemble d'entraînement et de guidage ;

– un système de contrepoids équilibrant le poids du vantail ;

– des poteaux guide de section calculée en fonction des dimensions du portail, recevant des roulettes latérales de guidage ;

– un poteau de réception ;

– un système de condamnation.

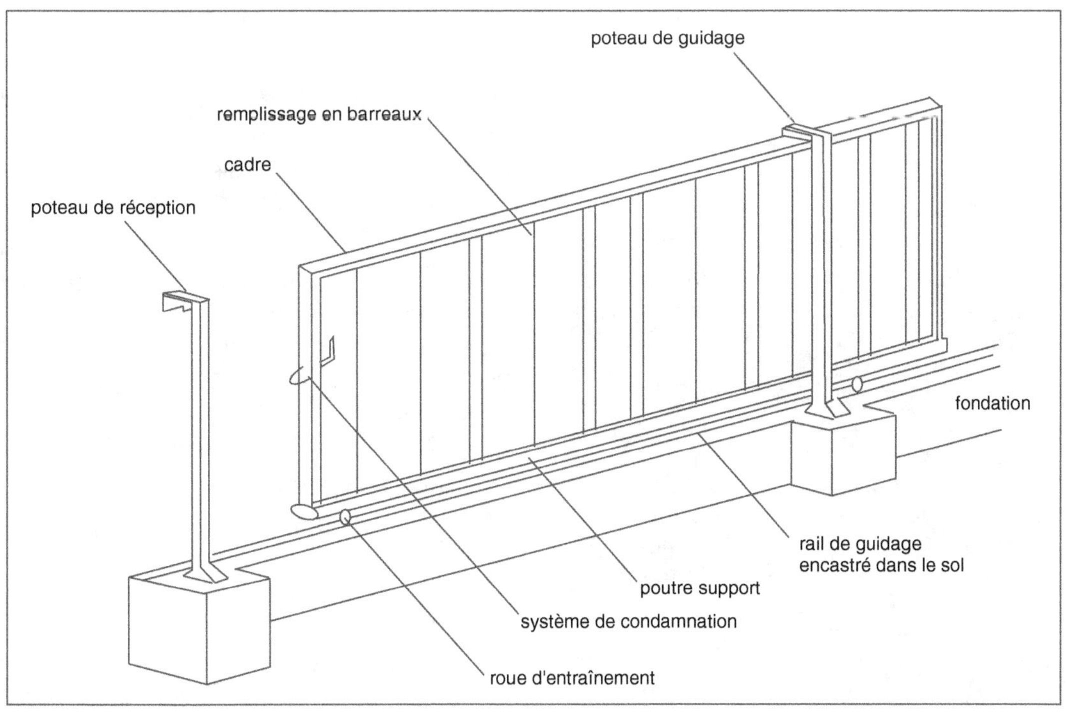

Fig. 7.42 • *Portail coulissant.*

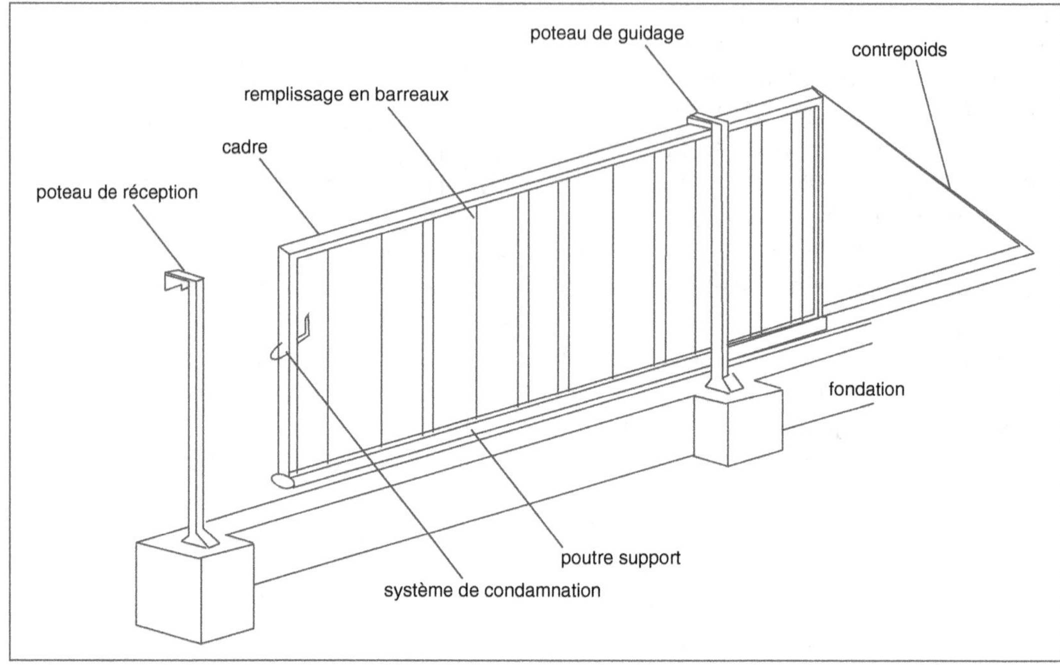

Fig. 7.43 • *Portail autoportant.*

Photo 7.15 • *Portail coulissant.*

3.10.2.4. La motorisation des portails

La motorisation des portails est de plus en plus fréquente pour plusieurs raisons : leurs dimensions ; la facilité de manœuvre ; la sécurité ; etc.

Plusieurs principes mis en œuvre s'adaptent au mode d'ouverture : par vérins hydrauliques pour les vantaux pivotants ; par entraînement à crémaillère pour les coulissants ou les autoportants (fig. 7.44 et photo 7.16). La commande s'effectue par télécommande.

Mais, quel que soit le système employé, il est nécessaire de mettre en place des dispositifs de sécurité :

- un feu clignotant de signalisation indiquant la mise en mouvement du portail ;
- une bande de sécurité placée sur le portail afin de stopper son mouvement sous l'effet d'un contact ;

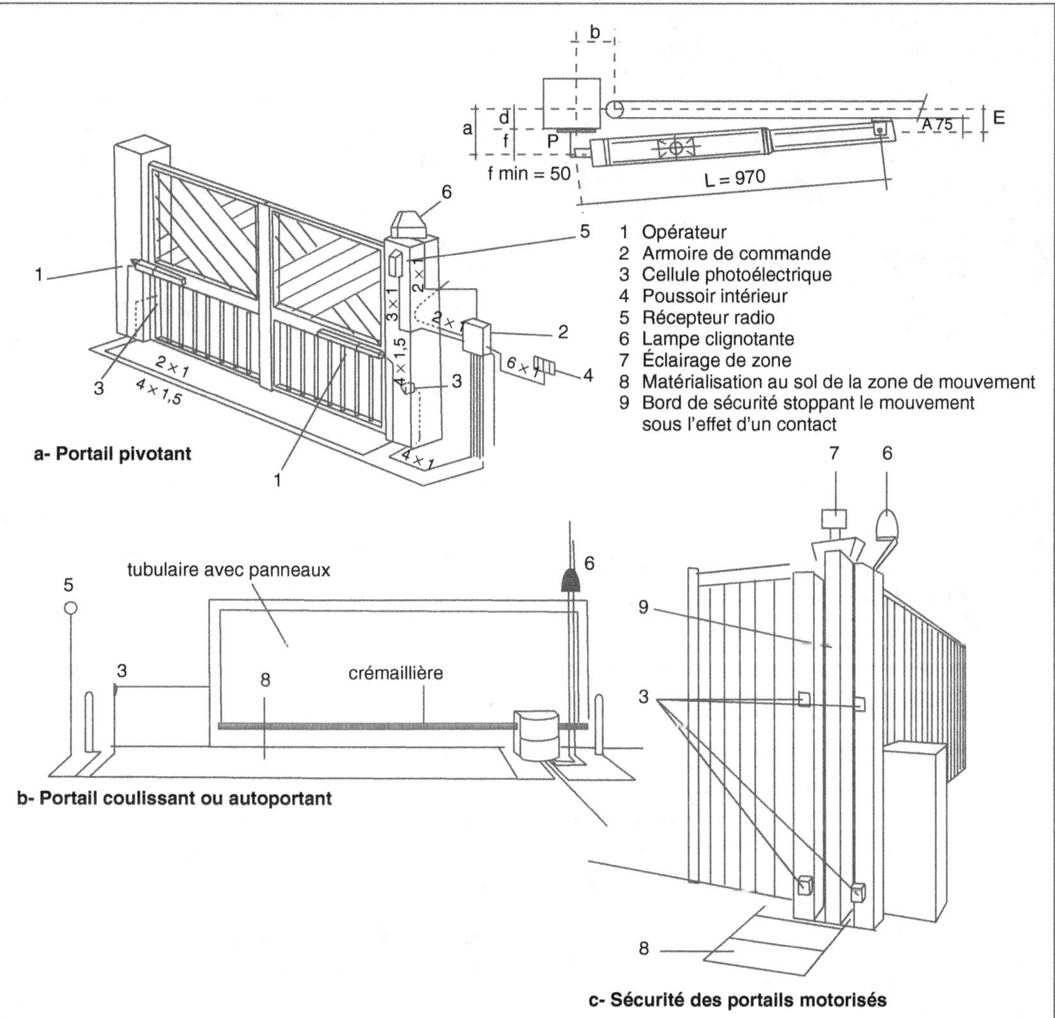

Fig. 7.44 • *Motorisation des portails.*

– des cellules photoélectriques provoquant son arrêt et son retour en position d'ouverture dès la détection d'une présence ;

– un éclairage de la zone desservie pendant le mouvement du portail ;

– la matérialisation au sol de la zone de débattement ;

– un dispositif de débrayage et de manœuvre manuelle.

3.10.2.5. Les autres systèmes de fermeture

Les autres systèmes de fermeture, sans isoler totalement l'espace clos, permettent d'en limiter ou d'en contrôler l'accès. Ils comprennent les barrières levantes ; les barrières à chaînes ; les bornes à tête escamotable.

Les barrières levantes sont couramment employées afin de commander l'accès de parkings publics et privés, de groupes industriels

Photo 7.16 • *Motorisation des vantaux d'un portail pivotant.*

ou commerciaux. Elles se composent des éléments suivants (fig. 7.45) :

- un fût métallique, scellé dans le sol, formant support et axe de débattement ;

- une lisse en aluminium anodisé, sur laquelle sont peintes des bandes réfléchissantes. Sa longueur correspond à la largeur de passage et peut atteindre de 3 à 6 m ou plus avec des lisses en fibres de verre ;

- un reposoir, en tube d'acier de section carrée ou circulaire, fixé au sol. Cet élément n'est pas nécessaire lorsque la longueur de la lisse est inférieure à 3,50 m ;

- un dispositif de verrouillage en position d'ouverture et en position de fermeture ;

- un système de contrepoids muni d'une poignée ou de ressort compensateur (longueur supérieure à 3,50 m) pour équilibrer l'appareil et faciliter la manœuvre.

Celle-ci est manuelle lorsque la fréquence des passages est faible. En revanche, elle est automatisée en utilisation courante. Une manœuvre de secours complète l'équipement afin de permettre l'ouverture en cas de coupure de courant.

Des barrières doubles à fût central positionné sur un terre-plein sont installées afin de commander deux voies de circulation : une réservée à l'entrée et l'autre à la sortie.

Les barrières à chaînes équipent également les accès de parking. Elles sont composées d'une chaîne en acier galvanisé tendue entre deux fûts scellés de part et d'autre de la voie (fig. 7.46).

Le groupe motorisé se trouve dans l'un des fûts alors que le second sert à la tension et au guidage de la chaîne. En position fermée, la chaîne est tendue à une hauteur de l'ordre de 0,60 m. En position ouverte, elle descend dans un rail de réception en profil à froid, incorporé dans le sol. La manœuvre s'effectue par commande à distance, une manivelle de secours assure le fonctionnement en cas de coupure de courant.

Ce principe, plus fragile que le précédent est moins répandu. Il nécessite un entretien permanent du rail situé au niveau du sol. De plus, les véhicules ne doivent s'engager qu'une fois la chaîne en position basse.

Les bornes télescopiques à tête escamotable en acier fonctionnent sous l'action d'une vis ou d'un vérin et prennent deux positions (fig. 7.47) :

- en position haute : l'accès est interdit à certains espaces publics ou privés ;

- en position rentrée : le passage des véhicules est autorisé sous certaines conditions : secours, livraison ou riverains.

4. Les escaliers, les rampes et les gradins

Dès que le terrain est accidenté, le cheminement des piétons doit être assuré normale-

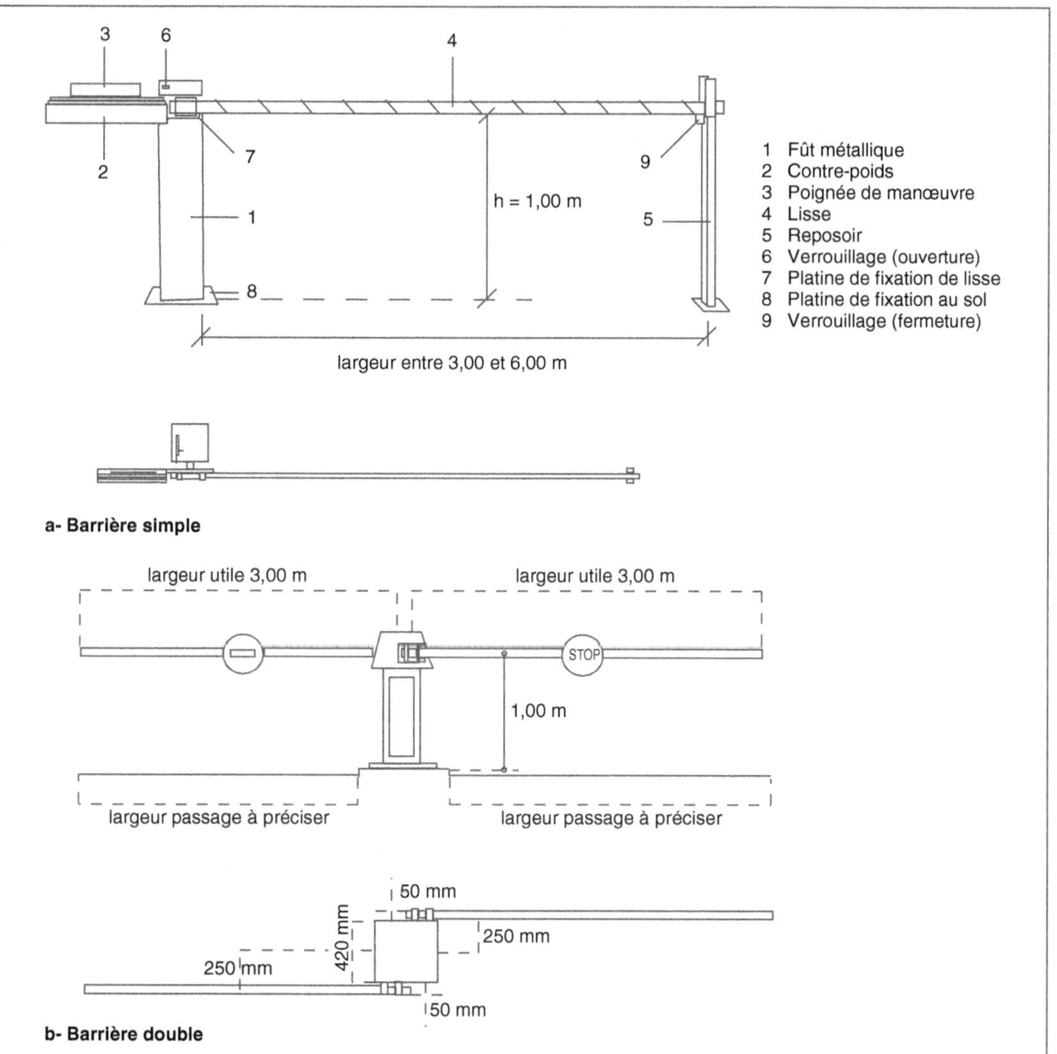

Fig. 7.45 • *Barrières levantes.*

ment. Plusieurs dispositions peuvent être retenues : les escaliers, les rampes et, exceptionnellement pour des dénivelés importants, les ascenseurs. Ces derniers appareils, d'un coût élevé, présentent de fortes contraintes de sécurité et d'entretien.

4.1. Les escaliers

Les escaliers sont utilisés pour le franchissement de dénivellations dont la pente est supérieure à 10 ou 15 %. Ils sont indispensables si celle-ci atteint 20 %.

Incorporés aux cheminements, ils ne sont pas sans inconvénients car ils constituent des obstacles pour les voitures d'enfants, les personnes à mobilité réduite et les personnes âgées. C'est la raison pour laquelle, dans la mesure du possible, une allée en pente douce (4 à 5 %) complète cet aménagement (photo 7.17).

483

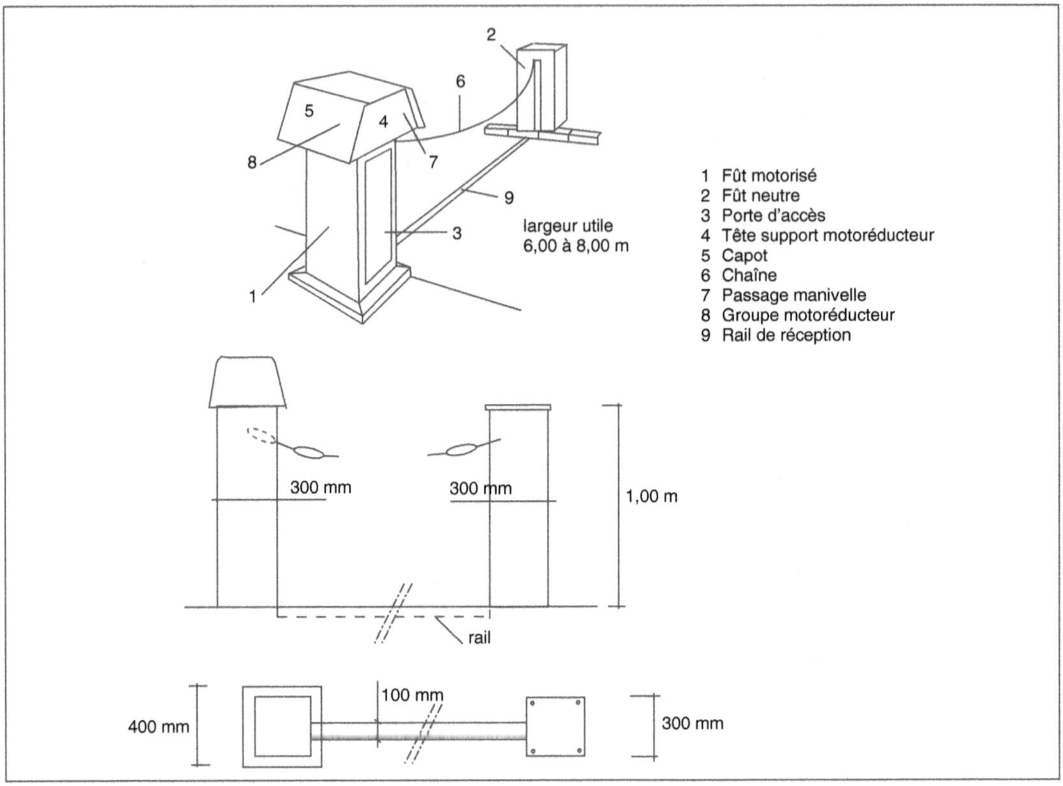

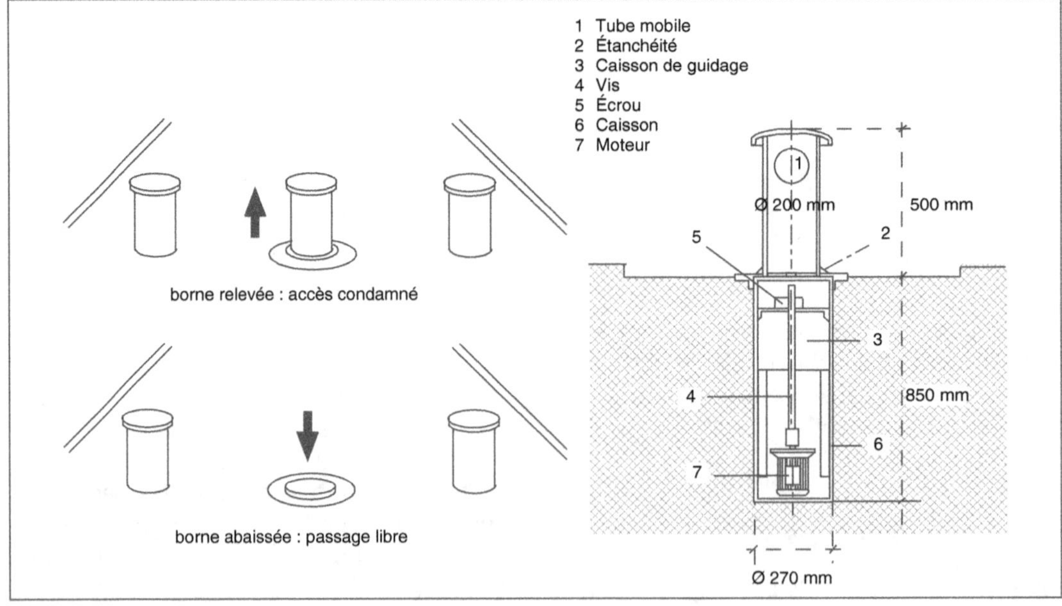

Fig. 7.46 • *Barrière à chaîne.*

Fig. 7.47 • *Borne télescopique.*

Photo 7.17 • *Escaliers et bassins en béton armé en cours de construction.*

4.1.1. Les caractéristiques fondamentales

Les caractéristiques fondamentales des escaliers ont pour but d'en définir la typologie de manière à obtenir la meilleure intégration possible dans leur environnement. Elles sont constituées par la pente, l'emmarchement, la hauteur et le giron des marches, la contre-marche, le limon, le nombre et la forme des volées, le palier et le garde-corps (fig. 7.48).

4.1.1.1. La pente

Elle correspond au rapport, exprimé en pourcentage, de la hauteur du dénivelé sur la longueur en projection horizontale. Elle peut également être exprimée en degrés lorsque la référence est l'angle d'inclinaison de l'escalier sur le plan horizontal.

4.1.1.2. L'emmarchement

Il est égal au passage libre utile des marches. Il tient compte de l'intensité du flux piéton-nier. Sa dimension correspond à la largeur des allées piétonnes auxquelles les escaliers font suite. Il est au minimum de 0,90 à 1 m, mais plus fréquemment de 1,20 à 1,50 m

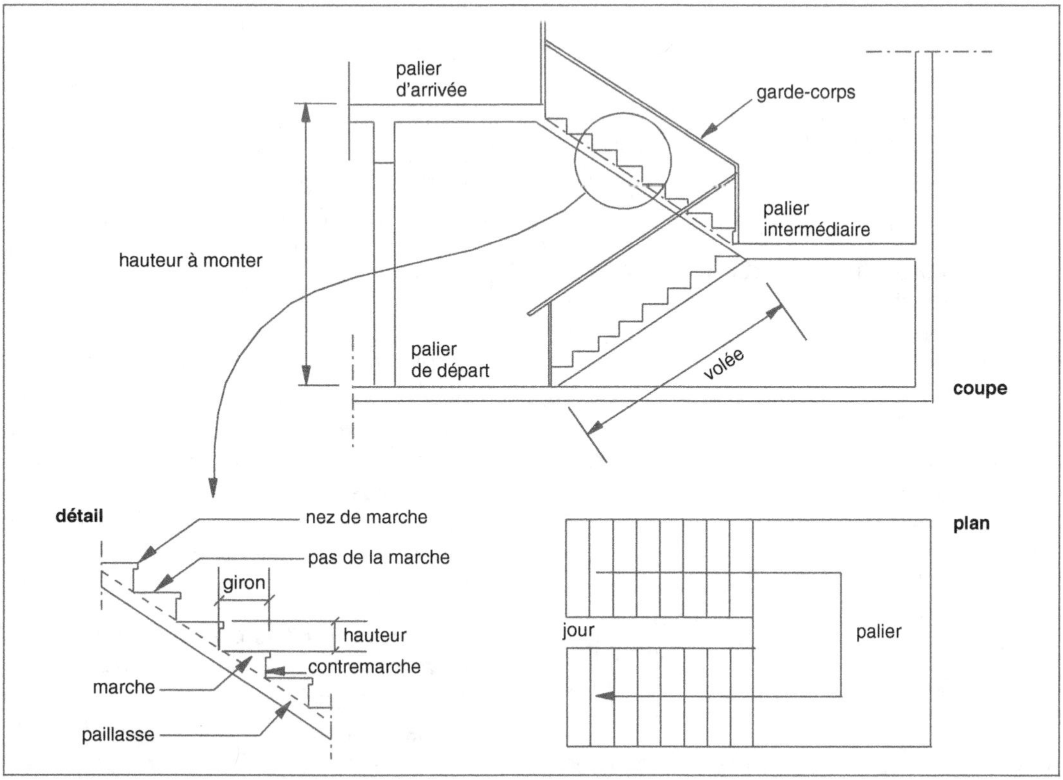

Fig. 7.48 • *Caractéristiques d'un escalier.*

485

afin que deux personnes se croisent aisément, voire plus lorsque les allées sont larges et que le dénivelé est faible.

4.1.1.3. La hauteur des marches et le giron

La hauteur des marches correspond à la distance verticale entre deux nez de marches consécutives.

Le giron est la distance horizontale séparant deux nez de marches consécutives. Les escaliers devant être parcourus avec un minimum d'efforts, cela implique qu'il y ait continuité dans le mouvement du marcheur, c'est-à-dire dans son pas. Sur une distance horizontale, la distance parcourue par le pas est de l'ordre de 63 cm. C'est donc une longueur sensiblement équivalente qu'il faut retrouver lors de leur franchissement. La hauteur et le giron sont déterminés par la formule :

$$m = 2\,h + g$$

Pour les escaliers extérieurs courants, le module du pas ou foulée (m) varie de 57 à 65 cm ; la hauteur (h) est de l'ordre de 12 à 15 cm ; le giron (g) est compris entre 27 et 41 cm.

4.1.1.4. La contremarche

La contremarche est la partie verticale vue qui ferme l'escalier en reliant la partie arrière de la marche inférieure à la partie avant de la marche supérieure.

4.1.1.5. Le limon

Le limon est un élément latéral qui forme une séparation nette entre les marches de l'escalier et le terrain naturel.

4.1.1.6. La volée

La volée est formée par l'ensemble des marches comprises entre deux paliers successifs. Droite ou courbe, en principe, elle comprend de 10 à 15 marches.

Au-delà, il est nécessaire de prévoir un palier de repos entre chaque volée.

4.1.1.7. Le palier

Le palier est une plate-forme placée en extrémité de la volée : palier de départ, palier d'arrivée, palier intermédiaire entre deux volées consécutives.

4.1.1.8. Le garde-corps

Le garde-corps est l'élément de sécurité contre les chutes dès que la hauteur est supérieure à 1 mètre. Plein ou ajouré, il doit respecter la norme NF P 01-012 – *Dimensions des garde-corps – Règles de sécurité relatives aux dimensions des garde-corps et rampes d'escaliers*. Formé d'une simple lisse placée à 0,90 m du nez des marches, il constitue une aide précieuse pour les personnes handicapées.

4.1.2. La configuration des escaliers

La configuration des escaliers est adaptée à la forme et au relief du terrain dans lequel ils viennent s'insérer (photo 7.18). Lorsque la pente est faible, ils sont de forme droite, bâtis en suivant la pente du terrain, les marches étant calculées en conséquence. Ils peuvent également avoir une forme courbe, venant s'appuyer contre un muret de soutènement paysagé ou non. Sur de grandes longueurs, il est recommandé de placer une main courante sur l'un des côtés ou au milieu si l'emmarchement le permet (fig. 7.49).

Dans les terrains accidentés, les escaliers sont constitués par une ou plusieurs volées placées selon une direction faisant un certain angle avec la ligne de plus grande pente. Nécessitant des terrassements importants, le talus est maintenu par un mur de soutènement. Dès que la dénivellation excède une hauteur d'un mètre, un garde-corps assure la protection contre les chutes.

Les escaliers à « pas d'âne » sont constitués par des marches dont le giron est de grande dimension, de 0,60 à 1 m, et de petite hauteur, de 5 à 10 cm (photo 7.19). Ils permettent le franchissement de faibles déclivités.

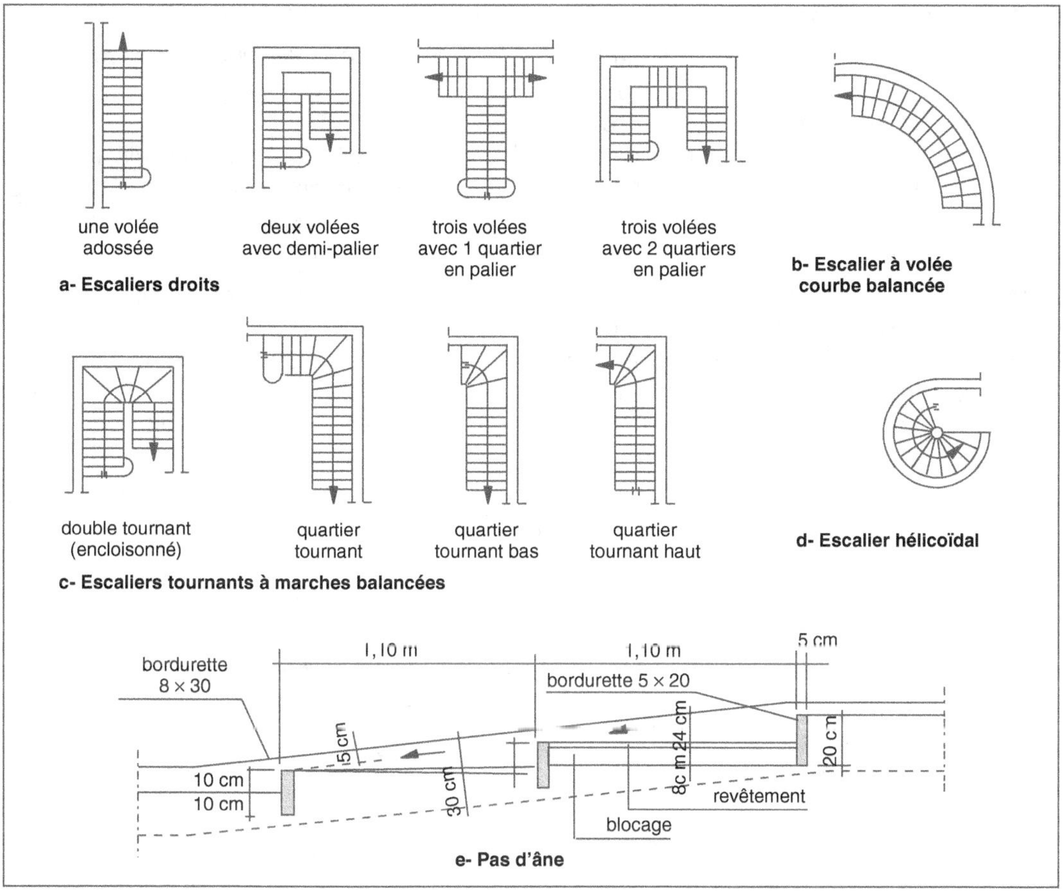

une volée adossée
deux volées avec demi-palier
trois volées avec 1 quartier en palier
trois volées avec 2 quartiers en palier
a- Escaliers droits
b- Escalier à volée courbe balancée
double tournant (encloisonné)
quartier tournant
quartier tournant bas
quartier tournant haut
c- Escaliers tournants à marches balancées
d- Escalier hélicoïdal
bordurette 8 × 30
1,10 m
1,10 m
5 cm
bordurette 5 × 20
5 cm
30 cm
10 cm
10 cm
8c m 24 cm
20 cm
revêtement
blocage
e- Pas d'âne

Fig. 7.49 • *Typologie d'escaliers.*

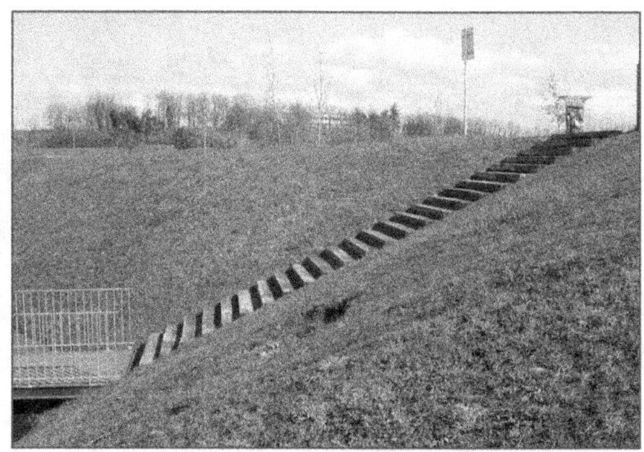

Photo 7.18 • *Escalier en bois construit dans la pente du terrain.*

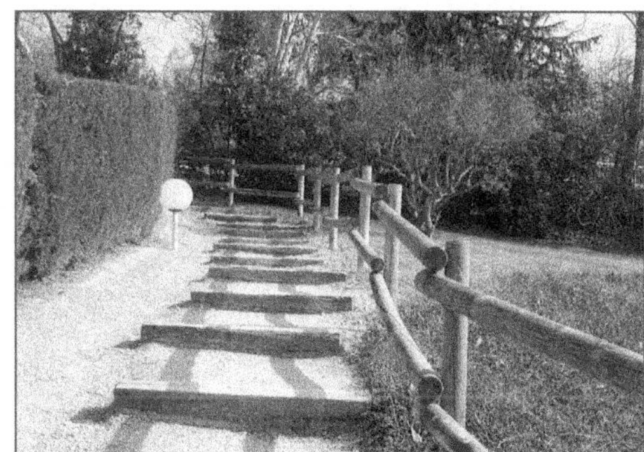

Photo 7.19 • *Escalier à pas d'âne.*

4.1.3. La composition des escaliers

La composition des escaliers est la suivante : les fondations, la structure porteuse, le revêtement de surface, le limon et le garde-corps éventuel (fig. 7.50). Ces éléments sont mis en œuvre après l'exécution des terrassements.

4.1.3.1. Les fondations

Les fondations sont de type radier armé d'un treillis soudé, coulé sur un hérisson ou un béton de propreté. Compte tenu de la pente, elles sont bloquées par des redans ou des bêches.

4.1.3.2. La structure porteuse

La structure porteuse repose directement sur les fondations. Elle est constituée selon le matériau employé :

- par une paillasse en béton coulé, en place ou préfabriquée, dont la partie supérieure est une succession de degrés qui forment les marches ;

- par une succession de pierres taillées à la demande ;

- par un blocage en grave compactée arrêtée par les contremarches ; celles-ci étant réalisées en béton ou en bois (rondins ou madriers).

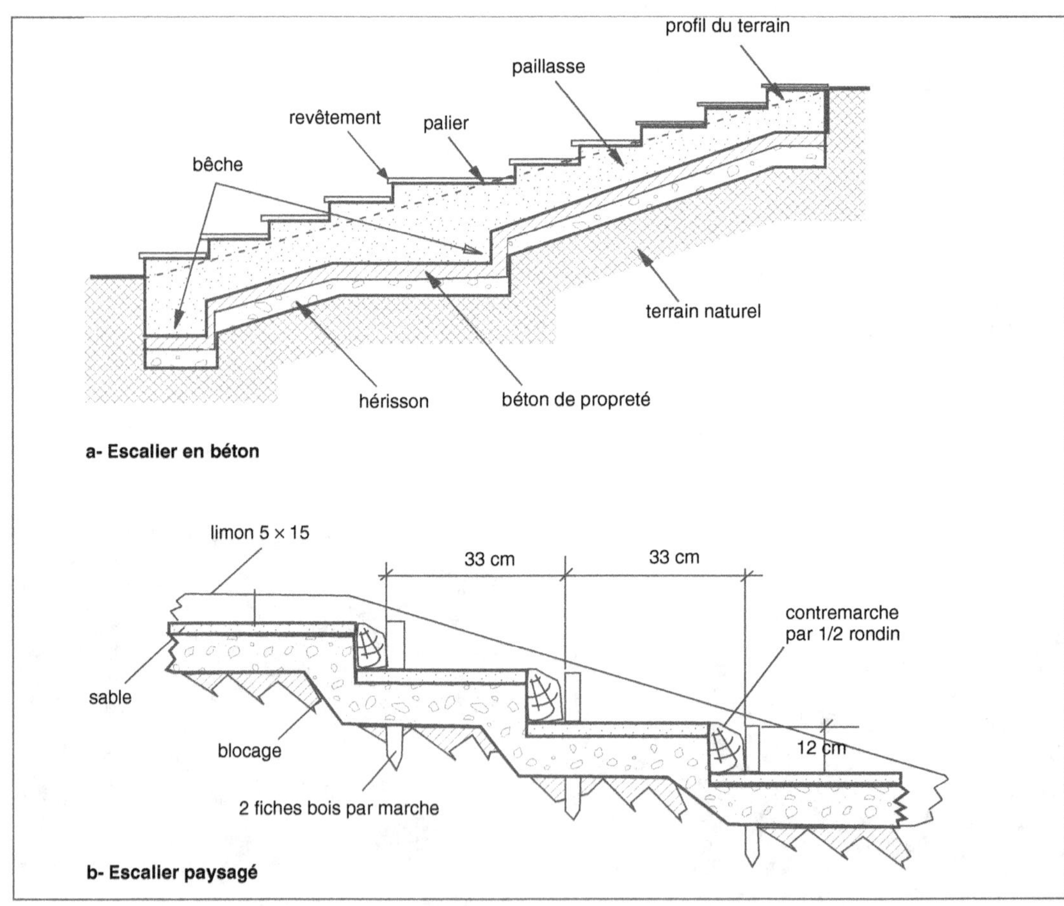

Fig. 7.50 • *Composants d'un escalier.*

4.1.3.3. _Le revêtement de surface_

Lorsque l'escalier est en béton, le revêtement de surface est soit une chape en béton balayé incorporée lors du coulage, soit un revêtement rapporté non gélif : pavés en béton, dalles de pierre, carrelage, etc. Dans ce dernier cas, une réserve est prévue pour permettre la pose du revêtement. Les intempéries, la pluie en particulier, ne doivent pas le rendre glissant. La surface de la marche a une légère pente afin d'éviter toute rétention d'eau et d'en assurer l'écoulement.

Pour les escaliers à « pas d'âne », le revêtement est généralement le même que celui des allées dont ils sont le prolongement : sable ou gorre compacté, matériaux enrobés…

4.1.3.4. _Le limon_

Le limon est formé par un muret coulé en place (fig. 7.51) ou par une bordurette préfabriquée qui suit la pente de l'escalier ou par une série de redans.

Conçu à cet effet, il peut recevoir une couvertine en pierre. Lorsqu'aucun limon n'est prévu, les degrés de l'escalier sont situés légèrement au-dessus du terrain avoisinant.

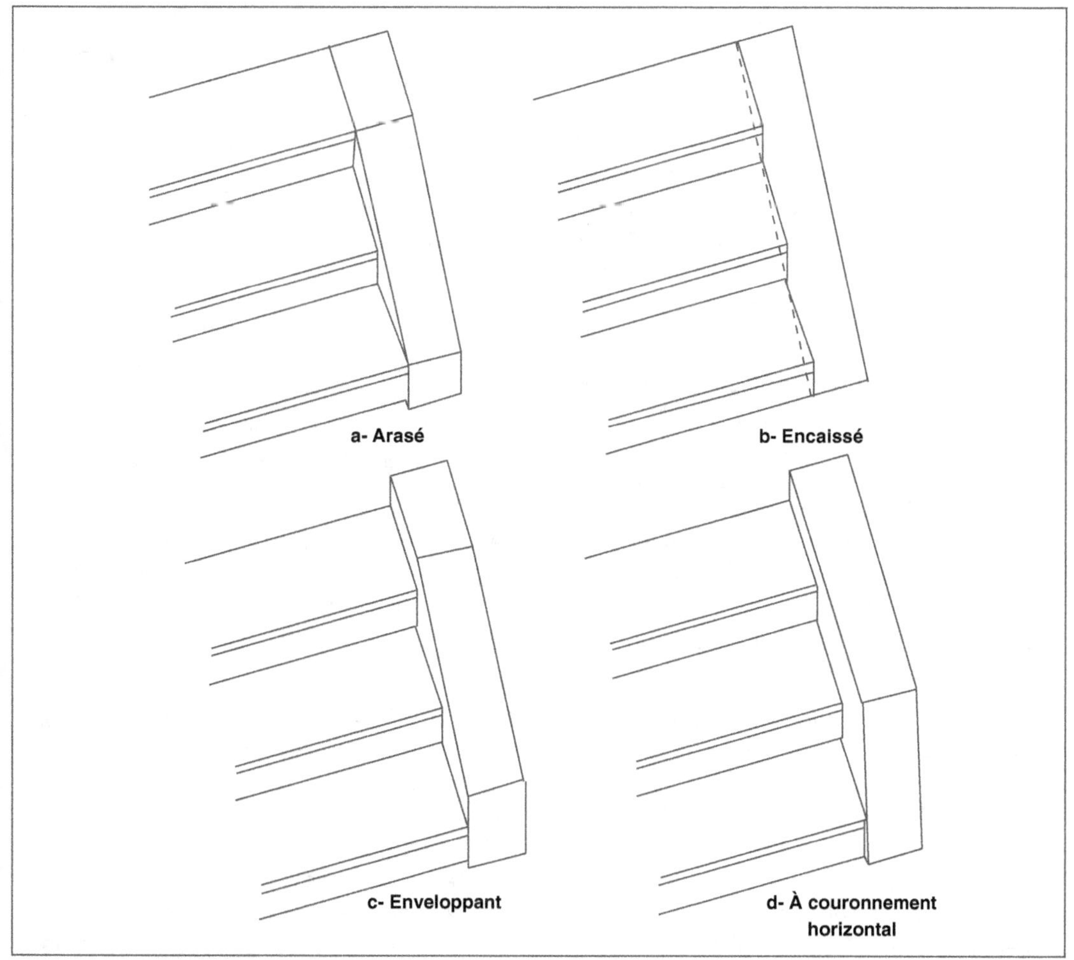

Fig. 7.51 • _Différents types de limons maçonnés._

4.1.3.5. *Le garde-corps*

Le garde-corps est mis en œuvre sur le limon ou sur une murette Il est réalisé en bois, en métal, en acier prélaqué ou en aluminium anodisé. Il comprend une lisse haute et une lisse basse fixées sur des potelets régulièrement espacés. Le remplissage comporte soit des barreaux verticaux ou obliques, soit des panneaux ajourés ou pleins transparents en verre feuilleté ou en polycarbonate.

Le béton armé accentue l'aspect massif de l'escalier tandis que la pierre n'est employée qu'à titre anecdotique sur des sites protégés. Ils sont dessinés afin de répondre à la norme NF P 01-012.

4.2.   *Les rampes*

Les rampes assurent une bonne continuité des cheminements piétonniers lorsque la pente n'excède pas 10 à 15 %. Réalisées transversalement par rapport à la pente du terrain, elles nécessitent quelques travaux de terrassement, le remodelage des terres et la construction de murets de pied de talus.

Leur composition est identique à celle des voies piétonnes décrites au paragraphe 10.3, chapitre 4. Toutefois, afin d'éviter une détérioration rapide due au ruissellement de l'eau de pluie, le revêtement superficiel est constitué de préférence avec des matériaux offrant une bonne résistance à l'arrachement. De plus, le choix se porte sur des matériaux suffisamment rugueux pour ne pas être glissants lorsqu'ils sont mouillés.

Les rampes sont bordées par un muret côté amont et par des bordurettes côté aval. Celles-ci sont posées en laissant un espace libre régulier, de manière à permettre l'écoulement des eaux de ruissellement. Lorsqu'elles sont empruntées par des personnes à mobilité réduite, les rampes font l'objet de dispositions particulières étudiées au paragraphe 10.5, chapitre 4, p. 185.

4.3.   *Les gradins*

Les gradins sont aménagés lors de la création de points de rassemblement ou de théâtres de verdure. Bénéficiant de la déclivité du terrain, ils nécessitent une mise en forme de celui-ci, sensiblement semi-circulaire ou ovale. Réalisés en béton sur une fondation, leur surface peut rester brute ou recevoir un revêtement en bois traité. Leurs dimensions sont telles que les personnes assises ne gênent pas la circulation (fig. 7.52). Des escaliers judicieusement disposés permettent d'y accéder aisément.

5. *Les aires de jeux et les terrains de sports*

Les aires ou les plaines de jeux et les terrains de sports regroupent un ensemble d'espaces aménagés pour les activités collectives ou individuelles pratiquées en extérieur par les enfants, les adolescents et les adultes, telles que les sports et les loisirs.

Elles comprennent également des zones réservées aux jeux des jeunes enfants. Selon leur vocation, elles sont dimensionnées et dotées de tous les équipements nécessaires. Des mouvements de terre sont créés afin de les agrémenter.

Leur superficie varie en fonction de leur destination et de leur localisation, qu'elles soient conçues dans des ensembles d'habitation, en zones périurbaines ou à l'écart des villes.

C'est ainsi que les terrains dédiés aux sports collectifs nécessitent une superficie plus ou moins importante selon qu'ils sont homologués ou non pour accueillir des compétitions nationales ou internationales. Il n'en est plus de même pour les aménagements de quartier, les terrains d'entraînement ou de jeux qui doivent cependant respecter certaines normes.

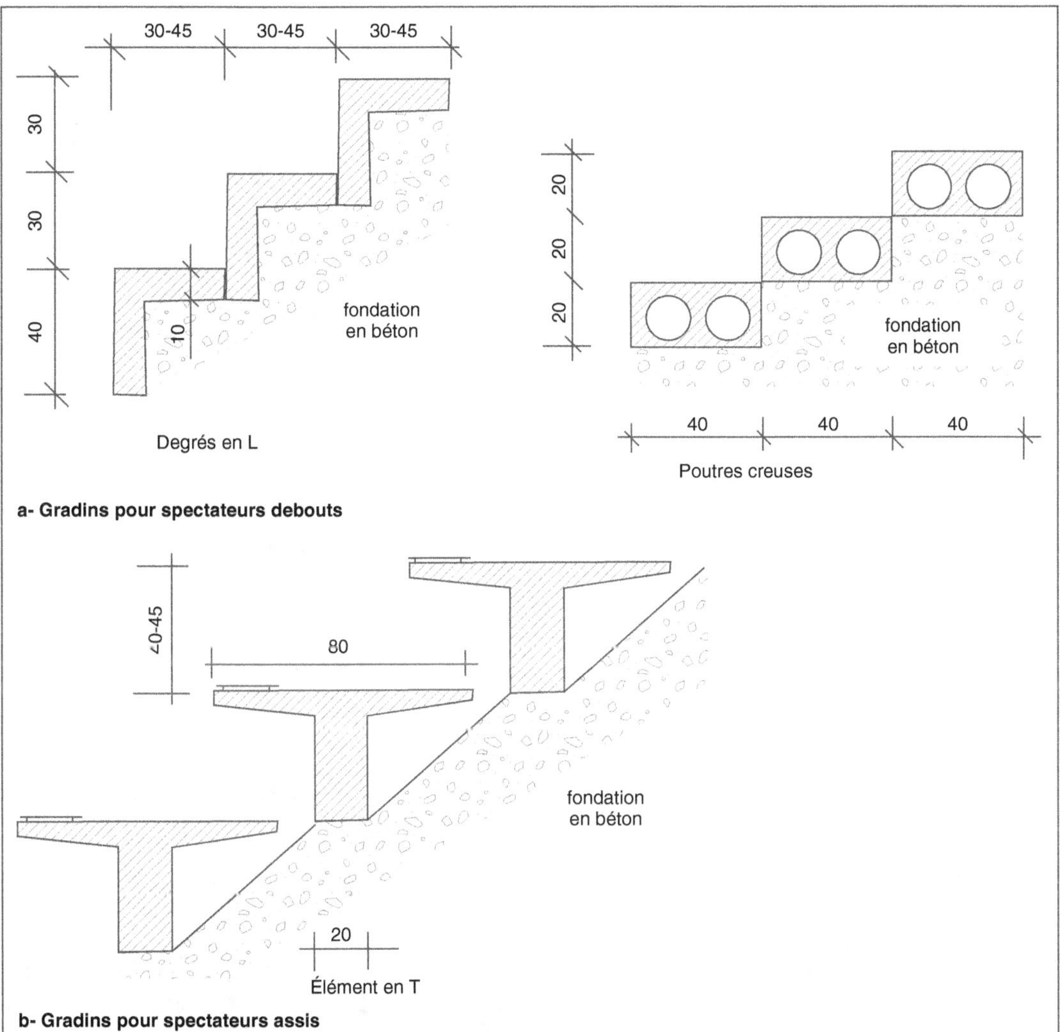

Fig. 7.52 • *Gradins en éléments préfabriqués en béton armé.*

5.1. Les plaines de jeux et de loisirs

Les plaines de jeux et de loisirs sont des aménagements implantés à proximité des zones urbanisées ; elles viennent compléter les équipements urbains. Espaces de plein air, elles couvrent de grandes superficies où il est possible de s'adonner à de nombreuses activités encadrées ou non : sportives, scolaires ou ludiques. Toutes les générations peuvent s'y côtoyer, ce qui impose le respect de quelques règles acceptées par l'ensemble des utilisateurs.

Situées dans des zones plus ou moins boisées, elles bénéficient de facilités d'accès pour les transports en commun, pour les voitures qui doivent disposer d'aires de stationnement en périphérie, pour les cyclistes et les piétons (fig. 7.53).

Dans la mesure du possible, les terrains sableux sont préférés aux terrains argileux

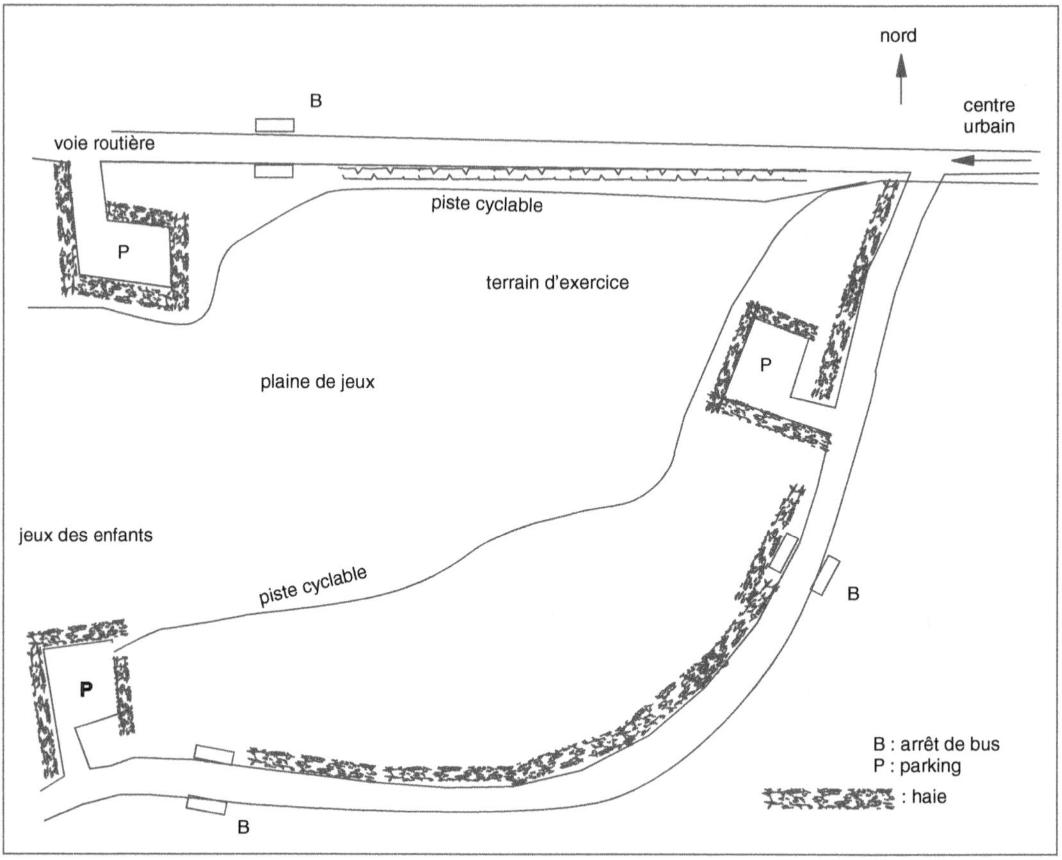

Fig. 7.53 • *Plaine de jeux – Accès.*

qui nécessitent des travaux importants de drainage. Pour être efficaces, ceux-ci sont réalisés après la phase de terrassement et comprennent la mise en place d'un géotextile, de tranchées drainantes régulièrement réparties et d'une couche drainante (photo 7.20). L'eau d'infiltration est collectée en périphérie de la zone concernée, puis rejetée vers un exutoire.

De formes souples, les plaines de jeux s'intègrent parfaitement dans le paysage. Les zones d'activité sont séparées par des haies et des espaces boisés ou floraux qui atténuent la rigidité des grands terrains de sports (fig. 7.54).

Après avoir effectué les études géotechniques nécessaires et défini les caractéristiques

Photo 7.20 • *Réalisation de tranchées drainantes sur la plate-forme de terrain de sports.*

du projet d'aménagement, les travaux comprennent les phases suivantes :

– le retroussement de la terre végétale et son stockage en vue de son réemploi ;

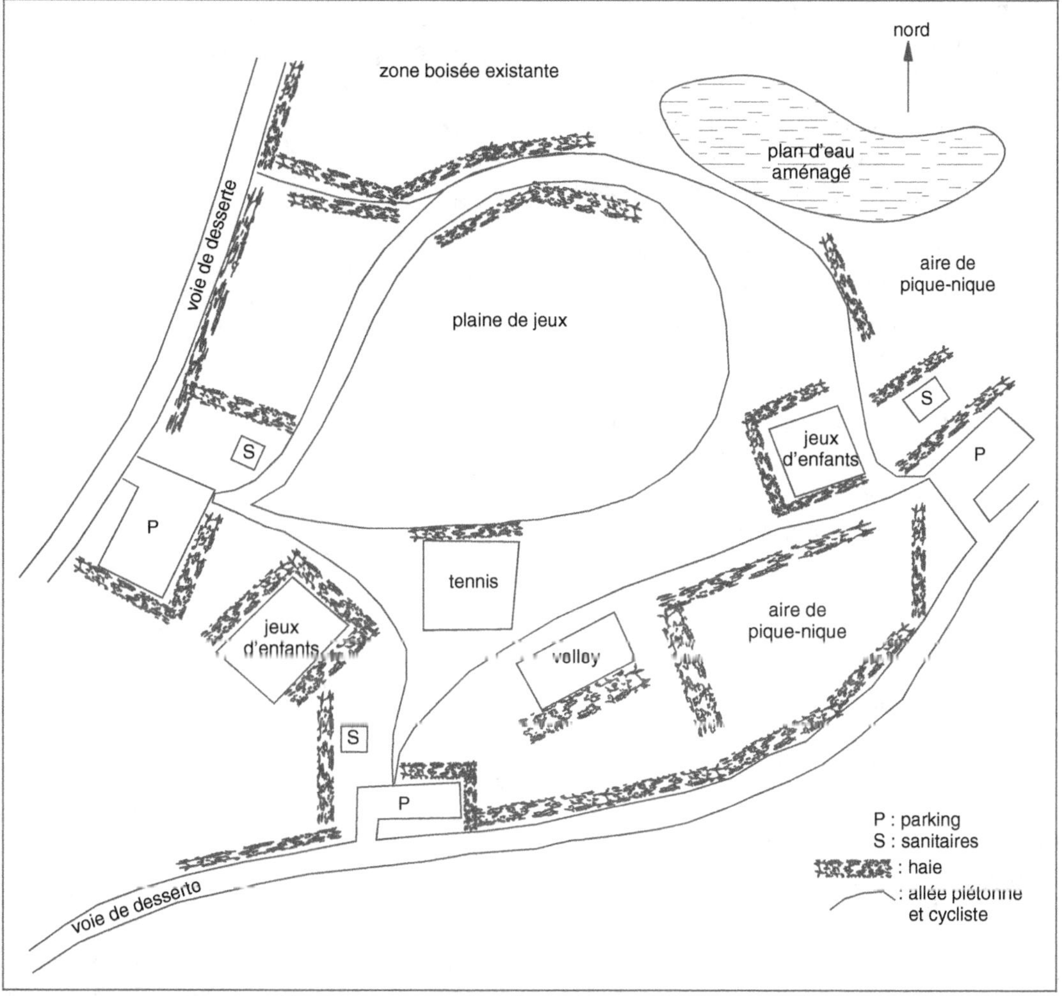

Fig. 7.54 • *Projet d'aménagement d'une plaine de jeux.*

– le remodelage du terrain afin d'éviter les grandes plaines plates et les travaux de terrassement correspondants ;

– un drainage éventuel des zones argileuses ;

– la reconstitution des sols adaptés à chacune des activités :

• aires gazonnées pour les jeux de ballon, les zones de repos ou de pique-nique ;

• aires stabilisées pour les jeux de ballon pratiqués de manière intensive, les jeux de boules, etc. ;

• allées stabilisées pour les cyclistes, pour les sentiers réservés aux piétons et au footing ou pour le parcours de santé ;

• aires sablées sous certains équipements tels que les murs d'escalade, les téléphériques, ou les jeux : toboggan, balançoires, etc.

• allées sablées pour les cavaliers ;

• pistes en béton ou en matériaux enrobés pour les rollers ;

• voies d'accès réservées aux engins d'entretien, disposant d'une fondation plus résistante et d'un revêtement à

493

base de produits bitumineux, de béton ou d'éléments alvéolés de type béton-gazon ou en résine synthétique.

D'une manière générale, les différentes aires disposent d'une pente suffisante pour ne pas occasionner de rétention d'eau et assurer le bon écoulement des eaux de ruissellement. Les revêtements sont choisis en fonction des paramètres suivants :

- la sécurité afin d'éviter les chutes et leurs conséquences de blessures plus ou moins graves ;
- la souplesse et l'élasticité pour répondre au mieux à la pratique des exercices ;
- la réponse apportée aux utilisateurs en leur évitant un blocage brutal ou, à l'inverse, un effet de glisse sous l'action de la pluie ;
- l'importance des surfaces à couvrir ;
- le coût d'investissement ;
- la durabilité et l'entretien.

Trois qualités de revêtement sont couramment retenues.

Revêtement minéral tel que matériaux enrobés, béton ou sable stabilisé, sur une couche de fondation et une de réglage pour des aires d'entraînement, des pistes ou des allées.

Revêtement végétal, à base de pelouse ou de gazon pour de grandes superficies ou pour les sports exigeant des terrains de grandes dimensions.

Revêtement synthétique tel que le gazon synthétique sablé ou non pour les aires de jeux ou d'entraînement (photo 7.21).

Des bouches d'arrosage pour le gazon, ou de lavage pour les autres sols sont prévues à proximité.

Par le jeu de leur nature et de leur couleur, ces revêtements permettent de rompre la monotonie des lieux. Les allées piétonnes et les pistes cyclables, par leurs teintes vives,

Photo 7.21 • *Aire de jeux en gazon synthétique.*

recoupent les surfaces en pelouse. Le mobilier urbain et la signalétique accentuent encore la diversité des aménagements.

Le parcours de santé correspond à l'aménagement d'un circuit dans un secteur ombragé où sont regroupés plusieurs équipements. Ceux-ci sont placés à différentes hauteurs afin de les rendre accessibles aux enfants, aux adolescents et aux adultes : barres fixes, barres parallèles, portiques à anneaux, échelles de suspension, poutres d'équilibre, espaliers, haies à sauter, slalom, barres d'étirement… (fig. 7.55).

La longueur du parcours est de l'ordre de 1 500 m. Les équipements sont disposés sur le côté du parcours et espacés de 150 m environ. Le sol est constitué d'une grave argileuse compactée suffisamment souple, une pente latérale assurant l'écoulement des eaux de ruissellement. Au droit des exercices, une aire sablée permet d'amortir les chutes. Cet aménagement exige un entretien constant.

Les plantations jouent un rôle important dans l'aménagement des plaines de jeux et, plus particulièrement, dans leur intégration à l'environnement. Une étude du cadre paysagé est effectuée qui détermine les espèces végétales à retenir pour remplir ce rôle. Plusieurs paramètres sont pris en compte :

- la nature du sol et ses caractéristiques géologiques ;

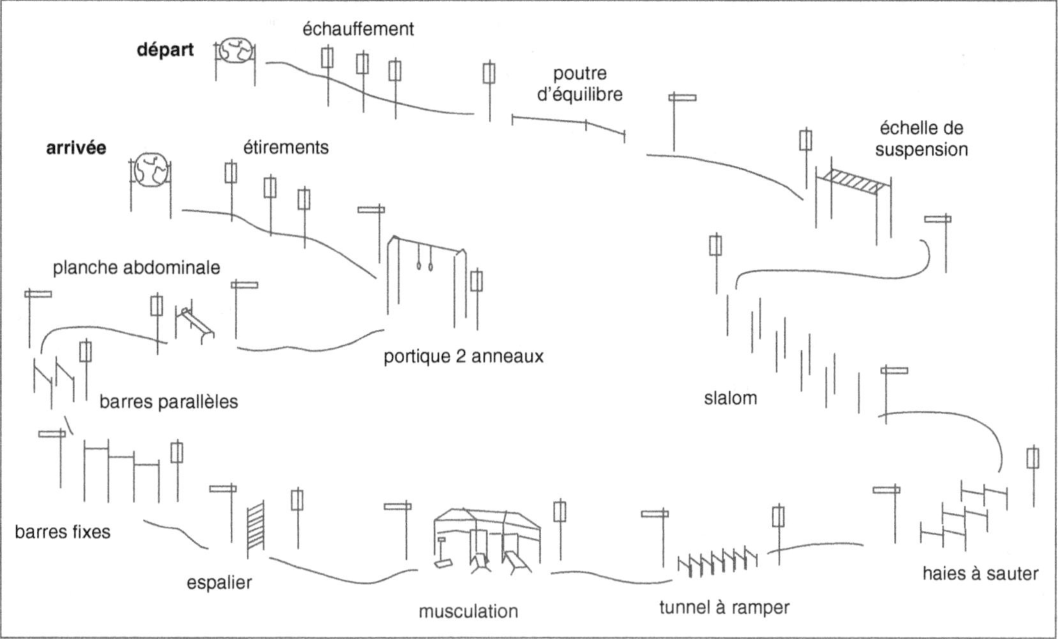

Fig. 7.55 • *Parcours de santé.*

– la nature du feuillage, caduc ou persistant ;

– le rôle fonctionnel des plantations : écrans visuels, écrans contre le vent, tenue des talus, haies défensives ;

– les végétaux à éviter soit parce qu'ils peuvent détériorer les revêtements de sol, soit parce qu'ils présentent un danger de toxicité par leur nature ou par leurs fruits ;

– la période de plantation.

Les arbres à hautes tiges dont les racines superficielles provoquent des soulèvements de sol ne sont pas plantés à proximité des terrains de sports. Ils sont également éloignés des zones de drainage pour que les racines, attirées par l'humidité, ne viennent pas colmater les canalisations.

Des bâtiments sont implantés, pouvant abriter des locaux d'accueil et d'informations, des locaux sanitaires, un poste de secours, une infirmerie ainsi que des locaux ouverts pour recevoir des groupes. Ils complètent ce type d'aménagement et améliorent la sécurité et le confort des utilisateurs.

5.2. Les terrains de sports

Les terrains de sports doivent répondre à des cahiers des charges précis établis par les fédérations sportives, tant pour les surfaces que pour les équipements complémentaires (vestiaires, point d'accueil, billetterie, etc.). Une orientation, de préférence nord-sud, évite aux joueurs d'être éblouis par le soleil.

Ces terrains exigent des superficies variables en fonction de la nature du sport et des catégories dans lesquelles les terrains sont classés (tab. 7.7). Les grands terrains où sont pratiqués football et rugby, comprenant une aire de jeux et une zone de dégagement, ont une surface de 7 000 à 10 000 m^2. D'autres terrains requièrent des surfaces moins importantes – de 360 m^2 pour le volley-ball à 1 000 m^2 pour le hand-ball. Les terrains d'entraînement sollicitent des surfaces plus faibles (photo 7.22).

NATURE DU SPORT	AIRE DE JEU (m)	EMPRISE COMPRIS EN BUT (m)	EMPRISE TOTALE COMPRIS DÉGAGEMENT (m)	SURFACE TOTALE (m²)
Football [1]				
Catégorie A	105×68	–	110 à 117×73	8 030 à 8 541
Catégorie B	100×65	–	105 à 112×70	7 530 à 7 840
Catégorie C	100×60	–	105 à 112×65	6 825 à 7 280
À sept	50 à 75×45 à 55	–	–	
Rugby				
à XV	95 à 100×66 à $68,57$	115 à 125×66 à $68,57$	122 à 132×73 à $75,57$	8 906 à 9 975,24
à XIII	95 à 100×65 à $68,57$	107 à 122×66 à $68,57$	114 à 129×72 à $75,57$	8 208 à 9 748,53
Hockey	$91,40 \times 55$	–	$99,40 \times 59$	5 864,60
Hand-ball	40×20	–	44×22 à 24	968 à 1 056
Basket-ball	28×15	–	32×19	608
Tennis [2]	$23,77 \times 10,97$	–	$34,75 \times 17,50$	608,13
Volley-ball	18×9	–	24×15	360
Boule lyonnaise	$27,50 \times 2,50$ à 4	–	$27,50 \times 3,50$ à 5	97 à 138

(1) : Catégorie A : 1re et 2e divisions.
Catégorie B : 3e et 4e divisions.
Catégorie C : autres terrains de football.
(2) : Les terrains de tennis sont orientés de préférence nord-sud afin d'éviter l'éblouissement des joueurs.

Tab. 7.7 • *Dimensions des terrains de sports.*

Photo 7.22 • *Terrain d'entraînement multi-sports.*

Les revêtements de surface sont adaptés au type de sport pratiqué : matériau enrobé, béton, sol stabilisé, sol végétalisé (gazon), sol synthétique.

Les gazons sont semés sur le substrat, couche de terre végétale exempte de cailloux, tamisée et amendée si nécessaire, d'une épaisseur de l'ordre de 17 à 25 cm. Cette couche est régalée sur une couche drainante et le sol support. Ils peuvent également être précultivés et apportés sur le terrain sous forme de plaques de gazon d'une épaisseur de 20 mm ou de pavés de gazon de 40 mm d'épaisseur.

Les revêtements minéraux ou synthétiques sont réalisés sur une couche de fondation non compressible, une couche drainante éventuelle et une couche intermédiaire empêchant la migration des éléments fins du matériau de surface. Leur épaisseur dépend de la nature du sol sous-jacent et de ses qualités de portance. Le gazon synthétique est un complexe comprenant une couche de souplesse apportant un confort dans l'exercice des sports et un revêtement superficiel constitué d'une moquette synthétique sablée ou non.

Des pentes sont prévues en surface afin de rejeter les eaux de ruissellement vers l'extérieur. Elles ne doivent pas occasionner une gêne au bon déroulement du jeu. En principe, les grands terrains sont en forme de pointe de diamant ; les terrains moyens en forme de toit ; alors que les petits terrains peuvent avoir une pente unique (fig. 7.56). En rive, la collecte des eaux se fait avec une cunette ou à l'aide d'une tranchée drainante raccordée au réseau d'évacuation.

L'éclairage des terrains de sports est un équipement complémentaire qui est de plus en plus répandu. Il répond à certains besoins :

– la pratique du sport et de l'entraînement en nocturne ;

– la qualité de l'environnement ;

– l'amélioration de la sécurité.

Toutefois, il convient de chercher des solutions économiques tant au niveau de l'investissement que pour les coûts d'entretien et d'exploitation. Ce point a été traité au chapitre 6, paragraphe 6.2.3, p. 402.

5.3. Les jeux des enfants

Les jeux des enfants équipent les plaines de jeux, les terrains de proximité et les écoles maternelles ou les crèches. À usages collectif ou individuel, ils sont multiples et variés ;

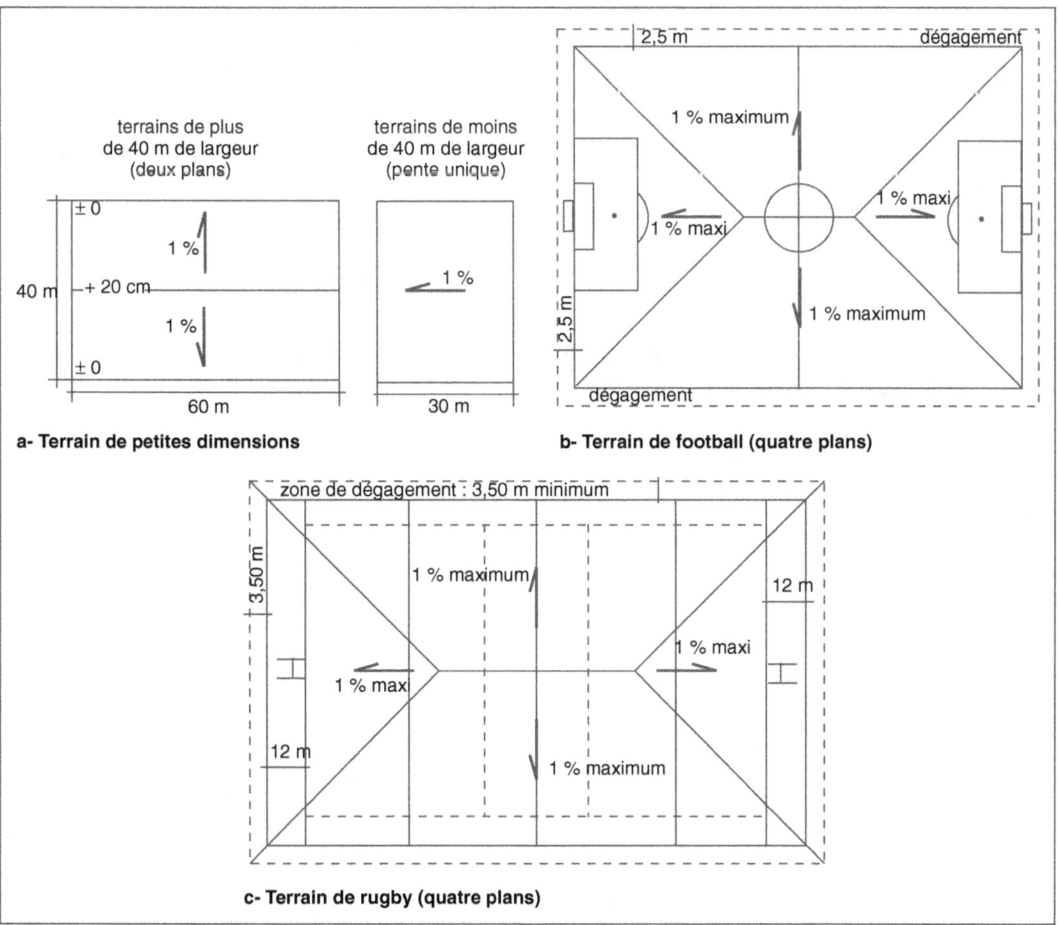

Fig. 7.56 • *Pente des terrains de sport.*

leur rôle étant d'assurer l'éveil. Leur construction suit quelques règles dont le but essentiel est d'assurer la sécurité des utilisateurs, quel que soit leur âge. L'industriel doit donc préciser à quelles tranches d'âge sont destinés les jeux.

Parmi ces règles il faut considérer celles qui concernent les sols des aires de jeux, celles qui s'appliquent d'une manière générale à l'ensemble des jeux, celles qui sont spécifiques aux différents types d'équipement. Elles font l'objet des normes :

– NF EN 1176-1 à 7, *Équipements d'aires de jeux – Exigences de sécurité et méthodes d'essai générales et spécifiques.*

– NF EN 1177 – *Revêtements d'aires de jeux absorbant l'impact – Exigences de sécurité et méthodes d'essai.*

Les accidents qui se produisent sur les aires de jeux sont d'origine très diverse : que ce soit par chute ou par utilisation du matériel. Les accidents les plus graves sont ceux qui touchent la tête, raison pour laquelle l'accent a été mis sur la qualité des matériaux – meubles ou non – constituant les revêtements de sol.

L'indice HIC *(head index critesis)* a été établi en fonction de valeur critique de blessures à la tête. Il détermine l'épaisseur du matériau selon sa qualité, afin de répondre à des chutes de hauteur donnée ; la propriété fondamentale étant d'atténuer la violence de l'impact. Ces notions conduisent à prévoir au droit des équipements, sur une surface déterminée, la surface de jeu, un matériau ayant les qualités requises (fig. 7.57 et tab. 7.8).

Au-dessous d'une hauteur de chute de 0,60 m, aucune caractéristique ni contrôle spécifique d'amortissement ne sont exigés. Toutefois, les matériaux comme le béton, l'asphalte ou le béton bitumineux ne peuvent être utilisés dans la zone d'impact de l'équipement ; surface qui peut être heurtée par l'enfant à la suite de sa chute.

Les appareils, eux-mêmes, présentent un certain degré de dangerosité. Il est admis de les classer en trois catégories.

Équipements peu dangereux : bacs à sable, cabanes, filets à grimper et cages à écureuil d'une hauteur inférieure à 2 mètres.

Équipements moyennement dangereux : filets à grimper et cages à écureuil d'une hauteur supérieure à 2 mètres, toboggans intégrés au relief, portiques pour agrès, petits manèges à plateau tournant, etc.

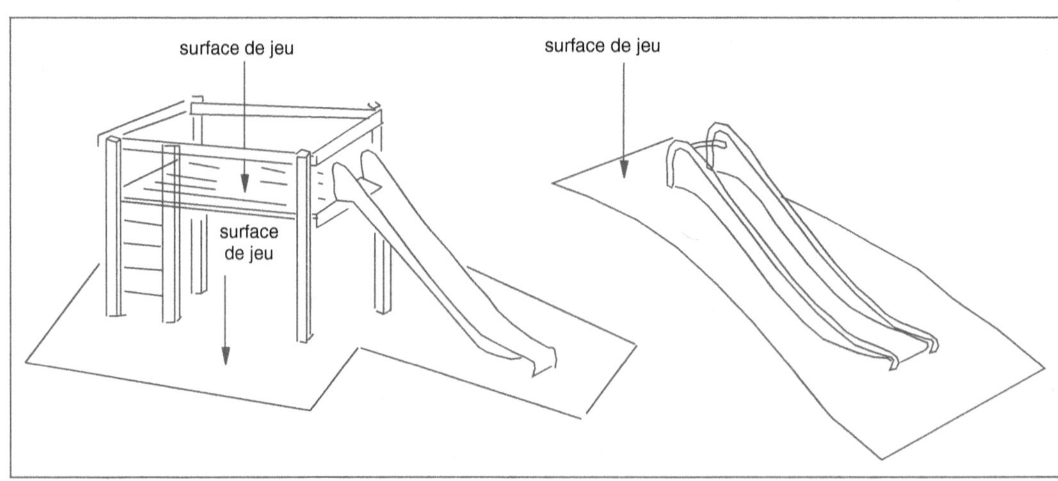

Fig. 7.57 • *Notion de surface de jeux selon l'équipement.*

Matériau [1]	Description	Épaisseur minimale (m)	Hauteur de chute maximale (m)
Gazon		–	≤ 1,00
Terreau naturel		–	≤ 1,00
Fragments d'écorce	Granulométrie comprise entre 20 et 80 mm	0,30	≤ 3,00
Copeaux de bois	Granulométrie comprise entre 5 et 30 mm	0,30	≤ 3,00
Sable [2]	Granulométrie comprise entre 0,2 et 2 mm	0,30	≤ 3,00
Gravier [2]	Granulométrie comprise entre 2 et 8 mm	0,30	≤ 3,00
Autres matériaux	Selon essai HIC et selon hauteur critique admise après essai (EN 1 177)		

(1) : Les matériaux sont convenablement préparés pour l'usage en aire de jeu pour enfants.

(2) : Sable et gravier sans argile ni sédiments.

NB. La présence de revêtements de sols amortissant en contrebas des équipements ne lève pas pour autant l'obligation de les équiper de dispositifs de protection contre les chutes.

Tab. 7.8 • *Nature de matériaux atténuant l'impact lors d'une chute sur le sol.*

Équipements dangereux : toboggans, téléphériques, structures à mouvements, etc.

Tous ces équipements sont classés en fonction de l'âge des utilisateurs : jeux de 2 à 6 ans, jeux de 6 à 12 ans, etc. Ils ne peuvent être utilisés que sous la surveillance d'adultes responsables, parents ou personnel d'encadrement.

Ces appareils sont l'objet d'une grande surveillance tant en cours de fabrication que lors de leur pose.

Au stade de la fabrication, l'industriel doit vérifier la stabilité, la résistance mécanique des matériaux, l'accessibilité et la protection contre les chutes. Cette dernière est assurée soit par une ou plusieurs lisses, soit par un garde-corps. Il précise la classe d'âge d'utilisation.

Des gabarits indiquent les vides maxima à réserver entre les barreaux et les parties pleines afin d'éviter les risques d'accident. Les matériaux utilisés couramment sont le bois, le métal, les résines synthétiques. Il faut veiller qu'ils ne présentent pas d'arêtes vives et qu'ils ne produisent pas d'échardes, de bavures ou d'aspérités occasionnant des blessures. Lorsqu'ils sont peints, les produits utilisés ne doivent pas être toxiques. Enfin, les assemblages des composants sont effectués de sorte qu'ils ne puissent être démontables sans un outillage approprié. En outre, ils doivent éviter tout risque de pincement des doigts et de coincement des membres ou des vêtements.

Au stade de la mise en place, il convient de contrôler que ces jeux disposent :
– d'un espace suffisant autour de chacun d'entre eux ;
– de fondations aptes à reprendre l'ensemble des efforts auxquels ils sont soumis ;
– de sols de réception adaptés aux hauteurs de chute éventuelle.

L'étendue de la surface d'impact est en liaison étroite avec la hauteur de chute. Lorsque celle-ci est au minimum de 0,60 m, la longueur minimale d'impact est de 1,50 m. Elle augmente dès que la hauteur de chute est supérieure à 1,50 m (fig. 7.58 et tab. 7.9).

La notion de hauteur de chute libre correspond à la plus grande distance verticale entre le support de l'équipement occupé par l'utilisateur et la surface d'impact située dessous. Elle est inférieure ou égale à la hauteur de l'équipement.

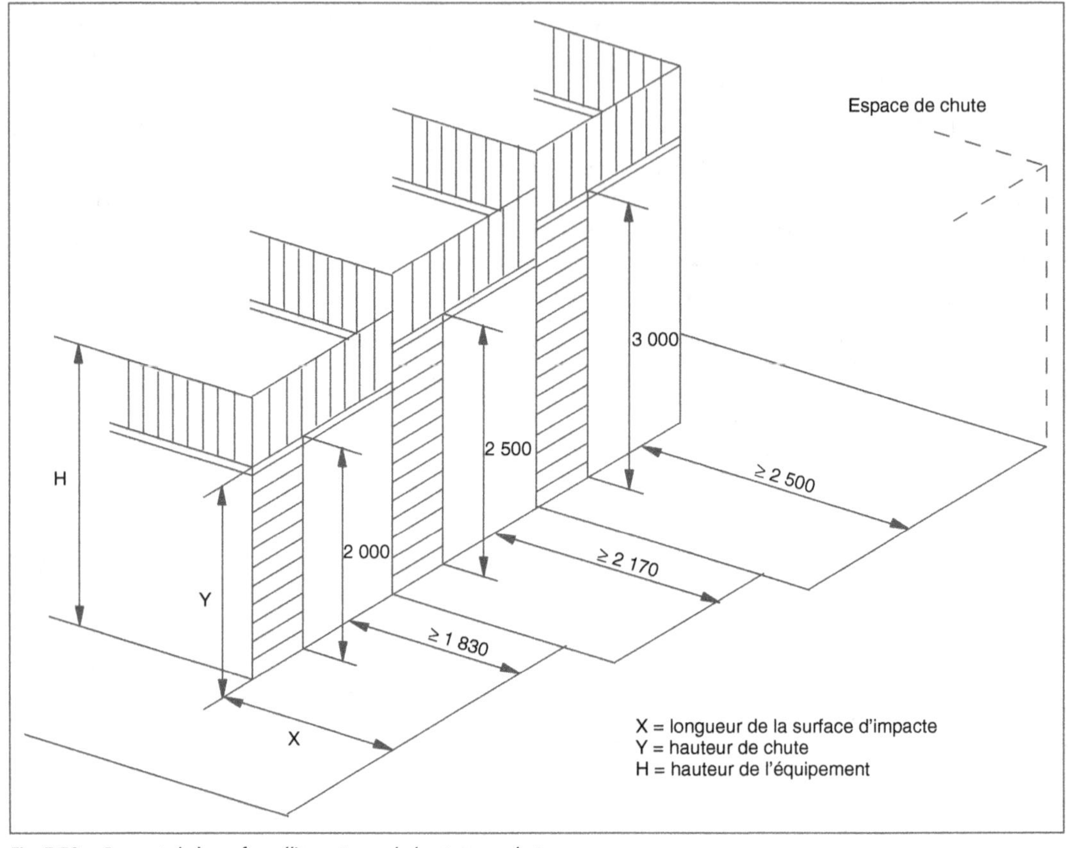

Fig. 7.58 • *Rapport de la surface d'impact avec la hauteur ou chute.*

HAUTEUR DE CHUTE LIBRE (m)	LONGUEUR DE LA SURFACE D'IMPACT (m)
1,500	1,500
2,000	1,830
2,250	2,000
2,500	2,170
2,750	2,330
3,000	2,500

Tab. 7.9 • *Longueur de la surface d'impact en fonction de la hauteur de chute libre.*

Pour un équipement déterminé, l'espace nécessaire à son utilisation est défini de la manière suivante (fig. 7.59) :

– l'espace occupé par l'équipement (Ee) correspond à l'emprise totale de celui-ci dans l'espace ;

– l'espace libre (El) est égal au volume occupé par l'utilisateur en mouvement ; il est défini par un cylindre ;

– l'espace de chute (Ec) est situé à l'intérieur, sur ou autour de l'équipement. Il peut être occupé par un utilisateur en train de tomber d'une partie de l'équipement située en hauteur ;

– l'espace minimal (Em) est celui qui est requis pour garantir la sécurité lors de l'utilisation de l'équipement ; il est donné par la formule :

$$Em = Ee + El + Ec$$

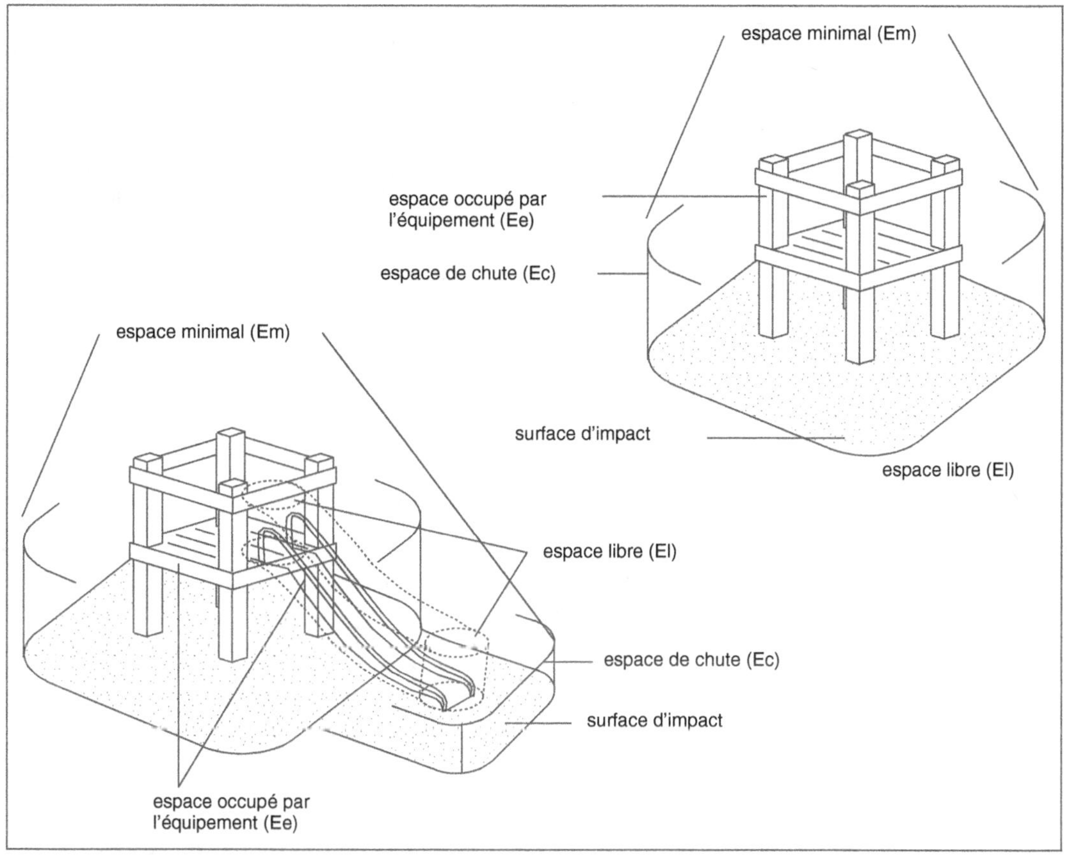

Fig. 7.59 • _Différentes notions d'espace d'un équipement._

La typologie des jeux distingue plusieurs catégories d'équipements (fig. 7.60) : les balançoires ; les toboggans ; les téléphériques ; les manèges et les tourniquets ; les équipements oscillants ; les structures pour grimper ; les structures complexes.

Ces équipements concernent les aménagements publics ou accessibles au public. Les équipements destinés aux particuliers suivent d'autres règles. Ils ne peuvent pas être installés dans les espaces publics. Tous ces appareils sont solidement ancrés dans le sol.

5.3.1. Les balançoires

Les balançoires sont des équipements mobiles suspendus en un ou plusieurs points, permettant le mouvement de l'utilisateur dans une ou plusieurs directions. Selon le mode de fixation, il faut distinguer plusieurs types de balançoires (fig. 7.61).

Les balançoires à un axe de rotation dont le ou les sièges, suspendus individuellement à une poutre horizontale, oscillent d'avant en arrière, perpendiculairement à cet axe.

Les balançoires à plusieurs axes de rotation dont le siège est suspendu à une ou plusieurs poutres horizontales, lui permettant d'osciller dans plusieurs directions.

Les balançoires à point de suspension unique dont le siège ou la plate-forme sur laquelle peuvent se tenir plusieurs utilisateurs, oscille dans toutes les directions.

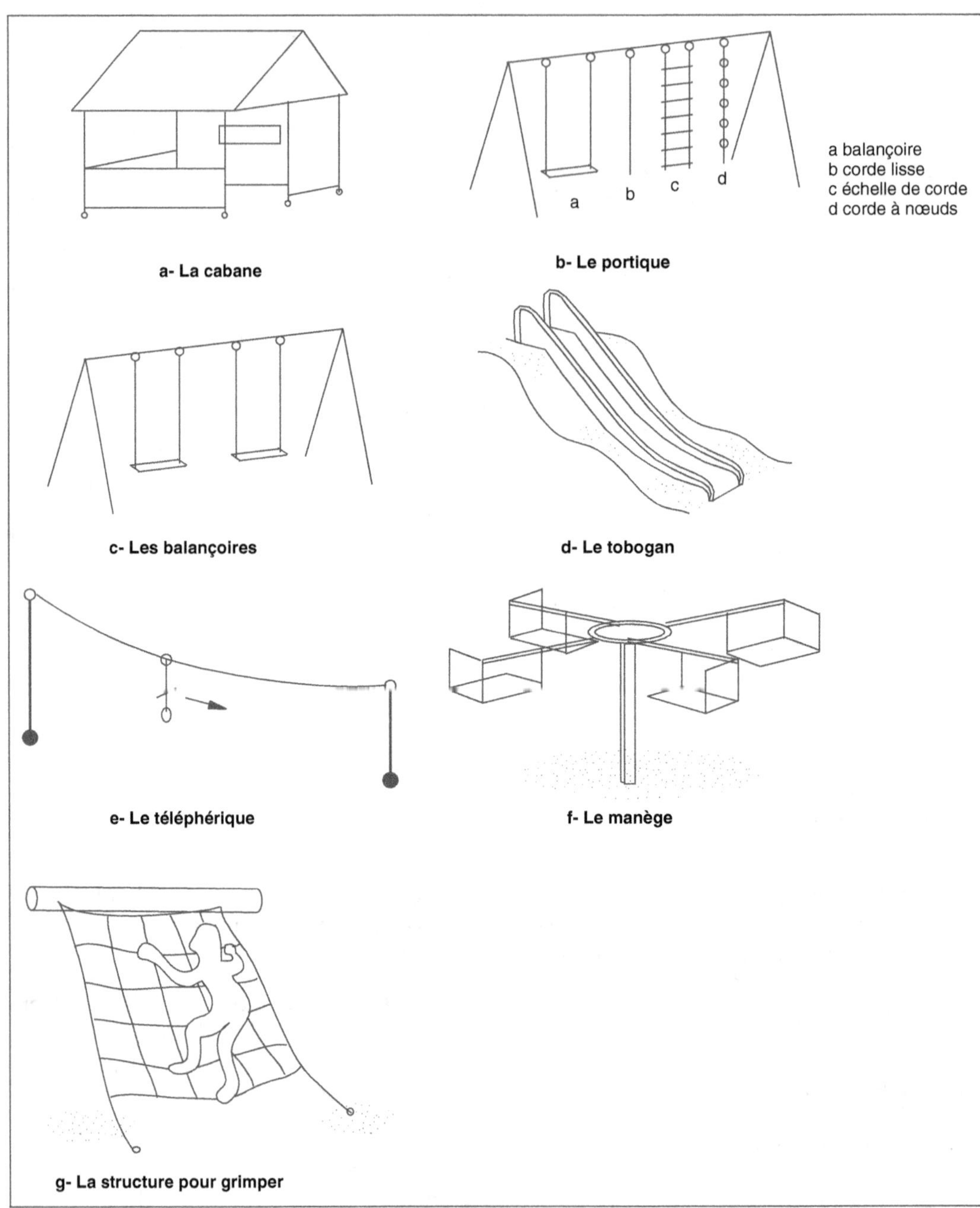

Fig. 7.60 • *Typologie des jeux.*

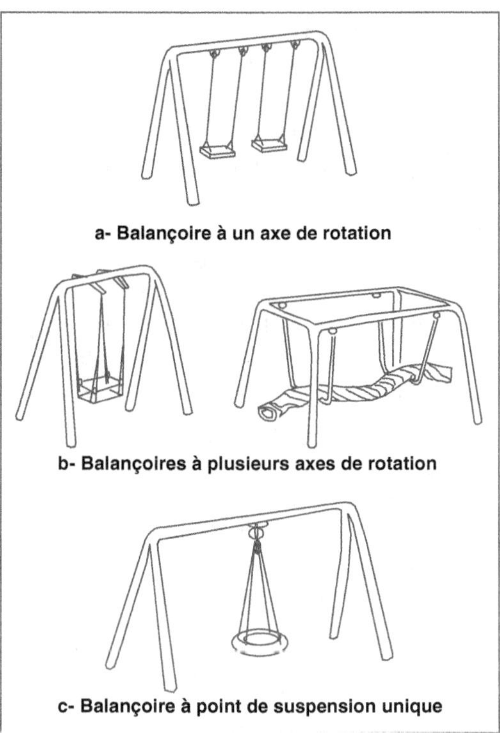

Fig. 7.61 • *Différents types de balançoires.*

Les exigences de sécurité sont différentes d'un modèle de balançoire à un autre. Pour éviter qu'un enfant ne se blesse en tombant sous le siège, la nature de celui-ci détermine la garde au sol minimale :

– inférieure à 350 mm pour les sièges souples ;

– égale à 350 mm pour les sièges des balançoires standard ;

– égale à 400 mm pour les sièges pneumatiques et les balançoires à point unique.

L'écartement (C) entre le siège et le portique varie selon la hauteur de la suspension (H), de même que la distance minimale (S) entre deux balançoires placées côte à côte (tab. 7.10). Les portiques qui supportent plus de deux balançoires sont divisés en travées comportant deux sièges au maximum. La stabilité du siège dans son axe de balancement est assurée par l'écartement (F) des points de suspension défini selon la largeur du siège (G) et la hauteur de suspension (H).

ÉCARTEMENT MINIMAL DES SIÈGES DE BALANÇOIRES C ET S	
Entre le côté du siège et le portique	$C \geq 20\ \% \times H + 200$ mm
Entre deux sièges juxtaposés	$S \geq 20\ \% \times H + 300$ mm
Exemples	

Longueur de la suspension (H)	Écartement minimal entre sièges et portique (C)	entre les sièges (S)
1,500 m	500 mm	600 mm
2,000 m	600 mm	700 mm
2,500 m	700 mm	800 mm
3,000 m	800 mm	900 mm

ÉCARTEMENT MINIMAL ET STABILITÉ DES SIÈGES DE BALANÇOIRES	
Entre les pivots de suspension	$F > = G + 5\ \% \times H$
Exemples	

Longueur de la suspension (H)	Largeur du siège (G)	Écartement minimal (F)
2,000 m	350 mm	450 mm
2,500 m	350 mm	475 mm
2,000 m	400 mm	500 mm
2,500 m	400 mm	525 mm

Tab. 7.10 • *Balançoires : Écartement minimal et stabilité des sièges en fonction de la longueur de la suspension.*

503

L'espace libre, la hauteur de chute et la surface d'impact varient en fonction de la longueur de suspension et de la hauteur du siège au-dessus du sol. Ces trois paramètres sont déterminés en partant du principe que la balançoire peut faire un angle de 60 ° avec la verticale. Selon la nature de la surface de réception, sa longueur (L) est déterminée par l'une des formules suivantes (fig. 7.62) :

$$A + B \text{ et } A + C$$

dans lesquelles :

A = H × sin 60 ° = H × 0,867, H étant la longueur de suspension ;

B = 1,75 m pour les surfaces stables (sols synthétiques ou pelouses) ;

C = 2,25 m pour les surfaces de réception bordées (sols meubles, sables, graviers).

Une zone supplémentaire de 0,50 m doit être laissée libre de tout obstacle.

La largeur de cette surface est fixée à 1,75 m pour une balançoire.

5.3.2. Les toboggans

Les toboggans sont des équipements offrant une ou plusieurs surfaces inclinées en forme de goulotte sur lesquelles l'enfant se laisse glisser. Ils sont constitués de trois parties distinctes : la zone de départ (A) ; la zone de glissade (B) ; la zone de sortie (C) (fig. 7.63). Ils sont caractérisés par la longueur de glissade égale à la somme A + B + C, par leur hauteur et par leur longueur d'installation, projection sur l'aire de jeux de l'appareil.

Leur largeur est de 40 à 70 cm pour un seul utilisateur ; elle est supérieure à 90 cm pour plusieurs enfants de front. L'inclinaison de la zone de sortie sur l'horizontale est :

– inférieure à 10 ° pour les toboggans de type 1, à sortie normale ;

– inférieure à 5 ° pour les toboggans de type 2, à sortie prolongée.

La longueur de la zone de sortie est déterminée en fonction de la longueur de glissade (tab. 7.11).

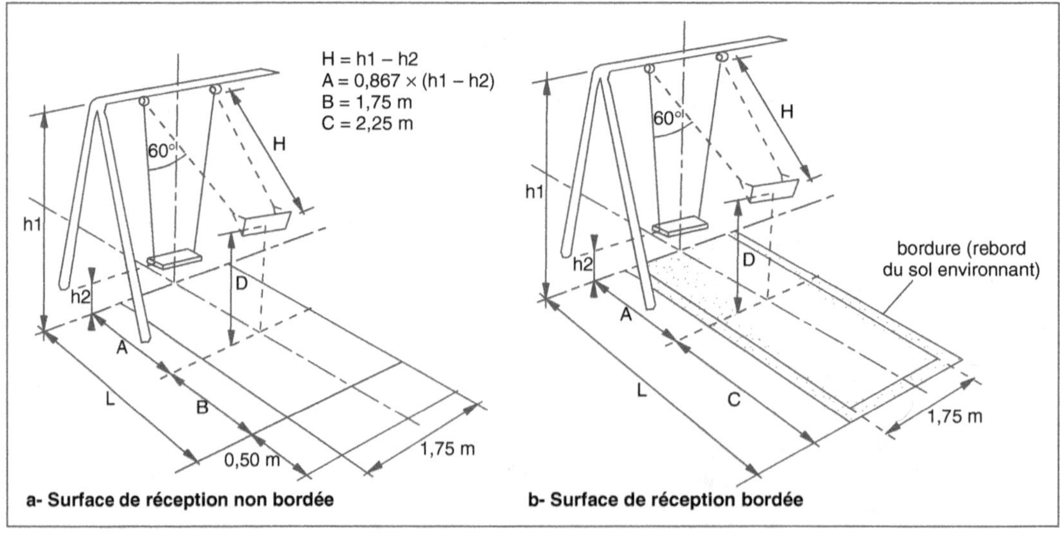

Fig. 7.62 • *Dispositions sécuritaires pour les balançoires.*

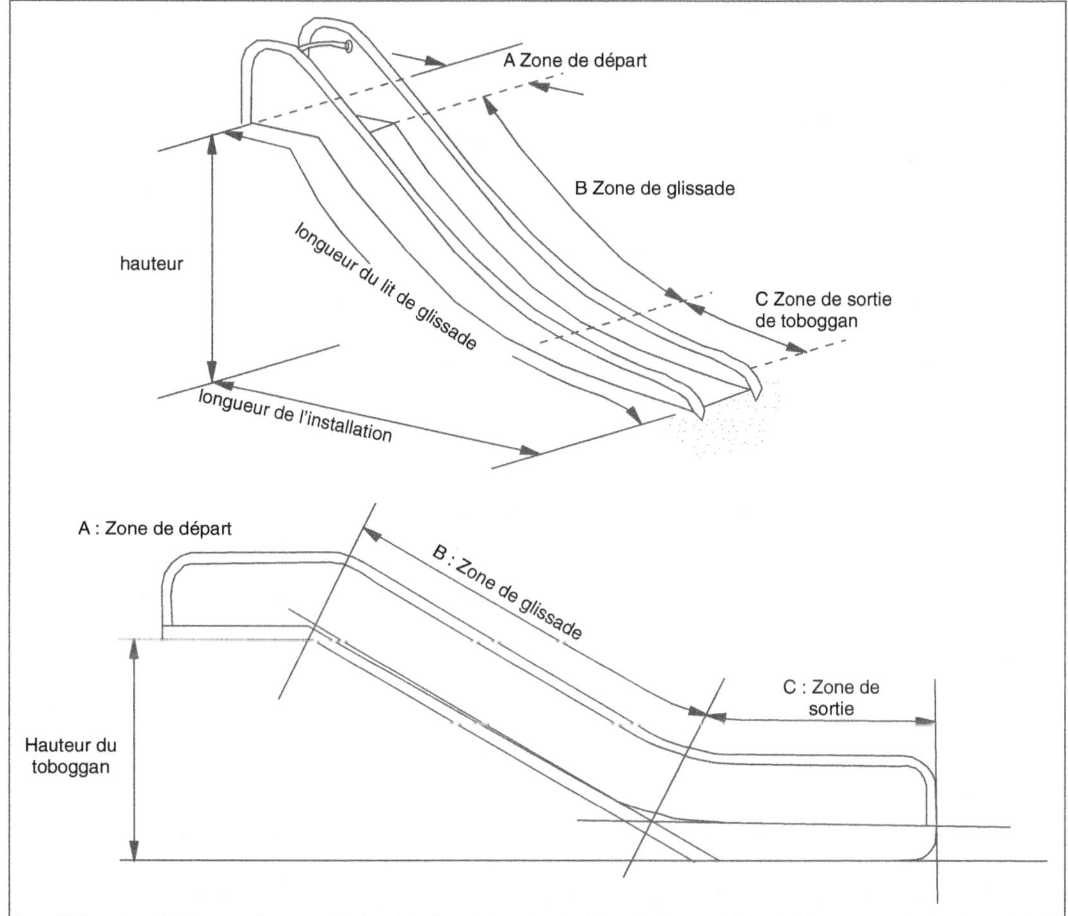

Fig. 7.63 • *Parties constitutives d'un toboggan.*

La typologie des toboggans est définie selon leur configuration. Elle permet de distinguer plusieurs types (fig. 7.64).

Les toboggans intégrés au relief ont une zone de glissade qui suit la pente du terrain. L'accès à la zone de départ s'effectue depuis la butte elle-même ou par un escalier.

Les toboggans à vagues présentent une ou plusieurs variations de pente sur la zone de glissade.

Les toboggans à chevalet sont indépendants de tout autre équipement et comportent leurs propres moyens d'accès à la zone de départ. Leur hauteur n'excède pas 2,50 m.

Les toboggans incurvés ou hélicoïdaux disposent d'une zone de glissade qui présente des contours en spirale ou en courbe.

Les toboggans tubulaires ou tubulaires mixtes ont une zone de glissade à section totalement ou partiellement fermée.

Les toboggans combinés sont intégrés à d'autres équipements ; la zone de départ correspond à l'une des plates-formes de ceux-ci.

Les exigences de sécurité portent sur les protections latérales des zones de départ et de

LONGUEURS	
ZONE DE GLISSADE	**ZONE DE SORTIE**
Toboggans de type 1	
L ≤ 1,5 m	l ≥ 0,3 m
1,5 m < L ≤ 7,5 m	l > 0,5 m
7,5 m < L	l > 1,5 m
	ou l ≥ 30 % × L
Toboggans de type 2	
L ≤ 1,5 m	l ≥ 0,3 m
L > 1,5 m	l ≥ 30 % × L
HAUTEURS	
ZONE DE GLISSADE	**ZONE DE SORTIE**
Toboggans de types 1 et 2	
L < 1,5 m	200 mm
L = 1,5 m	300 mm

Tab. 7.11 • *Toboggans : longueur et hauteur de la zone de sortie et de la zone de glissade (source : NF EN 1176-3).*

glissade. Une barre de retenue est mise en place dès que la hauteur de chute libre est supérieure à 1 m. Cette barre a également pour rôle d'interdire l'accès à la glissière en position debout. L'angle d'inclinaison de la zone de glissade doit être inférieur à 40 ° en moyenne et ne doit en aucun cas dépasser 60 °. La zone d'impact a un contour qui se situe à 1,50 m au droit de la zone de départ ; à 1 m au droit de la zone de glissade et de la zone de sortie ; elle se prolonge de 2,00 m (toboggan de type 1) ou de 1 m (toboggan de type 2) (fig. 7.65).

5.3.3. Les téléphériques

Les téléphériques sont des équipements qui permettent aux utilisateurs, suspendus à un chariot, de se déplacer le long d'un câble par la seule action de la gravité.

Ces équipements comportent un point de départ et un point d'arrivée, légèrement en contre-bas, entre lesquels est fixé un câble, sur lequel se déplace le chariot (fig. 7.66).

Des butoirs situés à proximité des portiques en limitent la course. Sous de tels équipements, une surface d'impact, généralement en sable, est aménagée sur 2 m de part et d'autre de l'axe de déplacement.

Selon l'équipement supporté par le chariot, deux types de téléphériques sont construits.

Les téléphériques à suspension. L'utilisateur est suspendu sous le chariot grâce à deux poignées pouvant être lâchées à tout moment. La garde au sol sous les poignées est au maximum de 3 m pendant le déplacement, et de 1,50 m au point de départ.

Les téléphériques à siège. L'utilisateur est assis pendant le déplacement. En aucun cas, il ne peut se tenir debout. La garde au sol est au minimum de 0,40 m sous le siège. La distance entre ce dernier et le câble est de 2,10 m.

5.3.4. Les manèges et les tourniquets

Les manèges et les tourniquets sont des équipements à une ou plusieurs places qui pivotent autour d'un axe vertical ou incliné selon un angle maximal de 5 °. Mis en mouvement par les utilisateurs, la vitesse maximale n'excède pas 5 mètres/seconde. Il existe plusieurs types de manèges (fig. 7.67).

Les manèges de type A disposent de sièges tournants, sans plateau, fixés sur une structure rigide reliée à l'axe.

Les manèges de type B, classiques, comportent un plateau tournant disposant ou non de sièges sur lesquels peuvent s'asseoir les enfants. Dans cette seconde disposition, les enfants sont assis directement sur le plateau.

Les manèges de type C sont composés d'une structure rigide sous laquelle sont accrochées des poignées de suspension situées à une même hauteur. Les enfants s'y suspendent et le mettent en mouvement (pas de géant).

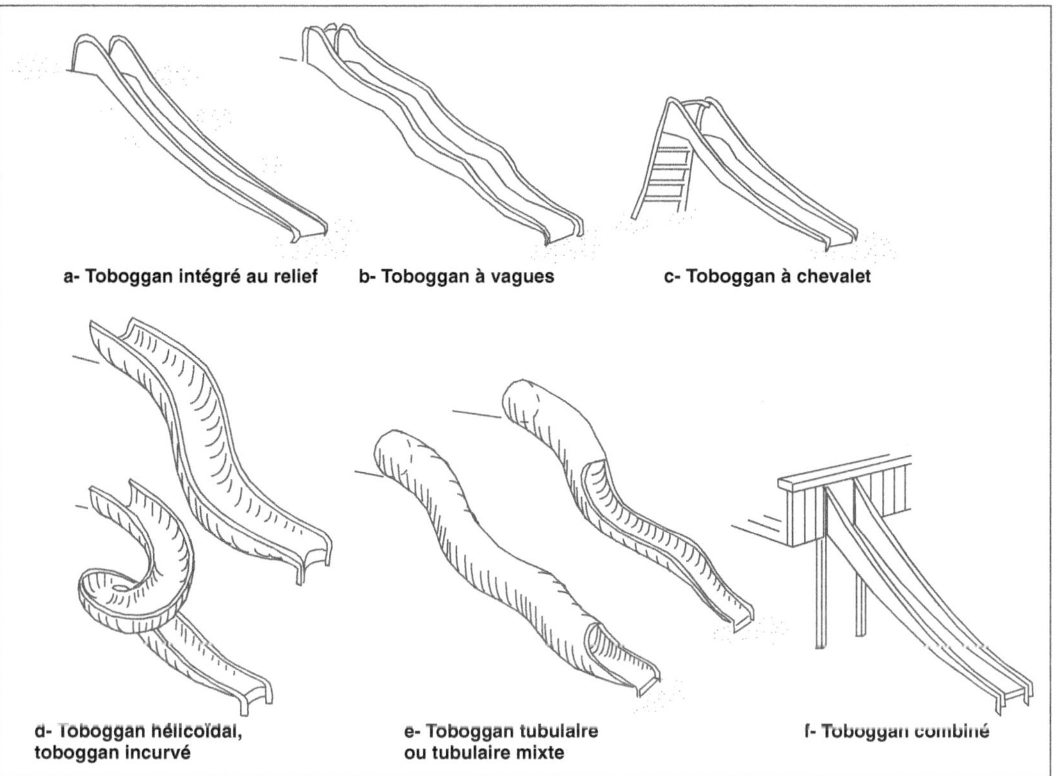

Fig. 7.64 • *Différents types de toboggan.*

Les manèges de type D sont constitués de sujets tournant sur une piste circulaire plane ou ondulée autour d'un axe vertical.

Les manèges de type E, en forme de soucoupe, pivotent autour d'un axe incliné. Les enfants sont assis sur la plate-forme sans que les emplacements soient parfaitement définis.

L'espace libre est déterminé par un cylindre dont la surface extérieure est à plus de 2 m autour du manège pour tous les types, sauf pour les jeux de type E « soucoupe » pour lesquels elle est portée à 3 m. Son plan supérieur est situé à plus de 2 m au-dessus de l'appareil. La hauteur maximale de chute libre est inférieure à 1 m et la garde au sol est variable en fonction du type d'appareil.

5.3.5. Les équipements oscillants

Les équipements oscillants regroupent plusieurs jeux individuels ou collectifs. Reposant sur un support, ils sont mis en mouvement par les enfants ; un dispositif d'amortissement limite la vitesse ou l'amplitude du mouvement. Ils comportent un ancrage ; un support fixe ou à ressort ; un organe en mouvement ; un ou plusieurs sièges ; une ou plusieurs poignées ; un ou plusieurs repose-pied. Ils sont classés en quatre catégories (fig. 7.68).

Le type 1 ne peut effectuer qu'un mouvement vertical comme la balançoire à fléau.

Le type 2 est muni d'un support unique. Il a un mouvement à bascule ou oscillant : uni-

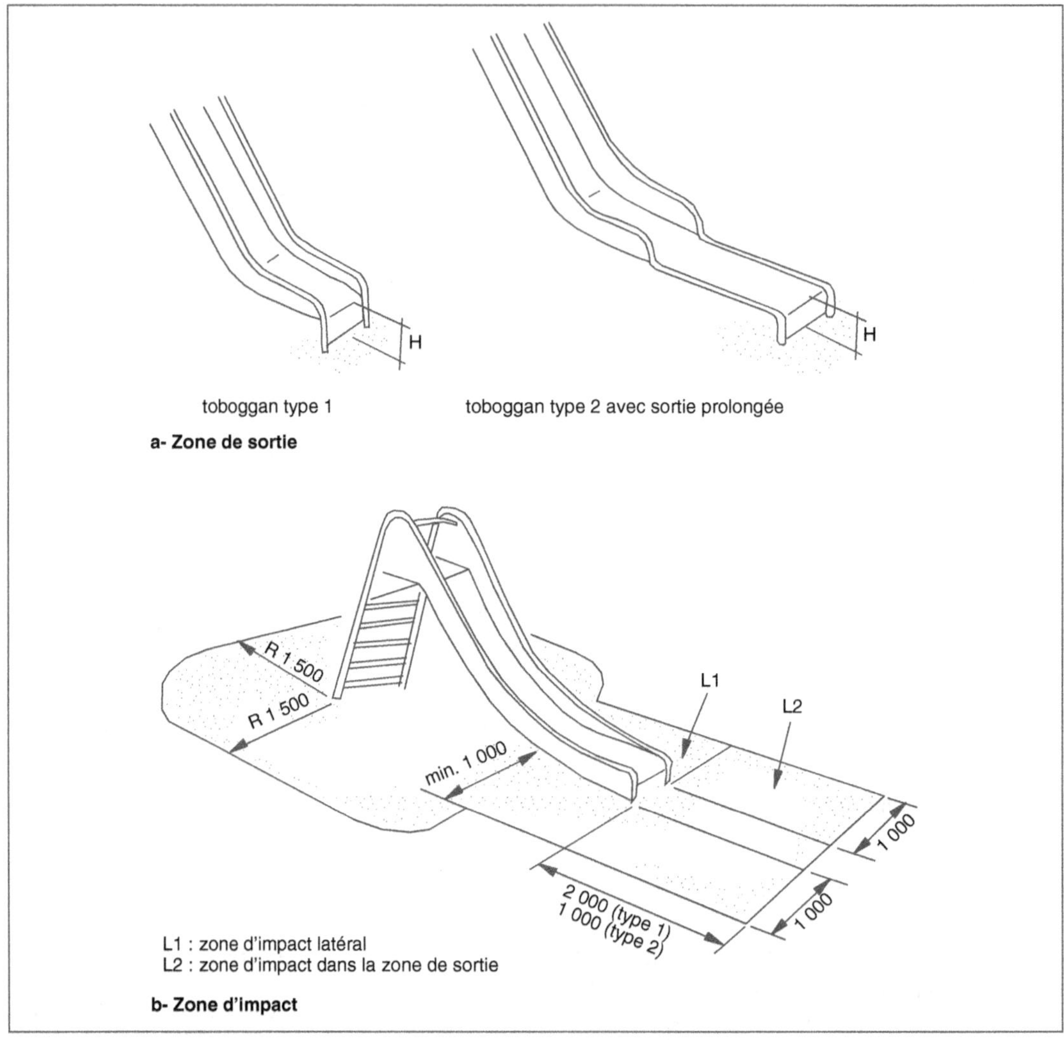

Fig. 7.65 • *Zones de sortie et zones d'impact d'un toboggan.*

directionnel (type 2A) ou multidirectionnel (type 2B), tels les jeux sur ressort et la balançoire sur ressort à deux ou quatre places.

Le type 3 comporte un support reposant sur plusieurs points. Le mouvement à bascule ou oscillant est unidirectionnel (type 3A) ou multidirectionnel (type 3B).

Le type 4 effectue un mouvement principalement horizontal dans une direction, d'avant en arrière, telle que la bascule horizontale.

Chaque équipement est entouré d'un espace de chute qui s'étend sur au moins 1 m, mesuré à partir des positions extrêmes de l'équipement dans toutes les directions. La surface d'impact est réalisée en conséquence.

5.3.6. Les structures pour grimper

Les structures pour grimper sont destinées soit à accéder à une plate-forme supérieure, soit au jeu ou à l'entraînement (fig. 7.69).

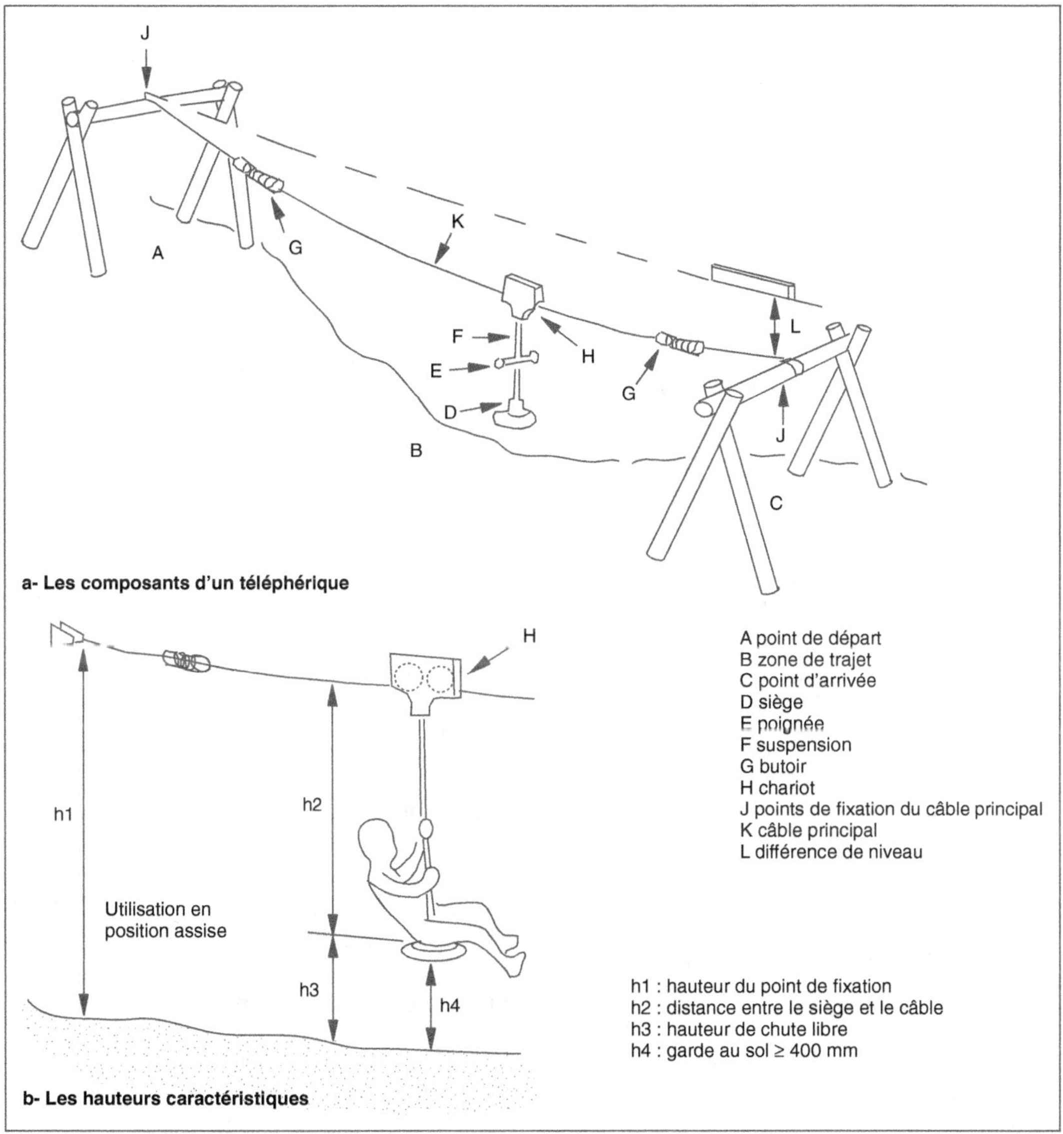

Fig. 7.66 • _Téléphérique._

Dans le premier cas, ces éléments sont intégrés à une structure complexe. Sont regroupés dans cette catégorie, les plans inclinés souples ou rigides ; les escaliers dont l'inclinaison courante avec l'horizontale est de 15 à 60 ° ; les échelles.

Dans le second cas, ils sont fixés sous la traverse d'un portique, telles que les cordes lisses, les cordes à nœud oscillantes ou les échelles de corde fixées aux deux extrémités : les filets de cordage inclinés ou verticaux. Ces derniers peuvent être indépendants et constituer une structure de forme cubique (cage à écureuil) ou pyramidale.

Ces équipements répondent à un certain nombre de normes de sécurité qui portent

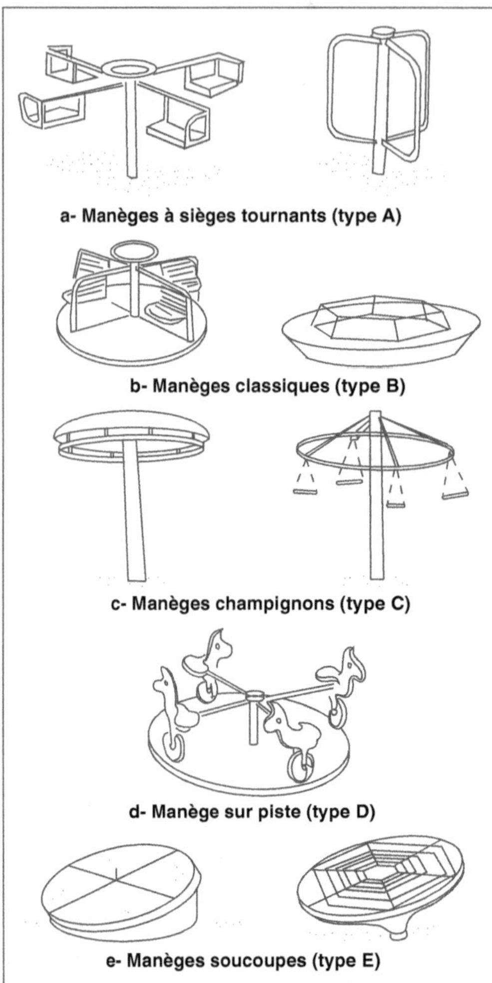

Fig. 7.67 • *Différents types de manèges.*

sur les points suivants, selon la hauteur atteinte :

– la nécessité ou non de prévoir un garde-corps ;

– la dimension de la surface d'impact, comme vu précédemment ;

– les risques de coincement de la tête qui déterminent les dimensions des mailles des filets. Une maille minimale de 150 × 150 mm est admise ;

– l'écartement entre deux équipements voisins, ou entre l'équipement et son support.

5.3.7. Les structures complexes

Elles sont constituées d'une ou de plusieurs tours disposant de plates-formes à différentes hauteurs, reliées entre elles par des passerelles ou des ponts de jungle et commandant plusieurs équipements : toboggans ; échelles ; tunnels… (fig. 7.70 et photo 7.23)

5.4. Les bacs à sable

Les bacs à sable jouent un double rôle. D'une part, une fonction de jeux réservés aux jeunes enfants accompagnés et, d'autre part, une fonction de sol amortissant comme surface de réception d'un ou de plusieurs équipements d'une aire collective de jeux.

Une fonction de jeux pour enfants accompagnés. Les bacs à sable sont situés en plein air, dans des endroits suffisamment ensoleillés et protégés du vent. Ils sont conçus de manière à ne pas recevoir les eaux de ruissellement ni les eaux d'infiltration.

D'une forme carrée, rectangulaire, circulaire ou plus ou moins irrégulière, ils sont constitués, le plus souvent, d'un radier en béton sur lequel reposent des murettes bâties en parpaings de béton recevant un enduit, en briques, en béton coulé en place ou en rondins posés horizontalement (fig. 7.71).

La règle de sécurité primordiale consiste à éviter que les arêtes supérieures des parois constituent des points dangereux lors de la chute des enfants.

Les bacs sont drainés en partie inférieure. À cet effet, le radier présente une pente pour collecter les eaux et les rejeter vers les collecteurs sans risque de refoulement avec des eaux polluées.

Le sable, d'une épaisseur de l'ordre d'une trentaine de centimètres, impose un entretien permanent par ratissage pour recueillir les impuretés. Des prélèvements sont effectués à intervalles réguliers afin de procéder à

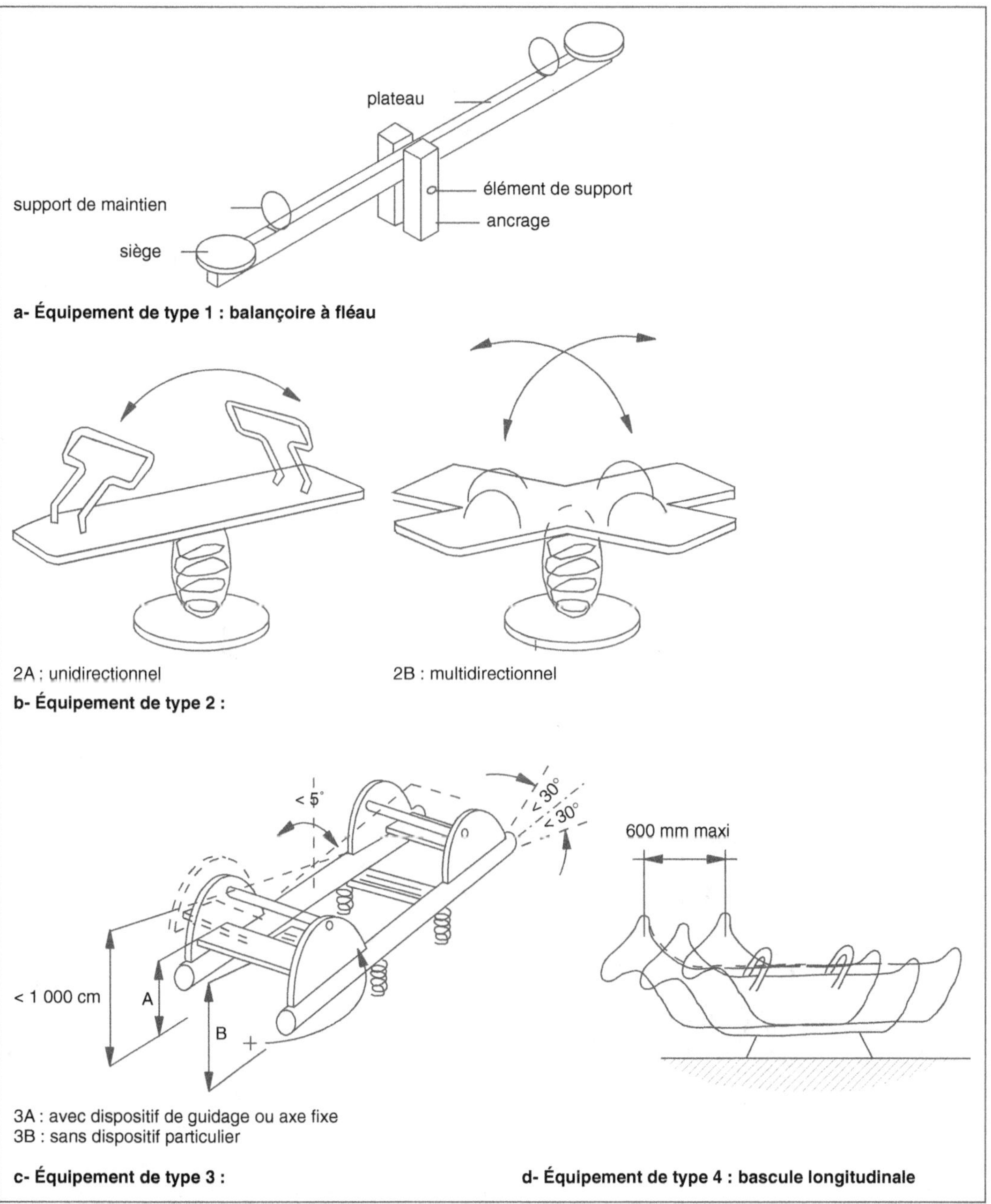

Fig. 7.68 • _Différents équipements oscillants._

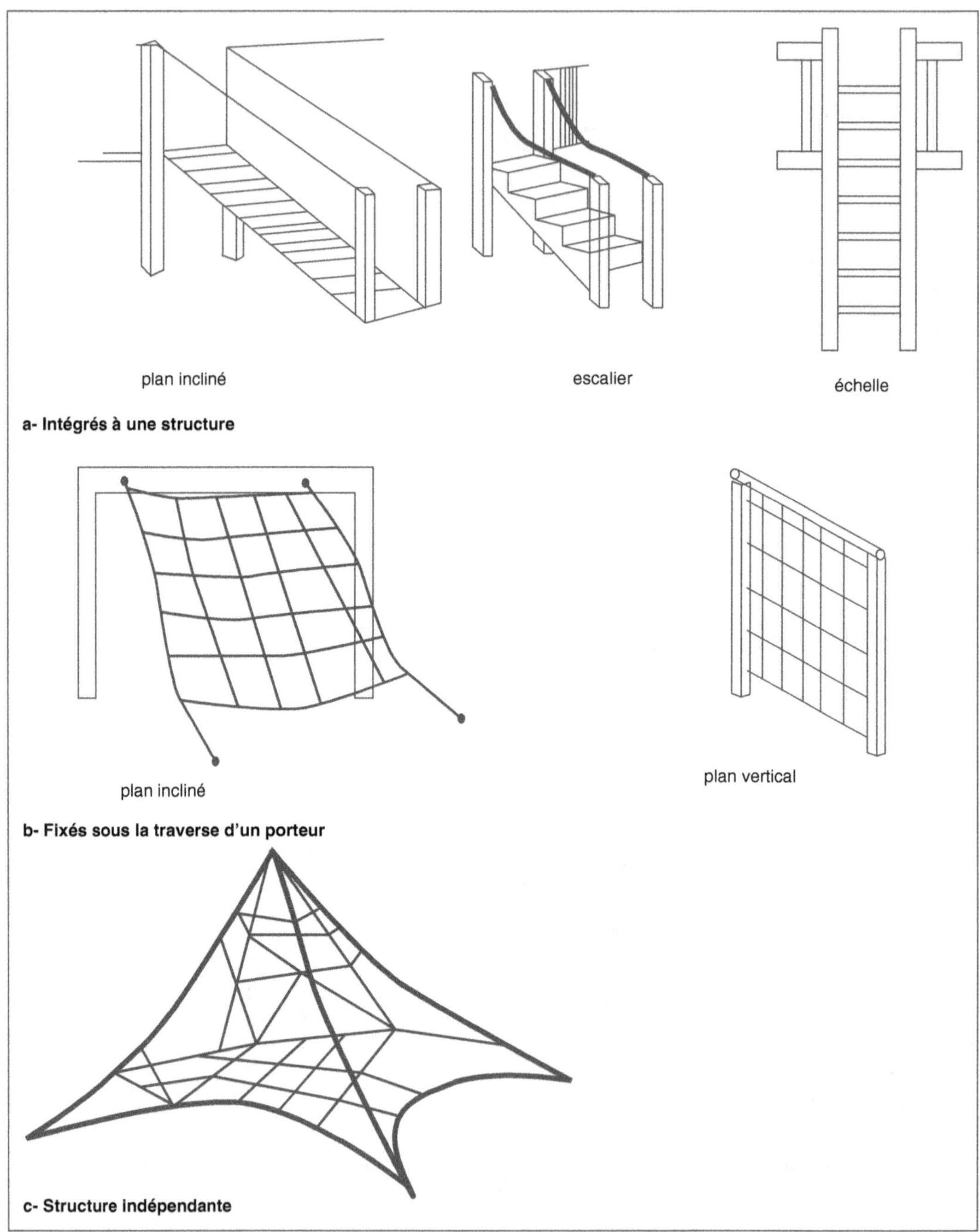

Fig. 7.69 • *Structures pour grimper.*

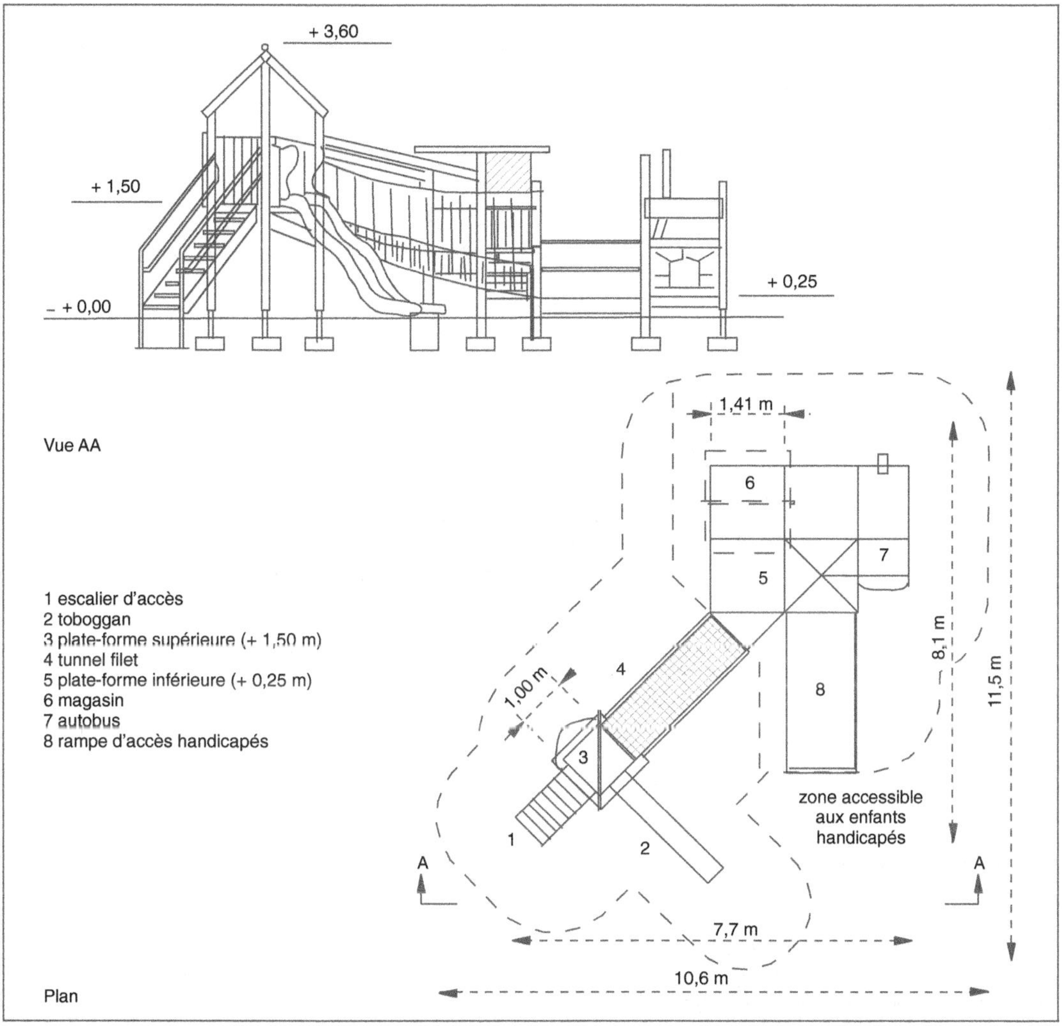

Fig. 7.70 • *Structure complexe (source : documents HAGS).*

Photo 7.23 • *Structure complexe de jeux pour enfants de 10 à 14 ans.*

des essais portant sur la présence de parasites ou de bactéries. Son renouvellement est périodique.

Les bacs sont implantés dans des espaces fermés à l'aide de clôtures suffisamment efficaces, afin d'éviter les souillures du sable par des animaux domestiques errants. Une porte en permet l'accès aux utilisateurs. Elle est munie d'un ressort de rappel la maintenant en position fermée en permanence. Ses dimensions sont calculées pour laisser le passage au matériel d'entretien.

513

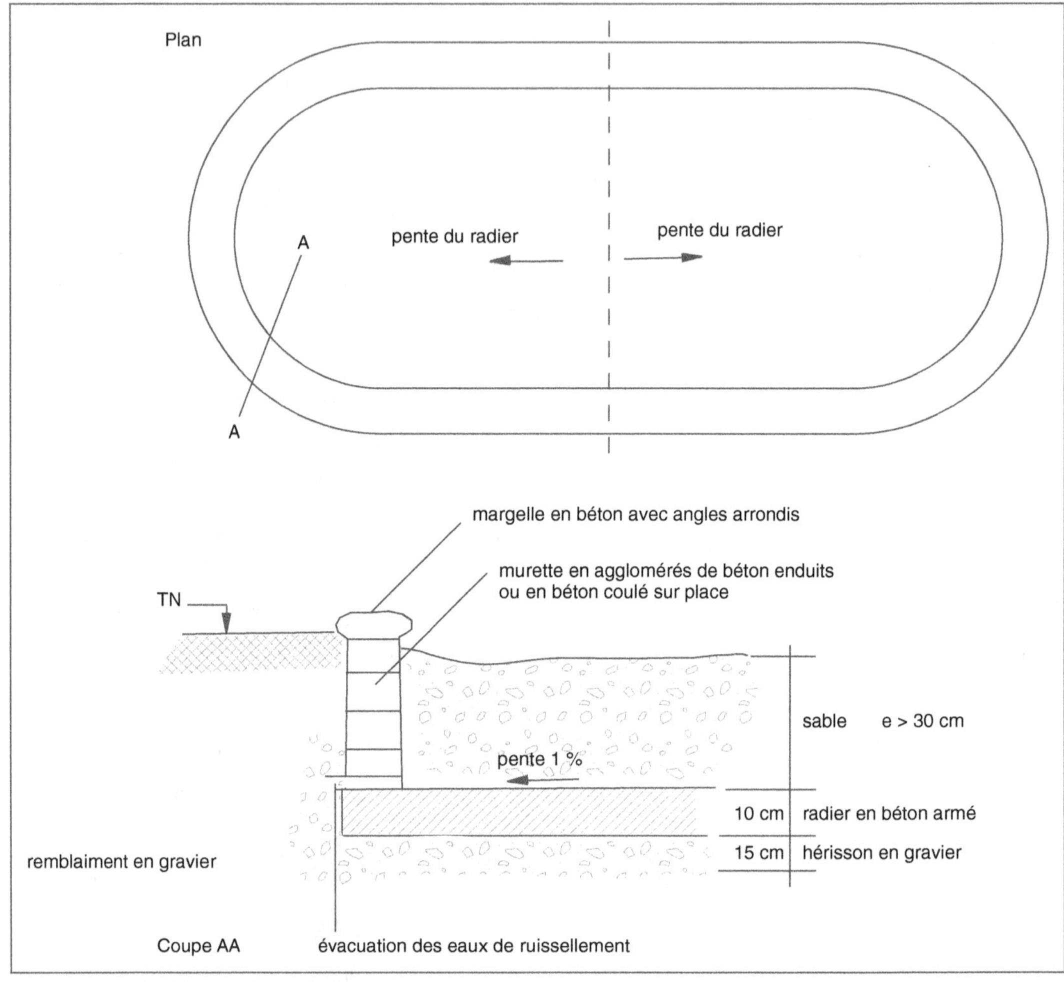

Fig. 7.71 • *Bac à sable enterré réalisé sur place.*

Une fonction de réception d'équipements. Les aires sablées peuvent recouvrir des surfaces plus importantes selon le type d'équipement dont elles constituent les zones de réception. Leur conception est légèrement différente. Le radier peut être remplacé par une fondation en grave compactée, sur laquelle est interposée un géotextile avant l'étendage du sable sur une couche de 30 à 40 cm. L'aire est délimitée par des bordurettes préfabriquées en béton ou par des planches ou des rondins en bois.

Les mêmes remarques sont applicables ici quant à la récupération des eaux de ruissellement, la fermeture par une clôture adéquate et à l'entretien régulier du sable.

6. Le mobilier urbain

Le mobilier urbain comporte des éléments aux fonctions très différentes les unes des autres. C'est ainsi qu'ils peuvent intervenir au niveau de la sécurité, du confort, de l'embellissement, de la propreté ou de la signalétique (photo 7.24). Ils sont réalisés en béton, en métal, en bois ou en matières plastiques. Leur design est choisi pour une parfaite intégration dans l'environnement. Leur implantation est effectuée de manière à ne pas constituer une gêne dans la fluidité du flux piétonnier ni dans le déplacement des personnes à mobilité réduite. De plus, leur pose doit être telle qu'ils ne peuvent être ni démontés ni déplacés par des personnes non habilitées.

Photo 7.24 • *Aménagement minéral d'une place en centre bourg.*

La sécurité des piétons est obtenue par la mise en place de plots, de bornes, d'éléments de barrière ou de jardinières interdisant l'accès des véhicules aux zones piétonnières ou leur stationnement sur les trottoirs. Les jardinières sont également utilisées comme garde-corps dès qu'une dénivellation dépasse 0,80 à 1 m.

Le confort est assuré par une bonne répartition de bancs de repos. Avec ou sans dossier, ceux-ci sont classés en trois catégories (fig. 7.72) :
– P : posé, sans aucune fixation au sol ;
– S : scellé ou encastré, fixé au milieu support, sol ou mur ;
– I : intégré à son support, à son environnement ou dans un mobilier multifonctionnel.

Disposés le long des allées, des places ou des squares ainsi que dans les prairies accessibles, ils sont conçus pour être confortables

et permettre l'évacuation de l'eau en cas de pluie.

L'embellissement est réalisé par la pose de bacs à fleurs individuels ou assemblés (fig. 7.73, photo 7.25), de pergolas, de vasques et de fontaines. Ces dernières nécessitent de traiter l'ensemble formé par l'alimentation en eau et l'évacuation par trop-plein ou par toute autre disposition. Elles peuvent faire l'objet d'un éclairage particulier, soit à l'intérieur du bassin ou de la vasque, soit extérieur, enterré ou non.

Photo 7.25 • *Ensemble de banc, bac à fleur et fontaine.*

La propreté est l'objectif des corbeilles à détritus et des points d'eau judicieusement répartis dans les rues, les zones piétonnes ou les aires de jeux. Les corbeilles doivent être vidées régulièrement ; les points d'eau permettent le raccordement des engins de lavage de la voirie.

La signalétique fournit toutes les indications utiles aux usagers pour se diriger vers les différents points de la zone concernée. Des pictogrammes les aident à la bonne compréhension.

515

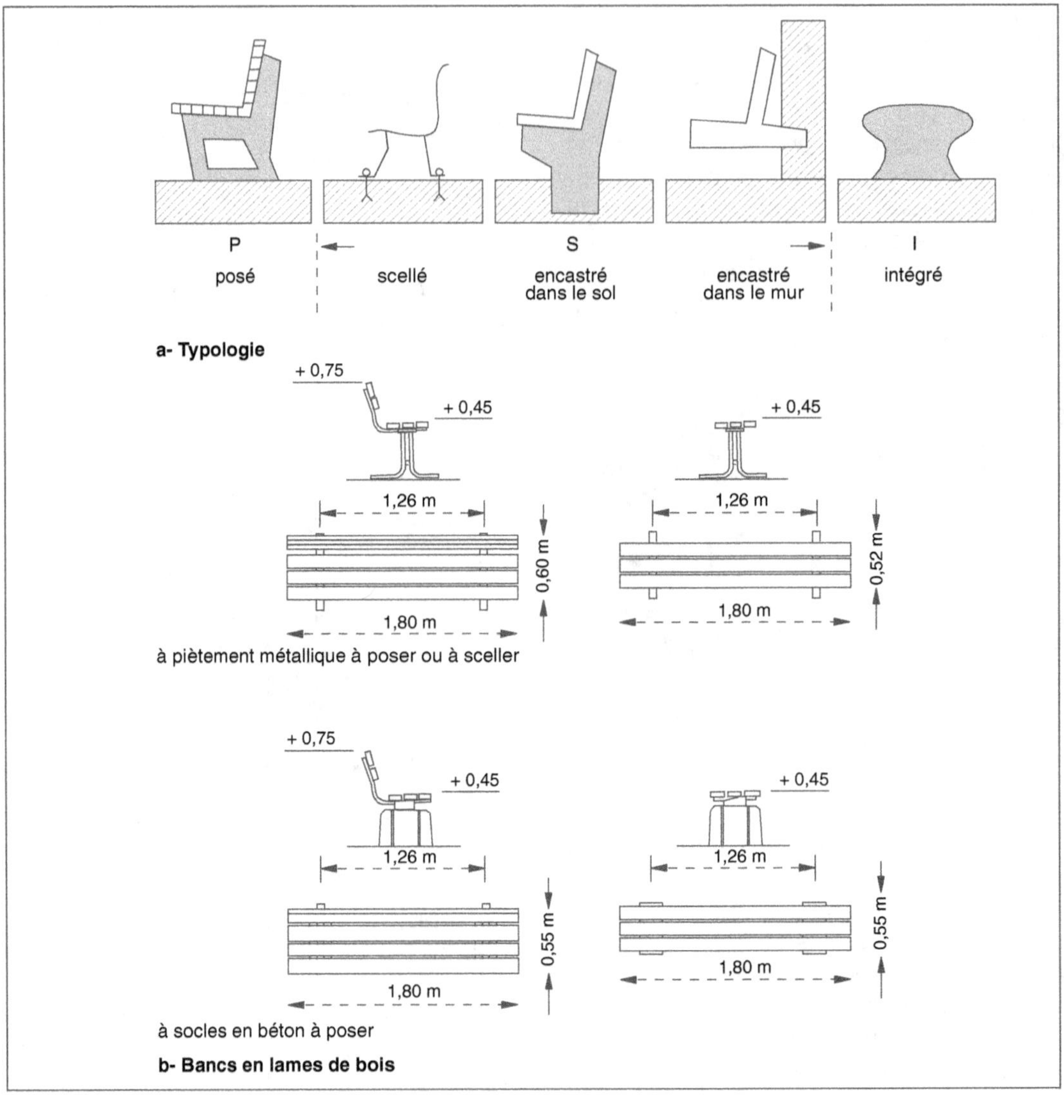

Fig. 7.72 • *Bancs de repos.*

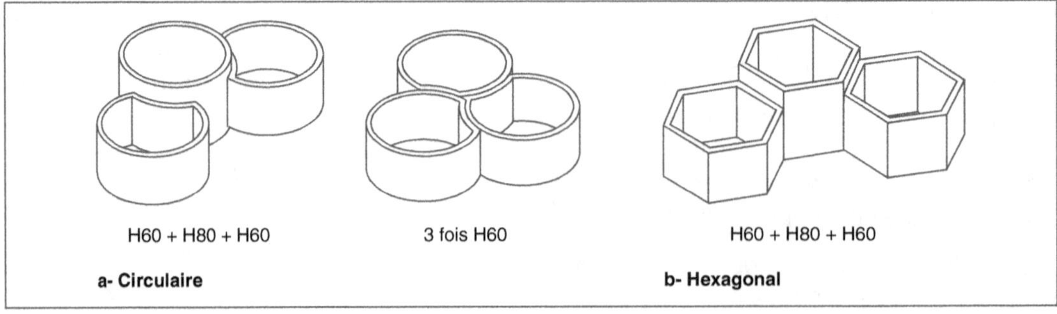

Fig. 7.73 • *Assemblages de jardinières préfabriquées en béton armé.*

CHAPITRE 8

LES ESPACES VERTS

Les espaces verts sont créés afin d'humaniser les secteurs aménagés en équilibrant l'aspect minéral des constructions, des surfaces circulables et des aires de stationnement. Le rôle des végétaux mis en place est multiple et répond à différentes fonctions selon le type de plantation. Leur choix doit donc être fait en conséquence. Si possible, lors des études, les arbres existants sont conservés, protégés et intégrés dans l'ordonnancement définitif. Si une journée est nécessaire pour abattre un arbre, il faut plusieurs dizaines d'années pour qu'il atteigne sa taille adulte.

1. La conception des espaces verts

La conception des espaces verts est étudiée par un paysagiste en fonction de l'implantation des bâtiments, des voiries, de l'environnement, des besoins des utilisateurs, de la nature du sol. Il répartit les végétaux, associe les couleurs et recherche les dispositions les mieux adaptées à la situation géographique, à la nature du sol et à leur intégration dans le paysage, tout en conservant, dans la mesure du possible, les arbres et arbustes existants. Cette dernière orientation peut avoir des conséquences sur l'implantation des constructions.

Les végétaux sont choisis pour obtenir la meilleure adéquation avec l'objectif recherché dans l'aménagement paysagé (photo 8.1). De multiples créations sont possibles, sans oublier que l'échelle de la végétation a une influence certaine sur la perception des dimensions de l'espace environnant (fig. 8.1) :

- intégrer la zone aménagée dans son environnement végétal ;
- aménager une surface au sol en créant des jardins, des massifs floraux et des pelouses ;
- diviser les espaces à l'aide de haies plus ou moins hautes en utilisant une essence unique ou en mêlant diverses essences ;
- marquer une allée (photo 8.2) ou une voie par une ou plusieurs rangées d'arbres ;
- regrouper les arbres et les arbustes afin de former des bosquets (photo 8.3) ;
- mettre en valeur un arbre caractéristique soit par son développement et par son port, soit par sa forme ;
- composer un massif d'arbustes à fleurs ou non ;
- former un fond végétal de teinte uniforme ou variée selon la couleur du feuillage et selon les saisons ;

- former un écran visuel afin d'isoler les zones résidentielles de secteurs industriels dont l'aménagement laisse à désirer ;
- adoucir ou accentuer le relief du terrain à l'aide d'espèces, de hauteurs variables ;
- utiliser le relief du terrain pour aménager des terrasses retenues par des murs de soutènement.

Photo 8.1 • *Ensemble d'habitations dans un environnement végétal.*

Photo 8.2 • *Allée gravillonnée bordée de plantations.*

Photo 8.3 • *Bosquet de conifères.*

518

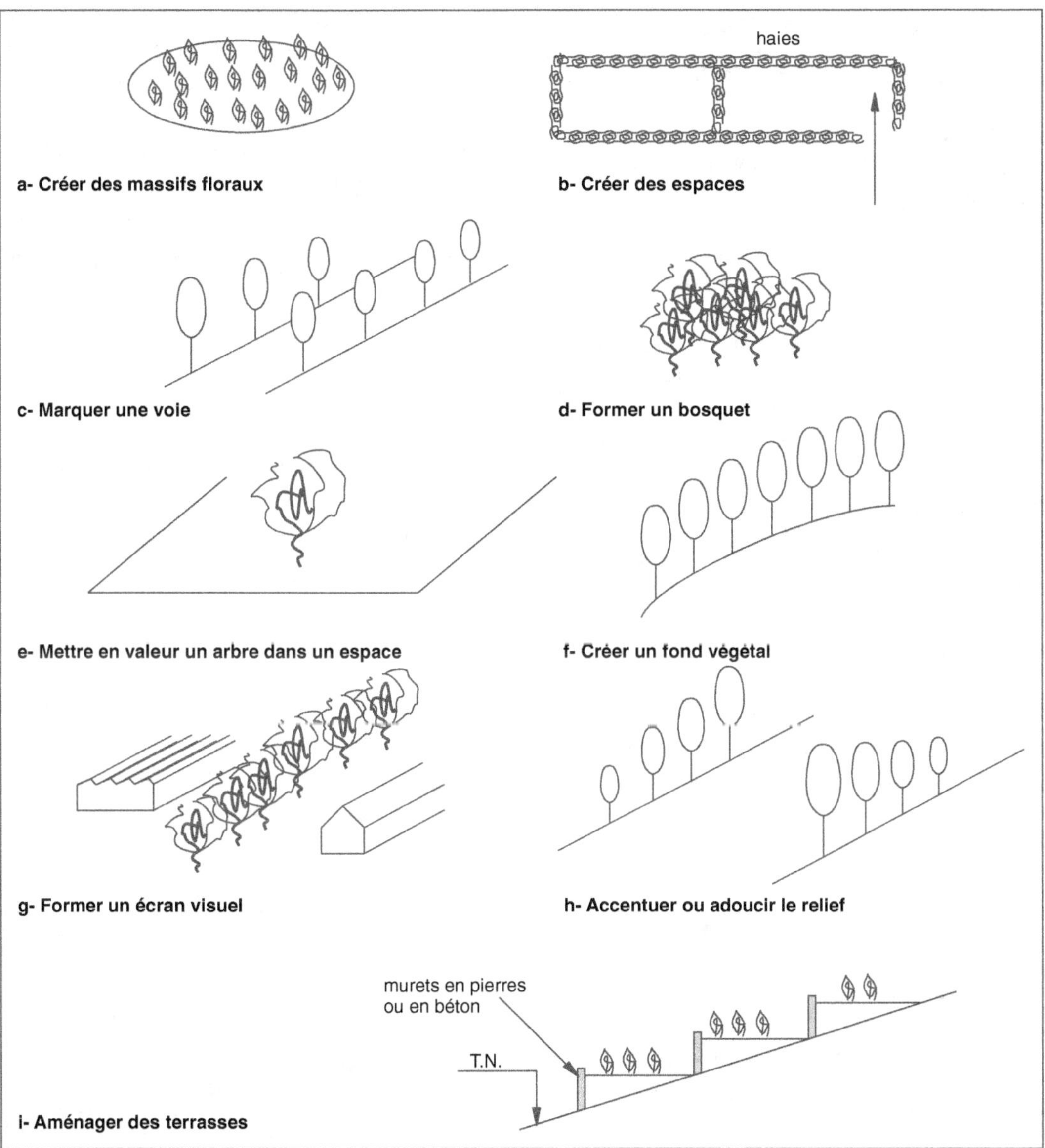

Fig. 8.1 • *Divers emplois des végétaux.*

Les végétaux ne constituent pas une barrière acoustique afin d'isoler des groupes immobiliers de la voirie bruyante. En revanche, ils servent à masquer ou à habiller les écrans acoustiques.

Attention, certains végétaux, arbres, arbustes ou autres, portent des fruits ou des baies toxiques, voire mortels. Ils ne doivent pas être plantés à portée des enfants qui, compte tenu de leur aspect ou de leur couleur, peuvent être tentés de les manger.

Les espaces verts sont souvent complétés par des équipements d'agrément pour les usagers, tels que décrits dans le chapitre 7, à savoir : bancs de repos, aires de jeux pour les enfants, éclairage, plans d'eau, etc.

2. Les composants des espaces verts

Les espaces verts comprennent au moins deux composants : le support et les végétaux (fig. 8.2).

2.1. Le support

Le support est constitué de deux milieux superposés : la terre végétale et le substrat. Le biotope aquatique forme également un support pour certaines variétés de plantes.

2.1.1. La terre végétale

La terre végétale forme la couche superficielle du terrain naturel. Son épaisseur varie entre 10 et 50 cm environ. C'est un milieu vivant dont l'équilibre biochimique est complexe. Ses propriétés dépendent de la constitution granulométrique, de l'analyse chimique et de la nature des matières organiques provenant de la décomposition des végétaux.

En fonction de sa composition, la terre végétale reçoit l'une des qualifications suivantes :
– lourde, lorsque le pourcentage d'argile est supérieur à 30 % ;
– légère, si elle contient moins de 20 % d'argile et de limon ;
– normale si le pH est neutre, voisin de 7 ;
– acide lorsque le pH est inférieur à 6 (sols siliceux) ;
– basique lorsque le pH est supérieur à 8 (sols calcaires).

Une terre végétale est dite de bonne qualité lorsqu'elle est suffisamment légère, que son pH est neutre et qu'elle a la composition suivante :
– 8 à 15 % d'argile ;
– 60 à 70 % de sable ;
– 5 à 10 % de calcaire ;
– 2 à 4 % d'humus.

Sa teneur en matières organiques est comprise entre 1 et 6 %.

Selon sa composition initiale, la terre végétale peut être amendée afin d'obtenir une

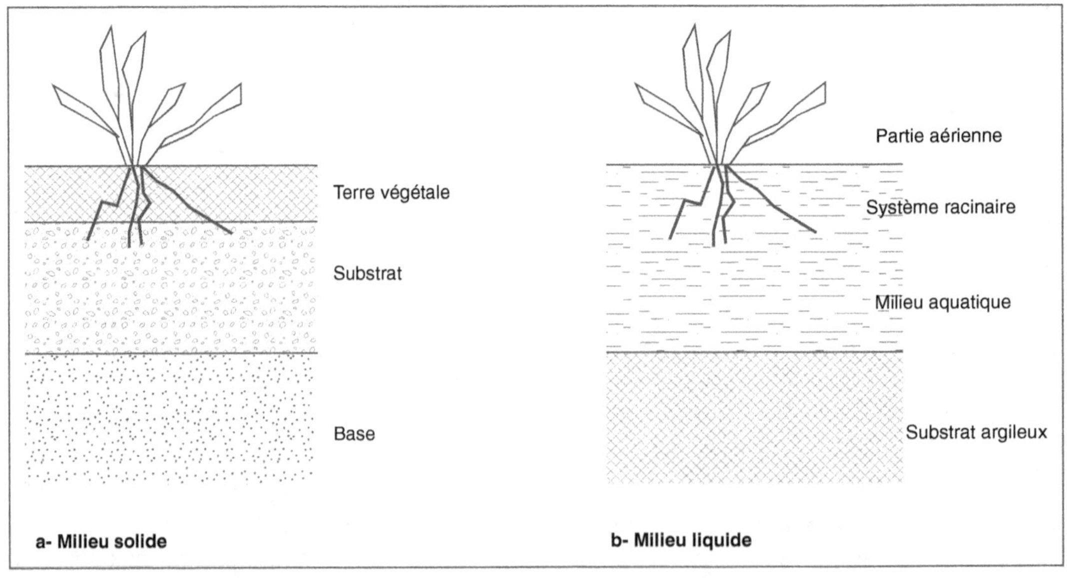

Fig. 8.2 • *Espaces verts – Le support.*

meilleure croissance des plantes. À cet effet, des prélèvements de sol sont effectués pour procéder à des analyses. Celles-ci déterminent les caractéristiques et définissent les amendements à apporter et les végétaux appropriés à la nature du terrain :

- une terre lourde est amendée par l'apport de sable ;
- une terre argileuse est amendée par un apport de chaux ;
- une terre trop calcaire est amendée par un apport de terre acide, etc.

Lors de la mise en place des plantes, l'apport d'engrais organiques ou minéraux améliore la fertilité du sol.

La terre végétale est prélevée sur les terres stockées sur le site, ou apportée de l'extérieur lorsque le stockage est insuffisant. La mise en place est réalisée en couches d'épaisseur régulière après avoir procédé au tri, à l'élimination des déchets et à l'épierrage.

En aménagement d'espaces verts, l'épaisseur minimale de terre végétale est de l'ordre de 30 cm sur toutes les surfaces engazonnées.

2.1.2. Le substrat

Le substrat est la couche sous-jacente de la terre végétale, dans laquelle les végétaux viennent chercher les éléments utiles à leur croissance : substances minérales, eau, matières organiques... Selon sa nature, il peut être indispensable de le traiter, de le remplacer partiellement ou d'augmenter la couche de terre végétale. Lorsque le substrat est imperméable, un réseau de drainage est mis en place, comme indiqué au paragraphe 5.1 du chapitre 7, p. 491.

2.1.3. Le biotope aquatique

Le biotope aquatique sert à la fois de support et de milieu dans lequel les plantes trouvent les matières nécessaires à leur croissance.

2.2. Les végétaux

Les végétaux regroupent un grand nombre d'espèces qui sont utilisées en fonction de plusieurs paramètres :

- leurs propres caractéristiques ;
- la nature de l'aménagement à réaliser ;
- la nature des sols ;
- les conditions climatiques (pluviométrie, variations de température...) ;
- les conditions d'exposition.

Les gazons, les arbustes, les arbres, et les plantes vivaces constituent la composante essentielle ; les plantes saisonnières (annuelles ou bisannuelles) venant en accompagnement dans la création de massifs.

2.2.1. Les gazons

Les gazons forment le revêtement de base des espaces verts pour mettre en valeur les autres végétaux ou pour leur utilisation comme aires de loisirs, surfaces de jeux ou terrains de sports. Ils sont constitués par un mélange de semences (graminées, légumineuses ou autres), choisies selon le gazon à réaliser.

Les graminées constituent la base des mélanges employés pour les gazons. Ce sont des plantes vivaces d'une bonne longévité. Les plus courantes sont les suivantes :

- les agrostides *(Agrostis)* donnent de bons résultats en sol acide mais ne sont pas adaptées aux terres argileuses ; de végétation lente, le gazon est court, épais et de bonne qualité ;
- les fétuques *(Festuca)* sont assez rustiques et conviennent au sol sec ; de croissance assez lente, le gazon est ras, fin et serré. Les pelouses soignées sont réalisées avec des fétuques à feuilles fines ;
- les fléoles *(Phleum)* conviennent à la plupart des terrains et résistent au piétinement. Elles entrent dans la composition des mélanges pour les terrains de sports ;

– les pâturins *(Poa)* conviennent également à tous les types de sol. Selon leur nature, certains préfèrent les lieux relativement secs, d'autres l'ombre et la fraîcheur. Ils sont résistants au piétinement et à la pollution de l'air ;

– les *ray-grass (Lolium)* ont une durée de vie courte et un aspect grossier ; leur intérêt majeur réside dans leur faible coût.

Les légumineuses entrent également dans les mélanges, avec de faibles pourcentages, en particulier dans les régions sèches et en fonction de la qualité des sols. Ce sont les trèfles *(Trifolium)*, glissants pour les terrains de sports, les crételles *(Cynosurus cristatus)*, les lupins *(Lupina)*, etc.

Un bon mélange ne doit pas comporter un pourcentage supérieur à 30 ou 40 % de *Ray-Grass*.

Quel que soit leur mode de réalisation, les gazons nécessitent un entretien régulier : une tonte dont la périodicité dépend de la qualité retenue ; un arrosage uniforme et régulier ; ainsi que le réensemencement des zones détériorées.

Les différents types de gazon sont définis en fonction de leur destination.

2.2.1.1. *Les gazons d'ornement*

Les gazons d'ornement présentent un excellent aspect esthétique (finesse, couleur, densité). Nécessitant un entretien régulier et soutenu, ils sont interdits aux piétons et réservés aux jardins publics et privés.

2.2.1.2. *Les gazons anglais*

Les gazons anglais, assez proches des gazons d'ornement, s'adaptent parfaitement au climat humide et requièrent un entretien régulier.

2.2.1.3. *Les gazons d'agrément*

Les gazons d'agrément sont d'un bon aspect. Leur rusticité permet le piétinement temporaire ; raison pour laquelle ils sont utilisés dans les parcs publics et les jardins privés.

2.2.1.4. *Les gazons des grands espaces verts*

Les gazons des grands espaces verts présentent un bon aspect d'ensemble. D'un entretien au moindre coût, leur rusticité autorise le piétinement.

2.2.1.5. *Les gazons des terrains de sports*

Les gazons des terrains de sports et des plaines de jeux offrent, en priorité, une excellente résistance au piétinement et une bonne régénération après utilisation. Le semis doit être tel que la densité du tapis soit régulière et uniforme.

2.2.1.6. *Les gazons de fixation des talus*

Les gazons de fixation des talus doivent pouvoir être mis en œuvre facilement et rapidement sur les berges ou sur les talus. Ils présentent une bonne adaptation au milieu et une solidité d'enracinement.

2.2.2. *Les arbres et les arbustes*

Les arbres et les arbustes participent directement à la constitution du décor où se déroulent les activités humaines et où sont construits les immeubles. Définis comme étant des végétaux ligneux, les arbres et les arbustes sont répartis en deux grandes classes :

– les feuillus qui peuvent être à feuilles caduques, de longévité inférieure à un an, ou à feuillage persistant de longévité supérieure à un an ;

– les conifères, généralement à feuillage persistant à l'exception de quelques essences qui sont à feuilles caduques (mélèze *Larix europea*).

Il existe une grande variété d'essences parmi lesquelles le choix s'effectue compte tenu de l'aspect décoratif recherché (couleur du feuillage, floraison) ; de l'implantation (arbres isolés, arbres et arbustes dans un groupe, dans un alignement ou dans une haie, etc.) ; de la région ; de la nature du sol ; de la climatologie, mais également des contraintes d'entretien.

En effet, le choix n'est pas le même pour des végétaux plantés en région méditerranéenne, dans l'est ou le centre de la France, dans les endroits où le sol est à dominante calcaire ou granitique, en zone de plaine, de moyenne montagne ou de montagne. Une carte bioclimatique a été établie par le laboratoire d'écologie de l'École nationale supérieure du paysage de Versailles. La France est répartie en neuf zones (fig. 8.3 et tab. 8.1).

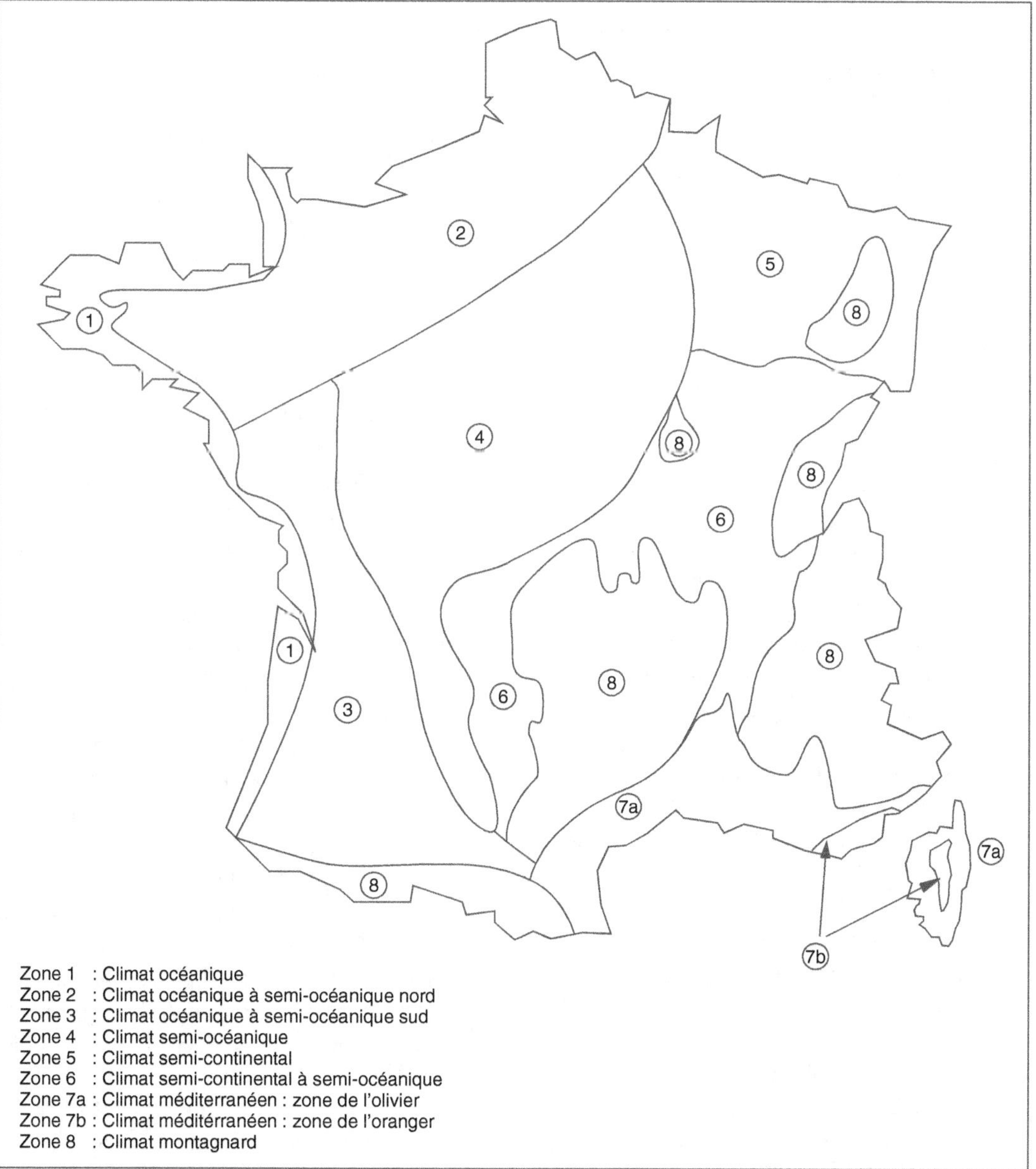

Zone 1   : Climat océanique
Zone 2   : Climat océanique à semi-océanique nord
Zone 3   : Climat océanique à semi-océanique sud
Zone 4   : Climat semi-océanique
Zone 5   : Climat semi-continental
Zone 6   : Climat semi-continental à semi-océanique
Zone 7a : Climat méditerranéen : zone de l'olivier
Zone 7b : Climat méditérranéen : zone de l'oranger
Zone 8   : Climat montagnard

Fig. 8.3 • _Carte bioclimatique simplifiée de la France (source : École Nationale Supérieure de Paysage à Versailles)._

ZONES	DÉNOMINATION	CARACTÉRISTIQUES
1	Climat océanique	Hiver tempéré à doux – Été frais à chaud Faibles écarts de température – Forte hygrométrie
2	Climat océanique à semi-océanique nord	Hiver frais à très frais – Été frais
3	Climat océanique à semi-océanique sud	Hiver frais à très frais – Été chaud à frais
4	Climat semi-océanique	Hiver très frais – Été chaud à frais
5	Climat semi-continental	Hiver froid – Été chaud
6	Climat semi-continental à semi-océanique	Hiver très frais – Été chaud
7a	Climat méditerranéen (zone de l'olivier)	Hiver doux – Été chaud à très chaud Pluies brutales au printemps et en automne – Vents froids
7b	Climat méditerranéen (zone de l'oranger)	Hiver très doux – Été chaud à très chaud Quelques orages violents
8	Climat montagnard	Hiver froid à très froid – Été frais à chaud Amplitude thermique importante entre le jour et la nuit

Tab. 8.1 • *Zones climatiques en France.*

Selon leur nature, les feuillus sont commercialisés sous les formes suivantes :

- le scion, plante greffée en pied, d'une année de végétation ;
- le jeune baliveau, plante qui présente les qualités de l'arbre à l'âge adulte et qui a moins de deux années de végétation. Sa hauteur est de l'ordre de 1,50 à 1,75 m mesurée entre le collet* et l'extrémité ; le diamètre minimal au collet est de 1,5 cm ;
- le baliveau, plante de plus de deux années qui présente une tige avec des branches latérales et une flèche verticale. Sa hauteur entre le collet et l'extrémité est supérieure à 2 m. La circonférence de la tige est mesurée à un mètre du collet ;
- la tige, arbre dont le tronc est surmonté d'un ensemble de plusieurs branches ;
- la touffe, ensemble d'au moins trois branches partant au ras du sol ou au niveau de la greffe ;
- la cépée, ensemble de tiges issues d'une même souche au ras du sol ;
- le fuseau, de forme fasigiée ou conique, avec une flèche rectiligne en prolongement du tronc.

Compte tenu de leur grande variété, la classification des végétaux est normalisée de la manière suivante :

- les jeunes plants selon la longueur minimale et maximale des branches (classes 12/20, 20/30, 30/45, 45/60, 60/90, 90/120) ;
- les jeunes touffes, selon le diamètre moyen (12/15, 20/25, 25/35, etc.), le nombre de branches (2, 3, 4 ou 5) et leur longueur ;
- les arbres à tiges selon deux paramètres :
  - la hauteur du tronc mesurée entre le collet et la première branche (arbres à haute tige d'une hauteur supérieure à 2,25 m, à demi-tige d'une hauteur supérieure à 1,30 m, à courte tige d'une hauteur de l'ordre de 0,80 m) ;
  - la circonférence de la tige mesurée à 1 m du collet (6/8 à 18/20 de 2 cm en 2 cm, puis de 5 cm en 5 cm au-delà de 20) ;
- les conifères en fonction de leur force, c'est-à-dire de leur hauteur ou de leur largeur lorsqu'ils sont de forme pyramidale ou étalée.

Pour cette dernière classe, la hauteur prise en compte est celle mesurée du sol à la pointe. De forme régulière, la largeur correspond à la largeur maximale ; de forme irrégulière, elle correspond à la largeur moyenne.

À la livraison des végétaux, l'horticulteur doit fournir les indications suivantes :

– le nom de l'espèce ;
– la forme et l'aspect ;
– les caractéristiques dimensionnelles ;
– le mode de livraison : à racines nues, en motte ou en conteneur.

Ils sont classés en deux catégories : la catégorie 1 ne doit présenter aucun défaut ; la catégorie 2 peut présenter de légers défauts mineurs d'aspect ou de légères blessures qui n'entravent en rien la reprise et la croissance des végétaux.

2.2.2.1. _Les arbres_

Les arbres sont à tige unique dont la ramification des branches part à une hauteur du sol supérieure à 2 m. Leur rôle est fondamental dans les aménagements paysagers par l'ombrage qu'ils fournissent, entre autres, dans les zones piétonnes, par la protection contre le vent ou par le jalonnement de cheminement.

Les arbres sont caractérisés par leur forme : régulière et arrondie (tilleul des bois – _Tilia cordaba_), conique (épicéa commun – _Picea abies_) ou en fuseau (cyprès de Provence – _Cupressus sempervirens_), et leur port : étalé (pin parasol – _Pinus pinea_) ou retombant (saule pleureur – _Salix chrysocoma_) (fig. 8.4).

Le choix est défini selon leur fonction dans les aménagements extérieurs. Isolés dans une prairie, c'est leur forme et leur port qui sont déterminants. Les formes régulières, en colonne ou en fuseau sont fréquemment retenues dans les alignements. Des arbres à floraison peuvent être également sélectionnés.

La composition d'un bouquet d'arbres regroupe souvent un nombre impair de sujets de même essence ou d'essences différentes. La première solution est retenue pour les bouquets de trois ou cinq unités. Pour constituer un bosquet, il n'est pas rare de jouer sur la couleur du feuillage, vert ou tirant sur le brun, et d'incorporer des arbres dont la floraison s'échelonne dans le temps.

En zone humide, les végétaux ne craignant pas la présence d'eau sont choisis. À l'inverse, les plantes habituées au terrain sec sont réservées à ces lieux exposés au soleil ou non. Les tableaux 8.2 et 8.3 regroupent les principales caractéristiques de quelques arbres, feuillus et conifères, communément utilisés.

Lors de la plantation des arbres, quelques règles doivent être respectées. Tout d'abord, il n'est pas recommandé de planter des arbres fruitiers dans les jardins et les parcs publics. Ensuite, lorsque les arbres sont placés en bordure de voies de circulation ou d'aires de stationnement, il faut veiller à éviter le tassement du sol dans la périphérie immédiate et protéger le tronc contre les chocs des véhicules.

Plusieurs dispositifs peuvent être retenus (fig. 8.5). L'arbre est entouré :

– par une bordure de trottoir au niveau du sol ;
– par un corset formé de barres métalliques verticales ;
– par un arceau métallique ou par une lisse en bois suffisamment résistante.

Les deux premières solutions sont les plus efficaces.

2.2.2.2. _Les arbustes_

Les arbustes sont des végétaux de petites dimensions qui se ramifient à la base et restent buissonnants sur une hauteur de 1 à 3 m environ. Ils constituent des haies, des buissons et des groupements permettant de

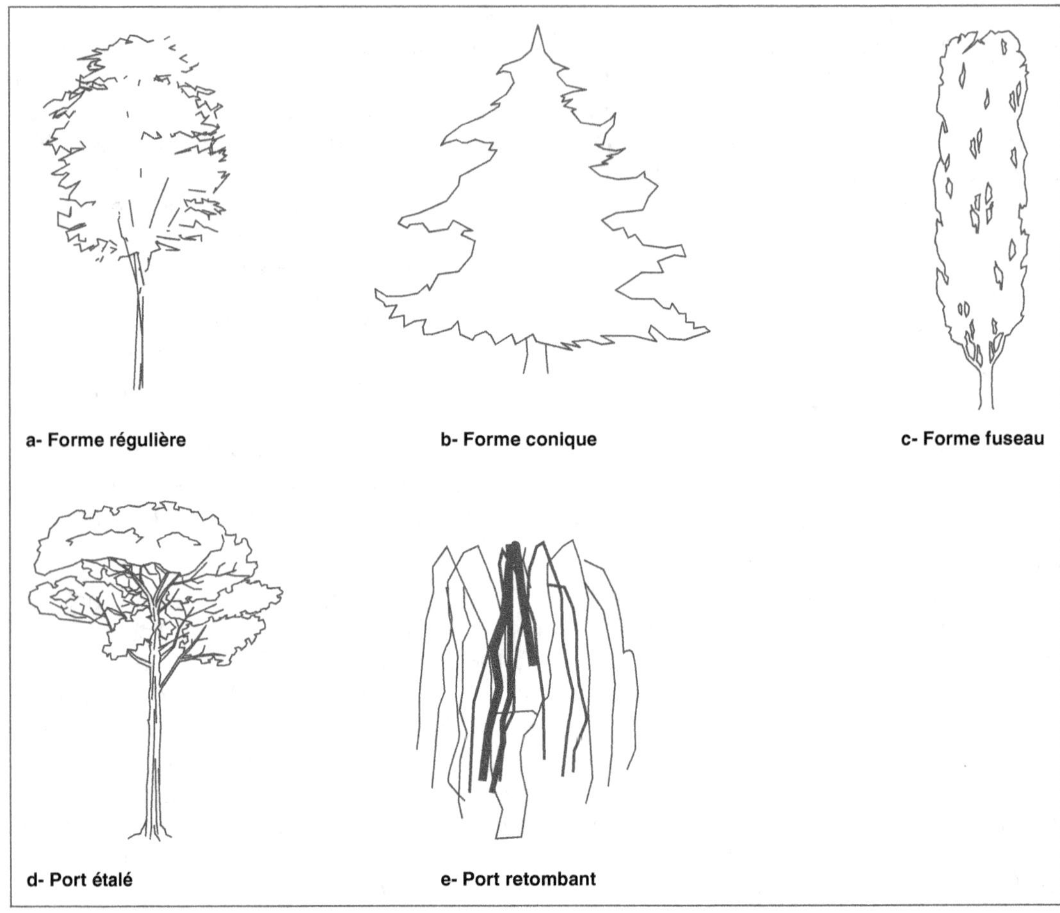

Fig. 8.4 • *Formes et ports des arbres.*

mêler essences, couleurs du feuillage et des fleurs.

Le tableau 8.4 indique quelques arbustes courants. Certaines essences comportent plusieurs espèces qui peuvent s'adapter dans des régions dont le climat et les sols sont distincts.

2.2.3. Les autres variétés

Les autres variétés rassemblent, entre autres, les rosiers ; les plantes grimpantes ou rampantes ; les plantes de terre de bruyère ; les plantes palustres et les plantes aquatiques ; les plantes vivaces et les plantes saisonnières.

2.2.3.1. Les rosiers

Les rosiers offrent un grand éventail de variétés tant par leur forme que par leurs fleurs. Selon leur forme, ils sont classés en rosiers buissons, rosiers grimpants, rosiers tiges, rosiers nains. La couleur et la grosseur des fleurs sont très différentes d'une variété à l'autre. La période de floraison s'étalant de mai à fin juin. C'est la raison pour laquelle ils représentent le type même des plantes d'ornement.

Ils peuvent être plantés isolément ou en massif, les variétés grimpantes étant placées à proximité de supports leur permettant de se développer. Les rosiers s'adaptent prati-

ESPÈCES	**PORT**	**FEUILLAGE**	**HAUTEUR (m)**	**FLEUR**	**PÉRIODE**	**NATURE DU SOL**	**MILIEU**	**EXPOSITION**	**CARACTÉRISTIQUES**
Acer pseudoplatanus Érable sycomore	R	C	20-25	–	–	N	–	E	nombreuses variétés feuillage coloré
Aesculus hippocastanum Marronnier d'Inde	R	C	10-15	blanche	P	A	F	E	isolé – alignement
Albizzia julibrissin Arbre de soie	R	C	5-8	rose	E	N	S	E	isolé – alignement variété pleureur
Betula verrucosa Bouleau commun	R	C	10-15	–	–	A	H	E	bouquet variété pleureur
Catalpa bignonioides Catalpa commun	R	C	12-15	blanche	E	N	F	L	isolé – alignement
Cercis silicastrum Arbre de Judée	R	C	5-8	rose	P	C	S	E	bouquet
Fagus sylvaca Hêtre	R	M	20-30	–	–	C	F	–	isolé – variété à feuillage coloré
Laburnum alpinum Cytise	R	C	3-5	jaune	P	C	S	E	groupé
Lagerstroemia Lilas d'été	R	C	3-5	rouge	E	N	–	E	isolé – alignement
Liriodendron tulipifera Tulipier de Virginie	R	C	15-20	jaune	P	N	H	L	isolé
Magnolia grandiflora Magnolia	C	P	10-20	crème	E	A	F	E	isolé
Magnolia x soulangiana Magnolia	R	C	5-10	rosé	P	N	F	E	isolé
Malus floribunda Pommier à fleurs	R	C	6-10	rose	P	N	–	L	isolé
Paulownia tomentosa Paulownia	R	C	12-15	mauve	P	N	F	–	isolé – alignement
Platanus x acerifolia Platane commun	R	C	15-20	–	–	N	F	L	isolé – alignement
Populus nigra Italica Peuplier d'Italie	F	C	20-30	–	–	N	H	–	alignement – bouquet
Prunus cerasifera atroprupurea Prunus à feuillage pourpre	R	C	5-8	blanche	P	N	–	E	isolé – alignement nombreuses variétés
Quercus rubra Chêne rouge d'Amérique	R	C	20-25	–	–	N	–	L	isolé – couleur vive en automne
Salix babylonica Saule pleureur	P	C	8-10	–	–	A	H	L	autres variétés
Sophora Japonica Sophora	R	C	20-25	–	–	C	S	E	isolé – variété pleureur

Tab. 8.2 • *Arbres feuillus d'ornement employés couramment.*

Espèces	Port	Feuillage	Hauteur (m)	Fleur	Période	Nature du sol	Milieu	Exposition	Caractéristiques
Sorbus aucuparia Sorbier des oiseleurs	R	C	5-8	blanche	P	C	S	E	isolé – en bouquet
Tilia platifilos Tilleul de Hollande	R	C	15-20	jaune	P	N	-	L	isolé – alignement
Ulmus procera Orme commun	R	C	20-25	–	–	N	F	–	isolé – variété pleureur

NB. Pour certaines espèces, plusieurs variétés existent, pouvant s'adapter à divers sols ou conditions climatiques.

Port : R = Régulier – C = Conique – F = Fastigié – P = Pleureur
Feuillage : C = Caduc – M = Marcescent – P = Persistant
Période ; E : Été – P = Printemps

Sol : N = Neutre – A = Acide – C = Calcaire
Milieu : F = Frais – S = Sec – H = Humide
Exposition : E = Ensoleillée – L = Lumière

Tab. 8.2 • *Arbres feuillus d'ornement employés couramment. (suite)*

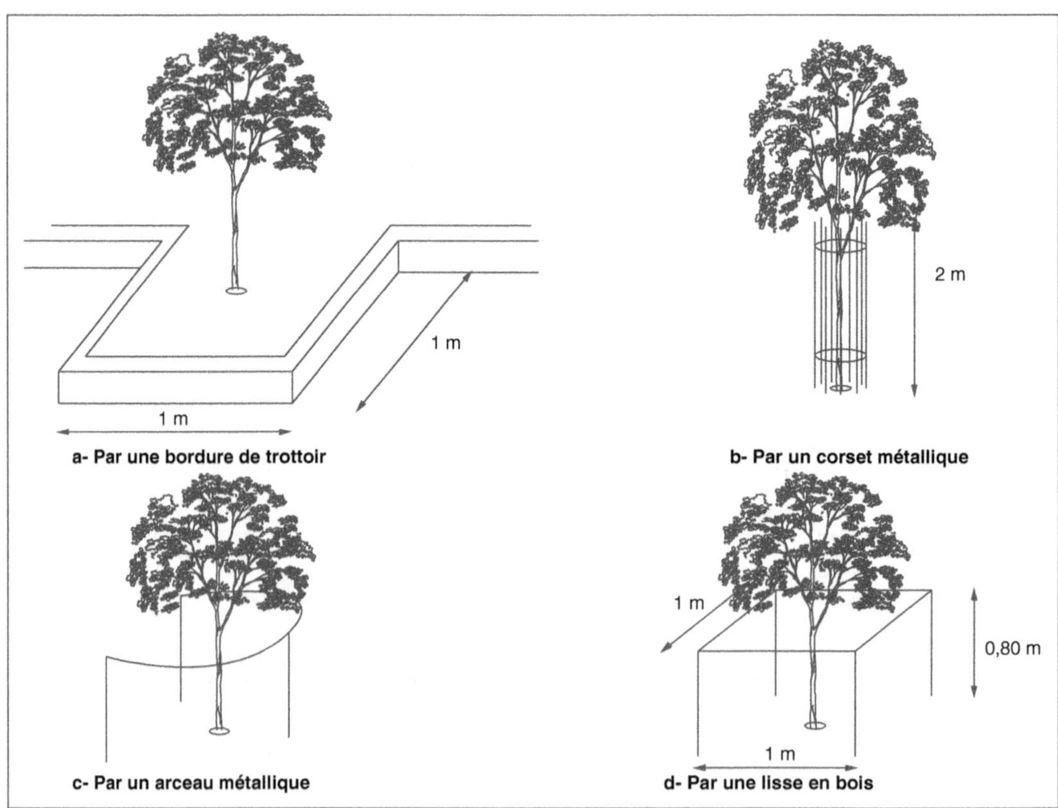

Fig. 8.5 • *Protection des arbres contre les chocs des véhicules.*

quement à toutes les natures de sol. Toutefois, un excès de calcaire peut provoquer la chlorose*, tandis qu'une terre trop humide empêche un développement normal de la plante. Dans ce cas, un bon drainage est indispensable.

ESPÈCES	PORT	FEUILLAGE	COULEUR	HAUTEUR (m)	NATURE DU SOL	MILIEU	EXPOSITION	CARACTÉRISTIQUES
Abies pinsapo Sapin d'Espagne	C	P	vert	15-25	–	F	L	isolé ou en groupe nombreuses autres variétés
Araucaria Araucaria	R	P	vert	12-15	N	–	E	isolé
Cedrus atlantica glauca Cèdre bleu de l'Atlas	R	P	bleu	20-25	N	–	L	isolé ou en groupe nombreuses autres variétés
Cedrus deodora pendula Cèdre pleureur de l'Himalaya	P	P	vert	3-5	N	–	L	isolé
Chamaecyparis lawsoniana Columnaris Cyprès de Lawson bleu	F	P	bleu	15-20	A	F	L	isolé nombreuses autres variétés
Cryptomeria japonica Cryptomeria du Japon	C	P	vert	5-7	A	–	E	isolé quelques autres variétés
Cupressus arizonica Cyprès de l'Arizona	C	P	vert	10-15	A	–	E	isolé ou en haie quelques autres variétés
Ginkgo biloba Ginkgo biloba	I	C	vert	20-25	N	–	L	isolé feuillage doré en automne
Juniperus virginiana Genévrier de Virginie	F	P	vert	6-7	–	–	L	isolé ou en groupe nombreuses autres variétés
Larix europaea Mélèze d'Europe	C	C	vert	20-25	A-N	–	E	isolé ou en groupe vit en altitude
Picea abies Épicéa commun	C	P	vert	20-25	N	F	–	isolé ou en groupe nombreuses autres variétés
Pinus sylvestris Pin sylvestre	C	P	vert	20-25	A	–	L	isolé ou en groupe nombreuses autres variétés
Pinus pinea Pin parasol	E	P	vert	15-20	N	S	E	isolé climat provençal
Pseudostuga douglasii Sapin de Douglas	C	P	vert	20-25	N	F	L	isolé ou en groupe variété à feuillage bleu
Sequoia sempevirens Séquoia à feuilles d'if	C	P	vert	30-40	A	F	L	isolé
Taxodium distichum Cyprès chauve	C	C	vert clair	25-30	A	H	E	zone marécageuse
Taxus baccata If commun	C	P	vert	10-12	N	–	–	isolé, en alignement ou en haie nombreuses autres variétés
Thuja occidentalis Thuya du Canada	C	P	vert	10-12	N	H	E	isolé ou en haie nombreuses autres variétés

NB. Pour certaines espèces, plusieurs variétés existent, pouvant s'adapter à divers sols ou conditions climatiques.

Port : C = Conique – R = Régulier – P = Pleureur – F = Fastigié –
I = Irrégulier – E = Étalé
Feuillage : P = Persistant – C = Caduc
Sol : N = Neutre – A = Acide

Milieu : F = Frais – S = Sec – H = Humide
Exposition : L = Lumière – E = Ensoleillée

Tab. 8.3 • *Conifères employés couramment dans les aménagements d'espaces verts.*

ESPÈCES	FEUILLAGE	HAUTEUR (m)	FLEUR	PÉRIODE	FRUITS DÉCORATIFS	NATURE DU SOL	MILIEU	EXPOSITION	CARACTÉRISTIQUES
Feuillus									
Aucuba japonica Aucuba du Japon	P	1,00-1,50			x	N		S-O	
Buddleia davidii Buddléia	P	1,50-2,50	V	juil-sept		N	S	E	
Tamarix junipera Tamaris	C	2,00-3,00	rose	mai		C	F	E	
Cotoneaster horizontalis Cotonéaster rampant	P	0,60-1,00	blanche	juin	x	N		E	
Berberis thunbergii atropurpurea Berbéris pourpre	C-Co	0,60-1,20	rouge	juin		C	S	E	
Hibiscus syriacus Altéa	C	1,50-2,00	V	août		N			
Deutzia scabra Deutzia	C	1,50-2,00	blanche	juin		A	F	L	
Rhododendron Azalées	P	1,00-3,00	V	avril-mai		A	H	S-O	
Pyracantha coccinea Buisson ardent	P	2,50-3,00	blanche	mai-juin	x			E	
Weigelia Weigélia	C	2,00-3,00	V	juin-juil					
Forsythia intermédia Forsythia	C	2,50-3,00	jaune	mars					
Kerria japonicus Corête du Japon	C	1,50-2,00	jaune	mai		C	S		
Euonymus japonicus Fusain du Japon	P	1,50-2,00	jaune	juillet				S-O	
Syringa vulgaris Lilas	C	2,50-3,00	V	avril-mai		N	F		
Nerium oleander Laurier rose	P	2,00-2,50	V	juillet		N		E	
Conifères									
Chamaecyparis picifera Cyprès de Sawara	P	0,80-1,50				N		E	
Juniperis communis Genévrier commun	P	2,50-3,00				C			
Juniperis horizontalis Genévrier rampant	P	0,50-1,00							
Taxus baccata If commun	P	3,00-4,00							

NB. Pour certaines espèces, plusieurs variétés existent, pouvant s'adapter à divers sols ou conditions climatiques.

Feuillage : P = Persistant – C = Caduc – SP = Semi-persistant – Co = Coloré
Fleurs : V = Plusieurs couleurs possibles
Sol : N = Neutre – C = Calcaire – A = Acide
Milieu : S = Sec – F = Frais – H = Humide
Exposition : S-O = Semi-ombre – E = Ensoleillée – L = Lumière

Tab. 8.4 • *Arbustes couramment utilisés.*

2.2.3.2. Les plantes grimpantes

Les plantes grimpantes regroupent plusieurs variétés qui ont pour rôle d'habiller une paroi ou un élément de construction. Elles se différencient par leur mode de fixation au support. Ces végétaux sont classés en fonction de leurs caractéristiques morphologiques.

Les végétaux munis de racines adventives peuvent se fixer sur tous les types de support présentant une surface suffisante pour assurer une bonne adhérence (tronc d'arbre, poteau, mur, etc.) : lierre commun à feuillage persistant _(Hedera helix)_, bignone _(Bignonia)_, etc. ;

Les végétaux munis de ventouses ont les mêmes capacités de fixation : ampelopsis _(Ampelopsis veitchii)_, etc. ;

Les végétaux munis de vrilles imposent la mise en place d'un réseau de fils de fer, d'un grillage ou d'un treillage sur lequel les vrilles viennent s'enrouler : fleur de la passion _(Passiflora caerulea)_ etc. ;

Les végétaux grimpants par enroulement comme les précédents nécessitent la pose d'un support linéaire pour se développer : chèvrefeuille des jardins _(Lonicera caprifolium)_, clématites _(Clematis)_, Glycine _(Wisteria)_, vigne vierge _(Parthenocissus quinquefolia)_, etc. ;

Les plantes sarmenteuses sont des végétaux qui ne peuvent pas se fixer eux-mêmes sur un support. La flexibilité des rameaux permet de les attacher à un treillage ou d'habiller des piliers : rosier sarmenteux, forsythia _(Forsythia intermédia)_, etc.

Le choix tient compte de l'exposition de la zone à revêtir. Certaines plantes préférant l'ombre au soleil ; d'autres étant sensibles au froid ou à la chaleur. Toutefois, le développement des plantes grimpantes doit être contrôlé pour éviter qu'elles ne deviennent trop envahissantes. D'une part, elles asphyxient les arbres sur lesquels elles se développent en empêchant leur croissance normale. D'autre part, elles peuvent entraîner la détérioration des enduits sur lesquels elles se fixent ; les crampons s'insèrent dans les moindres interstices, ou être la cause de présence d'humidité dans les murs, surtout en orientation nord.

2.2.3.3. Les plantes couvre-sols

Ces plantes ont la propriété de se développer horizontalement, c'est-à-dire, d'occuper l'espace et de protéger le terrain. Rustiques et exigeant un minimum d'entretien, elles remplacent le gazon sur de petites superficies ou dans des endroits difficiles d'accès pour les engins (terrasses, terrains à forte pente). Ces végétaux, dont certains préfèrent l'ombre ou la semi-ombre au soleil, se classent en trois catégories.

Les plantes rampantes, qui se développent sur le sol grâce à des racines adventives, parmi lesquelles se retrouvent certaines plantes grimpantes : lierre commun à feuillage persistant _(Hedera helix)_, ampelopsis _(Ampelopsis veitchii)_… ;

Les plantes à rhizomes* : muguet _(Convalaria majalis)_, iris _(Iris)_, etc. ou **à stolons*** : pervenche _(Vinca minor)_, vigne vierge _(Parthenocissus quinquefolia)_… ;

Les arbustes qui s'étalent horizontalement : cotonaester _(Cotonaester horizontalis)_, genévrier rampant _(Juniperus horizontalis)_, jasmin d'hiver _(Jasminum nudiflorum)_, millepertuis à grand calice _(Hypericum calycinum)_, etc.

Ces plantes pouvant devenir envahissantes, il convient d'en surveiller la croissance. En particulier pour celles du premier groupe qui s'accrochent aux arbres et aux arbustes plantés dans l'espace à couvrir.

2.2.3.4. Les plantes de terre de bruyère

Les plantes de terre de bruyère ne peuvent s'adapter que dans un terrain non calcaire, c'est-à-dire dont le pH est acide : azalée

(Rhododendron), bruyère d'hiver *(Erica carnea)*, rhododendron *(Rhododendron)*, hortensia *(Hydrangea)*, etc. Si la nature du sol ne convient pas, avant toute plantation, il est indispensable de procéder à un remplacement de la terre en place sur une profondeur minimale déterminée d'après l'espèce :

– 30 cm pour les azalées et les bruyères ;

– 40 cm pour les hortensias ;

– 50 cm pour les rhododendrons.

Ces plantes sont utilisées isolément ou pour constituer des massifs.

Elles donnent des fleurs de différentes couleurs, la période de floraison des azalées et des rhododendrons se situe au printemps alors que les hortensias fleurissent en été.

2.2.3.5. Les plantes palustres et les plantes aquatiques

Les plantes palustres et les plantes aquatiques recherchent la présence d'eau. La différence entre ces deux espèces est que les premières forment un compromis entre les plantes terrestres et les plantes aquatiques (fig. 8.6).

Les plantes palustres sont composées d'une partie supérieure aérienne et d'un système radiculaire qui se développe en milieu semi-aqueux. Elles poussent en bordure des plans d'eau et des mares : arum des marais *(Calla palustris)*, iris des marais *(Iris pseudocorus* ou *Iris versicolor)*, jonc japonais *(Acorus gramineus)*, massette à feuilles larges *(Typha latifolia)*, menthe aquatique *(Mentha aquatica)*…

Les plantes aquatiques regroupent plusieurs familles :

– les plantes à racines fixées dans le terrain, pouvant être ou non partiellement immergées, certaines étant très oxygénantes : capillaire d'eau *(Callitriche hermaphrodica)*, elodée *(Elodea canadensis)*, renoncule aquatique *(Ranunculus aquatilis)*, etc. ;

– les plantes à racines fixées et à feuilles flottantes : nénuphar *(Nymphae)* (photo 8.4), dont les couleurs sont très variées, etc. ;

– les plantes à racines flottantes : jacinthe d'eau *(Eichornia crassipes)*, laitue d'eau *(Pista stratiotes)*…

2.2.3.6. Les plantes vivaces

Les plantes vivaces ont une durée de vie de plusieurs années. Elles présentent une grande diversité de couleurs, de hauteurs et

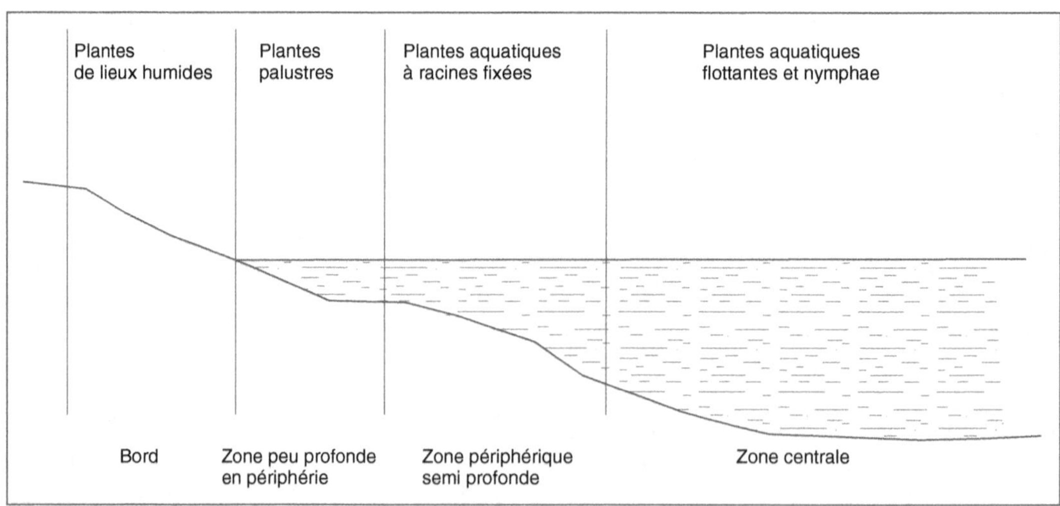

Fig. 8.6 • *Plantes d'un bassin d'eau.*

Photo 8.4 • _Nymphae._

d'époques de floraison. De ce fait, elles ornent fréquemment les massifs et les rocailles ou agrémentent des murets et des dallages. Elles peuvent également être plantées isolément ou en groupe sur une pelouse.

2.2.3.7. _Les plantes annuelles et bisannuelles_

Les plantes annuelles et bisannuelles ont un cycle végétatif d'un an ou de deux ans. Elles constituent les massifs floraux ou garnissent les jardinières.

3. Consistance des travaux

L'entreprise prend possession du terrain après avoir effectué un constat contradictoire en présence du maître de l'ouvrage ou du maître d'œuvre. Elle procède à la protection des arbres conservés sur le site soit en délimitant une surface à l'aide de piquets et de rubans, soit en entourant le tronc.

Elle peut intervenir sur une terre végétale en place ou rapportée sur un fond de forme. Dans le premier cas, un labour sur une profondeur de l'ordre de 30 à 40 cm permet d'ameublir le terrain. Dans le second cas, préalablement au régalage de la terre végétale, le fond de forme subit une

opération de décompactage qui a pour effet :
- d'améliorer la rugosité du terrain de manière à faciliter l'accrochage de la terre végétale ;
- de favoriser l'enracinement des plantes ;
- d'améliorer la perméabilité du sol.

En présence d'un terrain trop humide, un drainage par couche drainante ou par tranchée drainante est mis en place comme indiqué précédemment.

3.1. L'engazonnement

L'engazonnement s'effectue selon quatre méthodes : le semis en place, le placage, le repiquage et la projection. Lorsqu'il s'agit de travaux concernant des talus ou des terrains en pente, il est nécessaire de prévoir des dispositions pour éviter l'érosion du sol en cas de pluies violentes. Le semis est protégé à l'aide de filets en toile de jute biodégradable ou à l'aide de nappage.

3.1.1. Le semis en place

Le semis en place est la pratique la plus courante. Il peut se faire manuellement sur de petites surfaces ou mécaniquement, avec une machine à engazonner, sur un terrain préparé à l'avance. Celui-ci est parfaitement régalé et dressé, puis il subit un premier roulage pour le tasser légèrement. Afin d'assurer une bonne reprise, le semis s'effectue au printemps ou en automne de manière à obtenir une meilleure germination et à éviter les périodes de grands froids ou de grosses chaleurs. La densité des semis est de l'ordre de 250 à 400 kg environ à l'hectare. Elle dépend de la variété des semences, de la période, de la nature du sol, de son état d'humidité. Un surdosage peut, dans certains cas, assurer une meilleure venue.

Après le semis, les graines sont légèrement enfouies à l'aide d'une herse ou par paillage, c'est-à-dire par épandage d'une couche de paille séchée et coupée. Puis un roulage est effectué, suivi d'un arrosage qui humecte la terre et favorise la germination. Dès que celle-ci est effective, entre cinq et vingt jours selon le mélange de graines, le semis est arrosé régulièrement jusqu'à la première tonte. Cette dernière s'opère, en moyenne, cinq à six semaines après le semis. Ensuite, il convient d'entretenir régulièrement le gazon en enlevant les mauvaises herbes, en l'arrosant, en procédant au roulage et aux tontes dès que l'herbe atteint une dizaine de centimètres de hauteur. Les tontes peuvent être plus fréquentes pour les gazons d'ornement ou d'agrément.

3.1.2. Le placage

Le placage est une technique qui permet de réaliser une surface engazonnée en posant des plaques jointives de 30 à 40 cm de côté ou en déroulant des bandes sur le terrain préparé à l'avance. Cette méthode impose une bonne préparation du support, parfaitement nivelé pour permettre la pose et la fixation des plaques ou des rouleaux de gazon. Ceux-ci sont prélevés dans une gazonnière puis acheminés vers la zone de travail. La pose s'effectue en commençant par la périphérie, les plaques suivantes étant placées à la règle ou au niveau afin d'obtenir une bonne planimétrie (fig. 8.7).

Cette phase est suivie d'un roulage qui assure la mise en place des plaques, et d'un arrosage dont le but est de permettre la reprise de la pelouse et la soudure des plaques entre elles ainsi qu'au support. Un apport de terreau peut améliorer la reprise. Cette solution, plus coûteuse qu'un semis direct, présente l'avantage de disposer immédiatement d'une surface engazonnée. C'est le cas des terrains en pente, des terrains de sports, de décoration rapide, etc.

3.1.3. Le repiquage

Le repiquage est une opération peu pratiquée car très onéreuse. Les plants issus de semis sont repiqués sur un sol qui a subi une préparation similaire à celle du procédé précédent.

3.1.4. La projection

La projection est une technique d'ensemencement hydraulique utilisant un mélange de semences, d'engrais, de cellulose et d'eau. Elle permet une végétalisation rapide de terrains vallonnés et de talus, pour lesquels des solutions moins coûteuses ne pourraient pas être employées.

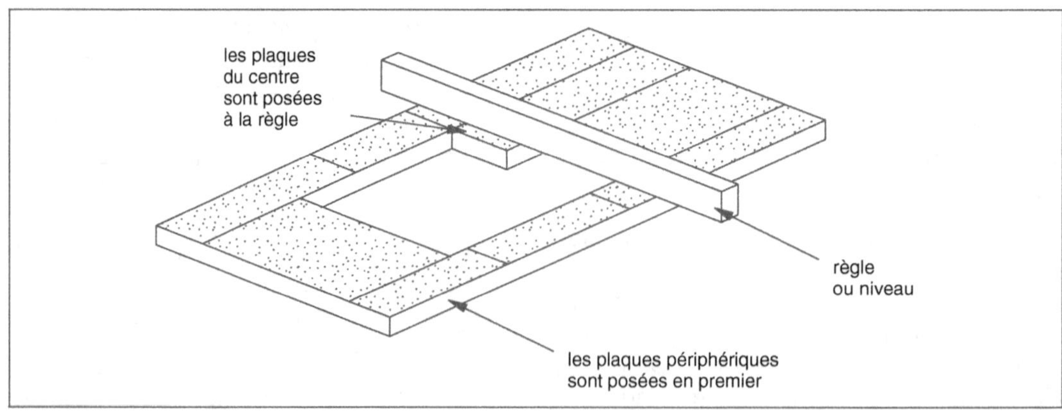

Fig. 8.7 • *Engazonnement à l'aide de plaques de gazon.*

3.2. La plantation

La plantation des arbres et des arbustes s'effectue à des périodes différentes de l'année selon qu'il s'agit de végétaux à feuilles caduques, à feuilles persistantes ou de conifères.

La majorité des végétaux à feuilles caduques est livrée à racines nues et plantée de mi-novembre à mi-mars.

Les végétaux à feuilles caduques de reprise délicate (hêtre pourpre – *Fagus sylvatica purpurea*, bouleau – *Betula*) ou de grande taille ainsi que les végétaux à feuilles persistantes sont généralement livrés en motte. Leur période de plantation est donc plus étendue.

Les conifères, également livrés en motte, sont plantés en période de ralentissement de la végétation, c'est-à-dire en fin d'automne ou en début du printemps. La première période offre un plus grand pourcentage de réussite.

Les plants cultivés et livrés en conteneur peuvent être mis en place en toute saison avec un bon pourcentage de reprise. Cette technique présente l'avantage de disposer d'un espace planté dès l'achèvement des constructions et de mettre en valeur la zone aménagée.

Un arrosage régulier mais non excessif, une protection par un film plastique ou un paillage du tronc des arbres améliore la reprise des végétaux. Les plantations faites tardivement, en fin de printemps, nécessitent un arrosage plus important.

Une règle impérative doit être respectée, il ne faut jamais planter de végétaux en période de gel ou lors de fortes pluies.

3.2.1. L'implantation

L'implantation des plantes, des haies et des massifs est faite en tenant compte de l'occupation générale du terrain, voirie, réseaux enterrés ou aériens et constructions. Les arbres ne doivent pas être plantés à proximité immédiate des bâtiments afin de ne gêner ni la vue ni l'ensoleillement des pièces habitables (fig. 8.8, photo 8.5). L'éloignement des réseaux est recommandé ; les racines, qu'elles soient superficielles ou pivotantes, peuvent occasionner des désordres. Il convient de veiller à ne pas implanter de haies ou d'arbres à l'aplomb du passage de câbles ou de canalisations.

De même, des distances sont à respecter entre les plantes. D'une manière générale, il ne faut pas les planter trop près les unes des autres afin de permettre leur développement ultérieur. Lors de la constitution de haies, l'entraxe entre les végétaux est de l'ordre de 0,50 m. Pour les plantations d'alignement, il convient de considérer deux cas de figure (fig. 8.9) :

une seule rangée d'arbres : l'espacement est de l'ordre de 5 à 8 m selon l'essence ;

– deux ou plusieurs rangées d'arbres : l'espacement varie de 5 à 9 m dans les deux directions selon l'espèce et la disposition retenue, en rangées parallèles ou en quinconce. Dans le premier cas, la trame de plantation est carrée.

Pour certaines essences comme les arbres en forme de fuseau : les peupliers d'Italie *(Populus Nigra Italia)*, les cyprès de Provence *(Cupressus sempervirens)*, l'espacement sur une rangée peut être ramené à 2,50 ou 3 m sauf lorsqu'ils forment une haie brise vent, l'entraxe étant alors de l'ordre de 1,50 m.

Compte tenu du feuillage ou des fruits qu'ils peuvent produire, certains arbres sont à proscrire à proximité des bassins et des piscines.

Enfin, le Code civil impose des distances minimales à respecter envers les propriétés voisines (fig. 8.10) : 0,50 m à l'axe des arbustes dont la hauteur est inférieure à 2 m ; 2 m pour les arbres dépassant 2 m de hauteur.

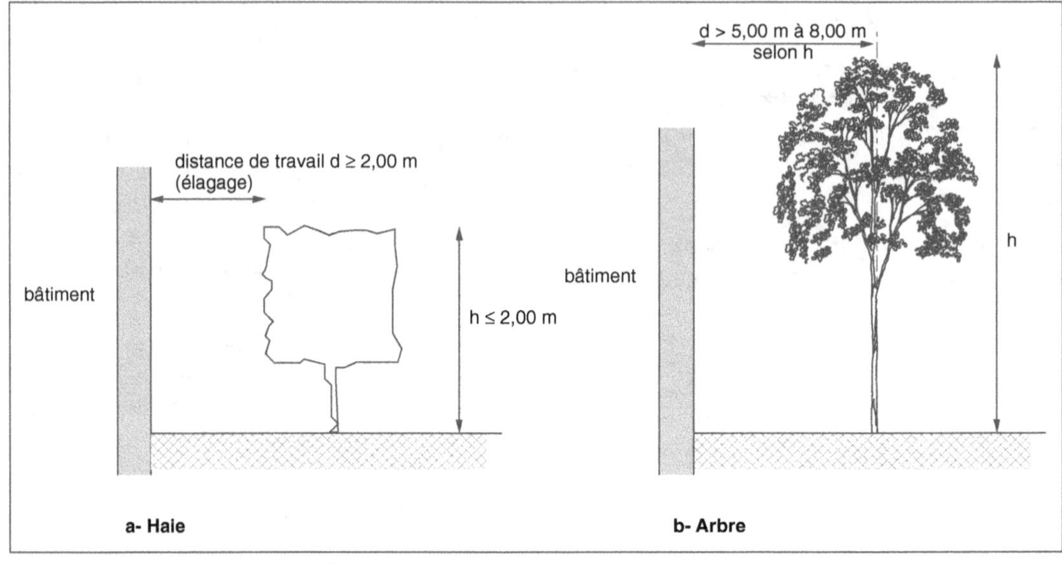

Fig. 8.8 • *Distance entre plantations et bâtiments.*

Photo 8.5 • *Plantation de* betula verrucosa *(bouleaux) et immeubles d'habitation.*

3.2.2. La plantation des végétaux

Elle est effectuée dans des fouilles qui sont en fosse pour les arbustes ou les arbres, et en tranchée pour les haies. Les dimensions sont définies en fonction de la nature et de la taille des végétaux à mettre en place ainsi que du mode de plantation : arbres isolés, en bouquet, arbustes, massifs, haies (tab. 8.5). Ces dimensions seront augmentées lorsque les plants sont mis en place dans un terrain où leur développement n'est pas optimal. Après la présentation des végétaux et leur maintien à l'aide d'un tuteur, le trou est remblayé avec de la terre végétale.

3.2.3. La préparation des végétaux

La préparation des végétaux est différente selon leur mode de livraison, qu'ils soient livrés à racines nues, en motte ou que ce soient des conifères.

3.2.3.1. Les végétaux à racines nues

Les végétaux à racines nues ont plus ou moins souffert lors de leur arrachage : racines meurtries ou coupées, système radiculaire amoindri... Pour procéder à leur plantation, la préparation comprend les interventions suivantes (fig. 8.11) :

- opérer une section nette à l'aide d'un outil tranchant de toutes racines cassées ou abîmées ;

- conserver les racines sur une longueur maximale de 40 à 50 cm, avec la totalité des radicelles qui ne présentent pas de meurtrissures ;

- tremper les racines dans un mélange de boue plus ou moins argileuse ;

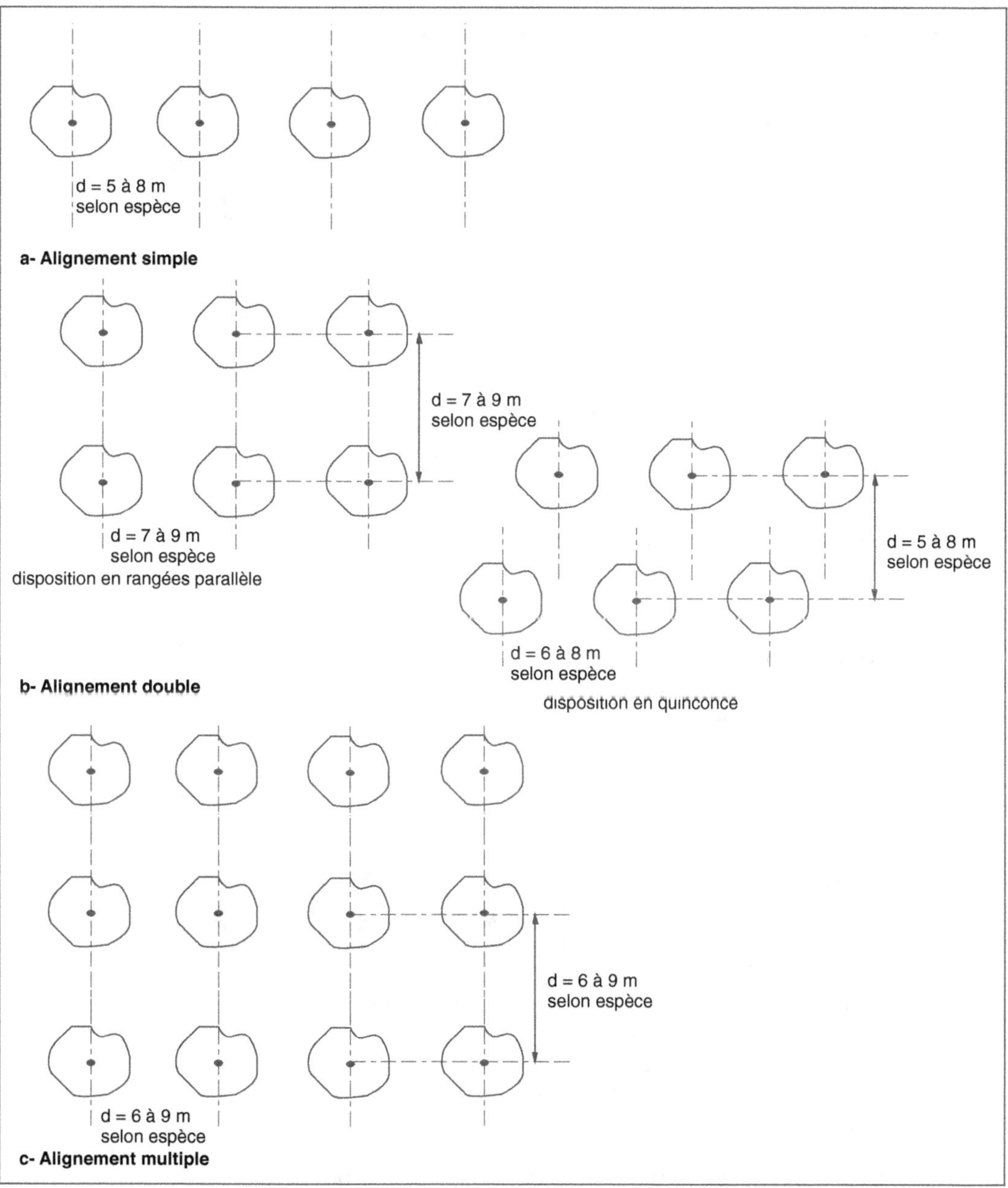

Fig. 8.9 • *Distances entre les arbres d'alignement.*

– rabattre* la partie aérienne, ce travail pouvant être effectué après la plantation ;
– mettre en place un mélange de terre végétale et de fumure formant une motte ;

– présenter l'arbre ou l'arbuste de manière à répartir les racines pralinées* sur la motte, le collet étant à quelques centimètres en dessous du niveau du terrain naturel ;

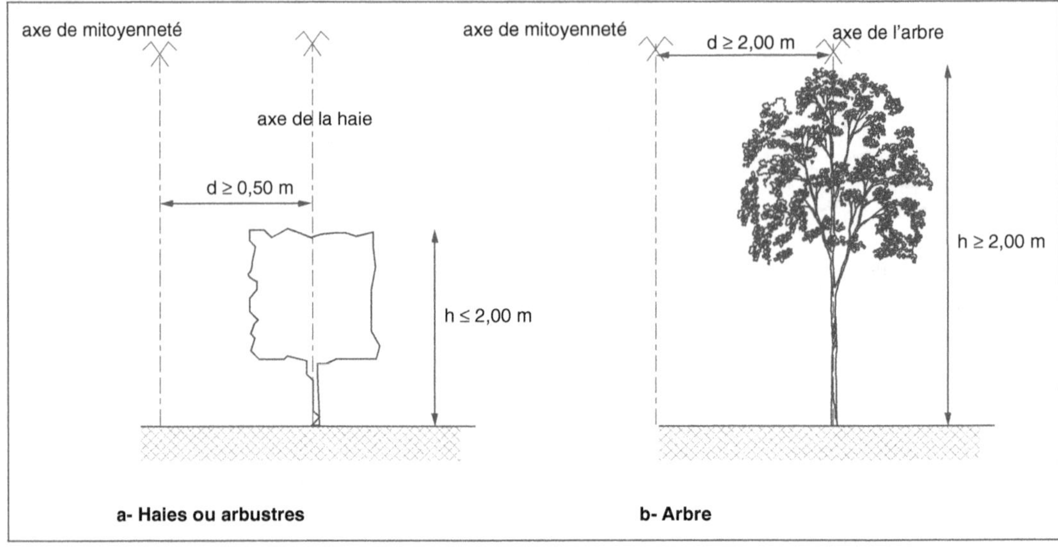

Fig. 8.10 • *Distance à respecter suivant le Code civil.*

VÉGÉTAUX ET MODE DE PLANTATION	DIMENSIONS (m)	PROFONDEUR (m)
Arbres et arbustes isolés		
• Arbres à haute tige	1,00 × 1,00	0,80
• Jeunes baliveaux	0,80 × 0,80	0,60
• Conifères	1,00 × 1,00	0,80
• Arbustes	0,50 × 0,50	0,50
Arbres et arbustes en bouquet	Selon le nombre de sujets	0,50 à 0,70
Arbustes en massif	Selon le nombre de sujets	0,50
Rosiers	Selon le nombre de sujets	0,50
Plantes vivaces	–	0,30
Haies d'arbres	Largeur : 0,60 à 0,80	0,60
Haies d'arbustes	Largeur : 0,50	0,50

Tab. 8.5 • *Dimensions des fosses et tranchées pour plantation des végétaux.*

– enfoncer le tuteur dans le terrain non remanié et ligaturer le végétal en partie haute et en partie basse (fig. 8.12) ;

– remblayer le trou avec une terre fine afin de recouvrir le système radiculaire, en la tassant pour éliminer les poches d'air ;

– former une cuvette de rétention en partie supérieure du remblai ;

– arroser soigneusement en tassant la terre et en apportant un complément de remblai si nécessaire.

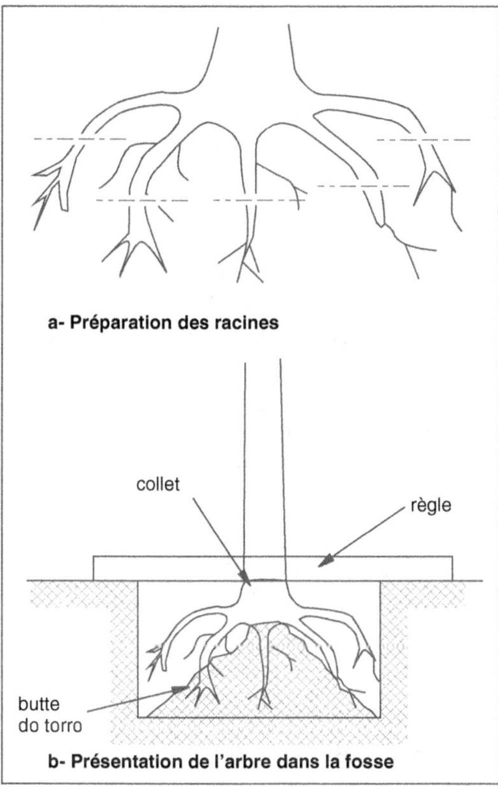

Fig. 8.11 • *Plantation d'un arbre à racines nues.*

Selon l'essence de l'arbre, le tuteur peut être laissé ou enlevé (photo 8.6). Dans ce dernier cas, il est remplacé par un haubanage (fig. 8.12). Des dispositions sont prises afin de ne pas blesser le tronc avec les attaches. Pour les arbres de gros diamètre, de classe supérieure à 20/22, en particulier dans les zones ensoleillées, il est conseillé de protéger le tronc en l'entourant de bas en haut avec de la paille tressée.

3.2.3.2. *Les végétaux livrés en motte*

Les végétaux livrés en motte doivent être en parfait état, la motte n'étant pas détériorée lors du transport ou de la plantation. Quel que soit le mode de constitution ou de protection de la motte, l'arbre est placé dans le trou de manière que la partie supérieure de la motte soit à 5 cm en dessous du niveau du terrain (fig. 8.13). La motte est écroûtée sur le dessus, tandis que les emballages non biodégradables sont enlevés. Le trou est comblé avec de la terre végétale en laissant une cuvette de rétention d'eau. L'arbre est tuteuré ou haubané comme précédemment.

3.2.3.3. *Les conifères*

Les conifères suivent sensiblement les mêmes règles que celles appliquées pour les arbres livrés en motte.

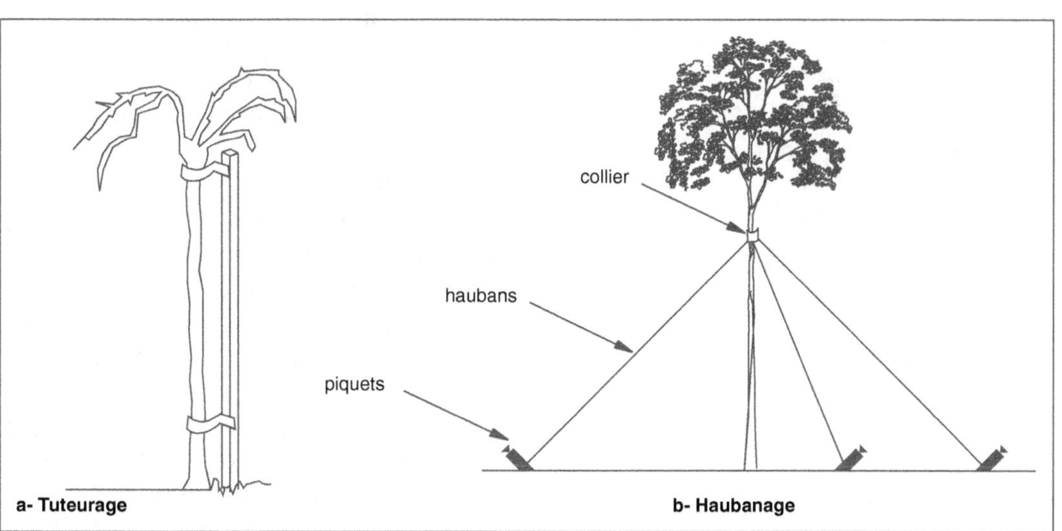

Fig. 8.12 • *Disposition de maintien des arbres lors de la plantation.*

Photo 8.6 • *Tuteurage et protection des troncs de* salix babylonica (*saules pleureurs*).

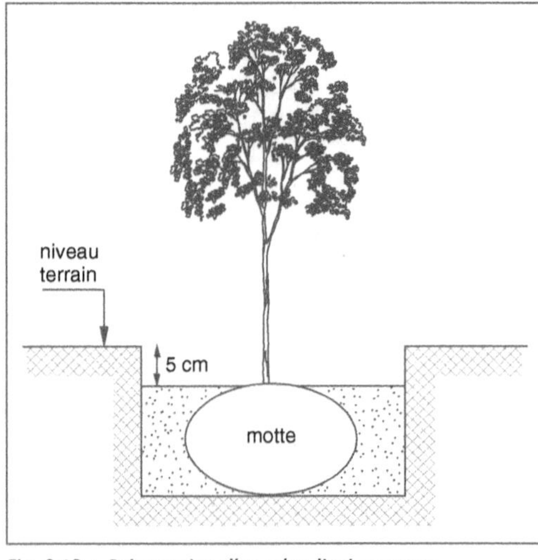

Fig. 8.13 • *Présentation d'un arbre livré en motte.*

En zone périurbaine et rurale, la partie inférieure du tronc doit être protégée contre l'attaque des rongeurs. À cet effet, ils sont entourés par un filet semi-rigide en matière plastique fixé sur des piquets fichés en terre.

3.3. Les haies

Les haies sont constituées de végétaux plantés côte à côte, choisis en fonction du ou des rôles qu'elles jouent dans les aménagements extérieurs. Elles sont composées d'une seule variété adaptée au sol et au climat ou d'un mélange de plusieurs essences. Dans ce dernier cas, il faut vérifier qu'elles peuvent vivre en harmonie sans risque d'élimination d'une variété par une autre.

Les haies sont classées selon plusieurs critères : la fonction ; l'aspect décoratif ; la hauteur des plantes ; le type d'arbres ou d'arbustes.

3.3.1. La fonction

La fonction des haies est multiple :
- être un élément de décor dans un parc afin de mettre en valeur une zone déterminée ;
- délimiter des secteurs à vocation différente ;
- assurer une protection contre des actions extérieures : le vent pour les haies brise-vent, le soleil en fonction de sa hauteur, la vue, l'intrusion de personnes étrangères.

3.3.2. L'aspect décoratif

C'est l'un des paramètres déterminants dans le choix des végétaux (fig. 8.14) :
- les haies champêtres sont de forme libre, composées d'un mélange de diverses espèces qui poussent souvent librement dans la nature ;
- les haies ornementales sont composées d'espèces décoratives à feuillage découpé et coloré mêlées à des arbustes à fleurs ; elles demandent un entretien constant et sont taillées une à deux fois par an ;

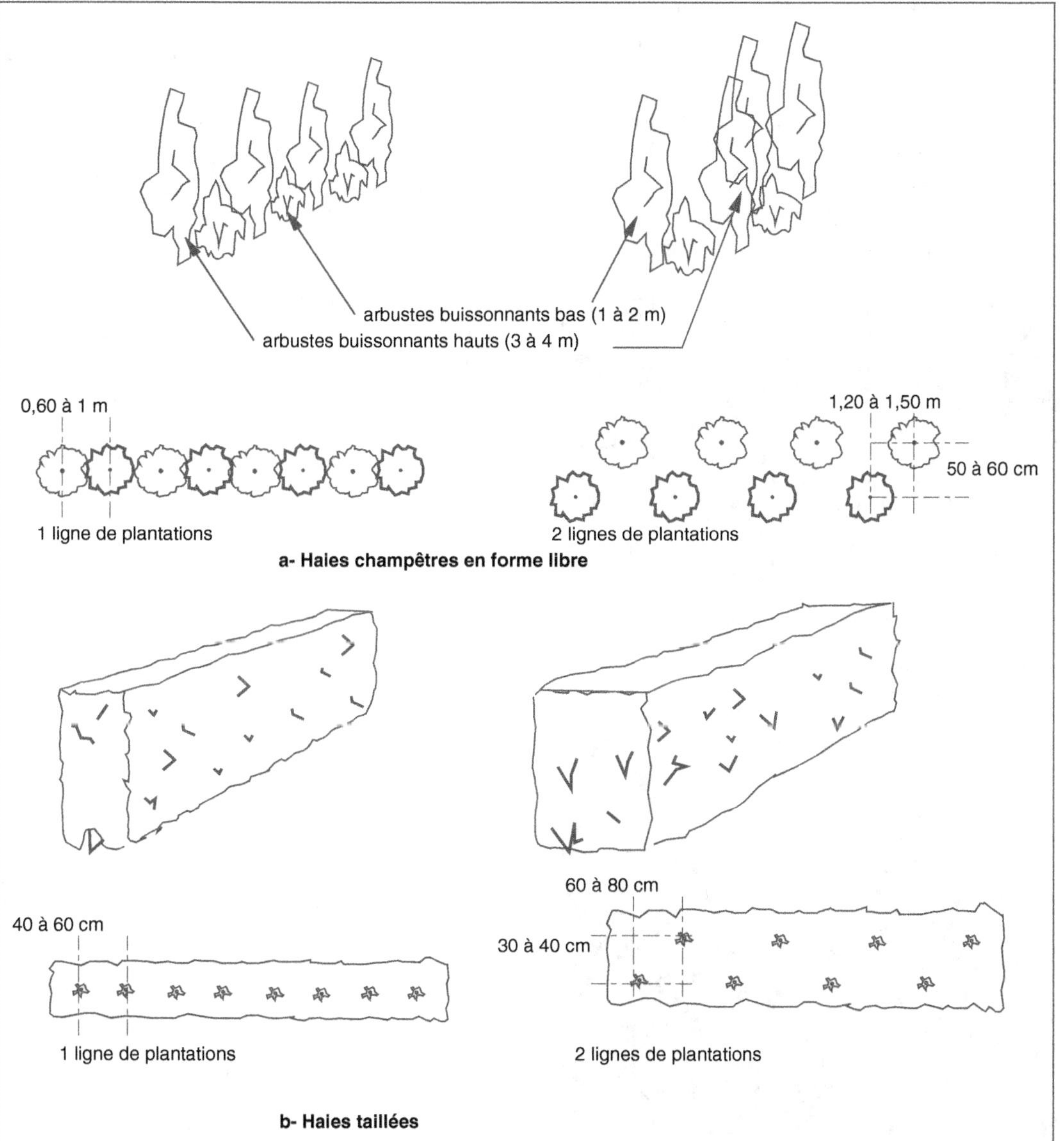

Fig. 8.14 • *Différents aspects d'une haie.*

— les haies fleuries sont composées d'une variété fleurissant à une époque donnée ou de plusieurs variétés dont la floraison s'échelonne dans le temps ;

— le feuillage peut être persistant comprenant essentiellement des conifères et quelques feuillus : coloré de teinte tirant sur les verts, les bleus, les jaunes ou le pourpre ; marcescent, séchant à l'automne en prenant une couleur brune et restant accroché à l'arbuste une partie de l'hiver.

3.3.3. La hauteur des plantes

La hauteur des plantes est également un élément qui entre dans la définition du rôle que peut jouer la haie :

– les haies basses (0,50 à 0,80 m) délimitent des cheminements ou des massifs fleuris (photo 8.7) ;

– les haies de hauteur moyenne (1,50 à 1,80 m) abritent, entre autres, des vues extérieures (photo 8.8) ;

– les haies de grande hauteur (supérieure à 2 m) remplissent un rôle de coupe-vent.

Photo 8.7 • *Haies basses de* buxus *(buis) délimitant des parterres plantés.*

Photo 8.8 • *Haies de* euonymus japonicus *(fusain) protégeant les espaces privatifs des vues.*

3.3.4. Le type d'arbres ou d'arbustes

Le type d'arbres ou d'arbustes est sélectionné afin qu'il apporte la meilleure réponse aux fonctions des haies et qu'il puisse pousser dans de bonnes conditions, quels que soient la nature du terrain, le climat et les conditions d'exposition (tab. 8.6).

D'autre part, il faut s'attacher à ce que le feuillage soit développé de manière homogène et continue sur toute la hauteur. Pour obtenir ce résultat, il peut être nécessaire de recourir à plusieurs espèces. C'est le cas des haies coupe-vent souvent composées de deux étages de végétation : arbustes en partie inférieure et arbres en partie supérieure (fig. 8.15).

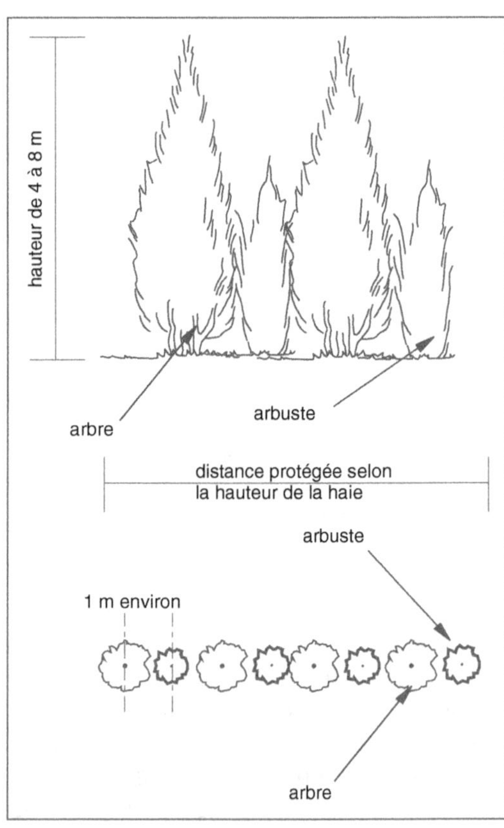

Fig. 8.15 • *Haie coupe-vent à deux étages.*

Caractéristiques des végétaux — Types de haie	Classe		Feuillage					Fonction		Aspect			Exposition	
	Feuillus	Conifères	Caduc	Persistant	Semi-persistant	Marcescent	Coloré	Brise-vent	Défensive	Champêtre	Taillé	Fleurs	Soleil	Ombre
Haies hautes (H > 2,00 m)														
Cornus alba — Cornouiller blanc	×		×							×		×		
Cupressus sempervirens — Cyprès de Provence		×		×										
Fagus sylvaca — Hêtre	×					×		×		×	×			
Populus nigra Italica — Peuplier d'Italie	×		×					×						
Haies moyennes (1,50 m < H < 2,00 m)														
Carpinus betulus — Charme commun (Charmille)	×					×		×		×	×			
Euonymus europeanus — Fusain d'Europe	×			×							×			
Forsythia intermédia — Forsythia	×		×							×		×		
Ilex Aquifolum — Houx vert	×			×				×	×	×				
Juniperis communis — Genévrier commun		×		×							×		×	
Ligustrum vulgare — Troëne commun	×				×			×		×	×			
Nerium oleander — Laurier rose	×		×					×		×		×	×	
Pyracantha coccinea — Buisson ardent	×			×					×	×	×			
Rhododendron — Rhododendron	×			×						×		×		×
Taxus baccata — If commun		×		×							×			×
Thuya occidentalis — Thuya d'Occident		×		×							×			

Tab. 8.6 • *Quelques végétaux courants pour haies.*

| CARACTÉRISTIQUES DES VÉGÉTAUX | CLASSE | | FEUILLAGE | | | | FONCTION | | ASPECT | | | EXPO-SITION | |
| | | | | | | | | | | | | | |
TYPES DE HAIE	FEUILLUS	CONIFÈRES	CADUC	PERSISTANT	SEMI-PERSISTANT	MARCESCENT	COLORÉ	BRISE-VENT	DÉFENSIVE	CHAMPÊTRE	TAILLÉ	FLEURS	SOLEIL	OMBRE
Haies basses (H < 0,80 m)														
Berbéris Berbéris – Épine-vinette	×			×					×	×				
Berbéris thunbergii atropurpurea Berbéris pourpre	×		×				×		×	×				
Buxus sempervirens Buis commun	×			×							×			×
Cotoneaster Cotonéaster	x			x						x			×	
Lavandula officinale Lavande	×			×			×			×		×	×	
Rosmarinus Romarin	×			×						×	×	×	×	

NB. Pour certaines essences, plusieurs variétés existent, pouvant s'adapter à divers sols ou conditions climatiques.

Tab. 8.6 • *Quelques végétaux courants pour haies. (suite)*

3.4. Les massifs

La préparation des massifs nécessite plusieurs opérations :

– un labourage et un épierrage de la terre ;

– un amendement et un apport d'engrais, si nécessaire ;

– le nivellement par ratissage et le roulage de la zone à aménager afin de tasser légèrement la terre ;

– la délimitation et le dressage des bords du massif ;

– le traçage effectué de manière régulière ou irrégulière, en accord avec la présentation générale du jardin (fig. 8.16) ;

– l'implantation des plans.

Si ceux-ci se présentent en motte ou en pot de tourbe, il suffit de les placer dans le trou prévu à l'avance. Lorsqu'ils sont en godet ou en pot, il faut les retirer du pot avant de les planter.

La période de plantation est dictée par la période de floraison. Toutefois, les règles suivantes peuvent être admises :

– les plantes annuelles sont plantées au printemps, après les dernières gelées ;

– les plantes bisannuelles peuvent être plantées à l'automne ou au printemps. Cette dernière période entraînant moins de perte ;

– les plantes bulbeuses et tubéreuses sont mises en terre à l'automne pour une floraison printanière (tulipe, jacinthe, etc.) et au printemps pour une floraison en été ou en automne (lis, dahlia, bégonia…) ;

– les plantes vivaces sont plantées de novembre à mars ou avril, sauf dans les régions où l'hiver est rigoureux ou

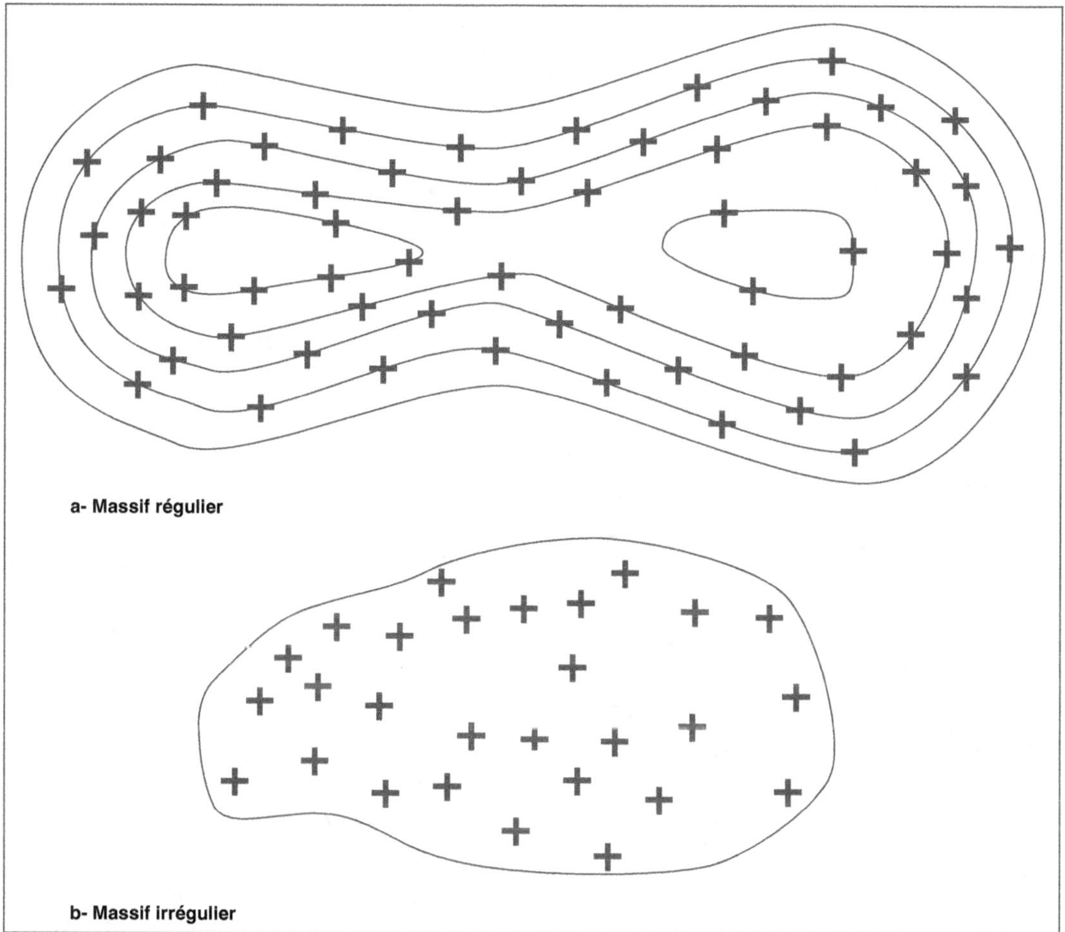

Fig. 8.16 • *Massifs de fleurs.*

humide, auquel cas il est préférable d'attendre le printemps. Pour certaines (iris, pivoines, etc.), la meilleure période correspond au début de l'automne.

3.5. Les rocailles

Les rocailles sont très pratiques pour habiller de petits mouvements de terre. Elles jouent sur la combinaison d'éléments minéraux et végétaux, que ce soit des variétés à fleurs ou non (fig. 8.17, photo 8.9). Elles peuvent être agrémentées par un ruissellement d'eau.

Afin d'en limiter l'entretien, le choix de plantes vivaces est préférable. Lors de leur cons-titution, pour éviter que les rochers ou les pierres ne puissent se déplacer ou glisser en pied de talus, ils sont encastrés dans le terrain et calés avec la terre végétale. Celle-ci permet de planter une variété de plantes en fonction de l'exposition, soleil ou ombre :

– en plein soleil : aubriète *(Aubrietas)*, lavande *(Lavandula augustifolia)*, orpin *(Sedum)*, phlox mousse *(Phlox subulata)*, etc. ;

– en soleil ou en pénombre : bruyère rustique *(Calluna vulgaris)*, etc. ;

– à l'ombre : diverses fougères *(Ptéris aquilina)*, scolopendre officinale *(Scolopendrium offici-nale)*, capillaire *(Asplenium Trichlomanes)*, etc.

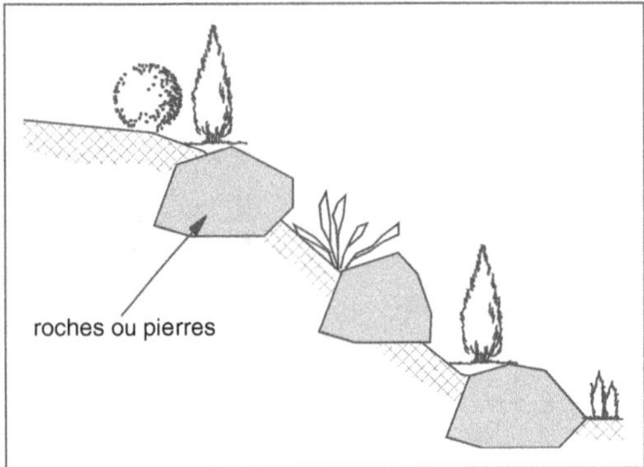

Fig. 8.17 • *Rocaille.*

Photo 8.9 • *Rocaille composée de plantes vivaces,* scolopendrium officinale *(fougère scolopendre) et de* pinus nani *(pin nain).*

L'ensemble est complété par des arbustes nains, feuillus ou conifères : buisson ardent (*Pyracantha crenulata*), épine-vinette à feuilles pourpre *(Berberis thunbergii atroprupurea)* ou épicéa nain *(Picea mariana nana)*, genévrier rampant *(Juniperus nana)*, pin nain *(Pinus nana)*…

Les rocailles sont d'un entretien relativement limité qui porte essentiellement sur le désherbage, l'arrosage et quelques traitements appropriés.

3.6. Les jardins d'eau

Les jardins d'eau sont réalisés soit en aménageant un plan d'eau existant, soit en créant un ou plusieurs bassins, d'un seul niveau ou étagés, chaque niveau étant relié au suivant par de petites cascades.

Le bassin artificiel, lorsqu'il couvre une surface importante, nécessite le creusement d'une fosse ou la création d'une retenue sur un cours d'eau. Dans ce cas, le barrage est fréquemment en terre, complété par un enrochement. L'étanchéité est obtenue naturellement en tapissant le fond d'une couche de terre fortement argileuse ou artificiellement à l'aide d'une feuille de polyéthylène fixée en périphérie.

Les petits bassins sont construits différemment :

– bâtis sur place, leur fond est en béton armé, tandis que les parois sont en béton armé, en briques appareillées ou en bois traité ;

– préfabriqués, ils sont en polyester armé de fibres de verre.

Un cheminement périphérique peut être aménagé pour profiter de la fraîcheur apportée par la présence de l'eau.

Les traversées du bassin se font soit par des ponceaux en bois sur les zones étroites ou par des passerelles, soit, lorsque le bassin est peu profond, par un pas japonais constitué de plots en bois fichés dans le sol ou par des dalles de pierre immergées et posées sur le fond (fig. 8.18). Les passerelles sont constituées d'un platelage et d'un garde-corps en bois traité, supporté par des poutres et des poteaux fixés dans le terrain.

La réalisation des bassins et des plans d'eau impose quelques mesures de sécurité, en particulier vis-à-vis de la protection des enfants. Elles sont matérialisées de la manière suivante :

– seules les pentes douces sont admises en périphérie des bassins ;

– la limite, entre le bassin ou les plantes aquatiques et la terre ferme, est marquée par une margelle ou par des enrochements ;

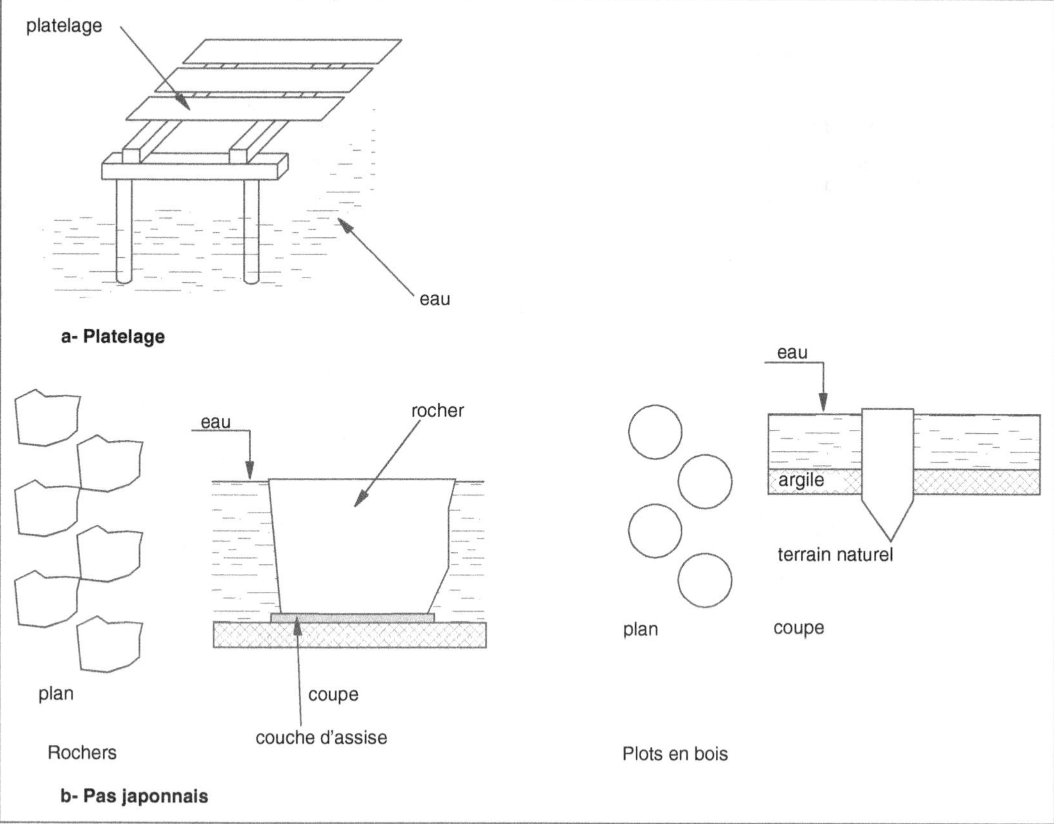

Fig. 8.18 • *Cheminement sur jardin d'eau.*

– les passages au-dessus de l'eau, via des passerelles, sont protégés par des balustrades.

En périphérie des plans d'eau, des arbres hydrophiles peuvent être plantés : aulnes *(Alnus)*, frênes *(Fraxinus)*, saule *(Salix)*, tulipier *(Liriodendron)*, etc.

3.7. Le remodelage du terrain

Le remodelage du terrain n'a pas de grande conséquence lorsqu'il est nu et ne comporte aucune végétation importante. La présence d'arbres conservés en phase définitive impose quelques dispositions afin de les préserver des modifications de niveaux prévues dans le projet (fig. 8.19). Que le terrain voisinant soit surélevé ou abaissé, le collet doit être maintenu quelques centimètres en dessous du niveau du sol. Dans le premier cas, une fosse de dimensions suffisantes est réservée autour du ou des arbres ; dans le second cas, une butte est créée, entourée d'un petit muret.

4. La coordination avec les autres lots

La coordination avec les autres lots concernés par ces travaux porte principalement sur les points suivants :

– l'aménagement des allées piétonnes et des aires de jeux ;

– la réalisation des ouvrages d'accompagnement ;

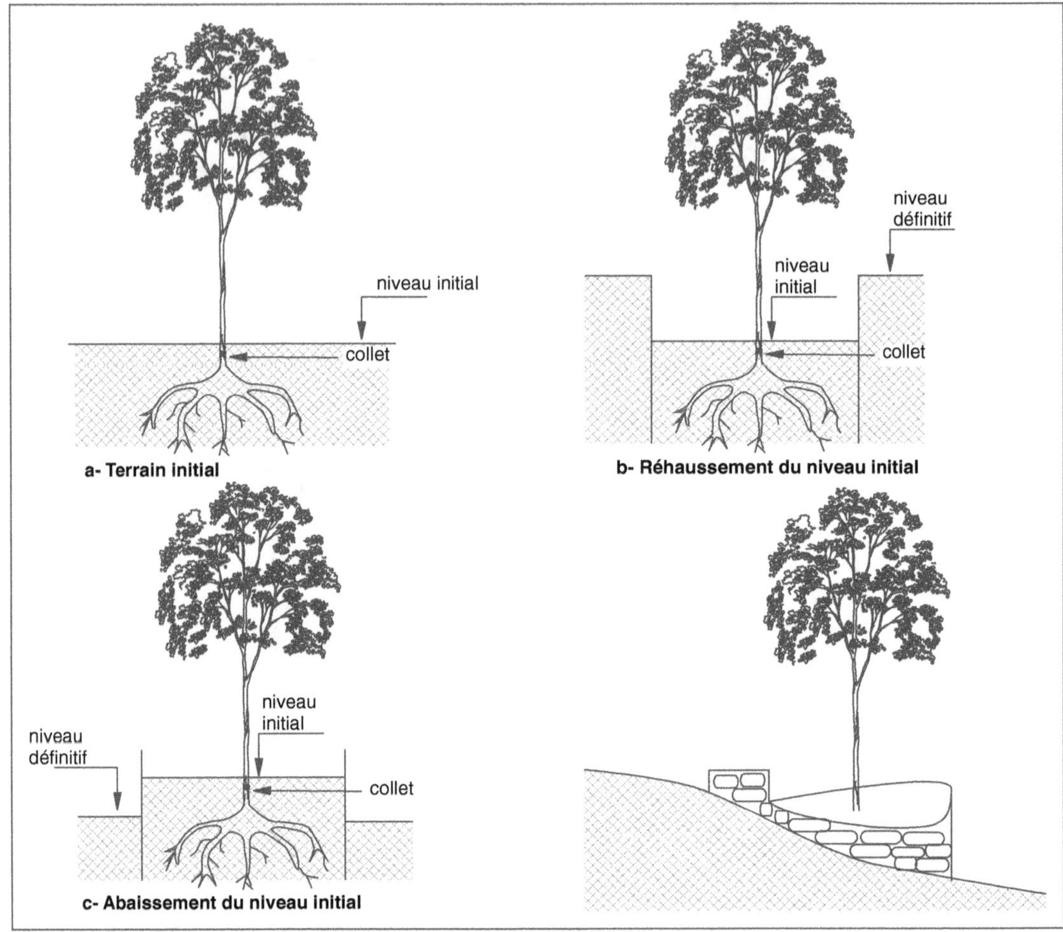

Fig. 8.19 • *Remodelage du sol en présence d'arbre.*

– l'implantation des bouches d'arrosage et de l'arrosage intégré ;
– l'implantation des points d'éclairage éventuels.

4.1. Les allées piétonnes et les aires de jeux

Les allées piétonnes et les aires de jeux peuvent être conçues de plusieurs façons, selon qu'elles sont ou non délimitées par des bordurettes (fig. 8.20).

Présence de bordurettes pour délimiter les allées : elles sont posées après la fondation des allées et des aires. Le régalage de la terre végétale s'effectue sans difficulté avant la mise en place du revêtement superficiel. En fonction des saisons, les végétaux sont plantés et les gazons semés avant ou après la finition des allées.

Absence de bordurettes pour délimiter les allées (photo 8.10) : les principaux travaux d'aménagement des allées et des aires sont exécutés dans un premier temps, hormis le revêtement final. La terre végétale est étendue sur le terrain jusqu'en limite des allées et des aires des jeux. La suite des travaux s'effectue en fonction des saisons de plantation ou de

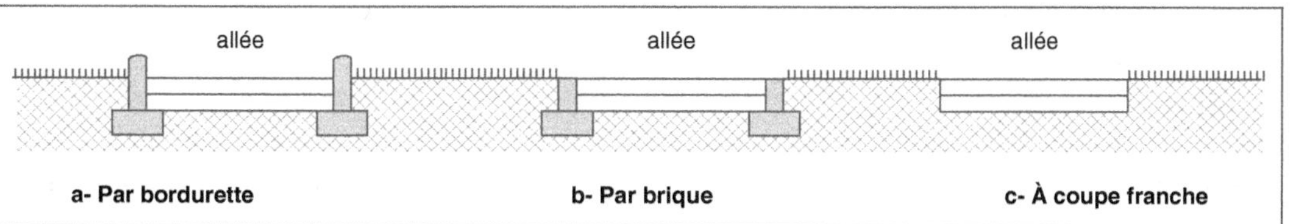

Fig. 8.20 • *Délimitation des allées et des aires de jeux.*

Photo 8.10 • *Cheminement piétonnier dans un espace vert.*

semis. La mise en œuvre étant plus délicate, elle doit être plus soignée.

4.2. Les travaux d'accompagnement

Les travaux d'accompagnement s'accomplissent en deux phases : l'implantation et le coulage des fondations, puis la pose des équipements. L'organisation des travaux peut être la suivante :

– implantation et coulage des fondations ;

– régalage de la terre végétale et préparation du sol ;

– plantation des arbres et des arbustes ;

– pose des équipements ;

– semis du gazon.

Les trois dernières phases s'adaptent ou se superposent dans le temps selon les conditions climatiques.

4.3. L'arrosage

L'installation d'arrosage comprend des canalisations et des bouches d'arrosage. Lorsque les canalisations sont profondes, elles sont posées dans des tranchées creusées dans le substrat, avant le régalage de la terre végétale. Lorsqu'elles sont peu profondes, elles sont mises en place après la terre végétale, en même temps que les bouches. Lors du remblaiement, la précaution à prendre est de veiller à séparer les différentes couches de terrain enlevé.

4.4. L'éclairage extérieur

L'installation de l'éclairage extérieur comporte plusieurs interventions : l'implantation des points lumineux ; la pose des fourreaux ou des câbles dans les tranchées ; la réalisation des socles ; la mise en place des points lumineux.

Le phasage des travaux est tel que les gros travaux sont exécutés dans un premier temps ; les équipements venant ensuite selon un enchaînement qui peut être le suivant :

– implantation des points lumineux et des câblages ;

– creusement des tranchées, pose des câbles ou des fourreaux avec les sorties en attente au droit des points lumineux ;

– mise en place du grillage avertisseur et remblaiement des tranchées ;

– exécution des socles ;

– plantation des végétaux et semis des gazons ;

– pose des points lumineux et raccordement au réseau.

5. La réalisation des terrasses-jardins

Les terrasses-jardins ont une place essentielle dans l'aménagement des espaces verts en centre urbain du fait de la création de nombreuses constructions enterrées pour les parkings ou autres affectations (photo 8.11).

Photo 8.11 • *Aménagement d'une toiture-terrasse plantée.*

Leur réalisation tient compte des problèmes liés à leur utilisation, ce qui conduit à considérer les points suivants :

– la nature de la végétation prévue ;

– la possibilité d'une circulation piétonne ;

– le mode d'entretien et d'arrosage de la végétation ;

– l'action des outils et des racines sur le revêtement d'étanchéité ;

– l'évacuation des eaux ruisselant sur les allées ou s'infiltrant dans les zones plantées.

Le support est principalement en maçonnerie. L'entreprise paysagiste prend possession du chantier après l'établissement d'un constat contradictoire montrant la bonne exécution et la bonne tenue du revêtement d'étanchéité et de sa protection. Ces travaux demandent le plus grand soin et ne peuvent pas être accomplis comme ceux exécutés en pleine terre. Ils sont réalisés selon deux techniques : le **procédé traditionnel** et le **procédé allégé** (fig. 8.21).

5.1. Le procédé traditionnel

Ce procédé comporte les éléments suivants :

– une couche drainante de 0,10 m d'épaisseur en graviers ;

– une couche filtrante, géotextile non tissé, qui filtre l'eau excédentaire en retenant la terre et qui empêche le passage des racines ;

– une couche de terre végétale dont l'épaisseur est adaptée à la nature de la végétation. Son épaisseur est de l'ordre de 0,15 à 0,30 m pour le gazon mais elle peut atteindre 1 m et plus pour la plantation d'arbres.

Il en ressort que ce procédé apporte une surcharge importante sur la dalle, de l'ordre de 750 kg au mètre carré, nécessitant une structure calculée en conséquence.

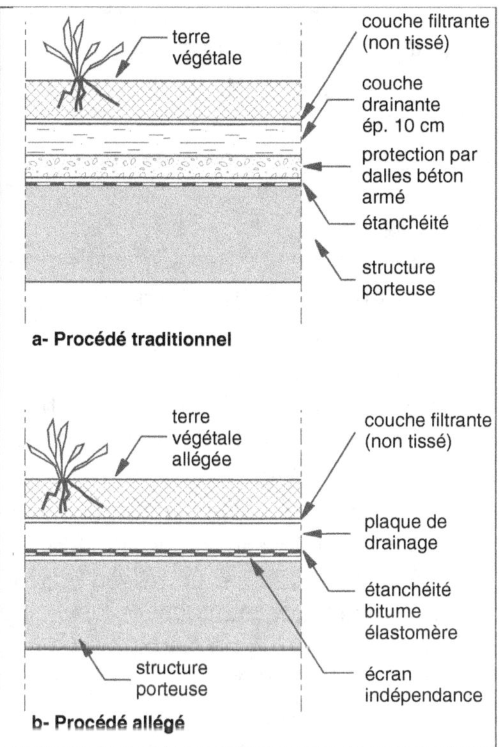

Fig. 8.21 • *Toitures-terrasses jardin.*

5.2. *Le procédé allégé*

Ce procédé utilise des matériaux qui bénéficient d'un avis technique :

– des plaques drainantes perforées moulées en polystyrène expansé assurent le drainage ;

– un géotextile non tissé constitue la couche filtrante ;

– une couche de terre végétale allégée par l'incorporation de mousse de résine synthétique, de perlite, de vermiculite, permet d'augmenter légèrement l'épaisseur pour la porter à 0,40 m. Lorsque des mouvements de terre sont prévus, une partie de la terre est remplacée par des blocs de polystyrène expansé.

Avec cette méthode, la surcharge n'est plus que de 350 à 400 kg au mètre carré.

Pour ces aménagements, l'arrosage est généralement intégré dans le sol avec un dispositif assurant automatiquement la mise en route. En outre, il est nécessaire de prévoir un cheminement pour l'entretien et l'évacuation des déchets.

L'aménagement de jardins sur des toitures-terrasses inclinées requiert des études particulières en liaison avec l'entreprise d'étanchéité, afin de vérifier le bon accrochage du revêtement d'étanchéité et d'éviter ainsi qu'il se déforme sous la charge des terres.

6. Les bacs à fleurs et les jardinières

Les bacs à fleurs et les jardinières sont soit fixes soit mobiles et déplaçables au gré des aménagements. Fixes, ils sont généralement réalisés en béton traité, en pierre ou en briques de parement. Déplaçables, ils sont en béton préfabriqué, en terre cuite ou en bois traité. Dans ce dernier cas, ils reçoivent une étanchéité intérieure. Afin d'éviter un excès d'eau, ils sont percés en partie inférieure d'un ou de plusieurs orifices d'évacuation, leur surélévation assurant l'écoulement de l'eau (fig. 8.22).

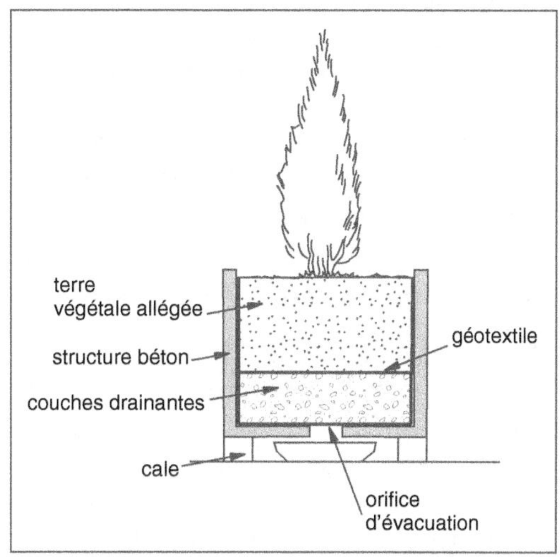

Fig. 8.22 • *Jardinières.*

Dans ces bacs et en fonction de leur profondeur, sont plantés des plantes annuelles ou vivaces, des petits arbustes, des arbustes ou des arbres de taille réduite. Ces derniers nécessitent une profondeur minimale de 1,20 m. Le remplissage comprend les matériaux suivants :

– un feutre non tissé ;
– une couche drainante de 8 à 10 cm d'épaisseur ;
– un feutre non tissé afin de retenir les éléments fins et d'éviter le colmatage du drainage ;
– une couche d'un matériau apte à stocker l'humidité, par exemple les billes d'argile expansée ou la pouzzolane, d'une épaisseur de 15 à 20 cm ;
– un mélange de terre végétale allégée, de sable et de terreau ;
– pour les bacs à fleurs et les jardinières fixes, éventuellement, une installation d'arrosage automatique intégré qui facilite l'entretien.

7. Les travaux d'entretien

Il ne suffit pas d'effectuer des plantations, encore faut-il assurer un entretien régulier, en particulier surveiller leur croissance, les protéger des maladies, des parasites et des insectes, éliminer les mauvaises herbes et procéder à la destruction des déchets. À cet effet, il faut maintenir une certaine harmonie entre les plantes et leur environnement : sol, conditions climatiques, etc.

7.1. La croissance des végétaux

La croissance des végétaux est améliorée grâce à des interventions mises au point lors de leur plantation :

– une aération du sol, en l'allégeant afin qu'il ne soit pas trop compact et empêche le développement des racines. Le tassement du sol (circulation de véhicules) provoque une asphyxie progressive des racines et un ralentissement de la croissance ;
– un apport de produits destinés à nourrir les plantes : terreau, humus, engrais ;
– une taille qui permet de former l'arbre, de fortifier ses ramures et d'éliminer les gourmands* ;
– un arrosage régulier, en particulier pendant la première année de reprise.

L'arrosage est assuré de préférence en fin d'après-midi plutôt que le matin afin que les végétaux puissent bénéficier de la fraîcheur de la soirée et de la nuit. Plusieurs méthodes peuvent être retenues :

– l'eau est déversée directement dans une cuvette aménagée autour des plantes ;
– l'eau est apportée par un réseau d'arrosage intégré qui humidifie le pied des végétaux selon une programmation conçue au préalable ;
– l'eau pénètre jusqu'aux racines grâce à un tuyau laissé en attente au pied des arbres lors de leur plantation.

Toutefois, il faut veiller à ne pas apporter un excès d'eau qui pourrait être nuisible à certaines plantes.

7.2. La protection contre les maladies et les parasites

Les plantes robustes qui poussent dans de bonnes conditions sont peu sujettes aux maladies. Mais certaines essences et certaines variétés sont plus sensibles que d'autres. Cette sensibilité varie selon les conditions climatiques, périodes de fortes chaleurs et de sécheresse, périodes de forte humidité ou grands froids. C'est pourquoi les choix se portent de préférence sur des plantes rustiques adaptées aux qualités des sols et au climat.

Dès que des anomalies sont constatées, des prélèvements sont effectués afin de procéder à des analyses en laboratoire et d'établir un diagnostic. Celui-ci a pour objet de déterminer les causes du dépérissement et d'apporter le traitement approprié. Le mal s'attaque aux feuilles, aux branches ou aux racines. Il peut avoir pour origine un parasite, champignons ou autres, ou un insecte. Certains traitements étant nocifs pour l'homme, des précautions sont prises lors de leur application : masque, habillement adapté, etc.

Une taille sévère peut être nécessaire afin de supprimer les parties attaquées. Dans ce cas, les déchets sont brûlés immédiatement sur place pour éviter la propagation de la maladie. Quelques essences ont subi des attaques dans plusieurs régions entraînant leur disparition pendant plusieurs années : orme, charme, etc. Pour cause de feu bactérien *(Erwinia amylorova)* des rosacées, le ministère de l'Agriculture a pris un arrêté interdisant de planter certaines variétés.

Les recherches en laboratoire portent essentiellement sur trois grands axes :
- la mise au point de variétés plus robustes et mieux adaptées, pouvant résister au gel ou à la sécheresse ainsi qu'aux attaques des divers parasites ou insectes ;
- la protection génétique par la modification du patrimoine génétique des plantes afin d'améliorer leur résistance ;
- la lutte biologique basée sur le principe de l'antagonisme entre certaines espèces, tel qu'il existe dans la nature.

L'intérêt de ces recherches réside surtout dans la réduction de l'emploi des produits chimiques. Toutefois, étant encore du domaine de la recherche, leur développement est très lent.

Les arbres et les arbustes déficients dans l'année de leur plantation sont remplacés par l'entreprise.

7.3. L'élimination des mauvaises herbes

Les mauvaises herbes sont les plantes dont la présence n'est pas souhaitée dans une plantation. Elles sont donc éliminées d'une manière ou d'une autre.

Avant la mise en place des nouvelles plantes, il est indispensable d'enlever toutes les plantes vivaces existantes : chiendent, liseron, etc. Ensuite plusieurs procédés sont mis en place :
- effectuer un paillage ayant un bon pouvoir couvrant afin d'éviter la pousse des herbes ;
- planter des végétaux qui couvrent le sol et interdisent le développement de toute végétation ;
- répandre des désherbants sélectifs, ceux-ci devant être manipulés avec une grande prudence pour éviter toute action négative sur la végétation avoisinante ;
- sur de petites superficies, procéder à un arrachage manuel.

Le paillage est soit naturel, donc biodégradable assez rapidement, soit en fibres synthétiques qui se dégradent après quelques années.

7.4. L'évacuation des déchets

D'une manière générale, l'ensemble des déchets végétaux est rassemblé pour être apporté dans une déchetterie. Certains déchets, coupes de gazon ou feuilles mortes, peuvent être transformés en compost et seront utilisés comme fertilisant. Les branches sont broyées et employées pour recouvrir les sols après plantation des végétaux. Les autres déchets sont évacués et brûlés.

CHAPITRE 9

LES TRAVAUX

La notification des marchés de travaux aux entreprises, par le maître de l'ouvrage, et la délivrance des ordres de service signifient qu'elles peuvent engager les travaux. Une date de début d'intervention est fixée ; elle tient compte d'un certain délai pour effectuer les démarches administratives et la préparation du chantier.

La réalisation des ouvrages comporte plusieurs phases :

– la phase de préparation regroupant, entre autres, la planification, la coordination et la mise en place des plans d'hygiène et de sécurité ;

– l'exécution des travaux ;

– le paiement des travaux ;

– la réception des ouvrages.

Les désordres qui se produisent en période d'utilisation font partie du domaine de la pathologie.

1. La phase de préparation

La durée de la phase préparatoire dépend de l'importance et de la complexité du chantier. Cette phase comporte les interventions suivantes :

– les démarches administratives préalables à l'ouverture du chantier ;

– les réunions préparatoires ;

– la planification ;

– la coordination.

1.1. Les démarches administratives

Les démarches administratives sont d'ordre divers. Elles s'effectuent avant le commencement des travaux afin d'informer les services concernés et de recueillir les informations nécessaires à leur bonne exécution :

– la déclaration d'ouverture du chantier adressée à la mairie de la commune sur laquelle se déroulent les travaux ;

– la déclaration auprès des services concernés par les travaux : service technique de la commune, direction de l'équipement, concessionnaires des réseaux (Électricité de France, Gaz de France, France Telecom ou autres), service de la navigation, etc., avec lesquels sont précisés les points de raccordement à la voirie et aux réseaux, ainsi que les limites de prestation ;

– la déclaration adressée à l'inspection du travail, à l'Union de recouvrement des cotisations de Sécurité sociale et d'allocations familiales (URSSAF) et à l'Organisme professionnel de prévention du bâtiment et des travaux publics (OPPBTP) dans le cas de chantier important nécessitant la mise en place d'un plan d'hygiène et de sécurité.

– la déclaration d'intention de commencement de travaux (DICT) envoyée à tous les exploitants de réseaux souterrains situés à proximité immédiate du chantier, comme indiqué au paragraphe 6 du chapitre 2, (p. 84) ; elle doit être déposée avant tout début d'intervention.

1.2. Les réunions préparatoires

Les réunions préparatoires sont organisées dès la désignation des entreprises. Elles ont pour objectif d'aborder la problématique propre au chantier, d'examiner les premières difficultés pouvant se présenter et de régler les dernières mises au point entre les entreprises. En particulier, les limites des prestations de chacune d'elles sont définies de manière à éviter les doublons et à assurer une continuité dans la desserte des bâtiments.

La première réunion est capitale. Au cours de cette séance, l'ensemble des intervenants se présente : maîtrise d'ouvrage, maîtrise d'œuvre, organisme de pilotage et de coordination des travaux, coordinateur de sécurité, bureau de contrôle éventuel, entreprises. Le projet est décrit dans ses grandes lignes, tandis que la liste des documents écrits et des plans d'exécution est arrêtée.

Lorsqu'une entreprise n'a pas la qualification pour réaliser certains travaux, elle fait appel à un ou plusieurs sous-traitants. La sous-traitance est régie par la loi n° 75-1334 du 31 décembre 1975. Ses dispositions sont impératives. Elles précisent plusieurs points qui sont applicables si cela n'a pas été indiqué lors de la rédaction des marchés :

– le sous-traitant doit être agréé par le maître de l'ouvrage et par le maître d'œuvre ;

– le volume et la qualité des travaux sous-traités sont parfaitement déterminés ;

– les conditions de paiement sont arrêtées ; une préférence étant donnée au paiement direct du sous-traitant par l'organisme payeur.

Exemple :

Une entreprise traite les travaux de voirie, de pose de bordures de trottoir et de terrassement. Soit par suite d'une surcharge de travaux, soit parce qu'elle ne dispose pas du matériel nécessaire ou qu'elle n'a pas la compétence requise, elle peut sous-traiter :

– les travaux de terrassement ;

– la pose des bordures de trottoir.

Elle fait agréer son sous-traitant par la maîtrise d'ouvrage et par la maîtrise d'œuvre et précise les montants des travaux sous-traités.

Lors de ces réunions, l'organisation du chantier est mise au point ainsi que le plan d'installation des entreprises sur le site. Une convention inter-entreprise est élaborée. Elle a pour objet la gestion des dépenses communes dans un compte spécifique géré par l'entreprise principale.

Cette convention répartit les frais engagés au prorata des montants des marchés ou selon toute autre formule acceptée par le collège des entreprises. Au préalable, les dépenses prises en compte sont définies. Elles portent généralement sur des installations utilisables par les entreprises du chantier (accès provisoire, raccordement provisoire aux réseaux, etc.), sur les conditions d'hygiène et de sécurité, sur la pose d'un panneau de chantier indiquant l'objet des travaux et tous les intervenants, sous-traitants compris.

Un dernier point abordé lors de ces réunions préparatoires porte sur l'ordonnancement et le déroulement des travaux en liaison avec le titulaire de la mission d'Ordonnancement, planification et coordination (OPC). Cette intervention s'effectue en accord avec le coordonnateur de Sécurité, prévention et santé (SPS) afin de vérifier que toutes les mesures sont prises pour assurer la sécurité des ouvriers et des usagers éventuels des lieux pendant la durée du chantier.

1.3. La planification

La planification est établie sur la base du calendrier contractuel des travaux inclus dans les pièces du marché, comme mentionné au chapitre 1, paragraphe 3.3.4 (p. 36). Elle est mise au point avec tous les intervenants lors des réunions préparatoires.

À la demande de l'organisme de coordination, chaque entreprise procède au découpage des lots de travaux en tâches élémentaires dont la durée de réalisation est parfaitement définie. La mission du coordonnateur consiste à faire en sorte que toutes les tâches s'enchaînent et s'imbriquent selon un bon ordonnancement afin que l'ensemble des ouvrages soit réalisé dans les délais impartis. L'achèvement d'une tâche donnée entraîne automatiquement le début de la tâche suivante. Deux cas peuvent se présenter :

– les tâches sont effectuées par une même entreprise : en principe, cela ne pose pas de problème particulier ;

– les tâches sont effectuées par deux entreprises différentes : l'enchaînement des tâches impose une bonne coordination entre les intervenants.

Exemples :

1. Découpage des tâches : lot de travaux – espaces verts

– mise en place des protections des arbres conservés sur le site ;

– retroussement de la terre végétale et stockage (travaux éventuellement prévus au lot de terrassement) ;

– fouilles pour la plantation des arbres ;

– fouilles pour la plantation des arbustes ;

– plantation des arbres et des arbustes (suivant saison) ;

– mise en place de la terre végétale et apport éventuel ;

– régalage de la terre végétale ;

– épierrage ;

– semis du gazon ;

– arrosage et première coupe.

2. Enchaînement des tâches de corps d'état différents (tab. 9.1)

– lot voirie : compactage du fond de forme ;

– lot voirie : mise en place de la couche anti-contaminante ;

– lot voirie : exécution de la couche de fondation de la voie principale ;

– lot assainissement : début des fouilles en tranchées pour les canalisations d'assainissement ;

– lot assainissement : pose à l'avancement des tuyaux d'assainissement ;

– lot assainissement : réalisation des cheminées de visite ;

– lot assainissement : essais des canalisations ;

– lot assainissement : remblaiement des tranchées ;

– lot adduction d'eau : fouilles en tranchées ;

– lot adduction d'eau : pose des canalisations principales…

1.4. *La coordination des travaux*

La coordination des travaux demande une attention soutenue tout au long du chantier. Plusieurs facteurs peuvent influencer le bon déroulement des travaux :

– les intempéries ;

– le retard d'une entreprise ;

– la défaillance d'un intervenant ;

– les adaptations du projet au terrain ;

– la présence d'imprévus demandant une décision.

Dès qu'une difficulté survient, une réaction rapide permet d'éviter les pertes de temps occasionnant des décalages dans les délais. Si nécessaire, le planning des travaux peut être réajusté en accord avec toutes les entreprises afin de maintenir la date prévue d'achèvement.

Les adaptations et les modifications apportées au projet en cours de réalisation par le maître de l'ouvrage peuvent occasionner des prolongations de délai, de même que la présence d'imprévus importants.

L'élaboration du plan d'échelonnement s'appuie sur plusieurs paramètres qui influent sur la durée des délais :

– Le premier paramètre porte sur la consistance des ouvrages à réaliser et sur leur importance.

– Le deuxième paramètre a trait au nombre d'intervenants. Plus ils sont nombreux et plus la coordination doit être parfaitement maîtrisée.

LOT DE TRAVAUX	TÂCHES	ENCHAÎNEMENT
Voirie	Compactage fond de forme	
Voirie	Couche anticontaminante	
Voirie	Fondation	
Assainissement	Fouilles en tranchée	
Assainissement	Pose des tuyaux	
Assainissement	Cheminées de visite	
Assainissement	Essais	
Assainissement	Remblaiement des tranchées	
Adduction d'eau	Fouilles en tranchée	
Adduction d'eau	Pose des canalisations	
Adduction d'eau	Essais	
Adduction d'eau	Remblaiement des tranchées	

Tab. 9.1 • *Exemple d'enchaînement des tâches.*

– Le troisième paramètre porte sur les capacités et la technicité des entreprises.

– Le quatrième paramètre tient compte de la localisation et de l'environnement du chantier : zone libre de toute construction, zone périurbaine ou centre ville. Dans ce dernier cas, son influence n'est pas négligeable, entre autres, sur les points suivants :

- l'approvisionnement du chantier ;
- l'évacuation des déblais lors de travaux de terrassement, les difficultés de circulation modifiant la vitesse de rotation des camions ;
- la réalisation des travaux qui imposent de prendre quelques mesures draconiennes de sécurité lorsqu'il est impossible d'interdire au public la circulation dans l'enceinte du chantier.

Le cinquième paramètre porte sur le fait que les travaux de voirie et de réseaux divers sont exécutés ou non en liaison avec la réalisation d'autres ouvrages, bâtiments résidentiels ou industriels, villas dans un lotissement.

Dans l'aménagement de zones importantes, il est admis de scinder les travaux en deux séries d'intervention :

– la réalisation des voiries importantes et la pose des réseaux principaux ;

– la réalisation des voiries secondaires et des branchements particuliers.

L'exécution des réseaux principaux peut se dérouler de la manière suivante (tab. 9.2) :

– les travaux préparatoires et le débroussaillage du terrain ;

– l'implantation des parties privatives et de la voirie et leur piquetage ;

– les travaux de terrassement généraux ;

– la fondation de la chaussée ;

– la pose des réseaux encombrants exigeant une pente : assainissement, eaux pluviales ;

– les réseaux encombrants : chauffage à distance ;

– la pose des réseaux profonds : distribution d'eau, de gaz ;

– la pose des réseaux ayant une certaine souplesse : électricité, éclairage extérieur ;

– la pose des réseaux peu enterrés : télécommunications, télédistribution ;

– la pose des bordures de trottoir ;

– l'exécution du corps de la chaussée ;

– la mise en œuvre du revêtement superficiel.

Dans chaque poste, la pose sous-entend les interventions suivantes : les fouilles en tranchée ; la pose des fourreaux, des canalisations ou des câbles ; le remblaiement des fouilles. Ces travaux viennent s'imbriquer dans la réalisation des autres ouvrages.

Lors de la réalisation de lotissements ou de zones résidentielles, les travaux peuvent être décomposés en deux ou trois phases.

1. Une partie des ouvrages de voirie et de réseaux (terrassement, fondation des chaussées, pose des canalisations et des câbles) est exécutée avant que les travaux de bâtiment ne soient engagés.

2. Les branchements sont effectués pendant les travaux de finition des bâtiments, sans leur occasionner de gêne.

3. La finition des voiries et des aménagements extérieurs, la pose des équipements (candélabres, mobilier, jeux d'enfants) et l'engazonnement sont entrepris alors que les constructions sont en phase d'achèvement et de livraison aux occupants. Fréquemment, cette intervention est conditionnée par le bon déroulement du chantier bâtiment.

Dans ce processus, la fondation de la chaussée sert de voirie provisoire au chantier des bâtiments. Une remise en état, avant la réalisation de la couche de finition, doit être prévue dans les cahiers des charges. Les frais entraînés sont pris en charge soit par le maî-

559

INTERVENANTS	TÂCHES	INTERVENTIONS
Lot A	Travaux préparatoires	
Lot A	Débroussaillage du terrain	
Géomètre	Implantation de la voirie	
Lot B	Terrassement	
Lot C	Fondation de la chaussée	
Lot D	Assainissement	
Lot E	Caniveau de chauffage	
Lot F	Adduction d'eau	
Lot G	Réseau gaz	
Lot H	Électricité et éclairage extérieur	
Lot I	Télécommunication	
Lot C	Pose des bordures de trottoir	
Lot C	Corps de la chaussée	
Lot C	Revêtement superficiel	

NB. Certaines interventions peuvent s'enchaîner sans attendre l'achèvement de la précédente.

Tab. 9.2 • *Déroulement des interventions.*

tre de l'ouvrage, soit par les entreprises de bâtiment.

Concernant le positionnement des réseaux, généralement, ceux-ci se trouvent sous l'emprise du domaine public, ce qui impose d'effectuer en premier lieu l'implantation et le piquetage des voies et des limites de propriétés.

2. La réalisation des ouvrages

La réalisation des ouvrages est développée dans chacun des chapitres qui leur est consacré. Elle s'effectue dans l'ordre arrêté lors des réunions préparatoires et stipulé sur le plan d'échelonnement des travaux (tab. 9.3). La disponibilité et la technicité de l'entreprise ont une grande influence sur les interventions. Chacune doit mettre à disposition le matériel et le personnel qualifié suffisant pour mener à bien la bonne exécution des ouvrages.

2.1. La pose des réseaux

Les problèmes principaux portent sur la construction des réseaux qui peut être effectuée de plusieurs manières. Quelle que soit la méthode retenue, une coordination efficace tient compte d'au moins quatre paramètres :

– la position des différents réseaux ;
– l'entrecroisement des réseaux et des branchements desservant les bâtiments ;
– les interventions ultérieures dans le cadre d'opération d'entretien, de réparation ou d'extension dans l'embarras des réseaux existants (photo 9.1) ;
– la nécessité de prévoir ou non un blindage des fouilles (photo 9.2).

Tranchées indépendantes. Chaque réseau est mis en place indépendamment les uns des autres. Pour chacun d'eux, une tranchée est creusée et remblayée après la pose des tuyaux ou des câbles ; ce travail pouvant se faire à l'avancement. Il en résulte une succession de tranchées parallèles (fig. 9.1) qui occasionne un remaniement du terrain en

N° DE LOT	CORPS D'ÉTAT	INTERVENTION	SEMAINES 1	2	3	4	5	6	7	8	9	10	11	12	13	14	15	16	17	18	19	20
	TCE	Préparation	■	■																		
1	Terrassement	Débroussaillage		■																		
2	Démolition	Démolition			■	■																
1	Terrassement	Terr. généraux				■	■															
4	Assainissement	Collecteur						■	■													
4	Assainissement	Regard							■													
3	Voirie	Fondation								■	■											
5	Eau	Canal. Principal										■										
6	Électricité	Câble BT et EP											■									
7	Maçonnerie	Fourreau Téléc												■								
7	Maçonnerie	Chambres Téléc												■								
7	Maçonnerie	Socle luminaire													■							
8	Espaces verts	Apport TV													■							
8	Espaces verts	Régalage														■						
3	Voirie	Bordures														■	■					
4	Assainissement	Branchements															■	■				
5, 6, 7	Autres réseaux	Branchements																■	■			
3	Voirie	Couche de base																		■	■	
4, 5, 7	Mise à niveau des tampons																				■	
3	Voirie	Revêtement																			■	
6	Électricité	Candélabres																				■
8	Espaces verts	Plantations																				■

Tab. 9.3 • *Proposition de plan d'échelonnement des travaux de desserte d'un groupe d'habitation.*

Photo 9.1 • *Ouvrage d'assainissement dans l'embarras des canalisations existantes.*

Photo 9.2 • *Blindage de tranchée lors de la réalisation de travaux d'assainissement.*

place et un délai d'intervention relativement long. Le remblaiement complet des tranchées ne peut s'effectuer qu'après avoir procédé aux essais des éléments posés en fond de fouille.

Tranchée commune. Les réseaux sont posés dans une tranchée commune qui accueille l'ensemble des réseaux (fig. 9.2). Le terrain doit avoir une cohésion satisfaisante pour assurer une bonne tenue des talus pendant le temps d'intervention. Selon la profondeur, un blindage de la fouille peut s'avérer nécessaire. Les dimensions de la tranchée sont telles que les canalisations et les câbles sont placés côte à côte en respectant les distances minimales réglementaires précisées dans le paragraphe 9 du chapitre 6 (p. 427). Des banquettes sont créées afin de les positionner aux profondeurs convena-

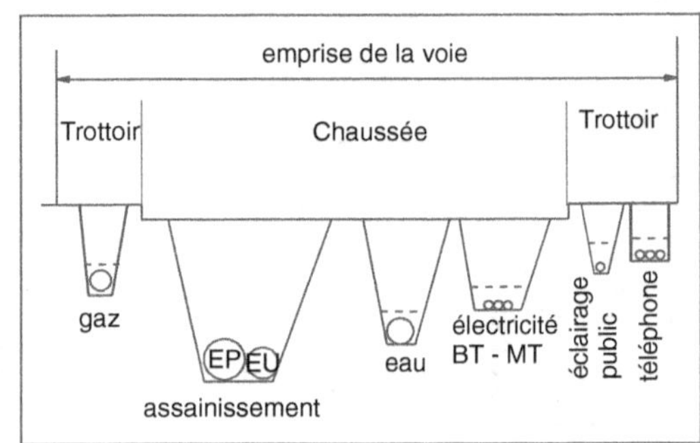

Fig. 9.1 • *Principe de réalisation des réseaux.*

bles. Dans la mesure du possible, la largeur en tête de la tranchée doit être inférieure à celle de la chaussée.

Un ordre préétabli en fonction de la profondeur et de l'encombrement donne la succession suivante : assainissement, eau et gaz,

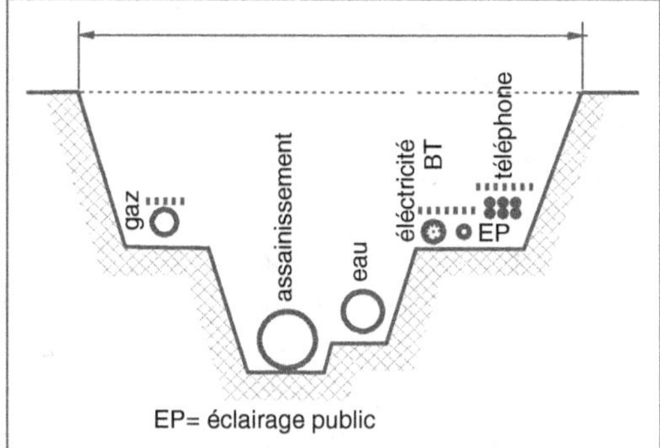

Fig. 9.2 • *Schéma de principe – Tranchée commune.*

électricité et éclairage extérieur, télécommunication et courants faibles.

Cette méthode impose une bonne coordination entre tous les intervenants afin de réduire le délai d'ouverture de la fouille ; le remblaiement ne pouvant avoir lieu qu'après les essais.

Tranchée partiellement commune. La tranchée ne reçoit qu'une partie des réseaux, l'assainissement étant traité indépendamment (photo 9.3). La réduction du délai d'ouverture de la tranchée passe par une bonne entente dans la mise en place des réseaux concernés.

Galerie technique. Les réseaux sont mis en œuvre dans une galerie technique visitable (fig. 9.3, photo 9.4). Cette solution est exceptionnelle car onéreuse. Elle est réservée aux installations complexes, sous des aménagements de surface lourds, délicats à remettre en place lors d'interventions sur des réseaux enterrés. L'assainissement peut être ou non incorporé, en particulier le réseau d'eaux pluviales dont la section est importante. Le passage des canalisations de gaz impose un système de ventilation permanente qui peut occasionner des risques de gel au réseau de distribution d'eau.

La galerie technique est en béton armé. Elle est soit coulée en place, soit constituée d'éléments préfabriqués juxtaposés. La par-

Photo 9.3 • *Pose de câbles et de canalisations dans une tranchée commune.*

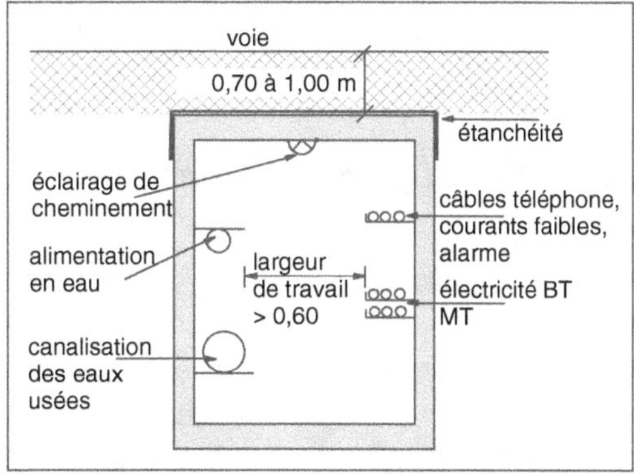

Fig. 9.3 • *Galerie technique – Schéma de principe.*

tie supérieure reçoit un revêtement étanche et son équipement comprend un éclairage électrique permettant la circulation des équipes d'entretien.

Photo 9.4 • *Galerie technique.*

Caniveaux techniques. La pose des canalisations et des câbles en surface, dans des caniveaux ou dans des bordures-caniveaux, telle que décrite au chapitre 4, paragraphe 12.3.3 (p. 212), est simple et rapide. Elle permet une bonne accessibilité en cas de réparation. Ce principe est généralement réservé aux canalisations de gaz, aux câbles électriques et aux réseaux de télécommunication. Encore faut-il veiller à la bonne résistance mécanique de ces éléments préfabriqués, en particulier sous le poids de certaines charges, ou interdire la circulation des véhicules lourds.

Une des difficultés réside dans l'imbrication des interventions pour réaliser les différents branchements, comme cela a été indiqué au chapitre 6, paragraphe 9 (p. 427).

2.2. Les autres ouvrages

Les problèmes techniques ont également trait à la construction d'autres ouvrages, portant sur :

– la méthode retenue pour la construction des chaussées en fonction du choix des matériaux, à leur liaison avec les bordures de trottoir lorsqu'elles sont prévues. Ces dernières servant d'arrêt au revêtement superficiel ;

– la mise en place du soutènement des terres, remblais ou déblais ;

– la réalisation des espaces verts.

2.3. Les réunions de chantier

Les réunions hebdomadaires de chantier ont pour objet de résoudre ces difficultés et d'organiser la vie du chantier, à savoir :

– permettre à tous les intervenants de travailler en parfaite intelligence ;

– vérifier la qualité des ouvrages exécutés, leur conformité aux documents du marché et aux plans d'exécution ;

– faire le point sur l'avancement des travaux ;

– procéder aux attachements contradictoires éventuels ;

– prévoir et organiser les interventions à venir ;

– régler les problèmes techniques d'une ou de plusieurs entreprises et prendre les décisions afférentes en accord avec le maître de l'ouvrage ;

– mettre au point les plans de détails d'exécution ;

– résoudre les problèmes financiers et la prise en charge de travaux complémentaires nécessaires, préparer les avenants correspondants ;

– procéder aux essais prévus contractuellement dans le cahier des charges ;

– prendre les dispositions pour le repli du matériel en fin d'intervention et de chantier afin de libérer le terrain.

Ces réunions sont dirigées par le maître d'œuvre ou par le représentant de l'entreprise générale selon le mode de dévolution des marchés de travaux. L'organisme d'ordonnancement, de pilotage et de coordination peut également intervenir lors de l'évocation de l'avancement des travaux. Elles se déroulent en présence de l'ensemble des représentants qualifiés des entreprises ayant des interventions en cours ou programmées dans un bref délai. Les représentants des services concédés peuvent y être conviés.

Afin d'en limiter la durée, ces réunions comportent plusieurs temps (tab. 9.4) :
- une visite du chantier préalablement ou postérieurement à une réunion dans un bungalow ;
- une séance en salle dont la première partie aborde les problèmes intéressant l'ensemble des personnes présentes ;
- une seconde partie qui permet de régler les problèmes spécifiques à une ou plusieurs entreprises, à délimiter les limites de prestation par exemple ;
- une nouvelle visite sur le chantier si nécessaire afin de résoudre les problèmes spécifiques.

Un compte rendu de la réunion de chantier, précis et concis, est diffusé à tous les intervenants présents ou non. Il rappelle l'ordre du jour, les réponses apportées aux questions posées et les décisions prises. Si des observations sont à formuler, elles doivent l'être dans les huit jours, de manière à adopter le compte rendu lors de la réunion suivante ou à faire état de remarques.

D'autres réunions sont organisées indépendamment. Elles portent sur la coordination des interventions ou sur les problèmes d'hygiène et de sécurité. Un cahier est tenu à jour, sur lequel sont reportées les observations et remarques formulées. Il retrace la vie du chantier.

La vie du chantier n'est pas de tout repos. Il faut parfois faire face à des difficultés particulières, telle la défaillance d'une entreprise. Cette situation est délicate à gérer et demande un formalisme qu'il convient de respecter :
- mise en demeure par lettre recommandée avec accusé de réception ;
- constat par un huissier de la carence de l'entreprise ;
- constat contradictoire des travaux exécutés ;
- recherche d'une autre entreprise acceptant de poursuivre les travaux dans les meilleures conditions possibles.

Une telle situation entraîne des frais complémentaires et des répercussions non négligeables dans le déroulement de l'opération.

1ER TEMPS	Visite rapide sur le chantier	Point de l'avancement des travaux
2E TEMPS	Réunion en salle A – problèmes généraux	Rappel du dernier compte rendu Contrôle de l'avancement Réajustement du planning Problèmes techniques Contrôle des plans Modifications éventuelles Ordres de services correspondants Échange de documents Questions diverses
	B – problèmes particuliers	Problèmes techniques propres à une ou plusieurs entreprises Ordres de services propres à une ou plusieurs entreprises
3E TEMPS	Visite sur le chantier	Problèmes techniques à régler sur place

Tab. 9.4 • _Déroulement d'une réunion de chantier._

3. Le paiement des travaux

Le paiement des travaux s'effectue selon le mode de passation des marchés tel que décrit au chapitre 1, paragraphe 2.18 (p. 26), soit au métré, à prix global et forfaitaire ou sur dépenses contrôlées.

Lorsque le chantier est de faible importance ou de courte durée, en fin de travaux, les entreprises présentent au maître d'œuvre la facture correspondante à leur intervention. Après contrôle de la bonne exécution et de la conformité avec la réalité, elle est transmise au maître de l'ouvrage accompagnée d'une proposition de paiement. Au vu de ces documents, ce dernier en assure le règlement.

Lorsque le chantier est important et dure plusieurs mois, il est nécessaire de procéder à des facturations intermédiaires. Trois cas peuvent se présenter.

3.1. Le marché au métré

Des attachements sont effectués contradictoirement à des dates mensuelles régulières fixées en commun. Sur cette base, l'entreprise établit une situation qu'elle transmet au maître d'œuvre pour contrôle avant de l'adresser au maître de l'ouvrage (tab. 9.5). Dans la mesure du possible et pour faciliter le suivi des travaux, il est souhaitable que les situations soient cumulatives. En fin de chantier, un mémoire récapitulatif solde les dernières interventions.

3.2. Le marché forfaitaire

Le marché est passé forfaitairement. La solution la plus simple consiste à effectuer une décomposition du montant global en millièmes, en relation avec l'importance des interventions. Les situations mensuelles, de préférence cumulatives reprennent cette décomposition en fonction de l'avancement des travaux. En fin de chantier le mémoire correspond à la totalité des millièmes initialement prévus.

3.3. Le marché sur dépenses contrôlées

Des attachements provisoires reprenant tous les ouvrages exécutés dans la période considérée sont effectués contradictoirement. Ils servent à l'établissement des situations transmises selon les voies précédemment décrites, les prix unitaires ayant été précisés préalablement.

Sont rattachées à ce type de marché les dépenses en régie correspondant à la mise à disposition du chantier de matériel ou de main-d'œuvre pour des tâches précises.

3.4. Les travaux complémentaires ou supplémentaires

Tout dossier, aussi bien étudié soit-il, peut faire l'objet de travaux complémentaires ou supplémentaires. Ils ont trois causes : une demande de modification du maître de l'ouvrage ou du maître d'œuvre ; la présence d'imprévus ; un oubli de la part de l'entreprise.

Une demande de modification de la part du maître de l'ouvrage ou du maître d'œuvre peut se concrétiser par des prestations supplémentaires ou par une réduction des quantités prévues au marché. Elle fait l'objet d'une étude et d'un chiffrage particulier basé sur le bordereau de prix joint au marché ou par équivalence. Dès accord des parties, un avenant est passé, qui est joint au marché initial. Afin d'éviter toute discussion ultérieure, aucun travail ne doit être exécuté tant que cette pièce n'est pas signée. En fin de chantier, il est recommandé de scinder le montant du marché initial et le montant des avenants éventuels, qu'ils soient en plus ou en moins.

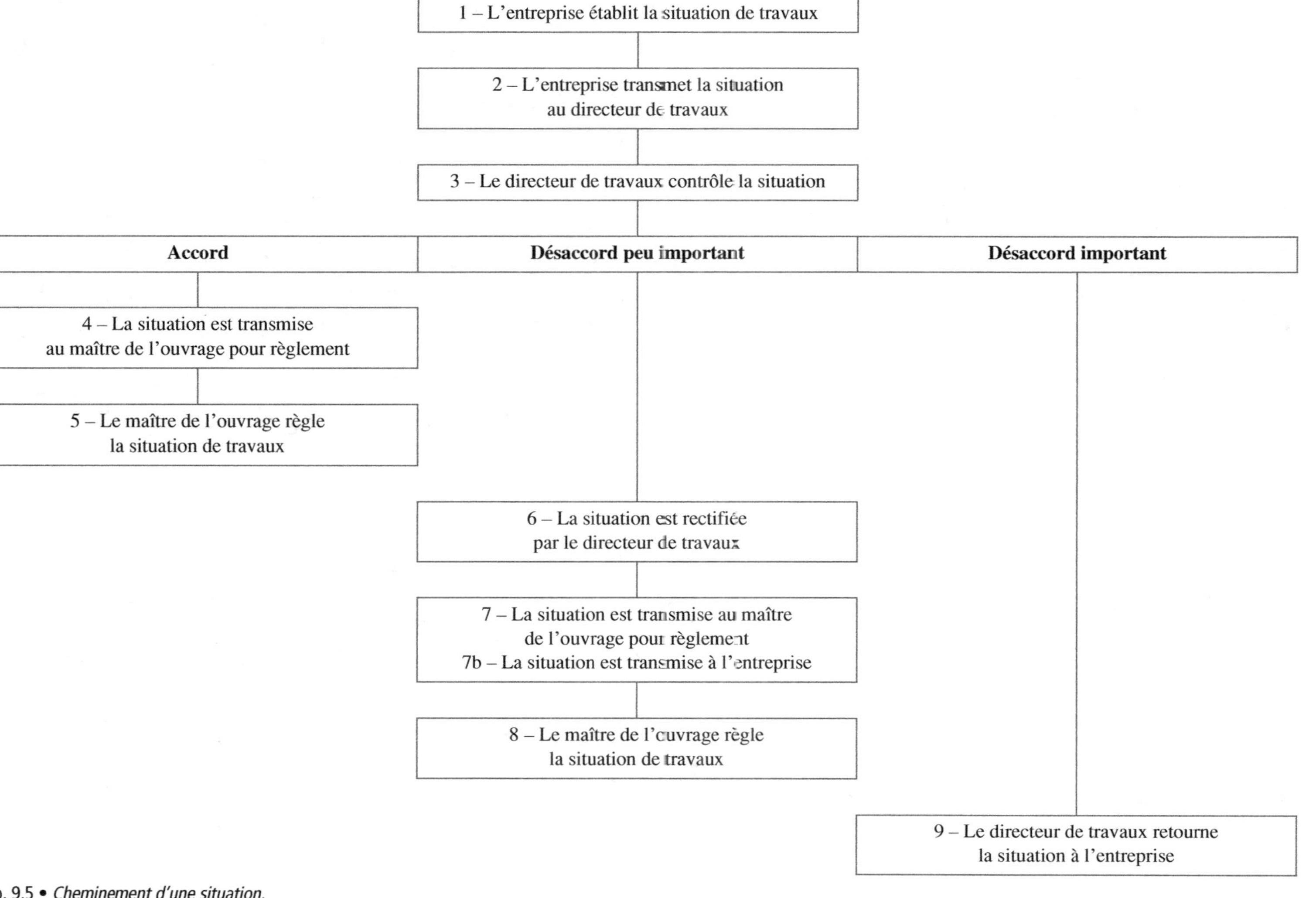

Tab. 9.5 • *Cheminement d'une situation.*

La présence d'imprévus doit être constatée par le directeur des travaux avant toute intervention (présence de rocher, présence d'eau dans une fouille en tranchée). Un devis complémentaire est établi pour acceptation et établissement d'un avenant. La procédure est sensiblement la même que dans le cas précédent.

L'oubli de prestations de la part d'une entreprise est plus délicat à traiter. Lorsqu'il est important, il peut remettre en cause le marché de travaux. En effet, des entreprises concurrentes, ayant fait des offres légèrement supérieures, auraient pu être retenues en lieu et place du titulaire du marché. C'est la raison pour laquelle il est recommandé de vérifier, très précisément, les propositions des entreprises avant l'établissement des marchés de travaux.

De faible importance, une négociation avec le maître de l'ouvrage permet, dans certains cas, une prise en charge partielle, éventuellement en trouvant des compensations sur d'autres postes.

3.5. Le règlement des travaux

Pour certains ouvrages, l'entreprise peut demander des avances sur approvisionnement, à la condition que ceux-ci soient prévus dans le cahier des charges. Ils font l'objet de clauses spéciales, en particulier pour le stockage des fournitures.

Le paiement des situations ou du mémoire définitif ne correspond pas à la totalité des sommes demandées. Il tient compte d'une retenue de garantie répondant à des risques de malfaçons non visibles. Habituellement, cette retenue est de 5 % en cours de travaux et de 2,5 % pendant l'année de garantie de bonne fin. Le plus souvent, cette retenue est remplacée par une caution solidaire et personnelle d'un établissement bancaire.

4. La réception des ouvrages

La réception des ouvrages est l'acte par lequel le maître de l'ouvrage déclare accepter les ouvrages avec ou sans réserves. Cet acte est important car il correspond, d'une part, au transfert de propriété de ceux-ci et, par voie de conséquence, des responsabilités afférentes ; d'autre part au départ des garanties dues par les entreprises.

La réception est demandée par les entreprises et s'effectue selon un certain formalisme (tab. 9.6). Elle se déroule en présence du maître de l'ouvrage, du ou des maîtres d'œuvre et des entreprises concernées par les travaux. Après avoir effectué les essais prescrits dans le cahier des clauses techniques, un procès verbal est dressé afin de constater la bonne exécution des travaux.

À noter que la réception peut être prononcée en une seule fois pour l'ensemble des ouvrages et des lots de travaux, quel que soit le mode de passation des marchés (entreprise générale, groupement d'entreprises avec un mandataire ou entreprises séparées). Lorsque les marchés sont traités par lots séparés, la réception peut être prononcée indépendamment pour chacun des lots de travaux. Cette dernière solution est plus complexe à mettre en pratique.

Des réserves peuvent être formulées. Elles sont notées sur le procès verbal. Un délai est donné à l'entreprise afin d'y remédier. Dès que celle-ci informe le maître de l'ouvrage ou le maître d'œuvre de leur achèvement, ces réserves sont levées après vérification.

Lorsque des ouvrages concernent les services publics, ces derniers sont invités à assister à la réception afin de donner leur accord sur l'exécution de ces travaux. C'est le cas, entre autres, des postes de transformateur, des stations de traitement d'eaux usées, de la voirie, des réseaux d'assainissement et de

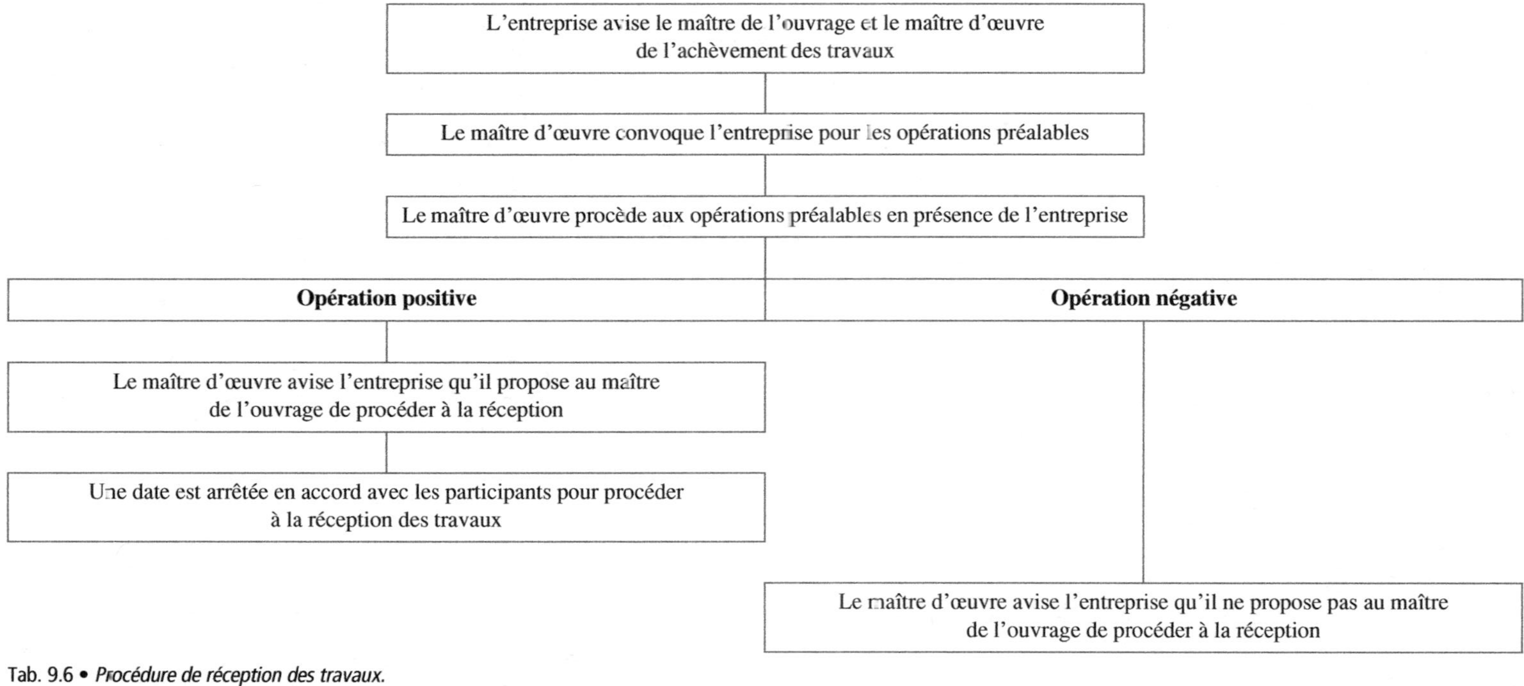

Tab. 9.6 • *Procédure de réception des travaux.*

distribution qui doivent être intégrés dans le domaine public.

En l'absence de réception des ouvrages, leur prise de possession équivaut à réception. Toutefois, cette solution est à rejeter car elle dévie rapidement sur l'ouverture d'une procédure.

Le dossier des ouvrages exécutés (DOE) est remis au maître de l'ouvrage lors de la réception des travaux ou dans les deux mois qui suivent. Il contient tous les plans d'exécution et de recollement de l'ensemble des ouvrages enterrés ou non, ainsi que les schémas renseignés et les notices techniques. Dans le cadre des marchés publics, ces documents sont établis par les entreprises concernées, et transmis au maître d'œuvre qui a la charge de les réunir et de les vérifier. Avec le développement de la CAO et de la DAO, le dossier comprend deux groupes de pièces : l'un sur support papier et l'autre sur support informatique.

5. La pathologie

La pathologie porte sur l'étude et la connaissance des différents désordres pouvant affecter les ouvrages de voirie, d'assainissement, de réseaux divers, d'accompagnement ou de plantation, sur leurs causes ainsi que sur leurs conséquences. Les sinistres ont des effets plus ou moins graves selon qu'il y a mort d'homme, mise en péril et destruction d'ouvrages ou simples dégâts matériels qui exigent une remise en état.

Cette étude comporte quatre phases principales :

– l'observation et l'analyse des symptômes ainsi que leur processus de formation ;

– le diagnostic portant sur les causes du désordre et sur son évolution éventuelle ;

– les mesures préventives à prendre en cas de mise en péril de vies humaines ou de biens immobiliers et mobiliers ;

– la recherche des solutions afin de remédier aux désordres.

Cette dernière peut aboutir à plusieurs solutions : la remise en état, la reprise des travaux ou la démolition des ouvrages concernés.

Les causes sont de trois ordres.

● Au niveau des études, par la méconnaissance des conditions locales et les erreurs de conception ;

● Au niveau du chantier, par une mauvaise réalisation des travaux soit parce que les matériaux ne sont pas adaptés, soit parce qu'ils sont mal mis en œuvre, soit par le non-respect des mesures de sécurité ;

● Au niveau de la finalité, par une utilisation inadaptée et par un manque d'entretien.

Les désordres, quelle qu'en soit l'importance, entraînent la mise en cause de tous les intervenants concernés pour une recherche de responsabilité et assurer la prise en charge des frais de remise en état et de dédommagement éventuels. De plus, toute intervention sur les réseaux enterrés entraîne des travaux de terrassement plus ou moins importants pour la recherche de la cause du désordre puis pour la réparation obligatoire. Elle nécessite également la remise en état de la voirie et des revêtements de surface.

La pathologie intéresse tous les domaines. Une énumération rapide peut être donnée, sans être exhaustive.

5.1.   Les études

– le manque de connaissance des conditions locales, telles que la pluviométrie, la nature des sols… ;

– la sous-estimation des besoins dans le calcul des réseaux : section et dimensionnement trop faibles ;

– l'absence d'études géotechniques ;

– l'analyse du trafic non conforme à la réalité : fondation des chaussées défectueuse ;

- l'absence d'analyse de l'effluent : station de traitement inadaptée au rejet ;
- l'omission des surcharges complémentaires dans le calcul d'un mur de soutènement (fig. 9.4).

5.2. Les travaux préparatoires

- le bornage : l'erreur d'implantation est réparable aisément si elle est aussitôt décelée ; dans le cas contraire, elle entraîne la démolition de tout ou partie de l'ouvrage mal implanté ;
- les travaux de démolition : la désolidarisation des bâtiments à démolir, l'étaiement insuffisant, les méthodes inadaptées aux ouvrages à démolir, les consignes de sécurité des personnes qui ne sont pas appliquées.

5.3. Les terrassements

- la présence d'eau non détectée, entraînant des difficultés dans l'exécution des travaux ;
- le pompage intensif lors d'un rabattement de nappe modifiant la granulomé-

trie des sols et déstabilisant les ouvrages existants (fig. 9.5) ;
- l'ouverture de tranchées en bordure d'ouvrages existants ;
- la réalisation d'excavation importante à proximité de bâtiments existants, à une profondeur située en dessous du niveau des fondations (fig. 9.5) ;
- le mauvais blindage d'une fouille mettant en péril les ouvriers qui se trouvent en fond de fouille ;
- l'exécution de remblais sans précautions particulières, derrière un mur dont la résistance mécanique est insuffisante ;
- l'exécution de remblais importants amenant une surcharge sur un terrain compressible, à proximité d'ouvrages légers (fig. 9.5) ;
- le mauvais compactage des remblais.

Le glissement de terrain peut se produire de différentes manières.

- Lors d'exécution d'excavation, accentuant la pente de talus et entraînant une modification des contraintes internes des sols (fig. 9.6).

- Lors de travaux de remblaiement, sur un terrain en pente, par surcharge des terrains sous-jacents, entraînant un fluage des sous-couches.

La présence d'eau – intempéries prolongées et importantes ou infiltrations – a une action complémentaire non négligeable sur certains types de sols pulvérulents (sables) (photo 9.5) ou à l'interface de couches argileuses en créant des plans de glissement.

Un glissement de terrain doit être traité sans tarder pour éviter qu'il se propage en amont ou qu'il se transforme en coulée de boue difficile à contenir. Pour ce faire, il faut procéder à diverses interventions (fig. 9.6).

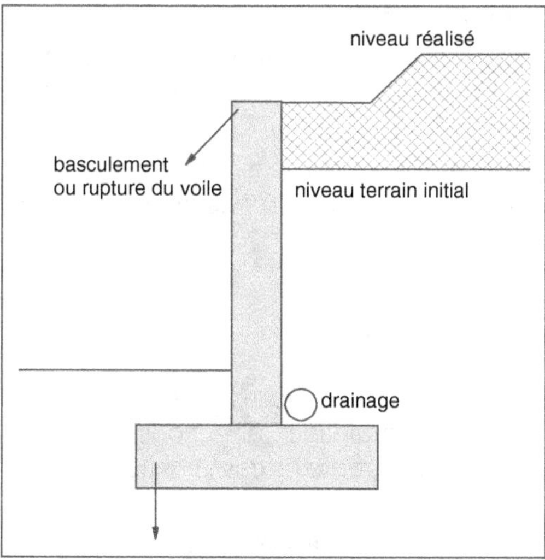

Fig. 9.4 • _Surcharges non prévues sur un mur de soutènement._

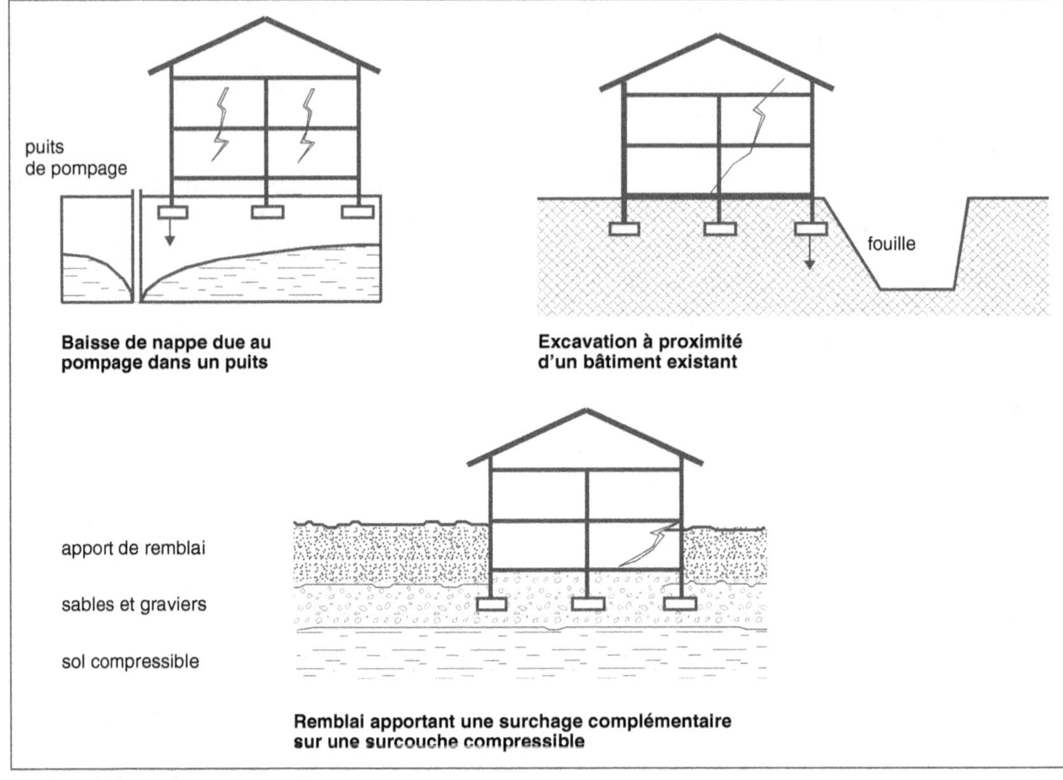

Fig. 9.5 • *Sinistres dus aux travaux de terrassement.*

Une excavation ayant été réalisée avec un talutage trop pentu pour éviter une évolution du désordre vers l'amont, il convient :

- de mettre en place des repères pour surveiller l'évolution du phénomène ;
- de décharger la tête de talus par évacuation des remblais qui ont pu être entreposés ;
- de récupérer les eaux de surface dans un fossé et de les collecter ;
- de colmater avec un coulis de ciment les fissures qui ont pu se produire dans le terrain, afin d'éviter que les eaux ne s'infiltrent ;
- de bloquer le pied de talus par apport de matériaux ou à l'aide de gabions ;
- de procéder au drainage des eaux en profondeur soit par tranchées drainantes soit par des drains forés subhorizontaux (photos 9.6 et 9.7) ;
- de rechercher un terrain non remanié comme assise des fondations de l'ouvrage projeté ;
- de planter le talus, dès que possible, la végétation jouant un rôle important dans la tenue des terres.

5.4. La voirie

- l'épaisseur des couches insuffisantes et le mauvais drainage des couches sous-jacentes ne rendant pas la chaussée anti-gel ;
- le compactage insuffisant de la couche d'assise et des couches de fondation ;

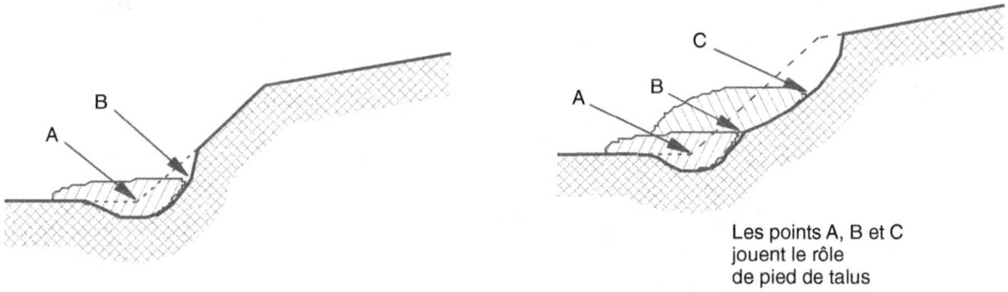

a- Progression d'un glissement de terrain

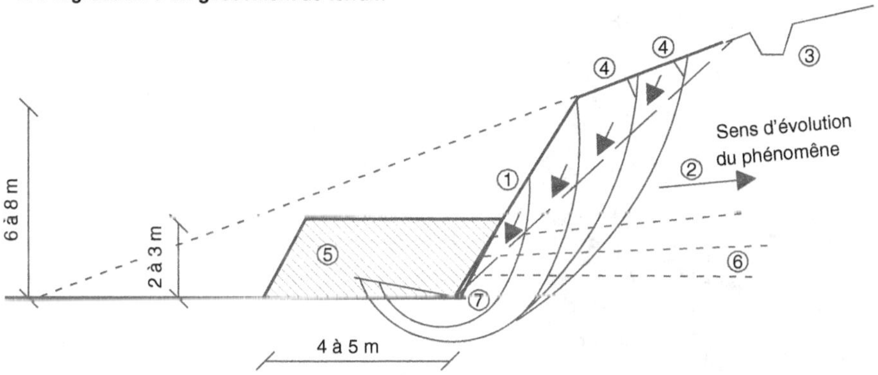

1. Talutage trop pentu
2. Évolution des désordres vers l'amont
3. Fossé de récupération des eaux de l'amont
4. Colmatage des fissures du terrain
5. Apport de matériaux pour recharger le terrain
6. Drains forés subhorizontaux
7. Courbes de glissement

b- Arrêt du phénomène

Fig. 9.6 • _Glissement de terrain._

Photo 9.5 • _Glissement de terrain._

– l'absence ou la mauvaise mise en œuvre de la couche anti-contaminante entraînant des remontées de lentilles argileuses dans le corps de la chaussée (photo 9.8) ;

– l'absence de pente ou leur mauvais réglage occasionnant des flaches et des retenues d'eau sur la chaussée ;

– l'incompatibilité entre différents composants des couches superficielles ;

– l'inadéquation de la couche de roulement avec l'utilisation de la chaussée.

573

Photo 9.6 • *Opération de forage d'un drain subhorizontal.*

Photo 9.8 • *Absence de couche anti-contaminante –
Remontée d'argile.*

Photo 9.7 • *Drains subhorizontaux.*

5.5. L'assainissement

– la mauvaise implantation du réseau ;

– l'erreur de raccordement dans le cas d'un
réseau séparatif ;

– les pentes des canalisations mal réglées
ou insuffisantes n'assurant pas l'autocurage ;

– le mauvais dimensionnement du réseau
pour évacuer les zones concernées ; plus
particulièrement l'évacuation des eaux
pluviales sur de grandes superficies miné-
ralisées, phénomène mal maîtrisé qui
occasionne des refoulements dans les
égouts et des remontées en sous-sol :

– la station de traitement des eaux usées
non adaptée à l'importance de la zone
collectée ;

– la canalisation d'un ruisseau pouvant
entraîner une remontée de la nappe
phréatique par fortes pluies et la présence
d'eau dans les sous-sols (fig. 9.7) ;

– le jointoiement entre les tuyaux et entre
les tuyaux et les regards mal effectués
occasionnant des fuites ou des retenues
d'effluents (fig. 9.7) ;

– l'incompatibilité du matériau utilisé avec
l'effluent ;

– la qualité des tuyaux inadaptée à la surcharge du remblai entraînant l'ovalisation
du tube ou sa rupture ;

– l'absence de la couche de réglage pour la
pose des canalisations ;

– la mauvaise finition des regards provoquant des retenues de matières ;

– la présence de plantations à proximité du
réseau, les racines perturbant le bon
écoulement des eaux ;

– le remblaiement de la tranchée avec un
matériau inadapté ;

- la pose des canalisations à une profondeur insuffisante, sans protection pour le passage de charges roulantes ;
- la mise en œuvre de fosse septique non visitable, les tampons étant inaccessibles ;
- l'oubli de la ventilation des fosses septiques ;
- l'aménagement de tranchées filtrantes non conforme ;
- le raccordement du réseau de drainage directement sur les regards en pied de chute des eaux pluviales.

5.6. Les réseaux

- la mauvaise implantation et le passage en parties privatives ;
- le mauvais positionnement sous la voirie entraînant des croisements délicats avec les autres réseaux ;
- l'absence de regards de visite ou de tirage ;
- l'absence de grillage avertisseur ;

- le remblaiement effectué avec des matériaux non conformes pour les tranchées situées sous chaussée entraînant des tassements et des flaches ;
- l'emploi de tuyaux inadaptés à la pression de service ;
- l'absence de mise à la terre du réseau d'éclairage public ;
- l'inaccessibilité des organes de commande ou de visite car placés trop haut ou dans des parties privatives ;
- la détérioration de l'isolant des canalisations de fluide caloporteur (photo 9.9).

5.7. Les travaux d'accompagnement

- l'absence de drainage derrière un mur de soutènement (fig. 9.8) ;
- la circulation des eaux souterraines non maîtrisées ;
- la profondeur insuffisante des fondations, le sol d'assise subissant les effets du gel (fig. 9.8) ;

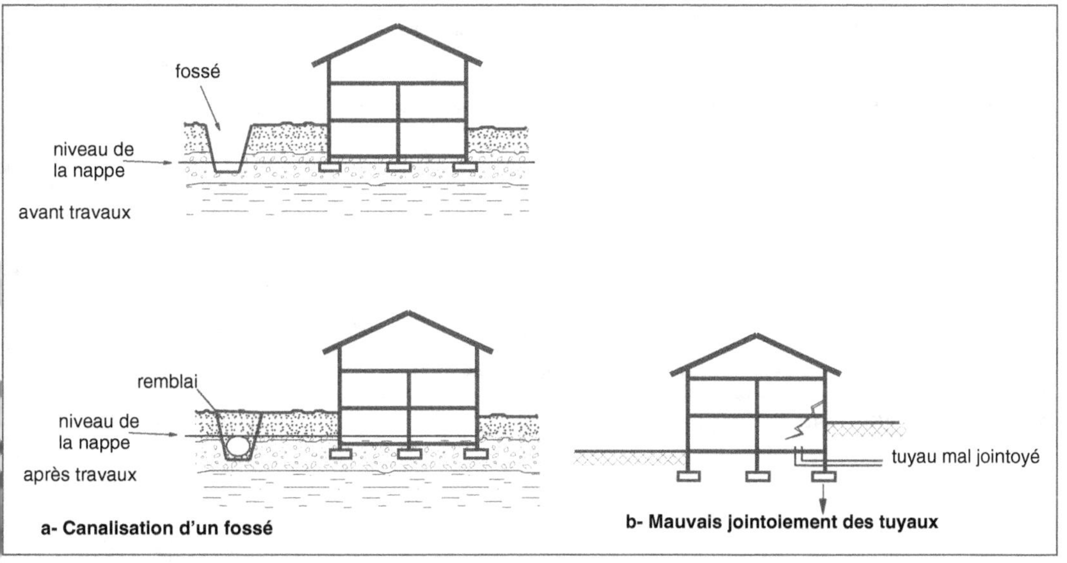

Fig. 9.7 • _Sinistres dus à l'assainissement._

- le fluage du sol d'assise d'un massif de terre armée (fig. 9.8) ;
- l'inadéquation de la clôture avec sa fonction : elle ne joue pas son rôle sécuritaire ;
- la dégradation par la corrosion ou le gel de matériaux mal protégés ;
- l'emploi de revêtement de sol inadapté à l'utilisation des aires de jeux.

5.8. Les plantations

- l'inadaptation des plantes à la nature du sol : calcaire, siliceux, argileux ;
- la mauvaise localisation des arbres et des massifs plantés par rapport à la limite de propriété, aux constructions ou aux réseaux ;

Photo 9.9 • *Détérioration de l'isolant de canalisations de chauffage collectif.*

- la mauvaise période de plantation ;
- le manque d'entretien non effectué régulièrement : tonte, arrosage…

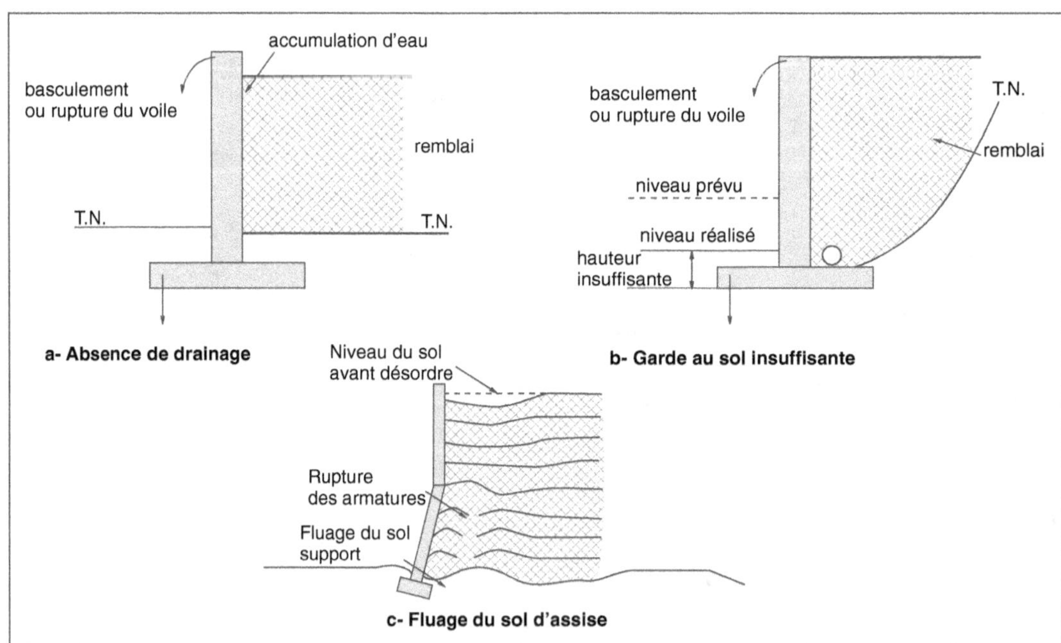

Fig. 9.8 • *Sinistres portant sur les soutènements.*

Annexe 1

EXTRAITS DE RENSEIGNEMENTS FOURNIS PAR LE PLAN LOCAL D'URBANISME (PLU) STRUCTURE DU RÈGLEMENT DE ZONE

Zone AUa

Zone peu ou pas équipée, principalement à vocation d'habitat ou de service, urbanisable sous forme d'opérations d'ensemble. Sont considérées comme des opérations d'ensemble :

– les groupes d'habitations ;

– les lotissements ;

– les ensembles collectifs ;

– les équipements collectifs.

Section 1 - Nature de l'occupation du sol

Article AUa 1 - Occupations et utilisations du sol admises

1. Les occupations et utilisations du sol suivantes sont autorisées :

– les ouvrages techniques nécessaires au fonctionnement des services publics ;

– l'aménagement et l'extension des constructions existantes ;

– les constructions à usage de restauration, sous réserve qu'elles soient liées à un hôtel existant.

2. Les occupations et utilisations du sol autorisées dans la zone UC ne sont ici autorisées que si elles respectent les conditions ci-après :

– les constructions pourront être réalisées dans le cadre d'opérations d'ensemble compatibles avec un aménagement cohérent de la totalité de la zone, dès la réalisation des équipements publics primaires suivants : eau, assainissement, voirie ;

– chaque opération doit être située sur un terrain d'au moins 0,6 hectare ou d'au moins 0,2 hectare dans le cas d'un terrain résiduel.

Ces constructions sont alors soumises au corps des règles de la zone U.

Article AUa 2 - Occupations et utilisations du sol interdites

Les occupations et utilisations du sol non mentionnées à l'article AUa 1 sont interdites.

Section 2 - Conditions de l'occupation des sols

Article AUa 3 - Accès et voirie

Accès

Tout terrain enclavé est inconstructible à moins que son propriétaire ne produise une servitude de passage (article 682 du Code civil).

Les accès doivent être adaptés à l'opération et présenter des caractéristiques permettant de satisfaire aux exigences de la sécurité des biens et des personnes.

Lorsque le terrain est riverain de deux ou plusieurs voies publiques, l'accès sur celles de ces voies qui présenterait une gêne ou un risque pour la circulation peut être interdit.

En cas d'accès dangereux, il sera fait application de l'article R. 111.4 du Code de l'urbanisme*.

Voirie

Les dimensions, tracés, profils et caractéristiques des voies doivent être adaptées aux besoins des opérations qu'elles desservent.

Dans toute opération d'ensemble, une liaison commode avec les opérations ou terrains riverains doit être assurée.

Article AUa 4 - Desserte par les réseaux

Eau potable

Toute occupation ou utilisation du sol qui requiert une alimentation en eau doit être raccordée au réseau public d'alimentation en eau potable.

Électricité

Toute occupation ou utilisation du sol qui requiert une alimentation en électricité doit être raccordée au réseau d'électricité ; les branchements étant de type souterrain.

Assainissement

● Eaux pluviales

Les aménagements réalisés sur le terrain doivent assurer l'écoulement des eaux pluviales dans le réseau collecteur.

En l'absence de réseau ou si le réseau est insuffisant, le constructeur doit prendre toutes dispositions conformes à l'avis des services techniques responsables.

● Eaux usées

Les eaux usées en provenance de toute occupation ou utilisation du sol doivent être rejetées dans le réseau public d'assainissement.

Le rejet des eaux usées, autres que les eaux usées domestiques en provenance d'activités, est soumis à autorisation préalable. Suivant la nature du réseau, cette autorisation fixe les caractéristiques que les eaux usées doivent présenter pour être reçues.

En cas d'impossibilité technique de raccordement au réseau public, le recours à un dispositif autonome d'assainissement adapté à la nature géologique du sol est admis uniquement pour les effluents domestiques et ceux assimilables. Dans ce cas, les opérations d'ensemble sont interdites.

Article AUa 5 - Caractéristiques des terrains

En cas d'impossibilité technique de raccordement au réseau public, la forme des parcelles et la nature du sous-sol doivent permettre la mise en place d'un dispositif autonome d'assainissement conforme à la réglementation et agréé par les services compétents. La surface ne pourra être inférieure à 1 000 m^2.

Article AUa 6 - Implantation par rapport aux voies et emprises publiques

Toute construction doit être implantée à 4 mètres au moins de l'alignement des voies publiques. Cette distance est portée à 18 mètres de l'axe le long de la RN.

Article AUa 7 - Implantation par rapport aux limites séparatives

Si la construction n'est pas implantée sur la limite séparative, la distance comptée horizontalement de tout point de la construction, au point le plus proche d'une limite sur laquelle le bâtiment n'est pas implanté, doit être au moins égale à la moitié de sa hauteur avec un minimum de 3 mètres.

Article AUa 8 - Implantation de constructions sur une même propriété

À moins qu'elles soient accolées ou intégrées, les constructions devront être implantées les unes par rapport aux autres à une distance minimale de 3 mètres.

Article AUa 9 - Emprise au sol

Non réglementée.

Article AUa 10 - Hauteur des constructions

La hauteur des constructions à usage d'habitation est limitée à 7 mètres à l'égout du toit.

L'aménagement d'un niveau supplémentaire dans les combles est admis.

La hauteur au faîtage des autres constructions est limitée à 10 mètres, sauf contrainte technique dûment justifiée.

La hauteur d'un bâtiment, construit en limite séparative et situé dans une bande de 3 mètres à compter de cette limite, ne doit pas excéder 3 mètres à l'égout de toiture ou 4 mètres au faîtage, sauf dans le cas de constructions jumelées.

Les constructions devront prévoir en secteur C, correspondant à la zone inondée par la crue centennale de la rivière, des surfaces de plancher situées au-dessus de la cote de cette crue, afin de permettre le refuge des personnes présentes en cas de rupture accidentelle des digues de la rivière. À titre indicatif, les cotes de la crue de 1856 sont les suivantes :
– PK 132   91,44
– PK 133   91,11
– PK 134   89,40

Article AUa 11 - Aspect extérieur

Les constructions, par leur situation, leur architecture, leurs dimensions ou leur aspect extérieur, ne doivent pas porter atteinte au caractère ou à l'intérêt des lieux avoisinants ainsi qu'au paysage urbain.

Article AUa 12 - Stationnement des véhicules

D'une façon générale, chaque constructeur doit assurer en dehors des voies publiques le stationnement des véhicules induit par toute occupation ou utilisation du sol :
– constructions à usage d'habitation : deux places par logement ;
– constructions à usage de service : la surface affectée au stationnement doit être au moins égale à 60 % de la surface hors œuvre nette du bâtiment ;
– constructions à usage de commerce : la surface affectée au stationnement doit être au moins égale à 60 % de la surface hors œuvre nette du bâtiment ;
– hôtels et restaurants : une place de stationnement par chambre ; une place de stationnement pour 10 m^2 de salle de restaurant.

Article AUa 13 - Espaces libres et plantations

Les aires de stationnement doivent être plantées à raison d'un arbre de haute tige d'essence locale pour quatre emplacements.

Dans le cadre d'une opération d'ensemble regroupant plus de dix logements, la proportion de terrain obligatoirement réservée aux espaces verts communs (jardins, plantations, terrains de jeux pour enfants, etc.) doit être au minimum de 10 % de la surface totale de l'opération.

Section 3 - Possibilité maximale d'occupation du sol

Article AUa 14 - Coefficient d'occupation des sols

Le coefficient d'occupation des sols des constructions d'un ou deux niveaux est limité à 0,40.

Le coefficient d'occupation des sols des constructions de plus de deux niveaux est limité à 0,60.

Les terrains d'une superficie inférieure à 400 m^2 sont réputés inconstructibles, sauf à être rattachés à une autre parcelle.

Article AUa 15 - Dépassement du coefficient d'occupation des sols

Non autorisé.

* Art. R.111-4 du Code de l'urbanisme (Décret n° 77-755, 7 juillet 1977, art. 5). –

Le permis de construire peut être refusé sur des terrains qui ne seraient pas desservis par des voies publiques ou privées dans des conditions répondant à l'importance ou à la destination de l'immeuble ou de l'ensemble d'immeubles envisagé, et notamment si les caractéristiques de ces voies rendent difficile la circulation ou l'utilisation des engins de lutte contre l'incendie.

Il peut également être refusé si les accès présentent un risque pour la sécurité des usagers des voies publiques ou pour celle des personnes utilisant cet accès. Cette sécurité doit être appréciée compte tenu, notamment, de la position des accès, de leur configuration ainsi que de la nature et de l'intensité du trafic.

La délivrance du permis de construire peut être subordonnée :

À la réalisation d'installations propres à assurer le stationnement hors des voies publiques des véhicules correspondant aux besoins de l'immeuble à construire ;

À la réalisation de voies privées ou de tous autres aménagements particuliers nécessaires au respect des conditions de sécurité mentionnées au deuxième alinéa ci-dessus.

ANNEXE 2

MISSION DE MAÎTRISE D'ŒUVRE
POUR LES OUVRAGES D'INFRASTRUCTURE

ÉLÉMENTS DE MISSION		OBJET
Études préliminaires	ETP	• Préciser les contraintes physiques, économiques et d'environnement. • Présenter une ou plusieurs solutions d'implantation, d'insertion et techniques. • Examiner leur compatibilité avec l'enveloppe financière prévisionnelle. • Vérifier la faisabilité de l'opération.
Études de diagnostic (1)	DIAG	• Établir un état des lieux. • Procéder à une étude technique des équipements existants. • Établir un programme fonctionnel des ouvrages. • Proposer des méthodes de confortation ou de réparation. • Proposer éventuellement des études d'investigation complémentaires.
Études d'avant-projet	AVP	• Conforter la faisabilité de la solution retenue. • En déterminer ses principales caractéristiques. • Proposer une implantation topographique des principaux ouvrages. • Vérifier la compatibilité de la solution retenue avec les contraintes du site et avec les différentes réglementations. • Proposer, éventuellement, une décomposition par tranches de réalisation. • Établir une estimation prévisionnelle du coût des travaux. • Donner toutes les informations au maître de l'ouvrage afin de lui permettre de prendre une décision et d'arrêter définitivement le programme. • Permettre l'établissement du forfait de rémunération dans les conditions prévues par le contrat de maîtrise d'œuvre.
Études de projet	PRO	• Préciser la solution d'ensemble. • Confirmer les choix techniques et paysagers et la nature des matériaux. • Fixer les caractéristiques et les principales dimensions des ouvrages et leurs implantations topographiques. • Vérifier à l'aide des calculs appropriés la stabilité et la résistance des ouvrages dans les conditions normales d'exploitation. • Préciser les tracés des réseaux d'alimentation et d'évacuation ainsi que réseaux souterrains pouvant exister. • Préciser les dispositions générales et les spécifications techniques des équipements répondant aux besoins de l'exploitation. • Établir un coût prévisionnel des travaux en lots techniquement homogènes. • Permettre au maître de l'ouvrage d'arrêter le coût prévisionnel de l'ensemble. • Permettre au maître de l'ouvrage de fixer l'échéancier des travaux. • Lorsque des variantes peuvent être proposées par les entrepreneurs, en vérifier la cohérence avec les dispositions d'ensemble.

ÉLÉMENTS DE MISSION		OBJET
Études d'exécution (2)	EXE	• Élaborer les schémas fonctionnels, les notes de calcul et les documents techniques en vue de la réalisation des ouvrages, en cohérence avec l'ensemble du projet. • Établir tous les plans d'exécution et de repérages, autres que ceux d'atelier et de chantier mis au point par l'entreprise adjudicataire des travaux. • Sur la base des spécifications techniques détaillées et des plans d'exécution, établir un devis quantitatif détaillé. • Définir un calendrier prévisionnel d'exécution par lot de travaux.
Contrôle des études d'exécution (3)	VISA SYN	• Lorsque les études d'exécution sont dues en totalité ou pour partie par les entreprises, vérifier la cohérence technique des documents et la conformité aux dispositions générales du projet. • Délivrer le visa à ces études et participer à la synthèse, le cas échéant.
Assistance au maître de l'ouvrage pour la passation des marchés	ACT	• Analyser, s'il y a lieu, les candidatures et préparer la sélection des candidats • Préparer la consultation des entreprises, en fonction du mode de passation et de dévolution des marchés. • Analyser les offres des entreprises et les variantes éventuelles en contrôlant leur cohérence avec l'ensemble du projet. • Vérifier la conformité des réponses avec les documents de consultation. • Préparer les mises au point permettant la passation du ou des contrats de travaux par le maître de l'ouvrage.
Direction de l'exécution	DET	• Vérifier que les documents à produire par le ou les entreprises sont conformes et ne comportent ni erreur, ni omission, ni contradiction. • Contrôler que les ouvrages en cours de réalisation sont conformes aux études et aux spécifications. • Délivrer tous ordres de service, établir tous procès-verbaux nécessaires à l'exécution du contrat de travaux, procéder aux constats contradictoires. • Organiser et diriger les réunions de chantier. • Vérifier les projets de décomptes mensuels ou les demandes d'avance présentés par l'entreprise et établir les états d'acomptes. • Vérifier les projets de décompte final présenté par l'entreprise et établir le décompte général. • Assister le maître de l'ouvrage en cas de différend sur le règlement ou l'exécution des travaux.
Assistance au maître de l'ouvrage lors des opérations de réception	AOR	• Organiser les opérations préalables à la réception des travaux. • Assurer le suivi des réserves formulées lors de la réception des travaux jusqu'à leur levée. • Procéder à l'examen des désordres signalés par le maître de l'ouvrage. • Constituer le dossier des ouvrages exécutés nécessaire à l'exploitation et rassembler les plans de recollement établis par les entreprises.
Ordonnancement, coordination et pilotage (4)	OPC	• Pour l'ordonnancement et la planification, analyser les tâches élémentaires portant sur les études d'exécution et les travaux. • Déterminer leurs enchaînements ainsi que leur chemin critique. • Proposer les mesures visant au respect des délais. • Pour la coordination, harmoniser dans le temps et dans l'espace les actions des différents intervenants au stade des travaux. • Pour le pilotage, mettre en application, durant les travaux et jusqu'à la levée des réserves, les mesures d'organisation arrêtées au titre de l'ordonnancement et de la coordination.

ÉLÉMENTS DE MISSION	OBJET

(1) : Les études de diagnostic ne sont prévues que pour les ouvrages existants.

(2) : Les études d'exécution peuvent être confiées, pour tout ou partie, soit à l'ingénierie, soit à l'entreprise.

(3) : Lorsque les études d'exécution sont confiées, pour tout ou partie, à l'entreprise, l'ingénierie se voit confier un élément de mission de visa et de synthèse.

(4) : La mission d'ordonnancement, de coordination et de pilotage peut être confiée soit à l'équipe d'ingénierie, soit à un organisme indépendant.

Source : décret n° 93-1268 du 29 novembre 1993 et arrêté du 21 décembre 1993.

ANNEXE 3

QUALIFICATION DES BUREAUX D'ÉTUDES ET DES INGÉNIEURS CONSEILS

RUBRIQUES		LIBELLÉS DES QUALIFICATIONS
01		ASSISTANCE A MAÎTRISE D'OUVRAGE
02		PROGRAMMATION
03		PLANIFICATION – COORDINATION
	0301	Planification – Coordination (OPC) d'exécution courante
	0302	Planification – Coordination (OPC) d'exécution complexe
	0303	Planification – Coordination des études
	0304	Planification – Coordination d'ensemble
05		LOISIRS – CULTURE – TOURISME
06		ÉVALUATION ENVIRONNEMENTALE
	0601	Évaluation environnementale en écologie urbaine
	0602	Évaluation environnementale sur les territoires et ressources naturelles
	0603	Évaluation environnementale en infrastructures et grands travaux
	0604	Évaluation environnementale des activités industrielles
07		TECHNIQUES DES MILIEUX
	0701	Étude des écosystèmes terrestres. Diagnostic faune – flore
	0702	Étude des techniques de paysage
	0703	Étude de la qualité de l'air atmosphérique
	0704	Étude des bassins versants et des milieux aquatiques
08		PROTECTION DE L'ENVIRONNEMENT
	0801	Étude de la qualité et de la protection des ressources en eau
	0802	Étude de la protection contre les crues
	0803	Étude d'assainissement et de la protection des milieux récepteurs
	0804	Étude de la pollution des nappes et des sols
	0805	Étude du traitement des rejets gazeux
	0806	Étude de la collecte, du traitement et de la valorisation des déchets

RUBRIQUES		LIBELLÉS DES QUALIFICATIONS
09		POLLUTIONS ET DÉCONTAMINATIONS
10		TECHNIQUES DU SOL
	1001	Étude de projets courants en géotechnique
	1002	Étude de projets complexes en géotechnique
	1003	Étude en géologie
	1004	Étude en pédologie
	1005	Étude en hydrogéologie et hydrologie courantes
	1006	Étude en hydrogéologie et hydrologie complexes
11		TERRASSEMENTS – VOIRIES – RÉSEAUX ENTERRES
	1101	Étude en terrassements courants
	1102	Étude en terrassements complexes
	1103	Étude de voiries courantes
	1104	Étude de voiries complexes
	1105	Étude du génie civil de réseaux enterrés
	1106	Étude de stabilité
12		GÉNIE CIVIL – GROS ŒUVRE – SECOND ŒUVRE
	1201	Étude de fondations complexes
	1202	Étude de structures béton courantes
	1203	Étude de structures béton complexes
	1204	Étude de structures métalliques courantes
	1205	Étude de structures métalliques complexes
	1206	Étude de structures bois courantes
	1207	Étude de structures bois complexes
	1208	Étude de démolition d'ouvrages
	1220	Ingénierie en second œuvre courant
	1221	Ingénierie en second œuvre complexe
	1222	Ingénierie en génie civil, gros œuvre et second œuvre courants
	1223	Ingénierie en génie civil, gros œuvre et second œuvre complexes
13		FLUIDES – GÉNIE CLIMATIQUE (réseaux et installations)
	1301	Étude de réseaux courants de distribution d'eau
	1302	Étude de réseaux complexes de distribution d'eau
	1303	Étude de réseaux courants d'assainissement
	1304	Étude de réseaux complexes d'assainissement
	1305	Étude de systèmes et réseaux d'extinction incendie courants
	1307	Étude de réseaux de fluides divers

RUBRIQUES		LIBELLÉS DES QUALIFICATIONS
	1308	Étude de réseaux de gaz combustibles
	1309	Étude d'installations sanitaires et d'assainissement courants
	1310	Étude d'installations sanitaires et d'assainissement complexes
	1319	Étude de réseaux de transport de chaleur et de froid
	1320	Ingénierie de fluides courants
	1321	Ingénierie de fluides complexes
14		ÉLECTRICITÉ – COURANTS FAIBLES
	1401	Étude de réseaux HTB (supérieure ou égale à 50 kV)
	1402	Étude de réseaux HTA (inférieure à 50 kV)
	1403	Étude de réseaux BT courants
	1404	Étude de réseaux BT complexes
	1409	Étude d'éclairagisme courant
	1410	Étude d'éclairagisme complexe
	1416	Étude de systèmes et réseaux courants d'informatique et de communication
	1417	Étude de systèmes et réseaux complexes d'informatique et de communication
	1418	Étude de système de signalisation et de gestion d'ouvrages d'infrastructure
	1419	Ingénierie en électricité courante
	1420	Ingénierie en électricité complexe
	1421	Ingénierie en courants faibles courants
	1422	Ingénierie en courants faibles complexes
	1423	Ingénierie en électricité et courants faibles courants
	1424	Ingénierie en électricité et courants faibles complexes
15		TECHNIQUES PARTICULIÈRES ET PROCÉDÉS INDUSTRIELS
16		ACOUSTIQUE
18		OUVRAGES ET SYSTÈMES D'INFRASTRUCTURE
	1801	Ingénierie de routes, d'autoroutes et de pistes d'aéroport
	1802	Ingénierie de voies ferrées
	1803	Ingénierie de canaux et d'ouvrages fluviaux, hydrauliques et portuaires courants
	1804	Ingénierie de canaux et d'ouvrages fluviaux, hydrauliques et portuaires complexes
	1805	Ingénierie de systèmes et d'ouvrages d'alimentation en eau et d'assainissement
	1806	Ingénierie d'ouvrages de traitement des eaux d'alimentation
	1807	Ingénierie de ponts
	1808	Ingénierie de tunnels et d'ouvrages souterrains
	1809	Ingénierie d'ouvrages de stockage
	1810	Ingénierie de systèmes de transport en commun

RUBRIQUES		LIBELLÉS DES QUALIFICATIONS
	1811	Ingénierie de voirie et réseaux divers courants
	1812	Ingénierie de voirie et réseaux divers complexes
	1813	Ingénierie d'ouvrages courants de travaux publics
	1814	Ingénierie d'ouvrages complexes de travaux publics
19		OUVRAGES ET SYSTÈMES DE BÂTIMENT
20		OUVRAGES ET SYSTÈMES EN ÉNERGIE
21		OUVRAGES ET SYSTÈMES EN ENVIRONNEMENT
	2101	Ingénierie de systèmes courants d'épuration des eaux usées
	2102	Ingénierie de systèmes complexes d'épuration des eaux usées
	2103	Ingénierie de systèmes courants de traitement des déchets
	2104	Ingénierie de systèmes complexes de traitement des déchets
	2105	Ingénierie des paysages et des écosystèmes terrestres et aquatiques
Nota : cette liste n'est pas exhaustive.		

QUALIFICATION DES ENTREPRISES

CODIFICATION		OBJET
		1 – PRÉPARATION DU SITE ET INFRASTRUCTURE
11		DÉMOLITION
	111	Travaux de démolition
	114	Démolition par carottage ou sciage
	115	Démolition par explosifs
12		FONDATION
	121	Puits et tranchées blindées
	122	Reprise en sous-œuvre
	123	Pieux battus, forés, foncés ou moulés dans le sol
	124	Parois moulées dans le sol
	125	Tirants d'ancrage
	126	Consolidation des sols
	127	Palplanches
	128	Rabattement de nappes aquifères
	129	Soutènement
13		VOIRIE RÉSEAUX DIVERS – POTEAUX ET CLÔTURE – CHAUSSÉES TROTTOIRS – PAVAGE – ESPACES VERTS – ARROSAGE
	131	Terrassements – fouilles
	132	Canalisations – assainissement
	133	Poteaux et clôtures
	134	Chaussées – trottoirs – pavage
	135	Espaces verts
	136	Systèmes d'arrosage
14		MONTAGE D'ÉCHAFAUDAGES – STRUCTURES ÉVÉNEMENTIELLES – ÉTAIEMENTS
	141	Montage d'échafaudages fixes
	142	Montage de plates-formes suspendues

CODIFICATION		OBJET
	143	Montage de structures événementielles
	144	Étaiements
15		DÉCONTAMINATION
	151	Amiante
	152	Insectes à larves xylophages – termites
	153	Champignons
	2 – STRUCTURE ET GROS ŒUVRE	
21		MAÇONNERIE ET BÉTON ARME COURANT
	211	Maçonnerie et béton armé courant
	212 à 217	Spécialité de la maçonnerie et béton armé courant
	218 et 219	Travaux de restauration
22		BÉTON ARME ET BÉTON PRÉCONTRAINT
23		CHARPENTE ET STRUCTURE EN BOIS
24		CONSTRUCTION MÉTALLIQUE
25		PONTS MÉTALLIQUES
26		ORGANES DE RETENUE D'EAU
27		MONTAGE – LEVAGE
	3 – ENVELOPPE EXTÉRIEURE	
31		COUVERTURE
32		ÉTANCHÉITÉ
33		ÉTANCHÉITÉ ET IMPERMÉABILISATION DE CUVELAGE, RÉSERVOIRS ET PISCINES
34		CALFEUTREMENT ET PROTECTION DES FAÇADES
35		MENUISERIES MÉTALLIQUES
36		MENUISERIES EN MATÉRIAUX DE SYNTHÈSE
37		FACADES-RIDEAUX
38		FAÇADES EN BARDAGE
39		AUTRES ENVELOPPES
	4 – CLOS – DIVISIONS – AMÉNAGEMENTS	
41		PLÂTRERIE
42		CLOISONS A STRUCTURES MÉTALLIQUES
43		MENUISERIES EN BOIS – ESCALIERS – PARQUETS – CLÔTURES ET TREILLAGES
	437	Aménagements extérieurs, clôtures et treillages
44		MÉTALLERIE
	444	Aménagements extérieurs, clôtures

Codification		Objet
45		FERMETURES ET PROTECTIONS SOLAIRES
46		VITRERIE
47		MIROITERIE
	5 – ÉQUIPEMENTS TECHNIQUES	
51		PLOMBERIE
52		FUMISTERIE – RAMONAGE
53		INSTALLATIONS THERMIQUES DE GÉNIE CLIMATIQUE
54		INSTALLATIONS AÉRAULIQUES ET DE CONDITIONNEMENT D'AIR
55		GESTION ET MAINTENANCE D'ÉQUIPEMENTS THERMIQUES ET DE CONDITIONNEMENT D'AIR
56		FOURS INDUSTRIELS
57		THERMIQUE INDUSTRIELLE
	6 – FINITIONS	
61		PEINTURE
62		REVÊTEMENTS DE SOLS ET DE MURS
63		CARRELAGES – REVÊTEMENTS – MOSAÏQUES
64		MARBRERIE
65		STAFF – STUC – SCULPTURE – GYPSERIE
	7 – AUTRES SPÉCIALITÉS	
71		ISOLATION ACOUSTIQUE, FRIGORIFIQUE, THERMIQUE
72		ISOLATION PAR PLANCHER SURÉLEVÉ
73		AGENCEMENT
74		DÉCORATION
75		ENSEIGNES – PARATONNERRES
76		EXPOSITIONS – MAQUETTES
Source : Qualibat		

ANNEXE 5

Marché public – Liste des fascicules du Cahier des clauses techniques générales (CCTG)

Fascicules	Titres	Références
2	Terrassements généraux	BO n° 99-7*
3	Fourniture de liants hydrauliques	BO n° 83-14 bis
4 titre II	Armatures pour béton précontraint	BO n° 83-14 quater
4 titre III	Aciers laminés pour constructions métalliques	BO n° 2000-2
4 titre IV	Rivets en acier, boulonnerie à serrage contrôlé	BO n° 83-14 quinquies
23	Granulats routiers	BO n° 97-2 T.O.
24	Fourniture de liants hydrocarbonés employés à la construction et à l'entretien des chaussées	BO n° 86-5 bis
25	Exécution des corps de chaussées	BO n° 96-2 T.O.
26	Exécution des enduits superficiels	BO n° 96-3
27	Fabrication et mise en œuvre des enrobés	BO n° 96-4
28	Chaussées en béton de ciment	BO n° 78-51 ter
29 (N)	Construction et entretien des voies, places, espaces publics pavés et dallés en béton ou en pierre naturelle	BO n° 92-12
31	Bordures et caniveaux en pierre naturelle ou en béton et dispositif de retenue en béton	BO n° 83-42 bis
32	Construction de trottoirs	BO n° 70-91 bis
34	Travaux forestiers de boisement	BO n° 86-7 bis
35	Aménagements paysagés - Aires de sports et de loisirs en plein air	BO n° 99-6*
36	Réseau d'éclairage public	Éditions Berger-Levrault
39 (N)	Travaux d'assainissement et de drainage des terres agricoles	BO n° 92-02
50	Travaux topographiques, plans à grande échelle	BO n° 85-29 bis
56 (M)	Protection des ouvrages métalliques contre la corrosion	BO n° 86-6 bis
62 (N) titre I section I	Règles techniques de conception et de calcul des ouvrages et constructions en béton armé suivant la méthode des états limites	BO n° 99-8*

FASCICULES	TITRES	RÉFÉRENCES
62 (N) titre I section II	Règles techniques de conception et de calcul des ouvrages en béton et constructions précontrainte, suivant la méthode des états limites	BO n° 99-9*
63	Exécution des bétons non armés, confection des mortiers	Brochures n° 1362 J.O.
64	Travaux de maçonnerie de génie civil	BO n° 82-24 bis
65	Exécution des ouvrages de génie civil en béton armé et précontraint	BO n° 85-30 bis
65 A (N)	Exécution des ouvrages en béton armé	BO n° 2000-3 T.O. BO n° 2000-4 T.O.
67 titre I	Étanchéité des ouvrages d'art. Support en béton de ciment	BO n° 86-32 bis
67 (N) titre III	Étanchéité des ouvrages souterrains	BO n° 92-05
69	Travaux en souterrains	BO n° 82-25 bis
70 (N)	Canalisations d'assainissement et ouvrages annexes	BO n° 92-06
71	Fourniture et pose de conduites d'adduction et de distribution d'eau	BO n° 97-3 T.O.
73	Équipement hydraulique, mécanique et électrique des stations de pompage d'eaux d'alimentation et à usages industriels ou agricoles	BO n° 83-44 bis
74	Construction des réservoirs en béton	BO n° 98-3 T.O.
76	Travaux de forage pour la recherche et l'exploitation d'eau potable	BO n° 97-3 bis
78	Canalisations et ouvrages de transport et de distribution de chaleur ou de froid	BO n° 97-4 T.O.
81 titre I	Construction d'installation de pompage pour le relèvement ou le refoulement des eaux usées	BO n° 87-2 bis
81 titre II (N)	Construction de station de traitement des eaux usées	BO n° 92-07
DTU	Règles conformes aux normes valant DTU	CSTB

ANNEXE 6

DEGRÉ DE PROTECTION DES ÉQUIPEMENTS ET DES APPAREILS

La protection contre les chocs électriques

La protection contre les chocs électriques est déterminée en fonction d'un contact accidentel avec les parties sous tension. Les luminaires sont classés de la manière suivante :

Classe I

Toutes les parties métalliques avec lesquelles l'utilisateur peut entrer en contact durant leur fonctionnement ou leur entretien sont reliées à la terre.

Classe II

Les luminaires constitués d'une double enveloppe isolante électriquement et assurant la protection nécessaire, sans être reliés à la terre.

Classe III

La protection repose sur l'alimentation sous très basse tension de sécurité, inférieure à 50 V (TBTS).

La protection contre la pénétration

La protection contre la pénétration des poussières, des corps solides et de l'humidité est indiquée par un indice IP à deux chiffres.

Le premier chiffre indique le degré de protection des personnes contre un contact accidentel avec des parties sous tension et le degré de protection du matériel contre la pénétration de corps solides.

Le second chiffre donne le degré de protection du matériel contre l'humidité et les infiltrations d'eau. Plus le chiffre est élevé, meilleur est le degré de protection (tab. A-6.1).

La protection contre les chocs

La protection contre les chocs est codifiée. Elle est caractérisée par un indice IK à deux chiffres correspondant à la valeur de l'énergie d'impact exprimée en Joules (tab. A-6.2).

PREMIER CHIFFRE		
DEGRÉ	DÉSIGNATION	CONDITIONS D'ESSAIS
0	Pas de protection	–
1	Protégé contre les corps solides (contact avec la main)	Bille ϕ 50 mm
2	Protégé contre les corps solides (contact avec le doigt)	Bille ϕ 12 mm
3	Protégé contre les corps solides (contact les outils)	Fil d'acier ϕ 2,5 mm
4	Protégé contre les corps solides (contact les petits outils)	Fil d'acier ϕ 1 mm
5	Protégé contre la poussière, sans dépôt nuisible	Talc
6	Totalement protégé contre la poussière	Talc
DEUXIÈME CHIFFRE		
DEGRÉ	DÉSIGNATION	CONDITIONS D'ESSAIS
0	Pas de protection	–
1	Protégé contre les chutes verticales de gouttes d'eau	Condensation
2	Protégé contre les chutes de gouttes d'eau	Jusqu'à 15° de la verticale
3	Protégé contre l'eau en pluie	Jusqu'à 60° de la verticale
4	Protégé contre les projections d'eau	De toutes directions
5	Protégé contre les jets d'eau de toutes directions	Lance d'arrosage ϕ 6,3 mm Pression 30 kPa à 3 m
6	Protégé contre les projections d'eau (paquets de mer)	Lance d'arrosage ϕ 12,5 mm Pression 100 kPa à 3 m

Tab. A-6.1 • *Indice de protection IP.*

CODE IK	ÉNERGIE D'IMPACT (J)
00	–
01	0,15
02	0,20
03	0,35
04	0,50
05	0,70
06	1,00
07	2,00
08	5,00
09	10,00
10	20,00

Tab. A-6.2 • *Indice de protection aux chocs.*

ANNEXE 7

POINTS À CONTRÔLER

Études

Plan local d'urbanisme

Coefficient d'occupation des sols

Étude d'impact éventuelle

Permis de démolir

Arrêté d'alignement, plan d'alignement

Définition des zones de *non ædificandi*

Distance des prospects, hauteur admise
des constructions

Permis de construire ou autorisation
de travaux selon le type d'ouvrage à réaliser

Dispositions particulières pour les établissements recevant du public (ERP), pour
les installations classées

Éventualité d'une enquête publique

Nature des servitudes éventuelles

Notion de salubrité publique

Financement des aménagements ou
des ouvrages

Délai de réalisation des ouvrages

Contenu de la mission d'ingénierie

Contrat d'ingénierie

Répartition des lots de travaux

Mode de consultation des entreprises

Marché des entreprises

Qualification, certification des intervenants

Assurance professionnelle, assurance
dommages d'ouvrages

Hypothèses de travail

Nature et quantification des besoins

Exigences à respecter

Nature des pièces écrites et des documents
graphiques

Travaux préparatoires

Bornage du terrain

Relevé et nivellement du terrain

Repérage des ouvrages, des voies et
des réseaux existants

Autorisation de démolir

Mode constructif des bâtiments à démolir

Vérification des mitoyens

Établissement d'un constat de l'état
des immeubles voisins

Étaiement des bâtiments existants
et conservés

Suppression des branchements
des immeubles à démolir

Vérification de la présence de sous-sol

Vérification de la proximité des réseaux

Nature d'interventions spéciales éventuelles,
désamiantage, dépollution, etc.

Choix du procédé de démolition ou de
déconstruction

Démolition par foudroyage, autorisation
d'emploi des explosifs

Marquage des arbres à abattre

Choix des procédés de sondages et d'analyse des sols

Implantation des ouvrages, des voies et des réseaux à réaliser

Terrassements

Localisation des travaux

Nature des sols selon le rapport des sondages

Pente générale du terrain

Nécessité de clôture

Fixation du niveau ± 0,00

Possibilité de remploi des déblais en remblais

Niveau de la nappe phréatique ou circulation d'eau souterraine

Rabattement éventuel de nappe

Possibilité d'évacuation des eaux de ruissellement

Nature des mitoyens, propriétés publiques, propriétés privées, voirie

Liaison avec les terrains voisins, hauteur, talutage, écoulement des eaux

Voies d'accès

Sujétions dues à la profondeur, stabilité des parois

Soutènement provisoire des parois des propriétés voisines

Nécessité de blindage des fouilles, principe de blindage

Phases d'exécution

Stockage de la terre végétale

Stockage des déblais, emplacement du dépôt des excédents

Distance de la décharge publique

Recherche des matériaux pour le remblai

Enquêtes auprès des services concessionnaires pour connaître les réseaux sur le terrain ou à proximité

Réseaux souterrains ou aériens à détourner

Nécessité du traitement du sol

Présence de rocher nécessitant l'emploi des explosifs

Autorisation d'emploi des explosifs, nature de ceux-ci

Arbres à protéger ou à abattre

Démolitions à effectuer

Praticabilité du terrain en cas d'intempéries

Épaisseur à réserver pour les dallages et la voirie

Essais divers

Moyens à mettre en œuvre pour l'exécution des terrassements

Voirie

Classement des voies (trafic, zones desservies, typologie)

Taux de fréquentation des allées piétonnes

Caractéristiques des voies

Tracé des voies

Dimensionnement des voies, largeur, profil, rayon des courbes

Dimensionnement des trottoirs, des allées piétonnes, des pistes cyclables, etc.

Topographie du terrain

Canalisations existantes éventuelles

Nature du sol (classification des sols)

Sécurité des utilisateurs

Raccordement avec la voirie publique

Niveau des accès desservis et des constructions futures

Contraintes des chaussées

Caractéristiques des matériaux retenus

Composition des chaussées

Nécessité de drainage

Nature du revêtement des chaussées et de voies piétonnes

Phases d'exécution des travaux de voirie

Période d'exécution des chaussées

Passage des canalisations diverses sous la voirie

Implantation des fourreaux

Évacuation des eaux de ruissellement

Stationnement des véhicules, places réservées aux personnes handicapées

Type des bordures de trottoir

Insertion des personnes handicapées

Servitudes de classement

Assainissement

Type de réseau d'assainissement

Nature du raccordement sur le réseau public

Cote de raccordement et niveau du rejet

Bassin versant, superficie

Conditions climatiques de la région concernée

Nombre prévisionnel de branchements raccordés sur le réseau projeté

Nature des effluents

Débit des effluents

Dimensionnement du réseau

Choix du matériau et de la série des tuyaux

Espacement et type de regards

Ouvrages annexes : clapet antiretour, disconnecteur, débourbeur, séparateur de graisse, séparateur de liquides légers

Déversoir d'orage, bassins de retenue des eaux pluviales

Passage sur des terrains appartenant à des tiers, servitude de passage

Nature du terrain

Présence d'une nappe phréatique et nécessité de rabattement éventuel

Présence d'autres canalisations et d'autres réseaux

Présence de cavités

Proximité des bâtiments

Évacuation provisoire des eaux

Démolition préalable de chaussée, de murs enterrés ou de fondations

Liaison avec les réseaux intérieurs

Mode de traitement des effluents

Nombre d'usagers

Niveau de l'exutoire

Nécessité de station de relèvement

Station d'épuration, établissement du permis de construire

Fosse toutes eaux, mode d'épandage

Mini station d'épuration, alimentation en électricité

Établissement du dossier administratif

Possibilité d'évacuation des boues

Possibilité de stockage des eaux de toiture pour une utilisation en eau brute

Réseaux divers

Tracé des réseaux

Emplacement des branchements

Pénétration dans les bâtiments

Nivellement du terrain

Nature des sols traversés

Présence d'une nappe phréatique

Présence d'autres canalisations et d'autres réseaux

Distances minimales à respecter entre les différents réseaux

Présence de cavités

Démolition préalable de chaussée, de murs enterrés ou de fondations

Liaison avec les sociétés concessionnaires

Prestations des sociétés concessionnaires

Limites de prestation

Alimentation en eau

Débit de la conduite principale

Pression disponible

Nature et analyse de l'eau

Calcul des besoins quelqu'en soit l'utilisation

Débit d'eau nécessaire

Possibilité d'un double réseau : eau potable et eau brute

Dimensionnement du réseau

Matériau retenu pour les canalisations

Dispositif de comptage, compteur général ou non

Modèle et type de compteur

Emplacement du ou des compteurs

Emplacement des points de vidange

Appareillage : vannes, clapet de non retour, disconnecteur, antibélier, etc.

Passage en galerie technique

Liaison avec le réseau intérieur

Position des poteaux incendie et débits

Position des bouches de lavage

Surface concernée par l'arrosage

Principe d'arrosage : automatique ou non

Position et espacement des bouches d'arrosage

Tracé des canalisations enterrées d'arrosage

Position des commandes de l'arrosage automatique

Alimentation électrique

Nature des plantations

Alimentation du chantier et comptage

Alimentation individuelle, principe retenu

Alimentation en électricité

Besoins en électricité

Chauffage électrique ou non

Puissance nécessaire

Nature du courant

Nécessité ou non d'un poste de transformation public ou privé, établissement du permis de construire

Point de livraison du courant

Réseau aérien ou souterrain

Passage des câbles en galerie ou en caniveau technique

Nature des câbles de distribution

Position et nature des chambres de tirage

Type de branchements, de coffrets ou autres

Alimentation du chantier et comptage

Alimentation en gaz

Besoins en gaz

Chauffage au gaz ou non

Puissance nécessaire

Nature du gaz

Pression de distribution

Nécessité de détendeurs

Emplacement des vannes de coupure

Matériau des canalisations

Liaison avec l'entreprise de plomberie du bâtiment

Distribution centralisée par citerne de gaz liquéfié

Position des coffrets éventuels de comptage

Distribution intérieure et position des compteurs

Télécommunication

Point de raccordement sur le réseau public

Passage en tranchée, en galerie ou en caniveau technique

Nombre de fourreaux, nature et section

Nature et type de lignes téléphoniques

Position des équipements

Position et nature des chambres de tirage

Pénétration dans les bâtiments

Emplacement du répartiteur à l'intérieur des bâtiments

Télévision centralisée

Liaison avec les services de télédistribution de France

Position de l'antenne commune, demande des autorisations nécessaires

Mode de réception et nombre de chaînes reçues

Position des amplificateurs

Passage en galerie ou en caniveau technique

Éclairage public

Objectifs de l'éclairage public

Niveau d'éclairement

Origine de l'installation

Puissance électrique nécessaire

Choix des appareils d'éclairage

Principe d'alimentation électrique

Système de mise à la terre

Possibilité de fixation sur les façades

Passage des câbles en galerie ou en caniveau technique

Emplacement des dispositifs de sécurité

Mode de commande et implantation

Présence de plantations ou d'obstacles

Réseau de chauffage centralisé

Tracé du réseau de chauffage

Canalisations en caniveau ou pré-isolées enterrées

Position du ou des points de raccordement

Nature et température du fluide caloporteur

Position des sous-stations éventuelles

Évacuation des eaux d'infiltration

Travaux d'accompagnement

Permis de construire ou autorisation de travaux des bâtiments techniques, des clôtures, des murs et des murets, etc.

Raccordement aux différents réseaux, alimentation en eau, évacuation, alimentation en électricité, etc.

Principe de ramassage des ordures ménagères et nécessité de silos

Plans de bornage et arrêtés d'alignement

Plan de nivellement et pente du terrain

Règlement d'urbanisme ou de lotissement définissant le type de clôtures

Droit des voisins, mitoyenneté, vues, etc.

Choix du type de mur de soutènement

Fonction des clôtures

Type de clôture et matériau retenus

Intégration d'ouvrages enterrés ou non, de muret technique, poste de transformation

Principe d'ouverture des portails, automatisme ou non

Alimentation en électricité, dispositifs de sécurité

Accès au chantier

Configuration des escaliers, adaptation pour les personnes handicapées physiques

Plaine de loisirs, nature des terrains, nécessité de drainage

Présence de plan d'eau

Nature des sports pratiqués

Dimensions des aires de jeux

Qualité du revêtement de sol

Éclairage des terrains de sports

Choix des plantations

Choix des jeux des enfants, respect de la réglementation

Répartition des jeux d'enfant

Présence de bassin et précautions particulières

Finalité du mobilier urbain

Choix des formes et des matériaux

Autres aménagements éventuels, rocailles, plans d'eau, etc.

Système d'arrosage

Coordination avec les autres lots de travaux

Terrasses engazonnées

Bacs à fleurs, jardinières

Nature des travaux d'entretien

Espaces verts

Analyse des sols

Amendement des sols

Apport de terre végétale

Rôle dévolu aux espaces verts

Choix du type de pelouses

Nature des plantations, essences d'arbres, d'arbustes

Mode d'engazonnement et période de plantation

Distances entre les plantations

Respect des distances des plantations avec les mitoyens, les bâtiments ou les réseaux

Fonction et choix des haies

Exécution des travaux

Démarches auprès des différents services concernés avant l'ouverture du chantier

Déclaration d'intention de commencement de travaux (DICT)

Coordination des intervenants

Délais d'exécution et plan de financement

Organisation des réunions préparatoires et des réunions de chantier

Organisation de la réception des ouvrages

Dossier des ouvrages exécutés

Notice d'exploitation des équipements et d'entretien des appareillages

Règlement des sinistres éventuels

ANNEXE 8

LISTE DES DOCUMENTS GRAPHIQUES ET PHOTOGRAPHIQUES

Documents graphiques

Études

Plan cadastral

Plan de situation

Plan des terrains à aménager

Plan de faisabilité

Esquisses

Plan masse

Plans d'études et d'avant-projet

Travaux préparatoires

Plan de situation

Plan de bornage

Plan de nivellement du terrain

Plans des ouvrages et des réseaux existants

Plan masse

Plan d'implantation des points de sondage

Coupe ou graphique des résultats
des sondages

Plan, coupe, façade des bâtiments à démolir

Plan des dispositions prises pour
la démolition par foudroyage

Plan d'étaiement des bâtiments conservés

Plan indicatif des arbres à abattre

Plan d'implantation des ouvrages, des voies
et des réseaux à réaliser

Terrassements

Plan de situation et plan masse

Plan d'implantation des ouvrages

Plan de géomètre et plan de nivellement

Plan de localisation des sondages

Coupe ou graphique des résultats
des sondages

Plan indiquant la position des
arbres conservés

Plan des ouvrages démolis et des ouvrages
existants

Plan des terrassements

Profil en long et en travers des voies

Plan de tir en cas d'utilisation d'explosifs

Plan d'aménagement du chantier

Plan des clôtures provisoires

Plan des réseaux enterrés existants et cote
de profondeur

Plan du système d'évacuation provisoire
des eaux

Coupe sur la tranchée commune éventuelle

Voirie

Plan de situation et plan masse

Plan d'implantation des ouvrages

Plan de nivellement du terrain

Plan des voiries, voies piétonnes,
voies pompiers, des aires de stationnement

Plan des rampes réservées aux personnes
handicapées physiques

Raccordement à la voirie existante, publique
ou privée

Profil en long des voies

Profil en travers et composition des chaussées

Plan de drainage du terrain support

Indication de l'implantation des réseaux et
des fourreaux

Plan de calepinage des revêtement des sols

Assainissement

Plan de situation et plan masse

Plan d'implantation des ouvrages

Plan du réseau d'assainissement

Cote du fil d'eau et du niveau de la chaussée
au droit des regards

Plan des autres réseaux

Profil en long des canalisations

Plan de détail des ouvrages annexes : clapet
antiretour, disconnecteur, débourbeur,
séparateur de graisse, séparateur de liquides
légers

Plan de la station de relèvement

Plan d'implantation et de détail
des déversoirs d'orage et des bassins
de retenue des eaux pluviales

Plan d'implantation de la station d'épuration

Plan du génie civil de la station d'épuration

Plan des installations et des équipements de
la station d'épuration

Plan des raccordements aux réseaux
d'alimentation en eau et en électricité

Plan d'implantation des fosses toutes eaux
et des éléments complémentaires
de traitement

Plan des bassins de lagunage

Plan de recollement

Réseaux divers

Plan de situation et plan masse

Plan d'implantation des ouvrages

Plan des réseaux.

Plan du réseau d'assainissement

Implantation des points de raccordement

Implantation des points de livraison

Plan de recollement

Alimentation en eau

Plan du réseau d'alimentation en eau
avec les différents niveaux et la position
des points de coupure

Coupe de principe

Plan du local ou du regard des compteurs

Plan du réseau incendie avec l'implantation
des poteaux

Plan d'implantation des bouches de lavage

Plan des réseaux d'arrosage

Plan de répartition des bouches d'arrosage
ou des gicleurs

Plan d'implantation des armoires
de commandes

Alimentation en électricité

Plan du réseau d'alimentation en électricité

Plan d'implantation des poteaux pour
les réseaux aériens

Plan de positionnement des chambres
de tirage

Plan du génie civil du poste
de transformation

Plan d'équipement du poste
de transformation

Plan des fourreaux à réserver pour
les passages sous chaussée

Plan d'implantation des coffrets ou
des points de livraison

Détail des pénétrations dans les bâtiments

Alimentation en gaz

Plan du réseau d'alimentation en gaz

Plan d'implantation des coffrets ou
des points de livraison

Détail des pénétrations dans les bâtiments

Plan d'implantation de la cuve de
gaz liquéfié

Télécommunication

Plan du réseau de télécommunication
avec indication du nombre et du diamètre
des fourreaux

Plan d'implantation des chambres de tirage

Plan de détail des chambres de tirage

Coupe type sur la tranchée et
le positionnement des fourreaux

Positionnement des entrées dans
les bâtiments

Plan de câblage

Télévision centralisée

Plan du réseau de télévision collective

Plan du génie civil du bâtiment technique

Plan de détail de l'antenne et du mode
de fixation

Plan d'implantation des amplificateurs,
répartiteurs et autres appareillages

Éclairage public

Plan du réseau d'éclairage public

Plan d'implantation des points lumineux

Plan des fourreaux à réserver pour
les passages sous chaussée

Coupe en travers des voiries
avec l'implantation des bâtiments et
des masques éventuels (arbres ou autres)

Plan d'implantation des armoires de commandes

Chauffage centralisé

Plan du réseau de chauffage centralisé

Coupe des caniveaux sous chaussée et sous
espaces verts

Coupe des tranchées et positionnement
des canalisations pré-isolées

Plan de détail des chambres de vannes

Plan des pénétrations dans les bâtiments

Travaux d'accompagnement

Plan de situation et plan masse

Plan d'implantation des ouvrages

Plan d'alignement

Plan du géomètre et bornage du terrain

Plan et coupe des murs de soutènement

Plan des murets de séparation

Plan et coupe des bassins

Détail de l'alimentation en eau et
de l'évacuation

Plan et coupe des bâtiments techniques :
poste de transformation, silos à ordures,
abris divers, etc.

Plan et coupe des bâtiments sanitaires

Détails de l'alimentation en eau,
en électricité, en gaz et des évacuations

Plan et détail des clôtures, des portes
et portails

Plan d'accès au chantier

Plan d'implantation des escaliers

Plan, coupe et détail des emmarchements

Plan des rampes pour handicapés physiques

Plan des plaines de loisirs

Plan des terrains de sports

Plan de drainage des aires de jeux et de
sports

Plan d'éclairage des terrains de sports

Plan d'implantation des différents jeux

Plan de détail et de montage des jeux d'enfants

Plan d'implantation du mobilier urbain

Plan de détail des différents éléments constitutifs du mobilier urbain

Détail de l'alimentation en eau et de l'évacuation des fontaines

Espaces verts

Plan de situation et plan masse

Plan d'implantation des ouvrages

Plan d'alignement

Plan du géomètre et bornage du terrain

Plan des cheminements piétonniers

Plan de plantation des arbres, des arbustes et des diverses variétés, indication des espèces

Plan d'implantation des haies séparatives

Plan des massifs floraux

Plan des terrasses engazonnées, coupes de détail

Plan d'implantation des bacs à fleurs et des jardinières

Exécution des travaux

Plans énumérés précédemment

Plan d'exécution et plans de détails des ouvrages

Plan d'échelonnement des travaux

Plan de la galerie technique éventuelle

Coupe de la tranchée commune

Plan des points singuliers ou des croisements délicats

Plans du dossier des ouvrages exécutés

Remarque : les documents graphiques sont accompagnés des notes de calculs justificatifs permettant de déterminer la section des canalisations et des câbles.

Documents photographiques

Panoramiques des zones à aménager

Bâtiments existants

Bâtiments à démolir

Voies de desserte

Zones de raccordement sur la voirie existante

Points particuliers pouvant poser problème

Plantations existantes

Phases importantes de déroulement des travaux

Parties cachées après achèvement des travaux

Remarque : Ces documents photographiques doivent être repérés sur des plans et datés. Dans la mesure du possible, les photographies avant et après exécution des travaux sont prises sous le même angle de vue.

ORGANISMES ET SERVICES À CONTACTER OU À CONSULTER

Organismes officiels ou concédés

Mairie des lieux concernés.

Services techniques des collectivités locales ou territoriales.

Direction départementale de l'urbanisme.

Direction départementale de l'équipement (DDE).

Direction régionale de l'agriculture et de la forêt – Service régional de la protection des végétaux (DRAF – SRPV).

Direction régionale ou départementale des affaires sanitaires et sociales (DRASS ou DDASS).

Direction régionale de l'industrie, de la recherche et de l'environnement (DRIRE).

Direction régionale ou départementale du travail, de l'emploi et de la formation professionnelle.

Direction départementale de l'environnement.

Service départemental de l'incendie et de la sécurité (SDIS).

Conseil d'architecture, d'urbanisme et de l'environnement (CAUE).

Services concédés d'assainissement, d'alimentation en eau et de distribution d'énergie.

Services de télédistribution de France (TDF).

Organismes nationaux

Association française de normalisation (AFNOR) – Tour Europe – 92049 Paris-la-Défense Cedex.

Bureau de recherche géologique et minière (BRGM) – 39 quai André Citroën – 75015 Paris.

Centre d'étude sur les réseaux, les transports, l'urbanisme et les constructions publiques (CERTU) – 9 rue Juliette-Récamier – 69456 Lyon Cedex 06.

Centre expérimental du bâtiment et des travaux publics (CEBTP) – Domaine Saint-Paul – BP 37 – 78470 Saint-Rémy-les-Chevreuse.

Centre scientifique et technique du bâtiment (CSTB) – 4 avenue du Recteur-Poincaré – 75782 Paris Cedex 16.

Institut géographique national (IGN) – 107 rue de la Boétie – 75008 Paris.

Institut de physique du globe – Université Louis Pasteur – 7 rue René-Descartes – 67000 Strasbourg.

Laboratoire central des ponts et chaussées (LCPC) – 58 boulevard Lefebvre – 75732 Paris Cedex 15.

Service d'études techniques des routes et autoroutes (SETRA) – 46 avenue Aristide-Briand – BP 100 – 92225 Bagneux Cedex.

Centre d'études techniques de l'équipement (CETE), à l'échelon régional.

Office national des forêts (ONF), à l'échelon régional.

Services de météorologie, à l'échelon régional.

Organismes professionnels

Association française de l'éclairage (AFE) – 17 rue Hamelin – 75016 – Paris.

Centre d'information sur le ciment et les bétons (CIMbéton) – 7 place de la Défense, Immeuble PCB1 – 92974 Paris-la-Défense Cedex.

Chambre des ingénieurs – Conseils de France (CICF) – 3 rue Léon-Bonnat – 75016 Paris.

Chambre syndicale des sociétés d'études et de conseils techniques (SYNTEC) – 3 rue Léon Bonnat – 75016 Paris.

Confédération de l'artisanat et des petites entreprises du bâtiment (CAPEB) – 46 avenue d'Ivry – 75625 Paris Cedex 13.

Conseil national de l'ordre des architectes (CNOA) – 9 rue Borromée – 75015 Paris.

Fédération française du paysage – 4 rue Hardy – 78000 Versailles.

Fédération nationale du bâtiment (FNB) – 9 rue La Pérouse – 75784 Paris Cedex 16.

Fédération nationale des travaux publics (FNTP) – 3 rue de Berri – 75008 Paris.

Groupement national des professionnels clôturistes (GNPC) – 3 rue Alfred-Roll – 75017 Paris.

Groupement professionnel des bitumes (GPB) – 4 avenue Hoche – 75008 Paris.

Office des asphaltes – 6-14 rue de La Pérouse – 75784 Paris Cedex 16.

Ordre des géomètres experts (OGE) – 40 rue Hoche – 75008 Paris.

Union nationale des entrepreneurs du paysage – 10 rue Saint-Marc – 75002 Paris.

Union nationale des techniciens économistes de la construction (UNTEC) – 8 avenue Percier – 75008 Paris.

Union technique de l'électricité (UTE) – 133 avenue du Général-Leclerc – BP 23 – 92262 Fontenay-aux-Roses Cedex.

Office départemental du bâtiment et des travaux publics.

Organismes de prévention

Caisse régionale d'assurance maladie (CRAM) – Service Prévention.

Assemblée plénière des sociétés des assurances dommages (APSAD) – 26 boulevard Haussmann – 75311 Paris Cedex 09.

Centre de documentation et d'information de l'assurance (CDIA) – 2 rue de la Chaussée-d'Antin – 75009 Paris.

Institut national de recherche et de sécurité (INRS) – 30 rue Olivier-Noyer – 75680 Paris Cedex 14.

Organisme professionnel de prévention du bâtiment et des travaux publics (OPPBTP) – Tour Ambroise – 204 rond-point du Pont de Sèvres – 92516 Boulogne-Billancourt Cedex.

BIBLIOGRAPHIE

VRD – Voirie, Réseaux Divers – R. Bayon – Éditions Eyrolles.

La pratique des VRD – ministère de l'Équipement, du Logement, des Transports et de l'Espace – Le Moniteur.

Pratique du droit de l'urbanisme – P. Gérard – Éditions Eyrolles.

Le PLU - Plan Local d'Urbanisme – Isabelle Cassin – Éditions Le Moniteur.

Mémento des marchés privés de travaux – P. Grelier-Bessman – Éditions Eyrolles.

Mémento des marchés publics de travaux – P. Grelier-Bessman – Éditions Eyrolles.

Maîtriser la topographie – M. Brabant – Éditions Eyrolles.

Topographie et topométrie moderne – S. Millès et J. Lagofun – Éditions Eyrolles.

Les essais in situ *en mécanique des sols* – M. Cassan – Éditions Eyrolles (épuisé).

Géomécanique appliquée au BTP – P. Martin – Éditions Eyrolles.

Mécanique des sols – D. Cordary – Éditions Tec et Doc.

Fondations et ouvrages en terre – G. Philiponnat et B. Hubert – Éditions Eyrolles.

Le compactage – G. Arquié et G. Morel – Éditions Eyrolles.

Conception et calcul des structures de bâtiments – Tome n° 5 : *Murs de soutènement, réservoirs, etc.* – H. Tonier – Presses des Ponts et Chaussées.

Conception et construction des chaussées – G. Jeuffroy – Éditions Eyrolles (épuisé).

Dimensionnement des chaussées – C. Peyronne et G. Caroff – Presses des Ponts et Chaussées.

Assises de chaussées – C. Régis – Presses des Ponts et Chaussées.

Les enrobés bitumineux – Ouvrage collectif – Éditeur : Revue Générale des Routes et des Aérodromes (RGRA).

Chaussée en béton de ciment – M. Villemagne et J.-L. Nissoux – Presses des Ponts et Chaussées.

Voiries et aménagements urbains en béton – CIMbéton.

Maîtrise de la qualité des travaux et équipements routiers – rapport d'un groupe de travail – Presses des Ponts et Chaussées.

Guide de l'assainissement dans les agglomérations urbaines et rurales – C. Gomella et H. Guerrée – Éditions Eyrolles (épuisé).

Guide technique de l'assainissement – M. Satin et B. Selmi – Éditions Le Moniteur.

Dépolluer les eaux pluviales – Ouvrage collectif – Collection OTV.

La distribution d'eau dans les agglomérations urbaines et rurales – C. Gomella et H. Guerrée – Éditions Eyrolles (épuisé).

Recherches sur les spécificités urbaines de la perception visuelle la nuit – Laboratoire Central des Ponts et Chaussée.

Stades et terrains de sports – Numéro hors série – Éditions Le Moniteur.

Sécurité des aires de jeux – G. Adge, G. Beltzig, L. Mas, J. Richter et D. Settelmeier – AFNOR.

L'aménagement des espaces verts – ministère de l'Équipement, du Logement, des Transports et de l'Espace – Éditions Le Moniteur.

Guide écologique des arbres et arbustes d'ornement – E. et J. Jullien – Éditions Sang de la Terre et Bornemann.

Les arbres du futur – Horticolor – Éditions Minier.

Les jardins de rocaille et plantes alpines – J. Le Bret – Éditions Larousse.

Conduire son chantier – J. Armand et Y. Raffestin – Éditions Le Moniteur.

Le mémento du conducteur de travaux – B. Fèvre et S. Fourage – Éditions Eyrolles.

GLOSSAIRE

(les termes sont signalés dans le texte par un astérisque)

Abaque : Graphique correspondant à une famille de droites ou de courbes voisines tracées suivant deux axes, généralement perpendiculaires, indiquant, par simple lecture, la valeur résultant de l'application d'une formule, en fonction des données de base.

Aérobie : Qui ne peut se développer qu'en présence d'air ou d'oxygène. S'emploie plus particulièrement surtout pour certains micro-organismes.

Anaérobie : Qui ne peut se développer que dans un milieu fermé privé d'air ou d'oxygène. S'emploie surtout pour certains micro-organismes.

Azimut : Angle horizontal formé par deux demi-plans verticaux, l'un passant par un point de référence et l'autre par le point à déterminer ; l'arête commune correspond à l'axe vertical de l'appareil.

Bâche : Réservoir destiné à recevoir l'eau refoulée par une pompe. Dans le cas présent, sert de réservoir tampon avant l'évacuation de cette eau vers un exutoire, égout ou milieu naturel.

Bavolet : Les bavolets sont des éléments d'une cinquantaine de centimètres fixés en partie supérieure des poteaux des clôtures. Ayant pour objet de dissuader toute intrusion sur le site à protéger, ils forment un angle de 45 ° et reçoivent une ou plusieurs rangées de ronces.

Biomasse : Masse totale des éléments qui peuvent constituer, dans le cas présent, un combustible, tel le bois, ou, par fermentation, une source d'énergie gazeuse.

Boulance : Mouvement d'un sol pulvérulent, saturé d'eau, consécutif à l'ouverture d'une fouille, rompant l'équilibre existant.

Calepinage : À l'origine, dessin indiquant l'appareillage d'une construction en pierre. Par extension, dessin donnant l'assemblage d'un certain nombre des surfaces élémentaires, avec le positionnement des joints, dans un but décoratif.

CBR (*Californian bearing ratio*) : L'essai CBR est effectué en laboratoire. Exprimé en pourcentage, il correspond au rapport de la résistance au poinçonnement d'un échantillon de sol compacté prélevé par carottage à celle d'un sol étalon.

Chamotte : Mélange d'argile et de silice qui, après cuisson, résiste à des températures élevées (supérieure à 1 500 °C). La chamotte est utilisée dans la fabrication de pièces et de béton réfractaires.

Chlorose : Maladie des plantes caractérisée par la décoloration du feuillage due à un manque de **chlorophylle**.

Collet : Dans un arbre ou un arbuste, tranche comprise entre le niveau supérieur du système radiculaire et la partie aérienne, tronc ou ensemble de ramifications.

Collimation : Action d'orienter une lunette, un appareil de visée dans une direction donnée.

Conducteur actif : Est considéré comme un conducteur actif, le conducteur normalement affecté à la transmission de l'énergie électrique : conducteur de phase et conducteur neutre. Toutefois, le conducteur qui joue le double rôle de conducteur neutre et de conducteur de protection, solution adoptée dans certaines installations, n'est pas considéré comme un conducteur actif. De même, la ligne de terre n'est pas un conducteur actif.

Courant vagabond : Courant électrique circulant dans le sol et provenant d'installations électriques mal isolées ou de mises à la terre défectueuses.

Détourage : Le détourage d'une souche est une intervention qui permet de désolidariser la souche du sol avoisinant, facilitant son enlèvement.

Diélectrique : Matériau qui ne conduit pas le courant électrique et constitue donc un bon isolant.

Équivalent habitant (E-H) : Correspond à la quantité de pollution rejetée quotidiennement par un habitant.

Filler : Matière minérale finement broyée, ajoutée aux liants hydrauliques, aux matériaux hydrocarbonés et aux peintures pour en modifier les caractéristiques physiques.

Floc : Agglomérat de particules créé dans les eaux usées par floculation ou par coagulation.

Fonte ductile : La fonte ductile est le résultat d'un ajout de magnésium et d'autres éléments à la fonte grise en fusion, ce qui la rend moins cassante et plus malléable. Sa teneur en carbone varie entre 3,2 et 4 %.

Fonte grise : La fonte grise est obtenue dans les hauts fourneaux fonctionnant à allure chaude, vers 1 250 °C. Sa teneur en carbone est de l'ordre de 3 à 3,8 %.

Fruit d'un mur : Inclinaison donnée au parement d'un mur pour obtenir un élargissement de la base par rapport à la tête.

Gore : Roche altérée et friable pouvant servir de revêtement de surface pour des voies piétonnières.

Gourmand : Branche de l'année qui pousse pratiquement verticalement et qui, absorbant la sève, nuit au développement des autres branches.

Inclusion : Tout élément, produit ou ensemble de produits incorporé ou installé dans un massif de sol afin d'en améliorer les caractéristiques mécaniques.

Insaponifié : Qui n'est pas saponifiable, c'est-à-dire, ne s'altère pas au cours d'une saponification.

Invar : Alliage d'acier à 36 % de nickel, dont le coefficient de dilatation est pratiquement nul dans une plage de température proche de la température courante sous nos latitudes.

Monomère : Le monomère est une molécule de faible masse moléculaire, constituée par un ou plusieurs atomes de carbone auxquels sont accrochés des atomes d'hydrogène, d'oxygène, de fluor, de chlore ou autres.

Multipaire : Le câble multipaire est un câble qui répond aux directives de France Télécom pour assurer le raccordement téléphonique des abonnés. Il est constitué de deux ou plusieurs conducteurs en cuivre isolés par une enveloppe en polyéthylène et torsadés. Les câbles multipaires ont les contenances suivantes : 2, 4, 8, 14, 28, 56, 112 et 224 paires.

Parallectiques : Les mesures parallectiques sont effectuées à l'aide d'un appareil de lecture et d'une mire sur laquelle est découpé un segment qui permet de calculer la distance entre eux.

Pouvoir calorifique inférieur (PCI) : Le PCI correspond à l'énergie produite par un combustible sans tenir compte de la chaleur latente de la vaporisation de l'eau qu'il peut contenir.

Pouvoir calorifique supérieur (PCS) ; Le PCS correspond à l'énergie produite par un combustible en tenant compte de l'ensemble de ses composants.

Praliner : Action d'enrober les racines d'un arbre dans une boue à base de terreau, d'engrais et de produits divers (antiparasites et autres), avant de le planter.

Proctor : L'essai Proctor est un test effectué en laboratoire sur un sol de composition donnée, afin de déterminer la teneur en eau permettant d'obtenir le compactage optimal.

Protection cathodique : Technique qui permet de conserver l'intégrité de la surface extérieure des éléments métalliques enterrés, en s'opposant au processus naturel de dégradation d'un méta, quel qu'il soit, par le milieu ambiant. Des dispositions sont prises à l'aide de moyens extérieurs afin de supprimer tout risque de corrosion.

Rabattre : Action consistant à couper les rameaux d'un jeune plant sur une certaine lonqueur lors de sa plantation.

Rayon hydraulique moyen : En écoulement libre, est égal au rapport de la section transversale S occupée par un liquide sur le périmètre mouillé P : R = S / P. Exemple : pour une canalisation circulaire à pleine section, le rayon hydraulique moyen est égal à la moitié du rayon de cette canalisation.

Refus : Arrêt dans l'enfoncement d'un pieu, d'une palplanche ou d'une pointe de sondage, dû à la présence d'un obstacle, ou à la résistance opposée à la pénétration par le terrain.

Rhizomes : Tige souterraine vivace se développant horizontalement et émettant annuellement des racines et des tiges aériennes.

Saumure : Liquide de composition déterminée dont la circulation dans des canalisations enfoncées dans un sol permet de le congeler et d'en assurer le maintien pendant les terrassements.

Seveso : La directive Seveso (n° 82-501 du 24 juin 1982 modifiée) porte sur la protection de la population contre les risques majeurs de certains sites industriels ou installations classées.

Siège : Partie d'une vanne ou d'un robinet sur laquelle vient prendre appui la soupape lors de la fermeture de ce dernier.

Stadimétriques : Les mesures stadimétriques sont effectuées à l'aide d'un théodolite et d'une mire disposant d'un repère à chaque extrémité permettant de déterminer l'angle entre les repères et d'en déduire la distance entre les deux appareils.

Stolon : Tige aérienne rampante terminée par un bourgeon qui produit des racines adventives pour former un nouveau pied.

Surface hors œuvre nette (SHON) – art. R. 112-2 du code de l'Urbanisme : La surface hors œuvre nette d'une construction est égale à la surface hors œuvre brute de cette construction après déduction de la surface de certains éléments :

– les surfaces de plancher hors œuvre des combles et des sous-sols non aménageables pour l'habitation ou pour des activités à caractère professionnel, artisanal, industriel ou commercial ;

– les surfaces de plancher hors œuvre des toitures-terrasse, des balcons, de loggias ainsi que des surfaces non closes situées au rez-de-chaussée ;

– les surfaces de plancher hors œuvre des bâtiments ou des parties de bâtiments aménagés en vue du stationnement des véhicules ;

– des surfaces de plancher hors œuvre des bâtiments affectés au logement des récoltes, des animaux ou du matériel agricole ainsi que des surfaces des serres de production ;

– etc.

Tènement : Parcelle de terre parfaitement délimitée.

Tensio-actif : se dit d'un produit qui la capacité d'augmenter les propriétés de mouillage d'un liquide en agissant sur la tension superficielle.

613

Thermoplastiques : Les résines thermoplastiques ont la propriété de voir leur état de viscosité se modifier de manière réversible par chauffage et refroidissement successif. Elles peuvent être travailler sous l'action de la chaleur, puis se stabilisent et se solidifient en refroidissant.

Thixotropique : Caractéristique que possèdent certaines matières de passer de l'état de gel, au repos, à celui de liquide dès qu'elles subissent une agitation.

Tube piézomètrique : Tube enfoncé dans le sol permettant de mesurer les variations du niveau d'une nappe phréatique.

Vis d'Archimède : Hélice placée dans une goulotte. Lorsque l'hélice tourne autour de son axe, elle entraîne la matière pâteuse ou pulvérulente placée dans la goulotte.

Vortex : Écoulement d'un fluide qui crée un tourbillon creux permettant l'entraînement des matières solides.

Zénith : Point théorique de la sphère céleste au droit de la verticale ascendante en un point donné. Le cercle zénithal permet de déterminer l'angle vertical d'une direction donnée par rapport à une direction de référence.

direction départementale de l'action
    sanitaire et sociale (DDASS), 318
disconnecteur, 328, 329
dispositif
    de comptage, 336
    de lecture, 340
distribution, 389

Eau, 120, 231
    à évacuer, 229
    adduction d', 322
    alimentation en, 322
    de refroidissement, 241
    de ruissellement, 231
    industrielle, 240
    météorique, 231
    non domestique, 240
    parasite, 241
    pluviale, 241
    usée, 309
    usée domestique, 237
    volume d', 323
éclairage, 395
    extérieur, 549
effluent, 306, 308
élastomère, 305
emmarchement, 485
enduit
    superficiel d'usure, 197
engazonnement, 533
engin, 122
    d'excavation, 122
    de chargement, 130
    de compactage, 134
    de nivellement, 127
    de secours, 187
    de terrassement, 122
    de transport, 132
    mécanique, 59
enrobés à chaud, 193
épandage, 313
équerre optique, 49
équipement
    électrique, 357
    oscillant, 507
escalier, 482

espace vert, 517
essai
    au perméamètre, 74
    aux réactifs chimiques, 74
    CBR, 74
    de charge à la table, 68
    géotechnique, 65
    par pénétromètres, 68
    Proctor, 73
essouchage, 64
étanchéité, 385
éthylène-propylène-diène-monomère
    (EPDM), 305
études, 570
excavation superficielle Voir fouille
explosifs Voir démolition

Fibre
    de verre, 309
    optique, 388
fibrociment, 305
filtre biocompact, 318
fonte
    ductile, 297
    grise, 297
forage, 92
    en galerie, 92
    en puits ou en tranchée, 66
fosse, 309
    chimique, 318
    d'accumulation, 318
fossé, 268
foudroyage intégral, 61
fouille, 91
    en pleine masse, 92
    en puits, 92, 107
    en rigole, 92
    en tranchée, 92, 115
    exécution, 100
fourreau, 387

Garde-corps, 486
gaz, 378
    de biomasse, 379